石油石化职业技能培训教程

合成氨装置操作工

（上册）

中国石油天然气集团有限公司人力资源部　编

石油工业出版社

内 容 提 要

本书是由中国石油天然气集团有限公司人力资源部统一组织编写的《石油石化职业技能培训教程》中的一本。本书包括合成氨装置操作工应掌握的基础知识、初级工操作技能及相关知识,并配套了相应等级的理论知识练习题,以便于员工对知识点的理解和掌握。

本书既可用于职业技能鉴定前培训,也可用于员工岗位技术培训和自学提高。

图书在版编目(CIP)数据

合成氨装置操作工. 上册/中国石油天然气
集团有限公司人力资源部编. —北京:石油工业出版社,
2022.8

石油石化职业技能培训教程
ISBN 978-7-5183-5020-9

Ⅰ.①合… Ⅱ.①中… Ⅲ.①合成氨生产-化工设备-
操作-安全技术-技术手册 Ⅳ.①TQ113.25-62

中国版本图书馆 CIP 数据核字(2021)第 249064 号

出版发行:石油工业出版社
　　　　　(北京市安定门外安华里 2 区 1 号楼　100011)
　　　　网　　址:www.petropub.com
　　　　编辑部:(010)64251613
　　　　图书营销中心:(010)64523633
经　　销:全国新华书店
印　　刷:北京中石油彩色印刷有限责任公司

2022 年 8 月第 1 版　2022 年 8 月第 1 次印刷
787×1092 毫米　开本:1/16　印张:45.75
字数:1100 千字

定价:90.00 元
(如发现印装质量问题,我社图书营销中心负责调换)

《石油石化职业技能培训教程》

编委会

主　任：黄　革

副主任：王子云　何　波

委　员（按姓氏笔画排序）：

《合成氨装置操作工(上册)》编审组

随着企业产业升级、装备技术更新改造步伐不断加快,对从业人员的素质和技能提出了新的更高要求。为适应经济发展方式转变和"四新"技术变化要求,提高石油石化企业员工队伍素质,满足职工鉴定、培训、学习需要,中国石油天然气集团有限公司人力资源部根据《中华人民共和国职业分类大典(2015年版)》对工种目录的调整情况,修订了石油石化职业技能等级标准。在新标准的指导下,组织对"十五""十一五""十二五"期间编写的职业技能鉴定试题库和职业技能培训教程进行了全面修订,并新开发了炼油、化工专业部分工种的试题库和教程。

教程的开发修订坚持以职业活动为导向,以职业技能提升为核心,以统一规范、充实完善为原则,注重内容的先进性与通用性。教程编写紧扣职业技能等级标准和鉴定要素细目表,采取理实一体化编写模式,基础知识统一编写,操作技能及相关知识按等级编写,内容范围与鉴定试题库基本保持一致。特别需要说明的是,本套教程在相应内容处标注了理论知识鉴定点的代码和名称,同时配套了相应等级的理论知识练习题,以便于员工对知识点的理解和掌握,加强学习的针对性。**此外,为了提高学习效率,检验学习成果,本套教程为员工免费提供学习增值服务,员工通过手机登录注册后即可进行移动练习。**本套教程既可用于职业技能鉴定前培训,也可用于员工岗位技术培训和自学提高。

合成氨装置操作工教程分上、下两册,上册为基础知识、初级工操作技能及相关知识,下册为中级工操作技能及相关知识、高级工操作技能及相关知识、技师操作技能及相关知识、高级技师操作技能及相关知识。

本工种教程由宁夏石化分公司任主编单位。

由于编者水平有限,书中错误、疏漏之处请广大读者提出宝贵意见。

编　者

CONTENTS 目录

第二部分　初级工操作技能及相关知识

理论知识练习题

附　　录

第一部分

基础知识

模块一 化学基础知识

项目一 元素化合价的概念

一、元素的基本知识

(一)元素

元素是指具有相同的核电荷数(即核内质子数)的一类原子的总称。

(二)原子

原子是由原子核和绕核运动的电子组成的在化学反应中不可分割的基本微粒,但在物理状态中可以分割。原子由原子核和绕核运动的电子组成。原子核又由质子和中子组成。质子和中子的质量很相近($1.67×10^{-24}$g),相当于一个碳原子的质量的1/12。质子带一个单位的正电荷,中子不显电性。电子质量很小($9.11×10^{-28}$g),带一个单位负电荷。由于核内的质子数和核外的电子数相等,而它们的电量相等,电性相反,所以原子是不显电性的。又因为电子的质量很小(为质子或中子质量的1/1840),与原子核的质量相比可以忽略不计,所以原子的质量主要集中在原子核上。质子、中子和电子统称为物质的基本粒子。

(三)分子

分子是物质中能够独立存在的相对稳定并保持该物质物理化学特性的最小单元。分子由原子构成,原子通过一定的作用力,以一定的次序和排列方式结合成分子。分子中的原子数可为一个、几个、十几个、几十个乃至成千上万个。由一个原子构成的分子称单原子分子,这种单原子分子既是原子又是分子。由两个原子构成的分子称双原子分子,由两个以上的原子组成的分子统称多原子分子。

(四)化学键

化学键是纯净物分子内或晶体内相邻两个或多个原子(或离子)间强烈的相互作用力的统称,这种使离子相结合或原子相结合的作用力通称为化学键。

CAA001 元素
化合价的概念

(五)化合价

化合价是一种元素的一个原子与其他元素的原子化合(即构成化合物)时表现出来的性质。一般情况下,化合价的价数等于每个该原子在化合时得失电子的数量,即该元素能达到稳定结构时得失电子的数量,这往往决定于该原子的电子排布。元素化合价与其价电子构型有关,价电子构型的周期性变化决定了元素化合价的周期性变化。化合价亦指某元素一个原子与一定数目的其他元素原子相结合的个数比。

二、元素化合价的计算与规律

(一)元素化合价的计算

已知化学式之后,若知道一种元素的化合价,可将其化合价与其分子中该元素的原子数相乘。因为化合价的电性为零，将零减去上一个化合价与该元素原子数的积再除以分子中另一元素的原子数，即得到另一元素化合价。给了两元素的化合价，求出化合价的绝对值之最小公倍数，再用最小公倍数除以化合价绝对值即可求出分子中原子数。

（二）元素化合价的规律

元素的化合价是元素的原子在形成化合物时表现出来的一种性质，化合价有正价和负价。氧元素通常显-2价；氢元素通常显+1价；金属元素跟非金属元素化合时，金属元素显正价，非金属元素显负价（一般来说正价写在前面，负价写后面）；一些元素在同种物质中可显不同的化合价；在化合物里正负化合价的代数和为0；在单质分子里，元素的化合价为0。

项目二 常见的物质及其性质

一、物质的性质

（一）物理性质

物理性质是物质不需要发生化学变化就表现出来的性质，例如颜色、状态、气味、密度、熔点、沸点、硬度、溶解性、延展性、导电性、导热性等，这些性质是能被感观感知或利用仪器测知的。

（二）化学性质

化学性质是物质在化学变化中表现出来的性质。如所属物质类别的化学通性：酸性、碱性、氧化性、还原性、热稳定性及一些其他特性。化学性质与化学变化是任何物质所固有的特性，如氧气这一物质，具有助燃性为其化学性质；同时氧气能与氢气发生化学反应产生水，为其化学性质。物质就是通过其千差万别的化学性质与化学变化，才区别于其他物质。

二、常见物质的性质

CAA026 氮气的性质

（一）氮气的性质

1. 氮气的物理性质

氮气，分子式为N_2，相对分子质量为28.013。通常状况下是一种无色无味的气体，而且一般氮气比空气密度小。氮气占大气总量的78.08%（体积分数），是空气的主要成分之一。1体积水中大约只溶解0.02体积的氮气。在标准大气压下，氮气冷却至-195.8℃时，变成无色的液体，冷却至-209.8℃时，液态氮变成雪状的固体。

2. 氮气的化学性质

氮气分子中三键键能很大，不容易被破坏，因此其化学性质十分稳定，只有在高温高压并有催化剂存在的条件下，氮气可以和氢气反应生成氨，所以氮气常被用来制作防腐剂。

CAA024 氧气的性质

（二）氧气的性质

1. 氧气的物理性质

氧气，分子式为O_2，相对分子质量为32。无色无味气体，氧元素是最常见的单质形态。氧气的密度是1.429g/L，熔点为-218.4℃，沸点为-183℃。不易溶于水，1L水中溶解约30mL氧气。在空气中氧气约占21%。液氧为天蓝色，固氧为蓝色晶体。

2. 氧气的化学性质

氧气的化学性质比较活泼。除了稀有气体、活性小的金属元素,如金、铂、银之外,大部分的元素都能与氧气反应,这些反应称为氧化反应,而经过反应产生的化合物(由两种元素构成,且一种元素为氧元素)称为氧化物。一般而言,非金属氧化物的水溶液呈酸性,而碱金属或碱土金属氧化物则为碱性。此外,几乎所有的有机化合物,可在氧中剧烈燃烧生成二氧化碳与水。氧气具有助燃性、氧化性。

（三）氢气的性质

CAA025　氢气的性质

1. 氢气的物理性质

氢气,分子式为 H_2,相对分子质量为 2。常温常压下,氢气是一种极易燃烧,无色透明、无臭无味的气体。氢气是相对分子质量最小的物质,氢气的密度只有空气的 1/14,即在 0℃ 时,一个标准大气压下,氢气的密度为 0.0899g/L。所以氢气可作为飞艇、氢气球的填充气体。由于氢气具有可燃性,安全性不高,飞艇现多用氦气填充。

2. 氢气的化学性质

氢气常温下性质稳定,在点燃或加热的条件下能与许多物质发生化学反应。

1)可燃性

氢气可在氧气或氯气中燃烧(点燃不纯的氢气要发生爆炸,点燃氢气前必须验纯)。

$$2H_2 + O_2 = 2H_2O \qquad (1)$$

$$H_2 + Cl_2 = 2HCl \qquad (2)$$

2)还原性

氢气可以使某些金属氧化物还原。

$$H_2 + CuO = Cu + H_2O \qquad (3)$$

$$3H_2 + Fe_2O_3 = 2Fe + 3H_2O \qquad (4)$$

（四）甲烷的性质

1. 甲烷的物理性质

甲烷,分子式为 CH_4,相对分子质量为 16,无色无味的气体,在标准状况下,熔点为 -182.5℃,沸点为 -161.5℃,溶解度为 0.03,相对密度(空气=1)为 0.5548,临界温度为 -82.6℃,临界压力为 4.59MPa,爆炸极限为 5.01%~5.4%(体积分数),闪点为 -188℃,密度为 0.717g/L,极难溶于水。甲烷别名为天然气、沼气、生物气。

2. 甲烷的化学性质

甲烷的化学性质相当稳定,跟强酸、强碱或强氧化剂(如 $KMnO_4$)等一般不起反应。在适当的条件下会发生氧化、热解及卤代反应。

1)可燃性

甲烷在点燃的条件下可以和氧气发生燃烧。

$$CH_4 + 2O_2 = 2H_2O + CO_2 \qquad (5)$$

2)取代反应

在光照的条件下可以发生取代反应。

$$CH_4 + 4Cl_2 = CCl_4 + 4HCl \qquad (6)$$

3)加热分解

$$CH_4 \xrightarrow{\hspace{1cm}} C+2H_2 \tag{7}$$

在隔绝空气并加热至1000℃的条件下,甲烷分解生成炭黑和氢气。炭黑可用作颜料、油墨、油漆以及橡胶的添加剂。

CAA014 硫化氢的性质

（五）硫化氢的性质

1.硫化氢的物理性质

硫化氢,化学式为H_2S,相对分子质量为34.076。标准状况下,是一种易燃的酸性气体,无色,低浓度时有臭鸡蛋气味,有毒。其闪点低于$-50℃$,熔点为$-85.5℃$,沸点为$-60.4℃$,相对密度(空气=1)为1.19。因此,它存在于地势低的地方,如地坑、地下室里。易溶于水,20℃时2.9体积气体溶于1体积水中,易溶于醇类、二硫化碳、石油溶剂和原油中。20℃时蒸气压为1874.5kPa。

2.硫化氢的化学性质

1)可燃性

硫化氢在空气中爆炸极限为4.3%~45.5%(体积比)。硫化氢在空气中燃烧时产生蓝色火焰,并产生有毒的二氧化硫气体,二氧化硫气体会损伤人的眼睛和肺。硫化氢在空气充足时,燃烧生成SO_2和H_2O。

$$2H_2S+3O_2 \xrightarrow{\hspace{1cm}} 2SO_2+2H_2O \tag{8}$$

若空气不足或温度较低时,则生成游离态的S和H_2O。

$$2H_2S+O_2 \xrightarrow{\hspace{1cm}} 2S+2H_2O \tag{9}$$

除了在氧气或空气中,硫化氢也能在氯气和氟气中燃烧。

2)硫化氢与金属的反应

硫化氢气体可以和金属发生化学反应并产生沉淀,一般在实验室中除去硫化氢气体,采用的方法是将硫化氢气体通入硫酸铜溶液中,形成不溶解于一般强酸(非氧化性酸)的硫化铜。

3)硫化氢与二氧化硫的反应

硫化氢能和二氧化硫发生归中反应生成硫单质。

$$2H_2S+SO_2 \xrightarrow{\hspace{1cm}} 2H_2O+3S \tag{10}$$

4)有剧毒

硫化氢的致死浓度为$500cm^3/m^3$。

5)强的腐蚀性

硫化氢对钢材的腐蚀性极强。硫化氢及其水溶液对金属有强烈的腐蚀作用,尤其当溶液中含有二氧化碳和氧气时,腐蚀更快。

CAA015 二氧化硫的性质

（六）二氧化硫的性质

二氧化硫(SO_2)是最常见、最简单的硫氧化物,也是大气主要污染物之一。火山爆发时会喷出该气体,在许多工业过程中也会产生二氧化硫。由于煤和石油通常都含有硫元素,因而燃烧时会生成二氧化硫。当二氧化硫溶于水中,会形成亚硫酸。若把亚硫酸进一步在PM2.5存在的条件下氧化,便会迅速高效生成硫酸(酸雨的主要成分)。

1.二氧化硫的物理性质

二氧化硫,分子式为SO_2,相对分子质量为64,是一种无色、有刺激性气味的有毒气体、易液化(沸点-10℃),易溶于水,常温常压下 1 体积水大约能溶解 40 体积 SO_2,密度比空气大。

2.二氧化硫的化学性质

1)二氧化硫与水的反应

二氧化硫是一种酸性氧化物,它溶于水时生成亚硫酸,溶液显酸性。亚硫酸不稳定,容易分解成水和二氧化硫,因此二氧化硫与水反应生成亚硫酸是一个可逆反应。二氧化硫与水反应:

$$SO_2+H_2O \Longrightarrow H_2SO_3(亚硫酸) \tag{11}$$

2)二氧化硫与碱的反应

$$SO_2+2NaOH \Longrightarrow Na_2SO_3+H_2O \tag{12}$$

$$SO_2+NaOH \Longrightarrow NaHSO_3 \tag{13}$$

3)与碱性氧化物反应

$$SO_2+CaO \Longrightarrow CaSO_3 \tag{14}$$

4)二氧化硫的氧化性

$$SO_2+2H_2S \Longrightarrow 3S+2H_2O \tag{15}$$

5)二氧化硫的还原性

(1)与卤素单质反应:

$$SO_2+Br_2+2H_2O \Longrightarrow H_2SO_4+2HBr \tag{16}$$

(2)与某些强氧化剂的反应:

$$2KMnO_4+2H_2O+5SO_2 \Longrightarrow K_2SO_4+2MnSO_4+2H_2SO_4 \tag{17}$$

(3)SO_2 的催化氧化:

$$2SO_2+O_2 \Longrightarrow 2SO_3 \tag{18}$$

6)漂白性

二氧化硫能够漂白某些有色物质。工业上常用其漂白纸、浆、毛、丝、草帽等。二氧化硫的漂白作用是由于它能与某些有色物质生成不稳定的无色物质。这种无色物质容易分解而使有色物质恢复原来的颜色,因此用二氧化硫漂白过的草帽日久变成黄色。

(七)一氧化碳的性质

CAA016　一氧化碳的性质

1.一氧化碳的物理性质

一氧化碳,分子式为 CO,相对分子质量为 28,在标准状况下,一氧化碳是无色、无臭、无刺激性的气体,难溶于水的中性气体,熔点为-205.1℃,沸点为-191.5℃,标准状况下气体密度为 1.25g/L。由于与空气密度(标准状况下为 1.293g/L)相差很小,这也是容易发生煤气中毒的因素之一。一氧化碳与空气混合爆炸极限为 12.5%~74.2%。

2.一氧化碳的化学性质

1)一氧化碳的可燃性

$$2CO+O_2 \Longrightarrow 2CO_2 \tag{19}$$

2)一氧化碳的还原性

一氧化碳作为还原剂,高温或加热时能将许多金属氧化物还原成金属单质,因此常用于金属的冶炼。如:将黑色的氧化铜还原成红色的金属铜:

$$CO+CuO \Longrightarrow Cu+CO_2 \tag{20}$$

3）一氧化碳和碱的反应

由于在一定条件下一氧化碳可与粉末状 NaOH 反应生成甲酸钠，因此可以将一氧化碳看作是甲酸的酸酐。

4）一氧化碳的毒性

一氧化碳极易与血红蛋白结合，形成碳氧血红蛋白，使血红蛋白丧失携氧的能力和作用，造成人员窒息，严重时死亡。

（八）二氧化碳的性质

CAA017 二氧化碳的性质

1. 二氧化碳的物理性质

二氧化碳，分子式为 CO_2，相对分子质量为 44，二氧化碳常温下是一种无色无味、不可燃的气体，密度比空气大，标准状况下密度为 1.96g/L，可溶于水，1 体积水中可溶解 1 体积二氧化碳。二氧化碳与水反应生成碳酸。二氧化碳有着十分广泛的用途，是重要的工业原料、制冷剂，可用于光合作用、制作灭火器和人工降雨。

2. 二氧化碳的化学性质

1）不可燃性

二氧化碳本身不燃烧，也不支持燃烧。

2）二氧化碳与水反应

$$CO_2+H_2O \Longrightarrow H_2CO_3 \tag{21}$$

3）二氧化碳与碱的反应

$$Ca(OH)_2+CO_2 \Longrightarrow CaCO_3+H_2O \tag{22}$$

将二氧化碳气体通入澄清石灰水中，澄清石灰水变浑浊，该反应用于检验二氧化碳。但是当二氧化碳过量时会生成碳酸氢钙，由于碳酸氢钙溶解性大，可发现沉淀渐渐消失。

（九）氨的性质

CAA021 氨的性质

1. 氨的物理性质

氨气，分子式为 NH_3，相对分子质量为 17，氨是一种无色，有特殊刺激性气味的气体，密度为 0.771g/L，相对密度为 0.5971。极易溶于水，并且极易液化，在常温和加压下可以液化（临界温度为 132.4℃，临界压力为 11.2MPa），也易被固化成雪状固体，沸点为 -33.5℃，熔点为 -77.75℃。

2. 氨的化学性质

1）氨与水反应

NH_3 溶于 H_2O 后，大部分与 H_2O 结合形成一水合氨（$NH_3 \cdot H_2O$），$NH_3 \cdot H_2O$ 是弱碱，可部分离解成 NH_4^+ 和 OH^-，而使溶液显碱性。

$$NH_3+H_2O \Longrightarrow NH_3 \cdot H_2O \tag{23}$$

$$NH_3 \cdot H_2O \Longrightarrow NH_4^+ + OH^- \tag{24}$$

2）氨与酸反应

$$NH_3+HCl \Longrightarrow NH_4Cl（产生白烟，可用于检验 NH_3） \tag{25}$$

$$2NH_3+H_2SO_4 \Longrightarrow (NH_4)_2SO_4（吸收 NH_3 的方法） \tag{26}$$

3）氨气的还原性

NH_3 还原氧化铜：

$$2NH_3+3CuO \Longrightarrow 3Cu+N_2+3H_2O \tag{27}$$

（十）甲醇的性质

CAA018　甲醇的性质

甲醇又名木醇、木酒精、甲基氢氧化物，是一种最简单的饱和醇。

1．甲醇的物理性质

甲醇，分子式为 CH_3OH，相对分子质量为32，甲醇是一种无色、有刺激性气味的透明液体，熔点为-97.8℃，沸点为64.7℃，相对密度（水＝1）为0.79，闪点为8℃，爆炸极限为6%～36.5%，溶于水，可混溶于醇类、乙醚等多种有机溶剂。

2．甲醇的化学性质

甲醇由甲基和羟基组成，具有醇所具有的化学性质。

1）甲醇的可燃性

甲醇可以与氟气、纯氧等气体发生反应，在纯氧中剧烈燃烧，生成水蒸气和二氧化碳：

$$2CH_3OH+3O_2 \Longrightarrow 2CO_2+4H_2O \tag{28}$$

2）甲醇的氨化反应（370～420℃）

$$NH_3+CH_3OH \Longrightarrow CH_3NH_2+H_2O \tag{29}$$

$$NH_3+2CH_3OH \Longrightarrow (CH_3)_2NH+2H_2O \tag{30}$$

$$NH_3+3CH_3OH \Longrightarrow (CH_3)_3N+3H_2O \tag{31}$$

3）甲醇具有饱和一元醇的通性

（1）与其他醇不同，由于—CH_2OH 与氢结合，氧化时生成的甲酸进一步氧化为 CO_2。

$$CH_3OH+O_2 \Longrightarrow 2HCHO+H_2O \tag{32}$$

$$2HCHO+O_2 \Longrightarrow 2HCOOH \tag{33}$$

$$2HCOOH+O_2 \Longrightarrow 2CO_2+2H_2O \tag{34}$$

（2）甲醇与氯、溴不易发生反应，但易与其水溶液作用，最初生成二氯甲醚 $(CH_2Cl)_2O$，因水的作用转变成 $HCHO$ 与 HCl。

（十一）碳酸钾的性质

CAA019　碳酸钾的性质

1．物理性质

碳酸钾（钾碱），分子式为 K_2CO_3，相对分子质量为138，白色结晶粉末，密度为 $2.428g/cm^3$，熔点为891℃。溶于水，0℃时在100g水中的溶解度为105.5g，水溶液呈碱性，不溶于乙醇、丙酮和乙醚。

2．化学性质

由于吸湿性强，暴露在空气中能吸收二氧化碳和水分，转变为碳酸氢钾，应密封包装。其水合物有一水物、二水物、三水物。与氯气作用生成氯化钾，与二氧化硫作用而成焦硫酸钾。

（十二）液化气的性质

CAA020　液化气的性质

液化气又称液化石油气，是由多种烃类气体组成的混合物，主要是由丙烷（C_3H_8）、丁烷（C_4H_{10}）组成的，有些液化气还含有丙烯（C_3H_6）和丁烯（C_4H_8）。

1. 液化气的物理性质

液化气为无色气体或黄棕色油状液体，有特殊臭味。液化石油气的引燃温度为 426～537℃，液化气的闪点为-48.5℃，爆炸极限为 1.5%～9.5%（体积分数），燃烧值为 45.22～50.23MJ/kg。液化石油气的主要成分是丙烷和丁烷。丙烷的沸点是-42℃，因此是特别有用的轻便燃料。而丁烷的沸点约为-0.6℃，温度很低时不会汽化。因此丁烷的用途有限，需与丙烷混和使用，而非单独使用。液态液化气相对密度为 0.5～0.6，即比水轻得多。气态液化气相对密度为 1.5～2.0，比空气重。饱和蒸气压常温下 1.3～2.0MPa，体积膨胀系数同温下为水的 11～17 倍。

2. 液化气的化学性质

液化石油气是多种烃类气体组成的混合物。这些碳氢化合物都容易液化，将它们压缩到只占原体积的 1/250～1/33，储于耐高压的钢罐中，使用时拧开液化气罐的阀门，可燃的碳氢化合物气体就会通过管道进入燃烧器，点燃后形成淡蓝色火焰，燃烧过程中产生大量热。

三、烷烃的基本知识

CAA011 烷烃的分子通式

（一）烷烃的分子通式

烷烃，即饱和链烃，是许多其他有机化合物的基体，同时也是最简单的一种有机化合物。由于碳原子的成键特点，每个碳原子能够与氢原子形成 4 个共价键，而且碳原子之间也能够以共价键的形式相结合。这样的共价键形式，从微观上决定了烷烃的分子式。

甲烷是天然气、沼气、油田气和煤矿坑道气的主要成分。甲烷是最简单的烷烃，其分子式为 CH_4。碳原子最外层的 4 个电子分别与 4 个氢原子的电子形成 4 个 C—H 共价键。可表示为：

$$
\begin{array}{ccc}
& H & \\
H \times C \times H & \text{或} & H-C-H \\
& H & \\
\end{array}
$$

随着碳原子数的增加，依次为乙烷、丙烷、丁烷等。由于相邻烷烃分子在组成上均相差一个—CH_2 原子团，如果烷烃中的碳原子数为 n，烷烃的氢原子数就是 $2n+2$。因此，烷烃的通式为 C_nH_{2n+2}（$n \geq 1$）。

CAA012 烷烃的物化性质

（二）烷烃的性质

1. 烷烃的物理性质

烷烃的物理性质随分子中碳原子数的增加，呈现规律性的变化。常温下，含有 1～4 个碳原子的烷烃以及新戊烷为气体；含有 5～10 个碳原子的烷烃（不含新戊烷）为液体；含有 10～16 个碳原子的烷烃可以为固体，也可以为液体；含有 17 个碳原子以上的正烷烃为固体，但直至含有 60 个碳原子的正烷烃（熔点 99℃），其熔点都不超过 100℃。低沸点的烷烃为无色液体，有特殊气味；高沸点烷烃为黏稠油状液体，无味。

正烷烃的沸点随相对分子质量的增加而升高，这是因为分子运动所需的能量增大，分子间的接触面（即相互作用力）也增大。低级烷烃每增加一个—CH_2，相对分子质量变化较大，沸点也相差较大,高级烷烃相差较小,故低级烷烃比较容易分离,高级烷烃分离困难得多。

烷烃的密度随相对分子质量增大而增大,这也是分子间相互作用力的结果,密度增加到一定数值后,相对分子质量增加而密度变化很小。与碳原子数相等的烷烃相比,环烷烃的沸点、熔点和密度均要高一些。这是因为链形化合物可以比较自由地摇动,分子间"拉"得不紧,容易挥发造成的。

在同分异构体中,分子结构不同,分子接触面积不同,相互作用力也不同,正戊烷沸点为36.1℃,2-甲基丁烷沸点为25℃,2,2-二甲基丙烷沸点只有9℃。叉链分子由于叉链的位阻作用,其分子不能像正烷烃那样接近,分子间作用力小,沸点较低。

2. 烷烃的化学性质

烷烃化学性质稳定,常温下很不活泼,与强酸、强碱、强氧化剂和还原剂等都不发生反应。但可与氧气发生氧化反应,与卤素单质在光照的条件下发生取代反应,同时在高温下会发生裂解反应。其反应方程式如下:

1)与卤素单质的反应

$$CH_3CH_3 + Cl_2 =\!=\!= CH_3CH_2Cl + HCl \qquad (35)$$

2)与氧气的反应——可燃性

$$C_nH_{2n+2} + \frac{3n+1}{2}O_2 =\!=\!= nCO_2 + (n+1)H_2O \qquad (36)$$

3)分解反应——高温裂化或裂解

$$C_{16}H_{34} =\!=\!= C_8H_{16} + C_8H_{18} \qquad (37)$$

项目三 物质的量基础知识

一、物质的量基本知识

(一)物质的量的概念

物质的量是表示以一特定数目的基本单元粒子为集体的、与基本单元粒子数成正比的物理量。简单地说,物质的量是表示构成物质的微观粒子数多少的物理量。它实际表示含有一定数目粒子的集体。物质的量的表示符号为 n。

(二)物质的量的表示方法

书写物质的量 n 时,物质的种类一般用化学式或符号以下角标或括号的形式予以指明。

例如,氢原子的物质的量为 n_H 或 $n(H)$,钠离子的物质的量为 n_{Na^+} 或 $n(Na^+)$,泛指时,B 的物质的量为 n_B 或 $n(B)$。

(三)物质的量的单位

1. 物质的量的单位

物质的量的单位是"摩尔",简称摩,符号为 mol。并规定:当某粒子集体所含的粒子数目与 $0.012kg\ ^{12}C$ 中所含碳原子数相同时,则该粒子的物质的量为 1mol。

2. 使用摩尔应注意事项

(1)摩尔只能描述原子、分子、离子、中子和电子等肉眼看不到的,到目前为止无法直接称量的微观粒子,不能描述宏观物质。

（2）使用摩尔时,应该用化学式或符号指明粒子（基本单位）的名称或种类,而不能使用其中文名称。例如 1mol H 表示氢原子的物质的量是 1mol,1mol O_2 表示氧分子的物质的量为 1mol,0.5mol Cl^- 表示氯离子的物质的量为 0.5mol。

（3）"物质的量"的表达式,如同其他物理量一样,如 2mol OH^- 或 $n(OH^-) = 2mol$ 都表示 OH^- 的物质的量是 2mol。

（四）阿伏加德罗常数

1. 概念

实验测定 $0.012kg\,^{12}C$ 中所含的碳原子数约为 $6.02×10^{23}$ 个。这个量因意大利科学家阿伏加德罗而得名,所以称阿伏加德罗常数,符号为 N_A,即 $N_A \approx 6.02×10^{23} mol^{-1}$。因此,1mol 任何物质都约含有 $6.02×10^{23}$ 个微粒。

2. 使用注意事项

（1）阿伏加德罗常数是用来衡量物质中所含粒子的物质的量的标准,带有单位,其单位是 mol^{-1}。

（2）阿伏加德罗常数的准确值是 $0.012kg\,^{12}C$ 中所含有的碳原子数目,近似值是 $6.02×10^{23}$。

（3）常用 $6.02×10^{23} mol^{-1}$ 进行有关计算,但当进行概念表述时,只能用阿伏加德罗常数的值来表示粒子的个数。

（4）N_A 数值巨大,作用于宏观物质没有实际意义。

（5）阿伏加德罗常数与相对原子质量一样,都是人为规定的物理量,如果"规定"发生改变,"物质的量""摩尔质量"等量也将随之改变。

二、物质的量的简单计算

CAB002 物质的量的计算方法

（一）物质的量的计算

$$物质的量 = \frac{物质所含微粒个数}{阿伏加德罗常数}$$

用符号表示:

$$n = \frac{N}{N_A} 或 N = n \cdot N_A \qquad (1-1-1)$$

由式（1-1-1）可推出:

（1）1mol 任何物质中都含有相同数目的粒子。相同物质的量的任何物质中都含有相同数目的粒子。粒子数目相同,则其物质的量相同,这与物质的存在状态无关。

（2）微观粒子数目之比等于其物质的量之比,$\dfrac{n_1}{n_2} = \dfrac{N_1}{N_2}$。

通过以上两条结论可知,在比较粒子数目大小时,可以转化成比较其物质的量的大小。

（二）摩尔质量

1. 摩尔质量的概念

摩尔质量是指单位"物质的量"的物质所具有的质量。符号为 M,其定义式为:

$$M_x = \frac{m}{n_x} \qquad (1-1-2)$$

摩尔质量的单位是 g/mol。

在给出摩尔质量 M 时,必须用化学式或符号以下标或括号的形式指明基本单元。如水的摩尔质量即为 $M(H_2O)$ 或 M_{H_2O}。

2.摩尔质量的确定

1mol 任何原子的质量就是以 g 为单位,数值上等于该种原子的相对原子质量。由摩尔质量的定义可知,$M(O) = 16g/mol$。

因此,如果摩尔质量的单位取 g/mol,则原子的摩尔质量在数值上与其相对原子质量的数值相等。

项目四 气体

一、理想气体

CAA023 理想气体的基本概念

CAB003 理想气体的概念

(一)理想气体的概念

在任何温度、任何压力下都严格遵循式 $pV = nRT$ 的气体叫作理想气体。微观上的特征为:(1)分子间无相互作用力;(2)分子本身不占有体积。实际上,绝对的理想气体是不存在的。

CAB004 理想气体状态方程式的表示方法

ZAA002 理想气体状态方程的简单计算

(二)理想气体状态方程式的表示方法

这个方程根据需要计算的目标不同,理想气体状态方程式有以下 4 种表示方法:

1.求压强

理想气体状态方程式可表示为:

$$p = \frac{nRT}{V} \qquad (1-1-3)$$

式中　p——压力,Pa;

　　　V——体积,m^3;

　　　n——物质的量,mol;

　　　R——摩尔气体常数,$J \cdot mol^{-1} \cdot K^{-1}$;

　　　T——热力学温度,K。

2.求体积

理想气体状态方程式可表示为:

$$V = \frac{nRT}{p} \qquad (1-1-4)$$

3.求所含物质的量

理想气体状态方程式可表示为:

$$n = \frac{pV}{RT} \qquad (1-1-5)$$

4. 求温度

理想气体状态方程式可表示为：

$$T = \frac{pV}{nR} \tag{1-1-6}$$

因为摩尔体积 $V_m = \dfrac{V}{n}$，$n = \dfrac{m}{M}$，所以理想气体状态方程还可变为以下两种形式：$pV_m = RT$，$pV = \left(\dfrac{m}{M}\right)RT$，而密度 $\rho = \dfrac{m}{V}$，故通过上式可进行气体的各种性质之间的计算。

（三）理想气体状态方程的应用

ZAB001 理想气体状态方程的应用

1. 相互关联的两部分气体的分析

这类问题涉及两部分气体，它们之间虽然没有气体交换，但其压强或体积这些量间有一定的关系，分析清楚这些关系是解决问题的关键。解决这类问题的一般方法是：(1)分别选取每部分气体为研究对象，确定初、末状态参量，根据状态方程列式求解；(2)认真分析两部分气体的压强、体积之间的关系，并列出方程；(3)多个方程联立求解。

2. 变质量问题的解决

分析变质量问题时，可以通过巧妙选择合适的研究对象，使这类问题转化为定质量的气体问题，用理想气体状态方程求解。

1)打气问题

向球、轮胎中充气是一个典型的气体变质量的问题，只要选择球内原有气体和即将打入的气体作为研究对象，就可以把充气过程中的气体变质量的问题转化为定质量气体的状态变化问题。

2)抽气问题

从容器内抽气的过程中，容器内的气体质量不断减小，这属于变质量问题。分析时，将每次抽气过程中抽出的气体和剩余气体作为研究对象，总质量不变，故抽气过程可看作是等温膨胀过程。

3. 气体图象与图象之间的转换

理想气体状态变化的过程，可以用不同的图象描述，已知某个图象，可以根据这一图象转换成另一图象，如由 p-V 图象变成 p-T 图象或 V-T 图象。

4. 气缸类问题的处理方法

(1)弄清题意，确定研究对象。一般来说，研究对象分两类：一类是热学研究对象（一定质量的理想气体）；另一类是力学研究对象（气缸、活塞或某系统）。

(2)分析清楚题目所述的物理过程，对热学研究对象分析清楚初、末状态及状态变化过程，依气体实验定律列出方程；对力学研究对象要正确地进行受力分析，依据力学规律列出方程。

(3)注意挖掘题目中的隐含条件，如几何关系等，列出辅助方程。

(4)多个方程联立求解。对求解的结果注意检验它们的合理性。

（四）混合气体分压定律

ZAB003 混合气体分压定律的概念

1. 混合气体分压定律的概念

混合气体的总压等于混合气体中各组分气体的分压之和，某组分气体的分压大小则等于其单独占有与气体混合物相同体积时所产生的压强。这一经验定律被称为分压定律。

2. 理想气体的道尔顿分压定律

1）道尔顿分压定律表达式一

在温度与体积一定时，混合气体中各组分气体的分压之和等于混合气体的总压。

数学表达式如下：

$$p_总 = p_1 + p_2 + \cdots + p_i \tag{1-1-7}$$

式中　$p_总$——混合气体的总压强，Pa；

p_1、p_2、p_i——混合气体中各个组分的分压强，Pa。

2）道尔顿分压定律表达式二

在温度与体积一定时，混合气体中每一种气体组分的分压强等于总压强乘以摩尔分数。

数学表达式为：

$$p_i = p_总 \cdot x_i \tag{1-1-8}$$

式中　$p_总$——混合气体的总压强，Pa；

x_i——混合气体 i 组分的摩尔分数。

3. 理想气体的阿马格分体积定律

1）阿马格分体积定律表达式一

在温度和压强恒定时，混合气体的体积等于组成该混合气体的各组分的分体积之和。

数学表达式为：

$$V_总 = V_1 + V_2 + \cdots + V_i \tag{1-1-9}$$

式中　$V_总$——混合气体的总体积，m^3；

V_1、V_2、V_i——混合气体中各个组分的分体积，m^3。

2）阿马格分体积定律表达式二

在温度与体积一定时，混合气体中每一种气体组分的分体积等于总体积乘以摩尔分数。

数学表达式为：

$$V_i = V_总 \cdot x_i \tag{1-1-10}$$

式中　$V_总$——混合气体的总体积，m^3；

x_i——混合气体 i 组分的摩尔分数。

二、真实气体

（一）真实气体的概念和状态方程

1. 真实气体的概念

不能忽略分子本身体积及分子间作用的气体为真实气体。

2. 真实气体的状态方程

对于真实气体只有在低压和高温下可近似地作为理想气体。在低温、高压下，真实气体毫无例外地都发生了对理想气体规律的显著偏离。温度越低或压力越高，偏差也越大，而且对不同的气体其偏差的大小也不相同。

对于处在室温及 1 个大气压左右的气体，这种偏离是很小的，最多不过百分之几。如氧

GAB001 真实气体状态方程简单计算方法

气和氢气是沸点很低的气体（-183℃和-253℃），在25℃和1个大气压时，摩尔体积与理想值的偏差在0.1%以内。而沸点较高的二氧化硫和氯气（-10℃与-35℃），在25℃与1个大气压下就不很理想。它们的摩尔体积比按理想气体定律预计的数值分别低了24%与16%。当温度较低、压力较高时，各种气体的行为都将不同程度地偏离理想气体的行为。此时需要考虑分子间的引力和分子本身的体积，重新构造气体状态方程。

真实气体状态方程式（范德华方程式）：

$$\left(p+\frac{n^2a}{V^2}\right)(V-nb)=nRT \tag{1-1-11}$$

式中　　p——真实气体的压强，Pa；

　　　　V——真实气体的体积，m^3；

　　　　n——真实气体的物质的量，mol；

　　　　a——比例常数，决定于物质的本性；

　　　　b——体积的修正因子。

范德华方程保持了与理想气体状态方程形式相近，但准确度较差，却是最简单的立方形方程。它能定性地描述流体的 p、V、T 关系，既能代表流体性质，又能代表蒸气性质。

（二）真实气体的压缩过程

JAB001　真实气体压缩过程的概念

真实气体在压缩过程中的能量变化与气体状态（即温度、压力、体积等）有关。在压缩气体时产生大量的热，导致压缩后气体温度升高。

真实气体的压缩过程中有以下三种情况。

1. 等温压缩过程

在压缩过程中，把压缩功相当的热量全部移去，使缸内气体的温度保持不变，这种压缩称为等温压缩。在等温压缩过程中所消耗的压缩功最小。但这一过程是一种理想进程，实际生产中很难办到的。

2. 绝热压缩过程

在压缩过程中，与外界没有丝毫的热交换，结果使缸内气体的温度升高。这种不向外界散热也不从外界吸热的压缩称为绝热压缩。这种压缩过程的耗功最大，也是一种理想过程。实际生产中，无论何种情况要想完全避免热量的散失，都是很难做到的。

3. 多变压缩过程

在压缩气体过程中，既不完全等温，也不完全绝热的过程，称为多变压缩过程。这种过程介于等温过程和绝热过程之间。实际生产中气体的压缩过程均属于多变压缩过程。

项目五　溶解的基本知识

一、液体

（一）基本概念

1. 蒸发

在一定温度下，将某纯溶剂置于密闭容器中，首先液面上那些能量较大的分子克服液体分子间的引力从表面逸出,成为蒸气分子,形成气相,这个过程称为蒸发。

2. 凝结

蒸发出来的分子在液面上的空间向各个方向运动,其中一部分可能撞到液面并被吸引到液相中,这个过程称为凝结。

3. 饱和蒸气压

CAA004 饱和蒸气压的概念

在密闭条件中,在一定温度下,与固体或液体处于相平衡的蒸气所具有的压强称为饱和蒸气压。同一物质在不同温度下有不同的饱和蒸气压,并随着温度的升高而增大。纯溶剂的饱和蒸气压大于溶液的饱和蒸气压;对于同一物质,固态的饱和蒸气压小于液态的饱和蒸气压。

4. 饱和蒸气

液体在有限的密闭空间,当单位时间内进入空间的分子数目与返回液体中的分子数目相等时,则蒸发与凝结处于动态平衡状态,这时虽然蒸发和凝结仍在进行,但空间中蒸气分子密度不再增大,此时的状态称为饱和状态。在饱和状态下的液体称为饱和液体,蒸气称为饱和蒸气(也称湿饱和蒸气)。

5. 过热蒸气

CAA027 过热蒸气的概念

对饱和蒸气继续加热,使蒸气温度升高并超过沸点温度,此时得到的蒸气称为过热蒸气。

6. 过热度

过热蒸气的温度和同一压力下其所对应的饱和蒸气的温度之差称为"过热度"。过热蒸气的过热度越高,它就越接近气体。同气体一样,过热蒸气的状态由两个独立参数(如压力和温度)确定。

(二)饱和蒸气压的影响因素

1. 物质的种类

在一定温度下,有的物质的蒸气压很大,如乙醚、酒精,有些物质的蒸气压很小,如甘油。在同温度下酒精的饱和蒸气压大于水的饱和蒸气压。

2. 挥发度

在一定温度下,物质的挥发度越大,饱和蒸气压越大。易挥发液体的饱和蒸气压大于难挥发液体的饱和蒸气压。

3. 温度

同种物质温度越高饱和蒸气压越高。例如,在30℃时,水的饱和蒸气压为4132.982Pa,而在100℃时,水的饱和蒸气压增大到101324.72Pa。饱和蒸气压是液体的一项重要物理性质,液体的沸点、液体混合物的相对挥发度等都与之有关。

(三)饱和蒸气和过热蒸气的区别

过热蒸气从气相到液固两相临界点的冷凝过程中要释放两段显热和一段潜热,而饱和蒸气只释放一段显热和一段潜热。过热蒸气经节流调节后,压力降低,温度降低,焓值不变,熵值增加。而饱和蒸气经过节流调节后,压力降低,温度降低,焓值降低。

二、溶液

CAA002 溶解的概念

（一）溶解的概念

广义上说，超过两种以上物质混合而成为一个分子状态的均匀相的过程称为溶解。而狭义的溶解指的是一种液体对于固体/液体或气体产生化学反应使其成为分子状态的均匀相的过程称为溶解。一种物质（溶质）分散于另一种物质（溶剂）中成为溶液的过程。

（二）溶解度

CAA005 饱和溶液的概念

1. 概念

1）饱和溶液

在一定条件下，向一定量溶剂里加入某种溶质，当溶质不能继续溶解时，所得的溶液叫作这种溶质在这种条件下的饱和溶液。

2）不饱和溶液

在一定条件下，某种溶质还能继续溶解的溶液（即尚未达到饱和的溶液），称为不饱和溶液。注意，如果溶质是气体，还要指明气体的压强。

CAA006 溶解度的概念

3）溶解度

（1）固体及少量液体物质的溶解度。

在一定温度下，某固体（或液体）物质在 100g 溶剂里（通常为水）达到饱和状态时所能溶解的溶质质量（在一定温度下，100g 溶剂里溶解某物质的最大量），用字母 S 表示，其单位是 g/100g 水（g）。在未注明的情况下，通常溶解度指的是物质在水里的溶解度。物质的溶解度属于物理性质。

（2）气体的溶解度。

通常指的是该气体（其压强为 1 标准大气压）在一定温度时溶解在 1 体积溶剂里的体积数。也常用"g/100g 溶剂"作单位（也可用体积）。

ZAA001 气体溶解度的影响因素

2. 气体溶解度的影响因素

气体的溶解度大小，首先决定于气体的性质，除此之外，气体溶解度的影响因素还有以下三点：一是溶剂，溶剂不同，溶解度不同；二是温度，当压强一定时，气体的溶解度随着温度的升高而减少；三是压强，当温度一定时，气体的溶解度随着气体的压强的增大而增大。

GAA001 溶解度的计算

3. 溶解度的计算

溶解度的计算公式如下：

$$溶解度 = \frac{溶质质量}{溶剂质量} \times 100 \qquad (1-1-12)$$

说明：必须选取饱和溶液，并且溶质与溶剂要对应于一份溶液。

例如，在 20℃时，100g 水里最多能溶解 36g 氯化钠（这时溶液达到饱和状态），我们就说在 20℃时，氯化钠在水里的溶解度是 36g。

ZAA003 质量分数的概念

（三）溶液浓度的表示方法

1. 物质 B 的质量分数（w_B）

物质 B 的质量分数定义为溶质 B 的质量在全部溶液质量中所占的分数。表达式为：

$$w_B = \frac{m_B}{m} \qquad (1-1-13)$$

式中　m_B——溶质 B 的质量,kg;

$\qquad$ m——溶液的质量,kg;

$\qquad$ w_B——物质 B 的质量分数。

ZAA007 溶液摩尔分数的概念

2. 物质 B 的物质的量分数(x_B)

物质的量分数定义为物质 B 的物质的量与溶液的物质的量之比,符号为 x_B,是量纲一的量。物质的量分数又称摩尔分数。表达式为:

$$x_B = \frac{n_B}{n} \qquad (1-1-14)$$

式中　n_B——溶质 B 的物质的量,mol;

$\qquad$ n——溶液的物质的量,mol;

$\qquad$ x_B——物质的量分数。

设溶液由溶质 B 和溶剂 A 组成,则溶质 B 的物质的量分数为:

$$x_B = \frac{n_B}{n_A + n_B} \qquad (1-1-15)$$

同理,溶液 A 的物质的量分数为:

$$x_A = \frac{n_A}{n_A + n_B} \qquad (1-1-16)$$

显然,$x_B + x_A = 1$。

3. 物质 B 的物质的量浓度(c_B)

物质 B 的物质的量浓度定义为溶质 B 的物质的量除以溶液的体积,单位为摩尔每立方米,符号为 mol/m^3。表达式为:

$$c_B = \frac{n_B}{V} \qquad (1-1-17)$$

式中　n_B——溶质 B 的物质的量,mol;

$\qquad$ V——溶液的体积,m^3;

$\qquad$ c_B——物质 B 的物质的量浓度,mol/m^3。

物质 B 的物质的量的浓度简称物质 B 的浓度,又称摩尔浓度。

ZAA006 溶液质量摩尔浓度的概念

4. 物质 B 的质量摩尔浓度(b_B)

物质 B 的质量摩尔浓度定义为溶质 B 的物质的量除以溶剂的质量,符号为 b_B。表达式为:

$$b_B = \frac{n_B}{m_A} \qquad (1-1-18)$$

式中　n_B——溶质 B 的物质的量,mol;

$\qquad$ m_A——溶剂 A 的质量,kg;

$\qquad$ b_B——物质 B 的质量摩尔浓度,mol/kg。

5. 物质 B 的质量浓度(ρ_B)

物质 B 的质量浓度定义为溶质 B 的质量 m_B 除以溶液的体积 V，符号为 ρ_B。表达式为：

$$\rho_B = \frac{m_B}{V} \tag{1-1-19}$$

式中 ρ_B——溶质 B 的质量浓度，kg/m^3；

$\quad\quad m_B$——溶质 B 的质量，kg；

$\quad\quad V$——溶液的体积，m^3。

（四）摩尔浓度的计算

GAA005 摩尔
浓度的计算

1. 物质的量

物质的量是一个物理量，表示含有一定数目粒子的集合体，符号为 n。物质的量的单位为摩尔，简称摩，符号为 mol。国际上规定，1mol 任何粒子的粒子数叫作阿伏加德罗常数，符号为 N_A，通常用 6.02×10^{23} mol^{-1} 表示。

物质的量、阿伏加德罗常数与粒子数(N)之间存在着下述关系：

$$n = \frac{N}{N_A} \tag{1-1-20}$$

2. 摩尔质量

1mol 任何粒子或物质的质量以克为单位时，其数值都与该粒子的相对原子质量或相对分子质量相等。单位物质的量的物质所具有的质量叫作摩尔质量。摩尔质量的符号为 M，常用的单位为 g/mol（或 $g \cdot mol^{-1}$）。

例如，Mg 的摩尔质量是 24g/mol；KCl 的摩尔质量是 74.5g/mol。

物质的量(n)、质量(m)和摩尔质量(M)之间存在着下述关系：

$$n = \frac{m}{M} \tag{1-1-21}$$

3. 气体摩尔体积

单位物质的量的气体所占的体积叫作气体摩尔体积，符号为 V_m，常用的单位有 L/mol（或 $L \cdot mol^{-1}$）和 m^3/mol（或 $m^3 \cdot mol^{-1}$）。表达式为：

$$V_m = \frac{V}{n} \tag{1-1-22}$$

气体摩尔体积的数值不是固定不变的，它决定于气体所处的温度和压强。例如，在 0℃ 和 101kPa（标准状况）的条件下，气体摩尔体积约为 22.4L/mol。

4. 物质的量浓度（摩尔浓度）

单位体积溶液里所含溶质 B 的物质的量，也称为 B 的物质的量浓度，符号为 c_B。物质的量浓度可表示为 $c_B = \dfrac{n_B}{V}$。物质的量浓度常用的单位为 mol/L，如果 1L 溶液中含有 1mol 溶质，这种溶液中溶质的物质的量浓度就是 1mol/L。

5. 基本量的换算

$$n = \frac{N}{N_A} = \frac{m}{M} = \frac{V}{V_m} = cV \tag{1-1-23}$$

溶质的质量分数为 w,密度为 ρ 的某溶液中,其溶质的物质的量浓度的表达式:

$$c = \frac{1000\rho w}{M} \qquad (1-1-24)$$

三、结晶

CAA003 结晶的概念

(一)结晶

结晶是固体物质以晶体状态从蒸气、溶液或熔融物中析出的过程,是获得高纯度固体物质的基本单元操作,是与固体的溶解相反的过程。在某溶质的饱和溶液中,加入一些该溶质的晶体,晶体的质量是不会发生改变的。

(二)结晶水合物

许多物质从水溶液里析出晶体时,晶体里常含有一定数目的水分子,这样的水分子叫作结晶水。含有结晶水的物质叫作结晶水合物。

(三)过饱和溶液

溶质浓度超过饱和溶解度时,该溶液称之为过饱和溶液。

(四)晶体

晶体,即原子、离子或分子按一定的空间次序排列而形成的固体,也叫结晶体。一般由纯物质生成。晶体分为原子晶体和分子晶体。例如,碘比较容易升华,是由于碘是分子晶体,分子间作用力较小。

项目六 化学反应

一、甲烷转化反应的特点

ZAA013 甲烷转化反应的特点

(一)甲烷转化反应的特点

甲烷蒸汽转化反应的反应方程式:

$$CH_4 + H_2O \rightleftharpoons CO + 3H_2 \qquad \Delta H = 206.58 \text{kJ/mol} \qquad (38)$$

甲烷蒸汽转化反应的特点:甲烷化反应是一个强吸热、体积增大的可逆反应,一般情况下甲烷化反应速率很慢,但在镍催化剂作用下反应速率相当快。

(二)压力和温度对甲烷转化反应的影响

1. 压力

从反应式可知,烃类蒸汽转化反应是一个体积增大的可逆反应。因此,从反应平衡考虑,压力增大对反应是个不利因素,压力越高,出口气中的残余甲烷含量越大。从反应平衡角度出发,转化压力越低越好。但是加压反应有以下优点:

(1)加压转化可以节约压缩功耗。因为转化反应是个体积增大很多的反应,在转化前提高压缩比在转化后压缩省功。

(2)加压使反应气体浓度增大,有利于提高反应速率,减少催化剂用量,缩小设备尺寸,减少占地面积,降低基建投资。加压对后工序的变换和脱碳等都有好处。

(3)加压有利于生产余热的回收利用。转化压力提高,特别有利于变换出口气体热能的回收,这不仅增大了回收热能的数量,还提高了热能利用的等级和价值。

2. 温度

烃类蒸汽转化是一个吸热反应,因此无论从反应平衡还是从反应速率方面来看,提高温度总是有利于转化反应的进行。温度越高,残余甲烷含量越低。

二、一氧化碳变换反应

ZAA014 一氧化碳变换反应的特点

（一）一氧化碳变换反应的特点

一氧化碳变换反应的方程式:

$$CO+H_2O \rightleftharpoons CO_2+H_2 \quad \Delta H = -41.19kJ/mol \tag{39}$$

一氧化碳变换反应特点:可逆、放热、等体积,无催化剂时反应较慢,只有在催化剂作用下反应速率才加快。

（二）温度压力对变换反应的影响

1. 温度

因为变换反应是可逆放热反应,因此温度对反应平衡和反应速率是一个矛盾的因素。温度增高对反应平衡不利,温度越高,平衡常数越小,残余 CO 含量越多,变换率越低。但从反应动力学的角度看,温度提高对反应速率有利,温度高,反应速率大,但温度与变换反应速率也不是直线关系。因为变换反应是一个可逆反应,温度提高不仅可以加大正反应速率,同时也会加大逆反应速率。而总反应速率为正逆反应速率之差。在反应物组成不变的前题条件下,总是存在一个总反应速率最大时的温度,称为最适宜温度,但反应物组成是不断变化的,最适宜温度也跟着变化,因此就存在一个最适宜温度线。按照最适宜温度线操作,就可得到最大变换率。对放热可逆反应,最适宜温度总是随着反应的进行由高向低转变。

2. 压力

从变换反应方程式可以看出,变换反应前后气体的体积没有变化,因此在不太高的压力范围内,压力对变换反应的平衡影响很小。

三、合成氨反应的特点

ZAA015 合成氨反应的特点

（一）合成氨反应的特点

氨合成的化学反应式:

$$3H_2+N_2 \rightleftharpoons 2NH_3 \quad \Delta H = -92.44kJ/mol \tag{40}$$

合成氨反应具有如下几个特点:

(1)可逆反应,即氢气和氮气反应生产氨的同时,氨也分解生成氢气和氮气。

(2)放热反应。在生成氨的同时放出热量,反应热与温度和压力有关。

(3)体积缩小的反应。

(4)反应需要有催化剂才能较快的进行。

（二）温度和压力对合成氨反应影响

1. 温度

氨合成反应为可逆放热反应,温度升高反应速率加快,但平衡氨含量降低。因反应条件的不同,温度对氨合成反应影响的总结果不同,当反应远离平衡时,升高温度使反应速率加快,会使合成转化率明显提高;而当合成氨反应接近平衡时,温度继续升高,会使合成率下降。因此对于特定的催化剂,有一最适宜温度曲线,它随氨含量的升高而降低。

2. 压力

从合成的热力学和动力学的角度来看,提高压力对氨合成的平衡和反应速率都是有利的。在一定空速下,合成压力越高,出口氨浓度越高,氨净值越高,生产强度就越大,且高压有利于液氨从循环气中分离出来,从而减少了冷冻功耗,但提高压力,对设备要求较高,合成气压缩机的功耗也明显增加,考虑到总功耗和总费用,目前合成氨生产系统大多采用13～30MPa操作压力。

项目七　氧化还原反应

一、基本概念

CAA007　氧化反应的概念

(一)氧化反应

狭义的氧化反应是指物质与氧发生的反应,如常见的燃烧、自燃、爆炸等反应。但是有些反应物变为产物时,反应中并没有氧参与。此时,要根据元素化合价来分析反应类型。某些元素的化合价在反应前后发生了变化,例如,在木炭燃烧生成二氧化碳的反应中,碳得到了氧变成了二氧化碳,碳化合价由 0 价升高为+4 价,发生了氧化反应。因此,在化学反应中,物质失去电子的反应叫作氧化反应。例如,在气体中只具氧化性的气体是氟气。

CAA008　还原反应的概念

(二)还原反应

在化学反应中,物质得到电子的反应叫作还原反应。一个完整的化学反应中,还原反应与氧化反应一般是同时存在的,不可能仅有一项。例如,在化学反应里置换反应一定是氧化还原反应。

CAA009　氧化剂的概念

(三)氧化剂

氧化剂是得到电子(或电子对偏向)的物质,在反应时所含元素的化合价降低。氧化剂具有氧化性,反应时本身被还原(图 1-1-1)。对应产物为还原产物。常用的氧化剂物质有O_2、Cl_2、浓硫酸、硝酸、高锰酸钾等。

CAA010　还原剂的概念

(四)还原剂

还原剂是失去电子(或电子对偏离)的物质,在反应时所含元素化合价升高(图 1-1-1)。还原剂具有还原性,反应时本身被氧化,对应产物为氧化产物。常用的还原剂的物质有活泼的金属单质如 Al、Zn、Fe 以及 C、H、CO 等。

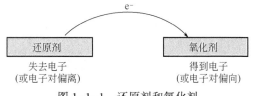

图 1-1-1　还原剂和氧化剂

（五）氧化性

氧化性是氧化剂得到电子的能力或性质。

（六）还原性

还原性是还原剂失去电子的能力或性质。

（七）氧化产物

还原剂失电子后被氧化的生成物，氧化产物均具有氧化性。

（八）还原产物

氧化剂得电子后被还原的生成物，还原产物均具有还原性。

GAA003 氧化还原反应方程式的配平

二、氧化还原反应方程式的配平

（一）配平氧化还原反应必须遵守的原则

1. 质量守恒

根据质量守恒定律，方程式两边各种元素的原子总数必须各自相等。

2. 得电子数等于失电子数

反应过程中氧化剂所得到的电子数必须等于还原剂所失去的电子数。

（二）一些关键物质化合价的确定规则

（1）在单质（如 Cu，O_2 等）中，原子的化合价为零。

（2）在中性分子中，所有原子的化合价代数和等于零。

（3）在复杂离子中，所有原子的氧化数代数和等于离子的电荷数。而单原子离子的氧化数就等于它所带的电荷数。

（4）若干关键元素的原子在化合物中的化合价有固定值。氢原子的化合价为+1，氧原子为-2，卤素原子在卤化物中为-1，硫在硫化物中为-2。

（三）配平的主要步骤

以 $KMnO_4$ 把 HCl 氧化成 Cl_2 而本身还原成 $MnCl_2$ 为例，说明氧化数法配平的步骤。

（1）在箭号左边写反应物的化学式，右边写生成物的化学式。

$$KMnO_4+HCl \longrightarrow KCl+MnCl_2+Cl_2$$

（2）计算氧化剂中原子化合价降低值及还原剂中原子化合价升高的值，并根据氧化剂化合价降低总值和还原剂化合价升高总值必须相等的原则，找出氧化剂和还原剂的化学计量数。

$$\overset{+7}{K}MnO_4 \longrightarrow \overset{+2}{Mn}Cl_2 \quad 一个 KMnO_4 中的 Mn 的化合价降低 5 价$$

$$\overset{-1}{H}Cl \longrightarrow \overset{0}{Cl_2} \quad 一个 HCl 中的 Cl 的化合价升高 1 价$$

（3）找出 $KMnO_4$ 化合价降低的数和 Cl_2 化合价降低数的最小公倍数为 10。配平除氢和氧以外各种元素的原子数（先配平化合价有变化的元素的原子数）。后配平化合价没有变化的元素的原子数。

$$2KMnO_4+16HCl \longrightarrow 2KCl+2MnCl_2+5Cl_2$$

（4）配平氢，找出参加反应（或生成）水的分子数。

$$2KMnO_4+16HCl = 2KCl+2MnCl_2+8H_2O+5Cl_2$$

(5)最后核对氧,检查该方程式反应物和生成物中各原子数相等。

项目八 化学反应速率

一、化学反应速率的基础知识

CAB006 化学反应速度的概念

(一)化学反应速率的概念

化学反应速率就是化学反应进行的快慢程度(平均反应速率),用单位时间内反应物或生成物的物质的量来表示。在容积不变的反应容器中,通常用单位时间内反应物浓度的减少或生成物浓度的增加来表示。化学反应速率的单位为 mol/(L·s)或 mol/(L·min)。

ZAA009 化学反应速率的表示方法

(二)化学反应速率的表示方法

根据化学反应速率的概念,对于一般的化学反应:$aA+bB \Longrightarrow cC+dD$,则平均化学反应速率的表达式如下:

$$平均化学反应速率=\frac{反应物(或生成物)浓度的变化}{时间(分、秒)}=\frac{\Delta c}{\Delta t} \qquad (1-1-25)$$

反应物 A 的平均化学反应速率的数学表达式:

$$\bar{v}_A = \frac{\Delta c(A)}{\Delta t} \qquad (1-1-26)$$

式中 $\bar{v}_A$——反应物的平均化学反应速率,mol/(L·s);

$\Delta c(A)$——反应物 A 的浓度的减少量,mol/L;

Δt——时间间隔,s。

反应物 B 的平均化学反应速率的数学表达式:

$$\bar{v}_B = \frac{\Delta c(B)}{\Delta t} \qquad (1-1-27)$$

生成物 C 的平均化学反应速率的数学表达式:

$$\bar{v}_C = \frac{\Delta c(C)}{\Delta t} \qquad (1-1-28)$$

生成物 D 的平均化学反应速率的数学表达式:

$$\bar{v}_D = \frac{\Delta c(D)}{\Delta t} \qquad (1-1-29)$$

对于同一个化学反应,以不同物质浓度的变化所表示的反应速率,其数值虽然不同,但它们的比值恰好就是化学方程式中各相应物质的计量系数比。因此,用任一物质在单位时间内的浓度变化来表示该反应的速率,意义是一样的,但须指明是以哪种物质的浓度来表示的。

ZAB004 影响化学反应速度的因素

(三)影响化学反应速度的因素

影响化学反应速率的因素有:反应物本身的性质;外界因素如温度、浓度、压强、催化剂、光、激光、反应物颗粒大小以及反应物之间的接触面积和反应物状态。另外,X射线、γ射线、固体物质的表面积与反应物的接触面积,也会影响化学反应速率。

GAA004 化学反应速率的影响因素

1. 内因

化学键的强弱对化学反应速率的影响。例如，在相同条件下，氟气与氢气在暗处就能发生爆炸（反应速率非常大）；氯气与氢气在光照条件下会发生爆炸（反应速率大）；溴气与氢气在加热条件下才能反应（反应速率较大）；碘蒸气与氢气在较高温度时才能发生反应，同时生成的碘化氢又分解（反应速率较小）。这与反应物 X—X 键及生成物 H—X 键的相对强度大小密切相关。

2. 外因

1）压强

压强对化学反应速率的影响。对于有气体参与的化学反应，其他条件不变时（除体积），增大压强，即体积减小，反应物浓度增大，单位体积内活化分子数增多，单位时间内有效碰撞次数增多，反应速率加快；反之则减小。若体积不变，加压（加入不参加此化学反应的气体）反应速率就不变。因为浓度不变，单位体积内活化分子数就不变。但在体积不变的情况下，加入反应物，同样是加压，增加反应物浓度，速率也会增加。若体积可变，恒压（加入不参加此化学反应的气体）反应速率就减小。因为体积增大，反应物的物质的量不变，反应物的浓度减小，单位体积内活化分子数就减小。

2）温度

温度对化学反应速率的影响。只要升高温度，反应物分子获得能量，使一部分原来能量较低分子变成活化分子，增加了活化分子的百分数，使得有效碰撞次数增多，故反应速率加大（主要原因）。当然，由于温度升高，使分子运动速率加快，单位时间内反应物分子碰撞次数增多反应也会相应加快（次要原因）。

3）催化剂

催化剂对化学反应速率的影响。使用正催化剂能够降低反应所需的能量，使更多的反应物分子成为活化分子，大大提高了单位体积内反应物分子的百分数，从而成千上万倍地增大了反应速率，负催化剂则反之。催化剂只能改变化学反应速率，却改不了化学反应平衡。

4）浓度

浓度对化学反应速率的影响。当其他条件一致，增加反应物浓度就增加了单位体积的活化分子的数目，从而增加有效碰撞，反应速率增加，但活化分子百分数是不变的。

5）其他因素

增大一定量固体的表面积（如粉碎），可增大反应速率，光照一般也可增大某些反应的速率；此外，超声波、电磁波、溶剂等对反应速率也有影响。

JAA002 化学
反应速率的分析

二、化学反应速率的分析

（一）浓度的影响

增加反应物浓度可以加快化学反应速率；降低反应物的浓度可以减慢化学反应速率。

（1）若增加一种物质的浓度（无论是反应物或生成物），反应速率总是加快，反之则减慢。

（2）固体（或纯液体）的浓度视为常数，增加或减少固体（或纯液体）的量，化学反应速率和化学平衡均不改变。故不能用它表示反应速率。但固体颗粒越小,反应速率越快。

(二)压强的影响

增加体系的压强,可以加快化学反应速率,降低体系的压强,可以减慢化学反应速率(仅适用于有气体参加的反应)。

注意:压强的改变必须是对气体物质的量浓度产生影响而不是外表上的升高或不变。

(1)对于有气体参加或生成的化学反应,增大压强,体积缩小,气体物质的浓度增大,无论是正反应速率或是逆反应速率均增大;没有气体,压强变大不会影响速率。

若不是可逆反应,只有当反应物有气体时才受压强影响,生成物有气体则不受影响。

(2)压强对可逆反应体系中气体的系数大的方向影响的幅度大,如合成氨反应;若不是可逆的,压强只影响反应物,如碳不完全燃烧。

(3)体系体积缩小一半,即相当于"加压"了。

(4)恒容条件下,充入反应无关气体(惰气),容器总压尽管增大了,但与反应有关的各自的浓度不变,故反应速度不变。

(三)温度的影响

升高体系的温度可以加快化学反应速率;降低体系的温度,可以减慢化学反应速率。

(四)催化剂的影响

使用正催化剂可以加快化学反应速率;使用负催化剂,可以减慢化学反应速率。

项目九　化学平衡

一、基本知识

(一)基本概念

1. 可逆反应

很多化学反应在进行时都具有可逆性,即正向反应(反应物→生成物)和逆向反应(生成物→反应物)在同时进行,只是可逆的程度有所不同并且差异很大。通常把在同一条件下正反应方向和逆反应方向均能进行的化学反应称为"可逆反应",用"$\rightleftharpoons$"表示,其特点是任一时刻反应物和生成物同时存在。

2. 化学平衡

化学平衡是指在宏观条件下一定的可逆反应中,化学反应正逆反应速率相等,反应物和生成物各组分浓度不再改变的状态。化学平衡的建立是以可逆反应为前提的。绝大多数化学反应都具有可逆性,都可以达到平衡,如图 1-1-2 所示。

3. 化学平衡的移动

如果改变一个已经达到平衡状态的可逆反应的反应条件,则该反应将不能继续保持平衡,但经过一段时

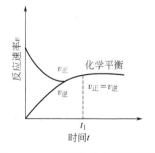

图 1-1-2　可逆反应化学平衡图

间以后,该反应又会达到新的平衡状态,像这样,可逆反应中旧化学平衡状态破坏,新化学平衡建立的过程叫作化学平衡的移动。

ZAA012 化学平衡的特征

（二）化学平衡的特征

化学平衡状态具有逆、等、动、定、变等特征。

（1）逆:只有可逆反应才能达到动态平衡状态。

（2）等:达到平衡时,正反应速率与逆反应速率相等,即 $v_{正} = v_{逆}$。

（3）动:达到平衡时,虽然各组分不再变化,但并不意味着反应停止或反应速率为 0,反应依旧在不断地进行,体系处于一种动态平衡的状态。

（4）定:达到平衡时,各物质的百分含量保持不变、各物质的浓度保持不变、各物质的物质的量和质量保持不变。对于有气体参加的反应,平衡时混合气体的总压强保持不变、混合气体的平均密度保持不变。若有有色物质参加反应,则体系的颜色保持不变。总体系的温度保持不变。

（5）变:平衡会随着外界条件的改变而发生移动,当外界条件改变时,旧的平衡会被破坏,新的平衡会重新建立,使反应再次达到动态平衡状态。

ZAA005 化学平衡的影响因素

（三）化学平衡的影响因素

1. 浓度

在其他条件不变时,增大反应物的浓度或减少生成物的浓度,有利于正反应的进行,平衡向右移动;增加生成物的浓度或减小反应物的浓度,有利于逆反应的进行,平衡向左移动。单一物质的浓度改变只是改变正反应或逆反应中一个反应的反应速率而导致正逆反应速率不相等,导致平衡被打破。

2. 压强

对于气体反应物和气体生成物分子数不等的可逆反应来说,当其他条件不变时,增大总压强,平衡向气体分子数减少即气体体积缩小的方向移动;减小总压强,平衡向气体分子数增加即气体体积增大的方向移动。若反应前后气体总分子数(总体积)不变,则改变压强不会造成平衡的移动。压强改变通常会同时改变正逆反应速率,对于气体总体积较大的影响较大。固态、液态物质的体积受压强影响很小,改变压强平衡不移动。

3. 温度

在其他条件不变时,升高反应温度,有利于吸热反应,平衡向吸热反应方向移动;降低反应温度,有利于放热反应,平衡向放热反应方向移动。温度的改变也是同时改变正逆反应速率,升温总是使正逆反应速率同时提高,降温总是使正逆反应速率同时降低。对于吸热反应来说,升温时正反应速率提高得更多,造成 $v_{正} > v_{逆}$ 的结果;降温时吸热方向的反应速率下降得也更多。与压强改变不同的是,每个化学反应都会存在一定的热效应,所以改变温度一定会使平衡移动,不会出现不移动的情况。

4. 催化剂

催化剂只能缩短达到化学反应平衡所需时间,而不能改变平衡状态(即百分组成)。这是因为催化剂能够同等程度地改变正、逆反应的速率,所以加入催化剂不会使化学平衡发生移动。

综上所述,浓度、压强、温度等外界因素对化学平衡的影响:在其他条件不变的情况下,如果改变影响平衡的一个条件(如浓度、压强、温度),平衡就向能够减弱这种改变的方向移动。

(四)化学平衡的分析

JAA001 化学平衡的分析

1. 化学平衡移动概念

改变外界条件,破坏原有化学平衡状态,建立新的化学平衡状态的过程叫作化学平衡移动。

2. 研究对象

已建立平衡状态的体系。

3. 平衡移动的本质原因

$v_正 \neq v_逆$。

4. 浓度对化学平衡的影响

在其他条件不变的情况下,增大反应物浓度或减小生成物浓度,平衡向正方向移动;增大生成物浓度或减小反应物浓度,平衡向逆方向移动。

(1)改变浓度一般通过改变物质的量来实现,但改变固体物质和纯液体的量,不影响平衡。

(2)对于离子反应,只能改变实际参加反应的离子的浓度才能改变平衡。

(3)对于一般的可逆反应(有两种反应物),增大一种反应物的浓度,会提高另一种反应物的转化率,二者本身的转化率降低。

5. 压强对化学平衡的影响

在其他条件不变的情况下,增大压强,会使化学平衡向着气体体积缩小的方向移动;减小压强,会使平衡想着气体体积增大的方向移动。

(1)对于反应前后气体总体积相等的反应,改变压强对平衡无影响。

(2)平衡混合物都是固体或液体的,改变压强不能使平衡移动。

(3)压强的变化必须改变混合物浓度即(容器体积)有变化才能使平衡移动。

(4)恒容时,通入惰性气体,压强增大,但浓度不变,平衡不移动。恒压时,通入惰性气体,压强不变,但容积增大,浓度减小,平衡移动(相当于减压)。

6. 温度对化学平衡的影响

在其他条件不变的情况下,升高温度,平衡向着吸热反应方向移动;降低温度,平衡向着放热反应移动。

7. 催化剂对化学平衡的影响

催化剂能够同等程度的改变正逆反应的速率,所以使用催化剂不能使平衡发生移动,但可以改变达到平衡所需要的时间。

8. 固体反应物的表面积

有固体参加的反应,固体的表面积越大,固体在同一时间内与其他反应物的接触越多,化学反应速率越快。

9. 反应物状态

通常气相或液相反应比固相反应的反应速率大。

10. 勒夏特列原理（又称平衡移动原理）

在一个已经达到平衡的反应中，如果改变影响平衡的条件之一（如温度、压强，以及参加反应的化学物质的浓度），平衡将向着能够减弱这种改变的方向移动。

（1）此原理只适用于已达到平衡的体系。

（2）平衡移动方向与条件改变方向相反，例如增大浓度，平衡移动向减小这种浓度的方向移动；增大压强，向减小压强方向移动。

（3）减弱的含义：平衡移动后结果变化的方向不变，但程度减小。例如，增加反应物浓度平衡移动后该反应物浓度仍增加，只是增加的程度比没有平衡移动时要小。

二、化学平衡常数

CAB005 化学平衡常数的概念

（一）化学平衡常数的概念

ZAA008 化学平衡常数的概念

化学平衡常数是指在一定温度下，可逆反应无论从正反应开始，还是从逆反应开始，也不管反应物起始浓度大小，最后都达到平衡，这时各生成物浓度的化学计量数次幂的乘积与各反应物浓度的化学计量数次幂的乘积的比值是个常数，这个常数叫化学平衡常数，用 K 表示。化学平衡常数一般有浓度平衡常数和压强平衡常数。对已达到的平衡反应 $aA+bB \rightleftharpoons cC+dD$，平衡常数 K_c 表达式如下：

$$K_c = \frac{c^c(C) \cdot c^d(D)}{c^a(A) \cdot c^b(B)} \tag{1-1-30}$$

式中　K_c——浓度平衡常数；

$c(A)$——反应达到平衡时 A 物质的浓度，mol/L；

$c(B)$——反应达到平衡时 B 物质的浓度，mol/L；

$c(C)$——反应达到平衡时 C 物质的浓度，mol/L；

$c(D)$——反应达到平衡时 D 物质的浓度，mol/L。

对于气体相反应，在恒温恒容下，气体的分压与浓度成正比，则平衡常数用分压表示，称为压强平衡常数。对已达到的平衡反应 $aA+bB \rightleftharpoons cC+dD$，压强平衡常数 K_p 表达式如下：

$$K_p = \frac{p^c(C) \cdot p^d(D)}{p^a(A) \cdot p^b(B)} \tag{1-1-31}$$

式中　K_p——压强平衡常数；

$a、b、c、d$——反应中 A、B、C、D 物质的反应比例系数；

$p(A)$——反应达到平衡时 A 物质的平衡分压，Pa；

$p(B)$——反应达到平衡时 B 物质的平衡分压，Pa；

$p(C)$—反应达到平衡时 C 物质的平衡分压，Pa；

$p(D)$——反应达到平衡时 D 物质的平衡分压，Pa。

化学平衡常数的说明：

（1）平衡常数是化学反应的特性常数。它不随物质的初始浓度（或分压）而改变，仅取决于反应的本性。一定的反应，只要温度一定，平衡常数就是定值，其他任何条件改变都不会影响它的值。

（2）平衡常数数值的大小是反应进行程度的标志。它能很好地表示出反应进行的完全程度。一个反应的 K 值越大,说明平衡时生成物的浓度越大,反应物剩余浓度越小,反应物的转化率也越大,也就是正反应的趋势越强。反之亦然。

GAB002　化学平衡常数的影响因素

(二)化学平衡常数的影响因素

通常认为化学平衡常数只与温度有关,吸热反应平衡常数随温度升高而增大,放热反应则相反。但是严格说来,化学反应平衡常数是温度与压力的函数,对于不同的化学平衡常数,其情况也有所不同。

(1)气相反应中,所有的标准平衡常数都只是温度的函数。如果气体是理想气体,那么此时其经验平衡常数也只是温度的函数。但对于非理想气体,平衡常数受温度和压力的共同影响。

(2)理论上,只要有凝聚相(固体或者液体)参与的反应,都是温度和压力的函数。但是,在压力变化范围不大的情况下,可以忽略压力对凝聚相体积变化的影响,即可以忽略压力对平衡常数的影响。

(3)一个确定的可逆反应来说,由于反应前后催化剂的化学组成、质量不变,因此,无论是否使用催化剂,反应的始、终态都是一样的,催化剂对化学平衡无影响。也就是说,催化剂只是改变了化学反应的动力学途径,而热力学却仅仅关注变化的始、终两态。一个化学反应采用同一种催化剂,可以同等程度改变正、逆反应速率,而使化学平衡保持原有的状态。因此,催化剂对化学平衡常数亦无影响。

GAB003　化学平衡常数的计算方法

(三)化学平衡常数的简单计算

化学平衡常数 K 有 2 种计算方法。

GAA002　化学平衡常数的简单计算

1. 经验平衡常数(简单版)

可逆反应: $a\mathrm{A}+b\mathrm{B} \rightleftharpoons c\mathrm{C}+d\mathrm{D}$ 达到平衡后,密闭容器中各物质的浓度是 $c(\mathrm{A})$、$c(\mathrm{B})$、$c(\mathrm{C})$、$c(\mathrm{D})$,反应中各物质的反应比例系数分别是 a、b、c、d。这时 K 可以由上述数据计算出来:

$$K=\frac{c^{c}(\mathrm{C}) \cdot c^{d}(\mathrm{D})}{c^{a}(\mathrm{A}) \cdot c^{b}(\mathrm{B})}$$

$$(1-1-32)$$

式中　K——平衡常数;

　　　c——各组分的平衡浓度,mol/L;

　　　a、b、c、d——反应中 A、B、C、D 物质的反应比例系数。

2. 标准平衡常数

事实上,一个混合体系中各种物质的浓度是非常难以测得的,所以上述计算实际中难以运用,只作为入门学者辅助理解的案例。

化学平衡点事实上是由物质本身的性质决定的,更确切地说是反应能量决定的。化学反应总是趋向于减少反应物的内能。燃烧反应就是典型例子:通过燃烧,燃料把自身储存的内能释放出去,自己达到了稳定状态。可逆反应也一样,正逆反应能量释放速度一样时,反应就平衡了。

因此,需要用吉布斯自由能的变化量 ΔG 算出反应物内能的吸收、释放量,然后借助范特霍夫等温式将 ΔG 与 K 联系起来,从而算出标准平衡常数 K。

项目十　临界参数与燃烧

ZAA010　临界温度的概念

一、临界温度

使物质由气态变为液态的最高温度称为临界温度。每种物质都有一个特定的温度,在这个温度以上,无论怎样增大压强,气态物质都不会液化,这个温度就是临界温度。

ZAA011　临界压力的概念

二、临界压力

临界压力是物质处于临界状态时的压力(压强),即是在临界温度时使气体液化所需要的最小压力,也就是液体在临界温度时的饱和蒸气压。

CAA013　燃烧的概念

三、燃烧

燃烧俗称"着火",是可燃物质与氧化剂作用所发生的一种放热发光的剧烈化学反应。

发光、放热和生成新物种是燃烧反应的三个特征。

要发生燃烧,必须具备可燃物、助燃物和点火源"三要素"。

1. 可燃物

凡能在空气、氧气或其他氧化剂中发生燃烧反应的物质,都称为可燃物。

2. 助燃物(氧化剂)

凡是与可燃物质相结合并能帮助、支持和导致着火或爆炸的物质,称为助燃物。

3. 点火源

凡是能引起可燃物着火或爆炸的热能源,统称为点火源(又称着火源),可分为明火焰、炽热体、火星、电火花、化学反应和生物热、光辐射等。点火源温度越高,越容易引起可燃物燃烧。

燃烧"三要素"是发生燃烧的基本条件,此外,要发生燃烧还必须具备一个充分条件,即可燃物和助燃物具备一定数量和浓度,点火源具备一定的能量。"三要素"同时存在并且发生相互作用,才是引起燃烧的必要条件。

模块二　化工基础知识

项目一　流体流动

一、流体静力学

(一)基本概念

没有一定形状可流动的物质称为流体,如气体和液体均为流体。

1. 流体的密度

流体密度是单位体积流体所具有的流体质量,以 ρ 表示。在国际单位制(SI)中,ρ 的单位为 kg/m^3。其表达式为:

$$\rho = \frac{m}{V} \qquad\qquad (1-2-1)$$

式中　ρ——流体的密度,kg/m^3;

　　　m——流体的质量,kg;

　　　V——流体的体积,m^3。

液体的密度基本上不随压力变化(极高压力除外),但随温度略有改变。

气体具有可压缩性及热膨胀性,其密度随温度与压力有较大的变化。在一般温度与压力下,气体的密度可以近似地用理想气体状态方程式计算。

由理想气体状态方程式:

$$pV = nRT = \frac{m}{M}RT \qquad\qquad (1-2-2)$$

$$p = \frac{mRT}{VM} = \frac{\rho RT}{M} \qquad\qquad (1-2-3)$$

得　　　　　　　　　　$$\rho = \frac{pM}{RT} \qquad\qquad (1-2-4)$$

式中　p——气体的压强,Pa;

　　　T——气体的热力学温度,K;

　　　V——气体的体积,m^3;

　　　M——气体的摩尔质量,$kg/kmol$;

　　　R——通用气体常数,$8.314kJ/(kmol \cdot K)$。

当气体质量不变时,由两种状态下气体的 p-V-T 关系:

$$\frac{p_1 V_1}{T_1} = \frac{p_2 V_2}{T_2} \qquad\qquad (1-2-5)$$

可得理想气体在某一状态下的密度：

$$\rho = \rho_0 \frac{T_0 p}{T p_0} = \frac{M T_0 p}{22.4 T p_0} \qquad (1-2-6)$$

下标 0 表示标准状态（273.15K，101325Pa）。

2. 流体的相对密度

相对密度指流体密度与 4℃水的密度的比值，通常用 d 表示标准大气压下（1atm = 760mmHg = 101325Pa）4℃水的密度。

3. 流体的比容

单位质量的物质所占有的容积称为比容，用小写的字母 v 表示，即：$v = V/m$，单位为 m^3/kg。其中 m 表示物质的质量，单位为 kg；V 表示物质所占有的容积，单位为 m^3。

CAB007 流体的密度、相对密度和比容关系

4. 密度和比容的关系

比容与密度的关系为 $\rho v = 1$，显然比容和密度互为倒数，即比容和密度不是相互独立的两个参数，而是同一个参数的两种不同的表示方法。

CAB008 流体压强与压降的概念

5. 流体压强

单位面积上所受的压力，称为流体的压强。压强表上的读数表示被测流体的绝对压强比大气压强大的数值。真空表上的读数表示被测流体的绝对压强比大气压强小的数值。当液体表面的压强有改变时，液体内部各点的压强也发生同样大小的改变。

ZAB006 流体静力学基本方程式

（二）流体静力学基本方程式

描述静止流体内部压强变化规律的数学表达式，称为流体静力学

基本方程式：对于连续的，均质且不可压缩的流体，ρ = 常数

$$\rho g z + p = 常数 \qquad (1-2-7)$$

$$\rho g z_1 + p_1 = \rho g z_2 + p_2 \qquad (1-2-8)$$

$$p_2 = p_1 + \rho g (z_1 - z_2) \qquad (1-2-9)$$

$$\frac{p_2}{\rho g} = \frac{p_1}{\rho g} + (z_2 - z_1) \qquad (1-2-10)$$

$$p = p_0 + \rho g h \qquad (1-2-11)$$

式中　g——重力加速度，m/s^2；

　　　ρ——流体的密度，kg/m^3；

　　　z_1, z_2——点 1、2 分别与基准面的垂直距离，m；

　　　p, p_1, p_2, p_0——测量点 0、点 1、点 2、基准面处分别对应的压强，Pa；

　　　h——测量点到基准面的垂直距离，m。

式（1-2-7）至式（1-2-11）为流体静力学基本方程。

在静止液体内部任一点的压强 p 的大小与液体本身的密度 ρ 和该点距液面的深度 h 有关，液体密度越大，深度越大，则该点的压强越大；在静止的、连续的同一液体内，处于同一水平面上的各点的压强都相等；当液面上方的压强有改变时，液体内各点的压强 p 也发生同样大小的改变。

二、流体动力学

(一)流体的流量与流速

1. 流量

流体在流动过程中,单位时间流过管道任一截面的流体量称为流量,通常有两种表示方法。

(1)体积流量:单位时间内流经管道任一截面的流体体积,以 V_s 表示,单位 m^3/s。

(2)质量流量:单位时间内流经管道任一截面的流体质量,以 ω_s 表示,其单位为 kg/s。

体积流量和质量流量的关系为:

$$\omega_s = V_s\rho \qquad\qquad (1-2-12)$$

式中 ρ——流体的密度,kg/m^3;

V_s——流体的体积流量,m^3/s;

ω_s——流体的质量流量,kg/s。

2. 流速

单位时间内流体质点在流动方向上所流过的距离,称为流速。流速常用两种表示方法:

(1)平均流速:流体在同一截面上各点流速的平均值,称为平均流速,简称流速,以符号 u 表示,单位为 m/s。流速与流量的关系为:

$$u = \frac{V_s}{A} = \frac{\omega_s}{\rho A} \qquad\qquad (1-2-13)$$

式中 A——管路截面积,m^2;

u——流体的平均流速,m/s。

(2)质量流速:单位时间内流过管道单位截面积的质量,称为质量流速,以符号 G 表示,单位为 $kg/(m^2 \cdot s)$。

$$G = \frac{\omega_s}{A} = \frac{V_s\rho}{A} = u\rho \qquad\qquad (1-2-14)$$

对于一般圆形管道有: $$A = \frac{\pi d^2}{4} \qquad\qquad (1-2-15)$$

式中 d—管道内径,m;

G—流体的质量流速,$kg/(m^2 \cdot s)$。

质量流量和质量流速与管路的截面有关,与温度和压力无关。

(二)流体流动的类型

流体流动时,根据不同的流动条件可以出现两种截然不同的流动形态,即层流、过渡流和湍流(紊流)。这一现象是由雷诺首先发现的。

1. 层流

层流是流体的一种流动状态。当流速很小时,流体分层流动,互不混合,称为层流,或称为片流。一般管道雷诺数 $Re < 2100$ 为层流状态。

2. 过渡流

流体的流速逐渐增加,流体的流线开始出现波浪状的摆动,摆动的频率及振幅随流速的增加而增加,此种流况称为过渡流;管道雷诺数 $Re=2100\sim4000$ 时为过渡状态。

3. 湍流

流体的流速增加到很大时,流线不再清楚可辨,流场中有许多小漩涡,称为湍流,又称为乱流、扰流或紊流。管道雷诺数 $Re>4000$ 为湍流状态。

4. 雷诺数（Re）

$$Re=\frac{du\rho}{\mu} \tag{1-2-16}$$

式中　　d——管道内径,m;

$\quad\quad\ Re$——雷诺数;

$\quad\quad\ u$——流体的平均流速,m/s;

$\quad\quad\ \rho$——流体的密度,kg/m³;

$\quad\quad\ \mu$——流体的黏度,Pa·s。

（三）流体阻力

1. 基本概念

1）黏性

流体具有流动性,即没有固定形状,在外力作用下其内部产生相对运动。另一方面,在运动的状态下,流体还有一种抗拒内在的向前运动的特性,称为黏性,黏性是流动性的反面。

2）黏度

表示流体黏性大小的物理量是黏度。通常有两种表示方法:

绝对黏度:用符号 μ 表示,单位 Pa·s。

运动黏度:用黏度 μ 与密度 ρ 的比值表示。以 υ 表示:

$$\upsilon=\frac{\mu}{\rho} \tag{1-2-17}$$

式中　　υ——运动黏度,m²/s。

液体的黏度随温度升高而减小,气体的黏度随温度升高而增大。压强变化时,液体的黏度基本不变。气体的黏度随压强增加而增加的很少,在一般工程计算中可以忽略。

CAB010 流体
阻力的概念
3）流体阻力

流体在管路中流动,由于流体的黏性作用,在壁面附近产生低速度区,这种流体内部的动量传递作用在壁面上,即为流体的阻力。通常这种流体阻力为摩擦阻力。

CAB008 流体
压强与压降的
概念
4）流体压降

流体在管路中流动时由于能量损失而引起的压力降低。这种能量损失是由流体流动时克服内摩擦力和克服湍流时流体质点间相互碰撞并交换动量而引起的,表现在流体流动的前后处产生压力差,即压降。压降的大小随着管内流速变化而变化。

ZAB009 降低
流体阻力的途
径
2. 降低流体阻力的途径

（1）适当增大管径:流动阻力约与管径的五次方成反比,若管径增大一倍,即 d 变为 $2d$ 时,则摩擦阻力可减少为原来的 1/32 左右。

（2）流体在管内的流速越大。阻力损失也越大,所以应合理的选择管径,避免管内流速过大,并将流速控制在允许最大流速范围之内。

（3）管道内壁宜光滑，这样可减少局部阻力损失。

（4）管路系统中局部阻力往往占主导地位，因此，在满足生产要求的前提下，应尽量减少管件或阀门的数量，同时尽量减少流道的突然变形，如可用渐扩（或渐缩）代替突扩（突缩），用圆拐弯代替直角拐弯等；不宜在主干管路上的弯头、三通、变径处的附近接出支管管路。在管路长度基本确定的前提下，应尽可能减少管件、阀件，尽量避免管路直径的突变；在改变管径时，应采用局部阻力系数较小的变径管，不宜突然变径而加大局部阻力损失。

（5）在满足工艺要求的前提下，尽量缩短管路长度，以减少直管阻力；管道布置得简捷合理。

（6）管道上的阀门，当只起关闭作用时，宜采用阻力较小的阀门类型。

（7）在被输送介质中加入某些药剂，如丙烯酰胺、聚氧乙烯氧化物等，以减少介质对管壁的腐蚀和杂物沉积，从而减少漩涡，使流体阻力减少。

GAB005　直管阻力的计算方法

（四）流体的阻力计算

流体在管内流动时，由于流体内部的摩擦和管路壁面粗糙不平，引起了流体的能量损失 $\sum h_f$，单位为 J/kg。

1. 圆形直管阻力计算公式

流体在圆形直管阻力引起的能量损失可以由下式表示：

$$h_f = \lambda \frac{l}{d} \frac{u^2}{2} \text{或} \Delta p_f = \lambda \frac{l\rho u^2}{d\,2} \qquad (1-2-18)$$

式中　h_f——直管阻力，J/kg；

Δp_f——压力降，Pa；

u——流体流速，m/s；

l——直管长度，m；

d——直管的内径，m；

λ——摩擦系数。

层流时 $\lambda = 64/Re$，湍流时摩擦系统与流体的流速、黏度、管子内壁粗糙度与内径的比值（称相对粗糙度）等有关，在工程计算中，一般将实验数据进行综合整理。

2. 流体在非圆形直管内的流动阻力的计算

1）湍流时流体在非圆形直管内的流动阻力的计算

实验表明，在湍流情况下对非圆形截面的通道，可以找到一个与圆形管直径 d 相当的"直径"来代替。为此，引进水力半径 r_H 的概念。水力半径的定义是，流体在流道里的流通截面 A 与润湿周边长 Π 之比，即：

$$r_H = \frac{A}{\Pi} \qquad (1-2-19)$$

式中　A——流通截面积，m²；

Π——润湿周边长，m；

r_H——水力半径，m。

对于直径为 d 的圆形管子，流通截面积 $A = \frac{\pi}{4}d^2$，润湿周边长度 $\Pi = \pi d$，故：

$$r_H = \frac{d}{4} \qquad (1-2-20)$$

式中　d——圆形管子直径，m。

即圆形管的直径为其水力半径的 4 倍。把这个概念推广到非圆形管，即非圆形管的"直径"也采用 4 倍的水力半径来代替，称为当量直径，以 d_e 表示，即：

$$d_e = 4r_H \qquad (1-2-21)$$

式中　d_e——当量直径，m。

所以，流体在非圆形直管内作湍流流动时，其阻力损失计算公式为：

$$h_f = \lambda \frac{l}{d_e} \frac{u^2}{2} \qquad (1-2-22)$$

式中　h_f——非圆形直管阻力，J/kg；

u——流体流速，m/s；

l——直管长度，m；

d_e——当量直径，m；

λ——摩擦系数。

有些研究结果表明，当量直径用于湍流情况下的阻力计算比较可靠。用于矩形管时，其截面的长宽之比不能超过 3：1；用于环形截面时，其可靠性较差。

2）层流时流体在非圆形直管内的流动阻力的计算：

$$h_f = \frac{C}{Re} \frac{l}{d_e} \frac{u^2}{2} \qquad (1-2-23)$$

式中 C 为量纲为 1 的系数，一些非圆形管的常数 C 值见表 1-2-1。

表 1-2-1　某些非圆形管的常数 C 值

非圆形管的截面形状	正方形	等边三角形	环形	长方形 长：宽=2：1	长方形 长：宽=4：1
常数 C	57	53	96	62	73

3. 流体局部阻力的计算

JAB002 局部阻力的计算方法

局部阻力是流体通过管路中的管件、阀件以及管径的突然扩大和缩小等局部障碍而产生的阻力。在这些地方，由于流体的流动方向或流道截面积的突然变化，加剧了流体质点间的相对运行，形成漩涡，造成流体的能量损失。局部阻力损失的计算方法一般有：阻力系数法和当量长度法。

1）阻力系数法

将流体经过阀门、弯头等产生的局部阻力，用一个系数 ζ 代替 $\lambda \dfrac{l}{d}$，则有：

$$h_f' = \zeta \frac{u^2}{2} \qquad (1-2-24)$$

式中　ζ——阻力系数，与管件、阀门的局部形状和结构有关。

2）当量长度法

当流体经过阀门、弯头等产生的局部阻力时，将这一局部阻力当量为长度 l_e 的直管的阻力，那么，局部阻力又可以表示为：

$$h_f' = \lambda \frac{l_e}{d} \frac{u^2}{2} \tag{1-2-25}$$

式中 l_e——当量长度。各种管件和阀门的 $\dfrac{l_e}{d}$ 可通过图表查出。

（五）稳态流动的能量衡算方法

1. 稳态流动与非稳态流动

在流动系统中，若各截面上流体的流速、压力、密度等有关物理量仅随位置而变化，不随时间而变，这种流动称为稳态流动；若流体在各截面上的有关物理量既随位置而变，又随时间而变，则称为非稳态流动。化工生产中大多属于稳态流动过程。

2. 稳态流动的能量衡算方法

如图 1-2-1 所示的稳态流动系统中，流体从截面 1-1′流入，经粗细不同的管道，从截面 2-2′流出。管路上装有对流体做功的泵 2 及向流体输入或从流体取出热量的换热器 1。

衡算范围：内壁面、1-1′与 2-2′截面间。

衡算基准：1kg 流体。

基准水平面：0-0′平面。

令 u_1、u_2——流体分别在截面 1-1′与 2-2′的流速，m/s；

p_1、p_2——流体分别在截面 1-1′与 2-2′处的压强，Pa；

Z_1、Z_2——截面 1-1′与 2-2′的中心至基准水平面 0-0′的垂直距离，m；

A_1、A_2——截面 1-1′与 2-2′的面积，m^2；

v_1、v_2——流体分别在截面 1-1′与 2-2′处的比容，m^3/kg。

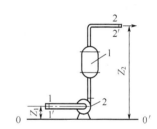

图 1-2-1 伯努利方程式的推导

1—换热器；2—泵

1kg 流体进、出系统时输入和输出的能量有下面各项：

（1）内能：物质内部能量的总和称为内能。1kg 流体输入与输出的内能分别以 U_1 和 U_2 表示，其单位为 J/kg。

（2）位能：流体因受重力的作用，在不同的高度处具有不同的位能，相当于质量为 m 的流体在基准水平面升举到某高度 Z 所做的功，即位能 $=mgZ$，单位为 J。

1kg 流体输入与输出的位能分别为 gZ_1 与 gZ_2，其单位为 J/kg。位能是个相对值，随所选的基准水平面位置而定，在基准水平面以上的位能为正值，以下的为负值。

（3）动能：流体以一定的速度运动时，便具有一定的动能。质量为 m，流速为 u 的流体所具有的动能为 $\dfrac{1}{2}mu^2$；动能的单位为 J。

1kg 流体输入与输出的动能分别为 $\dfrac{1}{2}u_1^2$ 与 $\dfrac{1}{2}u_2^2$，其单位为 J/kg。

GAB004 稳定流动的能量衡算方法

（4）静压能：静止流体内部任一处都有一定的静压力。流动着的流体内部任何位置也都有一定的静压力。对于图1-2-1所示的流动系统，流体通过截面1-1′时，由于该截面处液体具有一定的压力，这就需要对流体做相应的功，以克服这个压力，才能把流体推进系统里去。于是通过截面1-1′的流体必定带着与所需的功相当的能量进入系统，流体所具有的这种能量称为静压能。设质量为 m、体积为 V_1 的流体通过截面1-1′，把该流体推进此截面所需的作用力为 $p_1 A_1$，而流体通过此截面所走的距离为 $\dfrac{V_1}{A_1}$，则流体带入系统的静压能为：输入的静压能 $=p_1 A_1 \dfrac{V_1}{A_1}=p_1 V_1$，对1kg流体，则输入的静压能 $=\dfrac{p_1 V_1}{m}=p_1 v_1$，单位为 J/kg，同理，1kg流体离开系统时输出的静压能为 $p_2 v_2$，其单位为 J/kg。

（5）热：设换热器向1kg流体供应的或从1kg流体取出的热量为 Q_e，其单位为 J/kg。若换热器对所衡算的流体加热，则 Q_e 为从外界向系统输入的能量；如换热器对所衡算的流体冷却，则 Q_e 为系统向外界输出的能量。

（6）外功（净功）：1kg流体通过泵（或其他输送设备）所获得的能量，称为外功，有时还称为有效功，以 W_e 表示，其单位为 J/kg。

根据能量守恒定律，连续稳态流动系统的能量衡算是以输入的总能量等于输出的总能量为依据的，于是便可列出以1kg流体为基准的能量衡算式，即：

$$U_1+gZ_1+\frac{1}{2}u_1^2+p_1 v_1+Q_e+W_e=U_2+gZ_2+\frac{1}{2}u_2^2+p_2 v_2 \qquad (1-2-26)$$

令
$$\Delta U=U_2-U_1 \qquad (1-2-27)$$

$$g\Delta Z=gZ_1-gZ_2 \qquad (1-2-28)$$

$$\Delta\frac{U^2}{2}=\frac{U_2^2}{2}-\frac{U_1^2}{2} \qquad (1-2-29)$$

$$\Delta(pv)=p_2 v_2-p_1 v_1 \qquad (1-2-30)$$

则稳态稳态流动的能量衡算式可写为：

$$\Delta U+g\Delta Z+\Delta\frac{U^2}{2}+\Delta(pv)=Q_e+W_e \qquad (1-2-31)$$

上述过程就是稳定流动的能量衡算方法和推导的公式。

（六）稳态流动的物料衡算

ZAB007 稳定流动的物料衡算

物料衡算为质量守恒定律的一种表现形式，即

$$\sum G_i=\sum G_0+G_a \qquad (1-2-32)$$

式中　$\sum G_i$——输入物料的总和；

　　　$\sum G_0$——输出物料的总和；

　　　G_a——累积的物料量。

式（1-2-32）为总物料衡算式。当过程没有化学反应时，它适用于物料中任一组分的衡算；当有化学反应时，它只适用于任一元素的衡算。若过程中累积的物理量为零则物料衡算式为：

$$\sum G_i=\sum G_0 \qquad (1-2-33)$$

式(1-2-33)所描述的过程属于稳态过程,一般连续不断的流水作业(即连续操作)为稳态过程,其特点是在设备的各个不同位置上,物料的流速、浓度、温度、压强等参数可各自不相同,但是在同一位置上这些参数都不随时间变化。

项目二　流体机械输送

一、离心泵

CAB011　离心泵的工作原理

(一)离心泵的工作原理

离心泵是利用叶轮旋转而使水产生的离心力来工作的。离心泵在启动前需先向壳内充满输送的液体,启动后泵轴带动叶轮一起旋转,迫使叶片间液体旋转。液体在惯性离心力的作用下自叶轮中心被甩向外周并获得了能量,使流向叶轮外周的液体的静压力增高,流速增大。液体离开叶轮进入泵壳后,因壳内流道逐渐扩大而使液体减速,部分动能转换成静压能。于是,具有较高压力的液体从泵的排出口进入排出管路,被输送到所需的场所。当液体自叶轮中心甩向外周的同时,在叶轮中心产生低压区。由于储槽液面上方的压力大于泵吸入口的压力,致使液体被吸进叶轮中心。因此只要叶轮不断地旋转,液体便连续地被吸入和排出。由此可见,离心泵之所以能输送液体,主要是依靠高速旋转的叶轮,液体在惯性力的作用下获得了能量,提高了压力。

CAB012　离心泵的主要部件

(二)离心泵的主要部件

离心泵的主要部件如图1-2-2所示。

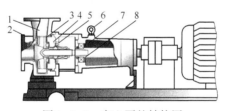

图 1-2-2　离心泵的结构图

1—泵体;2—叶轮;3—后盖;4—轴套;5—密封环座;6—机封;7—轴承;8—泵轴

离心泵主要由泵壳部分、转动部分、密封部分、平衡部分、轴承部分、传动部分等六大部分组成。

1.泵壳

泵壳的结构示意图如图1-2-3所示。

图 1-2-3　离心泵泵壳的结构示意图

泵壳的作用如下：

（1）将液体均匀地导入叶轮，并收集从叶轮高速流出的液体，送入下级叶轮或导向出口（改变液体的流动方向）。

（2）实现能量转换，变动能为压能。

（3）连接其他零部件，并起支撑作用。

2. 转动部分

1）叶轮

离心泵的叶轮是将原动机输入的机械能传递给液体，提高液体能量的核心部件；结构通常有三种类型，为开式、半开式、闭式，如图 1-2-4 所示。

开式叶轮　　　　半开式叶轮　　　　闭式叶轮

图 1-2-4　离心泵叶轮的结构示意图

2）轴承

轴承：传递扭矩的主要部件。有光轴（轴套定位）、阶梯轴，如图 1-2-5 所示。

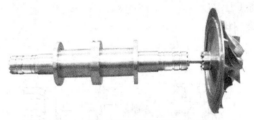

图 1-2-5　离心泵轴承的结构示意图

3）联轴器

用来连接轴与轴（或回转件）以传递运动与扭矩。此外，联轴器还可能对两轴发生的位移进行补偿，并具有吸收振动、缓和冲击的能力，联轴器的结构示意图如图 1-2-6 所示。

图 1-2-6　离心泵联轴器的结构示意图

3. 密封部分

1）常用的密封形式

常用的密封形式有填料密封、机械密封和迷宫式密封。

2）密封装置

（1）口环：也叫密封环，或者耐磨环。其主要作用是防止出口端介质倒流回进口端介质，也就是密封作用（因此有"密封环"这一名称）；同时也起耐磨作用，避免叶轮和泵壳直接接触损坏，有保护叶轮的作用（因此有"耐磨环"这一名称）。

（2）轴封装置：旋转的泵轴与固定的泵体之间的密封称为轴封，它的作用是防止高压液体从泵内沿轴漏出，或者外界空气沿轴渗入。

4. 平衡部分

一级叶轮的离心泵升压作用和流量有限，为了适应生产工艺需要，可把两级或两级以上的叶轮并联或串联并且坐在一起，就可形成各种结构和形式的离心泵。并联可以增加流量，但不能提高压力，把两级相同的叶轮背靠背坐在一起就变成双吸离心泵（图1-2-7），这样可以提高一倍的流量。串联可以提高压力，但不能增加流量，两级或两级以上的叶轮串联的泵，就成为两级离心泵或多级离心泵（图1-2-8）。

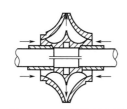 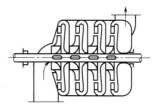

图1-2-7　双吸离心泵　　　　图1-2-8　多级离心泵

由于叶轮轴向力的存在，轴承必须要承受相通的轴向力，如轴向力过大，将影响轴承的工作寿命，为了减少叶轮（转子）的轴向力，可以采用各种方法，主要有以下几种：叶轮开平衡孔并设叶轮背口环，使叶轮背面中部产生一个近入口压力的低压区，可以部分或全部平衡叶轮的轴向力；设叶轮背叶片，在叶轮的背部做几条径向叶片，利用背叶片对液体的离心作用使叶轮背部中心产生一个低压区，也可以部分或全部平衡叶轮轴向力；两只叶轮背对背对称布置，即为双吸叶轮，叶轮背对背布置可以完全平衡轴向力，这种结构即为常用的单级双吸离心泵；多级串联叶轮分段对称布置也可以平衡大部分轴向力。

> CAB013　离心泵的主要性能参数

（三）离心泵的主要性能参数

要正确地选择和使用离心泵，就必须了解泵的性能和它们之间的相互关系。离心泵的主要性能参数有流量、压头、效率、轴功率等。

1. 流量

离心泵的流量是指离心泵在单位时间内排送到管路系统的液体体积，一般用 Q 表示，常用单位为 L/s、m^3/s 或 m^3/h。离心泵的流量与泵的结构尺寸（主要为叶轮直径和宽度）及转速等有关。应予指出，离心泵总是和特定的管路相联系，因此离心泵的实际流量还与管路特性有关。

2. 压头（扬程）

离心泵的压头又称扬程，它是指离心泵对单位重量（1N）的液体所能提供的有效能量，一般用 H 表示，其单位为 m。离心泵的压头与泵的结构、尺寸（如叶片的弯曲情况、叶轮直径等）、转速及流量有关。离心泵的理论压头可用离心泵的基本方程式计算。实际上由于液体在泵内的流动情况较复杂，因此目前尚不能从理论上计算泵的实际压头，一般由实验测定。

3.效率

离心泵在输送液体过程中，当外界能量通过叶轮传给液体时，不可避免地会有能量损失，即由原动机提供给泵轴的能量不能全部为液体所获得，致使泵的有效压头和流量都较理论值低，通常用效率反映能量损失。离心泵的能量损失包括以下几项。

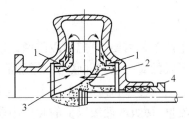

图 1-2-9 离心泵的容积损失

1—密封环；2—平衡孔；
3—叶轮入口；4—密封压盖

（1）容积损失：容积损失是指泵的液体泄漏所造成的损失。离心泵可能发生泄漏的地方很多，例如密封环、平衡孔及密封压盖等（图 1-2-9）。这样，一部分已获得能量的高压液体通过这些部位被泄漏，使泵排送到管路系统的液体流量少于吸入量，并多消耗了部分能量。容积损失主要与泵的结构及液体在泵进、出口处的压力差有关。容积损失可由容积效率 η_V，来表示，一般闭式叶轮的容积效率为 $0.85 \sim 0.95$。

（2）机械损失：由泵轴与轴承之间、泵轴与填料函之间以及叶轮盖板外表面与液体之间产生摩擦而引起的能量损失称为机械损失，可用机械效率 η_m 来反映这种损失，其值一般为 $0.96 \sim 0.99$。

（3）水力损失：黏性液体流经叶轮通道和蜗壳时产生的摩擦阻力以及在泵局部处因流速和方向改变引起的环流和冲击而产生的局部阻力，统称为水力损失。水力损失与泵的结构、流量及液体的性质等有关，水力损失可用水力效率 η_h 来表示，其值一般为 $0.8 \sim 0.9$。

离心泵的效率反映上述 3 项能量损失的总和，故又称为总效率。因此总效率为上述 3 个效率的乘积，即：

$$\eta = \eta_v \eta_m \eta_h \qquad (1-2-34)$$

由上面的定性分析可知，离心泵的效率在某一流量（对正确设计的泵，该流量与设计流量相符合）下最高，小于或大于该流量时都将降低。通常将最高效率下的流量称为额定流量。

离心泵的效率与泵的类型、尺寸、制造精密程度、液体的流量和性质等有关。一般小型离心泵的效率为 50%~70%，大型泵可高达 90%。

4.轴功率

JAD002 离心泵功率的计算

离心泵的轴功率是指泵轴所需的功率。当泵直接由电动机带动时，它即是电动机传给泵轴的功率，单位为 W 或 kW。离心泵的有效功率是指液体从叶轮获得的能量。由于存在上述 3 种能量损失，故轴功率必大于有效功率，即：

$$N = \frac{N_e}{\eta} \qquad (1-2-35)$$

$$N_e = HQ\rho g \qquad (1-2-36)$$

式中 N——轴功率，W；

　　　N_e——有效功率，W；

　　　Q——泵在输送条件下的流量，m^3/s；

H——泵在输送条件下的压头，m；

ρ——输送液体的密度，kg/m^3；

g——重力加速度，m/s^2。

若离心泵的轴功率用 kW 来计量，则由式(1-2-35)和式(1-2-36)，可得：

$$N=\frac{QH\rho}{102\eta} \qquad (1-2-37)$$

式(1-2-37)为离心泵的轴功率计算式。

（四）离心泵的特性曲线

ZAB010　离心泵的特性曲线概念

离心泵的主要性能参数是流量 Q、压头 H、轴功率 N 及效率 η，其间的关系由实验测得。测出的一组关系曲线称为离心泵的特性曲线或工作性能曲线，此曲线由泵的制造厂提供，并附于泵样本或说明书中，供使用部门选泵和操作时参考。离心泵的特性曲线一般由 $H—Q$、$N—Q$ 及 $\eta—Q$ 三条曲线组成，如图 1-2-10 所示。特性曲线随泵的转速变，故特性曲线图上或说明书中一定要标出测定时的转速、各种型号的离心泵有其本身独自的特性曲线，但它们都具有以下共同点。

1. $H—Q$ 曲线

$H—Q$ 曲线表示泵的压头与流量的关系。离心泵的压头一般随流量的增大而下降（在流量极小时可能有例外）。这是离心泵的一个重要特性。

2. $N—Q$ 曲线

$N—Q$ 曲线表示泵的轴功率与流量的关系。离心泵的轴功率随流量的增大而上升，流量为零时轴功率最小。所以离心泵启动时，应关闭泵的出口阀门，减小启动电流，以保护电动机。

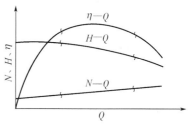

图 1-2-10　离心泵的特性曲线

3. $\eta—Q$ 曲线

$\eta—Q$ 曲线表示泵的效率与流量的关系。由图 1-2-10 所示的特性曲线可看出，当 $Q=0$ 时，$\eta=0$；随着流量增大，泵的效率随之而上升并达到一最大值；此后流量再增大时效率便下降。说明离心泵在一定转速下有一最高效率点，通常称为设计点。泵在与最高效率相对应的流量及压头下工作最为经济，所以与最高效率点对应的 Q、H、N 值称为最佳工况参数。离心泵的铭牌上标出的性能参数，就是指该泵在运行时效率最高点的性能参数。根据输送条件的要求，离心泵往往不可能正好在最佳工况下运转，因此一般只能规定一个工作范围，称为泵的高效率区，通常为最高效率的 92% 左右，如图中浪纹线所示的范围。选用离心泵时，应尽可能使泵在此范围内工作。

ZAB011　管路特性曲线概念

（五）管路特性曲线概念

管路特性曲线：管路特性曲线是管路一定的情况下，单位重量的液体流经该系统时，需外界给的能量，即系统扬程 H 与流量 Q 之间的关系。

（六）离心泵的调节方法

ZAB012　离心泵的调节方法

离心泵在指定的管路上工作时，由于生产任务发生变化，出现泵的工作流量与生产要求不相适应;或已选好的离心泵在特定的管路中运转时,所提供的流量不一定符合输送任务的要求。对于这两种情况,都需要对泵进行流量两节,实质上是改变离心泵的工作点。由于泵的工作点为泵的特性和管路特性所决定,因此改变两种特性曲线之一均可达到调节流量的目的。

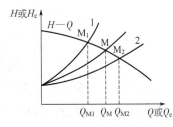

图 1-2-11　改变阀门开度时流量变化示意图

1. 改变阀门的开度

改变离心泵出口管路上调节阀门的开度,即可改变管路特性曲线。例如,当阀门关小时,管路的局部阻力加大,管路特性曲线变陡,如图 1-2-11 中曲线 1 所示。工作点由 M 点移至 M_1,点,流量由 Q_M 降至 Q_{M1}。当阀门开大时,管路局部阻力减小,管路特性曲线变得平坦,如图 1-2-11 中曲线 2 所示,工作点移至 M_2,流量加大到 Q_{M2}。

采用阀门来调节流量快速简便,且流量可以连续变化,适合化工连续生产的特点,因此应用十分广泛。其缺点是,当阀门关小时,因流动阻力加大,需要额外多消耗一部分能量,且在调节幅度较大时离心泵往往在低效区工作,因此经济性差。

2. 改变泵的转速

改变泵的转速,实质上是改变泵的特性曲线。如图 1-2-12 所示,泵原来的转速为 n,工作点为 M,若将泵的转速提高到 n_1,泵的特性曲线 H—Q 向上移,工作点由 M 变至 M_1,流量由 Q_M 加大到 Q_{M1};若将泵的转速降至 n_2,H—Q 曲线便向下移,工作点移至 M_2,流量减少至 Q_{M2}。这种调节方法能保持管路特性曲线不变。能量消耗比较合理的。传统上,改变泵的转速需要变速装置或变速原动机,其设备价格较高,且难以

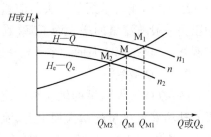

图 1-2-12　改变泵的转速时流量变化示意图

实现流量的连续调节,故工业上应用较少。但是,近年来随着变频技术的快速发展,变频电动机在工业上的应用日益广泛。研究表明,使用变频电动机较普通电动机可以节电 20% 以上。变频电动机的推广应用,为泵的转速的连续调节提供了可能,并可达到节能的目的。

此外,减小叶轮直径也可以改变泵的特性曲线,从而使泵的流量变小,但一般可调节范围不大,且直径减小不当还会降低泵的效率,故工业上很少采用。

(七)离心泵的并联和串联

在实际生产中,当单台离心泵不能满足输送任务要求时,可采用离心泵的并联或串联操作。下面以两台性能相同的离心泵为例,讨论离心泵组合操作的特性。

GAB008 离心泵的并联特性

1. 离心泵的并联操作

设将两台型号相同的离心泵并联操作,各自的吸入管路相同,则两泵的流量和压头必相同,且具有相同的管路特性曲线。在同一压头下,两台并联泵的流量等于单台泵的两倍。于是,依据单台泵特性曲线 I 上的一系列坐标点,保持其纵坐标(H)不变使横坐标(Q)加倍,由此得到一系列对应的坐标点,即可绘得两台泵并联操作的合成特性曲线Ⅱ,如图 1-2-13 所示并联泵的操作流量和压头可由合成特性曲线与管路特性曲线的交点决定。由此可

见,由于流量增大使管路流动阻力增加,因此两台泵并联后的总流量必低于原单台泵流量的两倍。

GAB007 离心泵的串联特性

2. 离心泵的串联操作

假若将两台型号相同的泵串联操作,则每台泵的压头和流量也是相同的,因此在同一流量下,两台串联泵的压头为单台泵的两倍。于是,依据单台泵特性曲线Ⅰ上一系列坐标点,保持其横坐标(Q)不变,使纵坐标(H)加倍,由此得到一系列对应坐标点,可绘出两台串联泵的合成特性曲线Ⅱ,如图1-2-14所示。

同样,串联泵的工作点也由管路特性曲线与泵的合成特性曲线的交点决定。由图1-2-14可见,两台泵串联操作的总压头必低于单台泵压头的两倍。

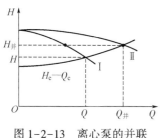

图1-2-13 离心泵的并联   图1-2-14 离心泵的串联

离心泵组合方式的选择工业上究竟采用何种组合方式比较经济且合理,应考虑管路要求的压头及管路特性曲线的形状。

(1)对于管路所要求的$\Delta Z+\Delta p/\rho g$值高于单泵可提供最大压头的特定管路,则只能采用泵的串联操作。

(2)对于管路特性曲线较平坦的低阻管路(如图1-2-15中曲线a所示),采用并联组合,可获得较串联组合高的流量和压头;对于管路特性曲线较陡的高阻管路(图1-2-15中曲线b),采用串联组合,可获得较并联组合高的流量和压头。

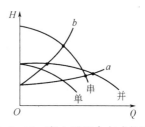

图1-2-15 离心泵组合方式的选择

GAB006 离心泵安装高度的确定方法

(八)离心泵的允许安装高度

离心泵的允许安装高度(又称允许吸上高度)是指泵的吸入口与吸入储槽液面间可允许达到的最大垂直距离,以H_g表示。

1. 离心泵的气蚀余量

为防止气蚀现象发生,在离心泵入口处液体的静压头$p_1/(\rho g)$与动压头$u_1^2/(2g)$之和必须大于操作温度下液体的饱和蒸气压头$p_V/(\rho g)$某一数值,此数值即为离心泵的气蚀余量。则气蚀余量的定义为：

$$NPSH = \frac{p}{\rho g} + \frac{u_1^2}{2g} - \frac{p_V}{\rho g} \tag{1-2-38}$$

式中　$NPSH$——离心泵的气蚀余量，对油泵也可用符号 Δh 表示，m；

p_V——操作温度下液体的饱和蒸气压，Pa。

2. 离心泵的允许吸上真空度

如前所述，为避免气蚀现象，泵入口处压力 p_1 应为允许的最低绝对压力，但习惯上常把 p_1 表示为真空度。若当地大气压为 p_a，则泵入口处的最高真空度为 $p_a - p_1$，单位为 Pa。若真空度以输送液体的液柱高度来计量，则此真空度称为离心泵的允许吸入真空度，以 H'_s 来表示，即：

$$H'_s = \frac{p_a - p_1}{\rho g} \tag{1-2-39}$$

式中　H'_s——离心泵的允许吸上真空度，指在泵入口处可允许达到的最高真空度，m液柱；

p_a——当地大气压力，Pa；

p_1——泵吸入口出允许的最低绝对压力，Pa；

ρ——被输送液体的密度，kg/m^3。

应予指出，H'_s 既然是真空度，其单位应是压力的单位，通常以 m 液柱来表示。在水泵的性能表里一般把它的单位写成 m（实际上应为 mH_2O），这一点应特别注意，以免在计算时产生错误。

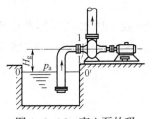

图 1-2-16　离心泵的吸液示意图

3. 离心泵的允许安装高度

在图 1-2-16 中，假设离心泵在可允许的安装高度下操作，于储槽液面 0-0′ 与泵入口处 1-1 两截面间列伯努利方程式，可得：

$$H_g = \frac{p_0 - p_1}{\rho g} - \frac{u_1^2}{2g} - H_{f,0-1} \tag{1-2-40}$$

式中　H_g——泵的允许安装高度，m；

$H_{f,0-1}$——液体流经吸入管路的压头损失，m；

p_1——泵入口处可允许的最小压力，也可写成 $p_{1,min}$，Pa。

若储槽上方与大气相通，则 p_0 即为大气压力 p_a，式（1-2-40）可表示为：

$$H_g = \frac{p_a - p_1}{\rho g} - \frac{u_1^2}{2g} - H_{f,0-1} \tag{1-2-41}$$

若已知离心泵的必需气蚀余量，则由式（1-2-38）和式（1-2-40）可得：

$$H_g = \frac{p_0 - p_1}{\rho g} - (NPSH)_r - H_{f,0-1} \tag{1-2-42}$$

若已知离心泵的允许吸上真空度，则由式（1-2-39）和式（1-2-41）可得：

$$H_{\mathrm{g}} = H'_{\mathrm{s}} - \frac{u_1^2}{2g} - H_{\mathrm{f},0\text{-}1} \tag{1-2-43}$$

根据离心泵性能表上所列的是气蚀余量或是允许吸上真空度,相应地选用式(1-2-42)或式(1-2-43)来计算离心泵的允许安装高度。通常为安全起见,离心泵的实际安装高度应比允许安装高度低 0.5~1m。

JAD003　离心泵扬程的计算

(九)离心泵扬程的计算

如图 1-2-17 所示,在截面 1-1′和 2-2′间列以单位重量液体为衡算基准的伯努利方程式,即:

$$Z_1 + \frac{U_1^2}{2g} + \frac{p_1}{\rho g} + H = Z_2 + \frac{U_2^2}{2g} + \frac{p_2}{\rho g} + h_{损} \tag{1-2-44}$$

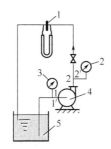

图 1-2-17　离心泵扬程计算图

1—流量计;2—压力表;3—真空计;4—离心泵;5—储槽

由式(1-2-44)可导出离心泵的扬程计算公式:

$$H = Z_2 + \frac{U_2^2}{2g} + \frac{p_2}{\rho g} + h_{损} - Z_1 - \frac{U_1^2}{2g} - \frac{p_1}{\rho g} \tag{1-2-45}$$

二、柱塞泵

CAB014　柱塞泵的工作原理

(一)柱塞泵的工作原理

柱塞泵是往复泵的一种,属于体积泵,其柱塞靠泵轴的偏心转动驱动往复运动,其吸入和排出阀都是单向阀。当柱塞外拉时,工作室内压力降低,出口阀关闭,低于进口压力时,进口阀打开,液体进入;柱塞内推时,工作室压力升高,进口阀关闭,高于出口压力时,出口阀打开,液体排出。当转动轴带动缸体旋转时,斜盘将柱塞从缸体中拉出或推回,完成吸排液体过程。

CAB015　柱塞泵的主要性能参数

(二)柱塞泵的主要性能参数

(1)流量:单位时间内排送到管路系统的液体体积,一般用 Q 表示,常用单位 L/s、m^3/s 或 m^3/h。

(2)扬程:单位重量的液体通过柱塞后获得的能量称为压头或扬程。用 H 表示,单位是米(m)。

(3)泵的功率和效率。输入功率:单位时间内动力机传到泵主动轴上的能量,又称轴功率。用 N 表示,单位为 W;输出功率:单位时间内液体经泵作用后增加的能量,又称有效功率。用 N_e 表示，单位为 W。总效率：有效功率/输入功率，用 η 表示。

（4）泵速：单位时间内柱塞往复运动的次数。用 n 表示，单位是次/min。

项目三　传热

一、传热的基本方式

CAB016 传热的基本方式

根据传热机理的不同，热传递有 3 种基本方式：热传导、热对流和热辐射。传热可依靠其中的一种方式或几种方式同时进行。

二、热传导（又称导热）

（一）基本概念

CAB017 热传导的概念

1. 热传导

热传导又称导热，是热量从物体的高温部分向低温部分，或者从一个高温物体向一个与它接触的低温物体传递的过程。

2. 稳定导热和不稳定导热

不随时间变化的导热，称为稳定导热；反之，为不稳定导热。

3. 温度场

物质系统内各个点上温度的集合称之为温度场。它是时间和空间坐标的函数，是各时刻物体中各点温度分布的总称。温度场有两大类，一类是物体各点的温度不随时间变动的稳态温度场，另一类是温度分布随时间改变的非稳态温度场。

4. 等温面与等温线

在某一瞬间，温度场中具有相同温度的各点所构成的面称为等温面。等温面上任何一条线都称为等温线。等温面可以是平面也可以是曲面。等温线同样可以是直线或曲线。不同温度的等温面和等温线不会相交，因为在任一点上不可能具有两种不同的温度。物体内温度场通常用等温面的方法来表示。

5. 温度梯度

温度梯度就是指相邻两等温面之间的温差与两等温面的法向距离比值的极限。温度梯度的数值，等于等温面法向单位距离上温度改变的数量，它表示温度变化的强度。温度梯度是一种沿等温面法线方向的向量，由低温到高温的方向为正，反之为负。热量只能由温度场的高温等温面向低温等温面传递，且热量的传递方向只能沿着等温面的法向进行，即导热的方向与温度梯度的方向相反。

（二）导热系数的意义

GAB009 导热系数意义

导热系数在数值上等于单位温度梯度下的热通量，符号 λ，单位 W/(m·℃)。导热系统表征物质导热能力的大小，是物质的物理性质之一。导热系统的数值与物质的组成、结构、密度、温度及压强有关。其物理意义是：热量穿过壁面面积为 $1m^2$，壁面两侧温差为 1K 时，单位时间内以导热方式传递的热量。

一般来说,金属的导热系数最大,非金属固体次之,液体较小,气体最小。

(三)热传导的特点

物体内部温度不同的各部分不发生相对位移,仅依靠分子、原子及自由电子等微观粒子的热运动进行热量传递。

ZAB013　单层平壁的导热计算方法

(四)单层平壁的热传导

单层平壁的热传导计算公式如下:

$$Q = \frac{\lambda}{b} S(t_1 - t_2) \tag{1-2-46}$$

或

$$Q = \frac{t_1 - t_2}{\dfrac{b}{\lambda S}} = \frac{\Delta t}{R} \tag{1-2-47}$$

$$q = \frac{Q}{S} = \frac{\Delta t}{\dfrac{b}{\lambda}} = \frac{\Delta t}{R'} \tag{1-2-48}$$

式中　Q——导热速率,即单位时间传导的热,W;

　　q——热通量,W/m^2;

　　b——平壁厚度,m;

　　Δt——温度差,导热传动力,℃;

　　$R = \dfrac{b}{\lambda S}$——导热热阻,℃/W;

　　$R' = \dfrac{b}{\lambda}$——导热热阻,m$^2 \cdot$℃/W。

　　t_1——前壁面温度,℃;

　　t_2——后壁面温度,℃;

　　S——传热面积,m^2;

　　λ——导热系数,W/(m$\cdot$℃)。

上式使用于 λ 为常数的稳态热传导过程。上式表明导热速率与导热推动力成正比,与导热热阻成反比;还可以看出,导热距离越大,传热面积和导热系数越小,则导热热阻越大。

GAB010　多层平壁的导热计算方法

(五)多层平壁的热传导

对 n 层平壁,热传导速率方程式为:

$$Q = \frac{t_1 - t_{n+1}}{\displaystyle\sum_{i=1}^{n} \frac{b_i}{\lambda_i S}} = \frac{\sum \Delta t}{\sum R} \tag{1-2-49}$$

式中　下标 i 表示平壁的序号。

　　Q——导热速率,即单位时间传导的热,W;

　　b_i——第 i 层平壁厚度,m;

　　Δt——温度差,导热传动力,℃;

$$R = \frac{b}{\lambda S} \text{——导热热阻}, \text{℃}/\text{W};$$

t_1——前壁面温度,℃；

t_{n+1}——$n+1$ 层壁面温度,℃；

S——传热面积,m^2；

λ_i——第 i 层的导热系数,$\text{W}/(\text{m} \cdot \text{℃})$。

由式(1-2-49)可见,多层平壁热传导的总推动力为各层温度差之和,即总温度差,总热阻为各层热阻之和。

(六)通过圆筒壁的稳态热传导

1. 单层圆筒壁的热传导

单层圆筒壁的热传导计算公式如下：

$$Q = \frac{2\pi L \lambda (t_1 - t_2)}{\ln \frac{r_2}{r_1}} \tag{1-2-50}$$

式(1-2-50)即为单层圆筒壁的热传导速率方程式。该式也可写成平壁热传导速率方程式相类似的形式,即：

$$Q = \frac{S_m \lambda (t_1 - t_2)}{b} = \frac{S_m \lambda (t_1 - t_2)}{r_2 - r_1} \tag{1-2-51}$$

则

$$S_m = \frac{S_2 - S_1}{\ln \frac{S_2}{S_1}} = 2\pi r_m L \tag{1-2-52}$$

$$r_m = \frac{r_2 - r_1}{\ln \frac{r_2}{r_1}} \tag{1-2-53}$$

式中　r_m——圆筒壁的对数平均半径,m；

S_m——圆筒壁的内、外表面的对数平均面积,m^2；

Q——导热速率,即单位时间传导的热,W；

t_1——圆筒内壁面温度,℃；

t_2——圆筒外壁面温度,℃；

S——传热面积,m^2；

r_1——圆筒内半径,m；

r_2——圆筒外半径,m；

λ——导热系数,$\text{W}/(\text{m} \cdot \text{℃})$。

化工计算中,经常采用两个物理量的对数平均值。当两个物理量的比值不大于 2 时,算术平均值与对数平均值相比,计算误差仅为 4%,这是工程计算允许的。因此当两个变量的比值不大于 2 时,经常用算术平均值代替对数平均值,使计算较为简便。

2. 多层圆筒壁的热传导

对 n 层圆筒壁,其热传导速率方程式可表示为:

JAB003　多层圆筒壁的导热计算方法

$$Q = \frac{t_1 - t_{n+1}}{\sum\limits_{i=1}^{n} \dfrac{b_i}{\lambda_i S_{mi}}} = \frac{t_1 - t_{n+1}}{\sum\limits_{i=1}^{n} \dfrac{1}{2\pi L \lambda_i} \ln \dfrac{r_{i+1}}{r_i}} \qquad (1-2-54)$$

式中　Q——导热速率,即单位时间传导的热,W;

　　　b_i——第 i 层平壁厚度,m;

　　　t_1——圆筒内壁面温度,℃;

　　　t_{n+1}——$n+1$ 圆筒内壁温度,℃;

　　　λ_i——第 i 层的导热系数,W/(m·℃)。

　　　S_{mi}——第 i 层圆筒壁的内、外表面的对数平均面积,m²;

　　　r_i——第 i 层圆筒内半径,m;

　　　r_{i+1}——第 $i+1$ 层圆筒外半径,m;

　　　L——圆筒的长度,m。

式(1-2-54)中下标 i 表示圆筒壁的序号。应注意,对圆筒壁的稳态热传导,通过各层的热传导速率都是相同的,但是热通量却都不相等。

三、对流传热

(一)基本概念

1. 热对流

流体各部分之间发生相对位移所引起的热传递过程称为热对流(简称对流)。

CAB018　对流传热的概念

2. 对流传热

由于流体流动与温度不相同的壁面之间所发生的热量传递过程,称为对流传热。对流传热是对流和导热联合作用的结果。根据流体是否存在相变,常把对流传热分为有相变和无相变两类。无相变的对流传热又分为强制对流传热和自然对流传热。

3. 强制对流传热

强制对流传热是指流体因外力作用而引起流动的传热过程。

4. 自然对流传热

自然对流传热是指仅因温度差而产生流体内部密度差引起流体对流流动的传热过程。

(二)对流传热系数

牛顿冷却定律也是对流传热系数的定义式,即:

$$\alpha = \frac{Q}{S \Delta t} \qquad (1-2-55)$$

式中　α——对流传热系数,W/(m²·℃)

　　　Q——对流传热速率,W;

　　　S——传热面积,m²;

　　　Δt——温度差,℃。

由式(1-2-55)可见,对流传热系数在数值上等于单位温度差下、单位传热面积的对流传热速率,符号 α,其单位为 $W/(m^2 \cdot \text{℃})$。它反映了对流传热的快慢,α 越大表示对流传热越快。对流传热系数 α 与导热系数 λ 不同,它不是流体的物理性质,而是受诸多因素影响的一个参数,反映对流传热热阻的大小。一般来说,对同一种流体,强制对流时的 α 要大于自然对流时的 α,有相变时的 α 要大于无相变的 α。

ZAB014　影响对流传热膜系数的因素

（三）对流传热系数的影响因素

由对流传热机理分析可知,对流传热系数取决于热边界层内的温度梯度。而温度梯度或热边界层的厚度与流体的物性、温度、流动状况以及壁面几何状况等诸多因素有关。

1. 流体的种类和相变化的情况

液体、气体和蒸气的对流传热系数都不相同,牛顿型流体和非牛顿型流体也有区别。流体有无相变化,对传热有不同的影响。

2. 流体的特性

对 α 值影响较大的流体物性有导热系数、黏度、比热容、密度以及对自然对流影响较大的体积膨胀系数。对于同一种流体,这些物性又是温度的函数,其中某些物性还与压力有关。

1）导热系数

通常,对流传热的热阻主要由边界层内的导热热阻构成,因为即使流体呈湍流状态,湍流主体和缓冲层的传热热阻也较小,此时对流传热主要受层流内层热阻控制。当层流内层的温度梯度一定时,流体的导热系数越大,对流传热系数也越大。

2）黏度

由流体流动规律可知,当流体在管中流动时,若管径和流速一定,流体的黏度越大其 Re 值越小,即湍流程度低,因此热边界层越厚,对流传热系数就越小。

3）比热容和密度

ρc_p 代表单位体积流体所具有的热容量,也就是说 ρc_p 值越大,表示流体携带热量的能力越强,因此对流传热的强度越强。

4）体积膨胀系数

一般来说,体积膨胀系数 β 值越大的流体,所产生的密度差别越大,因此有利于自然对流。由于绝大部分传热过程为非定温流动,因此即使在强制对流的情况下,也会产生附加的自然对流的影响,因此 β 值对强制对流也有一定的影响。

3. 流体的温度

流体温度对对流传热的影响表现在流体温度与壁面温度之差 Δt、流体物性随温度变化的程度以及附加自然对流等方面的综合影响。因此在对流传热计算中必须修正温度对物性的影响。此外,由于流体内部温度分布不均匀,必然导致密度有差异,从而产生附加的自然对流,这种影响又与热流方向及管道安装情况等有关。

4. 流体的流动状态

层流和湍流的传热机理有本质的区别。当流体呈层流时,流体沿壁面分层流动,即流体在热流方向上没有混杂运动,传热基本上依靠分子扩散作用的热传导进行。当流体呈湍流时,湍流主体的传热为涡流作用引起的热对流,在壁面附近的层流内层中仍为热传导。涡流致使管子中心温度分布均匀,层流内层的温度梯度增大。由此可见,湍流时的对流传热系数远比层流时大。

5.流体流动的原因

自然对流和强制对流的流动原因不同,因而具有不同的流动和传热规律。自然对流的原因是流体内部存在温度差,因而各部分的流体密度不同,引起流体质点相对位移。设 ρ_1 和 ρ_2 分别代表温度为 t_1 和 t_2 两点的流体密度,则密度差产生的升力为 $(\rho_1-\rho_2)g$,若流体的体积膨胀系数为 β,单位为 $1/{}^{\circ}\!C$,并以 Δt 代表温度差 (t_1-t_2),则可得 $\rho_1=\rho_2(1+\beta\Delta t)$,于是每单位体积的流体所产生的升压为:

$$(\rho_1-\rho_2)g=\left[\rho_2(1+\beta\Delta t)-\rho_2\right]g=\rho_2\beta g\Delta t \tag{1-2-56}$$

或

$$\frac{\rho_1-\rho_2}{\rho_2}=\beta\Delta t \tag{1-2-57}$$

强制对流是由于外力的作用,例如泵、搅拌器等迫使流体流动。通常,强制对流传热系数要比自然对流传热系数大几倍至几十倍。

6.传热面的形状、位置和大小

传热面的形状(如管、板、环隙、翅片等)、传热面方位和布置(如水平或垂直旋转,管束的排列方式)及流道尺寸(如管径、管长、板高和进口效应)等都直接影响对流传热系数。这些影响因素比较复杂,但都将反映在 α 的计算公式中。

(四)对流传热的特点

在对流传热过程中,流体和固体表面间的热量传递不仅是由于流体和固体表面间存在着热传导作用,同时也由于流体本身的相对运动,使这部分流体的热量随同流体的流动而迁移到另一部分。

四、辐射传热

(一)基本概念

1.辐射

凡物体都会向外界以电磁波的形式发射携带能量的粒子(光子),此过程称为辐射,发射的能量称为辐射能。从宏观的角度,辐射是连续的电磁波传递能量的过程;而从微观角度,辐射是不连续的光子传递能量的过程。

2.热辐射

因热的原因而产生的电磁波在空间的传递,称为热辐射。所有物体(包括固体、液体和气体)都能将热能以电磁波形式发射出去,而不需要任何介质,也就是说它可以在真空中传播。

3.辐射传热

自然界中一切物体都在不停地向外发射辐射能,同时又不断地吸收来自其他物体的辐射能,并将其转变为热能。物体之间相互辐射和吸收能量的总结果称为辐射传热。

CAB019 辐射传热的概念

(二)辐射传热的特点

辐射传热不仅有能量的传递,而且还有能量形式的转移,即在放热处,热能转变为辐射能,以电磁波的形式向空间传递;当遇到另一个能吸收辐射能的物体时,即被其部分地或全部地吸收而转变为热能。应予以指出,任何物体只要在热力学温度零度以上,都能发射辐射能,但是只有在物体温度较高时,热辐射才能成为主要的传热方式。

五、传热的基本应用

GAB011 强化传热的途径

所谓强化传热过程,就是指提高冷、热流体间的传热速率。从传热速率方程 $Q = KS\Delta t_m$ 不难看出,增大平均温度差 Δt_m、传热面积 S 和总传热系数 K 都可提高传热速率 Q。在换热器的设计和生产操作中,或在换热器的改进开发中,大多从这 3 方面来考虑强化传热过程的途径。

(一)增大平均温度差 Δt_m

增大平均温度差,可以提高换热器的传热速率。平均温度差的大小取决于两流体的温度条件和两流体在换热器中的流动形式。一般来说,流体的温度由生产工艺条件所规定,因此 Δt_m 可变动的范围是有限的。但是在某些场合采用加热或冷却介质,这时因所选介质的不同,它们的温度可以有很大的差别。例如,化工厂中常用的饱和水蒸气,若提高蒸汽的压力就可以提高蒸汽的温度,从而增大平均温度差。但是改变介质的温度必须考虑经济上的合理性和技术上的可行性。当换热器中两侧流体均变温时,采用逆流操作或增加壳程数,均可得到较大的平均温度差。在螺旋板式换热器和套管式换热器中可使两流体作严格的逆流流动,因而可获得较大的平均温度差。

(二)增大传热面积 S

增大传热面积,可以提高换热器的传热速率。但是增大传热面积不能依靠增大换热器的尺寸来实现,应从改进设备的结构入手,即提高单位体积的传热面积。工业上主要采用如下方法:

(1)翅化面(肋化面):用翅片来增大传热面积,并加剧流体的湍动,以提高传热速率。翅化面的种类和形式很多,前面介绍的翅片管式换热器和板翅式换热器均属此类。翅片结构通常用于传热面两侧中传热系数较小的一侧。

(2)异形表面:将传热面制造成各种凹凸形、波纹形、扁平状等,板式换热器属于此类。此外常用波纹管、螺纹管代替光滑管,这不仅可增大传热面积,而且可增加流体的扰动,从而强化传热。例如,板式换热器每立方米体积可提供传热面积为 $250 \sim 1500 m^2$,而管壳式换热器单位体积的传热面积为 $40 \sim 160 m^2$。

(3)多孔物质结构将细小的金属颗粒涂结于传热表面,可增大传热面积。

(4)采用小直径传热管在管壳式换热器中采用小直径管,可增加单位体积的传热面积。

ZAB015 提高传热膜系数的途径

(三)增大总传热系数 K

增大总传热系数,可以提高换热器的传热速率。这是在强化传热中应重点考虑的。从总传热系数计算公式可见,欲提高总传热系数,就须减小管壁两侧的对流传热阻、污垢热阻和管壁热阻。但因各项热阻在总热阻中所占比例不同,应设法减小对 K 值影响较大的热阻,才能有效地提高 K 值。一般来说,金属壁面较薄且其导热系数较大,故壁面热阻不会成为主要热阻。污垢热阻是可变的因素,在换热器使用初期,污垢热阻很小,随着使用时间增长,垢层逐渐增厚,可能成为主要热阻。对流传热热阻经常是主要控制因素。

为减小热阻可采用如下方法:

1. 提高流体的流速

在管壳式换热器中增加管程数和壳程的挡板数,可提高换热器管程和壳程的流速。由于加大流速,加剧了流体的湍动程度,可减小传热边界层中层流内层的厚度,提高对流传热系数,减小对流传热热阻。

2. 增强流体的扰动

对管壳式换热器采用各种异形管或在管内加装螺旋圈、金属卷片等添加物,也可采用板式或螺旋板式换热器,均可增强流体的扰动。由于流体的扰动,使层流内层减薄,可提高对流传热系数,减小对流传热热阻。

3. 在流体中加固体颗粒

在流体中加入固体颗粒后,由于颗粒的扰动作用,使对流传热系数增大,减小了对流传热热阻。同时由于颗粒不断地冲刷壁面,减轻了污垢的形成,使污垢热阻降低。

4. 采用短管换热器

由于流动进口段对传热的影响,即在进口处附近层流内层很薄,故采用短管可提高对流传热系数。

5. 防止垢层形成和及时清除垢层

增加流体的速度和加剧流体的扰动,可防止垢层的形成;让易结垢的流体在管程流动或采用可拆式换热器结构,便于清除垢层;采用机械或化学的方法,定期进行清垢。应予指出,强化传热过程要权衡利弊,综合考虑。如提高流速和增强流体扰动,可强化传热,但都伴随有流动阻力的增加,或使设备结构复杂、清洗及检修困难等。因此,对实际的传热过程,要对设备结构、动力消耗、运行维修等方面予以全面考虑,选用经济而合理的强化方法。

六、传热过程的计算

(一)传热面积的计算

1. 总传热系数 K 为常数

JAB004 传热面积的确定方法

总传热速率方程式是在假设冷、热流体热容流量 Wc_p 和总传热系数 K 沿整个换热器的传热面为常数下导出的。对某些物系,若流体的物系随温度变化不大,则总传热系数变化也很小,工程上可将换热器进、出口处总传热系数的算术平均值按常量处理。此时换热器的传热面积可按下式计算,即:

$$S = \frac{Q}{K\Delta t_m} \tag{1-2-58}$$

式中　S——传热面积,m^2;

　　　Q——换热器的热负荷,kJ/h 或 kW;

　　　K——换热器的总传热系数,$W/(m \cdot ℃)$;

　　　Δt_m——换热器的平均温度差,℃。

2. 总传热系数 K 为变数

若换热器中流体的温度变化较大,而流体的物性又随温度有显著变化时,总传热系数 K 就不能视为常数。

（1）若 K 随温度呈线性变化时，使用下式可以得到较为准确的结果，即：

$$Q = S \frac{K_1 \Delta t_2 - K_2 \Delta t_1}{\ln \frac{K_1 \Delta t_2}{K_2 \Delta t_1}} \tag{1-2-59}$$

式中　K_1、K_2——分别为换热器两端处的局部总传热系数，$W/(m \cdot ℃)$；

$\qquad \Delta t_1$、Δt_2——分别为换热器两端处的两流体的温度差，$℃$。

（2）若 K 随温度不呈线性变化时，换热器可分段计算，将每段的 K 视为常量，则每一段总传热速率方程可以写为：

$$\Delta Q_j = K_j (\Delta t_m)_j \Delta S_j \tag{1-2-60}$$

$$Q = \sum_{j=1}^{n} \Delta Q_j \tag{1-2-61}$$

或

$$S = \sum_{j=1}^{n} \frac{\Delta Q_j}{K_j (\Delta t_m)_j} \tag{1-2-62}$$

式中 n 为分段数，下标 j 为任一段的序号。

（3）若 K 随温度变化较大时，由传热速率方程和热量衡算的微分形式，可得：

$$S = \int_0^s \mathrm{d}S = \int_{T_1}^{T_1} \frac{-W_h c_{ph} \mathrm{d}T}{K(T-t)} \tag{1-2-63}$$

或

$$S = \int_0^s \mathrm{d}S = \int_{t_1}^{t_2} \frac{W_c c_{pc} \mathrm{d}t}{K(T-t)} \tag{1-2-64}$$

上式积分项可以用图解积分法或数值积分法求得。

（二）换热器热负荷的计算

GAB012 换热器热负荷的计算方法

通常，换热器的热负荷可通过热量衡算求得。根据能量守恒原理，假设换热器的热损失可忽略，则单位时间内热流体放出的热量等于冷流体吸收的热量。对于整个换热器，其热量衡算式可表示为：

$$Q = W_h (I_{h1} - I_{h2}) = W_c (I_{c2} - I_{c1}) \tag{1-2-65}$$

式中　W——流体的质量流量，kg/h 或 kg/s；

$\qquad I$——流体的焓，kJ/kg。

$\qquad Q$——换热器的热负荷，kJ/h，或 kW。

下标 h 和 c 分别表示热流体和冷流体。

下标 1 和 2 分别表示流体在换热器上的进口和出口。

若换热器中两流体无相变化，且流体的比热容不随温度而变或可取平均温度下的比热容时，式（1-2-65）可表示为：

$$Q = W_h c_{ph} (T_1 - T_2) = W_c c_{pc} (t_2 - t_1) \tag{1-2-66}$$

式中　c_p——流体的平均比热容，$kJ/(kg \cdot ℃)$；

$\qquad t$——冷流体的温度，$℃$；

$\qquad T$——热流体的温度，$℃$。

七、列管式换热器常用类型及构造

(一)列管式换热器常用的类型

根据结构特点的不同可分为:

(1)固定管板式换热器。

(2)浮头式换热器。

(3)U形管式换热器。

(4)填料函式换热器。

(二)列管式换热器的构造

1. 固定管板式换热器的构造

两端管板固定,图1-2-18为固定管板式换热器,图1-2-19为带膨胀节的固定管板式换热器。

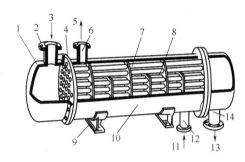

图1-2-18 固定管板式换热器

1—管箱;2—接管;3—B流体;4—管板;5—A流体;6—接管;7—传热管;8—折流板;
9—支座;10—壳体;11—A流体;12—接管;13—B流体;14—接管

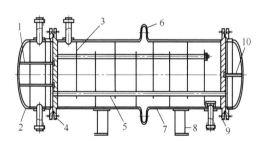

图1-2-19 带膨胀节的固定管板式换热器结构图

1—隔板;2—封头;3—折流板(弓形);4—前管板;5—换热管;6—波形膨胀节;7—壳体;
8—支架板;9—后管板;10—隔板

2. 浮头式换热器的构造

图1-2-20所示为浮头式换热器。

3. U形管式换热器的构造

图1-2-21所示为U形管式换热器。

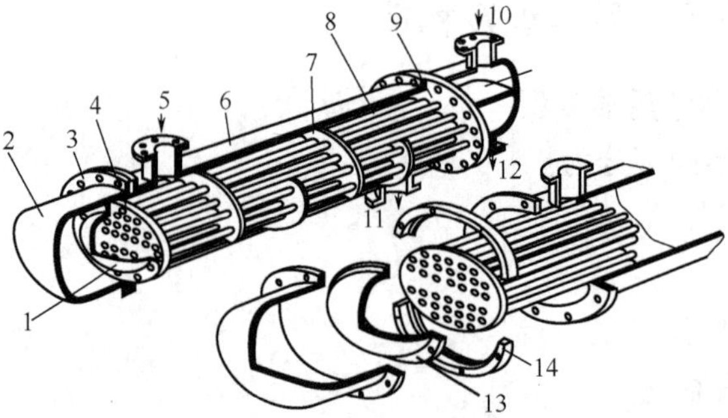

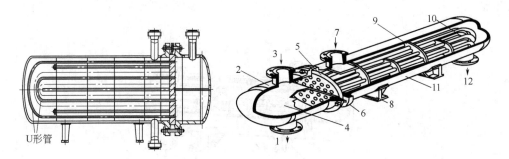

图 1-2-20　浮头式换热器结构图

1—浮头;2—管箱;3—法兰;4—浮头管板;5—B 流体;6—壳体;7—折流板;8—传热管;
9—固定管板;10—A 流体;11—B 流体;12—A 流体;13—斧头盖;14—钩圈

图 1-2-21　U 形管式换热器结构图

1—B 流体;2—管箱;3—B 流体;4—分程隔板;5—管板;6—法兰;7—A 流体;8—支座;
9—折流板;10—管子;11—壳体;12—A 流体

八、焓和熵的概念

ZAB002　熵焓的概念

(一)焓的概念

焓为状态函数,具有能量的量纲,是流动物质的热力学能和流动功之和,也可以认为是做功能力。一般用 H 表示,单位为 J/mol。

(二)熵的概念

熵为状态函数,是系统中微观粒子无规则运动的混乱程度的量度,一般用 S 表示。单位为 J/(mol·K)。

项目四　蒸发

一、基本概念和分类

CAB020　蒸发的概念

(一)基本概念

1. 蒸发的概念

使含有不挥发溶质的溶液沸腾汽化并移出蒸气,从而使溶液中溶质含量提高的单元操作称为蒸发,所采用的设备称为蒸发器。

2. 单效蒸发与多效蒸发

在操作中一般用冷凝方法将二次蒸汽不断地移出,否则蒸汽与沸腾溶液趋于平衡,使蒸发过程无法进行。若将二次蒸汽直接冷凝,而不利用其冷凝热的操作称为单效蒸发。若将二次蒸汽引到下一蒸发器作为加热蒸汽,以利用其冷凝热,这种串联蒸发操作称为多效蒸发。

(二)蒸发操作分类

根据分类的角度不同可分为:

(1)单效蒸发和多效蒸发。

(2)加压蒸发、常压蒸发和减压蒸发。

(3)间歇蒸发和连续蒸发。

CAB021 单效蒸发水的蒸发量的计算

二、单效蒸发水的蒸发量的计算

围绕图 1-2-22 的单效蒸发器做溶质的衡算,得:

$$Fx_0 = (F-W)x_1 \tag{1-2-67}$$

或

$$W = F\left(1 - \frac{x_0}{x_1}\right) \tag{1-2-68}$$

式中 F——原料液的流量,kg/h;

W——单位时间内蒸发的水分量,即蒸发量,kg/h;

x_0——原料液的质量分数;

x_1——完成液的质量分数。

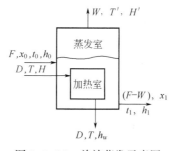

图 1-2-22 单效蒸发示意图

CAB022 多效蒸发的原理

式(1-2-68)为单位时间内蒸发水的蒸发量的计算公式。

蒸发过程是一个能耗较大的单元操作,因此能耗是蒸发过程优劣的另一个重要评价指标,通常以加热蒸汽的经济性表示。加热蒸汽的经济性是指 1kg 蒸汽可蒸发的水分量,即:

$$E = \frac{W}{D} = \frac{1}{e} \tag{1-2-69}$$

在单效蒸发器中,每蒸发 1kg 的水要消耗比 1kg 多一些的加热蒸汽。在工业生产中,蒸发大量的水分必须消耗大量的加热蒸汽。为了减少加热蒸汽消耗量,可采用多效蒸发操作。

多效蒸发时要求后效的操作压力和溶液的沸点均较前效的低，因此可引入前效的二次蒸汽作为后效的加热介质，即后效的加热室成为前效二次蒸汽的冷凝器，仅第一效需要消耗生蒸汽，这就是多效蒸发的操作原理。

项目五　精馏

一、基本概念

ZAB019 挥发度与相对挥发度的概念

（一）挥发度和相对挥发度的概念

1. 挥发度

溶液中各组分的挥发度是指组分在蒸气中的分压和与之平衡的液相中的摩尔分数之比。纯溶液的挥发度是液体在一定温度下的饱和蒸气压。溶液中组分的挥发度是随温度变化的。对于理想溶液，其挥发度等于同温度下纯组分的饱和蒸气压。蒸馏是利用混合液中各组分的相对挥发度差异达到分离的目的。挥发度越大，表示该组分容易挥发。

2. 相对挥发度

相对挥发度是指易挥发组分的挥发度对难挥发组分的挥发度之比。相对挥发度的大小可以用来判断某混合液是否能用蒸馏方法加以分离以及分离的难易程度。对理想溶液中组分的相对挥发度等于同温度下两纯组分的饱和蒸气压之比。相对挥发度等于 1，表示不能用普通蒸馏方法分离该混合液。相对挥发度不会小于 1。

（二）蒸馏的概念

蒸馏过程是利用液体混合物中各组分挥发能力的差异，也就是在相同的温度下，各组分的饱和蒸气压不同，将均相液体混合物进行分离的气液两相间的传质过程。

一般情况下，将挥发能力大的组分称为易挥发组分或轻组分，以 A 表示；挥发能力小的组分称为难挥发组分或重组分，以 B 表示。

（三）精馏的基本概念

1. 精馏的定义

精馏是利用组分挥发度的差异，同时进行多次部分汽化和部分冷凝的过程。严格来说，精馏也是蒸馏，可以把精馏过程看成是多次简单蒸馏过程的串联。

2. 理论塔板

理论塔板是指在其上气液两相都充分混合，且传热和传质过程阻力均为零的理想化塔板。因此，不论进入理论塔板气液两相组成如何，离开该板时气液两相达到平衡状态，即两相温度相等，组分互相平衡。在实际中，以理论塔板作为衡量实际塔板分离效率的依据和标准。通常，在精馏计算中，先求得理论塔板数，然后利用塔板效率予以修正，求得实际塔板数。

3. 回流比

精馏操作中，由精馏塔塔顶返回塔内的回流液流量 L 与塔顶产品流量 D 的比值，称为回流比，用 R 表示，即 $R=L/D$。回流比的大小，对精馏过程的分离效果和经济性有着重要的影响。回流比有全回流（即没有产品取出）及最小回流比两个极限，操作回流比介于两个极限之间的某个适宜值。

4. 最小回流比

当回流比减小至提馏段操作线和精馏段操作线的交点落在相平衡线上时,此时回流比称为最小回流比,记作 $R_{\min}$。

5. 精馏塔

一个完整的精馏塔应由精馏段、提馏段和进料段三个部分构成。原料从进料段进入塔内,塔顶引出气相的高纯度轻质产品,塔底馏出液相的高纯度重质产品,由塔顶冷凝器冷凝高纯度轻质气相产品提供塔的液相回流,由塔底再沸器加热高纯度重质液相产品提供塔的气相回流。

6. 精馏段

精馏段是指精馏塔进料口以上至塔顶部分,液相回流和气相回流是精馏段操作的必要条件,液相回流中轻组分浓度自上而下不断减少,而温度不断上升。气相中的轻组分浓度自下而上不断升高,其温度下降。间歇精馏塔只有精馏段。

7. 提馏段

提馏段是指精馏塔进料口以下至塔底部分。提馏段中发生传质传热过程,液相中轻组分被提出,提馏段中液相重组分被提浓。分馏塔板和填料设计的一个重要的指导思想,是提供气、液相充分接触的传热、传质表面积。面积越大越有利于传质、传热过程的进行。

ZAB020　精馏
原理

二、精馏原理

精馏过程原理可用 t-x-y 图来说明。如图 1-2-23 所示,将组成为 x_F、温度为 t_F 的某混合液加热至泡点以上,则该混合物被部分汽化,产生气液两相,其组成分别为 y_1 和 x_1,此时 $y_1>x_F>x_1$。将气液两相分离,并将组成为 y_1 的气相混合物进行部分冷凝,则可得到组成为 y_2 的气相和组成为 x_2 的液相,继续将组成为 y_2 的气相进行部分冷凝,又可得到组成为 y_3 的气相和组成为 x_3 的液相,显然 $y_3>y_2>y_1$。如此进行下去,最终气相经全部冷凝后,即可

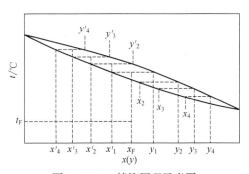

图 1-2-23　精馏原理示意图

获得高纯度的易挥发组分产品。同时,将组成为 x_1 的液相进行部分汽化,则可得到组成为 y_2' 的气相和组成为 x_2' 的液相,继续将组成为 x_2' 的液相部分汽化,又可得到组成为 y_3' 的气相和组成为 x_3' 的液相,显然 $x_3'<x_2'<x_1'$。如此进行下去,最终的液相即为高纯度的难挥发组分产品。

由此可见,液体混合物经多次部分汽化和冷凝后,便可得到几乎完全的分离,这就是精馏过程的基本原理。

GAB018　连续
精馏塔的热量
衡算方法

三、连续精馏塔的热量衡算

对连续精馏装置进行热量衡算,可以求得冷凝器和再沸器的热负荷以及冷却介质和加

热介质的消耗量。

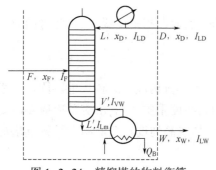

图1-2-24　精馏塔的物料衡算

（一）冷凝器的热负荷

对图1-2-24所示的全凝器作热量衡算，以单位时间为基准，并忽略热损失，则全凝器的热负荷计算公式如下：

$$Q_c = D(R+1)(I_{VD} - I_{LD}) \tag{1-2-70}$$

式中　Q_c——全凝器的热负荷，kJ/h；

　　　I_{VD}——塔顶上升蒸气的焓，kJ/kmol；

　　　I_{LD}——塔顶馏出液的焓，kJ/kmol；

　　　D——气相产品流量，kmol/h；

　　　R——回流比。

冷却介质消耗量可按下式计算，即：

$$W_c = \frac{Q_c}{c_{pc}(t_2 - t_1)} \tag{1-2-71}$$

式中　W_c——冷却介质消耗量，kg/h；

　　　Q_c——全凝器的热负荷，kJ/h；

　　　c_{pc}——冷却介质的比热容，kJ/（kg·℃）；

　　　t_1、t_2——分别为冷却介质在冷凝器的进出口处的温度，℃。

（二）再沸器的热负荷

对图1-2-24所示的再沸器作热量衡算，以单位时间为基准，则：

$$Q_B = V'I_{VW} + WI_{LW} - L'I_{Lm} + Q_L \tag{1-2-72}$$

式中　Q_B——再沸器的热负荷，kJ/h；

　　　Q_L——再沸器的热损失 kJ/h；

　　　V'——提馏段中上升蒸气摩尔流量，kmol/h；

　　　L'——提馏段中下降液体的摩尔流量，kmol/h；

　　　W——液相产品流量，kmol/h；

　　　I_{VW}——再沸器中上升蒸气的焓，kJ/kmol；

　　　I_{LW}——釜残液的焓，kJ/kmol；

　　　I_{Lm}——提馏段底层塔板下降液体的焓，kJ/kmol。

若近似取 $I_{LW} = I_{Lm}$，因 $V' = L' - W$，则：

$$Q_B = V'(I_{VW} - I_{LW}) + Q_L \tag{1-2-73}$$

加热介质消耗量可用下式计算：

$$W_h = \frac{Q_B}{I_{B1} - I_{B2}} \tag{1-2-74}$$

式中　W_h——加热介质消耗量，kg/h；

　　　I_{B1}、I_{B2}——分别为加热介质进、出再沸器的焓，kJ/kg。

若用饱和蒸汽加热，且冷凝液在饱和温度下排出，则加热蒸汽消耗量可按下式计算，即：

$$W_h = \frac{Q_B}{\gamma} \tag{1-2-75}$$

式中 γ——加热蒸汽的汽化热,kJ/kg。

四、连续精馏塔操作线方程式

(一)全塔物料衡算

通过全塔物料衡算,可以求出精馏产品的流量、组成和进料流量、组成之间的关系。对图 1-2-24 所示的连续精馏塔作全塔做物料衡算,并以单位时间为基准,即:

总物料 $\qquad\qquad F = D + W \tag{1-2-76}$

易挥发组分 $\qquad\qquad F x_F = D x_D + W x_W \tag{1-2-77}$

式中 F——原料液流量,kmol/h;

$\qquad D$——塔顶产品(馏出液)流量,kmol/h;

$\qquad W$——塔底产品(釜残液)流量,kmo/h;

$\qquad x_F$——原料液中易挥发组分的摩尔分数;

$\qquad x_D$——馏出液中易挥发组分的摩尔分数;

$\qquad x_W$——釜残液中易挥发组分的摩尔分数。

在精馏计算中,分离程度除用两产品的摩尔分数表示外,有时还用回收率表示,即:

$$塔顶易挥发组分的回收率 = \frac{D x_D}{F x_F} \times 100\% \tag{1-2-78}$$

$$塔底难挥发组分的回收率 = \frac{W(1-x_W)}{F(1-x_F)} \times 100\% \tag{1-2-79}$$

(二)操作线方程

GAB016 连续精馏塔操作线方程式

在连续精馏塔中,因原料液不断地进入塔内,故精馏段和提馏段的操作关系是不相同的,应分别予以讨论。

1.精馏段操作线方程

$$y_{n+1} = \frac{L}{L+D} x_n + \frac{D}{L+D} x_D \tag{1-2-80}$$

式中 x_n——精馏段第 n 层板下降液体中易挥发组分的摩尔分数;

$\qquad y_{n+1}$——精馏段第 $n+1$ 层板上升蒸气中易挥发组分的摩尔分数;

$\qquad L$——精馏段中下降液体的摩尔流量,kmol/h;

$\qquad D$——塔顶产品(馏出液)流量,kmol/h;

$\qquad x_D$——馏出液中易挥发组分的摩尔分数。

式(1-2-80)等号右边两项的分子及分母同时除以 D,则:

$$y_{n+1} = \frac{L/D}{L/D+1} x_n + \frac{1}{L/D} x_D \tag{1-2-81}$$

令 $R = \dfrac{L}{D}$,代入上式得:

$$y_{n+1} = \frac{R}{R+1} x_n + \frac{1}{R+1} x_D \tag{1-2-82}$$

式中 R 称为回流比。根据恒摩尔流假定，L 为定值，且在稳定操作时 D 及 x_D 为定值，故 R 也是常量，其值一般由设计者选定。

式(1-2-80)与式(1-2-82)均称为精馏段操作线方程。此二式表示在一定操作条件下，精馏段内自任意第 n 层板下降的液相组成 x_n 和与其相邻的下一层板(第 $n+1$ 层板)上升蒸气组成 y_{n+1} 之间的关系。

2. 提馏段操作线方程

$$y'_{m+1} = \frac{L'}{L'-W} x'_m - \frac{W}{L'-W} x_W \tag{1-2-83}$$

式中　L'——提馏段中下降液体的摩尔流量，kmol/h；

　　　W——液相产品流量，kmol/h；

　　　x_W——釜残液中易挥发组分的摩尔分数；

　　　x'_m——提馏段第 m 层板下降液体中易挥发组分的摩尔分数；

　　　y'_{m+1}——提馏段第 $m+1$ 层板上升蒸气中易挥发组分的摩尔分数。

式(1-2-83)称为提馏段操作线方程。此式表示在一定操作条件下，提馏段内自任意第 m 层板下降的液体组成 x'_m 和与其相邻的下层板(第 $m+1$ 层)上升蒸气组成 y'_{m+1} 之间的关系。

五、回流比的选择

GAB017 回流比的选择依据

对于一定的分离任务，若在全回流下操作，虽然所需理论板层数为最少，但是得不到产品；若在最小回流比下操作，则所需理论板层数为无限多。因此，实际回流比总是介于两种极限情况之间。适宜的回流比应通过经济衡算决定，即操作费用和设备折旧费用之和为最低时的回流比，是适宜的回流比。精馏的操作费用，主要取决于再沸器中加热蒸汽(或其他加热介质)的消耗量及冷凝器中冷却水(或其他冷却介质)的消耗量，而此两量均取决于塔内上升蒸气量。

$$V = L + D = (R+1)D \tag{1-2-84}$$

$$V' = V + (q-1)F \tag{1-2-85}$$

当 F、q、D 一定时，上升蒸气量 V 和 V' 与回流比 R 成正比。当 R 增大时，加热和冷却介质消耗量亦随之增多，操作费用相应增加，如图 1-2-25 中的线 2 所示。设备折旧费是指精馏塔、再沸器、冷凝器等设备的投资费乘以折旧率。如果设备类型和材料已经选定，此项费用主要取决于设备的尺寸。当 $R=R_{\min}$ 时，塔板层数 $N \to \infty$，故设备费用为无限大。但 R 稍大于 $R_{\min}$ 后，塔板层数从无限多减至有限层数，设备费急剧降低。当 R 继续增大时，塔板层数虽然仍可减少，但减少速率变得缓慢(图 1-2-26)。另一方面，由于 R 增大，上升蒸气量也随之增加，从而使塔径、塔板面积、再沸器及冷凝器等的尺寸相应增大，因此 R 增至某一值后，设备费用反而上升，如图 1-2-25 中的线 1 所示。总费用为设备折旧费和操作费之和，如图 1-2-25 中线 3 所示。总费用中最低点所对应的回流比即为适宜回流比。

在精馏设计中，一般并不进行详细的经济衡算，而是根据经验选取。通常，操作回流比可取最小回流比的 1.1~2 倍，即 $R=(1.1~2)R_{\min}$。

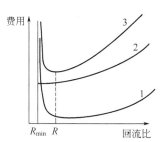

图 1-2-25 适宜回流比的确定

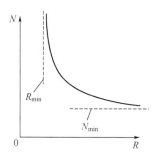

图 1-2-26 N 和 R 的关系

项目六 吸收

GAB015 理想二元溶液气液平衡关系

ZAB016 气体吸收中相组成的表示方法

ZAB017 亨利定律的概念

一、气体吸收的相平衡关系

亨利定律是说明当总压不高(一般不不超过 $5 \times 10^5 Pa$)时,在恒定温度下,稀溶液上方的气体溶质平衡分压与该溶质在液相中的组成之间的关系。

(一)p_i—x_i 关系

$$p_i^* = Ex_i \qquad (1-2-86)$$

式中 p_i^*——溶质在气相中的平衡分压,kPa;

x_i——溶质在液相中的摩尔分数;

E——亨利系数,其数值随物系的特性及温度而异。E 的单位与压力单位一致。

式(1-2-86)称为亨利(Henry)定律。此式表明,稀溶液上方的溶质分压与该溶质在液相中的摩尔分数成正比,比例常数即为亨利系数。

凡理想溶液,在压力不高及温度不变的条件下,p_i^*—x_i 关系在整个组成范围内都符合亨利定律,而亨利系数即为该温度下纯溶质的饱和蒸气压,此时亨利定律与拉乌尔定律一致。

(二)p_i—c_i 关系

若将亨利定律表示成溶质在液相中的浓度 c_i 与其在气相中的分压 p_i 之间的关系,则可写成如下形式:

$$p_i^* = \frac{c_i}{H} \qquad (1-2-87)$$

式中 c_i——溶质的浓度,kmol/m³;

p_i^*——气相中溶质的平衡分压,kPa;

H——溶解度系数,kmol/(m³·kPa)。

溶解度系数 H 与亨利系数 E 的关系如下:

$$H = \frac{\rho}{EM_S} \qquad (1-2-88)$$

式中 ρ——密度，kg/m^3；

　　　M_S——溶剂 S 的摩尔质量，$kg/kmol$。

溶解度系数 H 当然也是温度的函数。对于一定的溶质和溶剂，H 值随温度升高而减小。易溶气体有很大的 H 值，难溶气体的 H 值则很小。

（三）x_i—y_i 关系

若溶质在液相和气相中的组成分别用摩尔分数 x_i 及 y_i 表示，亨利定律可写成如下形式，即

$$y_i^* = mx_i \tag{1-2-89}$$

式中 x_i——液相中溶质的摩尔分数；

　　　y_i^*——与该液相成平衡的气相中溶质的摩尔分数；

　　　m——相平衡常数，或称分配系数，量纲为 1。

相平衡常数 m 与亨利系数 E 的关系如下：

$$m = \frac{E}{p} \tag{1-2-90}$$

式中 p——系统总压，kPa。

相平衡常数 m 也是由实验结果计算出来的数值。对于一定的物系，它是温度和总压力的函数。由 m 的数值大小同样可以比较不同气体溶解度的大小，m 值越大，表明该气体的溶解度越小。

（四）X_i—Y_i 关系

在吸收计算中常认为惰性组分不进入液相，溶剂也没有显著的挥发现象，因而在塔的各个横截面上，气相中惰性组分 B 的摩尔流量和液相中溶剂 S 的摩尔流量不变。若以 B 和 S 的量作为基准分别表示溶质 A 在气、液两相中的组成，对吸收的计算会带来一些方便。为此，常用摩尔比 Y_i 和 X_i 分别表示气、液两相的组成。亨利定律可写成如下形式，即：

$$Y_i^* = mX_i \tag{1-2-91}$$

式中 Y_i^*——气相组分的摩尔比；

　　　X_i——液相组分的摩尔比；

　　　m——相平衡常数，或称分配系数，量纲为 1。

GAB013 吸收
双膜理论的基
本概念

二、气体吸收双膜理论

对于吸收操作这样的相际传质过程的机理，惠特曼（W. G. Whitman）在 20 世纪 20 年代提出的双膜理论（停滞膜模型）一直占有重要地位。

双膜理论是基于这样的认识，即当液体湍流流过固体溶质表面时，固、液间传质阻力全部集中在液体内紧靠两相界面的一层停滞膜内，此膜厚度大于层流内层厚度，而它提供的分子扩散传质阻力恰等于上述过程中实际存在的对流传质阻力。

双膜理论把两流体间的对流传质过程描述成如图 1-2-27 所示的模式。它包含几点基本假设：

（1）相互接触的气、液两相流体间存在着稳定的相界面，界面两侧各有一个很薄的停滞膜，吸收质以分子扩散方式通过此二膜层由气相主体进入液相主体。

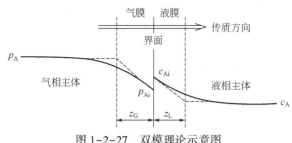

图 1-2-27 双模理论示意图

（2）在相界面处，气、液两相达到平衡。

（3）在两个停滞膜以外的气、液两相主体中，由于流体充分湍动，物质组成均匀。

双膜理论把复杂的相际传质过程归结为经由两个流体停滞膜层的分子扩散过程，而相界面处及两相主体中均无传质阻力存在。这样，整个相际传质过程的阻力便全部体现在两个停滞膜层里。在两相主体组成一定的情况下，两膜的阻力便决定了传质速率的大小。因此，双膜理论也可称为双阻力理论如图 1-2-27 所示。

GAB014 气液相吸收速率方程式

三、气液相吸收速率方程式

由于推动力所涉及的范围不同及组成表示方法不同，吸收速率方程式呈现了多种不同的形态。可以把它们分为两类：一类是与膜系数相对应的速率式，采用一相主体与界面处的组成之差表示推动力；另一类是与总系数相对应的速率式，采用任一相主体的组成与另一相组成相对应的平衡组成之差表示推动力。

（一）以膜系数相对应的速率式

（1）气相组成以压力表示时，相应的气膜吸收速率方程式如下：

$$N_A = k_G(p_A - p_{Ai}) \tag{1-2-92}$$

式中 N_A——溶质 A 的对流传质速率，kmol/（m² · s）；

k_G——气膜吸收系数，kmol/（m² · s · kPa）；

p_A——气相主体中的溶质 A 分压，kPa；

p_{Ai}——相界面处的溶质 A 分压，kPa。

（2）气相组成以摩尔分数表示时，相应的气膜吸收速率方程式如下：

$$N_A = k_y(y_A - y_{Ai}) \tag{1-2-93}$$

式中 k_y——气膜吸收系数，kmol/（m² · s）；

y_A——溶质 A 在气相主体中的摩尔分数；

y_{Ai}——溶质 A 在相界面处的摩尔分数。

（3）液相组成以浓度表示时，相应的液膜吸收速率方程式如下：

$$N_A = k_L(c_{Ai} - c_A) \tag{1-2-94}$$

式中 k_L——液膜吸收系数，m/s；

c_{Ai}——相界面处溶质 A 浓度，kmol/m³；

c_A——液相主体中的溶质 A 浓度，kmol/m³。

（4）液相组成以摩尔分数表示时，相应的液膜吸收速率方程式如下：

$$N_A = k_x(x_{Ai} - x_A) \tag{1-2-95}$$

式中　k_x——液膜吸收系数，$kmol/(m^2 \cdot s)$；

　　　x_A——液相中溶质 A 的摩尔分数；

　　　x_{Ai}——相界面处溶质 A 的摩尔分数。

（二）总系数相对应的速率式

（1）气相组成以压力表示时，相应的气膜吸收速率方程式如下：

$$N_A = K_G(p_A - p_A^*) \tag{1-2-96}$$

式中　K_G——气相总吸收系数，$kmol/(m^2 \cdot s \cdot kPa)$。

（2）气相组成以摩尔分数表示时，相应的气膜吸收速率方程式如下：

$$N_A = K_Y(Y_A - Y_A^*) \tag{1-2-97}$$

式中　K_Y——气相总吸收系数，$kmol/(m^2 \cdot s)$。

（3）液相组成以浓度表示时，相应的液膜吸收速率方程式如下：

$$N_A = K_L(c_A^* - c_A) \tag{1-2-98}$$

式中　K_L——液相总吸收系数，m/s。

（4）液相组成以摩尔分数表示时，相应的液膜吸收速率方程式如下：

$$N_A = K_X(X_A^* - X_A) \tag{1-2-99}$$

式中　K_X——液相总吸收系数，$kmol/(m^2 \cdot s)$。

任何吸收系数的单位都是 $kmol/(m^2 \cdot s \cdot 单位推动力)$。当推动力以量纲为 1 的摩尔分数或摩尔比表示时，吸收系数的单位简化为 $kmol/(m^2 \cdot s)$，与吸收速率的单位相同。

必须注意各速率方程式中吸收系数与吸收推动力的正确搭配及其单位的一致性。吸收系数的倒数即表示吸收阻力，阻力的表达形式自然也须与推动力的表达形式相对应。

前面介绍的所有吸收速率方程式，都是以气、液组成保持不变为前提的，因此只适合描述稳态操作的吸收塔内任一横截面上的速率关系，而不能直接用来描述全塔的吸收速率。在塔内不同横截面上的气、液组成各不相同，吸收速率也不相同。

ZAB018 溶解度对吸收系数的影响 **（三）溶解度对吸收系数的影响**

1. 溶解度较大的情况

$$\frac{1}{K_G} = \frac{1}{Hk_L} + \frac{1}{k_G} \tag{1-2-100}$$

对于溶解度值较大的易溶气体，有：

$$\frac{1}{K_G} \approx \frac{1}{k_G} \tag{1-2-101}$$

从式（1-2-101）可以看出对于溶解度较大的易溶气体，传质阻力主要集中在气相，此吸收过程由气相阻力控制（气膜控制），总传质速率取决于气相传质速率的大小。

2. 溶解度较小的情况

$$\frac{1}{K_L} = \frac{1}{k_L} + \frac{H}{k_G} \tag{1-2-102}$$

对于溶解度较小的难溶气体,有:

$$\frac{1}{K_L} \approx \frac{1}{k_L} \qquad (1-2-103)$$

从式(1-2-103)可以看出,对于溶解度较小的难溶气体,传质阻力主要集中在液相,此吸收过程由液相阻力控制(液膜控制),总传质速率取决于液相传质速率的大小。

3. 溶解度适中的情况

$$\frac{1}{K_L} = \frac{1}{k_L} + \frac{H}{k_G} \qquad (1-2-104)$$

对于溶解度适中的气体,气、液两相阻力都较显著。气液两相阻力都不容忽略,此吸收过程属于双模控制,总传质速率取决于两相传质速率的大小。

JAB005 吸收总数和分系数的关联式

四、吸收系数的关联式

(一)计算气膜吸收系数的量纲为 1 数群关联式

$$k_G = \alpha \frac{pD}{RTp_{Bm}} (Re_G)^{\beta} (Sc_G)^{\gamma} \qquad (1-2-105)$$

式中　D——吸收质在气相中的分子扩散系数,m^2/s;

　　k_G——气膜吸收系数,$kmol(m^2 \cdot s \cdot kPa)$;

　　R——通用气体常数,$kJ/(kmol \cdot K)$;

　　T——热力学温度,K;

　　p_{Bm}——相界面处与气相主体中的惰性组分分压的对数平均值,kPa;

　　p——总压力,kPa;

　　Re_G——气相的雷诺数;

　　Sc_G——气相的施密特数;

此式是在湿壁塔中实验得到的,适用于 $Re_G = 2 \times 10^3 \sim 3.5 \times 10^4$、$Sc_G = 0.6 \sim 2.5$、$p = 10.1303kPa$(绝压)的范围内。式中 $\alpha = 0.023$,$\beta = 0.83$,$\gamma = 0.44$,特性尺寸为湿壁塔塔径。此式也可应用于采用拉西环的填料塔,此时,$\alpha = 0.066$,$\beta = 0.8$,$\gamma = 0.33$,特性尺寸为单个拉西环填料的外径,m。

(二)计算液膜吸收系数量纲为 1 数群关联式

$$k_L = 0.00595 \frac{cD'}{c_{Sm}l} (Re_L)^{0.67} (Sc_L)^{0.33} (Ga)^{0.33} \qquad (1-2-106)$$

式中　k_L——液膜吸收系数,m/s;

　　D'——吸收质在液相中的分子扩散系数,m^2/s;

　　c_{Sm}——相界面处与液相主体中溶剂组成的对数平均值,$kmol/m^3$;

　　c——溶液的总组成,$kmol/m^3$;

　　Re_L——液相的雷诺数;

　　Sc_L——液相的施密特数;

　　Ga——伽利略数;

　　l——特性尺寸,m。

此式中的特性尺寸指填料直径。其他符号的意义同气膜吸收系数的符号。

五、气体吸收的操作线方程式

（一）物料衡算

图 1-2-28 所示的是一个处于稳态操作状况下的逆流接触的吸收塔，塔底截面一律以下标"1"代表，塔顶截面一律以下标"2"代表。为简便起见，在计算中表示组分组成的各项均略去下角标。

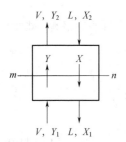

图 1-2-28　逆流吸收塔
的物料衡算

对单位时间内进出吸收塔的 A 物质的量作衡算，可写出下式：

$$VY_1 + LX_2 = VY_2 + LX_1 \quad\quad (1-2-107)$$

或

$$V(Y_1 - Y_2) = L(X_1 - X_2) \quad\quad (1-2-108)$$

式中　V——单位时间内通过吸收塔的惰性气体量，kmol(B)/s；

L——单位时间内通过吸收塔的溶剂量，kmol(S)/s；

Y_1、Y_2——分别为进塔及出塔气体中溶质组分的摩尔比，kmol(A)/kmol(B)；

X_1、X_2——分别为出塔及进塔液体中溶质组分的摩尔比，kmol(A)/kmol(S)。

一般情况下，进塔混合气的组成与流量是吸收任务规定的，如果吸收剂的组成与流量已经确定，则 V、Y_1、L 及 X_1 皆为已知数，又根据吸收任务所规定的溶质回收率，可以得知气体出塔时应有的组成 Y_2 为：

$$Y_2 = Y_1(1 - \varphi_A) \quad\quad (1-2-109)$$

式中　φ_A——混合气中溶质 A 被吸收的百分数，称为吸收率或回收率。

如此，通过全塔物料衡算（式 1-2-108）可以求得塔底排出的吸收液组成 X_1，于是在填料层底部与顶部两个断面上的液、气组成 X_1、Y_1 与 X_2、Y_2 都应成为已知数。

JAB006　气体吸收的操作线方程式

（二）吸收塔的操作线方程与操作线

在逆流操作的填料塔内，气体自下而上，其组成由 Y_1 逐渐变至 Y_2；液体自上而下，其组成由 X_2 逐渐变至 X_1。那么，在稳态状况下，填料层中各个横截面上的气、液组成 Y 与 X 之间的变化关系，需在填料层中的任一横截面与塔的任何一个端面之间作组分 A 的衡算。

在图 1-2-28 中的 m-n 截面与塔底端面之间作组分 A 的衡算，得到：

$$VY + LX_1 = VY_1 + LX \quad\quad (1-2-110)$$

$$Y = \frac{L}{V}X + \left(Y_1 - \frac{L}{V}X_1\right) \quad\quad (1-2-111)$$

式中　V——单位时间内通过吸收塔的惰性气体量，kmol(B)/s；

L——单位时间内通过吸收塔的溶剂量，kmol(S)/s；

Y_1——分别为进塔及出塔气体中溶质组分的摩尔比，kmol(A)/kmol(B)；

X_1——分别为出塔及进塔液体中溶质组分的摩尔比，kmol(A)/kmol(S)。

若在 m-n 截面与塔顶端面之间作组分 A 的衡算，则得到：

$$Y = \frac{L}{V}X + \left(Y_2 - \frac{L}{V}X_2\right) \quad\quad (1-2-112)$$

由式(1-2-111)可得:

$$Y_1 - \frac{L}{V}X_1 = Y_2 - \frac{L}{V}X_2 \qquad (1-2-113)$$

式中 Y_2——分别为进塔及出塔气体中溶质组分的摩尔比,kmol(A)/kmol(B);

X_2——分别为出塔及进塔液体中溶质组分的摩尔比,kmol(A)/kmol(S)。

$$Y = \frac{L}{V}X + (Y_1 - \frac{L}{V}X_1) \qquad (1-2-114)$$

$$Y = \frac{L}{V}X + (Y_2 - \frac{L}{V}X_2) \qquad (1-2-115)$$

式(1-2-114)和式(1-2-115)皆可称为逆流吸收塔的操作线方程。

以上关于操作线方程的讨论,都是针对逆流情况而言的。在气、液并流情况下,吸收塔的操作线方程可用同样办法求得。还应指出,无论逆流或并流操作的吸收塔,其操作线方程都是由物料衡算得来的,与系统的平衡关系,操作条件以及设备结构形式均无任何关系。

模块三　合成氨工艺原理及关键设备

项目一　渣油、天然气不完全氧化制气

一、工艺原理

（一）渣油不完全氧化制气法

ZBAA011　渣油的组成

1. 原理

原油在炼油厂经过加工，分离出较轻的馏分，余下较重的馏分称为重油。在常压下蒸馏后余下的重油其馏分范围在 350℃ 以上，若将重油进行减压蒸馏，残留在蒸馏塔塔底的产品叫作渣油，减压渣油的馏分范围在 520℃ 以上。重油和渣油都可以作为制造合成气的原料，其中用的最多的是渣油，通常习惯上把重油和渣油统称为重油。它主要由各种碳氢化合物组成，大致分为烷烃、环烷烃和芳香烃三类，还含有少量的硫、氧、氮和碳氢所形成的化合物。总之，重油的化学组成比较复杂，主要由碳、氢、硫几种元素组成，可用化学式 $C_nH_mS_r$（n 表示碳原子数，m 表示氢原子数，r 表示硫原子数）来表示。

重油气化的目的是以重油为原料，以氧和蒸汽为氧化剂进行气化反应，制造含有 CO 和氢气为主要成分的裂化气，为了得到较高的技术经济指标，要尽量达到如下几个方面的要求：

（1）单位重油产生的裂化气量最多。

（2）由于裂化气中有效成分为 CO 和 H_2，因此裂化气中的 CO 和 H_2 含量越高越好。

（3）由于 CH_4 和碳黑属于无用成分，其含量要尽可能少。

（4）生产单位体积裂化气所消耗的氧气和蒸汽要最少。

（5）安全生产，运转周期长，运行稳定。

烃类的完全氧化其产物主要是 CO_2 和 H_2O，这是合成氨生产所不需要的。为了得到合成氨生产所需要的 CO 和 H_2，必须控制烃类氧化的程度。重油"部分氧化"一词是和"完全氧化"相对而言的，它表示氧化反应进行的不完全，反应的最终产物不是二氧化碳和水，而是处于中间阶段的 CO 和 H_2。重油在重油喷嘴中被氧气和蒸汽雾化并达到充分混合后进入重油气化炉，在高温下进行重油部分氧化的过程称为重油气化。

在国内重油（天然气）常压气化和加压气化两种类型，而加压气化又因原料性质及工艺要求不同采取不同的废热回收方式。若重油中含硫量较高，则需要采用废热锅炉回收废热；若重油中含硫量较低时，一般采用激冷方式直接回收废热。

重油的气化反应是通过喷嘴被蒸汽和氧气雾化，并与它们均匀混合喷入气化炉内，在炉内高温辐射下，几乎同时进行着以下升温蒸发、火焰燃烧、高温裂解及转化等反应。渣油部分氧化法制气包括.

$$C_nH_mS_r + \frac{n}{2}O_2 \Longrightarrow nCO + \left(\frac{m}{2} - r\right)H_2 + nH_2S + Q$$

$$C_nH_mS_r \Longrightarrow \left(\frac{n}{4} - \frac{r}{2}\right)CH_4 + \left(m - \frac{11}{4} + \frac{r}{2}\right)C + rH_2S - Q$$

$$CH_4 + H_2O \Longrightarrow CO + 3H_2$$

$$C + H_2O \Longrightarrow CO + H_2$$

$$CH_4 \Longrightarrow C + 2H_2$$

上述反应同时发生时,气化反应是一个体积增大的反应,从化学平衡来讲,提高压力对平衡不利,但是甲烷转化反应的反应速度却随压力的升高而升高。

碳黑,是一种无定形碳。是气化炉反应过程中副反应的产物。碳黑对工艺系统的影响:碳黑进入变换炉将影响催化剂的活性。碳黑进入甲醇洗单元会污染甲醇溶液。碳黑积聚会引起系统阻力增加。

CBAC002 碳黑概念

重油主要由氢和碳两种元素组成,可以用化学式 C_nH_m 表示,它们在重油中占 96% ~ 99%,硫、氧、氮元素一般不超过 1%,此外还有微量的钠、镁、镍、铁和硅元素,它们的重量一般不超过 2%。重油进行减压蒸馏,残留在减压蒸馏塔底的产品叫作渣油,它的馏分范围在 520℃以上。渣油中残碳值高,烃的不饱和度大,容易裂解生成碳黑,造成管壁结焦,影响烧嘴的稳定运行。

GBAC032 渣油中残碳高的影响

2. 工艺条件

渣油部分氧化法的工艺流程包括原料的加压及预热、渣油气化、废热回收、水煤气的洗涤和碳黑回收五个部分。按照高温水煤气废热回收方式的不同,渣油部分氧化法工艺流程可分为直接回收热量的德士古激冷流程和间接回收热量的谢尔废热锅炉流程。

JBAB006 优化气化单元操作的方法

1)反应温度

部分氧化法气化阶段的反应大部分为吸热反应,所以提高温度对反应的平衡、反应的速率均有利。甲烷不完全氧化反应中碳氢化合物与氧的燃烧反应放出的热量,除维持反应设备的热损失外,还供给裂解反应和碳、甲烷的转化反应所需的热量。从甲烷、碳的转化反应的化学平衡来看,提高温度有利于反应的进行完全,对于降低气化中的甲烷和碳黑含量,改善气化经济指标起着重要作用。一般反应温度在 1300℃以上,但气化炉的操作温度还与氧气、蒸汽的用量有着直接的关系,随着温度的升高,有效气体的产量和温度的关系出现了一个极大值,但再提高温度时,氧耗就会增加,有效气体的产量就会降低,同时反应温度太高,会影响或缩短耐火衬里的寿命,甚至烧坏耐火衬里。

ZBAC001 温度对甲烷不完全氧化反应的影响

2)系统压力

从气化原理分析可知,加压对气化反应平衡有不利的影响,但目前工业都采用加压气化。加压气化有以下优点:

(1)设备尺寸减少,节省投资。

(2)提高了产气效率。

(3)有利于碳黑的回收和脱除。

(4)有利于提高喷嘴的雾化效果。

(5)降低了装置综合能耗。

GBAC033 气化炉渣油流量低联锁的作用

3）氧/油比

对渣油为原料的部分氧化工艺流程来说，氧/油比是指每千克重油消耗的氧气量（m^3 氧气/kg 重油），它是重油气化生产控制的主要工艺条件。在一定的蒸汽/油比下，随着氧油比的增加，气化炉炉膛温升高，气化炉中碳黑含量迅速下降。如果氧/油比过高，气化炉会过氧发生爆炸，因此渣油流量设置了低流量联锁。

$$C_nH_mS_r+\frac{n}{2}O_2 = nCO+\left(\frac{m}{2}-r\right)H_2+rH_2S+Q$$

从上式可以看出，理论上每反应 1 个碳原子，消耗 1 个氧原子，当重油中碳含量为86.51%（质量）时，理论氧/油比为（0.8651/12）×0.5×22.4＝0.8074m^3（O_2）/kg（油）。但在实际生产中，由于加入了水蒸气，水蒸气中的氧原子代替了部分氧气，降低了耗氧量，使真正的氧/油比小于计算所得氧/油比。

增加氧/油比，可提高反应温度，减少生成气中甲烷和碳黑的含量，但过高会使一部分碳原子转变为二氧化碳，一部分氢原子转变为蒸汽，降低了有效生产率，氧/油比过低，重油转化不完全，生成气中甲烷和碳黑含量高。在实际生产中，由于热损失及加入蒸汽等原因，通常重油气化氧油比为 0.7~0.8m^3/kg（油）。

ZBAA015 氧/油比的确定

蒸汽/油比是指气化 1kg 重油需要加入的蒸汽量，单位为 kg/kg。氧的理论用量应该是氧原子与重油中的碳原子数相等，氮如果用理论计算的氧/油比（0.8027m^3/kg 油进行气化时，裂解气温度可达 1700℃以上），容易烧坏气化炉烧嘴和耐火衬里。因此需要加入一定量的水蒸气作为缓冲剂。重油气化过程中，在气化反应的反应条件下，加入适量的蒸汽可以加快烃类转化，降低生成气甲烷和碳黑含量，降低氧耗，增加氢的产量，并且可以调节炉温，有利于重油雾化。工业生产中蒸汽/油比的限度取决于烧嘴雾化的需要，一般来说，常压气化的蒸汽/油比在 0.5 以下，加压气化的蒸汽/油比为 0.4~0.5。

4）蒸汽/油比

蒸汽/油比是指气化 1kg 重油需要加入的蒸汽量，单位为 kg/kg。重油（天然气）部分氧化法的工艺流程包括原料的加压及预热、重油气化、废热回收、水煤气的洗涤和碳黑回收五个部分。按照高温水煤气废热回收方式的不同，重油（天然气）部分氧化法工艺流程可分为直接回收热量的激冷流程和间接回收热量的废热锅炉流程。

气化炉设置蒸汽/油比的主要作用：

（1）起雾化作用。在气流雾化器中，蒸汽承担着主要雾化作用，蒸汽添加多少决定重油雾化质量。

（2）起"缓冲剂"作用。由于重油与氧气在烧嘴前进行激烈的燃烧反应，放出大量的热量，会使火焰温度升得过高，为了保护烧嘴及周围的耐火衬里不致烧坏，同时为了使气化反应平衡地进行，减少重油高温下的裂解程度，有利于反应的正常进行。

GBAC001 气化炉设置蒸汽联锁的作用

ZBAA016 汽/油比的确定

（3）起"气化剂"的作用。蒸汽参与重油气化反应，蒸汽的加入，可以促进甲烷和碳黑的转化反应，降低裂化气中的碳黑含量，增加有效气的组分，提高气化效率。但蒸汽量不宜过多，因为过多会降低炉温，使气体中 CO_2 含量增多，这样势必增加氧/油比，使油耗和氧耗增加，有效气下降。因此，工业生产中总是力求在不影响雾化的前提下，尽力减少蒸汽用量，一般为 0.4~0.6。气化炉在运行过程中如果蒸汽流量低、就会造成气化反应不好,碳黑含量增加,若蒸汽中断,则容易烧坏气化炉烧嘴和耐火衬里,因此设置了蒸汽流量低联锁。

气化炉过氧一般都是进入气化炉的渣油流量瞬时偏低或者氧气流量瞬时增加造成的。其主要原因有以下几方面:渣油流量、压力过低,调节不及时;渣油泵故障或不打量,且联锁不起作用或联锁未投用;氧气阀门失控导致入气化炉氧气流量突增。若气化炉过氧导致气化炉超温、炉砖烧损,严重时洗涤塔发生爆炸。

GBAC010 气化炉过氧的危害

5)原料的预热

蒸汽是化工生产中应用最广泛的一种介质。它不但能作为动力驱动源,还能够作为反应原料以及设备保温、换热介质等来使用。相比于过热蒸汽使用饱和蒸汽加热介质饱和蒸汽发生相变释放出大量的潜热,同时由于温度的降低释放出显热,所以利用饱和蒸汽加热热量的利用效率是最高的。

ZCAB009 使用饱和蒸汽加热的意义

ZBAB009 使用饱和蒸汽加热的意义

预热重油一般采用饱和蒸汽。预热后可以使干气产量、有效气产量、有效气成分以及蒸汽分解率增加,同时氧耗量下降,炉温的操作平稳,提高重油预热温度可以降低重油黏度,减少输送过程中的动力消耗,提高雾化效果,使油滴反应更加完全,但由于受重油闪点及重油炭化等影响,温度不易过高,渣油入炉后在烧嘴口处容易形成积炭而损坏烧嘴,一般预热温度以 $150 \sim 200 ℃$ 为宜。

6)反应时间

在渣油气化反应中,甲烷转化反应为主要控制反应,理论反应时间为 $0.1 \sim 0.5 s$,但对于工业化设备来讲,实际所需的反应时间,还需考虑到烧嘴的喷射速度,因此反应流体在气化炉中停留时间为 $1 \sim 5 s$。

7)原料油中 C/H 比及水含量的影响

在气化反应中,随 C/H 比的提高,CO 含量提高,蒸汽分解率提高,而 H_2 含量下降。当 C/H 比降低时,有效气产量、H_2 含量提高,而蒸汽分解率和 CO 含量下降。原料中硫含量增加时,有效气产量下降,因为硫消耗了 H_2 和 CO,生成了 H_2S 和 COS,使有效气体减少。当原料中含有水时,相当于加了水,加水相当于加蒸汽,从而导致耗氧量提高。

德士古气化炉投料前必须将物料引至气化炉前,主要确认以下工作:

JBAB001 物料引到气化炉前的注意事项

(1)确认开车程序准确无误。

(2)确认天然气、氧气管线及气化炉经氮气置换合格。

(3)确认气化炉温达到投料温度、升温系统已切断。

(4)确认现场阀门开关准确无误。

(5)确认碳黑洗涤塔已投用。

(6)确认激冷水、蒸汽等相关物料已送至各调节阀前。对于氧管线需要注意:氧气管线使用前需经过清扫和脱脂;氧管线必须接地以防止静电积累产生火花。

(二)天然气不完全氧化制气法

CBAC001 甲烷不完全氧化反应原理

1.工艺原理

天然气部分氧化是指天然气在气化炉内,不用催化剂,加入氧气,控制反应温度在 $1260 \sim 1450 ℃$ 下反应(燃烧),生成以 CO 和 H_2 为主的原料气,气化炉投料温度必须大于 $1050 ℃$。天然气流程不完全氧化过程中只有极微量的碳黑生成,蒸汽作为开停车时烧嘴

CBAA015 气化炉投料前炉膛温度的要求

的保护气体。

天然气部分氧化法制合成氨原料气工艺流程包括：天然气加压预热、高温非催化部分氧化反应、高温气体废热回收、气体的洗涤、污水处理。

对气化炉来说，蒸汽、氧气和原料天然气，分别经过烧嘴的中心管和外环喷入炉内，在气化炉内进行部分氧化及转化反应，生成的合成气经激冷室激冷进入碳黑洗涤塔。非催化部分氧化反应的机理目前还不能作详细分析，大致可分为两步进行。第一步是部分 CH_4 与氧气进行完全燃烧反应，生成 CO_2 和 H_2O 放出大量的热，使混合反物温度迅速升高；第二步是 CH_4、C、CO_2、H_2O 的转化反应，其中重要的反应式为：

（1）甲烷转化反应的平衡：

$$CH_4 + H_2O \rightleftharpoons CO + 3H_2 - 49.3 kcal/mol$$

（2）一氧化碳变换反应的平稳：

$$CO + H_2 \rightleftharpoons CO_2 + H_2 + 9.8 kcal/mol$$

（3）碳黑的生成反应的平衡：

$$2CO \rightleftharpoons C + CO_2 + 41.2 kcal/mol$$

德士古气化炉采用了高压激冷的制气流程，气化过程生成的高温气体采用直接法回收其热量，即用水将高温气体直接淬冷，使水气化为水蒸汽，将气体饱和，而气体被水冷却到绝热饱和温度。出口半水煤气已为激冷蒸发的蒸汽所饱和，而且未经脱硫就直接送入变换，这样就大大简化了变换流程，取消了热水饱和系统，但要根据原料气中的含硫量来酌情选用变换催化剂。此外变换的废热回收主要用于加热高压锅炉进水。其冷凝液用于气化激冷水的补充来源。

CBAC003 气化单元生产的特点

德士古专利烧嘴结构简单，使用寿命长，负荷调节范围大，耐火衬里能适应较大范围的温度变化及渣油中所含重金属微量组分和盐分对炉砖的侵蚀，工艺气所携带的碳黑能有效地脱除并加以回收利用，能产生大量的蒸汽供变换反应使用。

2. 工艺条件

1）反应温度

部分氧化法气化阶段的反应大部分为吸热反应，所以提高温度对反应的平衡、反应的速率均有利。甲烷不完全氧化反应中碳氢化合物与氧的燃烧反应放出的热量，除维持反应设备的热损失外，还供给裂解反应和碳、甲烷的转化反应所需的热量。从甲烷、碳的转化反应的化学平衡来看，提高温度有利于反应的进行完全，对于降低气化中的甲烷和碳黑含量，改善气化经济指标起着重要作用。一般反应温度在 1300℃ 以上，但气化炉的操作温度还与氧气、蒸汽的用量有着直接的关系，随着温度的升高，有效气体的产量和温度的关系出现了一个极大值，但再提高温度时，氧耗就会增加，有效气体的产量就会降低，同时反应温度太高，会影响或缩短耐火衬里的寿命，甚至烧坏耐火衬里。原料气预热对提高气化炉炉膛有好处的。

2）系统压力

气化炉反应是气体体积增大的反应，从化学平衡的角度来看，加压对提高平衡转化率是不利的，反应气中甲烷和碳黑的平衡含量将随压力增大而升高，但目前工业都采用加压气化。加压气化有以下优点：

（1）设备尺寸减少，节省投资。

（2）提高了产气效率。

（3）有利于碳黑的回收和脱除。

（4）有利于提高喷嘴的雾化效果。

（5）降低了装置综合能耗。

3）氧/气比

以天然气为原料的部分氧化工艺流程来说，氧/气比是指单位体积天然气的耗氧量，它是控制气化炉炉膛温度和化学反应平衡的一个重要参数。随着氧/气比的增加，气化炉炉膛温度升高，气化炉中碳黑含量与 CH_4 迅速降低，但氧/气比超过一定值后，耗氧量会急剧上升，这是由于过量的燃烧反应消耗了有效气体，使得有效气体产量急剧下降，氧/气比过高易使气化炉炉砖与烧嘴损坏，严重时会造成气化炉过氧爆炸，因此气化炉天然气流量设置了低流量联锁。通常为了保护气化炉防止过氧事故的发生，气化炉还设置了氧/气比值联锁。控制较好的氧/气比值有利于部分氧化反应的进行，但是氧/气比过低时气化反应中碳黑含量急剧上升，降低了转化效率。

调节氧/气比的主要方法：

（1）降低氧气流量，降低气化炉炉膛温度。

（2）增加天然气流量，降低气化炉温度。

（3）严格控制气化炉炉膛温度在指标范围内，控制气化炉出口气 CH_4 含量在正常范围内。

4）原料的预热

天然气预热可以使干气产量，有效气产量，有效气成分以及蒸汽分解率增加，同时氧耗量下降，炉温的操作平稳。天然气在进入气化炉前设置了蒸汽加热器，一般预热温度以 $150 \sim 200℃$ 为宜，蒸汽通常采用饱和蒸汽。

5）反应时间

在天然气气化反应中，甲烷转化反应为主要控制反应，理论反应时间为 $0.1 \sim 0.5s$，但对于工业化设备来讲，实际所需的反应时间，还需考虑到烧嘴的喷射速度，因此反应流体在气化炉中停留时间为 $1 \sim 5s$。

6）天然气中 C/H 比及水含量的影响

在气化反应中，随 C/H 比的提高，CO 含量提高，蒸汽分解率提高，而 H_2 含量下降。当 C/H 比降低时，有效气产量、H_2 含量提高，而蒸汽分解率和 CO 含量下降。

7）5%蒸汽的作用

气化炉中加入5%蒸汽的作用：降低氧纯度，缓冲气化反应。蒸汽冷凝在氧管表面，形成保护烧嘴液膜。增加氧管流速、使火焰区黑区增长。

8）蒸汽在气化反应中的作用

蒸汽在气化反应中是重要的反应物，加入蒸汽的目的是调节炉温，同时作为气化剂调节气化反应中碳原子和氢原子的比列。因此在气化炉内起着气化反应的化学平衡条件地作用。

GBAC012　氧/气比的概念

GBAC002　气化炉设置天然气联锁的作用

ZBAB018　氧气比在气化反应中的作用

GBAC013　控制氧气比的方法

CBAC035　气化炉5%蒸汽的作用

ZBAB019　蒸汽在转化反应中的作用

二、关键设备

JBBA002 气化炉的结构

（一）气化炉

气化炉是部分氧化法工艺的核心设备，是一种高温反应器，无催化剂或其他固体物料层，是空筒立式或卧式筒体设备，其作用是渣油、氧气、蒸汽三种物料在炉内进行部分氧化反应，有效气中含有少量甲烷和碳黑的高温水煤气。在加压条件下，气化炉大部分采用立式。上部设物料烧嘴，下部或下侧为裂解气出口，内壁有耐火衬里。与天然气、煤焦等各种气化炉相比，具有无转动机械、结构简单、体积小、易制造等优点。

在国内以渣油为原料生产合成氨装置中。有两种典型的工艺流程，德士古激冷工艺流程和谢尔废锅工艺流程。所以在这里主要介绍德士古气化炉、谢尔气化炉两种结构。

1. 德士古气化炉

德士古气化炉如图 1-3-1 所示，是一种带激冷室气化炉，是德士古的专利设备，是一台高温（1350℃以上），高压（87kg/cm²）的反应设备。气化炉由两部分组成：上部为燃烧反应室，下部为激冷室，中间有激冷环，高温气化气出反应室后即迅速进入激冷室骤然冷却，这样既可减少热损失，又能防止随着温度的降低而析出碳黑。

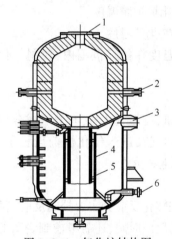

图 1-3-1　气化炉结构图

1—烧嘴接口；2—测温孔；3—气体出口；4—导气套管；5—浸没管；6—碳黑水出

ZBAA017 激冷环的工作原理

ZBAA009 气化炉高压保护氮气的作用

ZBAA014 气化炉高压保护氮气的作用

激冷流程用气化炉：气化炉为钢制圆筒形设置，分为燃烧室和急冷室，两室之间通过急冷环连接。激冷环是位于气化炉燃烧室和急冷室之间，紧贴在气化炉燃烧室下部，上部砌有炉砖，急冷环内部有空腔，环内均匀与下降管连接。主要有大法兰、供水管、下降管、布水环孔组成。它的作用是均匀分布激冷水，使在下降管内壁形成均匀的水膜，即可避免高温工艺气灰渣在下降管壁上黏结又能防止高温气体烧穿下降管。确保工艺气到急冷室鼓泡冷却洗涤炭黑，是激冷室内重要设备。在气化炉设工艺气出口温度联锁，联锁温度 300℃，超过此温度气化炉停车，保护急冷环。气化炉的耐火衬里有三层构成，内层为耐高温的钢玉砖、外层为普通耐火保温砖、外层与壳体间有一层石棉板。气化炉左右对称安装两根热电偶。因为热电偶在气化炉内要经受 1300℃的高温，为了不使高温还原性气体对热电偶表面腐蚀。就对高压氮气经过压力调节。通入热偶钢玉管内，吹扫热偶,始终保持氮压力高于气化炉压力。构成热电偶的铂铑丝在还原性氢气中会中毒,造成所测温度指示失灵,热偶充氮后就可以防止工艺气通过套管破损或裂纹触渗入而侵蚀热偶丝。防止损坏。所以充氮的主要目的为了安全和保护热偶丝。

激冷环的作用:将激冷水均匀分布在下降管的内表面上,并形成一层水薄膜与合成气并流而下,隔绝高温合成气与下降管直接接触,保护下降管免受高温而变形。

下降管的作用:将高温合成气引至激冷室水浴中,使得气体中急剧降温。

上升管的作用:将激冷后的鼓泡上升的合成气引至激冷室液面的上部不致于气流鼓泡时对整个液面产生过大的波动,而引起一系列的液位报警。气化炉升温、运行期间杜绝激环水断水。

激冷水主要作用是冷却出燃烧室的工艺气、洗涤出燃烧室工艺气中的碳黑、饱和一氧化碳变换工艺气所需的水蒸汽、保护气化炉激冷环。

> ZBAC004 激冷水的作用

2. 谢尔气化炉

谢尔气化炉是一座内衬耐火材料的圆筒形立式炉,如图 1-3-2 所示,其直径和高度均大于德士古气化炉,因此单位容积生产强度和热强度均较低。气体在炉内的停留时间较长,且因操作压力稍低,副产 CH_4 生成量少。因此无须采取增大氧/油比提高温度来降低出口裂解气中 CH_4 含量。不引入激冷水,无严重结渣现象,排灰较易,炉砖寿命较长,有利于长期稳定操作。对高硫、高重金属、高灰分的重质烃适应性较好。炉顶安装烧嘴,生成气出口设在炉膛下侧,炉下部积灰空间。

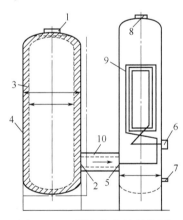

图 1-3-2 谢尔气化炉结构图

1—烧嘴接口;2—气体出口;3—耐火衬里;4—风挡;5—气体进口;6—气体出口;
7—废热锅炉进水口;8—蒸汽出口;9—废热锅炉盘管;10—气体连接口

> CBAA017 碳黑脱除原理
>
> CBAA013 气化洗涤水的作用

(二)碳黑洗涤塔

碳黑洗涤塔,有两块塔盘,塔顶装有旋涡离心式除尘器,这种除尘器结构简单、除沫效率高,阻力降小,且不会造成粉尘堵塞。该塔采用的塔盘可以使气体(除尘)与液体充分接触,并且起到传热和吸收气体中的可溶性物质的作用。在塔盘的每排孔上都有挡板,挡板淹没在液体之中。喷气将盘上液体吹起,喷射到挡板上,使挡板保持湿润的表面和周边。这种高速喷射作用和液体对挡板的直接撞击作用,使得气体中的固体颗粒产生动力沉降,从而被洗涤液带走。同时,喷射作用造成强烈的湍动,导致良好的气液接触,从而达到净化、传热和吸收的目的。气化炉洗涤水的作用:洗去工艺气中的碳黑等杂质,降低工艺气出气化炉的温度。

ZBAB017 控制洗涤塔出口温度的要点

气化炉停车后洗涤塔需充氮置换合格。为防止激冷水倒入气化炉,洗涤塔要卸压至微正压后,才可以与气化炉连通。从气化炉出工艺气与废热锅炉换热副产高压蒸汽,冷却后的工艺气经锅炉水预热器冷却后进入急冷室洗涤碳黑,再经碳黑洗涤塔冷却送至脱硫工序。急冷水量偏低、气化废热锅炉换热效率低都会造成碳黑洗涤塔工艺气温度偏高。

ZBCA003 气化洗涤塔出口工艺气温度高的原因分析

ZBCB005 洗涤塔出口工艺气温度高的处理方法

碳黑洗涤塔的作用是去除气化炉不完全氧化反应生成的碳黑。气化碳黑洗涤塔洗涤水采用的是废水处理单元送来的返回水。影响碳黑洗涤塔出口工艺原料气温度的因素有洗涤水量和洗涤水的温度。气化洗涤塔出口温度高时可以通过增大洗涤水量、降低洗涤水温度进行调节。

造成碳黑洗涤塔出口工艺原料气带水的原因是碳黑洗涤塔出口除沫器损坏、洗涤水流量过大,可采取的处理措施有调整洗涤塔洗涤水量、停车检查洗涤塔工艺气出口除沫器、停车检查洗涤塔填料。

ZBCA004 气化洗涤塔出口带水的原因分析

ZBCB006 气化洗涤塔出口带水的处理方法

碳黑洗涤塔塔底液位高会导致出塔工艺气带水,出洗涤塔工艺原料气温度偏高将会导致工艺气带水增加。碳黑洗涤塔出口工艺原料气带水对系统的危害是造成甲醇循环系统水含量升高,甲醇洗单元系统温度升高。

(三)烧嘴

烧嘴(喷嘴):一般由三部分组成,原料重油和气化剂(氧气和蒸汽)的流动通道,控制流体的流速和方向的喷出口,防止喷嘴被高温辐射而熔化的水冷装置。根据结构、雾化方式的不同,可将烧嘴分为谢尔烧嘴和德士古烧嘴。

不管是哪种气化炉,烧嘴冷却水的保护措施不起作用时气化炉应紧急停车。在生产运行中要严格控制烧嘴冷却水回水温度,该温度高主要有以下危害:

ZBBB011 烧嘴冷却水回水温度高的危害

(1)烧嘴冷却水回水温度过高,回到烧嘴储罐造成烧嘴进水温度也会升高,不利于烧嘴冷却。

(2)造成烧嘴冷却水泵气蚀现象的发生。

(3)造成回水产生气阻流水不畅影响烧嘴安全运行。

ZBCB009 烧嘴冷却水流量波动大的处理方法

(4)回水温度高还会造成烧嘴冷却不好引起烧嘴泄漏。

烧嘴冷却水盘管泄漏可引起烧嘴冷却水流量减小。烧嘴冷却水流量波动可采取的处理措施有补充脱盐水、检查烧嘴冷却水泵工作状况、检查消除系统泄漏、断水时系统应按停车处理。

CBAA011 气化炉烧嘴的结构

(四)气化炉烧嘴的结构

德士古烧嘴为两通道同圆心烧嘴,中心管走氧气,外环隙走重油蒸汽(天然气),在外环隙喷嘴口重油(天然气)与氧气混合燃烧在气化炉内进行部分氧化反应。烧嘴头部最外侧为水冷套,冷却水入口直抵夹套,再由缠绕在烧嘴头部的数圈盘管引出,烧嘴冷却水经过夹套和盘管受热,温度升高到42℃后经过冷却器冷却到30℃回到冷却储水槽,然后用冷却水泵加压至1.5MPa后,经冷却器冷却至30℃(1.5MPa,30m³/h,)送入烧嘴进行循环,循环过程损失的水,依靠锅炉给水补充。

至关重要的是烧嘴盘管的供水必须保持连续,为此烧嘴系统设有三套保护措施:

（1）一台烧嘴冷却泵故障另一台立即自启动保证烧嘴冷却水供应。

（2）当循环冷却水泵因故停车,而备用泵又开不起来时,由消防水直接补充烧嘴冷却水。

（3）当消防水中断时,还设有高位槽维持冷却水短时间流通。高位槽始终充满水。

GBBB010 碳黑生成量低对炉砖的影响

（五）气化炉炉砖

气化炉燃烧室的耐火衬里由二层构成,内层为耐高温的刚玉砖,外层为普通耐火保温砖。碳黑能保护气化炉的耐火衬里是因为:

（1）原料渣油中的镍、钒、铁等重金属在部分氧化时会与耐火材料中的铝结合,形成与耐火材料结构不同的新型结构,造成耐火材料剥落。

（2）而部分氧化过程中生成的一定量的碳黑能把重金属及它们的反应产物与耐火材料隔离开,并使之随碳黑水带出炉外,这样耐火材料免受侵蚀。

GBAC004 影响气化炉壁温度高的因素

一旦出现炉膛温度高、炉砖损坏、炉砖脱落、砖缝窜气等都会引起气化炉炉壁温度高。通常气化炉炉壁温度要求小于300℃。通常设置了炉壁温度保护,其主要作用是:

（1）确保气化炉筒体的安全。

（2）炉壁超过规定温度时,应立即采取相应的降温措施或停炉处理,以确保气化炉筒体的耐压、耐温强度不受削弱。

造成气化炉拱顶超温的因素有烧嘴偏烧、砖缝串气、气化炉超温、气化炉拱顶耐火衬里减薄。处理措施有:

（1）增加保护蒸汽用量。

（2）适当降低气化炉操作温度。

（3）轻度超温可采取对超温区域进行强制通风降温。

（4）超温严重时,应停车检查烧嘴、拱顶砖是否损坏及拱顶砖缝是否串气。

ZBAC013 加热炉的吹灰操作

（六）加热炉

在化工生产中,不管是锅炉、加热炉还是废热锅炉,由于燃料或空气中杂质影响,在烟气接触的换热盘管等部分容易积烟灰,烟灰的导热能力只有钢材的 1/50~1/200,只要受热面积灰 1mm 厚,热损失要增加 4%~5%。为了保持受热面清洁,提高传热效率,必须进行定期除灰。

1. 蒸汽吹灰

为了防止吹灰时炉膛出现正压,吹灰前应适当增加负压;为了防止吹灰时汽压下降过多,要保持汽压接近于最高工作压力;检查吹灰器有无堵塞或漏气;对蒸汽管道进行疏水和暖管,防止发生水击;吹灰时应站在侧面操作,防止炉膛火焰由吹灰孔喷出伤人,不可同时用多个吹灰器吹灰,以免汽压显著下降和形成正压。

吹灰的顺序:顺着烟气流动方向依次进行,使被吹落的灰随烟气流入除尘器。吹灰通常每班二次,应在负荷小时进行。锅炉停用之前一定要吹灰,燃烧不稳定时不要吹灰。

2. 空气吹灰

利用压缩空气将积灰吹走;空气压力不低于 0.69MPa;吹灰顺序同蒸汽吹灰;操作方便,吹灰范围大,比较安全。

3. 声波吹灰

声波发声器将一定能量的声波传送到粉尘微粒积聚的空间区域,通过声波使空气分子与粉尘微粒产生振荡,防止粉尘微粒在物体表面聚合,并使它处于悬浮状态,以便由气流或重力将其带走。根据实际需要清洁的空间区域,可使用一组或几组发声器,每隔一段时间定时发声一次,并持续不断地重复这一循环来达到清洁的目的。

（七）蒸汽过热炉

ZBAD013 蒸汽过热炉停车操作注意事项

谢尔气化流程设置了蒸汽过热炉,其主要作用是通过燃烧废气、天然气、液化气来副产蒸汽。在蒸汽过热炉的操作过程中为了防止蒸汽过热炉点火升温操作中出现事故,除了严格执行操作规程外还要注意每次点火升温的要点,具体有:

(1)点火升温前首先检查确认蒸汽过热炉相关仪表及联锁投运正常;并检查蒸汽过热炉烟道挡板及风门、炉砖及炉管完好正常。

(2)检查确认蒸汽过热炉炉膛负压正常,且加热炉炉膛置换且分析合格,检查确认鼓风机是否运行正常以及检查确认燃料系统的准备。

(3)控制蒸汽过热炉炉膛氧含量在正常控制范围内。因为若控制氧含量过高会造成送入蒸汽过热炉的风量比例大,热风将大量的废热带出炉膛,造成能量损失;而若氧含量过低表明燃料燃烧不完全,既污染环境又浪费燃料。

(4)要注意在蒸汽过热炉升温前应先打开工艺蒸汽的加热炉后放空,将蒸汽引到加热炉后再点火升温,且必须严格执行蒸汽过热炉燃料气点燃顺序是液化气/天然气/废气。

(5)要注意蒸汽过热炉点火前将观火孔关闭,若观火孔全部被打开,会使得过热炉负压上升。

(6)最后在蒸汽过热炉升温中,操作时必须确保炉温的稳定,一是每次调整燃料气用量的时候要慢,不能大幅度调节,做到微调和勤调,保证炉膛和出口温度波动较小;二是尽量控制个火嘴火焰的燃烧高度一致,以保证热量分布均匀。

ZBCA018 蒸汽过热炉发生闪爆的原因分析

蒸汽过热炉容易发生闪爆,引起蒸汽过热炉发生闪爆的主要原因有:

(1)蒸汽过热炉点火前未进行置换分析或置换分析不合格。

(2)蒸汽过热炉负压控制过高或过低,严重时造成蒸汽过热炉烧嘴灭火。

(3)蒸汽过热炉熄火,燃料气未及时切断或阀门内漏造成炉膛可燃气闪爆。

(4)蒸汽过热炉燃料气带液,造成烧嘴异常灭火。

ZBCB026 蒸汽过热炉负压波动大的处理方法

蒸汽过热炉的负压通过鼓风机风量调节,稳定了鼓风机风量,也就稳定了过热炉的负压。导致蒸汽过热炉负压波动的原因有燃料气燃烧不好、鼓风机风量波动、燃料气压力波动。气化退蒸汽过热炉蒸汽时,要注意观察蒸汽管网压力、蒸汽过热炉出口温度,及时调节防止事故发生。蒸汽过热炉停车时,应打开蒸汽过热炉炉后蒸汽放空,再进行退汽停车。蒸汽过热炉熄火顺序是废气、天然气、液化气,蒸汽过热炉鼓风机必须在燃料气熄灭后才能停车。

（八）火炬

CBAB011 火炬管线设置保安氮的意义

火炬用来处理石油化工装置中无法收集和再加工的可燃气体或蒸气的特殊燃烧设施,是保证安全生产、减少环境污染的重要设备。火炬排放管网将装置排放的火炬气安全输送到火炬,是火炬系统的重要组成部分,火炬通常有开工火炬与常明火炬。火炬管线设置保安氮的意义如下：

(1)起氮封作用,利用氮气比空气轻的原理防止空气进入火炬管线,同时保持小流量常开,保证火炬管线排放末端的这段管道内无可燃性气体,或者减少可燃性气体的聚集,避免在火炬系统发生内爆炸或者其他不安全因素。

(2)用于火炬管线维持正压,防止回火。

(3)开停车时的管线吹扫。

三、工艺操作

(一)开车统筹

化工装置的开车、试车工作是各个装置必须经历的过程。开车统筹是涉及多个系统、多个单元、多种物料、多项设备的联动开车过程,它们之间环环相扣、紧密联系,所以在开车之前必须做好周密部署和统筹安排,科学合理的统筹开车过程是保证化工装置顺利开车和安全、稳定、连续的运转,实现合理工期,从而达到设计规定的各项技术经济指标。化工装置开车分为四个阶段,即开车前的生产准备阶段、开车阶段、化工投料开车阶段、生产考核阶段,每个阶段必须符合开车统筹安排的条件、程序和标准要求,方可进入下一个阶段。化工装置开车及各项生产准备工作必须坚持"安全第一,预防为主"的方针,安全工作必须贯彻开车的全过程。

JBAA001 开车进度的制定要点

1.渣油工艺开车进度的制定要点

以渣油为原料德士古部分氧化的合成氨装置主要包括空分、气化、碳黑回收、CO变换、甲醇洗、液氮洗、氨合成和氨冷冻等单元,谢尔流程的合成氨装置在气化单元后设置了脱硫、CO变换、CO_2脱除单元,其他工序相同。装置检修后开车或短期停工后开车应编制开车统筹,对各单元开车进度进行合理控制。制定渣油工艺合成氨装置开车进度的控制要点包括:

(1)开车进度应结合本装置开车步骤及开车顺序、设备检修的进度以及相关公用工程及尿素装置的工艺状况。

(2)在气化炉投料前需要对变换催化剂提前升温,对甲醇系统提前降温,液氮洗需氮气循环冷冻降温,以缩短投料后的开车时间。

(3)对渣油工艺合成氨装置开车进度影响较大的操作包括气化炉投料和变换催化剂升温。开车统筹应对气化炉、变换炉、合成塔升温升压速率严格要求,不能为加快开车进度违反工艺指标。

JBAA002 装置自检项目的实施要点

2.渣油工艺装置自检项目的实施要点

合成氨装置停车检修前要制定详细的检修计划和检修统筹,并确定检修设备的备件落实情况,确保设备检修顺利。合成氨装置停车检修计划应包括检修项目内容、技术要求、检修进度、检修作业人及检修专业技术人员应对检修质量把关等。

合成氨装置自检项目是指装置依靠自己的技术力量可以进行的检修项目。装置检修的自检项目的实施,应注意人员的组织与协调、检修现场和工具的准备、检修现场的施工安全和环境的保护。装置自检项目的实施要具体落实到人,定期进行汇总,对缺漏项及时消除。在自检中应设立专门的台账记录,对所自检项目的不合格项要及时整改,对自检项目完成日期及确认人进行记录。

JBAA003 开车前与相邻装置的协调要点

3. 渣油工艺开车前与相邻装置的协调要点

渣油工艺合成氨装置开车前应提前做好与相邻装置的协调,主要包括合成氨装置与公用工程及尿素装置的协调。开车前应通过调度协调,联系公用工程岗位,确认新鲜水、循环水、脱盐水及锅炉装置已开车正常,各物料指标合格;工厂空气、仪表空气及氮气系统已开车正常,指标合格;及时联系尿素装置做好开车的衔接和引物料、退物料准备。

JBAA006 装置检修后的开车条件确认要点

4. 渣油工艺装置检修后的开车条件确认要点

渣油工艺合成氨装置在检修后开车条件的确认环节,对所有动、静设备、电器系统、仪表系统、公用工程等开车前进行条件确认的要点主要包括:

(1)对检修项目完成的确认,包括管线、阀门、反应釜、换热器、塔、泵等。

(2)对检修后的静设备进行试压、气密工作,发现内漏或密封点泄漏应及时处理;动设备应包括电动机单试、设备联试等。

(3)检查转动设备的油系统,电气监测点以及仪表联锁点。

(4)装置联锁的调试,调节阀、速断阀等调试工作、测量原件检定、回路调试。

(5)电气设备等检修完毕,电动机、电动阀等具备启动条件。

ZBCB002 气化负压器不抽负压的处理方法

(6)仪表风、脱盐水、循环水、氮气、锅炉等公用工程具备启动条件。

(二)开车准备

ZBCB001 天然气预热器负荷不足的处理方法

1. 气化炉的负压升温

气化炉在开车之前需要对气化炉进行烘炉与升温工作。这一阶段的升温工作采取负压升温的方式,其方法是在工艺气管线上设置了蒸汽负压器。蒸汽负压器利用流体流速变化,在混合室产生负压而输送液体或气体,就是负压器的原理。气化炉负压器就是利用蒸汽在混合室流速突然变化产生负压的过程。负压器的主要作用是气化炉负压升温和气化炉降温。判断负压不足的处理方法有检查负压器喷射口是否堵塞、调整负压器的喷射气量、检查管线是否堵塞。

提高天然气的温度,可以提高天然气转化率、减少碳黑生成,降低氧耗。天然气预热器一般是中压蒸汽加热。蒸汽压力、流量、温度、冷凝液背压、预热器自身状况决定了换热器的换热效果。导致天然气预热器负荷不足的因素有换热器堵塞、冷凝液疏水器损坏、加热蒸汽带水严重。

ZBAA013 气化炉投料前具备的条件

2. 气化炉正压升温与投料前的准备

为确保德士古气化炉投料温度满足要求,气化炉在负压升温之后还需正压升温。正压升温时气化炉换上了德士古烧嘴,这时要把空气和液化气盲板导通,便于空气与液化气进入气化炉。投用烧嘴冷却水,烧嘴冷却水泵保护系统联锁投用。液化气要通过烧嘴渣油通道进入气化炉内,空气要通过氧气通道进入气化炉燃烧升温,燃烧后的废气送至开工火炬。当气化炉温度升到投料温度后升温结束。气化炉熄火后要把空气和液化气盲板导盲,防止气化炉正常后工艺气窜入空气和液化气低压系统。气化炉升温过程中,炉膛温度和工艺气出口温度应控制在指标范围内,炉膛升温过程必须严格按照规定的升温曲线进行。气化炉升温非常关键,升温过程中要确保激冷环激冷水畅通,防止断水。气化炉液位专人监控,液位不能高于导气管,防止淹砖,时刻保证气化炉底部导淋畅通流水。气化炉开车前的升温工作完成,确保炉温在1200℃,系统置换合格,蒸汽、重油(天然气)、氧气处于备用状态。烧嘴和急冷室的冷却水系统已投入运行,或废热锅炉汽包以维持正常液位,急冷室、文丘里洗涤器和洗涤塔的洗涤水已开始循环,气化炉具备投料条件,具备引蒸汽的操作,气化炉具备接三物料条件。

气化炉的正压升温。正压升温气化炉换上了德士古烧嘴,这时要把空气和液化气盲板导通,利于空气液化气进入气化炉。投用烧嘴冷却水,烧嘴冷却水泵保护系统联锁实验完成投用。液化气要通过烧嘴渣油通道进入气化炉内、空气要通过氧气通道进入气化炉燃烧升温。当气化炉温度升到投料温度后恒温结束,这时气化熄火要把空气和液化气盲板导盲,防止汽化炉正常后压力高,防止高压气化炉工艺气窜入空气和液化气低压系统,产生事故。气化炉升温过程中,工艺气出口温度控制在255℃以内,要以小于10~27℃/h的速率升温,必须严格按照规定的升温曲线进行。气化炉升温非常关键。升温过程中,要注意确保急冷环急冷水畅通,防止断水,气化炉液位专人监控,不能高于导气管,防止淹砖。时刻保证气化炉底部导淋畅通流水。

ZBAA018 气化炉正压升温的注意事项

3. 气化炉与洗涤塔建立水联运的要求

GBAB022 气化炉与洗涤塔建立水联运的要求

急冷流程与废锅流程主要区别和特点:(1)热能回收方式不一样,激冷流程为直接回收,废锅流程为间接回收;(2)气化炉与洗涤塔建立水联运时所用的水是纯水。

碳黑洗涤塔补充水压力如果低于气化操作压力就会造成工艺气反窜入洗涤水系统。当碳黑洗涤塔补充水压力低于气化炉操作压力时,将会促动联锁自动切断碳黑洗涤塔补充水管线,防止工艺气反串。

在生产中还容易出现气化单元激冷管激冷水流量低的现象,主要有这几种情况:激冷管喷嘴堵塞,碳黑洗涤塔塔底泵故障,激冷水流量调节阀故障。另外,工艺气中的水含量偏高,主要是工艺气温度过高,工艺气分离器分离效果差,工艺气流量不稳定,流量波动造成的带液。设备方面主要因素是导气管偏心,洗涤塔气体液下分布不均;塔盘变形或堵塞造成偏流除沫器破损雾沫夹带,激冷流程气化气化炉激冷段带水严重,现象是洗涤塔出口工艺气温度波动或降低;变换炉前分离器/增湿器液位波动,出口温度异常,出现这种情况,要加大洗涤塔、气化炉黑水排放量,气化炉液位控制在50%~80%,洗涤塔液位控制在40%~65%减少塔盘上冷凝液流量,流量控制在15~20m³/h。

气化炉和洗涤塔水联用后,系统的负荷不能太高,水洗塔的液位要控制好不要过高。洗涤塔加水量稳定不能过大。控制好气化炉液位防止工艺气带水进入碳黑洗涤塔。

GBAA009 温度对渣油气化反应的影响

4. 温度对渣油气化反应的影响

在气化炉中,温度对渣油气化反应影响较大,对渣油气化反应结果,原料气中 CO_2 随反应温度升高而先降后增,对渣油气化反应中,原料气中 H_2 浓度随着反应温度升高而先增后降,随渣油预热温度的提高,出气化炉原料气中 CO_2 浓度降低,原料气中 CO 浓度随反应温度升高而先增后降。提高原料渣油温度可以降低氧/油比。渣油气化反应中,压力提高时气化炉最适宜的反应温度也将提高。

ZBAB028 气化炉建立蒸汽放空的要求

5. 气化炉接三物料

1)气化炉建立蒸汽放空的要求

建立蒸汽流量:确认气化炉联锁已复位,开气化炉高压蒸汽系列阀,开气化炉蒸汽流量调节阀门;现场全开蒸汽放空速断阀;缓慢开蒸汽放空速断阀后阀排净冷凝液,关闭导淋;全开高压蒸汽系列阀、开蒸汽放空速断阀后阀;中控开气化炉蒸汽调节阀,控制流量在范围内。

ZBAB027 气化炉建立氧气放空的要求

2)气化炉接氧和建立氧放空的操作

氧气与油脂接触会产生一种易燃的化合物,在生产中因摩擦产生静电火花时,易燃化合物将燃烧,甚至会发生爆炸,所以氧管线及阀门在引入氧气前必须进行脱脂处理。建立氧气流量遵循以下步骤:确认气化炉联锁已经复位,确认氧流量调节阀关,现场缓慢打开氧系列阀。打开氧放空后阀,联系仪表对氧气流量表排放,通知空分工段气化准备接氧,开氧气流量调节阀门调节流量在规定值。氧流量阀投入自动状态。中控与空分岗位对照氧流量相符。

CBAA003 引天然气的条件

3)天然气引气条件

确认天然气管线氮气置换合格,气化炉炉膛内温度达到规定指标,天然气压缩机运行正常,确认气化炉联锁已复位,确认天然气流量调节阀关闭,开天然气放空阀后阀,联系机组开天然气压缩机出口阀,中控开流量调节阀,控制天然气流量在指标范围内。联系仪表投用气化炉与原料气压缩机互动联锁。

ZBAB029 气化炉与洗涤塔联通的条件

6. 气化炉投料前与洗涤塔联通

洗涤塔置换后应处于正压状态,而气化炉在此时为常压,如果没有确认塔系统压力,将工艺气主阀打开就会造成气体从后系统向气化炉倒流的情况,若此时气化炉液位正常,则会将激冷室水由降气管倒入燃烧室中,造成炉砖损坏。所以,打开工艺气主阀前一定要确认洗涤塔压力低于气化炉压力后,才可慢慢打开工艺气主阀,将气化炉与洗涤塔联通。

CBAB024 导出气化废热蒸汽的注意事项

7. 气化炉投料后注意事项

1)导出气化废热蒸汽的注意事项

谢尔气化炉为了回收热量,设置了废热锅炉,所产蒸汽压力为 10.0MPa,蒸汽在导出时应防止废热锅炉压力波动过大。

CBAB025 气化单元外送原料气时注意事项

2)气化单元外送原料气时注意事项

气化单元送出的工艺原料气的主要成分是一氧化碳和氢气。气化单元外送原料气时,要注意原料气温度,温度越高,工艺原料气夹带水分越多,对甲醇洗净化单元影响越大。

ZBAC003 影响天然气不完全氧化的因素

GBAC011 影响气化反应的因素

（三）气化炉正常操作

1. 气化反应的影响因素

气化炉反应温度一般在 1300℃ 以上,不完全氧化反应进行的深度一方面与炉内温度有关,另一方面还同反应物浓度和反应时间(停留时间及其分布)有关,而这些因素取决于喷嘴与炉体匹配形成的流场及混合过程。在气化炉形式一定的情况下,影响不完全氧化反应的主要因素是氧/油比与汽/油比。氧气、蒸汽用量对气化反应的影响表现在:反应温度、气体成分、工艺气中碳黑含量。部分氧化气化法的反应大部分是吸热反应,提高温度可以提高反应速率,可以提高甲烷和碳的平衡转化率,从而降低工艺气中甲烷和碳黑含量,加入蒸汽有利于降低工艺气中的甲烷和碳黑含量,二氧化碳含量会降低。根据理论计算和生产实际经验,炉温一般控制在 1300~1350℃,但温度过高,会使一部分碳原子转变为二氧化碳,一部分氢原子转变为蒸汽,有效气降低,二氧化碳含量增加。另外炉膛温度过高,气化炉炉砖、烧嘴易超温损坏。气化反应是体积增大的反应,从化学平衡来讲,提高压力对平衡不利,但压力的提高增加了反应物的浓度,对提高反应速度是有利的。另外,提高原料渣油的温度,可以降低氧耗,降低氧/油比。

1)温度对渣油气化的影响

从热力学数据得知,577℃常压下,CH_4是稳定的,而乙烷、丙烷、C_8H_{18}在227℃以上均不稳定,另外燃烧反应为火焰型反应,甲烷为控制反应,因此可以认为在高温转化反应时,高级烃已经不存在了,所以讨论气化反应时,可以用CH_4来评测部分氧化反应的转化率。不完全氧化反应进行的深度,一方面与炉内温度有关,另一方面还同反应物浓度和反应时间(停留时间及其分布)有关,而这些因素取决于喷嘴与炉体匹配形成的流场及混合过程。在气化炉形式一定的情况下,影响不完全氧化反应的主要因素是反应温度、反应压力、氧气/天然气比值和蒸汽用量。氧气/天然气比值升高,炉膛温度升高,甲烷含量降低。蒸汽流量增加,则炉膛温度降低,甲烷含量升高。

GBAC005 甲烷含量与炉温的关系

部分氧化气化法的反应大部分是吸热反应,提高温度可以提高反应速率,提高操作温度可以提高CH_4与C的平衡转化率,可减少工艺气中甲烷和碳黑的含量。影响碳黑生成的因素主要有原料性质、氧/天然气比、操作温度和操作压力。气化反应中碳黑过多可提高氧气/天然气比。正常生产时气化炉内介质流动形式为平推流、回流、射流。

ZBCA006 甲烷不完全氧化反应碳黑过多的原因分析

ZBCB008 甲烷不完全氧化反应碳黑过多的处理方法

气化炉的炉温随着氧/油比值升高而升高,随着蒸汽流量的升高而降低。气化炉反应温度过低,则出口工艺气中CH_4含量上升、碳黑增加;气化炉反应温度过高,则出口工艺CH_4含量急剧降低,CO_2含量上升。

随着气化炉操作温度的升高,出气化炉有效气体的产量出现了一个极大值,但再提高温度时,氧耗就会增加,有效气体的产量就会降低,同时反应温度太高,会影响或缩短耐火衬里的寿命,甚至烧坏耐火衬里。对渣油气化炉选择氧/油比和汽/油比时有一原则:在维持气化炉允许的最高反应温度的前提下,用最低的氧/油比和汽/油比达到最高的有效气产率。

在气化炉中,温度对渣油气化反应影响较大。提高温度原料气中CO_2含量先降后增,原料气中H_2浓度随着反应温度升高而先增后降。随着渣油预热温度的提高,出气化炉原料气中CO_2浓度降低,原料气中CO浓度随反应温度升高而先增后降。提高原料渣油温度可以降低氧/油比。

GBAA010 压力对渣油气化的影响

2)反应压力对渣油气化的影响

渣油气化都是体积增加的反应,甲烷、碳黑的转化反应也是体积增大的反应,从热力学观点来看,提高压力不利于反应平衡。但气化反应距离平衡很远,主要是反应速度。渣油气化反应中,压力提高时气化炉最适宜的反应温度也将提高。提高压力可使反应物及生成物浓度增加,加速接近反应平衡。加压对体积增大的反应平衡会带来不利影响。

GBAA003 气化物料预热的意义

3)气化物料预热的意义

因为气化炉内的反应是强烈的放热反应,所以提高反应物料的温度,加快反应进行,同时还能回收热量、节省燃料。提高燃料气的温度,还能降低燃料消耗,提高气化炉有效工艺气产率,减少碳黑的生成都有重要的意义。

2. 气化有效气成分的控制

JBCA001 气化有效气成分降低的原因分析

渣油在烧嘴中被氧气和蒸汽雾化并达到充分混合后进入气化炉,在高温下进行部分氧化的过程称之为渣油气化,"部分氧化"和"完全氧化"是相对而言的,完全氧化的

JBCB001 气化有效气成分降低的处理方法

产物是二氧化碳,部分氧化的产物是一氧化碳和氢气,在化工生产中需要的有效气体是氢气和一氧化碳。影响有效气的因素有:气化炉反应温度、氧/油比、蒸汽/油比、反应压力。调整有效气采取的措施有:调整气化炉温度、调整氧/油(天然气)比、调整蒸汽/油(天然气)比、调整锅炉给水流量。

气化反应存在最适宜反应温度。随着反应温度的升高,气化反应的有效气成分先是升高,而后降低。为提高有效气产率和降低消耗,在适宜的温度范围内尽量降低氧气/天然气比和蒸汽/天然气比。

GBAC007 提高有效气含量的方法

3. 提高有效气含量的方法

气化炉部分氧化反应的主要作用是得到(H_2+CO)含量在90%以上的工艺气,另外工艺中还含有部分 CO_2、CH_4、N_2+Ar 等气体。影响不完全氧化反应的主要因素是反应温度、反应压力、氧气/天然气比值和蒸汽/天然气比。氧气浓度低会导致气化炉炉膛温度低,有效气含量降低。蒸汽流量增加会使气化炉有效气成分先增后降。

ZBAC002 气化炉负荷变化时各物料加减的顺序

4. 气化炉加减负荷

气化炉加负荷时物料增加的顺序是:蒸汽、天然气(渣油)、氧气;减负荷时物料降低的顺序是:氧气、天然气(渣油)、蒸汽;加、减负荷要保证气化炉炉膛不超温,工艺气出口甲烷含量在正常范围内。

CBAC036 气化炉液位高的影响

5. 气化炉液位的控制

德士古气化炉燃烧室的原料气中的大部分碳黑是在激冷室中被除去的。激冷室液位即气化炉液位,气化炉激冷室液位高会导致出气化炉的工艺气带液和炉砖进水。为了防止气化炉液位计因碳黑堵塞,气化炉液位计用锅炉给水作为冲洗水。

GBAC006 气化反应热量回收的途径

6. 谢尔流程废热锅炉的控制要点

谢尔气化炉为了回收气化炉的反应热,设置了废热锅炉,副产高压饱和蒸汽。废热锅炉高、低液位、废锅上水流量低与气化炉停车设置了联锁。影响气化废热锅炉产汽量

JBAC001 气化废热锅炉液位的控制要点

的因素有工艺气流量、工艺气温度、废热锅炉上水流量。引起气化炉出口与废热锅炉联管局部超温的因素有联管保温砖局部损坏、气化炉负荷过高、气化炉出口温度高。废锅盘管局部堵塞会导致气化炉出口与废热锅炉联管局部超温,为保证废热锅炉的安全运行,要严格控制废热锅炉液位。其控制要点如下:

(1)废锅上水流量及温度。

(2)废锅产汽流量。

(3)盘管的换热效率。

(4)工艺气流量。

(5)工艺气温度。气化单元停车后废热锅炉液位应保持正常液位,不能断水,防止废锅断水干锅。

JBCA002 气化炉联管温度升高的原因分析

JBCB002 气化炉联管温度升高的处理方法

谢尔气化炉与废热锅炉之间设置了联管,运行中要严格控制联管温度,联管温度高存在设备损坏、泄漏、爆炸的风险。引起气化炉出口与废热锅炉联管局部超温的因素有联管保温砖局部损坏、气化炉负荷过高、气化炉出口温度高。废锅盘管局部堵塞会导致气化炉出口与废热锅炉联管局部超温。气化炉出口气体在联管与各支管连接处气体形成湍流,给热系数很大,故气化炉出口侧联通管管壁温度较高。处理

措施如下：

（1）适当降低气化炉操作温度。

（2）适当降低气化炉的操作负荷。

（3）轻度超温可采取对超温区域进行强制通风降温。

（4）超温严重时，应停车检查联管保温砖是否损坏。

（5）检查废锅盘管有无堵塞而造成的气体偏流。

7. 出气化炉碳黑水中碳黑浓度高的危害

ZBAC035 出气化炉碳黑水中碳黑浓度高的危害

气化炉部分氧化反应燃烧不好的情况下，产生大量的碳黑。激冷水流量偏低或出气化炉碳黑水流量偏低，都会造成碳黑水中碳黑浓度增加。碳黑浓度增加易造成设备堵塞、碳黑回收系统的温度偏高、激冷水水质硬化问题，造成甲醇洗单元系统温度升高，甲醇洗单元洗涤甲醇水含量增加。

8. 第二台气化炉投料的要求

CBAB029 第二台气化炉投料的要求

在大型的化工生产中，气化炉通常有三个系列，两开一备。开车状态下第二台气化炉投料操作时，必须在第一台气化炉投料升压合格并且工艺气通过变换单元后，开工火炬管线没有工艺气放空，并将开工火炬流程切换至第二台气化炉，其他投料条件具备（气化炉升温已达到要求。物料入炉阀已打开。各物料放空已建立。气化炉热电偶充氮正常）后方可投料。防止两台气化炉的工艺气都在开工火炬放空而造成第二台气化炉憋压。

9. 气化单元操作注意事项

CBAC014 气化洗涤系统操作注意事项

1）气化洗涤系统操作注意事项

（1）防止洗涤塔出口工艺气带水：来自变换工段的工艺冷凝液加量过大，出现水量过大情况（瞬间）。气化炉加负荷过快，出现瞬间过大情况。碳黑洗涤塔上塔液位超高，这种情况下带水严重。碳黑洗涤塔塔盘变形，出现气体偏流，局部泛塔。碳黑洗涤塔除沫器损坏，雾沫夹带严重。碳黑洗涤塔液位计出现假指示，实际液位高于指示液位。

（2）防止造成碳黑洗涤塔塔盘变形：气化炉停车卸压过快，造成塔盘压差过大；碳黑洗涤塔塔高压氮置换时充压压力高，卸压过快；气化炉加减负荷幅度太大。后系统压力大幅度突降。塔盘变形后，会造成接触不良，碳黑洗涤率降低，变换炉结碳。

CBAD005 洗涤塔底泵停车注意事项

2）洗涤塔底泵停车注意事项

气化单元碳黑洗涤塔是填料塔，分为上塔和下塔。碳黑洗涤塔塔底泵采用的是离心泵，该泵设置了机封冲洗水，其作用是冲洗并冷却机封，如果遇泵停车，立即启动备用泵或者辅助激冷水泵供水，要防止激冷环断水，同时关闭上塔进液阀，防止上塔满液，导致变换系统进水。

3）导出气化废热蒸汽的注意事项

谢尔气化炉为了回收热量，气化设置了废热锅炉，所产蒸汽压力为 10.0MPa，蒸汽在导出时应确认蒸汽压力相近、温度相同，防止废热锅炉压力波动，造成工况波动。

4）气化单元外送原料气时注意事项

气化单元送出的工艺原料气的主要成分是一氧化碳和氢气。气化单元外送原料气时，要注意原料气温度。温度越高，工艺原料气夹带水分越多，对甲醇洗净化单元影响越大。

10. 蒸汽过热炉

1）蒸汽过热炉的升温要点

蒸汽过热炉是指将装置生产过程中产生的废气、尾气等废料作为燃料来副产蒸汽或过热蒸汽。在蒸汽过热炉的操作过程中为了防止蒸汽过热炉点火升温操作中出现事故，除了严格执行操作规程外还要注意每次点火升温的要点，具体如下：

（1）点火升温前首先检查确认蒸汽过热炉相关仪表及联锁投运正常；并检查蒸汽过热炉烟道挡板及风门、炉砖及炉管完好正常。

（2）其次检查确认蒸汽过热炉炉膛负压正常，加热炉炉膛置换且分析合格，检查确认鼓风机是否运行正常以及检查确认燃料系统的准备。

（3）控制蒸汽过热炉炉膛氧含量在正常控制范围内。因为若控制氧含量过高会造成送入蒸汽过热炉的风量比例大，热风将大量的废热带出炉膛，造成能量损失；而若氧含量过低表明燃料燃烧不完全，既污染环境又浪费燃料。

（4）要注意在蒸汽过热炉升温前应先打开工艺蒸汽的加热炉后放空，将蒸汽引到加热炉后再点火升温，且必须严格执行蒸汽过热炉燃料气点燃顺序是液化气/天然气/废气。

（5）要注意蒸汽过热炉点火前将观火孔关闭，若观火孔全部被打开，会使得过热炉负压上升。

（6）在蒸汽过热炉升温中，操作时必须确保炉温的稳定，一是每次调整燃料气用量的时候要慢，不能大幅度调节，做到微调和勤调，保证炉膛和出口温度波动较小；二是尽量控制各火嘴火焰的燃烧高度一致，以保证热量分布均匀。

2）蒸汽过热炉负压高的处理方法

在蒸汽过热炉点火升温正常后，控制炉膛负压的正常至关重要。若炉膛负压控制过高会造成炉膛正压冒火、火嘴燃烧不好及触发联锁等问题；若炉膛负压控制过低又会造成烧嘴脱火，严重会造成灭火，二次燃烧闪爆等故障。对于蒸汽过热炉负压过高的处理方法如下：

（1）首先确认检查过热炉烟道是否通畅，观火孔是否关闭。

（2）其次要加强吹灰操作，若发现蒸汽过热炉负压升高，投用空气预热器并做好吹灰会逐步降低炉膛负压。

（3）提高鼓风机出口空气温度，及时检查炉内各燃料是否燃烧正常，调整过程中要检查炉膛内燃烧高度是否均匀、测量炉膛氧含量是否在正常范围。

（4）若炉膛负压严重过高时蒸汽过热炉及时减量操作，或停车清理烟道。

（四）气化炉停车操作

1. 引起气化单元停车的因素

为保护气化炉的安全运行，气化单元设置了较多的停车联锁。谢尔气化炉设置的介质联锁有：氧气低流量联锁、天然气（渣油）流量低联锁、蒸汽低流量联锁、废热锅炉液位高、低联锁、烧嘴冷却水流量低联锁、废锅上水流量低联锁。气化单元如果发生爆炸，火灾，严重的煤气泄漏及重大设备故障时，系统应按紧急停车处理。

2. 气化单元停车的注意事项

1）物料的切断

氧气作为助燃剂与天然气发生部分氧化反应，产生后工段需要的一氧化碳、氢气、二氧化碳还有一部分水。

氧气管线设置多个截止阀的意义如下：

(1)在投料前,要确保氧气不要漏入气化炉内部,如果漏入可能造成气化炉在投料瞬间过氧。

(2)在停车后确保多个截止阀全部关闭,防止纯氧进入气化炉。

(3)在停车后确保多个截止阀全部关闭,防止气化炉内的工艺气窜入氧气管线。

气化炉投料前应对氧阀进行试漏,确认不内漏;气化炉停车后要第一时间确认氧管线所有阀门关闭,防止氧气窜入气化炉中,造成碳黑洗涤塔爆炸。天然气、蒸汽在停车后也应关闭,防止物料互窜。

天然气预热器的加热介质是饱和蒸汽。气化单元停车后,应关闭气、液相进出口阀门,在冬季时应打开导淋排空换热器内液体。

氧气预热器是套管式换热器,加热蒸汽为饱和蒸汽。气化单元停车后,应切断进入氧气预热器的介质,在冬季时应打开导淋排空换热器内液体。

> CBAD003 天然气预热器停车操作注意事项

> CBAD002 氧气预热器停车操作注意事项

2)泄压速率的控制

正常停车过程中,谢尔气化炉的负荷要降到最低后才能停车,停车后废热锅炉液位应保持正常液位。气化炉停车后降压速率太快,影响气化炉耐火砖的使用,主要表现在:

(1)砖层间的气体不平衡,破坏砖缝。

(2)降压太快,外层砖冷凝液气化,损坏炉砖。

> ZBAD016 气化炉与洗涤塔隔离的条件

德士古气化炉停车后虽然物料已经切断,但是气化炉系统压力仍然是存在的,气化炉与洗涤塔需要一起进行泄压,泄压方式先是水相泄压,再是气相泄压,如果没有泄压,就把气化炉与洗涤塔相连的工艺气主阀关闭,此时气化炉压力会迅速下降,而洗涤塔压力基本不变,气化炉液位会迅速上升,有可能会发生淹砖事故。更换烧嘴或者重新投料等工作必须把气化炉的系统压力降为零,才能开展这些工作。

气化炉泄压至微正压时将底部导淋打开,气化炉不再维持液位,关闭气化炉至洗涤塔的工艺气阀,洗涤塔用高压氮气置换合格。如果是长期停车,拆气化炉烧嘴,导通气化炉的吸引器盲板,气化炉进行强制降温,降温速率要求小于50℃/h,下降至250℃时激冷水停运。

> ZBAD017 气化炉停激冷水的条件

3)防炉砖进水

气化炉停车过程中要防止气化炉进水损坏炉砖。一旦进水气化炉严禁再次开车。谢尔气化炉进水的原因有:

(1)烧嘴泄漏,在停车降压时烧嘴冷却水进入气化炉。

(2)激冷管或者分离器液位过高,在突然停车时倒入气化炉。

(3)进入气化炉的天然气或者蒸汽带水。

(4)锅炉盘管泄漏。

(5)工艺原料气与水换热的换热器泄漏。

3. 气化炉检修

> JBCB004 检修气化炉工艺处理方法

气化炉长期运行或者突发状况导致设备出现故障,需要进行检修。检修前工艺必须对气化炉进行置换、降温、隔离,安全措施落实后才能进行检修作业。其具体步骤如下:

(1)停车后应进行彻底的系统氮气置换。

（2）按照一定的速率降低气化炉的温度。

（3）防止气化炉进水。

（4）气化炉要进入检查和检修时，应进行空气置换，达到进入容器作业的要求，同时要确保切断进入气化炉的所有物料。

四、异常处理

（一）氧/气比的失调与处理

以天然气为原料的部分氧化工艺中设置了氧/气比，即氧气与天然气的体积比，是标准状况下的体积流量比，为确保体积流量真实，氧气与天然气都采用了温度及压力补偿。控制好氧/气比对部分氧化非常重要。

1. 氧气对气化反应的影响

（1）氧气用量对气化反应的影响主要表现在温度、气体成分和工艺气中的碳黑含量。

（2）氧气用量过多，造成气化反应温度过高，天然气消耗增加，生成的工艺气中的二氧化碳含量增加，有效气成分下降。

（3）氧气用量过少，气化炉反应温度过低，工艺气中的碳黑和甲烷含量上升。

（4）氧气纯度降低会使部分氧化反应耗氧量增加。

2. 天然气对气化反应的影响

（1）天然气用量过多，造成气化炉膛温度降低，碳黑增多，反应效果不好。

（2）天然气用量低，导致气化炉炉膛温度升高，严重时会过氧，导致气化炉炉砖损坏，存在爆炸的风险。

（3）为提高天然气的转化率，通常需将天然气预热至200℃左右进行部分氧化反应。

3. 氧/气比失调的原因

（1）氧气流量假指示。

（2）天然气流量假指示。

（3）氧气温度或压力补偿故障。

（4）天然气温度或压力补偿故障。

（5）天然气成分的变化。

（6）氧气、天然气压力低。

4. 氧/气比失调的处理方法

（1）校对氧气、天然气流量。

（2）检查温度、压力补偿是否完好。

（3）提高氧气、天然气压力。

（4）调整氧气、天然气流量，控制较好的氧/气比。

（二）废热锅炉液位低

气化单元回收系统热量的设备是废热锅炉、省煤器。废热锅炉是在自然循环条件下运行的，废热锅炉设置锅炉排污的作用是排除锅炉底部的沉积物，联锁保护系统有低液位联锁、高液位联锁、锅炉上水量联锁。为防止废热锅炉干锅，废锅液位设置了过低停车联锁，为防止蒸汽带液，废锅还设置了液位高联锁。气化废热锅炉设置的低液位联

JBCA003 气化炉氧气比失调的原因分析

JBCB003 气化炉氧气比失调的处理方法

GBCA001 气化废热锅炉液位波动大的原因分析

GBAC003 气化废锅液位设置联锁的作用

GBCB001 气化废热锅炉液位波动大的处理方法

锁的作用是触发系统停车。引起气化废热锅炉液位波动的因素有与之相连的蒸汽管网压力波动、气化炉温度波动、废热锅炉上水流量波动、废热锅炉排污阀故障。气化废热锅炉盘管的泄漏会导致废锅液位降低。其处理方法如下：

(1)检查确认废热锅炉上水压力及上水流量。

(2)检查确认废锅排污量。

(3)检查确认废锅上水流量调节阀及排污阀动作是否准确。

(4)确认并稳定蒸汽管网压力。

(5)废锅液位过低将促动系统停车联锁,以防止废热锅炉干锅。

(三)激冷水流量低

气化单元激冷管激冷水流量低会导致出激冷管工艺气碳黑超标。造成气化单元激冷管激冷水流量低的因素主要有激冷管喷嘴堵塞、碳黑洗涤塔塔底泵故障、激冷水流量调节阀故障。激冷水流量低采取的措施如下：

(1)激冷水泵倒泵运行,气化炉相应减负荷。

(2)停车激冷环疏通。

(3)停车工艺气出口管线疏通。

(4)及时恢复洗涤塔供水。

入气化炉激冷水流量低会导致激冷环及降液管烧损、出气化碳黑水浓度高、出洗涤塔工艺气中悬浮物含量上升。出洗涤塔工艺气中悬浮物含量高,悬浮物带入后系统会造成催化剂堵塞或失活。

(四)气化炉拱顶温度高

造成气化炉拱顶超温的因素有烧嘴偏烧、砖缝串气、气化炉超温、气化炉拱顶耐火衬里减薄。处理措施如下：

(1)增加保护蒸汽用量。

(2)适当降低气化炉操作温度。

(3)轻度超温可采取对超温区域进行强制通风降温。

(4)超温严重时,应停车检查烧嘴、拱顶砖是否损坏及拱顶砖缝是否串气。

(五)废水汽提塔的调节

废水汽提塔是一个环保装置,处理的是甲醇洗单元送来的甲醇废水,它的汽提介质是蒸汽,塔顶的废气排入火炬燃烧放空。废水汽提塔在正常操作过程中,当汽提塔塔底温度偏低时,会造成汽提处理后的废液指标超标。废水汽提塔塔底温度低的处理方法如下：

(1)当废水汽提塔塔底温度低时,可通过增加汽提蒸汽量来调节塔底温度。

(2)当废水汽提塔塔底温度低时,可适当降低废水汽提塔负荷,降低处理液流量来调节塔底温度。

(3)当废水汽提塔塔底温度低时,可适当降低废水汽提塔的压力来调节塔底温度。

造成废水气提塔压力高的原因有汽提蒸汽加入量过大、放空阀故障、火炬管线阻力高。当废水汽提塔压力高时应及时处理,否则会造成处理废水环保超标。废水汽提塔压力高的处理措施有：

(1)减少汽提蒸汽量。

GBCA002 激冷水流量低的原因分析

GBCA021 入气化炉激冷水流量低的原因分析

GBCB002 激冷水流量低的处理方法

GBCB031 入气化炉激冷水流量低的处理方法

GBAC034 出洗涤塔工艺气中悬浮物含量高的影响

GBCA004 气化炉拱顶温度高的原因分析

GBCB004 气化炉拱顶温度高的处理方法

GBCB006 废水气提塔底温度低的处理方法

GBCB005 废水气提塔压力高的处理方法

（2）若是火炬管线阻力，改手动放空。

（3）确认相关单元是否有气体窜入。

项目二　烃类蒸汽催化转化法制气

一、工艺原理

（一）脱硫

在轻质烃蒸汽催化转化法制氨的工艺流程中，大量使用了各种催化剂，如蒸汽转化催化剂、一氧化碳高/低温变换催化剂、甲烷化催化剂、氨合成催化剂等。原料烃中或多或少存在着的硫和硫的化合物对上述催化剂都是有害物质，即硫化物是上述催化剂的毒物。硫或硫化物可与触煤中的活性组分发生反应，使催化剂活性下降甚至完全丧失，此即为催化剂的硫中毒。有些催化剂如蒸汽转化催化剂、低变催化剂等，对硫化物更是十分敏感，微量硫化物就能使之受到损害。因此，为保护各种催化剂的活性，提高其利用率和使用寿命，提高合成氨的经济效益，必须对进入转化系统前的原料烃进行彻底脱硫，使原料烃中的残余硫降到允许含量以下，且越低越好。

按结构和性质分，硫化物通常可分成两大类：无机硫化物和有机硫化物，简称无机硫和有机硫。硫化氢属无机硫，硫化物的其他种类如硫醇、硫醚、二硫化物、噻吩、氢化噻酚、硫氧化碳和二硫化碳等均属于有机硫。

1. 脱硫的方法

脱除原料烃中硫化物的方法很多，通常分为两大类，即干法脱硫和湿法脱硫。

1）湿法脱硫

湿法脱硫是使用一种适当的有机或无机溶液将烃类中的硫化氢和某些反应性有机硫加以吸收。在湿法脱硫中，因吸收溶液吸收硫化物的过程性质不同，分为物理吸收法、化学吸收法和物理—化学吸收法三种。

物理吸收法是借助吸收剂对硫化物的物理溶解作用来脱除硫化物的方法。在该法中，无化学反应或化学反应不占重要地位，用低温甲醇洗涤硫化氢是物理吸收法脱硫的典型代表。

在化学吸收法中，吸收过程中发生各种化学反应，按反应过程分为中和法和湿式氧化法两种。用烷基醇（如一乙醇胺、二乙醇胺、三乙醇胺、异丙醇胺）或用碳酸盐（如碳酸钠、碳酸钾以及氨水）作吸收剂，都是用碱性溶液来吸收酸性气体 H_2S，即采用酸碱中和法；湿式氧化法和中和法基本相同，只是在湿式氧化法的液相中进行着一系列氧化还原反应，如氨水液相催化法、改良砷碱法、改良 ADA 法等。

物理—化学吸收法是指用物理吸收剂和化学吸收剂的混合溶液作吸收剂的方法，用环丁砜和烷基醇胺的混合水溶液来吸收硫化氢的方法是该法的典型代表。

2）干法脱硫

干法脱硫主要用来脱除少量硫化氢和某些有机硫化物，硫化氢被脱硫剂直接吸收，有机硫化物或被直接吸收，或转化为硫化氢后再被吸收，其吸收过程类似于通常的

JCAA009　氧化锌脱硫前设置钴钼加氢的作用

多相催化反应过程。而非反应性有机硫不可能经过热分解全部转化为易于被脱除的硫化氢,而只有在一定的温度压力下,在催化剂的参与下,与氢反应生成硫化氢,这就是有机硫的加氢转化。因此对于使用干法脱硫的工艺装置,一般采用先钴钼脱硫槽串联氧化锌脱硫槽的方法来达到精脱硫的效果,而钴钼脱硫需要加氢的目的就是因为氧化锌脱硫剂主要吸附的是无机硫化物,对有机硫的吸附能力低,而原料气中含有的有机硫在钴钼加氢反应器中与氢气反应变成无机硫,从而便于氧化锌脱硫剂吸附,最终使脱硫单元出口硫含量降低到 $0.1 \sim 0.3 cm^3/m^3$。

在钴钼催化剂中加入氢气的作用是:在氢气存在的条件下,原料气中有机硫化物首先进行加氢转化反应,生成的 H_2S,然后再经过氧化锌脱硫反应器最终脱除 H_2S。

> ZCAC004 脱硫槽前加氢气的作用

干法脱硫有活性碳法、锰矿石法、氧化铁法和氧化锌法等。与湿法脱硫相比,其特点是设备结构较为简单,生产强度较大;有些方法如氧化锌法的脱硫精度相当高,但干法脱硫剂的硫容一般都较小,多数不能再生或再生很困难。

2. 脱硫的原理

1) 有机硫的脱除

有机硫一般包括硫醇类、硫醚类、二硫化物类、硫氧化碳、二硫化碳、噻吩类等。由于非反应性有机硫不可能经过热分解全部转化为易于被脱除得硫化氢,而只能在一定的温度压力下,在催化剂的参与下,与氢反应生成硫化氢,这就是有机硫的加氢转化。它是在 350℃ 左右的温度下,有机硫化物与氢气在钴钼催化剂上发生的强放热反应,热效应的大小与硫化物的种类有关。

> CCAC024 脱除有机硫的要点

有机硫的脱除要点:首先,要保证适宜的反应温度。有机硫的加氢转化反应是放热反应,从热力学角度看降低温度有利于转化反应,但是加氢转化反应催化剂的起始活性温度在 350 ~ 390℃,所以综合研究得出温度高于 370℃ 时,温度继续提高对加氢转化反应影响已不明显,反而温度若超过 400℃,容易造成原料烃在催化剂上发生聚合和结焦反应。因此加氢转化反应温度应严格控制;其次控制要点是在有机硫加氢转化反应过程中,必须始终保持足够的氢分压,一般天然气加氢转化时,氢浓度控制在 4% ~ 6%;提高压力可以增大有机硫加氢转化反应的速度,同时提高压力可以抑制结焦反应的发生,有利于保护催化剂的活性和延长催化剂的使用寿命;最后催化剂的合理选型和催化剂的硫化程度也是有机硫脱除的控制要点。

> CCAB017 加氢前氢气浓度控制的意义

在 350℃ 左右温度下,有机硫化物与氢气在钴钼催化剂上发生下列反应:

硫醇类:$R-SH+H_2 \Longrightarrow RH+R'H+H_2S$

硫醚类:$RSR'+2H_2 \Longrightarrow R'H+H_2S$

二硫化物类:$RSSR'+3H_2 \Longrightarrow RH+R'H+2H_2S$

硫氧化碳:$COS+H_2 \Longrightarrow CO+H_2S$

二硫化碳:$CS_2+4H_2 \Longrightarrow CH_4+2H_2S$

噻吩类:$C_4H_4S+4H_2 \Longrightarrow C_4H_{10}+H_2S$

上述所有反应都是强放热反应,热效应的大小与硫化物的种类有关。尽管硫化物加氢反应的热效应较大,但硫化物在烃类中的含量毕竟很少,所以在催化剂床层内并不会造成明显的温升。

CCAC009 ZnO
脱硫的原理

2）氧化锌脱硫的原理

大型氨厂对脱硫精度要求很高，一般要求硫的残余量小于 $0.5cm^3/m^3$。这样高的精度，无论是湿法还是物理汽提法都是不可能达到的，而必须采用氧化锌脱硫剂做最后净化。氧化锌脱硫剂是目前最高效的脱硫剂，它不仅能以极快的速度几乎完全吸收掉硫化氢，使出口气体中硫化氢浓度低至 $0.02cm^3/m^3$ 以下，而且还可以脱除某些有机硫化物，如硫醇、二硫化碳等，但氧化锌对噻吩及其衍生物没有脱除能力，在有氢气存在的条件下，氧化锌对 CS_2、COS 等有机硫的加氢转化反应有催化活性，所以氧化锌不仅是一种吸收剂，而且还具有催化剂的特性。氧化锌是一种内表面积大、硫容量高的固体脱硫剂，能以极快的速率脱除原料气中的硫化氢和部分有机硫（噻吩除外）。氧化锌脱硫剂能直接吸收硫化氢和 RSH，反应如下：

$$H_2S+ZnO \Longrightarrow ZnS+H_2O$$
$$C_2H_5SH+ZnO \Longrightarrow ZnS+C_2H_5OH$$
$$C_2H_5SH+ZnO \Longrightarrow ZnS+C_2H_4+H_2O$$

当气体中有氢气存在时，CS_2、COS 等有机硫化物先转化成硫化氢，然后再被氧化锌吸收，反应为：

$$COS+H_2 \Longrightarrow H_2S+CO$$
$$CS_2+4H_2 \Longrightarrow 2H_2S+CH_4$$

氧化锌不能脱除噻吩，但氧化锌法能全部脱除 H_2S，脱除部分有机硫。温度越低，水蒸气含量越少，硫化氢平衡浓度越低，对脱硫反应越有利。

CCAC015 穿透
硫容的概念

ZCAC015 温度
对硫容影响

3）硫容及穿透硫容

硫容是指单位质量/体积脱硫剂吸收硫的量，或者是在满足脱硫要求的使用期内，每 100kg 脱硫剂所能吸收的硫的重量，常以重量百分数来表示，也叫重量硫容；单位体积的脱硫剂在确保工艺气中硫净化度指标的前题下，所能收最大硫的容量叫作穿透硫容。在工业生产中评价氧化锌脱硫剂的一个重要指标是"硫容量"，常用质量硫容和体积硫容来表示。硫容不仅与脱硫剂本身的性质有关，还与操作温度、压力、空速、水蒸汽浓度等有关。在一定压力下，温度升高，氧化锌脱硫反应速率加快，脱硫剂硫容量增加，但温度过高，氧化锌的脱硫能力反而下降。氧化锌脱硫剂的硫容不仅与氧化锌的含量有关而且与脱硫剂的制造方法有关。氧化锌的孔隙率大，则其硫容大、利用率高。评价氧化锌脱硫剂的另一个重要指标是它的强度，强度大，床层高，平均硫容大，利用率高；强度大，不易破碎，床层阻力小。所有型号的氧化锌脱硫剂均不能与液态水接触，遇水后氧化锌的强度将大大降低。

CCAA001 天然
气转化原理

（二）转化原理

氨是用氮和氢合成的，氮取自于空气，氢则由烃类的蒸汽转化反应来制取。制氢的方法与原料的种类有关。以天然气和轻油为原料，一般采用蒸汽催化转化流程；以重油和煤为原料，一般采用部分氧化法流程。烃的转化过程都是吸热过程。在工业生产上按供热方式来分，转化过程可分为自热式和外热式两类。如烃类在管式炉内的蒸汽催化转化，需外供热量，称外热式转化。重烃或煤的部分氧化法及蒸汽转化法中的二段转化，所需热量均来自自身与氧气的燃烧热，称为自热式转化。

1. 预转化的原理

CCAA013 设置预转化单元的目的

对于不同的合成氨装置转化单元设计的工艺有所不同,其中凯洛格工艺都包括一段转化炉、二段转化炉,但有些合成氨装置在一段转化炉前还设置有预转化炉。设置预转化单元的主要目的是通过预转化炉的预先转化 10%~15% 的甲烷量,可以大幅降低一段转化炉炉管的热负荷,提高转化效率,从而达到提高产量、降低能耗、延长一段转化炉生产周期的目的。此外由于预转化催化剂低温下具有转化活性,预转化催化剂在 480℃ 左右就能进行转化反应,在预转化不但发生甲烷的部分转化和高级烃的完全转化,而且还可以脱去经过脱硫或蒸汽系统没除去的少量硫,从而保护了一段转化炉的催化剂。

预转化炉是个绝热的化学反应器装有预转化催化剂,该催化剂在低温下具有转化活性。在绝热预转化炉中发生如下反应:

$$C_nH_m + nH_2O \longrightarrow nCO + \left(\frac{1}{2m+n}\right)H_2 (n > 1) \quad \Delta H > 0$$

$$CO + 3H_2 \longrightarrow CH_4 + H_2O \quad \Delta H = -49.2 kcal/mol$$

$$CO + H_2O \longrightarrow CO_2 + H_2 \quad \Delta H = -9.8 kcal/mol$$

所有高级烃经过第一个化学反应将完全转化,后两个反应接近平衡。第一个反应是吸热反应后面两个反应是放热反应。预转化炉中吸热转化反应是主反应,在这里发生甲烷的部分转化和高级烃的完全转化。放热变换反应有提高温度的趋势,但是从整个反应来看是吸热反应。

2. 一段转化原理

CCAC001 甲烷蒸汽转化反应原理

烃类蒸汽催化转化工艺,随着脱硫净化技术的发展,高活性、抗结碳的优质催化剂的研制,以及转化炉管新材质和新的制造技术的发展,加压蒸汽转化工艺技术得到了迅速的发展,生产规模趋向大型化。在大型合成氨厂中,烃类蒸汽转化反应一般分两段进行,即一段转化和二段转化。一段转化在外供热的管式转化炉中进行,二段转化在自热式的固定床反应炉中进行。

气态烃如天然气、油田伴生气等,其主要成分均是甲烷,另外还含有少量其他低级烃,如乙烷、丙烷等。因此气态烃的蒸汽转化过程实际上主要就是甲烷的转化反应。在蒸汽转化过程中,各类烃主要进行如下反应。

(1)烷烃:

$$C_nH_{2n+2} + \frac{n-1}{2}H_2O \Longleftrightarrow \frac{3n+1}{4}CH_4 + \frac{n-1}{4}CO_2$$

$$CH_4 + 2H_2O \Longleftrightarrow CO + 3H_2$$

(2)烯烃:

$$C_nH_{2n} + \frac{n}{2}H_2O \Longleftrightarrow \frac{3n}{4}CH_4 + \frac{n}{4}CO_2 \quad 或 \quad C_nH_{2n} + 2nH_2O \Longleftrightarrow nCO + 3nH_2$$

$$CH_4 + 2H_2O \Longleftrightarrow CO_2 + 4H_2$$

由上可以看出,不论任何烃类与水蒸气都需要经过甲烷转化这一阶段,因此烃类蒸汽转化可用甲烷蒸汽转化代表。甲烷蒸汽转化反应是一个复杂的反应系统,一般我们将转化反应作如下概况:

（1）主反应：

$$CH_4 + H_2O \Longrightarrow CO + 3H_2 - 206.4kJ$$

$$CH_4 + 2H_2O \Longrightarrow CO_2 + 4H_2 - 165.4kJ$$

$$CO + H_2O \Longrightarrow CO_2 + H_2 + 41kJ$$

$$CO_2 + CH_4 \Longrightarrow 2CO + 2H_2 - 247.3kJ$$

（2）副反应：

$$CH_4 \Longrightarrow C + 2H_2 - 74kJ$$

$$2CO \Longrightarrow CO_2 + C + 172.5kJ$$

$$CO + H_2 \Longrightarrow C + H_2O + 131.5kJ$$

CCAC003 转化
反应的特点

由以上反应式可知，烃类蒸汽转化反应是一个吸热、可逆、体积增大的反应，并只有在催化剂存在下才能获得有工业意义的反应速度，因而它属于汽固相催化反应。因此降低压力有利于反应向正方向进行。同时从反应式中也可以看出，气态烃蒸汽转化反应过程是强吸热的，因此需要通过外部供热的转化设备进行反应，反应温度越高，甲烷转化越完全。在一定条件下对于转化炉内的甲烷蒸汽转化反应来说甲烷含量越低表明外部供热的炉膛温度越高，反之甲烷含量越高表明外部供热炉膛的温度越低。

3. 二段转化反应的原理

一段转化是在外热式的管式炉内进行，二段转化是在一个自热式的内衬耐火材料的圆筒式反应炉内进行。二段炉内引入空气，空气中的氧与一段转化出口工艺气发生部分燃烧，燃烧热用来进一步转化残余甲烷。控制补入的空气流量，可同时满足对合成氨的另一原料氮气的需要。

在二段炉内，可以和氧发生燃烧反应的气体有 H_2、CO、CH_4 等，其反应可用下列方程式来表示：

$$H_2 + \frac{1}{2}O_2 \Longrightarrow H_2O$$

$$CO + \frac{1}{2}O_2 \Longrightarrow CO_2$$

$$CH_4 + 2O_2 \Longrightarrow CO_2 + 2H_2O$$

据有关资料介绍，二段炉内的燃烧反应基本上仅是在氧气和氢气之间进行，而氧气和一氧化碳、甲烷之间可认为基本上不发生反应，这是因为 O 和 H 的亲合力比与 CO 和 CH_4 的亲合力强得多，而 O 和 H 的反应又进行得极快，同时加入二段炉内的空气流量是经过严格控制的和有限的。所以氧气和氢气的迅速燃烧，很快就耗光了所有的氧气。氧和氢的燃烧放出大量热，使温度升到 1200℃ 左右，甲烷在这样高的温度下转化的很彻底，使残余甲烷含量降到 0.5% 以下。

CCAB008 二段
炉的主要任务

二段转化炉设置的目的有两个，一是将一段转化气中的甲烷进一步转化，二是通过加入空气以提供氨合成所需要的氮气，同时燃烧一部分转化气（主要是氢气）以实现内部换热。

GCAC008 影响
转化反应的因素

4. 转化反应的影响因素

甲烷蒸汽转化反应是一个吸热、可逆、体积增大的反应，并只有在催化剂存在下才能获得有工业意义的反应速度,因而它属于汽固相催化反应。影响天然气转化反应的因素有:压力、温度、水碳比、空速、原料烃的种类和组成、催化剂。 ZCAC003 影响天然气转化反应的因素

1)压力

由转化反应原理可知,烃类蒸汽转化反应是一个体积增大的可逆反应。因此,从反应平衡考虑,压力增大对反应是个不利因素,压力越高、出口气中的残余甲烷含量越大,所以压力越低对反应平衡越好,但从合成氨工业的发展历程来考虑,实际情况正好与上述结论相反。五十年代至今,烃类蒸汽转化的操作压力由低向高发展,现在已发展到2.9~5.4MPa 的加压转化。这是因为加压转化比常压转化具有明显的优点,其主要表现在下列几点:加压转化可以节约压缩功耗;加压使反应气体浓度增大,有利于提高反应速度,减少催化剂用量,缩小设备尺寸,减少占地面积,降低基建投资;加压对后工序的变换和脱碳等都有好处;加压有利于生产余热的回收利用。

2)温度 ZCAC001 温度对转化反应的影响

烃类蒸汽转化是一个吸热反应,因此无论从反应平衡还是从反应速度方面来看,提高温度总是有利于转化反应的进行。温度越高,残余甲烷含量越低。一段转化炉出口温度高,残余甲烷含量低,一段转化效率高。但转化温度过高,炉管使用寿命降低,燃料消耗增加。另外,过低的甲烷含量有可能使二段转化炉超温。所以,一段转化出口温度控制指标应综合多种因素加以考虑。

对于二段转化炉来说,若二段转化炉出口工艺气中甲烷含量越高,则说明二段炉催化剂床层温度低;相反若二段转化炉出口工艺气中甲烷含量越低,则说明二段炉催化剂床层温度高。所以在正常生产过程中若保持二段转化炉过低的甲烷含量有可能使二段转化炉发生超温。 GCAC005 甲烷含量与二段炉温的关系
CCAC020 甲烷含量与炉温的关系

3)水碳比 GCAC012 水碳比的概念

所谓水碳比就是进入一段转化炉的水蒸气分子数与原料烃中碳原子数之比称为水碳比。从甲烷蒸气转化反应方程式可知,作为反应物之一的水蒸气浓度越高,对转化反应越有利。在其他条件相同时,水碳比越大,残余甲烷含量越低。 ZCAB001 水碳比的控制在转化反应中的意义

在烃类蒸汽转化过程中,总是加入过量的水蒸汽,其意义在于:

(1)水碳比不仅是烃类蒸汽转化反应平衡和反应速度的重要影响因素,不但影响转化反应生成气体的成分,而且也是抑制转化催化剂结碳的重要条件。

(2)水碳比的选择还与烃类的种类和组成有关,天然气转化时,水碳比可稍低些,石脑油转化时,水碳比则应稍高些。

(3)转化反应所需要的水蒸汽,全部或大部集中加入一段炉,由于加入的水蒸汽是过量的,转化后剩余的水蒸汽能够满足后续变换工序的需要,同时还为脱碳工序提供再生热源,因此,适当提高水碳比对后续工序也是有利的。

4)空速

空速是指单位时间内通过单位体积催化剂的物料量。空速的倒数即为物料流过催化剂床层的时间。很显然空速越大,接触时间越短,反应离平衡越远,出口气中的残余甲烷量越高。

5)原料烃的种类和组成

原料烃的种类和组成对转化反应也有影响,不同种类的烃在镍催化剂上的反应速度不

一样。有些还相差很大。据资料介绍,甲烷、苯及其他芳香烃反应速度最慢。在实际生产中,转化气总是残留部分甲烷,有时还可能检测到苯和甲苯。特别是当催化剂活性下降或结碳时,出口气中的芳烃漏出量将增加。另外,芳烃、烯烃、二烯烃及其衍生物最易在镍催化剂上结碳。因此石脑油中的芳烃含量是个重要的控制指标。当芳烃含量增加时,应适当增大水碳比,降低入口温度;有时为保护催化剂和稳定生产,当芳烃含量超指标时,不得不适当降低生产负荷。

　　6)催化剂

　　烃类蒸汽转化反应必须有催化剂参予,才能获得较大的反应速度,否则,反应速度很慢,距反应平衡很远。因此,催化剂性能的优劣是烃类蒸汽转化的关键因素之一,催化剂的活性、抗结碳性能、机械强度、颗粒大小等都对烃类蒸汽转化反应有着明显的影响。

（三）转化催化剂还原的原理

CCAB010 一段
炉催化剂升温
还原原理

烃类蒸汽转化催化剂通常是以氧化态形式供货的,因此在开车时要进行还原处理。通常以氢或一氧化碳作为还原剂,将氧化镍还原为金属镍,其反应如下:

$$NiO+H_2 = Ni+H_2O$$

$$NiO+CO = Ni+CO_2$$

　　上述两个反应的热效应很小,不会引起明显的温升。压力对上述反应平衡无影响,温度的影响也不很大,还原反应中起决定作用的是水蒸气分压与氢气分压之比。当还原气体中含有甲烷时,还会发生下述反应:

$$3NiO+CH_4 = 3Ni+2H_2O+CO$$

　　这是一个强吸热反应,当供热量不变时,如出口气体温度迅速下降,则说明发生了上述强吸热的还原反应。

CCAB021 一段
炉升温注意事项

需要注意的是在较低温度,例如500℃左右,转化催化剂中的氧化镍基本上可得到全部还原,但在低温下还原的镍对毒物特别敏感,而且中毒后经再生处理也不易恢复活性,另外低温对脱除石墨和硫化物也是不利的。所以通常的还原温度在760℃左右,控制还原压力0.6~0.7MPa。还应注意在一段转化炉在升温时需要严格按照操作规程和升温曲线进行升温,避免升温过快造成转化管、催化剂、保温材料应力过大而损伤。其次还应注意一段转化炉在升温过程中增点过嘴一定要均匀分布,保证各管排温差小于20℃。

二、关键设备

（一）一段转化炉的结构

　　一段转化炉是大型合成氨厂的关键设备之一,它在氨厂的总投资中所占比重很大,氨厂的原燃料大部分都要在一段炉中通过、反应和消耗。一段转化炉由于需要外部供热,一般按照烧嘴位置不同而设计分为顶烧式炉、侧烧式炉、梯台炉和圆筒炉等。它的结构由辐射段、过渡段和对流段组成。一段转化炉各组成部分在工艺生产中的作用可分为:辐射段是转化炉最重要的部分,起着把原料气进行烃类蒸汽转化的作用;过渡段是炉子烟气被利用之后所必须通过的烟道,在设计中,它常是对烟气进行温度调节和减缓烟气流速的重要通道,对辐射段和对流段的热能再利用起到承上启下的作用;对流段是为了满足工艺生产中各工艺流体介质的过热、预热温度而特设置的热能回收装置,在工艺生产中起到了节能降耗的作用。

其中辐射段是转化反应热量的来源,它是通过辐射传热来进行吸收反应的。所谓辐射传热是指物体在向外发射辐射能的同时,也会不断地吸收周围其他物体发射的辐射能,并将其重新转变为热能,这种物体间相互发射辐射能和吸收辐射能的传热过程称为辐射传热。若辐射传热是在两个温度不同的物体之间进行,则传热的结果是高温物体将热量传给了低温物体,若两个物体温度相同,则物体间的辐射传热量等于零,但物体间辐射和吸收过程仍在进行。辐射传热是热传递的一种基本方式。

1. 辐射段

方箱式顶烧炉的辐射段结构如图 1-3-3 所示。

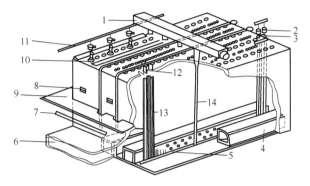

图 1-3-3 方箱式顶烧炉的辐射段结构示意图

1—输气部;2—弹簧吊架;3—转化管上法兰;4—烟道;5—出口气分总管;
6—烟道气去对流段;7—混合原料气总管;8—视火孔;9—平台;10—烧嘴;
11—燃烧气分总管;12—上猪尾管;13—转化管;14—上升管

双辐射室侧烧炉的结构示意图如图 1-3-4 所示。

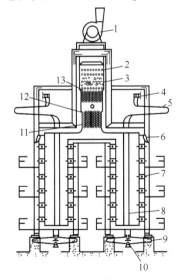

图 1-3-4 双辐射室侧烧炉的结构示意图

1—引风机;2—锅炉水预热盘管;3—第一空气预热盘管;4—进气分管;5—上猪尾管;
6—防爆门;7—烧嘴孔;8—炉管;9—下猪尾管;10—下集气管;
11—原料气预热盘管;12—第二空气预热盘管;13—高压蒸汽过热盘管

2. 对流段

对流段是烟气余热回收利用的设备，主要由若干组预热盘管组成，分别预热原料气、高压蒸汽、工艺空气、原料和燃料气以及锅炉给水等工艺介质。预热盘管的型式、先后位置的选定，是在整个对流段的型式选定之后，根据被加热介质的温度要求及热负荷大小等因素加以综合考虑。

JCBA002 二段炉的结构

（二）二段转化炉的结构

二段转化炉是一座自热式固定床圆筒形反应器。国内大型氨厂的二段转化炉有两种类型，设计以天然气为原料的二段炉属一种类型，设计使用石脑油的二段转化炉属另一种类型。受压壳体用碳钢制造，在受压壳体内侧用绝热材料衬里，以承受炉内的高温。这是两种炉型的共同之处。而在耐压壳体的外侧，前一种炉型设有水夹套，而后一种炉型则没有。带水夹套的二段炉的结构如图1-3-5所示。

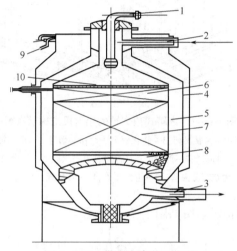

图1-3-5　带水夹套的二段炉

1—顶整；2—水夹套；3—溢流管；4—混合燃料器；5—压砖；6—底拱；7—裙座；8—人孔盖；9—密封板；10—挂钉

CCAB020 二段炉催化剂上铺耐火砖的目的

二段转化炉正常转化反应温度在1050℃左右，理论燃烧温度可达到1350℃，高温气体自上而下经过催化剂床层，为防止高温火焰直接喷射到催化剂上，损坏二段炉上层催化剂，正常二段炉催化剂装填时都在二段炉上层催化剂上铺一层六角形砖，中间部分催化剂面上层铺六角形砖是无孔的，其余四周所铺的六角形砖为九孔，这样就保证了二段炉上层催化剂的安全。

CCAD003 夹套水的作用

为防止炉内1200℃以上的高温气体与受压壳体直接接触，使受压壳体在比较低温度下工作，必须用耐热和绝热材料作内衬。内衬厚度和结构因水夹套有无而不同。有水夹套的二段炉内衬厚度小，结构简单，仅用一层耐热混凝土整体捣制，施工技术简单，工期短。二段炉设置夹套水的作用是：首先夹套可以防止高温气体由衬里窜至壳壁上产生热点，热点的温度过高会使壳体过分热膨胀而衬里脱离，造成壳体损坏；其次它可以保持较低的壳体温度，便于选材和减少隔热层的厚度，还可以使壳体环向的纵向温度差较低，不致引起壳体变形。水夹套也有缺点：不能直接观察到壳体的体壁，壳体产生事故不能及时发现和处理，并且夹套水对壳体有一定的腐蚀作用。

而无水夹套的二段炉,内衬厚度大,结构复杂。内衬共分四层,紧靠钢壳的第一、第二层用耐热混凝土整体捣制,第三、第四层均用刚玉砖砌筑,第二层与第三层之间加不透水的油纸。这种内衬使用了大量异形砖,制造困难,投资大,施工困难,技术要求高,施工周期较长。

对内衬耐热材料的要求主要是控制硅含量,因为在高温、高压下,还原性气体如 H_2、CO、CH_4 等会与衬里中的 SiO_2 发生反应而析出 SiO。析出的 SiO 成气态,随工艺气体带出炉外。这些气态硅进入后续工序设备如废热锅炉和高温变换炉内,因温度降低又生成 SiO_2,沉积在废锅管束和高变催化剂上,影响传热,使高变催化剂活性下降,床层阻力增加。

三、工艺操作

(一)烃类蒸汽转化开车统筹

1. 天然气工艺开车进度的制定要点

JCAA011 开车进度的制定要点

合成氨装置的开车都需要周密的部署、统筹安排和实施,通过统筹进行的化工开车过程可以确保在化工开车过程中不发生人身、生产、设备、环保事故,其次开车进度的统筹安排可以根据实际生产情况优化最短开车时间,从而降低装置开车的综合能耗。科学的统筹计划,高标准的执行操作是工艺装置顺利、安全开车的保证。

烃类蒸汽转化法制合成氨工艺装置主要包括开工锅炉或辅锅、转化、一氧化碳变化、脱碳、甲烷化、氨合成、氨冷冻和氢回收等单元,不管装置是在哪种情况下的开车应编制开车统筹,从而对各单元开车进度进行合理安排和控制。烃类蒸汽转化法制合成氨装置开车进度的控制要点包括:

(1)开车进度应结合本装置工艺特点、开车步骤及开车顺序、设备检修的进度以及相关公用工程及尿素装置的工艺状况进行综合制定。

(2)在转化炉投料前需要提前对低温变换催化剂提前升温和还原,对脱碳系统提前建立循环,氨压缩机具备开车条件后,及时建立冷冻自循环,以缩短投料后的开车时间进度,降低物料的损耗。

(3)烃类蒸汽转化法制合成氨装置开车进度影响较大的操作包括转化炉投料、二段炉投空气和低温变换催化剂升温还原、氨合成塔升温和还原等操作,在这些操作要紧密联系,严格执行操作规程操作。

(4)各个单元引气前必须严格对照中化或在线分析指标,各项指标参数正常合格后方可引气到下个单元。

(5)开车统筹应严格制定转化炉、变换炉、合成塔催化剂升温升压速率,不能为加快开车进度违反工艺指标进行操作。

(6)装置试车工作应遵循"单机试车要早,吹扫气密要严联动试车要全,投料试车要稳,试车方案要优,试车成本要低"的原则,做到安全稳妥、一次成功。

2. 天然气工艺装置自检项目的实施要点

JCAA012 装置自检项目的实施要点

合成氨装置自检项目是指装置依靠自己的技术力量可以进行的检修项目。具体的实施要点主要包括:

(1)在装置停车检修前要制定详细的检修计划和检修统筹,并确定检修设备的备件落实情况,确保设备检修顺利。

（2）合成氨装置停车检修计划应包括检修项目内容、技术要求，检修进度，检修作业人员及检修专业技术人员应对检修质量把关等。

（3）装置检修的自检项目的实施，应注意人员的组织与协调、检修现场和工具的准备、检修现场的施工安全和环境的保护。

（4）装置自检项目的实施要具体落实到人，定期进行汇总，对缺漏项及时消除。

（5）在自检中应设立专门的台帐记录，对所自检项目的不合格项要及时整改，对自检项目完成日期及确认人进行记录。

JCAA013 开车前与相邻装置的协调要点

3. 天然气工艺开车前与相邻装置的协调要点

为了保证天然气工艺合成氨装置能够按照开车统筹高质量的完成，在开车前应提前做好与相邻装置的协调工作，避免在开车过程中出现各项问题。在与相邻装置协调过程中应该注意：

（1）合成氨装置与公用装置、炼油装置及尿素装置的协调的任何进出物料都是建立在开车统筹时间节点内，所以各相邻装置都应该知晓开车统筹时间节点。

（2）天然气蒸汽转化装置需要提前协调氮气、氢气、蒸汽的开车物料应做好各装置间的置换、隔离和记录情况，避免出现物料互窜而出现事故的发生。

（3）与相邻装置确认接、送物料的量、压力、温度等情况应准确，不要模糊不清造成接、送物料过大或者过小影响开车进度。

（4）与相邻装置应确认清楚装置界区物料接、送阀门的操作归属问题，避免出现重复操作或者没人操作的情况发生。

（5）在开车过程中，若装置发生任何异常情况等影响开车统筹进度的情况时，及时通知相邻装置，并在恢复正常后及时调整统筹物料接、送等问题。

（6）在与相邻装置接、送物料过程中要及时进行样品分析，避免出现接、送物料超标等情况的发生造成各自装置工艺波动。

4. 天然气工艺装置检修后的开车条件确认要点

天然气工艺合成氨装置在检修后开车条件的确认环节，对所有动、静设备、电气系统、仪表系统、公用工程等开车前进行条件确认的要点主要包括：

（1）对检修项目完成的确认，包括管线、阀门、反应釜、换热器、塔、泵等。

（2）对检修后的设备进行试压、气密工作，发现内漏或密封点泄漏应及时处理；动设备应包括电动机单试、设备联试等。

（3）检查转动设备的油系统，电气监测点以及仪表各点的联锁。

（4）装置联锁的调试，调节阀、速断阀等调试工作、测量原件检定、回路调试。

（5）电气设备等检修完毕，电动机、电动阀等具备启动条件。

（6）仪表风、脱盐水、循环水、氮气、锅炉等公用工程具备启动条件。

GCAA003 转化物料预热的意义

5. 转化热量回收相关知识

1）转化物料预热的意义

在烃类蒸汽转化法工艺中，转化单元涉及的物料介质比较多，主要有原料气、燃料气、助燃空气、锅炉水、工艺空气、高压蒸汽等介质。它们都是直接或间接的依靠一段转化炉来进行加热的。但是不管什么物料，在它们参与反应、燃烧等其发挥作用之前都要进行预热，预热的意义在于：

（1）提高反应物温度，加快反应进行。转化反应是吸热反应，所以对于参与反应的原料气、工艺空气都需要先进行加热，这样才能保证最大反应速度。

（2）回收热量、节省燃料。众所周知一段炉对流段烟气中含有大量热量，合理的回收烟气中的热量从而达到节能是很必要的。所以在一段炉过渡段设置各物料盘管就是为了回收烟气中的热量，从而达到节省燃料的作用。

（3）提高燃料气温度，降低燃料气用量。一段炉燃料气和助燃空气在燃烧前都先要进过预热，对于大型氨厂一段炉的燃料气和助燃空气量是很大的，所以经过预热后再参与燃烧过程中就不会因为自身温度低而降低一段炉炉膛温度，也间接降低了燃料气的用量。

GCAC014 转化
反应热量回收
的途径

2）转化反应热量回收的途径

烃类蒸汽转化制气单元可用功损失占合成氨系统总量的50%左右，所以对于转化反应热量的回收对整个合成氨厂能耗的高低影响巨大。具体回收途径如下：

（1）通过烟气热量回收盘管提高一段转化炉的烟气热量，降低排烟损失。一段转化炉的燃料用量在整个合成氨厂的占比最大，所以合理的通过各介质盘管回收烟气热量至关重要。

（2）通过废热锅炉、锅炉水换热器等回收转化气的热量。二段转化炉出口温度在 900~1000℃，所以通过废热锅炉、锅炉水换热器等来回收此热量意义巨大，既能副产蒸汽，又可以保证变换反应的顺利进行。

（3）通过提高系统压力来提高废热锅炉压力以增加副产蒸汽的可用功率。

（4）通过新型保温材料来降低转化系统各设备的散热损失。

6. 废热锅炉发生逆循环的原因及判断

GCAB022 废热
锅炉发生逆循
环的判断

废热锅炉又称余热锅炉。利用生产过程中的高温物流作为热源来生产蒸汽的换热器；它既是工艺过程中高温物流的冷却器；又是利用余热提供蒸汽的动力装置。在生产中开车运行时废热锅炉若出现：

（1）压力差计与正常指示相反，出现负值。

（2）蒸汽中的二氧化硅高于炉水中的二氧化硅。

（3）密度计读数最大，蒸汽的温度低的现象时可以判断为废热锅炉发生了逆循环。而废锅逆循环出现的原因如下：

GCAA011 废热
锅炉发生逆循
环的原因

① 开车时蒸汽升温速度过快可造成废热锅炉发生逆循环。

② 开车时蒸汽的压力和流量波动过大可造成废热锅炉发生逆循环。

③ 开车接近循环时辅锅的产汽量过大，汽包的液位波动大，从而造成废热锅炉发生逆循环。

④ 汽包液位在给水中断时液位降得过低，忽然充水也易出现逆循环。

7. 汽包排污

对于烃类蒸汽转化法制氨工艺，可供回收与利用的余热十分可观，尤其是在转化、变换、合成氨等工段。通过大量余热回收利用废热不但节约燃料，而且降低了合成氨装置的生产能耗。在转化汽包正常运行过程中，由于锅炉水不断的蒸发、浓缩，使水中的含盐量不断增加，所以为了保证蒸汽品质，要进行汽包排污操作。所谓排污即是连续或间断（定期）从汽包内排出一部分含高浓度盐分的锅炉水，以达到保持锅炉水质量和排除汽包底部的泥渣、水垢等杂质的目的。汽包排污的方法有连续排污和间断排污（定期）两种。

GCAC011 高压
汽包连续排污
的作用

连续排污是在汽包（锅筒）中含盐浓度最大的近水位处排出炉水，连续排污的作用是排除气体蒸发界面下高含盐量的炉水，使炉水中的二氧化硅和含盐量符合控制指标，防止汽水共腾的发生和减少锅水对锅筒壁面的腐蚀。连续排污装置也叫表面排污装置，一般设置在上锅筒蒸发面处。

GCAC010 高压
汽包间歇排污
的作用

间断排污是为了弥补连续排污的不足。它的作用主要是从汽包底部排出炉水中积存的沉淀杂物和软垢，也叫定期排污。间断排污装置一般设置在汽包最低处，由两只串联的排污阀和排污管组成。

GCAB004 锅炉
给水加入氨水
的目的

在装置正常生产中给汽包上水的锅炉水中一般加入浓度为 3%~5% 氨水，将锅炉给水的 pH 值调整到 8.5~9.5，主要作用是由于炉水 pH 值的高低严重地影响到设备的腐蚀，当水与金属接触后，微量的铁溶解于水中生成氢氧化亚铁，这是一种碱性化合物，它的溶解度取决于水的 pH 值。水的 pH 值越低，氢氧化亚铁的溶解越快，腐蚀也就越快。

所以在给水中加入一定量的氨水，防止水对设备的腐蚀。给水的氨还能与水中的二氧化碳生成碳酸铵，以防止二氧化碳对设备的腐蚀。

ZCAA004 建立
大氮循环的目的

（二）转化工艺操作

1. 一段转化炉工艺操作

1）大氮循环

转化单元开车之初先要升温，只能由一段炉的烧嘴在外部提供热量，通过转化管内流动着的气体把热量带给二段炉和变换炉。升温分为两步，先用干气升温，再用蒸汽升温。干气升温用氮气升温综合效果最好，其中氮气还可以循环使用，这种升温方法也叫大氮循环升温方法。此方法可以将钴钼加氢脱硫、氧化锌脱硫、一段转化、二段转化、高温变换五种催化剂同时升温，最终达到各催化剂床层温度在露点温度以上，从而保证下一步转蒸汽升温时一段催化剂、二段催化剂、高变催化剂不产生冷凝水而破坏催化剂。其次大氮循环升温的最终温度不是随意确定的，它是根据各催化剂活性温度以及升温热量、升温程序来确定。

CCAA003 引燃
料到一段炉的
条件

2）一段炉引燃料气的条件及注意事项

烃类蒸汽转化法制氨装置中，需要燃料气进行供热的设备有一段转化炉、加热炉、开工锅炉等，由于燃料气具有易燃易爆性，所以将燃料气引至各一段转化炉阀前时，必须具备的条件有：

（1）确认原料气管线充氮完成，大氮循环流程已经确认通畅即将启动天然气压缩机开始大氮循环升温。

（2）检查确认转化汽包已经上水正常，确保一段炉锅炉水盘管有水。

（3）确认一段炉各燃料气管线氮气置换合格 O_2<0.2%；确认燃料气管线上各放空阀、导淋关闭，检查确认后系统驰放气进一段炉燃料气相关阀门关闭。

（4）确认燃料气管线上各压力表、流量计、安全阀完好并投运。

（5）确认天然气总管到一段炉燃料气管线总阀后"8"字盲板倒"通"，一段炉燃料气管线置换氮气总阀后"8"字盲板倒"盲"。

（6）确认一段转化炉引风机启动正常，炉膛负压正常。

（7）最后确认相关联锁已经解除，一段炉停车联锁复位，开始汇报调度具备引燃料气条件。

在一段炉引燃料气过程中需要注意：

（1）要严格根据操作规程来确认开车程序准确无误。

（2）确认各炉前天然气管线氮气置换合格。

（3）确认相关联锁联试正常投用，燃料气管线上各安全阀正常投用，各燃料气调节阀调校正常。

（4）确认现场阀门开关情况准确无误，燃料气管线上各放空阀、导淋关闭。

（5）确认相关物料已送至各调节阀前。

> JCAB001 燃料引到炉前的注意事项

3）转化负荷加减的顺序

> ZCAC002 转化负荷变化时各物料加减顺序

转化单元作为合成氨装置的"上游"，所以装置负荷调整首先是从转化开始进行物料的加减，在调整生产负荷时应当按一定顺序进行，这样调整的原因是为了保证一段转化炉不超温，并有足够的转化率、特别是为了防止炉管积碳，其次为了保证足够的水碳比，最后就是为了保证原料气与空气的比值不能过低，空气量过剩会使二段转化炉催化剂床层超温。转化负荷加减各物料必须遵循下列顺序：

（1）加负荷顺序：先加工艺蒸汽，再加原料气、燃料气、最后加空气。

（2）减负荷顺序：先减燃料气、再减空气、原料气、最后减工艺蒸汽。

4）一段炉催化剂结碳的因素

烃类蒸汽转化反应必须有催化剂参与，才能获得较大的反应速度，否则，反应速度很慢，距反应平衡很远。因此，催化剂性能的优劣是烃类蒸汽转化的关键因素之一，催化剂的活性、抗结碳性能、机械强度、颗粒大小等都对烃类蒸汽转化反应有着明显的影响。

一段转化炉催化剂一般都是由活性组分，助催化剂及载体组成。镍是目前工业生产中应用最广的烃类蒸汽转化催化剂的活性元素。烃类蒸汽转化催化剂中的镍含量一般为15%～30%。催化剂活性的高低与镍含量的多少有关。在一定范围内，镍含量大，则活性高。但镍含量也不应过大，否则会影响催化剂的物理性能，增大结碳的危险性，价格也明显上涨。

助催化剂在催化剂中的比重虽不大，但却能使催化剂的性能发生明显变化，使活性明显增大，所以助催化剂又被称为催化剂的活化剂。难还原、难熔、难挥发的金属氧化物都可以用作助催化剂。烃类蒸汽转化催化剂使用的助催化剂一般为氧化镍、氧化镁、氧化铬和氧化铝等。

承受和分散催化剂活性组分的催化剂主体部分称为催化剂的载体。载体对于催化剂的强度、耐热性及密度等性质都有明显的影响。

> GCAB012 一段炉催化剂结炭的因素

在转化单元的操作中，防止催化剂结碳至关重要。若因为操作不当或者处理事故不当造成催化剂结碳，轻则影响生产负荷及单耗，重则会造成催化剂损坏，必须停车更换的大事故，所以要避免一段炉催化剂结碳，则需清楚一段炉催化剂结碳的因素。一段炉催化剂结碳的原因有：一段炉水碳比过低、生产负荷过大、工艺气进口温度过高或过低，发生高级烃类的裂解反应、一段炉催化剂装填不好或催化剂中毒，活性下降。

（1）一段炉水碳比过低。

由于操作不当或者处理事故不当造成一段炉水碳比过低造成催化剂结碳。负荷增加过快，温度控制不当，特别是水碳比过低，都会促进催化剂结碳的发生。为了避免一段转化炉催化剂发生结碳事故，在烃类蒸汽转化单元都设置了水碳比联锁，其主要作用就是当发生人员误操作或者仪表阀门误动作、工艺蒸汽中断等一系列装置异常情况造成进入参与一段转化的工艺蒸汽量不足时，水碳比联锁动作引起一段炉停车，从而保护转化催化剂不发生结碳。

GCAC002 转化炉设置水碳比联锁的作用

（2）生产负荷过大：在装置生产过程中由于各种原因造成一段转化炉长时间超负荷运行，也会导致一段炉催化剂结碳。

（3）工艺气进口温度过高或过低，发生高级烃类的裂解反应。

（4）一段炉催化剂装填不好或者催化剂中毒，活性下降。

GCAB019 一段炉催化剂颗粒不同的意义

5）一段炉催化剂颗粒不同的意义

根据一段炉催化剂结碳机理可知，由于一段转化反应结碳的危险主要存在于炉管的上部，因此要求上段催化剂具有迅速转化高级烃的活性和抗结碳的能力。而炉管下半段催化剂主要用来转化以甲烷为主的低级烃，因此抗结碳性能已不是对触煤的主要要求，而是要求催化剂具有较高的甲烷蒸汽转化活性。因此一段转化炉炉管中装填催化剂分为小颗粒和大颗粒两种催化剂，在一段炉炉管上半部分装填小颗粒催化剂，炉管下半部分装填大颗粒催化剂，其意义主要是：

（1）因为小颗粒催化剂的表面活性好，表面积大，内扩散好，活性高，也有利于热量的传递。一段炉是顶烧炉，炉管顶部的温度高，为了使反应在高温区有效地进行，防止炉管顶部超温，所以顶部装小颗粒的催化剂，但是小颗粒催化剂的阻力大。

（2）在炉管的下部反应已接近完全，反应的速度可以降低，内扩散对反应的影响不大，所以下部装入大颗粒的催化剂，对反应的影响不大，但是压降可以大大降低。

CCAD017 一段催化剂卸出方法

6）一段炉催化剂卸出方法

一段炉催化剂卸出方法一般为上部抽吸法，卸出催化剂前先进行过量水蒸汽氧化钝化完全后，再用氮气进行置换降温到自然温度后再采用上部抽吸法对每根转化管依次进行抽吸卸出催化剂，抽吸好的转化管用法兰盖盖好。

CCAC023 水合反应的危害

7）水合反应的危害

一段炉转化催化剂加入氧化镁后，有很好的抗积碳能力，且不存在钾转移问题，但是游离氧化镁在一定条件下可与水蒸气发生反应生成氢氧化镁，称为氧化镁的水合反应，其反应式如下：

$$MgO + H_2O =\!=\!= Mg(OH)_2$$

进入一段炉的水蒸气虽然是过热的，但在一定条件下例如开停车阶段，可能出现冷凝水，氧化镁的水合反应更易发生。氢氧化镁的生成大大降低了催化剂的强度，使催化剂易于破碎，从而增大炉管阻力，使管内气体分布不均匀而使管壁发生局部超温。

ZCAD001 一段炉停车后催化剂的保护方法

8）一段炉停车后催化剂的保护方法

转化单元处于合成氨装置的上游，其中一段转化、二段转化、高温变换、低温变换都装有催化剂，所以不管转化系统的开车还是停车操作都需要有计划、有步骤的进行操作。而一段转化炉停车后对催化剂的保护方法至关重要，具体保护方法是：

（1）在一段炉发生停车时,要确保切出原料气后蒸汽不切除,蒸汽量控制在 25~30t/h,先进行蒸汽降温和置换。

（2）转化系统通过变换后放空阀进行缓慢降压,严格控制系统降压速率不超过0.1MPa/min,以避免造成因升、降压速率过快使催化剂粉化。

（3）其次用逐渐熄灭一段炉烧嘴的方法控制降温速率在 40~50℃/h,当一段炉催化剂蒸汽降温到400~450℃时,切出加入一段炉炉管的蒸汽,一段炉烧嘴全部熄灭,一段炉进行自然降温。

（4）一段炉进行自然降温。当一段炉最低点温度降到200℃时,一段炉炉管通入低压氮气进行置换和保护,并对转化管进行排水操作。若系统长期停车,要保证转化系统微正压防止空气漏入转化各催化剂床层造成损害。

> CCAC006 正确调整一段炉烧嘴燃烧的方法

2.一段转化炉炉膛操作

1）正确调整一段炉烧嘴燃烧的方法

在一段炉的日常操作维护中要及时检查并修正偏烧火嘴,长火焰火嘴,停车检修期间定时疏通火嘴的小孔,使火焰能够达到短而刚,火焰颜色为蓝色,各排火焰长度齐整。一般调整烧嘴燃烧的方法是:

（1）首先为了保证各排转化管的管排温度差小于20℃,要对各排火嘴燃料气量进行调节,现场通过一段炉各排火嘴的截止阀进行调节。

（2）其次,对照每个烧嘴的燃烧情况和转化管的情况要对每个烧嘴进行逐个调整,通过现场每个烧嘴的考克阀进行精细调节,从而达到火苗短而刚,呈蓝色火焰。

（3）最后,对于转化炉整体加减负荷的调整火嘴燃烧是通过燃料气总控制阀进行调节,要注意一段炉火嘴燃料气的调整必须要保证好炉膛负压、氧含量正常。

> CCAC031 一段炉烟气氧含量调节要点

2）一段炉烟气氧含量的调节

一段炉烟气氧含量过高会造成烟气的热损失增大,炉子的热效率降低;而氧含量过小则会引起一段炉燃料气燃烧不完全,易产生二次燃烧,热效率也低,而且易损坏设备。调整烟气氧含量的方法一是调节炉膛负压大小;二是调节每排或每个烧嘴的空气风门;三是调节烧嘴燃料气量的大小。

> JCAB005 二次燃烧对转化炉的影响

3）二次燃烧对转化炉的影响

一段转化炉的二次燃烧就是指燃料气在火嘴处由于氧气不足未能完全燃烧,而在后部有氧气存在的地方再次进一步开始燃烧的现象叫二次燃烧。当一段转化炉发生二次燃烧时,一段炉的排烟温度会急剧上升,烟囱冒浓烟,发生二次燃烧的盘管部分会局部超温,严重时会造成盘管损坏,影响一段炉的生产;一段炉炉膛负压剧烈波动,出现正压,若调节不及时就会造成一段炉转化炉负压联锁动作而停车;一段转化炉发生二次燃烧还会造成一段炉燃料消耗增加,从而影响合成氨能耗的提高。所以在生产运行中,一段转化炉避免出现二次燃烧应调整好助燃空气的压力和每只烧嘴的风门开度,保证一段炉炉膛氧含量在正常指标范围内,避免出现过低的氧含量。

> GCBA008 空气预热器的作用

4）空气预热器的作用

在化工生产中,空气预热器的应用非常广泛。例如,锅炉、一段炉转化炉、开工加热炉、蒸汽过热炉等。虽然它应用在不同设备中,但是它的作用却是大同小异,主要作

> GBBA008 空气预热器作用

用是：加热空气、回收热量、加快反应、节能降耗等。

一般空气预热器设置在烟囱出口位置的，如一段转化炉、锅炉、蒸汽过热炉等其作用都是为了加热空气、回收烟气热量，以便于和空气混合的烃类雾化性能更好；充分燃烧，提高经济性和动力性从而达到节能的目的。对于蒸汽过热炉加热空气还防止在烟道气空气换热器中，冷空气和过热炉烟道气温差过大，从而使烟道气中未燃烧完全的油分凝结在烟道，堵塞烟道使蒸汽过热炉负压升高。通常情况下空气预热器加热空气温度也是有限制的，不是预热空气温度越高越好，它是受到设备和管道耐热温度的限制。

5）热风系统投用注意事项

GCAB021 热风系统投用注意事项

为了回收一段炉烟气中的热量，空气预热器盘管被设置在对流段最后一组盘管。所谓热风就是指一段炉鼓风机将空气加压送入一段炉空气预热器进行预热后的空气。投用热风系统的步骤和注意事项如下：

（1）保证一段炉事故风门全开，转化单元生产负荷达 60%~75%。

（2）按开车操作规程将鼓风机启动，并调整出口压力正常。

（3）逐渐关小事故风门，并及时调整一段炉炉膛负压，同时观察火嘴的燃烧情况，如果燃烧不好可相应提高鼓风机的转数。

（4）通过空气预热器旁路调整空气预热器出口烟气的温度在正常指标内，调整一段炉各风道的风压，使之压力均匀。

6）启动风机的注意事项

ZCBB005 启动风机的注意事项

ZBBB005 启动风机的注意事项

（1）检查连接螺栓有无松动。检查电气与仪表装置。

（2）盘车检查风机转子转动是否灵活，有无"憋劲"或"卡住"现象。倾听转子运转声音是否正常，有无摩擦现象。

（3）冷却水是否畅通。润滑油油质、油位是否正常。

（4）打开进、出口阀门（离心风机先关闭阀门，风机启动后，逐渐打开）。

（5）合上电源开关，电动机启动后，扳动电阻箱手轮，使风机逐渐达到正常转速，同时，将电动机滑环扳手扳到运行位置。

7）烟气露点腐蚀的机理

JBBA001 烟气露点腐蚀的机理

JCBA001 烟气露点腐蚀的机理

燃料在燃烧时，其中的氢（H_2）和氧（O_2）化合生成水蒸气（H_2O），而燃烧器大部分又采用蒸汽雾化，因而使炉子中的烟气带有大量的水蒸气。另外，燃料中的硫（S）在燃烧后生成二氧化硫（SO_2），其中少量的 SO_2 进一步又氧化成三氧化硫（SO_3），三氧化硫与烟气中的水蒸气结合生成硫酸（H_2SO_4）。含有硫酸蒸汽的烟气露点升高，当受热面的壁温低于露点时，含有硫酸的蒸汽就会在受热面上凝结成含有硫酸的液体，对受热面产生严重腐蚀。因为它是在温度较低的受热面上发生的腐蚀，故称为低温腐蚀。由于只有在受热面上结露后才发生这种腐蚀，所以又称露点腐蚀。

烟气在净化设备接触表面结露，析出稀硫酸、盐酸等液膜，液膜中还含有溶解氧，是一种电解质液膜，由于设备制作材料普碳钢中存在电极电位不同的碳和铁，加上存在金属组织、物理状态或受力状态的不均匀现象，在设备表面就会形成腐蚀原电池。铁作为腐蚀原电池阳极被腐蚀。原电池中的"极化"现象会阻止腐蚀反应进行，但烟气净化设备所处的环境中，电解质溶液为稀硫酸或盐酸等溶液，含有 H^+ 和溶解氧，它们在阴极吸收电子，发生还原反应。形成了阴极去极化作用,维持阴极与阳极电位差促使电化学反应持续进行,从而促进了设备腐蚀。

在烟气设备腐蚀中究竟是哪种去极化作用起主导作用取决于析出液的酸性和溶氧量,在脱硫脱硝装置末端,或原烟气中 SO_2 等含量本来就小,析出液酸性较弱,溶解氧较多时,吸氧腐蚀就会起主要作用。在酸性较强时,析氢腐蚀起主要作用,对于不锈钢或合金材料,在其表面形成的钝化膜,可以阻止铁等金属失去电子进入电解液中抑制电化学腐蚀反应发生,但由于烟气凝结液膜中含有的 Cl^- 和 F^- 容易被钝化膜表面吸附,所形成的含卤素离子的表面化合物具有晶格缺陷,有较大的溶解度,导致钝化膜局部破坏,使设备发生电化学腐蚀反应。所以点蚀和缝隙腐蚀是不锈钢和合金设备构件的二种主要腐蚀形式。

JBBB005 降低烟气露点腐蚀的方法

8)降低烟气露点腐蚀的方法

在实际生产运行中,我们可以具体从以下几方面来避免设备发生烟气露点腐蚀。

(1)降低燃料硫含量:加热炉燃料的硫含量必须有严格要求:燃料油硫含量不应超过0.3%,燃料气必须经过脱硫后才可以进加热炉燃烧,脱硫后的燃料气硫含量不准超过50mg/m³。燃料硫含量超标时,装置要根据硫含量变化情况,对烟气露点腐蚀的设备腐蚀控制温度进行动态调整,避免设备发生露点腐蚀。

(2)控制加热炉氧含量:低氧燃烧可以降低 SO_2 的转化率,在一定条件下可以使腐蚀速度显著降低,但对低于下限温度时(下限温度一般比水蒸气露点高 20~30℃)的腐蚀速度的影响很小,因为这时起腐蚀作用的不仅是硫酸蒸汽的凝结,而且有水蒸汽大量凝结,形成盐酸或亚硫酸。因此,即使在低氧燃烧下,也不应使受热面壁温太低。低氧燃烧必须强调燃烧要完全,否则不但经济性差,而且仍会有较多剩余的氧,以致不能降低三氧化硫。所以,实现低氧燃烧应采用配风更为合理的燃烧器和较先进的自动控制装置。

(3)控制烟气中水蒸汽含量:加热炉余热回收系统不宜采用蒸汽吹灰。对烧气的加热炉,进炉燃料气的氢组分不宜太高。水蒸气含量从 18% 降到 10%,烟气露点可以降低8℃,所以,降低烟气中水蒸气含量也不容忽视。

(4)加强吹灰管理:加强吹灰器的使用和管理,防止积灰影响换热效率并造成设备垢下腐蚀。有吹灰器的加热炉、余热锅炉和余热回收系统设备应根据燃料种类和积灰情况定期吹灰。使用蒸汽吹灰器的,吹灰前必须先排除蒸汽凝结水,防止吹灰器将水带入炉内。

(5)提高空气预热器入口风温:提高入口风温,一方面可以使金属冷端壁温提升,另一方面还可以使燃料充分燃烧,提高加热炉效率。入口风温每提高 20℃,加热炉效率约提高1%。一般在加热炉低负荷时,要适当提高空气预热器入口风温。对于油气混烧的加热炉,在确定余热回收系统空气预热器腐蚀控制指标时,要求空气入口风温控制在 60~90℃,尽量提高入口风温。经过一个周期的运行,目前加热炉热效率仍可以达到设计要求。北方的气温冬夏温差较大,气温的高低直接会影响空气预热器的管壁温度。

(6)提高设备管壁温度:定期检测或估算烟气露点,保证管壁温度高于烟气露点5℃以上,避免露点腐蚀。

3.二段转化炉操作

1)二段转化炉的主要任务

烃类蒸汽催化转化的主要反应设备有一段转化炉和二段转化炉。根据不同的装置生产情况来看,一般烃类在一段转化后残余的甲烷含量控制在 15% 以内,剩余的甲烷在二段反应炉内进行进一步转化,从而使二段炉出口甲烷残余含量控制在 0.8% 以下。二段转化炉设置的目的有两个,一是将一段转化气中的甲烷进一步转化,二是通过加入空气以提供氨合成所需要的氮气,同时燃烧一部分转化气(主要是氢气)以实现内部换热。

2)二段炉催化剂相关知识

二段转化炉正常转化反应温度在 1050℃ 左右,理论燃烧温度可达到 1350℃,高温气体自上而下经过催化剂床层,为防止高温火焰直接喷射到催化剂上,损坏二段炉上层催化剂,正常二段炉催化剂装填时都在二段炉上层催化剂上铺一层六角形砖,中间部分催化剂面上层铺六角形砖是无孔的,其余四周所铺的六角形砖为九孔,这样就保证了二段炉上层催化剂的安全。

CCAA005 二段炉投空气的条件

3)二段炉投空气的条件

二段炉投空气必须具备的条件有:首先确认装置负荷已经加至 40% 以上,确认一段炉出口甲烷含量在 9%~12% 范围内,确认一段炉出口工艺气温度在 760~780℃,水碳比在 4.5~4.7;其次确认空气压缩机已经运行正常,出口气在阀前放空,并控制二段炉空气管线阀前放空压力大于转化系统压力 0.1~0.15MPa;最后确认空气盘管内烧嘴保护蒸汽已经投运,然后汇报调度二段炉具备投空气的条件。

GCAC031 工艺空气中加入中压蒸汽的作用

4)工艺空气中加入中压蒸汽的作用

二段转化炉内引入工艺空气,空气中的氧气与一段转化出口工艺气在二段炉燃烧室内发生部分燃烧,燃烧热用来进一步转化残余甲烷。控制补入的空气流量,可同时补入合成氨的另外一种原料——氮气。而工艺空气在入二段炉前向它里边加入了中压蒸汽,主要有以下作用:

(1)保护空气喷嘴不被烧坏。因为二段炉喷嘴燃烧时温度可达到 1200~1400℃,所以为了延长喷嘴的寿命,加入蒸汽可以明显降低喷嘴表面温度从而延长寿命。

(2)在转化单元开停车或空气量过低时,防止空气盘管无空气或空气量过低时造成空气盘管过热超温损坏。

(3)同时也防止在大的操作或系统大的波动时工艺空气管线上的止逆阀失灵后工艺气倒串入空气压缩机内发生重大事故。

(4)通过用这部分蒸汽来调整变换入口的水气比,提高变换率。

CCCA017 二段炉出口甲烷含量上升原因分析

5)二段炉出口甲烷含量上升原因

(1)温度的影响。

烃类蒸汽转化反应是一个强吸热反应,无论从反应平衡还是反应速度来看,提高温度都利于转化反应的进行。当一段炉出口工艺气温度太低就会造成二段炉负荷增加而相应的造成二段炉出口 CH_4 含量增加。由于二段炉是自热式反应炉,当空气量加入不足或二段炉预热空气温度太低时都会造成二段炉催化剂床层温度下降,从而引起二段炉出口 CH_4 含量升高。

(2)水碳比的影响。

由烃类蒸汽转化反应特点可知,工艺气中的水蒸汽含量增多,无论从反应平衡或反应速度来说,都有利于甲烷的蒸汽转化,并且提高水碳比可以抑制结碳等副反应的发生,所以控制水碳比至关重要。当一段炉加入的水碳比过低时,就会造成二段炉反应物水蒸气的减少,从而造成二段炉出口 CH_4 含量升高。

（3）压力的影响。

由于烃类蒸汽转化反应是一个体积增大的可逆反应,从反应平衡考虑,压力增大对反应不利,压力越高,出口气中的残余 CH_4 含量越高。当一段炉反应不好或者催化剂床层阻力增大、脱硫系统阻力增大、天然气压缩机转速升高等都能够造成转化系统压力升高,从而引起二段炉出口 CH_4 含量增加。

（4）催化剂因素的影响。

由于二段转化反应是在催化剂作用下才能迅速进行,所以二段炉催化剂活性的高低对二段转化反应的顺利进行以及出口 CH_4 的含量都有很大的影响。其中硫、磷、砷、氯、重金属以及其他卤素都可能使二段催化剂发生暂时或永久中毒,使催化剂活性下降或失去活性从而导致二段炉出口 CH_4 含量上升。其次二段炉催化剂老化、超温造成催化剂烧结及镍挥发造成催化剂强度下降从而粉化,以上这些因素也能导致二段炉催化剂的活性下降或丧失,从而造成二段炉出口 CH_4 含量升高;在二段炉催化剂装填过程中,由于催化剂装填得不均匀,导致工艺气走短路也会造成二段炉出口 CH_4 含量升高。

（5）系统因素的影响。

如果转化系统加负荷过快或系统压力、温度大幅度波动时会造成一、二段转化负荷加重,一、二段转化反应不好,从而造成二段炉出口 CH_4 含量升高。

（6）其他因素的影响。

若一段炉出口甲烷含量超标上升造成二段炉负荷增加,从而引起二段炉出口 CH_4 含量升高。其次若二段炉混合燃烧器损坏,空气与工艺气混合不均匀,二段炉燃烧不好从而导致二段炉出口 CH_4 含量升高。

> CCAD018 二段催化剂卸出方法

6）二段炉催化剂卸出方法

二段炉催化剂卸出前是还原态的镍,如果不进行氧化钝化,在卸出时遇到空气会急剧氧化,放出大量的反应热,每 1% 氧气在蒸汽流中造成催化剂温升 130℃,而在氮气流中则可高达 165℃,金属镍重新氧化放出来的热量,足以使催化剂达到融熔温度 1500℃ 以上。因此在卸出催化剂之前,应先缓慢地降温,然后通入蒸汽或蒸汽加空气,使催化剂表面缓慢氧化,形成一层氧化镍保护膜,这一过程称为钝化。钝化后的催化剂遇空气时不再发生氧化反应,即可卸出催化剂。首先将二段炉顶部燃烧器卸出,确认与二段炉相连的管线都已加盲板隔离,人员从上部进入二段炉进行抽吸卸出二段炉催化剂。其中注意钝化温度不能超过 550℃,因为 600℃ 时镍催化剂能生成铝酸镍。

> JCAB015 延长转化催化剂老化的方法

4. 延长转化催化剂寿命的方法

合成氨原料无论是天然气还是石脑油,在没有催化剂参与,其蒸汽转化反应的速度是很缓慢的。当有催化剂参与时,烃类蒸汽转化反应速度大大加快,通常在 950~1000℃,二段转化出口气体中的残余甲烷可降到 0.5% 以下。由此可见,催化剂在烃类蒸汽转化过程中处于极为重要的地位。在相同操作条件下,可用甲烷转化率来比较转化催化剂的活性。转化率高,催化剂活性高,转化率低,催化剂活性低。所以在实际生产中延长转化催化剂的老化,保持转化催化剂的活性,是保证甲烷的转化率的基础。延长转化催化剂老化的具体方法是:

（1）避免转化单元频繁的出现开停车操作,且在转化单元开停车过程中催化剂升温、降温及升压、降压过程要严格按照操作规程要求的指标进行。

（2）转化炉装填催化剂的过程及步骤要严格执行催化剂装填方案进行,避免出现装填粉化、破碎的催化剂和装填不均匀、桥架等,从而降低催化剂的活性。

（3）严格保证转化催化剂不受毒物的侵害。首先要保证转化前脱硫反应器后硫含量要始终在控制范围内;其次要保证工艺蒸汽和工艺空气的质量,避免带入引起转化催化剂中毒的氯及其他卤素元素;最后要保证原料烃中砷及其他重金属的含量,它们是转化催化剂的永久毒物。

（4）严格保证转化催化剂不要结碳。要始终保证一段炉的水碳比在正常指标范围内,避免出现水碳比过低引起催化剂结碳,从而造成活性下降。

（5）控制转化催化剂不要出现超温。在生产过程中要始终控制好转化催化剂的温度在正常指标范围内,严禁出现超温现象出现。

（6）避免转化催化剂水泡。在转化催化剂蒸汽升温或停车蒸汽钝化阶段,严格控制好蒸汽温度和压力,避免出现大量的冷凝水,被水泡过的转化催化剂会很快老化。

5. 工艺冷凝液汽提塔

随着社会的发展,节能清洁的发展理念是每个化工企业都需要追求的目标,因此在转化单元设置了中压汽提塔。采用的中压汽提塔主要是为了处理变换后的工艺冷凝液,处理合格后的工艺冷凝液送往循环水工序回收利用,而汽提蒸汽回收变换冷凝液中的 H_2、NH_3、甲醇等介质到一段转化炉工艺气中继续利用。所以对于汽提塔的开停、故障处理需要严格执行操作规程,避免操作错误引起回收的冷凝液超标、一段转化炉水碳过低或者工况波动。在装置正常运行时,汽提塔容易出现压力和塔底温度波动的故障,具体处理方法如下:

GCCB002 中压汽提塔压力高的处理方法

1）中压汽提塔压力高的处理方法

（1）确认相关单元是否有气体串入或者进入一段炉的汽提蒸汽不通畅造成;

（2）调整汽提蒸汽流量;

（3）确认塔顶放空压力调节阀动作是否准确灵敏。

GCCB003 中压汽提塔底温度低的处理方法

2）中压汽提塔塔底温度低的处理方法

当工艺冷凝液中压汽提塔压力升高就会导致塔底温度降低,所以当汽提塔塔底温度低时应该先降低中压汽提塔的压力,先通过汽提塔放空阀控制汽提塔压力在正常范围内,然后通过上边的汽提塔压力高的处理方法,依次判断故障原因并处理,若是加入的汽提蒸汽过高,则相应的减少汽提蒸汽流量;若是汽提塔放空阀故障,则应及时通过旁路进行调节;若是汽提蒸汽入一段炉蒸汽不畅造成,则应及时通过旁路阀和放空阀进行疏通,防止汽提塔超压。

GCAD003 中压汽提塔停车方法

3）中压汽提塔停车的方法

（1）由于工艺冷凝液的量很大,所以汽提塔停车前首先通知循环水及污水回收单元,让污水回收单元做好接受工作,让循环水单元注意停水后的影响;

（2）停工艺冷凝液泵,注意保证汽提塔的液位在正常范围内,防止出现空塔;

（3）停进一段炉的汽提蒸汽,及时提高一段炉工艺蒸汽量,保证一段炉水碳比稳定;

（4）通过汽提塔放空阀控制汽提塔压力,若是需要泄压时注意泄压速度不得形成负压。

4）工艺冷凝液流量偏大的处理方法

（1）若脱硫系统水平衡破坏时，造成工艺冷凝液流量偏大，应及时减少脱碳洗涤水量及水碳比；

GCCB007 工艺冷凝液流量偏大的处理方法

（2）若是冷凝液泵打量不正常造成的，应及时检查机泵，通过调节出口阀进行调整冷凝液流量，若无法调节则应及时倒泵操作；

（3）检查确认冷凝液去循环水的流量，确认是否是仪表假指示造成的流量增大；

（4）工艺冷凝液温度过高时也容易造成冷凝液泵打量波动，所以处理时应及时降低工艺冷凝液温度。

6. 汽包操作

JCAA001 开工时汽包液位的建立

1）开工时汽包液位的建立

（1）检查确认脱盐水系统已经正常，给水系统机泵处于良好的备用状态；

（2）检查确认转化汽包各仪表、阀门、液位计、安全阀、已经校验合格、正常投运；

（3）检查确认转化汽包上水流程畅通，脱盐水罐收满水，脱盐水、锅炉给水系统水线畅通；

（4）开脱盐水泵给脱氧槽建立液位，加药系统加药，二甲基酮肟控制在 500mg/L 进行钝化；

（5）开脱氧槽入口低压蒸汽阀门，以 50℃/h 的速度将温度升至 115℃，压力控制在 0.07MPa，氧含量小于 7μg/L 为合格；

（6）严格按开车程序开锅炉给水泵给汽包充水，冲洗合格后建立液位，加入磷酸盐以利于钝化。

汽包建立液位前，注意先进行冲洗、排污，确认汽包各液位计准备可靠。汽包建立液位时，及时投运加药系统，避免汽包内壁及管线腐蚀、结垢。

JCAC001 汽包液位的控制要点

2）汽包液位控制

转化是烃类蒸汽转化法制氨工艺的关键设备，它的主要作用就是利用转化、变换单元的可供回收与利用的余热来产出高压蒸汽，以平衡装置蒸汽系统。根据工艺设计不同，生产能力不同，转化汽包的产汽量有大有小，但是不管转化汽包大或小，汽包各参数控制都非常重要，所以在日常操作过程中转化汽包控制要点主要有：

（1）控制好汽包锅炉上水的流量和温度，除氧气锅炉水温度控制在 123℃ 左右，不要太高或太低，若是锅炉水温太高，则会造成锅炉给水泵打量下降，从而造成汽包上水流量不足；若是锅炉水温太低，锅炉水除氧效果变差，并且汽包产汽量会下降。

（2）平衡好汽包的上水流量和产汽量，从而使汽包液位稳定，避免出现液位忽高忽低的现象出现。

（3）控制好转化负荷的稳定和二段炉出口工艺气温度的稳定，即保证工艺气温度和流量的稳定，是保证汽包液位及产汽量平稳的关键。

JCAC014 锅炉给水的 PH 值的调节

（4）保证汽包加药系统的稳定运行，从而使汽包炉水、蒸汽的各项控制指标合格，这些都是转化汽包控制的重要因素。在锅炉给水中 pH 值的调整至关重要，为了防止给水对锅炉系统金属的氢极化作用而引起的腐蚀，以及防止金属表面的保护膜遭到腐蚀破坏，通常是在给水中加氨来调节 pH 值为了防止给水系统的腐蚀。给水的 pH 值应控制在 8.5～

9.2 范围内,如果给水 pH 值超过 9.2,虽对钢材防止腐蚀有利,但是因为给水中 pH 的提高通常是采用加氨的方法,pH 值高,就意味着水汽中氨的量较多,这样,在氨富集的地方,会引起铜的氨蚀,为了避免上述情况发生,所以给水中 pH 不可过高。

在转化开工阶段,当脱盐水系统正常后,就可以准备给转化汽包进行上水建立液位操作。

3)蒸汽中硅含量超标的原因分析和处理方法

JBCA019 蒸汽中硅含量超标的原因分析

JCCA010 蒸汽中硅含量超标的原因分析

在化工生产中,蒸汽的应有非常广泛。蒸汽既可以作为原料参与化学反应,它也可以作为压缩机、机泵的驱动动力,它还可作为换热介质参与热量交换以及为设备防冻提供热量等。所以在每个化工装置中都需要用到不同压力等级的蒸汽,但是不管哪种蒸汽,都要保证蒸汽的各项指标合格,它品质的好坏能够影响化工生产的各方面。其中在蒸汽的各项指标中硅含量是一项关键控制指标。因为当蒸汽中的二氧化硅含量增加时,二氧化硅会沉积在蒸汽通过的各个部件上,影响蒸汽通畅流动,造成过热器传热效率低,堵塞各透平叶片通道,使之效率下降,从而使装置的运行周期大大缩短。蒸汽中硅含量超标的原因主要是:

(1)锅炉给水中的硅含量超标,则会造成汽包所产的蒸汽中硅含量超标。

(2)当脱盐水处理装置存在故障时或者原水系统硅含量特别高的情况下,就会造成锅炉给水系统硅指标超标,从而间接的引起汽包所产的蒸汽中硅含量超标。

(3)各机组透平冷凝液在循环使用过程中有杂质进入。

(4)蒸汽管线的设备材质中含硅量多造成硅转移到蒸汽中。

(5)锅炉给水加药成分中含量硅化物或加药过程中带入锅炉水中。

JBCB029 蒸汽中硅含量超标的处理方法

JCCB007 蒸汽中硅含量超标的处理方法

针对上述蒸汽中硅含量超标的原因分析,在实际生产过程中的处理方法是:

(1)从原水就开始进行泥沙过滤处理,从而降低脱盐水的硅含量。

(2)严格控制脱盐水的制水流程及硅含量控制指标。

(3)严格控制锅炉给水加药的过程,并对加药组分进行分析检查,避免带入硅元素。

(4)在生产中保证机组蒸汽冷凝液循环使用过程中避免受到污染。

(5)当蒸汽中硅含量超标时,加强汽包的日常排污工作。

四、异常处理

转化单元是合成氨装置操作最复杂,发生事故影响最大的一个单元,所以在装置运行中或者操作中必须精心操作、周密判断。当转化单元发生事故或工艺异常时若操作人员第一时间能够发现、准确判断事故原因,才能及时处理事故,避免装置大面积停车或损坏设备、催化剂的事故发生。

JCCA002 一段炉催化剂结炭的判断

（一）一段转化炉催化剂结碳的判断

在转化单元的操作中,防止催化剂结碳至关重要。若因为操作不当或者处理事故不当造成催化剂结碳,轻则影响生产负荷及单耗,重则会造成催化剂损坏,必须停车更换的大事故,所以要避免一段炉催化剂结碳带来的危害,就必须清楚一段炉催化剂结碳的原因,具体为:

(1)一段炉水碳比过低。由于操作不当或者处理事故不当造成一段炉水碳比过低造成催化剂结碳。负荷增加过快,温度控制不当,特别是水碳比过低,都会促进催化剂结碳的发生。

(2)生产负荷过大。在装置生产过程中由于各种原因造成一段转化炉长时间超负荷运行,也会导致一段炉催化剂结碳。

(3)工艺气进口温度过高或过低,发生高级烃类的裂解反应。

(4)一段炉催化剂装填不好或者催化剂中毒,活性下降。

(二)一段炉转化管出现花斑的原因分析

而当一段炉催化剂出现结碳时,岗位操作人员必须在催化剂结碳初发阶段能够及时判断确认,从而通过加大水碳比等措施就可以将危害降到最低。而一段炉催化剂结碳的可以从以下几个方面进行判断:

(1)当一段转化炉催化剂结碳时,在其他工艺条件正常情况下,一段炉出口甲烷含量超标;

(2)当一段转化炉催化剂结碳时,一段炉转化管的压差指示异常升高或者超标。

JCCA009 转化炉管出现花斑的原因分析

(3)当一段转化炉催化剂结碳时,炉管超温,从一段转化炉观火孔可以看到结碳的转化管出现亮点花斑、红管、颜色异常;其中一段炉转化管出现花斑除了是催化剂结碳的原因之外,当发生一段炉催化剂活性不好、一段炉催化剂架桥或顶部结盐等情况时,一段炉转化管也会出现花斑现象。

(4)当一段转化炉结炭严重时,在转化管底部排出的冷凝液中有细小的碳粒。

JCCA008 二段炉出口CH_4含量高原因分析

(三)二段炉出口CH_4含量高原因分析

二段转化是一段转化的延续,其工艺条件大部受一段转化的制约,如压力,水碳比等在一段炉已基本确定,由于二段转化温度比一段转化高150~200℃,利用如此高的温度就是为了将一段转化气中剩余的近15%的甲烷进一步转化,使二段炉出口工艺气中的甲烷降低到0.5%左右。因为二段转化炉出口气中甲烷含量越低,原料烃的利用率越高,合成氨的单位能耗越低。残余甲烷含量,不仅影响合成弛放气量,而且还影响二氧化碳的产量。残余甲烷越多,二氧化碳产量越低,这对于以天然气为原料的化肥厂,还要损失部分尿素产量。所以控制二段炉出口甲烷含量在合成氨生产中至关重要,而二段转化炉出口甲烷含量高的原因主要有:

(1)若一段转化炉出口工艺气温度低或者水碳比过低时,则会导致二段炉出口甲烷含量上升;

(2)若二段转化炉催化剂出现过超温、粉化、水泡等情况时,它的活性就会下降,最终会导致二段转化炉出口甲烷含量上升。

(3)若二段炉催化剂在装填过程中,没有严格按照装填方案和规程进行装填时,造成催化剂装填不均匀而导致工艺气走短路,最终影响二段炉出口甲烷含量上升。

(4)当二段炉顶部燃烧喷嘴有问题时,空气与工艺气混合不均或者偏烧等情况,造成二段炉反应效果不好,也会造成二段炉出口甲烷含量上升。

(5)当二段炉工艺空气量不足时,也会造成二段炉反应温度降低,造成二段炉出口甲烷含量上升。

（四）一段炉火嘴回火的原因分析和处理

因为转化单元的一段转化炉是需要外部供热的，不管是主烧嘴，还是烟道烧嘴、过热烧嘴都要进行点火操作，而在点火过程中要预防火嘴出现回火，所谓烧嘴回火就是指烧嘴燃烧火焰缩回到混合室燃烧的现象。正确的点火操作可以防止出现烧嘴回火事故。

> GCCA003 火嘴回火的原因分析

1. 火嘴回火的原因

（1）在燃烧器喷嘴处流速过低或燃料气中氢气含量高造成造成烧嘴回火。

（2）由于炉膛负压控制不当或烟道风门开度过小造成炉膛呈正压。

（3）由于燃料气压力大幅度波动也容易造成烧嘴回火。

2. 火嘴回火的具体处理方法

（1）及时提高燃料气压力，以增加火嘴的燃烧量；

（2）调节引风机转速或开大烟道风门，增大混合气流速；

（3）稳定燃料气管线的压力。

> GCAD002 空压机跳车后低变处理注意事项

（五）空压机跳车后低变处理注意事项

对于烃类蒸汽转化法工艺，空气压缩机的主要作用就是为二段转化提供工艺空气，所以在正常生产中维护空压机的运行安全至关重要，但是在事故状态下，若空压机异常停车后转化单元的处理就显得尤为重要，尤其是对低温变换炉的影响巨大。所以作为操作人员必须要掌握空压机跳车后低温变换炉的处理注意事项，因为当空气压缩机停车后由于没有空气进入二段转化炉，不能发生燃烧反应，二段炉的温度将会降得过低，从而不能保证高变在正常的操作温度下运行，进而造成高变出口的一氧化碳的含量过高，大量的一氧化碳在低变炉内反应，低变炉的温升过高，会将低温变换催化剂烧坏，所以空气压缩机停车后必须立即切除低变。随着合成氨工业的发展，合成氨装置的各项联锁系统也逐步完善，一般二段炉发生任何联锁低温变换炉也将随之联锁切除，但是在正常生产中若二段炉发生联锁停车后也应该对低温变换炉进行确认检查，是否联锁动作，有些时候联锁没有动作也应及时手动切除低温变换炉。

（六）一段炉引风机故障停车的原因

转化单元的动设备比较少，但是这些动设备却非常重要，它们每台设备出现任何问题都对整套装置影响巨大，尤其是一段炉引风机和鼓风机，任何一台出现故障停车都能造成整套合成氨装置停车。一般情况下造成引风机故障停车的原因主要有：

1. 设备因素故障造成引风机停车

引风机的轴瓦磨损烧坏而抱轴、联轴节或变速箱损坏等原因造成的损坏，必须得经过停车才能进行修复。

2. 仪表故障造成引风机停车

若引风机的调速器失灵、联锁误动作、仪表假指示等仪表故障也容易造成引风机停车。

> GCAD012 引风机故障停车的原因

3. 引风机动力故障造成的停车

对于透平带动的引风机，当驱动蒸汽压力出现剧烈波动时，就可能造成引风机超速跳车；若是电机带动的引风机，出现晃电或者停电、短路等情况都容易引起引风机跳车。

（七）事故处理的原则

在化工生产中突发或异常事故的出现是随机性的，所以能够及时、准确、安全的发现和处理异常工况是每一个化工操作者需要具备的技能。所以对于每一名化工操作人员掌握事故处理的原则是很必要的。

事故处理的主要原则：

（1）各岗位出现事故后一定要统一听从调度指挥，各岗位操作做好相互联系工作；

（2）发现异常现象时必须判明原因，避免误判断造成事故处理扩大化；

当现场出现大量烟雾，巨大声响，无法进行判断时，可以先停车处理，然后再查清原因；停车过程中一定要清楚停车步骤和顺序，防止颠倒顺序造成此生事故。如辅助锅炉停炉的顺序是先停送风机，再停引风机，若是颠倒顺序会引起设备损坏等事故的出现。

（3）各类事故处理应做到设备不超压，机泵不喘振，催化剂不超温，不中毒，不水泡，不氧化，溶液及润滑油不跑损，锅炉不干锅，蒸汽不带水。总之要在处理过程中各个工艺参数不超过设计极限值，做到安全停车。

（八）蒸汽管线水击的原因分析和处理

蒸汽管线水击，是由于蒸汽突然产生冲击力，是管道发生音响和震动的一种现象。输送过热蒸汽和饱和蒸汽的管道，在系统启动和运行时，如果疏水不充分，蒸汽中就会带有凝结水。如果突然开启阀门，携带着凝结水的蒸汽会流动起来，形成波浪，凝结水较多时会形成水堵，水堵被高速蒸汽推动前进，由于水的惯性和不可压缩性，撞击管壁，弯头，阀门等管道附件，引起管道流动的流体压力发生反复的、剧烈的周期性变化，造成压力变化，形成冲击波，冲击管道和阀门，造成管道过大的热应力和水击。

造成水击的原因主要有，一是蒸汽管道送气前未进行暖管或暖管不合格。二是操作不当，投用蒸汽管线时进汽阀门开启过快，开度过大，造成管线受低温介质降温。三是蒸汽管道设计不合理，在末端或低点、死角未设置疏水好排水系统。四是蒸汽管道暖管时升温、升压速率过快，没有严格执行蒸汽管道那关原则。五是蒸汽管道停用后相应疏水没有及时开启或开启过小，在投用过程中疏水不畅导致水击。

蒸汽管线水击后的处理方法主要有；一是蒸汽管道操作过程中，如果产生水击致使管道振动，应及时关小或关闭进汽阀以控制适当暖管速度，并及时开启蒸汽管道导淋阀排放积水。二是如果蒸汽暖管过程中，已经出现严重业绩情况，要立即关闭蒸汽主管界区阀，按照介质走向逐一缓慢开大导淋进行疏水、泄压。同时进行蒸汽管网短时间泄压，避免较大的事故发生。三是发生水击立即排查蒸汽管道沿途低点疏水导淋状态，如果疏水排量较小，必须缓慢调整导淋开度观察疏水情况、如果蒸汽管道内大量积液短时间不能彻底排完，要合理控制相关导淋开度，禁止导淋开的过大造成管道再次剧烈振动。

项目三　部分氧化工艺的高温变换

一、工艺原理

（一）变换反应原理

一氧化碳和水蒸汽作用生成氢气和二氧化碳的反应成称做变换反应。CO 和水蒸气在变换催化剂上化学反应可用下式表示：

$$CO+H_2O \Longleftrightarrow CO_2+H_2$$

变换反应是一个可逆放热的气固相催化反应，反应前后体积无变化。其反应热效应随温度变化而变化。

GBAB001 变换反应的副反应概念

变换气体中除了一氧化碳外，还含有二氧化碳、氢、水、氮等气体。在一定的工艺条件下，可能发生下列副反应：

$$2CO \Longleftrightarrow C+CO_2$$
$$CO+3H_2 \Longleftrightarrow CH_4+H_2O$$
$$3H_2+N_2 \Longleftrightarrow 2NH_3$$

反应（a）是放热和体积缩小的反应，所以降低温度和提高压力会促进共进行，但在200~500℃范围内该反应的速度极慢，因此在大型氨厂变换工序正常的工艺状态下，大量水蒸气和较高的温度可以抑制这一副反应的发生。但应引起操作者注意，过低的水气比是危险的。

所谓的汽/气比是指水蒸汽的体积与原料气体积（干气）的比。高汽/气比和铁铬系催化剂可抑制反应（b）的进行。当催化剂中出现金属铁或磷化铁时，甲烷化反应的速度会大大提高，因此，铁系催化剂不能还原过度。

反应（c）是大家熟知的氨合成反应，主要发生在高温变换过程中，合成率随反应压力的提高而增大。

CBAC004 变换单元生产特点

（二）变换单元生产特点

变换反应的特点是放热、体积不变的化学反应。变换单元存在的介质为高温、高压，易燃、易中毒。在确认变换系统法兰泄漏点时，进入泄漏区域人员需使用隔离式防毒面具，防止一氧化碳中毒。变换系统的管线发生泄漏，确认泄漏位置后必须进行动火分析，分析样合格后才能在周围进行动火作业。

ZBAC006 变换反应的蒸汽来源

（三）变换反应蒸汽的来源

变换系统的主要任务是在催化剂的作用下将气化送来的工艺气中CO经过变换，生成对生产有用的H_2，并回收工艺气中的热量副产部分中低压蒸汽。

德士古激冷流程的气化炉中的工艺气离开气化炉燃烧室进入激冷室，穿过激冷水层洗去气体中大部分碳黑，并饱和了CO变换反应所需要的水蒸汽量，然后进入文丘里、洗涤塔，经洗涤水和工艺冷凝相继洗涤，高温饱和工艺气送往变换工段。

ZBAA004 增湿塔的作用

谢尔流程如图1-3-6所示，气化炉的工艺气在进入变换炉前设置了增湿塔与减湿塔。增湿塔顾名思义就是增加工艺气中的水汽，增加工艺气中的水含量。增湿塔的主要作用是提高工艺气温度、增加反应物、减少蒸汽消耗。增湿塔喷淋水是减湿塔出口、被加热后的水。

ZBAA005 减湿塔的作用

减湿塔顾名思义就是减少工艺气中的水汽，降低工艺气中的水含量。减湿塔的主要作用是降低工艺气温度、加热增湿塔来水、降低工艺气饱和水。在紧急情况下，如果减湿塔液位低，可以补充锅炉水。

（四）变换率

一氧化碳变换反应进行的程度通常用变换率来表示，其计算公式如下：

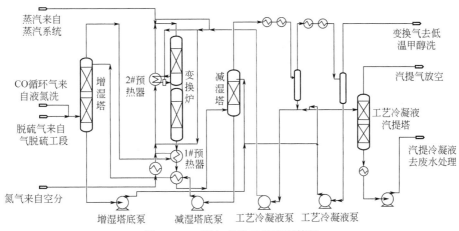

图 1-3-6 谢尔变换工艺流程简图

$$X = (a-a')/a×(1+a')$$

a、a' 为进、出口气体中 CO 的体积分数，X 表示变换率。

导致变换出口一氧化碳含量升高的因素主要有以下几个方面：

(1)变换炉进口温度波动,温度太高或太低都会导致一氧化碳含量升高；

(2)工艺气的汽气比过低；

(3)催化剂活性低,导致反应进行缓慢；

(4)空速过大；适当提高变换炉入口温度,则变换率上升,但随着反应温度的上升而变换率会下降。汽/气比过高或过低都会降低变换率。

变换催化剂变换率下降的原因有：

(1)催化剂活性降低；

(2)变换负荷过高；

(3)汽/气比失调；

(4)换热器泄漏；

(5)催化剂损坏。

变换反应是在一氧化碳和蒸汽作用下进行的,为了获得较高的变换率,必须加入过量的蒸汽,这部分过量的蒸汽经冷却后成为工艺冷凝液,大部分用做激冷水和减湿塔补充水；剩下的工艺冷凝液需要经过变换废水气提塔处理,变换废水气提塔是一个环保塔,它的气提介质是蒸汽。气提塔塔顶的废气含有二氧化碳、一氧化碳等物质排入火炬燃烧,气提塔塔底的冷凝液送往污水处理工段。这部分工艺冷凝液排放流量过大,则系统消耗增加。

> GBAC017 变换工艺冷凝液的处理方法

一氧化碳变换反应是可逆、放热、等体积的反应。要使变换反应快速反应进行,必须达到催化剂的活性温度,在催化剂的活性温度范围内,温度越高,反应越快。但是一氧化碳变换反应是放热反应,降低反应温度有利于提高一氧化碳变换率。所以变换炉催化剂床通常分段设计。第一段变换反应温度高,反应快速进行,变换反应大部分在此完成。然后经冷却进入二段,其反应温度较低,目的在于得到较低的出口一氧化碳浓度,达到较高的变

> GBAC019 变换催化剂床层分段设置的意义

换率。

GBAC018 变换反应热回收途径

变换反应热回收的方式主要有以下几种：

(1)加热入变换炉的工艺气；

(2)加热锅炉上水；

(3)加热增湿塔顶的热水。

JBAC005 变换反应的最适宜反应温度

JCAC004 变换反应的最适宜反应温度

（五）变换催化剂最适宜温度

因为变换反应是一可逆放热反应，所以温度对反应平衡和反应速度是一个矛盾的因素。在一定的催化剂及工艺气组成时，出现最大变换反应速度时的温度，即为变换反应的最适宜温度。变换反应的最适宜温度曲线是随着变换反应的进行而逐渐降低。变换催化剂使用初期，入变换炉工艺气温度应控制在催化剂活性温度范围较低的位置。温度增高对反应平衡不利，温度越高，平衡常数越小，残余 CO 含量越多，变换率越低。由此可见，欲提高 CO 的变换率，降低残余 CO 的含量，必须降低变换反应的温度。但是变换反应温度的降低是有限度的。一是受到变换催化剂起始活性温度的限制，低于催化剂起始活性温度，催化剂不能发挥作用。另一点是变换炉入口气体中水蒸气浓度比较高，因此露点温度也比较高，而变换催化剂是不允许气体中出现冷凝水的。因此，变换温度必须高于气体的露点温度，一般要求高于露点温度 20~30℃。但从反应动力学的角度看，温度提高对反应速度有利，温度高，反应速度大，但温度与变换反应速度也不是直线关系。因为变换反应是一个可逆反应，温度提高不仅可以加大正反应速度，同时也会加大逆反应速度。对于可逆、吸热的化学反应都存在着最适宜温度，温度提高对反应速度有利，温度高，反应速度大，但温度与变换反应速度也不是直线关系。因为变换反应是一个可逆反应，温度提高不仅可以加大正反应速度，同时也会加大逆反应速度。而总反应速度为正逆反应速度之差。在反应物组成不变的前题条件下，总是存在一个总反应速度最大时的温度，称为最适宜温度，但反应物组成是不断变化的，最适宜温度也跟着变化，因此就存在一个最适宜温度线。按照最适宜温度线操作，就可得到最大变换率。

GBCA006 变换催化剂失活原因分析

（六）催化剂

1. 催化剂活性降低的原因及处理方法

变换炉的催化剂使用寿命一般为三年，随着使用，其活性逐渐下降。造成变换催化剂活性降低的原因有：

(1)开停车次数过多，且升降温、升降压速度过快；

(2)催化剂床层进水；

(3)催化剂长时间在高温下运行；

(4)催化剂床层超温；

(5)催化剂中毒等。

GBCB009 变换催化剂失活的处理方法

提高催化剂活性的处理方法：

(1)减少开停车次数，防止冲刷损坏；

(2)开停车时升降温、升降压速率要适当掌握；

(3)催化剂使用中应避免工艺气带水，防止床层发生蒸汽冷凝及进水等现象；

（4）控制变换炉入口温度,一要在保证催化剂活性温度范围内尽量低,随使用时间推移逐渐提高,防止入口温度忽高忽低。因为一般而言,催化剂高温使用后容易失去低温活性;

（5）稳定脱硫单元,防止催化剂硫中毒;

（6）防止催化剂床层超温引起板结产生沟流。

2. 降低变换催化剂老化的方法

正确的使用催化剂可以降低变换催化剂老化。主要包括:

（1）减少开停车次数,防止冲刷损坏。

（2）开停车时升降温、升降压速率要适当掌握。

（3）催化剂使用中应避免工艺气带水,在床层发生蒸汽冷凝及进水等现象。

（4）控制变换炉入口温度。一是要在催化剂活化温度范围内尽量低,随使用时间推移逐渐提高;二是防止入口温度忽高忽低,因为一般而言,催化剂高温使用后容易失去低温活性。

（5）防止催化剂床层超温引起板结产生沟流。

JBAB015 降低变换催化剂老化的方法

JCAB008 降低变换催化剂老化的方法

二、关键设备

一氧化碳变换单元的主要设备是变换炉。一氧化碳变换催化剂按照活性温度不同分为低温变换催化剂、中温变换催化剂和高温变换催化剂,对应的变换炉设备结构也有所不同,其主要部件包括气体入口、气体出口、人孔、催化剂层、催化剂卸料口等。其中典型的低温变换炉结构如下图1-3-7所示,典型的高温变换炉结构如下图图1-3-8所示。

JBBA003 变换炉的结构

JCBA003 变换炉的结构

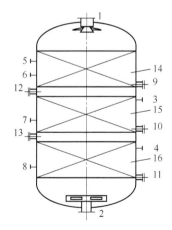

图1-3-7　低温变换炉结构
1—气体入口;2—气体出口;3,4—分析口;
5,6,7,8—热电偶;9,10,11—催化剂卸料口;
12,13—人孔;14,15,16—催化剂层

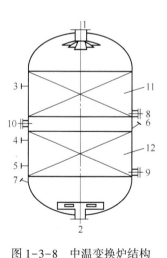

图1-3-8　中温变换炉结构
1—气体入口;2—气体出口;
3,4,5—热电偶接口;6,7—温度计插口;
8,9—催化剂卸料口;10—人孔;11,12—催化剂层

三、正常操作

GBAB015 变换炉热氮升温时的注意事项

（一）变换开车

1. 变换炉热氮升温

GCAB015 低变炉热氮升温时的注意事项

变换催化剂在使用前都需要先升温、还原后才可以进行变换反应。对于重油气化变换炉则使用单独的升温系统对变换进行氮气升温的。在变换的氮气升温过程中都需要注意：

（1）首先确认所用氮气质量合格，不含有能引起变换催化剂中毒的毒物。

（2）其次，引氮气前要对氮气管线进行置换，取样合格后方可缓慢引入氮气到变换炉。

（3）在变换炉升温时，要保证升温系统压力要低，要保证催化剂温度高于此压力下的露点温度20℃以上，防止出现冷凝水泡坏变换催化剂。

（4）最后，要保证变换催化剂升温过程中的氮气循环量足够，保证大气量使变换催化剂床层温度缓慢而均匀上升。

GBCA005 氮气加热器后温度低原因分析

2. 氮气加热器后温度低的原因及处理方法

变换单元设置了氮气加热器，它的主要作用是催化剂升温。使用的是过热蒸汽，经过变换氮气加热器加热后的氮气进入变换炉一床前。变换氮气加热器后温度过低会影响变换催化剂升温速度。造成氮气加热器后温度低的原因有：

（1）空分来氮气温度低；

（2）加热器蒸汽未投用；

（3）蒸汽带水严重；

（4）氮气量过大；

（5）蒸汽量过小。

GCCB008 氮气加热器后温度低的处理方法

处理方法有：

（1）联系空分岗位提高氮气温度；

（2）检查蒸汽加热器投用；

GBCB008 氮气加热器后温度低处理方法

（3）检查蒸汽未带水，冷凝液回水畅通；

（4）适当降低氮气用量；

（5）加大蒸汽用量。

JBAC004 优化变换装置操作的方法

（二）变换正常操作

1. 优化谢尔流程的变换装置

谢尔流程的变换炉分为两段，分别是一段与二段。变换反应是放热反应，出变换炉一段的工艺气温度较高，必须经过换热后才能进入变换炉二段。影响床层温度的因素有：冷凝液（激冷水）雾化效果、变换水循环量、汽/气比。

1）汽气比过大的缺点

（1）水蒸气消耗量多，增加生产成本；

（2）过量的水蒸气稀释了一氧化碳的浓度，反应速度随之降低；

（3）反应气体在催化剂床层停留时间短，变换率降低；

（4）对于低变反应，水汽量过大，易使操作温度接近露点，不利于催化剂保护。

2）一、二段床温波动的原因

造成变换炉一段床温波动的原因：

（1）汽气比失调；

（2）冷凝液雾化不好；

（3）工艺气带水；

（4）工艺气流量波动。

造成变换炉二段床温波动的原因：

（1）二段入口温度波动；

（2）冷凝液雾化不好；

（3）工艺气流量波动。

变换炉一床由于冷凝液雾化不好，造成床层进水而垮温，变换系统应作紧急停车处理。

2. 变换加负荷注意事项

谢尔气化炉的变换单元为提供工艺气中参加变换反应的水蒸汽，设置了增湿塔及补充蒸汽。变换反应后为降低工艺气中的水蒸汽，设置了减湿塔。减湿塔中的冷凝水通过泵送至增湿塔，保持正常的水循环。当变换水循环停止时，变换单元应该紧急停车。

JBAC003 变换单元加负荷的注意事项

变换单元加负荷时，应及时增加变换水循环量。如果水循环量没有加起来，会导致增湿塔塔顶出口工艺气中的蒸汽量下降，造成进变换炉的变换汽/气比降低，严重时造成催化剂超温。变换系统负荷增加后变换废锅产汽量增加。

3. 床层温度波动、超温的危害

ZCCB008 变换催化剂床层温度波动

在生产过程中需保持变换催化剂温度的稳定，避免床层温度的波动造成工况波动。通常影响床层温度波动的原因是：激冷水量波动、蒸汽流量波动、工艺气流量波动。

ZBAC005 变换催化剂床层超温的危害

导气速度过快、汽/气比过低会引起变换炉床层超温，催化剂超温后催化剂活性下降、变换率下降，严重时会导致催化剂板结，工艺气在变换炉内偏流。

ZCAC006 变换催化剂床层超温的危害

4. 变换单元建立水循环

谢尔气化流程变换单元设置了增湿塔、减湿塔。增湿塔的主要作用是提供工艺气中参加变换反应的蒸汽量。减湿塔的主要作用是冷凝工艺气中的蒸汽。变换建立水循环时所用的水是锅炉给水。

GBAB013 变换单元建立水循环的意义

1）变换水循环的主要目的

（1）加入变换反应所需要的水；

（2）减少变换蒸汽消耗；

（3）提高工艺气温度。

2）建立变换水循环的步骤

（1）建立减湿塔液位；

（2）启动减湿塔塔底泵向增湿塔送水；

（3）待增湿塔液位建立后，启动增湿塔塔底泵，向减湿塔送水，变换水循环建立。

GBAB012 变换建立水循环时的注意事项

建立水循环过程中监控液位防止满液或空罐。正常生产时，变换减湿塔塔底备用泵通常采用冷备车。正常生产中，提高增湿塔顶温度，则其出口工艺气中水的饱和度越高。降低变换水循环流量，则增湿塔顶工艺气中水的饱和度降低。

GBAB014 变换单元设置废水汽提塔的意义 为汽提变换工艺冷凝液中的二氧化碳，一氧化碳等物质，变换单元设置了废水汽提塔。废水汽提塔是一个环保塔，汽提介质为蒸汽，塔顶的废气排入火炬燃烧放空，汽提后的废水送废水处理。

（三）变换停车

1. 变换单元停车的分类

变换炉的停车分为临时停车、紧急停车、长期停车。

1）临时停车

临时停车就是设备要进行小修或因事故要短时间的停车。紧急停车就是突发状况下的停车。设备临时停车，根据不同情况操作也不同。如果临时停车可以采用保压的方法保持温度，一般是将进、出口阀关闭。保持水循环运行，但必须控制好增湿塔、减湿塔液位，防止液位过高变换炉催化剂进水。如停电、停蒸汽、油炉停车等，除停蒸汽外，变换炉应立即停蒸汽喷射器，关所有副线、蒸汽、煤气入口阀门和变换气出口阀门，进行系统保压。

JBAD002 引起变换单元紧急停车的因素
JCAD002 引起变换单元紧急停车的因素

2）紧急停车

渣油部分氧化或天然气转化流程引起变换单元紧急停车的因素有：

（1）爆炸或着火；

（2）工艺气大量泄漏，无法维持正常生产；

（3）断水，断电，断仪表空气，DCS 故障；

（4）原料气带水严重或过氧以及突发性的总硫超标；

（5）前生产单元紧急停车。谢尔流程变换炉一床冷凝液雾化不好，造成床层进水而垮温，变换系统应作紧急停车处理。

3）长期停车

长期停车，就是设备需要进行大修和更换催化剂，这种停车大部分是单系统停车。如果长期停车必须将水循环停运，并将增湿塔、脱湿塔中积水排净，防止变换炉催化剂进水。合成氨与制氢的生产是连续化的，有很多管道和设备需要停下更换和检修，每年只有一次全停检修时间。

长期停车不更换催化剂的情况下，需要通入氮气将催化剂降至常温，控制降温速率小于 $30℃/h$，降温完毕后，进、出口加盲板，系统充氮气进行保护。

GBAD003 废水汽提塔停车方法
2. 变换单元废水汽提塔停车的步骤

气化炉停车时，废水汽提塔停车步骤如下：

（1）通知相关单元停送含甲醇废水及返回水；

（2）停塔底输送泵；

（3）停汽提蒸汽；

（4）排塔注意不得形成负压；

（5）通入氮气置换。

3. 变换停车

变换系统的停车分为临时停车和长期停车。如果临时停车可以采用保压的方法保持温度，一般是将进、出口阀关闭。保持水循环运行，但必须控制好增湿塔、脱湿塔液位，防止液位过高变换炉催化剂进水。如果长期停车必须将水循环停运，并将增湿塔、脱湿塔中积水排净,防止变换炉催化剂进水。

长期停车不更换催化剂的情况下,需要通入氮气将催化剂降至常温,控制降温速率小于 30℃/h,降温完毕后,进、出口加盲板,系统充氮气进行保护。

变换催化剂使用氮气降温的同时也是置换过程。在变换催化剂温度尚未下降时,如果降低变换压力会造成变换水泵汽蚀。泄压时要注意泄压速率小于 0.1MPa/min,控制降温速率小于 30℃/h。降温完毕后,系统充氮气进行保护。

GBAD005 变换催化剂停车后保护方法
GCAD005 变换催化剂停车后的保护方法
GBAD004 变换催化剂的降温注意事项
GCAD004 变换催化剂降温注意事项

四、异常处理

(一)变换废锅产汽量少的处理方法

变换废锅是利用变换炉的余热与透平冷凝液副产低压蒸汽。变换废锅产汽量少原因有:

(1)透平冷凝液流量低;

(2)变换负荷低,工艺气温度低。

处理方法有:

(1)增加透平冷凝液流量;

(2)提高变换负荷,提高入废锅前的工艺气温度。

JBCB007 变换废锅产汽量少的处理方法

(二)变换汽/气比失调的处理方法

提高汽/气比有利于变换反应的进行,但随着水蒸汽的增加,变换率不再增加,从经济角度出发,再保证变换率的前提下,尽可能减少蒸汽的用量。对于变换反应来说,汽气比过大的缺点有:

JBCB008 变换炉气汽比失调的处理方法

(1)水蒸气消耗量多,增加生产成本;

(2)过量的水蒸气稀释了一氧化碳的浓度,反应速度随之降低;

(3)反应气体在催化剂床层停留时间短,变换率降低;

(4)对于低变反应,水汽量过大,易使操作温度接近露点,不利于催化剂保护。

(三)工艺冷凝液流量偏大的处理

未参加变换反应的蒸汽随工艺气逐步分离冷却变为工艺冷凝液,作为工艺用水,一部分用作变换激冷水和减湿塔补充水;剩下的工艺冷凝液经气提后,送水处理。变换设置废水气提塔的目的利用蒸汽气提变换工艺冷凝液中的二氧化碳,一氧化碳等物质,气提后的废水送废水处理。变换工艺冷凝液排放流量过大,则系统消耗增加。变换工艺冷凝液排放流量过大,可以通过适当增加变换激冷水流量来减少。

GBCB007 工艺冷凝液流量偏大处理方法

(四)变换出口 CO 含量的优化控制

不管是高温变换还是低温变换,它们的作用就是将转化气中的 CO 含量降低到规定范围内,从而保证后系统催化剂的安全,并且增加合成氨的产量。因此必须控制好变换出口CO 的含量,在实际生产中引起变换出口 CO 含量升高的原因主要有:

JCCA001 变换出口CO含量升高的原因分析

(1)装置负荷过高或者加负荷太快;

(2)变换炉入口的汽气比控制太低;

(3)变换炉入口温度过低;

(4)变换催化剂寿命到期、变换催化剂超温或者水泡造成粉化,活性下降;

（5）转化原料气中 CO、CO_2 含量突然大幅度升高；

（6）变换催化剂填不均匀、粉化等催化剂问题。当变换出口 CO 含量升高时，通过上述分析原因逐个进行排除，通过针对的优化措施从而保证变换出口的 CO 含量控制在指标范围内。

项目四　烃类蒸汽转化法的高、低温变换

一、工艺原理

CCAC004 变换反应的特点

CO 和水蒸气在变换催化剂上化学反应可用下式表示：

$$CO+H_2O \Longrightarrow CO_2+H_2$$

变换反应是一个可逆放热的气固相催化反应，反应前后体积无变化。其反应热效应随温度变化而变化。

GCAB001 变换反应副反应的概念

烃类或煤的转化气体中除了一氧化碳外，还含有二氧化碳、氢、水、氮等气体。在一定的工艺条件下，可能发生下列副反应：

$$2CO \Longrightarrow C+CO_2$$
$$CO+3H_2 \Longrightarrow CH_4+H_2O$$
$$CO+2H_2 \Longrightarrow CH_3OH$$
$$3H_2+N_2 \Longrightarrow 2NH_3$$

反应（a）是放热和体积缩小的反应，所以降低温度和提高压力会促进共进行，但在 $200 \sim 500℃$ 范围内该反应的速度极慢，因此在大型氨厂变换工序正常的工艺状态下，大量水蒸气和较高的温度可以抑制这一副反应的发生。但应引起操作者注意，过低的水气比是危险的。

高水碳比（水气比）和铁铬系催化剂可抑制反应（b）的进行。当触媒中出现金属铁或磷化铁时，甲烷化反应的速度会大大提高，因此，铁系触媒不能还原过度。

反应（c）主要发生在低温变换过程中，低温变换采用铜系触媒。铜触媒对甲醇合成反应有催化作用，并随压力提高而加剧。在 $2.5 \sim 3.0MPa$ 的变换压力下，低温变换气体中约含有甲醇几百毫升每立方米。

反应（d）是大家熟知的氨合成反应，主要发生在高温变换过程中，合成率随反应压力的提高而增大。在 $2.5 \sim 3.0MPa$ 变换压力下，变换气中的氨浓度常可达到几百毫升每立方米。

GCAC018 变换工艺冷凝液处理方法

GCAB014 设置中压气提塔的意义

反应（a）和（b）在变换工序正常的工艺条件下发生的可能性很小，但反应（c）和（d）是无法完全抑制的。反应副产物 CH_3OH、氨等使工艺冷凝液受到污染。在烃类蒸汽转化法制氨工艺装置中通常设置中压汽提塔对变换冷凝液进行处理，中压汽提塔作为一个环保装置。它的作用主要是通过中压蒸汽汽提出变换工艺冷凝液中的 NH_3、CH_3OH、H_2、CO_2 等气体加入一段转化炉工艺蒸汽中，而处理过的工艺冷凝液可以回收到循环水装置再次利用，不但环保而且还能节能减排，所以对于降低合成氨厂的生产成本及清洁生产意义重大。

二、变换催化剂

CCAD002 催化剂的作用

一氧化碳变换催化剂的种类很多,按照活性组分可以分为铁系、铜系、钴钼系等类;按照活性温度分为高温和低温两类。催化剂的作用主要是在化学反应里能改变反应物化学反应速率(既能提高也能降低)而不改变化学平衡,催化剂与反应物发生化学作用,改变了反应途径,降低了反应的活化能,从而提高反应速率。铁铬系高温变换催化剂的活性组分是 Fe_3O_4,促进剂为 Cr_2O_3,另外还有少量氧化钾、氧化钠等碱性氧化物。助催化剂也叫促进剂,它本身无催化剂活性,但能提高催化剂的活性、稳定性和选择性。助催化剂为铝、铬、镁、钛、钙等金属的氧化物。例如高变催化剂促进剂 Cr_2O_3 的作用是可以抑制四氧化三铁晶体长大,增加堆比重和比表面,使催化剂有较好的耐热性和较长的寿命。催化剂的寿命指催化剂的有效使用期限,是催化剂的重要性质之一。催化剂在使用过程中,效率会逐渐下降,影响催化过程的进行。例如因催化活性或催化剂选择性下降,以及因催化剂粉碎而引起床层压力降增加等,均导致生产过程的经济效益降低,甚至无法正常运行。

CCAC014 催化剂促进剂的作用
CCAC030 催化剂寿命的概念
GBAA006 变换催化剂的组成

(一)高变催化剂

铁铬系高温变换催化剂的活性组分是 Fe_3O_4,助催化剂是 Cr_2O_3,另外还含有少量 K_2O、Na_2O 等碱性氧化物。因活性组分和助催化剂的含量不同,以及制造方法和工艺上的差异,各种牌号的铁铬系高变催化剂的性能存在较大差别。

GCAA006 高温变换催化剂的组成

新高变催化剂的制备一般以硫酸亚铁为原料,虽然在制造过程中已经清除了绝大部分硫酸根,但在成品催化剂中仍有含量不等的残余硫,因此,投用前应将催化剂中的硫逐出,否则将使低变催化剂发生硫中毒。这种操作称为高变催化剂的放硫。高变催化剂放硫的目的主要是高变催化剂为铁系催化剂,在制造过程中催化剂含有一定量的硫化物,在还原时以硫化氢的形式释放出来,而硫化氢是低变、甲烷化及合成催化剂的毒物。因此新的高变催化剂在还原后还要进行放硫,在高于正常操作温度的条件下,使催化剂中的硫化物彻底释放出去。

GCAB023 新高变催化剂放硫目的

(二)低变催化剂及还原

低变催化剂的主要成份是氧化铜和氧化锌,因加入不同的助催化剂可分为铜锌铝系和铜锌铬系。低变催化剂的活性组分是单质铜,纯铜加热到一定反应温度,就会因烧结而减少其活性表面积,因此加入氧化锌,氧化铝或氧化铬能起到载体作用,以保持铜微晶体的活性表面积。加入少量氧化钠起到结构促进剂的作用,可进一步改善催化剂的活性和热稳定性。

CCAC021 低变催化剂组成

(三)空速的相关知识

在化学工业上,空速是指:单位时间(一般以小时为单位)里通过单位质量(或体积)催化剂的反应物的质量(或体积),它反映了装置的处理能力。

空速有两种表达形式,一种是体积空速,另一种是质量空速。允许空速越高表示催化剂活性越高,装置处理能力越大。但是,空速不能无限提高。对于给定的装置,进料量增加时空速增大,空速大意味着单位时间里通过催化剂的原料多,原料在催化剂上的停留时间短,反应深度浅。相反,空速小意味着反应时间长,降低空速对于提高反应的转化率是有利的。但是,较低的空速意味着在相同处理量的情况下需要的催化剂数量较多,反应器体积较大,在经济上是不合理的。所以,工业上空速的选择要根据装置的投资、催化剂的活性、原料性质、产品要求等各方面综合确定。

三、变换单元优化

变换单元的主要作用就是将二段转化炉反应后的转化气中的一氧化碳变换成二氧化碳，一方面增加了合成氨原料氢气的量，另一方面去除了一氧化碳从而保证了后系统触媒的安全。变换单元一般都采用高温变换串联低温变换进行设置，从而保证将变换单元出口的工艺气中 CO 含量降低到 0.35% 以下。变换系统的优化主要有开车过程中的优化和装置正常运行中的优化两种。变换单元优化的好坏直接影响后系统甲烷化单元的运行安全、合成氨的产量以及变换触媒的寿命长短等等。

JCAB007 优化变换单元开车操作的方法

（一）开车过程中变换单元的优化

（1）为了节省开车时间，当公用工程运行正常后，可以优先对低温变换触媒进行独立循环升温和还原，从而缩短整个装置的开车时间。

（2）变换催化剂升温的优化。变换单元催化剂升温有两种方法，一种是低温变换催化剂单独循环升温，另外一种是高温变换触媒和低温变换触媒串联随转化触媒一起进行升温。但是不管哪种升温，都要严格执行操作规程控制变换触媒升温的速率，并且严格控制升温系统压力，保证低温变换入口温度要高于系统压力下 20℃，以防止出现冷凝水泡坏低变触媒。

（3）高变触媒还原的优化。高温变换触媒的放硫和还原是同时进行的，需要注意的是高变触媒温度要在随转化单元大氮循环、蒸汽升温时逐步升至 350℃ 以上，当一段转化炉投料后，高变触媒随着一起放硫还原，注意控制高变触媒床层热点温度小于 460℃，根据高变床层温度的变换，通过对高变出口各组分和硫含量进行分析，当高温变换炉出口的 CO 和硫含量达到指标后，高变催化剂放硫和还原结束。

（4）低变触媒还原的优化。低温变换触媒还原必须建立独立的氮气循环系统进行配氢还原，必须注意低变触媒各床层温度按照升温曲线升温到 170~180℃，触媒还原氮气循环量以及循环系统压力都要严格执行操作规程，在整个触媒配氢还原过程中要严格控制低变触媒床层热点温度小于 235℃，及时做好排水工作，严格监控好配氢浓度和分析指标，当配氢量加之 25%~30% 时，低变进出口氢含量一致，触媒各床层都经历温升后，低变触媒还原结束，应单独隔离保护。

（5）当高温变换炉和低温变换炉联入系统后，应根据负荷和出口 CO 量及时调节变换入口的汽气比，从而保证足够的变换率，对于新装入的变换触媒，要将变换入口温度控制到规定温度下限，延长触媒使用寿命。

（6）通过优化变换单元各换热器的水量、蒸汽量等来控制高温变换和低温变换炉的入口温度正常，并且能够合理回收变换热量，提高变化率。

（7）在确保高温变换炉出口各项指标合格后，应及时将变换气倒入脱碳系统，从而缩短开车时间。

（8）脱碳系统导气结束后，各项工艺指标合格以及工况调整平稳后，及时将低温变换炉联入工艺系统时，应严格控制并入时间，避免过早或过快投入系统。

JCAC003 优化变换装置操作的方法

（二）正常运行时变换单元的优化

（1）优化控制变换炉入口温度。高温变换炉的入口温度主要通过废热锅炉以及高温变换入口工艺气减温水进行调节,保证高变入口温度在370℃左右,而低温变换炉的入口温度则主要根据锅炉给水换热器旁路进行控制,一般控制温度在190~200℃。

（2）优化控制变换炉触媒床层温度。变换单元正常运行过程中,高温变换触媒床层热点温度控制要小于

（3）优化控制变换炉入口汽气比。高温变换炉和低温变换炉的汽气比的控制主要通过一段转化炉加入的水碳比和二段炉加入的工艺空气进行控制,在一定负荷下,根据实际情况在一段炉或者二段炉进行变换的汽气比的调节,从而优化到最佳状态。

（4）优化控制系统负荷。当前系统加负荷后,一定要注意变换炉的触媒床层温度的变化以及出口CO的含量变换,通过入口温度和汽气比控制变换触媒床层温度和出口CO含量在控制指标范围内。

（5）系统压力的控制。在装置正常运行过程中,保证蒸汽管网的稳定和工艺系统压力的稳定都是稳定变换单元变换率的保证。

（6）变换出口CO含量的优化控制。

四、变换单元异常处理

（一）高温变换炉出口CO含量上升原因分析

烃类蒸汽转化工艺流程中在二段转化炉后设置高温变换炉和低温变换炉,其目的是为了将转化气中的一氧化碳进行变换,一方面将低变出口的CO含量降低到0.35%左右,从而保证甲烷化炉的安全运行;另一方面还可以增加合成氨的原料H_2和合成尿素的原料CO_2量。所以在装置正常运行时,控制变换出口CO的含量是保证后系统正常运行和增加氨产量的重要措施。而造成高温变换炉出口CO含量上升的因素具体有。

1. 温度的影响

高变入口工艺气温度太低,会使高变催化剂起始活性温度不足,造成催化剂不能发挥作用从而导致出口CO含量升高;由于变换反应是可逆放热反应,当反应温度达到变换最适宜温度后,随着反应温度逐步越高,而平衡常数越小,出口的CO就越高,所以当高变催化剂床层温度控制的太高或者高变入口工艺气温度太高,就会造成高变出口CO含量升高。

2. 水气比的影响

由变换反应原理可知,工艺气中的水蒸汽含量增多,无论从反应平衡或反应速度来说,都有利于CO的变换,并且提高水气比可以抑制结碳和甲烷化副反应的发生,因此高变入口水气比控制不能太低,否则不利于CO的变换,就会造成高变出口CO的含量升高。

3. 催化剂因素的影响

催化剂对变换反应的速度影响很大,所以高变催化剂活性的高低对变换反应的顺利进行以及出口CO的含量都有很大的影响。其中硫、磷、砷、氯以及氰化氢都可能使高变催化剂发生中毒,使催化剂活性下降或失去活性从而导致高变出口CO含量上升;其次高变催化剂老化或进水造成催化剂粉化也能导致其活性下降或丧失,从而造成高变出口CO含量升高;最后高变催化剂床层温度如果发生超温烧结等情况时也会造成高变出口CO含量升高。

4. 系统因素的影响

如果转化系统加负荷过快或系统压力、温度大幅度波动时会直接或间接造成变换反应

CCCA016 高变炉出口CO含量上升原因分析

ZCCA003 高变出口CO含量升高的原因分析

不好,从而造成高变出口 CO 含量升高。

5. 其他因素的影响

催化剂床层特别是其顶部出现积灰现象,积灰成分主要是镍、硅、钠及碳黑等物质,积灰的主要来源来自二段炉催化剂镍的挥发通过形成气态的氢氧化镍和一二段炉催化剂粉末等,这些积灰都带入高变催化剂层造成高变催化剂床层阻力上升从而引起高变出口 CO 含量升高。

（二）变换率降低的原因及处理方法

变换单元的作用就是将变换后气体中残余 CO 含量越低,有效氢的产量越高,原料烃的利用率越高。CO 变换工段的任务就是最大可能地提高 CO 变换率。在正常生产运行中当变换单元出现变换率降低的问题时,具体的原因分析和处理方法是:

GBCA009 变换率下降的原因
GCCA009 变换率降低的原因

1. 变换率降低的原因分析

(1)变换催化剂活性降低或者损坏。当变换催化剂在运行过程中因为水泡、中毒、粉化等造成活性降低时,就会造成变换率降低;

(2)变换负荷过高;当生产负荷太高时,造成转化气中 CO 含量过高,从而造成变换单元出口 CO 含量上升,变换率降低;

(3)汽/气比失调;由变换反应原理可知,作为反应物的水蒸气量越低,则会影响变换反应向生成二氧化碳和氢气的方向进行,从而造成变换率降低;

(4)变换段间换热器泄漏;由于高低变前后都设置有锅炉水换热器,当换热器出现泄漏时,会造成高压锅炉水进入变换催化剂层,造成催化剂水泡活性下降从而影响变化率下降。

GBCB012 变换率下降处理方法
GCCB012 变换率下降的处理方法

2. 造成变换单元变换率下降的处理方法

(1)当变换催化剂出现活性下降或者损坏的时,根据具体情况降负荷运行,若是催化剂活性下降太厉害或者损坏则停车更换催化剂;

(2)当变换负荷过高影响变换率降低时,应降低变换负荷;

(3)当汽/气比失调造成变换率降低时,则通过水碳比或者二段炉工艺空气中的蒸汽量来调节变换的汽/气比,从而保证变换率;

(4)当变换段间换热器出现泄漏时,应及时停车进行检修处理,避免造成催化剂损坏。

GCCA006 变换催化剂失活的原因分析

（三）变换催化剂失活的原因分析

1. 高温变换催化剂

在一氧化碳变换反应中,催化剂失活的主要因素是催化剂中毒和衰老。

(1)催化剂的中毒在变换生产中,催化剂的中毒主要是由原料气中的硫化物引起的,使其活性下降,其反应如下:

$$Fe_3O_4 + 3H_2S + H_2 \longrightarrow 3FeS + 4H_2O + Q$$

由于 CO 变换时将大部分的有机硫转化为硫化氢,从而使催化剂受大量硫化氢毒害,不过,该反应是一个可逆放热反应,属于暂时性中毒,当增大水蒸气用量、降低原料气中硫化氢的含量时,催化剂的活性即能逐渐恢复。但是,这种暂时性中毒如果反复进行也会引起催化剂微晶结构发生变化,导致活性下降。原料气中的灰尘及水蒸气中的无机盐等物质,均会使催化剂的活性显著下降而造成永久性中毒。

(2)催化剂的衰老催化剂的衰老是促使催化剂活性下降的一个重要因素。所谓衰老,是指催化剂经过长期使用后活性逐渐下降的现象。

使催化剂衰老的原因有：

（1）长期处于高温下，逐渐变质；

（2）温度波动大，使催化剂过热或熔融；

（3）气流不断冲刷，破坏了催化剂表面状态。

2. 低温变换催化剂

低温变换催化剂对毒物十分敏感。引起催化剂中毒或活性降低的物质有冷凝水、硫化物和氯化物。

变换系统气体中含有大量水蒸气，为避免冷凝水的出现，低变温度一定要高于该条件下气体的露点温度。因为冷凝水将直接损害催化剂强度，引起催化剂破碎或粉化，导致催化剂床层阻力增大，同时，冷凝水极易变成稀氨水与铜微晶形成铜氨络合物。冷凝水造成的催化剂失活是永久的，无法再生。硫化物主要来自原料气和中变催化剂的"放硫"，它能与低变催化剂中的铜微晶、氧化锌反应，使低温变换催化剂永久中毒。当催化剂硫含量达 1.1% 时，催化剂就基本失去了活性。所以必须对原料气精细脱硫，使硫化氢含量小于 $0.3mL/m^3$，并保证"放硫"安全。一般低变炉上部装有氧化锌，用来进一步脱硫。氯化物是对低变催化剂危害最大的毒物，当催化剂中氯含量达到 0.01% 时，就明显中毒；当氯含量为 0.1% 时，催化剂的活性基本丧失。大多数氯化物主要来源于工艺蒸汽或冷激用的冷凝水，为了保护催化剂，要求水蒸气中氯含量小于 $0.01mL/m^3$。

项目五　气体净化（甲醇洗、液氮洗）

一、工艺原理

（一）甲醇洗工艺原理

从变换单元来的变换气中除含有大量 H_2、N_2 及 CO_2 外，同时含有少量的 H_2S 和 COS 等硫化物，还含有 CO、CH_4、Ar 及饱和水分等。含氧化合物及含硫化合物是氨合成催化剂的毒物气体在进入合成工序之前，必须将它们脱除干净。在甲醇洗单元后采用低温液氮洗脱除 CO、CH_4 等，为防止 CO_2 与水分等冻结成固体堵塞管道和设备，也必须将它们脱除干净。另外，通过甲醇洗单元从净化气中分离出大量高浓度的 CO_2，可作为生产尿素的原料。

GBAB002 吸收率概念

GCAB002 吸收率的概念

1. 酸性气体吸收原理

吸收是一种分离气体混合物的单元操作。它根据气体混合物中各组分在某种溶剂中溶解度的不同而进行分离。在气体吸收操作中所用的溶剂称为吸收剂，用 S 表示；气体中能溶于溶剂的组分称为溶质（或吸收质），用 A 表示；基本上不溶于溶剂的组分称为惰性气体，用 B 表示。惰性气体可以是一种或多种组分。吸收效果的好坏可用吸收率来表示，在气体吸收过程中吸收质被吸收的量与其在惰性气体中的含量之比称为吸收率。吸收率是用来鉴定吸收效果好坏的指标，吸收率越高吸收效果越好。

吸收率的计算公式为：

$$吸收率\ \eta = \frac{物质被吸收的量}{吸收质被吸收的量} \times 100\%$$

化工生产中有时还需要将溶质从吸收后的溶液中分离出来,这种使溶质与吸收剂分离的操作称为解吸或脱吸。解吸是吸收操作的逆过程,通过解吸可以使溶质气体得到回收,并使吸收剂得以再生循环使用。

吸收操作通常有以下几种分类方法:

(1)按过程有无化学反应分为两类:

① 物理吸收。吸收过程中溶质与吸收剂之间不发生明显的化学反应,如用甲醇吸收二氧化碳等。

② 化学吸收。吸收过程中溶质与吸收剂之间有显著的化学反应,如用碱液吸收二氧化碳等。

(2)按被吸收的组分数目分为两类:

① 单组分吸收。吸收时混合气体中只有一个组分(溶质)进入液相,如用碱液吸收合成氨原料气中的二氧化碳,其他组分的溶解度极小,可视为单组分吸收。

② 多组分吸收。吸收时混合气体中油多个组分进入液相,如用甲醇吸收硫化氢和二氧化碳,用吸油吸收焦炉煤气中的苯、甲苯等。

(3)按吸收过程有无温度变化分为两类:

① 非等温吸收。气体溶解于液体中,常常伴随着溶解热的放出;当有化学反应时,还会放出反应热,其结果是随着吸收过程的进行,液相温度会逐渐升高,如用水吸收氯化氢气体制取盐酸等。

② 等温吸收。若吸收过程的热效应较小、溶质在混合气体中的浓度较低或溶剂用量较大时,液相温度升高并不显著,可视为等温吸收。

(4)按吸收过程的操作压强分为常压吸收和压吸收。当操作压强增大时,溶质在吸收剂中的溶解度将随之增加。

用来合成氨或制氢的原料气,经过脱硫、一氧化碳变换后仍然含有二氧化碳、一氧化碳和各种形式的硫化物,这些酸性气体杂质的多少,依气化的原料和采用的净化工艺不同而异。脱除二氧化碳的方法较多,基本上可分为物理吸收法和化学吸收法。物理吸收法是靠某种能吸收二氧化碳的溶剂与气体接触,从而脱除气体中的二氧化碳。物理吸收法中既有历史悠久的水洗法,也有近三十多年来发展起来的有机溶剂物理吸收法,如甲醇洗法、碳酸丙烯酯法。另一类是化学吸收法,使气体中的二氧化碳和吸收剂进行化学反应从而达到清除的目的。常用的有热减法和乙醇胺法。清除微量的二氧化碳的方法主要是碱洗法、氨洗法和甲烷化法。

用于吸收 CO_2 和 H_2S 等酸性气体最适宜的溶剂为极性液体,因为极性液体可溶解酸性气体,而对 H_2、N_2 等非极性组分则溶解很少。最常用的物理吸收有高压水洗法,N-甲基吡咯烷酮法(Purisol 法)及 20 世纪 70 年代后期所采用的低温甲醇洗法。化学吸收法脱除酸性气体是利用酸性气体能和溶于水中的碱性化合物或碱性溶剂反应实现的。在化学吸收法中,乙醇胺法和热钾碱法(K_2CO_3)是目前应用最广的方法。

甲醇洗是一种物理吸收法，它是利用气体组分在溶液中的溶解度不同而进行的。低温甲醇洗首先可将净化气中的 CO_2、H_2O 及 H_2S 等硫化物脱除到规定含量，以达到后序工序液氮洗和氨合成工序的生产要求，其次可回收副产品 CO_2，用于尿素生产。低温甲醇洗在合成氨装置中的作用是除去对催化剂有毒性且对设备管道有腐蚀性的硫化氢及各类有机硫，除去会对液氮洗造成危害并使合成催化剂暂时中毒的二氧化碳，使工艺气中残存的二氧化碳降到规定的指标以下，同时通过甲醇减压解吸来回收二氧化碳供尿素装置使用。影响甲醇吸收的因素主要有气流速度、喷淋密度、吸收温度、吸收压力和吸收剂纯度等因素。

GBAB003 低温甲醇脱硫脱碳的意义

GBAC014 影响甲醇吸收的因素

从变换气中清除酸性气体主要采用的方法为吸收法，吸收法的基本特点都是利用各种组分在某种溶液中的溶解度不同而进行的，其它中的酸性气体同时或分部被溶剂选择性地吸收，然后在提高温度和降低压力的情况下，使酸性气体从溶液中分部释出来。

CBAC019 处理酸性气体方法

2. 低温甲醇洗脱除硫化氢和二氧化碳

一般制得的合成气及制氢的原料气中，都含有不同数量的硫化物。这些硫化物中绝大部分是以无机硫即硫化氢（H_2S）的形式存在的，其余少量的则为有机硫。在有机硫中 90% 是硫氧化碳（COS），其次是二硫化碳（CS_2），硫醇（RSH）和噻吩（C_4H_4S）等。虽然原料气中硫含量很少，但其危害是很大的，它的存在会增加气体对金属设备和管道的腐蚀，并且会使加压蒸汽转化镍催化剂和各种净化催化剂中毒，所以必须预先进行脱除。

脱硫的方法很多，一般可分为干法脱硫和湿法脱硫两大类。干法脱硫是以固体吸收剂为脱硫剂，湿法脱硫是以液体吸收剂作为脱硫剂。干法脱硫的优点是脱硫效率高，但只有当原料气中硫含量较低时才能应用，缺点是设备庞大且生产过程不易实现连续化，所以在合成氨及制氢生产中，干法脱硫已逐渐被湿法脱硫所取代。

湿法脱硫按溶液的吸收与再生性质，又可分为氧化法、化学吸收法和物理吸收法三类。氧化法是借助溶液中载氧体的催化作用，把被吸收的硫化氢氧化成硫磺，然后用空气氧化载体使溶液获得再生，氧化法主要有氨水催化法、坤碱法、蒽醌二磺酸钠法和改良砷碱法（即G-V）等。化学吸收法脱除硫化氢以弱碱溶液为吸收剂，吸收剂与硫化氢进行化学反应生成硫的化合物，当富液温度升高、压力降低时，硫化物即能分解，使硫化氢放出，这类方法包含油烷基醇胺法（MEA、DEA、TEA）、碱性溶液法等。物理吸收法常用有机溶剂作为吸收剂，其吸收完全是物理过程，当富液压力降低时硫化氢即能放出。如低温甲醇洗、聚乙二醇二甲醚法等。

ZBAC010 脱硫塔分段吸收的原理

低温甲醇洗装置是采用低温甲醇来吸收变换后工艺气中的酸性气体，获得较高纯度的氢气以及尿素装置所需的合格二氧化碳。甲醇循环利用，采用低温高压吸收酸性气体，然后减压、闪蒸和浓缩，再进行加热再生。甲醇对二氧化碳、硫化氢、硫氧化碳等酸性气体有较大的溶解能力，而氢、氮、甲烷、一氧化碳等气体在甲醇中的溶解很少。在同样条件下，硫化氢在甲醇中的溶解度比二氧化碳的溶解度大得多，硫化氢的溶解度是二氧化碳溶解度的5~6倍，利用吸收了硫化氢后的甲醇继续吸收二氧化碳，使硫化氢和二氧化碳在吸收塔中进行分段吸收，实现一步法脱硫脱碳。

在合成气净化工艺中，有两种典型的低温甲醇洗流程，即两步法脱除硫化氢和和一步法脱除硫化氢。两步法主要适用于变换采用不耐硫催化剂的场合，此时在变换之前必须先脱硫，变换之后再脱除 CO_2，因此形成前后两步。此流程有两个吸收塔，第一吸收塔主要进行脱硫，第二吸收塔主要进行脱碳。前工序送来的原料气首先喷入少量甲醇，再经过预冷器、氨冷器冷却至吸收温度再送入第一个吸收塔进行脱硫。喷入甲醇的目的是为了防止水分在通道和换热器内冻结，含水甲醇可通过下游的精馏塔再进行回收。从第一吸收塔塔顶流出的气体经预冷器换热后送变换工序，由变换工序返回的变换气再经预冷器、氨冷器冷却后再进入第二吸收塔脱碳。从第一吸收塔塔底出来的含硫化氢富液经闪蒸后进入硫化氢再生塔，通过再沸器加热使甲醇得到再生。再生后的贫液冷却后从二氧化碳再生塔经气提再生的溶剂一起送往第二吸收塔顶部。从二氧化碳再生塔经气提后的半贫液送往第二吸收塔的下部。在第二吸收塔吸收了二氧化碳的富液，由塔底流出进入二氧化碳再生塔，用氮气气提再生，塔顶排出的净化气经换热后送往后工序。经二氧化碳再生塔上部闪蒸后的溶剂用泵打到第一吸收塔进行脱硫。

ZBAC017 一步法脱硫脱碳的特点

ZBAC018 两步法脱硫脱碳的特点

以重油或煤为原料制得的合成气常含有大量的硫化氢、有机硫、二氧化碳等杂质，如不采用废锅而采用激冷流程，则必须先经过高温耐硫变换，然后才可脱硫及脱 CO_2，因此形成一步法同时脱除硫化氢和 CO_2 的低温甲醇洗流程。

在一步法脱硫脱碳过程中甲醇吸收硫化氢时所放出的溶解热会被甲醇中二氧化碳解吸放出的冷量所补偿，所以甲醇洗涤塔脱硫段的温度升高不明显。与一步法脱硫脱碳不同，两步法脱硫脱碳的合成氨工艺采用的是耐硫的变换催化剂，采用先脱硫后变换再脱碳的流程设置。

CBAA001 低温甲醇脱硫原理

甲醇在低温（$-57\sim-9℃$），高压（7.8MPa）的条件下，H_2S，有机硫化物在甲醇中的溶解度高，甲醇对其有较高的吸收能力，而对原料气的组分（如 CO、H_2 等）有较低的溶解度，从而达到物理吸收脱硫的目的。再通过中间压力解吸，溶解度小的组分再次解吸出来，吸收的含硫甲醇通过加热再生将 H_2S 气体，有机硫化物从甲醇内脱除，排放至火炬。

重油（天然气）不完全氧化法合成氨工艺中硫的脱除一般设置在变换后的低温甲醇洗单元，高压、低温条件下的甲醇是可以吸收二氧化碳、硫化氢、硫氧化碳等极性气体，对二氧化碳、硫化氢、硫氧化碳等酸性气体有较大的溶解度。而对氢气、氮气、一氧化碳的溶解度很小，因此通过低温甲醇装置来净化合成气。

CBAC024 脱硫单元出口硫含量高的控制方法

正常生产中，低温甲醇洗单元出口硫含量过高，可以通过调整低温甲醇洗单元的吸收压力、吸收温度、甲醇吸收塔回流量、甲醇循环量等措施进行控制。二氧化碳洗吸收塔压力越高、温度越低、甲醇洗涤量越大，甲醇对硫化氢等酸性气体吸收效果最好。

CBAA002 低温甲醇脱碳原理

低温甲醇吸收酸性气体，以及甲醇减压再生、解吸回收二氧化碳，主要是利用了各种气体在甲醇中的溶解度不同。在操作条件发生变化，酸性气体在甲醇中的溶解度也会发生很大变化。

CBAC005 甲醇洗单元生产特点

3. 甲醇洗单元生产特点

1）优点

（1）甲醇在低温（$-57\sim-9℃$），高压（7.8MPa）的条件下，对 CO、H_2S 有较高的溶解度，而对剩余组分（如 CO、H_2 等）有溶解度较低，也就是说甲醇作为吸收剂对被吸收的气体有较高的选择性。甲醇洗脱除 CO_2，H_2S 有净化度高的特点，经甲醇洗后出单元的净化气达到 $CO_2<20cm^3/m^3$，$H_2S\leq1cm^3/m^3$ 的要求。在低温下，黏度低，流动性好，可降低流动过程压

力降,提高吸收塔的塔板效率;

(2)甲醇来源充足,便宜易得;

(3)再生时热量消耗少,动力消耗低,操作费用也低。

2)缺点

(1)甲醇毒性大,易燃、易爆、易中毒,误饮了甲醇,轻者可致伤眼睛,错乱神经,若甲醇量超过 $3mg/cm^3$ 即可致死人命,甲醇在空气中的允许浓度为 $50mg/cm^3$;

(2)由于甲醇再低温、高压下操作,所需要的设备材质要好;

(3)要求动、静设备的密封要严,不得有泄漏。

(二)液氮洗工艺原理

1.液氮吸收工艺原理

液氮洗单元同甲醇洗单元都是利用溶液吸收的原理,利用液氮在洗涤塔内把 CO、CH_4 等杂质吸收到液氮中,从而达到净化的目的。这一过程未发生化学反应,属于物理吸收过程,同时根据合成单元的需要将净化气中的 H_2/N_2 比调到 3∶1 送往氨合成单元。在净化气进入洗涤塔之前要通过分子筛吸附器除去微量的二氧化碳和甲醇。

低温液氮洗净化合成气与低温甲醇洗洗涤酸性气体相配合,可以明显提高装置的经济性。在液氮洗涤过程中,不经可以将 CO 脱除到 $<8mg/m^3$,同时还可将 CH_4、Ar 脱除到 $10mg/m^3$ 以下,因此,合成系统可以不排放或少排放为期,提高合成率降低消耗。

经过一氧化碳变换、甲醇洗脱碳、脱硫后的工艺气,仍含有少量的 CO 和 CO_2,为防止它们对合成催化剂的毒害,原料气送往合成工序之前,还需要进一步净化来脱除 CO。目前在合成氨工业中广泛应用的脱除 CO 的方法主要有三种:铜氨液吸收法、甲烷化法和液氮洗涤法。对于甲醇洗之后原料气中残存的 CO_2、CH_3OH 等高沸点杂质,可经分子筛吸附除去,消除它们在低温下冻结对深冷设备的影响。原料气经过分子筛处理后,再用液氮洗涤装置脱除原料气中的 CO。

液氮洗涤法是在深冷条件下,利用 CO 沸点比氮高,以及溶解于液体氮的特性,在液氮洗涤塔内使 CO 冷凝在液相中而一部分液氮蒸发到气相中,从而将 CO 从气相中脱除的气体净化方法。低温液氮洗装置利用低温液氮,在洗涤塔内把 CO、CH_4 等杂质和少量的氩气吸收到液氮中,从而使工艺气得到净化,同时将净化气中 H_2/N_2 比调到 3∶1 送往合成工序。这一过程未发生化学反应,属于物理吸收过程,每洗涤 1kg 一氧化碳馏分会有 1kg 液氮被蒸发。采用液氮洗装置的合成系统,通常惰性气体排放量很少,甚至没有排放。在液氮洗涤装置中,一般每吨合成氨需液氮量为 700 标准立方米。

由于液氮洗涤塔是在气、液相逆流接触状态下操作的,压力对液氮洗涤塔吸收效果影响较大。所以,塔的进气速率有变化,抽氢、抽合成气频繁加减量,都会造成压力的波动。为了减小压力波动,合成单元需要根据系统压力高低,及时调节合成气压缩机转速或气化炉相应加减系统压力。液氮洗涤塔气相出口温度应严格控制,控制方式为依据负荷来调节洗涤氮量、粗配氮量和尾气的调节阀,调节液氮洗涤塔气相出口温度在−190℃左右。

液氮洗涤塔塔底液位应控制在 50%～70%,液位随进料负荷、洗涤氮量变化而变化,所以在操作中应注意控制进料量的变化一定要缓慢,当进料量增加或减少时,洗涤氮量也一定要随之增加或减少。操作过程中,应注意控制液位防止液位过低,防止液位空造成高压向低

ZBAA008 液氮洗涤一氧化碳的原理

压窜气使低压设备超压。同时要防止液位过高产生液泛，影响正常生产。

2. 液氮洗分子筛

ZBAC019 CO₂
对氮洗的危害

进液氮洗的原料气中还含有少量的甲醇和CO_2，液氮洗装置的操作温度低于二氧化碳和甲醇的冰点，因此在冷箱深冷条件下甲醇和CO_2可能会冻结在换热器通道上，使流动阻力增加，影响传热效果甚至造成换热器通道堵塞，严重时需要停车解冻，所以这部分物质对液氮洗装置是有害的，在原料气进入冷箱前必须预先脱除。液氮洗装置的操作温度远低于二氧化碳的冰点，所以原料气在进入液氮洗冷箱前必须将残留的二氧化碳脱除，否则在冷箱深冷条件下CO_2会冻结在换热器通道上，使流动阻力增加，影响传热效果甚至造成通道堵塞，严重时需要停车解冻。

脱除微量CO_2的方法有多种，但在甲醇洗出口清除CO_2以分子筛吸附法为最佳，这是因为吸附法可以同时将微量CO_2和微量的甲醇一并脱除，从而使流程大大简化，且CO_2和甲醇含量极微，所需分子筛吸附剂量少，运行费用低。另外，分子筛吸附剂容易再生，可以保证连续生产。

1）分子筛吸附原理

ZCAA006 分子
筛吸附原理

ZBAA006 氮洗
分子筛的吸附
原理

分子筛吸附法的基本原理是利用多孔性的固体吸附剂处理气体混合物，使其中所含一种或多种组分被吸附于固体表面上，以达到分离的目的。吸附分为物理吸附和化学吸附。吸附过程伴有吸附质与吸附剂之间发生化学作用，这种吸附过程称为化学吸附；吸附质与吸附剂之间不发生化学作用的吸附过程称为物理吸附。分子筛吸附过程不需要活化能，吸附时不涉及到微观电子的转移，依靠的也不是分子间化学键形成时的作用力，吸附速率不是由气体浓度控制而是受操作条件、体系性质和被吸附气体组成等因素的影响，所以吸附过程属于物理吸附。

ZCAA007 分子
筛的再生原理

ZBAA007 氮洗
分子筛的再生
原理

液氮洗涤装置使用的分子筛多采用极性分子筛因而对极性分子具有很强的亲和力，但强度有限，所以装填时需要考虑下降高度。分子筛使用一段时间后必须进行再生才能获得持续的吸附性能，使用时间过长将使吸附前沿上移突破吸附剂床层，造成出口气体中二氧化碳含量上升。分子筛的再生和吸附是逆向进行的，分子筛再生通常采用提高温度和降低压力两种方法，使吸附质从分子筛上脱除下来从而使分子筛得到再生。分子筛的吸附是可逆的过程，吸收与解吸正好是相反的过程，不利于吸收的因素均有利于解吸，吸收和解吸。分子筛吸附时吸附速率大于吸附质离开吸附剂的速率，分子筛解吸时吸附质离开吸附剂的速率大于吸附速率。分子筛的解吸的极限受操作条件、体系性质和被吸附的气体组成等因素影响，而不完全取决于再生时间和再生气的流量。分子筛再生的程度受再生条件限制，降低压力和提高温度均有利于分子筛的解吸再生。

2）液氮洗分子筛的装填

ZBAD015 分子
筛的充填注意
事项

ZCAD013 分子
筛的充填注意
事项

分子筛吸附剂有强烈的吸水性，与水接触能产生热量甚至可以把水加热至沸点，所以要避免和皮肤接触，特别是不能放嘴里或溅到眼睛里。分子筛装填前必须做好作业人员的安全防护，在充填过程中需要带好手套、口罩、防护眼罩并配备空气呼吸器。进入分子筛吸附器内作业，必须办理进塔入罐许可证，按照受限空间作业管理，不允许单人进入作业。分子筛充填前必须保持密封，并有氮气保护。分子筛装填时要做好防雨防潮、轻拿轻放、严格控制下料的高度、禁止踩踏。

分子筛装填不充实、切换时程控阀开关过快、再生温度过高和再生气带水等原因都会造成分子筛吸附能力下降,甚至缩短氮洗分子筛使用寿命。

ZCCA008 分子筛吸附能力下降的原因分析

3)液氮洗分子筛指标控制

从低温甲醇洗工序送来的原料气中含有 CO、CH_4、Ar、N_2 及微量的 CO_2 与甲醇蒸汽,氢气在93%左右。原料气首先经分子筛吸附器除去微量的 CO_2 和甲醇蒸汽,然后进入冷箱内板式换热器换热后,使原料气温度降到规定值。为防止 CO_2 在冷箱内工艺气通道冻结,必须严格控制分子筛出口的 CO_2 含量。甲醇洗出口 CO_2 指标超标、在线分子筛被击穿、分子筛再生不彻底就投用,前系统工况波动等原因,都会造成氮洗分子筛后二氧化碳含量高。

ZBCA008 氮洗分子筛后二氧化碳含量高的原因分析

分子筛出口 CO_2 微量指标超标必须及时进行处理。如果离线分子筛具备投用条件,立即切换,不具备投用条件,立即切除冷箱。待离线分子筛具备投用条件,切换完毕,分析合格,再投用冷箱。

ZBCB013 氮洗分子筛后二氧化碳含量高的处理方法

4)液氮洗分子筛的切换

CBAB022 氮洗分子筛切换的意义

因为液氮洗分子筛在常温时吸附能力很小,低温时才有很强的吸附能力,一台分子筛长时间使用后分子筛吸附达到饱和状态,此时很容易使 CO_2 或 CH_3OH 没有完全被吸附下来而进入冷箱内设备,时间长了将堵塞板式换热器造成装置停车,所以两台分子筛通过:卸压、常温 N_2 预热、加热 N_2 加热、常温 N_2 预冷、均压、工艺气冷却、切换并投入运行这七步相互切换运行,达到装置稳定运行的目的。

3.液氮洗单元生产的特点

CBAC006 液氮洗单元生产特点

液氮洗单元在低温和较高压力条件下进行操作,日常生产主要有以下几个特点:

(1)工艺过程为高压低温,液氮洗涤塔的操作温度为 -190~-173℃,操作压力 2.1~8.4MPa。

(2)脱除了 CO 等杂质的溶液无须再生,这就使得氮洗工艺比较简单。

(3)采用了高效率的板式换热器,几种物流的通道组成一组换热器,减少了设备台数,而且换热效果好。

(4)正常生产无需外界补偿冷损。

(5)对原料气中的 CO_2、H_2O、CH_3OH 等杂质采用分子筛吸附,吸附器的吸附和再生周期性切换,采用程序控制。

(6)送往合成单元的精制气,其氢氮比例调节采取了液氮洗冷箱内低温调节为主、冷箱外常温调节为辅的原则来控制氢氮比例。

(7)为加速开车速度、缩短开工周期,开车时由空分直接送液氮提供开车过程中的冷量。

二、关键设备

(一)液氮洗设置一氧化碳泵的意义

CBAB014 液氮洗设置液态一氧化碳泵的意义

液氮洗装置设置一氧化碳泵可以将液氮洗装置脱除下来的液体一氧化碳进行回收,经过泵增压后送回变换装置入口,增加一部分合成氨的有效气产量。同时由于液体一氧化碳温度较低,还可以回收一部分冷量。

CBAD012 液体
一氧化碳泵停车
处理注意事项

（二）液体一氧化碳泵停车处理注意事项

液氮洗涤装置液体一氧化碳泵是离心泵，在正常停车时应当及时关闭出口阀，防止出口单向阀失效后导致倒液。液体一氧化碳泵停车后应及时调整装置负荷，调整氮洗塔洗涤氮量，并控制板式换热器温度在正常范围内，防止调整处理不及时造成冷箱内板式换热器过冷。

三、正常操作

（一）甲醇洗单元正常操作

ZBCB011 工艺
气分离器液位
高的处理方法

1. 甲醇洗单元工艺流程

1）甲醇洗原料气中 H_2S/CO_2 的脱除

来自变换工序的工艺气在进入甲醇洗装置之前要经过气液分离，分离出的变换冷凝液回收利用。进甲醇洗单元的变换工艺气温度过高，会使其带入甲醇系统的液体含量大，从而使工艺气分离器液位上升。工艺气带液、分离器无法排液、液位假指示以及除氨喷淋水量过大等原因都会导致甲醇洗单元入口工艺气分离器液位高。液位高应及时进行处置，紧急情况下短期内可按照操作规程切就地排放。

由变换工序来的原料气首先喷入甲醇，以降低冰点防止水分在换热器内冻结。此气体在原料气冷却器中被冷的合成气、尾气和二氧化碳气冷却至规定温度，而后进入水分离器中使甲醇水混合物与原料气进行分离，分离后原料气进入到甲醇洗涤塔中用甲醇进行洗涤。

变换工序来的原料气中含有一定的水分，为防止变换器经原料气冷却气器冷却后结冰，在原料气冷却器前喷入甲醇，形成甲醇和水的混合物，从而降低了水的冰点。甲醇、水混合物在水分离罐中分离出来，送至甲醇/水分离塔进行分离，然后回收其中的甲醇。

ZBAC009 工艺
气带水对甲醇
洗单元的危害

进甲醇洗单元工艺气带水可能造成甲醇洗单元甲醇中水含量上升，洗涤塔洗涤能力下降，系统温度上升，严重时可能会堵塞工艺气冷却器通道导致停车。为了减少甲醇水精馏塔塔底的甲醇含量，降低甲醇损耗并减少废水处理的成本，甲醇洗装置在停甲醇水精馏塔时应当最后停塔底再沸器蒸汽。

CBAC020 甲醇
中注入工艺气
的作用

CBAA012 喷淋
甲醇的作用

变换工艺气进入低温甲醇洗甲醇/水分离罐前先进行降温操作，利用低温甲醇洗装置洗涤后的工艺气、二氧化碳解吸塔出口低温的的 CO_2 及液氮洗送来的低温工艺气将变换气温度降低至0℃以下，变换器直接进入换热器被冷却后，变换器所带的饱和水蒸气就会凝结而析出水，水结冰将堵塞设备及管道。所以进入该换热器前喷入部分甲醇，而甲醇的冰点很低，这样在换热器内会形成甲醇/水溶液，其冰点低许多，这样可避免冷却后达凝固点而固化堵塞气体通道。进甲醇洗的变换气中加入喷淋甲醇的作用是防止原料气中的饱和水蒸气在冷却器中凝结而析出水，水在低温下结冰堵塞换热器及管道，甲醇洗通常采用喷淋甲醇的方法，在原料气进入甲醇洗之前喷入部分甲醇，甲醇的冰点很低，这样形成的甲醇水溶液其冰点要比水的冰点低许多，这样可以避免冷却后达到凝固点而固化堵塞气体通道。

从变换来的原料气中含有一定的水分，为防止变换气经原料气冷却后结冰，在原料气冷却器前注射喷淋甲醇，形成甲醇和水的混合物，从而降低了水的冰点。甲醇、水混合物在水分离罐中分离出来，送至甲醇/水分离塔进行分离，然后回收其中的甲醇。

在甲醇洗涤塔的上部,二氧化碳被低温的贫甲醇脱除至小于规定值。在塔的下部,硫化氢和硫氧化碳被吸收至小于规定值,塔中吸收二氧化碳的溶解热通过换热器带走。由于二氧化碳在甲醇中的溶解度比硫化氢的溶解度小,因此在甲醇洗涤塔二氧化碳脱除段的甲醇量要比李华清脱除段的流量大,二氧化碳脱除段剩余的甲醇从塔的中部采出。甲醇洗涤塔顶部合格的原料气以规定的低温进入液氮洗单元。

甲醇洗涤塔底部出来的含有硫化氢的甲醇在二氧化碳/甲醇换热器和第二富甲醇冷却器中被冷的二氧化碳和甲醇冷却;之后,此股甲醇在含硫甲醇闪蒸罐中膨胀降压,将溶解的氢气释放出来,释放出的溶解气通过循环气压缩机压缩后循环回变换气入口。甲醇洗涤塔中含有二氧化碳的富甲醇与合成气富甲醇换热器换热后,进入无硫甲醇闪蒸罐中膨胀降压,释放出的溶解气与上部分溶解气一起进入循环气压缩机入口进行回收。

> CBAB012 回收脱碳闪蒸气的意义

回收甲醇洗脱碳闪蒸气的意义在于闪蒸气中的主要成分是一氧化碳和氢气,出甲醇洗涤塔的甲醇中含有部分溶解的一氧化碳的氢气,经过甲醇闪蒸罐的闪蒸分离后得到一部分脱碳闪蒸汽,将闪蒸气回收后送回甲醇洗单元入口处可以回收利用闪蒸气中的氢气成分,同时还能为甲醇系统节约冷量。

2)甲醇洗单元二氧化碳解吸

甲醇洗单元二氧化碳的减压解吸是在解吸塔内完成的。解吸出来的二氧化碳的甲醇主要有三个部分。

(1)来自无硫甲醇闪蒸罐底部的甲醇溶液减压后,送二氧化碳解吸塔顶部,闪蒸解吸出所溶解的大部分二氧化碳,得到二氧化碳含量大于98%的气体。闪蒸后的甲醇一部分作为下塔的回流液,另一部分作为硫化氢浓缩塔的回流液。

(2)来自含硫甲醇闪蒸罐底部的含有硫化氢和二氧化碳的甲醇溶液,减压后送至二氧化碳解吸塔的中部,解吸出一部分二氧化碳和少量的硫化氢。这部分含硫的二氧化碳被二氧化碳解吸塔上段来的甲醇再次吸收后,合格的二氧化碳从塔顶送出。

(3)从硫化氢浓缩塔上段抽出的部分甲醇经换热和减压闪蒸后进入二氧化碳解吸塔的下部,进一步减压后解吸出一部分二氧化碳。

从二氧化碳解吸塔顶部出来的二氧化碳产品在二氧化碳/甲醇换热器和原料气冷却器回收冷量后送出甲醇洗单元。

> ZBAC015 甲醇单元减压操作控制要点

在低温甲醇洗单元,富甲醇溶液在减压和加热的条件下可以将溶解的气体液解吸出,使甲醇得到再生。甲醇再生时采用分级减压膨胀的方法,进行中压减压闪蒸,目的是回收氢及一氧化碳。控制适当的再生压力再进行低压闪蒸,大量的二氧化碳也解吸

> ZBAC016 甲醇单元设置多次减压的意义

出来,但硫化氢仍留在溶液中。最后采用减压、气提、蒸馏的方法使硫化氢解吸出来。甲醇洗设置多次减压的意义是减少设备投资、减少有效气消耗和保证甲醇再生效果。甲醇单元减压操作过程中一定要严格控制操作幅度,保证压力和压差在指标范围内,减压操作要同时兼顾各塔、罐液位的变化,防止造成系统紊乱。

3)H_2S浓缩

从二氧化碳解吸中部出来的甲醇通过压差进入到硫化氢浓缩塔中部,从二氧化碳解吸底部出来的甲醇进入硫化氢浓缩塔的下塔。在硫化氢浓缩塔下部用氮气对溶解在甲醇中的二氧化碳进行气提,降低甲醇中二氧化碳的分压,进一步解吸甲醇溶液中的二氧化碳,同时

使溶解在甲醇中的硫化氢被浓缩。从硫化氢浓缩塔顶排出的含有二氧化碳和氮气的尾气经原料气换热器回收冷量后送二氧化碳回收装置进一步处理。

GBAC025 气提氮气的作用

在硫化氢浓缩塔内，通入气提氮气的主要作用是降低了 CO_2 气体气相组分的分压，增大了解吸过称的推动力，从而使甲醇中残留的二氧化碳得到比较彻底的解吸，减少冷量损失并保证甲醇再生效果。气提氮在有限范围内越大越好，若气提氮量过大则会造成尾气中硫化氢超标，所以气提氮量必须严格控制在指标范围内。

GBAC022 甲醇中注入工艺气的操作要点

从变换来的原料气中含有一定的水分，为防止变换气经原料气冷却后结冰，在原料气冷却器前注射甲醇，形成甲醇和水的混合物，从而降低了水的冰点。甲醇、水混合物在水分离罐中分离出来，送至甲醇/水分离塔进行分离，然后回收其中的甲醇。甲醇中注入工艺气的目的是循环甲醇中的铁、镍等金属，使甲醇和工艺气中的一氧化碳反应生成可溶性的羰基铁和羰基镍，从而防止其在换热器中和硫反应，生成硫化物沉淀，堵塞换热器，注入的位置一般选择在泵的出口。

4）甲醇的再生

从硫化氢浓缩塔底部出来的富含硫化氢的甲醇经换热和加压后送甲醇热再生塔，在热再生塔塔底再沸器内，用蒸汽加热甲醇溶液，靠自身蒸发的甲醇蒸汽进行气提，使甲醇中溶解的二氧化碳和硫化氢完全解吸出来，与部分甲醇蒸汽一同从塔顶引出，在回流冷却器中使大部分的甲醇蒸汽冷凝下来经回流罐送甲醇再生塔作为一部分回流液。

甲醇中注入工艺气的目的是循环甲醇中的铁、镍等金属，使甲醇和工艺气中的一氧化碳反应生成可溶性的羰基铁和羰基镍，从而防止其在换热器中和硫反应，生成硫化物沉淀，堵塞换热器，注入的位置一般选择在泵的出口。

CBAC018 控制甲醇中机械杂质的意义

ZBAC014 甲醇中机械杂质的控制要点

甲醇循环的甲醇输送依靠泵加压或设备间的压差进行，由于设备腐蚀等因素，循环甲醇中夹杂着一定的机械杂质，因此在泵的进口均设置了过滤网，在缠绕式换热器入口也设置了滤网。甲醇洗中机械杂质主要含有气化带来的碳黑、金属杂质和汽提氮带来的分子筛等物质。如果循环甲醇中夹杂的杂质过多，即可能造成过滤网堵塞，甲醇循环中断。

为保证甲醇的吸收效果，甲醇中的杂质必须严格控制，除了严格控制水含量还要严格控制甲醇中的机械杂质。甲醇系统中的杂质主要有从变化单元带入的催化剂粉末、从液氮洗单元带入的分子筛、从气化单元带入的碳黑等，各类机械杂质并不会随着工艺气带出甲醇系统而是会蓄积，长时间未清理则可能导致换热器及各塔塔板的堵塞，泵的堵塞造成泵出口压力低或打不动液等现象，所以要及时清理机械杂质防止事故的发生。

GBAC021 酸性气体的处理途径

热再生塔底部的再生甲醇分为两部分，一部分经过换热回收热量后通过压差进行贫甲醇储槽，另一部分送甲醇水精馏塔进一步处理。在低温甲醇洗装置，溶解在甲醇中残余的 CO_2 和 H_2S 等酸性气体采取低压氮气提与加热蒸馏的方法，在硫化氢浓缩塔和甲醇热再生塔内使酸性气体其得到完全的解吸。甲醇热再生塔和甲醇/水精馏塔再生出来的酸性气体还含有部分甲醇，为减少甲醇损耗需将酸性气中的甲醇回收后才能送出系统，酸性气体可以送火炬燃烧也可以送锅炉做燃料。

5）甲醇水分离

从甲醇水分离器来的含有甲醇水混合物的冷凝液，在回流冷却器中被加热后进入甲醇水精馏塔进行处理。在甲醇水精馏塔内,通过蒸汽再沸器进行加热,利用精馏原理使甲醇和水得到分离。分离出的甲醇送回甲醇再生塔,塔底废水送污水处理单元。从塔顶出来的一部分酸性气与甲醇热再生塔顶部出来的含硫化氢的酸性气与甲醇热再生塔顶部的酸性气一并回收。

甲醇脱水的原理是利用沸点不同来对甲醇和水进行分离。由于甲醇的沸点比水的沸点低得,甲醇是易挥发组分,粗甲醇进入甲醇/水蒸馏塔后将塔顶最低温度控制为纯甲醇的饱和温度,这时甲醇将由液态转化为气态从蒸馏塔的塔顶蒸出,水则进入塔底,达到分离的目的。

CBAB017 甲醇脱水的原理

由于甲醇的沸点比水的沸点低得多,甲醇是易挥发组分,粗甲醇进入甲醇/水蒸馏塔后将塔顶最低温度控制为精甲醇的饱和温度,这时甲醇将由液态转化为气态从蒸馏塔的塔顶蒸出,水则进入塔底排出,达到分离的目的。

CBAC017 甲醇脱水的方法

甲醇洗单元日常生产中,要严格控制系统水含量,甲醇中水含量持续上升,在优化甲醇水精馏塔操作的同时,要取样分析是否有甲醇循环水冷却器内漏或甲醇水精馏塔再沸器内漏。再沸器发生轻微内漏,应及时降低再沸器液位,增大换热面积,降低入口蒸汽压力,减小压差。关闭再沸器回水阀,在回水阀导淋处配临时管线进行就地排放。再沸器运行效果差或内漏、外漏等原因影响正常生产时应及时进行切换。

造成甲醇水精馏塔排放废水中甲醇含量高的原因主要有进塔物料量过大、塔内甲醇含量过高、蒸汽压力过低流量过小及疏水器排液不畅通等原因造成塔底温度过低、精馏塔压力波动大、换热器换热效果不好、塔底液位过高以及分析误差等原因。

GBCA011 甲醇水精馏塔排放废水中甲醇含量高的原因分析

甲醇水精馏塔排放废水中甲醇含量高,应及时分析原因并采取措施处理正常。蒸汽压力低流量过小应及时调整蒸汽调节阀开度,全开蒸汽调节阀的前后截止阀并联系提高蒸汽压力;疏水器不畅通应及时处理正常;适当减少入塔物料量;稳定再生塔的压力;降低塔底液位;换热器换热效果不好应及时排气处理正常;联系化验室重新分析取样。

GBCB014 甲醇水精馏塔排放废水中甲醇含量高的处理方法

甲醇水分离系统工况不好会造成甲醇损耗量增大。甲醇洗单元导致甲醇损失的地方主要有气提氮放空带出系统、酸性气体带出系统、甲醇水精馏塔塔底废水带出系统以及甲醇随工艺气带出。甲醇洗单元各塔、罐液位低必须及时进行补充,甲醇损耗大应及时查明原因并处理。

GBAC024 影响甲醇消耗的因素

甲醇洗装置甲醇消耗消耗量过大应及时分析并处理。常见的影响甲醇消耗的因素有随工艺气带出系统、气提氮放空带出系统、酸性气带出系统和甲醇水精馏塔塔底废水含量不合格导致甲醇损耗量过大。

为确保甲醇洗装置甲醇洗涤塔出口 CO_2 指标合格,应及时调整吸收的甲醇中水含量在正常范围内。甲醇洗装置再生的贫甲醇中水含量高,首先应联系变换单元加强控制,减少带水量;控制热再生塔操作压力稳定,蒸汽压力低应联系适当提高再沸器蒸汽压力,及时排出不凝气;检查热再生塔调节阀、截止阀开度,控制热再生塔运行稳定,确保甲醇脱水效果。

GBAC016 甲醇脱水操作的控制要点

影响精馏塔操作的因素有回流比、进料组成、精馏温度、进料量、精馏压力和精馏塔高度及塔板效率。

GBAC015 影响精馏塔操作的因素

在甲醇水精馏塔压力恒定的前提下，由于甲醇的沸点比水的沸点低得多，甲醇是易挥发组分，塔顶最低温度是纯甲醇的饱和温度。若温度升高，说明甲醇中混有难挥发组分。

> GCAC015 影响精馏塔操作的因素
> CBAC021 甲醇水精馏塔操作注意事项
> CBAA005 引甲醇的条件

2. 甲醇洗开车操作

（1）开车准备已完成，引甲醇的条件已具备。确认甲醇洗系统置换合格、确认水、电、仪正常运行，甲醇储罐有足够甲醇、系统内各导淋关闭，甲醇洗高压、中压、低压系统充压合格、冷冻单元已经具备送冷氨条件。

（2）引入气提氮：打开汽提氮截止阀前导淋，置换汽提氮管线；打开送甲醇洗汽提氮截止阀；联系空分岗位缓慢送出汽提氮至需要流量；调整汽提氮冷却器，降低进入汽提塔汽提氮温度。

（3）系统氮气置换和充压：空分送出合格的低压氮，开始低压系统置换。分别对低压系统的各塔、罐进行单只置换。当氮压机运行正常后，开始高压系统置换。分别对高压系统的各塔、罐进行氮气置换。高低压系统氮气置换合格后继续充氮，控制充压速率，将各塔、罐充压至建立甲醇循环所需的压力。

> ZBAB021 建立甲醇循环的要点

（4）甲醇灌装：甲醇由界区外送至本单元甲醇储罐，用甲醇储罐泵经甲醇补充管线送至 H_2S 浓缩塔，使塔底液位达到规定值，并向热再生塔送甲醇。当 H_2S 浓缩塔塔底液位达到规定值后，启动富甲醇泵，将甲醇送至热再生塔，当塔底液面达到规定值后将甲醇压至甲醇收集槽。当甲醇收集槽液面达到规定值后启动贫甲醇泵，将甲醇送至甲醇洗涤塔，并使塔底液位达到规定值。当甲醇进入甲醇洗涤塔塔顶，当各液位上升后分别进入 CO_2 循环气闪蒸罐和 H_2S 循环气闪蒸罐。CO_2 循环气闪蒸罐和 H_2S 循环气闪蒸罐内的甲醇，用高压氮气压至 CO_2 塔的上、中部，而闪蒸汽排至 H_2S 浓缩塔上、中部。当 CO_2 塔内甲醇依靠压差压至 H_2S 浓缩塔中部，液位达到要求后，启动第一富甲醇泵将甲醇送至甲醇闪蒸器。当液位达到要求后，启动第二富甲醇泵将甲醇送至 CO_2 塔底部。当 CO_2 塔底部液位达到要求后，将甲醇排至 H_2S 浓缩塔底部。控制各塔与各分离器、换热器之间氮气压力和液面，调整操作，并投入自动，让甲醇在系统形成循环闭合稳定流动。

> CBAB009 冷甲醇泵开车时注意事项

甲醇洗单元建甲醇循环，开甲醇泵时应注意以下几个方面：

① 开泵前准备：确认油位正常，泵体排放阀关；投用密封甲醇，保证液位正常，投用冷却水，保证冷却水畅通；确认泵入口阀开，并投用密封介质；确认泵冷却充分，并排气；充分盘车，无卡涩后送电；开最小回流阀。

② 确认甲醇泵体、电动机及安全系统均投入运行，确认泵进口管线及泵体排放阀、泵排气阀关闭，泵进、出口压力表安装好并投用。缓慢打开进口阀、泵排气阀排气、盘车，确认排气完毕后关闭泵排气阀、电动机送电，泵进口罐液位正常，打开泵出口最小流量阀、冷机阀，盘车后启动电动机。

③ 开泵并外送：启动泵并检查泵出入口压力及电流；运行正常后逐渐打开泵出口阀，外送甲醇；根据要求开中抽阀。

（5）系统冷却：联系氨冷冻单元甲醇氨冷器准备引氨，确认甲醇洗单元与氨冷冻单元气氨管线联通阀打开，逐渐调整氨冷器液氨阀开度。合理分配甲醇循环量，使冷量均匀分布到整个系统。

甲醇吸收 CO_2 时要放出溶解热,随着温度升高,CO_2 在甲醇中的溶解度降低,当温度高到一定程度时就会造成塔顶净化气中的 CO_2 超标,因此,要将甲醇液引出进行中间换热,由氨冷器及时移走溶解热,保证甲醇的温度不超标。低温甲醇洗是在高压和低温条件下运行的,甲醇洗单元循环甲醇温度高会造成甲醇吸收能力下降,必须及时分析判断和处理。造成低温甲醇洗单元循环甲醇温度高的常见原因有:生产负荷过大,氨冷器换热效果不好,氨冰机运转情况不好,二氧化碳吸收塔循环气气阻,循环水温度高等。

CBAB013 氨冷器中液氨水含量高对甲醇洗的影响

甲醇洗单元氨冷器制冷是利用液氨在蒸发器中吸收制冷对象的热量,从而达到制冷降温的目的。在氨冷器中,液氨从底部进入氨冷器从顶部蒸发成氨蒸汽,如果液氨中水含量较高会对蒸发速率有较大的影响,会影响甲醇洗系统的温度,从而影响甲醇对二氧化碳的吸收。为保证甲醇的冷却效果,必须对进入氨冷器中液氨的水含量和油含量进行严格控制。

甲醇洗单元冷量来源除了氨冷器液氨蒸发时产生的冷冻量,还有高压富含 CO_2 的甲醇液减压闪蒸所产生的冷量以及液氮洗装置送来的富余冷量和水冷器的冷量。

GBAC023 甲醇洗单元的冷量来源途径

低温甲醇洗单元流程长,主要设备是塔器,系统开车操作主要包括开车准备、系统氮气置换、甲醇灌装、系统冷却、甲醇热再生塔投用、引变换气和向下游单元送气等步骤。甲醇洗单元循环建立后应进行甲醇的冷却,冷量的来源主要包括氨冷器液氨蒸发时产生的冷冻量、高压富含 CO_2 的甲醇液减压闪蒸所产生的冷量和液氮洗装置送来的富余冷量。

CBAC023 甲醇洗单元冷量来源途径

甲醇单元系统冷却应注意控制以下几点:

① 甲醇循环量运行正常,且循环量为设计值的 90%;

② 氨冷器系统运行正常;

③ 氨冷器投用正常且液位在 60%;

④ 确认甲醇洗所使用的换热器管程、壳程顶部无气体排出;

⑤ 水冷器投用正常;

⑥ 甲醇循环建立后联系质检分析甲醇中水含量合格。

CBAB018 甲醇降温过程中的注意事项

(6)投用甲醇热再生塔:甲醇冷凝器投循环冷却水,硫化氢馏分氨冷器充氨,硫化氢馏分换热器投入运行,投用甲醇热再生塔再沸器,引蒸汽进行升温。当甲醇热再生塔顶部气液分离器液位达到规定值后,启动热再生塔回流泵甲醇回流。

甲醇热再生塔操作应注意以下几点:

(1)稳定甲醇循环,适当减少循环甲醇量;

(2)适当降低甲醇闪蒸塔压力;

(3)在工艺范围内调整甲醇闪蒸塔和热再生塔液位;

(4)稳定甲醇热再生塔压力;

(5)适当提高甲醇热再生塔温度。

CBAC022 热再生塔操作注意事项

投用甲醇热再生塔再沸器应注意以下几个方面:

(1)甲醇洗的热再生塔投用前要检查各阀门关闭,将蒸汽进再沸器前导淋打开,对管线排冷凝液暖管;

(2)将再沸器疏水器阀后管线打开,对管线进行暖管;

CBAB007 投用甲醇热再生塔再沸器的注意事项

（3）再沸器蒸汽管线导淋排尽冷凝液，有蒸汽排除后关闭导淋，全开蒸汽切断阀门，用调节阀调节蒸汽用量。

（4）引变换气进本单元和系统调整：要求进入洗涤塔的各点甲醇温度已低于-20℃。投用喷淋甲醇，降低冰点，防止水分在换热器内冻结。各充氮管线隔离。开工艺气进旁路缓缓对系统进行均压，均压合格后开主线阀，关旁路阀。通过调度协调，逐渐将上游单元的放空阀关小，将放空气缓缓切至本单元洗涤塔后。在加量过程中要注意合理分配甲醇循环量，调整各工艺参数至正常范围内。

（5）向下游单元送气：送净化气：分析洗涤塔出口的净化气中 CO_2 和总硫合格，可向下游单元送净化气。送 CO_2 气：分析解吸塔出口的 CO_2 和总硫合格并有下降趋势时，可向尿素装置送气。送酸性气体：浓缩塔运行稳定，H_2S 浓度和气体总量正常，可向酸性气单元送酸性气。

CBAB008 脱碳循环气体压缩机开车时注意事项

（6）逐渐加负荷，工况稳定后及时启动循环气压缩机，降低放空损失。启动循环气压缩机应注意以下几个方面：

① 打开脱碳压缩机进出口管线导淋，对缸体排液，并通氮置换。置换样合格后关闭导淋；

② 查看油箱温度，如果油温低，启动电加热器和接蒸汽对油箱加热；

③ 投用一组油冷器，油箱油位在80%以上启动油泵，并向高位油槽上油。并做油压低联锁试验；

④ 全开脱碳压缩机进气主阀。中控将进口阀打开；

⑤ 当全开出口阀和出口放空阀后，盘车。确认无任何报警时现场启动压缩机。启动后，将放空切换至出口阀；

⑥ 缓慢增加压缩机负荷，操作幅度不宜过大。

3. 甲醇洗停车操作

（1）通知下游单元减量，再减原料气量。

（2）通知上游单元减量，减量后多余的甲醇应储存在甲醇收集槽中。

（3）本单元停止进工艺气。

① 减工艺气量，甲醇循环量按比例减少。

② 停送 CO_2 气，气体放空。

③ 停循环气压缩机。

④ 下游单元停车，工艺气在本装置放火炬。

⑤ 工艺气切换至上游变换单元放空，关闭前、后单元的各物料截止阀。

⑥ 开装置内高、低压系统各充氮阀，维持各塔压力，继续甲醇循环，再生甲醇，脱除甲醇中的 CO_2、H_2S 和 H_2O。

⑦ 待 CO_2 解吸塔底部至硫化氢浓缩塔底部管线取样分析 H_2S 含量小于 3mg/L，停甲醇循环。

⑧ 停止甲醇循环后，及时关闭高、低压控制阀及切断阀，以防高、低压串气。

⑨ 甲醇热再生塔再沸器与甲醇/水分离塔再沸器均停用。

⑩ 停气提氮气，各塔做好保压工作防止空气进入。

(4)停车后按照检修项目的安排,进行甲醇装置的回温、甲醇排放和系统置换检出。甲醇回温按照下列操作步骤执行: 〔CBAD007 甲醇回温操作方法〕

① 确认系统工艺气退出并按要求维持系统压力切除氨冷器进氨;维持甲醇循环,并使甲醇彻底再生;

② 将氨冷器中的液氨全部蒸发;

③ 关闭氨冷器气相阀,控制回温速度,待甲醇中最低温度达到 0℃以上后停止甲醇循环;

④ 控制好甲醇回温最高温度,防止甲醇损失加大。 〔CBAD008 甲醇排放的注意事项〕

系统甲醇排放要注意以下几个方面:

① 甲醇洗退气前甲醇循环低液位运行,停甲醇循环并卸压;

② 导通甲醇洗所有排甲醇导淋盲板;分批打开甲醇管线和塔的排放导淋;

③ 将甲醇送往废甲醇罐,将废甲醇罐甲醇送往甲醇储罐;

④ 防止甲醇流入地沟造成污染。

低温甲醇洗装置短期停车一般指装置短时间停工艺气,各塔保持对应的压力,甲醇仍保持循环,处于引气准备状态。

(1)关闭上、下游单元界区工艺阀门;

(2)降低甲醇循环量,控制系统回温。开各充氮阀,维持甲醇循环再生。

(3)停送 CO_2、酸性气,气体放空或放火炬。

(4)循环气压缩机内部循环或停运。 〔JBAD003 引起甲醇洗单元紧急停车的因素〕

引起甲醇洗单元紧急停车的因素有:

(1)爆炸或着火;

(2)工艺气大量泄漏,无法维持正常生产;

(3)断水,断电,断仪表空气,DCS 故障;

(4)冻系统故障,冷氨泵停送冷氨;

(5)生产单元紧急停车;

(6)氮压机、液氧泵跳车。 〔JBAD004 引起液氮洗单元紧急停车的因素〕

氮压机跳车后液氧泵也会停车,从而造成系统既无中压氮,又无原料气,净化系统按照紧急停车处理。紧急停车时现场操作人员立即停循环气压缩机,联系气化岗位人员关闭变换单元去甲醇洗单元原料气大阀,由变换单元放空阀控制系统压力,甲醇洗单元通过开车线泄压,系统内运转泵全停,停止甲醇循环。关闭高、低压相连的截止阀,防止造成设备超压。若因氮压机或空压机跳车,总控人员应立即检查氮气快速切断阀门是否关闭,若没有关闭,则按停车按钮或联系仪表人员关闭,同时联系现场操作人员检查氮气快速切断阀的副线阀门是否关闭(若没关,应及时关闭),防止氢气反窜回空分系统引起空分装置爆炸。

(二)液氮洗工艺流程及正常操作

1. 液氮洗原料气的预处理与冷却

从甲醇洗单元送来的原料气中含有 CO、CH_4、Ar、N_2 及微量的二氧化碳和甲醇,氢气组分含量通常在 93% 左右。原料气首先经分子筛吸附器初五微量的二氧化碳和甲醇,然后进入冷箱内的氮气/原料气预冷器中与氮气/原料气冷却器换热后使原料气温度降至规定值。

CBAC026 氮洗板式换热器的温差要求

氮洗单元属于低温操作，操作过程中要严格控制冷箱内各点温度，尤其是板式换热器各通道的温度和温差。通常要求氮洗单元板式换热器端面温差不超过50℃，氮洗板式换热器冷端温度不低于-120℃，如果过冷则可能会导致板式换热器工艺气通道阻力增大甚至堵塞，严重时会造成后系统停车。

CBAB021 氮洗单元补充冷量的意义

由于液氮洗涤过程中是在低温环境下操作的，不可避免地会有冷量损失。如加热，冷却操作，换热不完全，换热器的热端温差等因素，以及与外界的冷热交换。因此，需要补充冷量。冷量的来源有两个：

（1）配氮产生的制冷效应；

（2）塔底馏分的节流效应。尤其在液氮洗单元开车时，为了加快系统冷却可以从空分装置补充一部分液氮来增加系统的冷量。

2. 氮的液化

来自空分装置的高压氮气进入冷箱后在氮气预冷器中换热后冷取至规定温度，再进入氮气/原料气预冷器中与净化合成气、燃料气、循环氢气换热，使氮气进一步降温并达到规定温度。此时一部分氮气作为粗配氮加到合成气中，另一部分氮气经氮气/原料气冷却器进一步液化为洗涤氮而进入液氮洗涤塔。

3. 液氮洗涤与配氮

液氮洗脱除CO是在液氮洗涤塔内进行的。在液氮洗涤塔内，液氮从塔顶部进入，原料气由塔底进入，两者逆流接触，在塔板上进行传质传热，使CO、CH_4、Ar等杂质均被液氮吸收，并从塔底排出，而净化后的富氢组分从塔顶出来后在氮气/原料气冷却器换热后，在进入氮气/原料气预冷器前进行配氮，配比为3∶1的粗合成气，经氮气/原料气预冷器回收冷量后离开液氮洗单元。从冷箱内板式换热器抽出的一股低温的合成气送甲醇洗单元补充冷量，换热至常温后与出液氮洗单元的合成气一并送氨合成单元。

4. 液氮洗涤塔塔底馏分的回收和CO组分的外送

从液氮洗涤塔塔底出来的低温馏分，进入循环闪蒸罐降压闪蒸后，闪蒸气通过板式换热器回收冷量后送界区外作为锅炉燃料气。从液氮洗涤塔塔板抽出的一股富含CO的组分通过低温CO泵加压后外送变换单元。

5. 液氮洗开车操作

液氮洗单元正常开车程序是：吸附器再生、冷箱制冷与积液、吸附器冷却、冷箱充压导气及外送合成气。

1）开车准备

设备检修结束，经过气密试验合格，并确认具备开车条件。临时盲板已抽拆除，止逆阀和截止阀流向正确，流程畅通。仪表校验合格，联锁调试完毕。电气设备检查合格，具备投用条件。装置内所有阀门处于关闭，安全阀根部全开。吸附器装好分子筛，分子筛系统具备使用条件。空分装置运行正常，高、低压氮气合格送出。

2）系统氮气置换与干燥

将冷箱各电磁阀复位带电，并全部投入手动关闭状态。各有关物料利用开车管线和低压氮气在冷箱前排放，分析合格后方可导入冷箱。将中压氮气导入冷箱，视冷箱温度控制氮气流量、塔底液位，并控制好换热器端面温差，同时控制好升温速率。用低压氮进行冷箱的加热、置换和干燥,同时做好分子筛的再生,做好各操作控制的调整,并严格控制相关的工艺条件。当冷箱与有关设备排放气中的氧、水均达到合格后,关闭相关阀门,封闭冷箱。

3)充压查漏

确认各有关阀门或控制阀的开关位置,仪表已恢复正常使用状态,冷箱压力投入自控。用中压氮给冷箱充压,严格控制升压速率,并按压力等级对相关设备与管线试漏。当冷箱合格后,可导气进行分子筛系统试漏,但必须按压力等级要求进行。

4)吸附器再生

打开再生氮气流程上的阀门,对换热器、吸附器及管线进行置换。分子筛再生加热器引入蒸汽,分子筛吸附器进行再生完毕后进行预冷。

5)冷箱制冷与积液

确认冷箱氮气干燥合格,并用氮气密封。打开相关管线上的阀门或调节阀,打开中压氮气阀,通过各物料通道开始制冷,过程中要严格控制换热器的端面温差并控制好压力。当制冷温度达到要求,液氮洗涤塔与循环气闪蒸罐液位也控制在规定范围内后,可以停止制冷。

6)氮洗分子筛冷却

开吸附器冷却流程的有关阀门,程控器处于手动位置。充入冷箱积液的低温氮气或原料气,控制压力与排放量,冷却并维持吸附器在低温状态。

7)冷箱充压导气

关闭冷箱与分子筛制冷各相关阀门。打开相关阀门,用洗涤氮进行充压。打开循环氢月合成气导气的相关阀门,同时调整洗涤氮与粗配氮的流量。

8)冷箱调节与送精制气

当原料气导入冷箱后,依据液氮洗涤塔塔底液位来调整洗涤氮量。当冷量不足时,可通过调整压力和粗配氮来调整。当冷箱温度、洗涤塔液位正常后,取样分析,微量合格且氢氮比配比正常后,可以向氨合成单元导气。导气正常后将分子筛程控器投自动,相关控制器也投入自动,相关联锁投入正常运行。

6. 液氮洗停车操作

1)长期停车

(1)前后单元减负荷。

(2)氨合成单元停车,合成气送火炬放空。

(3)按停车按钮,工艺气在前单元放空至火炬。

(4)关闭各物料进、出冷箱阀门,关闭吸附器程控阀。

(5)冷箱处理:

① 冷箱卸压、排液,控制排放速度,压力、温度要控制在指标范围内。

② 冷箱置换、升温,温度至常温,升温结束,冷箱内充氮保压。

(6)吸附器处理:

① 程序控制改为手动控制,并卸压。

② 关闭所有程控阀,充氮气保压。

(7)系统置换与干燥:

① 将冷箱各电磁阀复位带电,并全部投入手动关闭状态。

② 各有关物料利用开车管线,开低压氮气阀,在进冷箱前排放,分析合格后方可导入冷箱。

③ 将中压氮导入冷箱,视冷箱温度控制氮气流量、塔底液位,并控制好换热器端面温差,同时控制好升温速率。

④ 用低压氮进行冷箱的加热、置换和干燥,同时做好分子筛的再生,并严格控制各项工艺指标合格。

⑤ 当冷箱与有关设备排放气中的氧、水、可燃气等含量均合格后,关闭相关阀门并封闭冷箱。

(8)冷箱排液注意事项:

① 将冷箱各电磁阀复位带电,并全部投入手动关闭状态。投用排液总管保安氮气;

② 关闭排液罐导淋;

③ 投用排放罐去火炬加热器;

④ 打开氮洗塔上下塔联通阀;

⑤ 打开氮洗塔排放导淋排液;

⑥ 调整去火炬排放压力;

⑦ 打开液态一氧化碳泵入口导淋;

⑧ 打开液态一氧化碳泵出口导淋。

CBAD011 氮洗
回温置换方法

(9)回温置换:

氮洗回温置换通常包括如下几个步骤:

① 确认氮洗装置排液完毕;

② 设定好原料气排放压力、富甲烷气排放压力、一氧化碳排放压力;

③ 确认各排放导淋打开,调节好高压氮流量控制回温速度;

④ 回温一段时间后装置静置,回温到正温后维持回温几小时;

⑤ 取样分析;

⑥ 确认停回温后系统保持微正压。

2)短期停车

停车具体步骤与长期停车相同,但冷箱封闭,系统进行保压,不排液,注意控制本单元不超压。

四、异常处理

GBCB015 CO₂
吸收塔液泛处
理方法

(一)甲醇洗单元异常处理

1. 甲醇洗单元吸收塔液泛的处理

在甲醇洗装置吸收塔内,气液两相是逆向流动的,当两相流速都较小时,任一相的流动都不会受到另一相的前置。两相流速增大,部分液滴可为上升气流夹带至上一层塔板。液相中亦可夹带部分气泡进入降液管。这种夹带现象,随流速的增加而加剧,严重时会导致流通阻塞,造成液泛。液泛是气液两相作逆向流动时的操作极限。当甲醇洗装置 CO_2 吸收塔塔差有上升趋势或突然上升时,液面激增且此过程反复出现说明吸收塔有液泛的趋势,会影响甲醇对酸性气体的吸收效果并降低气体的净化度,必须及时进行处置。要避免液泛首先要控制适当的液/气比及空速,同时保证液体不发泡,提高甲醇的纯度,另外,CO_2吸收塔塔板要清洁无污垢。回流比也是影响液泛的主要原因,回流量过大、仪表流量计误差造成回流比失调等原因都会导致液泛,液泛后应根据具体的原因进行处理。甲醇洗装置CO_2吸收塔液泛应减少进吸收塔的原料气量,降低吸收负荷并适当减少进吸收塔的甲醇流量,待CO_2吸收塔工况正常后逐渐调整负荷至正常范围。

2. 甲醇洗单元洗涤塔出口二氧化碳高的处理方法

低温甲醇洗单元是利用二氧化碳在低温甲醇中溶解度较大的特性,在压力较高的条件下用低温甲醇吸收变换气中的二氧化碳气体,是二氧化碳得到脱除。导致甲醇洗单元出口二氧化碳超的原因有:吸收甲醇温度高、甲醇循环量低、负荷太高、工况波动、甲醇再生差等因素;处理方法为:加大甲醇的循环量,提高甲醇再生塔的再生能力(液位、塔差、塔顶温度正常),如处理无效则降负荷处理。

CBAC025 脱碳单元出口二氧化碳高的控制方法

3. H_2S吸收塔出口微量增加的原因及处理方法

甲醇洗单元硫化氢吸收塔出口微量增加的主要原因是吸收的贫甲醇温度过高、甲醇循环量过低以及甲醇水含量过高。硫化氢吸收塔出口微量增加应及时排查原因并采取不同的处理措施。常用的处理方法包括降低循环甲醇中的水含量、降低循环甲醇温度、适当提高系统压力、降低甲醇中水含量和减少工艺气波动量。若因系统负荷过高造成硫化氢吸收塔出口微量增加则根据需要做降负荷处理。

GBCA010 H_2S吸收塔出口微量增加的原因分析
GBCB013 H_2S吸收塔出口微量增加的处理方法

4. 甲醇洗单元热再生塔温度高的处理

在低温甲醇洗装置,富甲醇溶液在减压和加热的条件下可以将溶解的气体液解吸出,使甲醇得到再生。在甲醇洗装置热再生塔内,塔顶温度高则甲醇再生好,但热再生塔顶温度过高会造成甲醇损耗加大,所以正常生产时必须将甲醇洗装置热再生塔塔顶温度控制在正常范围内。热再生塔塔顶温度高应加大塔顶回流量,适当降低塔底再沸器的热量。在甲醇热再生塔内,塔顶温度过高会造成甲醇损耗加大,热再生塔塔顶温度高应加大塔顶回流量,加大塔顶洗涤水量并适当降低塔底再沸器的热量,将塔顶温度控制在正常范围。

GBCB017 热再生塔顶温度高处理方法
GCCB017 热再生塔顶温度高的处理办法

5. 甲醇洗单元热再生塔液泛处理

低温甲醇洗装置热再生塔负荷波动过大、回流量过大回流比失调及仪表故障后操作人员发现处理不及时都可能会造成热再生塔液泛,液泛严重时,甲醇会随酸性气带出系统,危害生产安全,必须及时进行处理。甲醇洗装置热再生塔出现液泛后应及时降低热再生塔负荷,调整回流比,适当减少塔底再沸器的热量,待热再生塔液泛消除后再调整进料负荷至正常范围。

GBCB016 热再生塔液泛的处理方法

6. 硫化氢腐蚀

JBBA015 H_2S腐蚀的原理

硫化氢腐蚀是指油气管道中含有一定浓度的硫化氢(H_2S)和水产生的腐蚀。主要有电化学腐蚀和氢致损伤两种类型。硫化氢(H_2S)溶于水中后电离呈酸性,使管材受到电化学腐蚀,造成管壁减薄或局部点蚀穿孔。腐蚀过程中产生的氢原子以侵入型的原子状态渗入生成的硫化铁膜中,使金属表面膜的孔隙增大,膜变得疏松多孔,失去保护作用。膜反复生成、剥离,使金属的腐蚀比单纯硫化氢环境更为严重。氢原子被金属吸收后,固溶于金属的晶格中或以分子态聚集于缺陷处,使金属在常温下的延伸率和断面收缩率等塑性指标显著下降,可能导致钢材脆化,萌生裂纹,导致开裂。同时,在高温下,氢与金属中的碳化物起反应,生成甲烷气体,引起晶间裂纹和脱碳,使金属的强度和韧性下降,发生氢腐蚀破坏。影响硫化氢(H_2S)腐蚀的因素有硫化氢浓度、pH 值、温度、流速、二氧化碳(CO_2)与氯离子(Cl^-)的浓度等。

(二)液氮洗单元异常处理

1. 液氮洗单元深冷设备冷损大的原因分析

1)热交换不完全冷损

设备冷箱内低温返流气体冷量通过换热器回收。因冷量仅能从低温物体传递至高温物体规律,使冷量在换热器传递过程中存在温差,此温差存在使冷量在换热器中不能完全回收,这种冷量损失为热交换不完全冷损,亦称为复热不足冷损。

2)跑冷损失:

(1)保冷效果差。珠光砂未填实,在设备运行震动时冷箱珠光砂下沉,使得顶部或冷箱内有空隙,顶部和外壁挂霜有冷损。

(2)换热器材质传热效率低换热器的材质传热差,使得复热不均,材质好坏决定传热效果。

(3)设备管线泄漏。设备管线泄漏造成冷损增加,导致冷箱壳体压力升高,从冷箱缝隙处冒出冷气,冷箱外壳有结霜,如果是液体泄漏还能观察到基础温度下降。

(4)低温阀门泄漏,系统液体排放导淋未关死。

2. 液氮洗单元深冷设备冷损大的处理

(1)填装珠光砂时谨防受潮,在冷箱内充入干燥氮气,保持冷箱内微正压。

(2)开车一段时间后,因管道微小震动等原因导致珠光砂变实而下沉,可以通过冷箱顶部视镜观察顶部情况,必要时打开顶部人孔,补充珠光砂至装满。

(3)在实际工作中谨慎操作,杜绝超压现象。超压易造成管道,容器,阀门变形或使材料受损,导致破损甚至泄漏。

(4)检查各管线、阀门、导淋关闭或无泄漏。

(5)改变设备冷却积液阶段低压空气,中压膨胀空气与高压空气流量比例,使设备处于低冷损状态运行。

(6)在实际操作中,有效调控板式热端温差。

(7)减少液体产品带走的冷损:努力提高输出设备的绝热性能,降低蒸发系数;另一方面尽可能缩短输出管线,提高绝热性能,同时操作要缓慢进行。

项目六　气体净化(MDEA、甲烷化)

一、MDEA 法脱碳

MDEA 即 N-甲基二乙醇胺(R_2CH_3N),其结构式为 $HOCH_2CH_2CH_2OH$。甲基二乙醇胺法是德国 BASF 公司 20 世纪 80 年代开发的一种低能耗脱碳工艺。该法吸收效果好,能使净化气中 CO_2 含量降至 $100mL/m^3$ 以下:溶液稳定性好,不降解,挥发性小,对碳钢设备腐蚀性小。

吸收剂为45%～50%的MDEA水溶液，添加少量活化剂哌嗪以增加吸收速率。MDEA是一种叔胺，在水溶液中呈弱碱性，能与H结合生成R_2CH_3NH。因此，被吸收的二氧化碳易于再生，可以采用减压闪蒸的方法再生，而节省大量的热能。MDEA性能稳定，对碳钢设备基本不腐蚀。MDEA蒸气分压较低，因此，净化气及再生气的夹带损失较少，即整个工艺过程的溶剂损失较小。脱碳吸收必要条件是高压低温，解吸必要条件是低压高温。

GCAC003 解吸的必要条件

（一）MDEA法脱碳吸收再生原理

1. 脱碳单元任务

（1）脱除低变气中CO_2制得$CO_2 < 800 cm^3/m^3$的合格工艺气；

（2）为尿素制得纯度＞98.5%（体积分数），$H_2 < 0.5\%$（体积分数），总硫小于$1.5 cm^3/m^3$的合格CO_2气体。

2. 脱碳吸收原理

CCAA014 脱碳原理

1）aMDEA溶液的性质、特点

aMDEA即N-甲基二乙醇胺，分子式$CH_3N(CH_2CH_2OH)_2$，结构简式为$R_1R_2R_3N$。

其结构式：
$$CH_3-N\begin{array}{l} CH_2-CH_2-OH \\ \\ CH_2-CH_2-OH \end{array}$$

纯的aMDEA为无色透明的液体，沸点246～248℃，闪点260℃，相对密度1.042，凝固点-21℃，汽化潜热519.6kJ/kg。能与不少醇混溶，微溶于醚。在一定条件下能很好地吸收H_2S、CO_2等酸性气体，而且反应热很小，解吸温度低。aMDEA为叔胺，显弱碱性，化学性质稳定，几乎不降解变质。MDEA溶液泄漏后流入地沟等地，会造成水质中的COD超标，因此泄漏的MDEA溶液必须及时处理。

由于具有以上特性，aMDEA已被作为一种优良的化学吸收剂广泛用于工业。

2）aMDEA的吸收机理

（1）吸收H_2S的机理

$$H_2S + R_2NCH_3 \rightleftharpoons R_2NCH_3H^+ + HS^- \quad (a)$$

式（a）系瞬间可逆反应，为气膜扩散控制反应，反应速度无穷大。

（2）吸收CO_2机理：

$$CO_2 + H_2O \rightleftharpoons H^+ + HCO_3^- \quad (b)$$

$$H^+ + R_2NCH_3 \rightleftharpoons R_2NCH_3H^+ \quad (c)$$

式（b）不是直接发生作用，而是受液膜控制，为极慢反应；式（c）则系瞬间可逆反应式，因此式（b）就成为CO_2与aMDEA反应的控制步骤。

为了加快吸收和再生速率，BASF公司在aMDEA溶液中添加少量能与CO_2进行微弱反应的活性组分，即活化剂。哌嗪分子式为$C_4H_{10}N_2$。

3）aMDEA的吸收特点

（1）对H_2S和CO_2的反应速度相差若干个数量级，这种差异使aMDEA具有极好的选择吸收能力。

（2）对酸性气体吸收好，兼有物理和化学吸收溶剂负载大，净化度高。

（3）各种醇胺液中，以 aMDEA 与酸性气体的溶解热为最低，吸收与再生温差小，再生温度低，能耗低。

（4）稳定性好，使用中很少发生降解，对碳钢基本上无腐蚀。

（5）aMDEA 蒸气压低，吸收酸性气体溶剂损失小，工业装置上溶剂的年更控率为 5%~10%。

ZCAB010 MDEA 再生的原理

3. MDEA 溶液再生原理

MDEA 法脱碳是利用活化 MDEA 水溶液在高压、常温下将合成气中的二氧化碳吸收，并在降压和升温的情况下，二氧化碳又从溶液中解吸出来，同时溶液得到再生。

纯 MDEA 溶液与 CO_2 不发生反应，但其水溶液与 CO_2 发生反应生成 $R_2NCH_3H^+$，那么在没有加活化剂情况下，MDEA 溶液再生的反应如下：

$$R_2NCH_3H^+ \Longleftrightarrow H^+R_2NCH_3$$
$$H^+R_2NCH_3 \Longleftrightarrow H^+ + HCO_3^-$$
$$H^+ + HCO_3^- \Longleftrightarrow CO_2 + H_2O$$

反应 $H^+ + HCO_3^- \Longleftrightarrow CO_2 + H_2O$ 受液膜控制，反应速率很慢，是整个再生反应的控制步骤。为加快解吸速率，在 MDEA 溶液中加入少量的活化剂 DEA（二乙醇胺），使再生反应按下式进行：

$$R_2NH + R_2NCH_3H^+ + HCO_3^- \Longleftrightarrow R_2NCOOH + R_2NCH_3 + H_2O$$
$$R_2NCOOH \Longleftrightarrow R_2NH + CO_2$$

将上面两式相加得：

$$R_2NCH_3H^+ + HCO_3^- \Longleftrightarrow CO_2 + H_2O + R_2NCH_3$$

加入少量的活化剂后，加快了吸收和再生的速度，再生时可以采用与物理吸收方法相同的闪蒸方法，能耗比较低。

（二）工艺操作

1. 脱碳系统吸收塔、解吸塔

吸收塔分上、下两段，下段用半贫液脱除 CO_2，上段用贫液进一步脱去原料气中的 CO_2。闪蒸分二级闪蒸，高压闪蒸弛放出惰性气体（闪蒸气），低压闪蒸得到高浓度的 CO_2 气体。闪蒸后的溶液（半贫液）经过蒸汽汽提得到贫液。

原料气进入吸收塔的下段，下段吸收液为闪蒸后的半贫液，上段吸收液为汽提后的贫液，气体与溶液在塔内逆流接触脱除 CO_2，净化后气体从吸收塔顶引出。

ZCAC010 解吸塔分段的意义

从吸收塔底排出的富液经水力透平回收能量作为溶液循环泵的动力后进入闪蒸塔进行二级闪蒸，经高压闪蒸弛放出闪蒸气，低压闪蒸出大部分高浓度的 CO_2。闪蒸再生后的溶液（半贫液）大部分用泵送回吸收塔下段，小部分溶液送到汽提再生塔用蒸汽汽提，汽提后的贫液经换热器冷却、水冷却器冷却后进入吸收塔顶喷淋。汽提再生塔顶部出来的气体进入低压闪蒸段下部提高溶液温度，有利于 CO_2 气体的弛放。低压闪蒸段上部出来的 CO_2 经冷却器冷却、分离后去尿素工序。冷凝水回流入塔。二段吸收工艺虽然能耗低，但投资大。

吸收压力 MDEA 法适应于较广压力范围内 CO_2 的脱除。当 CO_2 分压高时,溶液吸收能力大,尤其物理吸收 CO_2 部分比例大,化学吸收 CO_2 部分比例量消耗就小所以此法适用于 CO_2 分压高时的脱碳。对合成氨变换气中 CO_2 为 26%~28%时,适用 MDEA 的适合压力应 ≥1.8MPa(绝)

吸收温度进吸收塔贫液温度低,有利于提高 CO_2 的净化度,但会增加能耗。对净化气中 CO_2 要求降至 0.01%时,贫液温度一般为 50~55℃。半贫液温度由闪蒸后溶液温度决定,一般为 75~78℃。

贫液与半贫液比例二者的比例受原料气中 CO_2 分压、溶液吸收能力及填料高度等影响,可在 1∶3 和 1∶6 范围内选用。

CCAC022 解吸塔操作注意事项

解吸塔在操作过程中要注意:

(1)如果解析塔加热蒸汽量不变的情况下,提高蒸汽压力会使解析塔的温度提高;

(2)解析塔工况好坏直接影响到 MDEA 吸收的好坏;

(3)解析塔液位的操作要避免大幅波动,以免引起液泛;

(4)解析塔塔底温度避免太高,要控制在范围内,防止发生液泛。

GCAC025 影响 MDEA 吸收的因素

2. 影响 MDEA 吸收的因素

1)溶液浓度

脱碳液的主要成分为甲基二乙醇胺(MDEA),在溶液中加入一到两种的活化剂。常用的活化剂是二乙醇胺、甲基-乙醇胺、哌嗪等。加入哌嗪后不仅可以加快吸收速度,也可增加溶液对 CO_2 的吸收量。

由表 1-3-1 可知,MDEA 溶液浓度升高,CO_2 溶解度增大,但相对吸收速率的增加也越来越小。而溶液浓度过大,其黏度上升较快,所以浓度过高也不合适。一般选用的 MDEA 浓度为 40%~55%,活化剂的浓度为 3%,不同活化剂有不同的作用,因此,针对不同的气源及对脱除的要求,可采用不同的配方。

表 1-3-1　不同浓度 MDEA 溶液与 CO_2 溶解度的关系

MDEA 浓度/%	CO_2 溶解度/(m^3/m^3)	MDEA 浓度/%	CO_2 溶解度/(m^3/m^3)
20	30.4	50	57.0
30	40.4	60	62.8
40	49.2		

2)吸收压力

MDEA 法适应于较广压力范围内 CO_2 的脱除,而且可以达到较高的净化度。CO_2 分压高溶液的吸收能力大。同时物理吸收 CO_2 部分的比例就大,化学吸收 CO_2 部分的比例小,热量消耗就小。而在 CO_2 分压低时,要达到相同的气体净化度,热耗要增大。因此 MDEA 法用于低 CO_2 分压的气体净化,优点不突出。如合成氨变换气中 CO_2 含量在 26%~28%,选用 MDEA 的适合压力应大于 1.8MPa。因为气体吸收是由气相到液相的单相传质过程,所以提高系统压力对吸收是有利的。

3)吸收温度

进吸收塔贫液温度低,有利提高 CO_2 的净化度,但会增加再生能耗。对净化气中 CO_2

要求降至0.01%时,贫液温度一般为50~55℃。半贫液温度由闪蒸后溶液温度决定,一般为75~78℃。

4）喷淋密度

脱碳装置在采用填料塔时,应考虑在单位时间里,单位塔截面积上喷淋的溶液量,即为喷淋密度$[m^3/(m^2 \cdot h)]$。溶液循环量应保证一定的喷淋密度,以使填料表面得到充分润湿,否则气体通过干填料不仅影响净化度,而且使碳钢填料产生腐蚀。喷淋密度过大,会使吸收液溶质效率降低,过小则不能保证气体被吸收后的纯度。

5）气流速度

气体吸收是一个气液两相间进行扩散的传质过程。气流速度会直接影响该传质过程。气流速度过快,对吸收是不利的。

3. 消泡剂的作用

GCAC030 消泡剂的作用

溶液的起泡性与其表面张力有关。表面张力小的液体容易起泡。但更重要的是已生成的泡沫的稳定性。影响泡末稳定性的因素很多,其机理还不十分清楚。但可以肯定的是,干净的溶液都是是不易起泡的。液体中溶解有其它成份,这些成份自行聚附在膜的表面,就增加了泡沫的稳定性。除可溶性物质外,渗水性固体杂质,如铁锈、催化剂、活性炭和耐火材料粉末均易附着在泡沫表面上。水不溶性的有机液体如油污、高级烃类会使溶液乳化。这些杂质都大大增加了泡沫膜的强度及泡沫稳定性。

在实际运转中,引起工厂溶液发泡最常见的原因是首次开车系统清洗不净,以及化学药品的杂质和塑料鲍尔环中所含的脂肪酸类物质带入系统,使脱碳溶液被污染。

在生产中应从以下几方面注意防止起泡:

（1）开工前系统应彻底清洗,除油和钝化;

（2）配制溶液所用原料的杂质必须低于规定的指标;

（3）上游系统不能带入润滑油、催化剂粉尘和高级烃类;首次开车或年度大修后向系统导气前,最好在吸收塔前放空一段时间;

（4）加强溶液的过滤,及时更换滤网或活性炭;

（5）定期进行溶液气泡实验,以便更及早发现问题;

（6）观查两塔压差和液位;如果气量未变而塔的压差增加,或加水量正常而液位下降,都可能是液泛的先兆;

（7）添加消泡剂。消泡剂是一种特殊类型的表面活化剂。它的表面张力很小,加入少量就迅速盖在原泡沫的表面上,其厚度很薄,它的化学性质稳定不形成稳固的薄膜,所以泡沫很快就破裂了。

消泡剂应当稀释后加入,注入系统的部位应视具体情况而定。如注入贫液和半贫液中则主要针对吸收塔,而再生塔消泡剂最好注入到富液中。消泡剂在系统中的有效作用时间只有几小时,但加入速度不可过快,否则在填料表面上的溶液停留时间太短,塔底液位上升,再生塔甚至会没过再沸器气相管而引起水锤。

4. 溶液的再生条件

ZCAB011 确定 MDEA循环量的依据

溶液再生分两部分:一部分是常压解吸后的半贫液。塔的再生受常压解吸的压力,溶液的温度及常压解吸塔的结构、大小的影响。压力低、温度高,有利于液相 CO_2 解吸。溶液温度除受来自进塔的富液温度的影响外,还受从蒸汽汽提再生塔来的 CO_2 气体所带入的热量的影响。一般常压解吸压力为 $0.01 \sim 0.04$ MPa,温度为 $75 \sim 80$℃。另一部分是部分半贫液进行蒸汽汽提再生,获得的是贫液。贫液再生度决定于再生塔的设计及蒸汽用量的大小。一般在净化气中 CO_2 在规定指标范围内。总之 MDEA 的循环量,是根据 MDEA 在特定工艺(溶液的成分、吸收和再生压力、吸收温度、贫液与半贫液量的比例、富液的闪蒸压力、溶液的再生条件)条件下,单位 MDEA 溶液溶解的二氧化碳量确定的。

CCAB026 再生塔顶回流水的作用

5. 再生塔顶回流水的作用

脱碳再生塔一般设置回流水,主要有为再生塔出口二氧化碳降温,洗涤二氧化碳中的夹带的脱碳液,同时还有维持脱碳系统水平衡的作用。

ZCAB016 脱碳气中 CO_2 微量的影响因素

6. 脱碳工艺气中影响 CO_2 气体(微量)的因素

影响脱碳工艺中 CO_2 气体(微量)的因素很多,但主要有以下几点:

1)吸收压力

CO_2 吸收需要在高压,低温下进行,所以压力越高吸收效果越好,但是脱碳系统的吸收压力受前系统压力的控制,一般是不能改变的。

2)收温度

CO_2 吸收的过程是放热的,所以在低温下有利于 CO_2 吸收,但是温度过低影响吸收速率,吸收塔在一定的停留时间下,温度过低会影响 CO_2 吸收的效果,使吸收塔出口脱碳气中的 CO_2 微量超标。

3)DEA 溶液的循环量

MDEA 溶液的循环量增大时,气体的净化度提高。吸收塔出口脱碳气中的 CO_2 微量会降低,但溶液循环量过大,可能造成液泛,且增加动力消耗,又使溶液在再生塔内的停留时间缩短,造成溶液再生不良。溶液循环量太小,将导致出口气体中二氧化碳含量超标。

4)DEA 溶液的浓度

当脱碳系统 MDEA 溶液浓度提高时,会提高气体的净化度,吸收塔出口脱碳气中的 CO_2 微量会减低,但是当 MDEA 溶液浓度过高时,会析出碳酸钾结晶;当脱碳系统 MDEA 溶液浓度过低时,则 MDEA 溶液的吸收能力下降,气体的净化度降低,脱碳气中的 CO_2 气体的微量会增加。

5)收塔塔差

当吸收塔塔差有上升趋势或突然上升时,说明吸收塔有液泛的趋势,会影响 MDEA 溶液的吸收效果,降低了气体的净化度,脱碳气中的 CO_2 气体的微量会增大。

6)MDEA 溶液的再生效果

脱碳系统循环的 MDEA 溶液再生效果差,会造成 MDEA 溶液吸收效果降低,气体的净化度降低。脱碳气中 CO_2 微量会增大。

ZCAC010 解析塔分段的意义

7)闪蒸

H_2、N_2 在 MDEA 溶液中是以物理吸收形式溶解的。在常温常压下 H_2、N_2 气体在 MDEA 溶液的溶解度很小,但是当脱碳系统压力高于 1.8 MPa 时,H_2、N_2 的分压也会提高,则其溶解量也会增大,在脱碳系统解吸塔中减压时,H_2、N_2 与 CO_2 气体一并释放出来,造成

H_2、N_2 的损失,并且使再生气中的 CO_2 气体纯度不高。为了保证 CO_2 气体的纯度,并且防止 H_2、N_2 的损失,所以脱碳系统解吸塔要分段,在压力 $0.4\sim0.8MPa$ 进行中压闪蒸,将脱碳富液中的大部分 H_2、N_2 和 CO_2 气体进行闪蒸并且循环使用,将闪蒸完含有微量 H_2、N_2 的富液在进行低压闪蒸,这样就可以得到高纯度的 CO_2 气体。

（三）MDEA 法脱碳相关事故判断与处理

CCCA018 脱碳出口工艺气微量高原因分析

1. 脱碳单元出口工艺气微量高的原因

1）吸收压力

CO_2 吸收需要在高压,低温下进行,所以压力越高吸收效果越好,但是脱碳系统的吸收压力受前系统压力的控制,一般是不能改变的。

2）吸收温度

CO_2 吸收的过程是放热的,所以在低温下有利于 CO_2 吸收,但是温度过低影响吸收速率,吸收塔在一定的停留时间下,温度过低会影响 CO_2 吸收的效果,使吸收塔出口脱碳气中的 CO_2 微量超标。

3）MDEA 溶液的循环量

当 MDEA 溶液的循环量增大时,气体的净化度提高。吸收塔出口脱碳气中的 CO_2 微量会降低,但溶液循环量过大,可能造成液泛,且增加动力消耗,又使溶液在再生塔内的停留时间缩短,造成溶液再生不良。溶液循环量太小,将导致出口气体中二氧化碳含量超标。

4）MDEA 溶液的浓度

当脱碳系统 MDEA 溶液浓度提高时,会提高气体的净化度,吸收塔出口脱碳气中的 CO_2 微量会减低,但是当 MDEA 溶液浓度过高时,会析出碳酸钾结晶;当脱碳系统 MDEA 溶液浓度过低时,则 MDEA 溶液的吸收能力下降,气体的净化度降低,脱碳气中的 CO_2 气体的微量会增加。

5）吸收塔塔差

当吸收塔塔差有上升趋势或突然上升时,说明吸收塔有液泛的趋势,会影响 MDEA 溶液的吸收效果,降低了气体的净化度,脱碳气中的 CO_2 气体的微量会增大。

6）MDEA 溶液的再生效果

脱碳系统循环的 MDEA 溶液再生效果差,会造成 MDEA 溶液吸收效果降低,气体的净化度降低,脱碳气中 CO_2 微量会增大。

GCAC004 影响脱碳系统水平衡的因素

2. 影响脱碳系统水平衡的因素

从净化气冷却器分离出的凝结水返回再生塔。在正常生产中,脱碳系统不需要排水,也不需要补水。为方便调整系统的水平衡,通常在溶液循环泵或再生塔上设置有补水管线,必要时可通过该管线将脱盐水补入系统。影响脱碳系统水平衡的因素主要有：

（1）工艺气带入吸收塔的水量；

（2）脱碳气带出吸收塔的水量；

GCCA002 脱碳循环流量低的原因分析

（3）CO_2 带出的水量。

3. 脱碳循环量低的原因

溶液循环量的大小要根据气体负荷、溶液浓度、原料气中二氧化碳含量的因素来调节。当溶液的循环量增加时,气体的净化度提高。但溶液循环量过大,可能造成液泛,且增加动力消耗,又使溶液在再生塔内的停留时间缩短,造成溶液再生不良。溶液循环量太小,将导致吸收塔出口气体二氧化碳含量超标。生产中在保证气体净化度的前提下,尽量减少溶液循环量。造成循环流量低的因素主要有:

(1)系统压力波动;

(2)循环泵故障;

(3)流量调节阀故障。

由于溶液的起泡,气体夹带雾沫过多,严重时液体流不下来,完全被气体托住,这种现象即所谓液泛。

GCCA013 脱碳吸收塔液泛的原因

脱碳吸收塔液泛的原因:

(1)塔板阻力增加,塔板降液管堵塞;

(2)降液板底隙太小,造成降液管处液相成分增多,最后漫到上一层塔板;

(3)上升蒸汽量增加,处理不过来,造成降液阻力增大;

(4)进料量突然增加,处理不及时,造成降液阻力太大;

(5)循环加的过快,造成液层增加。

4. 脱碳系统液泛的处理

脱碳吸收塔液泛发生后,会造成系统液位波动,塔差上升,工况发生波动,出口微量超,吸收塔液泛严重时,MDEA 会随工艺气带出系统,危害甲烷化炉正常运行。

GCCB015 CO$_2$ 吸收塔液泛的处理方法

脱碳吸收塔液泛的处理方法:

(1)可减少系统循环量;

(2)降低脱碳系统温度,降低入吸收塔溶液温度;

(3)应立即减少工艺气流量,严重时应当立即切除工艺气;

(4)若泡高超时及时加消泡剂。脱碳再生塔液泛发生后,会造成再生塔液位波动,塔差异常上升,工况波动,热再生塔液泛严重时,MDEA 会随酸性气带出系统,二氧化碳气液分离罐液位异常上升。

GCCB016 解吸塔液泛的处理方法

脱碳解吸塔液泛的处理方法:

(1)减少塔底再沸器的蒸汽量;

(2)减少工艺气量,降低系统负荷;

(3)降低循环量,液泛严重时停脱碳循环;

(4)若泡高超标时及时加消泡剂。

5. 吸收塔出口工艺气微量超标原因及处理

MDEA 法脱碳是利用活化 MDEA 水溶液在高压常温下吸收合成气中的二氧化碳,并在降压和升温的情况下,使二氧化碳从溶液中解吸出来,同时使溶液得到再生。CO$_2$ 吸收塔出口微量增加的原因有 MDEA 循环量过低,MDEA 溶液再生不彻底,吸收压力过低,吸收温度过高以及微量表指示故障等原因。CO$_2$ 吸收塔出口微量上升应针对具体的原因采取不同的措施,分析仪表指示有误,应及时联系仪表处理正常。微量增加应根据负荷适当增加 MDEA 循环量,若泡沫层过高应及时增加消泡剂,适度提高吸收压力,降低吸收温度。若微量持续增加且没有下降趋势,应及时联系上下游工序做降负荷准备。

GCCA008 CO$_2$ 吸收塔出口微量增加的原因分析

GCCB011 CO$_2$ 吸收塔出口微量增加的处理方法

ZCAC009 工艺气带水对脱碳单元的影响

6. 工艺气带水对脱碳单元的影响

脱碳 MDEA 溶液在 CO_2 吸收塔和 CO_2 再生塔二塔之间不断循环,如果工艺气带水量增大,CO_2 气体带出的水量和工艺气带出的水量不变,则会造成脱碳 MDEA 溶液的浓度减小,脱碳系统的水含量会增大,吸收塔的吸收能力减小。为了保证脱碳系统的水平衡,只能加大再生气冷凝液的排放量,从而增大了 MDEA 溶液的消耗。

ZCCB011 工艺气分离器液位高的处理方法

7. 工艺气分离器液位高的处理方法

1) 工艺气分离器液位高的主要原因

(1) 工艺气带液;

(2) 分离器无法排液;

(3) 液位假指示。

2) 工艺气分离器液位高的处理方法

工艺气带液引起的的液位高,降低工艺气温度,使工艺气中的液体在分离罐彻底分离,若温度正常则检查分离器顶部除沫器,保证除沫器完好无损;分离器液位高无法排液,打开分离器排液阀的旁路,对主路进行处理;联系仪表对分离器液位计进行检查处理,现场主操观察现场玻璃板液位计,中控进行调节将液位调至正常状态。

JCAD003 引起脱碳单元紧急停车的因素

8. 引起脱碳单元紧急停车的因素

(1) 爆炸或着火;

(2) 工艺气大量泄漏,无法维持正常生产;

(3) 断水,断电,断仪表空气,DCS 故障;

(4) 前生产单元紧急停车。

(四) MDEA 法脱碳在操作过程中主要控制要点

1. 溶液温度

溶液的温度包括吸收塔溶液的温度和再生塔溶液的温度。吸收塔溶液温度主要依靠改变贫液和半贫液的量和温度来调节。若吸收塔溶液温度太高,对二氧化碳吸收不利,降低了气体的净化度。若溶液温度低,虽对脱碳有利,但增加了再生时的蒸汽消耗。因此,应将溶液温度控制在规定的指标内。再生塔底溶液温度,就是塔底压力下溶液沸点温度,取决于再生压力和溶液组成。

2. 压差控制

当溶液循环量和入塔气量增加时,溶液严重发泡和填料(或筛板孔眼)被堵均会引起塔阻力上升,使压差增大。当吸收塔压差有上升趋势或突然上升时,应迅速采取措施,如减少溶液循环量,降低气体负荷,直到停车检修以防事故扩大。

3. 溶液循环量调节

溶液循环量的大小要根据气体负荷、溶液浓度、原料气中二氧化碳含量等因素来调节。当溶液循环量增加时,气体的净化度提高。但溶液循环量过大,可能造成液泛,且增加动力消耗,又使溶液在再生塔内的停留时间缩短,造成溶液再生不良。溶液循环量太小,将导致出口气体二氧化碳含量超标。生产中应在保证气体净化度的前提下,尽量减少溶液循环量。

4. 溶液浓度控制

溶液浓度要严格控制,若浓度过低会造成溶液吸收能力下降,气体的净化度降低。溶液的浓度由系统的水平衡来调节。若带入系统的水量大于带出系统的水量,溶液将变得越来越稀,此时应加大再生气冷凝液的排放量;反之,溶液将变得越来越浓,此时应减少冷凝液的排放量,甚至向溶液中加入脱盐水。操作中应该保持溶液浓度稳定。

5. 液位调节

当吸收塔液位过低时,塔内高压气体容易窜入再生系统,引起设备超压;液位过高时,容易引起气体带液事故。吸收塔的液位主要由溶液出口自动调节阀调节。当溶液出口阀或溶液泵发生故障,以及吸收塔的压力、进气量和进液量有变化时,均会引起吸收塔液位有较大的波动,所以在操作中必须严加注意并及时调节。再生塔液位太高时,容易发生带液事故;液位太低时,不仅再沸器不能充分发挥作用,同样的溶液循环量会使溶液再生不好,而且一旦液位有波动,就有因溶液泵抽空造成停车的危险。再生塔液位维持在液位计高度的 60%~70% 为宜。

6. 溶液起泡的抑制

溶液起泡的原因是脱碳液中含有灰尘、油污、铁锈等杂质或者压力、流量波动过大。溶液起泡能使塔内阻力增大,气体带液过多,气体净化度降低,严重时发生拦液现象,使泵吸不进溶液。在开车前应对设备进行彻底清洗、除锈和钝化,对填料要进行脱脂,并防止灰尘、油污等杂质进入脱碳液。另外在正常生产中,应按规定在脱碳液中添加消泡剂消除溶液中的泡沫。

CCAC005 设置甲烷化的意义

二、甲烷化

甲烷化法是在一定的温度和镍催化剂的作用下将一氧化碳、二氧化碳加氢生成甲烷而达到气体精制的方法。通过甲烷化反应,将气体中的少量的一氧化碳、二氧化碳转化为甲烷,使出口气中的 CO 和 CO_2 的总量降到 10×10^{-6} 以下,为氨合成提供合格的原料气。

(一)甲烷化反应原理

1. 化学平衡

在有催化剂存在的条件下,一氧化碳和二氧化碳加氢在一定温度和压力下可以生成甲烷,反应如下:

$$CO + 3H_2 \longrightarrow CH_4 + H_2O + Q$$
$$CO_2 + 4H_2 \longrightarrow CH_4 + 2H_2O + Q$$

当原料气中有 O_2 存在时,O_2 和 H_2 反应生成水:

$$CO_2 + 2H_2 \longrightarrow 2H_2O + C + Q$$

上述的反应均是放热反应。在较低温度下,平衡常数很大,对反应有利。当温度超过 500℃ 以上时,反应平衡常数迅速减小。甲烷化反应温度通常控制在 200~500℃。

甲烷化反应在绝热情况下有明显的温度升高,每当含有 0.1% 的一氧化碳转化为甲烷时,温升 7.4℃,每当含有 0.1% 的二氧化碳转化为甲烷时,温升 6℃。

甲烷化反应是体积缩小的放热反应,提高压力对甲烷化反应有利。压力提高,反应物组分分压提高,可以加快反应速度。提高温度,可以加快甲烷化反应速度,由于反应是放热反应,温度太高对化学平衡不利,会造成催化剂超温,活性下降。

2. 反应速率

甲烷化反应的机理和动力学比较复杂。研究认为,甲烷化反应速率很慢,但在镍催化剂存在的条件下,反应速率很快,且对于一氧化碳和二氧化碳,甲烷化可按一级反应处理。甲烷化反应速率随温度升高和压力增加而加快。

当混合气体中同时含有一氧化碳和二氧化碳时,研究表明,二氧化碳对一氧化碳的甲烷化反应速率没有影响,而一氧化碳对二氧化碳的甲烷化反应速率有抑制作用,这说明二氧化碳比一氧化碳的甲烷化反应困难。

一般情况下,一氧化碳含量在 0.25% 以上时,反应属内扩散控制;一氧化碳含量在 0.25% 以下时,属外扩散控制。因此在实际应用时,减小催化剂粒径,提高床层气流的空速都有利于提高甲烷化速率。

3. 羰基化反应

甲烷化催化剂在一定的工艺条件下,会发生羰基化反应,即存在生成羰基镍的潜在危险,而羰基镍的生成对甲烷化催化剂可能产生危害。因此,有必要提高对甲烷化催化剂羰基化反应的机理、条件等的认识,并采取相应措施防止其发生。

1)羰基镍的生成条件

羰基镍是还原态的镍与 CO 反应的产物,其反应方程式如下:

$$Ni+4CO \Longrightarrow Ni(CO)_4$$

发生羰基化反应的首要条件是存在还原态的镍,通常氧化态的镍不会直接与 CO 反应生成 $Ni(CO)_4$,而还原态的 Ni 处于活泼状态,具有很大的活性表面,因而对羰基镍的生产极为有利。

生成羰基镍必须有 CO 参如,而上述反应又是一个体积缩小的反应,因此提高反应系统的总压和 CO 的分压,都有利于基镍的生成反应。下表列出了系统总压为 1.4MPa 时,不同温度和不同 CO 浓度下 $Ni(CO)_4$ 的平衡浓度。

由表 1-3-2 可看出,温度也是羰基化反应的一个重要条件,降低温度,有利于羰基镍的生成。对于羰基镍生成反应的温度上限则存在不同的认识,一般认为 204℃ 是个界限。但从上表来看,略高于 204℃ 时,羰基镍生成反应也未必绝对不能进行。从表 1-3-3 中的数据可看出,降低温度和提高系统总压有利于 $Ni(CO)_4$ 的生成。

表 1-3-2　温度及 CO 浓度对 $Ni(CO)_4$ 平衡浓度的影响(反应系统总压力 1.4MPa)

温度/℃	$Ni(CO)_4$ 的平衡浓度/(mg/m^3)				
	CO 浓度				
	0.2	0.5	1.0	2.0	3.0
66	0.3	12	190	3000	20000
93	0	0.2	3	49	320
121	0	0	0.1	1.6	11
149	0	0	0	0.1	0.5
177	0	0	0	0	0.03
204	0	0	0	0	0

表 1-3-3　温度和压力对 $Ni(CO)_4$ 平衡浓度的影响

压力/MPa	0.1	0.5	1.0	2.0
温度/℃	$Ni(CO)_4$ 的平衡浓度/%(摩尔分数)			
52	0.92	0.93	0.995	1.0

续表

压力/MPa	0.1	0.5	1.0	2.0
温度/℃	\multicolumn{4}{c}{$Ni(CO)_4$ 的平衡浓度/%(摩尔分数)}			
77	0.78	0.93	0.97	0.99
102	0.48	0.82	0.89	0.94
127	0.12	0.63	0.77	0.85

另外,硫等元素是羰基镍生成反应的促进剂。所以,生成羰基镍的三个必要条件:低温、还原态镍和CO。

GCAD015 羰基镍生成条件

2)羰基镍的特性及其危害

羰基镍 $Ni(CO)_4$ 在常温下是一种无色透明的液体,其相对密度为1.31,沸点为43℃,显然,在甲烷化单元的工艺条件下,$Ni(CO)_4$ 是一种气态物质,极易挥发,且是一种剧毒物质。羰基镍对于甲烷催化剂的危害不同于硫、砷等的中毒作用,是因为 $Ni(CO)_4$ 是一种挥发性物质,$Ni(CO)_4$ 生成得越多,催化剂的活性组分挥发损失则越多,严重时将使催化剂活性明显降低,甚至完全失活。

在生产正常运行时,羰基化反应是不会发生的。羰基镍的生成反应主要发生在开停车时间,只要工艺条件控制适当,开停车阶段也可避免产生羰基镍。

还原态的催化剂在开车时,最好用氮气、氢气或氢氮混合气作为升温介质,升至250℃上再切换为工艺气。如无法用上述升温介质升温,也可直接用工艺气升温,但工艺气应是低变后脱碳气,而不能用高变后脱碳气,且升温速率应尽量加太,使床层温度快速达250℃以上。

停车以后,应在床层温度降至200℃以前,用氮气置换甲烷化炉,以清除可能存在的一氧化碳气体。

应杜绝羰基镍的人身危害事故,放空应尽可能在高空或送火炬,人员应远离放空点。如需入炉进行检查,则应对甲烷炉进行彻底置换,并采取相应的安全措施。

若发现甲烷化催化剂已发生羰基化反应,且其活性有所下降,则可用热处理法来恢复和提高其活性。其方法是将催化剂床层的温度提高到比正常温度高100℃左右,再观察和检测其活性恢复情况。如无明显恢复迹象,则应更换新催化剂。

(二)工艺条件

1. 温度

一般情况下,温度低对甲烷化平衡有利,但温度过低CO会和Ni合成羰基镍,而且反应速率慢。实际生产中温度低限应高于产生羰基镍的温度,高限温度受甲烷化炉材质的限制,一般控制在280~420℃。

2. 压力

甲烷化反应是体积缩小的反应,提高压力有利于化学平衡,反应速率加快,从而提高设备和催化剂的生产能力,在实际生产中甲烷化操作压力由合成氨总流程确定,通常随中低变和脱碳的压力而定。

3. 原料气组成

甲烷化反应为强放热反应,若原料气中CO、CO_2 含量高,易造成催化剂超温,同时使进入合成系统的甲烷量增加，所以要求原料气（$CO+CO_2$）≤0.7%。另外原料气水蒸气含量增加可使甲烷化反应逆向进行，并影响催化剂活性，所以原料气中水蒸气含量越低越好。

4. 空速

如果正常操作的空速大于设计值会加快催化剂衰退，实际生产中依据催化剂性能参数来确定合理的操作空速。如果出口气超标，又不能更换催化剂，可采用降低空速的办法来维持生产。

（三）甲烷化催化剂

CCCA015 甲烷化催化剂活性下降的原因分析

甲烷化催化剂分普通型和预还原型两类，甲烷化催化剂极易中毒，硫、氯、砷都可使其受到毒害而丧失活性且不可再生，它们对甲烷化催化剂的危害是累积性的，当气体中硫含量达 $0.1cm^3/m^3$ 时，可使甲烷化催化剂的寿命从 5 年缩短到 1 年以下。

甲烷化催化剂运行中是比较稳定的，使用寿命也比较长，但也可能因工艺条件的失控或波动（包括上游单元或自身的工艺条件）而发生运行事故。这些事故主要有超温、中毒和污染、生产羰基镍等。

1. 催化剂床层温度超温

进入系统的气体中碳氧化物的浓度超标，可能是由于低变系统的不正常运行或脱碳单元的故障而导致的超标。试验指出，当甲烷化炉入口气体中 CO 浓度每增加 1%，则由于反应热效应而使床层温度可上升 72℃，CO_2 每增加 1%，温升为 59℃。例如，当甲烷化炉入口气体中 CO 浓度从 0.4% 上升到 0.6%，CO_2 浓度从 0.1% 上升到 2% 时，则床层温度可上升：$72×(0.6-0.4)+59×(2-0.1)=126.5℃$。

虽然甲烷化催化剂具有较高的耐热性，能耐受短时间的高温冲击，但当这种高温冲击多次发生或超温时间较长，则可能使催化剂发生超温烧结而使活性下降，另外，当温度过高时，则可能对甲烷化炉的壳体产生不利影响，严重时甚至使壳体变形。

为防止甲烷化催化剂床层超温，应严格控制入口工艺气体中碳氧化物浓度，而其关键是保证脱碳单元稳定运行；甲烷化炉的超温联锁系统应投用，并保证其灵敏可靠，一旦出现超温，联锁及时动作，迅速切断工艺气入口阀；当工艺气停止进入甲烷化炉后，应开启炉后放开阀排放炉内残余气体，并向炉内通入氮气，进行冷置换。

还原态的甲烷化催化剂接触空气（或碳氧化物）时会发生自燃，应防止在较高温度下甲烷化催化剂与氧化性物质接触；系统停车后应进行氮气置换和保压。

2. 催化剂的中毒与污染

硫、砷及卤素都能使甲烷化催化剂发生中毒，这些毒物的量即使极微，也会大大降低催化剂的活性和寿命。甲烷化催化剂的活性温度比烃类蒸汽转化催化剂低得多，因而它对硫和硫化物更为敏感，其危害也大得多。甲烷化催化剂硫中毒后，即使用无硫气体进行吹扫和处理，催化剂活性也难于恢复。因此，甲烷化催化剂的硫中毒是永久中毒，其毒性是累积性的，当催化剂中硫含量达 0.5% 时，其催化活性则完全丧失。砷和卤素的毒性与硫相似，如催化剂中累积砷含量达 0.1% 时，则其催化活性完全丧失。对大型氨厂来说，由上游单元带入这些毒物的可能性极小，因此，甲烷化催化剂的中毒可能性很小，但也不能完全掉以轻心，应防止脱碳单元从外界带入硫等毒物，比如从化学药品带入，或由其他偶然因素而从外界带入人。

甲烷化催化剂最常见的污染性危害来自上游的脱碳溶液,随脱碳工艺气带入极少量脱碳溶液的雾沫、液滴是不可能完全避免的,少量脱碳液液滴对甲烷化催化剂不会造成明显的危害,但当脱碳单元运行不正常,工艺气严重带液时,则将对甲烷化催化剂产生严重危害。

脱碳液带入甲烷化炉后,一般是对上层催化剂产生直接危害,而下层催化剂则可能仍保持良好的活性,为此,可将上层催化剂卸出,再补入新催化剂,但这种处理方法的经济损失是显而易见的。

(四)事故判断与处理

1. 甲烷化设置温度高联锁的目的

(1)进入甲烷化系统中碳氧化物的浓度超标是导致甲烷化超温的主要原因,试验指出,当甲烷化炉入口气体中 CO 浓度每增加 1%,则由于反应热效应而使床层温度可上升 72℃,CO_2 每增加 1%,温升为 59℃。

(2)甲烷化设置温度高联锁作用主要有:

① 催化剂床层超温有时是很难控制住的,当温度超过催化剂所能允许的极限值时,催化剂受到大的热冲击,将造成催化剂活性的急剧下降,以致失活,俗称催化剂被烧坏;

② 由于甲烷化炉体设计温度为 472℃,超温后,甲烷化炉结构受到破坏,缩短其使用寿命;

③ 出口工艺气中的一氧化碳和二氧化碳含量升高,使合成氨催化剂中毒,活性下降。

(3)甲烷化调节温度的方法主要有:

① 通过工艺气入口温度控制阀调节;

② 控制低变出口工艺气中 CO 在指标范围;

③ 保证脱碳系统运行稳定,控制工艺气出口 CO_2 在指标范围内。

2. 甲烷化催化剂温度升高的处理方法

1)分析查看甲烷化催化剂温度升高的原因

甲烷化温度升高的原因:

(1)仪表假指示;

(2)低温变换出口 CO 含量超标;

(3)脱碳出口工艺气中 CO_2 含量超标;

(4)甲烷化入口温度高。

2)对分析的问题进行处理

(1)联系仪表对甲烷化的测温点进行检查确认,若是测温点有问题进行处理;

(2)若是低温变换出口 CO 含量超标,提高低温变换入口温度,提高低温变换的转化率,将低温变换出口的 CO 含量控制到指标范围;

(3)若脱碳出口工艺气中 CO_2 含量超标,提高脱碳系统的循环量,增加脱碳系统再生塔的蒸汽量,让脱碳液再生彻底,控制脱碳出口工艺气中 CO_2 含量在指标范围内;

(4)适当地降低甲烷化入口温度,将甲烷化入口温度控制到 270~280℃。

> ZCCB010 甲烷化催化剂温升高的处理方法

项目七 氨合成、氨冷冻及氢回收

一、工艺原理

(一)氨合成系统的工艺原理

1.合成氨概述

氨的合成是整个合成氨工艺流程中的核心部分,是合成氨厂最后一道工序。它的任务是在一定的温度、压力及催化剂存在的条件下,将精制的氢、氮气合成为氨,反应后气体中一般氨含量为10%～20%;将反应后气体中的氨与其他气体组分分离,得到液氨产品;将分离氨后的未反应气体循环使用等。因而氨合成工艺通常采用循环法生产流程。

ZCAB024 合成
反应的原理

ZBAB024 合成
反应的原理

2.氨合成反应原理

氨合成反应是放热和分子数减少的可逆反应,反应式为:

$$N_2+3H_2 \rightleftharpoons 2NH_3$$

此反应是可逆、体积缩小的放热反应,且在催化剂的作用下才能以较快速率进行。

3.合成氨工艺流程分类

在工业生产上,氨的合成反应是在高温、高压及催化剂存在的条件下实现的。目前,合成氨技术在不断改进,合成压力逐渐降低,流程设置趋于合理。主要流程有:凯洛格氨合成流程、托普索两塔三床废热锅炉氨合成流程、布朗三塔三废热锅炉氨合成工艺流程、伍德两塔三床两废热锅炉氨合成工艺流程。

氨的合成是整个合成氨装置流程中的核心部分。氨合成过程属于气固催化反应过程,反应在较高压力下进行。由于合成氨厂设备结构、压缩机型式、操作条件、氨分离的冷凝级数、热能回收形式以及各部分相对位置的差异,氨合成工艺流程不尽相同,但合成基本工艺步骤大致是相同的,都包括气体的提压、升温、氨的冷凝、分离、热能的回收等。

CCAC007 合成
单元生产的特点

BAC007 合成
单元生产特点

4.合成氨生产单元特点

(1)氨反应特点:氨合成反应为氢气、氮气在高温、高压、催化剂存在的条件下合成为氨。反应式为:

$$\frac{3}{2}H_2+\frac{1}{2}N_2 \rightleftharpoons NH_3 \qquad \Delta H=-46.22kJ \cdot mol^{-1}$$

该反应的特点为:可逆、放热、体积减小、催化剂存在。

(2)氨合成单元为高温、高压系统,其工艺流程中核心设备为氨合成塔,而合成氨催化剂的活性决定于氨转化率的高低。

(3)采用蒸汽透平驱动带循环段的离心式压缩机,气体不受油雾的污染。

(4)设锅炉给水预热器,回收氨合成的反应热,用于加热锅炉水,热量回收好。

(5)采用三级氨冷。氨合成塔压力较低为15.0MPa,冷凝后一次蒸发冷冻系数较大,功耗较小。

(6)放空管线设在压缩机循环段之前,此处惰性气体含量高,氨含量也最高,由于回收了放空气中的氨,对氨的损失影响不大。

（7）氨冷凝设在压缩机循环段之后进行，可以进一步清除气体中夹带的密封油等杂质。

5. 合成氨催化剂

近几十年以来，合成氨工业的迅速发展，在很大程度上是由于催化剂质量的改进而取得的。在合成氨生产中，许多工艺操作条件都是由催化剂的性质所决定。长期以来，人们对氨的合成催化剂作了大量的研究工作，其中以铁为主体并添加促进剂的铁系催化剂具有原料来源广、价廉易得、活性良好、抗毒能力强、使用寿命长等优点，获得了国内外企业的广泛应用。

ZBAB002 合成
催化剂的组成

1）催化剂的组成和作用

大多数铁系催化剂都是用经过精选的天然磁铁矿通过熔融法制备，是以铁的氧化物为主体的多组分催化剂，铁催化剂的活性组分为 α-Fe，作为促进剂的成分有 K_2O、CaO、MgO、Al_2O_3、SiO_2 等。

铁的氧化物还原前是以 FeO 和 Fe_2O_3 形式存在，其中 FeO 质量分数为 $24\% \sim 38\%$。据试验结果表明，当 Fe^{2+}/Fe^{3+} 约为 0.5 时，催化剂还原后的活性最好。这时 FeO/Fe_2O_3 的摩尔比约为 1:1，即 $FeO:Fe_2O_3 = 1:1$，相当于四氧化三铁的组成，成分可视为 Fe_3O_4，具有尖晶石结构。加入促进剂后，FeO 含量的变化对催化剂活性影响不大，但 FeO 含量增加能提高催化剂的机械强度和热稳定性。

氨合成催化剂的促进剂可分为结构型和电子型两类。在催化剂中，通过改善催化剂的结构而呈现促进作用的物质为结构型促进剂。可以使金属电子的逸出功降低，有利于组分的活性吸附，从而提高催化剂活性的物质，属于电子型促进剂。

（1）结构型促进剂 Al_2O_3、MgO 是结构型促进剂：

在催化剂制备过程中，Al_2O_3 能与 Fe_3O_4 形成固溶体，同样具有尖晶石结构；它均匀地分散在 α-Fe 晶格内和晶格间，当用氢气还原铁催化剂时，Fe_3O_4 被还原成 α-Fe，而 Al_2O_3 并未被还原，仍保持尖晶石结构，起到骨架作用，保持了催化剂多孔结构，防止了铁结晶长大，从而增加催化剂的比表面积，提高催化剂的活性和稳定性。例如：含 Al_2O_3 2% 的铁催化剂，比纯铁催化剂的表面积大十倍左右。但加入 Al_2O_3 后，会减慢催化剂的还原速率，并使催化剂表面生成的氨不易解吸。MgO 的作用与 Al_2O_3 相似。

（2）电子型促进剂 K_2O、CaO 是电子型促进剂：

K_2O 的加入能促进电子的转移过程，有利于氮分子的吸附、活化及生成物氨的脱附，从而提高催化剂的活性。另外还可以降低催化剂中 Al_2O_3，对氨的吸附作用。

2）催化剂的还原

（1）还原原理。

ZBAB006 氨合
成催化剂还原
的原理

氨合成催化剂在还原之前是以铁的氧化物（FeO、Fe_2O_3）形式存在，但铁的氧化物对氨合成反应没有催化作用，使用前必须经过还原，使铁的氧化物转变成金属铁（α-Fe）微晶才具有活性。

在工业生产中，最常用的还原方法是将制备的催化剂装填在合成塔催化剂床层内，通入氢、氮混合气，使催化剂中铁的氧化物被氢气还原成金属铁。还原反应为：

$$FeO(s) + H_2 \Longleftrightarrow Fe(s) + H_2O(g)$$

$$Fe_2O_3(s) + 3H_2(g) \Longleftrightarrow 2Fe(s) + 3H_2O(g)$$

还原反应为可逆吸热反应,还原过程所需热量除由氨合成反应热补充外,均由塔内电加热器或塔外加热炉提供。

（2）还原方法。

① 一般还原方法：一般还原方法是最常用的方法。

② 快速还原方法。

该法在催化剂升温还原过程中,当绝热层或绝热层上部催化剂还原基本结束后,及时提压,调整工艺条件,使氨合成塔一边生产氨,一边继续进行催化剂的还原。这样大大缩短催化剂的还原时间,节省合成系统开车费用等。

③ 预还原方法。

该法催化剂的还原是在氨合成塔外专用还原设备中进行。催化剂还原时能严格控制各项指标,因此还原后的催化剂活性较好、使用寿命长。预还原后催化剂再经度表面氧化即可卸出待用。使用催化剂前只需短时间稍微还原,即可投入正常生产,避免了在合成塔内不适宜的还原条件对催化剂活性的损害,从而相应提高了催化剂的活性。因此,使用预还原方法是提高催化剂活性、强化生产的一项有效措施。

3）催化剂的中毒和衰老

催化剂在使用过程中活性会降低,造成催化剂活性降低的主要原因是催化剂中毒和衰老造成的。

（1）催化剂的中毒。

ZCAB007 氨合成催化剂中毒原理

ZCAC021 影响合成催化剂中毒的因素

ZBAB007 氨合成催化剂中毒的因素

ZBAC021 影响合成催化剂中毒的因素

ZCAC019 碳氧化物对合成催化剂的危害

入氨合成塔的新鲜气,虽然经过了前工序原料气的净化处理,但精制气中仍然含有微量的有毒气体,导致催化剂缓慢中毒,活性降低。使氨合成催化剂中毒的毒物有：氧及氧的化合物、硫及硫的化合物、氯及氯的化合物、气体夹带的油类、铜氨液及高级烃类在催化剂上裂解析出的炭等。最常见的暂时毒物是气体中含有的少量 CO、CO_2、O_2,和水蒸汽等含氧化合物。当有大量 H_2 和催化剂存在时,所有含氧化合物都能迅速转化成水汽（H_2O）,而 H_2O 又很快分解成 H_2 和氧原子,后者立即被催化剂表面吸附,使 α-Fe 微晶绕结或引起晶面异变而失活；CO 转化成 CH_4 亦放出大量热；CO_2 还能与助催化剂 K_2O 反应而使其改性。$1cm^3/m^3 CO$ 和 $1cm^3/m^3 H_2O$ 的毒性相当,$1cm^3/m^3 CO_2$ 的毒性相当于 $2cm^3/m^3 H_2O$。换句话说,按氧原子计算的毒性是相同的。这类中毒是暂时的,当纯净的气体通过时可恢复活性。但这只是相对而言,事实上每经过一次中毒 α-Fe 微晶粒都改变一次,催化剂并不能完全恢复到最初的活性。特别是中毒次数多,时间长,毒物含量高,终将导致催化剂活性降低。

① 使催化剂暂时中毒的毒物：氧及氧的化合物,如氧气、一氧化碳、二氧化碳、水蒸等。

② 使催化剂永久中毒的毒物：硫及硫的化合物,如硫化氢、二氧化硫等；氯及氯的化合物；气体夹带的油类、铜氨液及高级烃类在催化剂上裂解析炭,堵塞催化剂微孔等。为此,原料气送往合成工序之前应充分清除各类毒物,以保证原料气的纯度。原料气中 CO 与 CO_2 的含量之和称作微量。一般要求大型氨厂微量小于等于 $10cm^3/m^3$,小型氨厂微量小于等于 $30 cm^3/m^3$。

（2）催化剂的衰老。

催化剂在长期使用时,不是因为接触毒物而活性下降就称为催化剂的衰老。

催化剂长期处于高温下操作、催化剂层温度波动频繁温差过大、气流的不断冲击而破坏了催化剂的结构等因素都会造成催化剂的衰老。当催化剂衰老到一定程度,就需要更换新的催化剂。

催化剂的中毒和衰老几乎是无法避免的,因此要尽可能地采用合格的原料气、精心稳定操作才能延长催化剂的使用寿命。

如上所述,氨合成催化剂的性能对合成氨生产有着很重要的影响,不断改进催化剂的性能、开发新型催化剂将具有重要的现实意义,研究发现,向催化剂中加入稀土元素钴、钌等,对于降低催化剂的话性温度、提高催化剂的活性,效果比较明显。

6. 空间速率

空间速率(简称空速)是指在单位时间里、单位体积催化剂上通过的气体量。若已知合成塔空间速率和进、出口氨含量及氨净值。氨净值是指合成塔进、出口氨含量之差。通过物料衡算可求得合成塔催化剂的生产强度和氨产量。氨合成催化剂的生产强度是指在单位事件内、单位体积催化剂上生成氨的量。氨合成反应是在催化剂颗粒表面上进行的,气体中氨含量与气体和催化剂表面接触时间有关。当反应温度、压力、进塔气组成一定时,对于既定结构的合成塔,提高空速也就是加快气体通过催化剂床层的速率,气体与催化剂表面接触时间缩短,使出塔气中的氨含量降低,导致氨净值降低。每小时、每立方米催化剂通过的标准立方米气体数是停留时间。

7. 工艺条件对氨合成反应速率的影响

1)压力对氨合成反应速率响的影响

在高压下进行氨合成反应,有利于提高氨的平衡浓度及反应速度,但化学平衡原理决定了无论如何不能使原料气百分之百地转化成氨。为此,合成工序采用了循环回路。由于合成系统中循环气体的体积流量较小,但设备的生产强度较大,因此,高压有利于液氨从循环气中分离出来。但由于选用高压强,对设备要求较高,所以也不能无限制地提高压力。

另外,选择操作压强的另一重要依据是原料气、循环气压缩功和分离液氨所用冷冻机械的功能(包括冰机和冷却水泵的功耗)。提高压力,氨净值提高,但原料气压缩功增加。不过,压力提高使得液氨易于分离,从而减少冷冻功耗,而且循环气量亦减少。日前国内合成氨生产系统,除个别以外,大多采用 15.0～32.0MPa 操作压力。一般来说,在 15.0～32.0MPa,总功耗和总费用都随着压力的增大而减少。

2)温度对氨合成反应速率的影响

合成气氨合成反应必须在催化剂作用下才能进行,而催化剂只有在一定的温度下才能显示出它的活性,而且温度太高还会破坏催化剂的结构,降低催化剂的寿命。因此,仅仅从催化剂的使用来考虑,就必须有一个温度范围。目前工业上使用的氨合成铁催化剂活性温度大体上存在 380～525℃。

3)合成气中氨含量对氨合成反应速率的影响

根据化学平衡理论,合成塔进口循环气中氨含量低,则催化反应速度高,生成的氨量大,从分离氨所需冷量大。不同操作压强的合成塔,选用的进口氨含量不同。对于操作压强较高的合成塔其平衡氨含量和催化反应速度均较高,进口的氨含量可以控制的高一些,这样对氨冷温度要求也以控制得高一些。对于操作压力较低的合成塔,平衡氨含量和催化反应速度都较低,为了保证生产能力和氨净值,合成塔进口气体中氨含量相应的控制较低,对氨冷温度就要求控制的低,所以分离氨所需冷量较大。

对于循环气量一定的情况,进口气体氨含量越高,合成塔内反应速度就越慢,而且气体每循环一次所分离出来的氨量就越小,生产能力越小。

CCAC019 惰性气体对氨合成反应的影响

4）惰性气体含量对氨合成反应速率的影响

惰性气体是指反应体系中不参与化学反应的气体组分。循环气体中惰性气体的含量若控制的较低,可以相对提高氢、氮气体的分压,有利于氨合成反应的平衡及氨合成反应的速度,即有利于提高合成塔的氨净值及产量。在氨的合成总压不变的条件下,惰性气体含量的升高,降低了氢气和氮气的有效分压,对平衡氨含量和反应速度均不利,惰性气体含量越高,氨合成率越低,功耗越高。但排放的气量过多,就会增加新鲜气的消耗量,损失原料气有效成分。如果循环气中惰性气体含量一定,则新鲜气中惰性气体含量增加时,由物料衡算关系可知,新鲜气消耗量随之增加。因此循环气中惰性气体含量,应根据新鲜气中惰性气体含量,操作压强、催化剂活性等条件而定。

5）氢氮比对氨合成反应速率的影响

合成氨的反应,氢氮比为3∶1时,可得最大氨平衡浓度,而且其他条件一定时,氢氮比为3时,可使氨合成反应的瞬间速度最大。

新鲜气的氢和氮除了绝大部分合成为氨外,有少量溶解于液氨中,还有一些因泄漏以及放空而损失。损失掉的氢气和氮气的比例不一定为3,因此为了保持进合成塔的原料气氢、氮比为3,就要根据回路中气体成分的变化来调节新鲜气中氢、氮气的比例。对于较低压力的合成系统而言,新鲜气氢、氮比保持为3最为合适,因为各个环节氢、氮损失量不大。

生产实践表明,控制进合成塔循环气中氢、氮比为3或接近于3较为合适,此时反应速度最快,产量亦最高。

6）空间速度对氨合成反应速率的影响

空间速度是指单位时间通过单位体积催化剂的流体体积。空速的大小意味着气体与催化剂接触时间的长短,在数值上,空速与接触时间互为倒数关系。一般说来,催化剂活性愈高,对同样的生产负荷,所需接触时间就愈短,空速就愈大合成塔所选用空速的大小,既涉及合成反应的氨净值、合成塔的生产强度、循环气量的大小,系统压力的大小,又涉及到反应热的合理利用。

当进塔气体、压强组成一定时,对于既定结构的合成塔,增大空速将使出口气体中氨含量降低即氨净值降低,催化剂床层中既定部位的氨含量与平衡氨浓度之差增大,反应速度也相应增大。由于氨净值降低的程度比空速增大的倍数要小,而合成塔的生产强度在增加空间速度的情况下有所提高因此可以增大空速。

ZBAC026 影响合成塔入口氨含量的因素

ZCAC026 影响合成塔入口氨含量的因素

8. 影响合成塔入口氨含量的因素

影响合成塔入口氨含量的因素主要取决于氨冷器的蒸发制冷量和氨分离器的效果。一般用氨冷器的液位控制以及氨冷器蒸发压力控制制冷量,使出氨冷器的循环气温度控制在 0~10℃,这样就可得到较适宜的进塔氨含量。

9. 合成气压缩机出口设置分离器的意义

合成气压缩机出口设置分离器主要是为了防止油污对合成催化剂的损害。合成气压缩机出口油分离器设置了液位"高"报警。在日常操作期间，为了防止合成塔进油以及分离器液位过高造成液阻，合成气压缩机出口油分离器导淋应当经常打开检查，间断排放。

10. 氢腐蚀的概念

合成氨装置的设备和管线在选材时，除考虑温度、压力外，还需考虑氢腐蚀。氢腐蚀是指氢渗透到钢材内部，使碳化物分解并生成甲烷，甲烷聚积于晶界微观孔隙中形成高压，导致应力集中沿晶界出现破坏裂纹的现象。

11. 活化能的概念

一个反应之所以需要时间，因为一般分子是未被激化的，这类分子互相碰撞后又离开，不产生变化，只有具有一定较高能量的分子才能进行化学反应，这个高出一般分子的能量就叫活化能。

12. 合成催化剂还原期间塔后管线加入氨的作用

氨合成催化剂还原前，需要将氨冷冻系统运行正常，并投用合成系统氨冷器并保持低负荷运行。还原期间就会产生一定量的水，水在氨冷器管束会结冰堵塞换热器，严重时会造成氨冷器损坏。为防止设备损坏，需在合成塔塔后加入液氨形成氨水，防止氨冷器损坏。氨合成催化剂升温至100℃时，投用水冷器，当升温至300℃时向氨冷器加氨。

13. 氨净值的概念

合成塔出口氨含量与进口氨含量的差叫氨净值。对于合成氨反应来说，进口氨含量越低越好。进口氨含量主要决定于氨冷温度和系统压力，受设备条件所限，一般会在 2.0~2.5% 之间。出口氨含量和空速的关系很大，空速大出口氨含量低、空速小出口氨含量高。可以说，对于一套成型的合成氨装置，在不降空速的条件下，氨净值越大越好。

影响氨净值的因素：

① 入塔气体成分（进口氨含量、H_2/N_2 比、惰性气含量）；

② 系统压力；

③ 空间速度；

④ 进口温度不变情况下，塔的出口温度；

⑤ 床层进口温度；

⑥ 水冷器及氨冷器的冷却效果。

14. 热点温度

1）热点温度的概念

对于高温、可逆、放热反应的工业氨合成反应器，催化剂床层内总有一点温度最高，而该点温度即称为热点温度。通常所说的热点温度是指上层催化剂距中心管75%处的热电偶中实际指示最高的点的温度。

2）热点温度控制

催化剂床层温度是合成塔操作控制的中心，而温度的调节主要是指热点温度。热点温度虽然只是催化剂一点的温度,但却能全面反应催化剂层的情况,催化剂层其他部位的温度随热点温度改变而应的变化,因此需严加控制。热点温度因催化剂的类型、不同时期的活性及操作条件的变化而有所不同。

催化剂使用初期,活性较强,热点温度可控制的低些,且热点的位置在催化剂的中部。催化剂使用后期,活性衰退,热点位置下移点温度就应适当提高,以加快反应速度。例如A106型催化剂,在使用初期为460~490℃,中期为490~510℃,末期为520~530℃。

15. 液氨塔前分离与塔后分离的优缺点

JBAC009 液氨塔前分离与塔后分离的优缺点

JCAC009 液氨塔前分离与塔后分离的优缺点

1) 液氨塔前分离的优点

(1) 塔前分氨,压力高,对氨的冷凝分离有利,分离度高,降低氨分离的冷量。

(2) 塔前分氨,避免了气体中带有油和水分进入合成塔,使催化剂中毒,有效保护了合成塔催化剂。

2) 液氨塔前分离的缺点

(1) 塔前分氨,产品氨中有可能带油,产品纯度低。而驰放气中的氨含量多增加了氨的损失,使驰放气的氨耗增加。

(2) 塔前分氨,循环气体量大,所需的压缩功耗增加,生产成本高。生产能力小。

3) 液氨塔后分氨的优点

(1) 压缩机能耗降低,有利于节能,生产能力大。

(2) 塔后分氨,弛放气的抽出更简单,而且驰放气中的氨含量少。

4) 液氨塔后分氨的缺点

(1) 需要增加分子筛除水,防止水进入催化剂,造成催化剂活性中毒。

(2) 塔后分氨,需要加油分离器,容易把油带入合成塔,影响催化剂活性。

5) 液氨塔前分离与塔后分离的比较

塔后分氨工艺在高低压缸之间增加了分子筛干燥系统,保护了设备。塔后分氨工艺的开车比塔前分氨工艺更方便。流程不同,分离位置不同。

（二）氨分离的原理

ZBAC022 氨分离的原理

ZCAC022 氨分离的原理

1. 氨分离的原理

根据气液平衡原理可知,液体的蒸发温度和饱和蒸汽压成互相对应的关系。氨的蒸发温度与饱和蒸汽压、汽化潜热间的关系,由表1-3-4可知,温度越低,蒸汽压越小;温度越高,蒸汽压越大。换句话说,在氨冷器中,通过控制蒸发压力,就可以获得一定的冷冻温度,实际生产中,正是根据合成塔对入口氨浓度的要求来决定氨冷温度,操作者是通过调节蒸发压力来满足这一温度要求的(当然,蒸发压力的调节必须受冰机性能的制约)。单位重量液氨气化时所需要的热量就是氨的气化潜热,也可以从表1-3-4中查到。在确定氨冷器的蒸发压力,也就是蒸发温度时,应考虑到氨冷器的传热温差,即蒸发温度总是比合成循环气的预期冷却温度要低几度,这个差值就是氨冷器的传热温差。例如,要求循环气在氨冷器中冷却到0℃,氨冷器的传热温差为8℃,则液氨应在-8℃下蒸发,蒸发压力为0.3165MPa。

表 1-3-4　氨的和饱气压、汽化潜热与温度的关系

温度/℃	饱和蒸气压/kPa	汽化潜热/(MJ/kg)	温度/℃	饱和蒸气压/kPa	汽化潜热/(MJ/kg)
-50	41.7	1.4129	5	525.9	1.2568
-45	55.6	1.3991	10	627.1	1.2412
-40	73.2	1.3853	15	742.7	1.2251
-35	95.0	1.3715	20	874.1	1.2098
-30	121.9	1.3576	25	1022.5	1.1939
-25	154.6	1.3437	30	1189.5	1.1781
-20	194.0	1.3298	35	1376.5	1.1618
-15	241.0	1.3158	404	1585.0	1.1449
-10	296.6	1.3015	45	1816.5	1.1270
-5	361.9	1.2870	50	2072.7	1.1089
0	437.9	1.2719			

　　液氨在氨冷器中蒸发,为合成循环气体提供"冷量",而其自身气化为气氨。在生产中必须把气氨重新液化为液氨,才能使冷冻液氨得到循环利用。如何使气氨重新液化,从表 1-3-4 可以知道,如果气氨仍保持其蒸发下的压力,则其冷凝温度(即蒸发温度)较低。很显然;普通的循环冷却水不可能达到这样低的温度。但如把气氨压力提高,由表可知,其冷凝温度将随着提高。当压力提高到一定值时,冷凝温度就可以高于普通冷却水的温度,也就可以用普通的水冷器将气氨冷凝为液氨。合成氨厂就是根据这一原理来设计冷冻循环系统的,即把冷冻氨的蒸发和冷凝,置于两个不同的压力等级下,使氨的相变较方便地产生循环。把气氨从蒸发压力提高到冷凝压力的任务由氨气压缩机即通常说的冰机来完成。很显然,整个氨的冷冻回路由下列部分组成:氨蒸发器即氨冷器→冰机→氨冷凝器→氨中间贮槽,中间贮槽中的氨再回到氨蒸发器,组成一个闭路循环。

　　冷冻回路的组成由下列几个因素来确定和选择:合成回路的压力、补充气的补入位置、产品氨是否进入冷冻回路。工艺流程中其他工序的氨冷冻量的多少等。合成压力低,要求入塔氨浓度低,产品氨要进一步净化,其他工序的氨冷负荷高等,则要求多级氨冷,产生较低的蒸发温度。反之,合成回路压力高,其他工序没有氨冷负荷,产品氨也不进入冷冻系统(仅氨罐的闪蒸汽进入冰机),则氨冷级数可较少,冷冻流程比较简单。以渣油为原料的厂,由于它的合成回路压力较高,补充气直接进入合成塔,冷凝分离温度较高,所以合成回路仅有一级氨冷。但是,由于低温甲醇洗等工段的氨冷负荷比较大,产品氨进入冷冻系统,所以它的冷冻回路也比较复杂,采用三级闪蒸。

　　氨罐内闪蒸出来的气氨和不凝性气体,一般情况下(即大冰机运行时)送入冰机对应的压力段。但另外必须设置两台小冰机,当大冰机停运时,可启动小冰机以控制氨罐的压力。

　　冷冻负荷(亦即冰机的压缩功耗)与下列因素有关:蒸发温度(也就是蒸发压力)越低,冷凝压力与蒸发压力的差值愈大,也就是冰机的压缩比愈大,冰机的压缩功耗也就愈大;氨的蒸发量越大,冰机负荷越大,压缩功耗也越大;氨冷器的传热效率越低,也就是传热温差越大,冰机的压缩功也越大。另外,在同样的负荷下,冰机分级分段压缩比单级压缩的功耗小,

分级越多,功耗越小。这是就冰机本身而言的,如果分级过多,其他辅助设备过分繁杂,也可能使总能耗增加,且给操作管理带来困难,所以分级也不能太多。

JBCA018 冰机出口压力低的原因分析

JCCA014 冰机出口压力低的原因分析

冰机出口压力低的原因:

① 防喘阀泄漏;

② 级间密封泄漏严重;

③ 入口压力低;

④ 入口温度高;

⑤ 轴端密封泄漏严重;

⑥冰机转速低。

JBCB026 冰机出口压力低的处理方法

JCCB014 冰机出口压力低的处理方法

冰机出口压力低时,压缩机调节是要升转速基准。检查防喘振阀是否有泄露。现场有无泄漏情况并及时处理。检查入口压力及温度,调整工艺指标在指标范围内。

冰机出口气氨冷却器换热效果下降后,也会造成冰机出口压力上升,为了保证冰机入口压力正常,必须提高机组转速,使能耗上升。

2. 冷冻系统排放不凝气的目的

GCAB024 冷冻系统排放不凝气的目的

在氨合成冷冻过程中,一定量的含有氢气、氮气、甲烷、氩等气体,在高压下溶解于液氨中。当液氨在储槽内减压后,溶解于液氨中的气体大部分会解吸出来;同时,由于减压作用部分液氨气化成为气氨,这种混合气工业上称为"储槽气"或"弛放气"。储槽气的组成约含氢气32%、氮气12%、甲烷6%、氩5%和氨气45%。此混合气体在储槽内会越积累越多,使压力升高,需要不断排放出去。排放出去的气体,一般利用氨吸收塔回收储槽气中的氨,回收后的气体(尾气),通常作为燃料使用,也可送往氢氮气压缩机一段入口,回收氢氮气。液氨解吸出所溶解的气体后,其纯度将显著提高。

气体在液氨中的溶解度,可用亨利定律近似计算,计算结果表明甲烷在液氨中的溶解度最大,其次是氩气、氮气和氢气,且溶度的随温度升高而增大,由衡理论的推断,上述气体在液氨中的溶解是吸热的过程。

GCAA004 冷冻能力的概念

3. 冷冻能力的概念

所有的冷冻循环都是按逆向循环工作的,逆向循环是消耗功的过程。

冷冻系数和冷冻量制冷效果一般用冷冻系数来衡量。冷冻系数是指在冷冻循环中,冷冻剂从低温热源吸取的热量 Q_L(也称冷冻量)与外界对工作介质所做机械功 A 之比,用 ε 表示。冷冻系数 ε 可表示为:

$$\varepsilon = \frac{Q_L}{A}$$

显然,冷冻系数 ε 越大,表示消耗单位机械功近获得的冷冻量越大,也就越经济。

冷冻量是指在一定条件下,冷冻剂蒸发时,从被冷物所取出的热量。而单位时间上的冷冻量称为冷冻能力。冷冻能力不仅与压缩机的大小、转数有关,还与蒸发器的操作条件有关。例如:蒸发温度越高、冷凝温度越低,制冷量越大,冷冻能力也就越大;反之,制冷量越小,冷冻能力也就越小。

逆卡诺循环的冷冻系数 $\varepsilon_\text{逆}$ 卡诺循环是两个高、低温热源不变时,卡诺循环(两个恒温可逆过程和两个绝热可逆过程)的逆向循环。卡诺循环对外做功最大,热机效率最高;

逆卡诺循环消耗功最小,两热源间冷冻系数 $\varepsilon_逆$ 最大。

逆卡诺循环的冷冻系数 $\varepsilon_逆$ 为:

$$\varepsilon_逆 = \frac{Q_L}{A} = \frac{Q_L}{Q_H - Q_L} = \frac{T_L}{T_H - T_L}$$

式中　T_L——冷冻剂从低温热源吸取的热量 Q_L 时的温度,即氨蒸发器的蒸发温度,K;

　　　　T_H——冷冻剂向高温热源放出热量 Q_H 时温度,即水冷凝器的冷凝温度,K。

由上式可知:逆卡诺循环的冷冻系数 $\varepsilon_逆$,仅与冷冻剂两热源的温度有关。提高 T_L、降低 T_H 都会使 $\varepsilon_逆$ 增大。因此,在合成氨生产过程中,为了降低冷冻循环所消耗功,提高冷冻系数,尽量提高氨蒸发器的蒸发温度、降低水冷凝器的冷凝温度。

4. 液氨的储存

在合成氨厂,由于氨的合成和氨的加工工序的不均衡性,过剩的产品液氨需要储存,并按消耗工序需要合理地供给所需液氨。因此氨厂需要设置液氨储罐,所需设备有:氨罐小冰机。

液氨储罐的操作压力主要取决于液氨的的温度。液氨的饱和蒸气压随温度的升高而增大,因此在较低的压力下储存液氨,必须降低液氨的温度;而在较高的储存液氨量,必须提高氨储罐的压力。液氨储罐为常压双壁储罐,双壁间填充珠光砂并充氮气保冷。

无论采用何种液氨储罐,液氨储槽内部都不能充满液氨,必须留有一定的空间,作为气氨的容积。否则,当液氨储罐液氨的温度升高,液氨膨胀后,由于液体的不可压缩性,会使液氨储槽压力升高二引起爆炸事故。所以,规定液氨储罐内储存液氨量,不允许超过容积的80%。氨储罐设有氨火炬,正常时由天然气供给常明灯燃烧,液氨储罐及氨库内的安全阀、放空阀排出的气氨、液氨都排到火炬中燃烧。

CBAC031 氨冷冻的原理

CCAC002 氨冷冻原理

5. 冷冻操作中的基本物理概念

任何热机均有两个热源,一个高温热源,一个低温热源,热量从高温源传给热机,从热机还要传给低温热源。两次之和(绝对值之差)即为热机对外所做的功(W)。冷冻机是热机的逆行,冷冻过程是从低温向高温传热,此过程不能自发的运行,因此必须加入外功来完成。

在两个温度极限间,理想热机循环的利用率最高,且过程是可逆的,若循环反向运行,则可逆循环为理想冷冻循环,产生的冷冻效用最高。由于冷冻条件不同,各种冷冻的效率也不同。为了比较差异,可以用冷冻系数 $\sum$ 来衡量。它是冷冻剂自被冷却介质中取出的热量与所消耗的外功之比。

$$\sum = \frac{Q_1}{-W} = \frac{-Q_1}{Q_1 + Q_2}$$

CBAC008 冷冻单元生产特点

CCAC008 冷冻单元生产的特点

6. 冷冻单元生产特点

(1)将合成工段送来的液氨再次闪蒸,释放溶解气,使液氨得到精制并送往尿素界区作原料;

(2)尿素停车时以-38℃的冷氨送往氨罐贮存,部分"热"氨送往中压氨罐贮存;

(3)以不同的温度、压力供空分、碳黑回收、甲醇洗和氨合成各系统冷却使用;

(4)回收冷冻蒸发的气氨,经氨压机压缩后,冷凝成液氨,循环使用。

7.冷冻系统升压注意事项

液氨的蒸发温度与饱和蒸汽压力有关,液氨的饱和蒸发压力越低,其蒸发温度越低。冷冻系统升压过程中,随着压力的升高应当及时调整好各闪蒸槽的液位,事先降低各闪蒸槽液位。

二、关键设备

(一)氨合成塔的分类

氨合成塔除了在结构上力求简单可靠并能满足高温、高压的要求外,在工艺力面必须使氨合成反应在接近最适宜温度条件下进行,以获得较大的生产能力和较高的氨合反率。同时力求降低合成塔的阻力,减少循环气体的动力消耗。目前,氨合成塔种类繁多,一般分为两大类。

(1)按降温的方法不同,氨合成塔分为三类。

① 冷管式。在催化剂层设置冷却管,反应前温度较低的原料气在冷管中流动,移出反应热,降低反应温度,并将原料气预热到反应温度。根据冷管的结构不同,分为三套管、单套管等。冷管式合成塔结构复杂,一般用于直径为 500~1000mm 的中、小型氨合成塔。

② 冷激式。将催化剂分为多层(一般不超过 5 层),气体经每层绝热反应后,温度升高,通入冷的原料气与之混合,温度降低后再进入下一层。冷激式结构简单,但加人未反应的冷原料气,降低了氨合成率,一般多用于大型合成塔,近年来有些中、小型合成塔也采了冷激式。

③ 间接换热式。将催化剂分为几层,层间设置换热器,上一层反应后的高温气体,进入换热器降温后,再进入下一层进行反应。此种塔的氨净值较高,节能降耗效果明显。

(2)氨合成塔按气体在塔内的流动方向不同可分为两种,分别为径向塔和轴向塔。

① 径向合成塔。

气体沿半径方向流动的称为径向塔,如托普索 S-200 径向中间换热式氨合成塔等。径向合成塔最突出的特点是气体呈径向流动,路径较轴向塔短,而流通截面积则大得多,气体流速大大降低,故压降很小。当使用 1.5~3.0mm 的小颗粒催化剂时合成塔体积相应较小,全压降约为 0.25MPa,催化剂利用率和塔的生产能力均较高,大大降低了循环机的功耗。

② 轴向合成塔。

气体沿塔轴向流动的称为轴向塔,如 Kellogg(凯洛格)四层轴向冷激式氨合成塔等,而 Kellogg 轴向合成塔的全塔压降为 0.7~1.0MPa。轴向合成塔最突出的特点是用冷激气调节床层温度,操作方便;省去许多冷管,结构简单可靠、操作平稳;合成塔筒体与内件上开设人孔,装卸催化剂时不必将内件吊出,催化剂装卸也比较容易;外筒密封缩口处,法兰密封易保证。

过去,中、小型氨厂一般采用冷管式合成塔;近年来开发的新型合成塔,塔内既可装冷管,也可采用冷激,还可以应用间接换热,既有轴向塔也有径向塔。一种综合型氢合培一种发展的趋势,得到广泛应用。

径向塔的优点:气体呈径向流动,流速远较轴向流动为低,其压力降低较小,催化剂的生产强度较大,结构简单;径向塔的缺点:气体分布不易均匀。

轴向塔的优点:各层出口温度依次递减,操作线比较接近最适宜温度线。轴向塔的缺点:气流速度大,压力降较大,结构复杂。

(二)氨合成塔的结构

氨合成塔是合成氨生产的重要设备之一,作用是在一定条件下,使精制气中氢氮混合气在塔内催化剂床层中合成为氨。

JBBA004 合成塔的结构

JCBA004 合成塔的结构

氨合成反应是在高温、高压条件下进行的。在高温高压条件下,氢、氮气对碳钢设备有明显的腐蚀作用。特别是氢对碳钢的腐蚀十分严重。造成腐蚀的原因:一种是氢脆,即氢溶解于金属晶格中,使钢材在缓慢变形时发生脆性破坏;另一种是氢腐蚀,即氢分子或氢原子渗透到钢材内部,使碳化物分解并生成甲烷。

$$Fe_3C+2H_2 \Longrightarrow 3Fe+CH_4$$
$$2H_2+C \Longrightarrow CH_4$$
$$4H+C \Longrightarrow CH_4$$

反应生成的甲烷聚积于晶界微观孔隙中形成高压,导致应力集中,沿晶界出现破坏裂纹,有时还会出现鼓泡。氢腐蚀与压力、温度有关,温度超过 221℃、氢分压大于 1.43MPa,氢腐蚀开始发生,从而使钢的结构遭到破坏,机械强度下降。在高温高压下,氮与钢中的铁及其他很多合金元素反应生成硬而脆的氮化物,导致金属力学性能降低。

为了满足氨合成反应条件,合理解决氨合成塔在高温、高压条件下,氢氮气对碳钢设备的腐蚀,氨合成塔一般是由内件和外筒两部分组成,内件置于外筒之内。

进入合成塔的气体温度较低(一般低于50℃),先经过内件与外筒之间的环隙,内件外面设有保温层,以减少向外筒散热。因而,外筒主要承受高压,但不承受高温。可用普通低碳合金钢或优质碳钢制成的壳体。在催化剂层高温下操作(400~500℃),承受着环隙气流与内件气流的压差,一般仅为 1~2MPa,即内件只承受高温、不承受高压,从而可降低对内件材质的要求,一般用镍铬不锈钢制作。

GBAC028 合成催化剂床层分段设置意义

(三)氨合成塔层间换热器

氨合成是放热反应,氨合成反应的最适宜温度是随氨含量的升高而逐渐降低的,如果不及时移走反应热就会使合成塔内温度越来越高,对氨的生成是不利的,催化剂和设备也不允许这样。因此,最适温度要随着反应的进行而降低,而实际情况正好相反。为了解决这个问题,合成催化剂床层分段设置。当反应进行到一定程度后,再设法使之冷却,然后在较低的温度下进行第二阶段的反应,反应与冷却交替进行。将催化剂床分段,并在段间进行冷却,分段越多,则实际温度曲线越接近最适宜温度曲线。

GCAC029 合成催化剂床层分段设置的意义

GCAC013 合成塔内设置层间换热器的意义

设置层间换热器,可以在入塔气体温度控制较低的情况下,保证进入催化剂床的气体温度达到反应温度,这样可以使塔壁处在相对低的温度条件下,另一方面,可以有效地移走反应热使实际反应温度更接近最适宜温度。

(四)氨合成塔的种类

大型氨厂合成塔种类繁多,这里主要介绍常见凯洛格型轴向塔及托普索的径向塔。

1)托普索氨合成塔

托普索公司最早推出双层径向冷激型塔,即 S-100 型塔,如图 1-3-9 所示。气体从塔顶接口进入,向下流经内外筒之间的环隙,再进换热器管间;冷副线由塔底封头接口进入。

二者混合后沿中心管进入第一段催化剂床层。气体沿径向呈辐射状，自内向外流经催化剂层后进入环形通道，在此与塔顶接口来的冷激气相混合，再进入第二段催化剂床层，从外部径向向内流动。然后由中心管外环形通道集气并下流，经换热器管内由塔底接口流出塔外。

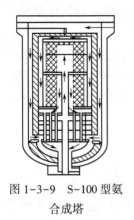

图 1-3-9　S-100 型氨合成塔

20 世纪 70 年代后期，托普索公司改进了原两段径向结构设计，用冷气提温换热的托普索 S-200 型内件，如图 1-3-10 所示，代替原有层间冷激的 S-100 型内件。由于取消了层间冷激，不存在因冷激而降低氨含量的不利因素，使合成塔出口氨含量提局 1.5%~2%，节约合成气循环功和冷冻功的消耗。使用 S-200 型内件比原 S-100 型内件约可节能 0.6GJ/tNH$_3$。

托普索 S-200 型有两种式样：一为带下部换热器的形式，反应热在塔外锅炉给水预热器中回收；另一为不带下部换热器的形式，出口高温气体先经高压锅炉产生高压蒸汽后再进反应气体预热器。

托普索 S-200 合成塔虽比 S-100 优越，但因系两段绝热式，

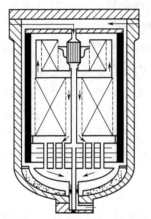 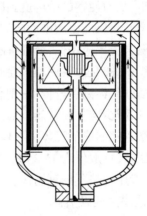

图 1-3-10　托普索 S-200 型氨合成塔简图

若进一步提高氨净值，将受到两段床层温度升高的限制。

气体流向：大部分气体(约占总量的 70%)由塔顶主进气口两侧进入，经催化剂筐与外筒之间的环隙向下流动，冷却外筒，同时气体温度亦升高并进入下部热交换器管间，与下层出气换热，再与由塔底进入的冷副线气混合以调整上层入口温度在 400℃左右，然后进入中心管。气体沿中心管向上流动，经双层多孔圆筒进入上层。径向向外通过床层后温度升高到约 500℃，再经外筒的多孔圆筒到床层外面的环形通道。在此和塔顶来的冷激气混合以调整下层入口温度在 400℃左右。径向向内通过床层后温度升高到 480~500℃，再经内侧的双层多孔圆筒，由中心管外面向下流动。最后进入下部热交换器管程温度降至 325℃从塔底流出。

托普索径向合成塔阻力小，可使用小颗粒催化剂，催化剂利用率和塔的生产能力均较高，压缩机的功耗较低，而且结构简单，检修方便，是目前世界上大型氨厂普遍采用的塔型之一，总生产能力仅次于前述凯洛格瓶式轴向成塔而居第二位。径向塔的问题是气体在催化

剂床的流通截面变化,催化剂利用不够均匀和充分,装卸催化剂较难,容易造成气体走短路,由于塔体细长而需较高的框架。

2)凯洛格氨合成塔

20 世纪 70 年代,中国引进以天然气为原料的大型氨厂中,使用的是凯洛格公司的多层轴向冷激塔,如图 1-3-11 所示。

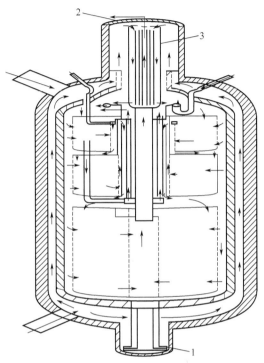

图 1-3-11 凯洛格轴向冷激式氨合成塔
1—主进气口;2—出口;3—换热器

气体流向:气体有塔底接管进入,经催化剂筐和外筒之间的环隙,向上流动以冷却外筒,在穿过缩颈部分,再向上流经换热器与上部外筒之间的环隙以保护这部分外筒。然后从换热器壳体顶部进入换热器壳程,自上而下流过,与反应后的气体换热后,再从换热器壳体底部的槽孔流出,顺次通过四层催化剂。为了调节各层温度,在进入每层前都与冷激气体混合。第一层的冷气管叫冷副线,下面三层叫作冷激线。这些管子直接从外筒和内筒的缩颈部分引入。

经过催化剂床层后的气体,进入六边形的集气管,汇合后进入中心管,自下而上一直通过换热器的管程最后从顶部膨胀节流出塔外。

凯洛格型合成塔结构简单,操作稳定,装卸催化剂容易,法兰的密封也容易保证。这些都是它的优点,但是由于是缩口封头,内件制成安装后不能再取出来,更换也非常困难,检修时外筒内壁腐蚀情况不能检查,此外,由于内件不能取出,在运输、安装方面困难也比较多。

合成塔内件全部采用镍铬不锈钢。这种钢可抗高温下的氢腐蚀,所以在进行水压试验时要求采用氯离子小于 $2cm^3/m^3$ 的脱盐水,在开工以前以及运转过程中均需避免带入氯离子。

JBBA019 合成
废热锅炉结构

（五）合成废热锅炉结构

废热锅炉是指利用工业过程中的热量来产生蒸汽的设备，主要包括锅炉本体和汽包。锅炉有时还包括蒸汽过热器、给水预热器等。

1. 管壳式废热锅炉体

特点：管壳式废热锅炉在结构上与管壳式换热器相似。其特点是结构紧凑，生产强度大，单位换热面积的金属耗量少，适应的气体介质和操作条件较为宽广，故合成氨厂的废热锅炉大多采用管壳式结构。

2. 列管式废热锅炉

列管式废热锅炉有普通型和薄管板型两种结构。前者实际上相当于普通列管式固定管板换热器，通常为火管型。它的特点是阻力小，结构简单，制造方便。后者是指管板为椭圆形、碟形或平薄板形的绕性管板废热锅炉。它的特点是管板厚度比普通型管板薄，在操作条件下管板本身的温差应力较小，挠性变形比较容易。普通型因其管板及管头焊缝的承载强度大，能适应高温气体的特性，在合成氨厂广为采用。薄管板型的管束兼有支撑作用，需要承受管板上的压力载荷和热膨胀载荷，管束与管板的连接焊缝应力很大，这类废热锅炉的损坏几乎都发生在这个连接焊缝处。因此除了近期国外开发的超加强型薄管板废热锅炉以外，在合成氨厂中很少采用。

3. 立式废热锅炉

这种锅炉垂直安放如图 1-3-12 所示为凯洛格型天然气蒸汽转化法二段转化气的第二废热锅炉。为列管式固定管板火管型结构。来自二段转化炉后第一废热锅炉的 593℃ 高温转化气，从底部管箱进入管程，与壳程的锅炉水换热，气体被冷至 371℃ 左右从顶部管箱出去，锅炉水被加热到 314℃，产生 10.6MPa 的水、汽混合物，从壳体上端流出，经上升管进入汽包，水、汽经分离后产生高压蒸汽输出。

锅炉壳体内径为 1194mm，内布 750 根 25.4mm×3962mm 长的换热管，正三角形排列，管

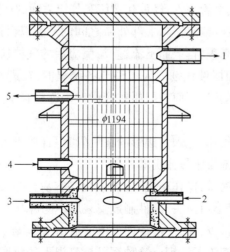

图 1-3-12　立式废热锅炉

1—转化气出口；2—转化气进口旁路；3—转化气进口；4—给水进口；5—蒸汽出口

间距35mm,换热管与管板的连接采用胀、焊联合结构。壳体与管板、管箱与管板以及各进出口管的连接均采用焊接,仅管箱端盖采用可拆卸的螺栓连接。高温气体进口管及管箱内侧均衬有泡沫混凝土保温层和不锈钢保护板,以降低其壁温。该管箱还设有旁路接管,当操作负荷波动时,便于调节出口气体的温度。壳体与管板采用焊接结构可以避免大直径高压密封,而管箱端盖的可拆卸连接是基于气体压力较低,采用榫槽面配1Cr13金属垫密封能够满足要求。这样的结构设计是较为合理的。壳体上部还设有水堰槽,以保证汽、水混合物对上管板的润湿和冷却,防止管板的温度升高。鉴于壳体壁温和管子壁温间的平均温差只有25℃,壳体未设膨胀节,结构较为简单。与高温转化气直接接触的主要元件均采用1.25Cr-0.5Mo钢,间接接触的采用0.5Cr-0.5Mo钢。

4. 卧式废热锅炉

卧式废热锅炉实际上是一台水平放置的列管式固定管板换热器,它具有列管式换热器的共同特点,与立式废热锅炉相比,管板的冷却条件更好,更便于操作和检修,但占地面积比立式要大。图1-3-13是中国早期引进的ICI天然气蒸汽转化法的二段转化气火管型废热锅炉,压力为1.5MPa,860℃的高温转化气不经急冷直接从一端进入管程,与壳程的锅炉水进行热交换,气体冷却到400℃左右从另一端流出,锅炉水被加热后产生2.5MPa的中压蒸汽,产汽量约13t/h。

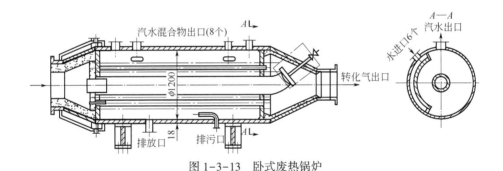

图1-3-13　卧式废热锅炉

卧式转化气废热锅炉的壳体、管箱和换热管材质均采用焊接性能较好的20g,使用情况一直良好。过去曾使用18-8不锈钢管板和13CrMo44换热管,这类异种钢的焊接性能较差,投用后发生过管子与管板连接焊缝的开裂事故。

（六）组合式氨冷器

JBBA018 组合式氨冷器的结构

组合式氨冷器是由多个蒸发压力相同的氨冷器组合而成的换热器,内部套管环隙是出合成塔的循环气,通常的工艺流程为从高压水冷器过来的合成气,进入左管箱(热端管箱)的环隙通道腔,由换热管的环隙通道从左向右流动,首先被壳程第一腔内的液氨冷却降温;壳程第二腔内的液氨压力比第一腔低,故第二腔内液氨的蒸发温度比第一腔低,合成气经过壳程第二腔的位置时,又被第二腔内的液氨冷却降温;第三腔内液氨的压力比第二腔更低,合成气经过第三腔的位置时,再次被第三腔内的液氨冷却降温。此时,合成气中氨组分绝大部分已经冷却液化,然后汇集到右管箱(低温端管箱)的环隙通道腔,含有液氨的合成气离开右管箱的环隙腔进入氨分离器,使液氨与气体分离。然后使分离后的气体再回到右管箱的中心通道腔,由中心通道从右向左流动,用于冷却环隙通道内的合成气,其目的是回收气体的冷量。分离后的气体汇集到左管箱的中心通道腔后,送入循环气压缩机返回合成工段。

组合式氨冷器是一台多股流换热器,管程为高压,换热管由同心的外管和内管(中心管)组成,内管将外管内的空间分隔为径向的中心通道和环隙通道两部分。壳程为氨蒸发室,为了获得更低的合成气冷却温度,将氨蒸发室轴向分隔为三个独立的蒸发腔,具体的结构如图图 1-3-14 所示。

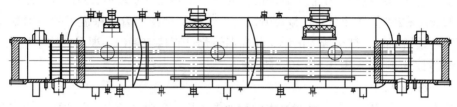

图 1-3-14　组合式氨冷器结构图

在合成氨系统中采用组合式氨冷器可以减少占地面积,节约投资,减少系统的阻力降,降低动力消耗和冷却水耗,并减少污染排放。冷冻系统检修时可以通过组合式氨冷器的安全阀旁路进行泄压,将系统内少量的液氨蒸发至火炬系统。

三、正常操作

ZCAB013 合成系统升压注意事项

(一)氨合成单元正常操作

ZBAB013 合成系统升压注意事项

1. 合成系统升压注意事项

合成塔升压时要保证合成系统畅通,防止系统局部憋压,损坏设备。升压期间严格控制升压速率小于 0.2MPa/min。升压速率过快,可关小升压阀门或打开排惰气阀门控制升压速率。

GCAC007 入塔气中H_2/N_2比对氨合成反应的影响

2. 合成单元入塔气的控制要点

实际生产中,氢氮比控制在 2.8～2.9 为宜。入塔气体中氢氮比过高或过低,都会使氨合成反应速率减慢、系统压力升高,应根据氢、氮比变化的趋势及时调节;同时注意压力、温度的变化,控制在工艺指标内。调节的方法如下:

(1)关小塔副阀或减少循环量,保持催化剂层温度不下降。

(2)联系压缩工序减送气量或适当加大放空量,防止压力过高。然后与有关工序联系,按要求调节好氢、氮比。

(3)在特殊情况下可增加放空气量,以排出系统中一部分氢、氮比配比不好的气体,同时补入合格的新鲜气加快调节速率。

(4)当循环气量较大、惰性气体含量较高时,氢、氮比可控制在指标的上限等。

3. 合成催化剂的还原

一般还原方法是最常用的方法,此法催化剂升温还原操作包括:还原准备工作、还原操作及注意事项三个部分。

1)还原前准备工作:

(1)氨水计量槽及回收管线处于备用状态;

(2)做好分析水汽浓度、氨水浓度等的准备;

（3）做好仪表、电气的检查工作；

（4）准备好防水用具、防毒面具等用品；

（5）循环机处于备用状态；

（6）系统置换合格（$O_2 \leqslant 0.2\%$）、试压合格；

（7）确认合成气循环建立，合成塔暖塔合格；

（8）冷冻系统运行正常，氨注射泵备用。

催化剂升温还原操作通常由升温、还原初期、还原主期、还原末期、轻负荷运转五个阶段组成。不同型号的催化剂还原时开始出水温度、大量出水温度、还原最高温度各有所不同如表 1-3-5 所示。

表 1-3-5　A 型催化剂还原温度与出水温度的关系

型号	开始出水温度/℃	大量出水温度/℃	最高还原温度/℃
A106	375～385	465～475	515～525
A109	330～340	420～430	500～510
A110	310～320	390～400	490～500

2）以 A110 为例说明还原操作过程

（1）第一阶段：升温阶段（常温至 320℃、6MPa）。

① 系统充压，用合格的精制气由冷凝塔充压阀充压到约 6MPa。

② 应开阀门：合成塔主线阀、氨分离器放氨阀等。应关阀门：新鲜气入口阀、循环机进出口阀、系统近路阀、合成塔副线阀、加氨阀等。

③ 启动一台循环机、启动电加热器或电炉，以 30～40℃/h 的速率进行升温。

④ 温度升至约 100℃时开水冷器冷却水；启动氨注射泵向合成系统加氨，升至约 300℃时向氨冷器加氨；冷凝温度降至约 0℃时，氨分离器试放水一次；升至 320℃时逐渐增加循环量，相应增加电加热器负荷直至加满为止，然后用循环量调节炉温。

（2）第二阶段：还原初期阶段（320～390℃、6～10MPa）。

① 氨合成塔尽量采用高空速，使还原后的金属铁（α-Fe）微晶活性高。为提高空速、增加循环量，可采用塔前补入新鲜气，塔后放空。

② 温度升高至水汽浓度超标，放水量激增时，应停止升温，恒温恒压。

（3）第三阶段：还原主期阶段（390～490℃、10～15MPa）。

① 适当提高压力、控制较低的惰性气体含量、采用适宜的氢氮比，充分利用反应热。

② 升温升压不得同时进行，避免催化剂床层温度波动。

③ 将产出氨水送出装置；

④ 严格按升温曲线进行升温还原，防止催化剂床层超温，当合成达到反应温度时，逐渐降低加热炉负荷；

⑤ 根据氨水浓度停氨注射泵。

（4）第四阶段：还原末期阶段（490～500℃、6～10MPa）。

① 催化剂床层热点温度达 500℃时，应逐渐提高床层下层温度接近 500℃，并恒温约 6h。

② 当催化剂还原度>95%、水汽浓度降低至<1.0g/m³，视为催化剂升温还原工作结束。

（5）最后阶段：轻负荷运转阶段（约460℃、≤20MPa）。

① 催化剂升温还原完毕后，将催化剂床层热点温度以<5℃/h 的速率降至正常操作温度约460℃。

② 逐渐升压至较高压力作轻负荷生产。

3）还原注意事项

（1）要严格控制升温速率和水汽浓度。升温速率必须慢和稳，升温速率<50℃/h，以防止气体中水汽浓度过高。水汽浓度是还原时的主控指标，水汽浓度<2500cm³/m³。

（2）要严格控制催化剂床层轴向（铅垂）、径向（同一平面）的温差。轴向温差<80℃、径向温差<10℃。

（3）循环气量（进塔气量）必须大于安全打气量。

（4）循环气中气氨含量≥1%（此时所得氨水浓度>25%以上，凝固点<-35℃，防止氨冷器中结冰）。

ZBAC020 合成催化剂温度控制要点

（5）要控制升温升压不能同时进行，即升温不升压、升压不升温，防止催化剂床层温度波动大等。

ZCAC020 合成催化剂温度控制要点

4. 合成催化剂温度控制方法及温度控制要点

氨合成催化剂温度控制方法比较多，通过调节合成塔副线阀、循环气量、新鲜气成分、惰性气体含量（驰放气大小）、塔进口氨含量、合成塔激冷阀开度调整氨合成塔催化剂温度。

ZBAC028 合成催化剂温度控制方法

合成塔操作中的主要温度控制点有：合成塔催化剂床层温度（包括入口温度和热点温度）、合成塔进出口气温度、塔壁温度等。

ZCAC018 合成催化剂温度控制方法

1）催化剂床层温度

催化剂床层温度是调节控制的关键，主要在于合理分配主线、冷副线、激冷线的气体流量。

第一催化剂床层的入口温度主要由冷副线加以调控，使其入口温度稳定在380~400℃；对于活性高的新催化剂，温度控制得稍低一些，活性稍差的催化剂，则可适当提高入口温度。但是即使是刚刚投用活性很高的新催化剂，入口温度也应高于其活性温度20℃以上，否则，一旦系统稍有波动，引起入口温度降低，很可能会影响合成反应的稳定进行，甚至完全停止反应。

第二床层的入口温度主要由进入床层换热器的冷却气流量加以调节，一般设定在410℃。

床层入口温度调控和设定适当，则床层热点温度可控制在适当的范围内，第一床层热点温度一般在510℃左右，且不应超过520℃，第二床层热点温度为470~480℃。

2）合成塔进出口温度

合成塔出口温度受到出口管材和锅炉水换热器设计温度的制约，出口温度的控制范围为320~330℃；出口温度与入口温度、氨净值等因素有关；控制合成塔入口温度，可使出口温度控制在上述范围内；合成塔入口温度利用热-热换热器的旁路阀加以调节，入口温度一般控制在130~140℃；合成塔出口和进口的温度差可以反应塔内氨合成反应的合成率，即对于这一绝热系统,进出口温差是氨净值的反应。根据生产经验,氨净值每增加1%,绝热温升为14.5~15℃(一般估算时可取14.7℃)。

ZBAC025 氨合成废热锅炉电导控制要点

ZCAC025 氨合成废热锅炉电导控制要点

GCAC027 优化合成操作的方法

3)氨合成废热锅炉

废热锅炉的控制指标主要包括水的硬度、含氧量、pH值、电导率等。电导高一般采用连续排污。

5. 优化合成操作的方法

氨合成反应是一个可逆、放热、体积缩小的反应,由质量守恒定律和平衡移动原理可知:温度升高,不利于反应平衡向正方向进行,但能加快反应速率。压力愈高愈有利于反应平衡向正方向进行,并能加快反应速率。氢氮比含量越接近3:1越有利于反应向正方向进行。触媒不影响反应平衡,但可以加快反应速率。

1)温度

氨合成反应必须在催化剂环境,要有在一定的温度下才能大量反应,而且温度太高会破坏催化剂的结构,降低催化剂的寿命,影响其活性。因此,催化剂的使用就必须有一个温度范围。工艺操作时必须控制好合成塔各层的温度,各段温度相差10℃左右(从上到下递降),让整个合成塔内温度分布达到理想要求。另外要保证合成氨冷器出口温度在正常指标范围内,确保气氨的有效冷凝和分离。

2)压力

氨合成反应在高压下进行,提高压力即提高了氨的平衡浓度及反应速度,但化学平衡原理决定了无论如何不能使原料气百分之百地转化成氨。为此,合成工序采用了循环回路。由于合成系统中循环气体的体积流量较小,但设备的生产强度较大,因此,高压有利于液氨从循环气中分离出来。提高压力,氨净值提高,但原料气压缩功增加,不过,压力提高使得液氨易于分离,从而减少冷冻功耗,而且循环气量亦减少。但操作压力提高对设备要求较高,所以也不能无限制地提高压力。

3)入塔气中氨含量

根据化学平衡理论,合成塔进口循环气中氨含量低,则催化反应速度高,生成的氨量大,从而分离氨所需冷量大。不同操作压强的合成塔,选用的进口氨含量不同。对于操作压强较高的合成塔,其平衡氨含量和催化反应速度均较高,进口的氨含量可以控制的高一些,这样对氨冷温度要求也就可以控制得高一些。对于循环气量一定的情况下,如果进口气体氨含量越高,合成塔内反应速度就越慢,而且气体每循环一次所分离出来的氨量就越小,生产能力小。

综合考虑,30.0MPa的合成系统一般将进塔气中氨含量保持在4%就可以了,而对于15.0MPa的合成系统,把进塔气体的氨含量降低到2%才最好。

4)惰性气体含量

惰性气体的存在将降低设备的生产能力,如果采取提高系统压力和加大循环气量的办法来补偿,又将导致功耗的增加。惰性气体的含量控制的较低,可以相对提高氢、氮气体的分压,有利于氨合成反应的平衡及氨合成分应的速度,即有利于提高合成塔的氨净值及产量。但排放的气量过多,就会增加新鲜气的消耗量,损失原料气有效成分。为了减少排放时有效气体的损失,应将排放位置选在在惰性气体含量最高,而氨含量最低的地方,循环气进入压缩机循环段之前排放惰性气体。

5）氢氮比的影响

合成氨的反应，氢、氮比为3时可得最大氨平衡浓度，而且氨合成反应的瞬间速度最大。新鲜气的氢和氮除了绝大部分合成为氨外，有少量溶解于液氨中，还有一些因泄漏和放空而损失，同时合成塔床温的波动，对氨合成反应也会有影响，综合这几个因素，氢、氮比例不一定为3。因此，为了保持进合成塔的原料气氢、氮比为3，就要根据回路中气体成分的变化来调节新鲜气中氢、氮的比例。

CBAC029 合成副产中压蒸汽温度控制方法

6. 合成副产中压蒸汽温度控制方法

合成副产中压蒸汽温度的调节方法有：调节废热锅炉工艺气旁路、调节蒸汽温度调节阀、调节合成塔出口合成气温度。

JBAD008 正常停车的主要程序

7. 正常停车的主要程序

1）正常停车的主要程序

合成氨装置属于高温高压生产工艺，停车过程稍有不慎，极易造成介质泄漏和废气污染，环保管理难度较大。对此在停车过程中要进行停车情况分析，优化停车前期准备方案，抓住防止环境污染的各类因素，抓住关键环节确保装置零排放。在停车过程加强巡查，及时纠正不规范的操作行为，有效避免可能造成的污染物的跑、冒现象。在停工、退料、及置换等关键环节专业管理人员严格对影响环境各类因素进行识别评估，建立现场安全环保管理办法和应对措施。编制停工操作手册和难点指南，用可操作性管理措施助推现场"零污染"。为防止低点放空少量污染物造成滴漏，现场配管引入废水槽，堵住污染物落地的漏洞。另外减少停车环境污染，还要严格管理现场。在停车过程中，要进行现场全覆盖管理，将安全环保责任分解到岗位，从阀门到管线、机组到塔器设备，人人头上有排放任务指标，全面形成严格的绿色管理氛围。

装置正常停车主要内容包括以下内容：

（1）停车的组织、人员与职责分工。

（2）停车的时间、步骤、工艺变化幅度、工艺控制指标、停车顺序表及相应的操作卡。

（3）装置的隔绝、置换、吹扫、清洗等操作规程。

（4）装置和人员安全保障措施和事故应急预案。

（5）装置内残余物料处理方式。

（6）停车后的维护、保养措施。

JCAD007 停车过程减负荷的顺序

2）停车过程减负荷的顺序

加负荷：先加蒸汽，再加原料气，燃料气，最后加空气。减负荷：先减燃料气，空气，再减原料气，最后减蒸汽。按以上的顺序增减生产负荷，是为了保证一段炉不超温，并有足够的转化率，特别是为了防止炉管积碳。确保水碳比大于3.5∶1。再就是保证原料气与空气的比不能过低，空气量过剩会使二段转化炉催化剂床层超温。

JBAD009 正常停车过程降低能耗的方法

8. 正常停车过程降低能耗的方法

部门要做好停车过程的计划准备工作，提高员工的操作技能，避免操作不当造成不必要的浪费等。停车过程主要的降低能耗的做法，①合成装置停车过程中反应系统停车后，如果不是长期停车，尽量减少泄压，保压恒温确保催化剂床层温度，降低向火炬系统排放量。

②系统保压防止热量损耗,最后将作为驰放气送入一段炉做燃料气。③将氨冷器气相阀门关闭,防止液氨蒸发。

9. 停车过程防止环境污染的因素

合成氨装置属于高温高压生产工艺,停车过程稍有不慎极易造成介质泄漏和废气污染,环保管理难度较大。对此在停车过程中要进行停车情况分析,优化停车前期准备方案,抓住防止环境污染的各类因素,抓住关键环节确保装置零排放。在停车过程加强巡查,及时纠正不规范的操作行为,有效避免可能造成的污染物的跑冒现象。在停工、退料、及置换等关键环节专业管理人员严格对影响环境各类因素进行识别评估,建立现场安全环保管理办法和应对措施。编制停工操作手册和难点指南,用可操作性管理措施助推现场"零污染"。为防止低点放空少量污染物造成滴漏,现场配管引入废水槽,堵住污染物落地的漏洞。另外减少停车环境污染,还要严格管理现场。在停车过程中,要进行现场全覆盖管理,将安全环保责任分解到岗位,从阀门到管线、机组到塔器设备,人人头上有排放任务指标,全面形成严格的绿色管理氛围。

JBAD007 停车过程防止环境污染的因素

10. 合成系统停车注意事项

合成单元减负荷需注意以下事项:减负荷期间速度要缓慢,各岗位要相互配合;在前系统间负荷期间要调整合成塔各床层温度,调整前可适当提高合成塔催化剂床层温度,防止垮塔;注意调整合成副产蒸汽压力,控制蒸汽温度在正常范围内;调整好氨分离器液位以及冷冻系统的负荷;按照新鲜气量调整合成气压缩机转速以及防喘振阀开度,主要压缩机防止喘振。

GBAD009 合成单元减负荷注意事项

GCAD008 合成单元减负荷的注意事项

合成系统停工需要对合成塔或废锅等设备进行检修,为了加速催化剂降温,因在压缩机运行期间使用合成气进行快速降温。首先降低合成系统、压缩机负荷,压缩机防喘振阀打开;开大合成塔激冷阀,时刻注意降温速率在操作规程要求范围之内;当床层温度将至要求范围内,通知现场停合成气压缩机;打开合成塔后放空阀进行对系统泄压;压力泄至低于置换氮气压力时,通知空分岗位合成系统通氮气对催化剂进行置换、降温;降温合格后,合成催化剂充氮气进行保护。

CCAD019 氨回路停车降温方法

11. 氨合成系统停车降温

(1)氨回路正常降温

① 联系相关工段切除驰放气;

② 联系相关工段将加氢由合成气压缩机段间供给改至外单位供给;

③ 合成气压缩机降转速,工艺气在压缩机入口放空;

④ 减少合成新鲜气用激冷阀增加冷激量和循环量配合对催化剂床层进行降温,降温速率控制在 $45\sim50℃/h$;

⑤ 降温期间逐渐降合成气压缩机转速,同时压力维持在 8MPa;

⑥ 合成系统降温,降压期间尽量将各分离罐的液位降职最低,但要防止窜压;

⑦ 当合成塔床层温度热点温度降职 $350\sim400℃$ 时合成塔封塔。

(2)如发生紧急停车,合成塔封塔,氨回路自然降温。

ZBAD009 合成系统停车后的处理法

12. 合成系统停车后的处理方法

合成系统停车操作分为长期停车、短期停车和紧急停车。合成系统长期停车是指

ZCAD009 合成系统停车后的处理法

停车后,系统需要进行检修的停车。停车前逐渐关小氨冷器加氨阀,直至关闭,停车时应将氨冷器中的液氨用完;逐渐减负荷,直至关闭新鲜气补充阀;将氨分离器及冷交换器中的液氨排完,关闭放氨阀;废热锅炉气体出口温度降温至100℃时,关蒸汽出口阀及开倒淋阀排水;按40℃/h的降温速率,逐渐降低催化剂层温度,当温度降至100℃时,停电加热器,停循环机,让其自然降温;开启合成塔后放空阀,系统逐渐卸压,卸压时不得使气体倒流;关闭冷却水上水阀、回水阀;用氮气进行系统置换,直到可燃气体含量小于0.5%为合格;关闭合成塔进出口阀;系统内通入氮气,使塔内保持正压。

合成系统紧急停车是指停车后在短期内可恢复生产,系统保温、保压的停车。停车前适当提高氢氨比;压缩机逐步减负荷,直至停止导气,关补充新鲜气阀、开新鲜气放空阀、控制新鲜气总管压力;关氨冷器加氨阀、废热锅炉加水阀、蒸汽出口阀、排污阀;

合成系统短期停车是指出现应急状态下的紧急停车。关闭新鲜气补充阀,开新鲜气放空阀;压缩机紧急停车;关氨冷器加氨阀、冷交换器放氨阀、氨分离器放氨阀、废热锅炉加水阀。

13. 合成催化剂降温方法及保护方法

ZBAD007 合成催化剂降温方法
ZCAD007 合成催化剂降温方法

合成系统长期停车期间,对合成催化剂进行降温操作。调节塔冷副气量如:开大塔冷气副阀,不经塔下部热交换器预热的气量增加,使进入冷管气体的温度降低,催化剂床层入口温度降低,因而催化剂床层温度也降低,热点温度必然降低。调节冷激气量冷激气的直接加入,则催化剂床层温度就会下降,同时氨的合成也会降低。

ZBAD011 合成催化剂的保护方法
ZCAD011 合成催化剂的保护方法

合成催化剂的保护方法:催化剂使用时,必须精心操作,尽量避免催化剂床层各点温度的波动。同时,要尽量保持原料气纯净,充分除去各种毒物。如毒物超过指标,必须降低负荷或停产。尽量避免将液氨,润滑油带入催化剂床层。

系统开、停车,加、减、量、升、降温及升、降压时,均应注意避免造成操作条件的剧烈波动。合成塔升、降压速率应低于2MPa/分,催化剂升、降温速率应控制在20~30℃/h以内。

合成系统停车检修时,如合成塔不检修必须注意保护催化剂,一般采用充氮($N_2 \geq 99.9\%$)的方法。保证合成塔有微正压,以防止空气进入塔内将催化剂烧结。

14. 液氨分离器的介绍以及操作中的注意事项

GBAB020 液氨分离器操作中注意事项
GCAB020 液氨分离器操作中的注意事项

氨合成塔出来的高压合成气中的氨需要从高压合成气中分离出来,其方法就是通过降低合成气温度,使其中的气氨转化为液氨,液氨从高压合成气中分离出来。工业生产中实现液氨分离的设备就是氨分离器。氨分离器的结构有多层同心圆筒式和填充套筒式等形式。多层同心圆筒式氨分离器由高压筒体和内件两大部分组成。内件由四层同心圆筒组成,圆筒壁上沿径向开有很多长方形孔,且每层孔的位置相互错开,使气体穿过各层圆筒时改变方向,增加气体停留时间。带有液氨的混合气由筒体上部侧面进入,沿筒体及套筒的环隙向下流动。当气体出环隙到达筒体中部时,流速降低,气体中颗粒较大的液氨因重力作用而下降。气体即从内件最外层圆筒上的长方孔进入,顺次曲折流经第二、三、四层。由于气体不断改变方向及与圆筒壁撞击,则有更多的液滴被分离,较小的液滴也会凝聚长大,都沿着圆筒流下。分离后的高压混合气体从中心圆筒上部出去经筒体上部侧面流出。分离下来的液氨积存在分离器底部,通过排出阀门控制排入氨槽。填充套管式分离器是在高压外套里面套入一圆筒形内套,内套的外壁绕有螺旋式导向管,内部装有拉西铁环填料,待分离的高压合成气由顶部顺内外筒的环隙沿导向管盘旋而下,至分离器底又折流而上,经填料阻挡后从上部流出。在上述流动过程中,液氨因重力及填充物填料的阻挡滴至器底,完成液氨与高压混合气体分离。

在实际操作过程中要避免氨分离器液位过高或者过低,液位过高会使合成气压缩机带液,造成压缩机停车,液位过低会造成高压窜低压的危险,所以在操作过程中要注意氨分离器的液位,避免发生事故。

合成液氨分离器设置了液位"高高"联锁,是日常工艺操作中一个重要的参数。一般情况下提高氨合成压力,降低液氨冷凝温度是有利于合成系统液氨分离的。

（二）氨冷冻单元正常操作

1. 冷冻系统设置冷热态模式的意义以及操作要点

比较冷、热两种模式的流程和能耗,热模式具有流程简单、能耗低的优点,而冷模式流程复杂,在实际操作中,由于液氨泵需要长期运行,该泵易损坏,增加检修费用,且冷氨需要加热后才能送往尿素,增加了低压蒸汽的消耗。在冷模式运行状态下,气氨生产量较多,使一部分气氨在氨受槽中通过惰性气体放空阀排放,从而增加了氨耗。

液氨泵在启动前应由低温液氨对泵体及其入口管线进行冷却,将气化的气氨全部排出泵体外,否则会造成氨泵气缚使机泵无法正常运行,或者启动后氨泵不打量。

合成氨的主要用户就是尿素装置,当合成氨产量低但尿素装置用氨量大时,合成氨必须通过液氨罐区的液氨泵输送。当合成氨产量大,尿素装置不能完全将合成冷冻在热模式下运行,尿素装置不能完全将合成冷冻系统送出的热氨消化掉,因此氨受槽多余的热氨需通过手阀送往氨库,在这种运行状态下氨冷冻压缩机负荷较高。

2. 优化冷冻单元开车操作

冷冻单元主要任务是将氨合成单元的成品液氨经氨压机多级减压(一般为三级),最终将液氨温度降低至-34℃左右,送至氨库储存;并且为其他单元提供冷量。

优化冷冻单元开车首选要优化冷冻单元开车时间。冷冻单元开车时间较早,就会造成原料的浪费。冷冻单元开车期间调节要缓慢,尤其在冷冻压缩机开车期间,冷冻压缩机转速要缓慢增加,避免因冷冻系统压力波动造成氨冷器及氨受槽液位大幅波动。冷冻压缩机过临界期间可适当降低氨受槽液位,防止因冷冻压力降低造成氨受槽液位上涨过快造成联锁。尿素装置运行期间尽量使用热模式向尿素供氨,以减少冷冻单元负荷,降低能耗。

冷冻系统在检修后用氮气进行系统置换后还需要用氨气进行置换,待取样系统中氨气含量在90%以上置换合格,冷冻系统氨气置换时通常是通过安全阀旁路放空的,冷冻系统在引氨必须在仪表阀门正常投用后进行。冷冻系统接入的氨是罐区加压送来的常温液氨。

3. 氨冷冻单元优化操作

冷冻单元主要是将合成30℃左右的液氨经多级减压(一般为三级),将液氨温度降低至-34℃左右,送至氨库储存;并且为前工序的物料提供冷量。

冷冻单元调整期间要缓慢,开车期间压缩机转速缓慢增加,避免因冷冻系统压力波动造

CBAC030 氨分离器液位控制注意事项

CCAC029 氨分离器液位控制的注意事项

ZBAC023 冷冻系统设置冷热态模式的意义

ZCAA008 液氨泵启动前冷却排气的目的

ZBAC024 冷冻系统冷热模式操作要点

ZCAC024 冷冻系统冷热模式操作要点

JBAB004 优化冷冻单元开车操作方法

JCAB004 优化冷冻单元开车操作方法

CBAA006 引氨的条件

CCAA006 引氨条件

GCAC024 优化冷冻单元操作的方法

成氨冷器及氨受槽液位大幅波动。压缩机过临界等大浮动操作前,可适当降低氨受槽液位,防止因冷冻压力降低造成氨受槽液位上涨过快造成联锁。尿素装置运行期间使用热模式向尿素供氨,以减少冷冻单元负荷,降低能耗。

ZBAD008 冷冻系统停车后处理的注意事项

ZCAD008 冷冻系统停车后处理的注意事项

4. 冷冻系统停车后工艺处理的注意事项

冷冻系统停车操作分为长期停车、短期停车和紧急停车。冷冻系统长期停车是指停车后,系统需要进行检修的停车。停车前确认氨合成系统、低温甲醇洗系统、空分系统已停车,装置氨冷器使用单元将氨冷器退出;关闭液氨送氨冷器阀门;冷冻开启冷模式,将冷冻系统内的液氨转移至氨库内;氨冷器内的液氨靠本系统回温将氨冷器内的液氨转移至氨库;氨受槽、氨冷器的液位降至最低后停压缩机;现场停冷、热氨泵;打开系统排放阀门对系统泄压。

冷冻系统短期停车是指停车后在短期内可恢复生产,保压的停车。停车前适当降低氨冷器、氨受槽液位;压缩机逐步负荷,压缩机转速降至临界转速后通知现场停压缩机;现场停冷、热氨泵;关闭进氨冷器加氨阀。

冷冻系统短期停车是指出现应急状态下的紧急停车。关闭向氨冷器加氨阀;现场停冷、热氨泵。

ZCAD010 冷冻系统排液的途径

冷冻系统液氨排放一般在系统需要置换交出及装置停车时进行。排放时首先选择要排放的设备,按照操作规程将液氨排放至储槽。在排放少量液体时,首先确认排液流程,确认排放点位置安全,周围设警戒线,排液点位置一般可选择各氨冷器导淋、氨泵等导淋进行排液。

ZBAD012 氨系统置换的注意事项

ZCAD012 氨系统置换的注意事项

5. 氨系统置换的注意事项

氨系统置停车后,如果需要检修,必须将氨收集槽内残余的氨排尽。卸压后联系相关岗位接入氮气进行吹扫置换。氮气可从合成的那个系统同氮气通入冷冻系统进行置换,也可直接从冷冻系统通入氮气进行置换。置换要注意不能使设备超压;注意氮气排放点,不留死点、盲点。将氮气逐个送入氨冷器,进行置换;置换各个氨泵;置换氨冰机;现场打开调节阀旁路;现场打开安全阀旁路;对系统各个排液阀进行置换;氮气置换排放点要集中除氨处理,置换结束后在各个置换点导淋处取样分析,分析可燃气含量小于 0.2% 为合格。

CBAD013 氨系统置换的方法

6. 氨系统置换的方法

(1)液氨储罐充氮置换:

① 打开液氨存储罐管路阀门,导通氮气吹扫至液氨储罐管路;

② 打开氮气吹扫阀、氮气至液氨存储系统手动阀,向液氨存储系统内充入氮气,将压力升至 0.1MPa;

③ 将压力降至 0.02MPa,再打开氮气吹扫阀将压力升至 0.14MPa;

④ 将压力降至 0.02MPa,再打开氮气吹扫阀将压力升至 0.14MPa;

⑤ 打开液氨存储罐氮气出口取样阀,用测氧仪检测系统内氧含量是否合格(小于 3%);

⑥ 若氧含量合格,将系统压力稳至 0.1MPa 左右保压,备用;若氧含量不合格,重复第④步骤,并用测氧仪检测系统各处氧含量,直至氧含量合格为止(小于 3%)。

(2)液氨蒸发、输送系统及管道的充氮置换：

① 打开液氨蒸发、输送系统及管道阀门,导通氮气吹扫至液氨蒸发、输送系统管路；

② 打开氮气吹扫阀、氮气至液氨蒸发、输送系统手动阀,向液氨蒸发、输送系统内充入氮气,将压力升至 0.6MPa(检查重新改造部分的气密)；

③ 将压力降至 0.1MPa,再打开氮气吹扫阀将压力升至 0.3MPa；

④ 打开液氨蒸发、输送系统出口取样门,用测氧仪检测系统内各点氧含量是否合格(小于 3%)；

⑤ 若氧含量合格,将系统压力稳至 0.3MPa 左右保压,备用；

⑥ 若氧含量不合格,重复第(3)步骤,并用测氧仪检测系统各处氧含量,直至氧含量合格为止(小于 3%)。

<small>CCAD013 氨系统置换方法</small>

四、异常处理

(一)氨合成系统异常处理

1. 氨净值低的原因分析及处理方法

1)氨净值低的原因分析

(1)入塔氨含量高：

① 而入塔氨含量取于氨的冷凝和分离程度,即取决于系统压力和冷凝温度,系统压力越高低,冷凝温度越高,则入塔氨含量越高。

② 合成系统惰性气体含量越高,合成塔入口氨含量越低。

(2)出塔氨含量低：

① 出塔氨含量取决于催化剂的活性,合成塔催化剂的活性越低,出塔氨含量越低；合成塔催化剂暂时性中毒或永久性中毒,造成合成塔出口氨含量越低；合成塔催化剂床层发生断流或偏流造成合成塔出口氨含量降低。

② 合成塔的设计不能满足同等负荷下氨合成反应,造成合成塔出口氨含量降低。

③ 空速高则出塔氨含量降低,相应氨净值降低。

④ 合成系统压力低或合成塔床层温度低,则合成塔出口氨含量会降低。

⑤ 氢、氮比失调会导致合成塔出口氨含量降低。

<small>GBCA017 氨净值低原因分析</small>

<small>GCCA010 氨净值低的原因分析</small>

2)氨净值低的处理方法

(1)适当提高系统压力和冷凝温度,降低合成塔入口氨含量；

(2)加强合成系统惰性气体的排放,减少合成塔入口的惰性气体的含量；

(3)控制合成系统的空速,空速越低,合成塔的氨净值越高；

(4)控制前系统一氧化碳和二氧化碳的含量,防止合成塔催化剂的暂时性中毒；

(5)适当的提高合成塔催化剂床层温度,提高合成塔出口的氨含量；

(6)利用检修的机会对合成塔催化剂进行更换,提高合成塔催化剂活性；

(7)控制好合成塔入口的氢、氮比在 2.8~3.0。

<small>GBCB025 氨净值低处理方法</small>

<small>GCCB010 氨净值低的处理方法</small>

2. 产生氢脆的原因

氢脆的原因很多,一般认为有以下几种：

<small>JBBA007 产生氢脆的原因</small>

<small>JCBA008 产生氢脆的原因</small>

（1）在金属凝固的过程中，溶入其中的氢没能及时释放出来，向金属中缺陷附近扩散，到室温时原子氢在缺陷处结合成分子氢并不断聚集，从而产生巨大的内压力，使金属发生裂纹。

（2）在石油工业的加氢裂解炉里，工作温度为 $300 \sim 500{}^{\circ}\mathrm{C}$，氢气压力高达几十个到上百个大气压力，这时氢可渗入钢中与碳发生化学反应生成甲烷。甲烷气泡可在钢中夹杂物或晶界等场所成核，长大，并产生高压导致钢材损伤。

（3）在应力作用下，固溶在金属中的氢也可能引起氢脆。金属中的原子是按一定的规则周期性地排列起来的，称为晶格。氢原子一般处于金属原子之间的空隙中，晶格中发生原子错排的局部地方称为位错，氢原子易于聚集在位错附近。金属材料受外力作用时，材料内部的应力分布是不均匀的，在材料外形迅速过渡区域或在材料内部缺陷和微裂纹处会发生应力集中。在应力梯度作用下氢原子在晶格内扩散或跟随位错运动向应力集中区域。由于氢和金属原子之间的交互作用使金属原子间的结合力变弱，这样在高氢区会萌生出裂纹并扩展，导致了脆断。另外，由于氢在应力集中区富集促进了该区域塑性变形，从而产生裂纹并扩展。还有，在晶体中存在着很多的微裂纹，氢向裂纹聚集时有吸附在裂纹表面，使表面能降低，因此裂纹容易扩展。

（4）某些金属与氢有较大的亲和力，过饱和氢与这种金属原子易结合生成氢化物，或在外力作用下应力集中区聚集的高浓度的氢与该种金属原子结合生成氢化物。氢化物是一种脆性相组织，在外力作用下往往成为断裂源，从而导致脆性断裂。

（5）工业管道的氢脆现象可发生在实施外加电流阴极保护的过程之中：现阶段为了防止金属设备发生腐蚀，一般大型的工业管道都采用外加电流的阴极保护方式，但是这种方式也能引发杂散电流干扰的高风险，可导致过保护，引发防腐层的破坏及管材氢脆

CCCA019 合成
氨催化剂中毒
的原因分析

3. 氨合成催化剂中毒的原因

氨合成催化剂随着运行时间的增加，活性会逐渐下降，催化剂活性下降的主要原因是中毒和衰老。

1）合成催化剂的中毒

氨合成催化剂的毒物主要有氧及氧化物、硫、砷、磷和氯等杂质。氨合成催化剂对上述毒物非常敏感，极少量的这些物质对催化剂的活性能产生明显的影响。

（1）含氧物：

氧和含氧化合物如 H_2O、CO、CO_2 等是最常见的氨合成触煤的毒物。水蒸气和金属铁起反应，使活性金属铁重新氧化为氧化铁：

$$Fe+H_2O \Longrightarrow FeO+H_2$$

上述反应是氧化反应和还原反应同时存在的可逆反应，铁的反复氧化和反复还原，会促进铁的微晶结构的长大，从而使催化剂活性下降。影响氨合成催化剂中毒程度的因素有催化剂在含氧毒物中的运行时间以及含氧物的浓度和反应温度有关。如果催化剂在含氧物中操作时间很短，则毒害作用是暂时的、可逆的，因而用纯净的气体（指不含氧及氧化物）通过床层，触煤的活性可完全恢复。如果在含氧的毒物的气氛中操作时间较长，反复的氧化还原，就会产生部分永久性中毒，含氧毒物的浓度愈大，中毒的程度愈深，活性下降愈大。中毒的程度还与操作温度有关，操作温度高，催化剂铁晶粒长大速度加快，催化剂的永久性中毒

程度加大。

在有大量氢气和活泼催化剂存在的两个条件下,所有的碳氧化合物都迅速反应生成 H_2O,就是甲烷化反应:

$$CO+3H_2 \rule[0.5ex]{2em}{0.4pt} CH_4+H_2O$$
$$CO_2+4H_2 \rule[0.5ex]{2em}{0.4pt} CH_4+2H_2O$$

试验表明,如以氧为基准,这些化合物的毒性是大致相同的,即 $1mL/m^3$ 的氧、$1mL/m^3$ 的 CO_2、$2mL/m^3$ 的 CO 和 $2mL/m^3$ 的 H_2O 的毒性是相同的。

因此,为了保护氨合成催化剂,合成气的最终净化度应严格要求,合成气中微量 H_2O、CO、CO_2 等可通过冷冻回路或分子筛吸附将其全部除去,但 CO 难于除尽。

(2)硫、磷和砷:

硫、磷、砷及它们的化合物是比含氧物更有害的毒物。因为这些毒物一旦被催化剂吸入后,就与催化剂紧密结合在一起,生成比氧化物更稳定的表面化合物,中毒作用一般是不可逆的。在通入纯净的合成气体后,催化剂的活性难以得到较大程度上的恢复。

当气体中有中有微量硫时,就能使催化剂表面积硫。当催化剂的某些表面积硫后,被硫复盖的表面或吸附了 H_2S 的表面,就丧失了吸附氮的能力。另外,硫与氧一样,催化剂恬性越高,毒物的毒害作用越大;温度低,中毒的可能性比温度高时大得多。

合成气中这些毒物一般是极少或不存在的,但有时也可能带入合成系统,如脱碳溶液、催化剂粉尘中就可能含有这些毒物,操作中应加防范。

(3)其他毒物:

氯和氯化物也能与催化剂中的碱金属作用,生成 KCl 等物质,从而使催化剂中的助催化剂减少或失去,使催化剂的活性降低。

2)催化剂的衰老

氨合成催化剂长期在较高温度下运行,催化剂的微小晶粒会逐渐长大和合并,活性表面减少,活性逐渐降低。这就是氨合成催化剂的热衰老。催化剂的热衰老是无法完全避免的,因此只能设法减缓这种衰老的进程。控制催化剂床层的温度是个关键,操作温度过高,时常出现超温,都会加剧催化剂衰老的速度。新催化剂使用初期应适当降低反应温度,随着活性的下降可慢慢提高床层的温度,以延长催化剂的使用寿命。含氧物会使催化剂出现反复氧化和还原,前面已经讲过,虽然这是一种在一定程度上的可逆中毒,但是,反复氧化还原会加剧催化剂衰老的速度,因此要尽量防止含氧物进入合成塔。

4. 实际生产中空速过大的危害

(1)提高空速,意味着循环气量的增加,整个系统的阻力增大,使得压缩机循环段功耗增加。

(2)出口氨含量降低,分离液氨对温度的要求就高,亦即需要降低分离冷冻温度,而且由于循环气量的增加,冰机的负荷也要加大。

(3)合成氨反应是放热反应,依靠反应热来维持床层温度。任何一种氨合成塔都是利用离开催化剂床层的气体来预热进塔气体,使之达到开始反应的温度。预热的低限叫起燃温度。若空速过大进塔气体没有预热至起燃温度就进入床层,有可能使整个反应停顿下来的危险。

5. 合成系统压力升高的原因分析及处理

ZBCA013 合成塔压力升高的原因分析

GCCA011 合成系统压力升高的原因分析

ZCCA013 合成塔压力升高的原因分析

氨合成系统压力升高的原因主要有以下几点：系统增加负荷，进入合成系统工艺气量增加，造成合成系统压力升高；入合成塔工艺气中氨含量增加，氢氮比失调，催化剂中毒或活性下降，造成氨转化率下降循环气量增加，合成系统压力随之升高；系统惰气含量高以及降低循环气量即较小空速也会造成合成系统压力升高。

ZCCB018 合成塔压力升高的处理方法

ZBCB018 合成塔压力升高的处理方法

出现合成塔压力升高，排查原因进行处置，提高氨冷器负荷，降低循环气出口温度降低入合成塔合成气中的氨含量；打开排惰阀，对合成系统进行排惰气；调整氢氮比；降低装置负荷。

6. 合成系统循环气中惰性气体高的原因分析及处理方法

GBCA016 循环气中惰性气体高原因分析

GCCA016 循环气中惰性气体高原因分析

以天然气转化工艺生产的合成氨，氨合成系统需要定期排惰，做好合成系统排惰有利于合成反应的进行，在系统排惰过程中不仅排出惰性气体氩气和甲烷外，还有氢气、氮气以及少量的氨气。采用液氮洗装置的合成系统，通常排惰量很少，甚至无排惰。如果合成系统排惰不及时就会造成大量惰气积累。造成合成系统惰气含量升高的原因主要为液氮洗工况不稳，出口工艺气中甲烷和氩气含量上升；合成催化剂暂时中毒，产生大量甲烷。合成气中惰性气体含量的升高，降低了氢气和氮气的分压，对平衡氨含量和反应速度均不利，惰性气体含量越高，氨合成率越低，功耗越高。

GBCB024 循环气中惰性气体高处理方法

GCCB019 循环气中惰性气体高的处理方法

合成氨回路中绝大部分惰性气体通过合成氨弛放气排出，合成系统排出的惰性气体可送往火炬系统也可送至吹出气系统。在排放的高压循环混合气中，除惰性气体外，不可避免地排出占比高的有效氢气、氮气，和少量的氨气。为提高企业的经济效益，合成氨厂惰气中的氢多被回收利用，增产氨产量。弛放气中 Ar 和 CH_4 含量已占相当高的比例，如果在氢回收技术方面有所改进，尽量降低从弛放气中提取的氢气中惰性组分的含量，也可以降低合成氨系统中惰性组分的浓度。

目前，国内外从弛放气中回收氢，并已经工业化的方法主要有以下 3 种，即深冷冷凝法、膜分离法、变压吸附法（PSA 法），这 3 种方法可回收合成氨弛放气中大部分氢，提高氢的利用率是合成氨厂提高经济效益的有效方法。

7. 工艺气系统压力波动的原因分析及处理方法

GCCA015 工艺气系统压力波动的原因分析

GBCA015 工艺气系统压力波动原因分析

造成氨合成塔入口工艺气压力波动的主要原因有：

（1）合成塔循环气中惰气含量高低变化造成合成操作压力波动；

（2）合成气压缩机出现喘振等一些故障；

（3）前系统送来的工艺气流量出现波动；

（4）合成气压缩机防喘振阀门出现波动；

（5）合成塔床层温度出现波动。

GCCB009 工艺气系统压力波动的处理方法

氨合成塔入口工艺气压力波动的处理方法：

（1）确认合成塔循环气中惰气中的含量及判断是否发生变化；

（2）确认合成气压缩机运行情况，若出现喘振现象，立即分析原因；

GBCB023 工艺气系统压力波动处理方法

（3）检查前系统送来的工艺气流量，若出现流量波动合成系统立即降低负荷保证压缩机运行正常，并通知前系统进行确认；

（4）合成气压缩机防喘振阀门出现波动，立即打手动并配合仪表查找原因；

（5）合成塔床层温度出现波动，先稳定合成塔入口温度调整正常。

8. 开工加热炉负压高的原因及处理方法

因开工加热炉不同的处理量、不同的被加热介质的温度、不同的天气条件（雨天、夏季和冬季、刮风和无风等）、加热炉观火孔是否关严、燃料气的成分组成以及燃料气压力等，许多的因素均会影响到开工加热炉的炉膛负压。当合成开工加热炉负压高时，应及时调整开工加热炉风门，烟道挡板以及检查观火孔是否关闭等，当合成开工加热炉负压过高无法调整时可适当减小其负荷进行调整。

9. 开工加热炉炉管损坏的处理

（1）发现开工加热炉炉管损坏，现场立即切断所有加热炉燃料气；

（2）现场打开加热炉吹扫蒸汽，对炉膛进行蒸汽置换；

（3）合成系统紧急停车，合成塔封塔处理；

（4）合成系统打开火炬阀对合成系统降压；

（5）合成系统泄压至氮气压力以下，通知空分岗位通氮气对合成系统进行氮气置换，并对合成塔催化剂进行降温处理；

（6）置换期间进行取样分析，确认置换样可燃气小于0.2%，合成系统置换合格；

（7）减少合成系统通氮量，保持催化剂在微正压下保护；

（8）检修被损坏炉管。

10. 合成废热锅炉电导增加的原因及处理

合成废热锅炉电导增加的原因有：一是装置运行时间较长，导致废锅结垢，传热不均匀，局部、局部受热或长时间受腐蚀，导致管壁厚薄不均等。二是开车过程中合成废热锅炉炉管管程与壳程压差相差较大，且在开停车中升降压速率较快，长时间运行使得设备泄漏。三是由于炉水中含有SiO_2，经过长期运行，使得设备内部结垢，造成传热不好，其次是炉水pH值控制，由于控制不当，炉水偏酸性，对设备也有一定的腐蚀。四是在停车处理期间，降温速度过快，容易发生氢腐蚀。

合成废锅是关键的设备，发生电导超标后，立即联系分析取样，分析电导，集齐分析蒸汽中是否有氢气，确定是否判断废锅泄漏。如果废锅蒸汽中的氢含量突然增大并呈连续上涨趋势。锅炉水pH及电导大幅上升。发现这种情况后，一是在条件允许的条件下，可以全面停车检修。正常运行后保证合成塔压力小于15.0MPa，系统负荷小于95%。优化好氢、氮比防止系统波动，如果不能及时检修，就要加强合成废锅，及锅炉水换热器的氢含量分析，同时控制好泄漏的方向和漏量的大小。在开、停车是保证合成气不漏入蒸汽系统以及锅炉水不漏入合成系统，控制好三者之间的压差就成为操作重点。开车时，保证锅炉水不漏入合成系统，在停车过程中，合成回路不宜泄压过快，始终保证合成回路压力高于锅炉水循环水压力2.0MPa，若不能保证，就通过高压氮对合成系统充压。

11. 合成循环气水冷却器检修的处理方法

合成循环气水冷却器出现泄漏、爆破板破裂、安全阀起跳，以及水冷却器换热效果差等原因，说明该换热器需要检修。合成循环气水冷却器需要检修时，在合成塔卸压低于循环水压力前，需将水冷却器的循环水切除，并排净循环水，防止循环水进入合成系统。合成循环气水冷却器需要检修时，合成催化剂需要在氮气的氛围中保护进行，

GBCB021 开工加热炉负压高处理方法

GCCB006 开工加热炉负压高的处理方法

JBCA014 合成废热锅炉电导增加的原因分析

JBCB022 合成废热锅炉电导增加的处理方法

JBCB018 合成循环气水冷却器检修的处理方法

JCCB010 合成循环气水冷却器检修的处理方法

防止空气进入催化剂造成合成催化剂中毒。

JBAD005 引起合成单元紧急停车的因素

JCAD005 引起合成单元紧急停车的因素

12. 引起合成单元紧急停车的因素

合成单元出现着火或者爆炸；装置出现工艺气大量泄漏，无法维持正常生产；装置发生断水、断电、断仪表空气以及 DCS 故障；原料气突发性的总硫，一氧化碳、二氧化碳严重超标；前生产单元出现紧急停车；合成气压缩机突发性的停车；冷冻系统出现停车。

ZCCB005 氨分离器液位高的处理方法

ZBCB023 氨分离器液位高的处理方法

13. 氨分离器液位高的处理方法

氨冷分离器液位在氨合成生产中是一个重要的监控参数。氨分离器液位过高，会造成合成器压缩机循环段带液，造成设备损坏以及合成塔入口氨含量增高引起合成催化剂温度下降。因此设置了液位"高高"联锁；氨分离器液位过低，会造成高压气体窜至低压。因此在生产中严格控制氨分离器的液位，保证在正常范围内。合成开车过程中要经常检查氨分离器液位，防止液位突然上涨来不及调节，造成停车。

ZCCA012 合成系统阻力增加的原因分析

ZBCA012 合成系统阻力增加的原因分析

14. 合成系统阻力增加的原因分析及处理方法

合成系统阻力增加的原因有催化剂粉化或塔内内件损坏、催化剂活性下降、合成气压缩机密封油内漏严重油污堵塞管线、合成塔主阀开度过小、换热器结垢严重、氨合成单元升降压速度过快，空速增加，氢氮比偏低时也会造成合成系统阻力增加。

ZCCB017 合成系统阻力增加的处理方法

ZBCB017 合成系统阻力增加的处理方法

氨合成系统阻力增加应当将氨合成塔主进气阀适当开大，在开停车期间以及正常生产中，氨合成系统升降压严格控制升、降压速率，防治设备损坏及造成催化剂粉化，如果是催化剂烧结，要求停车处理；如果是触媒活性下降，提高热点温度；如果是阀门、阀头脱落，停车处理；如果是换热器结垢严重，停车清洗；如果是氢氮比失调，调整空气量或者调整外配氮气量。

ZCCA015 氢氮比失调的原因分析

ZBCA015 氢氮比失调的原因分析

15. 氢氮比失调的原因分析及处理方法

当合成塔入口氢氮比失调，其原因有前系统调节不当，发现此现象应立即联系前系统反向调整新鲜气配氮量；氢氮比失调后会造成合成塔压力升高；合成塔床层温度下降；循环气量明显增加；合成塔出口氨浓度降低；压缩机打气量出现波动，出口压力升高；压缩机耗汽量上升，严重时还会造成合成气压缩机喘振。

ZBCB020 氢氮比失调的处理方法

ZCCB001 氢氮比失调的处理方法

当合成氢氮比失调严重时应适当提高一段床层催化剂入口温度，稳定合成塔床层温度，通知前系统进行反向调节，并打开合成塔后放空管线放空进行调整。

16. 合成气压缩机密封油油气压差调节

CBAC034 合成气压缩机密封油油气压差的调节方法

1）合成气压缩机密封油油气压差波动的原因

油气压差波动原因：

（1）密封油压力不稳；

（2）密封油高位油槽液位不正常；

（3）润滑油压力波动；

（4）油滤器压差有变化；

（5）参考气压力波动；

（6）机组运行状况有变化；

（7）工艺气压力有变化。

2)合成气压缩机密封油油气压差调节

参考气压力升高,油气压差减小,密封高位油槽液位降低,液位控制阀开大,进压缩机密封的油流量和压力提高,使油气压差回升,同时密封高位油槽液位回升到正常。

(二)氨冷冻系统异常处理

1.成品氨中油含量超标原因分析及处理方法

影响成品氨中油含量超标的原因主要有密封油油气压差波动,造成密封油经合成气压缩机或冷冻压缩机进入成品氨中;氨库小冰机氨和油分离不好,造成液氨中带油。

出现成品氨中油含量超标不但要确定油的来源并且消除,而且还要将系统内残余的油排出。密封油造成成品氨中含油量高,因调整油气压差至正常范围内;氨库小冰机氨和油分离不好造成成品氨中含油量高,因及时进行检修。

2.冷冻解析气流量增加的处理方法

冷冻解析气流量增加的原因及处理方法

氨冷冻的解析气主要是在氨合成后部分气体溶解在液氨中,随然在氨分离器中将大部分的气体与液氨进行分离,但还是有少量气体未被全部解析出来,氨冷冻系统的解析器主要成分是氢气、氮气、氩气和氨气。

冷冻的解析气流量增加处理方法如下:适当调低氨收集槽压力,使得溶解在液氨中的氢、氮气闪蒸;对冰机后氨冷凝器进行及时排惰;利用低温液氨洗涤冷冻排放惰气,回收其中氨。

3.冷冻耗氨增加的原因及处理措施

冷冻单元耗氨增加,主要原因是因冷冻能力较差,造成大量液氨无法冷凝,气氨从排惰系统排出装置,例如循环水温度高,冷冻系统耗氨就会增加;设备设施泄漏等因素也会造成冷冻单元耗氨增加。

其处理措施针对原因分析进行处理,首先检查循环水温度,如果循环水温度高于指标,汇报调度启动循环水风机或加大循环水量等措施进行处理;若循环水温度正常,现场检查涉氨的阀门包括安全阀、管线及设备进行逐个排查,找出漏点并及时处理。

4.影响液氨产品质量的原因

影响液氨产品质量的因素主要有以下几点:油、硫化氢、悬浮物等杂志含量。因此在装置运行期间要严格控制工艺指标,产品液氨中的油主要来自于氨冰机,在压缩机运行期间定期打开油气分离罐进行排油,调整油气压差压力在正常范围。

5.引起冷冻单元紧急停车的因素

冷冻单元出现着火或者爆炸;装置出现工艺气大量泄漏,无法维持正常生产;装置发生断水、断电、断仪表空气以及 DCS 故障;氨冷冻压缩机突发性的停车。

五、氢回收的原理

(一)深冷设备干燥的意义

氢回收装置采用的是深冷法。深冷法分离回收氢气的理论基础是弛放气中各组分的沸点不一样,其中氢气的沸点最低,且与其他组分的沸点相差较大,而其他组分彼此间的沸点则比较接近,利用这一特点,将弛放气降到很低温度,使弛放气中的氩、甲烷以及氮气全部或大部液化，而与未能液化的氢气在分离器中分离。

ZCAB015 深冷
设备干燥的意义

ZBAB015 深冷
设备干燥的意义

深冷分离装置主要由两部分组成：预处理部分和深冷分离部分。由于弛放气中含有氨和水，在深冷部分会发生冻结，因此弛放气进入深冷分离装置以前必须进行预处理。预处理部分由氨吸收塔，分子筛吸附器等设备组成，分别将弛放气中的氨，水及其他杂质加以清除。深冷分离部分主要利用弛放气的膨胀来产生冷量，使弛放气中的氩、甲烷及大部分氮气液化。氢回收装置在检修后必须进行干燥和置换，干燥的目的是为了除去二氧化碳和水分，防止发生冻结。

ZCAD004 冷箱
壳体充氮的意义

（二）深冷设备干燥的意义

深冷法回收氢气的装置有下列特点，一是利用弛放气的压力进行膨胀，产生冷量，同时由于板翅式换热器的传热高效率，使装置的能量利用率得到了提高；二是回收氢气的纯度较高，可达 85~98%。回收氢气的纯度主要取决于深冷温度，温度越低，其他气体液化分离得越彻底，氢气纯度也就越高。

冷箱壳体内充氮气的目的：防止可燃性气体积存；可检测冷箱内设备有无泄漏，并了解泄漏量的大小；可避免水蒸气及湿空气进入结冰而影响珠光砂的保冷效果。

ZCAD005 氢回
收单元回温操
作注意事项

（三）氢回收单元回温操作注意事项

氢回收单元回温过程中，首先确认氮气回温流程，向系统内充入氮气，投用弛放气加热器加热氮气，缓慢加热氮气，并逐步通入系统内回温，控制回温速率<60℃/h，直至冷箱内各点温度均回至常温后回温结束。

项目八　锅炉相关知识

将水加热变成蒸汽的设备通称锅炉。一般都采用自然对流方式，又叫热虹吸。锅炉是一种能量转换设备，向锅炉输入的能量有燃料中的化学能、电能，锅炉输出具有一定热能的蒸汽、高温水或有机热载体。锅炉中产生的热水或蒸汽可直接为工业生产和人民生活提供所需热能，也可通过蒸汽动力装置转换为机械能，或再通过发电机将机械能转换为电能，在化工生产中通常所用的锅炉有废热锅炉和燃气、燃煤锅炉。而给水系统的任务就是将一定数量的质量合乎要求的锅炉给水送入高压汽包，主要设备有除氧槽、锅炉给水泵和加药泵等。

CCAC018 脱氧
槽除氧方式

一、除氧器的除氧方式

由于水是最不容易提纯的一种物质，而高压锅炉给水的要求极为严格，因此锅炉给水要记过多种方法进行处理才能最终被使用。首先，锅炉给水要先进过脱氧槽进行除氧。除氧的方式有两种，分别是机械除氧和化学除氧。机械除氧是在除氧器内利用加热和汽提的方法把水中的溶解的氧逐出，能把水中的溶解氧量从 10ppm 降低到 0.03ppm，但是还达不到锅炉的要求。所用必须进一步除氧，就是化学除氧。它是在给水中加入化学药剂和氧反应从而除去水中的溶解氧。高压锅炉化学除氧普遍使用的是联胺除氧，联胺除氧后一般可将水中的溶解氧降到 0.007ppm 以下。

二、锅炉给水加入氨水的目的

CCAB022 锅炉给水加入氨水的目的

炉水 pH 值的高低严重地影响到设备的腐蚀,当水与金属接触后,微量的铁溶解于水中生成氢氧化亚铁,这是一种碱性化合物,它的溶解度取决于水的 pH 值。水的 pH 值越低,氢氧化亚铁的溶解越快,腐蚀也就越快。所以在给水中加入一定量的氨水,使水的 pH 保持在 8.5~9.2,防止水对设备的腐蚀。水的氨还能与水中的二氧化碳生成碳酸铵,以防止二氧化碳对设备的腐蚀。

三、炉水加入磷酸盐的目的

CCAB023 炉水加入磷酸盐的目的

虽然锅炉凝结水、给水都经过了严格的软化、除盐处理,但仍有少量钙、镁硬度进入炉水,如果不对这部分硬度进行处理,也会结垢对锅炉安全运行造成威胁,因为锅炉给水中的钙、镁硬度会在高温环境下发生化学反应,或者浓缩结晶,生成不溶的水垢,牢固附着在锅炉受热面上,这种水垢是热的不良导体,会阻碍热传导,严重时可能发生锅炉爆管事故,另外,还会诱发并加剧垢下金属化学腐蚀,危害相当严重。所以目前,炉水加磷酸盐是最为适宜的处理方法。它加在汽包中下部,主要作用就是起到调节 pH 值及除去钙镁等离子的作用。炉水中加入磷酸盐,磷酸根离子发生水解而形成氢氧离了,提高炉水的碱度。炉水控制 pH 值在 9~11 的原因,炉水中磷酸根与钙离子的反应,只有在碱性溶液中,才能生成流动性较强的、容易排出的水渣。

四、锅炉给水泵停车注意事项

CCAD005 锅炉给水泵停车注意事项

高压锅炉给水泵的作用主要是把高压的脱盐水送入汽包,完成了蒸汽动力循环,是合成氨厂的关键设备之一。锅炉给水泵停车要注意:首先确认汽包液位正常,在运给水泵运行打量正常;其次中控主操人员确认锅炉给水泵备用自启动联锁解除,停泵前现场人员先要确认给水泵的回流阀打开后才可以关锅炉给水泵的出口阀,出口阀全关后不要急于停泵,观察在运给水泵的运行情况及打量情况,若都正常后方可停给水泵;最后停泵后保持油泵运行正常,打开暖泵阀保持泵处于热备用状态,中控操作人员将停运泵备用自启动联锁确认投运。

五、联胺

CCAC017 锅炉水加联胺的目的

高压锅炉普遍使用联胺除氧。联胺分子式是:N_2H_4,又名肼,是无色液体,常压沸点 113.5℃,通常以 30%~40%水溶液形式装运。它在微碱性溶液中呈强还原性,与氧进行如下反应:

$$N_2H_4+O_2 \Longrightarrow 2H_2O+N_2$$

因而在反应后没有残留任何固体物。反应在 200℃ 左右进行最快。过量的联胺在高于 200℃ 时自动分解而不残留下来:

$$3N_2H_4 \Longrightarrow 4NH_3+N_2$$

联胺还能与腐蚀产物 Fe_2O_3 作用。Fe_2O_3 能进一步腐蚀金属铁:

$$4Fe_2O_3+Fe \Longrightarrow 3Fe_3O_4$$

如加入联胺可消除 Fe_2O_3,从而防此 Fe_2O_3 的腐蚀作用:

$$N_2H_4+6Fe_2O_3 \longrightarrow 4Fe_3O_4+2H_2O+N_2$$

联胺的使用是先配成浓度 0.2%~1% 的溶液，用计量泵打入脱氧槽。联胺用量应保证脱氧槽出口过剩量 0.02ppm。利用这个办法可将给水中氧含量降至 0.007ppm 以下。联胺有毒，允许浓度小于 1ppm。加入联胺的水绝对禁止作为生活用水。

CBAC015 变换废锅的液位控制方法

六、变换废锅的液位控制方法

为了回收变换反应的热量，变换工段设置了变换废锅。变换废锅的上水来自透平冷凝液泵，变换废锅生产的是 0.44MPa 蒸汽。变换废锅液位控制主要通过透平冷凝液泵流量及其排污量控制。低压蒸汽管网压力波动对变换废锅液位有一定的影响。

模块四 计量基础知识目录

项目一 计量综合知识

一、计量

CABI001 计量
工作的作用

（一）计量概述

计量是指"实现单位统一、量值准确可靠的活动"。计量工作就是为测量的准确性提供可靠的保证，确保国家计量单位制度的统一和量值的准确可靠，这是国家的重要政策。生产的发展，经营管理的改善，产品质量和经济效益的提高，都与计量息息相关，计量器具是否准确，能否正确使用，关系到生产能否有序进行，效率能否有效提高。

（二）计量的特性

计量具有以下四个方面的特点：

CABI002 计量
的特点

1. 准确性

准确性是指测量结果与被测量真值的接近程度。它是开展计量活动的基础，只有在准确的基础上才能达到量值的一致。所谓量值的"准确"，是指在一定的不确定度、误差极限或允许误差范围内的准确。只有测量结果的准确，计量才具有一致性，测量结果才具有使用价值，才能为社会提供计量保证。

2. 一致性

计量的基本任务是保证单位的统一与量值的一致，计量单位统一和单位量值一致是计量一致性的两个方面，单位统一是量值一致的前提。量值一致是指量值在一定不确定度内的一致，是在统一计量单位的基础上，无论在何时、何地，采用何种方法，使用何种测量仪器，以及由何人测量，只要符合有关的要求，其测量结果就应在给定的区间内一致。也就是说，测量结果应是可重复、可复现、可比较的。通过量值的一致性可证明测量结果的准确可靠。计量的实质是对测量结果及其有效性、可靠性的确认，否则，计量就失去了其社会意义。

3. 溯源性

为了实现量值一致，计量强调"溯源性"。溯源性是确保单位统一和量值准确可靠地重要途径。溯源性是指任何一个测量结果或计量标准的量值，都能通过一条具有规定不确定度的连续比较链，与计量基准联系起来。这种特性使所有的同种量值，都可以按这条比较链通过校准向测量的源头追溯，也就是溯源到同一个计量基准（国家基准或国际基准），或通过检定按比较链进行量值传递。否则，量值出于多源或多头，必然会在技术上或者管理上造成混乱。所谓"量值溯源"，是指自下而上通过不间断的比较链，使测量结果或测量标准的量值与国家基准或国际基准联系起来，通过校准而构成溯源体系；而"量值传递"则是指自上而下通过逐级检定或校准而构成检定系统,将国家基准所复现的量值通过各级测量标准传递到工作测量仪器的活动。自下而上的量值溯源和自上而下的量值传递,都使测量的准确性和一致性得到保证。

4. 法制性

古今中外,计量都是由政府纳入法制管理,确保计量单位的统一,避免不准确、不诚实的测量带来的危害,以维护国家和消费者的权益。计量的社会性本身就要求有一定的法制性来保障,不论是计量单位的统一,还是计量基准的建立,制造、修理、进口、销售和使用计量器具的管理,量值的传递,计量检定的实施等,不仅依赖于科学技术手段,还要有相应的法律、法规,依法实施严格的计量法制监督,也就是说,某些计量活动必须以法律法规的形式做出相应的规定,并依法实施监督管理。特别是对国民经济有明显影响、涉及公众利益和可持续发展或需要特殊信任的领域,必须由政府建立起法制保障。否则,计量的准确性、一致性就不可能实现,计量的作用也难以发挥。

二、计量单位与单位制

(一)计量单位

1. 计量单位的概念

计量单位又称测量单位,简称单位,是指"根据约定定义和采用的标量,任何其他同类量可与其比较使两个量之比用一个数表示"。计量单位用约定赋予的名称和符号表示。对于一个给定量,"单位"通常与量的名称连在一起,如"质量单位"或"质量的单位"。

计量单位是在实践中逐渐形成的,往往不是唯一的,甚至有的量有若干个单位,如长度的单位有米、英尺、市尺等。对于一个特定的量,其不同单位之间都有一定的换算关系,如1米等于3市尺。

2. 计量单位的名称与符号

每个计量单位都有规定名称和符号,以便世界各国统一使用。如在国际单位中,长度计量单位的名称为米,其符号是 m;力的计量单位名称为牛顿,其符号为 N;吨为我国选定的非国际制单位名称,其符号为 t。

计量单位的中文符号,通常由单位的中文名称的简称构成。如电压单位的中文名称是伏特,简称伏,则电压单位的中文符号就是伏。若单位的中文名称没有简称,则单位的中文符号用全称,如摄氏温度单位的中文符号为摄氏度。若单位由中文名称和词头构成,则单位的中文符号应包括词头,如千帕、纳米、兆瓦等。

3. 基本单位和导出单位

1)基本单位

基本单位是指"对于基本量,约定采用的计量单位"。在每个单位制中,每个基本量只有一个基本单位。例如:在国际单位制(SI)中,米是长度的基本单位。在 CGS 制中,厘米是长度的基本单位。

2)导出单位

导出单位是指"导出量的计量单位"。导出单位是由基本单位按一定的物理关系相乘或相除构成的新的计量单位。例如,在国际单位制(SI)中米每秒(m/s)是速度的导出单位。

千米每小时(km/h)是速度的 SI 制外导出单位,但被采纳与 SI 单位一起使用。

4. 倍数单位和分数单位

倍数单位是指"给定计量单位乘以大于 1 的整数得到的计量单位"。例如,千米是米的十进倍数单位,兆赫是赫兹的十进倍数单位,小时是秒的非十进倍数单位。

分数单位是指"给定计量单位除以大于 1 的整数得到的计量单位"。例如,毫米、微米是米的十进分数单位,秒是分的非十进分数单位。

(二)单位制和国际单位制(SI)

1. 单位制

单位制又称计量单位制,是指"对于给定量制的一组基本单位、导出单位、其倍数单位和分数单位及使用这些单位的规则"。

2. 国际单位制(SI)

国际单位制缩写为 SI,是指"由国际计量大会批准采用的基于国际量制的单位制,包括单位名称和符号、词头名称和符号及其使用规则。"

1)国际单位制的特点

它是当今世界上比较科学和完善的计量单位制,随着科技、经济和社会的发展而进一步发展和完善。它的主要特点是:

(1)统一性:国际单位制包括了力学、热学、电磁学、光学、声学、物理化学、固定物理学、分子物理学等各理论学科和各学科技术领域的计量单位。它能实现统一的原因,除了科学结构外,还在于从单位制本身到各个单位的名称、符号和使用规则都是标准化的,而且一般一个单位只有一个名称和一个国际符号。

(2)简明性:国际单位制取消了相当数量的繁琐的制外单位,简化了物理定律的表示形式和计算手续,省去了很多不同单位制之间的单位换算。

(3)实用性:国际单位制的基本单位和大多数导出单位的大小都很实用,其中大部分已经得到了广泛的应用。例如安培(A)、焦耳(J)、伏特(V)等。

(4)合理性:国际单位制坚持"一个量对应一个单位"的原则,避免了多种单位制和单位的并用及换算,消除了许多不合理甚至是矛盾的现象。

(5)科学性:国际单位制的单位是根据科学实验所证实的物理规律严格定义的,它明确和澄清了许多物理量与单位的概念,并废弃了一些旧的不科学的习惯概念、名称和用法。

(6)精确性:国际单位制的七个基本单位,目前大部分都能以当代科学技术所能达到的最高准确度来复现和保存。

(7)继承性:在国际单位制中,对基本单位的选择,除了新增的物质的量的单位摩尔以外,其余六个都是米制单位原来所采用的。

除上述特点外,国际单位制还具有通用性强的特点,到目前为止,世界上有许多国家和地区采用了国际单位制,并有 20 多个国际性的科学、政治与经济组织,也都推荐使用国际单位制。

CABI005 国际单位制基本单位

2)国际单位制的构成

(1)SI 基本单位:国际单位制(SI)选择了彼此独立的七个量作为基本量,即长度、质量、时间、电流、热力学温度、物质的量和发光强度。对每一个量分别定义了一个单位,称为国际单位制的基本单位,SI基本单位的名称和符号见表1-4-1。

表1-4-1 SI基本单位的名称和符号

基本量	基本单位	单位符号	基本量	基本单位	单位符号
长度	米	m	热力学温度	开尔文	K
质量	千克(公斤)	kg	物质的量	摩尔	mol
时间	秒	s	发光强度	坎德拉	cd
电流	安培	A			

（2）SI导出单位:SI导出单位包括两部分:一部分是包含SI辅助单位（2个）的具有专门名称的导出单位（21个）,另一部分是组合形式的SI导出单位。

① 具有专门名称的SI导出单位:国际单位制中具有专门名称的导出单位见表1-4-2。

表1-4-2 国际单位制中具有专门名称的导出单位

量的名称	单位名称	符号
[平面]角	弧度	rad
立体角	球面度	sr
频率	赫[兹]	Hz
力	牛[顿]	N
压力,压强,应力	帕[斯卡]	Pa
能[量],功,热量	焦[耳]	J
功率,辐[射]能通量	瓦[特]	W
电荷[量]	库[仑]	C
电压,电动势,电位	伏[特]	V
电容	法[拉]	F
电阻	欧[姆]	Ω
电导	西[门子]	S
磁通量	韦[伯]	Wb
磁通[量]密度,磁感应强度	特[斯拉]	T
电感	亨[利]	H
摄氏温度	摄氏度	℃
光通量	流[明]	lm
光[照度]	勒[克斯]	lx
[放射性]活度	贝克[勒尔]	Bq
吸收剂量	戈[瑞]	Gy
剂量当量	希[沃特]	Sv
催化活度	卡塔	kat

② 组合形式的SI单位:除上述由SI基本单位组合成具有专门名称的SI导出单位外,还有用SI基本单位间或SI基本单位和具有专门名称的SI导出单位的组合通过相乘或相除构成的但没有专门名称的SI导出单位,如速度单位$m \cdot s^{-1}$,加速度单位$m \cdot s^{-2}$等。

③ 用 SI 词头构成的倍数和分数单位：SI 词头加在 SI 基本单位或 SI 导出单位的前面所构成的单位，如千米（km）、毫伏（mV）等，也称为 SI 单位。但千克（kg）除外。SI 词头一共 20 个，从 10^{-24} 到 10^{24}，其中 4 个是十进位的，即百（10^2）、十（10^1）、分（10^{-1}）和厘（10^{-2}），这些词头通常只加在长度、面积和体积单位前面，如分米（dm），厘米（cm）等。其他 16 个词头都是千进位。用于构成倍数单位和分数单位的 SI 词头见表 1-4-3。

表 1-4-3　成倍数单位和分数单位的 SI 词头

因数	词头名称	符号	因数	词头名称	符号
10^{24}	尧[它]	Y	10^{-1}	分	d
10^{21}	泽[它]	Z	10^{-2}	厘	c
10^{18}	艾[可萨]	E	10^{-3}	毫	m
10^{15}	拍[它]	P	10^{-6}	微	μ
10^{12}	太[拉]	T	10^{-9}	纳[诺]	n
10^9	吉[咖]	G	10^{-12}	皮[可]	p
10^6	兆	M	10^{-15}	飞[母托]	f
10^3	千	k	10^{-18}	阿[托]	a
10^2	百	h	10^{-21}	仄[普托]	z
10^1	十	da	10^{-24}	幺[科托]	y

注：（1）10^4 称为万，10^8 称为亿，10^{12} 称为万亿，这类数词的使用不受词头名称的影响，但不应与词头混淆。
（2）表中方括号内的字在不致混淆的情况下，可以省略，方括号前为其简称。

CABI003 法定计量单位的概念

（三）我国的法定计量单位

1. 法定计量单位的概念

我国《计量法》规定："国家实行法定计量单位制度。""国际单位制计量单位和国家选定的其他计量单位为国家法定计量单位"，法定计量单位是指"国家法律、法规规定使用的计量单位"。也就是由国家依法令形式规定强制使用或允许使用的计量单位。

ZABI001 法定计量单位的主要特征

2. 我国法定计量单位的特点

我国的法定计量单位与国际上大多数国家一样，都是以国际单位制单位为基础，并参照了其他一些国家的做法，结合我国的国情，选定了 16 个非国际制单位。其中 10 个是国际计量大会认可的，允许与国际单位制并用，而其余 6 个也是各国普遍采用的单位。对于国际上有争议的或只是少数国家采用的，我国一律没有选用，这有利于与国际接轨和交流。同时，也考虑到我国人民群众的习惯，把公斤和公里作为法定单位的名称，可与千克和千米等同使用。

我国法定计量单位的特点：结构简单明了、科学性强、比较完善具体，但留有余地。它完整系统地包含了国际单位制，与国际上采用的计量单位协调一致，且使用方便，易于广大人民群众掌握和推行推广。

CABI004 国家法定计量单位组成

3. 我国法定计量单位的构成

我国《计量法》规定，我国的法定计量单位由国际单位制计量单位和国家选定的其他计量单位组成。包括：

（1）国际单位制的基本单位；

（2）国际单位制的辅助单位；

（3）国际单位制中具有专门名称的导出单位；

（4）国家选定的非国际单位制单位（表1-4-4）；

（5）由以上单位构成的组合形式的单位；

（6）由国际单位制词头和以上构成的倍数单位和分数单位。

表1-4-4　国家选定的非国际单位制单位

量的名称	单位名称	单位符号	与SI单位关系
时间	分	min	$1min = 60s$
	[小]时	h	$1h = 60min = 3600s$
	天（日）	d	$1d = 24h = 86400s$
[平面]角	[角]秒	″	$1'' = (\prod/648000)\,rad$
	[角]分	′	$1' = 60'' = (\prod/10800)\,rad$
	度	°	$1° = 60' = (\prod/180)\,rad$
旋转速度	转每分	r/min	$1r/min = (1/60)\,s^{-1}$
长度	海里	n mile	$1n\ mile = 1852m$（只用于航程）
速度	节	kn	$1kn = 1n\ mile/h = (1852/3600)\,m/s$（只用于航程）
质量	吨	t	$1t = 10^{3}kg$
	原子质量单位	u	$1u \approx 1.660540 \times 10^{-27}kg$
体积	升	L,（l）	$1L = 10^{-3}m^{3} = 1dm^{3}$
能	电子伏	eV	$1eV \approx 1.602177 \times 10^{-19}J$
级差	分贝	dB	$1Np = 8.68589dB$
	奈培	Np	
线密度	特[克斯]	tex	$1tex = 10^{-6}kg/m$
面积	公顷	hm², ha	$1hm^{2} = 10^{4}m^{2}$

表1-4-4中[ ]内的字,是在不致混淆的情况下,可以省略的字。( )内的字为前者的同义词。周、月、年(年的符号为a)虽然没有列入表中,但为一般常用的时间单位。人民生活和贸易中,质量习惯称为重量。公里为千米的俗称,符号位 km。角度单位度分秒的符号不处于数字后时,要用括弧,如(°)。升的符号中,小写字母 l 为备用字母。r 为转的符号。$1u \approx 1.660540 \times 10^{-27}kg$ 和 $1eV \approx 1.602177 \times 10^{-19}J$ 为国际组织公布的推荐值(国家标准 GB/T 3100—1993)。要说明的是,10^{4} 称为万,10^{8} 称为亿,10^{12} 称为万亿,这类数词的使用不受词头名称的影响,但不应与词头混淆。

三、误差及其应用

GABI002 计量
误差的概念位

（一）误差定义及表示方法

1. 误差的定义

由于人们认识能力的局限,科学技术水平的限制,以及测量数值不能以有限位数表示(如圆周率)等原因在对某一对象进行试验或者测量时,所测得的数值与其真值不会完全相等,这种差异称为误差。但是随着科学技术的发展,人们认识水平的提高,实践经验的增加,测量的误差数值可以被控制到很小的范围,或者说测量值可以更接近于其真值。

真值即真实值,是指在一定条件下,被测量客观存在的实际值。真值通常是个未知量,一般所说的真值是指理论真值、规定真值和相对真值。

(1)理论真值:理论真值也称为绝对真值,如平面三角形三内角之和为180°。

(2)规定真值:国际上公认的某些基准量值。如1982年国际计量局召开的米定义咨询委员会提出新的米定义为"米等于光在真空中1/299792458秒时间间隔内所经路径的长度"。这个米基准就当作计量长度的规定真值。规定真值也称约定真值。

(3)相对真值:计量器具按精度等级不同分为若干等级,上一等级的指示指即为下一等级的真值,此真值称为相对真值。例如:在力值的传递标准中,用二等标准测力计校准三等标准测力计,此时二等标准测力计的指示值即为三等标准测力计的相对真值。

2.误差的表示方法

根据表示方法的不同,误差分为绝对误差和相对误差。

1)绝对误差

绝对误差是指实测值与被测之量真值之差。但是,大多数情况下,真值是无法得知的,因而绝对误差也无法得到。一般用约定真值或者相对真值计算误差。

绝对误差具有以下一些性质:

(1)它是有单位的,与测量时采用的单位相同;

(2)它能表示测量的数值是偏大还是偏小以及偏离程度;

(3)它不能确切地表示测量所达到的精确程度。

2)相对误差

相对误差是指绝对误差与被测量真值(或实际值)的比值。相对误差能反映出测量时所表达的精度。相对误差具有以下一些性质:

(1)它是无单位的,通常以百分数表示,而且与测量所采用的单位无关;

(2)能表示误差的大小和方向,因为相对误差大时,绝对误差也大;

(3)能表示测量的精确程度。当测量所得绝对误差相同时,则测量的量大者精度高。因此,通常用相对误差来表示测量误差。

(二)误差的分类

误差就性质而言,可分为系统误差、随机误差(或称偶然误差)和过失误差(或称粗差)。

1.系统误差

在同一条件下,多次重复测试同一量时,误差的数值和正负号有较明显的规律。系统误差通常在测试之前就已经存在,而且在实验过程中,始终偏离一个方向,在同一试验中其大小和符号相同。系统误差容易识别,并可通过实验或用分析方法掌握其变化规律,在测量结果中加以修正。

2.随机误差

在相同条件下,多次重复测试同一量时,出现误差的数值和正负号没有明显的规律,它是由许多难以控制的微小因素造成的。由于每个因素出现与否,以及这些因素所造成的误差大小、方向事先无法知道,其发生完全出于偶然,因而很难在测试过程中加以消除。但是,随机误差可以用概率论与数理统计方法对数据进行分析和处理,以获得可靠地测量结果。

3. 过失误差

过失误差明显地歪曲实验结果。如读数错误、记录错误或者计算错误等。含有过失误差的测量数据不能采用,必须利用一定的方法从测得的数据中剔除。因此,在进行误差分析时,只考虑系统误差与随机误差。

（三）误差的主要来源

GABI003 计量误差的主要来源

在任何测量过程中,无论采用多么完善的测量仪器和测量方法,也无论在测量过程中怎样细心和注意,都不可能避免存在误差。产生误差的原因是多方面的,可以归纳如下:

1. 装置误差

主要由设备装置的设计制造、安装、调整与运用引起的误差。如仪器安装不垂直、偏心,等臂天平不等臂等。

2. 环境误差

由于各种环境因素达不到要求的标准状态所引起的误差。如长度测量仪器测量条件达不到标准的温度、湿度等。

3. 人员误差

测试者生理上的最小分辨力和固有习惯引起的误差。如对准示值读数时,始终偏左或偏右,偏上或偏下,偏高或偏低。

4. 方法误差

测试者未按照规定的操作方法进行试验所引起的误差。如强度试验时试块放置偏心,加荷速度过快或过慢等。

需要指出,以上几种误差来源,有时是联合作用的,在进行误差分析时,可作为一个独立的误差因素来考虑。

（四）消除误差的方法

JABI001 消除误差的方法

测量误差是不可能绝对消除的,但要尽可能减小误差对测量结果的影响,使其减小到允许的范围内。消除测量误差,应根据误差的来源和性质,采取相应的措施和方法。必须指出:一个测量结果中既存在系统误差,又存在随机误差时,要截然区分两者是不容易的。所以应根据测量的要求和两者对测量结果的影响程度,选择消除方法。

一般情况下,在对精密度要求不高的工程测量中,主要考虑对系统误差的消除。而在科研、计量等对测量准确度和精密度要求较高的测量中,必须同时考虑消除上述两种误差。这里,主要讨论如何消除系统误差。消除或减少系统误差有两个基本方法。一是事先研究系统误差的性质和大小,以修正量的方式,从测量结果中予以修正;二是根据系统误差的性质,在测量时选择适当的测量方法,使系统误差相互抵消而不带入测量结果。

1. 采用修正的方法

对于定值系统误差可以采用修正措施。一般采用加修正值的方法。对于间接测量结果的修正,可以在每个直接测量结果上修正后,根据函数关系式计算出测量结果。例如:测得值为30℃,用计量标准测得的结果是30.1℃,则已知系统误差为-0.1℃。也就是修正值为+0.1℃,已修正的测得值等于未修正测得值加修正值,已修正测得值为30℃+0.1℃=30.1℃。应该指出的是,修正值本身也有误差。所以测量结果经修正后并不是真值,只是比未修正的测得值更接近真值。

2. 从产生根源消除

用排除误差源的方法来消除系统误差是比较好的方法。这就要求测量者对所用标准装置、测量环境条件、测量方法等进行仔细分析、研究,找出产生系统误差的根源,尽可能采取措施

3. 选择使系统误差抵消而不致带入测得值中的测量方法

1)定值系统误差消除法

(1)抵消法:也称补偿法、异号法。要求进行两次测量,改变测量中某些条件,使两次测量结果中,得到误差值大小相等、符号相反,取这两次测量的算术平均值作为测量结果,从而抵消系统误差。

(2)交换法:在测量中将某些条件,如被测物的位置相互交换,设法使两次测量中的误差对测得值的作用相反,从而达到抵消系统误差的目的。

(3)替代法:保持测量条件不变,用某一已知量值的标准器替代被测件再作测量,使指示仪器的指示不变或指零,这时被测量等于已知的标准量,从而达到消除系统误差的目的。

2)可变系统误差消除法

合理地设计测量顺序可以消除测量系统的线性漂移或周期性变化引入的系统误差。

(1)用对称测量法消除线性系统误差:即在对被测量进行测量的前后,对称地分别对同一已知量进行测量,将对已知量两次测得的平均值与被测量的测得值进行比较,便可得到消除线性系统误差的测量结果。

(2)半周期偶数测量法消除周期性系统误差:对于周期性的系统误差,可以采用半周期偶数观察法,即每经过半个周进行偶数次观察的方法来消除。

CABI006 计量表精度等级划分的依据

(五)误差的应用

引用误差,是相对误差的一种特殊形式。引用误差＝(绝对误差)/(仪表量程)×100%。国家用仪表的引用误差作为精度等级。精度等级,又称准确度等级,是指测量仪器仪表符合一定的计量要求,使误差保持在规定极限以内的测量仪器的等别、级别。准确度等级就是最大引用误差去掉正、负号及百分号。引用误差越小,仪表的准确度越高,而引用误差与仪表的量程范围有关,所以在使用同一准确度的仪表时,往往采用压缩量程范围,以减小测量误差。准确度等级是衡量仪表质量优劣的重要指标之一。

目前,我国生产的仪表常用的精度等级有 0.005、0.02、0.05、0.1、0.2、0.4、0.5、1.0、1.5、2.5、4.0 等。级数越小,精度等级就越高。

四、计量检定的法制管理

(一)实施计量检定应遵循的原则

计量器具的检定又称测量仪器的检定,是指查明和确认计量器具符合法定要求的活动,它包括检查、加标记和(或)出具检定证书。

根据《计量法》及相关法规和规章的规定,实施计量检定应遵循以下原则:

(1)计量检定活动必须受计量法律、法规和规章的约束,按照经济合理的原则、就地就近进行。

（2）从计量基准到各级计量标准直到工作计量器具的检定，必须按照国家计量检定系统表的要求进行。国家计量检定系统表由国务院计量行政部门制定。

（3）从计量器具的计量性能、检定项目、检定条件、检定方法、检定周期以及检定数据的处理等，必须执行计量检定规程。国家计量检定规程由国务院计量行政部门制定。

（4）检定结果必须做出合格与否的结论，并出具证书或加盖印记。

（5）从事检定的工作人员必须是经考核合格，并持有有关计量行政部门颁发的检定员证。

（二）强制检定计量器具的管理和实施

实施计量器具的强制检定是《计量法》的重要内容之一，它既是计量行政部门进行法制监督的主要任务，也是法定计量检定机构和被授权执行强制检定任务的计量技术机构的重要职责。属于强制检定的工作计量器具被广泛地应用于社会的各个邻域，数量多，影响大，关系到人民群众身体健康和生命财产的安全，关系到广大企业的合法权益以及国家、集体和消费者的利益。

《计量法》第九条明确规定："县级以上人民政府计量行政部门对社会公用计量标准器具、部门和企业、事业单位使用的最高计量标准器具，以及用于贸易结算、安全防护、医疗卫生、环境监测方面的列入强制检定目录的工作计量器具，实行强制检定。未按照规定申请检定或者检定不合格的，不得使用。"

GABI004 强制检定的计量标准

强制检定的范围包括强制检定的计量标准和强制检定的工作计量器具。由于强制检定的计量标准是根据用途决定的，作为社会公用计量标准、部门和企事业单位的各项最高等级的计量标准，才属于强制检定的计量标准，不做上述用途，就不属于强制检定的计量标准。对于强制检定的工作计量器具，按《计量法》规定，应制定强制检定工作计量器具目录，以明确需强制检定的范围。

（三）非强制检定计量器具的管理和实施

对属于非强制检定的计量标准器具和工作计量器具，《计量法》第九条规定："使用单位应自行定期检定或者送其他检定机构检定，县级以上人民政府计量行政部门应当进行监督检查。"

《计量法实施细则》第十二条明确规定："企业、事业单位应当配备与生产、科研、经营管理相适应的计量检测设备，制定具体的检定管理办法和规章制度，规定本单位管理的计量器具明细目录及相应的检定周期，保证使用的非强制检定的计量器具定期检定。"本单位不能检定的，送有权对社会开展量值传递工作的其他计量检定机构进行检定。

项目二　计量检测设备概述

CABI007 计量检测设备概念

一、计量检测设备的概念及特点

（一）计量检测设备的概念

计量检测设备，也称测量设备，是指"为实现测量过程所必需的测量仪器、软件、测量标准、标准物质、辅助设备或其组合"。它是在推行 ISO 9000 标准时,从 ISO10012-1 标准中引用过来的,它包括检定、校准、试验或检验等过程中会用的全部测量设备。可见它并不是指某台或某类设备,而是测量过程所必需的测量仪器相关的包括硬件和软件的统称。

(二)计量检测设备的特点

1. 概念的广义性

测量设备不仅包含一般的测量仪器,而且包含了各等级的测量标准、各类标准物质和实物量具,还包含和测量设备连接的各种辅助设备,以及进行测量所必需的资料和软件。测量设备还包括检验设备和试验设备中用于测量的设备。

2. 内容的扩展性

测量设备不仅仅是指测量仪器本身,而又扩大到辅助设备,因为有关的辅助设备将直接影响测量的准确性和可靠性。这里主要指本身不能给出量值而没有它又不能进行测量的设备,也包括作为检验手段用的工具、工装、定位器、模具、夹具的等试验硬件或软件。可见作为测量设备的辅助设备对保证测量的统一和准确十分重要。

3. 测量设备的软件

包括"进行测量所必须的资料",这是指设备使用说明书、作业指导书及有关测量程序文件等资料,当然也包括一些测量仪器本身所属的测量软盘,没有这些资料就不能给出准确可靠的数据。因此,软件也应视为是测量设备的组成部分。

二、计量检测设备的分级

(一)计量检测设备分级管理的目的

CABI008 计量检测设备的分级

计量检测设备分级管理,是为了使计量检测设备的管理更为科学。计量管理职责部门负责计量检测设备的分级管理工作,并监督检查计量检测设备的周期检定计划和抽检计划的执行情况及完成情况。仪表管理职责部门监督检查所管辖范围内合理、正确使用和保管计量检测设备的情况。

(二)计量检测设备分级管理的实施

根据计量器具在生产、校验中的作用和国家对该种计量器具的管理要求以及计量器具本身的可靠性,实行"保证重点、兼顾一致,区别管理、全面监督"的管理办法,对计量器具分A、B、C 三级管理。

ZABI003 A级计量设备的种类

1. A 级计量设备的种类

(1)用于贸易结算、安全防护、医疗卫生、环境监测方面并列入国家强制检定目录的工作计量器具;

(2)公司的最高计量标准器具和用于量值传递的计量器具;

(3)经政府计量行政部门认证授权的社会公用计量标准器具;

(4)用于统一量值的标准物质。

ZABI004 B级计量设备的种类

2. B 级计量设备的种类

(1)用于生产过程中带控制回路和较重要检测参数(工艺联锁、大机组状态检测、巡检仪等)的测量设备;

(2)用于公司内部核算、能源(资源)管理的测量设备;

（3）用于质量检验（产品、原材料等）或工艺过程中出具报表数据的测量设备；

（4）安装在工艺管线或设备上，对测量数据准确可靠有一定要求，但必须在装置大修时才能拆卸的测量设备；

（5）使用频繁、量值易变的测量设备。

ZABI005 C级计量设备的种类

3. C级计量设备的种类

（1）用于生产过程中非关键部位，对计量数据准确度要求不高，仅起指示、参考、比对作用的测量设备；

（2）安装在工艺生产线或设备上，计量数据准确度要求不高的测量设备；

（3）使用环境恶劣、寿命短、低值易耗的无严格准确度要求的测量设备；

（4）使用频次低、性能稳定的测量设备；

（5）成套设备不能拆卸的指示仪表或盘装仪表；

（6）作为一般工具使用的测量设备。

项目三　石化企业计量综合知识

ZABI002 石化企业计量方式的种类

一、石化企业的计量方式

目前，我国石油及其产品的计量方式有：人工检尺（即使用量油尺进行测量）、衡器计量（汽车衡、轨道衡）、流量计计量等。不同类型的石油产品对应的计量方式也不同。

油罐交接计量、铁路油罐车、油船、油驳的装卸油计量，一般采用人工检尺的计量方法。瓶装、桶装石油产品或袋装、盒装固体产品、石油产品用汽车或铁路罐车运输时，一般采用衡器计量计量方法。输送液体、气体和蒸汽等流体的管道，一般采用流量计的计量方法。其中，流量计计量也是动态计量方式的主要计量仪器。动态计量是相对静态计量而言的，所谓动态计量，是指被测量的石油产品连续不断地通过计量仪器而被测量数量（体积或质量）的过程。用于动态测量的计量仪器主要指各种流量计。而静态计量不能做到收发石油产品与计量同时进行，只能在收发结束后或开始前进行计量，比如铁路油罐车人工检尺等。

ZABI006 物料计量表配备的精度要求

二、物料计量表的配备、检定和投用要求

（一）物料计量表配备的精度要求

不同用能组织，物料计量表配备的精度等级不同。

用能组织分为用能单位、次级用能单位、基本用能单位（或独立用能设备）。

1. 用能单位

具有独立法人地位的企业或具有独立核算能力的地区公司。

2. 次级用能单位

用能单位所属的能源核算单位，在用能单位和基本用能单元之间可以有一级、二级或三级用能单位，也可以没有次级用能单位。

3. 基本用能单元

次级用能单位所属的可单独进行能源计量考核的装置、系统、工序工段、站队等，或集中

管理同类用能设备的锅炉房、机泵房等。

　　举例来说:用于总厂(公司)内计量,石油及其液体产品计量表配备的精度要求为1.0%。用于进出厂计量,气体(天然气、瓦斯等)计量表配备的精度要求为2.5%。用于国内贸易计量,石油及其液体产品计量表配备的精度要求为0.35%。压力容器上选用的压力表,量程应为容器最高工作压力的2倍。

　　一般来说,用于贸易计量的主要测量设备的准确度等级应达到国家标准、规范规定的要求。用于能源管理、生产过程控制、统计核算以及经营管理的测量设备的准确度等级按《能源计量器具配备规范》《炼油与化工业务计量器具配备规范》的要求执行。

GABI001 物料
计量表检定要求

　　(二)物料计量表的检定要求

　　一般 A 类测量设备严格按国家检定规程规定的项目和内容进行检定校准。B 类测量设备原则执行国家检定规程/校准规范的周期,结合公司实际可适当延长检定/校准周期,特殊情况下不能拆卸的测量设备其确认间隔与主设备检修同步。对列入 C 类管理范围的测量设备,可根据其类别和使用情况,实行一次性检定。对一些准确度无严格要求,性能不易改变的低值易耗的或作为工具类使用的 C 类测量设备,可实行一次性检定或校验。只起指示作用、使用频率低、性能稳定耐用以及连续运转设备上固定安装的 C 类测量设备平时可拆卸的实行有效期管理,平时无法拆卸的可实行检修期管理。

　　所以,根据计量检测设备的分级可知,物料计量表所属级别不同,其检定周期要求也不同。例如用于企业对外贸易结算方面的物料计量表,其检定周期要求按国家检定规程规定的检定周期进行检定;用于企业内部经济核算的物料计量表,其检定周期要求按装置检修期进行检定等。

ZABI007 新物
料计量表投用
的步骤

　　(三)物料计量表投用的注意事项

　　不同形态的物料,运用的计量器具不同。固态物料常用的计量器具有衡器(汽车衡、轨道衡)、包装秤等。气态、液态物料最常用的计量器具则是流量计。这里,用流量计来举例说明一下物料计量表投用的注意事项。

　　(1)投用前,应检查排污阀、放空阀等是否关严。

　　(2)流量计出口阀应处于关闭状态,缓慢打开入口阀,观察流量计以及附属装置是否渗漏。

　　(3)在任何情况下,应将流量计和系统内的空气慢慢排除。即打开消气器的排气阀,将管线内气体排出,然后缓缓旋松流量计上的放空阀排出流量计内的气体。

　　(4)打开流量计的出口阀,观察表头计数器是否正常,同时监听流量计的运转有无杂音。如一切正常,将流量计调整到预定的流量范围运行。

　　(5)对有旁路阀或初次使用时,应先开旁路阀,流体先从旁路管流动一段时间,缓慢开启上游阀,缓慢开启下游阀,缓慢关闭旁路阀。

模块五　机械基础知识

项目一　静设备基础知识

CCBA026 换热器分类方法

CBBA026 换热器的分类方法

CABJ007 换热器的分类

一、换热器的分类

换热器是化工生产中应用最为广泛的设备之一。按用途它可分为加热器、冷却器、冷凝器和汽化器等。由于生产的规模、物料的性质、传热的要求等各不相同,故换热器的类型也是多种多样的,换热器按其传热特征,可分为下列三类:

(一)直接接触式

在这类换热器中,冷、热两种流体通过直接混合进行热量交换。工艺上允许两种流体相互混合的情况下,这是比较方便和有效的,且其结构也比较简单。直接接触式换热器常用于气体的冷却或水蒸汽的冷凝。

(二)蓄热式

蓄热式换热器又称蓄热器,它主要由热容量较大的蓄热室构成,室中可充填耐火砖或金属带等作为填料。当冷、热两种流体交替地通过同一蓄热室时,即可通过填料将来自热流体的热量,传递给冷流体,达到换热的目的。这类换热器的结构较为简单,且可耐高温,常用于气体的余热及其冷量的利用。其缺点是设备体积较大,而且两种流体交替时难免有一定程度的混合。

(三)间壁式

这一类换热器的特点是在冷热两种流体之间用一金属壁(或石墨等导热性能好的非金属壁)隔开,以使两种流体在不相混合的情况下进行热量传递。间壁式换热器又分夹套式换热器、套管式换热器、管壳式换热器、板式换热器、空气换热器、热管换热器。

ZBBA007 换热器型号的表示方法

二、换热器型号的表示方法

标准换热器根据其结构形式可分为三大类:空气式换热器、板式换热器、管式换热器。根据不同的结构形式进行标准型号分类如下:

(一)空冷式换热器

管束形式:

丝堵式管箱的管束、可卸盖式管箱的管束、集合管式管箱的管束。管束形式与代号见表1-5-1。

表 1-5-1 各种管束形式与代号

序号	管束型式	代号	管箱型式	代号	翅片管型式	代号
1	鼓风式水平管束	GP	丝堵式管箱	S	L 型翅片管	L
2	斜顶管束	X	可卸盖板式管箱	K1	双 L 型翅片管	LL
3	引风式水平管束	YP	可卸帽盖式管箱	K2	滚花型翅片管	KL
4	湿式立置管束	SL	集合管式管箱	J	双金属轧制翅片管	DR
5	干—湿联合斜置管束	SX			镶嵌型翅片管	G

管束型号表示方法如图 1-5-1 所示。

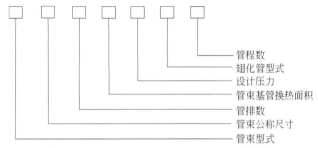

图 1-5-1 管束型号表示方法

(二)板式换热器

(1)常用的板片波纹形式代号见表 1-5-2。

表 1-5-2 板片波纹形式

序号	波纹形式	代号
1	人字形波纹	R
2	水平平直波纹	P
3	球形波纹	Q
4	斜波纹	X
5	竖直波纹	S

(2)常用的框架代号见表 1-5-3。

表 1-5-3 常用框架代号

序号	框架形式	代号
1	双支撑框架式	I
2	带中间隔板双支撑框架式	II
3	带中间隔板三支撑框架	III
4	悬臂式	IV
5	顶杆式	V
6	带中间隔板顶杆式	VI
7	活动压紧板落地式	VII

（3）板式换热器型号的表示方法如图1-5-2所示。

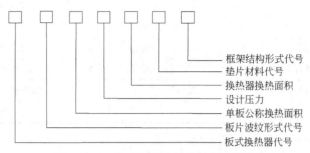

图1-5-2　板式换热器型号的表示方法

（三）管壳式换热器

本表示方法适用于卧式和立式换热器，如图1-5-3所示。

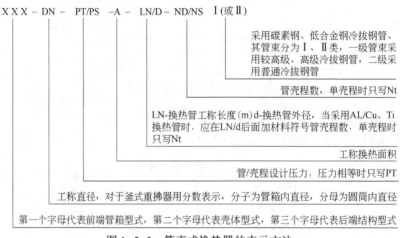

图1-5-3　管壳式换热器的表示方法

三、换热器的特点

不同类型的换热器各有特点，分别介绍几种常用换热器的特点：

BBA008 固定板式换热器的特点

ZCBA008 固定板式换热器的特点

（一）固定管板式换热器的特点

（1）节能，该换热器传热系数高；

（2）改层流为湍流，换热效率变高，减低了热阻；

（3）换热速度快，可以接受高温高压；

（4）结构紧凑，占地面积小，重量轻，安装方便，节约土建投资；

（5）应用条件广，适用较大的压力、温度范围和多种介质热交换；

（6）维护费用低，易操作，清垢周期长，清洗方便；

（7）应用领域广阔，可应用于热电、厂矿、石油化工、城市集中供热、食品、能源电子、机械轻工等领域。

(二)浮头式换热器的特点

列管式换热器的一块管板用法兰与外壳相连接,另一块管板不与外壳连接,以使管子受热或冷却时可以自由伸缩,但在这块管板上连接一个顶盖,称之为"浮头",这种换热器叫作浮头式列管换热器。浮头式列管换热器特点如下:

(1)管束可以拉出,以便清洗;

(2)管束的膨胀不变壳体约束,因而当两种换热器介质的温差大时,不会因管束与壳体的热膨胀量的不同而产生温差应力;

(3)其缺点为结构复杂,造价高。

(三)U形管式换热器的特点

(1)管束可以自由伸缩,不会因管壳之间的温差而产生热应力,热补偿性能好;

(2)管程为双管程,流程较长,流速较高,传热性能较好,承压能力强;

(3)管束可从壳体内抽出,便于检修和清洗,且结构简单,造价便宜。

U形管式换热器的缺点是管内清洗不便,管束中间部分的管子难以更换,又因最内层管子弯曲半径不能太小,在管板中心部分布管不紧凑,所以管子不能太多,且管束中心部分存在间隙,使壳程流体易于短路而影响壳程换热。此外,为了弥补弯管后管壁厚的减薄,直管部分需要用壁厚较厚的管子。这就影响了它的使用场合,仅宜用于管壳程壁温相差较大,或壳程介质易结垢而管程介质清洁不易结垢、高温、高压、腐蚀性强的情形。

(四)板式换热器的特点

(1)传热系数高;由于不同的波纹板相互倒置,构成复杂的流道,使流体在波纹板间流道内呈旋转三维流动,能在较低的雷诺数($Re = 50 \sim 200$)下产生紊流,所以传热系数高,一般认为是管壳式的3~5倍;

(2)对数平均温差大,末端温差小。板式换热器多是并流或逆流流动方式,其修正系数也通常在0.95左右,此外,冷、热流体在板式换热器内的流动平行于换热面、无旁流,因此使得板式换热器的末端温差小,对水换热可低于1℃,而管壳式换热器一般为5℃。同时换热器的端面温差不能过大,否则将影响换热器的强度;

(3)板式换热器结构紧凑,单位体积内的换热面积为管壳式的2~5倍;

(4)容易改变换热面积或流程组合;只要增加或减少几张板,即可达到增加或减少换热面积的目的;改变板片排列或更换几张板片,即可达到所要求的流程组合,适应新的换热工况,而管壳式换热器的传热面积几乎不可能增加;

(5)重量轻;板式换热器的板片厚度仅为0.4~0.8mm,而管壳式换热器的换热管的厚度为2.0~2.5mm,管壳式的壳体比板式换热器的框架重得多,板式换热器一般只有管壳式重量的1/5左右;

(6)价格低;采用相同材料,在相同换热面积下,板式换热器价格比管壳式约低40%~60%;

(7)制作方便;板式换热器的传热板是采用冲压加工,标准化程度高,并可大批生产,管壳式换热器一般采用手工制作;

(8)容易清洗;框架式板式换热器只要松动压紧螺栓,即可松开板束,卸下板片进行机械清洗,这对需要经常清洗设备的换热过程十分方便;

（9）热损失小：板式换热器只有传热板的外壳板暴露在大气中，因此散热损失可以忽略不计，也不需要保温措施。而管壳式换热器热损失大，需要隔热层；

（10）容量较小：为管壳式换热器的10%~20%；

（11）单位长度的压力损失大：由于传热面之间的间隙较小，传热面上有凹凸，因此比传统的光滑管的压力损失大；

（12）不易结垢：由于内部充分湍动，所以不易结垢，其结垢系数仅为管壳式换热器的1/3~1/10；

（13）工作压力及压力变化不宜过大，可能发生泄漏：板式换热器采用密封垫密封，工作压力一般不宜超过2.5MPa，介质温度应在低于250℃以下，否则有可能泄漏；

（14）易堵塞：由于板片间通道很窄，一般只有2~5mm，当换热介质含有较大颗粒或纤维物质时，容易堵塞板间通道。

四、换热器内件

ZBBA011 换热器折流板的作用

（一）换热器折流板的作用

ZCBA011 换热器折流板的作用

隔板亦称折流板，折流板顾名思义就是用来改变流体流向的板，常用于管壳式换热器设计壳程介质流道，根据介质性质和流量以及换热器大小确定折流板的多少。折流板被设置在壳程，它既可以提高传热效果，还起到支撑管束的作用。折流板有弓形和圆盘-圆环形两种，弓形折流板有弹弓形、双弓形和三弓形三种。弓形折流板缺口高度应使流体通过缺口时与横过管束时的流速相近，缺口大小用切去的弓形弦高占圆筒内直径的百分比来确定。换热器中折流板的作用：

（1）为了减小壳程流体的速度，增加湍流程度，以提高壳程对流传热系数；

（2）减少死区，增大传热系数；

（3）加长流程，提高换热效果；

（4）对换热管起支撑、定位作用。

ZBBA019 换热器管束的排列方式

（二）换热器管束的排列方式

ZCBA019 换热器管束的排列方式

换热管是管壳式换热器的基本部件，其形状、尺寸和管束布置对换热器性能和设备经济性影响很大。换热管在管板上的排列应力求均布、紧凑并考虑清扫和整体结构要求，一般有以下五种排列方式：

（1）等边三角形；

（2）正方形直列；

（3）正方形错列（转角45°）；

（4）圆形排列；

（5）转角三角形等。

等边三角形排列应用最普遍，管间距都相等，同一管板面积上能排列最多的管数，划线钻孔方便，但管间不易清洗。对壳程需机械法清理时一般采用正方形排列，要保证有6mm的清理通道。在折流板间距相同情况下，等边三角形、圆形排列流通截面要比正方形、正方形错列形式的小，有利于提高流速。同心圆排列比三角形排列排管还要多，且靠近壳体布管均匀，介质不易走短路。炼油工业上常用的还是正方形错列（转角45°）方式较多。无论哪种排列法,最外圈管子的管壁与壳内壁的间距不应小于 10mm。

(三)换热器防冲板的作用

对于换热器是否需要设置防冲板的问题,GB/T 151—2014《热交换器》中明确规定了壳程、管程设置防冲板的条件,特别规定了有腐蚀或磨蚀的气体,蒸汽及气液混合物,应设置防冲板。当管程采用轴向入口接管或换热器内流体流速超过 3m/s 时,应设置防冲板,其目的是为了防止大流速流体直接冲击换热管与管板的接头,造成换热管管端的冲蚀而引起泄漏,同时为了使流体进入换热管内的流速均匀。在壳程设置防冲板,其目的是为了防止流体的流入对换热管直接冲击而造成换热管的冲蚀和震动,同时为了避免由于管子的不均匀加热而产生的热应力,以起到保护换热管的作用。

ZBBA012 换热器防冲板的作用

五、换热器的操作及故障维护

(一)换热器出入口温差上升的原因

换热器出入口温差上升的主要原因是循环水量减少,出口水温增加,而入口温度一定,出入口温差增大;其中被加热介质入口内能增加,其他条件不变,则其出入口温差降低;当然影响换热器出入口温差增加的原因还有换热器结垢,换热器结垢会使出入口温差减小;换热器负荷变化,其出入口温差却不一定增大。

CCCA013 换热器出入口温差上升原因分析

CBCA013 换热器出入口温差上升的原因分析

(二)换热器出入口温差上升的处理

(1)循环水量下降;

(2)高温侧物料流量增加或进料温度高;

(3)换热器被堵塞后导致水量不足;

(4)气阻;

(5)冷热介质的入口参数与原设计值不符;

(6)换热器结垢。

CCCB013 换热器出入口温差上升处理

CBCB013 换热器出入口温差上升的处理方法

(三)换热器内漏的处理方法

换热器内漏即换热器内管程介质与壳程介质发生互串,压力高侧向压力低侧进行介质流动或渗漏。

(1)当发现换热器内漏后,可以向管程注水打压来确认泄漏部位和大小;

(2)准备工器具;

(3)换热管服饰穿孔、开裂、更换或堵死漏管;

(4)换热器与管板张开(焊口)裂开、肿胀或堵死;

(5)检修完毕后再次冲水打压检验漏点是否消除;

(6)确认漏点完全消除后,投用。

CCCB015 换热器内漏处理方法

CBCB016 换热器内漏的处理方法

(四)冷换设备开工热紧的目的

冷换设备的主体与附件用法兰与螺柱连接,垫片密封。由于材质不同,在装置开工升温过程中,将分别超过 200℃,高温对法兰密封性能有以下影响:

(1)应力松弛:在高温下时,会造成材料的弹性模数下降,变形,机械强度下降,螺栓的内应力会慢慢变小,常温下紧固时产生的弹性变形,会因为蠕变使其伸长,一部分变成塑性变形,螺栓内的弹性变形量减小,从而使其对法兰的紧固力减小,即产生应力松弛。

GBBA007 冷换设备开工热紧的目的

（2）高温下螺栓强度的下降：在高温下，金属材料性能（强度）将随温度升高而降低，由于法兰的刚性远好于螺栓，因此螺栓的性能下降导致了作用在法兰上的轴向拉力下降，垫片密封力下降，可能会使垫片松弛而产生泄漏。

（3）螺栓热胀：随温度的升高，管道或设备法兰、垫片和紧固螺栓都要相应膨胀，径向膨胀对法兰的密封性能无影响，轴向膨胀则是主要影响因素。

热紧的目的就是消除高温对法兰连接的影响，降低高温部位法兰泄漏的风险。

（五）换热器的完好标准

GBBA015 换热器的完好标准

1. 运行正常，效能良好

（1）设备效能满足正常生产需要或达到设计能力的 90% 以上；

（2）管束等内件无泄漏，无严重结垢和振动。

2. 各部构件无损，质量符合要求

（1）各零件材质的选用应符合设计要求，安装配合符合规程规定；

（2）壳体、管束的冲蚀和腐蚀在允许范围内：同一管程内被堵塞管数不数的 10%；

（3）隔板无严重扭曲变形。

3. 主体整洁，零部件齐全好用

（1）主体整洁，保温、防腐油漆完整美观；

（2）基础、支座完整牢固，各部螺栓满扣、齐整、紧固，符合抗震要求；

（3）壳体及各部阀门、法兰、前后端盖等无渗漏；

（4）压力表、温度计、安全阀等附件应定期校验，保证准确可靠。

4. 技术资料齐全准确

（1）设备档案符合石化企业设备管理制度要求；

（2）定期运行监测记录（主要设备）；

（3）设备结构图及易损配件清单。

（六）管壳式换热器压力试验的注意事项

JBBB004 管壳式换热器压力试验的注意事项

JCBB004 管壳式换热器压力试验的注意事项

GB 150.4—2011《压力容器 第 4 部分：制造、检验和验收》对压力容器的耐压试验和泄漏试验做了详细的规定，在做压力试验时，需注意以下几点：

（1）使用两块合格的压力表，压力表的量程应为 1.5~3 倍的试验压力，宜为试验压力的 2 倍。压力表的精度不得低于 1.6 级，表盘直径不得小天 100mm。应安装在被试验容器安放位置的顶部。

（2）耐压试验分为液压试验、气压试验以及气液组合压力试验，应按设计文件规定的方法进行耐压试验。

（3）耐压试验的试验压力和必要时的强度校核按 GB 150.1—2011《压力容器 第 1 部分：通用要求》的规定。

（4）耐压试验前，容器各连接部位的紧固件应装配齐全，并紧固妥当；为进行耐压试验而装配的临时受压元件，应采取适当的措施，保证其安全性。

（5）耐压试验保压期间不得采用连续加压以维持试验压力不变，试验过程中不得带压拧紧紧固件或对受压元件施加外力。

（6）耐压试验后所进行的返修，如返修深度大于壁厚一半的容器，应重新进行耐压试验。

（7）试验液体一般采用水，试验合格后应立即将水排净吹干；无法完全排净吹干时，对奥氏体不锈钢制容器，应控制水的氯离子含量不超过 25mg/L。

（8）试验温度：Q345R，Q370R，07MnMoVR 制容器进行液压试验时，液体温度不得低于 5℃；其他碳钢和低合金钢制容器进行液压试验时，液体温度不得低于 15℃；低温容器液压试验的液体温度应不低于壳体材料和焊接接头的冲击试验温度（取其高者）加 20℃。如果由于板厚等因素造成材料无塑性转变温度升高，则需相应提高试验温度。当有试验数据支持时，可使用较低温度液体进行试验，但试验时应保证试验温度（容器器壁金属温度）比容器器壁金属无塑性转变温度至少高 30℃。

（9）试验程序和步骤：试验容器内的气体应当排净并充满液体，试验过程中，应保持容器观察表面的干燥；当试验容器器壁金属温度与液体温度接近时，方可缓慢升压至设计压力，确认无泄漏后继续升压至规定的试验压力，保压时间一般不少于 30min；然后降至设计压力，保压足够时间进行检查，检查期间压力应保持不变。

（10）液压试验的合格标准：试验过程中，容器无渗漏，无可见的变形和异常声响。

（11）液压试验完毕后，应将液体排尽并用压缩空气将内部吹干。

（七）设备可靠性的概念

JCBB002 设备可靠性的概念

所谓可靠性，是指设备机能在时间上的稳定性程度，或者说规定的条件下，规定的时间内，完成规定功能的能力。可靠性包含了耐久性、可维修性、设计可靠性三大要素。设备的可靠性差会导致设备发生故障的概率很大。设备的可靠性由固有可靠性和使用可靠性构成。所谓固有可靠性，是指该设备由设计、制造、安装到试运转完毕，整个过程所具有的可靠性，是先天性的可靠性。而使用可靠性依赖于产品的使用环境，操作的正确性，保养与维修的合理性，所以它很大程度上受使用者的影响。当固有可靠性低或使用可靠性低，或这两种可靠性都低时，设备就有可能发生故障。对故障采取对策，重要的是对故障原因在固有可靠性和使用可靠性上进行识别。当固有可靠性提高时，提高使用可靠性就比较容易；而当固有可靠性低时，要提高使用可靠性就十分困难。因此，从根本上讲，要防止故障的发生，最有效的对策就是注意设备固有可靠性的形成，即重视设备的设计、制造、安装和调试全过程。

（八）设备的完好标准

JCBA018 设备的完好标准

（1）运行正常，效能良好；设备运行能够达到设计参数的指标要求，满足生产工艺的需求稳定运行。动力设备的功能达到原设计规定标准，运转无超温、超压、超速现象。

（2）主体及内部构件无损，质量符合要求；零部件齐全、磨损腐蚀程度不超规定标准。

（3）主体整洁，零附件齐全好用；设备主体整洁完好，零部件、安全防护装置良好，检验检测在有效期内，报告齐全。

（4）技术资料齐全准确。设备档案、运行记录、检修记录、监测记录齐全，真实有效。

JCBA017 温差应力的概念

（九）温差应力的概念

物质的热胀冷缩现象是人们早已熟知的。工程中的许多结构和部件常常工作于温度变化的情况，如果由于温度变化而产生的胀缩受到结构或部件的外部或内部约束的限制而不能自由进行，这些结构或部件内将会产生热应力。因此，要研究物体的热应力就必须首先知道物体中的温度场。而物体中的温度场的确定则依赖于热传导问题（热传导微分方程、热边界条件和热源等)的解决。

CABJ008 塔器的分类

六、塔的分类

塔设备是化工、石油化工、生物、制药等生产过程中广泛采用的气液传质设备。高径比很大的设备统称为塔器。板式塔的基本组件有:裙座、塔体、除沫器、接管、人孔和手孔、塔内件;填料塔的基本组件有:塔本体、支撑板、填料、人孔和手孔、液体分布器、液体收集器等。用于蒸馏(精馏)和吸收的塔器分别称为蒸馏塔和吸收塔。

CBBA003 塔基本结构

CCBA003 塔的基本结构

(一)塔按结构可分为板式塔与填料塔。

1. 板式塔

板式塔:塔内装有一层层相隔一定距离的塔盘,气体靠压强差推动,由塔底向上依次穿过各塔盘上的液层而流向塔顶;液体则靠重力作用由塔顶逐盘流向塔底,并在各塔盘上形成流动的液层。液、气两相就在塔盘上互相接触,进行热和质的传递。根据塔盘形式的不同,板式塔分为圆泡罩塔、槽形塔盘塔、S 形塔盘塔、浮阀塔、喷射塔、筛板塔等。

1)泡罩塔

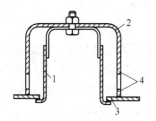

图 1-5-4 泡罩结构示意图
1—升气管;2—泡罩;3—塔板;4—齿缝

泡罩塔是 20 世纪初随工业蒸馏的建立而发展起来的,属于一种古老的结构。塔板上的主要部件是泡罩。它是一个钟形的罩,支在塔板上,其下沿有长条形或椭圆形小孔,或作成齿缝状,与板面保持一定距离,如图 1-5-4 所示。罩内覆盖着一段很短的升气管,升气管的上口高于罩下沿的小孔或齿缝。

塔板下方的气体经升气管进入罩内之后,折向下到达罩与管之间的环形空隙,然后从罩下沿的小孔或齿缝分散成气泡而进入板上的液层。泡罩的制造材料有:碳钢、不锈钢、合金钢、铜、铝等,特殊情况下亦可用陶瓷以便防腐蚀。泡罩的直径通常为 80~150mm(随塔径增大而增大),在板上按正三角形排列,中心距为罩直径的 1.25~1.5 倍。齿缝泡罩塔板上的升气管出口伸到板面以上,故上升气管升气流即使暂时中断,板上液体亦不会流尽,气体流量减少,对其操作的影响也小。有此特点,泡罩塔可以在气、液负荷变化较大的范围内正常操作,并保持一定的板效率。为了便于在停工以后能放净板上所积存的液体,每板上都开少数排液孔,称为泪孔,直径 10mm 左右,位于板面上靠近溢流堰入口一侧。泡罩塔操作稳定,操作弹性即能正常操作的最大负荷与最小负荷之比可达 4~5。但是,由于它的构造比较复杂,使造价高,阻力(气体通过每层板的压力降)亦大,而气、液通过的量和板效率却比其他类型板式塔为低,现已逐渐被其他型式的塔所取代。

2)筛板塔

筛板多用不锈钢板或合金钢板制成,使用碳钢的比较少。孔的直径为 3~8mm,以 4~5mm 较常用,板的厚度为孔径的 0.4~0.8 倍。此外,又有一种大孔筛板,孔径在 10mm 以上,用于有悬浮颗粒与脏污的场合。筛板塔的结构简单,造价低,它的生产能力(以单位塔截面的气体通过量计)比泡罩塔高 10%~15%,板效率高 10%~15%,而每板压力降则低 30%左右。曾经认为,这种塔板在气体流量增大时,液体易大量冲到上一层板,气体流量小时则液体大量经筛孔直接流到下一层板,故板效率不易保持稳定。

3)浮阀塔

浮阀塔板上开有按正三角形排列的阀孔,每孔之上安置一个阀片。阀片为圆形(直径48mm),下有三条带脚钩的垂直腿,插入阀孔(直径39mm)中。气速达到一定时,阀片被推起,因受脚钩的限制,推到最高也不能脱离阀孔。气速减小则阀片落到板上,靠阀片底部三处突出物支撑住,仍与板面保持约2.5mm的距离。塔板上阀孔开启的数量按气体流量的大小而有所改变。因此,气体从浮阀送出的线速度变动不大,鼓泡性能可以保持均衡一致,使得浮阀具有较大的操作弹性,一般为3~4,最高可到6。浮阀的标准重量有两种,轻阀约25g,重阀约33g。一般情况下用重阀,轻阀则用于真空操作或液面落差较大的液体进板部位。浮阀的直径比泡罩小,在塔板上可排列得更紧凑,从而可增大塔板的开孔面积,同时气体以水平方向进入液层,使带出塔板上的液沫减少而气液接触时间却加长,故可增大气体流速而提高阀孔的生产能力(比泡罩塔提高约20%),板效率亦有所增加,压力降却比泡罩塔小。结构上它比泡罩塔简单但比筛板塔复杂。这种设计的缺点是因阀片活动,在使用过程中有可能松脱或被卡住,造成该阀孔处的气、液通过状况失常,为避免阀片生锈后与塔板粘连,以致盖住阀孔而不能浮动,浮阀及塔板都要用不锈钢制成。此外,胶黏性液体易将阀片黏住,液体中有固体颗粒会使阀片被架起,都不宜用。

2. 填料塔

塔内充填着各种形式的填料,液体自上往下流,气体自下往上流,在填料表面上进行接触,完成传质传热过程。填料的形式繁多,常见的有拉西环、鲍尔环、波纹填料、鞍型填料、丝网填料等。塔填料的作用是为气、液两相提供充分的接触面,并为提高其湍动程度(主要是对气相)创造条件,以利于传质(包括传热)。它们应能使气、液接触面大、传质系数高,同时通量大而阻力小,所以要求填料层空隙率(单位体积填料层的空隙体积)高,比表面(单位体积填料层的表面积)大,表面润湿性能好,并且在结构上还要有利于两相密切接触,促进湍动。制造材料又要对所处理的物料有耐腐蚀性,并具有一定的机械强度,使填料层底部不致因受压而碎裂、变形。常用的填料可分两大类:散装填料与规整填料。

(二)塔类设备按其单元操作分类

1. 精馏塔

精馏主要是利用混合物中各组分的挥发度不同而进行分离。挥发度较高的物质在气相中的浓度比在液相中的浓度高,因此借助于多次的部分汽化及部分冷凝,而达到轻重组分分离的目的。

2. 吸收塔

吸收主要是利用一种或多种气体溶解于液体的过程。

3. 解吸塔

解吸是吸收操作的逆过程,即将液体混合物中的某一可挥发性组分转移至气体中。

4. 萃取塔

萃取塔是分离和提纯物质的重要单元操作之一。在液态(第一相液)中各组分关系,可以按相际传递过程把它们分离开来。

5. 反应塔

反应即混合物在一定的温度、压力等条件下生成新物质的过程。

6. 再生塔

再生的过程是混合物经蒸汽传质、汽提而使溶液解吸再生的过程。

7. 干燥塔

固体物料的干燥包括两个基本过程，首先是对固体加热以使湿分气化的传热过程，然后是气化后的湿分蒸气分压较大而扩散进入气相的传质过程，而湿分从固体物料内部借扩散等的作用而源源不断地输送到达固体表面，则是一个物料内部的传质过程。因此干燥过程的特点是传质和传热过程同时并存。

8. 冷却塔

冷却塔是一种广泛应用的热力设备，其作用是通过热、质交换将高温冷却水的热量散入大气，从而降低冷却水的温度。

七、板式塔的溢流类型

GBBA022 板式塔溢流类型

GCBA022 板式塔的溢流类型

筛板塔塔板上液体流动的安排方式，主要根据塔径与液气流量比（或液体流量）来确定。一般有三种型式。

（一）单流型

液体横过板面从一侧流到另一侧，落入降液管中，到达下层板，在下层板上沿反方向从一侧流到另一侧。这是最常用的型式，因其结构简单，制作方便，且横贯全板的流道长，有利于达到较高的塔板效率。

（二）回流型

降液管和受液盘被安排在塔的一侧，受液盘与降液管相邻；用挡板沿直径把塔板分割成"U"形，来自上一层塔板的液体落在这一层板受液盘上，约绕一圈后才沿降液管落到下一层板，因而所占板面面积小，流道长，液面落差亦大，适用于液体流量比较低（$11m^3/h$ 以下）的场合。

（三）双流型

液体在板上被分成两份，每一份流过半面塔板，若在一层板上从两侧流到中央，落到下一层板上便从中央分流到两侧。这种安排可使液体的通过量加大，而且液面落差减小，适用于液体流量大（$100m^3/h$ 以上）及塔径也大（2m 以上）的场合。

八、塔填料的选用原则

GBBA023 填料选用原则

GCBA023 填料的选用原则

塔填料的作用是为气、液两相提供充分的接触面，并为提高其湍动程度（主要是对气相）创造条件，以利于传质（包括传热）。它们应能使气、液接触面大、传质系数高，同时通量大而阻力小，所以要求填料层空隙率（单位体积填料层的空隙体积）高，比表面（单位体积填料层的表面积）大，表面润湿性能好，并且在结构上还要有利于两相密切接触，促进湍动。制造材料又要对所处理的物料有耐腐蚀性，并具有一定的机械强度，使填料层底部不致因受压而碎裂、变形。填料的选择包括确定填料的种类、规格及材质等。所选填料既要满足生产工艺的要求，又要使设备投资和操作费用最低。

填料种类的选择,要考虑分离工艺的要求,通常考虑以下几个方面:

(1)传质效率要高,一般而言,规整填料的传质效率高于散装填料;

(2)通量要大,在保证具有较高传质效率的前提下,应选择具有较高泛点气速或气相动能因子的填料;

(3)填料层的压降要低;

(4)填料抗污堵性能强,拆装、检修方便。

九、塔检修的验收标准

塔类设备检修完工,交由工艺运行验收,一般要求:

JCBA015 塔检修的验收标准

(1)需试运行一周,各项指标达到技术要求或能满足生产需要;

(2)设备达到完好标准;

(3)提交下列技术资料:检修方案、实际检查、检修情况记录及有关技术文件和资料;设计变更及材料代用通知单、材质、零部件合格证,应提供变更、改造的方案和图纸,材料质量证明书,施工质量检验报告及有关技术文件和资料;隐蔽工程记录和封闭记录;检修记录;焊缝质量检验(包括外观、无损探伤等)报告;焊接工艺、试验记录。提供安全附件的校验、修理、更换记录;提供检修技术总结。施工单位应提供真实、齐全、准确的有关资料。

(4)检修完成后由主管部门组织施工单位和车间共同进行初验;试车、开车正常后,进行最终验收。

CCCA003 深冷设备冷损原因

十、深冷设备

CBCA003 深冷设备冷损的原因

(一)深冷设备冷损

合成氨深冷设备通常利用液氮作为冷却介质,可将低温设备温度降到-196℃甚至更低,在空分设备低温系统中分离氮气和氧气,在氮洗单元用于分离氢气,同时除去杂质气体。

跑冷损失会导致空分设备的冷量入不敷出,最终仍会导致较为复杂的操作问题和技术难题。而且冷箱内设备和管道的使用寿命很大程度都与跑冷损失的大小有关。深冷设备冷损大的原因主要有以下两个方面:

1. 热交换不完全冷损

设备冷箱内低温返流气体冷量通过换热器回收。因冷量仅能从低温物体传递至高温物体规律,使冷量在换热器传递过程中存在温差,此温差存在使冷量在换热器中不能完全回收,这种冷量损失为热交换不完全冷损,亦称为复热不足冷损。

2. 跑冷损失

(1)保冷效果差。珠光砂未填实,在设备运行震动时冷箱珠光砂下沉,使得顶部或冷箱内有空隙,顶部和外壁挂霜有冷损。

(2)换热器材质传热效率低。换热器的材质传热差,使得复热不均,材质好坏决定传热效果。

(3)设备管线泄漏。设备管线泄漏造成冷损增加,导致冷箱壳体压力升高,从冷箱缝隙处冒出冷气,冷箱外壳有结霜,如果是液体泄漏还能观察到基础温度下降。

(4)低温阀门泄漏,系统液体排放导淋未关死。

3. 深冷设备冷损大的处理方法

（1）填装珠光砂时谨防受潮，在冷箱内充入干燥氮气，保持冷箱内微正压。

（2）开车一段时间后，因管道微小震动等原因导致珠光砂变实而下沉，可以通过冷箱顶部视镜观察顶部情况，必要时打开顶部人孔，补充珠光砂至装满。

（3）在实际工作中谨慎操作，杜绝超压现象。超压易造成管道、容器、阀门变形或使材料受损，导致破损甚至泄漏。

（4）检查各管线、阀门、导淋关闭或无泄漏。

（5）改变设备冷却积液阶段低压空气，中压膨胀空气与高压空气流量比例，使设备处于低冷损状态运行。

（6）在实际操作中，有效调控板式热端温差。

（7）减少液体产品带走的冷损：努力提高输出设备的绝热性能，降低蒸发系数；另一方面尽可能缩短输出管线，提高绝热性能，同时操作要缓慢进行。

（二）低温设备阻力增加的处理方法

（1）用蒸汽清理，提高设备内温度，清理阻塞物质；

（2）化学清理，机械清理；

（3）反冲洗。

（三）低温设备的保冷方法

保冷是对常温以下的设备或管道进行保护或涂装以减少外部热量向内部的侵入并使表面温度保持在漏点以上，不使外表面凝漏而采取的隔热措施；或对0℃以上，常温以下的设备或管道，为防止其表面凝漏而采取的隔热措施。

1. 管线保温的要求

一般规定具有下列工况之一的设备、管道及其附件必须保冷。

（1）为减少冷介质及载冷介质在生产和输送过程中的冷损失者；

（2）为防止或降低冷介质及载冷介质在生产和输送过程中温度升高者；

（3）为防止0℃以上常温以下的设备或管道外表面凝漏者；

（4）与保冷设备或管道相连的仪表及其管道。

2. 保温（保冷）的材料性能选用原则

在石油化工装置中，设备及管道的保温（保冷）工程是防止或减少热（冷）损失，保证全操作，改善劳动条件和经济运行的重要措施。合理的保温、保冷设计涉及问题很广，包括计算方法、材料选择、结构设计、正确施工及维护。保温、保冷材料主要包括：绝热材料（保温、隔热材料统称为绝热材料）、保护层、防潮层及辅助材料。选择绝热材料性需注意以下几点：

（1）导热系数低：绝热层材料应选择能提供随温度变化的导热系数方程式或图表的产品，对于松散或可压缩的绝热材料应选择有使用密度下的导热系数方程式或图表的产品。对于保冷材料，要求在使用平均温度低于27℃时导热系数不大于$0.064W/(m \cdot K)$。对于保温材料，要求在使用平均温度低于350℃时，导热系数不大于$0.12W/(m \cdot K)$。

（2）使用温度范围宽：保温时，绝热层材料的允许使用温度不应低于介质的最高温度；保冷时，绝热层材料的允许使用温度应低于介质的最低温度。

（3）密度小：材料密度的大小，不仅影响管道的挠度、跨距，而且影响管架的投资。保冷材料要求密度不大于 200kg/m³。保温材料的密度，对于硬质材料要求不大于 300kg/m³，对于软质和半硬质材料要求不大于 200kg/m³。

（4）耐振动：保冷使用的硬质材料，抗压强度不小于 0.15MPa。保温使用的硬质材料，抗压强度不得小于 0.4MPa。

（5）吸水率低：因为水的导热能力比空气大 24 倍，且吸水后产生酸性或者碱性物质，腐蚀管道和管件。因此，保冷使用的材料，要求质量含水率不大于 1%。保温使用的材料，要求质量含水率不大于 7.5%。

（6）绝热材料的耐热性、膨胀性和防潮性均应符合使用要求。

（7）化学稳定性好，对金属无腐蚀作用。对奥氏体不锈钢设备，应使用不含可溶性氯化物的隔热材料。

（8）安全性能好：在使用温度范围内材料不应出现冒烟、起燃和分解出难闻的气味。施工工程中，不刺痒人。

（9）经济性能好：选用的绝热材料来源广泛、加工容易、施工方便、成本低廉。事实上，现在为止无任何一种保温材料同时满足上述各项要求，因此在选用时，应因地制宜的选用，首先满足那些必须满足的条件。

3. 常用绝热材料的选用

推荐选用绝热材料见表 1-5-4。

表 1-5-4　常用绝热材料

序号	介质温度/℃	绝热材料名称
1	−196~常温	膨胀珍珠岩散料岩棉
2	−100~70	聚氨脂泡沫塑料制品超细玻璃棉
3	−105~70	聚苯乙烯泡沫塑料制品

4. 绝热材料的种类及使用要点

（1）工业设备、管道绝热用硬质聚氨酯泡沫塑料：工业设备、管道绝热用硬质聚氨酯泡沫塑料制品有板、管壳，适用于−104~5℃的设备管道保冷，最高安全使用温度为 100℃。

（2）隔热用聚苯乙烯泡沫塑料：隔热用聚苯乙烯泡沫塑料是以含低沸点液体发泡剂的可发性聚苯乙烯珠粒经加热预发泡后，在模具中加热成型而制得的具有闭孔结构的聚苯乙烯泡沫塑料，也可用大块料切割而成其他形状制品。

（3）泡沫玻璃绝热制品：泡沫玻璃绝热制品是低容重闭孔泡沫玻璃，用平板玻璃为主要原料，通过粉碎掺碳、烧结发泡和退火冷却加工处理后制得的、具有均匀的独立密闭气缝结构的新型无机隔热材料，能在超低温到高温的温度范围内使用。多用作超低温保冷材料。

5. 保护层

常用保护层有金属保护层和胶泥保护层两种。

（1）金属保护层材料：金属保护层材料有镀锌薄钢板、酸洗薄钢板和薄铝板三种。一般采用 0.5mm 的镀锌薄钢板作保护层。有特殊要求时可选用厚 0.5~1.0mm 的薄铝板做保护层。

（2）胶泥保护层材料：胶泥保护层材料应在现场配制。常用胶泥保护层材料有石棉水泥和石棉硅藻土水泥。

6. 辅助材料

辅助材料包括镀锌铁丝网、捆扎铁丝、石油沥青油毡、沥青、自攻螺钉及抽芯铆钉、胶黏剂。

CBAD009 低温设备保冷的注意事项

CCAD009 低温设备保冷的注意事项

（四）低温设备保冷的注意事项

合成氨装置低温设备及管道"保冷"失效，导致冷损增大，金属表面腐蚀严重，装置能耗增加，所以装置的保冷必须严格。低温设备的保冷结构自内向外一般有防锈层、保冷层、防潮层、保护层、防腐蚀或识别层，保冷施工和验收要严格按照规范进行，对于要保冷的设备应先除锈干净后刷两遍防腐漆，严格控制发泡密度和厚度，对于含水偏湿的保冷材料应进行清除。对设备及管道的裙座、支座、法兰、阀门、人孔、管件、分析测试仪表接口等部位应进行特殊保冷。

项目二　动设备基础知识

CBBA006 机泵的用途

CCBA006 机泵用途

一、机泵的相关知识

通常液体只能从高处自动流向低处，从高压设备内自动流向低压设备内。如果把低处的液体送往高处，把低压设备内的液体送往高压设备内，就必须给这些液体提供一定的能量才能达到此目的，通常把能给液体提供能量的设备称为泵。

CCBA017 机泵型号表示方法

（一）机泵基础知识

1. 机泵型号的表示方法

DL——多级立式清水泵；BX——消防固定专用水泵；ISG——单级立式管道泵；IS——单级卧式清水泵；DA1——多级卧式清水泵；QJ——潜水电泵。

CBBA017 机泵型号的表示方法

CABJ001 常用化工用泵的分类

2. 机泵的分类及性能、结构（按作用原理）

（1）容积式泵：依靠连续或间歇地改变工作室容积来压送液体。一般使工作室容积改变的方式有往复运动和旋转运动。如往复式活塞泵、柱塞泵属于前一种；齿轮泵、滑片泵属于后一种。

（2）叶片式泵：依靠工作叶轮的高速旋转运动将能量传递给被输送液体。如离心泵、轴流泵、旋涡泵等。

（3）其他类型泵：如喷射泵、水锤泵、电磁泵等，它们的作用原理各不相同。喷射泵是依靠高速流体的动能转变为静压能的作用，达到输送流体的目的；水锤泵是利用水流本身的位差能输送液体，而不需其他外界能量；电磁泵则是利用电磁力的作用来输送液体。

上述各种类型泵的使用范围是不同的，叶片式泵应用范围较为广泛，其中离心泵应用最广，往复泵主要用于输送高压液体的场合。

1）往复泵的结构及特点

活塞由电动的曲柄连杆机构带动，把曲柄的旋转运动变为活塞的往复运动；活塞下移，腔内压力降低，将左活门打开，右活门关闭，液体吸入；活塞上移，腔内压力增高，将右活门打开、左活门关闭、液体排出。主要有缸体、柱塞、填料函、进出口单向阀、单向阀压盖、曲轴、曲轴箱、轴承、连杆、大头瓦、小头瓦、十字头、滑道、十字头延伸段等组成。

往复泵具有以下性能结构特点：

（1）往复泵的流量不均匀。这一特性对泵的吸排工作性能有不利影响，即：吸、排管路中液流速度不稳定而产生惯性阻力损失，使吸入阻力增大而容易引起汽蚀，并且使排出压力波动。常采用多作用泵和空气室来改善往复泵的供液不均匀性；

GCBA007 往复泵的性能结构特点

CBBA010 往复泵结构

CCBA010 往复泵结构

（2）往复泵设有泵阀，在吸、排过程中泵阀的启阀阻力和流阻损失，会使泵缸内的吸入压力进一步降低而容易引起汽蚀，同时也会使排出压力升高；

（3）转速不宜太高。电动往复泵转速大多限定在 $200 \sim 300 r/min$ 以下，一般最高不超过 $500 r/min$。提高往复泵转速虽然可以增加泵的流量，但会使活塞不等速运动的加速度和惯性力增加，使泵容易汽蚀且排出压力波动加剧；此外，泵阀也是限制转速的一个重要因素，转速过高会使泵阀启闭迟滞和撞击加剧，泵阀阻力也会增加等。若吸入阀阻力损失过大，甚至造成不能正常吸入；

（4）被输送液体含固体杂质时，泵阀和活塞环容易磨损，或可能将阀盘垫起造成漏泄，必要时需设吸入滤器；

（5）往复泵的结构较复杂，泵内需装设吸、排阀，因而易损件（如吸排阀、活塞环、活塞杆填料箱等）较多，维修量大；

（6）效率高，吸能力强，使用不需要灌泵；

（7）对液体污染不敏感，适用于低黏度、高黏度、易燃、易爆、剧毒等多种介质。

2）隔膜泵的结构

CCBA011 隔膜泵结构

CBBA011 隔膜泵的结构

隔膜泵实际上就是栓塞泵，是借助薄膜将被输液体与活柱和泵缸隔开，从而保护活柱和泵缸。隔膜左侧与液体接触的部分均由耐腐蚀材料制造或涂一层耐腐蚀物质；隔膜右侧充满水或油。隔膜泵属于一种由膜片往复变形造成容积变化的容积泵。

ZABJ002 柱塞泵的基本结构

3）柱塞泵结构

柱塞泵是一种往复式容积式泵，它由两个基本部分组成，提高液体压力的泵体部分和将原动机的能量转变成柱塞往复运动的运动机构。柱塞泵的泵体部分由柱塞、泵缸、吸入阀、排出阀、吸入管、排出管等组成，其中柱塞和泵缸所组成的空间即为工作容积，柱塞泵的运动机构由曲柄、连杆、十字头、柱塞杆组成。泵的工作过程分为吸入、压缩、排出三个过程，柱塞泵主要用来输送压力高、流量小、黏度大及具有腐蚀性、易燃易爆、剧毒的液体。一般流量小于 $100 m^3/h$，压力大于 $100 MPa$ 时，使用往复泵效果最佳。

ZBBA017 计量泵的性能

4）计量泵的性能

ZCBA017 计量泵的性能

计量泵是一种特殊的容积泵，它可以计量并输送液体，也成为定量泵或比例泵。计量泵最大的特点就是可以预先选定量或时间间隔来供给一定的物料，常常被用于各类型药剂添加成套设备上，因此也被称为加药泵。该泵性能优越，隔膜计量泵绝对不会泄漏，安全性能高，计量输送精确，流量可以从零到最大定额值范围任意调节，压力可从常压到最大允许范围内任意选择。调节直观清晰，工作平稳，无噪声，体积小，重量轻，维护方便，可并联使用。根据工艺要求可以手动调节和变频调节流量，亦可实现遥控和计算机自动控制。

5) 真空泵

真空泵的种类很多，通常分为下列几种类型。

机械真空泵有往复式真空泵、油封式真空泵、水环式真空泵、罗茨真空泵、涡轮分子泵等；喷射式真空泵有水蒸汽喷射泵、水喷射泵、大气喷射泵、油增压泵，油扩散泵等；物理化学吸附泵有钛泵、分子筛吸附泵、低温泵等。

（1）喷射式真空泵的概述。

喷射式真空泵是利用通过喷嘴的高速射流来抽除容器中的气体以获得真空的设备，又称射流真空泵。在化工生产中，常以造成真空为目的。喷射泵的工作流体可以是水蒸汽、空气、水，分别叫水蒸汽喷射泵，空气喷射泵和水喷射泵。另外还有一种用油作介质的喷射泵，即油扩散泵和油增压泵，这两种泵是用来获得高真空或超高真空的主要设备。

（2）喷射式真空泵的工作原理及结构。

① 空气喷射泵。

空气喷射泵是利用压缩空气或常压空气作为工作介质。靠气流在喷嘴出口处产生低压来抽吸空气或其他气体，然后把它压缩排出。根据工作介质是高压空气还是常压空气，分为一般空气喷射泵和大气喷射泵。

大气喷射泵安装在水环真空泵的泵口，以提高水环真空泵的极限真空度和扩大工作压力范围。一般空气喷射泵的工作介质耗量大，必须具备容量大的空气压缩机。一般空气喷射泵大多数是单级的。

GBBA001 蒸汽喷射泵抽真空原理

GCBA001 蒸汽喷射泵抽真空的原理

② 水蒸气喷射泵。

水蒸汽喷射泵、空气喷射泵、水喷射泵的工作原理相似，只是工作介质不同，所以达到的真空度也不同。其工作过程分为三个阶段：

a. 绝热膨胀阶段：绝热膨胀阶段即工作蒸汽通过喷嘴绝热膨胀的过程。在这一过程中工作蒸汽将其压力能转化为速度能，以很高速度喷射出去；

b. 混合阶段：混合阶段即工作蒸汽与被抽气体进行混合，二股气流进行能量交换的过程。在这一过程中，被抽气流的速度增加，工作蒸汽携带着被抽气体进入到扩压器中；

c. 压缩阶段：在扩压器中工作蒸汽与被抽气体一边继续进行能量交换，一边逐渐压缩，动能又转化为位能，到扩压器的喉部完成混合阶段，两种气流达到同一速度。再经过扩散，此时速度降低，压力进一步扩大，从而将被抽气体排出喷射器，完成蒸汽喷射泵的工作过程。单级蒸汽喷射泵可得到90%的真空。如果要得到95%以上的真空，则可以采用几个蒸汽喷射泵串联起来使用，便可得到更大的真空度。

③ 水蒸气喷射泵的工作特点：

a. 该泵无机械运动部分，不受摩擦、润滑、振动等条件限制，因此可制成抽气能力很大的泵。工作可靠，使用寿命长。只要泵的结构材料选择适当，对于排除具有腐蚀性气体、含有机械杂质的气体以及水蒸等场合极为有利；

b. 结构简单、重量轻，占地面积小；

c. 工作蒸汽压力为 $4 \times 10^5 \sim 9 \times 10^5 Pa$，在一般的冶金、化工、医药等企业中都具备这样的水蒸汽源。

④ 蒸汽喷射泵抽真空的主要性能指标。

JB/T 8540—2013《水蒸气喷射真空泵》蒸汽喷射泵抽真空的主要性能指标有：

a. 抽气量：单位时间通过泵入口处气体的质量流量，常以当量空气标称，单位为 kg/h；

b. 吸入压力：水蒸汽喷射真空泵吸入口处的压力，单位为 kPa；

c. 吸入温度：被抽气体在泵吸入口处的温度，单位为℃；

d. 工作蒸汽压力：作为动力源的工作蒸汽的压力，单位为 kPa；

e. 工作蒸汽温度：作为动力源的工作蒸汽的温度，单位为℃；

f. 工作蒸汽耗量：在额定工况下，单位时间通过喷嘴的工作蒸汽流量；多级喷射泵则指通过全部喷嘴的总质量流量，单位为 kg/h；

g. 冷却水温度：冷却水的进口、出口温度，单位为℃；

h. 破坏压力：使泵处于不稳定工作状态时的工作蒸汽压力或排出压力，单位为 kPa；

i. 恢复压力：使泵回复到稳定工作状态时的工作蒸汽压力或挂出压力，单位为 kPa；

j. 临界流量：喷嘴下游压力与上游压力比值低于临界值时，通过喷嘴的质量流量，在标准状态下空气的临界值为 0.5283，水蒸汽临界值为 0.5457。

⑤ 蒸汽喷射泵安装的注意事项。

蒸汽喷射泵安装须严格的按照设计施工，施工过程严格按照配管安装施工的规程执行，管路内清理干净；法兰垫片密封严密，不能有漏气现象；管路支撑要牢固可靠，不能有晃动；管线保温完好。

6）真空冷凝系统设备防腐

因真空系统要循环回收冷凝液，而其材质一般为碳钢，故其内壁防腐要涂环氧树脂并除氧，外表面为防雨水和大气腐蚀涂工厂用防锈油漆。

长时间停车和新安装的泵，应先拆开各段喷射室前的法兰加上挡板，并送汽吹净管道内杂物，然后把紧各法兰。检查各处密封有无松动和泄漏，各压力表、真空表、温度计是否齐全和灵敏。检查各段排水管至水封箱有无泄漏，水封箱内应无杂物，同时关闭吸气阀门。以上准备工作完成后可以启动。

（1）开车操作：①缓慢打开蒸汽阀门，吹扫 3~5min，看一下各冷凝器及排水管是否畅通，有无泄漏；②逐渐打开各水阀门，往各冷凝器送水；③调节水量至水汽平衡状态，并使各段排水温度适宜；④当各段真空表指示正常后，方可打开进口总阀，投入负荷运行。

（2）操作中的维护：①操作过程中要经常检查连接部位，如果有泄漏应及时消除；②冷凝器在运行中产生不正常声音或汽水撞击声，应及时调整水量；③吸入口前有保护器的应经常处理，防止物料吸入泵内。

（3）停车操作：①当要求停车时，首先要将吸入口总阀关闭，关闭各段水阀门停止供水；②然后关闭蒸汽阀门，处理好保护器内物料。

（二）机泵的完好标准

1. 运转正常，效能良好

（1）压力、流量平稳，输出能满足正常生产需要或达到铭牌能力的 90%以上；

（2）润滑、冷却系统畅通，油杯、轴承箱、液面管等齐全好用；润滑油（脂）选用符合规定；

GBBA013 蒸汽喷射泵抽真空主要性能指标

GCBA013 蒸汽喷射泵抽真空的主要性能指标

GBBB005 蒸汽喷射泵安装注意事项

GCBB005 蒸汽喷射泵安装的注意事项

GBBB001 真空冷凝系统设备的防腐知识

GCBB001 真空冷凝系统设备防腐知识

CBBA001 真空泵的开泵步骤

CCBA001 真空泵开泵步骤

CBBA002 真空泵的停泵步骤

CCBA002 真空泵停泵步骤

GBBA014 机泵的完好标准

轴承温度符合设计要求；

（3）运转平稳无杂音，振动符合相应标准规定；

（4）轴封无明显泄漏；

（5）填料密封泄漏：液体泄漏不超过 20 滴/min；

（6）机械密封泄漏：液体泄漏不超过 10 滴/min。

2. 内部机件无损，质量符合要求

主要机件材质的选用，转子径向、轴向跳动量和各部安装配合，磨损极限，均应符合相应规程规定。

3. 主体整洁，零附件齐全好用

（1）压力表应定期校验，齐全准确；控制及启动联锁系统灵敏可靠；安全护罩、对轮螺栓、锁片等齐全好用；

（2）主体完整，稳钉、挡水盘等齐全好用；

（3）基础、泵座坚固完整，地脚螺栓及各部连接螺栓应满扣、齐整、紧固；

（4）进、出口阀及润滑、冷却管线安装合理，横平竖直，不堵不漏；逆止阀灵活好用；

（5）泵体整洁，保温、油漆完整美观；

（6）附机达到完好。

4. 技术资料齐全准确

（1）设备档案符合石化企业设备管理制度要求；

（2）定期状态监测记录（主要设备）；

（3）设备结构图及易损配件。

5. 机泵正常操作时的控制指标

> ZBBA023 机泵正常操作轴承温度的控制指标

为了加强机泵管理，减少机泵故障，确保机泵处于完好状态，保证安全生产运行，国标对机泵的运行指标做了明确规定，为检查机泵的完好运行状态参数提供依据。GB 3215—2019《石油、石化和天然气工业用离心泵》对机泵轴承温度指标做了明确的规定，要求轴承温度最高不超过 80℃；依据 JB/T 6439—2008《阀门受压件磁粉探伤检验》要求泵内装式轴承处外表面温度不应高出输送介质温度 20℃，最高不得超过 80℃；依据 JB/T 8644—2017《单螺杆泵》轴承温度不得超过环境温度 35℃，最高温度不得超过 80℃。

> ZBBA025 机泵正常操作轴承振动的控制指标

GB/T 29531—2013《泵的振动测量与评价方法》对机泵的运行振值做了明确的规定，按泵的中心高度和转速将泵分为四类，泵的振动级别分为 A、B、C、D 四级，D 级为不合格，原则上不允许继续使用。具体参考规定中的表 1-5-5 和表 1-5-6。

表 1-5-5 泵的中心高度和转速分类

类别	中心高及转速		
	≤225mm	>225~550mm	>550mm
第一类	≤1800r/min	≤1000r/min	—
第二类	>1800~4500r/min	>1000~1800r/min	>600~1500r/min
第三类	>4500~12000r/min	>1800~4500r/min	>1500~3600r/min
第四类	—	>4500~12000r/min	>3600~12000r/min

表1-5-6 泵的振动级别

振动烈度范围		评价泵的振动级别			
振动烈度	振动烈度分级界线/(mm/s)	第一类	第二类	第三类	第四类
0.28					
0.45		A	A	A	A
0.71					
1.12		B			
1.80			B		
2.80		C		B	
4.50		D	C		B
7.10			D	C	
11.20				D	C
18.00					D
28.00					
45.00					

（三）机泵操作与故障维护

CCBA016 机泵冷却作用
CBBA016 机泵冷却的作用

1. 机泵冷却的作用

机泵在运行中液体与泵体产生的流动摩擦,转动部分与固定部分会产生摩擦,因摩擦会产生热量,同时由于介质温度高传导给机泵,使泵体发热,冷却的目的是降低泵体、泵座、轴承箱、轴封处温度,防止这些部位因温升而变形、老化和损坏。

2. 机泵使用注意事项

CCBA019 机泵使用注意事项

启动时应打开吸入管路阀门,关闭排除管路阀门;泵的平衡盘冷却水管路应畅通;吸入管路应充满输送液体,并排尽空气,不得在无液体的情况下启动;泵启动后应快速通过喘振区;转速正常后应打开出口管路的阀门,出口管路阀门的开启不宜超过3min,并将泵调节到设计工况,不得在性能曲线驼峰处运转。

对运行机泵的运行工况进行检查:轴承工作是否正常,温升是否正常;真空表、压力表、电流是否正常;泵体振动情况;泵轴的窜动情况;轴封工作情况;运转中有无异常;油质、油位是否正常。

3. 机泵预热步骤与注意事项

CCBA036 机泵预热步骤
CBBA036 机泵预热的步骤

1）机泵预热步骤

（1）试运转前应进行泵体预热,温度应均匀上升,每小时温升不应超过50℃;泵体表面与工作介质进口的工艺管道的温差,不应超过40℃;

（2）预热时应每隔10min盘车半圈,温度超过150℃时,应每隔5min盘车半圈;

（3）泵体机组滑动端螺栓处和导向键处的膨胀间隙,应符合随机技术文件的规定;

（4）轴承部位和填料函的冷却液应接通;

（5）应开启入口阀门和放空阀门,并应排除泵内气体;应在预热到规定温度后,再关闭放空阀门。

CCBA037 机泵
预热注意事项

2）机泵预热注意事项

（1）试运转前应进行泵体预热,温度应均匀上升,每小时温升不应超过50℃;泵体表面与工作介质进口的工艺管道的温差,不应超过40℃;

（2）预热时应每隔10min盘车半圈,温度超过150℃时,应每隔5min盘车半圈。

CCBB001 机泵
冷却方法

CBBB001 机泵
冷却的方法

4.机泵冷却

1）机泵冷却的方法

机泵在运行中液体与泵体产生的流动摩擦,转动部分与固定部分会产生摩擦,因摩擦会产生热量,同时由于介质温度高传导给机泵,使泵体发热,冷却的目的是降低泵体、泵座、轴承箱、轴封处温度,防止这些部位因温升而变形、老化和损坏。冲洗的种类很多,按冲洗方式和冲洗流体的不同可分为三种:

（1）自冲洗(或介质冲洗):依靠泵本身产生的压差(或密封腔内的泵送装置产生的压差)使密封介质通过密封腔形成闭合回路,介质在当中循环实现冲洗;

（2）循环冲洗:通过产生压差的设施(泵送环、外加油站、热虹吸)使外加封液进行循环,达到冲洗的目的;。

（3）注入式冲洗(简称冲洗)。

CCBB002 机泵
冷却注意事项

CBBB002 机泵
冷却的注意事项

2）机泵冷却的注意事项

（1）冷却水进出口阀门保持开度;

（2）观察视镜有介质流过;

（3）确认密封水流量在指标范围内;

（4）确认密封水压力在指标范围内;

（5）巡检时及时检测轴承箱工作温度及压力在规定范围内;

（6）检查滤网是否通畅。

CCBB011 机泵
维护要点

CBBB011 机泵
维护的要点

5.机泵维护的要点

（1）注意轴承温度,不得超过75℃以上;

（2）按油面计的刻度,把轴承中油面维持在所需高度;

（3）在运转中应随时检查机封与电动机是否发热,泵内有无杂声,排液是否正常;

（4）若在严冬季节停车,应将泵和管路内的液体放尽,防止腐蚀和冻裂。

（5）输送易结晶、凝固、沉淀等介质的泵,停泵后,应防止堵塞,并及时用清水或其他介质冲洗整个管道。

6.机泵盘车

1）盘车的目的

所谓"盘车"是指在启动电动机前,用人力将电动机转动几圈,用以判断由电动机带动的负荷(即机械或传动部分)是否有卡死而阻力增大的情况,从而不会使电动机的启动负荷变大而损坏电动机(即烧坏)。

（1）机泵在开车前盘车目的:①通过盘车,看是否灵活无卡涩,内部有无异响,防止启动时机泵损坏或电流过大烧毁电动机;②大型机组同时为了暖机和开车前润滑,防止开车后,转子与机体产生局部过热,导致热变形。

（2）机泵在停运时盘车的目的：①刚停下来的机组，是为了防止热变形；②长期停车时：盘车可以防止长期在一个位置由于重力作用而弯曲变形。

CBBA022 机泵盘车的目

CCBA022 机泵盘车目的

2）机泵盘车的作用

防止泵内生垢卡住；防止泵轴变形；盘车还可以把润滑油带到各润滑点，防止轴生锈，轴承得到了润滑有利于在紧急状态下马上开车。

CCBB004 机泵盘车作用

CBBB004 机泵盘车的作用

7. 机泵常见故障原因分析及处理方法

1）机泵机封有泄漏

（1）橡胶密封圈挤入轴隙而破损：减小配合间隙，更换密封圈；

（2）密封材料的耐热、耐蚀性差：更换、选取好的材料；

（3）高温高压下密封面磨损严重：减少弹簧压力，增大平衡系数，改进润滑方式；

CCCA011 机泵常见故障的原因分析

（4）密封圈表面有损伤：装配前检查仔细；

（5）冷却不够，润滑恶化：增大冷却流量，改进措施，清洗；

CBCA011 机泵常见故障原因分析

（6）转子不平衡产生了跳动：做平衡，提高零件加工精度；

（7）弹簧拆断、动静环热裂：更换、改进材质和结构

（8）杂质进入端面，使端面磨损：用Y-Y密封面，或改双密封；

（9）介质结焦、结晶或杂物沉积，使动环失去浮动作用：改进结构，加强外冲洗，防止动环卡涩，或用软水作冷却液。

2）机泵振动较大

（1）电动机与泵不对中：校正、对中；

（2）泵轴弯曲：更换泵轴；

（3）叶轮腐蚀、磨损，转子不衡：更换叶轮，做动、静平衡；

（4）叶轮与泵体磨擦：检查调整，消除摩擦；

（5）泵基础松动：紧固地脚螺栓；

（6）泵发生汽蚀：调节泵出口阀等，使在稳定性能下运行。

3）机泵不打量，出口无介质

（1）注入液体不够：重新注满液体；

（2）吸入管内存气或漏气：排除空气及消除漏处；

（3）吸入高度超过泵的允许范围：降低吸入高度；

（4）管路阻力太大：清扫管路或修改；

（5）泵或管路内有杂物堵塞：检查清理。

4）不打量或流量不足及扬程太低

（1）吸入阀或管路堵塞：检查、清扫吸入阀及管路；

（2）叶轮堵塞或严重磨损腐蚀：清理叶轮或更换；

（3）叶轮密封环磨损严重，间隙过大：更换密封环；

（4）泵体或吸入管漏气：检查、消除漏气处。

5）过载或电流偏大

（1）填料太紧：松开填料压盖；

（2）转动部分与固定部分发生了摩擦：检查原因，消除故障。

8. 汽蚀对泵的危害

GCBA018 汽蚀对泵的危害

汽蚀对泵的危害非常大,具体有以下几点:

（1）产生振动和噪声。离心泵发生汽蚀时,由于气泡突然溃灭,液体相互撞击,冲击金属表面,产生各种频率的噪声,严重时可听见泵内发出噼噼啪啪的爆炸声。同时引起机组振动,若机组振动频率与撞击频率相等,则产生更强烈的汽蚀共振,致使机组被迫停车。

（2）汽蚀使过流部件点蚀。通常受汽蚀破坏的部件大多在叶片入口附近的金属产生疲劳剥蚀。汽蚀初期,表现为金属表面出现麻点,继而表面出现沟槽状、蜂窝状等痕迹,严重时可造成叶片或前后盖板穿孔,甚至叶轮破裂,造成严重事故,因此汽蚀严重影响泵的使用寿命。

（3）对泵的工作性能有影响。汽蚀使叶轮和液体之间的能量传递受到严重干扰,当汽蚀发展到一定程度时,气泡大量产生,会堵塞流道,破坏了泵内液体的连续流动,使泵的流量、扬程、效率等均明显下降,表现为泵的性能曲线陡降。

9. 往复泵打量不足的原因

ZCCA017 往复泵打量不足的原因分析

ZBCA017 往复泵打量不足的原因分析

（1）入口管路密封不严,漏气进入泵吸入端;

（2）未灌泵或灌泵不满,泵壳空气未排尽,管路有气相;

（3）进出口阀未开或阀门故障未全部打开,进、出口管路堵塞,滤网堵塞;

（4）入口液位不足,吸入液体液面压力不足,温度升高;黏度明显增大或减小,结晶;

（5）泵进出口单向阀内漏,卡涩,断轴,联轴节脱开。

10. 往复泵不打量的处理方法

ZCCB006 往复泵打不上量的处理方法

ZCCB013 往复泵打不上量的处理方法

ZBCB025 往复泵打不上量的处理方法

（1）检查管路是否有漏气,检查确认排气;

（2）检查进出口阀门是否全开,是否故障,检查滤网是否堵塞;

（3）检查入口介质液位、压力、温度;

（4）检查单向阀是否内漏,卡涩,盘泵是否正常。

11. 柱塞泵启动时控制要点

CCAB014 柱塞泵启动时的控制要点

CBAB026 柱塞泵启动时控制要点

（1）确认泵体进出口导淋关闭;

（2）确认油系统正常;

（3）确认进口阀及出口副线阀全开;

（4）往复泵的流量与管路特性无关,若把泵的出口阀完全关闭而继续运转,则泵内压力会急剧升高,造成泵体、管路和电动机损坏。因此正位移泵启动时不能将出口阀关闭,也不能用出口阀调节流量。

（5）旁路调节往复泵（正位移泵）通常用旁路调节流量。泵启动后液体经吸入管路进入泵内,经排出阀排出,并有部分液体经旁路阀返回吸入管内,从而改变了主管路中的液体流量,可见旁路调节并没有改变往复泵的总流量。这种调节方法简便可行,但不经济,一般适用于流量变化较小的经常性调节。

（6）柱塞泵的最低转速不允许低于 40r/min,低于 40r/min 运行时,由于连杆、大头瓦和十字头等处无法形成油膜,润滑状况不好,使轴承的机械磨损严重,甚至会发生烧瓦现象。

12.油分离器排油注意事项

（1）合成气压缩机出口油分离器应当经常排油，防止油污带入合成塔，降低催化剂活性；

（2）合成气压缩机出口油分离器排油过程应当缓慢，以防将合成气排出；

（3）合成气压缩机出口油分离器应当经常排油，对于合成催化剂，油污对催化剂的影响是使催化剂活性下降。

CBAC028 分离器排油注意事项

CCAC028 分离器排油的注意事项

（四）机泵验收标准

1.机泵验收的主要指标

JBBA008 机泵验收的主要指标

JCBA009 机泵验收的主要指标

按照工作转向盘车两周，注意泵内有无异响，转动是否轻便，盘车后随即装好联轴节防护罩；投用密封介质，检查密封有无泄漏；泵体内引入物料，检查泵体有无泄漏；按照泵的试车程序，对泵进行检查确认后启泵，确认泵运行平稳无杂音，润滑油系统工作正常；流量、压力平稳达到设计能力；在额定工况下，电流不超过额定值；各部温度；轴承部位振动正常；各接合部位及附属管线无泄漏或漏量符合规定值。

检修质量符合规程的要求，检修及试运行记录齐全、准确；试车正常，各主要参数指标达到铭牌要求，设备性能满足生产需求。检修后设备达到完好标准；满负荷正常运行72h后，按规定办理验收手续。

2.机泵验收的注意事项

JBBA009 机泵验收的注意事项

JCBA010 机泵验收的注意事项

对于一般的泵来说，在验收时有以下注意事项：

（1）检查泵的铭牌是否和设计要求的一致，设备基础灌浆是否良好。

（2）检查润滑油的质量及油位，是否浮球。

（3）检查冷却水管是否安装完毕，冷却水系统流量是否正常。

（4）检查盘车无轻重不匀及卡涩的感觉，填料压盖不歪斜。

（5）检查地脚螺栓及其他连接部分有无松动，地脚螺栓是否有低脚或滑丝，检查方法是可以用扳手扳无滑动；检查螺栓的材料和尺寸是否正确，电动机的所有顶丝不能与设备脚接触。

（6）检查泵进出口管道的阀门、法兰、压力表接头是否安装齐全，符合要求，是否安装有过滤器、逆止阀、节流孔板、排气阀、安全阀等，过滤网目数是否符合工艺要求，进出口管道是否有支撑，是否支撑牢靠，在弯管的地方是否有弯管支撑。

（7）检查温度计，压力表是否安装，进出口法兰垫片是否符合要求，盲板是否拆除。

（8）检查电动机是否有接地，接地线是否良好。

（9）检查泵的水平和标高是否符合设计要求。

（10）检查泵的对中，打百分表看圆周和端面的间隙，检查联轴器连接螺栓是否紧固，是否有防护罩，防护罩是否合格，是否更换方便。

（11）悬挂式的泵要注意检查泵的水平是不是符合要求，地脚螺栓是否固定好，垫片选用及安装是否正确。

（12）潜水泵检查是否有绳索便于提起泵。

（13）检查泵的安装位置是否安全，便于拆装维修，是否有吊点或便于安装吊架。

（14）检查出入口管道法兰和泵的出入口法兰的对中情况，管道和泵连接不得有应力，配对法兰面在自由状态下的间距,以能顺利插入垫片且距离最小为宜。

二、离心泵相关知识及操作

CCBA008 离心泵原理

（一）离心泵基础知识

CBBA008 离心泵的原理

1. 离心泵的原理

当原动机通过轴带动叶轮飞快旋转时,叶轮内的液体在叶轮内叶片的推动下也跟着旋转起来,从而使液体获得了离心力,并沿着叶轮流道从叶轮的中心往外运动,然后从叶片的端部被甩出进入泵壳内的蜗室或扩散管(或导轮)。当液体流到扩散管时,由于液流的断面积渐渐扩大,流速减慢,将一部分动能转化为静能头,使压力上升,最后从排出管压出。与此同时,在叶轮中心由于液体被甩出产生了局部真空,因而吸液池内的液体在液面压力作用下就从吸入管源源不断地被吸入泵内。

CCBA007 离心泵类型

2. 离心泵的类型

CBBA007 离心泵的类型

1)按工作叶轮数目分类

(1)单级泵:即在泵轴上只有一个叶轮。

(2)多级泵.:即在泵轴上有两个或两个以上的叶轮,这时泵的总扬程为 n 个叶轮产生的扬程之和。

2)按工作压力分类

(1)低压泵:压力低于 $100mH_2O$；

(2)中压泵:压力在 $100\sim650mH_2O$；

(3)高压泵:压力高于 $650mH_2O$。

3)按叶轮进水方式来分类

(1)单侧进水式泵:又叫单吸泵,即叶轮上只有一个进水口；

(2)双侧进水式泵:又叫双吸泵,即叶轮两侧各有一个进水口。它的流量比单吸式泵大一倍,可以近似看作是二个单吸泵叶轮背靠背地放在了一起。

4)按泵壳结合缝形式分类

(1)水平中开式泵:即在通过轴心线的水平面上开有结合缝。

(2)垂直结合面泵:即结合面与轴心线相垂直。

5)按泵轴位置来分类

(1)卧式泵:泵轴位于水平位置。

(2)立式泵:泵轴位于垂直位置。

6)按叶轮出来的水引向压出室的方式分类

(1)蜗壳泵:水从叶轮出来后,直接进入具有螺旋线形状的泵壳。

(2)导叶泵:水从叶轮出来后,进入它外面设置的导叶,之后进入下一级或流入出口管。

另外,根据用途也可进行分类,如油泵、水泵、凝结水泵、排灰泵、循环水泵等。

CCBA009 离心泵结构

3. 离心泵的结构

CBBA009 离心泵的结构

单级离心泵结构相对比较简单,多级离心泵的结构相当于单级离心泵的串联,下边以单级离心泵的结构作说明:离心泵主要有泵体、泵盖、转子、密封、轴承箱、电动机以及联轴节、基础等组成,转子由主轴、叶轮、轴承等零部件组。电动机通过联轴器与主轴相联,主轴通过轴承支撑安装在轴承箱里,带动叶轮在泵壳内旋转,以完成输送流体的目的。密封部分主要是防止液体漏回吸入端和外泄漏,防止内漏主要依靠叶轮口环和壳体口环实现,外泄漏主要靠填料密封和机械密封实现。

CCBA021 离心泵选型标准

CBBA021 离心泵选型的标准

4. 离心泵选型的标准

离心泵的选择,一般可按下列方法与步骤进行:

(1)确定输送系统的流量与压头液体的输送量一般为生产任务所规定,如果流量在定范围内波动,选泵时应按最大流量考虑。根据输送系统管路的安排,用伯努利方程式计算在最大流量下管路所需的压头;

(2)选择泵的类型与型号首先应根据输送液体的性质和操作条件确定泵的类型,然后按已确定的流量 Q 和压头 H,从泵的样本或产品目录中选出合适的型号。

(3)核算泵的轴功率。

GBBA009 离心泵选材要求

GCBA009 离心泵的选材要求

5. 离心泵的选材要求

离心泵的材料选用非常重要,正确地选用离心泵的材料是保证离心泵性能参数、结构型式、安全运行和延长水泵的使用寿命的一个重要因素。选择材料要从多方面综合考虑各种因素的影响,从而选出最合适的材料。

(1)泵输送介质的性质和泵的操作条件,如温度、压力、腐蚀性、黏度、是否含有固体粒子等。此外还得考虑有无其他特殊情况,如医药、食品工业要求输送的介质特别干净,防止金属离子的污染,输送含有固体粒子介质的泵要求材料耐磨性好等。

(2)材料的机械性能要适合泵的要求。反应材料机械性能的指标很多,对泵所用的材料,主要是考虑材料的强度、刚度、硬度、塑性、冲击韧性和抗疲劳性能等。

(3)材料的加工工艺性能与泵的制造和安装检修有直接关系。管道离心泵的叶轮、壳体、平衡盘等多数零件是由金属材料铸造而成的,然后进行机械加工过程,有些零件还要进行热处理。材料加工工艺性能的好坏也直接影响材料的使用和泵的成本。

(4)耐腐蚀性能的好坏是泵的材料选择不可忽视的重要问题。对于是有化工生产行业来说,泵的耐腐蚀性尤为重要。

GBBA010 离心泵串联操作作用

GCBA010 离心泵串联操作的作用

6. 离心泵串联操作的作用

实际生产中将两台型号相同的泵串联操作,则每台泵的压头和流量也是相同的,因此在同一流量下,两台串联泵的压头为单台泵的两倍。于是,依据单台泵特性曲线 I 上一系列坐标点,保持其横坐标(Q)不变,使纵坐标(H)加倍,由此得到一系列对应坐标点,可绘出两台串联泵的合成特性曲线 II,如图 1-5-5 所示。同样,串联泵的工作点也由管路特性曲线与泵的合成图 1-5-5 离心泵的串联性曲线的交点决定。由图 1-5-5 可见,两台泵串联操作的总压头必低于单台泵压头的两倍。

GBBA011 离心泵并联操作作用

GCBA011 离心泵并联操作的作用

7. 离心泵并联操作的作用

在实际生产中,当单台离心泵不能满足输送任务要求时,可采用离心泵的并联操作,将两台型号相同的离心泵并联操作,各自的吸入管路相同,则两泵的流量和压头必相同,且具有相同的管路特性曲线。在同一压头下,两台

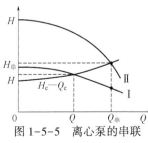

图 1-5-5　离心泵的串联

并联泵的流量等于单台泵的两倍。于是，依据单台泵特性曲线 1 上的一系列坐标点，保持其纵坐标（H）不变使横坐标（Q）加倍，由此得到一系列对应的坐标点，即可绘得两台泵并联操作的合成特性曲线 Ⅱ，如图 1-5-6 所示，并联泵的操作流量和压头可由合成特性曲线与管路特性曲线的交点决定。由图 1-5-6 可见，由于流量增大使管路流动阻力增加，因此两台泵并联后的总流量必低于原单台泵流量的两倍。

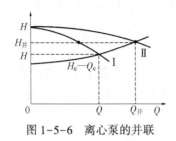

图 1-5-6　离心泵的并联

（二）离心泵的基本操作

离心泵安装完毕之后，在正式投产以前，必须进行试车。试车检查在确认完施工安装的相关项目以后，启泵须按照离心泵的启泵步骤进行。

1. 离心泵的开泵步骤

ZCBA039 离心泵的开泵步骤

（1）检查泵进、出口管线上的阀门、法兰、地脚螺栓、联轴器及防护罩、温度计和压力表安装完好。

ZCAA001 盘车的目的

（2）盘车检查泵是否灵活，盘车是将转动部件低速旋转几圈，目的主要是看有没有杂物，有没有碰撞、摩擦，冬天还能检查是否结冻，还可以把润滑油带到各轴承润滑点，阻止轴生锈，防止启动困难，盘车还可以预防由于长期在一个位置放置造成轴由于自重发生弯曲变形，防止开车后高速转动造成破坏，对所有动设备一般都要盘车，有手工盘车和机械盘车。不可使用管钳，否则会损伤联轴器。大机组也是为了暖机和开车前润滑，防止开车后，转子与机体产生局部过热，导致热变形。停机后盘车是为了防止转子冷却过程中局部温差过大，造成转子变形，影响下次启动。

ZBBA001 机泵预冷的步骤
ZCBA001 机泵预冷的步骤
ZBBA002 机泵预冷的注意事项
ZCBA002 机泵预冷的注意事项

（3）关闭出口阀，打开泵入口阀，将泵体内的气体排干净。对一些需要预热和预冷的泵须按照预热和预冷的规范严格执行。检查轴承箱油位正常，检查冷却水畅通。机泵预冷的目的就是为了消除膨胀不均损坏设备，机泵的预冷需注意慢速均匀预冷且要边冷却边盘车，将机泵壳体内温度和介质温度预冷到一样才可以进行启动操作。

（4）与相关岗位联系好后，启动电动机，全面检查机泵的出口压力及电流正常。检查泵振动、声音正常。缓慢全开出口阀，观察电动机电流是否在额定值，泵出口压力是否达到额定值。

（5）确认泵正常运行状况，有无泄漏，并做好记录。

2. 离心泵的停泵步骤

ZBBA038 离心泵的停泵步骤
ZCBA038 离心泵的停泵步骤

（1）全面检查待停离心泵运行状态。

（2）缓慢关闭待停离心泵的出口阀。

（3）确认出口阀全关后，停电动机，使泵停止运转。

(4)关闭泵入口阀,检查离心泵,确认不倒转,密封不泄漏,排空离心泵积液。

3. 离心泵切换的步骤

(1)确认备用泵供电正常,检查盘车有无卡涩;

(2)检查备用泵的出入口管线、阀门、法兰、联轴节及防护罩、压力表接头是否安装安全,符合要求;

(3)检查备用泵油杯及轴承箱油位正常,确认机泵冷却水投用正常,并保证冷却水畅通;

(4)确认备用泵出口阀关闭。开泵入口阀,使泵体内充满介质,排净空气;

(5)启动备用泵,然后检查各部分的振动情况、轴承的温度出口压力、电动机的电流情况,确认正常;

(6)缓慢打开备用泵的出口阀门,同时相应关小原运行泵出口阀门,切换过程中密切关注备用泵出口压力、电流变化,联系主控室操作人员注意流量变化;

(7)当备用泵出口阀全开,主泵出口阀全关,停主泵电动机;

(8)切换完毕,监测机泵的运转情况,做好相关记录。

4. 离心泵操作的注意事项

离心泵在操作时应注意以下问题,否则可能会造成泵不能正常运转或损坏。

(1)灌泵:离心泵启动之前必须使泵内充满被输送的液体,排净空气和其他气体,否则泵可能吸不进液体。

(2)预热(或预冷):对输送高温(或预冷)液体的泵,在启泵前和备用时都要预热(或预冷)。在低于(或高于)操作温度时,由于金属材料热胀冷缩的原因,各部零件的尺寸以及他们之间的间隙都要发生变化,不预热(或预冷)启动会造成泵损坏。

(3)盘车:启动前要进行盘车,不仅是为了使各零件均匀受热,而且要检查泵是否正常。对于备用泵也要经常盘车,避免泵转子挠度弯曲。

(4)泵的启停:启动泵之前一定要关闭出口阀,防止泵启动时过载跳车,但泵不能长时间关闭出口阀运行,否则泵内会汽化,容易产生汽蚀。

(三)离心泵故障维护

1. 单级离心泵不打量的处理方法

(1)入口管路密封不严,漏气进入泵吸入端。需及时消除漏点;

(2)未灌泵或灌泵不满,泵壳空气未排尽,管路有气相。应及时停泵,重新灌泵、排净气体;

(3)进、出口阀未开或阀门故障未全部打开,进、出口管路堵塞,滤网堵塞。需全开进、出口阀门,清理滤网;

(4)入口液位不足,吸入液体液面压力不足,温度升高;黏度明显增大或减小,结晶。需及时调整工况,提高液位、入口压力,降低温度;

(5)泵反转,断轴,联轴节脱开,叶轮脱落或装反,叶轮口环腐蚀严重。及时检修,消除故障。

2. 离心泵打不上量的原因

(1)进出口管道或滤网堵塞;

ZBBA037 离心泵切换的步骤

ZCBA037 离心泵切换的步骤

ZBBA026 离心泵操作的注意事项

ZCBA026 离心泵操作的注意事项

CCCB016 单级离心泵不打量处理方法

CBCB018 单级离心泵不打量的处理方法

（2）电动机反转或转速达不到泵的额定转速；

（3）泵产生汽蚀；

（4）泵产生气缚；

（5）口环磨损泄漏严重；

（6）泵本身的机械故障。

3. 离心泵振动大

1）离心泵振动大的原因

离心泵振值一般控制在 $70\mu m$ 位移控制在$\pm 0.5mm$。引起振动大的原因如下：

（1）电动机地脚螺栓松动；

（2）转子不平衡；

（3）轴承间隙过大，轴承损坏；

（4）电动机轴与泵轴不在同一中线上，联轴节螺栓松动；

（5）弹性胶圈磨损严重，轴弯曲；

（6）叶轮与泵体磨损；

（7）泵发生气蚀；

（8）轴向推力变大，引起串轴。

2）离心泵振动大的处理

因动力电源波动、泵超负荷、基础不牢固与泵中心产生偏差、轴承磨损大等原因引起的振动，可分别采取停车，电源稳定后重新启动、调负荷至正常、进行加固、更换轴承、调整间隙、改善润滑等措施。

4. 离心泵油箱油变质的处理方法

1）润滑油变质原因

（1）温度。温度是润滑油氧化的主要因素，实验表明，温度每升高$10℃$，润滑油的氧化速度将增加一倍。夏季温度较高，润滑油的使用周期较短，采取措施降低润滑油的运行温度，缩短换油周期。

（2）润滑油中水分含量高。冬季空气中的水分较少，夏季空气中的水分较多。水分和金属对润滑剂的氧化作用具有明显的催化作用，水含量过多会导致润滑油乳化，若空压机未能及时排除油中水分，则可能加快油品的氧化速度，此外油品乳化也加快润滑油变质。

（3）抗氧化性能指标低。抗氧化性能指标是重要的性能指标。润滑油和空气（或氧气）混合参与压缩过程，在金属和氧气作用下容易氧化，因此必须选择抗氧化能力性能优良的专业油。

（4）更换不及时。润滑油的使用寿命受温度、氧气量、水分、金属等多种因素的影响，长期间使用的润滑油，在反复的受热、冷却过程中会发生变质，若不对其进行更换，会影响润滑效果。

（5）保存不当。空气压缩机润滑油在储存过程中，应做好各项保护措施，防止空气中的灰尘、水分的进入，从而影响润滑油的品质，加速变质速度。在保存过程中，应做好各项密封措施，保存在干净、干燥的环境中，尽量避免高温、阳光照射等不良环境。

（6）油品使用不当。使用了性能不达标的润滑油、黏度不正确或使用其他油品来替代专用油来使用。

2）处理方法及步骤

（1）润滑油变质处理。润滑油变质的原因是多方面的,其变质后应对其采取科学、规范的处理措施,以确定设备运行的安全性和稳定性。

（2）润滑油的更换。做好润滑油的质量监测工作,发现油品变质,根据变质原因及时采取更换处理并采取预防措施。更换时做好设备的清洁工作,在添加润滑油时,添加适合的润滑油并严格控制油的添加量。若润滑油过少,则无法起到良好的润滑效果,此外热量带走不足会导致高温跳机。因此,应添加正确的润滑油,严格控制油量保障设备的正常运行。

（3）做好润滑油质量监测工作。停机一段时间后排除油箱底部的沉淀油污和水,防止油污和水对设备运行的不利影响。运行时定期观察油箱油位镜内润滑油的颜色和浑浊状况,在设备停机期间采样检测润滑油的酸值;定期用上述观察法检测油品,定期用专业仪器检测润滑油的性能参数。

（4）加强管理。设备相关人员应高度重视润滑油的管理,从油品的选择、采样检测、存放、使用、更换等各个方面进行控制,确保润滑油的良好性能。做好油品入库监测工作,加强润滑油的存放管理;提高监测人员的专业技能,学会多种监测及判断方法,做到及时发现问题,及时解决,防止不合格或者变质润滑油对设备的损害。

5.离心泵的故障判断及排除措施

离心泵在运行过程中经常发生故障,能够及时找出产生故障的原因并采取有效的措施予以消除,对保证生产的顺利进行至关重要。以下我们例举一些常见故障并分析罗列其原因,以方便检查确认:

ZCCA002 离心泵打不上液体的原因分析

1）离心泵打不上液体的原因

（1）入口管路密封不严,漏气进入泵吸入端;

（2）未灌泵或灌泵不满,泵壳空气未排尽,管路有气相;

（3）进出口阀未开或阀门故障未全部打开,进、出口管路堵塞,滤网堵塞;

（4）入口液位不足,吸入液体液面压力不足,温度升高;黏度明显增大或减小,结晶;

（5）泵反转,断轴,联轴节脱开,叶轮脱落或装反,叶轮口环腐蚀严重;

ZBBA027 离心泵流量降低的因素

2）离心泵的流量降低的原因

（1）吸入管路的法兰密封不严,使空气进入泵吸入端,或灌泵不彻底;

ZCBA027 离心泵流量降低的因素

（2）进口管入口阀未全开或阀失灵,入口阀或滤网堵;出口阀未全开或故障未全开,单向阀卡涩,不能全开;

（3）被吸入液体的液面压力下降,或液体温度升高产生气体;或液体浓度增加,易汽化;

（4）泵转速不够或电动机反转;或叶轮装反;

（5）泵出口管路有"气囊",或叶轮堵塞;

ZBBA028 离心泵抽空的因素

（6）泵叶轮口环与壳体口环磨损严重,泵效率降低;叶轮腐蚀严重或堵塞。

3）离心泵抽空的原因

ZCBA028 离心泵抽空的因素

（1）吸入管路的法兰密封不严,使空气进入泵吸入管路;或灌泵不彻底,泵体内有存气;

（2）吸入管入口阀未全开或阀失灵,入口阀或滤网堵塞严重;叶轮损坏;

（3）被吸入液体的液面压力下降不高于液体的饱和蒸汽压，或液体温度升高；或液体浓度增加，泵体易汽化；流体黏度增大；

（4）泵转速不够或电动机反转；

（5）吸入口无液或液位下降，泵入口高出吸入液面，泵安装高度超过泵允许吸上高度。

ZBBA029 离心泵振动大的因素
ZCBA029 离心泵振动大的因素

4）离心泵振动大的原因

（1）吸入管路法兰密封不严，空气进入吸入端；输送液体中含有气体；

（2）泵未灌满，排气不彻底，泵壳内存有气体，产生汽蚀；

（3）叶轮堵塞异物或缺损、腐蚀严重，转动部件不平衡；

（4）联轴节对中不同心，弹性块碎裂，联轴节螺栓松动，地脚螺栓松动；

（5）轴承损坏，泵基础薄弱，填料、机封安装不当；

（6）润滑油系统脏，异物进入滚珠滚道或轴瓦。

ZBBA031 离心泵盘不动的因素
ZBBA031 离心泵盘不动的因素

6. 离心泵盘车不动的原因

（1）泵轴承损坏抱死，泵体内预热不均匀，温升不够；

（2）电动机轴承损坏抱死；

（3）泵叶轮脱落卡死，轴弯曲卡死。

JCCB016 离心泵发生的气蚀现象的处理方法

7. 离心泵发生的气蚀的处理

在汽蚀现象发生之后，立即降低泵的转速，降低泵的排量，如无效果，应立即停泵，排放泵内气体，并检查清楚原因，处理存在的问题。检查进出口各阀门、法兰应严密不漏；检查叶轮入口、过滤器内应畅通无堵塞，应按规定清理过滤器阻力；泵出口阀控制适当，开度不宜过小，避免液体在泵内的无用旋流而产生汽蚀。

CCAC016 离心泵低液位保护意义
CBAC016 离心泵设置低液位保护的意义

8. 离心泵设置低液位保护

离心泵入口设置低液位保护是为了防止泵抽空，一旦发现低液位造成离心泵抽空，应立即停泵并关闭出口阀，防止泵损坏以及高低压物料互串。

三、压缩机基础知识

压缩机是压缩气体提高气体的压力并输送气体的机械。它广泛应用于石油、化工、医药、食品、建筑、矿山、道路、机械、运输等行业中，起着重要的甚至是关键性的作用。因此压缩机和泵、风机以及电动机一起，被认为是衡量一个国家机械工业发展状况和水平的标志之一。

CABJ002 压缩机的分类

（一）按压缩气体的原理分类

按压缩气体的原理分类如图1-5-7所示。

1. 容积式压缩机

容积式压缩机是利用气缸工作容积的周期性变化对气体进行压缩，提高气体压力并排出的机械，它又可再分为往复式与回转式两种。

1）往复式压缩机

往复式压缩机中最为常见的是活塞式压缩机，它是利用气缸内活塞的往复运动来压缩气体的。为提高排气压力常设计成多级，气体从一级送到另一级不断被压缩。往复式压缩机另一种型式为膜片式压缩机，它是利用弹性膜片对气体进行压缩的，可以避免润滑油对气体的污染。

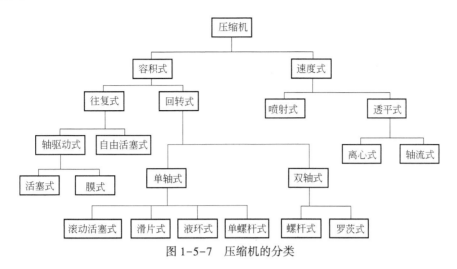

图 1-5-7 压缩机的分类

2)回转式压缩机

它是依靠机内转子回转时产生容积变化而压缩气体的机械。比如，双轴螺杆式压缩机就是利用一对阴阳转子在"8"字型缸中转动产生变化容积来压缩气体的。

2. 速度式压缩机

速度式压缩机的原理是利用高速旋转的叶轮提高气体的动能与压力能，随后又在扩压流道中降速升压，所以有时也称为动力式压缩机。按照气流在叶轮内流动的方向又可分成离心式、轴流式、喷射式三种。

1)离心式压缩机

在它的机壳内有一根安装有多个叶轮的转轴，气体从轴向吸入叶轮后又被离心力径向甩出，在扩压器中降速增压再进入下一级叶轮进一步压缩，如此类推，直至排出。与活塞式压缩机比较，这种压缩机的流量大，气体又干净，但排出压力较低。

2)轴流式压缩机

在轴流式压缩机的机壳内，气体的流动方向一直是沿轴向的，它的转轴上装有多级动叶片，机壳上装有多级静叶片，气体先进入一级动叶片获得能量再进入紧跟其后的一级静叶片扩压，然后进入下一级动叶片与静叶片进一步压缩，如此类推。与离心式压缩机比较，轴流式压缩机的效率高，排气量大，但它的排气压力较低。

3)喷射式压缩机

它利用喷嘴将高压气体带动低压气体获得速度，然后共同经扩压管扩压，达到压缩气体的目的。它结构简单，无运动部件，但另需高压气体。

(二)离心式压缩机

1. 离心式压缩机的分类

离心式压缩机种类品种繁多，一般分为以下几类。

1)按气体主要运动方向分类

(1)离心式:气体在压缩机内大致径向流动;

（2）轴流式：气体在压缩机内大致沿平行于轴线方向流动；

（3）轴流离心组合式：有时在轴流式的高压段配以离心式段，形成轴流、离心组合式压缩机。此外，还有既非径向亦非轴向的混流式叶轮，它常用于大流量离心式级中，不单独分为一类。

2）按排气压力 p_d 分类

（1）通风机：$p_d < 1.42 \times 10^4$ Pa（表压）；

（2）鼓风机：$p_d = 1.42 \times 10^4 \sim 2.45 \times 10^5$ Pa（表压）；

（3）压缩机：$p_d > 2.45 \times 10^4$ Pa（表压）。

3）按用途和被处理的介质命名分类

如化工透平式压缩机、制冷压缩机、高炉鼓风机、空气压缩机、二氧化碳压缩机、天然气压缩机、氮气合成气压缩机等。

离心式和轴流式压缩机相比各有优缺点。轴流式压缩机具有效率高（设计工况下绝热效率可比离心式高出 5%～10%）、流量大等优点，但排气压力不高，稳定工作范围窄，对工质中的杂质敏感，叶片易受磨损；离心式压缩机则不同，除效率比轴流式压缩机低外，可达到很高的排气压力，允许输送较小的流量。

4）按轴的形式分类

有单轴多级式，一根轴上串联几个叶轮；双轴四级式，四个叶轮分别悬臂地装在两个小齿轮轴的两端，气体经过每级压缩后被送到机组外下方的冷却器，原动机通过大齿轮来驱动机组。

5）按气缸形式分类

分为水平剖分式和垂直剖分式（筒型缸）。

6）按压力等级分类

（1）低压压缩机，出口压力为 0.245～0.98MPa；

（2）中压压缩机，出口压力为 0.98～9.80MPa；

（3）高压压缩机，出口压力大于 9.80MPa。

7）按级间冷却形式分类

（1）机外冷却，每段压缩后气体输出机外进入下方的冷却器；

（2）机内冷却，冷却器壳体与压缩机的机壳铸为一体，冷却器对称地布置在机壳的两侧，气体每经过一级压缩后都得到冷却。

2. 离心式压缩机的原理和结构

GCBA014 离心式压缩机的工作原理

GABJ002 离心式压缩机的工作原理

1）离心式压缩机基本工作原理

离心式压缩机的工作原理和离心泵相类似。能量形式在离心式压缩机中发生了转变，原动机通过转轴（与压缩机的转轴以联轴节相连）输出的机械功，在离心式压缩机中转变为气体的压力能和动能。

离心式气压机通过旋转的叶轮对流经的气体做功，使气体在离心力作用下获得静压能，与此同时，气体的动能也获得较大的提高，并在随后的扩压器中，将部分动能又转变为静压能，使气体的压力进一步提高。气体在机内的流动过程是：当驱动机通过主轴带动叶轮高速旋转时,在叶轮的入口处产生低压,将气体从吸入室不断吸入叶轮,使气体的压力、速度、和温度提高;然后流入扩压器,使气体的速度降低,压力进一步升高。离心气压机通常由多级组成,为了将扩压器后的气流引入下一级叶轮继续压缩,在扩压器后设置了弯道,使气体由离心方向改为向心方向。弯道下为起导向作用的回流器,其中安装有导流叶片,它使气流以一定方向均匀进入下一级叶轮入口。由于气体在压缩过程中温度要升高,为了节省压缩功耗和防止气体温度过高,气体经三级压缩后,由蜗室经排气管引出机壳至中间冷却器冷却,降温后再引入第四级吸入室,经四级压缩后再由蜗室和排气管引出机外管路系统。级是组成离心式气压机的基本单元,它由一个叶轮和与之相配合的固定元件组成。若离心式气压机的几级都装在一个机壳中,就构成一个缸,而中间冷却器把缸中全部级分成段。离心气压机的扩压器的作用是将动压转变为静压,使速度降低,压力提高。气体在扩压器和涡壳中流速逐渐降低,这一部分动能也转变为压力能,使气体的压力升高。其工作原理就是利用通流截面积的不同,将速度能转化为压力能。

在离心压缩机中,由于气体在工作轮里的离心力增压,在工作轮中渐扩通道流动时的增压,以及在工作轮以后的扩压器和蜗壳等渐扩通道流动的增压,而使气体压力得到提高。单机总压比可达 192 或者更高,压缩机的出口压力可达12556kPa 或者更高,送气量可由 $50m^3/min$ 至 $20000m^3/min$。因此,离心压缩机成为大中型压缩机的最主要形式。图 1-5-8 所示为离心压缩机简图。离心压缩机是一种叶片旋转式机械。当离心压缩机在原动机驱动下旋转起来时,具有叶片的工作轮

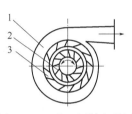

图 1-5-8 离心压缩机简图
1—蜗壳;2—扩压器;3—工作轮

随着转子轴旋转,气体经吸气室流入工作轮,被叶片带着一起旋转,增加了动能(速度)和静压头(压力),然后经叶片之间的通道沿半径方向甩出来,再经扩压器和蜗壳,进一步将气体的速度转变为压力,流出机外。经过压缩的气体,再经弯道和回流器进入下一级工作轮,进一步压缩直至所需的压力。因为气体是在离心力作用被送到机体外面去的,所以称这种压缩机为离心式压缩机。在离心式压缩机中,一个工作轮及与其相配合的固定元件称为"压缩机级",简称"级"。由于一个"级"中提高气体压力是有限的,一般压力比仅为 1.3~2.0。因此,为了得到某个一定压力,压缩机往往由许多"级"组成。"级"的固定元件除了吸气室、扩压器、蜗壳外,还有弯道和回流器。

2)离心式压缩机的基本结构

离心式压缩机气体压力的提高主要是通过旋转的叶轮对流经的气体做功,使气体在离心力作用下获得静压能;与此同时,气体的动能也获得较大的提高,并在随后的扩张形流道中,这部分动能又转变为静压能,使气体的压力进一步增加。离心式压缩机的基本结构如图 1-5-9 所示。图中为国产 DA120-61 型离心式压缩机的纵面图。气体在机内的流动过程是:当驱动机通过主轴带动叶轮高速旋转时,在叶轮的入口处产生低压,将气体从吸入室不断吸入叶轮,使气体的压力、速度和温度提高;然后流入扩压器,使气体的速度降低,压力进一步提高。为了把扩压器后的气流引入到下一级叶轮继续压缩,在扩压器后设置了弯道,使气体由离心方向改为向心方向。回流器主要起导向作用,使气流以一定方向均匀地进入下一级叶轮进口,回流器中一般安装导流叶片。由于气体在压缩过

GBBA003 离心式压缩机结构

GCBA003 离心式压缩机的结构

ZABJ001 离心式压缩机的基本结构

程中温度要升高,为了节省压缩功耗和防止气体温度过高,气体经过三级压缩后,由蜗室及排气管引出机壳至中间冷却器冷却,气体降温后再引入第四级吸入室。经六级压缩后的气体再由蜗室和排气管引出机外导入管路系统。该机六级都安装在一个机壳内,而中间冷却器又将六级分成两段,故该机称为"一缸,两段,六级"离心式压缩机。由于机壳是沿水平中分面剖分成上下两部分,故又称为水平剖分型压缩机。水平剖分机壳结构,其机壳的接合面平行于轴的中心线,便于机器内部构件的装拆与检查;但机壳的承压性能较低,一般使用压力不超过4~5MPa。对于压力更高的压缩机,通常采用圆筒形机壳。在离心式压缩机的结构分析时,通常将转动部件总称为转子,不转动部件总称为定子(固定元件)。由图1-5-9可知,转子由主轴以及装在主轴上的叶轮、平衡盘、推力盘、联轴器和卡环等组成。定子由机壳、扩压器、弯道、回流器、蜗壳、隔板、轴端密封、级间密对、轮盖密封、支持轴承和止推轴承等组成。为保证离心式压缩机正常工作,压缩机必须配置相应的辅助系统。辅助系统包括驱动机系统(电动机与增速器、汽轮机或烟气轮机),冷却系统(包括中间冷却器、末端冷却器等)、润滑油系统、电气控制系统和自动调节及安全防护系统。自动调节及安全防护系统的功能包括全机组流量、压力、温度、转子振动与转子轴向位移等物理量的监测,压缩机出口流量或压力的自动调节,防喘振保护调节与机组启动、停机逻辑联锁控制等。

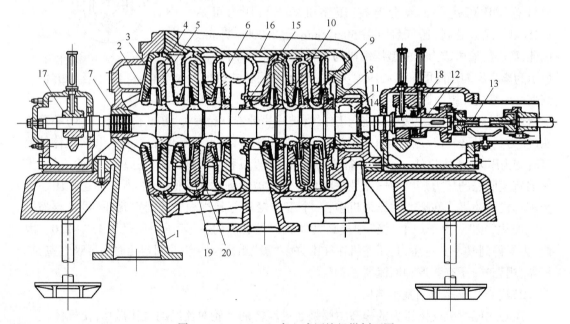

图1-5-9　DA1-61离心式压缩机纵剖面图

1—吸入室;2—叶轮;3—扩压器;4—弯道;5—回流器;6—蜗室;7、8—轴端密封;
9—级间密封;10—轮盖密封;11—平衡盘;12—联轴器;13,14—卡环;15—主轴;16—机壳;
17—支撑轴承;18—止推轴承;19—隔板;20—回流器导液叶片

3)离心式压缩机主要零部件的作用与结构

离心压缩机的本体由转子和定子两部分组成。转子由主轴、叶轮、轴套、平衡盘、止推盘和联轴节等部件组成。除轴套外,其他部件一般都用键固定,并采用过盈配合,热套于主轴上,轴端有锁紧螺母加以紧固。主轴是一合金钢的锻压件,所有的旋转部件都安装在主轴上,它的作用除了支持旋转部件外,最主要的是传递由蒸汽透平输出的扭矩,使机械功转变为气体的压力能。一般主轴都制成阶梯形状,便于零件安装和定位。

离心压缩机的通流部分由气缸、扩压器、弯道、回流器及其导流叶片、隔板、密封、轴承等部件组成。气缸也叫作机壳,一般成桶形,有水平剖分和垂直剖分两种形式。水平剖分适用于压力较低的气缸,压力高的采用垂直剖分。但实际上是采取用内外两个缸,转子和定子都在内缸内,仍然采用水平剖分。内缸装在外缸内,外缸是垂直剖分的圆桶,打开端盖就可把内缸拉出。

气缸内有若干块隔板,隔板将一个个叶轮隔开,隔板与隔板之间构成了扩压器和弯道,气体流过扩压器和弯道,速度降低,压力增加,经导流叶片流向下一级叶轮或流出机壳。

为了防止气体在级与级之间倒流或从轴端漏出,在隔板与主轴的穿孔处设有隔板密封(或称级间密封),在轴端有外密封。密封的形式一般为迷宫式,由许多靠得很近的梳齿组成,它的工作原理是气体经过许多梳齿后阻力降很大,以增加阻力的方法来减少或消除泄漏。对于一些有害或易燃气体的压缩,为防止向外泄漏,一般采用浮环式密封,用高压密封油加以密封。密封油系统的主要作用是保证密封瓦所需压力油不间断地供应,防止外界气体进入内部及阻止氢气从机内漏出,以保证内部气体的纯度和压力不变。采用油密封的原理:在高速旋转的转子和定子的密封瓦之间注入一股连续油液,形成一层油膜来封住气体,阻止机内氢气外泄,并阻止外面的空气进入机内。为此油压必须高于氢压,才能维持连续的油膜。

目前,大多数也采用干气密封型式。压缩机的轴封有迷宫密封、浮环油膜密封、机械接触式密封和干气密封等几种类型,因干气密封具有泄漏量少、磨损小、使用寿命长、运行稳定可靠、能耗低、操作简单可靠等优点,所以逐渐被广泛使用。干气密封是在气体动压轴承的基础上通过对机械密封进行根本性改进发展起来的一种新非接触式密封,实际上主要就是通过在机械密封动环上增开了动压槽以及随之相应设置了辅助系统而实现密封端面的非接触运行。典型的干气密封结构包含有静环、动环组件、副密封 O 形圈静密封、弹簧和弹簧座等零部件。

> ZCAA002 干气密封的原理

> ZBAA002 干气密封的原理

在多级离心式压缩机中因每级叶轮两侧的气体作用力大小不等,使转子受到一个指向低压端的合力,这个合力即称为轴向力。轴向力对于压缩机的正常运行是有害的,容易引起止推轴承损坏,使转子向一端窜动,导致动件偏移与固定元件之间失去正确的相对位置,情况严重时,转子可能与固定部件碰撞造成事故。为了消除这种轴向力的影响,在高压端的外侧装有平衡盘,通过其两端形成的压力差,产生一个与叶轮的轴向推力相反的轴向力,以达到平衡叶轮轴向推力的目的。它的一侧压力是末级叶轮盘侧间隙中的压力,另一侧通向大气或进气管,通常平衡盘只平衡一部分轴向力,剩余轴向力由止推轴承承受,在平衡盘的外缘需安装气封,用来防止气体漏出,保持两侧的差压。轴向力的平衡也可以通过叶轮的两面进气和叶轮反向安装来平衡。

> ZCBA041 平衡盘的作用

离心式压缩机与汽轮机之间,或者离心压缩机的缸与缸之间,依靠联轴节来传递扭矩,联轴节是轴与轴之间的连接部件。离心压缩机的轴承系统由径向轴承和止推轴承组成。径向轴承又称支持轴承,它的作用是支持转子作旋转运动。止推轴承的作用是承受转子上部分轴向推力,和平衡盘同时起防止或减少转子的轴向位移。

> ZCAC005 压缩机段间冷却器的作用

离心式压缩机除本体外，还有一些辅助设备，如中间冷却器，气水分离器以及油系统。油系统蒸汽透平共用。由于气体在压缩过程中温度要升高，为了节省压缩功耗和防止气体温度过高造成喘振，因此设计压缩机段间冷却器，以便冷却压缩机各段进口温度达到设计值，最大限度提高压缩机效率。段间冷却器的作用就是将气体压缩过程中的热量带走，减少压缩功耗。

3. 离心式压缩机临界转速

转动系统中转子各微段的质心不可能严格处于回转轴上，因此，当转子转动时，会出现横向干扰，在某些转速下还会引起系统强烈振动，出现这种情况时的转速就是临界转速。为保证系统正常工作或避免系统因振动而损坏，转动系统的转子工作转速应尽可能避开临界转速，若无法避开，则应采取特殊防振措施。

对某些转子，临界转速的概念有了变化，一些只在转动时才显出效应的因素，如急螺效应（回转轴线改变方向时转子产生惯性力矩；转子振动时轴线改变方向）和轴承特性等，会使临界转速随转子的实际转速或转子中由各微段质心偏离引起的不平衡量的大小而改变。当这些因素不能忽略时，临界转速同转子不旋转时的横向振动的固有频率在数值上就不一致。

轴的临界转速决定于轴的横向刚度系数 k 和圆盘的质量 m，而与偏心距 e 无关。更一般的情况，临界转速还与轴所受到的轴向力的大小有关。当轴力为拉力时，临界转速提高，而当轴力为压力时，临界转速则降低。

装在轴上的叶轮及其他零、部件共同构成离心式压缩机的转子。离心式压缩机的转子虽然经过了严格的平衡，但仍不可避免地存在着极其微小的偏心。另外，转子由于自重的原因，在轴承之间也总要产生一定的挠度。上述两方面的原因，使转子的重心不可能与转子的旋转轴线完全吻合，从而在旋转时就会产生一种周期变化的离心力，这个力的变化频率无疑是与转子的转数相一致的。当周期变化的离心力的变化频率和转子的固有频率相等时，压缩机将发生强烈的振动，称为"共振"。所以，转子的临界转速也可以说是压缩机在运行中发生转子共振时所对应的转速。

所以，在一般的情况下，离心式压缩机的运转是平稳的，不会发生共振问题。但如果设计有误，或者在技术改造中随意提高转速，则压缩机投入运转时就有可能产生共振。另外，对于柔性轴来说，在启动或停车过程中，必然要通过一阶临界转速，其时振动肯定要加剧。但只要迅速通过去，机组通过临界转速时，速度越快，时间越短越好，可以避免在临界转速下产生共振。机组通过临界转速时，应均匀平稳地通过。

4. 压缩机润滑油温控制要点

压缩机油箱的作用是给机组储存并供给润滑油和密封油及调节油，加热润滑油，排油雾蒸汽，还有清洁和保护油的作用，有收集回油和保证油循环的作用。

压缩机运行中油温过高会加剧油的氧化作用，同时会降低油的黏度，使油膜厚度减小，甚至使油膜破坏；油温过低，油的黏度过大，造成油膜不稳定，引起振动。运行中通过调整冷油器的冷却水流量，控制轴承进口油温为 35～45℃。轴承进出口油的温差应在 10～15℃。如果运行中油温升高，应检查润滑系统、冷油器或化验油质有无变化。若轴承出口油温急剧升高超过 70℃时，应紧急事故停机。

轴承的进油温度一般均控制在 35～45℃ 范围调节。由于轴承结构、工作特性以及载荷大小的不同,其具体机组润滑油的操作指标,一般在安装使用说明书中均有明确规定,因此,应参考安装使用说明书,编制具体的操作规程,提出适宜的润滑油工艺指标,以利于轴承液体润滑的形成。为了使润滑油的温度参数稳定于操作规程所规定的范围之内,则润滑系统常采用以下技术措施:在系统中设置加热设施,确保机组启动时,油温可升至操作指标。加热设施有电加热器和蒸汽加热器两种,用户可根据本厂能源情况自行选择。加热器一般均安放于油箱中,以利于机组启动前润滑油的加热升温。加热器可根据工作需要随时启动和停运,操作方便灵活。油系统要配置油冷却器,以便将润滑油由轴承带出的摩擦热量取走,使润滑油温度保持在操作指标的允许范围。油冷却器均安装于油泵之后,冷却水流量可根据油温的高低随时调节,以控制油温在操作指标规定的范围为宜。系统中要配置回油阀,流量调节阀、压力调节阀、安全阀以及节流阀等阀组件,以保证轴承进油压力符合操作。

润滑油上油管有一定压力,故流速较快,因此,上油管只要较小管径即可保证足够润滑,且压越大,管径越大要求管壁越厚,反之,则越薄,也可节省材料。因回油压力为零,流速小,轴瓦回油靠位差流入油箱,故需较粗回油管。

油箱底部要装放水管是因为汽轮机运转时,有时蒸汽会串入轴承内,例如轴封漏汽等。漏入轴承的蒸汽被油冷凝,冷凝水和油一起回到油箱。由于水的密度大,水沉到油箱底部,在油箱底部装放水管的目的是定期排除油箱中的水分,保证润滑油的质量。润滑油在投运之前,必须对油箱油温加热,保证油箱油温合格。

机组停运后,其各部件温度还很高,停车后油循环是为带走热量,防止冷却不均匀,造成轴或轴承变形,和油质恶化。

备用油泵自启后,油系统调节阀开度减小。在油泵启动后就开始对其充油,当两台油泵均故障时,轴承靠润滑油高位槽来冷却。高位油槽的作用就是润滑动力失效,比如油泵掉电、油泵出现故障等事故发生时,让高位油槽中的油通过重力作用对轴承等位置进行润滑。防止轴承由于缺油造成损坏的现象发生。透平压缩机停车后油箱液位上升,高位槽油液位不变。

蓄压器的作用是在装置切换油路设备或油泵自停,备泵自启的过程中油系统压力波动时提供足够的压力支持保证油压稳定,防止因油压过低联锁机组停车。同时它是缓冲器,也是供油装置。每台压缩机一般有二个蓄压器。压缩机润滑油管线上蓄压器一般在油滤器后。蓄压器内油压一般等于其管线上油压。机组控制油管线上也有蓄压器。

5.离心式压缩机的操作

1)压缩机启动前的准备

每台压缩机压送介质及其工艺流程不同,启动和运转方法也不完全一样。

关于每台机组的特殊要求运行人员应根据各机组的具体情况加以正确操作,切不可疏忽大意。压缩机与汽轮机属两种不同的设备同一轴系运转各有特点,要求运行人员掌握两者特点,给予同样重视,切不可顾此失彼。

在做好压缩机启动前准备工作同时,必须按要求做好汽轮机启动前的准备工作。

压缩机汽轮机组的联动运转，必须在汽轮机单机试车合格后进行。

运行人员接到压缩机启动的命令后，应对启动的机组进行全面检查，消除一切妨碍操作的障碍物、易燃物品，做好机组周围环境的清洁工作。

检查曾经修理过的部位，确认检修部位及其仪表已全部复原、完好。检查压缩机各段入口锥形粗过滤器内无集物后，封闭端盖，以确保异物不能进入缸内。

确认相连的工艺系统已具备压缩机启动所需的压缩气体，介质的压力、温度、组分、流量等各项指标符合正常范围，工艺系统已完成导气的准备工作。

应检查、确认压缩机及其相连工艺系统的阀门开、关位置正确。阀门动作灵活。正常运行中应抽、插的盲板，已经抽、插完毕。

检查并确认压缩机所使用的各温度计、压力计、压差计、流量计、液位计、调节器、轴位移表、轴振动表、转速表、联锁开关等仪表都处于工作正常、指示正确的状态。调整试验压缩机所有仪表联锁的设定值，使之符合要求。

要特别注意对仪表、信号的检查与试验，不正确和不可靠的仪表和信号，会引起判断错误，丧失警惕，有时会造成比没有这些仪表还要大的损失。

启动前打开压缩机缸体及管道底部的导淋阀。在疏净积存冷凝液后关闭。

打开各段间冷却器的工艺气侧疏水阀或导淋，排除积水。对各段间冷却器冷却水侧通水排气。如所压缩的介质为易燃易爆有毒气体，则启动前必须先用氮气置换系统中的空气，直至氧含量小于 0.5%，才能与工艺系统连通。

机内置换合格后，机内缓慢通入工艺气均压，直至机内压力与工艺系统压力一致，要防止因进气阀开得太大，致使工艺气通入过快，而引起转子冲动的情况发生。

2）离心式压缩机的启动

压缩机启动之前，必须再次确认。

(1)汽轮机启动前的准备工作已全部完成；

(2)各备用泵联锁开关都放在"自动"位置；

(3)机内工艺气置换合格；

(4)润滑油、调速油、密封油系统运转正常；

(5)缸内及工艺气管道内积液已排净；

(6)应投用的联锁开关已放在"自动"，系统联锁已复位；

(7)机内与工艺系统均压合格，压缩机入口压力合格；

(8)防喘系统试验正常，各防喘振阀处于全开状态；

(9)压缩机组及其相连工艺系统的主要阀门关、开位置正确；

(10)各段间冷却器已通入冷却水，进、出口水阀开度合乎规定。

上述压缩机准备工作已经完成，即可启动压缩机组，压缩机由汽轮机驱动，汽轮机冲转后，压缩机随之启动。转子冲转后，应检查机组内部声音，供油情况及振动情况，如有异常现象，应及时分析原因，或停机检查。

3）压缩机的升速和升压

压缩机组启动后，在转速升至低速暖机时，运行人员应对机组的声音、振动、轴位移、油温、油压、密封油系统，各段进、出口气体温度，各分离罐液位及各轴承温度等作全面检查。

GBAA007 启动
大型机组的条件

GCAA007 大型
机组启动确认
条件

检查并确认无异常现象后,按升速曲线继续升速,升速过程中不允许在机组的各临界转速区停留,在越过临界转速区时,应严密监测机组的振动。

升速到汽轮机的调速器最低工作转速后,切换至中心控制室控制转速。

压缩机的升压通常都是从调速器最低工作转速开始,然后升速和升压交替进行。

根据工艺系统要求,逐渐缓慢关小压缩机防喘振阀,使压缩机升压。

在升压过程中,应按压缩机特性曲线升压、升速,要严防流量过小而使压缩机进入喘振区。在升压过程中,轴向推力加大,应密切监视轴位移和轴振动。关小压缩机防喘振阀后,压缩机出口的压力和流量仍不能满足工艺要求时,应调整压缩机转速,从而改变出口压力,改变转速时,一定要根据特性曲线设定进出口流量,防止进入喘振区。进一步调整压缩机运行工况,逐渐关闭压缩机各防喘振阀待工艺参数达到要求后,将各防喘振阀投入自动控制。升压时要注意调整压缩机各段间冷却器的水量,使各段入口气温度在设计范围内。

CBAC033 冰机负荷的调节方法

GCAC023 冰机负荷的调节方法

4)冰机负荷的调节

压缩机加负荷时必须遵循先升速再升压原则。反之亦然。

在开车过程中先关防喘振阀。防喘振阀操作的要点是加负荷时从低压到高压,减负荷时从高压到低压。压缩机正常时一般用转速调节负荷。离心式压缩机出口管网压力升高时,压缩机应降转速、降低出口压力设定。离心式压缩机为保持负荷不变,当其出口压力降低时,应升转速、提高出口压力设定、关防喘阀。压缩机入口气温度升高,为保正出口压力,应升转速,增加入口压力,降入口气温度。

在合成氨系统原始开车时,冰机入口气主要是氮和氨。

冰机正常运行时,如入口压力低,则降转速。冰机出口压力低,则升转速。冰机出口压力高,则降转速。将冷冻系统的不凝气排出,可有效的降低冰机压缩功。

5)压缩机向工艺系统送气

向工艺系统送气前,经检查并确认:

(1)同压缩机组相连的工艺系统已具备受气条件;

(2)同压缩机组相连的工艺系同压缩机出口压力已均压合格;

(3)压缩机氮气置换合格。

ZCAA009 合成气压缩机开车前进行氮置换的目的

压缩机开车前进行氮置换的目的是将空气排出系统,防止与工艺气混合形成爆炸性混合物;防止将合成气压缩机中的氧气带入合成塔,造成合成塔催化剂暂时性中毒,从而影响合成塔催化剂的活性。

缓慢打开压缩机出口阀,向工艺系统送气,送气过程中,要避免压缩机运转工况出现大幅度波动。压缩机向工艺系统送气过程中,注意防喘振阀自动跟踪逐渐关小,以尽量维持压缩机出口压力不变。

6)离心式压缩机生产中的注意事项

压缩机向工艺系统送气完毕,转入正常生产后,运行人员应按时对机组各部分的运转情况进行下述检查和监测:

(1)压缩机各段入、出口气体参数是否正常;

(2)压缩机各段防喘振调节器的设定值是否正确;

(3)油压、油温及密封油系统是否正常,污油(即酸油)的排放油路及再生处理是否正常；

（4）各分离罐液位是否处于正常；

（5）各缸的轴承温度及回油量应合乎规定；

（6）机组的运转声应正常，无异音。

压缩机转入正常生产后，设备管理人员应定期检查测定机组各部位的振动和轴位移，并认真做好记录。检查压缩机组及附属设备是否处于完好状态，发现问题，及时消除。各机组油箱的油质，应定期取样分析，并建立油品档案。

离心压缩机是一种高速旋转机械，运行中岗位人员必须清楚以下注意事项：

（1）压缩机的升速，升压及加负荷是通过增加压缩机转速和关小直至全关压缩机防喘振阀来实现的。压缩机的升速、升压及加负荷操作先应查阅该机特性曲线，必须小心谨慎，按特性曲线上的安全工作区运转，切忌操之过急，以防陷入喘振区；

（2）离心压缩机的工况随气体的温度、压力及组分的变化而变化，在开停车及发生事故时更要注意。特别注意防止出现喘振及其他波动情况，维持机组运行稳定；

（3）离心压缩机运转中特别要求被压缩的气体不得含有灰尘、液滴及腐蚀性成分；

（4）离心压缩机组由工艺系统、蒸汽系统、油系统、真空系统、冷却水系统、电气仪表系统等组成，运行人员必须对上述各系统及机组各部位十分熟悉，遇到问题应根据规程当机立断，正确处理；

（5）对已经启动，投入生产运行的离心压缩机组，要求运行人员和检修人员加强经常性的维护、保养，使设备随时处于完好状态；

（6）由于合成气压缩机采用缸内混合，新鲜合成气中的 CO 和 CO_2，遇到循环气中的 NH_3 时，在一定条件下会生成甲胺的固体结晶，致使叶轮的应力增加和腐蚀，或使转子不平衡而造成事故，为防止事故产生，在正常条件下要控制新鲜合成气中 $CO+CO_2$ 指标合格，同时控制循环段入口温度不低手 23.9℃。

GCAC001 压缩机调整负荷的操作要点

7）压缩机的减负荷

随着工艺系统减负荷，压缩机也应减负荷，逐渐降速降压。

降速降压过程中，应注意以下事项：

（1）各段防喘振阀应自动跟踪开大；

（2）各缸密封油必须自动跟踪调节，应保持密封油压力的稳定；

（3）与班长和中心控制室取得联系，接到停送工艺系统气体的命令后，运行人员可缓慢关闭压缩机出口阀，注意防喘调节阀自动跟踪，必要时切换至手动开大防喘振阀以及用压缩机出口放空阀调整机内压力和气体流量；

（4）压缩机与工艺系统切断后，压缩机组转入气体自行循环运行。

空气压缩机有一部份供仪表空气和尿素车间防腐空气。空气压缩机减负荷之前，运行人员应先启动仪表空气压缩机运行，将仪表空气气源切换至由仪表空气压缩机提供，并联系班长通知相关车间。

8）压缩机的降速和卸压

机组运行人员接到停机命令后，即可开始停机操作。各机组停机操作方法应按工艺操作规程及操作卡执行。通过汽轮机调速器将汽轮机压缩机组降至调速器最低工作转速。手动全开压缩机各段防喘振阀,开防喘振阀与关防喘振阀的顺序相反,必须先开高压段,后开低压段。

在开大防喘振阀时,要防止因打开过快而引起一段入口气体压力在短时间超高,而造成转子轴向力过大,引起止推轴承损坏。

压缩机随着转速降低和防喘振阀全开,机内压力随之降低,压缩机随之卸压。

用汽轮机调速器按各机组升速曲线的逆方向,由调速器最低工作转速缓慢降速,越过临界转速区时要平稳,迅速利落。

降速过程中,应继续注意各缸密封油的自动跟踪,必要时切换至手动调节。要严格防止密封油进入气缸。卸压时要严防压缩机反转,反转会损坏轴承及密封件。

9)机组停机后盘车

机组停机后盘车的意义在于:

（1）机组刚停机后温度较高,盘车可以消除转子的热弯曲,减小上、下气缸的温差和减少冲转力矩的功用,检查汽轮机动静之间是否有摩擦及润滑油系统工作是否正常;

（2）为了保证汽轮机在停机后任意时间内能启动。另外,盘车可防止由于气门不严,蒸汽漏入汽轮机内部而引起的热变形。由于盘车带动转子转动使汽室蒸汽受到良好的搅拌,以达到各部件均匀冷却;

（3）由于盘车时一定要启动油泵,还能使轴承冷却,以带走轴承中的热量。

10)压缩机喘振和防喘振

（1）压缩机喘振。

离心压缩机在运转过程中,当流量减少到不大于 $Q_{最小值}$ 时,进入叶片通道的气流方向与叶片发生严重的旋转脱离,在叶片的非工作面产生气体旋涡,流动情况严重恶化。气流受阻后,只能在流道内旋转而流不出去,压缩机的出口压力大大下降,出口管内的高压气体就会倒回到压缩机内,管网压力随即下降,直至管网压力下降到与压缩机出口压力相等,气体的倒流才停止。此后压缩机又开始向管网系统供气,但由于压缩机的流量条件没有改变,因此当管网压力恢复到较高水平时,管网中的气体就会再次发生倒流,如此反复进行,压缩机的流量和出口压力发生周期性波动和振荡,这种现象称为离心式压缩机的喘振。

从上述分析可以看出喘振不仅与叶轮流道中气体的旋转脱离有关,而且与管网容量有密切关系,管网容量越大喘振的振幅也越大,振频越低管网容量越小则喘振的振幅就小,喘振频率越高,这就是喘振的内部原因。

压缩机在过临界区时,易发生喘振现象。离心式压缩机发生喘振时,压缩机振值增加,出口压力不稳定,有异常叫声现象。压缩机发生喘振时,其入口流量和出口压力周期性的振荡。当压缩机出口压力突然升高,引起压缩机喘振时开防喘阀。

喘振对压缩机是十分有害的,由于喘振时产生气流的强烈脉动和周期性振荡,使叶轮,叶片以至整个机组发生强烈振动,可能损坏压缩机的轴承、密封,甚至使压缩机的动、静部分发生碰撞而损坏整个机组。喘振可发生在某一叶轮流道内,也可以发生在压缩机的某一级、某一段或某一缸中,也可能发生在整个机组内。压缩机发生喘振可从下面几种现象加以判断:压缩机管道气流发生异常的噪声,噪声时高时低呈周期性变化,严重时则会发生轰轰的吼声;当压缩机接近喘振工况时,压缩机的进口流量和出口压力的变化很明显,发生周期性

GCBA017 机组停机后盘车的意义

ZBCA011 离心式压缩机喘振的原因分析

ZCCA011 离心式压缩机喘振的原因分析

的大幅度的脉动;通过监测装置测试轴承的振动情况,当压缩机接近或进入喘振工况时,机体和轴承的振动值将明显增大,振幅也比正常时大得多。

为了防止压缩机发生喘振,气体流量应始终大于 $Q_{最小值}$;压缩机在每一个转速下都有一个 $Q_{最小值}$,将这些点连接起来,就成为一条喘振线。喘振线一般都是用实测法画出来的,它可以在出口压力(或压缩比)—流量坐标中画出,也可以在转速—流量坐标中画出。只要流量落在喘振线的右侧,则可以防止嘴振的发生。喘振线的形状一般是一条二次抛物线,要避免发生喘振,则必须满足:

$$\Delta p_1 = \frac{K}{BN_2}(p_2 - p_1) \qquad (1-5-1)$$

式中　Δp_1——进口管线上孔板流量计的压差,MPa;

　　　K——气体的绝对系数;

　　　N——孔板流量计的测量常数;

　　　$p_1、p_2$——排出压力和吸入压力,MPa;

　　　B——系数。

GCAD001 压缩机设置防喘振阀的意义

孔板流量计的压差实际上反映出吸入流量,即吸入流量应满足式(1-5-1)要求才可防止喘振发生。因此压缩机防喘振阀设置的最终目的是保证流量。防喘振阀操作的要点是加负荷时从低压到高压,减负荷时从高压到低压。加负荷时,压缩机转速与防喘振阀的关系先提速,再关防喘振阀。压缩机停车时,气体在机内已不流动,为防止高压气体窜入低压,造成轴位移升高,应把防喘振阀打开,使气缸均匀后,再停下压缩机。因此在压缩机停车时要把防喘振阀打开。

(2)压缩机喘振的防止。

只要入口流量落在防喘振线的右侧,就可防止喘振的发生。这种防喘振保护系统结构简单,易于实现。

① 在正常运转时,压缩机的气体流量落在防喘振线的右侧,不会发生喘振,但当压缩机的特性曲线发生位移或管网特性曲线发生变化,都可能使压缩机的工况点落入喘振区。导致压缩机特性曲线和管网特性曲线发生变化的因素很多,例如气体入口温度,压力、气体的组成和蒸汽透平的转速、管网压力等。入口气体冷却器或段间冷却器冷却水量减少,水温上升或冷却器结垢都可能造成入口气体温度上升。在同样的转速下,气体入口温度上升引起出口压力下降;也就是特性曲线下移,可能使新的工况点落入喘振区。

② 压缩机气体入口压力下降,当转速保持不变时,出口压力也必然下降(压缩比不变),压缩机的特性曲线也会下移,而使新工况点进入喘振区。造成入口压力下降的原因有系统负荷降低,入口滤网堵塞或形成液封。密封漏气增大及其他漏损,都可能造成气体入口压力的降低。

③ 气体组成的变化引起气体分子量变化。如果分子量减小,气体密度降低,压缩机的出口压力也降低,特性曲线下移,则可使新的工况点进入喘振区。例如合成气压缩机,因造气系统或合成系统 H_2/N_2 比控制失调,使氢气浓度增大,气体分子量减小,可能使压缩机发生喘振。

④ 如果蒸汽管网压力或蒸汽流量发生波动,或者是透平调速系统出现故障,则可能会

使透平转速突然下降。压缩机在同样的进气条件下,例如进口温度和进口压力稳定在某一数值上时,由于转速的突然降低,气体出口压力降低,特性曲线下移,使新的工况点落入喘振区。

⑤ 管网系统的压力变化引起管网特性曲线的变化,也可能使压缩机的工况点落入喘振区。例如,工艺系统中容器压力的上升,管道因结垢、堵塞等原因而使阻力系数增大等,都可能使管网特性曲线平行上移或变陡,使新工况点移至喘振线左侧而引发喘振。

另外,压缩机的叶轮结垢,防喘振调节系统的故障或滞后等原因,也可引发喘振。上述讨论中,为了叙述的方便,把压缩机特性曲线和管网特性曲线变化的原因孤立加以讨论,实际运行中压缩机和管网的特性曲线会因某种因素而同时变化,这样更易造成喘振。

为防止压缩机发生喘振,操作中应注意下列问题:

① 操作中必须严格遵循"升压先升速,降压先降速"的原则,开车时应先将防喘振阀(回流阀)全开,当转速升到一定值后,再慢慢关小防喘振阀,使出口压力升到一定值,然后再升速,使升速-升压交替缓慢进行,直至工艺所要求的工况点。停车时先将防喘振阀打开一些,使出口压力降到某一数值,然后再降速,降压-降速交替进行直到泄完压力再停机。开停车前,应预先根据机组特性制订升速和降速曲线,操作人员应严格遵循曲线操作。

② 有两个以上防喘振系统的机组。在关防喘振阀时,应遵循先低后高的原则,即先关小低压回路的防喘振阀,再关高压回路的防喘振阀。同理,在开防喘振阀时,应先高后低,即先开一点高压防喘振阀,再开一点低压防喘振阀。

③ 加强上、下游工序的联系,调整负荷改变运行工况时,应预先通知以做好调节的准备。

总之,严格遵守操作程序,精心操作,不断提高操作水平,那么压缩机的喘振现象是可以避免的。当轻微喘振发生时,一般不需停车处理,而应立即开大防喘振阀来消除喘振,然后再分析原因,采取防范措施。

6.离心压缩机大修内容及主要验收标准

1)离心压缩机大修内容

(1)拆卸联轴器,检查复核机组的对中情况;拆卸轮毂;检查、清洗轮毂齿轮和齿圈;检查联轴器膜盘及全部叠片和全部螺栓,进行必要的更换;对轮毂齿轮、齿圈和联轴器膜盘进行无损检测;重新调整机组同心度。

(2)检查、修理压缩机的径向轴承和止推轴承,测量记录各部间隙;检查轴瓦瓦块、可拆卸止推盘的使用情况,使用着色法进行无损检测,根据情况进行更换;调整各轴承间隙。

(3)检查轴封;拆卸清理浮环密封,检查迷宫和浮环,必要时进行更换,并更换全部密封件;根据运行情况酌情拆卸干气密封或机械密封,检查密封环的使用情况,必要时进行整体更换。

(4)检修压缩机干气密封和注水系统各控制盘;校验系统全部就地指示仪表并对其他仪表和各调节阀门进行调校;拆卸清理压缩机的各注水喷嘴和过滤网;

(5)拆卸压缩机壳体螺栓,吊开上壳体,检查压缩机内部各处的使用情况,测量各部间隙。检查转子的轴向窜量以及叶轮与扩压器的重叠数据;检查测量转子各部径向与轴向的跳动。吊出转子,清洗各个叶轮;检查转子轴径的椭圆度、圆柱度并进行打磨和抛光;根据情况对转子进行动平衡试验并进行必要的调整。起吊并翻转上壳体;检查清理上下壳体的全部级间迷宫密封,必要时进行更换。检查清理上下壳体的各级间隔板,根据情况吊出部分或全部隔板;更换全部密封用O形环;检查调整各级间隔板的安装位置。检查清理上下壳体的中分面;更换中分面密封件和密封材料;检查下壳体中分面的水平度并进行必要的调整。

2)离心压缩机检修后的验收标准

(1)检修现场清扫干净,且水、电、风投用正常;

(2)油系统、油箱清扫干净,油系统油运合格;

(3)压缩机与驱动机同心度找正符合标准;

(4)转子与隔板同心度符合标准;

(5)轴承间隙和紧力符合标准;

(6)电器、仪表联锁调试合格,且电动机电阻测试合格/透平调速系统调试合格;

(7)驱动机单机试运 8h 合格;

(8)压缩机试运 48h 合格;

(9)机械密封/浮环密封装配合格,工作正常;

(10)建立检修技术资料档案并归档。

(三)往复式压缩机的工作原理

1. 基本概念

1)吸气压力和排气压力

吸收压力和排气压力分别指第一吸入管道处的压力和末级排出接管处的压力。

2)排气量

单位时间内压缩机排出的气体,换算到最初吸入状态下的气体体积量,称为压缩机的生产能力,也称力压缩机的排气量,其单位为 m^3/h 或 m^3/min。

3)排气温度

排气温度指压缩机末级排出气体的温度,它应在末级气出气管处测得。

多级压缩机末级之前各级的排气温度称为该级的排气末级温度,在相应的排气接管处测得。

4)排气系数

如果将活塞在每一行程所扫过的容积叫行程容积,那么它比排气量大得多,行程容积与排气量之比称为排气系数,排气系数越大,压缩机的排气效率越高。它受余隙容积大小,阀片弹簧强弱,管线上压力波动情况,吸入气体缸壁加热情况,气体在压缩过程中泄漏等因素影响。

5)压缩比

压缩比是排气压力(绝对压力)与进气压力(绝对压力)的比值。

6)容积流量和容积效率

容积流量通常是指单位时间内压缩机最后一级排出的气体,换算到第一级进口状态的压力和温度时气体容积值,单位是 m^3/h 或 m^3/min。容积效率指的是在进气行程时气缸真实吸入的气体积除以气缸容积。容积效率与余隙容积和压缩比有关。

7）余隙和余隙容积

由于压缩机结构、制造、装配、运转等方面的需要，为防止活塞端面与气缸盖因装配及热胀发生撞击、给装配留有余地，以及设置吸、排气阀的实际需要，气缸中某些部位留有一定的空间或间隙，将这部分空间或间隙称为余隙容积。余隙容积是压缩行程结束时，处于活塞顶部至气缸头之间的空间。余隙容积的存在对压缩过程不利，使压缩机的吸气量减小、气缸工作容积的利用率降低。余隙容积又被称"有害容积""有害空间"，简称"余隙"。

GABJ004 往复
压缩机工作原理

2. 工作原理

往复压缩机的操作原理和往复泵很相近，然而前者必需考虑所处理流体的可压缩性，其工作过程便与往复泵有所区别。往复式压缩机都有气缸、活塞和气阀。压缩气体的工作过程可分成膨胀、吸入、压缩和排出四个阶段。

图1-5-10所示是一种单吸式压缩机的气缸。这种压缩机只在气缸一端有吸入气阀和排出气阀，活塞每往复一次只吸一次气体和排出气体。

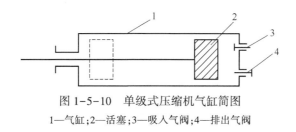

图1-5-10　单级式压缩机气缸简图
1—气缸；2—活塞；3—吸入气阀；4—排出气阀

（1）膨胀：当活塞向左边移动时，活塞右边的缸容积增大，压力下降，原先残留在气缸中的余气不断膨胀。

（2）吸入：当压力降到稍小于进气管中的气体压力时，进口管中的气体便推开吸入气阀进入气缸，随着活塞逐渐向左移动，气体持续进入缸内，直到活塞移至左边的末端（又称左死点）为止。

（3）压缩：当活塞调转方向向右边移动时，工件的容积逐渐缩小，这样便开始了压缩气体的过程。由于吸入气阀有止逆作用，故缸内气体不能倒回进口管中，而出口管中的气体压力又高于气缸内部的气体压力，缸内的气体也无法从排出气阀跑到缸外。出口管中的气体因排出气阀有止逆作用，也不能流入缸内。因此缸内的气体质量保持一定，只因活塞继续向右移动，缩小了缸内的容气空间（容积），使气体的压力不断升高。

（4）排出：随着活塞右移，压缩气体的压力升高到稍大于出口管中的气体压力时，缸内气体便顶开排出气阀而进入出口管中，并不断排出，直到活塞移至右边的末端（又称右死点）为止。然后，活塞又开始向左移动，重复上述动作。活塞在缸内不断地来回运动，使气缸往复循环地吸入和排出气体。活塞的每一次来回称为一个工作循环，活塞每来或回一次所经过的距离叫作冲程。

图1-5-11所示是一种双吸式压缩机的气缸。这种气缸的两端，都具有吸入气阀和排出气阀。其压缩过程与单吸式气缸相同，所不同的只是在同一时间内，无论活塞向哪一方向移动，都能在活塞的运动方向发生压缩作用，在活塞的后方进行吸气过程。也就是说，无论活塞向左移或向右移都能同时吸入和排出气体。

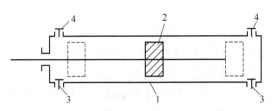

图 1-5-11　双吸式压缩机气缸简图
1—气缸;2—活塞;3—吸入气阀;4—排出气阀

四、汽轮机

(一)汽轮机的分类

作为压缩机的一种原动机,汽轮机也称蒸汽透平,是一种旋转式蒸汽动力装置,高温高压蒸汽穿过固定喷嘴成为加速的气流后喷射到叶片上,使装有叶片排的转子旋转,同时对外做功。汽轮机的类别和型式很多,可按工作原理、主蒸汽(进汽)参数、热力特性、结构类型、转速、用途等几个方面进行分类。

1. 按工作原理分类

1)冲动式汽轮机

由冲动级组成,蒸汽主要在喷嘴(静叶)中膨胀,在动叶叶栅槽道中主要改变流动方向,只有少数膨胀。现代冲动式汽轮机各级的反动度一般在 5%~30%。

2)反动式汽轮机

由反动级组成,蒸汽在喷嘴(静叶)和动叶中膨胀程度相同。由于反动级不能做成部分进气,故调节机采用单列冲动机或复速级。反动式汽轮机反动度常取 0.5,以使动叶和静叶可取相同叶型,从而简化制造工艺。

2. 按热力特性分类

1)凝汽式汽轮机

蒸汽在汽轮机内做功,排汽(乏汽)在高度真空状态下进入凝汽器凝结成水,有些小汽轮机没有回热系统,成为纯凝汽式汽轮机。

2)背压式汽轮机

蒸汽在汽轮机内做功,排汽(乏汽)在高于大气压力的状态下直接用于供热,没有凝汽器。当排汽作为其他中低压汽轮机的工作蒸汽时,称为前制式汽轮机。

3)调节抽汽式汽轮机(抽汽凝汽式汽轮机)

从汽轮机某级后抽出一定压力的部分蒸汽对外供热,其余排汽仍进入凝汽器。由于热用户对供热压力有一定的要求,需要对抽汽压力进行自动调节,故称为调节抽汽。根据用户需要,有一次调节抽汽和两次调节抽汽。

4)抽汽背压式汽轮机

在汽轮机的级间某一位置抽出部分蒸汽,供热用户使用,其余蒸汽在汽轮机内做功,做功后排汽(乏汽)在高于大气压力的状态下供热用户使用,没有布置凝汽器用于乏汽的冷凝。

5）中间再热式汽轮机

新汽在高压缸做功后,进入锅炉再热器再热,经过再热后的高压缸排汽进一步进入低压缸做功,最后排汽(乏汽)在低于大气压力的真空状态下全部排入凝汽器,凝结成水。

3. 按汽流方向分类

1）轴流式汽轮机

组成汽轮机的各级叶栅沿轴向依次排列,汽流方向的总趋势是轴向的,绝大多数汽轮机都是轴流式汽轮机。

2）辐流式汽轮机

组成汽轮机的各级叶栅沿半径方向依次排列,汽流方向的总趋势是沿半径方向。

4. 按用途分类

1）电站汽轮机

电站汽轮机用于拖动发电机,汽轮发电机组需按供电频率定转速运行,故也称为定转速汽轮机,主要采用凝汽式汽轮机。也采用同时供热、供电的汽轮机,通常称为热电汽轮机或供热式汽轮机。

2）工业汽轮机

工业汽轮机用于拖动风机、水泵等转动机械,其运行速度经常是变化的,也称为变转速汽轮机。

3）凝汽式供暖汽轮机

在中低压缸连通管上加装蝶阀来调节供暖抽汽量,抽汽压力不像调节抽汽式汽轮机那样维持规定的数值,而是随流量大小基本上按直线规律变化。

4）船用汽轮机

用于船舶的动力装置,驱动螺旋桨。为适应倒车的需要,其转动方向是可变的。

5. 按进汽参数分类

(1)低压汽轮机:新蒸汽压力小于 1.5MPa；

(2)中压汽轮机:新蒸汽压力为 2.0~4.0MPa；

(3)高压汽轮机:新蒸汽压力为 6.0~10.0MPa；

(4)超高压汽轮机:新蒸汽压力为 12.0~14.0MP；

(5)亚临界汽轮机:新蒸汽压力为 16.0~18.0MPa；

(6)超临界汽轮机:新蒸汽压力大于 22.2MPa。

6. 按转速分类

(1)低速汽轮机:$n<3000 \text{r/min}$；

(2)中速汽轮机:$n=3000 \text{r/min}$；

(3)高速汽轮机:$n>3000 \text{r/min}$。

（二）汽轮机的工作原理

汽轮机也叫蒸汽透平,它将蒸汽的热能转变成透平转子旋转的机械能,这一转变过程需要经过两次能量转换,即蒸汽通过透平喷嘴(静叶片)时,将蒸汽的热能转换成蒸汽高速流动的动能,然后高速气流通过工作叶片时,将蒸汽的动能转换成透平转子旋转的机械能。汽轮机按工作原理分为冲动式和反动式。

GCBA006 汽轮机的工作原理

GBBA006 汽轮机的结构和工作原理

GABJ001 汽轮机的工作原理

冲动式汽轮机的蒸汽热能转变成动能的过程，仅在喷嘴中进行，而工作叶片只是把蒸汽的动能转换成机械能；而在反动式汽轮机中，蒸汽在静叶片中膨胀，压力温度均下降，流速增大，然后进入动叶片（工作叶片），由于动叶片沿流动方向的间槽道截面形状与静叶片间槽道截面变化相同，所以蒸汽在动叶片中继续膨胀，压力也要降低，由于汽流沿着动叶片内弧流动时方向是改变的，因此，叶片既受到冲击力的作用，同时又受到蒸汽在动叶片中膨胀，高速喷离动叶片产生反动力的作用，冲动力和反动力的合力就是动叶片所承受的力，这就是说，在反动式透平中，蒸汽热能转变动能的过程，不仅在静叶片中进行，也在动叶片中进行。

只有一个叶轮的蒸汽透平称为单级透平；为了提高能量转换的效率，透平往往不是仅有一只叶轮，而是让蒸汽依次通过几个叶轮（一个叶轮为一级），逐级降低其压力、温度，蒸汽每经过一次热能→动能→机械能的转换，称为工作的一个级，级与级之间用隔板隔开，第一级出来的蒸汽进入第二级，第一级的喷嘴装在气缸的隔板上，蒸汽经过第二级喷嘴，再次降压、降温、升速，然后去推动第二个叶轮，依次类推，这种汽轮机称为多级汽轮机，多级汽轮机的喷嘴和动叶片是相间排列的，大功率汽轮机将几级叶轮装在一个气缸内，根据蒸汽工作压力分为高、中、低压缸，有时一个缸还可分成几段，每段都有几个叶轮。

ZABJ003 工业汽轮机的基本结构

（三）汽轮机的结构

汽轮机由转动部分和静止部分两个方面组成。转子包括主轴、叶轮、动叶片和联轴器等。静子包括进气部分、气缸、隔板和静叶栅、气封及轴承等。

1. 气缸

气缸是汽轮机的外壳，其作用是将汽轮机的通流部分与大气隔开，形成封闭的气室，保证蒸汽在汽轮机内部完成能量的转换过程，气缸内安装着喷嘴室、隔板、隔板套等零部件；气缸外连接着进气、排气、抽气等管道。气缸的高、中压段一般采用合金钢或碳钢铸造结构，低压段可根据容量和结构要求，采用铸造结构或由简单铸件、型钢及钢板焊接的焊接结构。高压缸有单层缸和双层缸两种形式。单层缸多用于中低参数的汽轮机。双层缸适用于参数相对较高的汽轮机。分为高压内缸和高压外缸。高压内缸由水平中分面分开，形成上、下缸，内缸支撑在外缸的水平中分面上。高压外缸由前后共四个猫爪支撑在前轴承箱上。猫爪由下缸一起铸出，位于下缸的上部，这样使支撑点保持在水平中心线上。中压缸由中压内缸和中压外缸组成。中压内缸在水平中分面上分开，形成上下气缸，内缸支撑在外缸的水平中分面上，采用在外缸上加工出来的一外凸台和在内缸上的一个环形槽相互配合，保持内缸在轴向的位置。中压外缸由水平中分面分开，形成上下气缸。中压外缸也以前后两对猫爪分别支撑在中轴承箱和低压缸的前轴承箱上。低压缸为反向分流式，每个低压缸由一个外缸和两个内缸组成，全部由板件焊接而成。气缸的上半和下半均在垂直方向被分为三个部分，但在安装时，上缸垂直结合面已用螺栓连成一体，因此气缸上半可作为一个零件起吊。低压外缸由裙式台板支撑，此台板与气缸下半制成一体，并沿气缸下半向两端延伸。低压内缸支撑在外缸上。每块裙式台板分别安装在被灌浆固定在基础上的基础台板上。低压缸的位置由裙式台板和基础台板之间的滑销固定。

2. 转子

转子是由合金钢锻件整体加工出来的。在高压转子调速器端用刚性联轴器与一根长轴连接,此轴上装有主油泵和超速跳闸机构。所有转子都被精加工,并且在装配上所有的叶片后,进行全速转动试验和精确动平衡。

套装转子:叶轮、轴封套、联轴节等部件都是分别加工后,热套在阶梯型主轴上的。各部件与主轴之间采用过盈配合,以防止叶轮等因离心力及温差作用引起松动,并用键传递力矩。中低压汽轮机的转子和高压汽轮机的低压转子常采用套装结构。套装转子在高温下,叶轮与主轴易发生松动。所以不宜作为高温汽轮机的高压转子。

整锻转子:叶轮、轴封套、联轴节等部件与主轴是由一整锻件车削而成,无热套部分,这解决了高温下叶轮与轴连接容易松动的问题。这种转子常用于大型汽轮机的高、中压转子。结构紧凑,对启动和变工况适应性强,宜于高温下运行,转子刚性好,但是锻件大,加工工艺要求高,加工周期长,大锻件质量难以保证。

焊接转子:汽轮机低压转子质量大,承受的离心力大,采用套装转子时叶轮内孔在运行时将发生较大的弹性形变,因而需要设计较大的装配过盈量,但这会引起很大的装配应力,若采用整锻转子,质量难以保证,所以采用分段锻造、焊接组合的焊接转子。它主要由若干个叶轮与端轴拼合焊接而成。焊接转子质量轻,锻件小,结构紧凑,承载能力高,与尺寸相同、有中心孔的整锻转子相比,焊接转子强度高、刚性好、质量轻,但对焊接性能要求高,这种转子的应用受焊接工艺及检验方法和材料种类的限制。

组合转子:由整锻结构套装结构组合而成,兼有两种转子的优点。

3. 联轴器

联轴器用来连接汽轮机各个转子以及压缩机转子,并将汽轮机的扭矩传给压缩机。现代汽轮机常用的联轴器常用三种形式:刚性联轴器、半挠性联轴器和挠性联轴器。

(1)刚性联轴器:这种联轴器结构简单,尺寸小;工作不需要润滑,没有噪声;但是传递振动和轴向位移,对中性要求高。

(2)半挠性联轴器:右侧联轴器与主轴锻成一体,而左侧联轴器用热套加双键套装在相对的轴端上。两对轮之间用波形半挠性套筒连接起来,并以配合两螺栓坚固。波形套筒在扭转方向是刚性的,在变曲方向是挠性的。这种联轴器主要用于汽轮机-发电机之间,补偿轴承之间抽真空、温差、充氢引起的标高差,可减少振动的相互干扰,对中要求低,常用于中等容量机组。

(3)挠性联轴器:挠性联轴器通常有两种形式,齿轮式和蛇形弹簧式。这种联轴器,可以减弱或消除振动的传递。对中性要求不高,但是运行过程中需要润滑,并且制作复杂,成本较高。

4. 静叶片

隔板用于固定静叶片,并将气缸分成若干个气室。

5. 动叶片

动叶片安装在转子叶轮或转鼓上,接受喷嘴叶栅射出的高速气流,把蒸汽的动能转换成机械能,使转子旋转。叶片一般由叶型、叶根和叶顶三个部分组成。叶型是叶片的工作部分,相邻叶片的叶型部分之间构成气流通道,蒸汽流过时将动能转换成机械能。按叶型部分横截面的变化规律,叶片可以分为等截面直叶片、变截面直叶片、扭叶片、弯扭叶片。

(1)等截面直叶片:断面型线和面积沿叶高是相同的,加工方便,制造成本较低,有利于在部分级实现叶型通用等优点。但是气动性能差，主要用于短叶片。

（2）弯扭叶片：截面型线的连线连续发生扭转，可很好地减小长叶片的叶型损失，具有良好的波动特性及强度，但制造工艺复杂，主要用于长叶片。

叶根是将叶片固定在叶轮或转鼓上的连接部分。它应保证在任何运行条件下的连接牢固，同时力求制造简单、装配方便。

① T形叶根：加工装配方便，多用于中长叶片。

② 菌形叶根：强度高，在大型机上得到广泛应用。

③ 叉形叶根：加工简单，装配方便，强度高，适应性好。

④ 枞树型叶根：叶根承载能力大，强度适应性好，拆装方便，但加工复杂，精度要求高，主要用于载荷较大的叶片。

汽轮机的短叶片和中长叶片通常在叶顶用围带连在一起，构成叶片组。长叶片在叶身中部用拉筋连接成组，或者成自由叶片。

围带的作用：增加叶片刚性，改变叶片的自振频率，以避开共振，从而提高了叶片的振动安全性；减小气流产生的弯应力；可使叶片构成封闭通道，并可装置围带气封，减小叶片顶部的漏气损失。

拉筋：拉筋的作用是增加叶片的刚性，以改善其振动特性。但是拉筋增加了蒸汽流动损失，同时拉筋还会削弱叶片的强度，因此在满足了叶片振动要求的情况下，应尽量避免采用拉筋，有的长叶片就设计成自由叶片。

6. 气封

转子和静体之间的间隙会导致漏气，这不仅会降低机组效率，还会影响机组安全运行。为了防止蒸汽泄漏和空气漏入，需要有密封装置，通常称为气封。气封按安装位置的不同，分为通流部分气封、隔板气封、轴端气封。

由于汽轮机主轴必须从气缸内穿出，因此主轴与气缸之间必须留有一定的径向间隙，且气缸内蒸汽压力与外界大气压力不等，就必然会使汽轮机内的高压蒸汽通过间隙向外漏出，或者使外界空气漏入。为了提高汽轮机的效率，应尽量防止或减少这种漏汽（气）现象。为此，在转子穿过气缸两端处都装有气封，这种气封称轴端气封，简称轴封。正压轴封是用来防止蒸汽漏出气缸，而负压轴封是用来防止空气漏入气缸。大型汽轮机的轴封比较长，通常分成若干段，相邻两段之间有一环形腔室，可以布置引出或导入蒸汽的管道。

ZCBA016　汽轮机轴封的形式

ZCBA018　常用轴封的形式

ZBBA018　常用轴封的形式

轴封一般分若干段，每段内有多道气封圈，各段间有个蒸汽腔室，通过管道将漏到腔室中的蒸汽疏走或向腔室中送汽。汽轮机轴封种类有传统齿形气封、布莱登气封、蜂窝式气封，这些气封有较厚的气封齿，气封间隙较大，为了大幅度减少漏汽量，近期还出现几种小间隙气封，如刷子气封、柔齿气封、弹性齿气封等。其主要作用为：

（1）由于气缸内与外界大气压力不等，就必然会使缸内蒸汽或缸外空气沿主轴与气缸之间径向间隙漏出或漏入，并加热轴颈或使蒸汽进入轴承室，引起油质恶化，漏入空气又破坏真空，为此在转子穿过气缸两端处都装有气封，高压轴封用来防止蒸汽漏出气缸，低压轴封用来防止空气漏入气缸。

（2）汽轮机运行中必然要有一部分蒸汽从轴端漏向大气，同时也影响汽轮发电机的工作环境，为此，在各类机组中，都设置了轴封加热器，以回收利用汽轮机的轴封漏汽。

（3）防止气缸内蒸汽和阀杆漏气向外泄漏,污染汽轮机房环境和轴承润滑油质。防止机组正常运行期间,高温蒸汽流过汽轮机大轴,使其受热,从而引起轴承超温。

（4）在汽轮机打闸停机及凝汽器需要维持真空的整个热态停机过程中,防止空气漏入汽轮机,加速汽轮机内部冷却,造成大轴弯曲。

（5）防止高压段向外漏汽和负压段向内漏空气,限制级与级之间的内漏气,提高汽轮机工作效率。

> ZCBA015 汽轮机轴封的作用
> ZCAA010 汽轮机密封蒸汽的作用

汽轮机高压端的轴封可以减少气缸内的高压蒸汽外漏,但总是会有少量蒸汽外漏,不仅造成能量损失,而且也影响安全。凝汽式汽轮机低压端轴封的作用是阻止外界空气漏入气缸,从而破坏凝汽器的真空,使汽轮机的排汽压力提高。降低机组的经济性。为了回收高压端漏出的蒸汽和阻止外界空气由低压端漏入,汽轮机均设置有气封系统。

（1）高压端虽然装有轴封,但仍不能避免蒸汽通过轴封间隙外漏,为了减少这部分损失,把高压端轴封分成若干段,每段之间留有一定的空室,将这些空室中的漏汽按其压力的高低分别引至不同的地方加以利用,以提高机组的经济性。小型汽轮机一般将高压端的漏汽经管道引至低压端轴封用汽,其余的小量漏汽再经过几道轴封片后,由信号管排至大气。运行中可通过观察信号管的冒汽情况来监视轴封工作的好坏。

（2）低压端虽装有轴封,但也不能避免外界空气漏入,所以必须引用压力稍高于大气压力的蒸汽来密封,防止空气漏入。

这部分密封用的蒸汽是从高压端轴封经管道引来。而真空建立之前必须投密封蒸汽。如果运行过程中汽轮机密封蒸汽太低,有可使真空度降低。严重时汽轮机密封蒸汽突然中断,则有可能真空下降,导致汽轮机停车、整个压缩机组停车。在汽轮机暖机时、汽轮机运行时、真空系统运行时汽轮机密封蒸汽要处于投运状态。汽轮机密封蒸汽对汽轮机来讲有利于保持真空度、保护汽轮机轴承。

> ZBAA010 汽轮机密封空气的作用

汽轮机空气密封的投运应在润滑油系统启动,并且润滑油流过轴承时;空气密封在汽轮机停车,凝汽器真空为大气压,即没有蒸汽供给汽轮机时切断。因为空气密封是防止高压蒸汽沿轴进入润滑油轴承箱,造成润滑油乳化的隔离剂。

7. 轴承

轴承是汽轮机一个重要的组成部分,分为径向支撑轴承和推力轴承两种类型,它们用来承受转子的全部重力并且确定转子在气缸中的正确位置。

（1）多油楔轴承(三油楔、四油楔):轻载、耗功大,高速小机。

（2）圆轴承:可承重载,瓦温高。

（3）椭圆轴承:可承重载。

（4）可倾瓦轴承:2、4、5、6瓦块轴承,稳定性好,承载范围大,耗油量较大。

（5）推力轴承:①固定瓦块式:承载能力小,用于小机组。②可倾瓦块式:a.密楔尔式:瓦块背面线接触;b.金斯伯里式:瓦块背面点接触。

8. 控制系统

汽轮机控制系统指使汽轮机适应各种运行工况的控制系统的总称。包括汽轮机调节系统、液压伺服系统,还包括超速保护、自启停和负荷自动控制、操作监视等子系统。

9. 盘车装置

盘车装置的组成有盘车泵、电动机、电磁阀等。盘车装置只有在压缩机开车前或停车后运行。盘车装置开的条件有当压缩机转速为零并且油系统已经建立

GBAB007 压缩机机组设置盘车器意义

GCAB007 压缩机机组设置盘车器的意义

开车前盘车的目的是较正压缩机的轴弯曲度。开车前开盘车是校正轴的弯曲度，停车后开是使转子及轴均匀冷却。蒸汽透平在停车后立即盘车。机组停后，机内还处于热的状态，在冷却过程中，热气体总是在上方，由于上、下温度的不同，必然对转子有影响，即收缩程度不一样，会造成转子的弯曲，从而在再启动时出现振动大，动不平衡。盘车能缓和这个情况。当气轮机温度降到100℃时，方可停盘车。

（四）汽轮机的操作

汽轮机的启动过程是指汽轮机从冷态到热态，静止状态加速到额定转速，开始带负荷并逐渐增加到额定负荷或一定负荷的过程，称为汽轮机的启动过程。

GCAA008 蒸汽透平的启动方式

GBAA008 蒸汽透平启动方式

1. 汽轮机启动方式

汽轮机的启动有两种分类方法：

（1）按启动过程中新蒸汽的参数是否变化，可分为额定参数启动和滑参数启动两种。在整个启动过程中，若自动主气阀前的新蒸汽参数始终保持为额定参数不变，这种启动方式称为额定参数启动。启动时，若自动主气阀前的新蒸汽参数随转速，负荷的增加而升高，这种启动方式称为滑参数启动。额定参数启动适用于母管制供汽的汽轮机。滑参数启动适用于单元制供汽的汽轮机。

（2）按启动前汽轮机气缸金属温度的高低，可分为冷态启动和热态启动两种。启动前，汽轮机高压缸调节级汽室处的金属温度低于它维持空转状态的金属温度时，称为冷态启动；反之则称为热态启动。不同类型的汽轮机在额定参数下维持空转时，其调节级气室处的金属温度是不同的。具体数值请查阅产品说明书。汽轮机由冷态到热态，由静止到转动，关键是控制汽轮机金属温度的升高和转子转速的升高。

汽轮机启动的基本原则是：采用哪种启动方法，应由机组的具体情况来确定。但不论采用哪种启动方法，均必需做到：各金属部件温升、温差、胀差等都应控制在允许范围内，以减小热变形和热应力，并在保证安全的条件下尽可能缩短启动时间。

汽轮机启动必须满足的条件：

（1）真空度必须符合要求；

（2）调速油压及轴承油压、油温正常；

（3）主蒸汽参数不得过低，而且温度要比当时蒸汽压力的饱和温度高50℃左右，使蒸汽有一定的过热度，避免蒸汽夹带水分；

（4）辅助设备、各表、计、信号装置须正常，而且处于启动运行状态；

（5）汽轮机气缸疏水及有关抽汽管上阀门前疏水器必须开启；

（6）各项保护措施要肯定合格。

汽轮机启动系统有启动器，脱扣组件，主汽阀，电液转换器，低压高压调节阀，调速系统等。调节系统的组成有测量元件，中间放大器，执行元件，调节阀和汽轮机。汽轮机调节系统按原理可分为半机械式、机械液压式、数字电液式。汽轮机调节系统静特性指机组在稳定工况下功率和转速的关系。其特性主要指标有上升时间、超调量、调节时间。

汽轮机启动方法有:全自动启动、半自动启动、手启动。调节阀冲转汽轮机属于全自动启动、半自动启动。调节阀冲转汽轮机时主闸阀开,快关阀开。调节阀冲转汽轮机省蒸汽效耗。用启动器启动汽轮机时快关阀全开,调节阀未全开。快关阀冲转汽轮机时调节阀开。快关阀启动汽轮机的特点是受热均允,温差低,但主气阀易磨损,容易造成关闭不严的后果。手启动汽轮机一般指专用启动阀启动和快关阀冲转。手启动冲转汽轮机一般可靠性低。

透平调速器工作原理:调节系统由感应机构、放大机构、执行机构和反馈机构组 [GCBA002 透平调速器工作原理] 成。感应机构接收调节信号,并转换成另一种调节信号输出。这种调节信号微弱,必 [GBBA002 透平调速器的工作原理] 须经放大机构放大,然后指挥执行机构,调节进汽量,改变工况。反馈机构将感应机构输出信号引起工况变化后的信息反馈给感应机构。对于调节品质要求比较高或干扰严重的场合,即在稳定工况下,转速与给定值必须保持严格的对应关系。这种调节系统称为无差调节系统。即给定值不变,则转速保持原数值不变。

汽轮机调速系统的作用:汽轮机调速系统主要是对机组进行转速功率调节,蒸汽 [GBAB011 蒸汽透平调速器作用] 量调节及抽出蒸汽的控制,从而达到调节压缩机的目的,同时还防止汽轮机超速和紧 [GCAB011 蒸汽透平调速器的作用] 急情况停车的作用。汽轮机调速器控制回路包括抽汽控制回路、注汽控制回路。调速器正常运行时,调速器可进行调节入口压力控制。调速器输入信号有二个转速信号、一个抽汽压力信号。

2. 启动前的准备

汽轮机启动前的准备,关系到启动工作能否安全,顺利进行的重要条件,准备工作的疏忽,往往造成启动时间的延长,甚至造成设备的严重损坏,所以运行人员应十分重视汽轮机启动前的准备工作。机组运行人员接到汽轮机启动的命令后,应按规程对启动的机组进行详细的检查,并认真做好启动前的准备工作。

3. 汽轮机的暖管

启动前,新蒸汽管道、法兰及阀门等均处于冷状态。暖管,就是用新蒸汽逐渐加热自动主汽阀前的蒸汽管道及其附件。对设有汽动油泵、射汽抽气器的机组,这些设备的供汽管道应同时进行暖管。一般说的压缩机暖管是指主汽阀前的暖管。蒸汽暖管过程分为高压暖管和低压暖管。暖管的原则是先升温后升压。 [GCAA012 蒸汽管线投用前暖管的目的]

蒸汽管线投用前要先暖管是因为管线长时间停用处在常温下,蒸汽进入后会产生冷凝水,当管内汽水共存并且流动时,会产生水击。这种水击的能量极大,有时会震裂管线,震坏管架,所以为防止水击,蒸汽管线投用前必须先暖管,将冷凝水缓慢放净。

为保证管路均匀受热膨胀,气轮机启动前首先采用低压暖管。即采用低压力、大流量的蒸汽来加热管道,刚开始暖管时,主要是蒸汽凝结放热且温差较大,故需控制好压力不能太高,采用大流量是为管道金属尽快受热均匀。管道内壁的温升速度应控制在5℃/min。这样在暖管开始阶段,管道只承受温度的变化而不承受压力的变化。当管壁温度升到低压暖管的蒸汽压力所对应的饱和温度时,可进行升压暖管,即逐渐提高蒸汽的压力和温度,直至额定参数。暖管时间取决于管道长度、管径尺寸、蒸汽参数等。一般中参数汽轮机允许管道的温升速度为5~10℃/min,高参数汽轮机不超过3~5℃/min。暖管所需时间与管道长度、管壁厚度、管径大小,管子材料及蒸汽参数等因素有关。一般中参数汽轮机暖管时间为20~30min,高参数汽轮机为40~60min。

GCAB013 汽轮机启动前暖管的目的

汽轮机启动前暖管的目的：在汽轮机启动前，由于主蒸汽管道和各阀门、法兰等处于冷态，故先以 0.2～0.5MPa 压力进行暖管，使管路缓慢加热，膨胀均匀消除热应力；不致受过大的热应力和水冲击，防止管道变形以及法兰和汽门漏汽，保证蒸汽合格，确保汽轮机启动时汽轮机的安全运行。汽轮机启动要求蒸汽有一定的过热度，避免蒸汽夹带水分。

GBAB010 蒸汽透平暖管暖机合格的标准

GCAB010 蒸汽透平暖管暖机合格标准

当管线暖管，导淋无水排出，管道压力接近或达到正常时的压力，温度高于管道正常压力下的饱和温度 50℃ 即可。

当气轮机暖机不足，一般以轴振动高的形式反映出来。

GBAA005 透平低速暖机作用

GCAA005 透平低速暖机的作用

透平暖机冲转方法有调节阀冲转、专用启动阀冲转、用启动器冲转。透平暖机时，转子刚一转动，这时蒸汽剧烈凝结放热，汽轮机金属温度变化大。随转速升高，汽轮机温度升高，温升速度减慢。汽轮机暖机一般分为低速暖机、中速暖机和高速暖机三个阶段。汽轮机在启动时要求进行低速暖机，冷态启动时低速暖机的目的使机组各部分机件受热膨胀均匀，减少温差，避免产生过大的热应力和热变形，使气缸隔板喷嘴、叶轮、气封和轴封等部件避免发生变形和松弛，对于未完全冷却的透平，特别是有盘车的透平在启动时必须低速暖机，其目的是防止轴的弯曲变形，以免造成通气截面动静部分摩擦。暖机转速规定在 300～500r/min，是因为转速再低，则轴承油膜建立不好，容易造成轴承磨损，再高则会造成暖机速度太快，受热不均匀，引起热变形。

汽轮机低速暖机时，由于通过汽轮机的蒸汽量少，不足以把转子的摩擦鼓风损失带走，故导致排气温度高。

4. 油系统启动及调速、保安系统检查

汽轮机压缩机组投入运行之前，油系统应先投入运行。

油系统的启动操作是机组运行操作的首要步骤。机组润滑油、密封油和调速油的压力，温度和流量必须符合规定。

盘车装置的启动程序：

(1)打开盘车装置的润滑油供油阀。

(2)合上盘车装置，使盘车齿轮啮合严密。

(3)启动盘车电动机，检查机组各缸转子同缸体有无摩擦声。

在盘车时转子以低速转动，在轴颈处不能形成正常的油膜，可能形成半干燥摩擦，轴承的轴瓦会发生额外的磨损，因此盘车时间不宜过大。

汽轮机在试运或大修后首次启动之前，必须进行调速系统的检查和静态试验，以确认调速系统各部分性能符合设计要求，并无卡涩和漏油现象。

5. 建立真空

凝汽系统的启动可在暖管前进行，须完成下列各项：表面式凝汽器引入精制水建立液位；启动一台冷凝水泵，先打循环稳定液位运行；接通表面式凝汽器的冷却水。为保证表面式凝汽器在机组运行时液位保持正常，必须进行表面式凝汽器液位高、低报警和备用冷凝液泵的自启动试验，发现问题应及时解决。排大气安全阀阀体的密封水已接通。

抽汽装置投入运行，抽真空：启动抽汽器，先投第二级，后投第一级；供给汽轮机密封用蒸汽，根据汽轮机实际情况可用低压蒸汽或次中压蒸汽；汽轮机启动前，主凝汽器真空要求。

应特别注意，汽轮机只有在盘车状态下才可以向汽轮机轴封送密封蒸汽。禁止在汽轮机处于静止状态下向轴封送汽,以免造成转子受热不均匀而发生弯曲。调整,稳定密封蒸汽量在指标内。汽轮机在正常运行中,应防止密封蒸汽沿轴泄出,因为这会造成蒸汽漏进轴承箱,凝结水窜进油中,导致油质恶化。除制造厂有特殊规定的机组外,一般不允许在过低的真空下冲动转子。

破真空的方式:

（1）切断主抽蒸汽总阀,打开辅抽空气阀,让表冷器直接与大气连通破真空;

（2）表冷器气相空间有破真空的导淋,打开它也可以快速使表冷器真空降下来;

（3）真空未降到 0 时,不得停气封供汽,以免冷空气漏入,造成轴局部冷却。

6. 冲动转子

冲动转子的方法有:汽轮机可旋转液压调速器的启动手轮,建立速关油,调整二次油压达 0.15MPa 以上,打开调节阀,使蒸汽进入汽轮机,冲动转子;汽轮机可通过自动或手动启动汽轮机,微开调速阀门,冲动转子。

汽轮机的转子冲转后,应检查机组各轴承的振动。同时迅速检查转子和气缸之间及轴承、联轴节处有无摩擦声及其他不正常声音,由于转速低又无气流声,设备如有问题,容易早发现。转子冲转后,应检查表面式凝汽器的真空。由于蒸汽突然进入凝汽器,真空可能降低。当蒸汽正常凝结后,真空又要上升。由此会引起转速变化,注意及时调整。应对各轴承的回油情况、油温、油压及油的温升进行检查,观察有无异常现象。注意检查表面式凝汽器的液位,防止发生凝汽器无水或满水的情况。

7. 暖机与升速

汽轮机转子冲转后,需要有一个低速暖机的过程。目的在于使汽轮机部件受热均匀,减少温差,避免产生过大的热变形和热应力。

汽轮机在启动过程中,运行人员应重视低速暖机,正确控制好暖机时间。汽轮机低速暖机的过程中,运行人员应对机组启动后运行情况进行全面检查:声音、振动、油温、油压、轴向位移、缸体膨胀等。当暖机阶段,经过全面检查,确认一切正常、合乎规定后,便可着手准备升速,正确操作升速过程,严格注意各部件温升和膨胀。

正确控制汽轮机暖机时间,严格控制升速速度,是正常启动汽轮机的关键,各阶段暖机时间与升速速度,必须严格按设备制造厂提供的机组启动升速曲线执行,不准随意更改。

汽轮机在暖机和升速过程中,运行人员应加强机组全面检查,检查的主要内容有:汽轮机振动是升速的重要监视指标,要特别注意各轴承处振动的变化,当发生不正常的振动时,表明暖机不良或升速过快。此时应把转速降低运转 10~30min,直到振动达允许值后,才可继续升速。如果升速后仍然出现过大的振动,应立即打闸停机,查明原因予以消除。振动过大时,严禁强行升速。压缩机用汽轮机,按照制造厂提供的升速曲线升速。

汽轮机轴振动是指沿轴径方向的振动。造成汽轮机振动过大的主要原因有三个方面:

（1）设备方面:可能因调节系统不稳定使进汽量波动;叶片被侵蚀、叶片结垢或叶片脱落等造成转子不平衡;气缸保温不良或保温层破损影响热膨胀不均匀;滑销系统卡死不能自由膨胀等。

（2）在启动升速、带负荷过程中机组振动加剧,大多是因操作不当造成的。例如,疏水不当,使蒸汽带水;暖机不足,升速过快或加负荷过急;停机后盘车不当,使转子产生较大的弯曲值,再启动后未注意延长暖机时间以消除转子的热弯曲等。

（3）若机组在运行中突然发生不正常的声音和振动,多数是因维护不当引起的。例如,润滑油温过高或过低、油压过低等影响轴承油膜的形成;新蒸汽温度过高使气缸热膨胀、热变形过大;真空降低使排汽温度过高,排气缸出现异常膨胀;新气温度过低使汽轮机产生水冲击等。

汽轮机的振动超过规定范围时,将会引起设备的损坏,甚至导致严重后果。

（1）机组振动过大时,叶片、围带、叶轮等转动部件的应力增加,产生很大的交变应力,造成疲劳损坏。

（2）振动严重时会使机组动静部分发生磨损。轻则使端部轴封、隔板气封磨损,间隙增大,增加漏汽损失,使机组运行经济性降低。严重时,会使主轴弯曲。

（3）振动将引起各连接部件松动。振动严重时,可能使与机组相连接的轴承、轴承座、主油泵、传动齿轮、凝汽器、管道等发生共振,引起连接螺栓松动、地脚螺栓断裂等,从而造成重大事故。

（4）若高压端振动过大,有可能引起危急保安器误动作而使机组停机。

8. 通过临界转速,升至调速器最低工作转速

临界转速为机组共振转速,会导致机组轴系振动加剧。运行人员必须掌握它的规律,并熟悉通过临界转速的要点:周密检查,充分准备,小心操作,快速通过。

机组在升速过程中,每个临界转速都要迅速、平稳、不停留地通过,严禁在临界转速区域内停留。

通过临界转速时,因升速过快,蒸汽流量会有较大的增加,金属部件易产生较大的温差。为了避免金属温差引起过大的热应力和机组振动,通过临界转速后,应按升速曲线使机组在适当的转速下运行一段时间,此时运行人员应对机组进行全面检查。

每次通过临界转速前、后,必须检查和监测机组的振动、声音、气缸膨胀等变化情况。

通过临界转速前,应同中心控制室联系,确认蒸汽参数合乎规定,蒸汽平衡有余,以保证机组顺利超越临界转速的需要。

通过临界转速后,机组继续升速,逐渐开大自动主汽阀或调节阀,按机组的升速曲线,将汽轮机转速升到调速器最低工作转速。

当转速靠近调速器最低工作转速时,特别要注意观察和确证调速器的动作,主要是观察调节阀杆的动作。

在汽轮机从启动升至调速器最低工作转速的过程中,运行人员应对机组的声音、振动、转子轴向位移、油温、油压、真空、排气温度等全面检查,并做好每个停留转速下的参数记录。汽轮机升至调速器最低工作转速后,经全面检查确认一切正常,可联系中心控制室,将现场控制转速切到中心控制室控制。

9. 带负荷

根据机组升速曲线,在一定转速下,可缓慢关小压缩机防喘振阀,使压缩机升压。待工艺参数达到要求后,将各防喘振阀投入自动控制。

根据工艺系统要求,汽轮机继续升至一定转速,缓慢打开压缩机出口阀,向工艺系统送

气。随着压缩机防喘振阀关小和出口阀的打开,汽轮机负荷随之增大,机组的振动,轴位移、热膨胀等随之变化。在整个带负荷过程中,应对机组加强全面检查,发现异常应暂缓升压,分析原因并及时处理。

10. 汽轮机的正常停机

1)停机前的准备

除联锁跳闸或人为紧急打闸停机的故障停机外,汽轮机按计划的停机属于正常停机,为了保证停机安全,做到顺利停机,应认真做好停机前的准备工作,运行人员必须做好下列必要的停机准备工作:

(1)检查并确认备用的润滑油泵、密封油泵、冷凝水泵联锁开关处于自动位置。

(2)确认主汽阀、调节汽阀动作正常,无卡涩。

(3)确认压缩机防喘系统动作正常。

(4)确认盘车装置正常,盘车电动机电源已送上。

(5)做好同总调度室、班长、中心控制室的联系工作,并取得主管领导的批准。

2)降速与减负荷

机组运行人员接到停机命令后,即可开始停机操作。各机组停机操作方法应按工艺操作规程及操作卡执行。

汽轮机降速是升速的逆过程,降速时可按升速曲线反方向进行,在规定的停留转速下作短时间停留,不允许将汽轮机从额定转速一直降到零值。

汽轮机降速是先由中心控制室手操调速器将汽轮机从额定转速降到调速器最低工作转速,降速应缓慢、均匀,避免压缩机降压过快引起喘振。汽轮机停机过程中的减负荷操作通常分两步进行:

(1)切断向工艺系统送气,压缩机各缸气体自行循环。

(2)防喘振阀从自动切换至手动然后手操调节器全开防喘振阀。

运行人员在实施这两步操作时,应加强同有关岗位联系,密切配合,严防误操作及其他事故的发生。

机组降速时,压缩机入口压力将有变化,必须防止入口压力超高。压力超高时,可用压缩机出口放空阀加以调整。

3)停机和盘车

CCAD004 机组停机后盘车目的

从主汽阀关闭时起,到转子完全静止的一段时间,称为汽轮机转子的惰走时间。汽轮机初次试车或大修后单机试车完毕停机时,运行人员应记录转子惰走时间。检查转子的惰走情况,并绘制惰走曲线,作为基本曲线,以后各次停机的惰走曲线与基本惰走曲线相比,可帮助机组运行人员和管理人员发现机组的异常和判断机组的故障,惰走时应注意倾听机内声音。汽轮机转子完全静止后,应立即投入盘车装置,以免转子发生弯曲。必须注意,无论采用自动或手动盘车,都应保证盘车时各轴承良好的润滑条件,油压、油温要调整并保持在正常指标范围内。由于长时间低速盘车,润滑条件不良,不利于保护轴领和轴承,所以停机后盘车时间不宜过长。

盘车的种类:

(1)盘车有两种方式:人力手动盘车和电动盘车。

（2）电动盘车装置主要有两种形式：具有螺旋轴的电动盘车装置和具有摆动齿轮的电动盘车装置。

盘车的作用：汽轮机冲动转子前或停机后，进入或积存在气缸内的蒸汽使上缸温度比下缸温度高，从而使转子不均匀受热或冷却，产生弯曲变形。因而在冲转前和停机后，必须使转子以一定的速度持续转动，以保证其均匀受热或冷却。换句话说，冲转前和停机后盘车可以消除转子热弯曲。同时还有减小上下气缸的温差和减少冲转力矩的功用，还可在启动前检查汽轮机动静之间是否有摩擦及润滑系统工作是否正常。

压缩机盘车注意事项：

（1）须穿戴好劳动保护用品；

（2）启动盘车器之前，机组必须启动润滑油系统，防止轴瓦磨损；

（3）电动盘车启动后检查转子转向是否正确。

CCAD015 汽轮机停车注意事项

CBAD016 汽轮机停车的注意事项

4）汽轮机停车注意事项

（1）真空未降到0时，不得停气封供汽，以免冷空气漏入，造成轴局部冷却。降压一定要缓慢，以免降压速度过快造成振动值上升；

（2）停车后，应立即关小油冷器冷却水，保持一定润滑油温度，来保护轴瓦；

（3）防止反转，按停车后，如果抽汽压力表上还显示有压力，则说明抽汽经止逆阀倒回，这时汽轮机停不下来，排汽温度将升高，发生这种情况时，立即将抽汽切断阀关死；

（4）应严格按照盘车要求进行盘车，盘车不能缺油，保证盘车的顺利进行，盘车期间不要离人。

GBCA020 汽轮机结垢的原因分析

GCCA017 汽轮机结垢的原因分析

11. 汽轮机结垢的原因

进入汽轮机的新蒸汽，总会携带一些盐分。这些盐分分为溶于水的钠的化合物和不溶于水或难溶于水的硅、镁、钙等的化合物两类。蒸汽在汽轮机内膨胀做功时，参数降低，携带盐分的能力逐渐减弱，蒸汽在通流部分内的流动方向及速度经多次改变，盐分就被分离出来，紧紧地黏附在喷嘴、动叶和汽阀等通流部分的表面上，形成一层盐垢。不同参数的汽轮机，各级结垢情况不同，在通流部分表面结垢的物质也不一样。中参数汽轮机，由于蒸汽中所含盐分与炉水盐分差不多，主要是溶于水的盐垢，且几乎分布于各压力级。高参数汽轮机多为不溶于水或难溶于水的盐垢，高压段各级由于蒸汽参数高，结垢很少；中、低压各级结垢增多；最末几级在湿蒸汽区工作，有湿蒸汽的冲刷作用，基本上不结垢。汽轮机通流部分结垢后，将使汽流的流通面积减小，若维持各级压力不变，则流量将减小，使汽轮机发出的功率减少。若要保持其功率不变，则必须提高新蒸汽的压力，这必将引起结垢级的压降增大、焓降增大，使反动度增大，轴向推力增大；结垢还会使通流部分表面变得粗糙，增大摩擦损失。若在汽阀阀杆上结垢会引起卡涩，可能导致汽轮机发生严重事故。运行中根据监视段压力升高的情况，判断通流部分结垢的程度。当监视段压力超过规定的极限值时，应对通流部分进行清洗。

汽轮机结垢后使汽轮机推力轴承过负荷，汽轮机效率降低，增加蒸汽消耗。汽轮机结垢后处理：在汽轮机停运后，用所用主蒸汽压力下的饱和蒸汽进行吹洗，也可在不停机的情况，适当降低主蒸汽温度进行吹洗，还可以采用主蒸汽酸化清洗。

五、风机的相关知识

CABJ004 鼓风机的种类

鼓风机简称风机,从广义来讲是指含通风机、狭义鼓风机、压缩机、罗茨鼓风机的气体压缩及气体输送设备。所以鼓风机分类比较广,牵涉的的罗茨鼓风机型号也比较多,我们大致上从一些常用常规的鼓风机型号或鼓风机分类来进行比较说明。

(一)离心风机(离心式通风机)

离心风机由于气体流速较低,压力变化不大,一般不需要考虑气体比容的变化,即把气体作为不可压缩流体处理,几乎是零压力风机,不进行压缩,所以风量非常大。离心风机型号比较多,命名方式比较复杂,根据使用用途不同进行命名。

(二)轴流风机(轴流式引风机、轴流式通风机)

按材质分类:钢制风机、玻璃钢风机、塑料风机、PP 风机,PVC 风机,镁合金风机、铝风机、不锈钢风机等。

按用途分类:防爆风机、防腐风机、防爆防腐风机、专用轴流风机等类型。

按使用要求分类:管道式、壁式、岗位式、固定式、防雨防尘式、移动式、电动机外置式等。

按安装方式可分为:皮带传动式、电动机直联式。轴流风机分类也多,型号更多。

(三)罗茨鼓风机

罗茨鼓风机一般有三叶罗茨鼓风机、二叶罗茨鼓风机、高压罗茨鼓风机、罗茨真空泵,最大的特点是高压力。罗茨鼓风机型号基本上是根据鼓风机口径来命名的。

(四)回转式鼓风机

回转式鼓风机也叫滑片式鼓风机或回旋式鼓风机,最大的特点是低噪声。

(五)高压鼓风机

高压鼓风机是国内的叫法,国外叫气泵,也叫漩涡气泵或漩涡风机等,其特点是零维护,免加油。高压鼓风机型号一般是根据欧盟的命名方式进行命名,基本上是根据高压鼓风机模具编号及供电方式进行命名。

(六)磁悬浮鼓风机

磁悬浮鼓风机是目前国内市场上比较高端的节能鼓风机,特点是噪声低,节能。

GABJ003 罗茨鼓风机的工作原理

六、罗茨鼓风机的工作原理及过程

罗茨鼓风机的工作原理是通过一对同步齿轮的作用,使两转子作相反方向的旋转。并依靠两转子的相互啮合工作,使吸入孔口与排出孔口相互隔绝,推移气缸容积内的气体,达到鼓风的目的。

罗茨鼓风机的工作过程分为五个步骤,如图 1-5-12 所示。

过程如图 1-5-12 所示,在气缸内配置有两个"8"字形转子,在气缸的两侧,开有吸入孔口和排出孔口。图 1-5-12 中从图(a)到图(e)的五个转子位置,表示两转子每旋转半周的工作过程。在其次的半周中,工作过程又以同样顺序重复。上转子与气缸接触点以 x 表示;下转子与气缸接触点以 y 表示,上下两转子之间的接触点以 z 表示。

转子图如图 1-5-12 所示在(a)位置时,气缸内的空间被转子分成三部分:左孔部分与

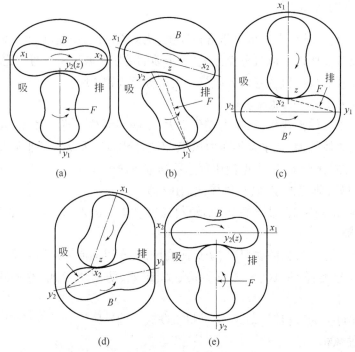

图 1-5-12　罗茨鼓风机的工作过程图

吸入孔口相通,故其中的气体压力即等于吸入压力;右孔部分与排出孔口相通,故其中的气体压力即等于排出压力;上面的部分(容积 B)在接触点 x-x 尚未形成以前,与吸入孔口相通,故其中气体压力等于吸入压力。当转子再转过一微小角度后,容积 B(称为基元容积)即与排出孔口开始相连通,由于两者间的压力不相同,气体从压出孔口突然回流到基元容积内,使其中的气体压力由吸入压力突然升高到排出压力,此过程即为定容压缩过程。

转子旋转到图如图 1-5-12(b)位置时,此时气缸内的空间形成分别与吸入口、排出口相通的两部分,一部分吸入气体,另一部分排出气体。

当转子继续转到如图(c)位置时,情况与位置图(a)相同,只不过上下转子位置互换而已。可以看出,由位置图(c)到位置图(e)的过程与位置图(a)到位置图(c)的过程完全一样。显然,位置图(e)时转子的位置又完全与位置图(a)时相同,即上下转子分别各转过了半周。可以看出,转子旋转一周中的理论输气量应为 $2(B+B')=4B$,罗茨鼓风机的理论压缩过程是等容进行的,故其功率的消耗比其他容积式压缩机更大。当压力比较高时,由于定容压缩不经济,以及通过接点处间隙的泄漏增大,使罗茨鼓风机失去实用意义。因此,罗茨鼓风机仅适用于低压力比范围内气体的鼓风。一级压力比最大为 1.8,具有中间冷却的两级罗茨鼓风机压力比可达 2.5。由罗茨鼓风机的工作原理可以看出,它是一种容积式鼓风机,其特点在于所产生的气体流量接近常数,压力可以根据用户要求在一定范围内予以调节。

项目三 加热炉的基本知识

CABJ020 加热炉的种类

一、加热炉的种类

加热炉的分类在国内外均无统一的划分方法,习惯上最常用的有两种:一种是从炉子的外型上来分,如箱式炉、斜顶炉、圆筒炉、立式炉等;另一种是从工艺用途上来分,如常压炉、减压炉、催化炉、焦化炉、制氢炉、沥青炉等。

除以上划分外,还有按照炉室数目分类的,如双室炉、三合一炉、多室炉等,按传热方法而分类的纯辐射炉、纯对流炉、对流-辐射炉等;按受热方法不同而分类的单面辐射炉及双面辐射炉等。

CBBA039 烟囱的作用

二、烟囱的作用

烟囱是一种为锅炉、炉子或壁炉的热烟气或烟雾提供通风的结构。其作用是在烟囱效应的作用下,室内有组织的自然通风、排烟排气得以实现。

三、加热炉液化气烧嘴的清洗

加热炉液化气烧嘴在使用过程中,喷嘴容易积碳堵塞,造成火焰不规则甚至没有火焰,严重影响烧嘴的功能,通常使用前需工艺交出,拆卸后用洗油清洗干净,回装使用。

项目四 常用阀门、管道、法兰及垫片的基础知识

CCBA028 阀门作用
CBBA028 阀门的作用

阀门是介质流通系统或压力系统中的一种常用设施,用来调节介质的流量、压力和方向。其功能包括切断或接通介质、控制流量、改变介质流动方向、防止介质回流、控制介质压力或泄放压力。保护管路设备的正常运行。这些功能是靠调节阀门关闭件的位置来实现的。阀门的调节可实施手工操作(包括手工控制驱动器的操作),也可以由阀门自动进行。阀门在使用过程中会发生各种故障,必要时需要进行整体更换。更换前应选择与原阀门型号完全相同的阀门,应对阀门按相关规范要求进行检查验收。

CCBA027 阀门类型
CBBA027 阀门的类型
CABJ005 常见阀门的种类

一、常见阀门的种类

(一)按用途分类

1. 截断阀

截断阀又称闭路阀,用来截断或接通管路介质。如闸阀、截止阀、球阀、蝶阀、隔膜阀、旋塞阀等。其中闸阀、球阀、旋塞阀的安装一般不用考虑方向性;截止阀安装必须考虑方向性。

2. 止回阀

止回阀又称单向阀或止逆阀,用来防止管路中的介质倒流。止回阀类包括止回阀和单向阀等。

3. 分配阀

分配阀类包括各种形式的分配阀及疏水阀等，是用来改变介质的流向,起分配、分离或混合介质作用。如三通球阀、三通旋塞阀、分配阀、疏水阀等。

4. 调节阀

用来调节介质的压力和流量。如减压阀、调节阀、节流阀等。

5. 安全阀

安全阀的作用:防止装置中介质压力超过规定值,从而对管路或设备提供超压安全保护。安全阀起跳将过量的介质排放到大气或较低压力系统去;一旦压力下降到整定值即自动复位;目的是保证设备安全,防止事故扩大。如安全阀、事故阀等。按照介质排放方式的不同,安全阀又可以分为全封闭式、半封闭式和开放式三种。

1)全封闭安全阀

全封闭式安全阀排气时,气体全部通过排气管排放,介质不能间外泄漏,主要用于介质为有毒、易燃气体的容器。

2)半封闭式安全阀

半封闭式安全阀所排出的气体一部分通过排气管,也有一部分从阀盖与阀杆间的间隙中漏出,多用于介质为不会污染环境的气体的容器。

3)开放式安全阀

开放式安全阀的阀盖是敞开的,使弹簧腔室与大气相通,这样有利于降低弹簧的温度,主要适用于介质为蒸汽,以及对大气不产生污染的高温气体的容器。

安全阀的特点:起跳迅速;排放量大;密封性能好;动作灵敏。

6. 疏水阀

疏水阀的作用:能自动间歇排除蒸汽管道及蒸汽设备系统中的冷凝水;能防止蒸汽泄出而造成浪费。

疏水阀特点:冷凝下来的液相可以通过,但气相不能通过。

7. 闸阀、截止阀、疏水阀、安全阀的表示方法

闸阀(Z);截止阀(J);疏水阀(S);安全阀(A)。

（二）按结构特征分类

1. 截止阀

截止阀也是一种常用的截断阀。它的启闭件(阀瓣)沿着阀座通道的中心线上下移动。截止阀是利用阀瓣控制启、闭的阀门。其主要作用是切断,也可粗略调节流量,但不能当节流阀使用。截止阀的特点如下:

(1)与闸阀比较,截止阀结构较简单,制造与维修都较方便。

(2)密封面磨损及擦伤较轻,密封性好。启闭时阀瓣与阀体密封面之间无相对滑动(锥形密封面除外),因而磨损与擦伤均不严重,密封性好,使用寿命长。

(3)启闭时,阀瓣行程小,因而截止阀高度较小,但结构长度较大。

(4)启闭力矩大,启闭较费力。关闭时,因为阀瓣运动方向与介质压力作用方问相反,必须克服介质的作用力,所以启闭力矩大。因此截止阀通径受到限制,一般不大于 $DN200mm$。

（5）流动阻力大。阀体内介质通道比较曲折,流动阻力大,动力消耗大。在各类截断阀中截止阀的流动阻力最大。

CBBA030 截止阀的作用
CCBA030 截止阀作用

（6）介质流动方向受限制。介质流经截止阀时,在阀座通道处应保证从下向上流动,所以介质只能单方向流动,不能改变流动方向。

CCBA044 截止阀特点
CBBA044 截止阀的特点

2. 闸阀

闸阀是一种最常用的截断阀,用来接通或截断管路中的介质,但不适用于调节介质流量。它的启闭件(闸板)在垂直于阀内通道中心线的平面内做升降运动,像阀门一样截断介质,故称作闸阀。闸阀的作用:在关闭件(闸板)沿通路中心线的垂直方向移动的阀门,闸阀在管路中主要作切断用。

CBBA029 闸阀的作用
CCBA029 闸阀作用
CCBA043 闸阀特点
CBBA043 闸阀的特点

闸阀的特点如下:

（1）流动阻力小:闸阀阀体内部介质通道是直通的,介质流经闸阀时不改变其流动方向,因而流动阻力较小。

（2）结构长度(与管道相连接的两端间的距离)较小:由于闸板显圆盘状,是垂直置于阀体内的,而截止阀阀瓣(也呈圆盘状)是平行置于阀内的,因而与截止阀相比,其结构长度较小。

（3）启闭较省力:启闭时闸板运动方向与介质流动方向相垂直,而截止阀阀瓣通常在关闭时的运动方向与阀座处介质流动方向相反,因而必须克服介质的作用力。所以与截止阀相比,闸阀的启闭较为省力。

（4）介质流动方向不受限制:介质可从闸阀两侧任意方向流过闸阀,均能达到接通或截断的目的。便于安装,适用于介质的流动方向可能改变的管路中。

（5）高度大,启闭时间长:由于开启时需将闸板完全提升到阀座通道上方,关闭时又需将闸板全部落下挡住阀座通道,所以闸板的启闭行程很大,其高度也相应要增大,启闭时间较长。

（6）密封面易产生擦伤:启闭时闸板与阀座相接触的两密封面之间有相对滑动,在介质力作用下易产生擦伤,从而破坏密封性能,影响使用寿命。

（7）零件较多,结构较复杂,制造与维修都较为困难,与截止阀相比成本较高。

3. 旋塞阀

旋塞阀是一种历史较久的阀门,过去曾称作考克或旋塞。它可作为截断阀,也可作为分配阀。它的启闭件是一个有通道的圆锥形的塞子,靠围绕本身的轴线作旋转运动来完成阀门的启闭,故称为旋塞阀。

旋塞阀的特点如下:

（1）结构简单,零件少,体积小,重量轻。

（2）流动阻力小,介质流经旋塞阀时,流体通道可以不缩小,也不改变流向。

（3）启闭迅速,介质流动方向不受限制,启闭时只需把塞子转动90°即可完成,十分方便;

（4）启闭较费力。旋塞阀阀体和塞子之间,是靠圆锥表面来密封的,所以密封面面积较大,启闭扭矩较大。如采用有润滑的结构,或在启闭时能先提升塞子,则可大大减少启闭扭矩。

（5）密封面面积大，而且是锥面，加工研磨困难，不易维修。使用中易磨损，而难于保证密封性。如采用油封结构，即在密封面间注入油脂，形成油膜，则可提高密封性能。

4. 球阀

球阀是一种新型的截断阀，它是在旋塞阀的基础上发展起来的。它的启闭件是一个球体，围绕着阀体的垂直中心线作回转运动，故取名为球阀。

球阀来自于旋塞阀，它具有旋塞阀的一些优点：

（1）中、小口径球阀，结构较简单，体积较小，重量较轻。特别是它的高度远小于闸阀和截止阀。

（2）流动阻力小：全开时球体通道、阀体通道和连接管道的截面积相等，并且成直线相通，介质流过球阀，相当于流过一段直通的管子，所以在各类阀门中球阀的流体限力最小。

（3）启闭迅速，介质流向不受限制：球阀与旋塞阀一样，启闭时只需把球体转动 90°，比较方便而且迅速。

（4）启闭力矩比旋塞阀要小，旋塞阀塞子与阀体密封面接触面积大，而球阀只是阀座密封圈与球体相接触，所以接触面积较小，启闭力矩也比旋塞阀小。

（5）密封性能比普通旋塞阀好，球阀皆采用具有弹性的软质密封圈，所以密封性能好。而旋塞阀除油封旋塞阀外均难保证密封性。球阀全开时密封面不会受到介质的冲蚀。

5. 蝶阀

蝶阀是截断阀类的一种。它的启闭件呈圆盘状，称作蝶板，它绕其自身的轴线作旋转运动。

蝶阀的特点：

（1）结构简单、体积小、重量轻。尺寸最小，其长度甚至可以小于通径。由于其结构紧凑，体积小，重量轻，因而适用于大口径阀门。

（2）流动阻力较小。全开时，阀座通道有效流通截面积较大，因而流动阻力较小。

（3）启闭方便迅速而且比较省力。蝶板旋转 90°即可完成启闭。由于转轴两侧蝶板受介质作用力接近相等，而产生的转矩方向相反，因而启闭力矩较小。

（4）低压下，可以实现良好的密封。早期蝶阀都采用金属密封圈，密封性能很差，所以只能用于节流。后来采用橡胶等软质密封材料作密封圈，密封性能提高，蝶阀也就越来越多地用于截断。

（5）调节性能好。通过改变蝶板的旋转角度可以分级控制流量。

（6）受密封圈材料的限制，目前蝶阀的使只压力和工作温度范用很小。

（三）按驱动方式分类

1. 自动阀

自动阀不需外力驱动，依靠介质自身的能量驱动阀门。如安全阀、减压阀、疏水阀、止回阀等。

2. 动力驱动阀

动力驱动阀可以利用各种动力源进行驱动。

（1）电动阀：借助电力驱动的阀门。

（2）气动阀：借助压缩空气驱动的阀门。

（3）液动阀：借助油等液体压力驱动的阀门。

3. 手动阀

手动阀借助手轮、手柄、杠杆、链轮，由人力来操纵阀门动作。当阀门闭启力矩较大时，可在手轮和阀杆之间设置齿轮或蜗轮减速器。必要时，也可以利用万向接头及传动轴进行远距离操作。

（四）按公称压力分类

（1）真空阀：工作压力低于标准大气压的阀门。

（2）低压阀：小公称压力 $PN \leqslant 1.6MPa$ 的阀门。

（3）中压阀：公称压力 PN 为 $2.5 \sim 6.4MPa$ 的阀门。

（4）高压阀：公称压力 PN 为 $10 \sim 80.0MPa$ 的阀门。

（5）超高压阀：公称压力 $PN \geqslant 100MPa$ 的阀门。

（五）按工作温度分类

（1）常温阀：用于介质工作温度 $-40℃ \leqslant t \leqslant 120℃$ 的阀门。

（2）中温阀：用于介质工作温度 $120℃ < t \leqslant 450℃$ 的阀门。

（3）高温阀：用于介质工作温度 $t > 450℃$ 的阀门。

（4）低温阀：用于介质工作温度 $-100℃ \leqslant t \leqslant -40℃$ 的阀门。

（5）超低温阀：用于介质工作温度 $t < -100℃$ 的阀门。

（六）按公称通径分类

（1）小通径阀门：公称通径 $DN \leqslant 40mm$ 的阀门。

（2）中通径阀门：公称通径 DN 为 $50 \sim 300mm$ 的阀门。

（3）大通径阀门：公称通径 DN 为 $350 \sim 1200mm$ 的阀门。

（4）特大通径阀门：公称通径 $DN \geqslant 1400mm$ 的阀门。

（七）阀门的使用及故障维护

GBBA017 闸阀
选用标准

GCBA033 闸阀
的选用标准

1. 闸阀的选用标准

闸阀的密封性能好，流体阻力小，且有一定的调节性能；但尺寸大、结构复杂，加工困难、密封面易磨损，不易维修，启闭时间长。适合制成大口径的阀门，除适用于蒸汽、油品等介质外，还适用于含有粒状固体及黏度较大的介质，并适用于放空和低真空系统。

1）平板闸阀适用范围

（1）适用介质范围：水、蒸汽、油品、氧化性腐蚀介质（Z42W-16Ti）、酸、碱类烟道气等；

（2）闸阀适用于蒸汽、高温油品及油气等介质，及开关频繁的部位，不宜用于易结焦的介质；

（3）城市煤气输送管线选用单闸板或双闸板软密封明杆平板闸阀；

（4）城市自来水工程，选用单闸板或双闸板无导流孔明杆平板闸阀；

（5）带有悬浮颗粒介质的管道，选用刀形平板闸阀。

2）楔形闸阀适用范围

（1）一般只适用于全开或全闭，不能作调节和节流使用；

（2）一般用在对阀门的外形尺寸没有严格要求，而且使用条件又比较苛刻的场合。如高温高压的工作介质，要求关闭件要保证长期密封的情况下等；

（3）通常,使用条件或要求密封性能可靠,高压、高压截止、低压截止、低噪声、有气穴和汽化现象、高温介质、低温深冷时,推荐使用楔式闸阀,如石化石油、城市建设中的自来水工程和污水处理工程,化工等领域中应用较多;

（4）在要求流阻小、流通能力强、流量特性好、密封严格的工况选用;

（5）在高温、高压介质上选用楔式闸阀,如高温蒸汽、高温高压油品;

（6）低温、深冷介质,如液氨、液氢、液氧等选用楔式闸阀;

（7）低压大口径,如自来水工程、污水处理工程选用楔式闸阀;

（8）当高度受限制时选用暗杆式,当安装高度不受限制时用明杆闸阀;

（9）在开启和关闭频率较低的场合下,宜选用楔式闸阀;

（10）楔式单闸板闸阀适用于易结焦的高温介质,楔式双闸板闸阀适用于蒸汽、油品和对密封面磨损较大的介质,或开关频繁的部位,不宜用于易结焦的介质。

`GBBA021 气动调节阀选用标准`
2. 气动调节阀的选用标准

`GCBA021 气动调节阀的选用标准`
根据工艺要求及工况的特点,气动调节阀的选用应该从以下方面进行:

（1）气动调节阀调节性能,包括调节速度和动作平稳性;

（2）调节阀的流量特性;

（3）调节阀的可调比;

（4）泄漏等级、防堵性能、抗腐蚀性。如控制高黏度、带纤维、细颗粒的流体,应选用合适的套筒阀;

（5）调节阀的公称压力、工作温度;

（6）调节阀的的气开、气关,正、反作用。

`ZCBB011 调节阀的作用形式`
3. 调节阀的作用形式

调节阀由执行机构和阀体组成。执行机构起推动作用,而阀体起调节流量的作用。气动执行机构分正作用和反作用两种形式,信号压力增加时推杆向下动作的叫正作用执行机构;信号压力增加时推杆向上动作的叫反作用执行机构。阀体分为正体阀和反体阀两种形式。正体阀的阀杆移入阀体时,流通面积减小,流量减少,反体阀的阀杆移入阀体时,流通面积增加,流量增加。

调节阀的执行机构和阀体组合起来可以实现气开和气关两种。由于执行机构有正、反两种作用方式,阀体也有正、反两种作用方式,因此通过四种组合方式可以组成调节阀的气开和气关两种作用形式。气开式气动调节阀是输入气压越大阀门的开度越大,在失气时则全关,故称 FC 型。气关式气动调节阀是输入气压越大阀门的开度越小,在失气时则全开,故称 FO 型。正确选用气动调节阀的气开或气关式,应从以下几方面考虑:

（1）在事故状态下,工艺系统和相关设备应处于安全条件;

（2）在事故状态下,尽量减少原材料及动力的消耗,保证产品质量;

（3）在事故状态下,考虑人员的安全;

（4）在事故状态下,考虑物料的性质。

`CBBA033 升降式止回阀的结构`
4. 升降式止回阀的结构

升降式止回阀是指依靠介质本身流动而自动开、闭阀瓣,用来防止介质倒流的阀门,又称逆止阀、单向阀、逆流阀和背压阀,阀瓣沿着阀体中心线滑动的阀门。

5. 阀门填料相关知识

ZBBA036 阀门填料选用的标准

阀门一般由阀体、阀瓣(阀头)、阀杆、阀盖、填料、填料压盖、手轮等组成。填料作为保证阀杆与阀盖的密封,起着非常重要的作用。大部分阀门的阀杆填料是放在填料箱内,上有螺栓或法兰可调节填料的松紧。

阀门填料的选用无国家和行业标准,阀门制造厂家及使用单位维修时,根据阀门的压力等级、温度、流通介质选择合适的填料使用。平时使用较多的阀门填料种类有压缩填料、V形填料、O形圈、波纹管以及液体填料等。

(1)压缩填料:是通过填料压盖的压紧产生弹性变形,与填料函内壁和阀杆紧密吻合,并产生一层油膜与阀杆接触,阻止介质的泄漏。按其结构不同可分棉状、模压、卷制、叠制、扭制、编织等成型填料。材质有植物纤维、石棉纤维、塑料和塑料浸渍、橡胶、柔性石墨、膨胀聚四氟乙烯、陶瓷纤维、金属填料等,常用的有纤维、柔性石墨和膨胀聚四氟乙烯等几种。具体使用时根据具体情况选用。

(2)V形填料:由上填料、中填料、下填料组成。上、中填料用聚四氟乙烯或尼龙制成,下填料用金属材质制成。聚四氟乙烯耐温 232℃,尼龙耐温 93℃,一般耐压 32MPa,常用于腐蚀性介质中。

(3)O形圈:剖面为圆形,其材料为橡胶、聚四氟乙烯及金属空心O形圈,最高使用压力可达 40MPa。

(4)波纹管:亦称无填料密封,用于毒性介质和密封面要求较高的场合,一般使用压力为 0.6MPa,使用温度≤150℃。

(5)液体填料:主要作为其他填料间隔断用。

6. 更换阀门填料的注意事项

ZBBB010 更换阀门填料的注意事项

阀门填料作为易损件,磨损严重时需要及时更换。更换阀门填料,原则上选择与原阀门填料完全相同的填料进行更换,如果替换原设计的填料,须核对选用的填料名称、规格、型号、材质应与阀门工况条件(压力、温度、腐蚀等)相适应,与填料函结构相配合,与有关标准和规定相符合。更换填料的操作需按相关规程严格执行。更换过程中,主要是操作者对填料密封的重要性认识不足,贪快怕麻烦,违反操作规程所引起的。现将更换注意事项例举如下:

(1)清理工作不彻底,操作粗心,滥用工具。具体表现为阀杆、压盖、填料函不用油或金属清洗剂清洗,甚至函内尚留有残存填料;操作不按顺序,乱用填料,随地放置,使填料沾有泥沙;不用专用工具,随便使用錾子切制填料,用起子安装填料等。这样大大降低了填料安装质量,容易引起阀杆动密封泄漏和降低填料使用寿命甚至损伤阀杆;

(2)选用填料不当,以低代高,以窄代宽。把一般低压填料用于和强腐蚀介质中;

(3)填料搭角不对,长短不一。装填入填料函中,不平整,不严密;

(4)许多圈一次填放或长条填料缠绕填装,一次压紧。使填料函内填料不均匀,有空隙,压装后填料上部紧,下部松,加快填料泄漏;

(5)填料装填太多太高,使压盖不能进入填料函内,容易造成压盖位移,擦伤阀杆;

(6)压盖与填料函的预留间隙过小,使填料在使用过程中泄漏后,无法再压紧填料;

(7)压盖对填料的压紧力太大,增加了阀杆的摩擦力,增大阀门的启闭力,加快磨损阀;

（8）压盖歪斜，松紧不一。容易引起填料泄漏和擦伤阀杆；

（9）阀杆与压盖间隙过小，相互摩擦，磨损阀杆；

（10）O 形圈安装不当，容易产生扭曲、划痕、拉伸变形等缺陷。

ZCBB010 更换阀门的注意事项

7. 更换阀门时注意事项

方向和位置。许多阀门具有方向性，例如截止阀、节流阀、减压阀、止回阀等，如果装倒装反，就会影响使用效果与寿命（如节流阀），或者根本不起作用（如减压阀），甚至造成危险（如止回阀）。

阀门安装位置，必须方便于操作：即使安装暂时困难些，也要为操作人员的长期工作着想。阀门手轮与胸口取齐（一般离操作地坪 1.2m），这样，开闭阀门比较省劲。落地阀门手轮要朝上，不要倾斜，以免操作别扭。靠墙及靠设备的阀门，也要留出操作人员站立余地。要避免仰天操作，尤其是酸碱、有毒介质等，否则很不安全。阀门不要倒装（即手轮向下），否则会使介质长期留存在阀盖空间，容易腐蚀阀杆，而且为某些工艺要求所禁忌。同时更换填料极不方便。明杆闸阀，不要安装在地下，否则由于潮湿而腐蚀外露的阀杆。升降式止回阀，安装时要保证其阀瓣垂直，以便升降灵活。旋启式止回阀，安装时要保证其销轴水平，以便旋启灵活。减压阀要直立安装在水平管道上，各个方向都不要倾斜。

安装施工必须小心，切忌撞击脆性材料制作的阀门。安装前，应将阀门做检查，核对规格型号，鉴定有无损坏，尤其对于阀杆。还要转动几下，看是否歪斜，因为运输过程中，较易撞歪阀杆。还要清除阀内的杂物。对于阀门所连接的管路，一定要清扫干净。可用压缩空气吹去氧化铁屑、泥砂、焊渣和其他杂物。这些杂物，不但容易擦伤阀门的密封面，其中大颗粒杂物（如焊渣），还能堵死小阀门，使其失效。

安装螺口阀门时，应将密封填料（线麻加铝油或聚四氟乙烯生料带），包在管子螺纹上，不要弄到阀门里，以免阀内存积，影响介质流通。安装法兰阀门时，要注意对称均匀地把紧螺栓。高温阀门安装时处于常温，使用后，温度升高，螺栓受热膨胀，间隙加大，所以必须再次拧紧，这个问题需注意，不然容易发生泄漏。阀门法兰与管子法兰必须平行，间隙合理，以免阀门产生过大压力，甚至开裂，对于脆性材料和强度不高的阀门，尤其要注意。须与管子焊接的阀门，应先点焊，再将关闭件全开，然后焊死。

CCAB024 手动阀门开关过程中的要点

8. 手动阀门开关

手动阀门开关过程中的要点如下：

（1）手动开闭阀门时，用力要均匀，同时阀门开闭的速度不能过快，以免产生压力冲击管件。对于明杆阀门，要记住全开和全闭时的阀杆位置，避免全开时撞击上死点；

（2）手动阀门的开启方向为逆时针转动手轮，关闭时则顺时针转动手轮；

（3）楔式闸板在开启过程中阀杆应随着阀门的开启不断上升，反之关闭时阀杆应随着阀门的关闭不断下降，如发现开闭不动、手轮空转等异常情况应立即停止操作；

（4）平板闸阀、球阀在开启过程中刻度盘的开度只是应随着阀门的开启不断扩大直到开启度为 100% 为止，在关闭时，刻度盘的指示指向"0"位，如发现开启不动、手轮空转等异常情况应立即停止操作；

（5）蝶阀在开启时逆时针转动手轮直到刻度指示针指向"OPEN"，关闭时则应顺时针转动直到指针指向刻度盘上的"CLOSE"，如发现开闭不动、手轮空转等异常情况应立即停止

操作;

(6)闸阀在开启到位后,要回转半扣,使螺纹更好密合,以免拧的过紧,损坏阀件或在温度变化时把闸板楔紧;

(7)球阀在操作中只能全开或全闭,不允许节流;

(8)闸阀在操作中只能全开或全闭,不允许节流;

(9)作业过程中应检查阀体及其管线连接部位有无渗漏,如发现问题应立即上报;

(10)对于蒸气阀门,开启前,应预先加热,并排除凝结水,开启时,应尽量徐缓,以免发生水击现象;

(11)管路初用时,内部脏物较多,可将阀门微启,利用介质的高速流动,将其冲走,然后轻轻关闭(不能快闭、猛闭,以防残留杂质夹伤密封面),再次开启,如此重复多次,冲净脏物,再投入正常工作;

(12)操作时,如发现操作过于费劲,应分析原因。若填料太紧,可适当放松,如阀杆歪斜,应通知人员修理。有的阀门,在关闭状态时,关闭件受热膨胀,造成开启困难;如必须在此时开启,可将阀盖螺纹拧松半圈至一圈,消除阀杆应力,然后板动手轮。

ZCBA007 电动阀手轮搬不动的原因

9. 电动阀手轮搬不动的原因

(1)阀头或阀瓣开关过度卡死;

(2)阀门异物内部堵塞、结垢、结晶;

(3)阀杆弯曲卡死,填料压太紧抱死;

(4)传动机构故障、轴承抱死;

(5)阀门前后压差过大,或热影响变形卡死。

CCCB011 阀门填料密封泄漏的处理方法

10. 阀门填料密封泄漏处理方法

(1)按工况条件选用填料的材料和型式;

(2)按有关规定正确安装填料,密封填料应逐圈安放压紧,接头应成30°或45°;

CBCB011 阀门填料密封泄漏处理方法

(3)使用期过长、老化、损坏的填料应及时更换;

(4)阀杆弯曲、磨损后应进行矫直、修复,对损坏严重的应及时更换;

(5)填料应按规定的圈数安装,压盖应对称均匀地把紧,压套应有 5mm 以上的预紧间隙;

(6)损坏的压盖、螺栓及其他部件,应及时修复或更换;

(7)应遵守操作规程,除撞击式手轮外,以匀速正常力量操作;

(8)应均匀对称拧紧压盖螺栓,压盖与阀杆间隙过小,应适当增大其间隙;压盖与阀杆间隙过大,应予更换。

二、常见管路连接方法

ZABJ011 常见管路连接方法

(一)螺纹连接

螺纹连接是通过内外螺纹把管道与管道、管道与阀门连接起来的连接方式。对于输送低压流体的镀锌钢管;一般要求公称通径在 150mm 以下,工作压力在 1.6MPa 以下。给水管道:工作压力不超过 1.6MPa,最大公称通径为 150mm;热水管道:工作压力不超过 0.2MPa,最大公称通径为 50mm。薄壁不锈钢管适用于 $DN65 \sim DN100$ 的管段连接。一些带螺纹的设备、附件和经常拆卸不允许动火的场合多用此种方法连接。管螺纹连接时,应在管子的外螺纹与管口或阀门的内螺纹之间上适当的填料,填料的作用主要有:密封、养护管口、便于拆卸。

螺纹连接特点:易于安装、拆卸、便于调整,施工简单,抗压能力低。

主要安装程序有:断管,套丝,配装管件,管段调直。一般用于镀锌钢管、衬塑镀锌钢管、铜管、PVC-U 和一些 PPR 管(在墙外面)的连接。

连接螺纹的种类有普通螺纹、梯形螺纹、管螺纹、锯齿形螺纹。梯形螺纹与矩型螺纹相比,强度好,对中性也好,间隙可调,工艺性能好,但传动效率低,被广泛应用于各种传动和大尺寸机件的紧固,梯形螺纹也是最常用的传动螺纹。

(二)法兰连接

在临时性排灌管道、泵站的管件组合、管道和阀门及配件连接时,经常采用法兰式连接。法兰按材质的分类有:铸铁法兰、钢管法兰、塑料法兰、有色金属法兰、玻璃法兰、玻璃钢法兰。法兰根据介质的性质、压力、温度选用;需要符合设计要求的公称压力;凡管段与管段采用法兰盘连接或管段与法兰阀门连接者,必须按照设计要求和工作压力选用标准法兰盘。设备的法兰一般为凹面或槽面,所选用的法兰应为凸面或榫面。薄壁不锈钢管适用于 DN100 以上的管段。法兰连接的主要特点是拆卸方便、强度高、密封性能好、能够承受较大的压力。安装法兰时要求两个法兰保持平行、法兰的密封面不能碰伤,并且要清理干净。法兰所用的垫片,要根据设计规定选用。镀锌钢管、塑料管、钢塑复合管、铜管、薄壁不锈钢管、球墨铸铁管等都可用此法连接。

(三)焊接

焊接主要焊接方法有:气焊、电弧焊接(自动点焊接、手动电焊接)、手工电弧焊、手工氩弧焊、埋弧自动焊、接触焊。钢管焊接常用方法是电弧焊;薄壁管也可用气焊;铸铁管采用电弧焊。气焊一般只用于公称通径小于50mm,壁厚小于3.5mm 的管道。紫铜管采用氩弧焊焊接时,焊接厚度大于3mm。焊接的优点:接口牢固严密,不易渗漏,焊缝强度一般达到管子强度的85%以上,甚至超过母材强度;焊接系管段间的直接连接,构造简单,管路美观整齐,节省了大量定型管件,也减少了材料的管理工作;焊接口严密不用填料,减少了维修工作;焊接口不受管径限制,速度快,比起螺纹连接大大减轻了体力劳动强度。管道的焊接连接多用于镀锌钢管、铜管、塑料管、薄壁不锈钢管、铸铁管等的连接。

(四)承插连接

承插管分为刚性承插连接和柔性承插连接两种。刚性承插连接是用管道的插口插入管道的承口内,对位后先用嵌缝材料嵌缝,然后用密封材料密封,使之牢固、封闭,柔性承插连接接头在管道承插口的止封口上放入富有弹性的橡胶圈,然后施力将管子插端插入,形成一个能适应一定范围内的位移和振动的封闭管。

优点:具有较高强度和较好抗震性,水密性及黏结力好、便于拆卸。

缺点:劳动强度大、施工操作不便。承插连接主要用于中带承插接头的铸铁管、混凝土管、陶瓷管、塑料管铸铁管、不锈钢管的连接。

(五)黏结连接

管道黏结不宜在湿度很大的环境中进行,操作场所应远离火源,防止撞击,黏结接头不宜在环境温度 0℃ 以下操作,应防止胶黏剂结冻。不得采用明火或电炉等设施加热胶黏剂。PVC-U 胶黏剂连接管材的外径为 100~200mm。黏结接头可以长久的承受力学荷载,黏结接头具有弹性,具有吸振性。主要用于塑料管的连接,如 UPVC、PPR、ABS 等。

(六)卡压连接

卡压连接是一种简单、低成本的零件和组件的装配方法。卡压连接具有施工工艺简单、安装方便、施工工期短、无污染、安全可靠的优点,尤其在薄壁金属管、塑性非金属管之间运用广泛。铝塑复合管、铜管、薄壁不锈钢管多用于此法连接。

(七)热熔连接

热熔连接的接头或连接件都是塑料材质,不存在腐蚀问题。热熔连接方式的选取主要取决于塑料管材质等级、密度等因素。大多数聚乙烯管都可以用两种热熔的方法连接在一起,但是,一些高密度的聚乙烯管不能用承接的方法连接。热熔适用于 $DN>63mm$ 或壁厚 6mm 以上。热熔连接多用于室内生活给水 PP-R、PE、PB 管的连接。

(八)沟槽(卡箍)式连接

沟槽连接是一种先进的管道连接方式,连接管件包括两个大类产品:起连接密封作用的管件有刚性接头、挠性接头、机械三通和沟槽式法兰;起连接过渡作用的管件有弯头、三通、四通、异径管、盲板等。沟槽连接方式简单、快捷、方便,有利于施工安全,系统稳定性好,管道原有的特性不受影响,维修方便,省时省工,具有良好的经济效益。适用范围既可以明设,也可以埋设,既有刚性接头又有柔性接头。应用广泛,消防、空调、给水、石油化工、热点及军工、污水处理等管道系统均可用。镀锌钢管、钢塑复合管、薄壁不锈钢管、薄壁铜管、衬塑钢管、球墨铸铁管、厚壁塑料管均可用沟槽式连接。

(九)压缩连接

压缩连接主要用于薄壁不锈钢管的连接,适用与直径不大于 $DN50$ 且明装、暗敷易于拆卸的管道。压缩连接的优点:装置简单,便于维修,明装管道亮丽豪华,如同饰品,但成本高。

(十)伸缩可挠式

在给水管道中,因温差变化产生的温度应力会引起管道的纵向伸缩。对于一些刚性接口的,主要用于薄壁不锈钢管的连接,有防地震、基础下沉能力强、轴向有伸缩、径向有可挠作用等优点,但成本较高。

(十一)热缩式管件

薄壁不锈钢管主要用此种方法连接。由于工地现场无法处理焊接点,采用热缩式管件作补充密封,在管道焊接点套上一个橡胶焊接套,再外套上一层特制的交链聚乙烯套,在热力的作用下收缩,从而达到缩式密封。适用范围 DN 在 400mm 以下的管道。

(十二)电熔连接

电熔连接主要用于 PE 管、PB 管的连接。

(十三)卡套式连接

铝塑复合管、镀锌钢管、铜管等的连接。铝塑复合管适用于管材外径为 12~32mm 的连接。

ZBBA021 法兰
选用的一般标准

ZCBA021 法兰
选用的一般标准

三、法兰基础知识

（一）法兰选用的一般标准

在管系中改变走向、标高或改变管径、封闭管端以及由主管上引出直管等均需用管件。根据管道的材质，管件分为钢制管件、非金属管件和衬里管件。非金属管件和衬里管件标准化程度远不如钢制管件、使用时需注意各制造厂在工艺、规格尺寸、性能方面的差异。钢制管件可用钢板焊制、钢管冲压、铸造或锻制等方法制作。法兰主要用于管道与管件、阀门、设备的连接。法兰、螺栓螺母和垫片组成的整体是管道系统最广泛使用的可拆卸连接件。法兰连接密封不好很容易造成向外泄漏，泄漏的原因除施工因素外，正确选用法兰及其紧固件也是关键。法兰的种类虽多，但均能以法兰与管件的连接方式、法兰密封面的形状及压力。

（1）温度等级分类。不同连接方式的法兰，可有相同或不同的密封面形状；同一连接方式的法兰，亦可有相同或不同密封面形状；各种类型的法兰又有不同的压力。

（2）温度等级。法兰的选用标准有很多，国标有 GB/T 17185—1997《钢制法兰管件》、GB/T 9112~GB/T 9124—2000《钢制管法兰》系列标准，石化行业标准有 SH 3406-9《石油化工钢制管法兰》，机械行业标准有 JB/T 74~JB/T 86.2—1994《管路法兰》，美国国家标准学会 ANSIB16.5《钢制管法兰及法兰管件》、ANSIB16.47《钢制法兰标准》，但各标准相互联系。一般情况下：①凸面平焊法兰用于 300℃ 以下，压力≤2.5MPa 的无危害介质；②凹凸面平焊法兰用于 300℃ 以下，压力≤2.5MPa 具有刺激性、易燃、易爆、有毒的介质；③凸面对焊法兰用于 450℃ 以下，压力≤2.5MPa 的水、蒸汽；④凹凸面对焊法兰用于 450℃ 以下，压力≤6.4MPa 易燃、易爆、有毒的危害介质。

ZBBA014 法兰
规格型号的表
示方法

（二）法兰规格型号的表示方法

法兰规格型号的标示方式有多种，我们国家不同的行业标准也有不同标示方式。但根据国家标准 GB/T 9112—2010《钢制管法兰类型与参数》的标示方法，管法兰是按：工称尺寸、公称压力、法兰型式代号、密封面型式代号、配管系列管表号、材料代号、标准编号来表示的，一般以钢印形式标注在法兰外缘的侧面，例如，法兰 DN400-PN25 WN RF Sch120 06Cr17Ni12Mo2 GB/T 9115 表示法兰的工称尺寸 DN400，压力等级 PN25，对焊-凸面，配用英制管，管表号 Sch120、材料为 06Cr17Ni12Mo2，执行标准 GB/T 9115。

CCBA034 低压
法兰等级分类

CBBA034 低压
法兰的等级分类

（三）低压法兰等级分类

法兰（Flange），又叫法兰凸缘盘或突缘。法兰是轴与轴之间相互连接的零件，用于管端之间的连接；也有用在设备进出口上的法兰，用于两个设备之间的连接，如减速机法兰。法兰连接或法兰接头，是指由法兰、垫片及螺栓三者相互连接作为一组组合密封结构的可拆连接。管道法兰系指管道装置中配管用的法兰，用在设备上系指设备的进出口法兰。法兰上有孔眼，螺栓使两法兰紧连。

低压的压力等级是低于 1.6MPa，因此，低压法兰等级分类为：

（1）DIN 标准：常用压力等级：PN6，PN10，PN16；

（2）ANSI 标准：常用压力等级：CL150。

GBBA018 法兰
常用材质的类型

（四）法兰常用材质的类型

法兰材质类型有金属材质和非金属材质两大类，石油化工生产常用的材质主要是金属

材质,一般金属法兰的材质有:WCB(碳钢)、LCB(低温碳钢)、LC3(3.5%镍钢)、WC5
(1.25%铬0.5%钼钢)、CF8M(316不锈钢)、CF8C(347不锈钢)、CF8(304不锈钢)、CF3
(304L不锈钢)、CF3M(316L不锈钢)、CN7M(合金钢)、M35-1(蒙乃尔)、N7M(哈斯特镍合
金B)、CW6M(哈斯塔镇合金C)、WC9(2.25%铬)、C5(5%铬0.5%钼)、C12(9%铬1%钼)、
CA6NM(4(12%铬钢)、CA15(4)(12%铬)、CY40(因科镍合金)等。

CABJ009 法兰
密封面的型式

四、法兰密封面的型式

法兰密封面是指垫片或垫环接触以实现密封的那部分法兰面。根据操作工艺条件不
同,使用的垫片或垫环也不相同,则需要的法兰密封面型式也不相同。

(一)全平面(FF)

垫片与法兰密封面在螺栓孔圆内外全部接触(即宽面法兰),因而垫片承载面积大,所
需螺栓压紧力也大,但法兰所受外力矩较小。这种密封面主要用于 $PN \leqslant 1.0$ MPa 的铸铁法
兰,或用于和非金属或铸铁管件、阀门相配合的钢制管法兰。

(二)突面(RF)

垫片置于螺栓孔内侧的突起密封面上。此种密封面加工方便,应用较广泛,但不能限制
垫片的径向变形,故在用金属缠绕时,应采用带内外加强环的垫片。为提高密封能力,有时
在突面上车出数圈同心圆三角沟槽(俗称水线),但仅限于使用非金属软垫。

(三)凹凸面(MFM)

凹凸面是由一个凹密封面和一个凸密封面配合而成。该密封面的优点在于垫片置于凹
面中,可防止垫片外侧的径向变形,从而提高垫片的承载能力,同时还可防止软垫片被吹出,
且在垫片安装时易于对中。此种密封面较前两种密封面的宽度小。在使用金属缠绕垫片
时,应采用带内加强环的垫片。

(四)榫槽面(TG)

榫槽面是由一个榫密封面和一个槽密封面配合而成。该密封面的优点除与凹凸密封面
有相似之处外,其特点是垫片置于槽中,使垫片免于受流体的直接冲刷和腐蚀。此外,由于
垫片内外侧径向变形都受到限制,垫片承载能力可进一步提高,故常用于压力较高和密封要
求较严格的管道上。该密封面的缺点是榫面易于损坏,垫片从槽中不易拆出。在使用缠绕
垫片时,应采用不带内外环的基本型垫片。

(五)环连接面(RJ)

环连接面又称梯形槽密封面。该密封面为两个内外锥面,可与椭圆或八角形金属垫环
配合形成"线"接触密封。所谓线密封,实际上是在螺栓力作用下,金属垫环与法兰密封面
接触处产生弹塑性变形而形成较窄的密封带。由于为线接触密封,且槽的中心线与密封面
呈23°角,故为保证密封所需的螺栓载荷可大大减小,但也因此要求法兰密封面与金属垫环
配合尺寸的加工精度提高,且由于密封接触面为金属对金属,加工粗糙度应不大于 $3.2\mu m$。
环连接密封面的另一特点是介质压力径向作用在垫环内侧,从而增加了垫环与法兰外侧密
封面的密封力,故具有一定自紧作用。因此,在法兰密封面及垫环加工和安装时,必须保证
垫环与外侧密封面紧密接触,否则会引起密封失效。环连接密封面密封安全可靠,广泛应用
于石油化工装置的高温、高压与危险介质的管道上,也可用于 $PN \geqslant 2.5$ MPa 的中压高温

部位。

（六）锥面

锥面与金属透镜垫配合使用。20°角锥密封面与透镜垫环的球面线接触,易于配合,并有一定径向自紧作用。锥面密封安全可靠,通常用于高温、高压等密封要求严格的管道上。关于各种密封面的尺寸、所适用的法兰类型和公称压力可查有关法兰标准。

五、垫片相关知识

GBBA019 垫片常用材质的类型

GCBA032 垫片常用材质类型

（一）垫片的基本知识

1. 垫片常用材质类型

垫片常用材质类型有以下三种:

(1)金属材料垫片:材质主要有碳钢、不锈钢、合金钢、黄铜、紫铜、铝、英格奈尔600镍基合金、钛、蒙乃尔400等。

(2)非金属材料垫片:天然橡胶、氯丁橡胶、丁腈橡胶、氟橡胶、氯磺酰化聚乙烯合成橡胶、硅橡胶、乙丙橡胶、陶瓷纤维、石墨、聚四氟乙烯、石棉板、石棉橡胶板等。

(3)复合垫片:复合垫就是金属与非金属组合而成,兼具金属材料的高强度和非金属材料的良好密封性,使用较广泛,如金属缠绕垫片、金属齿形复合垫片、金属包覆垫片等。

ZBBA022 垫片选用的一般标准

ZCBA022 垫片选用的一般标准

2. 垫片选用的一般标准

垫片作为法兰连接的主要元件,对密封起着重要的作用。常用的垫片选用标准一般依据以下标准:

HG/T 20592~20635—2009《钢制管法兰、垫片、紧固件》。

垫片按照其材料的性质,大概选用依据如下:

(1)橡胶石棉垫片:广泛用在空气、蒸汽、煤气、氢气、盐水及酸、碱等介质的管路中。对于光滑面法兰,使用压力不超过2.5MPa,对于凹凸面和榫槽面法兰,最高可用至10MPa。但一般都不会达到最高压力情况使用;

(2)橡胶垫片:用在温度60℃以下的低压水、酸、碱等管路中,最适合用于铸铁阀门的法兰及工程压力不大于1.0MPa的管路法兰中;

(3)缠绕垫:广泛用在温度、压力较高的一般工艺物料管路中,根据不同的温度,压力最高达到10.0MPa;

(4)透镜垫片:密封性好,易对中,安装容易。广泛用在各种介质的高温、高压管路。在石油、化工生产中压力为16.0MPa、22.0MPa和32.0MPa的高压管路中。

ZBBA015 垫片规格型号的表示方法

ZCBA044 垫片规格型号的表示方法

3. 垫片规格型号的表示方法

金属缠绕垫片的标示方式有很多,我们国家不同的行业标准有不同标示方式。但最权威当属国家标准。根据GB/T 4622.1—2009《缠绕式垫片分类》的标示方法,金属缠绕垫是按垫片类型代号、垫片材料代号、公称尺寸、公称压力等来表示的。例如,缠绕垫D1222 DN100-PN40 GB/T 4622中,名称缠绕垫,D表示带内外环,1表示定位环材质为低碳钢,第一个2表示金属带材质为0Cr18Ni9,第二个2表示填充带材料为柔性石墨,第三个2表示内环材质为0Cr18Ni9,DN100表示工称尺寸为100,PN40表示压力等级为40kg/cm²,GB/T 4622为执行标准。

4. 更换垫片的注意事项

(1)检查清理连接点密封面,若有损伤应修理;

(2)根据温度、压力、介质的腐蚀性、物料选定垫片的规格材质;

(3)紧固连接件,试压不产生泄漏;

(4)必须将垫片夹正对中与密封面紧贴合,必要时用密封胶。

ZBBB008 更换垫片的注意事项

(二)垫片的种类

垫片的种类繁多,法兰连接密封用的垫片按其材料和结构大致可分为三大类:

CABJ021 垫片的种类

1. 非金属垫片

有橡胶、石棉橡胶板、柔性石墨、聚四氟乙烯等,截面形状皆为矩形,属于软质垫片。

1)橡胶板

用于密封的橡胶品种较多,一般有天然橡胶、丁腈橡胶、氯丁橡胶、异丁橡胶、丁苯橡胶、乙丙橡胶、硅橡胶、氟橡胶。由于橡胶材料质地柔软,故经常在橡胶板中加入各种织物予以增强。

2)石棉橡胶板

石棉橡胶板是由石棉、橡胶和填料经压制而成的。根据其配方、工艺、性能及用途不同,主要有高压石棉橡胶板、中、低压石棉橡胶板和耐油石棉橡胶板。石棉橡胶板有适宜的强度、弹性、柔软性、耐热及耐介质性,用它制作垫片,既方便又便宜,因此在化工企业中,尤其是中、小型化工厂得到广泛使用。

3)柔性石墨板材及带材

柔性石墨是一种新颖的密封材料,具有良好的回弹性、柔软性、耐介质性、耐温性,在化工企业中得到推广应用。

4)聚四氟乙烯

聚四氟乙烯是合成树脂材料中的佼佼者。优良的耐腐蚀性能使它在绝大部分强腐蚀介质中可作为密封垫片,对于不允许物料有污染的医药、食品等行业尤为合适,是塑料中使用温度最高者。但是聚四氟乙烯材料受压后易冷流,受热后易蠕变,影响密封性能。通常加入部分玻璃纤维、石墨、二硫化钼等以提高抗蠕变和导热性能。

2. 金属复合型垫片

非金属垫片(除柔性石墨外)的耐高温、高压性能均不如金属材料。因此,为了解决高温、高压设备的密封,设计了金属复合型垫片。

1)金属包垫

该垫片以非金属材料为芯材,外包厚度为 0.25~0.5mm 的金属薄板。按包覆状态,可分为全包覆、半包覆、波形包覆、双层包覆等。金属薄板根据材料的弹塑性、耐热性和耐腐蚀性选取。主要有铜、镀锌铁皮、不锈钢、钛、蒙乃尔合金等。金属包垫的另一特点是能制成各式异形垫片。

2)金属带缠绕式垫片

缠绕垫片是由薄的金属波形带与石棉或柔性石墨等非金属带交替绕成螺旋状,将金属带的始末端点焊而制成。国外亦称作螺旋垫片。缠绕垫分四种类型:基本型、带内环型、带外环型、带内外环型。钢带材料一般有低碳不锈钢、钛、蒙乃尔合金等,厚度为0.15~0.20mm。

3. 金属垫片

有金属平垫、波形垫、环形垫、齿形垫、透镜垫、三角垫、双锥环、C形环、中空O形环等。这些垫片属于硬质垫片,金属垫片的硬度低于法兰密封面的硬度,制造比较复杂,特别对于直径大的垫片,需要卷制、焊制、探伤、车削多道工艺,精度和表面粗糙度需要相对高一些,故成本也高,一般用于高温、高压和非金属垫以及金属包覆垫不能胜任的苛刻条件下。

另外螺栓连接为了达到一定的目的,也会使用一些专用的垫片,如垫圈、锁紧垫圈。垫圈有平垫圈和盘形垫圈;锁紧垫圈有弹性垫圈、内齿锁紧垫圈、外齿锁紧垫圈、内外齿锁紧垫圈、埋头孔垫圈等。

六、螺栓相关知识

CABJ022 螺栓的种类

螺纹零件的种类繁多,其中多种属于专用零件。传统的螺栓和螺母通常使用标准螺纹。紧固件可以按不同的方式分类,如用途、螺纹类型、头部样式、强度。所有类型紧固件的选材都是多种多样的,如普通钢、不锈钢、铝、黄铜、青铜和塑料等。

（一）螺栓选用的标准及表示方法

ZBBA035 螺栓选用的标准

ZCANBA035 螺栓选用的标准

紧固件是指螺栓、螺母和垫圈。螺栓和螺母是机械设备等使用的一种可拆卸的零部件,它的作用是把两个构件连接在一起。螺柱和螺母种类很多,紧固法兰用螺柱和螺母其直径、长度和数量均根据法兰要求确定。螺栓选用的标准国内外都有许多,国内标准有 GB/T 20613—2009《钢制管法兰紧固件(PN 系列)》,GB/T20592~20635—2009《钢制管法兰、垫片、紧固件》国外标准有美国材料试验协会的 ASTM A194-2006a《高压或(和)高温用碳钢和合金钢螺母》等。

ZBBA016 螺栓规格型号的表示方法

ZCBA043 螺栓规格型号的表示方法

螺栓规格型号标记方法依据 GB/T 1237—2000《紧固件标记方法》之规定,依次注明:类别(产品名称)、标准编号、螺纹规格或工称尺寸、其他直径或特性、工称长度(规格)、螺纹长度或杆长、产品型式、性能等级或硬度或材料、产品等级、扳拧型式、表面处理。其中有些可以省略。如螺栓 GB/T 5782—2000 M20X80-10.9-A-O 表示螺栓 M12 工称长度 80mm,性能等级为 10.9 级表面氧化,产品等级为 A 级的六角头螺栓。

（二）螺栓常用材质的类型

GBBA020 螺栓常用材质类型

GCBA020 螺栓常用材质的类型

螺栓的材质种类繁杂,化工生产中常用的材质主要有碳钢、不锈钢、铜三种材料。

1. 碳钢

以碳钢料中碳的含量区分低碳钢、中碳钢和高碳钢以及合金钢。

（1）低碳钢 C%≤0.25%,国内通常称为 A3 钢。国外基本称为 1008,1015,1018,1022 等。主要用于 4.8 级螺栓及 4 级螺母、小螺栓等无硬度要求的产品(注:钻尾钉主要用 1022 材料)。

（2）中碳钢 0.25%<C%≤0.45%,国内通常称为 35 号、45 号钢,国外基本称为 1035,CH38F,1039,40ACR 等。主要用于 8 级螺母、8.8 级螺栓及 8.8 级内六角产品。

（3）高碳钢 C%>0.45%。目前市场上基本没使用。

（4）合金钢:在普碳钢中加入合金元素,增加钢材的一些特殊性能:如 35、40 铬钼、

SCM435,10B38。芳生螺栓主要使用 SCM435 铬钼合金钢,主要成分有 C、Si、Mn、P、S、Cr、Mo。

2. 不锈钢

性能等级:45,50,60,70,80。主要分奥氏体(18%Cr、8%Ni)耐热性好,耐腐蚀性好,可焊性好。A1,A2,A4 马氏体、13%Cr 耐腐蚀性较差,强度高,耐磨性好。C1,C2,C4 铁素体不锈钢。18%Cr 镦锻性较好,耐腐蚀性强于马氏体。按级别主要分 SUS302、SUS304、SUS316。

3. 铜

常用材料为黄铜——锌铜合金。市场上主要用 H62、H65、H68 铜做标准件。

(三)更换螺栓的注意事项

螺栓属于易损件,需要经常更换,更换螺栓时,原则上只能使用与原设计同一标准、同一规格型号及材质的螺栓进行替换,不得随意更换。如需替换使用,须按以下几点要求:

(1)应能保证法兰连接达到初始密封的要求,并在管道的运行过程中保证法兰连接的密封性;

(2)应同时考虑管道操作压力、操作温度、介质种类和垫片类型等因素;

(3)六角头螺栓用于 $PN \leqslant 2.0MPa$ 的法兰连接;$PN2.0MPa$ 或在低温条件下应采用等长双头螺柱或全螺纹螺柱。

(4)屈服强度不超过 207MPa 的低强度紧固件,仅用于 $PN \leqslant 2.0MPa$、操作温度为 $-20 \sim 200℃$、采用非金属垫片的法兰连接,并不得用于剧烈循环操作工况;

(5)经变化硬化的奥氏体不锈钢紧固件用于非软质垫片连接时,应验算紧固件的承载能力是否能满足需要,且使用温度不得超过 500℃ 紧固件应符合 GB/T 9125—2003《管法兰连接用紧固件》或与其相当的标准的要求;

(6)钢制管法兰连接用紧固件的适用压力和温度可参照 HG 20634—2009《紧固件使用的压力温度范围》。

ZBBB009 更换螺栓的注意事项
ZCBB009 更换螺栓的注意事项

项目五　润滑相关知识

JBBB001 油膜形成的机理
JCBB006 油膜形成的机理
ZABJ006 润滑的机理
GCBA031 油膜形成的机理

一、润滑基础知识

(一)润滑油膜的形成机理

润滑是把一种具有润滑性能的物质加到机体摩擦面上,达到降低摩擦和减少磨损的手段。常用的润滑介质有润滑油和润滑脂。润滑油和润滑脂有一个重要物理特性,就是它们的分子能够牢固地吸附在金属表面,形成一层油膜,如果油膜具有一定的厚度,使摩擦面之间安全隔开,变干摩擦为流体的内摩擦,在两个边界油膜之间的油膜称为流动油膜,这种叫流体润滑,形成流体润滑须具备三个条件:摩擦表面必须有相对运行;顺着表面运动的方向,油层必须成楔形;润滑油与摩擦表面必须有一定的附着力,润滑油随摩擦表面运动时必须有一定的内摩擦力,及必须有一定的黏度。一般滑动轴承的润滑属于此例。如果机械运动速度很低,而摩擦表面的载荷又很大时,即使使用黏度很大的润滑油,也很难在摩擦表面间形成完整的具有一定厚度油膜,以达到保证流体润滑的程度。此时流体润滑油膜遭到破坏后,在接触面上仍然存在一层极薄的油膜,油膜厚度一般只有 $0.1 \sim 0.4\mu m$,这一层油膜和摩擦表面之间具有特殊的结合力,从而在一定程度上继续保护摩擦表面的作用,这种油膜称为边界油膜。边界油膜的形成是因为润滑剂是一种表面活性物质,它能与金属表面发生静电吸附,并产生垂直方向的定向排列,从而形成牢固的边界油膜。滚动轴承齿轮传动间的摩擦为边界摩擦。但在一定的条件下,遭到破裂,油膜不均匀也不连续,形成由边界油膜和流动油膜同时存在干摩擦的情况,这种润滑即为混合润滑,或者成为半流体润滑。产生半流体润滑主要是载荷过大,或速度、载荷变化平缓,选用油品不当,以及摩擦面粗糙等原因所致。

以上三种润滑状态,在机器工作中实际是经常互相转换,其情况是随润滑油量、油性及油品黏度等条件的变化而转换的。所以,通常采取提高油量及适当的润滑油压力,提高油性,选用适宜的黏度来实现良好的润滑状态。

（二）润滑油的应用

GBBB002 润滑油应用

GCBB002 润滑油的应用

润滑油在机械中的作用主要是降低摩擦和减缓磨损,以保证机械有效和长期地工作,其次是起冷却作用,润滑油能将机械摩擦时产生的热带走,保持一定的热平衡状态,控制机械在一定的温度范围内工作,防止因温度不断升高而损坏零件;此外还有防护作用、密封作用和清洗作用等,防护作用是防止金属受到空气和其他化学气体的腐蚀。密封作用像内燃机用的润滑油,可以防止燃烧室的气体通过气缸壁与活塞之间的间隙窜入曲轴箱。清洗作用是在循环式润滑系统中润滑油可将摩擦面间的一些磨屑等污物冲走,并将其携带到油池经沉淀或过滤后除去。以上所述的是一般润滑油的作用。对于一些特殊用途的润滑油来说,还有其特定的作用,如液压油有传力作用,电器用油有绝缘作用,阻尼液有减震作用等。

对于一般的润滑油,要能在机械中起到上述的作用,就必须具备一定的性能才能满足机械工作的要求。这些性能主要是:良好的润滑性、流动性、抗氧化安定性、消泡性、抗乳化性;任尽可能小的腐蚀性或无腐蚀性;与可能接触的橡胶制件等的相容性;无水分,灰沙杂质等。

因为润滑油要具有良好的润滑性才可能降低机械的摩擦和减缓机械的磨损;要具有良好流动性,才能保证润滑油迅速流到摩擦表面以起润滑作用,并将摩擦产生的热带走,起到冷却作用;润滑油应无腐蚀性或尽可能低的腐蚀性,才可能起到充分的防护作用;在储运和使用过程中润滑油在空气接触和受热的情况下应尽可能少起变化,亦即要具有良好的抗氧化安定性以保证润滑油在储运过程中不易变质,在使用当中尽可能保持原来的性能,使之在机械中能长期可靠地工作。润滑油如果要接触到橡胶等非金属制件,则润滑油和橡胶的性质要能相适应。不应出现溶解橡胶或使橡胶膨胀和收缩等现象。此外,在循环系统中工作的润滑油应具有良好的消泡性,以使循环、搅动过程中形成的空气泡容易消失,保证润滑系统的正常工作。容易与水接触的润滑油,如汽轮机油等应有良好的抗乳化性,以便油水容易分离。对所有的润滑油来说,应严格防止水分、灰沙等外界杂质混入油中,以防止油品原来的优良品质遭到破坏。

（三）润滑油箱的结构

润滑油箱一般由:箱体、液位计、温度计、空气过滤器、电加热器、取样口、排污口、磁铁、过滤装置等组成。其中空气过滤器是为了在润滑系统工作时,油箱内油面的波动使空气不断进、出油箱,为了净化油箱内油液,在油箱盖板上垂直安装空气过滤器,既可过滤吸入的空气,保证油液的清洁,又可维持油箱内压力和大气压平衡,以避免油泵可能出现空穴现象;电加热器是为了在寒冷地区或冬季作业时,加热油箱内的润滑油,将润滑油温度维持在 40℃ 左右,以保证油的流动性,否则整个系统的控制因油温低、黏度增加而发生故障,加热的方式有蒸汽加热和电加热。磁铁和过滤装置过滤油液中的磁性杂质和其他杂质,使油液保持干净。

GBBA004 润滑油箱结构

GCBA004 润滑油箱的结构

二、常用的设备润滑方法

机器设备采用的润滑方法很多,常用的主要有以下几种:

CABJ015 常用的设备润滑方法

(一)手注加油润滑

手注加油润滑是通过人工用加油工具(油壶、油枪)将油加入油杯或油孔中,使油进入摩擦部位或直接将油加到摩擦接触部位。

这是最简单的润滑方法,全靠人工间歇给油,故油的进给量不均匀,加油不及时就容易造成机器零件磨损,润滑材料利用率低。

(二)滴油润滑

滴油润滑是利用油的自重一滴一滴地向摩擦部位滴油进行润滑。这种润滑方法对摩擦表面供油量是限量的并可调节。使用滴油润滑装置时,必须保持容器内的油位不得低于最高油位的 1/3。为防止滤网和阀针被堵塞,必须定期清洗油杯及采用经过过滤的润滑油。使用前需检查油杯工作是否正常。

(三)飞溅润滑

飞溅润滑的方法是依靠旋转的机件或附加在轴上的甩油盘、甩油片将油溅散到润滑部位。为了润滑轴承或溅散不到的摩擦部位,在箱的内壁开有集油槽或加挡油板。这种润滑方法比较简单,由于只能用于封闭机构,故能防止润滑油污染。由于润滑油循环使用,润滑效果好,油料消耗少。飞溅润滑装置使用时必须保持容器内的油位,定期清洗更换润滑油。

(四)油池润滑

该方法是依靠淹没在油池中的旋转机件连续旋转将油带到相互啮合的摩擦件上或将油推向容器壁上润滑轴承及其他零件。这种润滑方法比较简单,适用于封闭的、转速较低的机构。但必须保持规定的油位,定期清洗更换润滑油。

(五)油环、油链及油轮润滑

这种润滑方法是将油环或油链套在轴上做自由旋转,油轮则固定在轴上,油环、油链、油轮侵入油池中随轴旋转时将油带入摩擦面,形成自动润滑。只要在油池内保持规定的油位,就能可靠地保证摩擦部位的润滑。

(六)油绳、油垫润滑

这种润滑方法是将油绳、油垫或泡沫塑料等浸在油中,利用本身的毛细管和虹吸管作用吸油,连续不断地供给摩擦面油滴。该润滑装置润滑作用均匀,具有过滤作用,使进入摩擦面的油保持清洁。使用油绳润滑方法时,油绳不要与摩擦面接触以免被卷入摩擦面中。油杯中的油位应保持在全高的 3/4 以上,以保证吸油量。毛绳不可有结并定期更换。

（七）机械强制送油润滑

这种方法是利用装在油池上的小型柱塞泵,通过机械装置的带动把油压向润滑点。其装置维护简单,供油随设备的启停而启停,故供油是间歇的、自动的。油的流量由柱塞泵的行程来调整。为了保持润滑油的清洁,装置的油池应保持一定深度,以防止油池中的沉淀物堵塞泵的吸油管路。

（八）油雾润滑

油雾润滑的原理是利用压缩空气通过喷嘴把润滑油喷出雾化后再送入摩擦接触面,并让其在饱和状态下析出,使摩擦表面上黏附薄薄一层油膜而起润滑作用。

（九）压力循环润滑

压力循环润滑方法是利用重力或油泵使循环系统的润滑油达到一定的工作压力后输送到各润滑部位。使用过的油被送回油箱,经冷却、过滤后,供循环使用。一般压力循环润滑方法能调整供油压力和油量,可保证均匀而连续地供油,由于供油量充足,润滑油还能将摩擦热及磨损的屑沫带走。此种润滑装置使用中必须保持一定油位并要保证油的清洁、管道畅通、无泄漏,要定期清洗系统及更换润滑油。

（十）集中润滑

集中润滑方法是通过中心润滑器以及分送管道和分配阀,按照一定时间发送定量油、脂到各润滑点。其润滑装置有的是手工操作,有的是在调整好的时间内自动配送油料。供给摩擦接触面的油是均匀和周期性的,而不是连续的。有的装置的油量可以调整。

CABJ016 润滑剂的作用

三、润滑剂的作用

润滑剂的作用是为了润滑机械的摩擦部位,减少摩擦阻抗,防止烧结和磨损、减少动力的消耗,以及防振、冷却、防锈、洁净等。

（一）减少摩擦

在摩擦副之间加入润滑剂,能使摩擦系数降低,从而减少了摩擦阻力,节约能源消耗。在流体润滑条件下,润滑油的黏度和油膜厚度对减少摩擦起到十分重要的作用。随着摩擦副接触面间金属—金属接触点的增多,出现了边界润滑条件,此时润滑剂的化学性质(添加剂的化学活性)就显得极为重要了。

（二）降低磨损

机械零件的黏着磨损、表面疲劳磨损和腐蚀磨损与润滑条件有很大关系。在润滑剂中加入抗氧、抗腐剂有利于抑制腐蚀磨损,而加入油性剂、极压抗磨剂可以有效地降低黏着磨损和表面疲劳磨损。

（三）冷却作用

润滑剂可以减轻摩擦副的摩擦,由此减少发热量。润滑剂也可以吸热、传热和散热,因而能减缓机械运转摩擦所造成的温度上升。

（四）防腐作用

摩擦面上有润滑剂覆盖时,就可以防止或避免因空气、水滴、水蒸气、腐蚀性气体及液体、尘土、氧化物等所引起的腐蚀、锈蚀。润滑剂的防腐能力与保留于金属表面的油膜厚度有直接关系,同时也取决于润滑剂的组成。采用表面活性剂作为防锈剂,能使润滑剂的防锈能力提高。

（五）绝缘作用

精制矿物油的电阻大,可在变压器及开关等电气装置中作绝缘材料(如变压器油等)。一些金属材料浸在变压器油中,不仅可提高绝缘强度,而且还可免受潮气的侵蚀。

（六）力的传递

油液可以作为静力的传递介质,例如,汽车、起重机、机床等液压系统中的油。油液也可以作为液力系统的传递介质,例如,液力耦合器、自动变速机的油。

（七）减振作用

润滑剂吸附在金属表面上,本身应力小,所以在摩擦副受到冲击载荷时具有吸收冲击能的特性。如汽车的减振器就是油液减振(将机械能转变为流体能)。

（八）清洗作用

通过润滑油的循环可以带走油路系统中的杂质,再经过滤器滤掉。内燃机油还可以分散尘土和各种沉积物,起着保持发动机清净的作用。

（九）密封作用

润滑剂对某些外露零部件形成密封,防止水分或杂质的侵入。润滑剂在内燃机或空气压缩机气缸和活塞间起密封作用,建立起相应的压力并提高热效率。

CABJ017　润滑剂的分类

四、润滑剂的分类

设备所使用的润滑剂的分类标准很多,按形态分为液体润滑剂(润滑油),包括石油系润滑油和非石油系润滑油(动植物油和合成润滑油);半固体润滑剂(润滑脂),包括皂基润滑脂和非皂基润滑脂;气体润滑剂;固体润滑剂(石墨、二硫化钼等)。其中,液体润滑剂(润滑油)是最常用的。

（一）润滑油的分类

依据 GB/T 7631.1—2008《润滑剂、工业用油和有关产品(L 类)的分类》和 GB/T 498—2014《石油产品及润滑剂分类方法和类别的确定》制订,这个标准将润滑剂和有关产品归入一大类,根据尽可能包括所使用的润滑剂和有关产品的应用这一原则将他们分为 19 个组,按用途可分为全损耗系统用油、脱模油、齿轮油、压缩机油(包括冷冻机和真空泵)、内燃机油、轴承和主轴离合器油、导轨油等,还包括液压系统、金属加工、电器绝缘、风动工、热传导、暂时保护防腐蚀、汽轮机、热处理、用润滑脂的场合、其他应用场合、蒸汽气缸、特殊润滑剂应用场合使用的油共 19 大类,如齿轮油用于润滑各种重负荷齿轮,电气用油可作为电绝缘介质,用于变压器、高压电缆、电容器、高压油开关。

（二）润滑脂的分类

润滑脂产品品种繁多,为了规范其命名、选择及其应用,通常按稠化剂类型、用途和工作条件三种方式分类。下面主要介绍前两种分类方式。

1. 按稠化剂类型分类

按润滑脂所含稠化剂分类命名是最通用、方便的方法。但同一种稠化剂的润滑脂中可以含有不同的添加剂,其性能和所应用的工况也有较大的差别,因此稠化剂类型对润滑脂分类,还不能对使用者起到很好的指导作用。润滑脂类型说明示意图如图 1-5-13 所示。

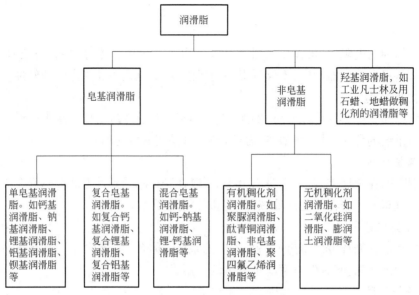

图 1-5-13 润滑脂类型说明示意图

2. 按用途分类

按润滑脂用途分类，可以让使用者一目了然，避免造成误用，将润滑脂分为七类见表 1-5-7，对各类再进行细分。

表 1-5-7 润滑脂分类表

类别	种类	使用温度/℃	适用举例
一般润滑脂	1	-10~60	一般机械低负荷的各种轴承和滑动部件的润滑，抗水
	3	-10~80	一般机械中等负荷的各种轴承和滑动部件的润滑，中等抗水
	3	-10~100	一般机械中等负荷的各种轴承和滑动部件的润滑，不抗水
滚动轴承润滑脂	1	-55~90	低温用，轻负荷的仪表机械轴承的润滑
	2	-20~120	工业通用
	3	-40~150	宽温度范围，工业通用
	4	-40~180	冶金、机械等高温轴承的润滑
汽车用润滑脂	1	-10~60	汽车轮毂轴承、底盘、水泵的润滑
	2	-45~100	寒冷地区汽车通用
	3	-30~120	汽车通用
	4	-10~150	盘式刹车汽车通用
集中供润滑脂	1	-20~100	集中润滑，低、中负荷
	2	-10~120	集叶润沿，高负荷
	3	-10~150	集中润滑，中负荷
	4	-10~150	集中润滑，高负荷
高负荷用润滑脂	1	-10~60	一般温度，冲击负荷
	2	-10~120	冲击负荷
	3	-10~120	高温度，冲击负荷

续表

类别	种类	使用温度/℃	适用举例
高负荷用润滑脂	4	−10～150	高温高负荷,冲击负荷
防护密封润滑脂	1	−30～50	用于钢丝绳的封存
	2	−30～40	用于钢丝绳麻芯的浸渍
	3	—	用于软化鞍挽具、皮革零件及皮革制品金属部件防护
	4	−10～40	用于飞机发动机系统和润滑系统的开关及螺纹结合处密封
	5	−40～80	用于密封甘油、乙醇、水和空气导管系统结合处的密封帽、螺纹及开关
专用润滑脂	1	−10～65	用于船舶机械
	2	−40～80	用于铁路机械制动缸润滑
	3	−10～100	食品机械润滑
	4	−10～120	用于铁路机车大轴及高压低速摩擦界面润滑

3.其他按润滑脂用途分类的方法

(1)按行业分类:如军工用润滑脂、铁路用润滑脂、船舶用润滑脂、汽车用润滑脂,纺织用润滑脂、矿山用润滑脂、化工用润滑脂等。

(2)按应用设备、部位分类:如阀门润滑脂、轴承润滑脂、减速机润滑脂等。

(3)按使用温度分类:如低温润滑脂、高温润滑脂等。

(4)按所用基础油分类:如矿物油润滑脂、合成油润滑脂。

(5)按承载性能分类:如普通润滑脂、极压润滑脂等。

ZABJ007 润滑油常用的理化试验项目

五、润滑油常用的理化试验项目

(一)黏度—温度特性(黏温特性)

黏性是流体(液体或气体)抵抗变形或阻止相邻流体层产生相对运动的性质。流体的黏性与流动性恰好相反。当一部分流体受力的作用产生运动时,必然在一定程度上带动邻近流体。因此又可把黏性看成是分子间的内摩擦,这种内摩擦抵抗着流体内部速度差的扩大。

润滑油黏度对润滑的效果影响很大,而温度则是影响黏度的一个最重要的参数。温度变化时,润滑油的黏度也随着变化,温度升高则黏度变小。为了使机器得到良好的润滑,就需要润滑油在机器的工作温度范围内保持合适的黏度,因此希望润滑油的黏度受温度的影响尽可能地小。润滑油的黏度随温度变化而变化的程度就是所谓的黏温性能。通常,润滑油的黏度随温度变化而变化的程度小,则黏温性能好;反之,则黏温性能差。润滑油的黏温性能与其组成有关,由不同原油或不同馏分、不同精制工艺制得的润滑油,其黏温性能不相同,一般环烷基油的黏温性能差,石蜡基油的黏温性能好。

(二)倾点

油品的凝固和纯化合物的凝固有很大的不同。油品是由多种烃及少量氧、硫、氮等化合物组成的混合物,并没有明确的凝固温度,所谓"凝固",只是作为整体来看失去了流动性,并不是所有组分都变成了固体。润滑油的倾点是表示润滑油低温流动性的一个重要的质量指标,对于生产、运输和使用都有重要意义。倾点高的润滑油不能在低温下使用;相反,在气温较高的地区,则没有必要使用倾点低的润滑油,造成不必要的浪费,因为润滑油的倾点越低,其生产成本越高。

(三)闪点

将油品在规定条件下加热使其温度升高,其中一些成分蒸发或分解产生可燃性蒸气,当升到一定温度,可燃性蒸气与空气混合后并与火焰接触时能发生瞬间闪火的最低温度称为闪点,单位是℃。闪点是表示油品蒸发性的一项指标。油品的馏分越轻,蒸发性越大,其闪点也越低;反之,油品馏分越重,蒸发性越小,其闪点也越高。同时,闪点又是表示石油产品着火危险性的指标。油品的危险等级是根据闪点划分的,闪点在45℃以下为易燃品,闪点在45℃以上为可燃品。在油品的储运过程中严禁将油品加热到它的闪点温度。在黏度相同的情况下,闪点越高越好。

(四)机械杂质(简称机杂或杂质)

所谓机械杂质,是指存在于润滑油中不溶于汽油、乙醇和苯等溶剂的沉淀物或胶状悬浮物。这些杂质大部分是砂石和铁屑之类,以及由添加剂带来的一些难溶于溶剂的有机金属盐。机杂测定按 GB/T 511—2010《石油和石油产品及添加剂机械杂质测定法》进行。机械杂质含量以质量分数表示。机械杂质和水分都是反映油品纯洁度的质量指标。对使用者来讲,关注机械杂质是非常必要的。因为润滑油在使用、储存、运输中混入灰尘、泥沙、金属碎屑、铁锈及金属氧化物等,由于这些杂质的存在,加速机械设备的正常磨损,严重时堵塞油路油嘴和滤油器,破坏正常润滑。

(五)水分

润滑油产品指标中的水分是指其含水量的质量分数。润滑油中的水分一般呈 3 种状态存在:游离水、乳化水和溶解水。一般游离水比较容易脱去,而乳化水和溶解水则不易脱去。

润滑油中水分的存在会促使油品氧化变质,破坏润滑油形成的油膜,使润滑效果变差,加速有机酸对金属的腐蚀作用,锈蚀设备,使油品容易产生沉渣。同时会使添加剂(尤其是金属盐类)发生水解反应而失效,产生沉淀,堵塞油路,妨碍润滑油的过滤和供油。不仅如此,润滑油中的水分在低温下使用时由于接近冰点而使润滑油流动性变差,黏温性能变坏;当使用温度高时,水汽化,不但破坏油膜,而且产生气阻,影响润滑油的循环。另外,在个别油品,例如变压器油中,水分的存在就会使介电损耗急剧增大,而击穿电压急剧下降,以至于引起事故。总之,润滑油中水分越少越好。

(六)残炭

残炭是指油品在规定的试验条件下受热蒸发、裂解和燃烧后形成的焦黑色残留物,以质量分数表示。残炭是润滑油基础油的重要质量指标,是为判断润滑油的性质和精制深度而规定的项目。一般来讲,空白基础油的残炭值越小越好。

ZABJ008 润滑脂的常用质量指标

六、润滑脂的常用质量指标

(一)滴点

GB/T 4929—1985《润滑脂滴点测定法》是测定润滑脂滴点的方法,润滑脂在测定器中受到加热后滴下第一滴时温度即为滴点,滴点越高,耐温性越好。灌注式润滑的轴承所使用的润滑脂,其滴点应高于轴承工作温度 40℃,才能确保不流失,也才能保证润滑的可能性。

集中供脂,一次性润滑的部位所使用的润滑脂,其滴点温度应高于工作环境温度。润滑脂滴点最低为45℃,较高的为160℃、250℃,最高的无滴点。

(二)保持能力

测定保持能力的方法:用标准钢棒在表面涂上一层0.1mm厚的润滑脂,置于恒温箱中,在规定温度、规定时间下测定残留在钢棒表面上的润滑脂量,残留脂量越大的润滑脂,其保持能力的耐温性能越强。

(三)锥入度

锥入度曾经也称为针入度,现在叫锥入度有两种原因,一是与国际接轨(国外通称锥入度),二是与沥青检测有所区别。润滑脂的锥入度是指在25℃时,锥体从锥入度计上释放,5s后锥体下落入润滑脂刺入深度,以0.1mm为单位,如锥入度为300,刺入深度为30mm。

(四)胶体安定性

润滑脂中大部分成分是润滑油,润滑油从脂中析出和倾向即为胶体安定性。任何润滑脂都有析油现象,但是析油过多的润滑脂容易干涸,析油流失也会造成污染,良好的润滑脂析油量是有一定限度的。

GABJ006 流体
润滑的形成条件

七、流体润滑的形成条件

流体润滑是在两摩擦面之间加有液体润滑剂,润滑油把两摩擦面完全隔开,变金属接触干摩擦为液体的内摩擦。流体润滑的优点是液体润滑剂的摩擦系数小,通常为0.001～0.01。实现流体润滑,必须具备以下三个条件:

(1)摩擦表面间必须有相对运动。

(2)顺着表面运动的方向,油层必须成楔形。

(3)润滑油与摩擦表面必须有一定的附着力,润滑油随摩擦表面运动时必须有一定的内摩擦力,即必须有一定的黏度。

GABJ007 46#
汽轮机油的性
能指标

八、46#汽轮机油的性能指标

国标GB 11120—2011《涡轮机油》对汽轮机46#油的性能指标做了明确规定,性能指标见表1-5-8。

表1-5-8　汽轮机油的性能指标

项目	质量指标		试验方法
	A级	B级	
黏度等级(GB/T 3141—1994)	46	46	
外观	透明	透明	目测
色度/号	报告	报告	GB 6540—1986
运动黏度(40℃)/(mm²/s)	41.4～50.6	41.4～50.6	GB/T 265—1988
黏度指数不小于	90	85	GB/T 1995—1998
倾点/℃　　　不高于	-6	-6	GB/T 3535—2006
密度(20℃)/(kg/m³)	报告	报告	GB/T 1884—2000 和 GB/T 1885—1998

续表

项目	质量指标		试验方法
	A 级	B 级	
黏度等级（GB/T 3141—1994）	46	46	
闪点（开口）/℃　不低于	186	186	GB/T 3536—2008
酸值（以 KOH 计）/（mg/g）　不大于	0.2	0.2	GB/T 4945—2002
水分（质量分数）/%不大于	0.02	0.02	GB/T 11133—2015
泡沫性（泡沫倾向/泡沫稳定性）/（mL/mL） 不大于 程序Ⅰ（24℃） 程序Ⅱ（93.5℃） 程序Ⅲ（后24℃）	450/0 50/0 450/0	450/0 100/0 450/0	GB/T 12579—2002
空气释放值（50℃）/min　不大于	5	6	SH/T 0308—1992
钢片腐蚀（100℃，3h）/级　不大于	1	1	GB/T 5096—2017
液相锈蚀（24h）	无锈	无锈	GB/T 11143—2008（B 法）
抗乳化性（乳化液达到 3ml 的时间）/min 不大于 54℃ 82℃	15 —	15 —	GB/T 40501—2016
旋转氧弹/min	报告	报告	SH/T 0193—2008
承载能力 齿轮机试验/失效率 不小于	9	—	GB/T 19936.1—2005

GABJ008 润滑油的选用原则

九、润滑油的选用原则

（一）根据机械设备的工作条件选用

1. 载荷

载荷大，应选用黏度大、油性或极压性良好的润滑油。反之，载荷小，应选用黏度小的润滑油，间歇性的或冲击力较大的机械运动，容易破坏油膜，应选用黏度较大或极压性能较好的润滑油。

2. 运动速度

设备润滑部位摩擦副运动速度高，应选用黏度较低的润滑油。若采用高黏度反而增大摩擦阻力，对润滑不利。低速部件，可选用黏度大一些的油，目前国产中负荷、重负荷工业齿轮油都加有抗磨添加剂的情况下，也不必过多地强度高黏度。

3. 温度

温度分环境温度和工作温度。环境温度低，选用黏度和倾点较低的润滑油，反之可以高一些。工作温度高，则选用黏度较大，闪点较高、氧化安定性较好的润滑油，甚至选用固体润滑剂，才能保证可靠润滑。至于温度变化范围大的润滑部位，还要选择黏温性号的润滑油。

4.环境、温度及与水接触情况

在潮湿的工作环境里,或者与水接触较多的工作条件下,应选用抗乳化较强、油性和防锈性能较好的润滑油。

(二)润滑油名称及其性能与使用对象要一致

1.油名

国产润滑油不少是按机械设备及润滑部位的名称命名,如汽油机油、汽轮机油齿轮油等,油名选对是首要的,但要考虑不同生产厂生产的油品质量也有所不同。

2.黏度

选用润滑油,首先要考虑其黏度。润滑油的黏度不仅是重要的使用性能,而且还是确定其牌号的依据。过去国产润滑油大部分按其在50℃或100℃时的运动黏度值来命名牌号的,现在与国外一致,工业用润滑油按40℃运动黏度中心值来划分牌号,必须注意40℃的新牌号与50℃的旧牌号的换算。润滑油的黏度,与机械设备的运转关系极大。一般说,黏度有些变化,或稍大一些或小一些,影响不大。但如选用黏度过大或过小的润滑油,就会引起不正常的磨损,黏度过高,甚至发生卡轴、拉缸等设备事故。

3.倾点

一般要求润滑油的倾点比使用环境的最低温度低5℃为宜,并应保证冬季不影响加油使用。因此,如限于华南地区使用,不必选用倾点很低的油品,以免造成浪费。

4.闪点

闪点有两方面意义,一方面反应润滑油的馏分范围;另一方面也是一个反映油品安全性的指标。高温下使用的润滑油,如压缩机油等,应选用闪点高一些的油,一般要求润滑油的闪点比润滑部位的工作温度高20~30℃为宜。

参考设备制造厂的推荐选油:对于引进的设备,一般推荐很多公司的油品,可以参考国外设备厂商推荐的油品类型、质量水平等选用国外水平相当的产品,目前在国内,已能够生产与国外相对应的各种类型的润滑油品,一些油品的质量水平已达到国际同类产品水平。因此,进口设备用油要立足国内,这样,不仅为国家节省大量外汇,而且也能为企业增加效益。个别润滑品种,国内实在还未开发的,才考虑向国外公司进口。

JABJ004　常见的润滑故障及原因

十、常见的润滑故障及原因

(一)机械运转不灵

机械运转时,运动迟滞,速度不匀,不能平稳地工作,而且动力消耗大。因此产生振动和噪声,同时电动机过热,达不到要求的转动速度,如果为此而改用大功率电动机,则机械将过度发热,传动装置(皮带、齿轮等)和轴承将受到损伤。其主要原因:

(1)摩擦部分设计或安装不当摩擦部分的间隙过小,而摩擦力太大。或反之,间隙过大,也会造成冲击和润滑状态不良,致使摩擦增大而运转不稳定。此外对摩擦部分供应的润滑剂不足,润滑不良而使运转状态恶化。这些情况有的是因为机械设计不当;有的是因为加工或装配不好而造成的。

(2)摩擦部分的材料及其组合不当,或润滑剂选择不适当时,也会造成运动不稳定,而且容易引起咬黏或胶合等损伤。

（3）有异物混入，当尘土或沙子等磨料性固体异物从外部侵入时，因其嵌入摩擦部分而使运动受阻。摩擦部分的间隙和油膜厚度为几微米至几十微米，与此相比，浮游在空气中的尘土通常都达到几十微米至 $100\mu m$，而且它们的硬度极高，因此在阻碍运动的同时，引起显著的磨损。

（4）摩擦部分的损伤，如果齿轮、轴承、进给丝杠和导轨面等摩擦部分发生磨损、咬黏、剥落等损伤，运动状态将恶化。

（二）产生振动和噪声

机械在运转时会产生不正常的振动和噪声，导致机械的性能降低和环境恶化，在最严重的情况下会造成机械过早地损坏，其原因也有与润滑有关的。

（三）温度过高

比正常运转的摩擦力增大，以致摩擦部分的温度显著升高。在无外热的情况，如轴承或油箱油温超过 80℃ 时，应引起严密的注意。此时机械摩擦部位内部的温度可能还高出几十度，甚至有润滑油烧焦的臭味和冒烟。其原因有以下几点：

（1）摩擦部位阻力太大，强行继续运转而激烈发热。

（2）摩擦阻力大，除由于机械运转恶化情况外，还有应润滑油黏度大，流动性差而散热不良，以致产生的热量不能及时散出机外。

（3）摩擦润滑部位的散热条件不良，周围气温高或通风不良，以致摩擦发生的热量不能随时散出。

（4）由于运转时发热，机械发生热变形和热膨胀，使摩擦部分配合精度失常，从而促进了发热。

（四）机械不能运转

机械运转中突然停止或不能再启动，除了驱动力即电动机故障外，还有因机械中产生异常阻力，摩擦部分发生咬抱所造成。其原因有：

（1）摩擦部分发生损伤，以致发生咬抱。

（2）摩擦部分有土、砂、或尘埃等异物和来自其他部分的碎屑进入，以致卡死。

（3）随着温度过度升高，摩擦部分的状态显著恶化，或发生咬合。

十一、润滑油管理

（一）润滑油管理知识

1. 设备管理的"三懂四会"内容

三懂是指：懂结构，懂设备，懂用途。

四会是指：会保养，会检查，会维护，会排除一般故障。

2. 润滑油"五定"的概念

五定是指：定期，定点，定质，定量，定人。

3. 常用润滑油（脂）的名称

N46 防锈透平油、N32 防锈透平油、ZL-3 锂基脂、二硫化钼锂基脂、N150 齿轮油、N220 齿轮油、N32 抗氨透平油、8#液力传动油、10#工业白油。

CCBA005 设备管理"三懂四会"内容

CBBA005 设备管理的"三懂四会"内容

CCBA023 润滑油"五定"的概念

CBBA023 润滑油"五定"概念

CCBA024 常用润滑油（脂）名称

CBBA024 常用润滑油（脂）的名称

4. 润滑油"三级过滤"的步骤

润滑油原装桶与固定桶之间;固定桶与油壶之间;油壶和加油点之间。

CCBB009 润滑油"三级过滤"步骤

5. 润滑油的使用规定

公司必须加强对设备润滑管理工作的组织和领导,各生产管理单位需配备专人(或兼职)负责做好润滑的日常管理工作。

CBBB009 润滑油"三级过滤"的步骤

(1)设备润滑管理制度的修订,组织编制设备润滑手册;

(2)设备润滑油脂型号和消耗定额的审定,审批关键机组和主要设备所选用的润滑油(脂)、代用油(脂)、添加剂等;

CCBB010 润滑油使用规定

(3)用油单位提出的润滑油(脂)和需求计划的审核;

CBBB010 润滑油的使用规定

(4)制度执行情况的检查考核:负责一般设备润滑事故报告的审查,组织重大设备润滑事故的调查,提出处理意见;负责对润滑油(脂)供应商的准入审核和评估工作;

(5)掌握润滑油管理动态,推广交流润滑新技术,组织操作人员学习润滑知识,提高润滑效果。组织建立本公司润滑油(脂)使用档案,本公司废润滑油(脂)收集保管和处理工作。

润滑油使用单位职责:

(1)设备润滑工作由本单位主管设备的领导归口管理,主要负责贯彻执行设备润滑管理制度,制定本单位设备润滑实施细则,并经常对操作人员进行规程制度教育,定期组织学习润滑知识。

(2)各单位设备员负责编制设备润滑一览表和油品化验周期表,经机动处审批后执行;负责制定本单位润滑油(脂)的消耗定额、编制下一年度用油计划。对大型关键设备要建立专门的润滑技术档案,对本单位润滑油品及润滑用具的管理和使用,要做到经常检查。发现问题及时处理。

(3)各设备使用单位需配备专人(或兼职)润滑油脂管理员,负责本单位润滑油脂需求计划,油品的领用、联系化验,分析结果存档,并妥善保管好有关技术资料;负责润滑器具配备和维护,油站安全、卫生的清理;负责废油及油具的回收、清理。

(4)切实落实"五定""三过滤"工作。

"五定"是指,定点:规定每台设备的润滑部位及加油点;定人:规定每个加、换油点的责任人;定质:规定每个加油点的润滑油品牌号;定时:规定加、换油时间;定量:规定每次加、换油数量。

"三级过滤"是指,由大油桶抽到大白瓷油桶时进行过滤;由大白瓷油桶到油壶时进行过滤;由油壶到漏斗时进行过滤。

循环、集中等润滑方式的必须从领油大桶经滤油设备后方可加入油箱,其他(如油系统中油滤芯过滤精度等)严格按设备润滑系统说明书进行。

具有独立润滑系统的机(泵)组检修后,润滑系统应进行油循环,按检修规程要求合格后方可试车投用。循环油箱应配备滤油设备并加强脱水检查,脱水频次各单位根据设备具体情况自行规定。

大型关键机组在前述基础上可采用在线滤油方式来保障在用油品质量及性能。

操作人员应定时检查设备润滑部位的油质、油量、油压、油品和滤网,发现问题及时处理。对设备润滑情况做好详细记录。

严格按规定正确使用油品，不得任意滥用和混用，不合格油品不得使用；不得随意变更油品，需变更时，应履行审批手续。

CCBB012 常用润滑油（脂）性能

6. 常用润滑油（脂）的性能

黏度、油性、闪点与燃点、凝点及其他。

CBBB012 常用润滑油（脂）的性能

7. 润滑油（脂）的作用

润滑油（脂）的作用主要有：润滑、冷却、洗涤、密封、防锈、消除冲击载荷等。

8. 选用润滑油（脂）的标准

CBBB008 润滑油（脂）的作用

（1）工作温度，在一定的条件下，当摩擦副的工作温度较高时，应选用润滑油的黏度大些或润滑脂的针入度小一些，而且闪电高，油性较好、抗氧化性强的油品。

CCBB005 选用润滑油（脂）标准

（2）摩擦副的工作速度：当摩擦副的工作速度较高时，应选用黏度较小一点的润滑油或针入度较大的润滑脂，以降低摩擦阻力；当转速较低时，选用黏度较大的，以建立适当厚度的油膜；

CBBB013 选用润滑油（脂）的标准

（3）摩擦副的工作载荷：当摩擦副的工作载荷较高时，应选用高黏度的润滑油，具有较好的油性和极压性，以保证油膜强度。

（4）在潮湿或与水接触较多工作条件下应选用抗水、抗锈性能好的润滑脂或破乳化能力强的润滑油。

（5）尽可能避免代用；更不允许乱代用。

CCBB006 判断润滑油变质方法

9. 判断润滑油变质的方法

正常润滑油变质后呈深黑色、泡沫多并出现乳化现象，用手指研磨，无黏稠感，发涩或有异味，滴在白试纸上深褐色，无黄色浸润区或黑点很多。

CBBB006 判断润滑油变质的方法

（二）过滤器基础知识

CCCB009 过滤器阻力增加处理方法

1. 过滤器阻力升高的处理

（1）投用备用润滑油过滤网，原运行油过滤网交出清洗备用；

CBCB009 过滤器阻力增加的处理方法

（2）在切换油过滤网时应缓慢将输送阀手柄转到中间位置，使油均匀流入两个过滤网，将备用油过滤网排气，然后让两个过滤网同时运行几分钟，再慢慢转动输送阀，使油全部进入备用油过滤网。

（3）在处理过滤器压差高的过程中，如果发生法兰泄漏，要第一时间上报，并做好个人防护工作，防止润滑油大面积跑油；

（4）压缩机出现异常声音，较大振动，着火，大量泄漏，无法立即缓解时，停车处理。

CCCA009 过滤器阻力升高原因分析

2. 过滤器阻力升高的原因分析

（1）检查油品是否与设计相符，油的质量是否合格；

CBCA009 过滤器阻力升高的原因分析

（2）核实滤芯过滤精度，看是否太高，同主机厂联系是否可降低，简单说就是将过滤网网眼加大，这样压差就小，当然首先要保证不影响润滑质量；

（3）环境温度低导致润滑油黏度大，通过过滤器时产生较大的阻力，表现为过滤器压差大，可以考虑给油加温。

3. 润滑油压过低的危害

CCAA004 润滑油压过低的危害

压缩机是高速旋转的机械,靠润滑油注入轴承,使轴颈与轴瓦之间形成液体摩擦,同时带走轴承中因摩擦产生的热量。此外,为保证增速器高速齿轮的稳定,也必须有足够的润滑油前置循环润滑。如果油压过低,润滑油在克服有系统自理后的流动能力就会减小,润滑油量就会减少,轴承中产生的热量就不能全部带走,轴承及油温则会升高。同时,轴承中油膜的建立也需要一定油压供油,否则油膜容易破坏,造成瓦研磨和烧坏轴承的事故。

4. 投用油过滤器的要点

CCAA012 投用油过滤器要点
CBAA014 投用润滑油过滤器的要点

在投用中需要特别注意,操作不当会造成油压波动。投用前应先充油后排气,将油过滤器充满,通过回油窥视镜观察是否有油回流到油箱。投用前要检查三通旋塞阀部位保持灵活状态,并且对油过滤器进行切换试验,最好在停车情况下,确认在切换过程中所需要的灵活性和动作速度是否能得到满足,否则将不宜在运行中进行切换。为了确保设备安全运行,操作应严格按规程进行。

5. 机组油系统的保护

JCBB005 机组油系统的保护

机组油系统的联锁保护有进油总管的油压低联锁保护,油温过低、过高报警,油箱液位低报警,油过滤器压差高报警,油箱通氮气保护,防止油箱油变质,防止进入空气中的凝结水。

项目六　腐蚀及相关知识

ZABJ009 应力腐蚀的定义

一、应力腐蚀的定义

应力腐蚀是在应力和腐蚀介质联合作用下的腐蚀,主要有应力腐蚀破裂、腐蚀疲劳、氢脆等。应力腐蚀破裂是金属或合金在拉应力与特定的腐蚀环境同时作用下产生的破裂。通常发生应力腐蚀时,金属会在腐蚀并不严重的情况下,经过一段时间后发生低应力脆断,事故的发生往往是突然的,因此是一种特别危险的腐蚀形态。应力腐蚀只发生于某些特定的材料环境中,如奥氏体不锈钢—CL、碳钢—NO 等,这种腐蚀发生时,必须存在拉应力(由外应力或焊接、冷加工等产生的残余应力)。

ZABJ010 应力腐蚀的危害

二、应力腐蚀的危害

应力腐蚀在腐蚀过程中,材料出现微裂纹然后再扩展为宏观裂纹,微裂纹一旦形成,其扩展速度比其他类型局部腐蚀快得多。应力腐蚀的过程不易发觉,一旦发生事故不易控制,造成危害也较大。断裂时间随介质和应力大小从几分钟到几年不等。应力腐蚀裂纹扩展速度远远大于没有应力时的腐蚀速度,但比纯机械快速断裂慢得多。金属材料发生应力腐蚀时,仅在局部地区出现从表到里的腐蚀裂纹,其裂纹形态主要有穿晶型、晶界型、混合型。不同的金属与环境体系有不同的裂纹形态。一般断裂口呈现脆性断裂特征。

ZABJ013 无损检测的种类

三、无损检测的种类

无损检测是指在不损害或不影响被检测对象使用性能，不伤害被检测对象内部组织的前提下，利用材料内部结构异常或缺陷存在引起的热、声、光、电、磁等反应的变化，以物理或化学方法为手段，借助现代化的技术和设备器材，对试件内部及表面的结构、性质、状态及缺陷的类型、性质、数量、形状、位置、尺寸、分布及其变化进行检查和测试的方法。

无损检测是工业发展必不可少的有效工具，在一定程度上反映了一个国家的工业发展水平，无损检测的重要性已得到公认，主要有射线检验（RT）、超声检测（UT）、磁粉检测（MT）和液体渗透检测（PT）四种。其他无损检测方法有涡流检测（ECT）、声发射检测（AE）、热像/红外（TIR）、泄漏试验（LT）、交流场测量技术（ACFMT）、漏磁检验（MFL）、远场测试检测方法（RFT）、超声波衍射时差法（TOFD）等。

（一）目视检测（VT）

目视检测，在国内实施的比较少，但在国际上是非常重视的无损检测第一阶段首要方法。按照国际惯例，目视检测要先做，以确认不会影响后面的检验，再接着做四大常规检验。VT常常用于目视检查焊缝，焊缝本身有工艺评定标准，都是可以通过目测和直接测量尺寸来做初步检验，发现咬边等不合格的外观缺陷，就要先打磨或者修整，之后才做其他深入的仪器检测。

（二）射线照相法（RT）

射线照相法是指用X射线或γ射线穿透试件，以胶片作为记录信息的器材的无损检测方法，该方法是最基本的，应用最广泛的一种非破坏性检验方法。原理：射线能穿透肉眼无法穿透的物质使胶片感光，当X射线或γ射线照射胶片时，与普通光线一样，能使胶片乳剂层中的卤化银产生潜影，由于不同密度的物质对射线的吸收系数不同，照射到胶片各处的射线强度也就会产生差异，便可根据暗室处理后的底片各处黑度差来判别缺陷。RT的定性更准确，有可供长期保存的直观图像，总体成本相对较高，而且射线对人体有害，检验速度会较慢。

（三）超声波检测（UT）

超声波检测是指通过超声波与试件相互作用，就反射、透射和散射的波进行研究，对试件进行宏观缺陷检测、几何特性测量、组织结构和力学性能变化的检测和表征，并进而对其特定应用性进行评价的技术。适用于金属、非金属和复合材料等多种试件的无损检测；可对较大厚度范围内的试件内部缺陷进行检测。对面积型缺陷的检出率较高；灵敏度高，可检测试件内部尺寸很小的缺陷；并且检测成本低、速度快，设备轻便，对人体及环境无害，现场使用较方便。

（四）磁粉检测（MT）

磁粉检测是指铁磁性材料和工件被磁化后，由于不连续性的存在，使工件表面和近表面的磁力线发生局部畸变而产生漏磁场，吸附施加在工件表面的磁粉，形成在合适光照下目视可见的磁痕，从而显示出不连续性的位置、形状和大小。

（五）渗透检测（PT）

渗透检测是指零件表面被施涂含有荧光染料或着色染料的渗透剂后，在毛细管作用下，经过一段时间，渗透液可以渗透进表面开口缺陷中；经去除零件表面多余的渗透液后，再在零件表面施涂显像剂，同样，在毛细管的作用下，显像剂将吸引缺陷中保留的渗透液，渗透液回渗到显像剂中,在一定的光源下(紫外线光或白光),缺陷处的渗透液痕迹被显示(黄绿色荧光或鲜艳红色),从而探测出缺陷的形貌及分布状态。

(六)涡流检测(ECT)

涡流检测是指将通有交流电的线圈置于待测的金属板上或套在待测的金属管外。这时线圈内及其附近将产生交变磁场,使试件中产生呈旋涡状的感应交变电流,称为涡流。涡流的分布和大小,除与线圈的形状和尺寸、交流电流的大小和频率等有关外,还取决于试件的电导率、磁导率、形状和尺寸、与线圈的距离以及表面有无裂纹缺陷等。因而,在保持其他因素相对不变的条件下,用一探测线圈测量涡流所引起的磁场变化,可推知试件中涡流的大小和相位变化,进而获得有关电导率、缺陷、材质状况和其他物理量(如形状、尺寸等)的变化或缺陷存在等信息。但由于涡流是交变电流,具有集肤效应,所检测到的信息仅能反映试件表面或近表面处的情况。

(七)声发射(AE)

声发射是指通过接收和分析材料的声发射信号来评定材料性能或结构完整性的无损检测方法。材料中因裂缝扩展、塑性变形或相变等引起应变能快速释放而产生的应力波现象称为声发射。这是一种新增的无损检测方法,通过材料内部的裂纹扩张等发出的声音进行检测。主要用于检测在用设备、器件的缺陷即缺陷发展情况,以判断其良好性。

(八)非常规检测方法

除以上指出的八种,还有以下三种非常规检测方法值得注意:泄漏检测(Leak Testing, LT);相控阵检测(Phased Array,PA);导波检测(Guided Wave Testing)。

> GABJ009 应力腐蚀的机理

四、应力腐蚀的机理

由应力腐蚀的定义可知,引起应力腐蚀的条件是应力与腐蚀介质的共同作用,其结果是材料的破裂。应力造成的机械破坏与电化学腐蚀的作用不是简单的代数和关系,而是互相配合与促进的作用。发生应力腐蚀开裂的必要条件是要有拉应力(不论是残余应力还是外加应力,或者两者同时存在)和特定的腐蚀介质存在。电化学阳极溶解理论认为:在应力腐蚀的前两个阶段,其发生、发展过程与孔蚀或缝隙腐蚀相同,腐蚀是在对流不畅、闭塞的微小区域内进行的,通常称为闭塞电池腐蚀;在第三个阶段,由于金属内存在一条阳极溶解的狭窄的"活性通路",因而腐蚀首先沿着与拉应力垂直的方向前进,在拉应力作用下,通路前端的膜反复间隙地破裂,在被腐蚀的阳极区形成狭小的微裂纹或蚀坑。小阳极的裂纹内部与大阴极的金属表面构成腐蚀电池,活性阴离子(如 Cl^-)进入形成闭塞电池的裂纹或蚀坑内部,引起浓缩的电解质溶液水解、酸化,促使裂纹尖端的阳极快速溶解,在应力作用下裂纹不断扩展,直至破裂。

综上所述,发生应力腐蚀破裂需要具备三个基本条件:

(一)敏感材料

合金比纯金属更容易发生应力腐蚀开裂。一般认为纯金属难以发生应力腐蚀破裂。

(二)特定的腐蚀介质

对某种合金,能发生应力腐蚀断裂与其所处的特定的腐蚀介质有关。而且介质中能引起 SCC 的物质浓度一般都很低。

（三）拉伸应力

拉伸应力有两个来源。一是残余应力（加工，冶炼，装配过程中产生），温差产生的热应力及相变产生的相变应力；二是材料承受外加载荷造成的应力。一般以残余应力为主，约占事故的80%左右，在残余应力中又以焊接应力为主。

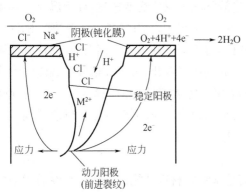

图 1-5-14　钝化合金的 SCC 机理示意图

腐蚀介质在应力腐蚀中的主要作用有：促进全面钝化，破坏局部钝化，进入裂缝（主要是阴离子）促进腐蚀或释放出氢。以"奥氏体不锈钢—Cl^-"系统为例，溶液中氧的作用是促进全面钝化，Cl^-破坏了局部钝化，同时进入裂缝尖端，生成盐酸，加速腐蚀。所谓的"活性通路"是指晶界，塑变引起的滑移带及金属间的化合物、沉淀相或由应变引起的表面膜的局部破裂所形成的"通路"，当有较大的应力集中时，这些"活性通路"就会进一步变形，形成新的活性阳极，其作用机理如图1-5-14所示。

SCC 断口呈脆性断裂的原因，可能是因为裂纹内部溶液被酸化后先形成 H^+，然后由于阴极反阴极（钝化膜）应产生的一部分氢原子扩散到裂纹尖端的金属内部，导致该区域脆化，在拉应力的作用下发生脆性断裂，裂纹在腐蚀和脆断的反复作用下迅速扩展的缘故。目前，这一理论已被生产实践所验证，因为采用阴极保护措施可以有效地抑制合金内应力腐蚀裂纹的产生和发展，而一旦脱离阴极保护系统，裂纹又继续扩展。应力腐蚀破裂的特征主要为：裂纹的形成和动力阳极扩展大致与拉应力方向垂直。这个导致应力腐蚀开裂的应力值，要比没有腐蚀介质存在时材料断裂所需要的应力值小得多。当应力腐蚀开裂扩展至某一深度时（此处，承受载荷的材料断面上的应力达到它在空气中的断裂应力），则材料就按正常的裂纹（在韧性材料中，通常是通过显微缺陷的聚合）而断开。金属与合金所承受的拉应力越小，断裂时间越长。应力腐蚀可在极低应力下（如屈服强度的 5%~10% 或更低）产生。一般认为当拉伸应力低于某一临界值时，不再发生断裂破坏，这个临界应力称为应力腐蚀开裂门槛值，用 KISS 或临界应力表示。

GABJ010 不锈钢表面形成钝化膜的最基本条件

五、不锈钢表面形成钝化膜的最基本条件

不锈钢的耐腐蚀主要依靠表面钝化膜，如果膜不完整或有缺陷，不锈钢仍会被腐蚀。所以有耐腐蚀要求的不锈钢必须经过钝化处理。不锈钢的抗腐蚀性能主要是由于表面覆盖着一层极薄的（约1nm）致密的钝化膜，这层膜将腐蚀介质隔离，是不锈钢防护的基础屏障。不锈钢钝化具有动态特征，不应看作腐蚀完全停止，而是形成扩散的阻挡层，使阳极反应速度大大降低。通常在有还原剂（如氯离子）情况下，倾向于破坏膜，而在氧化剂（如空气）存在时能保持或修原膜。

不锈钢工件放置于空气中会形成氧化膜但这种膜的保护性不够完善，通常先要进行彻底清洗，包括碱洗与酸洗，再用氧化剂钝化，才能保证钝化膜的完整性和稳定性。酸洗的目的之一是为化学处理创造有利条件，保证形成优质的钝化膜。因为通过酸洗使不锈钢表面

平均有 $10\mu m$ 厚一层表面被腐蚀掉,酸液的化学活性使得缺陷部位的溶解率比表面上其他部位高,因此酸洗可使整个表面趋于均匀平衡,一些原来容易造成腐蚀的隐患被清除掉了。但更重要的是,通过酸洗钝化,使铁与铁的氧化物比铬与铬的氧化物优先溶解,去掉了贫铬层,造成铬在不锈钢表面富集,这种富铬钝化膜的电位可达 $+1.0V$(SCE)接近贵金属的电位,提高了抗腐蚀的稳定性,不同的钝化处理也会影响膜的成份与结构,从而影响不锈性,如通过电化学改性处理,可使钝化膜具有多层结构,在阻挡层形成 CrO_3 或 Cr_2O_3,或形成玻璃态的氧化膜,使不锈钢能发挥最大的耐蚀性。CO_2 汽提法尿素合成系统的主要材质是 316L 不锈钢。25-22-2 铸钢之所以能抗甲铵液腐蚀,是由于表面要一层氧化膜,而生成和保护好质量良好的氧化膜必须在液相中有溶解氧存在的条件下才能形成。所以加氧的目的主要是氧在系统中保护氧化膜,才能起到防底作用(Cr 是不锈钢的主要成分,它具有很好的防腐能力,在高温下有很好的防腐耐酸能力;Mo 主要是增加材料的耐热性和不锈钢的化学稳定性,它具有很好的防晶间腐蚀的能力,并起防上材料在焊接加热过程中脱铬的作用)。

不锈钢表面只有当具备以下三个条件所形成的钝化膜质量才较好:

(1)气相要有一定的氧分压(这样才能使液相中有溶解的氧存在);

(2)金属表面要保持湿润,这样才能使氧溶解在其中;

(3)一定的温度也有利于钝化反应并能形成较致密的氧化膜,一般温度在 $100℃$ 以上才能起钝化作用。

六、防止和减轻应力腐蚀的途径

GABJ011 防止和减轻应力腐蚀的途径

防止应力腐蚀破裂的方法主要有:采用合理的热处理方法以消除或减少残余内应力;降低设计应力,使零部件的最大有效应力低于临界破裂强度;合理的设计及制定正确的加工工艺,以减少局部应力集中;改善合金的组织结构以降低对 SCC 的敏感性;采用一定的工艺措施,使材料表面存在残余压应力;合理的选材;采用电化学保护措施、使用表面涂层或介质中加入缓蚀剂;在条件许可的场合,还可采用去除材料中的杂质成分等措施。

GABJ012 电化学腐蚀的概念

七、电化学腐蚀的概念

不纯的金属或合金接触电解质溶液后发生原电池反应。其中比较活泼的金属原子失去电子而被氧化,由此引起的腐蚀,叫作电化学腐蚀。

八、常用腐蚀调查的方法

JCBB001 常用腐蚀调查的方法

(一)定期腐蚀调查

在设备进行停车检修时,常由厂部设备科、车间乃至有关研究单位参加,组成调查组。当新厂投产一年后,必须进行一次全面的腐蚀调查,以建立设备腐蚀档案。

(二)事故腐蚀调查

这是对突发性的腐蚀事故发生后所进行的调查。腐蚀事故一般发生在新投产的工厂,由于开车时许多条件还不稳定,如操作温度太高或太低,腐蚀物质的浓度波动,缓释剂分布不均匀,氧去除不彻底等原因造成;有时候老厂也会由于检修质量不好或原料成分改变,以及其他原因而发生腐蚀事故,这类腐蚀调查涉及的人员较多,范围较广,调查必须深入细致,以便找出事故腐蚀原因,以防事故再次发生。

（三）专题腐蚀调查

当一台装置经常遭受腐蚀,并且同类型工厂也常出现同样的问题,则必须进行深入细致的专题调查。这种调查的组织往往由制造厂家、运行生产单位及有关研究单位组成。通过专题腐蚀调查,找出原因,组织实验研究,采取措施加以解决。有时在专题调查中也可发现,同样的装置,腐蚀情况及其使用寿命往往存在差异,这样在找出了存在差异的原因之后,问题就得到解决。因此,通过这样的专题调查,往往促进了化工防腐蚀技术的共同提高。

（四）系统腐蚀调查

这类调查是按工艺流程逐台设备进行调查,了解他们的腐蚀情况分析腐蚀原因,掌握防腐蚀措施的效果等。

九、常见防腐蚀的方法

GABJ013 常见
防腐蚀的方法

工业设备大多是由金属制造而成,金属容易被腐蚀,比如最常见的铁会生锈,所以工业设备防腐蚀是一项十分重要的工作,常用的防腐蚀方法有以下几种:

（1）金属的电化学保护法。这是防护金属电化学腐蚀而采取的防护方法之一。电化学保护法又可以分为阴极保护、护屏保护和阳极保护等方法。阴极保护法,是指在被保护的金属表面,通以阴极直流电流,这样做可以消除或降低被保护金属表面的腐蚀电池作用。

阳极保护法,是指在被保护金属表面,通以阳极直流电流,使其金属表面形成一层钝化膜,防止化学介质同金属反应。

（2）添加缓蚀剂防腐蚀。在腐蚀介质中加入一种或几种物质（通常加入量极少,只占千分之几到百分之几）,起防止介质对金属腐蚀的作用,但是又不改变介质的其他性能,这种物质称为缓蚀剂。

（3）合理选择各种耐腐蚀合金和有色金属制作设备,这是工业设备防腐蚀最为常用的一种方法。优化的结构设计、制造加工工艺,优化的工艺流程都能大幅提高设备的防腐蚀能力。

（4）使用各种金属镀层和衬里。钢设备表面用喷镀、电镀、化学镀、热浸镀等方法可得到各种有色金属与合金的镀层,防止介质腐蚀。

（5）选择各种非金属保护层。钢设备或混凝土设备表面衬橡胶、衬塑料、衬砖板和涂刷各种耐腐蚀涂料都可以起到很好的防腐蚀作用,将腐蚀介质与钢或混凝土表面隔离,起到保护作用。

（6）选择各种非金属耐腐蚀材料制作设备,用非金属耐腐蚀材料可以制作反应设备和塔器、槽罐、管道、泵、阀等。

项目七 常见金属材料的种类

一、碳钢的分类标准

CABJ012 碳钢
的分类标准

碳钢也称非合金钢和碳素钢,是指以铁为主要元素、含碳量小于 2.11% 并含有硅、锰、硫、磷等元素的铁碳合金。碳钢分类方法较多。

（一）按用途分类

1.碳素结构钢

碳素结构钢主要用于一般工程结构和普通零件，它通常轧制成钢板、钢带、钢管、盘条、型钢、棒钢或各种型材（圆钢、方钢、工字钢、钢筋等），可供焊接、铆接、栓接等结构件使用。此类钢使用量很大，约占钢总产量的70%以上。

2.优质碳素结构钢

优质碳素结构钢用于较为重要的零件，可以通过各种热处理调整零件的力学性能。

3.碳素工具钢

碳素工具钢主要用于制作各种小型工具。可通过淬火、低温回火处理获得高的硬度和高耐磨性。按硫、磷的含量可分为优质碳素工具钢（简称碳素工具钢，其硫含量≤0.03%，磷含量≤0.035%和高级优质碳素工具钢硫含量≤0.02%，磷含量≤0.03%两类）。

4.一般工程用铸造碳素钢

一般工程用铸造碳素钢主要用于使用铸铁保证不了其塑性，且形状复杂，不便于用锻压制成的毛坯零件。其碳含量一般小于0.65%。

（二）按含碳量分类

1.低碳钢（WC≤0.25%）

低碳钢又称软钢，低碳钢易于接受各种加工如锻造、焊接和切削，常用于制造链条、铆钉、螺栓、轴等。

2.中碳钢（WC0.25%～0.6%）

中碳钢有镇静钢、半镇静钢、沸腾钢等多种产品。除碳外还可含有少量锰（0.70%～1.20%）。按产品质量分为普通碳素结构钢和优质碳素结构钢。热加工及切削性能良好，焊接性能较差。强度、硬度比低碳钢高，而塑性和韧性低于低碳钢。

3.高碳钢（WC>0.6%）

高碳钢常称工具钢，含碳量大于0.60%，可以淬硬和回火。锤、撬棍等由含碳量0.75%的钢制造；切削工具如钻头、丝攻、铰刀等由含碳量0.90%～1.00%的钢制造。含碳量越高，硬度、强度越大，但塑性降低。另外，含碳量2.1%～4.5%铁碳合金一般称为铸铁。

（三）按钢的质量（品质）分类

（1）普通碳素钢（S≤0.050%　P≤0.045%）：用于钢筋、铁道等；

（2）优质碳素钢（S≤0.035%　P≤0.035%）：用于造船、重轨等；

（3）高级优质碳素钢（S≤0.025%　P≤0.025%）：用于航空、兵器等；

（4）特级优质碳素钢（S≤0.015%　P≤0.025%）：用于特殊焊条等。

CABJ013　合金钢的分类标准

二、合金钢的分类标准

为了改善钢的性能，在钢中特意加入除铁和碳以外的其他元素，这一类钢称为合金钢，通常加入的合金元素有锰、铬、镍、钼、铜、铝、硅、钨、钒、铌、锆、钴、钛、硼、氮等，如铜与锡的合金称青铜，铜与锌的合金称为黄铜。

（一）按合金元素的加入量分类

（1）低合金钢,合金总量不超过 5%;

（2）中合金钢,合金总量 5%~10%;

（3）高合金钢,合金总量超过 10%。

（二）按用途分类

（1）合金结构钢,专用于制造各种工程结构和机器零件的钢种;

（2）合金工具钢,专用于制造各种工具的钢种;

（3）特殊性能合金钢,具有特殊物理,化学性能的钢种,例如耐酸钢、耐热钢、电工钢等。

（三）按钢的组织分类

合金钢可分为珠光体钢、奥氏体钢、铁素体钢、马氏体钢等。

（四）按所含主要合金元素分类

合金钢可分为铬钢、铬镍钢、锰钢、硅锰钢等。

CABJ014 不锈
钢的分类标准

三、不锈钢的分类标准

不锈钢(Stainless Steel)是不锈耐酸钢的简称,耐空气、蒸汽、水等弱腐蚀介质或具有不锈性的钢种称为不锈钢;而将耐化学腐蚀介质(酸、碱、盐等化学浸蚀)腐蚀的钢种称为耐酸钢。由于两者在化学成分上的差异,前者不一定耐化学介质腐蚀,而后者则一般均具有不锈性。不锈钢的耐蚀性取决于钢中所含的合金元素。

按照金相组织,把普通的不锈钢分为三类:奥氏体型不锈钢、铁素体型不锈钢、马氏体型不锈钢。在这三类基本金相组织基础上,为了特定需求与目的,又衍生出了双相钢、沉淀硬化型不锈钢和含铁量低于 50% 的高合金钢。

（一）奥氏体型不锈钢

基体以面心立方晶体结构的奥氏体组织(CY 相)为主,无磁性,主要通过冷加工使其强化(并可能导致一定的磁性)的不锈钢。美国钢铁协会以 200 和 300 系列的数字标示,如 304。

（二）铁素体型不锈钢

基体以体心立方晶体结构的铁素体组织(α 相)为主,有磁性,一般不能通过热处理硬化,但冷加工可使其轻微强化的不锈钢。美国钢铁协会以 430 和 446 为标示。

（三）马氏体型不锈钢

基体为马氏体组织(体心立方或立方),有磁性,通过热处理可调整其力学性能的不锈钢。美国钢铁协会以 410、420 以及 440 数字标示。马氏体在高温下具有奥氏体组织,当以适当的速度冷却至室温时,奥氏体组织能够转变为马氏体(即淬硬)。

（四）奥氏体—铁素体(双相)型不锈钢

基体兼有奥氏体和铁素体两相组织,其中较少相基体的含量一般大于 15%,有磁性,可通过冷加工使其强化的不锈钢,329 是典型的双相不锈钢。与奥氏体不锈钢相比,双相钢强度高,耐晶间腐蚀和耐氯化物应力腐蚀及点腐蚀能力均有明显提高。

（五）沉淀硬化型不锈钢

基体为奥氏体或马氏体组织,并能通过沉淀硬化处理使其硬化的不锈钢。美国钢铁协会以 600 系列的数字标示,如 630,即 17-4pH。一般来说,除合金外,奥氏体不锈钢的耐腐蚀性是比较优异的,在腐蚀性较低的环境中,可以采用铁素体不锈钢,在轻度腐蚀性环境中,若要求材料具有高强度或高硬度,可以采用马氏体不锈钢和沉淀硬化不锈钢。

GBBB008 铬钼钢特性

GCBB008 铬钼钢的特性

四、铬钼钢的特性

铬钼钢在高压、高温的临氢环境中已被广泛的使用,因其具备优异的耐高温氧化能力和抗氢腐蚀性能,但长期在 370~595℃ 的温度范围内操作,3Cr-1Mo-0.25V、3Cr-1Mo、2.25Cr-1Mo 等铬钼钢会出现韧脆转变温度升高和冲击韧性下降的现象,也就是回火脆性。此外,铬钼钢也是易出现氢致裂纹,即延迟裂纹、淬硬倾向大、强度高的钢种。为了将氢致裂纹敏感性和回火脆性问题解决掉,需要在制造过程中相应的对检验、热处理、焊接等提出一系列的特殊要求,并且需要采取对钢材的化学成分进行控制和提高冲击韧性要求的措施。因此我们只有对铬钼钢的特性进行真正的了解及掌握,才能真正把现实中遇到的问题处理好。

(一)回火脆性

回火脆性是指长期在某温度范围内操作钢材所出现的冲击韧性下降现象 P(磷)、As(砷)、Sn(锡)、Sb(锑)等微量不纯元素的含量过高,脆化倾向就会非常明显,多量的 Mn 和 Si 可以促进脆化;很多试验表明,Cr 含量为 2%~3% 的 Cr-Mo 钢的回火脆化倾向最显著;非脆化材料和脆化材料的区别只表现在韧脆转变温度与缺口冲击韧性上,在拉伸性能上没有显著区别;Cr-Mo 钢的回火脆性出现在 370~595℃,靠近此温度下限时,脆化的发展比较缓慢,靠近此温度范围上限时,脆化的速度比较快。

(二)抗氢腐蚀性

由于吸收氢而导致金属材料的性能恶化、塑性降低的现象称作氢损伤,也称作氢脆。介质环境中的氢、金属凝固后内部残存的氢以及腐蚀、电解或酸洗反应产生的氢均可能被材料吸收而扩散到内部造成氢脆。氢损伤会造成高温氢腐蚀、氢致脆性开裂,氢鼓泡等多种形式的材料失效。就石化行业中的临氢容器而言,采用铬钼钢主要是防止高温氢腐蚀。

(三)耐热性

金属材料抵抗高温氧化的能力,称为耐热性或抗氧化性,这类钢材称为耐热钢。在中、高温的条件下,耐热性要求钢材的金相组织要稳定,不然就会出现石墨化现象。同时,耐热钢还要求钢材具有较高的蠕变极限和高温持久强度。含有 Cr、Mo、V 元素(可以形成强碳化物和较好的热稳定性)的铬钼钢,能使渗碳体的分解温度提高,防止产生石墨化,进而提高钢材的端变极限和高温持久强度极限。

项目八　压力容器安全附件基础知识

CABJ019 压力容器安全附件的种类

一、压力容器安全附件的种类

(一)安全阀、爆破片

1. 安全阀、爆破片的排放能力

安全阀、爆破片的排放能力,应当不小于压力容器的安全泄放量。排放能力和安全泄放量按照相应标准的规定进行计算,必要时还应当进行试验验证。对于充装处于饱和状态或者过热状态的气液混合介质的压力容器,设计爆破片装置时应当计算泄放口径,确保不产生空间爆炸。

2.安全阀的整定压力

安全阀的整定压力一般不大于该压力容器的设计压力。设计图样或者铭牌上标注有最高允许工作的也可以采用最高允许工作压力确定安全阀的整定压力。

3.爆破片的爆破压力

压力容器上装有爆破片装置时,爆破片的设计爆破压力一般不大于该容器的设计压力,并且爆破片的最小爆破压力不得小于该容器的工作压力。当设计图样或者铭牌上标注有最高允许工作压力时,爆破片的设计爆破压力不得大于压力容器的最高允许工作压力。

4.安全阀的动作机构

杠杆式安全阀应当有防止重锤自由移动的装置和限制杠杆越出的导架,弹簧式安全阀应当有防止随便拧动调整螺钉的铅封装置,静重式安全阀应当有防止重片飞脱的装置。

5.安全阀的校验单位

安全阀校验单位应当具有与校验工作相适应的校验技术人员、校验装置、仪器和场地,并且建立必要的规章制度。校验人员应当取得安全阀校验人员资格。校验合格后,校验单位应当出具校验报告并且对校验合格的安全阀加装铅封。

（二）压力表

1.压力表选用

(1)选用的压力表,应当与压力容器内的介质相适应;

(2)设计压力小于 1.6MPa 压力容器使用的压力表的精度不得低示 2.5 级,设计压不小于 1.6MP 压力容器使用的压力表的精度不得低于 1.6 级;

(3)压力表表盘刻度极限值应当为工作压力的 1.5~3.0 倍;

(4)压力表检定:压力表的检定和维护应当符合国家计量部门的有关规定,压力表安装前应当进行检定,在刻度盘上应当划出指示作压力的红线,注明下次检定日期。压力表检定后应当加铅封。

2.压力表安装

(1)安装位置应当便于操作人员观察和清洗并且应当避免受到辐射热、冻结或者震动等不利影响;

(2)压力表与压力容器之间,应当装设三通旋塞或者针形阀(三通旋塞或者针形阀上应当有开启标记和锁紧装置),并且不得连接其他用途的任何配件或者接管;

(3)用于蒸汽介质的压力表,在压力表与压力容器之间应当装有存水弯管;

(4)用于具有腐蚀性或者高黏度介质的压力表,在压力表与压力容器之间应当安装能隔离介质的缓冲装置。

（三）液位计

1.液位计通用要求

压力容器用液位计应当符合以下要求:

(1)根据压力容器的介质、设计压力(或者最高允许工作压力)和设计温度选用;

（2）在安装使用前，设计压力小于10MPa压力容器用液位计，以1.5倍的液位计公称压力进行液压试验；设计压力不小于10MPa的压力容器用液位计，则以1.25倍的液位计公称压力进行液压试验；

（3）储存0℃以下介质的压力容器，选用防霜液位计；

（4）寒冷地区室外使用的液位计，选用夹套型或者保温型结构的液位计；

（5）用于易爆、毒性危害程度为极度或者高度危害介质以及液化气体压力容器上的液位计，有防止泄漏的保护装置；

（6）要求液面指示平稳的，不允许采用浮子（标）式液位计。

2. 液位计安装

液位计应当安装在便于观察的位置，否则应当增加其他辅助设施。大型压力容器还应当有集中控制的设施和警报装置。液位计上最高和最低安全液位，应当作出明显的标志。

（四）壁温测试仪表

需要控制壁温的压力容器，应当装设测试壁温的测温仪表（或者温度计）。测温仪表应当定期校准。

（五）视镜

压力容器视镜又称设备视镜，是用来观察化工、石油、化妆、医药及其他工业设备容器内介质变化情况的一种产品。操作人员根据其显示的情况来调节或控制充装量，从而保证容器内的介质始终在正常范围内。

（六）易熔塞

易熔塞是利用装置内的低熔点合金在较高的温度下即熔化、打开通道使气体从原来填充的易熔合金的孔中排出来泄放压力，其特点是结构简单，更换容易，由熔化温度而确定的动作压力较易控制。

> ZABJ012　安全阀的校验内容

二、安全阀的校验

按照TSG 21—2016《固定式压力容器安全技术监察规程》规定，安全阀的检验内容如下：

（一）安全阀检查及解体

应该先对安全阀进行清洗并且进行外观检查，然后对安全阀进行解体，检查各零部件。发现阀体、弹簧、阀杆、密封面有损伤、裂纹、腐蚀、变形等缺陷的安全阀应该进行修理、调整更换。对于阀体有裂纹、阀芯与随座黏死、弹簧严重腐蚀变形、部件破损严重并且无法维修的安全阀应该予以报废。

安全阀在线校验时，先将阀体适当清洗、除锈，用肉眼检查安全阀阀体受压部分有无锈蚀和裂纹，如果有裂纹该阀应该立即更换。

无制造许可证的制造厂生产的安全阀、无铭牌或无校验记录的安全阀应该予以判废。

（二）整定压力校验

缓慢升高安全阀的进口压力，当达到整定压力的90%时，升压速度应当不高于0.01MPa/s，当测到阀瓣有开启或见到、听到试验介质的连续排出时，则安全阀的进口压力被视为此安全阀的整定压力。当整定压力小于0.5MPa时，实际整定值与要求整定值的允许误差为±0~0.14MPa；当整定压力不小于0.5MPa时为±3%整定压力。

（三）密封性能试验

整定压力调整合格后，应该降低并且调整安全阀进口压力进行密封性能试验。当整定压力小于0.3MPa时，密封性能试验压力应当比整定压力低0.03MPa；当整定压力不小于0.3MPa时，密封性能试验压力为90%整定压力。

当密封性能试验以气体为试验介质时，对于封闭区安全阀，可用泄漏气泡数表示泄漏率。其试验装置和试验方法可按CB/T 12242—2021《压力释放装置 性能试验方法》的要求，合格标准见GB/T 12243—2021《弹簧直接载荷式安全阀》或其他有关规程、标准的规定；对于非封闭式安全阀，可根据封闭式安全阀泄漏气泡和压力表压力下降值的关系，以相对应的压力下降值来判断。不能利用气泡和压力下降值进行判断时，可用视、听进行判断。在一定时间内未听到气体泄漏声或阀瓣与阀座密封面未见液珠即可认为密封试验合格。

（四）安全阀的校验

安全阀的校验应该连续进行整定压力和密封性能试验，一般不少于2次，对于盛装易燃、易爆或毒性程度为中度以上的介质等不允许有微量泄漏的设备，其安全阀密封性能试验不可少于3次并且每次都应符合要求。

三、爆破片基础知识

CCBA048 爆破片概念

CBBA049 爆破片的概念

（一）爆破片的概念

爆破片是由爆破片组件和夹持器（或支撑圈）等零部件组成的非重闭式压力泄放装置。在设定的爆破压力差下，爆破片两侧压力差达到预设定值时，爆破片即可动作（破裂或脱落），并泄放流体介质。

CCBA049 爆破片的作用

（二）爆破片的作用

防止压力管道，压力容器因发生意外超压爆炸的一种安全装置。

CBBA047 爆破片的结构

（三）爆破片的结构

爆破片是安全装置中因超压而迅速动作的压力敏感元件。爆破片组件由爆破片、背压托架、加强环、保护膜及密封膜等两种或两种以上的零件组成的组合件，又称组合式爆破片。按爆破片的型式分为正拱形爆破片、反拱形爆破片、平板型爆破片。

CCBA047 阻火器作用

四、阻火器的作用

CBBA048 阻火器的概念

阻火器是用来阻止易燃气体和易燃液体蒸汽的火焰蔓延的安全装置，一般安装在输送可燃气体的管道中，或者通风的槽罐上，阻止传播火焰（爆燃或爆轰）通过的装置，由阻火芯、阻火器外壳及附件构成。

CBAA018 文丘里的工作原理

五、文丘里管的工作原理

当气体或液体在文丘里管里面流动，在管道的最窄处，动态压力达到最大值，静态压力达到最小值，气体或液体的速度因为通流横截面面积减小而上升。整个涌流都要在同一时间内经历管道缩小过程，因而压力也在同一时间减小。进而产生压力差，这个压力差用于测量或者给流体提供一个外在吸力。

六、安全阀的完好标准

JBBA012 安全阀的完好标准

JCBA013 安全阀的完好标准

（1）安全阀定期检验在有效期内，校验牌、铅封完好，档案、校验单齐全，填写真实、规范。

（2）防腐层完好无损，附件齐全，动作灵活；

（3）配有的冲洗和伴热管投用正常，无泄漏、紧固件完好无损。安全阀前如有切断阀须完全打开，打开铅封；排放管线通畅。

GBBB006 安全阀安装注意事项

GCBB006 安全阀安装的注意事项

七、安全阀安装的注意事项

（1）超压泄放装置应当安装在压力容器液面以上的气相空间部分，或者安装在与压力容器气相空间相连的管道上；安全阀应铅直安装；

（2）压力容器与超压泄放装置之间的连接管和管件的通孔，其截面积不得小于超压泄放装置的进口截面积，其接管应当尽量短而直；

（3）压力容器一个连接口上安装两个或两个以上的超压泄放装置时，则该连接口入口的截面积，应当至少等于这些超压泄放装置的进口截面积总和；

（4）超压泄放装置与压力容器之间一般不宜安装截止阀门；为实现安全阀的在线校验，可在安全阀与压力容器之间安装爆破片装置；

（5）对于盛装毒性危害程度为极度、高度、中度危害介质，易爆介质，腐蚀、黏性介质或贵重介质的压力容器，为便于安全阀的清洗与更换，经过使用单位安全管理负责人批准，并且制定可靠的防范措施，方可在超压泄放装置与压力容器之间安装截止阀门；

（6）压力容器正常运行期间截止阀门必须保证全开（加铅封或者锁定），截止阀门的结构和通径不得妨碍超压泄放装置的安全泄放；

（7）新安全阀应当校验合格后才能安装使用。

（8）当被保护的设备内部有液相和气相空间时，安全应安装在被保护设备液面以上气相空间的最高处。

JABJ005 压力容器技术档案的内容

八、压力容器技术档案的内容

（1）压力容器的安全管理制度是否齐全有效；

（2）本规程规定的设计文件、竣工图样、产品合格证、产品质量证明文件、安装及使用维护保养说明、监检证书以及安装、改造、修理资料等是否完整；

（3）《使用登记证》《特种设备使用登记表》（以下简称《使用登记表》）是否与实际相符；

（4）压力容器日常维护保养、运行记录、定期安全检查记录是否符合要求；

（5）压力容器年度检查、定期检验报告是否齐全，检查、检验报告中所提出的问题是否得到解决；

（6）安全附件及仪表的校验（检定）、修理和更换记录是否齐全真实；

（7）是否有压力容器应急专项预案和演练记录；

（8）是否对压力容器事故、故障情况进行了记录。

项目九　特种设备

一、特种设备分类

《特种设备安全法》所称的特种设备是指涉及生命安全、危险性较大的锅炉、压力容器（含气瓶）、压力管道、电梯、起重机械、客运索道、大型游乐设施和场（厂）内专用机动车辆这八大类设备。根据其特性可以分为两大类：承压类特种设备、机电类特种设备。

（一）承压类特种设备

1. 锅炉

锅炉是指利用各种燃料、电或者其他能源，将所盛装的液体加热到一定的参数，并通过对外输出介质的形式提供热能的设备，其范围规定为设计正常水位容积不小于 30L，且额定蒸汽压力不小于 0.1MPa（表压）的承压蒸汽锅炉；出口水压不小于 0.1MPa（表压），且额定功率不小于 0.1MW 的承压热水锅炉；额定功率不小于 0.1MW 的有机热载体锅炉。

2. 压力容器

压力容器是指盛装气体或者液体，承载一定压力的密闭设备，其范围规定为最高工作压力不小于 0.1MPa（表压）的气体、液化气体和最高工作温度不低于标准沸点的液体、容积不低于 30L 且内直径（非圆形截面指截面内边界最大几何尺寸）不小于 150mm 的固定式容器和移动式容器；盛装公称工作压力不小于 0.2MPa（表压），且压力与容积的乘积不小于 1.0MPa·L 的气体、液化气体和标准沸点不高于 60℃ 液体的气瓶、氧舱。

3. 压力管道

压力管道是指利用一定的压力，用于输送气体或者液体的管状设备，其范围规定为最高工作压力不低于 0.1MPa（表压），介质为气体、液化气体、蒸汽或者可燃、易爆、有毒、有腐蚀性、最高工作温度不低于标准沸点的液体，且公称直径不小于 50mm 的管道。公称直径小于 150mm，且其最高工作压力小于 1.6MPa（表压）的输送无毒、不可燃、无腐蚀性气体的管道和设备本体所属管道除外。其中，石油天然气管道的安全监督管理还应按照《安全生产法》《石油天然气管道保护法》等法律法规实施。

（二）机电类特种设备

1. 电梯

电梯是指动力驱动，利用沿刚性导轨运行的箱体或者沿固定线路运行的梯级（踏步），进行升降或者平行运送人、货物的机电设备，包括载人（货）电梯、自动扶梯、自动人行道等。非公共场所安装且仅供单一家庭使用的电梯除外。

2. 起重机械

起重机械是指用于垂直升降或者垂直升降并水平移动重物的机电设备，其范围规定为额定起重量不小于 0.5t 的升降机；额定起重量不小于 3t（或额定起重力矩不小于 40t·m 的塔式起重机，或生产率不小于 300t/h 的装卸桥），且提升高度不小于 2m 的起重机；层数不小于 2 层的机械式停车设备。

3. 客运索道

客运索道是指动力驱动,利用柔性绳索牵引箱体等运载工具运送人员的机电设备,包括客运架空索道、客运缆车、客运拖牵索道等。非公用客运索道和专用于单位内部通勤的客运索道除外。

4. 大型游乐设施

大型游乐设施是指用于经营目的,承载乘客游乐的设施,其范围规定为设计最大运行线速度不小于2m/s,或者运行高度距地面不低于2m的载人大型游乐设施。用于体育运动、文艺演出和非经营活动的大型游乐设施除外。

5. 场(厂)内专用机动车辆

场(厂)内专用机动车辆是指除道路交通、农用车辆以外仅在工厂厂区、旅游景区、游乐场所等特定区域使用的专用机动车辆。

特种设备包括其所用的材料、附属的安全附件、安全保护装置和与安全保护装置相关的设施。

二、压力容器基础知识

(一)基本概念

GB/T 26929—2011《压力容器术语》对压力容器的定义是:压力作用下承装流体的密闭容器。

内压容器:正常操作时,其内部压力高于外部压力的容器。

外压容器:正常操作时,其外部压力高于内部压力的容器。

常压容器:与环境大气直接连通或工作压力(表压)为零的容器。固定式压力容器:安装在固定位置使用的压力容器。

移动式压力容器:安装在交通工具上,作为运输装备的压力容器。

TSG 21—2016《固定式压力容器安全技术监察规程》对压力容器的分类做了明确的规定。压力容器的介质分为以下两组:

(1)第一组介质,毒性危害程度为极度、高度危害的化学介质,易爆介质,液化气体;

(2)第二组介质,除第一组以外的介质。

(二)压力容器分类方法

1. 压力容器的分类应当根据介质特性

按照以下要求选择分类图,再根据设计压力 p(单位 MPa)和容积 V(单位 m³),标出坐标点,确定容器类别:

GBBA016 压力容器划分标准

CABJ018 压力容器的分类标准

GCBA016 压力容器的划分标准

(1)第一组介质,压力容器分类如图1-5-15所示;

(2)第二组介质,压力容器分类如图1-5-16所示。

2. 多腔压力容器分类

多腔压力容器(如热交换器的管程和壳程、夹套压力容器等)应当分别对各压力腔进行分类,划分时设计压力取本压力腔的设计压力,容积取本压力腔的几何容积;以各压力腔的最高类别作为该多腔压力容器的类别并且按照该类别进行使用管理,但是应当按照每个压力腔各自的类别分别提出设计制造技术要求。

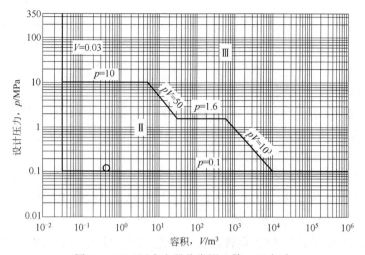

图 1-5-15　压力容器分类图—第一组介质

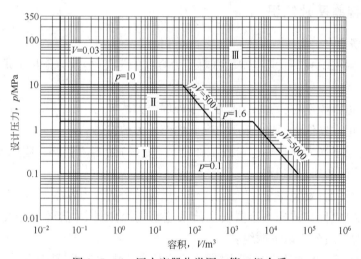

图 1-5-16　压力容器分类图—第二组介质

3. 同腔多种介质压力容器分类

一个压力腔内有多种介质时,按照组别高的介质分类。

4. 介质含量极小的压力容器分类

当某危害性物质在介质中含量极小时,应当根据其危害程度及其含量综合按照压力容器设计单位确定的介质组别分类。

5. 特殊情况的分类

(1)坐标点位于图 A1 或者图 A2 的分类线上时;按照较高的类别划分。

(2)简单压力容器统划分为第 I 类压力容器。

6. 按压力等级划分

压力容器的设计压力(p)划分为低压、中压、高压和超高压四个压力等级:

(1)低压容器(代号 L);0.1MPa≤p<1.6MPa;

(2)中压容器(代号 M);1.6MPa≤p<10.0MPa;

(3)高压容器(代号 H);10.0MPa≤p<100.0MPa;

(4)超高压容器(代号 U);p≥100.0MPa。

7. 按用途划分

压力容器按照在生产工艺过程中的作用原理,划分为反应压力容器、换热压力容器、分离压力容器、储存压力容器。具体划分如下:

(1)反应压力容器(代号 R),主要是用于完成介质的物理、化学反应的压力容器,例如各种反应器、反应釜、聚合釜、合成塔、变换炉、煤气发生炉等。

(2)换热压力容器(代号 E),主要是用于完成介质的热量交换的压力容器,例如各种热交换器、冷却器、冷凝器、蒸发器等。

(3)分离压力容器(代号 S),主要是用于完成介质的流体压力平衡和气体净化分离的压力容器,例如各种分离器、过滤器、集油器、洗涤器、吸收塔、铜洗塔、干燥塔、汽提塔、分气缸、除氧器等。

(4)储存压力容器(代号 C,其中球代号 B),主要是用于储存或者盛装气体、液体、液化气体等介质的压力容器,例如各种型式的储罐。在一种压力容器中,如同时具备两个以上的工艺作用原理时,应当按照工艺过程中的主要作用来划分。

8. 按壁温划分

(1)常温容器:容器的设计工作壁温在-20~200℃;

(2)中温容器:容器的设计工作壁温介于200~420℃;

(3)高温容器:容器的设计工作壁温高于420℃;

(4)低温容器:容器的设计工作壁温低于-20℃。

9. 按壁厚可划分

压力容器分类按壁厚分类:可分薄壁容器和厚壁容器两种。容器外径与内径之比不大于1.2者为薄壁容器;大于1.2者为厚壁容器。

10. 按承压方式可分为

压力容器分类按承压方式分类:有内压容器和外压容器。

(三)特定形式的压力容器

1. 非焊接瓶式容器

非焊接瓶式容器是指采用高强度无缝钢管(公称直径大于50mm)旋压而成的压力容器。

2. 储气瓶

储气瓶是指竖向置于地下用于储存压缩气体的井式管状设备。

3. 简单压力容器

同时满足以下条件的压力容器统称为简单压力容器。

(1)压力容器由筒体和平盖、凸形封头(不包括球冠形封头),或者由两个凸形封头组成;

(2)筒体、封头和接管等主要受压元件的材料为碳素钢、奥氏体不锈钢或 Q345R;

(3)设计压力不大于1.6MPa;

（4）容积不大于 $1m^3$；

（5）工作压力与容积的乘积不大于 $1MPa \cdot m^3$；

（6）介质为空气、氮气、二氧化碳、惰性气体、医用蒸馏水蒸发而成的蒸汽或上述气体的混合气体；允许介质中含有不足以改变介质特性的油等成分，并且不影响介质与材料的相容性；

（7）设计温度不小于 $-20℃$，最高工作温度不大于 $105℃$；

（8）非直接受火焰加热的焊接压力容器（当内直径不大于 $550mm$ 时允许采用平盖螺栓连接）。

危险化学品包装物、灭火器、快开门式压力溶器不在简单压方容器范内。

CBBA035 高压容器的概念

4. 高压容器的概念

压力容器是指盛装气体或者液体，承载一定压力的密闭设备。

高压容器的范围规定为最高工作压力不小于 $0.1MPa$（表压）的气体、液化气体和最高工作温度不低于标准沸点的液体、容积不小于 $30L$ 且内直径（非圆形截面指截面内边界最大几何尺寸）不小于 $150mm$ 的固定式容器和移动式容器；盛装公称工作压力不小于 $0.2MPa$（表压），且压力与容积的乘积不小于 $1.0MPa \cdot L$ 的气体、液化气体和标准沸点不高于 $60℃$ 液体的气瓶；氧舱高压容器即：压力范围在（代号 H）$10.0MPa \leq p < 100.0MPa$ 的容器。

GCBA025 压力容器的参数监测

（四）压力容器的参数监测

压力容器正常运行时，须安装相应的仪表安全附件，对容器内有压力、温度、液位进行监测。TSG 21—2016《固定式压力容器安全技术监察规程》对安全附件做了明确规定。

1. 压力表

压力表选用原则如下：

（1）选用的压力表，应当与压力容器内的介质相适应；

（2）设计压力小于 $1.6MPa$ 压力容器使用的压力表的精度不得低于 2.5 级，设计压力不小于 $1.6MPa$ 压力容器使用的压力表的精度不得低于 1.6 级；

（3）压力表表盘刻度极限值应当为工作压力的 $1.5 \sim 3.0$ 倍。

2. 液位计

1）液位计通用要求

压力容器用液位计应当符合以下要求：

（1）根据压力容器的介质、设计压力（或者最高允许工作压力）和设计温度选用；

（2）在安装使用前，设计压力小于 $10MPa$ 的压力容器用液位计，以 1.5 倍的液位计公称压力进行液压试验；设计压力不小于 $10MPa$ 的压力容器用液位计，以 1.25 倍的液位计公称压力进行液压试验；

（3）储存 $0℃$ 以下介质的压力容器，选用防霜液位计；

（4）寒冷地区室外使用的液位计，选用夹套型或者保温型结构的液位计；

（5）用于易爆、毒性危害程度为极度或者高度危害介质以及液化气体压力容器上的液位计，有防止泄漏的保护装置；

（6）要求液面指示平稳的，不允许采用浮子（标）式液位计。

2）液位计安装

液位计应当安装在便于观察的位置,否则应当增加其他辅助设施。大型压力容器还应当有集中控制的设施和警报装置。液位计上最高和最低安全液位,应当作出明显的标志。

3.温度计

壁温测试仪表:需要控制壁温的压力容器,应当装设测试壁温的测温仪表(或者温度计)。测温仪表应当定期校准。

三、压力容器耐压试验

TSG 21—2016《固定式压力容器安全技术监察规程》对压力容器的水压试验做了明确的规定:压力容器制成后,制造单位应当按照设计文件的规定进行耐压试验。

(一)试验前的准备工作

(1)耐压试验前,压力容器各连接部位的紧固件,应当装配齐全,紧固妥当;

(2)试验用压力表应当符合有关规定,并且至少采用两个量程相同并且经过校验的压力表,试验用压力表应当安装在被试验压力容器顶部便于观察的位置;

(3)耐压试验时,压力容器上焊接的临时受压元件,应当采取适当的措施,保证其强度和安全性;

(4)耐压试验场地应当有可靠的安全防护设施,并且经过制造单位技术负责人和安全管理部门检查认可。

(二)耐压试验通用要求

(1)如果采用高于设计文件规定的耐压试验压力时,应当对各受压元件进行强度校核;

(2)保压期间不得采用连续加压来维持试验压力不变,耐压试验过程中不得带压紧固或者向受压元件施加外力;

(3)耐压试验过程中,不得进行与试验无关的工作,无关人员不得在试验现场停留;

(4)进行耐压试验时,监督检验人员应当到现场进行监督检验;

(5)试验场地附近不得有火源,并且配备适用的消防器材;耐压试验后,如果出现返修深度大于1/2厚度的情况,应当重新进行耐压试验。

(三)液压试验

ZABJ014　压力容器的水压试验知识

1.液压试验程序

(1)试验介质应当符合产品标准和设计图样的要求,以水为介质进行液压试验时,试验合格后应当将水排净,必要时将水渍去除干净;

(2)压力容器中应当充满液体,滞留在压力容器内的气体应当排净,压力容器外表面应当保持干燥;

(3)当压力容器器壁温度与液体温度接近时,才能缓慢升压至设计压力,确认无泄漏后继续升压到规定的试验压力,保压足够时间;然后降至设计压力,保压足够时间进行检查,检查期间压力应当保持不变;

(4)热交换器液压试验程序按照产品标准的规定。

2.液压试验合格标准

进行液压试验的压力容器,符合以下条件为合格:

（1）无渗漏；

（2）无可见的变形；

（3）试验过程中无异常的响声。

（四）气压试验

1. 气压试验程序

（1）气压试验时，制造单位应当制定应急预案并且派人进行现场监督，撤走无关人员；

（2）气压试验时，应当先缓慢升压至规定试验压力的10%，保压足够时间，并且对所有焊（粘）接和连接部位进行初次检查；如无泄漏可继续升压到规定试验压力的50%；如无异常现象，按照规定试验压力的10%逐级升压至试验压力，保压足够时间后降至设计压力进行检查，检查期间压力应当保持不变。

2. 气压试验合格要求

气压试验过程中，压力容器无异常响声，经过肥皂液或者其他检漏液检查无漏气、无可见的变形即为合格。

（五）气液组合压力试验

气液组合压力试验的升降压要求、安全防护要求以及试验的合格标准按照本规程气压试验的有关规定执行。

（六）泄漏试验

制造单位应当按照设计文件的规定在耐压试验合格后进行泄漏试验。

ZABJ015 压力容器的气密性试验知识

1. 气密性试验

（1）进行气密性试验时，一般需要将安全附件装配齐全；

（2）保压足够时间经过检查无泄漏为合格。

2. 其他泄漏试验

氨检漏试验，卤素检漏试验，氦检漏试验等泄漏试验由制造单位按照设计文件的规定进行。

四、压力容器检验的基础知识

JBBA011 压力容器的检验标准

GABJ014 压力容器定期检验常识

（一）定期检验通用要求

1. 定期检验

压力容器定期检验，是指特种设备检验机构（以下简称检验机构）按照一定的时间周期，在压力容器停机时，根据本规程的规定对在用压力容器的安全状况所进行的符合性验证活动。

2. 定期检验程序

定期检验工作的一般程序，包括检验方案制定、检验前的准备、检验实施、缺陷及问题的处理、检验结果汇总、出具检验报告等。

3. 检验机构及人员

检验机构应当按照核准的检验范围从事压力容器的定期检验工作，检验和检测人员（以下简称检验人员）应当取得相应的特种设备检验检测人员证书。检验机构应当对压力容器定期检验报告的真实性、准确性、有效性负责。

4. 报检

使用单位应当在压力容器定期检验有效期届满的 1 个月以前向检验机构申报定期检验。检验机构接到定期检验申报后,应当在定期检验有效期届满前安排检验。

5. 安全状况等级

在用压力容器的安全状况分为 1 级至 5 级,应当根据检验情况按照本规程金属压力容器安全状况等级评定,非金属压力容器安全状况等级评定的有关规定进行评定。

6. 检验周期

1)金属压力容器检验周期

金属压力容器一般于投用后 3 年内进行首次定期检验。以后的检验周期由检验机构根据压力容器的安全状况等级,按照以下要求确定:

(1)安全状况等级为 1、2 级的,一般每 6 年检验一次;

(2)安全状况等级为 3 级的,一般每 3 年至 6 年检验一次;

(3)安全状况等级为 4 级的,监控使用,其检验周期由检验机构确定,累计监控使用时间不得超过 3 年,在监控使用期间,使用单位应当采取有效的监控指施;

(4)安全状况等级为 5 级的,应当对缺陷进行处理,否则不得继续使用。

2)非金属压力容器检验周期

非金属压力容器一般于投用后 1 年进行首次定期检验。以后的检验周期由检验机构根据压力容器的安全状况等级,按照以下要求确定:

(1)安全状况等级为 1 级的,一般每 3 年检验一次;

(2)安全状况等级为 2 级的,一般每 2 年检验一次;

(3)安全状况等级为 3 级的,应当监控使用,累计监控使用时间不得超过 1 年;

(4)安全状况等级 4 级的,不得继续在当前介质下使用,如果用于其他适合的腐蚀性介质时,应当监控使用,其检验周期由检验机构确定,但是累计监控使用时间不得超过 1 年;

(5)安全状况等级为 5 级的,应当对缺陷进行处理,否则不得继续使用。

7. 检验周期的特殊规定

1)检验周期的缩短

有下列情况之一的压力容期,定期检验周期应当适当缩短:

(1)介质或者环境对压力容器材料的腐蚀情况不明或者腐蚀情况异常的;

(2)具有环境开裂倾向或者产生机械损伤现象,并且已经发现开裂的;

(3)改变使用介质并可能造成腐蚀现象恶化的;

(4)材质劣化现象比较明显的;

(5)超高压水晶釜使用超过 15 年的或者运行过程中发生超温的;

(6)使用单位没有按照规定进行年度检查的;

(7)检验中对其他影响安全的因素有怀疑的。

采用"亚铵法"造纸工艺,并且无有效防腐措施的蒸球,每年至少进行一次定期检验。使用标准抗拉强度下限值大于 540MPa 低合金钢制球形储罐,投用一年后应当进行开罐检验。

环境开裂主要包括应力腐蚀开裂、氢致开裂、晶间腐蚀开裂等;机械损伤主要包括各种疲劳、高温蠕变等。

2）检验周期的延长

安全状况等级为1、2级的金属压力容器符合下列条件之一的,定期检验周期可以适当延长：

（1）介质腐蚀速率每年低于0.1mm、有可靠的耐腐蚀金属衬里或者热喷涂金属涂层的压力容器,通过1次至2次定期检验,确认腐蚀轻微或者衬里完好的,其检验周期最长可以延长至12年；

（2）装有催化剂的反应器以及装有填料的压力容器,其检验周期根据设计图样和实际使用情况,由使用单位和检验机构协商确定（必要时征求设计单位的意见）。

（3）无法进行或者不能按期进行定期检验的情况。

无法进行定期检验或者不能按期进行定期检验的压力容器,按照以下要求处理：

① 设计文件已经注明无法进行定期检验的压力容器,由使用单位在办理《使用登记证》时作出书面说明；

② 因情况特殊不能按期进行定期检验的压力容器,由使用单位书面申请报告说明情况,经使用单位主要负责人批准,征得上次承担定期检验或者承担基于风险的检验（RBI）的检验机构同意（首次检验延期除外）,向使用登记证机关备案后,可以延期检验；或者由使用单位提出申请,按照本规程基于风险的检验（RBI）的规定办理。对无法进行定期检验或者不能按期进行定期检验的压力容器,使用单位应该采取有效的监控与应急管理措施。

（二）金属压力容器定期检验项目与方法

1. 检验项目

金属压力容器定期检验项目,以宏观检验、壁厚测定、表面缺陷检测、安全附件检验为主,必要时增加埋藏缺陷检测、材料分析、密封紧固件检验、强度校核、耐压试验、泄漏试验等项目。设计文件对压力容器定期检验项目、方法和要求有专门规定的,还应当从其规定。

2. 安全附件检验的主要内容

（1）安全阀,检验是否在校验有效期内；

（2）爆破片装置,检验是否按期更换；

（3）快开门式压力容器的安全联锁装置,检验是否满足设计文件规定的使用技术要求。

3. 耐压试验

定期检验过程中,使用单位或者检验机构对压力容器的安全状况有怀疑时,应当进行耐压试验。耐压试验的试验参数[试验压力、温度等以本次定期检验确定的允许（监控）使用参数为基础计算]、准备工作、安全防护、试验介质、试验过程、合格要求等按照本规程的相关规定执行。耐压试验由使用单位负责实施,检验机构负责检验。

（三）定期检验结论及报告

1. 检验结论

金属压力容器检验结论：综合评定安全状况等级为1级至3级的金属压力容器,检验结论为符合要求,可以继续使用；安全状况等级为4级的,检验结论为基本符合要求,有条件的监控使用；安全状况等级为5级的,检验结论为不符合要求,不得继续使用。

2. 检验报告

检验机构应当保证检验工作质量,检验时必须有记录,检验后出具报告,报告的格式应当符合本规程的要求(单项检验报告的格式由检验机构在其质量管理体系文件中规定)。检验记录应当详尽真实、准确,检验记录记载的信息量不得少于检验报告的信息量。检验机构应当妥善保管检验记录和报告,保存期至少6年并且不少于该台压力容器的下次检验周期。检验报告的出具应当符合以下要求:

(1)检验工作结束后,检验机构一般在30个工作日内出具报告,交付使用单位存入压力容器技术档案;

(2)压力容器定期检验结论报告应当有编制、审核、批准三级人员签字,批准人员为检验机构的技术负责人或者其授权签字人;

(3)因设备使用需要,检验人员可以在报告出具前,先出具《特种设备定期检验意见通知书》,将检验初步结论书面通知使用单位,检验人员对检验意见的正确性负责;

(4)检验发现设备存在需要处理的缺陷,由使用单位负责进行处理,检验机构可以利用《特种设备定期检验意见通知书》将缺陷情况通知使用单位,处理完成并且经过检验机构确认后,再出具检验报告;使用单位在约定的时间内未能完成缺陷处理工作的,检验机构可以按照实际检验情况先行出具检验报告,处理完成并且经过检验机构确认后再次出具报告(替换原检验报告);经检验发现严重事故隐患,检验机构应当使用《特种设备检验意见通知书》将情况及时告知使用登记机关。

3. 检验信息管理

(1)使用单位、检验机构应当严格执行本规程的规定,做好压力容器的定期检验工作,并且按照特种设备信息化工作规定,及时将所要求的检验更新数据上传至特种设备使用登记和检验信息系统;

(2)检验机构应当按照规定将检验结果汇总上报使用登记机关。

4. 检验案例

凡在定期检验过程中,发现压力容器存在影响安全的缺陷或者损坏,需要重大修理或者不允许使用的,检验机构按照有关规定逐台填写检验案例,并且及时上报、归档。

5. 检验标志

检验结论意见为符合要求或者基本符合要求时,检验机构应当按规定出具检验标志。

(四)压力容器的完好标准

压力容器的完好标准包括运行完好和设备本体完好两方面:

JBBA010 压力容器的完好标准
JCBA011 压力容器的完好标准

1. 运行完好

运行正常,效能良好。具体包括以下几项内容:

(1)压力容器的各项操作性能指标符合设计的要求,能保证正常生产的需要;

(2)压力容器操作过程中运转正常,能平稳地操控各项操作参数;

(3)密封性能良好,无泄漏现象;

(4)对于带搅拌的容器,其搅拌装置运转正常,无异常的振动和杂音;

(5)换热器无严重结垢,列管式换热器的胀口、焊口,板式换热器的板间,各类换热器的法兰连接处均能密封良好,无泄漏及渗漏;

(6)带夹套的容器,加热或冷却其内部介质的功能良好。

2. 设备本体完好

设备零部件完整、功能良好。包括以下几点。

（1）零部件、安全附件、附属装置、仪器仪表完好，质量符合设计要求；

（2）压力容器本体整洁、油漆、保温层完整，无严重的腐蚀和机械损伤；

（3）有衬里的容器，衬里完好，无渗漏及鼓包；

（4）阀门及各类附件可拆卸连接处无跑、冒、滴、漏现象；

（5）基础牢固，支座无严重腐蚀，外观情况正常；

（6）各类技术资料齐全、正确，有完整的设备技术档案；

（7）安全阀、爆破片、压力表、温度计等安全附件定期进行了调校和更换；

（8）压力容器在规定的期间内进行了定期检验，安全性能好，已办理使用登记证。

（五）压力容器的选材标准

GBBA026 压力容器选材标准

GCBA026 压力容器的选材标准

GB 150.2—2011《压力容器 第二部分：材料》对压力容器的选材做了详细的规定，明确了压力容器受压元件用钢材允许使用的钢号及其标准，钢材的附件技术要求，钢材的使用范围（温度和压力）和许用应力。

温度的变化对材料的许用应力影响非常大，随着使用温度的提高（大于400℃），钢材的许用应力降低很快。在高温条件下钢材的许用应力值由其高温持久强度来控制。钢中加入一定量的钼、铬等合金元素，可以显著提高钢材的高温持久强度。钼是中温用钢的主要合金成分，因钼能提高钢的再结晶温度和钢中铁素体对蠕变的抗力。中温用钢（400~600℃）按其合金系可分为三大类：Mo 钢、Cr-Mo 钢、Cr-Mo-V 钢。常用的中温用钢有 15CrMoR，12CrMo1R，13MnNiMoNbR 等。随着使用温度的降低（小于-20℃），钢材的韧性降低很快，在某一低温条件下钢材变为脆性。因此，钢材的低温性能主要是用低温冲击韧性来控制。钢材的晶粒越细其低温冲击韧性越好，通常加入钒、钛、稀土等细化晶粒的合金元素。制造低温容器的材料，要求在最低工作温度下具有良好的韧性，有低的脆性转变温度，以防止容器在运行中发生脆性破裂。常用的低温容器用钢有 16MnDR（-30℃），09MnTiCuXtDR（-40℃），09Mn2VDR（-70℃），06MnNbDR（-90℃）。制造高温容器的材料，要求具有足够的高温强度和稳定性能，以及高温抗氧化性能的合金钢。常用的高温容器钢有 18MnMoNbR（520℃），15MnVR（500℃），12CrMoV 等。

压力容器常用钢 Q235A 钢不得用于以下情况：设计压力不大于 1.0MPa；使用温度为 0~350℃；用于壳体时，钢板厚度不大于 16mm；不得用于易燃、毒性、程度为极度、高度危害介质及液化石油气的容器。

（六）压力容器的封头

GCBA029 压力容器封头的选择

压力容器的封头一般包括凸形封头、平盖、锥形封头、变径段、紧缩口等，其中凸形封头包括椭圆形封头、蝶形封头、球冠形封头和半球形封头。实际生产中各种类型封头的特点如下：

1. 半球形封头

半球形封头与球形容器具有相同的优点，即在同样的容积下其表面积最小，在相同的直径和压力下，它所需的壁厚最薄，因此它可节省钢材；但由于它的深度大，整体冲压成型困难，特别是在没有大型水压机的情况下，制造更为困难。对大直径的半球形封头，可用数块钢板成型后拼焊而成。它们一般是先在水压机上用模具把每瓣冲压成型后再在现场焊接。

对一般中小直径的容器很少采用半球形封头。

2. 椭圆形封头

椭圆形封头由半个椭球和具有一定高度的圆筒壳体组成(或称直边部分),其目的是为了避开在椭球边缘与圆筒壳体的连接处的焊缝,使焊缝转移至圆筒区域,以免出现边缘应力与热应力叠加的情况。采用标准椭圆形封头,其封头壁厚近似等于筒体壁厚,这样筒体和封头就可采用同样厚度的钢板来制造。这不仅可以给选材带来方便,也便于筒体和封头的焊接。所以通常选用标准椭圆形封头作为圆筒体的封头。容器设计时筒体和封头都应按公称直径选取,封头应首先选用标准椭圆封头以便于加工制造。

3. 蝶形封头

蝶形封头的主要优点是便于手工加工成型,只要有球面胎具和折边胎具就可以用人工锻打的方法成型,且可以安装现场制造。它的主要缺点是受力情况不如椭圆形封头好;另外因手工锻打加工时间长,加热时氧化皮脱落严重,并且经多次锻打之后,加工减薄量比较大。因此目前多数工厂已经不采用蝶形封头,而被椭圆形封头所替代,一般仅在安装现场制造大型常压或低压圆筒形贮罐时,采用蝶形封头,我国已有蝶形封头标准 GB/T 25198—2010 可供加工制造参考。

4. 平盖封头

平盖也是化工容器或设备常采用的一种封头,它主要用于常压和低压的设备,或者高压小直径的设备上。它的特点是结构简单,制造方便.所以也常常用于可拆的人孔盖,换热器端盖等处。但是平盖和凸形封头比较,它主要承受弯曲应力的作用。平盖的设计公式是根据承受均布载荷的平板理论推导出来的,板中产生两向弯曲应力,径向弯曲应力和环向弯曲应力,其最大值可能在板的中心,也可能在板的边缘,要视周边的支撑方式而定。

5. 锥形封头

锥形封头在同样条件下与半球形、椭圆形和碟形封头比较,其受力情况比较差,其中一个主要原因是因为锥形封头与圆筒连接处的转折较为厉害,在化工生产中,对于黏度大或者县浮性的液体物料,采用锥形封头有利于排料,因此在筒体的下端常常采用锥形封头。另外对于两个不同直径的园筒体,也常用锥形壳体连接,即锥体的大端与直径较大的圆筒形壳体连接,小端则与直径较小的圆筒体连接,构成变径段。

GBBA025 压力容器的表示方法

(七)压力容器的表示方法

1. 按压力容器在生产工艺过程中的作用

按压力容器在生产工艺过程中的作用可分为反应压力容器、换热压力容器、分离压力容器、储存压力容器。具体表示方法如下:

1)反应压力容器代号 R

主要是用于完成介质的物理、化学反应的压力容器。

2)换热压力容器代号 E

主要是用于完成介质的热量交换的压力容器。

3)分离压力容器代号 S

主要是用于完成介质的流体压力平衡和气体净化分离等的压力容器。

4)储存压力容器代号 C,其中球罐代号 B

主要是用于盛装生产用的原料气体、液体、液化气体等的压力容器。如各种型式的储气罐。

2. 按设计压力

按设计压力分为：低压，中压、高压、超高压四个压力等级。具体表示方法如下：

(1)低压容器代号 L：设计压力 $0.1MPa \leqslant p < 1.6MPa$。

(2)中压容器代号 M：设计压力 $1.6MPa \leqslant p < 10MPa$。

(3)高压容器代号 H：设计压力 $10MPa \leqslant p < 100MPa$。

(4)超高压容器代号 U：设计压力 $p \geqslant 100MPa$。

GCBA024 进入有毒容器的安全规定

(八)进入有毒容器的安全规定

人员进入有毒容器，必须严格执行如下安全规定：

(1)人员在进入容器内检修前要全面进行一次检查能量隔离和上锁挂签执行到位，并严格执行设备排放清洗、置换分析合格，做到分析不合格不进；电源、物料不断不进；安全设施、工具不合格不进；没有监护人不进，未使用安全灯具不进。

(2)有毒容器内作业，必须规范办理各种作业票证，按规定至少办理《作业许可证》《有限空间作业许可证》，检查各项措施落实到位。进入前，必须制订安全施工方案，按级审查批准后，方可进入。进入后须持续监测有毒有害气体浓度。作业因故长时间中断，且安全条件改变，继续进入罐内作业，应重新补办《进塔入罐作业许可证》。

(3)有毒容器内作业人员需佩戴合适的个人防护器材，必须设专人监护，作业期间监护人不得离开监护岗位，监护人的个人安全防护器材与进入有毒容器内人员相同，不得减少或降低等级，严禁戴过滤式防毒面具进入有毒容器。禁止携带易产生火花的器具进入有毒容器内。

(4)容器内作业要按设备深度，搭设安全梯及架台并配备救护绳索，以保证应急撤离。在作业中严禁内外投掷材料工具，以保证安全作业。容器内作业时，可视具体情况，采取通风措施。对通风不良以及容积狭小的设备，作业人员应采取间歇作业，不得强行连续作业。

(5)检修结束后，必须对容器内外进行检查确认，没有问题后方可在人孔处挂禁止进入的警示牌，然后撤离。

五、压力管道相关知识

(一)压力管道基础知识

管道是由管道组成件和管道支撑件组成的。用以输送、分配、混合、分离、排放、计量、控制或制止流体流动。管道组成件是用于连接或装配管道的元件，包括管子、管件、法兰、垫片、螺栓、阀门以及管道特殊件等设施。管道支撑件是管道安装件和附着件的总称。安装件是将负荷从管或管道附着件上传递到支撑结构或设备上的元件，包括吊杆、弹簧文吊架、斜拉杆、平衡锤、松紧螺栓、支撑杆、链条、导轨、锚固件、鞍座、垫板、滚柱、托座和滑动支架等。附着件是用焊接、螺栓连接或夹紧等方法附装在管子上的零件，包括管吊、吊（支）耳、圆环夹子、吊夹、紧固夹板和裙式管座等。

根据危险程度的不同，管道分为压力管道和普通管道。压力管道是指在生产、生活中使用的可能引起燃爆或中毒等危险性较大的特种设备。

1. 压力管道的特点

(1)压力管道是一个系统,其各部分相互关联相互影响;

(2)压力管道长径比很大,极易失稳,受力情况比压力容器更复杂。压力管道内流体流动状态复杂,缓冲余地小,工作条件变化频率比压力容器高(如高温、高压、低温、低压、位移变形、风、雪、地震等都可能改变压力管道受力情况);

(3)管道组成件和管道支撑件的种类繁多,各种材料各有特点和具体技术要求,材料选用复杂;

(4)管道上可能出现的泄漏点多于压力容器,仅一个阀门通常就有五处;

(5)压力管道种类多,数量大,设计、制造、安装、检验、应用管理环节多,与压力容器大不相同。

2. 压力管道的范畴

符合下列之一的直径大于25mm的管道就属于压力管道的范畴:

(1)GBZ 230—2010《职业性接触毒物危害程度分级》中规定的毒性程度为极度危害介质的管道;

(2)GB 50160—2008《石油化工企业设计防火规范》中规定的火灾危险性为甲、乙类介质的管道;

(3)最高工作压力不小于0.1MPa(G),输送介质为气(汽)体、液化气体的管道;

(4)最高工作压力不小于0.1MPa(G),输送介质为可燃、易爆、有毒、有腐蚀性的或最高工作温度不低于标准沸点的液体的管道;

(5)前四项规定的管道的附属设施及安全保护装置等。

普通管道是输送无毒、不可燃、无腐蚀性流体,其管道公称直径小于150mm,最高工作压力小于1.6MPa的管道以及入户(居民楼、庭院)前的最后一道阀门之后的生活用燃气管道及热力点(不含热力点)之后的热力管道统称为普通管道。

3. 压力管道的分类

按用途分类:

(1)压力管道按其用途又可划分为工业管道、公用管道和长输管道;

(2)工业管道系指企业、事业单位所属的用于输送工艺介质的工艺管道、公用工程管道及其辅助管道;

(3)公用管道系指城市或乡镇范围内的用于公用事业的燃气管道和热力管道;

(4)长输管道系指产地、储存库、使用单位之间的用于输送商品介质的管道。

按设计压力大小分类:

ZBBA020 工业管道常用压力等级分类

ZCBA020 工业管道常用压力等级分类

工业压力管道作为在生产、生活中使用,用于输送介质,可能引起燃烧、爆炸或中毒等危险性较大的管道。压力管道按设计压力的大小分为真空管道、低压管道、中压管道、高压管道和超高压管道。

低压管道:$0.25\text{MPa} < p \leqslant 1.6\text{MPa}$。

中压管道:$2.5\text{MPa} < p \leqslant 6.4\text{MPa}$。

高压管道:$10\text{MPa} < p \leqslant 100\text{MPa}$。

超高压管道：100MPa<p。

蒸汽管道：p>9MPa，工作温度≥500℃时为高压管道。

真空管道：p<0MPa。

4. 工业管道外部检查要点

压力管道和锻炉、压力容器、起重机械并列为不安全因素较多的特种设备，要求进行强化管理。TSG D0001—2009《压力管道安全技术监察规程—工业管道》对工业管道的定期检验做了明确规定，外部检查需要检查以下几个方面：

（1）在线检验的宏观检查所包括的相关项目及要求；

（2）管道结构检查：支吊架的间距是否合理；对有柔性设计要求的管道，管道固定点或固定支吊架之间是否采用自然补偿或其他类型的补偿器结构；

（3）检查管道组成件有无损坏，有无变形、泄漏，表面有无裂纹、皱褶、碰伤等缺陷；

（4）检查焊接接头（包括热影响区）是否存在宏观的表面裂纹；

（5）检查管线保温、保冷完好，有无泄漏，标识明确完好。检查管线的附件完好，投用正常。管线有无异常振动；

（6）检查管道防腐层完好，是否存在明显的腐蚀，管道与管架接触处等部位有无局部腐蚀；阴极保护装置完好。

（二）压力管道定期检验常识

特种设备安全技术规范 TSG D7005—2018《压力管道定期检验规则—工业管道》对工业管道的定期检验做了详细的规定：

1. 定期检验的概念

管道的定期检验，即全面检验是指特种设备检验机构（以下简称检验机构）按照一定的时间周期，根据本规则以及有关安全技术规范及相应标准的规定，对管道安全状况所进行的符合性验证活动。定期检验应当在年度检查的基础上进行。

2. 定期检验安全状况等级

管道定期检验的安全状况分为1级、2级、3级和4级，共4个级别。检验机构应当根据定期检验情况，按照本规则第3章规定评定管道安全状况等级。

3. 定期检验周期

1）一般规定

管道一般在投入使用后3年内进行首次定期检验。以后的检验周期由检验机构根据管道安全状况等级，按照以下要求确定：

（1）安全状况等级为1级、2级的，GC1、GC2级管道一般不超过6年检验一次，GC3级管道不超过9年检验一次；

（2）安全状况等级为3级的，一般不超过3年检验一次，在使用期间内，使用单位应当对管道采取有效的监控措施；

（3）安全状况等级为4级的，使用单位应当对管道缺陷进行处理，否则不得继续使用。

2）基于风险的检验（RBI）周期

管道定期检验可以采用基于风险的检验，其检验周期可以采用以下方法确定：

（1）依据基于风险的检验结果可适当延长或者缩短检验周期，但是最长不超过9年；

（2）以管道的剩余寿命为依据,检验周期最长不超过管道剩余寿命的一半,并且不得超过9年。

对于风险等级超过使用单位可接受水平的管道,应当分析产生较高风险的原因,采用针对性的检验、检测方法和措施来降低风险,将风险控制在使用单位可接受的范围内。

3）特殊规定

（1）检验周期的缩短。

有下列情况之一的管道,应当适当缩短定期检验周期:

① 介质或者环境对管道材料的腐蚀情况不明或者腐蚀减薄情况异常的;

② 具有环境开裂倾向或者产生机械损伤现象,并且已经发现开裂的;

③ 改变使用介质,并且可能造成腐蚀现象恶化的;

④ 材质劣化现象比较明显的;

⑤ 使用单位未按照规定进行年度检查的;

⑥ 基础沉降造成管道挠曲变形影响安全的;

⑦ 检验中怀疑存在其他影响安全因素的。

（2）未按期进行定期检验的情况。

因特殊情况未按期进行定期检验的管道,由使用单位出具书面申报说明情况,经使用单位安全管理负责人批准,征得上次承担定期检验的检验机构同意（首次检验的延期除外）,可以延期检验;或者由使用单位提出申请。对未按期进行定期检验的管道,使用单位应当采取有效的监控与应急管理措施。

4. 检验前的资料准备及审查

检验前,使用单位一般应当向检验机构提供以下资料:

（1）设计资料,包括设计单位资质证明、设计及安装说明书、设计图样、强度计算书等;

（2）安装资料,包括安装单位资质证明、竣工验收资料（含管道组成件、管道支撑件的质量证明文件）,以及管道安装监督检验证书等;

（3）改造或者重大修理资料,包括施工方案和竣工资料,以及有关安全技术规范要求的改造、重大修理监督检验证书;

（4）使用管理资料,包括《使用登记证》《使用登记表》《压力管道基本信息汇总表 工业管道》,以及运行记录、开停车记录、运行条件变化情况、运行中出现异常以及相应处理情况的记录等;

（5）检验、检查资料,包括安全附件以及仪表的校验、检定资料,定期检验周期内的年度检查报告和上次的定期检验报告。检验人员应当对使用单位提供的管道资料进行审查。

5. 检验实施

1）定期检验项目

定期检验项目应当以宏观检验、壁厚测定和安全附件的检验为主,必要时应当增加表面缺陷检测、埋藏缺陷检测、材质分析、耐压强度校核、应力分析、耐压试验和泄漏试验等项目。

2）定期检验方法和要求

宏观检验应当主要采用目视方法（必要时利用内窥镜、放大镜或者其他辅助检测仪器设备、测量工具）检验管道结构、几何尺寸、表面情况（例如裂纹、腐蚀、泄漏、变形等）以及焊接接头、防腐层、隔热层等。宏观检验一般应当包括以下内容：

（1）管道结构检验，包括管道布置，支吊架、膨胀节、开孔补强、排放装置设置等；

（2）几何尺寸检验，包括管道焊缝对口错边量、咬边、焊缝余高等；

（3）外观检验，包括管道标志，管道组成件及其焊缝的腐蚀、裂纹、泄漏、鼓包、变形、机械接触损伤、过热、电弧灼伤，管道支撑件变形、开裂，排放（疏水、排污）装置的堵塞、腐蚀、沉积物，防腐层的破损、剥落，隔热层破损、脱落、潮湿以及隔热层下的腐蚀和裂纹等。

首次定期检验时应当检验管道结构和几何尺寸，再次定期检验时，仅对承受疲劳载荷的管道、经过改造或者重大修理的管道，重点进行结构和几何尺寸异常部位有无新生缺陷的检验。

6. 压力管道的评级

1）评定原则

（1）管道安全状况等级应当根据定期检验的结果综合评定，以其中项目等级最低者作为评定等级；

（2）需要改造或者修理的管道，按照改造或者修理后的检验结果评定安全状况等级；

（3）安全附件与仪表检验不合格的管道，不允许投入使用。

2）检验项目的评级

（1）管道位置或者结构评级。

位置不当或者结构不合理的管道，应当按照以下要求评定安全状况等级：①管道与其他管道或者相邻设备之间存在碰撞、摩擦时，应当进行调整，调整后符合安全技术规范规定的，不影响定级，否则可以定为3级或者4级；②管道位置不符合安全技术规范或者标准要求，因受条件限制，无法进行调整的，但是对管道安全运行影响不大，根据具体情况可以定为2级或者3级，如果对管道安全运行影响较大，则定为4级；③管道有不符合安全技术规范或者设计、安装标准要求的结构时，调整或者修复完好后，不影响定级；④管道有不符合安全技术规范或者设计、安装标准要求的结构时，无法及时进行调整或者修复的，对于不承受明显交变载荷并且经定期检验未发现新生缺陷（不包括正常的均匀腐蚀）的管道可以定为2级或者3级，否则应当进行安全评定，安全评定确认不影响安全使用的，可以定为2级或者3级，否则则定为4级。

（2）管道组成件的材质评级。

管道组成件的材质与原设计不符，材质不明或者材质劣化时，应当按照以下要求评定安全状况等级：①材质与原设计不符，如果材质清楚，强度校核合格，经检验未查出新生缺陷（不包括正常的均匀腐蚀），检验人员认为可以安全使用的，不影响定级；如果使用中产生缺陷，并且确认是用材不当所致，可以定为3级或者4级；②材质不明，如果检验未查出新生缺陷（不包括正常的均匀腐蚀），并且强度校核合格的（按照同类材料的最低强度进行计算），可以定为3级，否则定为4级；③材质劣化和损伤，发现存在表面脱碳、渗碳、球化、石墨化、回火脆化等材质劣化、蠕变、高温氢腐蚀等损伤现象或者硬度值异常；如果劣化或者损伤程度轻微，能够确认在操作条件下和检验周期内安全使用的，可以定为3级；如果已经产生不可修复的缺陷或者损伤时，根据损伤程度，定为3级或者4级；④湿硫化氢环境下硬度值超标，碳钢以及低合金钢管道焊接接头硬度值超过HB200但未发生应力腐蚀，检验人员认为在下一检验周期内不会发生应力腐蚀的,可以定为 2 级或者 3 级,否则定为 4 级。

(3)管子、管件壁厚全面减薄评级。

管子、管件壁厚全面减薄时,应当按照以下要求评定安全状况等级:①管子,管件实测壁厚减去至下一检验周期的腐蚀量之后,不小于其设计最小壁厚,则不影响定级;②耐压强度校核不合格,定为 4 级;③应力分析结果符合相关安全技术规范或者标准要求的,不影响定级,否则,定为 4 级;④管子无设计壁厚时,应当进行耐压强度校核,根据耐压强度校核的结果确定是否需要缩短检验周期。

(4)管子壁厚局部减薄评级。

管子壁厚局部减薄在制造或者验收标准所允许范围内的,则不影响定级。

(5)裂纹缺陷评级:

管子、管件存在表面或者埋藏裂纹缺陷时,应当打磨消除或者更换,打磨后形成的凹坑按照规定进行定级。

(6)焊接缺陷(不包含裂纹)评级。

焊接缺陷在 GB/T 20801.1~6—2020 所允许范围内的不影响定级;焊接缺陷超过 GB/T 20801.1~6—2020 所允许范围(以下简称焊接超标缺陷)的按规定执行。

(7)管道组成件评级。

存在下述缺陷的管道组成件,应当按照以下要求评定安全状况等级:①管子表面存在皱褶、重皮等缺陷,打磨消除后,打磨凹坑按照相关规定定级;②管子的机械接触损伤、工卡具焊迹和电弧灼伤,应当打磨消除,打磨消除后的凹坑按照相关规定定级,其他管道组成件的机械接触损伤、工卡具焊迹和电弧灼伤,不影响管道安全使用的,可以定为 2 级,否则可以定为 3 级或者 4 级;③管道组成件出现变形,不影响管道安全使用的,可以定为 2 级,否则可以定为 3 级或者 4 级;④管道组成件有泄漏情况的,对泄漏部位进行处理后,不影响管道安全使用的,可以定为 3 级,否则定为 4 级。

(8)管道支吊架评级。

管道支吊架出现异常、修复或者更换的不影响定级。无法及时进行修复或者更换的,应当进行应力分析或者合于使用评价,分析或评价结果不影响安全使用的可定为 2 级,否则可以定为 3 级或者 4 级。

(9)管道耐压试验或者泄漏性试验评级。

管道耐压试验或者泄漏性试验不合格属于本身原因的,定为 4 级。

7. 安全状况等级综合评定

安全状况等级综合评定为 1 级和 2 级的,检验结论为符合要求,可以继续使用。安全状况等级综合评定为 3 级的,检验结论为基本符合要求,有条件的监控使用。安全状况等级综合评定为 4 级的,检验结论为不符合要求,不得继续使用。

(三)工业管道试压标准

JBBA016 工业管道试压标准

TSG D0001—2009《压力管道安全技术监察规程—工业管道》明确规定了耐压试验和泄漏试验,管道的耐压试验应当在热处理、无损检测合格后进行。耐压试验一般采用液压试验,或者按照设计文件的规定进行气压试验。如果不能进行液压试验,经过设计单位同意可采用气压试验或者液压-气压试验代替。脆性材料严禁使用气体进行耐压试验。

对于 GC3 级管道,经过使用单位或者设计单位同意,可以在采取有效的安全保障条件下,结合试车,按照 GB/T 20801.1～6—2020 的规定,用管道输送的流体进行初始运行试验代替耐压试验。

JBBB006 炉管整体水压试验的步骤

（四）炉管整体水压试验的步骤

炉管整体水压试验之前,必须确认前序的准备检查工作已经完成,方可开始水压试验步骤:

（1）开启所有排气阀,压力表根部阀,本体管路及管路范围的阀门,导淋阀出水干净后关闭导淋;

（2）开启锅炉进水阀门向锅炉进水,进水须为脱盐水,温度为常温;当锅炉最高空气门向外冒水时,待残余存空气排尽后关闭排气阀,进行全面检查,看有无异常和泄漏现象;

（3）锅炉满水后无渗漏和结露现象时开始进行升压,升、降压应严格按照升降压曲线图进行,水压应缓慢地升压（应保持在（0.2～0.3MPa/min）当水压升到工作压力时应暂停升压,检查有无漏水或异常现象,然后再升到试验压力,锅炉应在试验压力下保持 20min,然后降到工作压力进行全面检查,检查期间压力应保持不变,待检查结束后方可降压;

（4）水压试验过程中,发现漏点及异常时停止打压,待查出原因,消除缺陷后方可继续试压工作;

（5）水压试验结束后,可通过排气阀或排污导淋泄压,待压力降到零后,工作人员方可离开现场,如需继续排水,必须打开顶部排气阀,防止炉管内形成负压,并有专人值守;

（6）水压试验全过程要做好记录。

（7）锅炉整体水压试验合格标准:①未发现系统有渗漏、变形及异常声音等现象;②受压元件金属壁和焊缝上没有水珠和水雾;③检查期间压力保持不变;④水压试验后,没有发现残余变形。

ZCBA034 化工管路进行热补偿的目的

JCBB008 化工管路热补偿的概念

（五）化工管路热补偿的概念

化工管道外部检查需重点检查补偿器,主要因压力管路中的输送介质温度变化较大时,管路将发生热胀冷缩现象,如果不采取适当措施加以补偿,则将使管子随巨大的热应力,使管路两端的固定支撑架受到巨大的推力,这将引起管路、管架的变形损坏,因此为了避免管路、管架的损坏引发事故,须做好管路的热补偿。

项目十　密封的基本知识

CABJ023 密封的概念

一、密封的概念

密封,指严密地封闭。密封是防止流体或固体微粒从相邻结合面间泄漏以及防止外界杂质如灰尘与水分等侵入机器设备内部的零部件或措施。密封可分为静密封和动密封两大类。

ZABJ004 常用机械密封的典型结构

二、常用机械密封的典型结构

常用的机械密封结构如图 1-5-17 所示。它主要由静止环、旋转环、弹性元件、弹簧座、紧定螺钉、辅助密封圈等组成。防转销固定在压盖上以防止静止环转动。旋转环和静止环往往还可以根据他们是否具有轴向补偿能力而称为补偿环或非补偿环。

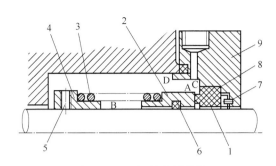

图 1-5-17　机械密封结构

1—静止环;2—旋转环;3—弹性元件;4—弹簧座;5—紧定螺钉;6—旋转环辅助密封圈;

7—防转销;8—辅助密封圈;9—压盖通道

三、机械密封的基本原理

机械密封是由一对垂直于旋转轴线的端面在流体压力和补偿机构的弹力(或磁力)的作用以及辅助密封的配合下,保持贴合并相对滑动而构成的防止流体泄漏的装置。机械密封又称端面密封,是一种应用广泛的旋转轴动密封,其基本结构如图 1-5-18 所示。机械密封中相互贴合并相对滑动的两个环形零件称作密封环,其中随轴作旋转运动的密封环称作动环或旋转环,不随轴作旋转运动的密封环称作静环或静止环。两个密封环相贴合的端面称为密封端面。一对相互贴合的密封表面之间的接触面称为密封端面。机械密封必须具有轴向补偿能力,以便密封端面磨损后仍能保持良好的贴合。因此称具有轴向补偿能力的密封环为补偿环,不具有轴向补偿能力的密封环为非补偿环。由弹簧及相关零件,如弹簧座、推环等所组成的能随补偿环一起轴向移动的部件称作机械密封的补偿机构。补偿机构可以设计在动环一侧,则动环具有轴向补偿能力,称作补偿动环,此时静环不具有轴向补偿能力,称作非补偿静环。反之,将补偿机构设计在静环一侧,则静环具有轴向补偿能力,称作补偿静环和非补偿动环。

JCBA005 机械密封的原理

GABJ005 机械密封的基本原理

JBBA005 机械密封的原理

GBBB003 机封作用

GCBB003 机封的作用

CBBA012 机械密封的概念

CCBA012 机械密封概念

CBBA013 机械密封的作用

CCBA013 机械密封作用

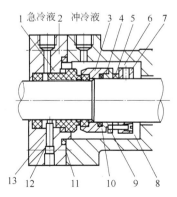

图 1-5-18　机械密封示意图

1—静环;2—静环密封圈;3—动环;4—传动销;5—弹簧;6—弹簧座;7—紧定螺钉;

8—传动螺钉;9—推环;10—动环密封圈;11—压盖密封圈;12—压盖;13—防转销

由密封流体压力(介质压力)和弹性元件的弹力(或磁性元件的磁力)等引起的合力作用下,在密封环的端面上产生一个适当的比压(压紧力),使两个接触端面(动环、静环端面)相互贴合,并在两端面间极小的间隙中维持一层极薄的液膜,由于液膜具有流体动压力与静压力,使之有一定的承载能力,防止两摩擦副表面直接接触,降低了摩擦因数,一方面对端面起润滑作用,使之具有较长的使用寿命;另一方面起着平衡压力的作用(流体动压力与静压力在端面之间形成的阻力要大于密封端面两侧的压力差),从而使机械密封获得良好的密封性能,达到密封的目的。机械密封的泄漏量不应大于 5mL/h,高压锅炉给水泵机械密封的泄漏量不应大于 10mL/h,且温升应正常;杂质泵及输送有毒、有害、易燃、易爆等介质的泵,密封的泄漏量不应大于设计的规定值。

四、机械密封失效的原因

泄漏是机械密封失效的主要表现形式。在实际工作中,重要的是从泄漏现象分析机械密封产生泄漏的原因。外装式机械密封易于查明,而内装式机械密封,仅能观察到泄漏是来自非补偿静止环的外周或内周,这就给分析工作带来一定的困难。

(一)摩擦副端面之间泄漏导致的机械密封失效

1. 端面不平

端面平面度、粗糙度未达到要求,或在使用前受到了损伤,因而产生泄漏。这时应重新研磨抛光或更换密封环。

2. 端面间存在异物

污物未被清除,装配时未清洗。此时需清除端面污物重新装配。

3. 安装不正确

(1)安装尺寸未达到安装工作尺寸的要求,必须仔细阅读安装说明书及附图,重新调整安装尺寸。

(2)非补偿环安装倾斜,若为压盖安装偏斜应重新安装。同时检查密封环端面与压盖端面各点的距离是否一致,防转销是否进入密封环的凹槽中,防转销是否顶到凹槽底部。总装时压盖螺钉要均匀锁紧。

(3)碳石墨环弹性模量低,端面易变形。

(二)补偿环辅助密封圈处的泄漏

(1)辅助密封圈质量问题,如橡胶密封圈截面尺寸超差,压缩率不符合要求,表面质量问题:模具错位、开模缩裂,修边过量、流痕、凹凸缺陷、飞边过大等。对此,需用合格品替换。

(2)密封圈安装时受到损伤,如聚四氟乙烯 V 形圈安装时唇口被割伤,橡胶制件表面有划痕,都是密封失效的常见原因。出现这种情况,多半是轴端未倒角或残留毛刺不清洁所致。因此,要注意清除毛刺和保持清洁。轴上的键槽也会损伤密封圈,为此,安装前应仔细检查棱边有无毛刺并使用专用工具进行安装,避免密封圈受到损伤。

(3)轴表面有缺陷或有腐蚀、麻点、凹坑。对此,应更换新轴或轴材料,推荐在密封圈接触部位的轴表面喷涂陶瓷。

(4)密封圈的材质与介质不相容。对此应重新选用适宜的密封圈材料。

(5)轴的尺寸公差、粗糙度未达到要求。对此,应修整尺寸公差及粗糙度或用合格品替换。

（三）非补偿环密封圈处的泄漏

（1）静环压盖尺寸公差不符合设计要求。对此,应更换合格品。

（2）安装错误,如聚四氟乙烯V形圈方向装反,安装时,其凹面应对向压力高的介质端,否则会出现泄漏。

（3）密封圈的质量不良,应用合格品替换。

（4）密封圈的材质与介质不相容,应选用适宜材料的密封圈。

（四）密封箱体与静环压盖结合面之间的泄漏

（1）密封箱体与静环压盖配合端面有缺陷,如凹坑、刻痕等。需整修,作为应急措施,可涂布液态密封胶。

（2）螺栓力小,压缩垫片时不能把接触面不平的凹坑填满。需加大螺栓力,或用较软的垫片。螺栓力必须大于内部介质压力。因为内压总是使得静环压盖与密封箱体端面趋于分离。用聚四氟乙烯平垫片时,以厚度小于1mm为宜。

（3）垫片或密封圈受到损伤,应更换垫片或密封圈。

（4）安装时不清洁。异物进入其间,应清除异物。受损伤的密封垫片、密封圈应更换。

（5）静环压盖变形,这是因为静环压盖刚度不够而产生的变形。应更换有足够刚度的静环压盖。

（6）螺栓受力不均匀,静环压盖单边锁紧。应重新调整螺栓力。

（五）轴套与轴之间的泄漏

Y型泵、F型泵、IH/IS泵等一般都设计有保护性轴套。许多轴套不伸出密封腔,所以轴套与轴之间的泄漏通道常被忽略,且往往误认为是机械密封泄漏,从而延误了采取措施的时机,或造成频繁的拆装而找不出毛病所在。一般可以用泄漏量的变化加以鉴别。轴套处的泄漏量通常是稳定的,而从其他通道泄漏出的泄漏量往往是不稳定的(从端面处的泄漏,有时候经过磨合泄漏量会逐渐减少)。轴套与轴之间的泄漏,一般是由于安装不当,密封圈或垫片不符合要求或损伤而造成的。

（六）密封件本身具有渗透性

碳石墨制品由于含有孔隙容易渗漏。这种渗漏不外乎是浸渍与固化未达到要求,或者是碳石墨材料浸渍处理后加工切削余量过大,超过浸渍深度使微孔重新形成泄漏通道。为确保密封件不渗漏,经机械加工的成品应再进行一次浸渍处理。如果从密封件处产生大量泄漏,这表明密封件可能已破裂。在这种情况下,应查询操作条件以判明是过载引起的破坏,还是安装不当所致。在高压工况下,烧结制品,如陶瓷、填充聚四氟乙烯密封件也有可能渗漏,在使用前必须确认是否符合使用要求。高温、高压或气相介质,对热镶装的密封环来说,介质易于从镶装配合面泄漏。在这种情况下,推荐用整体结构。

五、干气密封的应用知识

干气密封也称为气体端面密封,是在密封面上开一定形式的浅槽,两个密封端面做相对转动时,通过浅槽产生流体动压效应。在力的作用下两个摩擦副之间形成很薄的一层气膜,从而使密封工作在非接触状态下。由于密封面不接触,密封产生的摩擦

JABJ001　干气密封的应用知识

JBBB002　干气密封的作用

JCBB007　干气密封的作用

热小,保证了两个密封面的气体润滑,从而密封的寿命很长;由于密封面的气膜间隙很小(一般为几微米),气体泄漏很小;由于密封端面的气体一般为缓冲气,产生的流体动压力又阻碍了介质气的泄漏,从而达到了气体密封的目的。影响干气密封安全运行的因素如下。

(一)气体洁净度

密封气或是压缩机出口冲洗气的洁净度对于密封的安全运行非常重要。动静环分开后的间隙,单向螺旋槽只有 $3 \sim 10\mu m$,双向螺旋槽只有 $28\mu m$。洁净度不高的气体进入干气密封腔后,会损坏干气密封性能,因此气体必须经过一组双过滤器(一开一备)以滤掉 $5\mu m$ 或更细的颗粒,当在线过滤器堵塞后,应能迅速切换到备用过滤器。

(二)气体温度

低温密封气和缓冲气不允许进入温度低于 $100^\circ C$ 的干气系统。当气体含有大量较重的碳氢化合物时,压缩气体会产生凝结,当温度下降到气体的露点以下时,冷凝结束。气体冷凝为液体后会呈现油黏性的状态,当它出现在密封区域时会覆盖密封部件,冻结、堵塞、阻碍密封部件的自由活动。

(三)酸性气体

应用于酸气的干气密村非常广泛。主要考虑的因素是密封材料的选择,泄漏危险和环境限制。为了避免酸气泄漏到压缩机轴承上,在密封间装有一中间回路,并用氮气排空以确保在正常工况下经过密封内侧的酸气泄漏直接送往主排风口排放。

(四)有效的系统控制

密封系统的监测应根据用户工艺要求而设定,控制原理依据压缩机的运行工况是恒定还是变化而定。若工况恒定,压缩机可按流量控制;如是变化的,应按压差控制。按流量控制更经济。

(五)冲洗系统

通过压缩机迷宫进入干气密封端面的工艺气体流量应该尽可能小。来自压缩机的密封气经过滤后供给密封。在稳定工况中,控制系统把通过内部密封齿的速度控制在 $3 \sim 5m/s$。工况不稳定则必须采用压差控制阀,以对压力变化做出快速反应。确保密封气从冲洗气管线通过迷宫密封进入压缩机。通常设置有限流孔板,测量经内侧迷宫密封流向压缩机侧和主放空口或火炬管线气体的流量。控制阀通过电子控制器,把孔板入口与内侧迷宫密封下游间压差维持在 $0.02MPa$,以保证洁净气体能从冲洗管线流向压缩机内部。另外,工况不稳定的压缩机要安装低压差报警器,工祝稳定的压缩机要安装低流量报警器。

(六)缓冲气供给

在多数情况下,缓冲气采用氮气,直接由公用工程系统提供,缓冲气供给系统应包括双过滤器、止回阀及压力控制阀,当压力低于预设定的极限值时会停车,以增加压缩机运行的安全性。缓冲气的供给要满足独立密封体和二级密封的需要,在启动压缩机润滑系统前,要确认已经供给独立密封体缓冲气,缓冲气供应不足不允许启动压缩机。

(七)放火炬系统

串联布置的主放空或放火炬的气体主要包合从内侧密封面来的工艺介质气和少量的从二级密封来的缓冲气。从一级主密封泄漏的气体被送到干气密封控制盘,通过可调孔板和流量计片排向火炬;如果泄漏不严重,可直接排向大气。每个孔板两侧都跨接了就地压差控制器和转换开关,用于泄漏报警和停车。孔板可限制工艺介质气窜向火炬。主放空线上安装有止回阀,防止放空气体倒流。

(八)在安全高度排放到大气的二次放空

带中间迷宫密封的串联密封结构,放空气中含缓冲气(例如氮气)和迷宫密封与二级密封之间注入的缓冲气;带独立密封体的串联密封,排放气中含工艺介质气和部分从独立密封体来的缓冲气,一般情况下排放到空气中的流量不监控。

(九)反转、低转速对密封的影响

干气密封在转速低于1000r/min以下时效果不好,因为这时不能在动静环之间产生足够的压力。造成动静环直接摩擦。对于单旋向槽型,反转是不允许的。

(十)定期检查

压缩机操作和维修人员必须定期检查干气密封的运行参数,以保证维持系统的基本运行条件。

(1)压缩机入、出口压力、振动、喘振以及速度、反转、载荷波动、停车等偶发事件。

(2)干气密封密封气和缓冲气的压力,密封两侧和缓冲气过滤器两侧的压差,内侧迷宫密封、主放空管线上的孔板和第三级密封两侧的压差,主放空的流量或排放到火炬的气体流量。

六、密封常见故障维护

(一)机泵填料密封泄漏处理方法

机泵填料密封泄漏之后,首先判断密封的材质及现场安装有无问题,其次根据以下的情况分类进行处理:填料压的太松,上紧填料压盖至适当程度;调整填料搭扣,错开一定角度不在一个方向;填料磨损严重,更换填料;填料质量密封性能不好,更换符合要求的填料;轴套磨损太多,更换轴套;泵的较长时期振动也会引起填料的泄漏,查明振动原因。

(二)填料密封泄漏的处理方法

(1)当填料使用一段时间后就会失去弹性及润滑作用,从而造成泄漏。消除的办法是定期更换填料。

(2)填料的材质不符合要求或安装填料不良而发生严重泄漏。解决的办法是合理选择填料材质,使其符合要求并正确安装填料。

(3)安装填料的轴套等零件磨损严重,或填料箱与轴套等零件的径向间隙过大而造成泄漏。解决办法是及时调换轴套或采用轴套表面上镀铬等方法。

(4)若在轴套的端面安装橡胶圈,有可能吹损而造成严重泄漏。解决办法是及时更换橡胶圈。

(5)新装轴套偏心较大。应使轴套的同轴度提高并符合要求。

(6)填料密封老化失效,可调换填料,并选用符合要求的材质。

(7)填料、压盖、填料套、填料环等零件损坏,在启动时填料密封泄漏,并且漏损很快增大,虽不断上紧填料压盖,但仍泄漏不止,最后无法工作。解决办法需立即调换损坏的填料密封零部件。

(8)泵较长时期的振动也会引起填料密封的泄漏,并且漏损严重。解决办法是应及时

CCCB010 机泵填料密封泄漏的处理方法

CBCB010 机泵填料密封泄漏处理方法

CCCB012 填料密封泄漏处理方法

CBCB027 填料密封泄漏的处理方法

查明振动原因,根据不同情况分别采取相应措施。

CCCA005 离心泵机械密封泄漏大原因

CBCA005 离心泵机械密封泄漏大的原因

（三）离心泵机械密封泄漏的原因

1. 周期性漏损

周期性漏损的原因是:转子轴向窜动,动环来不及补偿位移,操作不稳,密封箱内压力经常变动及转子周期性振动等。其消除的办法是尽可能减少轴向窜动,使其在允差范围内,并使操作稳定,消除振动。

2. 经常性漏损

经常性漏损的原因如下:

（1）动、静环密封面变形。消除办法:使端面比压在允差范围内;采取合理的零部件结构,增加刚性;应按规定的技术要求正确安装机械密封。

（2）组合式的动环及静环镶嵌缝隙不佳产生的漏损。消除办法:动环座、静环座的加工应符合要求,正确安装,确保动、静环镶嵌的严密性。

（3）摩擦副不能跑合,密封面受伤。消除办法:研磨摩擦副,达到正确跑合;严防密封面的损伤,如已损坏应及时研磨修理。注意使弹簧的旋转方向在轴转动时应越旋越紧,消除弹簧偏心或更换弹簧,使其符合要求。

3. 突然性漏损

离心泵在运转中突然泄漏,少数是因正常磨损或已达到使用寿命,而大多数是由于工况变化较大引起的,如抽空导致密封破坏、高温加剧泵体内油气分离,导致密封失效。造成的原因有:抽空、弹簧折断、防转钳裂断、静环损伤、环的密封表面擦伤或损坏、泄漏液形成的结晶物质等使密封副损坏。消除办法:及时调换损坏的密封零部件;防止抽空现象发生;采取有效措施消除泄漏液所形成的结晶物质的影响等。

4. 停车后启动漏损

停车后启动漏损的原因是:弹簧锈住失去作用、摩擦副表面结焦或产生水垢等。消除办法:更换弹簧或擦去弹簧的锈渍,采取有效措施消除结焦及水垢的形成。

CCCB005 离心泵机械密封泄漏处理方法

CBCB005 离心泵机械密封泄漏的处理方法

（四）离心泵机械密封泄漏的处理

填料磨损、轴或轴套磨损、泵轴弯曲、动静密封环端面腐蚀、磨损或划伤、静环装配歪斜、弹簧压力不足等因素都将造成密封处漏损过大。通过更换填料、修复或更换磨损件、校直或更换泵轴、修复或更换损坏的动环或静环、重装静环、调整弹簧压缩量或更换弹簧等措施加以消除。

项目十一　转动部件的基本知识

CABJ010 常见轴承的种类

一、常见轴承的种类

（一）滑动轴承的分类

1. 根据载荷形式分类

（1）静载滑动轴承:承受大小和方向均不变的载荷的滑动轴承。

（2）动载滑动轴承:承受大小和（或）方向变化的载荷的滑动轴承。

2. 根据承受载荷的方向分类

（1）径向滑动轴承：承受径向（垂直于旋转轴线）载荷的滑动轴承。

（2）止推滑动轴承：承受轴向（沿着成平行于旋转轴线）载荷的滑动抽承。

（3）径向止推滑动轴承：同时承受径向和轴向载荷的滑动轴承。

3. 根据润滑类型分类

（1）气体静压轴承：在气体静压润滑状态下工作的滑动轴承。

（2）气体动压轴承：在气体动压润滑状态下工作的滑动轴承。

（3）液体静压轴承：在液体静压润滑状态下工作的滑动轴承。

（4）液体动压轴承：在液体动压润滑状志下工作的滑动轴承。

（5）挤压油膜轴承：由于两滑动表面相对运动而使润滑膜中产生沿旋转运动方向的压力，从而使旋转轴表面和轴承完全分离的滑动轴承。

（6）动静压混合轴承：同时在流体静压润滑状态和流体动压状态下工作的滑动轴承。

（7）固体润滑轴承：用固体润滑剂润滑的滑动轴承。

（8）无润滑轴承：工作前和工作时无润滑剂作用的滑动轴承。

（9）自润滑轴承：用轴承材料、轴承材料成分或者是固体润滑剂镀覆层作润滑剂的滑动轴承。

（10）多孔质自润滑轴承：（烧结轴承）用多孔性材料制成，孔隙充以润滑剂的滑动轴承。

（11）自储油滑动轴承组件：带有油池，可以向轴承表面供油的滑动轴承。

4. 根据设计类型分类

（1）圆形滑动轴承：内孔各横截面为圆形的滑动轴承。

（2）非圆滑动轴承：内孔各横截面为非圆形的滑动轴承。

（3）多油楔滑动轴承：滑动表面呈规律性特殊形状，而在工作时沿其圆周形成若干楔形流体动压区的径向滑动轴承。

（4）瓦块止推轴承：（锥面导向轴承）支撑面由若干固定瓦块组成的滑动轴承。

（5）径向可倾瓦块轴承：支撑面由若干瓦块组成，各瓦块在流体动压作用下能相对于轴径自行调整期倾斜角的滑动轴承。

（6）止推可倾瓦块轴承：支撑面由若干瓦块组成，各瓦块在流体动压作用下能相对于止推环滑动表面自行调整角度防止油膜外泄的止推轴承。

（7）浮动轴套：设计为轴套形式，并能在轴颈上和轴承座孔内滑动的滑动轴承。

（8）滑动轴承组件：由滑动轴承（径向或止推轴承）装配到支撑式轴承座或止推式轴承座组成的轴承单元。

（9）自位滑动轴承：可相对于滑动表面自行调整而实现对中的滑动轴承。

（二）滚动轴承分类

1. 滚动轴承按其所能承受的载荷方向或公称接触角的不同分类

（1）向心轴承——主要用于承受径向载荷的滚动抽承，其公称接触角为 $0° \leqslant \alpha \leqslant 45°$。按公称按触角的不同。又分为：

① 径向接触轴承——公称接触角为 $0°$ 的向心轴承；

② 角接触向心轴承——公称接触角为 $0° < \alpha \leqslant 45°$ 的向心轴承。

（2）推力轴承——主要用于承受轴向载街的滚动轴承,其公称接触角为 $45°<\alpha\leqslant90°$。按公称接触角的不同又分为:

① 轴向接触轴承——公称接触角为 $90°$ 的推力轴承;

② 角接触推力轴承——公称接触角为 $45°<\alpha<90°$ 的推力轴承。

2. 滚动抽承按滚动体的种类分类

（1）球轴承——滚动体为球的轴承;

（2）滚子轴承——滚动体为滚子的轴承。按滚子种类的不同又分为:

① 圆柱滚子轴承——滚动体是圆柱滚子的轴承;

② 滚针轴承——滚动体是滚针的轴承;

③ 圆锥滚子抽承——滚动体是圆锥滚子的轴承;

④ 调心滚子轴承——滚动体是球面滚子的轴承;

⑤ 长弧面滚子轴承——滚动体是长弧面滚子的轴承。

3. 滚动轴承按其能否调心分类

（1）调心轴承——滚道是球面形的,能适应两滚道轴心线间较大角偏差及角运动的轴承;

（2）非调心轴承——能阻抗滚道间轴心线角偏移的轴承。

4. 滚动轴承按滚动体的列数分类

（1）单列轴承——具有一列滚动体的轴承;

（2）双列轴承——具有两列滚动体的轴承;

（3）多列轴承——具有多于两列的滚动体并承受同一方向载荷的轴承。如三列轴承、四列轴承。

5. 滚动轴承按主要用途分类

（1）通用轴承——应用于通用机械的一般用途的轴承;

（2）专用轴承——专门用于或主要用于特定主机或特殊工况的轴承;

6. 滚动轴承按外形尺寸是否符合标准尺寸系列分类

（1）标准轴承——外形尺寸符合标准尺寸系列规定的轴承;

（2）非标轴承——外形尺寸中任一尺寸不符合标准尺寸系列规定的轴承。

7. 滚动轴承按其是否有密封圈或防尘盖分类

（1）开式轴承——无防尘盖及密封围的轴承;

（2）闭式轴承——带有防尘盖或密封圈的轴承。

8. 滚动轴承按其外形尺寸及公差的表示单位分类

（1）公制(米制)轴承——外形尺寸及公差采用公制(米制)单位表示的滚动抽承;

（2）英制(吋制)轴承——外形尺寸及公差采用英制(吋制)单位表示的滚动轴衣。

9. 滚动轴承按其组件是否能分离分类

（1）可分离轴承——分部件之间可分离的轴承;

（2）不可分离轴承——分部件之间不可分离的轴承。

10. 滚动轴承按其公称外径尺寸尺寸大小分类

（1）微型轴承——公称外径尺寸 $D\leqslant26$mm 的轴承;

（2）小型轴承——公称外径尺寸 26mm<D<60mm 的轴承；

（3）中小型轴承——公称外径尺寸 60mm≤D<120mm 的轴承；

（4）中大型轴承——公称外径尺寸 120mm≤D<200mm 的轴承；

（5）大型轴承——公称外径尺寸 200mm≤D≤440mm 的轴承；

（6）特大型轴承——公称外径尺寸 440mm<D≤2000mm 的轴承；

（7）重大型轴承——公称外径尺寸 D>2000mm 的轴承。

ZABJ016 滚动
轴承标记方法

二、滚动轴承标记方法

依据 GB/T 272—2017《滚动轴承 代号方法》滚动轴承的标记由名称、代号和标准编号三部分组成。轴承的代号有基本代号和补充代号，基本代号（滚针轴承除外）由轴承类型代号、尺寸系列代号、内径代号三部分组成。下为滚动轴承的标记示例（图 1-5-19）。

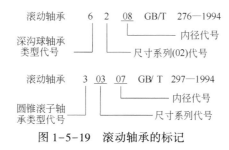

图 1-5-19 滚动轴承的标记

代号用于表征滚动轴承的结构、尺寸、类型、精度等，由 GB/T 272—2017 规定。滚动轴承代号见表 1-5-9。

表 1-5-9 滚动轴承代号表

前置代号	基本代号				后置代号						
轴承的分部件代号	五	四	三	二	一	内部结构代号	密封与防尘结构代号	保持架及其材料代号	特殊轴承材料代号	公差等级代号	游隙代号	多轴承配置代号	其他代号
	类型代号	尺寸系列代号		内径代号									
		宽度系列代号	直径系列代号										

注：前置代号——表示轴承的分部件。基本代号——表示轴承的类型与尺寸等主要特征。后置代号——表示轴承的精度与材料的特征。

（一）类型代号

常用轴承代号为 3、5、6、7、N 五类。轴承的类型代号见表 1-5-10。

表 1-5-10 常见的轴承类型代号表

轴承类型	代号	轴承类型	代号
双列角接触球轴承	0	角接触球轴承	7
调心球轴承	1	推力滚子轴承	8
调心滚子轴承	2	推力圆锥滚子轴承	9

轴承类型	代号	轴承类型	代号
推力调心滚子轴承	29	圆柱滚子轴承	N
圆锥滚子轴承	3	滚针轴承	NA
双列深沟球轴承	4	外球面球轴承	U
推力球轴承	5	直线轴承	L
深沟球轴承	6	—	—

（二）尺寸系列代号

表达相同内径但外径和宽度不同的轴承。外径系列代号有：7、8、9、0、1、2、3、4 和 5；宽度系列代号：一般正常宽度为"0"，通常不标注，但对圆锥滚子轴承（3 类）和调心滚子轴承（2 类）不能省略"0"。

（三）内径代号

内径代号×5＝内径，如：08 表示轴承内径 $d = 5×08 = 40mm$。特殊情况见表 1-5-11。

表 1-5-11　内径代号表

内径 d/mm	10	12	15	17
代号	00	01	02	03

（四）内部结构代号

用字母紧跟着基本代号表示，如接触角为 15°、25°、40°的角接触球轴承分别用 C、AC、B 表示内部结构的不同。

（五）公差等级代号

公差分 2、4、5、6(6x)、0 级，共五个级别，从高到底，以/P2、/P4、/P5、/P6(/P6x) 表示，0 级不标注。

（六）游隙代号

游隙从小到大，分 0、1、2、3、4、5 共六个组别，以/C1、/C2、/C3、/C4、/C5 表示，0 组不标注。

（七）轴承代号示例

6308：6——深沟球轴承，3——中系列，08——内径 $d = 40mm$，公差等级为 0 级，游隙组为 0 组；

N105/P5：N——圆柱滚子轴承，1——特轻系列，05——内径 $d = 25mm$，公差等级为 5 级，游隙组为 0 组；

7214AC/P4：7——角接触球轴承，2——轻系列，14——内径 $d = 70mm$，公差等级为 4 级，游隙组为 0 组，公称接触角 $\alpha = 25°$；

30213：3——圆锥滚子轴承，2——轻系列，13——内径 $d = 65mm$，0——正常宽度（0 不可省略），公差等级为 0 级，游隙组为 0 组；

6103：6——深沟球轴承，1——特轻系列，03——内径 $d = 17mm$，公差等级为 0 级，游隙组为 0 组。

三、轴承常见故障维护

(一)轴承润滑正常的判断方法

轴承运行时润滑是否正常可靠,可以通过以下几点确认:

(1)动轴承或滑动轴承在运转中,其正常的工作状态是否运转平稳、轻快、无停滞现象,发出的声音和谐而无任何杂音。轴承温度正常。

(2)判断润滑油颜色,正常的轴承润滑油为棕色和蓝黑色。若是乳黄色,则表明润滑油中掺入了柴油或者水分,应当及时更换。若显示为深黑色,则表示机油已经变质,必须及时更换。

(3)亦可将待查轴承润滑油搅拌均匀后滴在白纸上(最好是滤纸),形成油斑,油斑从中心向外经过 2~3h 的逐渐扩散,形成三个同心圆环。根据这三个区域的颜色、宽窄和形态就可以辨别机油的状态。

(4)最简便的经验性方法就是从油底壳中取出少许轴承机油,涂在手指上,用食指与拇指捻磨。如果感觉到油中有杂质或者像水一样没有黏稠的感觉,甚至闻到涩味或者酸味,则表明机油已经变质。如果捻磨后在手指上能见到细小闪亮的金属磨削,则说明发动机存在比较严重的磨损,要及时更换机油与修理相关磨损部位。

(二)轴承异响的处理方法

(1)轴承装配不当,导致轴承内圈与轴承配合失去过盈量或过盈量变小,出现跑内圈现象。跑内圈会造成轴严重磨损和弯曲,但间断性跑内圈不会造成轴承温度上升;

(2)轴承腔内未清洗干净或所加油脂不干净;

(3)轴承重新更换加工,过盈量过大或过小;

(4)轴承缺油甚至烧毁;

(5)轴承本身存在制造质量问题;

(6)油脂混用造成轴承损坏。

(三)滚动轴承出现故障原因分析

(1)通电后不能启动、翁翁响:对于小型电动机润滑脂变硬或装配太紧,更换新润滑脂,提高装配质量;

(2)运行时有杂音:轴承品质不佳,有缺陷;轴承磨损,缺少润滑脂,润滑脂含杂质、造成轴承损坏,更换润滑脂,更换轴承;

(3)振动超标:轴承磨损,游隙不合格检查轴承游隙,更换轴承;

(4)轴承温度过高:润滑脂过多或过少润滑脂含杂质,轴承内套与轴径配合过松或过紧,油封太紧,摩擦产生热量,轴承盖偏心,与轴产生摩擦,电动机两端端盖或轴承盖末装平,轴承有故障,磨损,有杂质,电动机与传动连接过紧,轴承游隙过大过小,两极电动机采用润滑脂量太大。

(四)离心泵轴承超温的原因

(1)联轴节对中不同心;

(2)轴承损坏,轴承装配不合适间隙太小或太大;

(3)轴承冷却系统故障,润滑油冷却系统故障;

ZBBB006 轴承润滑正常的判断方法

ZCCA006 轴承润滑正常的判断方法

CBCB015 轴承异响的处理方法

CCCA014 滚动轴承出现故障的原因分析

CBCA014 滚动轴承出现故障原因分析

ZBBA030 离心泵轴承超温的因素

ZCBA030 离心泵轴承超温的因素

（4）轴承内进入灰尘、脏物或腐蚀性液体，润滑油变质。油箱的润滑油太多或太少。

CABJ011 刚性
轴与柔性轴的
基本概念

四、刚性轴与柔性轴的基本概念

转动系统中转子各微段的质心不可能严格处于回转轴上，因此，当转子转动时，会出现横向干扰，在某些转速下还会引起系统强烈振动，出现这种情况时的转速就是临界转速。临界转速和转子不旋转时横向振动的固有频率相同，也就是说，临界转速与转子的弹性和质量分布等因素有关。轴的临界转速决定于轴的横向刚度系数 k 和圆盘的质量 m，而与偏心距 e 无关。更一般的情况，临界转速还与轴所受到的轴向力的大小有关。当轴力为拉力时，临界转速提高，而当轴力为压力时，临界转速则降低。一个转子有几个临界转速，分别称为一阶临界转速、二阶临界转速等。临界转速的大小与轴的结构、粗细、叶轮质量及位置、轴的支撑方式等因素有关。通常轴的额定工作转速 n 或者低于转子的一阶临界转速 n_1，或者介于一阶临界转速 n_1 与二阶临界转速 n_2 之间。前者称作刚性轴，后者称作柔性轴。

CABJ006 常用
联轴节的种类

CCBA014 连轴
器的作用

CBBA014 对轮
的作用

五、常用联轴节的种类

联轴节（器）主要用来把两轴连接在一起，把电动机的机械能传送给泵轴，使泵获得能量，机器运转时两轴不能分离，只有机器停车，为方便检修，将连接拆开后，两轴才能分离。联轴节又称对轮，它的作用是将电动机和泵轴连接起来，把电动机的机械能传送给泵轴，使泵获得能量；同时，对轮拆卸方便，利于检修。

依据国标 GB/T 12458—2017《联轴器分类》如下三大类：

（一）刚性联轴器

（1）凸缘联轴器；

（2）径向键刚性联轴器；

（3）平行轴联轴器；

（4）夹壳联轴器；

（5）套筒联轴器。

（二）挠性联轴器

（1）无弹性元件挠性联轴器；

（2）有弹性元件挠性联轴器。

（三）安全联轴器

（1）刚性安全联轴器；

（2）挠性安全联轴器。

ZABJ005 平衡
的有关知识

六、平衡的有关知识

离心泵在运转过程中，叶轮前后盖板的两侧液体对叶轮的作用力是不相等的。在叶轮的左侧，即叶轮吸入口一侧，液体压力是不一样的，在吸入口的区域是吸入液体的压力，这个压力比较低，如图 1-5-20 所示。

在叶轮密封环外周的前盖板上，作用的液体是经过叶轮甩出后压力较高的液体，如图中 p 所表示。在叶轮的后盖板（背面）上，作用的液体是排出液体压力 p_2。这样在叶轮的两侧

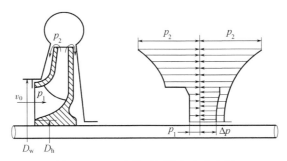

图 1-5-20　叶轮两侧轴向力分布图

作用力就不相等,相差值 Δp 的压差值(图1-5-20),使泵的叶轮产生一个指向吸入口一侧的轴向推力。因而泵轴和叶轮产生串动,带来不利的后果。为了消除轴向推力,可采取以下不同措施:

(一)平衡孔和平衡管

对单级单吸悬臂式离心泵,在叶轮吸入口轴孔的周围开有几个圆形小孔。以便把叶轮背面压力较高的液体泄入到吸入口压力较低的一侧,从而降低了叶轮背面的压力,达到平衡轴向力的目的。这些小孔称为平衡孔。

除此以外,也可在叶轮背面的泵壳上接一小管,把叶轮背面压力较高的液体引入泵的吸入口。这样也可降低背压,使叶轮两侧的压力趋于平衡,消除轴向力。这个小管称为平衡管。

(二)平衡鼓和平衡盘

在多级泵中,由于级数的增加压力逐级增高,各级所产生的轴向力总和是很大的,可以利用末级的高压液体去平衡轴向力。

1. 平衡鼓

平衡鼓是装在轴上鼓状的圆柱体,它在多级泵的最末端。平衡鼓的外圆表面与平衡套之间有一很小的间隙,连通管把平衡鼓后面的液体与泵吸入口连通起来。因此,在平衡鼓的左侧的高压液体,而在平衡鼓的右侧低压液体(接近泵入口压力),在平衡鼓的两侧产生了压差,使平衡鼓有一个向右的轴向推力,和叶轮产生的轴向力方向正好相反,消除了部分轴向力。但泵在运行时操作条件经常变化,工作点随之改变,就会破坏力的平衡,所以还要在泵轴上装上止推轴承,克服因力不平衡轴的串动。有时也采取和平衡盘配合使用的办法消除泵的轴向力。

2. 平衡盘

在泵体与轴套之间有一个径向间隙,在转动的平衡盘和固定不动的平衡圈之间还有一个轴向可变间隙,平衡盘背面和泵的吸入口相连通。多级泵最后一级的高压液体沿径向间隙流入平衡盘和平衡圈之间,然后液体又沿平衡盘和平衡圈之间间隙流入低压区,压力降低。由于平衡盘两侧液体压力不等,使平衡盘产生一个向右的作用力,这个力正好与泵的轴向力方向相反、大小相等,处于平衡状态。所以这个力称为平衡力,并且能达到自动调整的作用。

3. 叶轮的对称布置

在单级泵中为了消除轴向力,可采用双吸叶轮,Sh 型泵就是这种结构的叶轮。双二级离心泵,可采取使叶轮吸入口背对背或面对面地排列,使两个叶轮的轴向力方向相反,消除了轴向力的影响。对多级泵可采取使叶轮对称布置,级数应是偶数,靠两端的叶轮应是低压段,可以减少漏损,便于密封。同时级间的压差小一些为好,以免高一级的液体沿轴封向低一级倒流,降低了泵的容积效率,也能够减小级间的阻力损失,提高泵的水力效率。

模块六 仪表基础知识

项目一 控制系统的组成及分类

一、控制系统的概念

自动化仪表是工业企业实现自动化的必要手段和技术工具,任何一个工业控制系统都必然应用到自动化仪表控制单元,工业自动化仪表包括对工艺参数进行测量的检测仪表、根据测量值对给定值的偏差按一定的调节规律发出调节命令的调节仪表,以及根据调节仪表的命令对进出生产装置的物料或能量进行控制的执行器等。控制系统通常是指工业生产过程中自动控制系统的被控变量是温度、压力、流量、液位、成分、黏度、温度和 pH 值等一些过程变量的系统。

二、调节系统的基本组成

自动调节系统主要由变送器、控制器、被控对象、执行机构四个环节组成。简单典型的调节系统方块图由调节器、测量元件、调节对象、调节阀和比较机构组成。

(一)变送器

变送器的作用是检测工艺参数并将测量值以特定的信号形式传送出去,以便进行显示、调节。在自动检测和调节系统中的作用是将各种工艺参数如温度、压力、流量、液位、成分等物理量变换成统一标准信号,再传送到调节器和指示记录仪中,进行调节、指示和记录。

(二)控制器

控制器也称调节器,它接收传感器或变送器的输出信号——被控变量。当其符合工艺要求时,控制器的输出保持不变,否则,控制器的输出发生变化,对系统施加控制作用。使被控变量发生变化的任何作用均称为扰动。在控制通道内并在调节阀未动作的情况下,由于通道内质量或能量等因素变化造成的扰动称为内扰,而其他来自外部的影响统称为外扰,无论是内扰或外扰,一经产生,控制器就发出控制命令,对系统施加控制作用,使被控变量回到设定值。

仪表调节器按过程控制类别的分类如下:

(1)按被控变量分类,有温度调节器、压力调节器、流量调节器、液位调节器等。

(2)按控制器的控制算法分类,有比例(P)调节器、比例积分(PI)调节器、比例积分微分(PID)调节器等。

(3)按调节器的模式分类,有比值调节器、均匀调节器、前馈调节器及自适应调节器等。

(4)按控制器信号分类,有模拟调节器与数字调节器。

(5)按是否采用计算机分类,有常规仪表调节器、计算机调节器、集散调节器和现场总线调节器等。

（6）按调节器所完成的功能分类，有串级调节器、均匀调节器、自适应调节器等。

（7）按调节器组成回路的情况分类，有单回路调节器与多回路调节器或开环调节器与闭环调节器等。

（三）被控对象

被控对象一般指被控制的设备或过程，如反应器、精馏设备的控制或传热过程、燃烧过程的控制等。控制对象只是被控设备或过程中影响对象输入、输出参数的部分因素，并不是设备的全部。引起被调参数偏离给定值的各种因素称扰动。

（四）执行机构

执行机构是指使用液体、气体、电力或其他能源并通过电动机、气缸或其他装置将其转化成驱动作用。由控制器发出的控制信号通过执行器产生的位移量驱动调节阀门，以改变输入对象的操纵变量，使被控变量受到控制。调节阀是控制系统的终端部件，阀门的输出特性决定于阀门本身的结构，有的与输入信号呈线性关系，有的则呈对数或其他曲线关系。对于一个完整的过程控制系统来说，除自动控制回路外，还应备有一套手动控制回路，以便在自动控制系统因故障而失效后或在某些紧急情况下，对系统进行手动控制。

控制器是根据被控变量测量值与设定值进行比较得出的偏差值对被控对象进行控制的。对象的输出信号即控制系统的输出，通过传感器与变送器的作用，将输出信号反馈到系统的输入端，构成一个闭环控制回路，简称闭环。如果系统的输出信号只是被检测和显示，并不反馈到系统的输入端，则是一个没有闭合的开环控制系统，简称开环。开环系统只按对象的输入量变化进行控制，即使系统是稳定的，其控制品质也较低。在闭环控制回路中，可能有两种形式的反馈：即正反馈与负反馈。自动调节属于定量控制，它不一定是闭环控制。反馈使控制系统的输出（即被控变量）通过测量、变送环节返回到控制系统的输入端，并与设定值比较的过程，控制系统的反馈信号使得原来信号增强的叫作正反馈，使得原来信号减弱的叫作负反馈。

三、简单控制系统

（一）简单控制系统基本概念

简单控制系统是由被控对象，一个测量元件及变送器，一个控制器和一个执行器所组成的单回路负反馈控制系统。简单控制系统是最基本、最常见、应用最广泛的控制系统，占控制回路的80%以上，简单控制系统最基本的要求是系统投入运行后要稳定。简单控制系统的特点是结构简单，易于实现，适应性强。在简单控制系统的基础上，发展起各种复杂控制系统。在一个控制系统中，对象的滞后越小、时间常数越大或放大系数越小，则系统越易稳定。

（二）主要控制指标

主要控制指标包括衰减比、超调量与最大动态偏差、余差、调节时间和振荡频率、上升时间和峰值时间等。

衰减比表示振荡过程的衰减程度，是衡量过渡过程稳定程度的动态指标。它等于曲线中前后两个相邻波峰值之比；超调量是一个反映超调情况和衡量稳定程度的指标；最大动态偏差作为一项指标,它指的是在单位阶跃扰动下,最大振幅与最终稳态值之和的绝对值;余差是系统的最终稳态偏差,即过渡过程终了时新稳态值与给定值之差;调节时间是从过渡过程开始到结束所需的时间;被控变量达到最大值时的时间称为峰值时间;过渡过程开始到被控变量第一个波峰时的时间称为上升时间,它们都是反映系统快速性的指标。

ZABL001　简单回路PID参数的概念

(三)简单回路 PID 参数

在控制系统中,受到广泛应用的控制算法为基本 PID 控制算法,PID 是调节器的三种基本调节规律,即比例控制(P)、积分控制(I)和微分控制(D)。PID 参数是指比例度(K_c)、积分时间(T_i)、微分时间(T_d),分别代表比例控制、积分控制和微分控制作用的强弱,PID 参数整定就是调整 K_c、T_i、T_d 三个参数,使控制回路达到最佳的控制效果(如过渡过程达到 4 : 1 衰减)。

四、复杂控制系统

(一)复杂控制系统分类

对于一些生产过程比较复杂,生产工艺比较烦琐,简单过程控制系统无法满足生产过程的控制需要。为满足不同生产工艺需要,开发了各种各样复杂的、多回路的或者不同于 PID 规律的控制算法,统称其为复杂控制系统。

根据复杂控制系统的控制目的的不同,可以将复杂控制系统大体上分成两类:

一类是以提高响应曲线性能指标为目的的控制系统。如串级控制系统是在双闭环控制理论发展后产生的、前馈控制系统是在前馈控制理论出现后问世的。

另一类控制系统是满足特定生产工艺要求的控制系统。如比值控制系统、分程控制系统、选择性控制系统等。

(二)常用名词术语

主变量:串级主要控制目标,起主导作用的变量。

副变量:为稳定主变量而引出的中间变量、对主变量影响大。

副对象:表征副变量与操纵变量之间关系的通道特性。

主对象:表征主变量与副变量间关系的通道特性。

主控制器:接受主变量的偏差、输出作副控制器的设定值。

副控制器:接受副变量的偏差、输出去操纵阀门。

副回路:串级系统内部回路由副测量变送器、副控制器、调节阀、副对象组成。

主回路:由主控制器、副回路等效对象(环节)、主测量变送器构成的反馈回路。

ZABL002　串级控制的概念

(三)串级控制系统

1. 串级控制的概念

串级调节具有主、副两个调节回路,利用一个快作用的副回路,将一些主要扰动在没有影响被调参数变化之前,就立即加以克服,而滞后的干扰,则根据被调参数偏差,由主回路加以克服,由于副回路的作用,使调节过程反应加快,具有超前调节作用,从而有效地克服滞后提高调节质量。串级调节系统利用主副两只调节器串在一起来稳定一个主参数的系统,主调节器的输出作为副调节器的给定,由副调节器操纵阀门动作。

副回路对被控量起到"粗调"作用,要求控制的快速性,可以有余差,一般情况选取 P

（比例）控制规律而不引入 I（积分）或 D（微分）控制；而主回路对被控量起到"细调"作用，一般要求无差，主调节器的控制规律应选取 PI 或 PID 控制规律，通常串级调节系统主调节器正反作用选择取决于主对象。

2. 串级控制系统的投运

1）分步投运、先副后主

副控置外给定，用副控手动使工况稳定，检查正反作用等开关及控制器参数设置好，调主控手动使副控偏差为零后切入自动，然后主控切入自动。

2）一步投运

副控置自动、外给，用主控手动使工况稳定，主控然后切到自动。注意投运时参数的设置，注意无扰动切换。

3. 参数整定（先副后主）

串级控制系统的整定都是先整定副回路，后整定主回路，主要有两步整定法和一步整定法两种。

1）两步整定法

在系统投运并稳定运行后，将主调节器设置为 P 控制方式，比例度设置为 100%，按照 4∶1 的衰减比整定副回路，找出相应的副调节器的比例度和振荡周期；然后在副调节器比例度为上述数值情况整定主回路，使主被控参数过渡过程衰减比例为 4∶1，得到主调节器的比例度，后按照简单控制系统整定的衰减曲线法的经验公式得到两个调节器的参数。

2）一步整定法

采用一步整定法的依据是，在串级控制系统中，副回路的被控量的要求不高，可以在一定范围内变化，在整定副回路参数时，利用经验数据确定副回路调节器比例度后不再进行调整，只要针对主回路按照两步整定法中主回路参数整定介绍的方法进行整定即可。

（四）分程控制系统

分程控制系统是通过将一个调节器的输出分成若干个信号范围，每一个信号段分别控制一个调节阀，实现一个调节器对多个调节阀的开度控制，从而在较大范围内实现对被控参数的控制。分程控制可以满足开停车时小流量和正常生产时的大流量的要求，使之都能有较好的调节质量。分程调节系统应用在以实现几种不同的调节手段、用以扩大调节阀的可调范围，用以补充调节手段维持安全生产。

GABL001 比值控制的概念
（五）比值控制系统

在某些工业生产过程中，常常要求两种或两种以上物料严格按照一定比例关系进行混合，物料的比值关系直接影响到生产过程的正常运行和生产产品的质量；如果比例关系出现失调，将影响到产品的质量，严重情况下会出现生产事故。通常把这种能够实现保持两个或多个参数比值关系的过程控制系统称为比值控制系统。

GABL002 均匀调节系统的概念
（六）均匀控制系统

在连续生产过程中，前一设备的出料往往是后一设备的进料，前后生产过程存在密切关系。如图 1-6-1 中，假设前塔要求液位稳定，后塔要求入料稳定。稳定前塔的液位要通过改变后塔的入料流量来实现，而稳定后塔入料的流量又要通过改变前塔的液位来实现，可见往往前后系统的控制存在一定的矛盾。

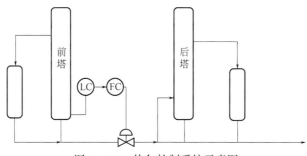

图 1-6-1 均匀控制系统示意图

如果只是考虑对局部系统的控制指标进行设计,不能很好地照顾到前后设备物料之间的协调关系,整个系统的正常运行就得不到保障甚至无法正常工作。

在设计包含多个塔串联工作的系统时,既要考虑到各个"子系统"的控制要求,又要考虑到各个"子系统"间的协调、配合关系。

均匀控制系统就是解决此类问题的较好的控制方案。所谓的均匀控制系统就是在一个含有多个相互串联"子系统"的系统中兼顾两个被控量控制的控制系统。

JABL002 三冲量控制的概念

(七)三冲量控制系统

三冲量调节是针对汽包调节的,其三个冲量分别是汽包水位、给水流量和蒸汽流量,汽包液位是主调量,蒸汽流量是副调量,给水流量是前馈。从结构上来说,三冲量调节实际上是一个带前馈信号的串级控制系统。汽包水位是主变量,蒸汽流量是副变量。副变量的引入使系统对给水压力(流量)的波动有较强的克服能力。给水流量的信号作为前馈信号引入,三冲量液位控制系统中使用了加法器。

锅炉汽包三冲量液位控制系统的特点及使用条件是:

(1)锅炉汽包三冲量液位控制系统是在双冲量液位控制的基础上引入了给水量信号,由汽包水位、蒸汽流量和给水流量组成了三冲量液位控制系统;

(2)在这个系统中,汽包水位是被控变量,是主冲量信号,蒸汽流量、给水流量是两个辅助冲量信号,实质上三冲量控制系统是前馈加反馈控制系统;

(3)三冲量液位控制宜用于大型锅炉,因为锅炉容量越大,汽包的相对容水量就越小,允许波动的蓄水量就更小,如果给水中断,可能在很短的时间内(几分钟)就会发生危险水位,如果仅是给水量与蒸汽发量不相适应,那么在几分钟内也将发生缺水或满水事故,这样就对水位的控制提出更高的要求,锅炉液位三冲量控制系统的组成形式较多,其目的都是为了适应锅炉水位控制的需要。

锅炉汽包三冲量液位控制系统和单冲量、双冲量对比可以克服虚假水位和克服给水干扰。

JABL005 复杂控制回路PID参数整定

(八)复杂控制回路 PID 参数整定

串级控制系统的整定都是先整定副回路,后整定主回路,主要有两步整定法和一步整定法两种。

1. 两步整定法

在系统投运并稳定运行后,将主调节器设置为 P 控制方式,比例度设置为 100%,按照

4∶1的衰减比整定副回路,找出相应的副调节器的比例度和振荡周期;然后在副调节器比例度为上述数值情况整定主回路,使主被控参数过渡过程衰减比例为4∶1,得到主调节器的比例度,后按照简单控制系统整定时介绍的衰减曲线法的经验公式得到两个调节器的参数。

2. 一步整定法

采用一步整定法的依据是,在串级控制系统中,副回路的被控量的要求不高,可以在一定范围内变化,在整定副回路参数时,利用经验数据确定副回路调节器比例度后不再进行调整,只要针对主回路按照两步整定法中主回路参数整定介绍的方法进行整定即可。

项目二　过程参数检测

一、仪表的基本技术指标

（一）测量范围、上下限及量程

每个用于测量的仪表都有测量范围,它是该仪表按规定的精度进行测量的被测变量的范围。测量范围的最小值和最大值分别称为测量下限和测量上限,简称下限和上限。

仪表的量程可以用来表示其测量范围的大小,是其测量上限值与下限值的代数差,即量程=测量上限值−测量下限值。

使用下限与上限可完全表示仪表的测量范围,也可确定其量程。如一个温度测量仪表的下限值是−50℃,上限值是150℃,则其测量范围可表示为−50~150℃,量程为200℃。由此可见,给出仪表的测量范围便知其上下限及量程,反之只给出仪表的量程,却无法确定其上下限及测量范围。

（二）零点迁移和量程迁移

仪表测量范围的另一种表示方法是给出仪表的零点即测量下限值及仪表的量程。由前面的分析可知,只要仪表的零点和量程确定了,其测量范围也就确定了。因而这是一种更为常用的表示方式。

在实际使用中,由于测量要求或测量条件的变化,需要改变仪表的零点或量程,为此可以对仪表进行零点和量程的调整。通常将零点的变化称为零点迁移,而量程的变化则称为量程迁移。

零点迁移和量程迁移可以扩大仪表的通用性。但是,在何种条件下可以进行迁移、能够有多大的迁移量,还需视具体仪表的结构和性能而定。

（三）灵敏度和分辨率

灵敏度是测量仪表对被测参数变化的灵敏程度,取仪表的输出信号 Δy 与引起此输出信号的被测参数变化量 Δx 之比表示。

常容易与仪表灵敏度混淆的是仪表分辨率。它是仪表输出能响应和分辨的最小输入量,又称仪表灵敏限。分辨率是灵敏度的一种反映,一般说仪表的灵敏度高,则其分辨率同样也高。因此实际中主要希望提高仪表的灵敏度,从而保证其分辨率较好。

（四）测量误差

CABL001 测量误差知识

任何测量过程都存在误差,即测量误差。所以在使用仪表测量工艺参数时,不仅需要知道仪表的指示值,还需要了解测量值的误差范围。由于所选用的仪表精确度的限制、实验手段的不完善、环境中各种干扰的存在以及检测技术水平有限,在检测过程中仪表测量值与真实值之间总会存在一定的差值。这个差值就是误差。误差存在于一切测量中,而且贯穿测量过程的始终。

1. 测量误差按表示方式分类

按其表示方式可分为绝对误差和相对误差:

(1)绝对误差指测量值与被测量真值之间的差值。允许误差为绝对误差的最大值,仪表量程的最小分度应不小于最大允许误差。

(2)相对误差通常有三种表示方法:实际相对误差、示值相对误差和引用相对误差(又称满度相对误差)。实际相对误差是用绝对误差与被测量的实际值(即真值)的百分比值来表示的相对误差。示值相对误差是用绝对误差与被测量的示值(即测量值)的百分比值表示的相对误差。实际相对误差和示值相对误差都是用来衡量测量值的准确程度。引用相对误差是用绝对误差与量程范围的百分比值表示的相对误差。

2. 测量误差按性质分类

按其性质的不同还可分为系统误差、随机误差和粗大误差三类。

1)系统误差

系统误差是指测量仪表本身或其他原因(如零点没有调整好、测量方法不当等)引起的有规律的误差。这种误差的绝对值和符号保持不变,当测量条件改变时误差服从某种函数关系。

2)随机误差

随机误差是指在测量时,即使消除了系统误差(实际上不可能也不必要绝对排除),在相同条件下进行多次重复测量同一待测量时,发现各测量值之间也有差异,由此而产生的误差,又叫偶然误差。

3)粗大误差

粗大误差是指由于仪表产生故障、操作者疏忽大意或重大外界干扰而引起的显著偏离实际值的误差。

(五)精确度

任何仪表都有一定的误差。因此,使用仪表时必须先知道该仪表的精确程度,以便估计测量结果与真实值的差距,即估计测量值的大小。仪表的精确度通常是用允许的最大引用误差去掉百分号(%)后的数字来衡量的。

按仪表工业规定,仪表的精确度划分成若干等级,简称精度等级,如 0.1 级、0.2 级、0.5级、1.0 级、1.5 级、2.5 级等。由此可见,精度等级的数字越小,精度越高。

(六)可靠性

表征仪表可靠性的尺度有多种,最基本的是可靠度。它是衡量仪表能够正常工作并发挥其功能的程度。简单地来说,如果有 100 台同样的仪表,工作 1000h 后约有 99 台仍能正常工作,则可以说这批仪表工作 1000h 的可靠度是 99%。

ZCBA042 常见测量装置

(七)常见测量装置

常见的化工仪表分为四大类:温度测量仪表、液位测量仪表、压力测量仪表、流量测量仪表。温度测温仪表有玻璃温度计、热电偶温度计、热电阻温度计、辐射测温及仪表（辐射测温仪表有全辐射高温计、光学高温计、光电高温计、比色高温计、红外探测器、红外测温仪、红外热像仪等）；液位测量仪表有压力式液位计、差压式液位计、吹气式液位计、浮子式液位计、浮筒式液位计、电容式液位计、超声波式液位计和射线式液位计等；压力测量仪表根据敏感元件和转换原理的不同一般分为四类，即液柱式压力仪表、弹性式压力仪表，活塞式压力仪表和电气式压力仪表；流量测量仪表有差压式流量计、转子式流量计、电磁流量计、超声波流量计、涡街式流量计、质量流量计等。

二、温度测量

（一）温度与温标的概念

温度是表征物体冷热程度的物理量。温度只能通过物体随温度变化的某些特性来间接测量，而用来量度物体温度数值的标尺叫温标。温标规定了温度的读数起点（零点）和测量温度的基本单位。目前国际上用得较多的温标是经验温标和热力学温标。目前我国采用的温标是 ITS-90 温标。温度的表示方法有摄氏温度、开氏温度和华氏温度三种。

热力学温标又称开尔文温标，或称绝对温标，它规定分子运动停止时的温度为绝对零度，水的三相点，即液体、固体、气体状态的水同时存在的温度，为 273.16K。水的凝固点，即相当摄氏温标 0℃，华氏温标 32℉，开氏温标为 273.16K。热力学温标单位为开尔文，符号为 K，定义水三相点的热力学温度的 1/273.16 为 1K。热力学温标和摄氏温标之间的关系为：$t = T - 273.16$。

（二）常用温度测量方法

CABL002 常用温度测量方法

温度是工业过程中常见、基本的参数之一，温度只能通过物体随温度变化的某些特性来间接测量。测量温度的方法很多，按照测量体是否与被测介质接触，可分为接触式测温法和非接触式测温法两大类。测温元件一般应插入管道，并越过管道中心 5~10mm。接触式测温法的特点是测温元件直接与被测对象相接触，两者之间进行充分的热交换后达到热平衡，这时感温元件的某一物理参数的量值就代表了被测对象的温度值。这种测温方法优点是直观可靠，缺点是感温元件影响被测温度场的分布，接触不良等都会带来测量误差，另外温度太高和腐蚀性介质对感温元件的性能和寿命会产生不利影响。非接触式测温法的特点是感温元件不与被测对象相接触，而是通过辐射进行热交换，故可避免接触式测温法的缺点，具有较高的测温上限。此外，非接触式测温法热惯性小，可达 1/1000s，故便于测量运动物体的温度和快速变化的温度。根据这两种测温法，测温仪表也可以分为接触式测温仪表和非接触式测温仪表。

温度测量有滞后性，在温度检测时，有延时的特点，因此化工生产过程中，通常温度控制对象的时间常数和滞后时间都较长。时间常数越小，对象受干扰后达到稳定值所需时间越短。

（三）温度测量原理

ZABL008 温度仪表的测量原理

几种常用的温度检测仪表的测量原理如下：

1. 膨胀式温度计

膨胀式温度计的测温是基于物体受热时产生膨胀的原理，可分为液体膨胀式和固体膨胀式两种。固体膨胀式温度计是利用两种不同膨胀系数的材料制成的,分为杆式和双金属式两大类。玻璃温度计属于膨胀式温度计,测量蒸汽温度时,应装膨胀管或膨胀结。

2. 热电偶温度计

CABL003 热电偶测温原理

热电偶温度计是目前热电测温中普遍使用的一种温度计,其工作原理是基于热电效应,可广泛用于热电测量−200~1300℃。热电偶温度计具有结构简单、价格便宜、准确度高、测温范围广等特点。由于热电偶直接将温度转换为热电势进行检测,使温度的测量、控制、远传以及对温度信号的放大和转换都很方便。

热电偶温度计的测温原理是基于热电效应:两种不同材料的金属丝 A 和 B 两端牢靠地接触在一起,组成闭合回路,当两个接触点(称为结点)温度 T 和另一端温度 T_0 不相同时,回路中产生电势,并有电流流通,这种把热能转换成电能的现象称为热电效应。金属导体 A、B 称为热电极。结点通常是焊接在一起的,测量时将它置于测温场所接触测温,故称为测量端,又称作工作端或热端,另一个结点称为参考端或冷端或自由端。热电偶温度计自由端温度如果不保持恒定,则测温点温度无法判断。由两种导体组成并将温度转换为热电动势的传感器称作热电偶。采用热电偶测温时必须考虑其参考端温度补偿的问题。补偿热电偶导线的作用是延长热电偶冷端温度,使热电偶的参考端远离现场,从而使参考端温度稳定。接入第三种导体,只要保持第三种导体两端温度相同,接入导体对回路总电动势无影响。如果使热电偶冷端温度不变,总热电势只与热端温度有关,测出总电热势的大小,就可知道热端温度的高低,这就是热电偶的测温原理。热电偶输出电压与热电偶两端温度和电极材料有关,热电偶产生热电势的条件,两热电极材料相异,两接点温度相异。

热电偶选型时,要注意以下几点:①保护套管的结构、材料及耐压强度;②保护套管的插入深度;③热电动机材料。

由于采用热电效应测量,所以当回路断线或热电偶开路时,仪表指示最小(机械零点)。

3. 热电阻温度计

热电阻温度计是利用导体和半导体的电阻随温度变化这一性质进行测温的,将温度的变化转换为相应电阻值,对被测介质的温度进行测量和调节。电阻温度计在温度检测时,有延时的特点。

金属热电阻的测温原理是基于导体的电阻随温度变化而变化的特性,只要测出热电阻阻值的变化,就可以测得温度。工业上常用的金属热电阻有铂电阻和铜电阻。铂是一种贵金属,它的特点是精度高,稳定性好,性能可靠,尤其是耐氧化性能很强。铂在很宽的温度范围内(1200℃以下)都能保证上述特性。铂很容易提纯,复现性好,有良好的工艺性,可制成很细的铂丝(直径 0.02mm 或更细)或极薄的铂箔。与其他材料相比,铂有较高的电阻率,因此普遍认为是一种较好的热电阻材料。其缺点是铂电阻的电阻温度系数比较小,价格贵。铜易于加工提纯,价格便宜,电阻与温度关系呈线性关系,在−50~150℃测温范围内稳定性好。因此在一般测量精度要求不高、温度较低的场合,普遍地使用铜电阻。

由于采用电阻测量温度,当线路接触不良或断线时,温度指示最大。线路短路时,仪表指示最小。

与热电偶相比,热电阻测量温度范围较低。

4.辐射测温及仪表

辐射测温是一种非接触式测温，主要是利用光辐射来测量物体温度。辐射测温可以测量运动物体的温度和较小被测对象的温度，且不会破坏被测对象的温度场。由于感温元件所接收的为辐射能，其温度不必达到被测对象的温度，所以从理论上讲，辐射测温仪表的测温上限是不受限制的。目前辐射测温技术已广泛地应用于冶金、机械、化工、硅酸盐、核工业和航空航天等行业。辐射测温仪表主要由光学系统、检测元件、转换电路和信号处理电路等部分组成，光学系统包括瞄准系统、透镜和滤光片等，把物体的辐射能通过透镜聚焦到检测元件上，再通过转换电路和信号处理电路将信号转换、放大、辐射率修正和标度转换等，输出被测温度响应的信号。辐射测温的常用方法有亮度法、全辐射法、比色法和多色法等。辐射测温仪表有全辐射高温计、光学高温计、光电高温计、比色高温计、红外探测器、红外测温仪、红外热像仪等。

不同种类测温仪的使用方法不同，具体使用方法必须根据说明书使用方法进行，因此使用测温仪之前必须认真阅读说明书。

此外还有压力式温度计。如温包式温度计属于压力式温度计，它是通过物体热胀冷缩现象，压力发生变化进行温度测量。

ZABL007 压力
仪表的测量原理

三、压力测量

（一）压力测量原理

常用压力表有液柱式压力表、弹性式压力表、电测式压力表。

（1）弹性式压力仪表是利用弹性元件在外力的作用下产生形变来测量压力的，其种类繁多，弹性元件式压力表一般有薄膜式压力表、波纹管式压力表、弹簧式压力表。在工业上的应用也相当广泛。

弹簧管式压力仪表主要由弹簧管、传动机构、指示机构盒表壳组成，如图 1-6-2 所示。

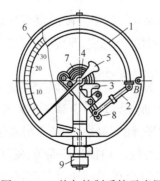

图 1-6-2　均匀控制系统示意图

1—弹簧管；2—拉杆；3—扇形齿轮；4—中心齿轮；5—指针；6—面板；7—游丝；8—调节螺钉；9—接头

当被测压力从弹簧管的固定端输入时，弹簧管的自由端产生位移，在一定的范围内，该位移与被测的压力成线性关系。传动机构又称机芯，是把弹簧管受到压力作用时自由端所产生的位移传递给刻度指示部分的。它由扇形齿轮、中心齿轮、游丝等组成，弹簧管自由端位移很小，如果不预先放大很难看出位移的大小。弹簧管自由端的位移是直线移动，而压力表的指针进行的是圆弧形旋转位移。所以必须使用传动机构将弹簧管的微量位移加以放大,并把弹簧管的自由端的直线位移转变为仪表指针的圆弧形旋转位移。指示机构包括指针、刻度盘等,它的主要作用是将弹簧管的变形通过指针转动指示出来,从而在刻度盘上读取直接指示的压力值。表壳又称机座,它的主要作用是固定和保护仪表的零部件。在生产中,常需要把压力控制在一定范围内,以保证生产正常进行。这就需采用带有报警或控制触点的压力仪表。将普通弹簧管式压力仪表增加一些附加装置,即可成为此类压力仪表,如电接点信号压力仪表。电接点信号压力仪表能在压力偏离给定范围时,及时发出信号报警,还可以通过中间继电器实现压力的自动控制。

(2)电测式压力仪表也就是我们常说的压力变送器,是利用某些机械或电气元件将压力转换成电信号,如频率、电压、电流信号等来进行测量的仪表,如霍尔片式压力仪表、应变片式压力仪表、电阻式压力仪表等。这类压力仪表因其检测元件动态性能好、耐高温,因而适用于测快速变化的脉动压力和超高压等场合。其工作原理:压力变送器由弹性元件、电阻应变片和测量电路组成。弹性元件用来感受被测压力的变化,并将被测压力的变化转换为弹性元件表面应变;电阻应变片粘贴在弹性元件上,将弹性元件的表面应变转换为应变片电阻值的变化,然后通过测量电路将应变片电阻值的变化转换为便于输出测量的电量,从而实现被测压力的测量。

(二)常用压力表的种类

CABL004 常用压力表的种类

压力和差压是工业生产过程中常见的过程参数之一。在许多场合需要直接检测、控制的压力参数,如锅炉的气包压力、炉膛压力、烟道压力,化学生产中的反应釜压力、加热炉压力等。此外,还有一些不易直接测量的参数,如液位、流量等往往需要通过压力或差压的检测来间接获取。因此,压力和差压的测量在各类工业生产中如石油、电力、化工、冶金、航天航空、环保、轻工等领域占有很重要的地位。

在工程上将垂直而均匀作用在单位面积上的力称为压力,两个测量压力之间的差值称为压力差或压差。在国际单位制和我国法定计量单位中,压力的单位采用牛/米^2(N/m^2),通常称为帕斯卡或简称帕(Pa)。其他在工程上使用的压力单位还有工程大气压(atm)、标准大气压(atm)、毫米水柱(mmH_2O)、巴(bar)和毫米汞柱(mmHg)等单位。

目前工业上常用的压力检测方法和压力检测仪表很多,根据敏感元件和转换原理的不同一般分为四类,即液柱式压力检测法、弹性式压力检测法,活塞式压力检测法和电气式压力检测法。

(三)U形管压力计的使用

CCBA039 U形管压力计的使用

U形压力计的使用原理:当U形压力计没有与测压点连通前,U形玻璃管内两侧的液面在零刻度线处相平。当U形管的一端与测压点连通后,U形管内的液面会发生变化。若与测压点连通一侧的液面下降,说明测压点处的压力为正压,反之则为负压。

使用时将U形压力计垂直悬挂在固定的支座上,在U形玻璃管内注入工作液(水银或纯水),注入量为标尺刻度的1/2处,再用橡胶软胶管将被测气体接口与U形管的一个(或二个)管口连接。

当以水作为介质时一般的测量范围在:-9.8~9.8kPa,非常适合对气体介质低压和微压的测量。

ZBBA013 压力表的选用方法

（四）压力仪表的选用

压力仪表的选用应根据工艺要求，合理地选择压力仪表的种类、型号、量程和精度等级等。

（1）确定仪表量程。根据被测压力的大小来确定仪表的量程，一般情况下，压力表量程为正常工作压力 1.5~3.0 倍。

（2）选用仪表的精度等级。根据生产上所允许的最大测量误差来确定压力仪表的精度等级。选择时，应在满足生产要求的情况下尽可能选用精度等级较低、经济实用的压力表。

（3）仪表类型的选择。选择仪表时应考虑被测介质的性质，如温度的高低、黏度的大小、易燃易爆和是否有腐蚀性等；还要考虑现场环境条件，如高温、潮湿、振动和电磁干扰等；还必须满足工艺生产提出的要求，如是否需要远传、自动报警或记录等。

ZCBA013 压力表的使用知识

（五）压力表的正确使用

先根据现场实际情况选择合适的压力表，包括压力表的量程、接头、材质、型号等必须与原有压力表相同，准备好相关工具，在更换压力表前，先办理相关作业票，关闭压力表根部阀，在关闭根部阀前观察其根部阀是否与现场控制或联锁仪表共用，如果共用，则与仪表人员联系将相关仪表的联锁短接，相关仪表的调节回路打手动，确认无误后将根部阀关死，排放导淋打开泄压，泄压完毕后拆下原有压力表，更换检定合格的新表，需要密封垫的加装密封垫，紧固接头，关闭导淋，打开根部阀，对接头及阀门试漏，查看压力表指示是否正常，投用相关联锁。

压力仪表正确安装与否，直接影响到测量结果的准确性和压力仪表的使用寿命。压力表的安装应注意以下方面：

（1）压力仪表应安装在易观察检修的地方。

（2）安装地点力求避免振动和高温影响。

（3）测量蒸汽压力时应加凝液管或冷凝器，以防止高压蒸汽直接和测压元件接触。测量有腐蚀性介质压力时，应加装有中性介质的隔离管。

（4）压力仪表的连接处应加密封垫片。

（5）为安全起见，测量高压的压力仪表除选用有通气孔的外，安装时仪表壳应向墙壁或无人通过的地方，以防止意外。

（六）压力表的维护

压力表的维护应做好以下几点工作：保持清洁、连接管要定期吹洗、必须定期校验、指针转动要经常检查。

压力表失灵的判断方法：与同管线的压力仪表比对，指示相差较大说明压力表或压力变送器有一个存在问题，对于压力表，关闭根部阀并打开导淋后，压力表的指示应该快速下降，回到零点，如果不回零或零点以下，说明压力表失灵。需要拆下检定。

四、液位测量

（一）物位的定义及物位检测仪表的分类

物位统指设备和容器中液体或固体物料的表面位置。它包括以下三个方面：

（1）液位：容器中液体介质的高低，测量液位的仪表叫液位计。

（2）料位：容器中固体或颗粒状物质的堆积高度，测量料位的仪表叫料位计。

（3）界位：两种密度不同液体介质或液体与固体的分界面的高低，测量界位的仪表叫界面计。

物位是液位、料位和界位的总称，对物位进行测量、显示和控制的仪表称为物位检测仪表。在物位检测中，有时需要对物位连续测量，有时仅需要测量物位是否达到上限、下限或某个特定的位置，这种定点测量物位的仪表称为物位开关。物位开关常用来监视、报警或输出控制信号。

由于被测对象种类繁多，检测的条件和环境也有很大的差别，因而物位检测的方法有很多。归纳起来有以下几种：

（1）直读式。采用在设备容器侧壁开窗口或旁通管方式，直接显示物位的高度。这种方法最简单也最常见，方法可靠、准确，但只能就地指示，主要用于液位检测和压力较低的场合。

（2）静压式。基于流体静力学原理，容器内的液面高度与液柱质量形成的静压力成比例关系，当被测介质密度不变时，通过测量参考点的压力可测量液位。基于这种方法的液位检测仪表有压力式、吹气式和差压式等。

（3）浮力式。基于阿基米德定理，漂浮于液面上的浮子或浸没在液体中的浮筒，在液位发生变化时其浮力发生相应的变化。这类液位检测仪表有浮子式、浮筒式和翻转式等。

（4）机械接触式。通过测量物位探头与物料面接触时的机械力实现物位的测量。主要有重锤式、音叉式和旋翼式等。

（5）电气式。将电气式物位敏感元件置于被测介质中，当物位发生变化时，其电气参数如电阻、电容、磁场等会发生相应的改变，通过检测这些参数就可以测量物位。这种方法既可以测量液位也可以测量料位。主要有电阻式、电容式和磁致收缩式等物位检测仪表。

（6）声学式。利用超声波在介质中的传播速度以及在不同相界面之间的发射特性来检测物位的大小。可以测量液位和料位。

（7）射线式。放射线同位素所发出的射线（如 γ 射线）穿过被测介质时因被介质吸收其强度衰减，通过检测放射线强度的变化达到测量物位的目的。这种方法可以实现物位的非接触式测量。

（8）光纤式。基于物位对光波的折射和反射原理进行物位测量。

（二）玻璃液位计

1. 玻璃液位计的概念及原理

玻璃液位计是一种直读式液位测量仪表，适用于工业生产过程中一般贮液设备中的液体位置的现场检测，其结构简单，测量准确，是传统的现场液位测量工具。缺点是易碎、不能远传。一般用于直接检测，应用于常压、低压设备。液面计距离操作平台高于 6m 时，应在操作平台上设低地液面计。玻璃板液面计结构强度好，应用于中高压或要求较严酷的场合，但该装置制造较麻烦、成本高，工业上应用的玻璃液位计的长度为 300～1200mm。

玻璃液位计是根据连通器原理进行工作的，仪表在上下阀上都装有螺纹接头，通过法兰与容器连接构成连通器，透过玻璃可直接读得容器内液位的高度。玻璃液位计的正

CABL005 玻璃
液位计知识

确的使用方法:垂直安装;投用时先开气相阀再慢开液相阀;读数时视线与凹液面最低处齐平。

仪表在上下阀内都装有钢球,当玻璃板因意外事故破坏时,钢球在容器内压力作用下阻塞通道,这样容器便自动密封,可以防止容器内的液体继续外流。玻璃管液位计的使用,在公称压力不超过 0.007MPa 的设备,可直接在设备上开孔利用矩形凸缘将液位计固定在设备上。一般情况下,玻璃管液位计不允许使用在高温、高压的设备上。

在仪表的阀端有阻塞孔螺钉,可供取样时用,或在检修时,放出仪表中的剩余液体时用。

玻璃液位计结构简单,价格便宜,一般用在温度压力都不太高的需要就地指示液位的场合。

ZCBA033 玻璃液位计的使用方法

2. 玻璃液位计的使用方法

(1)检查安装正确无误,液位计完整无损。

(2)如果设备到液位计有多道阀门,则先打开除液位计自带或最靠近液位计以外的阀门。

(3)缓慢打开上部针型气阀直至全开。

(4)缓慢打开下部液相针型阀直至全开。

(5)进行液位计冲洗操作并在冲洗中排除引压管堵的可能。

ZBBA033 使用玻璃液位计注意事项

3. 使用玻璃液位计注意事项

(1)玻璃液位计在运输、搬运及安装时,不可撞击或敲打,以防玻璃管和玻璃片破碎。

(2)待安装后,当介质温度很高时,不要马上开启阀门,应预热 20~30min,待玻璃管有一定温度后,再缓慢开启阀门。阀门开启程序:先缓慢开启上阀门,再缓慢开启下阀门,使被测介质慢慢进入玻璃管内。

(3)在使用中,应定期清洗玻璃管内外壁污垢,以保持液位显示清晰。清洗程序:先关闭与容器连接的上、下阀门,打开排污阀,放净玻璃管内残液,使用适当清洗剂或采用长杆毛刷拉擦方法,清除管内壁污垢。

(4)如果石英管断裂或挂垢严重需要更换时,具体步骤:拆下表体,拧开两端螺帽和螺母,用木棍将石英玻璃管从一端向另一端敲击,取出石墨环,将新石英管装入,再将石墨环套在石英管上,等距嵌入表体内,拧紧两端螺母及螺帽,确认无渗漏后,即可投入运行。

(三)浮筒式液位计

浮筒式液位计属于变浮力液位计,其典型敏感元件为浮筒,当被测液面位置发生变化时,浮筒被浸没的体积发生变化,因而所受的浮力也发生了变化。浮筒产生的位移量与液位高度成正比。由此可见,当浮子脱落时,浮筒液位计指示最大。测量界面的浮筒液位计,当被测轻介质充满浮筒界面计的浮筒室时,仪表应指示 0%;当充满被测重介质时,仪表应指示 100%;浮筒液位计卡住时,其输出指示停住不变。

(四)浮子式液位计

浮子式液位计是一种恒浮力式液位计,作为检测元件的浮子漂浮在液面上,浮子随着液面的变化而上下移动,所受到的浮力大小保持一定,检测浮子所在的位置可知液面的高低。浮子形状常见的有圆盘形、圆柱形和球形。

钢带液位计就是根据这个原理工作的,因此钢带液位计钢带断,指示为最大。

(五)电容式液位计

电容式液位计是利用敏感元件直接将物位变化转换为电容量的变化。电容式液位计的结构形式很多,有平极板式、同心圆柱式等,适用范围较广。它对介质本身性质的要求不像其他方法那样严格,既能测量导电介质和非导电介质,也可以测量倾斜晃动及高速运动的容器的液位,不仅可以进行液位控制,还能用于连续测量。

(六)超声波式液位计

利用超声波在介质中的传播速度以及在不同相界面之间的发射特性来检测物位的大小,可以用于测量液位和料位。

(七)射线式液位计

放射线同位素所发出的射线(如γ线)穿过被测介质时,因被介质吸收其强度衰减,通过检测放射线强度的变化达到测量物位的目的。可以实现液位的非接触式测量。

CABL006 差压式液位计知识

(八)差压式液位计

差压液位计是通过测量容器两个不同点处的压力差来计算容器内物体液位(差压)的仪表。

在封闭容器中,容器下部的液体压力除了与液位高度有关外,还与液面上部的介质压力有关。在这种情况下,可以采用测量差压的方法来测量液位。在用差压变送器测量液体的液面时,差压计的安装高度不可小于下面的取压口。

法兰式差压变送器是以法兰的形式和被测对象相联系的,法兰式的测量头经法兰与变送器的测量室相接,法兰式差压变送器的膜盒、毛细管和测量室所组成的封闭系统内充有硅油作为传压介质,变送器是用来测量各种参数,并将这些参数按比例转换成相应的统一标准信号,送至显示仪表或调节器进行指示或调节。法兰变送器的响应时间比普通变送器要长,为了缩短法兰变送器的传输时间则毛细管尽可能选短。

五、流量测量

ZABL009 流量仪表的测量原理

(一)流量测量原理

流量是工业生产过程操作与管理的重要依据。在具有流动介质的工艺过程中,物料通过工艺管道在设备之间来往输送和配比,生产过程中的物料平衡和能量平衡等都与流量有着密切的关系。因此通过对生产过程中各种物料的流量测量,可以进行整个生产过程的物料和能量衡算,实时最优控制。流体的流量是指流体在单位时间内流经某一有效截面的体积或质量,前者称体积流量(m^3/s),后者称质量流量(kg/s)。在流量测量中,因为温度和压力的变化会引起介质密度变化,而影响测量精确性,因而要引入温度和压力补偿。

按照检测原理不同,流量检测方法可分为速度法、容积法和质量法。按照检测量的不同,流量检测方法可分为体积流量检测和质量流量检测。

(1)速度法是以流量测量管道内流体的平均流速,再乘以管道截面积求得流体的体积流量的。基于这种检测方法的流量检测仪表有差压式流量计、转子式流量计、电磁流量计和超声波流量计等。超声波流量计对上游侧的直管要求严格。

(2)容积法是在单位时间以标准固定体积对流动介质连续不断地进行测量,以排出流体固定容积数来计算流量。基于这种检测方法的流量检测仪表有椭圆齿轮流量计、腰轮式流量计、螺杆式流量计、活塞式流量计和刮板流量计等。容积式流量计主要以椭圆齿轮流量计为主，它的原理是只要测出椭圆齿轮的转速就可以计算出被测流体的流量。容积式流量计的精度最高可达0.1级。

（3）质量流量的检测分为直接式和间接式两种。直接式质量流量计直接测量质量流量，如角动量式、量热式和科氏力（即科里奥利力）式等；间接式质量流量计是同时测出容积流量和流体的密度而自动计算出质量流量的。质量流量计测量精度不受流体的温度、压力和黏度等影响，是一种新型的正在发展的仪表。利用科氏力构成的质量流量计有直管、弯管、单管、双管等多种形式，但目前应用最多的是双管。

（二）转子流量计

CABL007 转子流量计知识

1. 转子流量计基本概念

转子式流量计又名浮子式流量计或面积流量计。由一个锥形管和一个置于锥形管内可以上下自由移动的转子（也称浮子）构成。当流体自下而上流入锥管时，被转子截流，这样在转子上、下游之间产生压力差，转子在压力差的作用下上升，这时作用在转子上的力有三个：流体对转子的动压力（W）、转子在流体中的浮力（A）和转子自身的重力（G）。转子重心与锥管管轴会相结合，作用在转子上的三个力都沿平行于管轴。当三个力达到平衡（$G=A+W$）时，转子就平稳地浮在锥管内某一位置上。对于给定的转子流量计，转子大小和形状已经确定，因此它在流体中的浮力和自身重力都是已知常量，唯有流体对浮子的动压力是随流体流速的大小而变化的。因此当流速变大或变小时，转子将作向上或向下的移动，相应位置的流动截面积也发生变化，直到流速变成平衡时对应的速度，转子就在新的位置上稳定。对于一台给定的转子流量计，转子在锥管中的位置与流体流经锥管的流量的大小成一一对应关系。

浮子流量计具有结构简单，使用维护方便，对仪表前后直管段长度要求不高，压力损失小且恒定，测量范围比较宽，工作可靠且线性刻度，可测气体、蒸汽（电、气远传金属浮子流量计）和液体的流量，适用性广等特点。转子流量计是以压降不变，利用节流面积的变化来反映流量的大小，从而实现流量测量的仪表。转子流量计特别适宜于直径小于50mm的管道小流量测量。流体在转子流量计中自下而上流动，转子流量计正确的使用方法是：垂直安装；物料低进高出；慢开入口阀，转子浮动后再调整流量，防止开阀过快，损坏转子；视线与转子的椎面、刻度线刻度齐平读数。转子流量计中转子上下的压差由转子的重量决定，转子玷污后对精度影响较大。

转子流量计根据指示形式和传送信号的不同分为就地指示式、气远传式、电远传式三种。

ZCBA032 转子流量计的使用方法

2. 转子流量计的使用方法

转子流量计正确的使用方法：

（1）在拿到玻璃转子流量计时，首先观察玻璃转子流量计内的玻璃管是否完好，因为玻璃管极易破损。检查确认没有任何的问题，方可使用。

（2）去掉转子的固定物，轻轻的倒向看转子能否自由的上下滑动。如果不能自由的滑动，就要轻轻的振动支板，这样一般都可以滑动了。如果再不能滑动，就需要请专业技术人员拆机解决。

（3）在向管道上安装时,首先要看上、下游管道是否在一条直线上。如果不在一条直线上,不仅会影响仪表的测量准确度,而且会损坏仪表。

（4）在操作玻璃转子流量计时,可以按照操作说明书进行操作。

（5）使用玻璃转子流量计之后,需要及时将玻璃管内的杂物清洗干净。

3.转子流量计使用注意事项

ZBBA032 使用转子流量计的注意事项

转子流量计使用注意事项:

（1）玻璃转子流量计开箱时,应仔细检验,以确定仪表在运输过程中有否损坏。

（2）玻璃转子流量计必须安装在垂直位置上(流量计中心线与铅垂直线的夹角不超过5℃)并有正确的支撑,以防止任何应力传入。对于新安装管路在安装流量计之前应将管道冲洗干净。安装时进口锥管的最小锥端(最小数值刻度端)位于下部。

（3）玻璃转子流量计为便于在使用过程中更换零件,流量计安装时,它的周围应留有足够的空间。

（4）为检修、修理、更换流量计和清洗管路的需要,推荐流量计安装旁路管。

（5）流量计上游应安装阀门,在下游 5~10 倍公称通径处安装调节流量的节流阀。

（6）为防止管路中的回流或有水锤作用损坏流量计,可在流量计节流阀门之后安装单向逆止阀。

（7）如被测流体含有较大颗粒杂质或脏物,应根据需要在流量计上游安装过滤器。

（8）如被测流体是脉动流,造成浮子波动不能正确测量时,流量计上游的阀门应全开。并设置适当尺寸的缓冲器和定值器,以防止由于压力过分下降而能引起的回流和消除脉动冲。

4.转子流量计流量偏低的分析与处理

1）造成转子流量计指示偏低的原因

（1）转子流量计浮子和导向轴,指示部分连杆或指针卡住,磁耦合的磁铁磁性下降。

（2）浮子或锥管腐蚀、导致截面积变化。

（3）浮子或锥管内有脏污异物。

（4）流体的密度变大。

（5）转子流量计的旁路阀门内漏或有开度。

2）转子流量计指示偏低的处理方法

ZBCB007 转子流量计指示偏低的处理方法

（1）如果是转子流量计浮子和导向轴,指示部分连杆或指针卡住,磁耦合的磁铁磁性下降造成的转子流量计指示偏低,应对转子流量计进行清洗、润滑,重新安装流量计或更换新的转子流量计。

（2）如果是转子或锥管腐蚀、导致截面积变化。应更换新的转子流量计。

（3）如果是转子或锥管内有脏污异物,应对转子流量计进行清洗,确保流量计转子或锥管清洁。

（4）如果是流体的密度变大造成指示偏低,则应根据实际流体的密度、温度、压力对转子流量计进行重新标定。

（5）如果是转子流量计的旁路阀门有开度造成转子流量计指示偏低,则应该检查旁路阀门是否有开度或阀门内漏。应关闭旁路阀门或更换旁路阀门。

CABL008 差压式流量计知识

JBBA006 差压式流量仪表的测量原理

JCBA006 差压式流量仪表的测量原理

（三）差压式流量计

1. 差压式流量计的概念及测量原理

差压式流量计是在流通管道上安装流动阻力元件，流体通过阻力元件时，流束将在节流元件处形成局部收缩，使流速增大，静压力降低，于是在阻力元件前后产生压力差。该压力差通过差压计检出，流体的体积流量或质量流量与差压计所测得的差压值有确定的数值关系。通过测量差压值便可求得流体流量，并转换成电信号（如 $4 \sim 20mA$ DC）输出。把流体流过阻力件使流束收缩造成压力变化的过程称节流过程，其中的阻力元件称为节流元件，如孔板、喷嘴、文丘里管等。因此差压式流量计又称为节流流量计，节流式流量计只适用于直径不小于 50mm 的管道，标准的节流装置包括节流件、取压装置、前后直管段，在管道上安装孔板时，如果将方向装反了会造成差压计指示变小，测量流量偏小。常见的流量测量的节流装置有孔板、喷嘴、文丘里管和文丘里喷嘴。

用于测量流量的导压管线、阀门组回路中，当正压侧阀门或导压管泄漏时，正压侧压力测量比实际偏小，因此仪表指示偏低，当负压侧阀门或导压管泄漏时，负压侧压力测量比实际偏小，因此仪表指示偏高。用气动差压变送器测流量时，发生故障的原因多半是漏、堵。

JCBA019 影响孔板流量计准确性的因素

2. 影响孔板流量计准确性的因素

影响孔板流量计准确性的因素很多，主要表现在安装、使用和维护上，分析如下：

1）气流中的脉动流对孔板流量计准确性的影响

管道中由于气体的流速和压力发生突然变化，孔板流量计造成脉动流，它能引起差压的波动，而节流装置的流量计算公式是以孔板的稳定流动为基础的，当测量点有脉动现象时，稳定原理不能成立，从而影响测量精度，产生计量误差。因此，为了保证计量精度，必须抑制脉动流。常用的措施有以下几种：

（1）在满足计量能力的条件下，应选择内径较小的测量管，提高差压和孔径比；

（2）采用短引压管线，减少管线中的阻力件，并使上下游管线长度相等，减少系统中产生谐振和压力脉动振幅增加；

（3）从管线中消除游离液体，管线中的积液引起的脉动可采用自动清管系统或低处安装分液器来处理。

2）设计安装使用对孔板流量计准确性的影响

由于影响孔板流量计测量准确性的根本原因是节流装置的几何形状和流动动态是否偏离设计标准。因此在使用过程中必须定期做好系统的校检、维护工作，对于实际使用中的压力、温度、流量等工况参数的变化，应进行及时修正。可采用全补偿的流量计算机的积算方案，以减少计量误差，确保计量精度。按照安装方向正确安装，在安装过程中注意以下几点：

（1）孔板偏心，孔板应与节流装置中的直管段对中。金属管转子流量计实验表明，孔板偏心引起的计量误差一般在 2% 以内，孔径比 β 值越高，偏心率影响越大，应避免采用值 β 高的孔板。

（2）孔板弯曲，由于安装或维修不当。使孔板发生弯曲或变形，导致流量测量误差较大。在法兰取压的孔板上进行测试，孔板弯曲产生的最大误差约为 3.5%，

（3）孔板边缘尖锐度，孔板入口边缘磨损变钝不锐或受腐蚀发生缺口，或孔板管道内部的焊缝或计量法兰垫片，都将使实际流量系数增大和差压降低，造成计算气量偏小。

（4）避免人为误差，提高操作人员技术素质。标准孔板是由机械加工获得的一块圆形穿孔的薄板。它的节流孔圆筒形柱面与孔板上游端面垂直，其边缘是尖锐的，孔板厚与孔板直径比是比较小的。孔板在测量管内的部分应该是圆的并与测量管轴线同轴，孔板的两端面应始终是平整的和平行的。

（四）电磁流量计

电磁流量计是根据法拉第电磁感应定律制成的一种测量导电液体体积流量的仪表。电磁流量计的测量原理：设在均匀磁场中，垂直于磁场方向有一个直径为 D 的管道。管道由不导磁材料制成，当导电的液体在导管中流动时，导电液体切割磁力线，因而在磁场及流动方向垂直的方向上产生感应电动势，如安装一对电极，则电极间产生和流速成比例的电位差。

由于电磁流量计的测量导管内无可动部件或突出于管道内部的部件，因而压力损失极小。流量计的输出电流与体积流量成线性关系，且不受液体温度、压力、密度、黏度等参数的影响。电磁流量计反应迅速，可以测量脉动电流，其量程比一般为 10∶1，精度较高的量程比可达 100∶1。电磁流量计的测量口径范围很大，可以从 1mm～2m 以上，测量精度高于 0.5 级。电磁流量计可以测量各种腐蚀性介质：酸、碱、盐溶液以及带有悬浮颗粒的浆液。此流量计无机械惯性，反应灵敏，而且线性较好，可以直接进行等分刻度。电磁流量计只能测量导电液体，因此对于气体、蒸汽以及含大量气泡的液体，或者电导率很低的液体不能测量。由于测量管内衬材料一般不宜在高温下工作，所以目前一般的电磁流量计还不能用于测量高温介质。

（五）流量检测仪表的常见故障及处理

（1）如果流量仪表系统指示最小，首先检查现场检测仪表，如果正常，则故障在安全栅或 DCS 系统的卡件。当现场检测仪表指示也最小，则检查调节阀开度，若调节阀开度为零，则常为调节阀故障。当现场检测仪表指示最小，调节阀开度正常，故障原因很可能是系统压力不够、工艺管线堵塞、泵不上量、介质结晶、操作不当等原因造成。若是仪表方面的故障，原因有：一次元件故障、调节阀阀芯脱落；孔板差压流量计可能是正压导压管堵；差压变送器正压室漏；机械式流量计是齿轮卡死或过滤网堵等。

（2）流量仪表系统指示值达到最大时，则检测仪表也常常会指示最大。此时可手动控制调节阀的开度，如果流量能降下来则一般为工艺操作原因造成。若流量值降不下来，则是仪表系统的原因造成，分别检查流量控制仪表系统的调节阀阀位是否正常；检查变送器导压管是否正常；检查仪表信号传送系统是否正常。仪表系统故障具体表现为调节阀阀位开度过大、变送器导压管负压侧堵或漏、安全栅或卡件通道故障等。

（3）如果流量控制仪表系统指示值波动较频繁，可将自动控制改到手动控制，如果波动减小，则是仪表方面的原因或是仪表 PID 控制参数不合适，现场仪表方面的原因主要变现为调节阀卡、定位器输出缓慢、变送器放大器故障。如果波动仍频繁，则是工艺操作方面原因造成。

（六）流量调节器的操作

以美国霍尼韦尔公司的 TPS 系统为例说明流量调节器的操作方法：

JBBA014 流量调节器的操作常识

1. 调节器在"手动"状态下改变输出值的方法

调节同路在"手动"状态时，可以由操作人员手动调节输出值（OP）实现控制生产过程的目的，主要有以下两种方法。

（1）首先用鼠标或触屏点击流程图画面中需要操作的仪表回路图标，出现调节回路棒图，点击棒图中 OP 值的数据显示区，出现 OP 值的数值输入区，用键盘上的数字键在输入区中输入所要控制的 OP 值。再按【Enter】键，OP 值即改变。

（2）首先用鼠标或触屏点击流程图画面中需要操作的仪表回路图标，出现调节回路棒图，点击棒图中 OP 值的数据显示区，出现 OP 值的数值输入区，若要对 OP 值进行增加或减少的微调，可以通过按操作员键盘上的▲和▼键实现，若要对 OP 值进行增加或减少的快速调节，可以通过按操作员键盘上的▲和▼键实现。

2. 调节器在"自动"状态下改变设定值（SP）的方法

调节回路在"自动"状态时，根据设定值（SP）和测量值（PV）的偏差来自动调节输出值（OP），操作人员可以通过改变设定值（SP）的大小实现控制生产过程的目的，主要有以下两种方法。

（1）首先用鼠标或触屏点击流程图画面中需要操作的仪表回路图标，出现调节回路棒图，确认调节器在"自动"状态，再点击棒图中 SP 值的数据显示区，出现 SP 值的数值输入区，用键盘上的数字键在输入区中输入所要控制的 SP 值，再按【Enter】键，SP 值即改变。

（2）首先用鼠标或触屏点击流程图画面中需要操作的仪表回路图标，出现调节回路棒图，确认调节器在"自动"状态，再点击棒图中 SP 值的数据显示区，出现 SP 值的数值输入区，若要对 SP 值进行增加或减少的微调，可以通过按操作员键盘上的▲和▼键实现，若要对 SP 值进行增加或减少的快速调节，可以通过按操作员键盘上的▲和▼键实现。

3. 调节器由"手动"投到"自动"方法

TPS 系统中的调节器在"手动"状态时，其设定值（SP）自动跟踪测量值（PV）的变化，因此可实现由"手动"状态向"自动"状态的无扰动切换，具体方法是：首先用鼠标或触屏点击流程图画面中需要操作的仪表回路图标，出现调节回路棒图，点击棒图下部的仪表回路状态区【MAN】，在棒图中即出现【MAN】、【AUTO】、【CAS】等选项按钮，点击【AUTO】按钮，即将调节回路投到"自动"状态。

4. 调节器由"自动"投到"手动"方法

将调节器由"自动"状态投到"手动"状态，需要注意的一点是，为避免切换过程对输出值（OP）造成扰动，应先调节设定值（SP），使其接近测量值（PV），再进行切换操作。具体方法如下：首先用鼠标或触屏点击流程图画面中需要操作的仪表回路图标，出现调节回路棒图，点击棒图下部的仪表回路状态区【AUTO】，在棒图中即出现【MAN】、【AUTO】、【CAS】等选项按钮，点击【MAN】按钮，即将调节回路投到"手动"状态。

六、成分分析仪表

（一）成分分析仪表的概念

自动成分分析仪表又称在线（过程）分析仪表，是直接安装在工艺流程中，对物料的组成成分或物性参数进行自动连续分析的一类仪表,是仪器仪表工业中的一个重要组成部分。在线分析仪表在生产及科学研究中具有广泛的应用,不仅广泛应用于工业生产实时分析,在环境保护、污染源(烟气、污水)排放连续自动监测和排污总量控制中也有广泛的应用,特别是在高度集中控制的化工生产中应用更加广泛,参与化工生产的整个控制过程。因为在化工生产中产品或半产品质量的好坏,往往表现在对某种物料或产品的化学组成以及一定的物理特性的要求上。而对温度、压力、流量等参数的控制只是一种保证产品质量的间接手段,由于受反映速率、原料成分等未加控制因素的影响,往往使操作达不到理想状态。自动在线分析仪表的应用就可直接、快速、及时地反映出中间产品或最终产品的质量情况,使得化工生产处于最佳操作状态。

ZABL006　在线
仪表的种类

(二)在线分析仪表的种类

成分分析仪表是对物质的成分及性质进行分析和测量的仪表。在现代工业生产过程中,必须对生产过程的原料、成品、半成品的化学成分、化学性质、黏度、浓度、密度、重度以及pH值等进行自动检测和自动控制,以达到优质高产、降低能源消耗和产品成本,保证安全生产和保护环境的目的。成分分析仪表按照测量原理来分,可以分为电化学式、热导式、光学式等。按照使用场合来分,成分分析仪表又分为实验室分析仪表、过程分析仪表、自动分析仪表和在线分析仪表等。过程分析仪表要求现场安装、自动取样、预处理、自动分析、信号处理以及远传,更适合生产过程的检测和控制,在过程控制中起着极其重要的作用。

1. 热导式气体分析仪表

热导式气体分析仪表是利用混合气体的总热导率随被测组分的含量而变化的原理制成的自动连续气体分析仪表,是目前使用较多的一种相当稳定的气体分析仪表,是基于不同气体导热特性不同的原理进行分析的。

2. 红外线气体分析仪表

红外线气体分析仪表是基于红外检测原理,属于光学分析仪表中的一种。它是利用不同气体对不同波长的红外线具有特殊的吸收能力来实现气体的成分检测的。红外线气体分析仪表主要利用了气体对红外线的波长有选择的可吸收性和热效应性两个特点。

3. 色谱分析仪表

色谱分析仪表是基于色谱法原理的,色谱法是一种分离技术,试样混合物的分离过程也就是试样中各组分在称为色谱分离柱中的两相间不断进行着的分配过程。与前面介绍的几种气体成分分析仪表不同,色谱分析仪表能对被测样品进行全面的分析,既能鉴定混合物中的各种组分,还能测量各组分的含量。

常见的气体分析仪有:氧分析仪、热导式氢分析仪、红外线分析仪、色谱分析仪等。常见的液体分析仪有:酸碱度分析仪、电导仪、硅酸根分析仪、溶氧仪、密度计、浊度计等等。

ZABL010　常用
变送器类型

七、常用变送器类型

变送器用来测量各种参数,并将这些参数按比例转换成相应的统一标准信号,送至显示仪表或调节器进行指示或调节。

变送器种类一般分为:温度/湿度变送器、压力变送器、差压变送器、液位变送器、电流变送器、电量变送器、流量变送器、重量变送器等。

变送器在不同的工作点工作,其基本误差值各不相同。所以规定用全量程中可能出现的最大基本误差来表示变送器的准确度等级。准确度等级是衡量该仪器或仪表测量精度的一个重要指标,准确度等级值越小,表明该仪器或仪表精度越高,反之亦然。

八、机械量检测仪表

(一)概述

旋转机械保护系统中对旋转机械状态监测采用的传感器分为接触传感器和非接触传感器两种。接触传感器有速度传感器、加速度传感器等,这类传感器多用于非固定安装,只测取缸体机壳振动的地方,其特点是传感器直接和被测物体接触。

非接触传感器不直接和被测物体接触,因此可以固定安装,直接监测转动部件的运行状态。非接触传感器种类很多,最常用的是永磁式趋近传感器和电涡流式趋近传感器(也称射频式趋近传感器)。电涡流式趋近传感器测量范围宽,抗干扰能力强,不受介质影响,结构简单,因此得到广泛应用。

(二)机组控制仪表的种类

GABL003 机组控制仪表的种类

振动和位移测量系统主要包括探头、延伸电缆(用户可以根据需要选择)、前置器、监视器和附件。传感器系统的工作机理是电涡流效应。当接通传感器系统电源时,在前置器内会产生一个高频电流信号,线圈阻抗的变化通过封装在前置器中的电子线路的处理转换成电压或电流输出。监视器可以显示并在异常状况报警或联锁使机组停车。

转速仪表由测速探头和指示仪表组成,用于测量某些透平和泵的转速。转速测量一般都是在轴的测量圆周上设置多个凹槽或凸键标记,或者直接利用轴上的齿轮,使探头能每转产生多个脉冲。标记的数量或者齿轮的齿数,就是传感器每转产生的脉冲数量,数量越大,测量越精确。但是当转速较高时,由于传感器的频率响应限制,标记的数量或者齿轮的齿数不能太多,一般要求脉冲的频率不能超过10kHz。

九、调节阀知识

(一)调节阀的基本概念

调节阀又称控制阀,它是过程控制系统中用动力操作去改变流体流量的装置。调节阀是自动控制系统不可缺少的重要组成环节,接收来自控制器的输出的控制信号,并转换成直线位移或角位移来改变控制阀的流通面积,从而控制流入或流出被控过程的物料或能量,实现对过程参数的自动控制。

(二)调节阀的基本结构

CABL010 调节阀的基本结构

调节阀由执行机构和阀体组成。执行机构起推动作用,而阀体起调节流量的作用。

执行机构主要由上下阀盖、阀体、阀芯、阀座、填料、压板组成。来自控制器的信号经信号转换单元转换为标准信号制式后,与来自执行机构的位置发生单元的位置反馈信号进行比较,其信号差值输入到执行机构,以确定执行机构作用的方向和大小。执行机构将输入信号转换为推力或位移推动调节机构,控制调节阀的动作,改变调节阀阀芯与阀座间的流通面积,从而改变被测介质的流量。当位置反馈信号与输入信号相等时,系统处于平衡状态,调节阀处于某一开度。

（三）调节阀的分类

调节阀一般由执行机构和阀体组成。如果按行程特点,调节阀可分为直行程和角行程;按其所配执行机构使用的动力,可以分为气动调节阀、电动调节阀、液动调节阀三种;按其功能和特性分为线性特性,等百分比特性及抛物线特性三种。直行程包括:单座阀、双座阀、套筒阀、笼式阀、角形阀、三通阀、隔膜阀;角行程包括:蝶阀、球阀、偏心旋转阀、全功能超轻型调节阀。直通双座调节阀的特点是有两个阀芯和阀座、阀前后压差大、口径大,缺点是易产生振动和漏液,控制高黏度、带纤维、细颗粒的流体,应选用套筒阀,偏心旋转阀流路简单,阻力小、流通能力大、可调比大。

（四）调节阀的气开和气关

调节阀的执行机构和调节机构组合起来可以实现气开和气关两种。由于执行机构有正、反两种作用方式,控制阀也有正、反两种作用方式,因此通过四种组合方式可以组成调节阀的气开和气关式。气开式气动调节阀是输入气压越大阀门的开度越大,在失气时则全关,故称 FC 型。气关式气动调节阀是输入气压越大阀门的开度越小,在失气时则全开,故称 FO 型。正确选用气动调节阀的气开或气关式,应从以下几方面考虑:

（1）在事故状态下,工艺系统和相关设备应处于安全条件;

（2）在事故状态下,尽量减少原材料及动力的消耗,保证产品质量;

（3）在事故状态下,考虑人员的安全;

（4）在事故状态下,考虑物料的性质。

（五）调节阀的流量特性

调节阀的流量特性是指介质流过阀门的相对流量与位移（阀门的相对开度）间的关系,理想流量特性主要有直线、等百分比（对数）、抛物线和快开等四种。直线流量特性在相对开度变化相同的情况下,流量小时流量相对变化值大;流量大时,流量相对变化值小。因此,直线流量调节阀在小开度（小负荷）情况下调节性能不好,不易控制,往往会产生振荡,故直线流量特性调节阀不宜用于小开度的情况,也不宜用于负荷变化较大的调节系统,而适用于负荷比较平稳,变化不大的调节系统。百分比流量特性的调节阀在小负荷时调节作用弱,大负荷调节作用强,它在接近关闭时调节作用弱,工作和缓平稳,而接近全开时调节作用强,工作灵敏有效,在一定程度上,可以改善调节品质,因此它适用于负荷变化较大的场合,无论在全负荷生产和半负荷生产都较好的起调节作用。

（六）控制阀附件种类

ZABL005 控制阀的附件种类

在生产过程中,控制系统对阀门提出各式各样的特殊要求,因此,控制阀必须配用各种附属装置（简称附件）来满足生产过程的需要。控制阀的附件包括:

（1）阀门定位器:用于改善调节家用甲醛检测仪阀调节性能的工作特性,实现正确定位。

（2）阀位开关:显示阀门的上下限行程的工作位置。

（3）气动保位阀:当调节阀的气源发生故障时,保持阀门处于气源发生故障前的开度位置。

（4）电磁阀:实现气路的电磁切换,保证阀门在电源故障时阀门处于所希望的安全开度位置。

（5）手轮机构：当控制系统的控制器发生故障时，可切换到手动方式操作阀门。

（6）气动继动器：使执行机构的动作加速，减少传输时间。

（7）空气过滤减压器：用于净化气源、调节气压。

（8）储气罐：保证当气源故障时，使无弹簧的气缸活塞执行机构能够将调节阀动作到故障安全位置。其大小取决于控制阀气缸的大小、阀门动作时间的要求及阀门的工作条件等。

总之，附件的作用就在于使调节阀的功能更完善、更合理、更齐全。

（七）调节阀一般故障分析

GABL004 调节阀一般故障的判断方法

调节阀操作是否正常与调节阀的维修工作有很大的关系。调节阀的故障多种多样，而某一种故障的出现也可能有不同的原因。仪表调节阀的常见故障有定位器故障、反馈杆故障、气源故障、变送器故障。

一般故障的判断方法：

（1）调节阀内漏，原因有：阀芯腐蚀、磨损执行机构中膜片和 O 形密封圈老化、裂纹等密封填料老化、配合面损坏。

（2）调节阀开不足或关不严原因是：现场阀门手轮活动块没放到中间位置，阀门上下动作时被活动块挡住气源减压阀故障，造成气源压力低，阀门供气压力不足。

（3）调节阀动作失灵的原因是：现场定位器的反馈凸轮板固定螺栓松动。

（4）调节阀无信号但有气源：调节器故障、信号管线漏、调节阀膜片或活塞密封环漏、定位器波纹管漏。

（5）气动执行器有信号但无动作：阀芯与衬套或阀座卡死、阀芯脱落（销子断了）、阀杆弯曲或折断、执行机构故障。

（6）气源、信号压力一定，但调节阀动作不稳定：定位器中的放大器球阀受异物磨损而关不严，当耗气量特大时会产生振荡定位器中的放大器的喷嘴挡板不平行，使其挡板盖不住喷嘴输出管线漏、执行机构刚性小、阀杆摩擦力大等。

（7）气动执行器的阀杆往复行程时动作迟钝：阀体内有泥浆或黏性大的介质，使阀堵塞或结焦聚四氟乙烯填料变质硬化或石墨填料的润滑油干燥活塞执行机构中活塞密封环磨损。

（8）调节阀不动作，但调节器或 DCS 上仍有信号输出：阀门定位器进调节阀膜头的接头被异物堵塞。

（9）被调参数无法恢复到给定值，调节器不起调节作用：首先排除变送器、调节器信号、定位器信号、阀杆、膜头等无异常其次排除各环节自控信号与工艺指标相符合最后查阀芯与阀座间是否被较大异物堵塞。

（10）填料部分及阀体密封部分的渗漏：填料盖没压紧石墨石棉填料润滑油干燥聚四氟乙烯填料老化变质密封垫被腐蚀。

（八）仪表调节阀的常见故障

ZCBA023 仪表调节阀的常见故障

调节阀的故障多种多样，而某一种故障的出现也可能有不同的原因。仪表调节阀的常见故障有定位器故障、反馈杆故障、气源故障、变送器故障。一般故障的判断方法：

（1）填料原因造成的故障表现为外泄漏量增大、摩擦力增大及阀杆的跳动。

（2）执行机构气密性造成的故障表现为响应时间增大，阀杆动作呆滞。

（3）不平衡力造成的故障表现为调节阀动作不稳定,关闭不严等。

（4）电动执行机构的故障除了常见的线路短路或断路外,还有伺服放大器和电动机等故障。

（5）调节阀的流量特性用于补偿被控对象的非线性特性。如果选配的流量特性不合适,会使控制系统的控制品质变差。

（6）调节阀流路设计或安装不当造成故障表现为噪声增大,污物容易积聚在阀体内部,使调节阀关闭不严,泄漏量增大或卡死等。

（7）内泄漏造成可调比下降,严重时使控制系统不能满足工艺操作和控制要求。外泄漏造成环境污染,使成本提高。

（8）阀芯脱落前,调节阀会呈现较大机械噪声。故障发生后,控制系统不能正常进行调节,被控变量出现突然的上升或下降。

（9）阀门定位器的故障使串级副环的特性变差。由于阀门定位器处于串级控制系统的副环,因此,有一定的适应能力。阀门定位器的故障表现为控制系统不稳定、卡死等。①阀门定位器凸轮不合适造成的故障现象与调节阀流量特性不合适造成的故障现象类似,它使控制系统在不同工作点处出现不稳定或呆滞现象。②阀门定位器放大器造成的故障有节流孔堵塞、放大器增益过大等。前者使输出变化缓慢,后者使控制系统出现共振现象。③阀门定位器检测杆不匹配造成死区增大,不能正确及时反映阀位的反馈信号。因此,控制系统的控制品质变差。

（10）气动系统常见故障:气动调节阀的气源质量不良是最常见的气动系统故障,气源中的水分造成气动装置的元件生锈、影响气动元件动作;气源中油分的影响使密封圈收缩,空气泄漏,阀动作失灵,执行元件输出力不足,密封圈泡发胀,摩擦力增大,阀不能动作或执行元件输出力不足,密封圈硬化,摩擦面磨损,空气泄漏量增大;摩擦增大,阀门和执行元件动作不良。气源中的粉尘造成气动控制元件、执行元件摩擦并磨损和卡死,动作失灵和不能换向,影响调压的稳定。

> GABL005 控制回路的正反作用判断

（九）控制回路的正反作用

随着测量信号的增加,调节器的输出也增加,这是调节器的正作用;随着测量信号的增加,调节器的输出减少这是调节器的反作用。在生产过程中,从安全生产的角度要求正确确定执行器的正、反作用形式。当输入信号增大时,执行器的流通面积增加,流过执行器的流体流量相应增加,称为正作用,当输入信号减小时,执行器的流通面积减小,流过执行器的流体流量相应减小,称为反作用。气动调节阀的正、反作用可通过执行机构和调节机构的正、反作用组合来实现。通常配用具有正、反作用的调节机构时,调节阀采用正作用的执行机构,通过改变调节机构的作用方式来实现调节阀的气开或气关型式。配用只具有正作用的调节机构时,调节阀通过改变执行机构的作用方式来实现调节阀的气开或气关型式。电动调节阀由于改变执行机构的控制器的作用方式很方便,因此一般通过改变执行机构的作用方式来实现调节阀的正、反作用。

（十）自立式控制阀

1. 自力式控制阀的定义

自力式调节阀是指利用被调介质自身能量,实现介质温度、压力、流量自动调节的阀门。

自力式压力调节阀分为阀后压力控制自力式调节阀、阀前压力控制自力式调节阀、加热型自力式温度调节阀、冷却型自力式温度调节阀、流量自力式调节阀。

GABL006 自力式控制阀工作原理

2. 自力式控制阀工作原理

自力式控制阀是指利用被调介质自身能量，实现介质温度、压力、流量自动调节的阀门。自力式压力调节阀分为阀后压力控制自力式调节阀、阀前压力控制自力式调节阀、加热型自力式温度调节阀、冷却型自力式温度调节阀、流量自力式调节阀。

（1）阀后压力控制自力式调节阀工作原理。

工作介质的阀前压力 p_1 经过阀芯、阀座后的节流后，变为阀后压力 p_2。p_2 经过控制管线输入到执行器的下膜室内作用在顶盘上，产生的作用力与弹簧的反作用力相平衡，决定了阀芯、阀座的相对位置，控制阀后压力。当阀后压力 p_2 增加时，p_2 作用在顶盘上的作用力也随之增加。此时，顶盘的作用力大于弹簧的反作用力，使阀芯关向阀座的位置，直到顶盘的作用力与弹簧的反作用力相平衡为止。这时，阀芯与阀座的流通面积减少，流阻变大，从而使 p_2 降为设定值。同理，当阀后压力 p_2 降低时，作用方向与上述相反。

（2）阀前压力控制自力式调节阀工作原理。

工作介质的阀前压力 p_1 经过阀芯、阀座后的节流后，变为阀后压力 p_2。同时 p_1 经过控制管线输入到执行器的上膜室内作用在顶盘上，产生的作用力与弹簧的反作用力相平衡，决定了阀芯、阀座的相对位置，控制阀前压力。当阀后压力 p_1 增加时，p_1 作用在顶盘上的作用力也随之增加。此时，顶盘的作用力大于弹簧的反作用力，使阀芯向离开阀座的方向移动，直到顶盘的作用力与弹簧的反作用力相平衡为止。这时，阀芯与阀座的流通面积减大，流阻变小，从而使 p_1 降为设定值。同理，当阀后压力 p_1 降低时，作用方向与上述相反。

（3）加热型自力式温度调节阀工作原理。

温度调节阀是根据液体的不可压缩和热胀冷缩原理进行工作的。加热型自力式温度调节阀，当被控对象温度低于设定温度时，温包内液体收缩，作用在执行器推杆上的力减小，阀芯部件在弹簧力的作用下使阀门打开，增加蒸汽和热油等加热介质的流量，使被控对象温度上升，直到被控对象温度到了设定值时，阀关闭，阀关闭后，被控对象温度下降，阀又打开，加热介质又进入热交换器，又使温度上升，这样使被控对象温度为恒定值。阀开度大小与被控对象实际温度和设定温度的差值有关。

（4）冷却型自力式温度调节阀工作原理。

冷却型自力式温度调节阀工作原理可参照加热型自力式温度调节阀，只是当阀芯部件在执行器与弹簧力作用下打开和关闭与之相反，阀体内通过冷介质，主要应用于冷却装置中的温度控制。

（5）流量自力式调节阀工作原理。

被控介质输入阀后，阀前压力 p_1 通过控制管线输入下膜室，经节流阀节流后的压力 p_s 输入上膜室，p_1 与 p_s 的差即 $\Delta p_s = p_1 - p_s$，称为有效压力。p_1 作用在膜片上产生的推力与 p_s 作用在膜片上产生的推力差与弹簧反力平衡确定了阀芯与阀座的相对位置，从而确定了流经阀的流量。当流经阀的流量增加时，即 Δp_s 增加，结果 p_1、p_s 分别作用在下、上膜室，使阀芯向阀座方向移动，从而改变了阀芯与阀座之间的流通面积，使 p_s 增加，增加后的 p_s 作用在膜片上的推力加上弹簧反力与 p_1 作用在膜片上的推力在新的位置产生平衡达到控制流量的目的。反之,同理。

项目三　集散控制系统(DCS)的概念

CABL01　集散控制系统(DCS)的概念

ZCAA012 DCS的含义

GCBA019 集散控制系统的概念

一、集散控制系统的概念

随着生产规模的扩大,信息量的增多,控制和管理的关系日趋密切。对于随着生产规模的扩大,信息量的增多,控制和管理的关系日趋密切。对于大型企业生产的控制和管理,不可能只用一台计算机来完成。于是,人们研制出以多台微型计算机为基础的分散控制系统。DCS 采用分散控制、集中操作、分级管理、分而自治和综合协调的设计原则,自下而上可以分为若干级,如过程控制级、控制管理级、生产管理级和经营管理级等。DCS 又称分布式或集散式控制系统。集散控制系统又叫集中分散控制系统,它是利用计算机技术、控制技术、通信技术、图形显示技术实现过程控制和过程管理的控制系统。DCS 系统实质上是一个开放式计算机系统。

DCS 系统的控制面板中,"AUTO"表示回路处在自动控制,"MAN"表示回路处在手动控制,回路在"MAN"时,改变输出将直接影响输出值,DCS 系统操作站中系统信息区中显示系统报警信息,如果发生了过程报警,工艺人员可在报警画面中确认,在 DCS 系统中进入趋势画面可查看工艺参数的历史数据。

二、DCS 操作系统的组成

CABL012 DCS操作系统的组成

DCS 系统在结构上由硬件、通信网络和软件三部分组成,DCS 系统的硬件组成有:操作站、工程师站、控制站、通信单元等。世界上有多种类型的 DCS,在功能、容量、特点上各具特色,其结构特点主要有以下五大部分。

(1)人机接口:包括操作员接口和工程师接口。前者实现对工艺过程运行的监视和操作,通过通信网络与现场控制站连接;后者实现对控制功能的组态,直接与现场控制站连接。

(2)现场控制站:现场控制站是 DCS 的核心,DCS 由它实现对现场过程信号进行输入/输出、数据采集、反馈控制、顺序控制等。操作工在使用 DCS 系统的操作站时,当在班长级别时,可以修改 PID 参数。但是无法改变正反作用。DCS 操作站中过程报警和系统报警是不一样的,过程报警是由于工艺参数超过设定的报警值而产生,系统报警是指 DCS 系统故障产生的报警。DCS 流程图中测量值在闪烁说明工艺参数超过设定的报警值。

(3)通信网络:用于连接各个站进行相互通信、交换数据。

(4)通用计算机接口:用于 DCS 与通用计算机连接通信,完成更高层次的控制和管理。

(5)上位机:上位机主要实现高层次的优化管理。如优化控制、成本管理与控制等。

三、DCS 系统控制操作功能

GBBA012 DCS的使用操作

DCS 系统提供的控制操作功能是通过在流程图中开辟调节仪表界面来实现的。常用的 DCS 操作画面有操作组(控制组)、流程图、趋势图等。如 DCS 中的 PID 调节器、模拟手操器、开关手操器、顺控设备及调节门等。内容包括过程输入变量、输出值、设定值。可以同时监控 8 个或 16 个工位的详细信息，并进行相关操作。

以日本横河 CS3000 系统为例，32 个一触式功能键（快捷功能键），可以直接切换到组态中定义的画面。操作窗口主要用于完成过程操作和监视功能，不同类型的窗口以不同的方式完成不同的操作、监视任务。

（一）系统信息窗口

系统信息窗口由系统信息区、系统时间显示区和一系列操作按钮组成。可通过按钮、工具箱和菜单在该窗口调用别的窗口，该窗口总是显示在屏幕的最顶端，这样既便于操作和维护，也能使系统信息区中的最新报警信息不致被别的窗口覆盖。

（二）流程图窗口

显示工艺流程图，每个画面都包括字母数字字符和图形符号，采用可变化的颜色、图形、闪烁表示过程变量的不同状态，所有过程变量的数值和状态每秒动态刷新。操作员在此画面对有关过程变量实施操作和调整。

（三）控制分组窗口

以棒状图显示出来，内容包括过程输入变量、输出值、设定值。可以同时监控 8 个或 16 个工位的详细信息，并进行相关操作。控制操作画面是一种特殊的操作画面，除了含有模拟流程图显示元素外，在画面上还包含一些控制操作对象，如 PID 算法、顺控、软手操等对象。不同的操作对象类型，提供不同的操作键或命令。如 PID 算法，就可提供手/自动按钮、PID 参数输入、给定值及输出值等输入方法。操作工在使用 DCS 系统的操作站时，当在班长级别时，可以修改 PID 参数。

（四）趋势窗口

趋势画面中要以同时用不同颜色显示 8 个工位或单个的趋势记录曲线，供用户自由选择的参数变量，不同颜色和时间间隔，并且可以对数据轴进行不同比例的放大显示。

（五）调整窗口

在一幅窗口中显示每一块仪表的所有信息，对于调节回路，可显示出过程变量、输出值、设定值、运行方式、高低限值、报警状态、工程单位、调节参数和相关数据；对于断续控制回路，可显示出相关的数据和设备状态。每一个参数调整画面均有 48min 的实时趋势画面，以帮助 PID 参数调整。

（六）操作指导窗口

该画面可用于当设备启动、正常、停止时系统以图像或文字的方式向运行人员提示有关操作。

（七）过程报警窗口

FCS（现场控制站）的过程报警发生时，信息会传到 HIS（操作站），过程报警窗口首先显示的是最新的报警信息。每页画面有 20 条报警信息，可保留当前实时 200 个报警点。报警显示按时间顺序排列，最新的报警显示在画面的最顶端，超过 200 个报警时，从最早的报警开始消失，并存储在系统中。报警可以操作确认，进行确认操作后，所有的报警都被确认，确认后的普通报警将不再闪烁；重要报警可以根据系统的设置重复进行报警。

（八）信息导航窗口

显示 HIS 窗口清单，选择画面名称，就会显示出对应的画面。

（九）过程报告窗口

主要用于显示和打印控制功能块、计算单元的状态。该窗口主要显示 FCS 的过程状态总貌。有两种类型：即 tag report（工位号报告）和 I/O report（输入/输出报告），前者用于显示功能块的状态，后者用于显示开关和数字量输入输出的状态等。

（十）历史信息报告窗口

主要用于显示和打印 FCS 的过程报警、系统报警信息、操作的历史记录等。

（十一）系统维护窗口

主要用于显示当前所操作系统的状态，并可对系统的监视功能进行设置等。

> ZABL004　联锁
> 的基本概念

四、联锁保护系统的概念

化工自动化系统可分为自动检测系统、自动信号联锁保护系统、自动操纵系统、自动调节系统。

联锁保护系统是按装置的工艺过程要求和设备要求，使相应的执行机构动作，或自动启动备用系统，或实现安全停车。

重要的联锁保护装置在 SIS 或 ESD 上实施，原则上独立设置，检测元件、执行机构、逻辑运算器原则上也独立设置；关键工艺参数的检测元件常按"三取二"联锁方案配置；联锁保护系统设置有手动复位开关，当联锁动作后，必须进行手动复位才能重新投运，有时复位开关还设置在现场或执行器上；重要的执行机构具有安全措施，一旦能源中断，使执行机构趋向并进入的最终（或所处）位置能确保工艺过程和设备处于安全状态；紧急停车的联锁保护系统具有手动停车功能，以确保在出现操作事故、设备事故、联锁失灵的异常状态时实现紧急停车。手动紧急停车开关（按钮）配有保护护罩。重要的工艺参数，在联锁设定值前常有预报警点。联锁报警常与其他工艺变量共用信号报警系统，因此也能进行消声、确认和试验。部分联锁保护系统设有投入/解除开关（或钥匙型转换开关）。处于解除位置时，联锁保护系统则失去保护功能，并设有明显标志显示其状态，系统应有相应记录；联锁保护系统中部分重要联锁参数通常还设有旁路开关，并设有明显标志显示其状态，系统也应有相应记录。为生产装置或设备正常开、停、运转的联锁保护系统还以运行状态显示来表明投运步骤。

> JABL004　PLC
> 系统的基本概念

五、PLC 系统的基本概念

可编程逻辑控制器（PLC），简称可编程控制器，是计算机技术和继电逻辑控制概念相结合的产物，其低端为常规继电逻辑控制的替代装置，而高端为一种高性能的工业控制计算机。PLC 系统是以扫描方式循环、连续、顺序地逐条执行程序。

1985 年 1 月，IEC（国际电工委员会）作了如下定义：PLC 是一种数字运算操作的电子系统，专为工业环境下应用而设计。它采用可编程的存储器，用来在其内部存储执行逻辑运算、顺序控制、定时、计数和算术操作的指令，并通过数字式、模拟式的输入和输出，控制各种类型的机械或生产过程。可编程控制器及其有关设备，都应按易于使工业控制系统形成一个整体,易于扩充其功能的原则设计,PLC 系统主要用于开关量的逻辑控制。

PLC 具有以下鲜明的特点:

（1）系统构成灵活,扩展容易,以开关量控制为其特长;也能进行连续过程的 PID 回路控制;并能与上位机构成复杂的控制系统。

（2）使用方便,编程简单,采用简明的梯形图、逻辑图或语句表等编程语言,而无需计算机知识,因此系统开发周期短,现场调试容易。另外,可在线修改程序,改变控制方案而不必拆动硬件。

（3）能适应各种恶劣的运行环境,抗干扰能力强,可靠性强,远高于其他各种机型。总之,PLC 是目前工业控制中应用最为广泛的一种机型。

模块七　绘图与计算

项目一　绘图

CCDA002 工艺
流程图的组成
部分

CBDA002 工艺
流程图的组成
部分

一、流程图的基础知识

(一)工艺流程图的组成部分

工艺流程图一般情况下有三种:总工艺流程图、物料流程图和带控制点的工艺流程图

1. 总工艺流程图的组成

(1)设备示意图:按设备大致几何形状画出(或用方块图表示),设备位置的相对高低不要求准确,但要标出设备名称及位号。

(2)物流管线及流向箭头:包括全部物料和部分辅助管线。

(3)必要的文字注释:包括设备名称、物料名称、物料流向等。

2. 物料流程图的组成

(1)图形:包括设备图形、各种仪表示意图形及各种管线示意图形。

(2)标注内容:主要标注设备的位号、名称及特性数据,如流程中物料的组分、流量等。

(3)标题栏:包括图名、图号、设计阶段等。

3. 带控制点的工艺流程图的组成

包括所有工艺设备、工艺物料管线、辅助管线、阀门、管件以及工艺参数(温度、压力、流量、液位、物料组成、浓度等)的测量点。

CCDA001 流程
图符号的意义

CBDA001 流程
图符号的意义

(二)流程图符号的意义

1. 工艺流程图符号的意义

1)管线符号

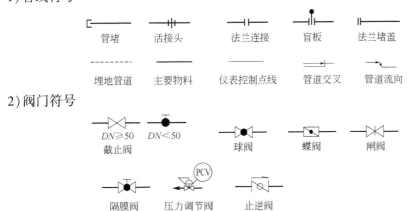

2)阀门符号

2. 化工管路图符号的意义

热保温管道　保冷管道　伴热管道　电伴热管道　表示法兰连接

3. 参数代码的意义

C——表示浓度；Z——功能代号。

（三）工艺流程图机泵的表示方法

CCDA003 工艺流程图机泵的表示方法

CBDA003 工艺流程图机泵的表示方法

通用泵　　离心泵　　带夹套离心泵　　往复泵　　液下泵

（四）工艺流程图塔器的表示方法

CCDA005 工艺流程图塔器的表示方法

CBDA005 工艺流程图塔器的表示方法

填料塔　　　　　筛板塔　　　　　泡罩塔或浮阀塔

（五）工艺流程图换热设备的表示方法

CBDA004 工艺流程图换热设备的表示方法

通用换热器　通用换热器　固定管板换热器　浮头式换热器　U形管换热器

釜式换热器　釜式换热器　夹管换热器　板式换热器　空冷器　带风扇的翅片管换热器

（六）工艺流程图容器的表示方法

CBDA006 工艺流程图容器的表示方法

卧式容器　带积液包的容器　板式塔　填料塔　拱顶储罐　锥顶储罐　立式容器

（七）工艺流程图分离器的表示方法

CBDA007 工艺流程图分离器的表示方法

立式分离器　　　　　卧式分离器

（八）工艺流程图阀门的表示方法

CCDA007 工艺流程图阀门的表示方法

自力式液压阀　故障开　故障关　故障保持　球阀

调节阀　角阀　蝶式或旋转式阀　隔膜阀　三通阀故障全关

（九）工艺流程图仪表阀的表示方法

CCDA006 工艺流程图仪表阀的表示方法

自力式液压阀　故障开　故障关　故障保持　球阀

调节阀　角阀　蝶式或旋转式阀　隔膜阀　三通阀故障全

(十)工艺流程图控制仪表的表示方法

CCDA004 工艺流程图控制仪表的表示方法

(十一)合成氨生产原则流程图

合成氨生产原则流程图如图 1-7-1 所示。

CBDA008 合成氨生产原则流程图

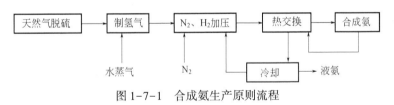

图 1-7-1　合成氨生产原则流程

二、化工设备图

(一)化工设备图样的基本知识

化工设备泛指化工企业中使物料进行各种反应和各种单元操作的设备和机器。

GCDA006 化工设备图样的分类

1. 化工设备图样的分类

(1)装配图;

(2)设备装配图;

(3)部件装配图;

(4)零件图。

2. 化工设备图基本内容

(1)一组视图;

GBDA006 化工设备图样的分类

(2)各种尺寸；

(3)管口表；

(4)技术特性及要求；

(5)标题栏及明细栏；

(6)其他。

3. 化工设备图样标题栏的内容

GCDA004 化工设备图样标题栏的内容

GBDA004 化工设备图样标题栏的内容

1)设计单位

(1)职责：包括签字和日期；

(2)设计；

(3)制图；

(4)校核；

(5)审核；

(6)图名；

(7)比例。

2)工程名称

(1)设计项目；

(2)设计阶段；

(3)图号；

(4)图纸张数。

4. 化工设备图样明细表的内容

GCDA005 化工设备图样明细表的内容

GBDA005 化工设备图样明细表的内容

(1)件号；

(2)图号或标准号；

(3)名称；

(4)数量；

(5)材料；

(6)质量：包括总质量和单个设备的质量；

(7)备注。

（二）化工设备图符号

(1)化工设备装配图中,螺栓连接可简化画图,其中所用的符号可以是粗实线+和粗实线×。

(2)化工设备图中,表示点焊的焊接焊缝是 O。

(3)化工设备图的管口表中各管口的序号用小写英文字母。

（三）阅读化工设备图的基本要求

CCDA009 阅读化工设备图的基本要求

CBDA009 阅读化工设备图的基本要求

阅读化工设备图,主要要达到下列要求：

(1)了解设备的用途、技术特性和工作原理；

(2)了解零(部)件的装配连接关系；

(3)了解主要零(部)件的结构、形状和作用；

(4)弄清设备上的管口数量和方位；

（5）了解设备在制造、检验、安装等方面的技术要求。

（四）阅读化工设备图的方法和步骤

CCDA0010　阅读化工设备图的方法和步骤

CBDA0010 阅读化工设备图的方法

阅读化工设备图的一般方法和步骤：

1. 概括了解

（1）看标题栏，了解设备的名称、规格、绘图比例、图纸张数等；

（2）对视图进行分析，了解表达设备所采用的视图数量和表达方法，找出各视图、剖视图的位置及各自的表达重点；

（3）看明细栏，概括了解设备的零部件件号和数目，以及哪些是零部件图，哪些是标准件或外购件；

（4）看设备的管口表、制造检验主要数据表及技术要求，概括了解设备的压力、温度、物料、焊缝探伤要求及设备在设计制造、检验等方面的技术要求。

2. 详细分析

（1）零部件结构分析；

（2）对尺寸的分析；

（3）对设备管口的阅读；

（4）对制造检验主要数据表和技术要求等内容的阅读。

3. 归纳总结

（1）经过对图样的详细阅读后，可以将所有的资料进行归纳和总结，从而对设备获得一个完整、正确的概念。进一步了解设备的结构特点、工作特性、物料的流向和操作原理等；

（2）化工设备图的阅读，基于其典型性和专业性；

（3）能在阅读化工设备图的时候，适当地了解该设备的有关设计资料，了解设备在工艺过程中的作用和地位，将有助于对设备设计结构的理解。

三、设备布置图

（一）设备布置图概念

工艺流程图中所确定的设备和管道，必须按工艺要求，在适当的厂房或场地中合理地安装布置。用以表述厂房内外设备的位置及方位的图样，称为设备布置图。设备布置图一般在厂房建筑图上以建筑物的定位轴线或墙面、柱面等为基准，按设备的安装位置添加设备的图形或标记，并标注其定位尺寸。

（二）设备布置图的内容

1. 一组视图

视图按正投影法绘制，包括平面图和剖视图，用以表示厂房建筑的基本结构和设备在厂房内外的布置情况。

2. 尺寸和标注

设备布置图中，一般要在平面图中标注与设备定位有关的建筑物尺寸，建筑物与设备之间，设备与设备之间的定位尺寸；要在剖面图中标注设备、管口以及设备基础的标高；还要标注厂房建筑定位轴线的编号，设备的名称及位号，以及必要的说明等。

3. 安装方位标

安装方位标是确定设备方位的基础，一般画在图纸的右上方。

4. 标题栏

标题栏中要注写图名、图号、比例、设计者等内容。

（三）设备布置图的图示方法

JBDA001 设备布置图的图示方法

JCDA001 设备布置图的图示方法

1. 分区

设备布置图是按工艺主项绘制的，当装置界区范围较大而其中需要布置的设备较多时，设备布置图可以分为若干个小区绘制。各区的相对位置在装置总图中表明，分区范围用双点划线表示。

2. 图幅和比例

设备布置图一般采用 1 号图，不加长。绘图比例视装置界区的大小和规模而定。常采用 1∶100，也可采用 1∶200 或 1∶50。大的主项分段绘制设备布置图时，必须采用同一比例。必要时，允许在同一张图纸上的各视图采用不同的比例，此时可将主要采用的比例注明在标题栏中，个别视图的不同比例则在视图外边的下方或右方予以注明。

3. 视图配置

设备布置图中的视图通常包括一组平面图和立面剖视图。

1）平面图

设备布置图一般只绘平面图，只有当平面图表示不清楚时，才绘立面图或剖视图，平面图一般是每层厂房绘制一个。多层厂房按楼层或大的操作平台分层绘制，如有局部操作台时，则在该平面图上可以只画操作台下的设备，对局部操作台及其上面设备另画局部平面图，如不影响图面清晰，也可重叠绘制，操作台下的设备用虚线画出。

平面图可以绘制在一张图纸上，也可绘在不同的图纸上。在同一张图纸上绘制几层平面图时，应从最底层±0.00 平面开始画起，由下而上，由左到石顺序排列，在平面图的下方相应用标高注明平面图名称，并在图名下画一粗线。如："±0.00 平面""+7.00 平面"等。

2）剖视图

对于比较复杂的装置，为表达在高度方向设备安装布置的情况，则采用立面剖视图，一般在保证充分表达的前提下，剖视图的数量应尽可能少。

剖视图中，规定设备按不剖绘制，其剖切位置及投影方向应按《机械制图》国家标准或《建筑制图》国家标准在平面图上标注清楚，如图 1-7-2 所示，当剖视图与各平面图均有联系时，其剖切位置在各层平面图上都应标记。

剖视图下方应注明相应的剖视名称，如图 1-7-2 所示"A—A（剖视）""B—B（剖视）"……或"Ⅰ—Ⅰ（剖视）""Ⅱ—Ⅱ（剖视）"等。剖切位置需要转折时，一般以一次为限。

剖视图与平面图可以画在同一图纸上，也可以单独绘制。如画在同一张图纸，则按剖视顺序，从左至右、由下而上顺序排列。如果分别画在不同图纸上，可对照墙柱轴线的编号（①、②、③……也可用 26 个大写字母来替代数字）找到剖切位置及剖视图。

4. 设备、建筑物及其构件的图示方法

设备布置图中视图的表达内容主要是两部分，一是建筑物及其构件；二是设备，现分别讨论如下。

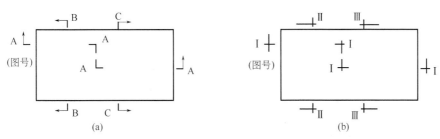

图 1-7-2　平面图上刨切位置和投影方向的标注方法

1）建筑物及其构件

（1）用细实线画出厂房建筑的平面图，一般每层绘一个平面图，图中应按比例并采用规定的图例画出厂房占地大小、内部分隔情况以及和设备布置有关的建筑物及其构件，如门、窗、墙、柱、楼梯、操作平台、吊轨、栏杆、安装孔洞、管沟、明沟、散水坡等。

（2）与设备安装定位关系不大的门、窗等构件，一般只在平面图上画出它们的位置及门的开启方向等，在剖视图上则不予表示。

（3）用细点划线画出承重墙、柱等结构的建筑定位轴线。

（4）设备布置图中，对于生活室和专业用房间如配电室、控制室等均应画出，但只以文字标注房间名称。

2）设备

（1）设备布置是图中主要表达的内容，因此图中的设备及其附件（设备的金属支架、电动机及传动装置等）都应以粗实线、按比例画出其外形。被遮盖的设备轮廓一般不画，如必须表示，则用粗虚线画出。

（2）非定型设备若无另绘的管口方位图，则应在图上用中实线画出足以表示设备安装方位特征的管口。在设备轮廓线之外的管口（除人孔）允许以单线（粗实线）表示，如图 1-7-3 所示。

（3）图中应用虚线按比例画出预留的设备检修场地，（如换热器抽管束等）如图 1-7-4 所示。

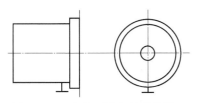

图 1-7-3　非定型设备的外接管口基础的图示方法

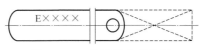

图 1-7-4　预留设备检修场地的图示方法

（4）位于室外而又与厂房不连接的设备及其支架等，一般只在底层平面图上予以表示。

（5）穿过楼层的设备、每层平面图上均需画出设备的平面位置，并可按图 1-7-5 所示的剖视形式表示。

（6）剖视图中，设备的钢筋混凝土基础与设备外形轮廓组合在一起时，往往将它与设备一起画成粗实线,当图样绘有两个以上剖视图时,设备在剖视图上一般只应出现一次,无特殊必要不予重复画出。如沿剖视方向有几排设备,为使设备表示清楚,可按需要不画后排设备。

（7）对于定型设备一般用粗实线按比例画其外形轮廓,但对小型通用设备如泵、压缩机、鼓风机等。若有多台,而其位号、管口方位与支撑方位完全相同时,可只画一台,其余则用粗实线简化画出其基础的矩形轮廓。动设备也可只画基础轮廓并表示出特征管口和驱动机的位置,如图1-7-6中用M表示电动机的安装位置,并画出必要的特征管口位置。

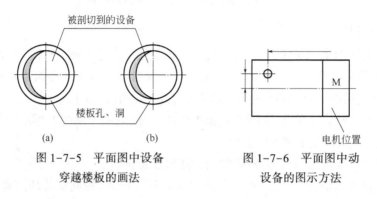

图1-7-5　平面图中设备　　　　图1-7-6　平面图中动
穿越楼板的画法　　　　　　　设备的图示方法

（四）设备布置图的标注方法

设备布置图的标注包括厂房建筑定位轴线的编号,建筑物及其构件的尺寸,设备的位号、名称、定位尺寸及其他说明等。

设备布置图中的标注只有标高、坐标以米（m）为单位,小数点后保留三位至毫米为止。其余的尺寸一律以毫米（mm）为单位,只注数字不注单位。采用其他单位标注尺寸时,必须注明单位名称。

1. 厂房建筑及其构件应标注如下尺寸

（1）厂房建筑物的长度、宽度总尺寸；

（2）厂房柱、墙定位轴线的间距尺寸；

（3）为设备安装预留的孔、洞以及沟、坑等定位尺寸；

（4）地面、楼板、平台、屋面的主要高度尺寸及其他与设备安装定位有关的建筑结构件的高度尺寸。

图中一般不注出设备定形尺寸而只注定位尺寸。

2. 平面定位尺寸

设备在平面图上的定位尺寸一般应以建筑定位轴线为基准,注出它与设备中心线或设备支座中心线的距离。悬挂于墙上或柱子上的设备,应以墙的内壁或外壁、柱子的边为基准,标注定位尺寸。

对于卧式容器,标注建筑定位轴线与容器的中心线和建筑定位轴线与靠近柱轴线一端的支座的两个尺寸。

对于立式反映器、塔、槽、罐和换热器,标注建筑定位轴线与中心线间的距离为定位尺寸。

对于板式换热器,标注建筑定位轴线与中心线和建筑定位轴线与某一出口法兰端面的两个尺寸为定位尺寸。

压缩机标注建筑定位轴线与出口法兰中心线为定位尺寸。

当某一设备已采用建筑定位轴线为基准标注定位尺寸后,邻近设备可依次用已标出定位尺寸的设备的中心线为基准来标注定位尺寸。

3.设备标高的标注

标高标注在剖面图上。标高基准一般选择厂房首层室内地面±0.00,以确定设备基础面或设备中心线的高度尺寸。标高以米为单位,数值取至小数点后两位。

通常,卧式换热器、卧式罐槽以中心线标高表示;立式换热器、板式换热器以支撑点标高表示;反应器、塔和立式罐槽以支撑点标高或下封头切线焊缝标高表示;泵和压缩机以底板面,即基础顶面标高表示;对于一些特殊设备,如:有支耳的以支撑点标高表示,无支耳的卧式设备以中心线标高表示,无支耳的立式设备以某一管口的中心线标高表示。

必要时也可标注设备的支架、挂架、吊架、法兰面或主要管口中心线、设备最高点(塔器)等的标高。

4.设备名称及位号的标注

设备布置图中的所有设备均应标注名称及位号,且该名称及位号与工艺流程图均应一致。设备名称及位号的注写格式与工艺流程图中的相同,如图1-7-7所示;注写方法一般有两种,一种方法是注在设备图形的上方或下方,另一种方法是注在设备图形附近用指引线指引或注在设备图形内。

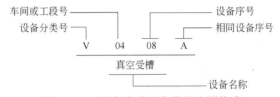

图1-7-7　设备名称及位号的注写格式

(五)设备布置图的绘制方法

(1)考虑设备布置图的视图配置;

(2)选定绘图比例;

(3)确定图纸幅面;

(4)绘制平面图从底层平面起逐个绘制:画建筑定位轴线→画与设备安装布置有关的厂房建筑基本结构→画设备中心线→画设备、支架、基础、操作平台等的轮廓形状→标注尺寸→标注定位轴线编号及设备位号、名称→图上如果分区,还需画分界线并作标注。

(5)绘制剖视图:绘制步骤与平面图大致相同,逐个画出各剖视图;

(6)绘制方位标;

(7)编制设备一览表,注写有关说明,填写标题栏;

(8)检查、校核,最后完成图样。

JCDA004　设备布置图的绘制方法与步骤

JBDA004　设备布置图的绘制方法

（六）设备布置图的管口方位表达方法

（1）放空口是否在设备的最高点；

（2）安全阀口是否在设备的气相空间；

（3）排净口是否在设备底部；

（4）换热器是否逆流（大部分换热器都是如此），壳程气体是否上进下出，壳程液体是否下进上出；

（5）对于耳座支撑的设备应注意考虑楼板厚度对附近管口高度的影响；

（6）液体储罐进料口靠近液位计，则易产生假液位；

（7）进料口如与放空口很近，则易产生放空带液；

（8）进料口如与放空口在同一轴线上，则易产生液位不稳；

（9）液位计必须在同一轴线上，同一高度或同一轴线上管口不会相碰；

（10）同一高度或同一轴线上是否涉及联合补强的问题；

（11）如有必要应注明，人孔是左开的还是右开的；

（12）对于采用轴式吊耳吊装的大型塔器，应考虑吊耳高度以上的大管口对吊装的影响。

四、管道布置图

（一）管道布置图概念和作用

管道布置图是设备布置图的基础上画出管路、阀门及控制点，表示厂房建筑内外各设备之间管路的连接走向和位置以及阀门、仪表控制点的安装位置的图样。管道布置图又称为管路安装图或配管图，用于指导管路的安装施工。

（二）管道布置图的管路画法

（1）确定表达方案、视图的数量和各视图的比例；

（2）确定图纸幅面的安排和图纸张数；

（3）绘制视图；

（4）标注尺寸、编号及代号等；

（5）绘制方位标、附表及注写出说明；

（6）校核与审定。

（三）管道布置图的标注方法

1. **标注基本要求**

（1）尺寸单位：标高、坐标以 m 为单位，小数点后取三位数；其余的尺寸一律以 mm 为单位，只注数字，不注单位；管子公称直径一律用 mm 表示；基准地平面的设计标高表示为：EL100.000m；低于基准地平面者可表示为：9×.×××m。

（2）尺寸数字：尺寸数字一般写在尺寸线的上方中间，并且平行于尺寸线；不按比例画图的尺寸应在尺寸数字下面画一道横线。

2. **标注内容**

（1）建（构）筑物：标注建筑物、构筑物的轴线号和轴线间的尺寸；标注地面、楼面、平台面、吊车、梁顶面的标高。

（2）设备：按设备布置图标注所有设备的定位尺寸或坐标、基础面标高；标注设备管口符号、管口方位（或角度）、标高等。

（3）管道：标注出所有管道的定位尺寸及标高，物料的流动方向和管号；定位尺寸以 mm 为单位，而标高以 m 为单位；所有管道都需要标注出公称直径、物料代号及管道编号；异径管，应标出前后端管子的公称通径，如 DN80/50 或 80×50；有坡度的管道，应标注坡度（代号为 i）和坡向。

（4）管件：一般不标注定位尺寸；对某些有特殊要求的管件，应标注出某些要求与说明。

（5）阀门：一般不注定位尺寸，只要在立面剖视图上注出安装标高；当管道中阀门类型较多时，应在阀门符号旁注明其编号及公称尺寸。

（6）仪表控制点：标注用指引线从仪表控制点的安装位置引出；也可在水平线上写出规定符号。

（7）管道支架：水平方向管道的支架标注定位尺寸；垂直方向管道的支架标注支架顶面或支撑面的标高；在管道布置图中每个管架应标注一个独立的管架编号；管架编号由 5 个部分组成。

五、空视图的基本知识

（一）管道空视图的内容

1. 概念

管道空视图是用来表达一个设备至另一个设备（或另一个管道）间的一个管段及其所附管件、阀门、控制点等具体配制情况的立体图样，又叫管段图。

2. 特点

管道空视图按正等轴测投影绘制。立体感强，图面清晰、美观，便于阅读，利于施工。在化工工程设计中，一般都要绘制管道空视图，但由于管道空视图只是每段管段的图样，它反映的只是个别局部，需要有反映整个装置设备、管道布置全貌的管道布置平、立面剖视图或设计模型与之配合。

（二）管道空视图中图形的表示方法

管道空视图按正等轴测投影绘制，不按比例绘制，以图面清楚、美观、协调为原则，管道走向应符合设计北方位标的规定，并与管道平面布置图一致；原则上一根管线画一张空视图。如果管线走向或材料太复杂，一张图表示不下，可以分成几张绘制。

（三）管道空视图的标注方法

所有尺寸标注均一管道中心向和法兰面为基准。

1. 非衬里管道的尺寸标注

水平方向管段标出管段总长；垂直方向管段不标注尺寸，只标注两端水平管段的中心标高或工作点标高。

2. 平面斜挂

非 45°斜管管段标出两个坐标方向的投影尺寸；45°斜管段标注出一个坐标轴方向的投影尺寸和角度。

在水平面斜管的投影三角形直角处标注出平面标识 H；在垂直面斜管的投影三角形直

角处标出垂直面标识 V。

3. 立体斜管(三维)

要绘出三个坐标轴组成的六面体,并标注投影尺寸,标注出水平面和垂直面标识。斜管跨过分界线时,其空视图画到分界线为止,但延续部分要用虚线绘出,直到第一个改变走向处或管口处为止,并标出整个斜管的尺寸。

4. 衬里及钢骨架复合管道尺寸标注

分别标出管线上每个部件的尺寸,不标注总长。垫片尺寸可以加在相邻的部件尺寸中标注,并在该尺寸线下方加注"IG"或"2IG"(表示该尺寸包括 1 个或 2 个垫片的尺寸)。安装调整段的尺寸旁要加注 * 号。

斜管段:除了按非衬里管道的要求标注外,还需标出斜管段中每个部件的尺寸。

5. 高压管道的尺寸标注

分别标出管线上每个部件的尺寸,不标注总长;垫片尺寸可以加在相邻的部件尺寸中标注,并在该尺寸线下方加注"IG"或"2IG"(表示该尺寸包括 1 个或 2 个垫片的尺寸)。

斜管段:除了按非衬里管道的要求标注外,还需标注出斜管段的每个部件的尺寸。

六、化工设计的基本要求

CCDA008 化工
设计的基本要求

化工设计的基本要求有以下几点:

(1)产品的数量和质量指标。

(2)经济性。生产装置不仅应该有经济指标,而且其技术指标应该有竞争性,即要求经济地使用资金、原材料、公用工程和人。

(3)安全。化工生产中大量物质是易燃、易爆或有毒性的,化工装置设计应考虑安全性要求。

(4)符合国家和各级地方政府制定的环境保护法规,对排放的三废有处理装置。

(5)整个系统必须可操作和可控制,可操作是指设计不仅能满足常规操作的要求,而且也能满足开车等非常规操作的要求;可控制是指能抑制外部扰动的影响,系统可调节且稳定。

七、石油化工装置布置设计

(一)装置的布置设计阶段

(1)初步设计阶段;

(2)施工图设计阶段。

(二)装置的布置的一般要求

(1)符合有关的安全要求、安全规范且满足物料特性要求,这时首先要考虑的三种安全措施的要求;

(2)满足生产工艺和操作的要求;

(3)要符合安装维修要求;

(4)要符合建筑要求。

(三)阀芯曲面形状和阀芯流量特性曲线图

1. 阀芯曲面形状

如图 1-7-8 所示阀芯曲面形状,"1"标注的为快开流量特性的曲面;"2"直线流量特性的曲面;"3"抛物线流量特性曲面;"4"等百分比流量特性曲面。

2. 阀芯流量特性曲线图

如图 1-7-9 所示阀芯流量特性曲线图,有四种特性曲线,分别为快开流量特性曲线;直线型流量特性曲线;抛物线流量特性曲线;对数(等百分比)流量特性曲线。

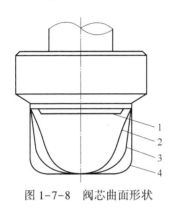

图 1-7-8　阀芯曲面形状　　　　图 1-7-9　阀芯流量特性曲线图

项目二　计算

一、各类基本术语的概念

ZBDB001 各类基本术语的概念

(一)流体

没有一定形状可流动的物质称为流体,如气体和液体均为流体。

(二)流体的密度

流体密度是单位体积流体所具有的流体质量,以 ρ 表示。在国际单位制中,ρ 的单位为 kg/m^3。

(三)流体的相对密度

相对密度指流体密度与 4℃ 水的密度的比值,通常用 d 表示:为标准大气压下(1atm = 760mmHg = 101325Pa)4℃ 水的密度。

(四)流体压强

单位面积上所受的压力,称为流体的压强。

(五)流量

流体在流动过程中,单位时间流过管道任一截面的流体量称为流量。

(六)流速

单位时间内流体质点在流动方向上所流过的距离,称为流速。

(七)传热

传热是由于温度差别引起的能量转移,又称热传递。凡是有温度差存在,就必然发生从高温处到低温处的热传递。

(八)传热速率

传热速率是指在单位时间内通过传热面的热量(又称热流量),用 Q 表示,单位为 W。

二、计量单位及其换算

(一)基本计量单位

物理量是通过描述自然规律的方程或定义新的物理量的方程而相互联系的。因此,可以把少数几个物理量作为相互独立的,其他的物理量可以根据这几个量来定义,或借方程表示出来。少数几个看作相互独立的物理量,就称为基本物理量,简称为基本量。其余的可由基本量导出的物理量,称为导出物理量,简称导出量。目前世界上通用的计量单位是国际单位制(SI),包括七个基本单位和两个辅助单位。

七个基本单位:长度 m,时间 s,质量 kg,热力学温度(开尔文温度)K,电流 A,光强度 cd(坎德拉),物质的量 mol。两个辅助单位:平面角弧度 rad,立体角球面度 Sr。

基本物理量及单位如表1-7-1所示,物理学各个领域中的其他的量,都可以由这七个基本量导出。

表1-7-1　基本物理量及单位

量	常用符号	单位名称	单位符号
长度	L	米(又称"公尺")	m
质量	m	千克(又称"公斤")	kg
时间	t	秒	s
电流	I	安[培]	A
热力学温度	T	开[尔文]	K
物质的量	n	摩[尔]	mol
发光强度	I_v	坎[德拉]	cd

化工行业中常用的单位有:

(1)长度 m,时间 s,质量 kg,热力学温度(开尔文温度)K,电流 A,物质的量 mol。

(2)导出单位:力(牛,N);压力(帕斯卡,简称帕,Pa);流量(m^3/s 或 kg/s);能量(焦耳,简称焦,J);功率(瓦特,简称瓦,W);摄氏温度(摄氏度,℃)热容[焦、(摩·开)],J/(mol·K)]等。

CBDB001 常用
单位换算关系

CCDB001 常用
单位换算关系

(二)常用单位的换算关系

1. 长度单位的换算

长度是七个基本物理量之一。在国际单位制中,长度的基本单位是 m。

长度单位换算:1m(米)=10dm(分米),1dm((分米)=10cm(厘米),1cm(厘米)=10mm(毫米),1km(千米)=1 公里=1000m。

2. 质量单位的换算

质量单位换算:1t=1000kg,1kg=1000g,1g=1000mg。

3. 时间单位的换算

1h(小时) = 60min(分钟), 1min(分钟) = 60s(秒)。

4. 热力学温度单位的换算

(1)摄氏温度与华氏温度的换算有如下关系:

$$t = \frac{5}{9}(t_1 - 32) \tag{1-7-1}$$

式中 t——摄氏温度,℃;

      t_1——华氏温度,℉。

(2)摄氏温度与热力学温度之间的换算如下:

$$T = 273.15 + t \tag{1-7-2}$$

式中 t——摄氏温度,℃;

      T——热力学温度,K。

CCDB012 压力
的换算

GCDB016 压力
的换算

5. 压力的换算

1)压强单位的换算

$1Pa = 1N/m^2$, $1MPa = 10^3 kPa = 10^6 Pa = 10^9 MPa$。

$1atm = 101.3kPa = 1.033kgf/cm^2 = 760mmHg = 10.33mH_2O$。

$1at = 91.8kPa = 1kgf/cm^2 = 735.6mmHg = 10mH_2O$。

$1kgf/cm^2 = 9.81 \times 10^4 Pa$。

2)表压和真空度

传统的测压仪表主要有两种,一种是压力表,一种是真空表,它们的读数都不是系统内的真实压力(绝对压力)。压力表的读数是表压,它所反映的是容器设备内的真实压力比大气压力高出的数值,即:表压 = 绝对压力 - 大气压,

真空表的读数是真空度,它所反映的是容器设备内的真实压力低于大气压的数值,即:真空度 = 大气压 - 绝对压力。

显然,同一压力,用表压和真空度表示时,其值大小相等而符号相反。

CCDB004 流
速、流量换算

CBDB009 流
速、流量换算

ZBDB004 流体
流量与流速的
换算关系

ZCDB004 流体
流量与流速的
换算关系

ZCDB011 流
速、流量换算

6. 流速、流量换算

(1)平均流速与流量的关系为:

$$u = \frac{V_s}{A} = \frac{\omega_s}{\rho A} \tag{1-7-3}$$

式中 u——平均流速,m/s;

      V_s——体积流量,m^3/s;

      ρ——输送液体的密度,kg/m^3;

      ω_s——流体的质量流量,kg/s;

      A——管路截面积,m^2。

(2)质量流速与流量的关系为:

$$G = \frac{\omega_s}{A} = \frac{V_s \rho}{A} = u\rho \tag{1-7-4}$$

对于一般圆形管道有:

$$A = \frac{\pi d^2}{4} \tag{1-7-5}$$

式中 d——管道内径，m；

       G——流体的质量流速，kg/（m^2·s）。

> CBDB008 质量
> 体积密度的计
> 算关系

7. 质量体积密度的计算关系质量体积密度的计算关系为：

$$\rho = \frac{m}{V} \tag{1-7-6}$$

> GCDB014 质量
> 体积密度的计
> 算关系

式中 ρ——密度，kg/m^3；

       m——质量，kg；

       V——体积，m^3。

> CCDB007 流体
> 静力学公式的
> 应用

三、流体力学计算

> ZBDB007 流体
> 静力学公式的
> 应用

（一）流体静力学公式的应用

流体静力学计算公式：

> ZCDB007 流体
> 静力学公式的
> 应用

$$p_2 = p_1 + \rho g(z_1 - z_2) = p_1 + \rho g h \tag{1-7-7}$$

式中 g——重力加速度，m/s^2；

       ρ——流体的密度，kg/m^3；

       z_1, z_2——点 1、2 分别与基准面的垂直距离，m；

       p_1, p_2——测量点、点 1、点 2、基准面处分别对应的压强，Pa；

       h——测量点到基准面的垂直距离，m。

> CCDB008 流体
> 力学的应用

（二）流体力学的应用

稳定流体的伯努利方程：

> JBDB003 能量
> 衡算方法

$$\Delta U + g\Delta Z + \Delta \frac{u^2}{2} + \Delta(pv) = Q_e + W_e \tag{1-7-8}$$

> JCDB003 能量
> 衡算方法

式中 ΔU——内能的变化，J/kg；

       $g\Delta Z$——位能的变化，J/kg；

       $\Delta \dfrac{u^2}{2}$——动能的变化，J/kg；

       $\Delta(pv)$——静压能的变化，J/kg；

       Q_e——系统向外界输出的能量，J/kg；

       W_e——外功，J/kg；

> GCDB006 管道
> 中流体流速的
> 计算

（三）管道中流体流速的计算

管道中质量流速的计算公式（连续性方程）：

$$\omega_s = u_1 A_1 \rho_1 = u_2 A_2 \rho_2 \tag{1-7-9}$$

式中 ω_s——质量流量，m；

       u_1, u_2——管道 1、2 点的流速，m/s；

       A_1, A_2——管道横截面 1、2 点的面积，m^3；

       ρ_1, ρ_2——输送液体在点 1、2 的密度，kg/m^3；

（四）工艺管道压力降计算

工艺管道压力降的计算公式：

ZBDB008 工艺
管道压力降计算

GCDB007 工艺
管道压力降计算

$$\Delta p_\mathrm{f} = \lambda \frac{l\rho u^2}{d2} \qquad (1-7-10)$$

式中 Δp_f——压力降，Pa；

u——流体流速，m/s；

l——直管长度，m；

d——直管的内径，m；

λ——摩擦系数。

（五）离心泵有效功率的计算

离心泵有效功率的计算公式：

CCDB003 离心
泵有效功率的
计算

ZBDB003 离心
泵有效功率的
计算

ZCDB003 离心
泵有效功率的
计算

$$N_\mathrm{e} = HQ\rho g \qquad (1-7-11)$$

式中 N_e——有效功率，W；

Q——泵在输送条件下的流量，m³/s；

H——泵在输送条件下的压头，m；

ρ——输送液体的密度，kg/m³；

g——重力加速度，m/s²。

GBDB001 离心
泵效率的计算

GCDB001 离心
泵效率的计算

（六）离心泵效率的计算

离心泵效率的计算公式：

$$\eta = \frac{QH\rho}{102N} \qquad (1-7-12)$$

式中 N——轴功率，W；

Q——泵在输送条件下的流量，m³/s；

H——泵在输送条件下的压头，m；

ρ——输送液体的密度，kg/m³；

η——离心泵效率，%。

JBDB001 热力
学方程式的应用

JCDB001 热力
学方程式的应用

四、传热的计算

（一）热力学方程式的应用

热力学方程式：

$$\Delta U = nC_V(T_2 - T_1) \qquad (1-7-13)$$

式中 ΔU——内能的变化，J；

n——物质的量，mol；

C_V——定容热容，J/(K·mol)；

T_1、T_2——理想气体 1、2 状态下的温度，K。

$$\Delta H = nC_p(T_2 - T_1) \qquad (1-7-14)$$

式中 ΔH——体系的焓变

n——物质的量，mol；

C_p——定压热容,J/(K·mol);

T_1、T_2——理想气体 1、2 状态下的温度,K。

GBDB007 单元设备的热量衡算知识

（二）单元设备的热量衡算知识

热量衡算的公式：

$$\sum Q_i = \sum Q_0 + Q_L \tag{1-7-15}$$

式中　$\sum Q_i$——随物料进入系统的总热量,kJ 或 kW;

　　　$\sum Q_0$——随物料离开系统的总热量,kJ 或 kW;

　　　Q_L——向系统周围散失的热量,kJ 或 kW。

JBDB005 传热计算方法

JCDB005 装置优化和技术改进的传热计算方法

（三）装置优化和技术改进的传热计算方法

换热器逆流和并流时平均温差的计算公式：

$$\Delta t_m = \frac{\Delta t_2 - \Delta t_1}{\ln \dfrac{\Delta t_2}{\Delta t_1}} \tag{1-7-16}$$

式中　Δt_m——对数平均温度差,℃;

　　　Δt_1——换热器两端温度差较小的温度差,℃;

　　　Δt_2——换热器两端温度差较大的温度差,℃。

在工程计算中,当 $\dfrac{\Delta t_2}{\Delta t_1} \leqslant 2$ 时,可用算术平均温度差代替对数平均温度差：

$$\Delta t_m = \frac{\Delta t_2 + \Delta t_1}{2} \tag{1-7-17}$$

CCDB005 传热系数的计算

ZBDB005 传热系数的计算方法

GBDB004 传热系数的计算方法

GCDB004 传热系数的计算

（四）传热系数的计算

传热系数的计算公式：

$$\frac{1}{K} = \frac{1}{\alpha_i} + R_{si} + \frac{b}{\lambda} + R_{s0} + \frac{1}{\alpha_0} \tag{1-7-18}$$

式中　K——传热系数,W/(m·℃);

　　　R_{si}、R_{s0}——分别为管内和管外的污垢热阻,又称污垢系数,W/(m·℃);

　　　α_i、α_0——管内,管外平均对流传热系数,W/(m·℃);

　　　λ——比例系数,又称为导热系数,W/(m·℃);

　　　b——平壁厚度,m。

CCDB006 换热器热负荷的计算

ZBDB006 换热器热负荷计算方法

GBDB005 换热器热负荷计算方法

GCDB005 换热器热负荷计算方法

（五）换热器热负荷的计算

热负荷的计算公式：

$$Q = W_h c_{ph}(T_1 - T_2) = W c_{pc}(t_2 - t_1) \tag{1-7-19}$$

式中　W——流体的流量,kg/s;

　　　c_p——流体的平均比热容,kJ/(kg·℃);

　　　t_1、t_2——冷流体进出口温度,℃;

　　　T_1、T_2——热流体进出口温度,℃。

五、精馏的计算

(一)回流比的计算

回流比的计算公式:

CBDB002 回流比的计算
CCDB009 回流比的计算
ZBDB009 回流比的计算
ZCDB009 回流比的计算

$$R = \frac{L}{D} \tag{1-7-20}$$

式中　R——回流比;

　　　L——精馏塔段中下降液体的摩尔流量,kmol/h;

　　　D——塔顶产品(馏出液)流量,kmol/h。

(二)理论塔板的计算方法

理论塔板的计算公式:

JBDB004 理论塔板的计算方法
JCDB004 理论塔板的计算方法

$$N_T = N_p E_T \tag{1-7-21}$$

式中　N_T——理论板层数;

　　　N_p——实际板层数;

　　　E_T——总板效率,%。

(三)传质计算方法

精馏全塔物料衡算公式:

JBDB006 传质计算方法
JCDB006 传质计算方法

总物料　　　　　　　$F = D + W \tag{1-7-22}$

易挥发组分　　　　　$Fx_F = Dx_D + Wx_W \tag{1-7-23}$

式中　F——原料液流量,kmol/h;

　　　D——塔顶产品(馏出液)流量,kmol/h;

　　　W——塔底产品(釜残液)流量,kmo/h;

　　　x_F——原料液中易挥发组分的摩尔分数;

　　　x_D——馏出液中易挥发组分的摩尔分数;

　　　x_W——釜残液中易挥发组分的摩尔分数。

六、汽轮机和压缩机的相关计算

(一)离心式压缩机的计算

离心式压缩机的计算公式(理想气体状态方程):

GCDB011 离心式压缩机的计算

$$\frac{p_0 V_0}{T_0} = \frac{p_1 V_1}{T_1} \tag{1-7-24}$$

式中　p_0、p_1——在0、1状态下气体的压强,Pa;

　　　V_0、V_1——在0、1状态下气体的体积,m^3;

　　　T_0、T_1——在0、1状态下气体的温度,K;

(二)离心式压缩机压缩比的概念

离心式压缩机压缩比的计算公式:

CBDB004 离心式压缩机压缩比的概念

$$离心式压缩机压缩比 = \frac{压缩机出口绝压}{压缩机入口绝压} \tag{1-7-25}$$

（三）离心式压缩机排气压力的计算

离心式压缩机排气压力的计算公式：

$$p_2 = \left(\frac{1-\lambda_0+\varepsilon}{\varepsilon}\right)^k \cdot p_1 \qquad (1-7-26)$$

式中　p_2——离心式压缩机的排气压力，Pa；

　　　　ε——余隙系数；

　　　　λ_0——容积系数；

　　　　k——绝热压缩指数；

　　　　p_1——离心式压缩机进气压力，Pa。

（四）压缩机理论功率的计算方法

（1）压缩 1kg 气体所需压头 h 为：

$$h = \frac{m}{m-1}ZRT_1\left[\left(\frac{p_2}{p_1}\right)^{\frac{m-1}{m}}-1\right] \qquad (1-7-27)$$

式中　h——压头，kJ/kg；

　　　　m——多变指数；

　　　　Z——压缩系数；

　　　　R——摩尔气体常数，8.314J/（mol·K）；

　　　　T——温度，K；

　　　　p_1、p_2——状态 1、2 下的压强，Pa。

（2）压缩机理论功率的计算公式：

$$N = \frac{G \cdot h}{3600 \cdot \eta} \qquad (1-7-28)$$

（五）汽轮机的效率计算方法

汽轮机效率的计算公式：

$$\eta = \frac{N_{轴}}{N} = \frac{3600N_{轴}}{G\Delta H} \qquad (1-7-29)$$

$$N = \frac{G\Delta H}{3600} \qquad (1-7-30)$$

式中　η——汽轮机效率；

　　　　N——汽轮机的功率，kW；

　　　　$N_{轴}$——汽轮机的轴端功率，kW；

　　　　G——蒸汽流量，kg/h；

　　　　ΔH——焓降，kJ/kg。

（六）汽轮机的功率计算方法

汽轮机的功率计算公式：

$$N = \frac{G\Delta H}{3600} \qquad (1-7-31)$$

式中　N——汽轮机的功率，kW；

G——蒸汽流量，kg/h；

ΔH——焓降，kJ/kg。

CCDB011 空速的计算

GCDB015 空速的计算

七、合成氨的相关计算

（一）空速的计算

空速的计算公式：

$$空速 = \frac{气体流量}{催化剂装量} \tag{1-7-32}$$

（二）转化率的概念

CBDB002 转化率的概念

转化率的计算公式：

$$转化率 = \frac{已转化的原料量}{原料的总量} \times 100\% \tag{1-7-33}$$

（三）转化率的计算

ZCDB005 转化率的计算

转化率的计算公式：

$$\alpha = \frac{B}{A} \tag{1-7-34}$$

式中　α——甲烷转化率；

B——转化了的总碳量；

A——原料烃中的总碳量。

CBDB003 收率的计算方法

（四）收率的计算方法

收率的计算公式：

$$收率 = \frac{实际获得的目的产品量}{通入反应器的原料量} \times 100\% \tag{1-7-35}$$

（五）氨净值计算

ZCDB001 氨净值的计算

GCDB017 氨净值的计算

氨净值的计算公式：

$$\Delta Z = Z_1 - Z_2 \tag{1-7-36}$$

式中　ΔZ——氨净值；

Z_1——出塔氨含量；

Z_2——入塔氨含量。

ZCDB002 催化剂温升的计算

（六）催化剂温升的计算

催化剂温升计算公式：

$$催化剂温度升高值 = 催化出口温度 - 催化剂入口温度 \tag{1-7-37}$$

（七）物料平衡的计算

ZBDB002 物料平衡的计算

ZCDB006 物料平衡的计算

物料平衡的计算公式：

$$\sum G_j = \sum G_0 + \sum G_a \tag{1-7-38}$$

式中　$\sum G_j$——输入物料的总和；

$\sum G_0$——输出物料的总和；

G_a——累积的物料量。

（八）还原时间的计算

还原时间的计算：

（1）根据还原反应方程式计算出还原需要的还原剂（氢气）量；

（2）根据循环气量计算出催化剂的还原时间。

（九）气密泄漏率的计算

气密泄漏率的计算公式：

$$S = \frac{1 - p_K(273 + t_H)}{p_H(273 + t_K)} / T \times 100\% \tag{1-7-39}$$

式中　S——气密泄漏率，%；

　　　T——试验时间，h；

　　　p_K——气密结束时的压力，Pa；

　　　t_K——气密结束时的温度，℃；

　　　t_H——初始温度，℃；

　　　p_H——初始压力，Pa。

（十）氨合成催化剂堆密度的计算

氨合成催化剂堆密度的计算公式：

$$堆密度 = \frac{催化剂理论充装量}{催化剂框的体积} \tag{1-7-40}$$

（十一）硫容的计算

硫容的计算公式：

$$硫容 = \frac{吸收硫的质量}{新脱硫剂的质量} \times 100\% \tag{1-7-41}$$

（十二）化学助剂注入量计算

化学助剂注入量的计算公式：

$$化学助剂注入量 = 总溶液量 \times 需要化学助剂的含量 \tag{1-7-42}$$

（十三）一氧化碳变换率的计算

一氧化碳变换率的计算公式：

$$X = \frac{a - b}{a} \times 100\% \tag{1-7-43}$$

式中　X——CO 变换率；

　　　a——变换前气体中 CO 含量；

　　　b——变换后气体中 CO 含量。

（十四）加热炉热效率的计算

加热炉热效率的计算公式：

$$\eta = \frac{Q}{R} \tag{1-7-44}$$

式中　η——加热炉热效率；

　　　Q——加热炉的热负荷，kJ/(kg·s)；

R——燃料发热量,$kJ/(kg \cdot s)$。

(十五)加热炉过剩空气系数的计算

加热炉过剩空气系数的计算公式:

$$过剩空气系数 = 1 + \frac{燃烧实际空气量 - 燃烧理论空气量}{燃烧理论空气量} \qquad (1-7-45)$$

JBDB008 加热炉过剩空气系数的计算

JCDB008 加热炉过剩空气系数的计算

模块八 安全、环保基础知识

CBCB022 甲醇
泄漏的处理方法

一、甲醇泄漏的处理方法

（一）甲醇泄漏的处理

（1）一旦发现甲醇泄漏应迅速向单位安全生产领导汇报，并联系消防、医务人员救援。报告中要说明报警时应说清事故发生的时间、泄漏点的详细位置、甲醇泄漏数量、是否发生燃烧爆炸、有无人员伤亡等情况。以便迅速赶赴现场进行扑救；

（2）迅速切断进料或向泄漏的甲醇进行喷水稀释降低浓度避免发生着火爆炸事故；

（3）应迅速打开喷淋保护，防止引起爆炸；

（4）迅速使用防爆潜水泵及时进行回收搜集到事故池；

（5）根据泄漏的储罐或设备损坏情况，应立即组织人员进行疏散等措施，防止发生中毒事故及造成人员伤亡；

（6）现场施救人员和其他人员必须在确保自身安全的前提下进行处置；

（7）有关人员立即分析泄漏情况并制定应急措施，保护好现场；

（8）不得隐瞒和拖延上报时间。

（二）注意事项

（1）须穿戴好劳动保护用品；

（2）在对甲醇泄漏的操作中做好个人防护工作，防止甲醇的吸入和与皮肤的接触。必要时佩戴相应的防毒面具、空气呼吸器。

二、有毒有害液体泄漏的处理方法

（一）有毒有害液体泄漏的处理方法

（1）疏散与隔离：一旦发生泄漏，首先要疏散无关人员，隔离泄漏污染区。如果是易燃易爆化学品的大量泄漏，这时一定要打"119"报警，请求消防专业人员救援，同时要保护、控制好现场；

（2）切断火源：切断火源对化学品泄漏处理特别重要，如果泄漏物是易燃物，则必须立即消除泄漏污染区域内的各种火源；

（3）个人防护：参加泄漏处理人员应对泄漏品的化学性质和反应特性有充分的了解，要于高处和上风处进行处理，并严禁单独行动，要有监护人；

必要时，应用水枪、水炮掩护。要根据泄漏品的性质和毒物接触形式，选择适当的防护用品，加强应急处理个人安全防护，防止处理过程中发生伤亡、中毒事故；

（4）泄漏控制：如果在生产使用过程中发生泄漏，要在统一指挥下，通过关闭有关阀门、切断与之相连的设备、管线、停止作业，或改变工艺流程等方法来控制化学品的泄漏。如果是容器发生泄漏,应根据实际情况,采取措施堵塞和修补裂口,制止进一步泄漏。另外,要防止泄漏物扩散,殃及周围的建筑物、车辆及人群,万一控制不住泄漏口时,要及时处置泄漏物,严密监视,以防火灾爆炸;

(5)液体泄漏物的处置:要及时将现场的泄漏物进行安全处置。对于少量的液体泄漏物,可用砂土或其他不燃吸附剂吸附,收集于容器内后进行处理。而大量液体泄漏后四处蔓延扩散,难以收集处理,可以采用筑堤堵截或者引流到安全地点。为降低泄漏物向大气的蒸发,可用泡沫或其他覆盖物进行覆盖,在其表面形成覆盖后,抑制其蒸发,而后进行转移处理。

CBCB029 有毒
有害液体泄漏
的处理方法

(二)注意事项

(1)须穿戴好劳动保护用品;

(2)在对有毒有害气体的操作中做好个人防护工作,防止气体的吸入合与皮肤的接触。必要时佩戴相应的防毒面具、空气呼吸器。

CBCB004 跑氨
的处理方法

CCCB004 跑氨
处理方法

三、跑氨的处理方法

(一)紧急处理

(1)打消防电话报警:报警时应说清事故发生的时间、详细地址、泄漏物质的载体、是否发生燃烧爆炸、有无人员伤亡等情况。同时给上级领导,医疗救护等部门打电话,助救援。

(2)个人防护:进入现场或警戒区内的人员必须佩戴隔绝式呼吸器,穿着全封闭式消防防化服,防止氨气侵入人体;进入低温泄漏场所的人员要穿防寒服,要争取"快进快出",减少滞留时间,防止发生冻伤。

(3)现场询情:消防人员到场后,要详细说清有无人员被困;泄漏的部位,是液相还是气相泄漏,泄漏量大小;有没有采取堵漏措施,有无堵漏设备,是否能够实施堵漏或倒罐等措施;若是储罐区,应弄清总体布局,泄漏罐容量、实际储量、邻近罐储量,总储存量等情况。

(4)侦察检测:查明泄漏扩散区域及周围有无火源;利用仪器检测事故现场气体浓度、扩散范围;测定现场及周围区域的风力和风向;搜寻遇险和被困人员,并迅速组织营救和疏散。

(5)设立警戒:根据实际情况,确定警戒范围,设立警戒标志,布置警戒人员,严控制人员、车辆出入,并在整个处置过程中,实施动态检测,根据检测情况,随时调整警戒范围。

(6)疏散救生:疏散泄漏区域及扩散可能波及范围内一切无关人员;组成救生小组,携带救生器材迅速进入危险区域,采取正确的救助方式,将所有遇险人员救至安全区域;对救出人员进行登记和现场急救;将伤情较重者送交医疗急救部门救治。

(二)排除险情

(1)禁绝火源:视情切断警戒区内所有电源,熄灭明火,停止高热设备工作。

(2)稀释降毒:以泄漏点为中心,在储罐或容器的四周设置水幕或喷雾水枪喷射雾状水进行稀释降毒,但不宜使用直流水。要防止泄漏物进入水体、下水道、地下室或密闭性空间。

(3)驱散气体:漏出的氨会形成蒸汽云,室内会扩散在建构筑物的上空,要组织一定数量的喷雾水枪向地面和空中喷雾,转移氨气的飘流方向和飘散高度,还可使用移动排烟机送风配合施救行动;室内还要加强自然通风和机械排风,驱散、稀释飘浮的气云;驱散稀释不得使用直流水枪冲击泄漏的液氨或泄漏源；如果有蒸气管线条件的，可接出蒸气管道施放蒸气来稀释泄漏的气体。

（4）关阀断源：生产装置发生氨泄漏，应由事故单位的工程技术人员或熟悉情况的人员负责关闭输送物料的管道阀门，切断事故源，消防人员负责出开花或喷雾水枪掩护并协助操作。

（5）倒罐转移：储罐或容器发生泄漏，无法堵漏时，可采取疏导的方法将液氨倒入其他容器或储罐。

（6）浸泡水解：运输途中，体积较小的液氨钢瓶阀门损坏，发生泄漏，又无堵漏器具，无法制止外泄时，可将钢瓶浸入稀酸溶液中进行中和，也可将钢瓶浸入水中，但要防止流入其他河流造成水污染。

（7）化学中和：储罐或容器壁发生小量泄漏，可采用化学中和方法，即在消防车水罐中加入酸性物质向罐体或容器喷射，以减轻危害；也可将泄漏的液氨导至酸性溶液中，使其中和，形成无害或微毒废水。

（8）转移与之反应的化学物品：对事故现场内能够与氨发生剧烈化学反应的氟、氯等化学物品，能够转移的立即转移，难以转移的应采取保护措施，防止引起爆炸。

（9）器具堵漏：管道壁发生泄漏，且泄漏点在阀门以前或阀门损坏，不能关阀止漏时可使用不同形状的堵漏垫、堵漏楔、堵漏袋等器具实施封堵。微孔跑冒滴漏可用螺丝钉加粘合剂旋入孔内的方法堵漏；罐壁撕裂发生泄漏，可用充气袋、充气垫等专用器具从外部包裹堵漏；带压管道泄漏，可用捆绑式充气堵漏带或使用金属外壳内衬橡胶垫等专用器具实施内外堵漏；阀门法兰盘或法兰垫片损坏，发生泄漏，可用不同型号的法兰夹具，并注射密封胶的方法进行封堵；也可直接使用专门的阀门堵漏工具实施堵漏。

（10）输转：储罐或容器发生泄漏，无法堵漏时，可采取疏导和转移方法排除险情。在罐区，有倒罐条件的应及早进行。可移动的槽车等发生泄漏，在条件允许的情况下，可转移到具有倒罐条件的地方进行。倒罐、转移必须在喷雾水枪的掩护下进行，以确保安全。

（三）现场急救

将抢救出来的遇险中毒人员，经洗消后立即交由医务救护部门进行现场急救，经初步处理后，迅速送往医院救治。

（四）洗消处理

（1）场地洗消：根据液氨的理化性质和受污染的具体情况，可采取不同的方法洗消：化学消毒法。即用稀盐等酸性溶液喷洒在染毒区域或受污染体表面，发生化学反应改变毒物性质，成为无毒或低毒物质；物理消毒法。即用吸附垫、活性碳等具有吸附能力的物质，吸附回收转移处理；对污染空气可用水驱动排烟机吹散降毒；也可对污染区暂时封闭，依靠自然条件，如日晒、雨淋、通风等使毒气消失；也可喷射雾状水进行稀释降毒。

（2）器材洗消：凡是进入染毒区内的车辆、器材都必须进行洗消。

（3）人员洗消：在危险区与安全区交界处设立洗消站。凡是进入危险区内的人员都要进行洗消。皮肤接触立即脱去被污染的衣着，应用2%硼酸液或大量清水彻底冲洗，眼睛接触立即提起眼睑，用大量流动清水或生理盐水彻底冲洗至15min。

（4）清理移交：清点人员、车辆及器材；撤除警戒，做好移交，安全撤离。

四、油系统发生跑油的处理方法

油系统发生跑油应按一下情况进行处理:

(1)发现有油泄漏立即找到漏点用塑料布将漏点包好并用接油盘将油接住;

(2)立即清理地面积油,及时通知各级人员;

(3)如果漏量较大,应联系运行人员停机处理;

(4)及时清理油漏到下方热源管道上。应立即用将保温层去掉防止着火;

(5)将下方热源管道上的保温拆除清理管道上的油;

(6)如果漏点为法兰泄漏紧固漏点法兰;

(7)系统隔绝或系统停运后进行检修;

(8)组织人员查看油箱油位是否正常油位低时及时进行补油防止因油位低而跳机。

CBCB019 油系统发生跑油的处理方法

五、液化气泄漏的处理方法

CBCB023 液化气泄漏的处理方法

(一)汇报调度中心,并视泄漏情况及时报告

现场人员巡检发现液化气泄漏,应立即联系值班长并汇报调度中心,联系消防保卫队到达现场并联系检修消漏人员。

(二)建立警戒区域,停止周边一切施工作业

由现场人员使用警戒杆,警戒带队泄漏点建立警戒区域,周边 200m 内停止一切施工作业。

(三)消除所有着火源

由现场人员排场泄漏点区域内着火源,消除所有着火源。并在泄漏点设置消除静电设施,接氮气对泄漏点进行吹扫。

(四)在保证安全的前提下对泄漏点进行能量隔离或堵漏

现场人员在保证安全的前提下对装置液化气泄漏点进行切出,能量隔离。

(五)专人监测可燃气浓度,监护消漏

检修人员进行消漏时,由现场人员进行安全监护,利用可燃气检测仪持续检测现场可燃气浓度。

(六)如果泄漏严重,启动装置紧急停车预案

若泄漏严重,汇报调度中心,启动装置紧急停车预案进行停车处理,装置泄压置换完全后进行消漏处理。

六、天然气泄漏的处理方法

CBCB024 天然气泄漏的处理方法

(一)天然气泄漏事故处理

(1)汇报调度中心,并视泄漏情况及时报告。

现场人员巡检发现天然气泄漏,应立即联系值班长并汇报调度中心,联系消防保卫队到达现场并联系检修消漏人员。

(2)建立警戒区域,停止周边一切施工作业。

由现场人员使用警戒杆,警戒带队泄漏点建立警戒区域,周边 200m 内停止一切施工作业。

（3）消除所有着火源。

由现场人员排场泄漏点区域内着火源，消除所有着火源。并在泄漏点设置消除静电设施，接氮气对泄漏点进行吹扫。

（4）在保证安全的前提下对泄漏点进行能量隔离或堵漏。

现场人员在保证安全的前提下对装置天然气泄漏点进行切出能量隔离。

（5）专人监测可燃气浓度，监护消漏。

检修人员进行消漏是，由现场人员进行安全监护，利用可燃气检测仪持续检测现场可燃气浓度。

（6）如果泄漏严重，启动装置紧急停车预案。

若泄漏严重，汇报调度中心，启动装置紧急停车预案进行停车处理，装置泄压置换完全后进行消漏处理。

（二）注意事项

（1）佩戴好防护用具；

（2）使用防爆工具操作、可燃气检测仪随身携带。

七、可燃气体泄漏后的处理方法

CCCB024 可燃气体泄漏后处理方法

CBCB028 可燃气体泄漏后的处理方法

可燃气泄漏可分如下两种情况：

（一）发生可燃气体泄漏事件不严重时，应采取以下措施

（1）岗位人员携带可燃气体检测仪赶赴现场查明泄漏源及情况；通知维修人员携带防爆工具以及可燃气体泄漏检测仪现场消漏处理；

（2）岗位人员立即关闭燃气总阀；

（3）在泄漏周围拉设警戒线，禁止无关人员进入，保持泄漏部位周围空气流通畅通；

（二）发生可燃气泄漏事件情况严重时，可采取以下紧急措施

（1）通知相关部门单位；

（2）岗位人员携带可燃气体检测仪赶赴现场查明泄漏源及情况；处理人员到达现场后，要谨慎行事，不可使用任何电器（包括电话、风机等）和敲打金属，消漏时必须使用防爆工具，避免产生火花；

（3）在泄漏周围拉设警戒线，禁止无关人员进入，保持泄漏部位周围空气流通畅通；

（4）关闭燃气阀门；

（5）情况严重时应及时疏散人员；

（6）如发现有人员受伤或不适者，立即通知医疗单位急救。

第二部分

初级工操作技能及相关知识

模块一　工艺开车准备

项目一　蒸汽管网操作

一、相关知识

蒸汽是化工生产中应用最广泛的一种介质。它不仅能作为动力驱动源,还能作为反应原料以及设备保温、换热介质等来使用。多级蒸汽管网在装置开车初期的建立是实际操作中必须要碰到的,并且操作步骤和要点很多,错误操作会引起很严重的后果。

CCAA009 伴热管建立条件

蒸汽伴热系统是每个化工装置必不可少的一个环节,伴热对象主要是烟气、导压管、调节阀、工艺管道或工艺设备上直接安装的仪表及保温箱等。伴热管网建立的步骤有:首先确认伴热管线进、出口各压力表、温度表完好并正常投运;其次确认低压蒸汽管网正常,管网压力在 0.4~0.5MPa,管网温度在 147℃ 左右;再次确认装置各个单元的伴热流程通畅,伴热回水系统畅通,保证伴热进出口有压差和温度差,保证伴热蒸汽流通通畅;最后确认各伴热分配盘导淋畅通,各伴热阀门关闭。伴热的作用有:防止管道内液体低温下黏度增大,增大管内压降,增加动力消耗,起到节能的作用;防止管道内气体带液冷凝,不同的工况下对管道送气体的带液都有要求,伴热线可以避免,起到安全作用;防止管道送液体或浆料凝固导致管线堵塞,严重的管线废弃,起到设备维护的作用;防冻防凝,保护设备管线不被冻坏;生产仪表提供正常运行的工况,满足各式计量器具工作温度的要求。

CBAA009 伴热管网建立的条件

二、技能要求

CAAA001 蒸汽管网暖管操作

(一)蒸汽管网暖管操作

1. 准备工作

(1)工具准备:阀门扳手、防爆对讲机。

CBAA001 蒸汽管网暖管操作

(2)劳保着装:工作服、工作鞋、安全帽、防护眼镜、手套、耳塞。

2. 操作规程

(1)检查确认:现场操作人员确认蒸汽管网流程畅通;检查确认蒸汽管网上各安全阀、压力表等仪表测点完好并投运;检查确认各用汽设备的入口阀关闭;现场操作人员检查并投运蒸汽管网上各疏水器投用、导淋关闭;中控操作人员确认蒸汽管网各级放空阀打开。

(2)开始进汽暖管操作:现场操作人员缓慢打开引蒸汽阀门旁路阀,检查导淋是否有水,并检查管线振动情况,确认管网上的每个低点及盲端导淋都打开排水,当蒸汽管线导淋无水排出且蒸汽管线不振动时,逐步开大暖管旁路,现场操作人员和中控操作人员互相配合控制暖管升温速度不超过 50℃/h。

(3)暖管结束后升压操作:现场操作人员检查蒸汽管线每个导淋排出的蒸汽从白色湿

蒸汽逐渐变为无色干蒸汽时,逐个全关导淋,暖管结束后将引蒸汽阀门从旁路倒回主路控制,现场人员操作完成后然后汇报中控操作人员,中控操作人员按照规定的升压速度开始控制放空阀开度进行升压,按照先升温后升压的原则,升压速度控制在0.1MPa/min,逐步将温度、压力升到指标控制范围内。

CCAA007 建立
蒸汽管网的要点

CBAA007 建立
蒸汽管网要点

3. 注意事项

(1)注意管网各疏水器的及时投运,各导淋排水,当检查蒸汽管线每个导淋排出的蒸汽从白色湿蒸汽逐渐变为无色干蒸汽时方可关闭导淋,以防止出现水击事故。

(2)注意升温合格后方可提压,控制升温速度不超过50℃/h,升压速度控制在0.1MPa/min,严禁快速提压。

(3)防止过热蒸汽进入饱和蒸汽管网造成水击;

(4)蒸汽管网建好后及时投运减温水,防止管网超温;

(5)确认蒸汽管网各安全阀校验合格并及时投运;

(6)根据不同压力等级的管网,保证管网蒸汽温度高于此压力下的干饱和蒸汽的温度;

(7)不同压力等级的管网,通过减压阀和放空阀控制好管网压力,防止出现超压事故。

CBAA005 装置
蒸汽引入操作

（二）装置蒸汽引入操作

1. 准备工作

(1)工具准备:阀门扳手、防爆对讲机;

(2)劳保着装:工作服、工作鞋、安全帽、防护眼镜、手套、耳塞。

2. 操作规程

(1)检查确认:检查确认蒸汽入界区阀全关、蒸汽入各蒸汽用户截止阀全关、导淋全关;检查确认蒸汽管线上各调节阀调校完毕后全关;检查确认蒸汽管线上各安全阀、仪表测量附件合格并投运;检查确认蒸汽管线上各疏水器正常投运;通知相关岗位做好引蒸汽准备。

(2)引蒸汽操作:①稍开蒸汽入界区主阀旁路阀,并全开蒸汽管线各导淋进行暖管,暖管合格后方可关闭导淋;②建立蒸汽管网按照由低到高的顺序建立各级管网;③通过蒸汽管网上各级减压阀和放空阀控制管网压力在正常范围内;④蒸汽管网建立正常后,通知相关岗位。

3. 注意事项

(1)装置在引入蒸汽过程中,必须严格按照操作规程进行暖管,避免出现管线水击事故的发生;

(2)引入蒸汽操作过程中,蒸汽管线的升压必须遵守先升温后升压的原则执行。

项目二 引天然气操作

一、相关知识

天然气主要由气态低分子烃和非烃气体混合组成,主要成分为烷烃,其中甲烷占绝大多数,另有少量的乙烷、丙烷和丁烷,此外一般有硫化氢、二氧化碳、氮和水气和少量一氧化碳及微量的稀有气体,如氦和氩等。天然气不溶于水,密度为 0.7174kg/m³,相对密度(水)为 0.45(液化),燃点为 650℃,爆炸极限为 5%~15%。作为一种清洁优质燃料和化工原料,天然气被广泛应用于化工生产中。由于天然气是易燃易爆性的气体,因此在引天然气过程中必须严格按照操作规程进行引气操作。

二、技能要求

CBAA002 装置引天燃气操作

CAAA002 装置引天燃气操作

(一)准备工作

(1)工具准备:防爆阀门扳手、防爆对讲机、可燃气检测仪、试漏瓶;
(2)劳保着装:工作服、工作鞋、安全帽、防护眼镜、手套、耳塞。

(二)操作规程

(1)检查确认工作:现场操作人员检查确认引天然气流程,确认所引天然气管线上各仪表测点(压力表、温度表、流量计等)完好投运;检查确认天然气管线上的安全阀校验合格并正确投运;检查确认进界区天然气管线总阀关闭,阀后"8"字盲板处于"盲";确认天然气总阀后管线系统已经用氮气置换合格,$O_2<0.2\%$;确认天然气总阀后管线放空阀、导淋全关;现场操作人员与中控操作人员联系确认天然气管线上调节控制阀全关。

(2)开始联系检修人员倒盲板操作:现场操作人员现场各项工作确认完毕后汇报中控人员,中控操作人员联系检修人员将天然气总阀后氮气盲板倒盲;将天然气总阀后"8"字盲板倒于"通",盲板倒完后汇报中控操作人员。

(3)开始引天然气操作:中控操作人员申请调度开始引天然气,现场操作人员接中控指令开始引天然气操作,现场操作人员缓慢开天然气总阀,现场中控人员通过对讲机沟通,中控操作人员密切观察天然气管线压力上涨情况,开始缓慢升压,现场人员通过可燃气检测仪或试漏瓶进行盲板法兰面及导淋查漏,若无泄漏则现场逐步打开各截止阀依次进气查漏,中控操作人员通过调节阀控制将天然气管线压力升至规定值。

(三)注意事项

(1)引天然气之前管线置换样必须分析合格;
(2)现场人员打开天然气切断阀旁路阀时必须缓慢操作,均压缓慢进行。

项目三　引液化气操作

CBAB005 开工加热炉设置液化气烧嘴的意义

一、相关知识

液化气是一种有毒、易燃、易压缩的气体。气化炉使用液化气升温时投用液化气蒸发器的目的是为了提高液化气的温度。气化炉升温时,液化气送出的压力高会造成液化气带液,对升温不利。液化气含水会造成液化气带液。开工加热炉必须在液化气点燃的情况下才可点燃燃料气。

液化气燃烧的三个基本条件是液化气、空气和火源。蒸汽过热炉熄火顺序是废气、天然气、液化气。投用液化气蒸发器的目的是提高液化气温度。通入合成塔开工加热炉点火烧嘴的介质是液化气,因为利用液化气为燃料烧嘴负荷大,液化气容易气化,有利于燃烧,燃烧稳定,负荷容易调整。液化气体储罐安全阀必须装在气相部位。

CBCA001 升温烧嘴燃烧不好的原因分析

升温烧嘴燃烧不好的原因:液化气伴热不好;空气带水严重;液化气/空气配比不合适。液化气泄漏处理:切断泄漏阀门。降低液化气压力。用蒸汽对泄漏点冲洗。气化炉升温期间液化气压力不易过高,过高会造成液化气液化,导致燃烧不稳定。

二、技能要求

(一)准备工作

(1)工具准备:防爆阀门扳手、防爆对讲机、可燃气检测仪、试漏瓶;

(2)劳保着装:工作服、工作鞋、安全帽、防护眼镜、手套、耳塞。

CBAA004 引液化气的条件

(二)操作规程

(1)引入液化气的操作:检查液化气储罐液位。检查相关单元。检查进气化炉液化气切断阀。联系相关岗位确认液化气断开情况。检查液化气管线伴热。投用液化气蒸发器。排冷凝液。投用疏水器。开蒸汽阀。调节液化气压力。检查压力。联系相关岗位调整压力。

(2)开工加热炉点液化气前的条件检查。检查仪表及联锁投运正常。加热炉的检查。检查烟道挡板及风门。炉砖及炉管完好。炉膛负压正常。加热炉蒸汽置换且分析合格。检查燃料系统。检查燃料气截止阀及各角阀关闭。检查各液化气角阀关闭。液化气接至各分阀前,且无液体。点火器备用。

(3)蒸汽过热炉点液化气的条件检查。检查仪表及联锁投运正常。检查加热炉。检查烟道挡板及风门。炉砖及炉管完好。炉膛负压正常。加热炉炉膛置换且分析合格。鼓风机是否运行正常。燃料系统的准备。检查燃料气截止阀及各角阀关闭。检查各液化气角阀关闭。液化气接至各分阀前,且无液体。点火器备用。

CBAB003 影响液化气带液的因素

(三)注意事项

影响液化气带液的因素主要有:液化气蒸发器液位过高、液化气含水过高、液化气系统伴热蒸汽未投用。

项目四 引入冷却水及水冷器的操作及水冷器气阻的处理

一、相关知识

水冷器是合成氨装置中使用最多的静设备。在工艺过程中,要通过换热器来实现对流体的加热或者冷却及介质的汽化和冷凝,在使介质相关参数满足工艺要求的同时,实现能量的综合利用。

CCAD016 换热器冬季停车注意事项

换热器冬季停车后应做到排干净壳侧及管侧介质,防止冻坏设备;如换热器的管壳侧介质无法排干净时,应根据现场情况加保温或伴热进行防冻。换热器的投用和切出的时候,要严格按设备规定的升压降压、升温降温速率进行,确保设备的安全。

爆破板是一种非重闭型压力排放装置,能够在一个预定压力下爆破,从而在危险的压力和真空度下保护装置、管线和容器。合成装置循环段水冷器设置防爆板是防止水冷器列管内漏,高压的合成气漏入低压的循环水中,起到卸压和保护设备的作用。

CCAB004 合成循环气水冷却器设置爆破板的意义

CBAB004 合成循环气水冷却器设置爆破板意义

二、技能要求

(一) 引入冷却水及水冷器的操作

1. 准备工作

(1)工具准备:阀门扳手、防爆对讲机;

(2)劳保着装:工作服、工作鞋、安全帽、防护眼镜、手套、耳塞。

2. 操作规程

(1)检查水冷器现场情况:在投用水冷器之前,与相关岗位联系沟通。检查现场水冷器及进出口阀门管线等安装完好,如未安装,及时联系汇报处理。

CBAA004 引入冷却水及水冷器的操作

CBAB001 引入冷却水及水冷器的操作

CAAA004 引入冷却水及水冷器的操作

(2)投用水冷器:联系中控现场投用水冷器,缓慢打开水冷器的入口阀,打开水冷器高点排气阀,待排气阀有稳定水流流出后,关闭高点排气阀,根据实际情况缓慢打开水冷器出口阀。

(3)检查水冷器的运行情况:在水冷器投用后,现场及中控密切注意水冷器的运行情况。

CCAB001 水冷器投用注意事项

CBAB001 投用水冷器注意事项

3. 注意事项

(1)换热器投用时要注意检查封头、出入口法兰连接处,温度套管嘴等处有无泄漏,发现问题及时处理、汇报,确认无异常后方可进行下一步操作;

(2)水冷器在投用过程中要做到操作缓慢,相关岗位之间要沟通协调好,避免投用水冷器时造成水量的大幅波动;

(3)投用水冷器时需待高点排气有稳定液体流出时再打开出口阀,避免水冷器气未排净,形成气阻,影响换热效果;

(4)水冷器在投用过程要先进冷介质,后进热介质,严格按规定升温;

(5)投用或切出时严禁升降温度速度过快,应控制升降温度速度在控制指标以下。

(二) 水冷器气阻的处理

1. 准备工作

(1)工具准备:阀门扳手、防爆对讲机;

(2)劳保着装:工作服、工作鞋、安全帽、防护眼镜、手套、耳塞。

CACB001 水冷器气阻的处理

CBCB001 水冷器气阻的处理

2. 操作规程

(1)运行中处理:打开水冷器冷却水高点排气阀;降低水冷器负荷;关小水冷器出口阀。

(2)停车处理:如气阻严重,上述方法无效后,则停运水冷器;检查水冷器是否内漏,如无内漏,等壳体温度降到正常,水冷器高点无气,待有水排出时,重新投运水冷器并检查其运行情况。

3. 注意事项

(1)须穿戴好劳动保护用品;

（2）做好相关岗位沟通。

项目五　开车前仪表调节阀调校

CCAB025 开车前仪表阀门联校的意义

一、相关知识

开车前仪表阀门联校的意义：开车前对调节阀联校属于预防性维护工作，联校的内容主要是仪表与工艺人员共同对调节阀静态性能测试，同时对调节阀的气源压力、定位器反馈杆、手轮机构、填料等进行检查，尽早发现调节阀存在的问题，在开车前消除调节阀存在的隐患。使调节阀符合其性能指标，满足在开车、生产过程中调节阀稳定、动作正常的要求。仪表调节阀的调校确认，在生产过程中必须对调节阀进行确认，有旁路的应改投旁路控制，并将控制回路打"手动"。确保不影响工艺生产，办理好作业票，与仪表人员共同进行调校。

CBAA006 开车前仪表调节阀调校

二、技能要求

（一）准备工作

（1）工具准备：防爆阀门扳手、防爆对讲机；

（2）劳保着装：工作服、工作鞋、安全帽、防护眼镜、手套、耳塞。

（二）操作规程

（1）检查气源压力是否与调节阀铭牌要求一致；

（2）进行调节阀零点和量程的调整，通过阀门定位器的零点、量程及改变反馈杆的位置进行标定；

（3）调节阀线性的调校，分别在0、25%、50%、75%、100%进行校对，并做好记录；

（4）确定调节阀的气开、气关，正反作用特性是否与工艺要求一致；

（5）在调校过程中，观察调节阀是否有卡塞现象；

（6）联锁调节阀进行联锁动作实验。

（三）注意事项

（1）作业前确认在DCS仪表面板中，该控制系统回路处于"手动"状态；

（2）密切与控制室工艺人员联系，调校时确保控制室的阀位与现场一致；

（3）做好个人防护，注意安全，防止阀门动作时发生机械伤害；

（4）调试结束后仪表与工艺人员应再次对全量程进行确认。

项目六　安全技能操作

CCCB020 长管面具使用方法
CBCB033 长管面具的使用方法

一、相关知识

（一）长管面具

长管式呼吸器，适用于任何有毒气体浓度的槽、罐、塔器及现场浓度较高的地区。

进入毒区前应检查呼气阀、面罩、导管是否灵活好用,并进行气密试验,做到"先戴后进"。导管长度不得超过20m,使用时应有专人监护,监护人应备有氧气呼吸器等相应器材、急救用具并按规定信号定时联系。

导气管要保证畅通无阻,不得有积压、缠结、折扁现象,进气管应放在上风头空气清洁新鲜的环境中。使用长管式面具只允许一个人进入毒区工作,未经批准不得两人或更多的人同时进入。严禁在毒区内取下面罩。

(二)电气类火灾

1. 电气类火灾的特点

(1)着火后电气设备可能带电,如不注意可能引起触电事故;

(2)有些电气设备(如电力变压器、多油断路器等)本身充有大量的油,可能发生喷油或爆炸事故,造成火势蔓延,扩大火灾范围。

2. 扑灭电气类火灾应注意事项

(1)切断电源要用适当的绝缘工具,以防触电。

(2)切断电源火灾现场尚未停电时,应先设法切断电源,切断电源时应注意:

① 切断电源的地点要选择适当,防止切断电源后影响灭火工作。

② 如需剪断电线,剪断位置应选在电源方向的支持物附近,以防止电线剪断后掉落下来造成接地短路和触电伤人。

③ 剪断电线时,非同相电线应在不同部位剪断,以免造成短路。

④ 如果线路上带有负载,应先切除负载,再切断现场电源。

3. 为了防止灭火过程中发生触电事故,灭火时应注意

(1)人体与带电体之间保持必要的安全距离;

(2)如果带电导线断落地面,要划出一定的警戒区,防止跨步电压触电;

(3)对架空线路等空中设备进行灭火时,人体位置与带电体之间的仰角不应超过45°,以防导线断落危及灭火人员安全;

(4)用水枪灭火时,适于采用喷雾水枪,这种水枪通过水柱的泄漏电流较小,带电灭火比较安全;用普通直流水枪灭火时,为防止通过水柱的泄漏电流通过人体,水枪喷嘴应当接地;为了防止泄漏电流通过水枪手的身体,还可以采用水枪手穿戴均压服的办法。用水枪灭火时,水枪喷嘴与带电体之间应保持必要的距离,电压110kV及以下者不应小于3m,220kV及以上者不应小于5m;

(5)泡沫灭火器的泡沫既损害电气设备的绝缘,又具有导电性,不宜用于带电灭火。

(三)油类火灾

1. 火灾分类

火灾根据可燃物的类型和燃烧特性,分为A、B、C、D、E、F六大类。

A类火灾:指固体物质火灾。这种物质通常具有有机物质性质,一般在燃烧时能产生灼热的余烬。如木材、干草、煤碳、棉、毛、麻、纸张等火灾。

B类火灾:指液体或可熔化的固体物质火灾。如煤油、柴油、原油、甲醇、乙醇、沥青、石蜡、塑料等火灾。

C类火灾:指气体火灾。如煤气、天然气、甲烷、乙烷、丙烷、氢气等火灾。

CCCB021 电器设备失火的处理原则

CBCB020 电器设备失火处理原则

CCCB022 油类失火的处理原则

CBCB021 油类失火处理原则

D 类火灾：指金属火灾。如钾、钠、镁、铝镁合金等火灾。

E 类火灾：指带电火灾。物体带电燃烧的火灾。

F 类火灾：指烹饪器具内的烹饪物（如动植物油脂）火灾。

2. 灭火器的选用

油类起火属于 B 类火灾，适用灭火器如下：

（1）泡沫灭火器；

（2）二氧化碳灭火器；

（3）磷酸铵盐干粉灭火器；

（4）碳酸氢钠干粉灭火器；由于干粉灭火器通用于固体、液体、气体、带电火灾，建议在混合场所配置干粉灭火器，维护也简单、使用方便。

3. 注意事项

如油罐起火，需要使用大量消防水对罐体降温，同时拨打 119 救援；油类着火不能用水救火。因为油和水不相溶，而且油比水轻，会浮在水面上。如果用水灭火，油在水上面，水起不到隔绝空气的作用，而且因为有水托着，油的表面积反而会更大，所以接触空气的面积会更大，火也就着的更大了。所以给油灭火不能用水。

（四）氧气呼吸器使用

CBCB030 氧气呼吸器的使用方法

氧气呼吸器是一种与外部空气隔绝，依靠自身供给氧气的密闭式呼吸器，呼吸器靠佩戴人员肺部呼与吸的气体流向力量，控制呼吸器的呼气阀、吸气阀交替进行着开与闭，使呼与吸的气体按着规定的方向循环。具体讲，从肺部呼出的气体经面罩、呼气导管、呼气阀（开启状态）而进入清净罐，气体中的二氧化碳被净化除去后进入气囊，同来自氧气瓶经经减压后的新鲜氧气相混合，组成供吸入的氧气。

（五）置换合格的标准

CCAD001 置换合格的标准

装置在停车后，交出检修前应进行置换，置换合格后才能交付检修。需要动火的塔、罐、容器、槽车等设备和管线，排放完毕清洗、置换和通风后，要检测可燃气体、有毒有害气体、氧气浓度，达到许可作业浓度才能进行动火作业。按照 AQ 3022—2008《化学品生产单位动火作业安全规范》中动火分析的有关规定，置换后可燃气体含量合格的标准为：当被测气体或蒸气的爆炸下限大于等于 4% 时，其被测浓度应不大于 0.5%（体积分数）；当被测气体或蒸气的爆炸下限小于 4% 时，其被测浓度应不大于 0.2%（体积百分数），同时要求在生产、使用、储存氧气的设备上进行动火作业，氧含量不得超过 21%。停车后受限空间作业前的置换，执行受限空间作业置换标准。

二、技能要求

CCAD011 空气呼吸器的使用方法

CBAD017 空气呼吸器使用方法

（一）正压式空气呼吸器使用

1. 准备工作

（1）工具准备：防爆对讲机、正压空气呼吸器；

（2）劳保着装：工作服、工作鞋、安全帽、防护眼镜、手套、耳塞。

2. 操作规程

（1）检查背带、面罩等部件无损坏，将气瓶与背托连接完好并固定；

（2）打开气瓶阀，观察压力在 20MPa 以上；

（3）关闭气瓶阀，观察压力表，在 1min 内下降不得大于 2MPa；

（4）按下供气阀上的按钮（强制供气阀），缓慢释放管路气体的同时观察压力表，当压力降到 5～6MPa 时报警哨须报警；

（5）打开气瓶阀，瓶口向下背上空气呼吸器，扣上搭扣调整好腰带、肩带并与身体充分贴合；

（6）戴上面罩，适当调整好束带松紧，用手掌封住面罩供气口后吸气，无法呼吸则说明面罩气密完好；

（7）将供气阀推入面罩供气口，听到"咔嗒"声音，深呼吸几次，呼吸通畅，此时可进入正常使用状态；

（8）使用完毕后关闭气瓶阀，放净管路内剩余气体。

3. 注意事项

（1）正压式空气呼吸器及其零部件应避免阳光直射，以免橡胶件老化；

（2）正压式空气呼吸器严禁接触油脂及油脂类物质；

（3）空气瓶不能充装氧气，以免发生爆炸；

（4）气瓶（6.8L）压力为 20MPa 时，可使用 40min 左右，当压力下降至 5～6MPa 报警哨发出报警，此时应立即撤离现场，报警后可再使用 5～10min；

（5）正压式空气呼吸器的压缩空气应清洁，达到规定要求；

（6）使用前应检查面罩气密性，蓄有胡须及佩戴眼镜的人不能使用，面部形状异常或有疤痕以致无法保证面罩气密性的也不得使用；

（7）正压式空气呼吸器压力表应每年进行一次校正。

（二）心肺复苏

1. 准备工作

（1）工具准备：防爆对讲机、正压空气呼吸器；

（2）劳保着装：工作服、工作鞋、安全帽、防护眼镜、手套、耳塞。

（3）立即将患者撤离现场，移至新鲜空气处，解开衣扣，保持其呼吸道的通畅；有条件的还应给予氧气吸入，心跳呼吸骤停者，立即施行心肺复苏。

2. 操作规程

1）抢救体位

使伤员水平仰卧在硬板床或平地上，头、颈躯干不扭曲，两上肢放在躯干旁边；施救者跪在伤员肩部上侧，进行施救。

2）打通气道

解开伤员的领带、衣扣等，松开腰带，清除口鼻内的异物，使呼吸道畅通。必要时口对口吸出阻塞的痰和异物，主要方法有：

① 仰头举颏（指下巴）法：救护人员用一只手置于伤员的前额并稍加用力使头后仰，另一只手的食指、中指置于下颏将下颌骨上提；手指不要深压颏下软组织，以免阻塞气道；

② 仰头抬颈法：救护人员用一只手放在伤员前额，向下稍加用力使头后仰，另一只手置于颈部并将颈部上托；无颈部外伤可用此法；

③ 双下颌上提法：救护人员双手手指放在伤员下颌角，向上或向后方提起下颌；头保持正中位，不能使头后仰，不可左右扭动；此法用于怀疑颈椎外伤的伤员；

④ 手钩异物：如伤员无意识，救护人员用一只手的拇指和其他四指，握住伤员舌下和下颌后掰开伤员嘴并上提下颌；另一只手的食指沿伤员口角内插入；用钩取动作，抠出固体异物。

CCCB017 人工呼吸操作要点

CBCB031 人工呼吸的方法

3）人工呼吸

（1）用颈部抬高法保持伤员的气道畅通；

（2）用压前额的那只手的拇指、食指紧捏伤员的鼻孔，另一只手托下颌；

（3）施救者深吸一口气，用口紧贴并包住伤员口部用力吹气，使胸廓扩张；

（4）如果伤员的牙关紧闭和严重受伤，可用一只手使伤员的口紧闭，做口对鼻人工呼吸；

（5）一次吹气完毕后，施救者与伤员的口（鼻）脱开，并吸气准备第二次吹气；

（6）按以上步骤反复进行吹气频率为 14~16 次/min。

4）胸外心脏按压

（1）施救者两臂位于伤员胸骨的正上方（胸部正中两乳连接水平），双手掌根同向重叠，十指相扣，掌心翘起，手指离开胸壁，仅用掌根部位接触按压，上半身前倾，双肘关节伸直，利用上身重量垂直向下、用力、有节奏地按压，按压深度 5~6cm，频率为 100~120 次/min，每次按压前应确保胸壁充分回弹。

（2）在胸外心脏按压施救同时，要进行人工呼吸救助，按压停歇时间一般不超过 10s，按压与吹气比为 30∶2，做 5 个循环后可以观察一下伤员的呼吸和脉搏。

3. 注意事项

（1）心肺复苏前首先判断伤者意识，是否有呼吸，触摸颈动脉看是否有搏动，切忌不可同时触摸两侧颈动脉，容易发生危险；

（2）不要随意移动伤员，如确实需要移动时，抢救中断时间不应超过 30s；

（3）如伤员的心跳和呼吸经抢救后均已恢复，则可暂停心肺复苏操作，但心跳、呼吸恢复后的早期有可能再次骤停，应严密监护，不能大意，要随时准备再次抢救；

（4）对硫化氢中毒伤员进行心肺复苏时，禁止口对口进行人工呼吸。

CBBA008 便携式硫化氢报警仪

CABA008 便携式硫化氢报警仪

（三）便携式硫化氢报警仪

1. 准备工作

（1）工具准备：防爆对讲机、正压空气呼吸器、硫化氢报警仪；

（2）劳保着装：工作服、工作鞋、安全帽、防护眼镜、手套、耳塞。

2. 操作规程

以 PAC7000 硫化氢报警仪为例：

（1）开机：按住［OK］键，屏幕显示"3、2、1"倒计数直至启动，所有显示段亮起，然后按顺序激活 LED 灯、警报和振动报警仪。仪器执行一次自检，显示气体名称、A1 和 A2 报警限值，完毕后进入工作状态，此时屏幕上出现"HCNO"字样。

（2）关机：同时按住［+］和［OK］两个键约 2s，直至显示屏上出现"3"，继续按住这两个键直至倒计数"3、2、1"完毕，报警和 LED 灯被短暂激活，松开按键。

3.注意事项

(1)使用时,禁止将仪器探头遮挡;

(2)如报警仪发出报警,现场人员应立即撤离。

(四)防氨面具的使用

CCCB018 防氨
面具使用方法

CBCB032 防氨
面具的使用方法

1.准备工作

(1)工具准备:防爆对讲机、气体检测仪、防氨滤毒罐及面罩;

(2)劳保着装:工作服、工作鞋、安全帽、防护眼镜、手套、耳塞。

2.操作规程

(1)确认毒物,选择适用的滤毒罐;

(2)戴上面罩,用手完全堵住呼气阀,进行气密检查;

(3)拧开过滤罐上的盖,拨出罐底橡胶塞;

(4)将过滤罐与面罩连接,用手堵住过滤罐进气口后吸气,确保不漏气;

(5)放开手,做几次深呼吸,感觉供气舒畅,无不适感,方可使用。

3.注意事项

(1)过滤式防毒面具主要在巡检时随身携带,仅适用于逃生,不能用于受限空间及抢险;

(2)使用条件必须是毒物浓度不高、氧含量不低于19%的场所;

(3)使用过滤式防毒面具时,有毒气体浓度应不大于过滤罐所允许的使用范围。

CABA007 外线
测温仪的使用

CBBA007 红外
线测温仪的使用

(五)红外线测温仪的使用

1.准备工作

(1)工具准备:防爆对讲机、红外线测温仪;

(2)劳保着装:工作服、工作鞋、安全帽、防护眼镜、手套、耳塞。

2.操作规程

(1)红外线测温仪测量被测物体的温度时,应将红外线测温仪对准要测量的物体,并保证测量距离与光斑尺寸之比满足视场要求;

(2)按下触发器按钮,在仪器的 LCD 显示屏上即可读出测量温度数据;

(3)用光斑瞄准目标,然后在目标上做上下扫描运动直至确定热点;

(4)选取 LCD 显示屏上的最高温度数据作为热点温度。

3.注意事项

(1)红外线测温仪不能透过玻璃进行温度测量;

(2)红外线测温仪只能测量物体的表面温度,不能测量其内部温度;

(3)使用红外线测温仪时,要注意环境条件,如烟雾、蒸汽、尘土等,它们均会阻挡仪器的光学系统而影响准确测温。

CCCB019 干粉
灭火器使用方法

CBCB026 干粉
灭火器的使用
方法

(六)灭火器的使用

1.准备工作

(1)工具准备:防爆对讲机、气体检测仪、红外线测温仪、正压空气呼吸器;

(2)劳保着装:工作服、工作鞋、安全帽、防护眼镜、手套、耳塞。

(3)检查灭火器是否完好;

2.操作规程

1)手提式干粉灭火器

（1）将灭火器提到起火地点,撕去铅封,拔出保险销。

（2）一手握住喷管嘴部,对准火源根部,一手按下压把,干粉即可喷出

（3）灭火时要平射,由近及远,快速推进。

2)手提式二氧化碳灭火器

（1）将灭火器提到起火地点,撕去铅封,拔出保险销;

（2）旋转喷嘴,使其与灭火器筒体呈 70°~90°;

（3）一手握住喷嘴,对准火源根部,一手按下压把,灭火剂即可喷出;

（4）灭火时要平射,由近及远,快速推进;

（5）使用时注意手握部位,防止冻伤,在室内有限空间使用要防窒息。

3)推车式干粉灭火器(35kg)

（1）甲乙两人操作,将灭火器推到起火地点 3~5m 处;

（2）站在上风处,甲将盘好的喷管打开,握住喷管嘴部,对准火源根部,打开喷管嘴部阀;

（3）乙撕去铅封,拔出保险销,全开灭火器阀门,干粉即可喷出;

（4）灭火时要平射,由近及远,向前平推,左右横扫,不让火焰回窜;

（5）灭火时应一次扑灭,否则会前功尽弃。

3.注意事项

（1）使用灭火器材时,应根据燃烧介质的种类正确选择灭火器;

（2）使用灭火器灭火时,严禁直冲着火液面,防止发生喷溅;

（3）室外使用应站在火源的上风口。

模块二 工艺开车操作

项目一 开工加热炉

一、相关知识

开工加热炉作为合成塔升温的加热设备,在合成塔升温至正常运行阶段,或是合成塔床层温度较低时使用开工加热炉,炉膛负压大小主要由风门与烟道挡板开度决定;开工加热炉点炉加热之前须进行低压蒸汽或空气吹扫,并取样分析可燃气≤0.2%为合格,开工加热炉一般为圆筒炉,点火时要遵循:直径在5m以内(不含5m)的加热炉可以对称采两个样,直径在5m以上(含5m)的加热炉可以对称采四个样。当合成塔床层温度达到反应需要的温度时,平稳运行一段时间后,可将加热炉停炉,停炉时确认相关的所有阀门关闭,停车后监控合成塔床层温度并及时调整。

> CCAB002 影响开工加热炉负压因素
>
> CBAB002 影响开工加热炉负压的因素

影响开工加热炉负压的因素及处理:

(1)个别火嘴燃料阀开度过大,燃烧不完全。处理:注意调节火焰,保证火焰正常燃烧;

(2)烟道挡道开度过小,进风挡板开度过大。处理:适当开大烟道挡板开度,关小风门减少进风量,观察炉膛负压;

(3)进料量过大。处理:适当调节进料量;

(4)炉膛负压大。处理:关小烟道挡板,或关小火嘴风门;

(5)炉膛负压小。处理:应开大烟道挡板,或开大火嘴风门。

> CCAB011 开工加热炉投燃料烧嘴的要点

开工加热炉投燃料烧嘴的要点:

(1)引氮气置换燃料气系统,要注意每个死角都要置换;

(2)确认开工加热炉炉膛置换合格;

> CBAB019 开工加热炉投燃料气的要点

(3)采样分析燃料气系统的氧含量合格;

(4)关闭炉前手阀,投用炉前压力调节阀。

二、技能要求

(一)开工加热炉点火前的准备

> CCAA008 开工加热炉点火前的准备

1. 准备工作

(1)工具准备:防爆阀门扳手、可燃气检测仪、防爆对讲机;

(2)劳保着装:工作服、工作鞋、安全帽、防护眼镜、手套、耳塞。

> CBAA008 开工加热炉点火前准备

2. 操作规程

(1)检查仪表:检查仪表及联锁投运正常;

(2)加热炉的检查:检查烟道挡板及风门开度适当;检查加热炉及炉管完好;炉膛负压

正常;加热炉蒸汽置换且分析合格;

（3）燃料系统的检查:检查燃料气截止阀及各角阀关闭;检查各液化气阀门关闭;液化气接至各分阀前,且无液体;点火器备用。

3. 注意事项

（1）须穿戴好劳动保护用品;

（2）在点火过程中,火焰熄灭后,要再次对开工加热炉蒸汽置换,取样分析炉膛可燃气,待合格后重新点火操作。

（二）开工加热炉出口温度调节操作

> CAAC014 开工加热炉出口温度调节操作
>
> CBAC009 开工加热炉出口温度调节操作

1. 准备工作

（1）工具准备:防爆阀门扳手、可燃气检测仪、防爆对讲机;

（2）劳保着装:工作服、工作鞋、安全帽、防护眼镜、手套、耳塞。

2. 操作规程

（1）检查:检查开工加热炉出口温度;

（2）调整温度:根据温度加大或减少燃料气流量;燃料气调整无效果可调整被加热的工艺气流量;

（3）调整并检查:观察燃料气压力,过高应及时投点火枪或开大燃料气阀;观察炉膛燃烧情况及负压情况。

3. 注意事项

（1）须穿戴好劳动保护用品;

（2）温度调节要缓慢平稳,防止操作幅度过大。

（三）开工加热炉的停炉注意事项

> CCAD007 开工加热炉的停车注意事项
>
> CBAD014 开工加热炉停车注意事项

1. 准备工作

（1）工具准备:防爆阀门扳手、可燃气检测仪、防爆对讲机;

（2）劳保着装:工作服、工作鞋、安全帽、防护眼镜、手套、耳塞。

2. 操作规程

（1）燃料系统检查:检查点火用气各角阀、事故阀、切断阀是否关闭;检查燃料气各角阀、事故阀、调节阀、切断阀是否关闭;

（2）加热炉检查:炉膛内炉砖和炉管是否完好;风门和挡板是否完好;

（3）其他检查:加热炉入口工艺气阀是否关闭。

3. 注意事项

（1）须穿戴好劳动保护用品;

（2）在冬季停车后,要投用伴热蒸汽。

项目二 氨冷器投用操作

一、相关知识

首先液态氨在蒸发器中吸收了制冷对象的热量,蒸发成氨蒸气;氨蒸气包含着吸收来的热量被压缩机抽送到冷凝器,并压缩成高压、高温的氨蒸气,这时候氨蒸气中又加进了电动机的热功当量所附加的热量;冷凝器中的氨蒸气,将热量传送给温度较低的冷却水,失去热量的氨蒸气被冷凝成为液态氨;节流阀将冷凝下来的液氨再有节制的补充给蒸发器,使蒸发器能够连续地工作,这就是制冷全过程。

二、技能要求

(一)准备工作

(1)工具准备:防爆阀门扳手、气体检测仪、防氨过滤罐及面具、防爆对讲机;

(2)劳保着装:工作服、工作鞋、安全帽、防护眼镜、手套、耳塞。

(二)操作规程

(1)检查确认:氨冷器在投用时要检查氨冷器进出口切断阀完好关闭,高点排气低点排液导淋关闭且上堵丝,氨冷器各安全附件完好,现场联系中控岗位确认调节阀正常;

(2)投用氨冷器并检查:投用氨冷器时先打开氨冷器顶部管线气相切断阀,打开氨冷器液位调节阀前后截止阀,现场通知中控岗位稍微打开液位调节阀,引入少量液氨,检查氨冷器有无泄漏,若有泄漏,汇报值班长处理。若无泄漏,待氨冷器温度降低后,根据需要缓慢开氨冷器液位调节阀,建立氨冷器的液位,建立液位过程操作要缓慢。

(三)注意事项

(1)须穿戴好劳动保护用品;

(2)投用氨冷器过程要缓慢,要缓慢而均匀的降低温度;

(3)氨冷器投用前应该先预冷管线,防止管线激冷受到损坏;

(4)氨冷器投用先要小阀门开度,防止开启过快冰机跳车;

(5)在投用氨冷器过程中要经常检查相关法兰,防止泄漏发生,在泄漏发生后及时汇报值班长处理,同时个人佩戴好个人防护用品,防止中毒。

项目三　氨泵基本开车操作

一、相关知识

(一)热氨泵

热氨泵输送的介质是是从氨压缩机出口经过水冷器冷却后冷凝下来的氨,其特点是:温度高,30℃左右,压力高,泵入口压力在1.40MPa,出口压力在2.80MPa,热氨的用途为直接送到尿素单元,用于尿素的生产。

(二)冷氨泵

冷氨泵输送介质是经过氨蒸发器或从液氨收集器到末级氨冷器蒸发提纯后的氨,温度为-30℃左右,泵入口压力在0.05MPa,纯度在99.8%以上,一般是送到氨储罐。

二、技能要求

(一)热氨泵开车操作

1. 准备工作

(1)工具准备:防爆阀门扳手、气体检测仪、防氨过滤罐及面具、防爆对讲机;

CAAB003 氨冷器投用操作

CBAB003 氨冷器投用操作

CCAB006 投用氨冷器时注意事项

CBAB006 投用氨冷器时的注意事项

CAAB007 热氨泵开车操作

CBAB007 热氨泵开车操作

（2）劳保着装：工作服、工作鞋、安全帽、防护眼镜、手套、耳塞。

2. 操作规程

（1）开车前的检查和准备：检查泵油位是否正常；确认泵体排放阀关闭；投用冷却水，并保证冷却水通畅；确认泵入口阀开，出口阀关；开最小回流阀；充分盘车，无卡涩后送电；

（2）开泵并外送：启动泵并检查泵出入口压力及电流正常；待泵运行正常后逐渐打开泵出口阀，向外送氨。

3. 注意事项

（1）须穿戴好劳动保护用品；

（2）在对热氨泵的启动操作中，如果发生泵内介质的泄漏，作业监护人员需要第一时间上报，并做好个人防护工作，必要时佩戴相应的防毒面具、空气呼吸器；

（3）泵体排气要充分，防止发生气蚀。

CAAC011 冷氨
泵的切换操作

CBAC008 冷氨
泵的切换操作

（二）冷氨泵的切换操作

1. 准备工作

（1）工具准备：防爆阀门扳手、气体检测仪、防氨过滤罐及面具、防爆对讲机；

（2）劳保着装：工作服、工作鞋、安全帽、防护眼镜、手套、耳塞。

2. 操作规程

（1）备用泵的准备：检查备用泵的油位是否正常，泵体排放阀关，冷却水是否投用且通畅；确认备用泵入口阀及回流阀开，并投用密封介质；确认冷泵充分并盘车，无卡涩后送电，启动备用泵并检查出入口压力及电流；

（2）泵的切换：备用泵运行正常后缓慢打开泵出口阀，并关小运行泵出口阀；待运行泵的出口完全关闭后，检查备用泵的运行情况，备用泵运行正常后停运行泵。

3. 注意事项

（1）须穿戴好劳动保护用品；

（2）在对热氨泵的启动操作中，如果发生泵内介质的泄漏，作业监护人员需要第一时间上报，并做好个人防护工作，必要时佩戴相应的防毒面具、空气呼吸器；

（3）泵体排气要充分，防止发生气蚀。

项目四　锅炉（加热炉）引、送风机开车操作

一、相关知识

风机的种类很多，一般有离心式、轴流式、还有罗茨风机。一般锅炉引、送风机都是离心式风机。锅炉引、送风机结构都是相同的，只是作用和安装位置不同。

（一）锅炉离心式风机主要结构

锅炉离心式风机主要结构有：①叶轮：产生压头，传递能量；②机壳：收集从叶轮出来的气体引向排出口，把气流的部分动能转变为压力能；③入口调节风门：调节机出力，将设备与系统隔离（也叫导流器，有的采用变频技术，液力偶和器调节出力）；④大轴：传递扭矩；⑤轴承：承受转子的径向轴向载荷，限制转子的径向轴向的运动位置；⑥靠背轮：联接电动机，传

递轴功率;⑦集流器:在损失最小的情况下,使气流均匀的充满叶轮进口断面;⑧轴承箱:装置轴承,填补润滑液。

(二)工作原理

当离心式风机的叶轮被电动机带动旋转时,充满于叶片之间的气体随同叶轮一起转动,在离心力的作用下,气体从叶片间槽道甩出,并将气体由叶轮出口处输送出去。当气体的外流造成叶轮空间形式真空,外界的气体就会自动进入叶轮补充。由于风机的不停工作,将气体吸进压出,形成了气体的连续流动,从而形成了连续的工作。

二、技能要求

CBAB005 加热炉引风机启动的操作

(一)加热炉引风机启动的操作

1. 准备工作

(1)工具准备:防爆阀门扳手、防爆对讲机;

(2)劳保着装:工作服、工作鞋、安全帽、防护眼镜、手套、耳塞。

2. 操作规程

(1)现场操作人员检查确认引风机电动机单机试车完毕,联轴器安装完毕,防护罩安装完好;确认引风机的机械、仪表、电气投运完毕;确认引风机电机已加入合格的脂,轴承箱已加好合格的润滑油;确认引风机系统联锁试验合格;确认引风机轴承箱和电机冷却水已经投运;确认引风机盘车无卡涩;确认确认引风机出口风门挡板关闭。

(2)中控操作人员确认操作:中控操作人员确认引风机联锁投运,联锁符合开机条件。中控操作人员联系电气给引风机送电。

(3)开始启动引风机操作:中控操作人员联系调度申请启动引风机。现场操作人员变频启动引风机电动机,缓慢打开引风机出口阀。中控操作人员调节引风机入口挡板开度保证炉膛负压调节到正常范围内。现场操作人员在引风机启动后检查测量引风机电流、温度、振值、油位、是否有异常声音、异常振动、烟气、火花、泄漏等情况的出现,若有则迅速正确处理。

3. 注意事项

(1)启动前注意劳保着装负荷要求;

(2)启动后注意炉膛负压,防止炉子损坏。

CAAB008 启动加热炉风机的操作

(二)启动加热炉风机的操作

1. 准备工作

(1)工具准备:防爆阀门扳手、防爆对讲机;

(2)劳保着装:工作服、工作鞋、安全帽、防护眼镜、手套、耳塞。

2. 操作规程

(1)确认加热炉风机润滑油油位油质正常;由现场人员检查风机润滑油油位在油杯 2/3 上。检查油箱是否进水乳化,如果进水必须彻底更换润滑油。

(2)关闭鼓风机入口导叶;由现场人员关闭风机入口导叶,检查风机正常。

(3)充分盘车无卡涩;由现场人员对风机联轴节进行充分盘车,确认无卡涩。汇报中控人员现场备用完毕。

（4）联系电气进行送电；由中控人员联系电气给加热炉风机送电。

（5）稍开鼓风机出口插板及出口流量调节阀；由现场人员稍开风机出口插板，中控人员开出口流量调节阀门。

（6）启动鼓风机并对其测振测温，检查电流正常；由现场人员启动鼓风机，检查电流正常并对风机测振测温。

（7）打开鼓风机出口插板，缓慢打开入口导叶；中控人员联系现场，由现场人员全开风机出口插板，缓慢打开入口导叶。

（8）通过调节阀控制风量，由中控人员调节调节阀控制风机入加热炉风量。

3. 注意事项

（1）操作过程中，开入口导叶时要缓慢调节，避免风机过载跳车；

（2）在规定时间内完成操作。

（三）启动送风机的操作

CBAB002 启动
送风机的操作

1. 准备工作

（1）工具准备：防爆阀门扳手、防爆对讲机；

（2）劳保着装：工作服、工作鞋、安全帽、防护眼镜、手套、耳塞。

2. 操作规程

（1）检查、确认工作：现场操作人员检查确认送风机电动机单机试车完毕，联轴器安装完毕，防护罩安装完好；确认送风机的机械、仪表、电气确认投运完毕；确认送风机电动机已加入合格的脂，轴承箱已加好合格的润滑油；确认送风机系统联锁试验合格；确认送风机入口滤网干净并安装好；确认送风机轴承箱和电动机冷却水已经投运；确认送风机入口排凝阀打开；确认送风机盘车无卡涩；确认送风机出口阀关闭（离心式送风机），入口阀开度≤5%；

（2）中控操作人员确认操作：中控操作人员确认送风机放空阀调整至合适开度（离心式送风机）；并确认送风机联锁投运，联锁符合开机条件。中控操作人员联系电气给送风机送电；

（3）开始启动送风机操作：中控操作人员联系调度申请启动送风机。现场操作人员工频启动送风机电动机，缓慢打开送风机出口阀，中控操作人员关闭送风机出口放空阀。现场操作人员在送风机启动后检查测量送风机电流、温度、振值、油位、是否有异常声音、异常振动、烟气、火花、泄漏等情况的出现，若有则迅速正确处理。中控操作人员确认送风机各联锁投运。

3. 注意事项

CCAB019 送风
机启动注意事项

（1）注意送风机入口滤网完好且安装到位，风道入口无任何杂物、冷凝水等，如有则必须清理干净方可启动。

（2）注意送风机电动机与泵体联轴节的连接可靠、防护罩保护到位。

（3）注意确认送风机轴承箱加合格适量的润滑油，电动机加合格适量的润滑脂。

（4）注意确认送风机冷却水的及时投运并确认管路通畅。

（5）送风机启动后及时监测电动机电流，防止出现长时间超过额定电流损坏电动机。

（6）确认送风机的进出口阀门是否完全开启或闭合、有无异常动作。送风机的进出风口风门，离心式为全闭，轴流式为全开时，启动负荷为最小。

(7)工艺人员和仪表电气人员能够及时沟通联系,保证送风机的正常启动和停止。

(8)送风机启动开始运转时出现的突发事态时,岗位人员能根据技术人员的指令,迅速做出相应的正确的动作。

项目五　工艺冷凝液泵开车操作

一、相关知识

在烃类蒸汽转化制合成氨的工艺过程中,过量的原料蒸汽在低变炉和甲烷化炉出口由于降温冷凝下来,形成工艺冷凝液。该冷凝液在高、低变炉还原态催化剂的作用下生成微量的氨、甲醇。在溶解的作用下溶入微量的 CO_2,另外蒸汽及冷凝液由于与催化剂及容器壁的接触带入微量的金属离子形成污染。合成氨装置排放的工艺冷凝液主要有害物组成有氨、甲醇、二氧化碳、少量的一氧化碳。

中压蒸汽汽提法是用中压蒸汽对工艺冷凝液进行汽提,塔顶出气将工艺冷凝液中绝大部分有毒物质带出,作为一段炉的工艺蒸汽随原工艺蒸汽一起进入一段转化炉混合原料预热盘管,然后进入工艺系统,塔底出液经活性炭过滤器,除去残余有机物及杂质,再经过混合离子交换器处理,达到锅炉给水标准,送往锅炉给水系统。利用中压蒸汽汽提法的优点在于:工艺冷凝液中的有害物质随汽提后的蒸汽一起进入合成氨系统,汽提后的冷凝液回收利用,达到了治污节水的目的;装置不消耗蒸汽。它的缺点:一段炉温度有所下降,设备投资较大。

二、技能要求

CBAC007 工艺冷凝液泵的暖泵操作

(一)工艺冷凝液泵的暖泵操作

1. 准备工作

(1)工具准备:防爆阀门扳手、气体检测仪、防爆对讲机;

(2)劳保着装:工作服、工作鞋、安全帽、防护眼镜、手套、耳塞。

2. 操作规程

(1)检查泵油位是否正常;

(2)关闭泵体排放阀;

(3)投用冷却水,冷却水畅通,投用密封水,密封水压力高于泵入口压力;

(4)打开泵入口阀开,确认泵处于暖泵状态,打开泵排放阀排气;

(5)盘车无卡涩;

(6)联系电气送电;

(7)启动泵并检查泵入、出口压力及电流正常;

(8)运行正常后逐渐打开泵出口阀,向外送水。

3. 注意事项

(1)投用密封水时,排气阀稍开,防止憋压;

(2)开入口阀时要缓慢,防止机封前后压差过大,导致泵机封损坏。

（二）工艺冷凝液泵启动

1. 准备工作

（1）工具准备：防爆阀门扳手、气体检测仪、防爆对讲机；

（2）劳保着装：工作服、工作鞋、安全帽、防护眼镜、手套、耳塞。

2. 操作规程

（1）工艺冷凝液泵启动前确认：离心泵启动前要确认机泵进出口阀关闭，泵体排气、排液阀关闭；检查泵的出入口管线、阀门、法兰、压力表接头是否安装安全，地脚螺栓及其他连接部分有无松动；检查机泵油杯及轴承箱油位正常；检查盘车有无卡涩后送电；确认检查联轴节防护罩安装。

（2）启动工艺冷凝液泵：①全开机泵入口阀，使液体充满泵体，打开泵体排气阀，将空气排净后关闭。②联系相关岗位，具备接收工艺冷凝液，启动电动机，检查机泵的出口压力及电流正常。③当泵出口压力高于操作压力时，逐步打开出口阀，控制泵的流量、压力。④确认机泵电动机电流是否在额定值以内，如泵在额定流量运转，而电动机超负荷时应停泵检查。

（3）确认机泵运行情况：机泵启动运行后，查看有无泄漏点，要按时对机泵测振测温，查看电流是否正常，并做好记录。

3. 注意事项

（1）工艺冷凝液泵在任何情况下都不允许无液体情况下空转，避免损坏零件；

（2）工艺冷凝液泵启动前需要泵体预热，使泵体与输送介质的温差在50℃以下；

（3）工艺冷凝液泵启动后应加强检查。

项目六　变换热水泵开车操作

一、相关知识

（一）变换热水泵

变换热水泵开车前需要进行充分预热，需要将泵预热至与塔底热水温度，防止温差过大造成泵轴抱死。变换热水停车检修时应切断泵内的所有介质、切除后应通过泵体导淋或排放放干净泵内介质、检修前应确认泵内为常压。在冬季检修时，如需停伴热，应关闭泵冷却水上水及回水阀并从端头排尽冷却水，防止冻坏管线及视镜。变换系统停车时，变换热水泵内热水温度尚未降低，此时对变换系统降压会造成热水泵汽蚀。

变换热水泵停车处理注意事项：

（1）在停用变换热水泵时，必须打开机泵暖机阀门使机泵处于热备状态。

（2）停变换系统后必须关闭变换热水泵暖机阀，防止锅炉水窜入变换系统进入催化剂塔。

（3）调节阀调节流量时，注意碳黑洗涤塔液位防止抽空和满液。

（4）开排气阀排气时，要缓慢且稍开防止大量高温液体喷出伤人。

(二)变换单元法兰泄漏的原因及处理方法

变换单元法兰泄漏的原因:

(1)检修人员在紧固法兰垫片时压紧力不足,导致垫片变形;

(2)气化工段系统负荷大幅波动;

(3)开停车时,短时间内系统温差较大,法兰垫子热胀冷缩不均匀;

(4)管线震动使螺栓松动,变形弯曲;

(5)由于工艺气含有腐蚀性介质,法兰垫片腐蚀。

变换单元法兰泄漏的处理:

(1)轻微泄漏:现场人员立即联系值班长并汇报上级领导,对泄漏点设立警戒线,停止周边一切动火作业。现场人员接氮气对泄漏点吹扫,并用可燃气监测仪持续检测,联系安检人员携带防爆扳手进行紧固;

(2)严重泄漏:立即汇报调度中心,启动紧急停车事故预案,对变换系统进行泄压和氮气置换,对变换单元进行能量隔离,联系安检人员进行消漏处理。

二、技能要求

(一)机泵启动前检查

1.准备工作

(1)工具准备:防爆阀门扳手、气体检测仪、防爆对讲机;

(2)劳保着装:工作服、工作鞋、安全帽、防护眼镜、手套、耳塞。

2.操作规程

根据实际情况,机泵在启动前检查要做到:

(1)检查机泵的进出口阀、最小回流阀、出口阀旁路阀关闭;

(2)检查确认电动机单机试压合格;

(3)检查机泵联轴节、地脚螺栓及联轴节防护罩完好;

(4)盘车灵活无卡涩;

(5)检查机泵冷却水投用;

(6)检查油杯油位及轴承箱油位,如油位低,要进行补充油位;

(7)确认机泵送电;

(8)灌泵开泵的入口阀,对泵进行灌泵,打开泵体排气,待排气管线有稳定液流出后关闭排气阀。

3.注意事项

(1)须穿戴好劳动保护用品;

(2)泵体进行灌泵时,一定待泵体高点排气有稳定介质流出后关闭排气阀,避免灌泵不合格,启动泵造成泵汽蚀。

(二)变换热水泵的暖泵操作

1.准备工作

(1)工具准备:防爆阀门扳手、气体检测仪、防爆对讲机;

(2)劳保着装:工作服、工作鞋、安全帽、防护眼镜、手套、耳塞。

CCCA002 变换
单元法兰泄漏
原因分析

CBCA002 变换
单元法兰泄漏
的原因分析

CCCB002 变换
单元法兰泄漏
处理方法

CBCB002 变换
单元法兰泄漏
的处理方法

CAAA003 机泵
启动前检查

CBAA003 机泵
启动前检查

CAAC008 变换
热水泵的暖泵
操作

2. 操作规程

（1）检查泵油位正常；

（2）关闭泵体排放阀；

（3）投用冷却水，保证畅通，投用密封水，密封水压力高于泵入口压力；

（4）打开泵入口阀开，确认泵处于暖泵状态，打开泵排放阀排气；

（5）盘车无卡涩；

（6）联系电气送电；

（7）启动泵并检查泵入、出口压力及电流正常；

（8）运行正常后逐渐打开泵出口阀，向外送水。

3. 注意事项

（1）投用密封水时，排气阀稍开，防止憋压；

（2）开入口阀时要缓慢，防止机封前后压差过大，导致泵机封损坏。

CAAB004 变换热水泵的开车操作

（三）变换热水泵的开车操作

1. 准备工作

（1）工具准备：防爆阀门扳手、气体检测仪、防爆对讲机；

（2）劳保着装：工作服、工作鞋、安全帽、防护眼镜、手套、耳塞。

2. 操作规程

（1）确认轴承箱润滑油油位油质正常：由现场人员检查变换热水泵轴承箱润滑油液位，油位必须达到油杯 2/3 以上。观察油质是否正常，如果发生进水乳化则必须全部更换润滑油；

（2）确认泵体排放阀门关闭：由现场人员检查变换热水泵进出口阀门，排放阀门关闭；

（3）投用密封冲洗水及冷却水：由现场人员投用机泵密封水，首先全开第一道阀后稍开第二道阀门确保密封水压力高于泵入口压力。开冷却水进口阀门，后开冷却水出口导淋排出杂质，然后关闭导淋全开出口阀门，确保冷却水畅通；

（4）确认泵入口阀开，进行暖泵：由现场人员缓慢全开变换热水泵暖机阀门，确认机泵填料无泄漏。稍开机泵排气阀进行排气和暖泵。现场人员检查机泵缸体温度和入口温度相近时，关闭排气阀门，缓慢全开机泵入口阀门；

（5）盘车数圈无异常：现场人员进行机泵盘车，确认无卡涩后关闭联轴节罩。汇报中控人员现场备泵完成；

（6）联系电气送电：由中控人员联系电气给机泵送电；

（7）启动泵并检查泵出入口压力和电流正常：由现场人员启动变换热水泵，检查机泵出入口压力是否正常，检查机泵电流是否正常，确认机泵无泄漏；

（8）测振测温正常后逐渐打开出口阀向外送水：由现场人员进行测振测温正常后汇报中控，开出口阀向外送水。

CBAB010 变换热水泵开车时的注意事项

3. 注意事项

（1）变换热水泵在任何情况下都不允许无液体情况下空转，避免损坏零件；

（2）变换热水泵启动前需要泵体预热，使泵体与输送介质的温差在 50℃ 以下；

（3）投用密封水压力比泵出口压力高 0.2MPa 即可不宜过高；

（4）变换热水泵启动后必须后应加强检查。

（四）投用变换激冷水的操作

1. 准备工作

（1）工具准备：防爆阀门扳手、气体检测仪、防爆对讲机；

（2）劳保着装：工作服、工作鞋、安全帽、防护眼镜、手套、耳塞。

2. 操作步骤

（1）确认分离器液位建立；

（2）检查激冷水泵油位和冷却水，正常及排放阀关闭；

（3）确认激冷水泵入口阀开，并进行排气；

（4）充分盘车，确认泵无卡涩后联系电气送电；

（5）启动泵并检查泵入、出口压力及电流正常；

（6）泵运行正常后，打开泵出口阀及激冷水调节阀，送出激冷水，并用调节阀控制流量。

3. 注意事项

注意液位防止机泵抽空。

CAAC009 投用变换激冷水的操作

项目七　甲醇泵开车操作

一、相关知识

甲醇是结构最为简单的饱和一元醇，分子量 32.04，沸点 64.7℃。又称"木醇"或"木精"。是无色有酒精气味易挥发的液体。人口服中毒最低剂量约为"100mg/kg 体重"，经口摄入 0.3~1.0g/kg 可致死。用于制造甲醛和农药等，并用作有机物的萃取剂和酒精的变性剂等。通常由一氧化碳与氢气反应制得。

二、技能要求

CAAC010 冷甲醇泵的降温操作

（一）冷甲醇泵的降温操作

1. 准备工作

（1）工具准备：防爆阀门扳手、气体检测仪、防爆对讲机；

（2）劳保着装：工作服、工作鞋、安全帽、防护眼镜、手套、耳塞。

2. 操作规程

（1）确认泵的进口阀、出口阀、排放阀、回流阀、冷激阀等相关阀门关闭，缓慢打开入口阀三扣，使甲醇缓慢的进入泵入口管线，观察入口压力表压力的变化，缓慢将进口阀全部打开；

（2）投用甲醇泵冷却水，打开冷却水进、出口阀，保证冷却水畅通；

（3）投用密封甲醇，保证密封甲醇罐的液位正常；

（4）打开甲醇泵的排气导淋，确认甲醇泵内气体全部排出；

（5）打开甲醇泵回流阀、出口旁路阀、冷激阀开始冷泵。

3. 注意事项

（1）须穿戴好劳动保护用品；

（2）在对离心泵的操作工作中，如果发生泵内介质的泄漏，作业监护人员需要第一时间上报，并做好个人防护工作，必要时佩戴相应的防毒面具、空气呼吸器。

CAAB005 冷甲醇泵的开车操作

（二）冷甲醇泵的开车操作

1. 准备工作

（1）工具准备：防爆阀门扳手、气体检测仪、防爆对讲机；

（2）劳保着装：工作服、工作鞋、安全帽、防护眼镜、手套、耳塞。

2. 操作规程

（1）开泵前准备：①确认油位正常，泵体排放阀关；②投用密封甲醇，保证液位正常，投用冷却水，保证冷却水畅通；③确认泵入口阀开，并投用密封介质；④确认泵冷却充分，并排气；⑤充分盘车，无卡涩后送电；⑥开最小回流阀。

（2）开泵并外送：①启动泵并检查泵出入口压力及电流；②运行正常后逐渐打开泵出口阀，外送甲醇；③根据要求调节出口流量。

3. 注意事项

（1）须穿戴好劳动保护用品；

（2）在对离心泵的操作工作中，如果发生泵内介质的泄漏，作业监护人员需要第一时间上报，并做好个人防护工作，必要时佩戴相应的防毒面具、空气呼吸器。

项目八　负压器的操作及原理

一、相关知识

负压器及蒸汽吸引器作为气化炉升温的重要设备，在日常操作和保养维护方面非常重要。气化工段负压器是通过 0.5MPa 蒸汽作为动力源抽负压，给气化炉抽负压进行负压升温。

CCAA010 负压器的工作机理

CBAA010 负压器的工作原理

（一）工作原理

蒸汽吸引器，是利用蒸汽气自身的压力，通过喷嘴高速喷出，在吸气室内形成负压，引射进外界的空气，并在文丘里管中与蒸汽充分混合后输出，设备的启停是依据管网压力的变化自动实现的。由于空气是由蒸汽喷射所形成的负压引射进入的，因此，蒸汽的喷射压力不能过低，一般要求在 0.3MPa 以上。

CBAB016 气化负压器的作用

（二）相关作用

利用蒸汽在吸引器文丘里管中高速流动产生负压，吸取气化炉膛内部空气，从而使气化炉膛产生负压，气化炉膛可配入空气和天然气进行点火升温。持续抽负压使气化炉内火焰可以向下走，才能达到给气化炉完全升温的目的。同时防止火焰向上窜起伤人事故。

二、技能要求

(一)准备工作

(1)工具准备:防爆阀门扳手、气体检测仪、防爆对讲机;

(2)劳保着装:工作服、工作鞋、安全帽、防护眼镜、手套、耳塞。

(二)操作规程

(1)分析气化炉膛可燃气不大于0.2%。由中控人员联系分析人员取气化炉内可燃气样,分析炉膛内可燃气不大于0.2%。

(2)排净吸引器底部积水,打开蒸汽进口阀启动吸引器。由现场人员将吸引器底部积水排干净并确认负压器底部导淋畅通。开低压蒸汽进口阀启动吸引器。

(3)开吸引器大阀,控制炉膛压力在正常范围内。

(4)由现场人员将气化炉养护烧嘴放置在炉口之上,并用螺栓固定。调整烧嘴风门。

(5)点火前再次用可燃气检测仪检测气化炉内可燃气不大于0.2%。

(三)注意事项

(1)点火时,烧嘴应吊出炉外,点燃后再放入炉内。

(2)要保持适当的负压,防止过大过小。

(3)吸引器内积水要定时检查排放,导淋常开,防止积水过多气化炉发生回火内爆。

(4)一旦熄火要立即切断气源,抽负压5min后方可重新点火。

(5)升温过程必须严格按升温规定曲线进行。

项目九　再沸器相关知识

一、相关知识

再沸器(也称重沸器)是使液体再一次汽化。塔的结构与冷凝器差不多,不过冷凝器是用来降温,而再沸器是用来升温汽化。

再沸器多与分馏塔合用:再沸器是一个能够交换热量,同时又汽化空间的一种特殊换热器。在再沸器中的物料液位和分馏塔液位在同一高度。从塔底线提供液相进入到再沸器中。通常在再沸器中25%~30%的液相被汽化,被汽化的两相流被送回到分馏塔中,返回塔中的气相组分向上通过塔盘,二液相组分调回塔底。

物料在再沸器收热膨胀甚至汽化,密度变小,从而离开汽化空间,顺利返回到塔里,返回塔中的气液两相,气相向上通过塔盘,二液相会掉落到塔底,有与静压差的作用,塔底将分段补充被蒸发掉的那部分液位。

液相不流经塔盘与气相充分接触就沿塔盘孔漏至下层塔盘的现象称为漏液。

其产生的原因是气相负荷过小,塔盘压降不够,气速过小,托举不住塔盘上的液体而使液体沿塔盘孔漏下。发生漏液时,因液相无法均匀流经塔盘,按正常流程沿降液管经过液盘(槽)进入下层塔盘,会造成如下后果:气液两相不能良好接触,传热、传质效果差,严重影响分离效率。

二、操作技能

（一）投用甲醇水精馏塔再沸器的操作

1. 准备工作

（1）工具准备：防爆阀门扳手、气体检测仪、防爆对讲机；

（2）劳保着装：工作服、工作鞋、安全帽、防护眼镜、手套、耳塞。

2. 操作规程

（1）检查并打开再沸器甲醇侧阀门。

（2）投用甲醇蒸馏塔再沸器：①开再沸器疏水器前导淋阀，排尽再沸器内积水；②开再沸器蒸汽调节阀前导淋，稍开进口切断阀，排尽积液，有蒸汽排出后关导淋阀；③全开蒸汽切断阀；开甲醇水精馏塔再沸器疏水器切断阀，用蒸汽调节阀调节蒸汽用量。

（3）切换前准备：①检查备用再沸器甲醇侧阀门是否打开；②开备用再沸器疏水器前导淋阀，排尽再沸器积水；③稍开备用再沸器进口切断阀，排尽积液，有蒸汽排出后关导淋阀。

（4）切换：①全开蒸汽切断阀并逐渐关闭使用的再沸器蒸汽切断阀；②调整再沸器蒸汽流量；③关已停用再沸器的疏水器前后阀，打开导淋排净再沸器冷凝液。

3. 注意事项

（1）须穿戴好劳动保护用品；

（2）在对再沸器的操作工作中，如果发生介质的泄漏，作业监护人员需要第一时间上报，并做好个人防护工作，防止过热蒸汽引起烫伤，必要时佩戴相应的防毒面具、空气呼吸器。

（二）再生塔再沸器投用的操作

1. 准备工作

（1）工具准备：防爆阀门扳手、气体检测仪、防爆对讲机；

（2）劳保着装：工作服、工作鞋、安全帽、防护眼镜、手套、耳塞。

2. 操作规程

（1）检查确认再生塔再沸器流程。现场确认再生塔再沸器安装附加完好，无泄漏，蒸汽已引至再沸器入口蒸汽大阀前；

（2）投用再沸器。①现场稍开再沸器入口蒸汽大阀，开蒸汽大阀后导淋，对蒸汽大阀后管线进行暖管；②稍开再沸器出口疏水器旁路管线阀门；③开再沸器出口的疏水器进出口阀门，将再生塔再沸器进液管线及气相管线上盲板倒通并打开阀门；④暖管合格后关闭导淋，通知相关岗位，开再沸器蒸汽大阀，对再生塔溶液进行加热；⑤待疏水器旁路无冷凝液后，将再沸器出口疏水器旁路阀关闭。

3. 注意事项

（1）须穿戴好劳动保护用品；

（2）再沸器在投用过程中要做到操作缓慢，相关岗位之间要沟通协调好，避免投用再沸器时蒸汽量的大幅波动；

（3）再沸器投用时要暖管，预热换热器，避免未暖管造成再沸器损坏；

（4）再沸器投用蒸汽之前应先投用冷介质，后投用蒸汽，避免损坏再沸器；

(5)投用再沸器的同时要投用再沸器出口冷凝液管线疏水器。

项目十　高压氮压缩机开车操作

一、相关知识

压缩机与汽轮机属两种不同的设备同一轴系运转各有特点,要求运行人员掌握两者特点,给予同样重视,切不可顾此失彼。

在做好压缩机启动前准备工作同时,必须按要求做好汽轮机启动前的准备工作。

压缩机汽轮机组的联动运转,必须在汽轮机单机试车合格后进行。

运行人员接到压缩机启动的命令后,应对启动的机组进行全面检查,消除一切妨碍操作的障碍物、易燃物品,做好机组周围环境的清洁工作。

检查曾经修理过的部位,确认检修部位及其仪表已全部复原、完好。检查压缩机各段入口锥形粗过滤器内无集物后,封闭端盖,以确保异物不能进入缸内。

确认相连的工艺系统已具备压缩机起动所需的压缩气体,介质的压力、温度、组分、流量等各项指标符合正常范围,工艺系统已完成导气的准备工作。

应检查、确认压缩机及其相连工艺系统的阀门开、关位置正确。阀门动作灵活。正常运行中应抽、插的盲板,已经抽、插完毕。

检查并确认压缩机所使用的各温度计、压力计、压差计、流量计、液位计、调节器、轴位移表、轴振动表、转速表、联锁开关等仪表都处于工作正常,指示正确的状态。调整试验压缩机所有仪表联锁的设定值,使之符合要求。

要特别注意对仪表,信号的检查与试验,不正确和不可靠的仪表和信号,会引起判断错误,丧失警惕,有时会造成比没有这些仪表还要大的损失。

启动前打开压缩机缸体及管道底部的导淋阀。在疏净积存冷凝液后关闭。

打开各段间冷却器的工艺气侧疏水阀或导淋,排除积水。对各段间冷却器冷却水侧通水排气。

如所压缩的介质为易燃易爆,有毒气体,则启动前必须先用氮气置换系统中的空气,直至氧含量小于0.5%,才能与工艺系统连通。

机内置换合格后,机内缓慢通入工艺气均压,直至机内压力与工艺系统压力一致,要防止因进气阀开得太大,致使工艺气通入过快,而引起转子冲动的情况发生。

二、技能要求

CAAB001 高压
氮压缩机的开
车操作

(一)准备工作

(1)工具准备:阀门扳手、气体检测仪、防爆对讲机;

(2)劳保着装:工作服、工作鞋、安全帽、防护眼镜、手套、耳塞。

(二)操作规程

(1)穿戴劳保用品。

(2)工具、用具准备。

（3）检查补充油箱油位。

（4）启动辅助油泵。

（5）检查油温、油压。

（6）投用油箱加热蒸汽、油冷器。

（7）确认压缩机气缸无压。

（8）压缩机气缸注油。

（9）投用压缩机出口冷却器。

（10）压缩机送电。

（11）检查压缩机出口阀开。

（12）开压缩机入口阀加载。

（13）联系相关岗位。

（14）启动压缩机并检查。

（15）压缩机启动后停辅助油泵。

CBAC009 高压
氮气压缩机操
作注意事项

（三）注意事项

（1）高压氮气压缩机冲转时，注意振动值，真空；

（2）冲转后，应调整主冷凝器热井液位，防止满水或无水；

（3）过临界要平稳，保持一定的升速速率；

（4）注意轴承温度、油温、油压；

（5）调速器投入后，注意声音、油位及杠杆活塞相对位置；

（6）控制好氮气压缩机入口流量，防止大幅波动，造成压缩机喘振；

（7）正常操作时避免压缩机喘振。操作中加减负荷不宜过大；

（8）前后工段用氮，协调一致。不能大幅度加减氮气用量。

模块三　工艺正常操作

项目一　切换操作要点

一、相关知识

(一)调节阀改副线操作相关知识

调节阀是生产过程中自动化系统的一个重要的必不可少的环节。调节阀由执行机构阀体部分组成。其中执行机构是调节阀的推动装置,它按信号压力的大小产生相应的推力,使推杆产生相应的位移,从而带动调节阀的阀芯动作。阀体部件是调节阀的调节部分,它直接与介质接触,由阀芯的动作,改变调节阀节流面积,达到调节的目的。

> CCAD006 氮气管线设置两切一放意义

(二)氮气管线设置两切一放的意义

氮气管线设置"两切一放"的主要目的是为了防止物料互串,氮气管线"两切一放"的排放阀位置处在两个切断阀之间,正常状态下,氮气管线"两切一放"的排放阀应处于常开位置。

> CBAD018 氮气管线设置两断一切的意义

(三)蒸汽喷射泵

凝汽器的抽气器采用的射汽抽气器。抽气器有单级的启动抽气器和两级的主抽气器。启动抽气器是在汽轮机启动之前使凝汽器很快建立足以启动汽轮机的真空而用的,主抽气器是在汽轮机正常工作时,伴同凝汽器的运行而工作的。为使汽轮机装置具有备用性,主抽气器一用一备。

空气蒸汽混合物从凝汽器中被一级射汽抽气器吸入其混合室,在混合室内与喷嘴射出的高速蒸汽混合进入扩压器,经过压缩后排入中间冷却器。蒸汽空气混合物在中间冷却器中经过冷却后,空气和部分未凝结蒸汽再被二级射汽抽气器吸入其混合室,在混合室内与喷嘴射出的高速蒸汽混合进入扩压器,经过压缩后排入中间冷却器。蒸汽空气混合物在中间冷却器中经过冷却后,蒸汽被冷却成凝结水,空气则排大气。

> CCAC012 控制阀主线改副线操作

二、技能要求

(一)调节阀主线改副线操作

1. 准备工作

(1)工具准备:防爆阀门扳手、气体检测仪、防爆对讲机;

(2)劳保着装:工作服、工作鞋、安全帽、防护眼镜、手套、耳塞。

2. 操作规程

(1)调节阀设有副线阀的目的是为了切除控制阀而不影响正常操作。改副线操作之前应与主控室操作人员联系,注意操作参数的变化;

> CBAC002 调节阀主线改副线操作
>
> CBAC012 控制阀主线改副线的操作
>
> CAAC002 调节阀主线改副线操作

（2）缓慢打开调节阀副线；

（3）根据仪表指示的变化缓慢打开调节阀的副线阀，同时现场操作人员与中控联系逐渐缓慢地关闭调节阀手阀，直至仪表指示达到生产要求；

（4）切换过程中严格注意操作参数变化，避免影响安全生产；

（5）最后将调节阀的前后手阀关严，调节阀切除。

3. 注意事项

调节阀改副线时如果没有对讲机，现场操作人员以现场一次表指示来控制副线阀门开度。

CAAC003 油过滤器切换的操作
CBAC003 油过滤器切换的操作

（二）油过滤器切换的操作

1. 准备工作

（1）工具准备：防爆阀门扳手、气体检测仪、防爆对讲机；

（2）劳保着装：工作服、工作鞋、安全帽、防护眼镜、手套、耳塞。

2. 操作规程

（1）检查油系统运行状况且无异常情况，提高油系统压力，检查各联锁投用情况；

（2）检查备用油滤器并确认其可否投运，确认备用过滤器上部回油箱阀门关闭，打开油过滤器间的连通阀，注意观察油系统压力波动情况动作要缓慢，开备用油滤器排气阀和充油阀；

（3）通过回油窥视镜观察是否有油回流到油箱，当有油回流到油箱后，关闭此阀，说明备用油过滤器内已充满油。检查备用油滤器并确认其有无泄漏，排气阀有回油；

（4）现场快速转动切换手柄到位。快速投用备用油滤器，保证油压无波动；

（5）检查压差等检查油滤器压差及油系统并切除已停用油滤器，各点压力稳定正常后，关闭油过滤器间的连通阀；

（6）调整油压至正常值。

3. 注意事项

（1）在切换中需要特别注意，操作不当会造成油压波动而跳车。切换前应排气，切换时动作要快；

（2）为了保证顺利切换，要求三通旋塞阀部位保持灵活状态。最好在停车情况下，进行切换试验，确认在切换过程中所需要的灵活性和动作速度是否能得到满足，否则将不宜在运行中进行切换。为了确保设备安全运行，切换操作应严格按规程进行。先充油排气，后进行切换操作。

CBAC010 蒸汽喷射泵切换操作
CAAC015 蒸汽喷射泵切换操作

（三）蒸汽喷射泵切换操作

1. 准备工作

（1）工具准备：阀门扳手、气体检测仪、防爆对讲机；

（2）劳保着装：工作服、工作鞋、安全帽、防护眼镜、手套、耳塞。

2. 操作规程

（1）检查机组运行状况及真空度；

（2）通知关联岗位；

（3）检查备用真空泵及蒸汽压力；

（4）先投一级备泵蒸汽，后投一级备泵空气，同次序投二级备泵；

（5）切二级运行泵空气，后切蒸汽，同次序切一级运行泵，检查真空度；

（6）检查泵运行状况。

3. 注意事项

为了保证抽气器冷却器冷却管束的冷却，凝结水泵应在抽气器停用之后再停止运行。在停止起动抽气器工作之前，应先关闭抽气管路上的阀门，而后停止蒸汽供应，以防止大气经过启动抽气器倒流入凝汽器。

项目二　洗涤塔液位的调节操作

一、相关知识

洗涤塔是一种新型的气体净化处理设备。它是在可浮动填料层气体净化器的基础上改进而产生的，广泛应用于工业废气净化、除尘等方面的前处理，净化效果很好。对煤气化工艺来说，煤气洗涤不可避免，无论什么煤气化技术都用到这一单元操作。由于其工作原理类似洗涤过程，故名洗涤塔。

> CBAB023 洗涤水系统投用的意义

洗涤水系统投用的意义：洗涤水加入文丘里后，洗涤水迅速雾化，工艺气中的碳黑被水雾湿润而聚结成较大的颗粒，得以在碳黑洗涤塔内被分离下来。

碳黑洗涤塔洗涤水的作用除了洗涤工艺原料气中的碳黑，另外的作用就是使原料气降温，工艺气中的蒸汽进一步冷凝。为保证碳黑洗涤塔洗涤效果，应通入的适量的洗涤水。如果洗涤水量太大，甲醇洗净化单元能耗增加。

二、技能要求

> CAAC006 洗涤塔液位的调节操作

（一）洗涤塔液位的调节操作

1. 准备工作

（1）工具准备：防爆阀门扳手、气体检测仪、防爆对讲机；

（2）劳保着装：工作服、工作鞋、安全帽、防护眼镜、手套、耳塞。

2. 操作规程

（1）检查分析。①检查洗涤塔液位变化趋势；②检查洗涤塔进出水流量、阀位的变化情况。

（2）液位上升的调节。①确认是进水流量过大引起的，适当减少进水量；②确认是出水流量不足引起的，适当增加出水量。

（3）液位下降的调节。①确认是进水流量不足引起的，适当增加进水量；②确认是出水流量过大引起的，适当减少出水量。

3. 注意事项

在对洗涤塔的操作工作中，如果发生介质的泄漏，作业监护人员需要第一时间上报，并做好个人防护工作，防止烫伤、冻伤，必要时佩戴相应的防毒面具、空气呼吸器。

（二）气化废水洗涤塔外送水的操作

1. 准备工作

（1）工具准备：防爆阀门扳手、气体检测仪、防爆对讲机；

（2）劳保着装：工作服、工作鞋、安全帽、防护眼镜、手套、耳塞。

2. 操作规程

（1）确认废水气提塔液位正常：由中控人员确认碳黑洗涤塔液位正常，现场人员检查现场无泄漏，现场液位计于中控液位计对应；

（2）检查送水机泵出、入口阀及旁路阀状态，检查润滑油正常：由现场人员检查激冷水泵出口阀关闭，入口阀关闭，旁路阀及排气阀门关闭。检查机泵润滑油油位油质是否进水乳化，如果进水则立即全部更换；

（3）对机泵进行充分盘车，确认密封水，冷却水投用正常：由现场人员对机泵进行充分盘车，确认无卡涩。检查冷却水无杂质，流量通畅；

（4）对机泵进行排气暖泵：由现场人员缓慢稍开暖机阀门，进行灌泵。缓慢全开机泵进口阀门，调节密封水压力高于出口压力 0.2MPa 即可。现场人员缓慢稍开机泵排气阀进行暖泵，暖泵合格后关闭排气阀；

（5）联系调度准备向外送水；

（6）启动外送水泵，检查出口压力，电流正常，无泄漏；现场人员启动机泵，检查出口压力，电流正常无泄漏；

（7）对机泵进行测震测温正常；

（8）开出口阀向外送水；现场人员缓慢全开出口阀，中控人员通过流量调节阀调节流量。

3. 注意事项

（1）开排气阀排气时，要缓慢且稍开阀门防止大量高温液体喷出伤人；

（2）调节阀调节流量时，注意碳黑洗涤塔液位防止抽空和满液。

（三）洗涤塔液位计指示失真的判断及处理

1. 准备工作

（1）工具准备：防爆阀门扳手、气体检测仪、防爆对讲机；

（2）劳保着装：工作服、工作鞋、安全帽、防护眼镜、手套、耳塞。

2. 操作规程

1）洗涤塔液位计指示失真的判断

（1）检查液位指示是否走直线或者消失或者到零或满量程。由中控人员检查 DCS 监控画面碳黑洗涤塔液位中控指示是否走直线或者显示信号消失或者到零指示或者满量程。

（2）实际液位高的判断：由中控人员检查入洗涤塔灰水量，进水阀是否开大。

（3）中控人员检查洗涤塔出水量，出水阀是否关小。

（4）中控人员检查变换炉入口温度，在洗涤塔实际液位高后，工艺气带液导致变换炉入口温度下降。

（5）实际液位低的判断：由中控人员检查入洗涤塔灰水量，进水阀是否关小。

（6）中控人员检查出洗涤塔碳黑水量出水阀是否开大。

（7）检查洗涤塔底泵出口压力、电流，在洗涤塔液位低后会导致泵抽空。

2）洗涤塔液位计指示失真的处理

（1）联系仪表检查，处理液位计。由中控人员联系仪表人员对碳黑洗涤塔中控 DCS 液位计进行检查并处理；

（2）检查洗涤塔底泵运行压力，电流运行情况。由现场人员检查碳黑洗涤塔底泵运行状态，确认机泵运行压力，电流处于正常范围内；

（3）由中控人员检查变换炉入口温度变化情况；

（4）实际液位高的处理：中控人员适当减少入洗涤塔灰水量；

（5）由中控人员适当增加出洗涤塔碳黑水量；

（6）实际液位低的处理：由中控人员适当增加入洗涤灰水量；

（7）由中控人员适当减少出洗涤塔碳黑水量。

3. 注意事项

（1）洗涤塔液位计失真后，派专人监护现场液位计并与中控保持联系防止洗涤塔满液。

（2）防止工艺气带水至变换工段或洗涤塔液位空，导致气化炉激冷环断水联锁停车。

项目三　吸收塔相关知识及操作

CCAC025 脱碳单元出口二氧化碳高的处理方法

一、相关知识

（一）脱碳吸收塔出口二氧化碳高的处理方法

（1）仪表假指示：①检查甲烷化床层温度是否异常上升；②联系分析工艺气中 CO_2 微量是否正常，若没有异常，则判断为仪表假指示。

（2）贫液循环量低。确认循环量指示正确，检查循环量是否与工艺负荷相匹配，若循环量低于正常流量：①则需提高循环量；②提高贫液泵转速加大贫液循环量；③清理贫液泵入口滤网；④降低系统压力；⑤适当降低再生塔塔底温度，防止贫液泵汽化；⑥适当提高再生塔的压力，增加贫液泵入口压力；⑦提高再生塔下塔液位，增加贫液泵入口压力。

（3）吸收塔上塔吸收温度高。确认吸收塔上塔吸收温度指示正确，检查贫液冷却换热器循环水回水温度是否过高，若温度高：①可以开大贫液冷却换热器 CW 进水阀，加大 CW 水量来降低吸收塔上塔吸收温度；②汇报调度降低 CW 进口温度；③汇报调度申请提高系统 CW 压力；④汇报技术员待机对贫液冷却换热器进行清理。

（4）再生塔下塔再生温度低。确认再生塔塔底温度指示正确（通过与吸收塔上塔温度指示比对，若吸收塔上塔温度指示低于正常操作温度可以判断在再生塔塔底温度低）：①检查转化水碳比是否低于正常操作，若低则联系转化岗位提高水碳比，提高变换气煮沸器热负荷；②检查蒸汽煮沸器是否正常投用，开大蒸汽煮沸器调节阀提高再生塔塔底温度；③适当降低循环量流量；④适当提高吸收塔进塔温度。

（5）MDEA 溶液浓度低。联系中化车间多次取样分析脱碳液 MDEA 浓度，确认 MDAE 浓度是否低于操作浓度，如低：①加大循环量流量；②转化系统降负荷；③汇报车间补充高浓度 MDAE。

（6）脱碳系统发生液泛。如发生下述现象即断定系统发生液泛：①吸收塔、再生塔塔差异常升高；②再生塔下塔液位出现异常快速降低；③脱碳工艺气出口分离罐液位异常快速升高。发生液泛后处理：①转化系统立即降负荷；②立即降低循环量流量；③降低再生塔塔底温度；④联系中化车间分析溶液泡高及消泡时间，若超出指标则向系统添加消泡剂。

（二）吸收塔出口工艺气微量超操作注意事项

若发生脱碳微量上涨、甲烷化床温飞升，则按以下方法处理：

（1）通知调度和尿素，系统降负荷至 75%；

（2）立即降合成气压缩机至 8500r/min，开大压缩机防喘振阀，同时脱碳后放空，尽量减少通过甲烷化床层的气量，但要保证系统压力不小于 2.4MPa；

（3）在此期间要及时于调整合成、氢回收和冷冻系统的工况，同时转化岗位通知现场开转化系统放空阀前阀；

（4）若甲烷化炉温度已达报警值，仍持续上涨且无法控制，则通知调度和尿素，开转化系统放空阀放空，合成立即封塔，停氢回收，合成气压缩机打循环，再次减少通过甲烷化床层的气量；

CCCB023 MDEA泄漏的处理方法

（5）待甲烷化床温稳定，且床层温度达到规定指标，合成慢慢导气，并逐步开氢回收。

（三）MDEA 泄漏与处理

1. MDEA 泄漏处理方法

（1）泄漏源控制。①在发生泄漏时可通过控制泄漏源来消除 MDEA 的溢出或泄漏；②在发生泄漏后通过关闭雨水管道阀门及地沟外排阀门，防止造成外排环保超标；③MDEA 系统发生泄漏，应确认漏点后，根据泄漏情况大小系统做相应停车处理。

（2）泄漏物处置。在发生 MDEA 溶液泄漏后，可进行覆盖、收集、稀释、处理，使泄漏物得到安全可靠的处置，防止二次事件的发生。泄漏物处置主要方法有：①围堤堵截。利用沙包、防护板等物品将泄漏液引流到安全地点。泄漏时，要及时关闭雨水管道阀门及地沟外排阀门，防止造成外排环保超标；②收集。可用沙子、土等吸收；③废弃。用消防水冲洗泄漏物料，排入废水处理中和池。

CCAD008 MDEA排放的注意事项

2. MDEA 泄漏注意事项

（1）处理 MDEA 溶液泄漏时要根据泄漏大小实际情况做出是否要停车处置；泄漏的 MDEA 泄漏后要及时关闭装置外排阀，避免造成环保超标事故。

（2）脱碳液排放时注意事项：①MDEA 的排放可以和回温同时进行；②MDEA 排放到储罐时要防止速度过快，损坏储罐；③MDEA 排阀应做到先泄压后排放。

CBCA004 吸收塔塔顶回流中断的判断

二、技能要求

（一）吸收塔塔顶回流中断的判断

1. 准备工作

（1）工具准备：防爆阀门扳手、气体检测仪、防爆对讲机；

（2）劳保着装：工作服、工作鞋、安全帽、防护眼镜、手套、耳塞。

2. 操作规程

吸收塔塔顶回流的作用主要有降温、洗涤的作用，因此吸收塔塔顶回流中断的判断可从以下几点确认：

（1）现场联系中控岗位确认吸收塔塔顶回流流量指示是否为零；

（2）中控通过确认吸收塔塔顶温度趋势图判断温度是否上涨，如果吸收塔塔顶温度上涨过快，说明吸收塔塔顶回流中断；

（3）通过查看脱碳系统出口微量是否上涨，因为回流中断，回流的洗涤作用消失，会有少量的 CO_2 随工艺气带出系统；

（4）确认甲烷化床层温度是否上升；

（5）回流如果中断，吸收塔塔差会发生变化；

（6）确认吸收塔出口分离罐液位是否上涨，因为回流中断，随工艺气带出的水分会增加，出口分离罐液位上涨。

3. 注意事项

在判断回流中断时要逐一确认，通过前后工段的参数的变化来判断，必要时多查温度、流量趋势，避免判断出错。

（二）控制吸收塔液位操作

CBAC006 控制
吸收塔液位操作

1. 准备工作

（1）工具准备：防爆阀门扳手、气体检测仪、防爆对讲机；

（2）劳保着装：工作服、工作鞋、安全帽、防护眼镜、手套、耳塞。

2. 操作规程

（1）检查分析液位变化：①主控操作人员通过检查 DCS 画面显示，历史趋势，判断调节系统是否好用，若不好用，通知值班长联系仪表人员进行处理；②中控岗位调出吸收塔液位变化趋势，根据趋势判断液位是上涨还是下降。调出吸收塔进出液体流量指示趋势、阀位变化情况，根据情况判断进出液情况；③根据吸收塔液位变化趋势和进出口液体流量指示趋势情况可判断出吸收塔液位上升的调节或液位下降的调节。

（2）吸收塔液位上升的调节：①根据液位上升趋势如果是吸收塔进液流量过大引起的，可适当减少进水量，调整进水量时要缓慢操作，避免进水量大幅波动；②如果确认是出吸收塔流量不足而引起的，可适当增加其出液量，同样在操作过程中避免水量波动。

（3）吸收塔液位下降的调节：①确认是进液流量过小引起的，可适当增加吸收塔进水量，调整进水量时要缓慢操作，避免进水量大幅波动；②确认是出吸收塔流量过大而引起的，可适当减少其出液量，同样在操作过程中避免水量波动。

3. 注意事项

（1）调节应缓慢，每次调节都要微调，不可使流量阀开关过大，避免造成系统液位出现大幅波动，影响吸收；

（2）在调节液位的时候也要注意到再生塔的液位变化，切忌只调节吸收塔，而再生塔忘记调节。

项目四　气化炉相关开车操作

CBAB032 德士古气化炉各物料的投料顺序

一、相关知识

气化单元激冷管的激冷水应该在气化炉开车前投用。德士古气化炉投料前炉膛温度必须在1000℃以上。各物料的进料顺序是蒸汽、渣油、氧气。气化炉投料后在压力升至3.5MPa之前碳黑水的去向是碳黑水槽,压力升至3.5MPa之后碳黑水才可切入碳黑水处理系统,防止压力太低大量的碳黑堵塞碳黑水处理系统。同时工艺气切换至洗涤塔后放空。气化炉压力未达到3.5MPa之前,工艺气在塔前放空,主要防止投料初期耗氧不彻底而在洗涤塔内形成爆炸性混合物易发生爆炸。

第二台气化炉投料要在第一台气化炉的工艺气通过变换单元后进行,主要防止两台气化炉的工艺气都在开工火炬放空而造成第二台气化炉憋压。第二台气化炉投料不能与第一台气化炉同时投料。

气化炉加负荷时加量的顺序是蒸汽、油、氧,气化炉减负荷时的减量顺序氧、油、蒸汽。无论加减负荷都要注意气化炉炉膛温度,工艺气出口含量,防止气化炉过氧。

二、操作技能

(一)气化炉投料操作

1. 准备工作

(1)工具准备:防爆阀门扳手、气体检测仪、防爆对讲机;

(2)劳保着装:工作服、工作鞋、安全帽、防护眼镜、手套、耳塞。

CBAB028 气化炉投料后的升压速率

2. 操作规程

(1)气化炉投料:中控先按下天然气进料开关,再按下氧气进料开关;

(2)气化炉投料后操作:现场氧气、蒸汽放空后阀。中控关闭天然气放空阀。关小气化炉工艺气放空阀控制升压速率不大于0.1MPa/min。升压期间控制氧/天然气比值在指标范围内。控制气化炉液位在50%~65%,投用5%蒸汽;

CBAB031 气化炉投料后工艺气切塔后放空的条件

(3)工艺气切塔后放空:气化炉压力达1.0MPa时进行查漏和炉壁测温工作。升压合格后,投用碳黑洗涤塔的洗涤水并控制好液位。工艺气从碳黑洗涤塔前切至塔后放空。通知质检中心分析气体成份。联系仪表投用甲烷分析仪。

CBAB030 气化炉投料后碳黑水切换的条件

(4)碳黑水回收:确认碳黑洗涤水泵运行正常。碳黑水回收系统压力降至2.5MPa以下。建立气化炉至碳黑水回收系统的水循环从而回收碳黑水。调节气化炉液位至60%投自动。关闭气化炉至碳黑水槽的阀门。

(5)气化单元向变换单元导气、并气。条件确认:变换炉一段升温合格。变换炉三段升合格。碳黑洗涤塔液位小于70%。碳黑洗涤塔底温度合格。开工火炬确认畅通并排水完毕。

向变换单元缓慢均压。逐渐关闭碳黑洗涤塔后工艺气放空。变换单元的工艺冷凝液切换洗涤塔回收,停冷凝液泵。第二台气化炉并气,根据后序工段需要,分多次逐渐关闭碳黑洗涤塔后放空阀,根据变换炉床温及压差及时调节换热器的阀门开度。保证气化单元与变换单元的差压合格。

> CBAB015 气化烧嘴冷却水温度控制注意事项

3. 注意事项

(1)送往后工序的气化单元的工艺气不仅要控制一氧化碳和氢气,而且要检查硫化氢、甲烷以及气体温度等因素;

(2)气化废热锅炉所产的蒸汽在导出时应防止废热锅炉压力波动过大,调整压力合格;

(3)导致烧嘴冷却水回水温度升高的几个原因:烧嘴冷却水量偏低、气化炉反应温度升高、烧嘴损坏;

(4)烧嘴冷却水回水采取的降温措施:利用循环水降温。

(二)气化炉停车操作

1. 准备工作

(1)工具准备:防爆阀门扳手、气体检测仪、防爆对讲机;

(2)劳保着装:工作服、工作鞋、安全帽、防护眼镜、手套、耳塞。

2. 操作规程

(1)中控和现场紧急停车处理;

(2)气化炉卸压操作。①气化炉水相泄压:调节变换工段至碳黑洗涤塔的流量缓慢泄压。

> CBAD021 气化炉停车后卸压的要求

泄压合格后碳黑水切至碳黑水槽。切断气化炉至碳黑水回收系统的水循环。控制液位在20%~40%;②气化炉气相泄压:气化炉泄压合格。开工火炬排水完毕。开碳黑洗涤塔后放空阀10%。开气化炉放空阀1%~5%。按0.1MPa/h速率泄压;③泄压至0.5MPa碳黑水切至就地排放:关闭工艺气主阀。开导淋,使气化炉液位在20%以下。压力降到0.1MPa,全开底部导淋;④停碳黑洗涤塔水循环:开气化炉激冷水直入阀1~2扣。停激冷泵,关闭泵暖机阀、密封水阀。排净碳黑洗涤塔积水。

> CBAD001 气化烧嘴冷却水停车处理注意事项

3. 注意事项

(1)气化炉温度小于300℃才能断烧嘴冷却水;

(2)卸压时注意控制气化炉液位不要超过50%,如果液位上升较快,应先停止卸压或减慢卸压速率;

(3)若气化炉液位上升过快,应关闭工艺气主阀,此时卸压应以碳黑洗涤塔底压力为依据,但激冷泵出口压力始终要高于气化炉压力,确保激冷水流量在20m³/h;

(4)气化炉压力卸至1.0MPa时,卸压速度应缓慢进行,防止激冷泵气蚀。一旦气蚀现场要及时排气,保证激冷环不断水;

> CBAD004 气化废热锅炉停车操作注意事项

(5)气化废热锅炉停车后的干法保护是将锅炉排净液位后通入氮气保护。

项目五 蒸汽过热炉正常操作

一、相关知识

蒸汽过热炉就是将装置生产过程中产生的废气、尾气等废料作为燃料,进入燃烧器燃烧,燃烧器采用多种燃料混烧的燃烧器,炉管为双面辐射性,炉管两面布置燃烧器,燃烧器采用扇形附墙火焰,保证炉膛的均匀辐射、传热。在蒸汽过热炉升温中,操作时确保温度的稳定,一是每次调整燃料气用量的时候要慢,不能大幅度调节,做到微调和勤调,保证炉膛和出口温度波动较小。二是尽量控制各火嘴火焰的燃烧高度一致,以保证热量分布均匀。

二、技能要求

（一）蒸汽过热炉出口温度的调节

1. 准备工作

（1）工具准备:阀门扳手、气体检测仪、防爆对讲机;

（2）劳保着装:工作服、工作鞋、安全帽、防护眼镜、手套、耳塞。

2. 操作规程

（1）确认蒸汽过热炉出口温度波动;

（2）如果燃料气流量稳定,检查过热炉入口蒸汽是否带水,如果带水需经过导淋排冷凝水;

（3）如果过热炉出口温度高先减少废气流量调整;

（4）调整废气流量效果对出口温度调整效果不好,还可以通过调整天然气流量来调整出口温度;

（5）调整过程中要经常检查炉膛内燃烧高度是否均匀、测量炉膛氧含量是否在正常范围,观看排放口是否有黑烟产生,以及过热炉负压是否稳定,根据氧含量情况可以调整增加或者减少鼓风机风量。

3. 注意事项

（1）操作时确保温度的稳定,每次调整燃料气用量的时候要慢,不能大幅度调节,做到微调和勤调,保证炉膛和出口温度波动较小;

（2）蒸汽过热炉燃料增加顺序是先加液化气、再加天然气、后加燃料废气;

（3）蒸汽过热炉减燃料气顺序是先减燃料废气、再减天然气、后加液化气。

（二）过热炉的吹灰操作

1. 准备工作

（1）工具准备:阀门扳手、气体检测仪、防爆对讲机;

（2）劳保着装:工作服、工作鞋、安全帽、防护眼镜、手套、耳塞。

2. 操作规程

（1）首先打开吹灰蒸气截止阀前导淋,检查并排尽冷凝液后关闭,按照中控人员指令打开开吹灰蒸汽截止阀;

（2）由中控人员联系电器给吹灰器送电,并确认送电完成;

（3）送电完成后中控联系现场人员启动吹灰器;

（4）检查吹灰器程序运行是否正常,炉膛负压是否正常;

（5）吹灰结束后,切断吹灰器电源;

（6）现场人员关闭吹灰器前截止阀。

3. 注意事项

（1）启动吹灰器前必须检查吹灰器截止阀导淋,打开排尽冷凝液

(2)开吹灰器截止阀时缓慢进行,保持炉膛负压稳定。

项目六 分子筛相关正常操作

一、相关知识

CBAC027 氮洗分子筛再生氮气的调节方法

(一)氮洗分子筛

氮洗单元分子筛再生氮气的调节方法:再生氮气压力一般控制在 0.45MPa 左右;分子筛再生氮气不仅要控制压力,还要控制流量、温度,才能保证分子筛再生效果。分子筛再生的步骤包括卸压、预热、加热、预冷、充压、冷却和切换。氮洗单元分子筛再生时温度先下降后上升,要注意加热温度不能太高,温度过高易造成分子筛破碎。分子筛泄压过程要缓慢,防止造成前后系统压力波动。

(二)合成气压缩机段间分子筛

CCAB012 分子筛切换的意义

1. 分子筛切换的意义

(1)保证系统长周期稳定运行;

(2)分子筛切换确保使再生后的干燥剂处于良好状态,更好的吸附工艺气中的水、二氧化碳等杂质;

(3)防止分子筛干燥剂长时间过度运行造成分子筛干燥剂粉化,使干燥剂寿命缩短。

2. 分子筛再生气的调节方法

CCAC026 分子筛再生气的调节方法

(1)分子筛再生气通过流量调节阀进行调节。通过设计人员计算出分子筛再生需要的再生气量,开关流量调节阀进行调节;

(2)分子筛再生气用干燥后的工艺气通过加热后对分子筛进行再生;

(3)再生后的气体进入前系统进行回收。

二、技能要求

CABB002 氮洗分子筛粉化的判断

CBBB002 氮洗分子筛粉化的判断

(一)氮洗分子筛粉化的判断

1. 准备工作

(1)工具准备:阀门扳手、气体检测仪、防爆对讲机;

(2)劳保着装:工作服、工作鞋、安全帽、防护眼镜、手套、耳塞。

2. 操作规程

(1)详细记录分子筛吸附器的压力和温度数据;

(2)绘制温度曲线。以上一步详细记录的分子筛吸附器的温度数据为基础,用时间为横坐标,温度为纵坐标,选择若干个吸附和再生周期,绘制详细的温度变化曲线;

(3)绘制压力曲线。以上一步详细记录的分子筛吸附器的压力数据为基础,用时间为横坐标,压力为纵坐标,选择若干个吸附和再生周期,绘制详细的压力变化曲线;

(4)两台吸附器横向比较。通过两台吸附器温度和压力的横向比较,找出温度和压力存在偏差的吸附器;

（5）单台吸附器纵向比较。将上一步找出的的存在偏差的那台吸附器目前的温度和压力曲线，与其运行正常期间的温度和压力曲线进行纵向比较，确定该吸附器存在偏差的范围；

（6）初步确定粉化情况。通过存在粉化的吸附器温度和压力的偏差幅度，确定粉化的严重情况。若粉化不严重可以适当缩短吸附器切换周期来维持生产，分子筛粉化严重无法维持生产应及时停车更换分子筛；

（7）打开再生吸附器再生气排放导淋检查；

（8）装置停车检查。

3. 注意事项

（1）分子筛温度和压力曲线应选择多个运行周期；

（2）分子筛粉化应进行综合判断，考虑不同的工况和负荷进行对比。

（二）分子筛粉化判断及处理

CBBB002 分子
筛粉化判断及
处理

1. 准备工作

（1）工具准备：阀门扳手、气体检测仪、防爆对讲机；

（2）劳保着装：工作服、工作鞋、安全帽、防护眼镜、手套、耳塞。

2. 操作规程

1）分子筛粉化的判断

（1）分子筛吸附能力下降，出口微量升高；

（2）分子筛冷却时间变长；

（3）分子筛压差增大。

2）分子筛切换的意义

（1）保证系统长周期稳定运行；

（2）分子筛切换确保使再生后的干燥剂处于良好状态，更好的吸附工艺气中的水、二氧化碳等杂质；

（3）防止分子筛干燥剂长时间过度运行造成分子筛干燥剂粉化，使干燥剂寿命缩短。

3）分子筛再生气的调节方法

（1）分子筛再生气通过流量调节阀进行调节；通过设计人员计算出分子筛再生需要的再生气量，开关流量调节阀进行调节；

（2）分子筛再生气用干燥后的工艺气通过加热后对分子筛进行再生；

（3）再生后的气体进入前系统进行回收。

3. 注意事项

分子筛在使用过程中，加热降温升压降压速度要合理控制，避免分子筛粉化加剧。

项目七　调节加热炉风门的操作

一、相关知识

预转化反应器是转化单元设置在一段转化之前的一个反应器，它内部装有预转化催化剂,该催化剂在低温下具有转化活性,可以将原料气中15%左右的甲烷进行转化,从而降低了一段转化炉的负荷。设置预转化则有相应的加热炉为各介质提供热量,加热炉结构和一段炉相似,由外部火嘴供热,都是有辐射段和对流段组成。

二、技能要求

CBBA005 调节加热炉风门的操作

CABA005 调节加热炉风门的操作

(一)准备工作

(1)工具准备:阀门扳手、气体检测仪、防爆对讲机;

(2)劳保着装:工作服、工作鞋、安全帽、防护眼镜、手套、耳塞。

(二)操作规程

(1)检查确认工作:现场操作人员检查确认加热炉引风机、鼓风机运行正常;检查确认加热炉各烧嘴燃烧情况并进行记录;中控操作人员检查确认加热炉炉膛负压、氧含量在正常范围内;检查确认助燃空气压力、流量正常。

(2)开始调整风门操作:中控现场操作人员就位且互相配合,通过准备阶段检查火嘴燃烧记录情况对燃烧不好的火嘴进行调节,调节风门时必须稳定而缓慢,每次调节后注意观察,中控操作人员根据调节情况控制好加热炉炉膛负压。调节结束后要保证加热炉炉膛温度和预转化温度稳定不能出现大幅波动。

(三)注意事项

调整加热炉火嘴风门必须缓慢,边调边看,严禁大幅度操作引起火嘴灭火及炉膛负压大幅波动的情况出现;其次调节风门阶段通过综合调节要保证加热炉炉膛温度和预转化炉温度在正常范围内,严禁出现工况大幅度波动。

项目八 规范填写操作巡检记录

一、相关知识

(一)交接班的"十交、五不接"

1. 十交

交任务和指示,交操作,交指标,交质量,交设备,交安全,交环保和卫生,交问题和经验,交工具,交记录。

2. 五不接

设备不好不接,工具不全不接,操作情况不明不接,记录不全不接,卫生不好不接。

CCAC010 机泵的巡检内容

CBAC010 机泵的巡检注意事项

(二)现场机泵巡检知识

1. 日常巡检中,机泵巡检主要要检查以下内容

(1)检查压力表、电流表的指示值是否在规定区域,且保持稳定;

(2)检查运转声音是否正常,有无杂音;

(3)轴承、电动机等温度是否正常;

(4)检查冷却水是否畅通,填料泵、机械密封是否泄漏,如泄漏是否在允许范围内;

(5)检查连接部位是否严密,地脚螺栓是否松动;

（6）检查润滑是否良好，油位是否正常。

CCBB007 电机正常运转时检查要点

CBBB007 电机正常运转时的检查要点

2. 在机泵正常运转过程中，主要要注意以下内容

（1）声音正常，无焦味；

（2）电动机电压、电流在允许范围内，振动值小于允许值，各部温度正常；

（3）电缆头及接地线良好；

（4）绕线式电动机及直流电动机电刷、整流子无过热、过短、烧损，调整电阻表面温度不超过 60℃；

（5）油色、油位正常；

（6）冷却装置运行良好，出入口风温差不大于 25℃，最大不超过 30℃。

CCAC011 操作记录填写规范

CBAC011 操作记录的填写规范

（三）操作记录填写知识

（1）记录必须字迹清晰工整、及时、详细、完整，内容真实、准确；操作记录要以实际所反映的指示值为基准。岗位操作人员须按操作顺序填写，不得提前或拖后；

（2）文字、数字书写要标准，要求不出格，一般占表格 1/2 到 2/3 的范围，并略偏于格子下方；

（3）记录除需复写者用圆珠笔填写外，其他一律用钢笔、签字笔、碳素笔填写，且一律用碳素墨水填写，笔画应粗细均匀；

（4）记录填写应完整，不得有空缺，如无内容填写，须用"/"表示（"备注"除外）；

（5）内容与上项相同时，应重复抄写，不得用"··"或"同上"表示；

（6）记录不得任意涂改，如确定需要更改时应用"\\"划去原内容，在旁边填写正确内容并签名或加盖个人印章，并使原数据仍可辨认，切不可用刀刮、修改液涂改、橡皮擦或有重笔描写；

（7）单页记录不允许更改超过三次，若需要更改第四次时应重新填写。重新填写时，应在原填写记录醒目位置标注"作废"字样；

（8）记录编码及使用的起止日期由使用单位手写于封首右上角位置，起止日期用阿拉伯数字填写，起始日期与终止日期之间用"至"连接。如 2009.03.01 至 2009.05.31；

（9）记录内部用三位阿拉伯数字在编号处填写，如 001、002、003 等。更换新记录填写时，记录编号应接上之前记录的编号。记录编号应每年 12 月 31 日截止一次，次年 01 月 01 日重新从 001 开始编号；

（10）日期一律按年、月、日顺序横写，年份必须按四位数填写，不能简写如：2001 年 57 日，"2001 年"不得写成"01"，"5 月 7 日"不能写成"5/7"或"7/5"，应写成 2001.05.07；按规定除年按四位数填写外，月、日应按两位数填写，一位数月、日前应加"0"，如 5 月 7 日应写成"05 月 07 日"，免除将 1 月、2 月改为 11 月、12 月和将 1~9 日改为 11~19 日和 31 日的可能；

（11）时间的小时、分一律用两位数字填写，并以"："分开。三班连续工作时间应按照 00：00~24：00 填写。如："20：00"不能写成"08：00"；03 月 08 日的 00：12 不能写成 03 月 07 日的 24：12；

（12）散页记录应检查是否完整，然后将完整无缺的记录附以封面，按月装订成册，在封面注明名称、起止日期，交主管审阅后妥善保管；

（13）记录在收到资料室保管前，记录保管员应检查其是否完整，将完整无缺的记录收回资料室保管，对缺项漏页等记录出现的问题，报相关领导进行处理。

二、技能要求

CAAC001 机泵
巡检内容

CBAC001 机泵
巡检内容

（一）准备工作

（1）工具准备：阀门扳手、气体检测仪、防爆对讲机；

（2）劳保着装：工作服、工作鞋、安全帽、防护眼镜、手套、耳塞。

（二）操作规程

（1）检查压力表、电流表的指示值是否在规定区域，且保持稳定；

（2）检查运转声音是否正常，有无杂音；

（3）检查轴承、电动机等温度是否正常；

（4）检查冷却水是否畅通，填料、机械密封是否泄漏，如泄漏是否在允许范围内；

（5）检查连接部位是否严密，地脚螺栓是否松动；

（6）检查润滑是否良好，油位是否正常。

（三）注意事项

加强对机泵的日常检查工作，发现泄漏，运行异常，应及时切泵检修，禁止带病运行。

模块四　工艺停工操作

项目一　压缩机油系统停运

一、相关知识

压缩机及汽轮机的供油系统主要包括润滑油、密封油、调速油,设备有润滑油泵、油冷器、油过滤器、高位油槽、蓄压器、密封油泵等组成。

油箱油温太高,会造成油泵气缚现象、油冷器负荷增大、油泵打不上量。油从油箱底部管子进入润滑油泵,升压后经油冷器,油滤器油温控制在 40℃±5℃,油分为三路,一路作为调速油,去透平调速系统作调速动力油,管线上设有一个蓄压器;一路作为润滑油,经压力自调阀降压后,去透平和压缩机的轴瓦、联轴节等部件润滑,然后由回油管线,返回油箱。另一路经密封油泵升压,经密封油过滤器,分两路各自经过低压缸,高压缸的密封高位槽的液位调节阀分别去低压缸,高压缸两端部密封工艺气。出机组的内环密封油,进各自的气液分离器,分离气液。低压缸的解吸气,压力太低,直接放大气。高压缸的解吸气,返回低压缸一段入口回收。出分离器的密封油,在管道内汇合,再进热力脱气槽,脱除残余溶解气,最后返回油槽。为防止两台润滑油泵突然停车,在机组停车惰走期间仍有润滑油流动润滑机组,润滑油管线上设有高位槽,平常溢流保证满槽。

CAAD001 压缩机润滑油的停运操作

CBAD001 压缩机润滑油的停运操作

二、技能要求

（一）准备工作

(1) 工具准备:阀门扳手、气体检测仪、防爆对讲机;

(2) 劳保着装:工作服、工作鞋、安全帽、防护眼镜、手套、耳塞。

（二）操作规程

(1) 确认机组具备停盘车的条件。确认压缩机各润滑点满足停油泵的要求;

(2) 确认轴承润滑油进出口温差小于 5℃,透平壳体最高温度小于 120℃,准备停油系统;

(3) 通知现场操作人员停油系统;

(4) 确认机组盘车及盘车油泵已经停运;

(5) 确认润滑油泵转换开关在"手动"位置,手动位停油泵;

(6) 关闭出口阀;

(7) 停油加热装置;

(8) 通知关联岗位;

(9) 观察油箱液位及油温;

（10）联系电气人员给润滑油泵、盘车油泵、事故油泵断电。

(三)注意事项

（1）透平壳体最高温度小于120℃,才能够停油系统。

（2）机组盘车及盘车油泵已经停运,才能够停油系统。

项目二　二氧化碳鼓风机停机操作

一、相关知识

鼓风机主要由下列六部分组成:电动机、空气过滤器、鼓风机本体、空气室、底座(兼油箱)、滴油嘴。鼓风机靠气缸内偏置的转子偏心运转,并使转子槽中的叶片之间的容积变化将空气吸入、压缩、吐出。在运转中利用鼓风机的压力差自动将润滑送到滴油嘴,滴入气缸内以减少摩擦及噪声,同时可保持气缸内气体不回流,此类鼓风机又称为滑片式鼓风机。

二、技能要求

> CAAD004 二氧化碳鼓风机的停车操作

(一)准备工作

（1）工具准备:阀门扳手、气体检测仪、防爆对讲机;

（2）劳保着装:工作服、工作鞋、安全帽、防护眼镜、手套、耳塞。

(二)操作规程

（1）检查鼓风机运行情况;

（2）鼓风机停车操作:①缓慢减小鼓风机负荷;②调整二氧化碳管网压力;③停鼓风机;④关闭鼓风机入口调节阀;⑤关闭鼓风机出入口切断阀;⑥调整二氧化碳管网压力。

(三)注意事项

（1）须穿戴好劳动保护用品;

（2）在对二氧化碳鼓风机的操作工作中,如果发生风机泄漏,作业监护人员需要第一时间上报,并做好个人防护工作,必要时佩戴相应的防毒面具、空气呼吸器。

项目三　液态 CO/N_2 泵停机操作

一、相关知识

(一)液态一氧化碳

在标准状况下,一氧化碳纯品为无色、无臭、无刺激性的气体。相对分子质量为28.01,密度1.25g/L,冰点为-205.1℃,沸点-191.5℃。在水中的溶解度很低,极难溶于水,在空气混合爆炸极限为12.5%~74.2%,一氧化碳极易与血红蛋白结合,形成碳氧血红蛋白,使血红蛋白丧失携氧的能力和作用,造成组织知悉,严重时死亡,一氧化碳对全身的组织细胞均有毒性作用,尤其对大脑皮层的影响最为严重,在冶金、化学、石墨电极制造以及家用煤气或煤炉、汽车尾气中均含有一氧化碳。

（二）液态氮气

液态的氮气，是惰性的，无色，无臭，无腐蚀性，不可燃，温度极低。氮构成了大气的大部分（体积比 78.03%，质量比 75.5%）。氮是不活泼的，不支持燃烧。汽化时大量吸热接触造成冻伤。在常压下，液氮温度为 $-196℃$；$1m^3$ 的液氮可以膨胀至 $696m^3$（$21℃$）的纯气态氮。在工业中，液态氮是由空气分馏而得。先将空气净化后，在加压、冷却的环境下液化，借由空气中各组分之沸点不同加以分离。

CBAD010 氮洗液体的排放注意事项

（三）氮洗单元液体的排放注意事项：

（1）投用排液总管保安氮气；

（2）关闭排液罐导淋；

（3）投用排放罐去火炬加热器；

（4）打开氮洗塔上下塔联通阀；

（5）打开氮洗塔排放导淋排液；

（6）调整去火炬排放压力；

（7）打开液态一氧化碳泵入口导淋；

（8）打开液态一氧化碳泵出口导淋。

CAAD005 液态 CO/N_2 泵的停车操作

二、技能要求

（一）液态 CO/N_2 泵的停车操作

1. 准备工作

（1）工具准备：阀门扳手、气体检测仪、防爆对讲机；

（2）劳保着装：工作服、工作鞋、安全帽、防护眼镜、手套、耳塞。

2. 操作规程

（1）减负荷：①联系相关岗位；②降低一氧化碳排放阀压力设定；③逐渐关小氮洗塔液位控制阀阀位；④调整氮洗板式换热器各流体流量；⑤关闭送甲醇洗单元手动阀；⑥关小泵出口阀；

（2）停泵：①停泵；②关闭泵出口阀；

（3）切出：①关闭泵入口阀；②关闭泵最小回流阀；③关闭泵脱气阀；④调整氮洗塔液位。

3. 注意事项

（1）须穿戴好劳动保护用品；

（2）在对液态 CO/N_2 泵的停车的操作工作中，如果发生泵泄漏，作业监护人员需要第一时间撤离上报，并做好个人防护工作，防止窒息、中毒冻伤。必要时佩戴相应的防毒面具、空气呼吸器。

CACB002 液态一氧化碳泵振动大的处理

（二）液态一氧化碳泵振动大的处理

1. 准备工作

（1）工具准备：防爆阀门扳手、气体检测仪、防爆对讲机；

（2）劳保着装：工作服、工作鞋、安全帽、防护眼镜、手套、耳塞。

2. 操作规程

(1)降负荷:减少进洗涤塔原料气量、减小洗涤塔洗涤氮量、液体适当排放、调整板式换热器温度;

(2)倒泵:备泵冷泵、投运备用泵、停振动大泵;

(3)切出:关闭出口阀、关闭入口阀、关闭最小回流阀、关闭脱气阀、排液置换。

3. 注意事项

(1)须穿戴好劳动保护用品;

(2)在对一氧化碳泵的操作工作中要携带可燃气检测仪,如果发生介质的泄漏,作业监护人员需要及时上报,并做好个人防护工作,必要时佩戴相应的防毒面具、空气呼吸器。

项目四　低变氮气循环鼓风机停机操作

一、相关知识

低变氮气鼓风机就是给低变催化剂升温或配氢还原而配备的驱动设备,它以氮气作为介质载体,以蒸汽为热源换热为低变催化剂循环升温的。

二、技能要求

CBAD003 停低
变氮气循环鼓
风机的操作

(一)准备工作

(1)工具准备:防爆阀门扳手、气体检测仪、防爆对讲机;

(2)劳保着装:工作服、工作鞋、安全帽、防护眼镜、手套、耳塞。

(二)操作规程

(1)检查、确认:①中控操作人员确认低变催化剂已经还原结束,低变催化剂温度已经升到活性温度范围内,并确认低变氮气循环鼓风机入口放空阀设定适宜压力并投自动;②现场操作人员确认低变加氢管线所有阀门都已经全关。

(2)中控、现场配合停循环操作。中控操作人员联系调度准备停低变氮气循环鼓风机,然后缓慢至全开低变氮气鼓风机循环阀。后通知现场操作人员缓慢全关循环管线进低变的进出口阀,保持低变催化剂床层各温度稳定。现场操作人员缓慢全关低变氮气循环鼓风机出口蒸汽加热器的蒸汽进出口阀,开导淋排凝;现场操作人员全关低变氮气循环鼓风机入口补氮阀后停低变氮气循环鼓风机。中控操作人员通过鼓风机入口调节阀对循环系统进行泄压到 0MPa。现场操作人员全关氮气鼓风机进出口阀,全关氮气鼓风机轴封氮气,并联系电气对氮气鼓风机断电。鼓风机停机后油运 2h 后停氮气鼓风机油系统。

(3)倒盲板操作。低变氮气循环鼓风机停机后,确认循环系统泄压干净后,中控操作人员联系检修人员对加氢线上的盲板倒"盲",充氮管线上的盲板倒"盲",循环线进出低变反应器的两条管线上的盲板倒"盲"。

(三)注意事项

(1)停氮气鼓风机之前,一定确认好低变催化剂还原结束,低变催化剂温度已达到催化剂活性温度。

(2)氮气排放选择安全位置,避免氮气窒息。

模块五　设备使用及维护

项目一　离心泵启停等正常操作

CCBA015 离心泵主要性能指标

CBBA015 离心泵的主要性能指标

一、相关知识

（一）离心泵的主要性能指标

1. 流量

单位时间有泵排除的液体量,利用体积或质量计量。

2. 压力差（扬程）

压力差是指单位体积的液体经由泵得到的有效能量单位 MPa,是被送液体经过泵后获得的能量增加量。

3. 汽蚀余量

泵吸入口处单位重量液体所具有的超过汽化压力的富余能量,单位以米液柱计。在实际应用中有必须汽蚀余量和有效汽蚀余量。

4. 介质温度

介质温度是指被输送液体的温度。

CCAC016 离心泵低液位保护意义

CBAC016 离心泵设置低液位保护的意义

5. 转速

转速是指泵的主轴的转速。额定转速是泵在额定的尺寸下,达到额定流量和额定压差的转速。

6. 功率

泵的功率主要决定于泵的流量、压差和黏度。

CCAC013 离心泵出口流量调节方法

CBAC013 离心泵出口流量的调节方法

（二）离心泵设置低液位保护

离心泵入口设置低液位保护是为了防止泵抽空,一旦发现低液位造成离心泵抽空,应立即停泵并关闭出口阀,防止泵损坏以及高低压物料互串。

（三）离心泵出口流量的调节

离心泵出口流量调节见表 2-5-1。

表 2-5-1　离心泵出口流量调节

序号	流量调节方法	连续调节	泵的流量特性曲线变化	泵系统的效率变化	流量减小 20% 时,泵的功率消耗
1	出口阀开度调节	可以	最大流量减小,总压头不变,流量也行略微变化	明显降低	94
2	旁路阀调节	可以	总压头减小,曲线特性发生变化	明显降低	110%

续表

序号	流量调节方法	连续调节	泵的流量特性曲线变化	泵系统的效率变化	流量减小20%时，泵的功率消耗
3	调整叶轮直径	不可以	最大流量和压头均减小，流量特性不变	轻微降低	67%
4	调速控制	可以	最大流量和压头均减小，流量特性不变	轻微降低	65%

（四）离心泵密封冲洗的意义

由于机械密封本身的工作特点，动、静环的端面在工作中相互摩擦，不断产生摩擦热，使端面温度升高，严重时会使摩擦面的液膜汽化，造成干摩擦，使摩擦面严重磨损，温度升高还使辅助密封圈老化，失去弹性，动静环产生变形。为了消除这些不良影响，保证机械密封的正常工作，延长使用寿命，冲洗法利用密封液体或其他低温液体冲洗密封端面，带走摩擦热并防止杂质颗粒积聚。

CCBA020 离心泵密封冲洗意义

冲洗的意义：将冲洗流体注入到密封腔中，完成润滑、冷却、净化等功能，将不利的环境改变为密封能接受的环境。

CBBA020 离心泵密封冲洗的意义

冲洗的目的：在于防止杂质集积，防止气囊形成，保持和改善润滑等，当冲洗液温度较低时，兼有冷却的作用。

CCAD010 一般离心泵交出检修条件

一般离心泵在交出检修时应做到：

（1）断电且上锁挂签测试合格；

（2）机泵进出口、旁路阀及最小回流阀关闭，泵体导淋及排气阀打开，泵体溶液排干净；

CBAD019 一般离心泵交出检修的条件

（3）轴承箱油排干净；

（4）切除机泵循环水进、出口阀；

（5）机泵待置换合格后方可交付检修；

（6）机泵冬季检修应做好防冻工作。

CCAB015 离心泵排气的目的

（五）离心泵排气的目的

启动前不排气，则泵壳内存有气体，由于气体的密度小于液体的密度，使产生的离心力小，造成吸入口压力不足，难以将液体吸入泵内，使得泵打量不足。

CCAD012 离心泵排液注意事项

（六）离心泵排液注意事项

（1）离心泵排液必须在泵体进出口阀、旁路阀及最小回流阀关闭后进行排液；

CBAD020 离心泵排液的注意事项

（2）排液时对有毒有害的介质禁止就地排放，应进行密闭排放；

（3）排液过程要缓慢操作，避免介质喷溅伤人。

CCAB018 启动离心泵时控制要点

（七）离心泵启动时控制要点

（1）离心泵启动前确认出口管线阀门关闭，避免因电动机的启动负荷过大超过其额定电流；而使得泵的电动机及线路烧坏；

（2）当泵达到额定转速后，慢慢开启出口阀，逐渐增加流量，使电动机电流逐渐增加到额定电流。

二、技能要求

（一）离心泵的启动

1. 准备工作

（1）工具准备：阀门扳手、气体检测仪、防爆对讲机；

（2）劳保着装：工作服、工作鞋、安全帽、防护眼镜、手套、耳塞。

2. 操作规程

（1）启动前检查确认：①离心泵启动前要确认机泵进出口阀关闭，泵体排气、排液阀关闭；②检查泵的出入口管线、阀门、法兰、压力表接头是否安装安全，符合要求，地脚螺栓及其他连接部分有无松动；③检查机泵油杯及轴承箱油位正常；④检查盘车有无卡涩后送电；⑤确认检查联轴节防护罩安装；⑥确认机泵冷却水投用正常，并保证冷却水畅通。

（2）启动离心泵：①全开机泵入口阀，使液体充满泵体，打开泵体排气阀，将空气排净后关闭；②启动电动机，全面检查机泵的出口压力及电流正常；③当泵出口压力高于操作压力时，逐步打开出口阀，控制泵的流量、压力；④确认机泵电动机电流是否在额定值以内，如泵在额定流量运转而电机超负荷时应停泵检查；⑤确认机泵运行情况：机泵启动运行后，查看有无泄漏点，要按时对机泵测振测温，查看电流是否正常，并做好记录。

3. 注意事项

（1）离心泵在任何情况下都不允许无液体空转，以免零件损坏。

（2）冷热介质在启动泵之前，要缓慢预热。应使泵体与管道同时预热，使泵体与输送介质的温差在50℃以下。

（3）离心泵不允许用入口阀门来调节流量，以免抽空。

（4）离心泵启动后应加强检查。

（二）离心泵切换

1. 准备工作

（1）工具准备：阀门扳手、气体检测仪、防爆对讲机；

（2）劳保着装：工作服、工作鞋、安全帽、防护眼镜、手套、耳塞。

2. 操作规程

（1）切换前检查确认：①确认供电正常；②检查备用泵的出入口管线、阀门、法兰、压力表接头是否安装安全，符合要求，地脚螺栓及其他连接部分有无松动；③检查机泵油杯及轴承箱油位正常；④检查盘车有无卡涩；⑤确认检查备用泵联轴节防护罩安装；⑥确认机泵冷却水投用正常，并保证冷却水畅通；⑦确认备用泵出口阀关闭。

（2）离心泵切换：①备用泵启动之前应做好全面检查及启动前的准备工作；②开泵入口阀，使泵体内充满介质。用放空阀排净空气；③机泵切换时，先启动备用泵，启动电动机，然后检查各部分的振动情况、轴承的温度出口压力、电动机的电流情况，确认正常；④缓慢打开备用泵的出口阀门，同时相应关小主泵出口阀门，切换过程中密切注意泵出口压力、电流变化，联系主控室操作人员注意流量变化；⑤当备用泵出口阀全开，主泵出口阀全关，停主泵电动机；⑥切换完毕，密切监测机泵的运转情况；⑦机泵切换时，若没有对讲机与主控室操作人员联系，现场操作人员可用现场一次表判断流量；⑧机泵切换时启动备用泵在短时间内可以保持并联运转状态但时间不宜过长。

3. 注意事项

(1)离心泵启动后,在出口阀门未开的情况下,不允许长时间运行,应小于 $1\sim2min$。

(2)离心泵启动时的电流最大,远大于正常运行时的电流。

(三)离心泵停运

1. 准备工作

(1)工具准备:阀门扳手、气体检测仪、防爆对讲机;

(2)劳保着装:工作服、工作鞋、安全帽、防护眼镜、手套、耳塞。

2. 操作规程

(1)全面检查待停离心泵运行状态;

(2)缓慢关闭待停离心泵的出口阀,密切注意出口压力电动机电流,直至出口阀全关;

(3)确认出口阀全关后,停电动机,使泵停止运转;

(4)关闭泵出口阀,检查离心泵,确认不倒转,密封不泄漏。

3. 注意事项

(1)如该泵要检修,泵体管线必须进行排液置换,拆泵前要注意泵体压力,如有压力,可能进出口阀关不严;

(2)先把泵出口阀关闭,再停泵,防止泵倒转(倒转对泵有危害,使泵体温度很快上升造成某些零件松动);

(3)停泵时注意轴的减速情况,如时间过短,要检查泵内是否有磨、卡等现象。

(四)调节离心泵出口流量

1. 准备工作

(1)工具准备:阀门扳手、气体检测仪、防爆对讲机;

(2)劳保着装:工作服、工作鞋、安全帽、防护眼镜、手套、耳塞。

2. 操作规程

(1)运行中利用出口调节阀开度调节;

(2)变频电动机的转速调节;

(3)检修时利用切割叶轮外径调节;

(4)旁路调节;

(5)离心泵流量调节不得调节泵入口阀;

(6)在调节机泵出口流量的过程中,要注意机泵电流变化,防止泵气蚀。

3. 注意事项

离心泵出口流量调节的时候,一定注意机泵稳定运行,避免泵发生气蚀,运行异常等。

项目二 一般离心泵检修后验收操作

一、相关知识

机泵停工检修前准备工作的要点:

CAAD002 离心泵停运
CBAD002 离心泵停运
CAAC005 调节离心泵出口流量
CBAC005 调节离心泵出口流量
CCBB003 机泵停工检修前准备工作要点
CBBB003 机泵检修前准备工作的要点

（1）能量隔离；确保电动机断电；电动机的开关，及机泵的进出口管线及导淋等进行能量隔离，采取上锁或者关闭警示的办法进行机泵的交出。

（2）检修方案准备。根据机泵的检修要求，按照机泵检修规程的要求，进行机泵检修方案的确认及检修过程控制和检修质量的把关。

（3）工器具准备，根据检修需要，选择合适的检修工具，并整齐摆放检修工具，以免检修工具丢失和遗失至设备内。

（4）人员准备，合理根据检修工作项目，制定检修人员工种的要求，并对人员进行安全培训，对检修内容进行检修前交掉，特种作业人员确保有资格；

（5）检修备件准备，检查机泵备件的符合性及完好性。

CBBA004 一般离心泵检修后的验收

CABA004 一般离心泵检修后的验收

二、技能要求

1. 准备工作

（1）工具准备：阀门扳手、气体检测仪、防爆对讲机；

（2）劳保着装：工作服、工作鞋、安全帽、防护眼镜、手套、耳塞。

2. 操作规程

（1）凡检修过的地方都必须试漏并管线试压；

（2）原动机与泵，各零件、附件齐全完整好用，转向一致；

（3）安全罩、接地线、消音罩要齐全、紧固；

（4）检修质量符合标准，检修记录齐全；

（5）润滑油、密封油、冷却水不堵不漏；

（6）盘车轻松无卡涩，密封压盖不歪斜；

（7）带负荷试车，各温度、振动、电流、流量、压力、密封不得超过额定值；

（8）泵体和环境卫生合格。

3. 注意事项

检修人员必须劳保着装规范，防护措施规范。

项目三　机泵冷、热备用操作

一、相关知识

对一些需要预热和预冷的泵须按照预热和预冷的规范严格执行。机泵预冷的目的就是为了消除膨胀不均损坏设备，机泵的预冷需注意慢速均匀预冷且要边冷却边盘车，将机泵壳体内温度和介质温度预冷到一样才可以进行启动操作。机泵预热注意事项：

CCBA037 机泵预热注意事项

CBBA037 机泵预热的注意事项

（1）试运转前应进行泵体预热，温度应均匀上升，每小时温升不应超过$50℃$；泵体表面与工作介质进口的工艺管道的温差，不应超过$40℃$；

（2）预热时应每隔$10min$盘车半圈，温度超过$150℃$时，应每隔$5min$盘车半圈。

二、操作技能

(一)泵热备用的检查

1. 准备工作

(1)工具准备:阀门扳手、气体检测仪、防爆对讲机;

(2)劳保着装:工作服、工作鞋、安全帽、防护眼镜、手套、耳塞。

2. 操作规程

(1)检查备用泵的入口阀全开,管线及泵体排液导淋关闭;

(2)检查泵机封是否泄漏;

(3)开泵出口旁路阀使介质流动预热泵体;

(4)手动盘车,检查有无卡涩现象;

(5)检查机泵冷却水情况,如未投用及时投用;

(6)检查机泵轴承箱油杯润滑油油位及油质。

3. 注意事项

(1)须穿戴好劳动保护用品;

(2)如果发现机泵有泄漏点,盘车卡涩的现象,要及时汇报相关技术员处理至正常。

CABA002　泵热备用的检查
CBBA002　泵热备用的检查

(二)泵冷备用的检查

1. 准备工作

(1)工具准备:阀门扳手、气体检测仪、防爆对讲机;

(2)劳保着装:工作服、工作鞋、安全帽、防护眼镜、手套、耳塞。

2. 操作规程

(1)检查备用泵的入口阀全开,管线及泵体排液导淋关闭;

(2)检查泵机封是否泄漏;

(3)开泵出口旁路阀使介质流动预冷泵体;

(4)手动盘车,检查有无卡涩现象;

(5)检查机泵冷却水情况,如未投用及时投用;

(6)检查机泵轴承箱油杯润滑油油位及油质。

3. 注意事项

如果发现机泵有泄漏点,盘车卡涩的现象,要及时汇报相关技术员处理至正常。

CABA003　泵冷备用的检查
CBBA003　泵冷备用的检查

(三)备用泵的维护

1. 准备工作

(1)工具准备:阀门扳手、气体检测仪、防爆对讲机;

(2)劳保着装:工作服、工作鞋、安全帽、防护眼镜、手套、耳塞。

2. 操作规程

(1)坚持备用泵的定时盘车保养制度;

(2)坚持备用泵的定期切换保养制度;

(3)利用停运机会,做好备用泵的小修维护工作(如堵漏、更换冷却水管、更换油标、压力表等);

CABB001　备用泵的维护
CBBB001　备用泵的维护

（4）利用停运机会，彻底清洗脏的油箱，换上合格油；

（5）检查预热泵的预热情况，做好备用泵的正常预热工作；

（6）冬季应做好备用泵的防冻防凝工作；

（7）应使备用机泵随时处于良好的备用状态。

3. 注意事项

机泵日常维护过程中，要定期做好机泵盘车，并注意盘车方向。

项目四　计量泵流量调节

一、相关知识

计量泵也称定量泵或比例泵。计量泵是一种可以满足各种严格的工艺流程需要，流量可以在0~100%范围内无级调节，用来输送液体（特别是腐蚀性液体）的一种特殊容积泵。计量泵的流量调节是通过人工手动调节泵的微调螺杆，进而改变柱塞（或隔膜）的有效行程，从而达到对输出液体的定量计量和检测的目的。计量泵常用的流量调节方式有：调节柱塞或活塞行程、调节行程和泵速三种，其中以调节行程的方式应用最广。该方法简单、可靠，在小流量时仍能维持较高的计量精度。

CABA001 计量
泵流量调节

CBBA001 计量
泵流量调节

二、技能要求

（一）准备工作

（1）工具准备：阀门扳手、气体检测仪、防爆对讲机；

（2）劳保着装：工作服、工作鞋、安全帽、防护眼镜、手套、耳塞。

（二）操作规程

（1）检查、确认工作：现场人员确认运行计量泵运转正常；计量泵流程畅通；检查计量泵管线上各安全阀、压力表、温度计、流量计等仪表测点完好并投运。

（2）计量泵行程调节。①停车时手动调节：设备技术人员在停车时手动提高计量泵的行程；②运转中手动调节：现场操作人员通过计量泵外边的行程旋钮的开关对计量泵进行调整，从而改变计量泵的轴向位移，以间接改变曲柄半径，达到调节行程长度的目的。

（三）注意事项

计量泵在调节流量过程中要缓慢调节，避免大幅调节，泵不打量。

项目五　运行泵润滑油质量检查

一、相关知识

（一）机泵润滑油添加与更换的方法

1. 定期检查润滑油的油位和油质

一般情况下，正常油位应为视窗或标示的1/2~2/3范围内。补油方式为油杯的，其显示的油位只代表补油能力,而机泵的轴承箱油位是满足运行要求的,油杯中油位低于其总容积的 1/4 可考虑补油。

2. 机泵检查和补油的方法

取出少量的润滑油作为样品和新鲜的润滑油进行比较,可考虑进行油质化验,以确保油质合格。如果样品看似云雾状,那么可能是与水混合的结果,也就是油乳化,此时应该更换润滑油。如果样品程变暗的颜色或变浓稠,那么可能表示润滑油已经开始碳化,应将旧润滑油进行彻底更换。如果可能的话,使用新鲜的润滑油对油路进行冲洗。更换润滑油时,应确保所更换的润滑油新、旧型号相同,并补充之满足要求的油位。

使用油浴式的润滑系统,如果油温在 60℃ 以下,且润滑油没有受到污染,则一年更换一次润滑油即可。如果油温在 60 ~ 100℃,则一年需要更换四次润滑油。如果油温在 100 ~ 120℃,则每月需要更换一次润滑油。如果油温在 120℃ 以上,则每周需要更换一次润滑油。

(二)机泵润滑加油(脂)的标准

(1)自润滑方式油位应保持在视镜窗口的 1/2 ~ 2/3 或标尺的规定刻度。

(2)对于使用润滑脂的设备上的油杯,要做好标记,定期旋进一定角度,使得油脂杯上对应班组的数字水平朝向驱动端。

(三)润滑油加油要点

润滑油的填充量对轴承运转和润滑油的消耗量影响很大。一般滚动轴承装油量约占轴承空腔 1/3 ~ 1/2 为好,装油量过多会使轴承摩擦转矩增大,散热差,容易造成温升高、阻力大、流失、氧化变质快等危害。反之,填充量不足或过少可能会发生轴承干摩擦而损坏轴承。

CCBA025 机泵润滑油添加与更换方法

CBBA025 机泵润滑油添加与更换的方法

CCBB008 机泵润滑加油(脂)标准

CBBB014 机泵润滑加油(脂)的标准

CCBA050 润滑油加油要点

CABB004 运行泵润滑油质量的检查

CBBB004 运行泵润滑油质量的检查

二、技能要求

(一)准备工作

(1)工具准备:阀门扳手、气体检测仪、防爆对讲机;

(2)劳保着装:工作服、工作鞋、安全帽、防护眼镜、手套、耳塞。

(二)操作规程

(1)通过油杯观察润滑油颜色。若润滑油颜色的颜色发生了明显的变化,分层甚至乳化,则可判定判断运行泵润滑油已经变质;

(2)通过油杯油位检查润滑油质量。若运行泵润滑油油杯液位发生了变化,则润滑油可能发生了泄漏或进入异物(包括其他液体),与润滑点或润滑脂等出现异常混合,影响到润滑油质量;

(3)通过轴承润滑油温度判断。机泵润滑油质量异常,直接造成机泵转动部位润滑效果差,转动部位温度升高,导致润滑油温度相应升高;

(4)取样分析:机泵润焕油质量异常可以通过取样分析水含量及杂质含量进行分析和判断。

(三)注意事项

(1)机泵润滑油质发生变化应及时查明原因,防止油质反复发生变质;

(2)发现机泵润滑油质量异常应及时进行处置和置换,防止处置不及时造成设备损坏。

项目六　浮环密封密封油泄漏的判断

一、相关知识

油封是一般密封件的习惯称谓,简单地说就是润滑油的密封。它是用来封油脂(油是传动系统中最常见的液体物质,也泛指一般的液体物质之意)的机械元件,它将传动部件中需要润滑的部件与出力部件隔离,不至于让润滑油渗漏。静密封和动密封(一般往复运动)用密封件叫油封。

油封的代表形式是 TC 油封,这是一种橡胶完全包覆的带自紧弹簧的双唇油封,一般说的油封常指这种 TC 骨架油封。

CBBB005 油封的作用：

(1)防止泥沙、灰尘、水气等来自外侵入轴承中;

(2)限制轴承中的润滑油漏出。

二、技能要求

CABB003 浮环密封密封油泄漏的判断

CBBB003 浮环密封密封油泄漏的判断

(一)准备工作

(1)工具准备:阀门扳手、气体检测仪、防爆对讲机;

(2)劳保着装:工作服、工作鞋、安全帽、防护眼镜、手套、耳塞。

(二)操作规程

(1)根据压缩机污油收集器污油排放量分析;如果浮环密封的漏油量过大,污油收集器的液位就会上涨过快。脱气槽油流量增大,污油捕集器油流量增大,污油的排放次数也增加;

(2)根据密封油高位油槽的液位变化判断;当漏油量大量增加,高位油槽就很可能来不及调节,从而导致高位油槽的液位继续下降。油气压差高降不下来或油气压差有波动,不正常;

(3)分析工艺气中是否带油。如密封油窜入气缸内,则随工艺气一起带入工艺系统,导致工艺气出口管线导淋有油排出,工艺气冷却器气相导淋有油排出;

(4)根据油箱的液位变化情况来判断。当油箱的油位下降时,就要考虑是否出现浮环密封漏油故障,并结合以上几条作出判断;

(5)从机组的后续工艺中判断,可根据系统的反应率下降判断是否是密封油泄漏。

(三)注意事项

(1)注意监控密封油的油压和漏量;

(2)注意要控制好密封高位油罐的液位;

(3)监控好浮环密封的内、外回油油量及回油温度;

(4)要注意防止参考气管线积液的存在;

(5)要控制好油气分离器的液位及驰放气畅通。

项目七 压力表的更换及相关事故判断与处理

一、相关知识

(一)压力表的使用知识

先根据现场实际情况选择合适的压力表,包括压力表的量程、接头、材质、型号等必须与原有压力表相同,准备好相关工具,在更换压力表前,先办理相关作业票,关闭压力表根部阀,在关闭根部阀前观察其根部阀是否与现场控制或联锁仪表共用,如果共用,则与仪表人员联系将相关仪表的联锁短接,相关仪表的调节回路打手动,确认无误后将根部阀关死,排放导淋打开泄压,泄压完毕后拆下原有压力表,更换检定合格的新表,需要密封垫的加装密封垫,紧固接头,关闭导淋,打开根部阀,对接头及阀门试漏,查看压力表指示是否正常,投用相关联锁。

压力表的安装应注意以下方面:压力仪表应安装在易观察检修的地方;安装地点力求避免振动和高温影响;测量蒸汽压力时应加凝液管或冷凝器,以防止高压蒸汽直接和测压元件接触。测量有腐蚀性介质压力时,应加装有中性介质的隔离管;压力仪表的连接处应加密封垫片;为安全起见,测量高压的压力仪表除选用有通气孔的外,安装时压力仪表壳应向墙壁或无人通过的地方,以防止意外。

(二)压力表的选用方法

压力仪表的选用应根据工艺要求,合理地选择压力仪表的种类、型号、量程和精度等级等。

1. 确定仪表量程

根据被测压力的大小来确定仪表的量程。在选择仪表的上限时应留有充分的余地。一般在被测压力稳定的情况下,最大工作压力不应超过仪表上限值的2/3;测量脉动压力时,最大工作压力不应超过仪表上限值的1/2;测量高压时,最大工作压力不应超过仪表上限值的1/3。为了测量的准确性,所测得的压力值不能太接近仪表的下限值,即仪表的量程不能选得过大,一般被测压力得最小值不低于仪表量程的1/3。

2. 选用仪表的精度等级

根据生产上所允许的最大测量误差来确定压力仪表的精度等级。选择时,应在满足生产要求的情况下尽可能选用精度等级较低、经济实用的压力表。

3. 仪表类型的选择

选择仪表时应考虑被测介质的性质,如温度的高低、黏度的大小、易燃易爆和是否有腐蚀性等;还要考虑现场环境条件,如高温、潮湿、振动和电磁干扰等;还必须满足工艺生产提出的要求,如是否需要远传、自动报警或记录等。

二、技能要求

(一)现场压力表的更换

1. 准备工作

(1)工具准备:阀门扳手、气体检测仪、防爆对讲机;

CABA006 现场压力表的更换

CBBA006 现场压力表的更换

（2）劳保着装：工作服、工作鞋、安全帽、防护眼镜、手套、耳塞。

2. 操作规程

（1）更换前压力表检查。检查备用压力表是否完好；检查备用压力表性能及量程是否符合要求；确认压力表限压线及检验日期标完好。

（2）更换压力表。关闭压力表根部阀切断阀，取下被更换压力表；安装备用压力表，使其正面处于易观察位置。

（3）压力表更换后的检查。打开压力表根部阀，检查有无介质泄漏，检查压力指示是否正常，确认无误后，将旧压力表进行回收。

3. 注意事项

（1）须穿戴好劳动保护用品；

（2）更换压力表时一定先要切除根部阀，泄完压力，佩戴好护目镜，避免介质溅出伤人。

CACA002 压力
表失灵的判断

CBCA002 压力
表失灵的判断

（二）压力表失灵的判断

1. 准备工作

（1）工具准备：阀门扳手、气体检测仪、防爆对讲机；

（2）劳保着装：工作服、工作鞋、安全帽、防护眼镜、手套、耳塞。

2. 操作规程

1）压力表失灵主要表现

（1）指示失真，精度不符；

（2）超量程指示；

（3）无压力指示等。

2）压力表失灵的判断

（1）压力表指针脱落，指示失真；

（2）指针不动。

3. 注意事项

（1）压力表表面应保证整洁；

（2）压力表失灵后应及时更换，以确保指示正确安全可靠。

模块六 事故判断及处理

项目一 气化炉事故判断与处理

一、相关知识

(一)气化炉液位计冲洗

通过在连接管路中注入高压锅炉给水,清洗掉液位计管口沉积的碳黑,若对仪表的正确指示有疑问,按以下方式进行冲洗:

(1)关闭相关仪表连接点处的隔离阀;

(2)缓慢开启高压锅炉给水管线阀,经过管口将水排到容器中;

(3)开关几次要清洗的阀,直至出现稳定水流为止;

(4)关闭锅炉给水管线上的清洗阀,然后开启仪表的隔离阀;

(5)每周或需要时应清洗一次。注意事项:对于带有控制或开关功能的液位仪表,要求采取特殊预防措施来使阀门动作,以使装置不致出现异常现象。

(二)烧嘴的泄漏分析

烧嘴的使用寿命与操作压力、温度及烧嘴本身的材质、开停车次数有关。

开停车频繁促使喷嘴损坏的原因是:高温下不锈钢喷嘴会因热疲劳应力和在氧-蒸汽介质产生的晶粒间腐蚀而形成细微裂纹,这种裂纹将随着所谓热震动次数而扩大。喷嘴损坏的常见现象是水夹套头部开裂,内喷嘴外表面和外喷嘴内表面发生凹坑或穿孔,内喷嘴雾化器烧坏等。无论谢尔气化炉还是德士古气化炉,运行时气化炉压力高于烧嘴冷却水的压力,烧嘴损坏以后,炉膛内可燃气漏入冷却水中,因而可以由此所生的下列现象来判断:

(1)烧嘴冷却水流量波动;

(2)烧嘴冷却水温度增高;

(3)烧嘴冷却水槽的富集气中 H_2、CO 超标。

二、技能要求

(一)气化炉液位计指示失真的判断与处理

1. 准备工作

(1)工具准备:防爆阀门扳手、气体检测仪、防爆对讲机;

(2)劳保着装:工作服、工作鞋、安全帽、防护眼镜、手套、耳塞。

2. 操作规程

1)气化炉液位计指示失真的判断

CACA006 气化炉液位计指示失真的判断与处理

CACB006 气化炉液位计指示失真的判断与处理

（1）检查液位指示是否走直线或者消失或者到零或满量程。由中控人员检查 DCS 监控画面气化炉液位中控指示是否走直线或者显示信号消失或者到零指示或者满量程。

（2）联系仪表检查,处理液位计。中控人员联系仪表人员对气化炉中控 DCS 液位计进行检查并处理。

（3）实际液位高的判断:由中控人员检查入气化炉激冷水量,进水量是否增大。

（4）检查出气化炉碳黑水量,出水阀是否关小。

（5）检查碳黑洗涤塔液位,在气化炉实际液位高后,带液至洗涤塔使洗涤塔液位上涨。

（6）实际液位低的判断:检查入气化炉激冷水量,进水量是否减小。

（7）检查出气化炉碳黑水量,出水阀是否开大。

（8）检查出气化炉工艺气温度,在实际液位低后工艺气温度上升。

2）气化炉液位计指示失真的处理

（1）联系仪表检查,处理液位计。由中控人员检查 DCS 监控画面气化炉液位中控指示是否走直线或者显示信号消失或者到零指示或者满量程。由中控人员联系仪表人员对气化炉中控 DCS 液位计进行检查并处理。

（2）检查洗涤塔液位及洗涤塔的进出水量,阀位的变化情况。由中控人员检查碳黑洗涤塔液位并与现场液位计进行对照确认液位,检查碳黑洗涤塔进出水量大小,流量调节阀门的开度变换。

（3）中控人员检查出气化炉工艺气温度变化。

（4）实际液位高的处理。中控人员适当减少入气化炉激冷水量。

（5）由中控人员适当增加出气化炉碳黑水量。

（6）实际液位低的处理。由中控人员适当增加入气化炉激冷水量。

（7）由中控人员适当减少出气化炉碳黑水量。

3. 注意事项

中控液位计失真后,应派专人在现场监护气化炉液位,保持与中控联系防止气化炉因为满液淹砖或液位低联锁停车。

（二）火嘴燃烧不好的原因分析及处理

1. 准备工作

（1）工具准备:防爆阀门扳手、气体检测仪、防爆对讲机;

（2）劳保着装:工作服、工作鞋、安全帽、防护眼镜、手套、耳塞。

CCCA001 火嘴燃烧不好的原因分析

2. 操作规程

1）火嘴燃烧不好的原因

（1）升温天然气阀门开度过大导致进入气化炉气量过多大,升温天然气阀门开度过小导致进入气化炉天然气量小;

（2）火嘴风门调节开度过大或过小;

（3）蒸气吸引器低压蒸汽阀门开度过大导致气化炉炉内负压过大将火焰抽灭或过小导致气化炉火焰回火;

（4）蒸气吸引器工艺气阀开度过大或过小。

2）火嘴燃烧不好的处理

（1）观察气化炉底部导淋排液适当调整升温天然气气量。若水颜色偏黑则适当关小天然气量，若正常则稍增加天然气量。

（2）观察气化炉炉内火焰颜色。若火苗偏黄适当开大风门开度，若火焰闪烁关小风门。

（3）观察气化炉炉内火焰形状。若成顺条状，适当关小吸引器低压蒸汽开度，若有回火现象适当开大吸引器低压蒸汽开度。

（4）将吸引器工艺气阀开至固定阀位并保持。

3.注意事项

调节应缓慢，每次调节都要微调，不可使调节阀开关过大，避免将炉火抽灭和回火伤人。

CCCB001 火嘴燃烧不好的处理方法
CBCB001 升温烧嘴燃烧不好的处理方法

项目二　低温甲醇洗相关事故判断与处理

一、相关知识

精馏塔回流包括塔顶的液相回流与塔釜部分汽化造成的气相回流，回流是构成汽液两相接触传质使精馏过程得以连续进行的必要条件，若塔顶没有液相回流，或是塔底没有再沸器产生蒸汽回流，则塔板上的汽液传质就缺少了相互作用的一方，失去了塔板的分离作用。因此，回流液的逐板下降和蒸汽的逐板上升是实现精馏的必要条件。

二、技能要求

CACA004 甲醇水精馏塔塔顶回流中断的判断与处理
CACB004 甲醇水精馏塔塔顶回流中断的判断与处理

（一）甲醇水精馏塔塔顶回流中断的判断与处理

1.准备工作

（1）工具准备：防爆阀门扳手、气体检测仪、防爆对讲机；

（2）劳保着装：工作服、工作鞋、安全帽、防护眼镜、手套、耳塞。

2.操作规程

甲醇水精馏塔塔顶回流中断的判断：

（1）精馏塔顶回流流量指示归零；

（2）精馏塔顶温度上升极快；

（3）塔盘温度上涨；

（4）塔液位下降；

（5）塔顶和塔底产品不合格。

甲醇水精馏塔塔顶回流中断的处理：

（1）减量：甲醇水精馏塔立刻减负荷运行，减少塔底排放。

（2）处理程序：①检查精馏塔回流泵运行正常，如不正常立即按规定启动备用泵；②检查回流调节阀是否有问题，前后截止阀是否关闭，如调节阀有问题联系仪表处理；③检查回流表指示是否错误，联系仪表检查。

（3）恢复：回流量恢复后，甲醇水精馏塔逐步恢复负荷，调整精馏塔至正常。

3. 注意事项

(1)须穿戴好劳动保护用品；

(2)在对甲醇水精馏的操作工作中,如果发生介质的泄漏,作业监护人员需要第一时间上报,并做好个人防护工作,防止烫伤,必要时佩戴相应的防毒面具、空气呼吸器。

CAAD003 甲醇洗循环气压缩机的停车操作

（二）甲醇洗循环气压缩机的停车操作

1. 准备工作

(1)工具准备:防爆阀门扳手、气体检测仪、防爆对讲机；

(2)劳保着装:工作服、工作鞋、安全帽、防护眼镜、手套、耳塞。

2. 操作规程

(1)检查压缩机运行状况:检查压缩机入口、出口压力正常,电流在正常范围内。检查压缩机润滑油系统正常,油压、油温在正常范围内；

(2)关闭压缩机入口电磁阀,压缩机卸载；

(3)调整压缩机入口压力:逐渐调整压缩机入口进气量,调整幅度不能过大,防止造成工况波动；

(4)确认后停压缩机:确认压缩机负荷已降至最低,工艺气在压缩机入口放空,通过调度联系电气岗位做好电网平衡,电气岗位做好准备同意停机,执行停机操作；

(5)检查辅助油泵是否自启,否则迅速启动辅助油泵:压缩机停机后立即确认润滑油压力在正常范围内,现场确认辅助油泵已自启切运行稳定,若未自启立即手动启动辅助油泵,防止停机后主油泵停车,润滑系统异常对压缩机造成损伤；

(6)关闭压缩机出入口阀:压缩机停机后应及时关闭压缩机出口两道阀,防止出口单向阀内漏造成高压的工艺气反窜。

3. 注意事项

(1)循环气压缩机停机后应及时关闭出口阀,防止单向阀故障造成压力较高的工艺气反窜回压缩机；

(2)循环气压缩机停机后应保持辅助油泵运行,防止造成压缩机损坏。

项目三　离心泵相关事故判断与处理

CCBA018 离心泵反转原因

CBBA018 离心泵反转的原因

一、相关知识

（一）离心泵反转的原因

离心泵泵壳上有泵的转向指示,如泵的转向逆向转动,则为反转。离心泵反转的原因主要有:

(1)由于接线错误造成的电动机反转；

(2)由于开泵时先开出口阀、后启动电动机,介质在出口形成倒流；

(3)由于停泵时先停止泵运转,后关闭出口,造成介质在出口形成倒流。

(二)离心泵的气蚀

1. 离心泵气蚀的原因分析

气蚀现象:离心泵运行时,如泵的某区液体的压力低于当时温度下的液体汽化压力,液体会开始汽化产生气泡;也可使溶于液体中的气体析出,形成气泡。当气泡随液体运动到泵的高压区后,气体又开始凝结,使气泡破灭。气泡破灭的速度极快,周围的液体以极高的速度冲向气泡破灭前所有的空间,即产生强烈的水力冲击,引起泵流道表面损伤,甚至穿透。称这种现象为气蚀。

离心泵气蚀的原因主要有:

(1)吸入泵的安装高度过高,灌注泵的灌注头过低;

(2)泵吸入管局部阻力过大;

(3)泵送液体的温度高于规定温度;

(4)泵的运行工况点偏离额定点过多;

(5)闭式系统中的系统压力下降。

2. 离心泵气蚀的处理方法

离心泵气蚀现象是一种流体力学的空化作用,与旋涡有关。离心泵运转时处于负区的流体在运动过程中压力降至其临界压力(一般为饱和蒸汽压)之下时,局部地方的流体发生汽化,产生微小空泡团;同时,使溶解在液体内的气体逸出;当气泡随液体流到叶道内压力较高处时,外面的液体压力高于汽泡内的汽化压力,则汽泡又重新凝结溃灭形成空穴,瞬间内周围的液体以极高的速度向空穴冲来,造成液体互相撞击,局部地方引发水锤作用,使局部的压力骤然增加(有的可达数百个大气压);汽泡在叶轮壁面附近溃灭,则液体就像无数个小弹头一样,连续地打击金属表面其撞击频率很高,金属表面因冲击疲劳而剥裂。上述这种液体汽化、凝结、冲击、形成高压、高温、高频冲击负荷,造成全属材料斗的机械剥裂与电化学腐蚀破坏的综合现象称为气蚀。发生汽蚀时,须及时处理:

(1)调整工况,降低介质的浓度、温度,提高入口压力;

(2)增大吸入管道管径,增加诱导轮,叶轮采用抗汽蚀材料;

(3)降低水泵安装高度、提高入口储罐安装高度,提高入口液位。

(三)离心泵气缚

1. 离心泵气缚的原因分析

气缚是离心泵启动后,因泵内存有空气且空气密度很低,旋转后产生的离心力小,因而叶轮中心区所形成的低压不足以将储槽内的液体吸入泵内,虽启动离心泵也不能输送液体的这种现象,表示离心泵无自吸能力,所以必须在启动前向壳内灌满液体。

离心泵气缚原因主要有:

(1)进液温度高;

(2)未灌泵或灌泵不满;

(3)泵体内有气体;

(4)保证泵进口畅通阻塞;

(5)输入管路漏气。

CBBA038 离心泵汽蚀的知识

CCCA007 离心泵气蚀原因分析

CBCA007 离心泵气蚀的原因分析

CCBA038 离心泵产生汽蚀的原因

CCCB008 离心泵气蚀处理方法

CBCB008 离心泵气蚀的处理方法

CCCA012 离心泵气缚的原因分析

CBCA012 离心泵气缚的原因分析

| CCCB007 离心泵气缚处理的方法 |
| CBCB012 离心泵气缚的处理方法 |
| CBCB007 离心泵气缚处理方法 |

2. 离心泵气缚的处理

由于启动前泵内未充满液体,叶轮旋转时空气密度小而产生的离心力下降,吸入口处所形成的真空不足以将液体吸入泵内,离心泵则打不出量;当叶轮入口处的最低压力不大于被吸入液体在输送温度下的饱和蒸汽压时,导致介质气蚀,也会因同样的原理而造成的离心泵打不出量。可分别采取停泵并重新向壳体内充入液体,或提高入口压力的方法加以排除位修等措施加以消除。

（四）运转设备运行参数异常的判断

| CCCA008 运转设备运行参数异常判断 |
| CBCA008 运转设备运行参数异常的判断 |

一般离心泵:滑动轴承的温度不应大于70℃,滚动轴承的温度不应大于80℃;特殊轴承的温度应符合设备技术文件的规定;轴承温度不得超过环境温度40℃;

一般离心泵:振值控制在70μm,位移控制在±0.5mm。汽轮机转速在1500r/min时,振动双振幅在50μm以下为良好,70μm以下为合格;汽轮机转速在3000r/min,振动双振幅25μm以下为良好,50μm以下为合格。当设备参数超过上述规定,即判定运行参数异常。

（五）离心泵轴承温度升高的判断与处理

| CCCB014 离心泵轴承温升高处理方法 |
| CBCB014 离心泵轴承温度升高的处理方法 |

(1)离心泵轴承温度偏高的原因:①电动机与泵轴不同心;②润滑油不够;③润滑油乳化变质或有杂质,不合格;④润滑油过多;⑤冷却水中断;⑥甩油环跳出固定位置;⑦轴承损坏;⑧轴弯曲,转子不平衡。

(2)离心泵轴承温度偏高处理方法:①联系钳工修理;②加足润滑油;③更换合格润滑油或加注新润滑脂;④调节润滑油位合适;⑤调节冷却水,保证冷却水畅通;⑥切换至备用泵,联系钳工维修。

| CACA005 离心泵抽空处理 |
| CACB005 离心泵抽空处理 |
| CBCB003 离心泵抽空处理 |

二、技能要求

（一）离心泵抽空处理

1. 准备工作

(1)工具准备:阀门扳手、气体检测仪、防爆对讲机;

(2)劳保着装:工作服、工作鞋、安全帽、防护眼镜、手套、耳塞。

2. 操作规程

(1)离心泵抽空现象:①出口压力波动较大;②泵振动较大;③机泵有杂音出现;④管线内有异声;⑤因压力不够,轴向窜动引起泄漏;⑥塔、罐、容器液面低;⑦仪表指示有波动;⑧压力、电流波动或无指示。

(2)机泵抽空的处理:①若是入口漏气,则应停泵检查离心泵的泄漏入口管线及法兰;②若是入口堵塞,则应停泵检查离心泵的泄漏入口管线及叶轮,进行吹扫后进行检修;③若是入口压力不够,则应提高液面背压;④若是入口介质温度过高,则应降低介质温度,将离心泵内蒸汽放空排净;⑤若是入口阀未开或是阀芯脱落,则应打开阀门或换泵后进行检修;⑥若是出口开度太大(小),则应进行适当调整各阀开度;⑦若是塔或容器内液面液位低,则应暂时关小离心泵出口阀门或进行停泵处理,待液面上升后恢复;⑧若是叶轮或是内磨环磨损,则应适时进行更换;⑨若是电动机反转,则应及时调整转向。

3. 注意事项

(1)泵抽空处理时严禁打开放空阀;

（2）迅速查明抽空原因,防止抽空时间过长,损坏机泵。

（二）离心泵运行状况的判断方法

1. 准备工作

（1）工具准备:阀门扳手、气体检测仪、防爆对讲机;

（2）劳保着装:工作服、工作鞋、安全帽、防护眼镜、手套、耳塞。

2. 操作规程

（1）监听机泵各部的振动和声音情况,检查各部零件和地脚螺栓是否松动;

（2）检查端面密封的泄漏情况,保持适当的密封油压,端面泄漏量每分钟不大于 10 滴。停用的机泵机械密封不允许有泄漏现象,如有发现应及时消除漏点;

（3）采用滚动轴承的机泵在正常运转中中,其温度最高不能超过 60~70℃;滑动轴承的,其最高温度控制在 40~50℃;

（4）检查冷却水系统是否畅通以及填料箱冷却水量、泵体冷却水回水温度情况,保证轴承和机封冲洗水的温度在正常范围;

（5）机泵的润滑油必须做到三级过滤,油位要保证达到规定值,出入口阀要保证畅通好用,发现油变质应及时换;

（6）不论是试车还是正常操作,严禁离心泵在抽空和允许的最低流量以下及关闭出口阀的状态下长时间工作;

（7）日常备用的机泵要按期进行清洁和设备的整体维护工作。离心泵的盘车必须采用手动方式进行操作,每次盘车按 180°旋转,通过经常盘车来不断改变轴的受力方向,防止轴产生弯曲变形。

3. 注意事项

机泵运行重点在于日常维护,巡检过程中应及时发现离心泵故障早期的现象,并对其加强监护,做到预知性检修。

（三）离心泵轴承温度超高的判断

1. 准备工作

（1）工具准备:阀门扳手、气体检测仪、防爆对讲机;

（2）劳保着装:工作服、工作鞋、安全帽、防护眼镜、手套、耳塞。

2. 操作规程

（1）确认轴承温度:轴承正常运行时温度稳定,随环境气温波动,但幅度不大,如果明显超出了正常运行时的温度,则可判定轴承温度超高;

（2）检查润滑油油位:润滑油油位偏低,不能形成良好的润滑,轴承运转产生的热量增加,润滑油不能及时带走热量,造成轴承温度超高;

（3）检查轴承箱冷却水:轴承冷却水中断或者流量降低,冷却效果下降会造成润滑油温度升高;

（4）检查油孔、油路:油路不畅或油孔堵塞,造成润滑油流通不畅,不能及时带走轴承运转产生的热量,造成轴承温度升高;

（5）检查轴承振动、声音:轴承的振动、声音异常,可能预示着轴承进入了严重磨损期或已经损坏,运行工况恶劣,发热增加,造成轴承温度超高;

CBCA005 离心泵运行状况的判断方法

CACA001 离心泵轴承温度超高的判断

CBCA001 离心泵轴承温度超高的判断

（6）检查润滑油质量：润滑油油质发生变化，润滑效果降低，轴承运转产生的热量增加，造成轴承温度超高。

3. 注意事项

（1）离心泵轴承温度高应及时检查原因并进行处理，否则会发生轴承烧损，引起严重的事故；

（2）离心泵轴承温度高应加强监护，若备用泵备用正常应及时进行切换。

项目四　阀芯脱落相关事故判断

一、相关知识

（一）阀芯脱落的判断

明杆阀门的阀杆转动，阀门开关没有尽头，开关阀门用力较正常状况时小，阀门关闭后不能打开，根据现场流量及压力进行判断。

（二）阀门常见故障原因分析

CBCA010 阀门常见故障原因分析

阀门常见故障原因主要有：

1. 填料函泄漏

原因：（1）填料与工作介质的腐蚀性、温度、压力不相适应；（2）装填方法不对，尤其是整根填料备用旋转放入，最易产生泄漏；（3）阀杆加工精度或表面光洁度不够，或有椭圆度，或有刻痕；（4）阀杆已发生点蚀，或因漏天缺乏保护而生锈；（5）阀杆弯曲；（6）填料使用太久已经老化；⑦操作太猛。

2. 关闭件泄漏原因

（1）密封面研磨得不好；

（2）密封圈与阀座、阀芯配合不严紧；

（3）阀芯与阀杆连接不牢靠；

（4）阀杆弯扭，使上下关闭件不对中；

（5）关闭太快，密封面接触不好或早已损坏；

（6）材料选择不当，经受不住介质的腐蚀；

（7）将截止阀、闸阀作调节使用，密封面经受不住高速流动介质的冲击；

（8）某些介质，在阀门关闭后逐渐冷却，使密封面出现细缝，也会产生冲蚀现象；

（9）某些密封圈与阀座、阀芯之间采用螺纹连接，容易产生氧浓差电池，腐蚀松脱；

（10）因焊渣、铁锈、尘土等杂质嵌入，或生产系统中有机械另件脱落堵住阀芯，使阀门不能关严。

3. 阀杆升降失灵的原因

（1）操作过猛使螺纹损伤；

（2）缺乏润滑剂或润滑剂失效；

（3）阀杆弯扭；

（4）表面光洁度不够；

(5)配合公差不准,咬得过紧;

(6)阀杆螺母倾斜;

(7)材料选择不当;例如阀杆与阀杆螺母为同一材质,容易咬住;

(8)螺纹波介质腐蚀(指暗杆阀门或阀杆在下部的阀门);

(9)漏天阀门缺少保护,阀杆螺纹粘满尘砂,或者被雨漏霜雪等锈蚀。

4. 其他

(1)阀体开裂:一般是冰冻造成的。天冷时,阀门要有保温伴热措施,否则停产后应将阀门及连接管路中的水排净(如有阀底丝堵,可打开丝堵排水)。

(2)手轮损坏:撞击或长杠杆猛力操作所致。只要操作人员或其他有关人员注意,便可避免。

(3)填料压盖断裂:压紧填料时用力不均匀,或压盖有缺陷。压紧填料,要对称地旋转螺栓,不可偏歪。制造时不仅要注意大件和关键件,也要注意压盖之类次要件,否则影响使用。

(4)阀杆与闸板连接失灵:闸阀采用阀杆长方头与闸板 T 形槽连接,T 形槽内有时不加工,因此使阀杆长方头磨损较快。主要从制造方面来解决。但使用单位也可对 T 行槽进行补加工,让它有一定光洁度。

二、技能要求

CACA003　阀芯脱落的判断

CBCA003　阀芯脱落的判断

(一)准备工作

(1)工具准备:阀门扳手、气体检测仪、防爆对讲机;

(2)劳保着装:工作服、工作鞋、安全帽、防护眼镜、手套、耳塞。

(二)操作规程

(1)阀前压力升高:有些阀门阀芯脱落,会造成阀门关闭,引起阀前压力升高;

(2)阀后断流:有些阀门阀芯脱落,会造成阀门关闭,造成阀后管路断流;

(3)阀后压力下降:有些阀门阀芯脱落,会造成阀门关闭,阀后管路因断流压力下降;

(4)流量计显示减少或为零:有些阀门阀芯脱落,会造成阀门关闭,阀后管路断流造成流量计显示下降;

(5)阀前安全阀起跳(如果有):有些阀门阀芯脱落,会造成阀门关闭,阀前管路憋压引起安全阀起跳;

(6)工艺有波动或不正常:有些阀门阀芯脱落,会造成阀门关闭,管路介质流量大幅度,引起工艺生产波动;

(7)装置不正常停车:有些阀门阀芯脱落,会造成阀门关闭,切断生产所需物料,引起装置非正常停车。

(三)注意事项

(1)阀门阀芯脱落会造成阀前管路憋压、超压,阀后管路断流、降压,引起事故的发生;

(2)阀门阀芯脱落短时间内原因难以确认,工艺处置须平稳有效,及时发现问题。

项目五　泵轴承箱机械密封泄漏的处理

一、相关知识

机械密封是一种液体选装机械密封的轴封装置，它是有两个和轴垂直的相对运动的密封端面进行的，所以也叫端面密封，在国家有关对机械密封的标准中是这样定义的：由至少一对垂直于旋转轴线的端面在液体压力和补偿机构弹力（或磁力）的作用以及辅助密封的配合下保持贴合并相对滑动而构成的防止液体泄漏的装置。

机械密封的结构主要有四部分组成：第一部分是由动环和静环组成密封端面，有时也称为摩擦副，第二部分是由弹性原件为只要零件组成的缓冲补偿，其作用是使密封端面紧密贴合，第三部分是复制密封圈，其中有动环和静环密封圈，第四部分是使动环随轴旋转的传动机构。

轴通过传动座和推环，带动动环旋转，静环固定不懂，依靠介质压力和弹簧力使动静环之间的密封端面紧密贴合，阻止了介质的泄漏，摩擦副表面磨损后，在弹簧的推动下实现补偿，为了防止介质通过动环与轴之间的泄漏，装有动环密封圈，而静环密封圈则阻止了介质沿静环和压盖之间的泄漏。

离心泵机械密封泄漏是因为：

（1）动静环的密封面接触不好，密封圈的密封性不好，轴有槽沟，表面有腐蚀等；

（2）较长时间抽空后密封圈坏，弹簧断；

（3）弹簧压力过大，密封表面的强度不够，材质不好；

（4）操作不稳波动较大，泵振动。

CACB003 泵轴
承箱机械密封
泄漏的处理

CBCB002 泵轴
承箱机械密封
泄漏的处理

二、技能要求

（一）准备工作

（1）工具准备：阀门扳手、气体检测仪、防爆对讲机；

（2）劳保着装：工作服、工作鞋、安全帽、防护眼镜、手套、耳塞。

（二）操作规程

（1）检查机泵泄漏情况，如若泄漏量可控制，不影响机泵运行，可继续观察运行；

（2）机泵泄漏量可控制观察运行时，需将泄漏油回收处理，避免污染环境；巡检时观察轴承箱油位，保持轴承箱液位在正常范围内；

（3）检查机泵泄漏情况，如若泄漏量无法控制，现场须进行倒泵检修处理，并确保备用泵运行正常；

（4）工艺人员将泄漏机泵进行置换置换。按照操作规程进行冲洗置换或者气体置换合格，确保机泵内无工艺介质，防止拆卸过程伤人；根据检修进度要求，将轴承箱内的润滑油排出；

（5）检查泄漏机泵具体部位，拆检机械密封，并判断泄漏部位及泄漏原因，以便此后操作避免再次发生泄漏，或者根据工艺条件变化，合理的更换备件材质，以符合工艺的操作；

（6）落实备件,更换机械密封,采取相关的方法检测机械密封的完好性及密封性,避免备件不合格导致检修重复进行。

（三）注意事项

（1）轴承箱机封发生泄漏后,须及时将泄漏油回收,避免污染环境；

（2）在操作过程中要注意劳保着装规范,避免人身伤害。

模块七　绘图与计算

项目一　绘图

一、相关知识

（一）装置方框图的绘制

把装置各部分,包括主要的原料制取和分离过程用方框表示的图叫方框图。

（二）装置PFD流程图的绘制

物料流程图也称PFD图,是一种示意性的展开图,一般视工艺的复杂程度,或者以全厂或者以车间或工段为单位绘制的。PFD图中设备以示意的图形或符号按工艺过程顺序用细实线画出,流程图中的主要物料用粗实线表示,流程方向用箭头画在流程线上,同时在流程上标注出各物料的组分、流量以及设备特性数据等。

二、技能要求

`CBDA001 装置方框图的绘制`
`CADA001 装置方框图的绘制`

（一）装置方框图的绘制

1. 准备工作

熟悉装置生产过程以及物料的走向。

2. 操作规程

（1）熟悉物料的生成和流程走向;

（2）对方框图进行合理的布局;

（3）画出正确的流程走向;

（4）流程图内设备位置正确,无遗漏,排列整齐;

（5）对方框图的主要标注符合要求;

（6）检查所画方框图的正确无误。

3. 注意事项

绘制方框图时要注意主要物料的流向正确。

`CADA002 装置PFD流程图的绘制`
`CBDA002 装置PFD流程图的绘制`

（二）装置PFD流程图的绘制

1. 准备工作

（1）工具准备:防爆手电、防爆对讲机。

（2）人员穿戴劳保着装:工作服、工作鞋、安全帽、防护眼镜、手套。

（3）熟悉所要绘制系统的工艺流程走向、公用工程系统、全部设备。

2. 操作规程

（1）确认绘制图纸幅面的大小,工艺流程走向正确,设备符号布局合理;

（2）流程图内设备位置正确,无遗漏,排列整齐,物料线走向正确合理,能够准确表达工

艺物料的走向;

(3)标注符号要求。

3.注意事项

设备大小没有比例画面,但应尽量有相对大小的概念,有位差要求的设备,应表示其相对高度位置。

项目二 计算

一、相关知识

(一)物料流量的计算

精馏塔全塔物料衡算公式:

总物料 $$F=D+W \tag{2-7-1}$$

易挥发组分 $$Fx_F=Dx_D+Wx_W \tag{2-7-2}$$

式中 F——原料液流量,kmol/h;

D——塔顶产品(馏出液)流量,kmol/h;

W——塔底产品(釜残液)流量,kmol/h;

x_F——原料液中易挥发组分的摩尔分数;

x_D——馏出液中易挥发组分的摩尔分数;

x_W——釜残液中易挥发组分的摩尔分数。

(二)添加剂的加入量的计算

化学助剂注入量的计算公式:

$$化学助剂注入量=总溶液量×需要化学助剂的含量 \tag{2-7-3}$$

(三)物料浓度的计算

物料摩尔浓度的计算公式:

$$摩尔浓度=\frac{溶质物质的量}{溶液的体积} \tag{2-7-4}$$

(四)转化率的计算

转化率的计算公式:

$$\alpha=\frac{B}{A}×100\% \tag{2-7-5}$$

式中 α——甲烷转化率,%;

A——原料烃中的总碳量;

B——转化了的总碳量。

CADB001 物料
流量的计算

CADB001 物料
流量的计算

二、技能要求

(一)物料流量的计算

1.计算步骤

(1)根据已知情况,进行数据归纳;

（2）对归纳数据进行处理；

（3）根据精馏塔全塔物料衡算公式，代入归纳的数据，进行精确的计算；

（4）分析计算的结果，并做出解答。

【例1-7-1】 某甲醇水精馏塔，其进料量为2.0t/h，塔底产品流量为1.5t/h，则其塔顶产品的流量为多少？

解：根据精馏塔全塔物料衡算公式：

$$F = D + W$$

得，塔顶产品的流量：

$$D = F - W = 2.0 - 1.5 = 0.5(t/h)$$

答：塔顶产品的流量为0.5t/h。

2. 注意事项

注意物料流量的单位一致性。

CBDB002 添加剂的加入量的计算

CADB002 添加剂的加入量的计算

（二）添加剂的加入量的计算

1. 计算步骤

（1）根据已知情况，进行数据归纳；

（2）对归纳数据进行处理；

（3）根据化学助剂注入量的计算公式，代入归纳的数据，进行精确的计算；

（4）分析计算的结果，并做出解答

【例1-7-2】脱碳系统原始开车时需要配制220t脱碳液，其中化学助剂PIP含量为3%，求所需化学助剂PIP的注入量。

解：根据化学助剂注入量的计算公式：

化学助剂注入量＝总溶液量×需要化学助剂的含量得化学助剂PIP注入量＝220×3%＝6.6(t)

答：需化学助剂PIP的注入量为6.6t。

2. 注意事项

注意溶液总量数据的采集。

CADB003 物料浓度的计算

BDB003 物料浓度的计算

（三）物料浓度的计算

1. 计算步骤

（1）根据已知情况，进行数据归纳；

（2）对归纳数据进行处理；

（3）根据物料摩尔浓度的计算公式，代入归纳的数据，进行精确的计算；

（4）分析计算的结果，并做出解答。

【例1-7-3】 在标准状况下，1体积水里能溶解560体积氨气，所得氨水的密度为0.91g/mL，求此氨水的摩尔浓度。

解：氨水的摩尔浓度＝$\dfrac{溶质氨气的量}{氨水溶液的体积}$

$$= \cfrac{\cfrac{560}{22.4}}{\left(\cfrac{560}{22.4} \times 17 + 1000\right) \div 0.91 \div 100} \approx 16\,(\text{mol/L})$$

答:此氨水的浓度是16mol/L。

2. 注意事项

注意物料的单位换算。

CADB004　转化率的计算

CBDB004　转化率的计算

(四)转化率的计算

1. 计算步骤

(1)根据已知情况,进行数据归纳;

(2)对归纳数据进行处理;

(3)根据转化率的计算公式,代入归纳的数据,进行精确的计算;

(4)分析计算的结果,并做出解答。

【例1-7-4】　已知一段转化炉出口气体组成为:CO 13%;CO_2 15.5%;CH_4 8.5%;H_2 63%;求一段炉的甲烷转化率应为多少?

解:由转化率的计算公式:

$$\alpha = \frac{B}{A} \times 100\%$$

得,一段炉的甲烷转化率:

$$\alpha = \frac{13\% + 15.5\%}{13\% + 15.5\% + 8.5\%} \times 100\% \approx 77.03\%$$

答:一段炉的甲烷转化率应为77.03%。

2. 注意事项

注意所求物质的含量的采集。

理论知识练习题

职业通用初级工理论知识练习题及答案

一、单项选择题(每题有 4 个选项,只有 1 个是正确的,将正确的选项号填入括号内)

1. ABG001　二氧化硫中硫的化合价为(　　　)。
　　A. -6　　　　　　　　B. +4　　　　　　　　C. -2　　　　　　　　D. -1
2. ABG001　在化合物里,元素的正负化合价之和为(　　　)。
　　A. 正数　　　　　　　B. 负数　　　　　　　C. 正数和负数　　　　D. 零
3. ABG001　在单质里,元素的化合价为(　　　)。
　　A. 正价　　　　　　　B. 负价　　　　　　　C. 正价和负价　　　　D. 零
4. ABG002　在酒精(C_2H_5OH)和水(H_2O)的混合液中,酒精的质量为 15kg,水的质量为 25kg,求混合物中酒精的质量分数(　　　)。
　　A. 0.182　　　　　　B. 1.214　　　　　　C. 0.254　　　　　　D. 0.375
5. ABG002　溶质溶于水的过程(　　　)。
　　A. 是物理过程
　　B. 是化学过程
　　C. 既有化学过程又有物理过程
　　D. 既没有发生物理变化,又没有发生化学变化
6. ABG002　低温甲醇洗脱碳是利用二氧化碳在低温甲醇中溶解度(　　　)的特性。
　　A. 很大　　　　　　　B. 微溶　　　　　　　C. 不溶　　　　　　　D. 无法判断
7. ABG003　与固体的溶解相反的过程称为(　　　)。
　　A. 萃取　　　　　　　B. 过滤　　　　　　　C. 结晶　　　　　　　D. 溶解
8. ABG003　下列说法中不正确的是(　　　)。
　　A. 溶质从溶液中析出形成晶体的过程叫作结晶
　　B. 食盐溶液中含有结晶水
　　C. 含有结晶水的的物质叫作结晶水和物
　　D. 晶体吸收空气中的水蒸气在表面逐渐溶液的现象叫作潮解
9. ABG003　碘容易升华,因为(　　　)。
　　A. 碘的化学性质活泼　　　　　　　　　　B. 碘分子中键能较小
　　C. I-I 键键长较大　　　　　　　　　　　　D. 碘是分子晶体,分子间作用力较小
10. ABG004　不同液体在相同温度下,易挥发液体与难挥发液体间饱和蒸气压的关系是(　　　)。
　　A. 易挥发液体等于难挥发液体　　　　　　B. 易挥发液体小于难挥发液体
　　C. 易挥发液体不小于难挥发液体　　　　　D. 易挥发液体大于难挥发液体
11. ABG004　在一定温度下,气液两相处于动态平衡的状态,也称它为(　　　)状态。
　　A. 饱和蒸汽　　　　　B. 饱和　　　　　　　C. 平衡　　　　　　　D. 饱和压力

12. ABG004 在一定温度下，气液达到动态平衡时，气相部分所具有的压力称为(   )。

    A. 静压强   B. 蒸气压强   C. 饱和蒸汽压   D. 平衡

13. ABG005 在20℃时，把50g的食盐放入100mL水中，经过相当长的时间后，得到饱和溶液，此时(   )。

    A. 溶解速度和结晶速度都为零   B. 溶解速度大于结晶速度

    C. 溶解速度小于结晶速度   D. 溶解速度等于结晶速度，但都不为零

14. ABG005 以下关于饱和溶液的说法，正确的是(   )。

    A. 饱和溶液一定是浓溶液   B. 饱和溶液一定是稀溶液

    C. 溶液的饱和性与温度无关   D. 饱和溶液不一定是浓溶液

15. ABG005 在一定温度下，某种溶液达到饱和时(   )。

    A. 已溶解的溶质和未溶解的溶质的质量相等

    B. 溶解和结晶都不再进行

    C. 溶液的浓度不变

    D. 此溶液一定是浓溶液

16. ABG006 在通常情况下，气体的溶解度随温度升高而(   )，随压强的增大而(   )。

    A. 增大 减小   B. 减小 增大   C. 增大 增大   D. 减小 减小

17. ABG006 大部分固体物质的溶解度随温度的升高而(   )。

    A. 增大   B. 减小   C. 不变   D. 不确定

18. ABG006 要增加硝酸钾的溶解度，可采用的措施是(   )。

    A. 增大溶剂量   B. 充分震荡   C. 降低温度   D. 升高温度

19. ABG007 下列气体只具氧化性的有(   )。

    A. 氯化氢   B. 氢气   C. 氯气   D. 氟气

20. ABG007 下列叙述中，正确的是(   )。

    A. 分解反应都是氧化–还原反应

    B. 化合反应都是氧化–还原反应

    C. 置换反应一定是氧化–还原反应

    D. 复分解反应中，有一部分属于氧化–还原反应

21. ABG007 下列关于氧化、还原反应的说法，不正确的是(   )。

    A. 氧化、还原反应总是同时发生

    B. 还原反应得到电子，元素化合价降低

    C. 氧化反应得到电子，元素化合价降低

    D. 氧化反应过程中得到的电子等于还原反应过程中失去的电子

22. ABG008 在氧化–还原反应中，氧化剂(   )。

    A. 失去电子   B. 得到电子   C. 既不失去也不得到电子 D. 化合价升高

23. ABG008 在高温时，下列物质发生分解反应，但不属于氧化–还原反应的是(   )。

    A. 碘化氢   B. 碳酸钙   C. 氯酸钾   D. 高锰酸钾

24. ABG008 下列微粒中还原性最强的是(   )。

    A. 碘离子   B. 氟离子   C. 氯原子   D. 碘原子

25. ABG009 实现下列变化,需要加入氧化剂的有(   )。

    A. $HCl→Cl_2$　　　　　　B. $NaCl→HCl$　　　　C. $HCl→H_2$　　　　　D. $CaCO_3→CO_2$

26. ABG009 下列物质的转化过程是与氧化剂发生反应的结果的是(   )。

    A. $SO_3→H_2SO_4$　　　　B. $MnO_2→MnSO_4$　　C. $FeCl_3→FeCl_2$　　D. $Na_2S→S$

27. ABG009 由于容易被空气中的氧气氧化而不宜长期敞口存放的溶液是(   )。

    A. 高锰酸钾溶液　　　　B. 硫化氢溶液　　　　C. 硝酸银溶液　　　　D. 氯化铁溶液

28. ABG010 在反应中,铁是(   )。

    A. 氧化剂　　　　　　　B. 还原剂　　　　　　　C. 催化剂　　　　　　　D. 脱水剂

29. ABG010 下列含氮的化合物中,只能作还原剂的是(   )。

    A. NO_2　　　　　　　　B. NO　　　　　　　　C. NH_3　　　　　　　　D. N_2O_5

30. ABG010 下列卤族单质中不具有还原性的是(   )。

    A. F_2　　　　　　　　　B. Cl_2　　　　　　　　C. Br_2　　　　　　　　D. I_2

31. ABG011 下面(   )是乙烷的分子式。

    A. C_2H_4　　　　　　　　B. C_2H_6　　　　　　　C. C_2H_2　　　　　　　D. C_6H_6

32. ABG011 下面属于饱和烃的是(   )。

    A. 乙烯　　　　　　　　B. 苯　　　　　　　　　C. 甲烷　　　　　　　　D. 乙炔

33. ABG011 下面(   )是辛烷的分子式。

    A. C_6H_{14}　　　　　　　B. C_8H_{18}　　　　　　C. C_7H_{16}　　　　　　D. C_9H_{20}

34. ABG012 下列物质按照沸点从低到高的顺序正确排列的是(   )。

    A. 丙烷、乙烷、甲烷　　　　　　　　　　B. 丙烷、甲烷、乙炔

    C. 甲烷、乙烷、丙烷　　　　　　　　　　D. 乙烷、甲烷、丙烷

35. ABG012 下列说法正确的是(   )。

    A. 甲烷是无色、无味的气体,易溶于水,容易燃烧

    B. 甲烷是无色、无味的气体,难溶于水,容易燃烧

    C. 甲烷是无色、有味的气体,难溶于水,容易燃烧

    D. 以上都不对

36. ABG012 国家西气东输工程中,西气主要成分指的是(   )。

    A. 氢气　　　　　　　　B. 一氧化碳　　　　　　C. 甲烷　　　　　　　　D. 氮气

37. ABG013 燃烧分为(   )个阶段。

    A. 2　　　　　　　　　　B. 3　　　　　　　　　　C. 4　　　　　　　　　　D. 5

38. ABG013 下面不属于灭火基本方法的是(   )。

    A. 冷却法　　　　　　　B. 掩埋法　　　　　　　C. 隔离法　　　　　　　D. 抑制法

39. ABG013 下面不属于固体燃烧形式的是(   )。

    A. 简单可燃固体燃烧　　　　　　　　　　B. 复杂可燃固体燃烧

    C. 结晶体燃烧　　　　　　　　　　　　　D. 高熔点可燃固体燃烧

40. ABG014 除去 CO_2 中混有的少量 SO_2,应使用(   )。

    A. 浓硫酸　　　　　　　　　　　　　　　B. 氢氧化钠溶液

    C. 饱和碳酸氢钠溶液　　　　　　　　　　D. 饱和 $NaHSO_3$ 溶液

41. ABG014 下列物质中不能用于漂白或脱色的是( )。

    A. 氯水　　　　　　　B. 二氧化硫　　　　　C. 活性炭　　　　　　D. 硫化氢

42. ABG014 硫化氢是一种无机化合物,化学式为 H_2S。正常情况下是一种( )、易燃的酸性气体,浓度低时带恶臭,气味如臭蛋。

    A. 无色　　　　　　　B. 绿色　　　　　　　C. 红色　　　　　　　D. 蓝色

43. ABG015 浓硫酸能与非金属反应,因为它是( )。

    A. 强氧化剂　　　　　B. 不挥发性酸　　　　C. 强酸　　　　　　　D. 脱水剂

44. ABG015 亚硫酸的酸酐是( )。

    A. SO_2　　　　　　　B. SO_3　　　　　　　C. H_2S　　　　　　　D. S

45. ABG015 通常情况下,下列各组气体中,能共存的是( )。

    A. H_2、N_2、CO_2　　B. Cl、CO_2、HBr　　C. SO_2、H_2S、H_2　　D. CO_2、H_2S、Cl_2

46. ABG016 下面对一氧化碳叙述正确的是( )。

    A. 无色、有味、有剧毒、比空气轻　　　　B. 无色、无味、有剧毒、比空气轻

    C. 无色、无味、有剧毒、比空气重　　　　D. 无色、无味、有剧毒、比空气重

47. ABG016 要除去二氧化碳气体中的少量的一氧化碳,可将混合气体通过( )。

    A. 澄清的石灰水　　　　　　　　　　　B. 灼热的碳

    C. 水　　　　　　　　　　　　　　　　D. 灼热的氧化铜粉末

48. ABG016 一氧化碳在空气中燃烧火焰是( )。

    A. 红色　　　　　　　B. 蓝色　　　　　　　C. 绿色　　　　　　　D. 紫色

49. ABG017 下述不属于二氧化碳性质的是( )。

    A. 酸性氧化物　　　　B. 不能燃烧　　　　　C. 助燃　　　　　　　D. 易液化

50. ABG017 关于二氧化碳和二氧化硅的叙述正确的是( )。

    A. 它们都是ⅣA族元素最高价氧化物,具有相同的晶体结构

    B. 它们都是酸性气体,溶于水可得到相应的酸

    C. 它们都能与氢氧化钠溶液反应

    D. 它们的物理性质相似

51. ABG017 "干冰"是一种( )。

    A. 氧化剂　　　　　　B. 还原剂　　　　　　C. 灭火剂　　　　　　D. 致冷剂

52. ABG018 甲醇的分子式是( )。

    A. CH_3OH　　　　　B. C_2H_5OH　　　　　C. CH_2OH　　　　　D. CH_3CHO

53. ABG018 常压下甲醇的沸点为( )。

    A. 100℃　　　　　　B. 64.5℃　　　　　　C. 85.1℃　　　　　　D. 76.5℃

54. ABG018 关于甲醇叙述正确的是( )。

    A. 甲醇能用作制酒　　　　　　　　　　B. 甲醇不能与水互溶

    C. 甲醇比水重　　　　　　　　　　　　D. 甲醇可用作甲醛

55. ABG019 下面属于钾离子性质的是( )。

    A. 极易被氧化　　　　　　　　　　　　B. 有银白色金属光泽

    C. 颜色反应为浅紫色　　　　　　　　　D. 颜色反应为黄色

56. ABG019 下列叙述错误的是( )。

A. 随着电子层数的增多,碱金属的原子半径逐渐增大

B. 碱金属具有强还原性,它们的离子具有强氧化性

C. 碱金属单质的熔点.沸点随着原子半径的增大而降低

D. 碱金属都是活泼金属,都易失去一个电子

57. ABG019 下列关于碱金属化学性质的叙述错误的是( )。

A. 化学性质都很活泼

B. 都是强氧化剂

C. 都能和水反应生成氢气

D. 都能在氧气中燃烧生成 M_2O(M 为碱金属)

58. ABG020 下列对液化气泄漏处理不正确的是( )。

A. 切断泄漏阀门 B. 降低液化气压力

C. 用水对泄漏点冲洗 D. 用蒸汽对泄漏点冲洗

59. ABG020 液化气又称之为液化石油气,其爆炸极限为( )。

A. 1.5% ~ 9.5% B. 5% ~ 9.5% C. 2% ~ 7% D. 3% ~ 8%

60. ABG020 液化气又称液化石油气,是由多种烃类气体组成的混合物,主要是由( )组成的。

A. 丙烷、丁烷 B. 甲烷、乙烷 C. 乙烷、丙烷 D. 甲烷、丙烷

61. ABG021 下列叙述正确的是( )。

A. 氨是无色、有刺激性气味、易溶于水且放出大量热的气体

B. 氨是无色、有刺激性气味、不溶于水的气体

C. 氨是有色、有刺激性气味、易溶于水且放出大量热的气体

D. 氨是有色、有刺激性气味、不溶于水的气体

62. ABG021 下列气体中不能用排空气法收集的是( )。

A. 二氧化碳 B. 硫化氢 C. 氨气 D. 三氧化二氮

63. ABG021 氨的分子量是( )。

A. 15 B. 16 C. 17 D. 18

64. ABG022 有一化学反应 $2A+B_2C$ 达到平衡时,增加 A 的浓度,那么( )。

A. C 的量增加 B. B 的量会增加

C. 平衡不移动 D. C 的量会减少

65. ABG022 有一化学反应 $2A+B_2C$ 达到平衡时,如果 A、B、C 都是气体,达到平衡时减少压强则( )。

A. 平衡不移动 B. 有利于正反应

C. 平衡向逆反应移动 D. C 的量会增加

66. ABG022 有一化学反应 $2A+B_2C$ 达到平衡时,如果 B 是气体,增大压强时化学平衡向逆反应方向移动则( )。

A. A 是气体,C 是固体 B. A,B,C 都是气体

C. A,C 都是固体 D. A 是固体,C 是气体

67. ABG023　理想气体状态方程式中的 R 是摩尔气体常数，其数值和量纲错误的是（　　）。

    A. 8314Pa · L/（mol · K）　　　　　　　　B. 8.314Pa · m^3/（mol · K）

    C. 8.314J/（mol · K）　　　　　　　　　　D. 8314Pa · m^3/（mol · K）

68. ABG023　理想气体状态方程的表达式为（　　）。

    A. $RT=pVn$　　　　B. $pn=VRT$　　　　C. $pV=nRT$　　　　D. $n=RT/pV$

69. ABG023　理想流体是（　　）不变，（　　）为零。

    A. 流速　流量　　B. 比容　温度　　C. 比容　黏度　　D. 温度　黏度

70. ABG024　氧的原子量是（　　）。

    A. 16g　　　　　　B. 16　　　　　　C. 2.657×10^{-26}kg　　D. 32

71. ABG024　5CO$_2$ 和 5SO$_2$ 所含的（　　）一样多。

    A. 氧分子　　　　　　　　　　　　　B. 氧元素

    C. 氧原子　　　　　　　　　　　　　D. 氧元素所占的质量分数

72. ABG024　氧气的相对分子量是（　　）。

    A. 32　　　　　　　B. 16　　　　　　C. 24　　　　　　D. 36

73. ABG025　下列气体中，既能用排水法收集，又能用向下排空气法收集的是（　　）。

    A. 水蒸气　　　　　B. 氧气　　　　　C. 氢气　　　　　D. 氯化氢气体

74. ABG025　氢气可以用来冶炼钨、钼等金属，这是因为氢气具有下列性质中的（　　）。

    A. 可燃性　　　　　B. 还原性　　　　C. 密度小于空气　D. 难溶于水

75. ABG025　选出氢气燃烧正确的化学方程式（　　）。

    A. 2H$_2$+O$_2$ ═══2H$_2$O　　　　　　　　B. H$_2$+O$_2$ ═══H$_2$O

    C. 2H$_2$+O$_2$ ═══H$_2$O　　　　　　　　 D. 2H$_2$+2O$_2$ ═══2H$_2$O

76. ABG026　下面不属于氮气的用途的是（　　）。

    A. 是一种重要的化工原料　　　　　　B. 可以作为焊接金属时的保护气

    C. 可以作为水果的催熟剂　　　　　　D. 可以用氮气保存粮食等农副产品

77. ABG026　下列物质中，有游离态氮元素存在的是（　　）。

    A. 氨水　　　　　　　　　　　　　　B. 液氨

    C. 空气　　　　　　　　　　　　　　D. 硝酸铜受热分解的生成物中

78. ABG026　下列对氮气叙述不正确的是（　　）。

    A. 比空气略轻　　B. 无色、无味　　C. 易溶于水　　　D. 沸点比氧气低

79. ABG027　过热蒸汽经节流调节后，压力降低，温度降低，焓值（　　），熵值增加。

    A. 降低　　　　　　B. 增加　　　　　C. 不变　　　　　D. 或高或低

80. ABG027　下面不属于过热蒸汽的是（　　）。

    A. 300℃蒸汽　　　　　　　　　　　　B. 0.1MPa、100℃蒸汽

    C. 0.4MPa、350℃蒸汽　　　　　　　　D. 0.4MPa、450℃蒸汽

81. ABG027　对饱和蒸汽继续（　　），使蒸汽温度升高并超过沸点温度，此时得到的蒸汽称为过热蒸汽。

    A. 加热　　　　　　B. 降温　　　　　C. 加水　　　　　D. 减水

82. ABH001　物体所受的重力称其为（　　）。

    A. 质量　　　　　　B. 重量　　　　　C. 能量　　　　　D. 量度

83. ABH001　重量的属性为(　　)。

　　A. 仅有大小,没有方向　　　　　　　　B. 仅有方向,没有大小

　　C. 既有大小,也有方向　　　　　　　　D. 均没有大小和方向

84. ABH001　物体重量是由(　　)而产生的。

　　A. 自身重量　　　　B. 自身质量　　　　C. 地球排斥力　　　　D. 地球吸引力

85. ABH002　质量的属性为(　　)。

　　A. 随物体形状和温度改变,不随状态和位置变化

　　B. 不随物体形状和温度变化,仅随状态和位置变化

　　C. 均随物体形状、温度、状态和位置变化

　　D. 均不随随物体形状、温度、状态和位置变化

86. ABH002　$M(O) = (　　)$ g/mol。

　　A. 12　　　　　　　B. 14　　　　　　　C. 16　　　　　　　D. 18

87. ABH002　1mol 任何物质都约含有(　　)$\times 10^{23}$ 个微粒。

　　A. 3. 01　　　　　　B. 6. 02　　　　　　C. 9. 03　　　　　　D. 10

88. ABH003　物体单位面积上受到的(　　)称为压强。

　　A. 重量　　　　　　B. 重力　　　　　　C. 压力　　　　　　D. 压强

89. ABH003　下面与固体体积大小无关的是(　　)。

　　A. 压力　　　　　　B. 长　　　　　　　C. 宽　　　　　　　D. 高

90. ABH003　1 立方米是(　　)立方厘米。

　　A. 1000　　　　　　B. 10000　　　　　　C. 100000　　　　　D. 1000000

91. ABH004　理想气体密度的定义式为(　　)。

　　A. $\rho = \dfrac{RT}{pM}$　　　　B. $\rho = RTpM$　　　　C. $\rho = \dfrac{pM}{RT}$　　　　D. $\rho = pM$

92. ABH004　单位体积流体所具有的(　　)称为流体的密度。

　　A. 质量　　　　　　B. 重量　　　　　　C. 体积　　　　　　D. 压强

93. ABH004　一定质量的气体,在温度不变的情况下,它的压强跟体积成(　　)。

　　A. 反比　　　　　　B. 正比　　　　　　C. 没变化　　　　　　D. 倍数

94. ABH005　流体的密度和比容之间成(　　)关系。

　　A. 正比　　　　　　B. 反比　　　　　　C. 倒数　　　　　　D. 倍数

95. ABH005　一定温度下,某流体的密度为 1kg/m³,则某流体的相对密度为(　　)。

　　A. 1　　　　　　　B. 10^3　　　　　　C. 10^3　　　　　　D. 10^{-3}

96. ABH005　在一定温度下,流体的密度与(　　)时纯水的密度之比称之为相对密度。

　　A. 273K　　　　　　B. 277K　　　　　　C. 0K　　　　　　　D. 300K

97. ABH006　对于一步完成的简单反应:$mA + nB \rightarrow C$,其反应速度方程式为(　　)。

　　A. $v = kc_A m$　　　　B. $v = c_A mc_B n$　　　　C. $v = kc_A mc_B n$　　　　D. $v = kc_B n$

98. ABH006　对于有纯固体或纯液体参加的反应,如煤的燃烧:$C + O_2 \rightarrow CO_2$,其反应速度方程式为(　　)。

　　A. $v = k[C]$　　　　B. $v = k[O_2]$　　　　C. $v = k[C][O_2]$　　　　D. $v = [C][O_2]$

99. ABH006 恒容条件下,充入反应无关气体(惰气),容器总压尽管增大了,但与反应有关的各自的浓度不变,故反应速度(　　)。

　　A. 减慢　　　　　　B. 加快　　　　　　C. 不变　　　　　　D. 不规则变化

100. ABH007 过滤操作中,待处理的悬浮液体称为(　　)。

　　A. 过滤介质　　　　B. 滤浆　　　　　　C. 滤液　　　　　　D. 滤渣

101. ABH007 过滤操作的推动力可以是(　　)。

　　A. 重力、压强和离心力　　　　　　　　B. 重力差、压强差、吸附力

　　C. 重力、压强差、吸附力和离心力　　　D. 静压强差、吸附力和离心力

102. ABH007 根据过滤所用的推动力类型,过滤操作一般可分为(　　)。

　　A. 常压过滤、加压过滤、减压过滤和离心过滤

　　B. 常压过滤、高压过滤、减压过滤和离心过滤

　　C. 常压过滤、高压过滤、加压过滤和减压过滤

　　D. 压强过滤、吸附过滤、减压过滤和离心过滤

103. ABH008 当被测流体的绝对压强低于外界大气压时,绝对压强低于大气压强的数值称为(　　)。

　　A. 真空度　　　　　B. 表压　　　　　　C. 绝压　　　　　　D. 大气压

104. ABH008 不同压强单位的换算:$1atm = 1.033kgf/cm^2 = 760mmHg = 10.33mH_2O = $(　　)。

　　A. 1.033kPa　　　 B. 101.33kPa　　　 C. 1.33kPa　　　　 D. 10.33kPa

105. ABH008 流体在管路中流动时由于能量损失而引起的压力(　　)。这种能量损失是由流体流动时克服内摩擦力和克服湍流时流体质点间相互碰撞并交换动量而引起的,表现在流体流动的前后处产生压力差,即压降。

　　A. 降低　　　　　　B. 升高　　　　　　C. 增长　　　　　　D. 加大

106. ABH009 某水管的流量为$45m^3/h$,流速为1.5m/s应选用管子的公称直径为(　　)。

　　A. 80mm　　　　　 B. 103mm　　　　　 C. 100mm　　　　　 D. 114mm

107. ABH009 质量流速与(　　)有关。

　　A. 质量流量和流体温度　　　　　　　　B. 质量流量和压强

　　C. 管道截面积和流体温度　　　　　　　D. 质量流量和管道截面积

108. ABH009 体积流量的表达式为(　　)。

　　A. $Q = vt$　　　　 B. $Q = w/\rho$　　　 C. $Q = v/t$　　　　 D. $Q = v\rho$

109. ABH010 传热是指由于(　　)引起的能量转移,又称热传递。

　　A. 质量差　　　　　B. 压力差　　　　　C. 体积差　　　　　D. 温度差

110. ABH010 物体表现为冷或热是由于物体(　　)的结果。

　　A. 分子运动　　　　　　　　　　　　　　B. 分子扩散

　　C. 热量传递　　　　　　　　　　　　　　D. 内部结构改变

111. ABH010 流体在管路中流动,由于流体的黏性作用,在壁面附近产生低速度区,这种流体内部的动量传递作用在壁面上,即为(　　)。

　　A. 流体的阻力　　　　　　　　　　　　　B. 流体压降

　　C. 流体黏度　　　　　　　　　　　　　　D. 流体密度

112. ABH011　在没有相变的冷、热流体经间壁进行热交换,使热流体温度降低的过程称为（　　）。

    A. 冷凝　　　　　　　B. 冷却　　　　　　　C. 加热　　　　　　　D. 热交换

113. ABH011　冷却的主要表现（　　）。

    A. 只改变物质的温度,不改变物质的聚集状态

    B. 既改变物质的温度,也改变物质的聚集状态

    C. 既不改变物质的温度,也不改变物质的聚集状态

    D. 只改变物质聚集状态

114. ABH011　生产中冷却水经换热后的终温一般要求低于（　　）,以防结垢。

    A. 80℃　　　　　　B. 25℃　　　　　　C. 60℃　　　　　　D. 30℃

115. ABH012　冷凝的主要表现是（　　）。

    A. 只改变物质的温度,不改变物质的聚集状态

    B. 即改变物质的温度,也改变物质的聚集状态

    C. 既不改变物质的温度,也不改变物质的聚集状态

    D. 只改变物质聚集状态

116. ABH012　若蒸汽中含有空气或其他不凝性气体时,冷凝传热系数的变化是（　　）。

    A. 急剧下降　　　　　B. 急剧上升　　　　　C. 缓慢上升　　　　　D. 基本不变

117. ABH012　离心泵的最高压头取决于叶轮的（　　）。

    A. 电动机转速　　　　B. 叶轮的直径　　　　C. 叶轮的大小　　　　D. 电动机功率

118. ABH013　单位质量流体的体积,称为流体的比体积,也称为（　　）。

    A. 热容　　　　　　　B. 比容　　　　　　　C. 密度　　　　　　　D. 重度

119. ABH013　单位质量流体的体积(比容)的表达方式为（　　）。

    A. 体积÷质量　　　　B. 体积×质量　　　　C. 质量÷体积　　　　D. 体积+质量

120. ABH013　离心泵的效率一般要比往复泵约低（　　）。

    A. 10%～15%　　　　B. 10%～25%　　　　C. 5%～15%　　　　D. 5%～10%

121. ABH014　所谓理想溶液宏观表现之一是,当两组分混合时,即没有热效应也没有（　　）。

    A. 体积效应　　　　　B. 质量效应　　　　　C. 浓度效应　　　　　D. 压力效应

122. ABH014　理想溶液中两组份相对挥发度（　　）两组分的饱和蒸汽压之比。

    A. 大于　　　　　　　B. 小于　　　　　　　C. 等于　　　　　　　D. 不小于

123. ABH014　柱塞泵属于（　　）。

    A. 离心泵　　　　　　B. 往复泵　　　　　　C. 喷射泵　　　　　　D. 电磁泵

124. ABH015　正偏差非理想溶液,溶液上方各组分的蒸汽压较理想溶液时（　　）。

    A. 大　　　　　　　　B. 小　　　　　　　　C. 相等　　　　　　　D. 不确定

125. ABH015　正偏差非理想溶液,由于溶液中分子间吸引力比它们在纯组分时要小,因此分子容易气化,沸点则（　　）。

    A. 升高　　　　　　　B. 降低　　　　　　　C. 不变　　　　　　　D. 不确定

126. ABH015　负偏差非理想溶液,溶液上方各组分蒸汽压与理想溶液相比为（　　）。

    A. 相等　　　　　　　B. 大　　　　　　　　C. 小　　　　　　　　D. 不确定

127. ABH016 传热过程中往往是以（   ）基本传热方式的组合。

  A. 一种　　　　　　B. 一种或两种　　　C. 两种或三种　　　D. 三种

128. ABH016 传热的基本方式有（   ）和辐射三种。

  A. 强制对流、传导　　B. 传导、对流　　　C. 传导、换热　　　D. 对流、自然对流

129. ABH016 在稳定传热过程中，温度的变化是（   ）。

  A. 仅随位置变，不随时间变　　　　　　　B. 仅随时间变，不随位置变

  C. 即随位置变也随时间变　　　　　　　　D. 既不随位置变，也不随时间变

130. ABH017 热传导是由于物体内部温度较高的分子或自由电子，由振动或碰撞将热能以（   ）的形式传给相邻温度较低分子的。

  A. 动能　　　　　　B. 位能　　　　　　C. 静压能　　　　　D. 压强差

131. ABH017 傅立叶定律中的负号表示热流方向与（   ）方向相反。

  A. 流动　　　　　　B. 导热　　　　　　C. 对流　　　　　　D. 温度梯度

132. ABH017 热量从高温部分自动流向低温部分，直至整个物体的各部分温度相等时的传热方式称为（   ）。

  A. 热辐射　　　　　B. 热对流　　　　　C. 热传导　　　　　D. 热传导和热对流

133. ABH018 对流传热仅发生在（   ）。

  A. 液体中　　　　　B. 流体中　　　　　C. 气体中　　　　　D. 固体中

134. ABH018 由于流体中质点发生相对位移而引起的热交换方式称（   ）。

  A. 辐射传热　　　　　　　　　　　　　　B. 辐射和对流传热

  C. 辐射和传导传热　　　　　　　　　　　D. 对流传热

135. ABH018 流体各部分之间发生相对位移所引起的热传递过程称为（   ）

  A. 热辐射　　　　　B. 热对流　　　　　C. 热传导　　　　　D. 热传导和热对流

136. ABH019 任何物体只要在（   ）以上，都能发射辐射能。

  A. 1000K　　　　　B. 100K　　　　　　C. 10K　　　　　　D. 0K

137. ABH019 自然界中一切物体都在不停地向外发射辐射能，同时又不断地吸收来自其他物体的辐射能，并将其转变为热能。物体之间相互辐射和吸收能量的总结果称为（   ）。

  A. 辐射传热　　　　B. 热对流　　　　　C. 热传导　　　　　D. 热传导和热对流

138. ABH019 辐射传热不仅有能量的传递，而且还有能量形式的转移，即在放热处，热能转变为辐射能，以（   ）的形式向空间传递。

  A. 电磁波　　　　　B. 质量　　　　　　C. 光　　　　　　　D. 声音

139. ABH020 闪蒸过程是（   ）过程。

  A. 焓差节流　　　　B. 等焓节流　　　　C. 等容节流　　　　D. 流体节流

140. ABH020 使含有不挥发溶质的溶液沸腾汽化并移出（   ），从而使溶液中溶质含量提高的单元操作称为蒸发。

  A. 蒸气　　　　　　B. 水　　　　　　　C. 热量　　　　　　D. 溶液

141. ABH020 油类燃烧属于（   ）。

  A. 分解燃烧　　　　B. 蒸发燃烧　　　　C. 爆炸燃烧　　　　D. 自燃燃烧

142. ABH021 在压力不变的情况下,将原体积为 $1m^3$ 的气体升温 1K 时,气体的体积将增大( )。

    A. 1.66L B. 2.66L C. 3.66L D. 4.66L

143. ABH021 在相同条件下,气体与液体的膨胀关系为( )。

    A. 气体大于液体 B. 气体小于液体

    C. 气体等于液体 D. 不确定

144. ABH021 在压强不变情况下,使一定量气体温度增加 1℃时,它的体积的增长量等于气体在 0℃时体积的( )。

    A. 273 倍 B. 10 倍 C. 173 倍 D. 0 倍

145. ABH022 蒸发操作中,将所产生的二次蒸汽不再利用,经直接冷凝后排出的蒸发操作称为( )。

    A. 简单蒸发 B. 单效挥发 C. 多效蒸发 D. 单效蒸发

146. ABH022 含有不挥发溶质(如盐类)的溶液在沸腾条件下受热,使部分溶剂气化为蒸汽的操作称为( )。

    A. 精馏 B. 挥发 C. 蒸发 D. 萃取

147. ABH022 若将二次蒸汽引到下一蒸发器作为加热( ),以利用其冷凝热,这种串联蒸发操作称为多效蒸发。

    A. 蒸气 B. 水 C. 热量 D. 溶液

148. ABI001 计量单位分为( )、非法定计量单位两种。

    A. 美制计量单位 B. 法定计量单位 C. 国际计量单位 D. 英制计量单位

149. ABI001 保证( )的一致、准确是计量工作的任务之一。

    A. 量值 B. 数字 C. 计量单位 D. 计量方法

150. ABI001 计量是指保证( )、量值准确一致的测量。

    A. 单位统一 B. 法定计量单位 C. 国际计量单位 D. 英制计量单位

151. ABI002 ( )是计量的基本特点。它表征的是计量结果与被测量的真值的接近程度。

    A. 准确性 B. 数字 C. 计量单位 D. 计量方法

152. ABI002 ( )是确保单位统一和量值准确可靠地重要途径。

    A. 准确性 B. 溯源性 C. 一致性 D. 法制性

153. ABI002 计量具有准确性、( )、溯源性、法制性四个方面的特点。

    A. 统一性 B. 可靠性 C. 一致性 D. 确定性

154. ABI003 国际单位制的基本单位中长度的单位名称是( )。

    A. 公里 B. 米 C. 分米 D. 厘米

155. ABI003 法定计量单位是由( )规定允许使用的计量单位。

    A. 国家以法令形式 B. 企业 C. 行业 D. 部门

156. ABI003 法定计量单位(简称法定单位)是以( )为基础,同时选用一些非国际单位制的单位构成的。

    A. 国际单位制单位 B. 基本单位 C. 导出单位 D. 辅助单位

157. ABI004　法定计量单位包括国家选定的非 SI 单位(　　)。

　　A. 15 个　　　　　　B. 10 个　　　　　　C. 2 个　　　　　　D. 5 个

158. ABI004　中华人民共和国的法定计量单位包括：国际单位制的(　　)、国际单位制的
　　　　　　辅助单位、国际单位制中具有专门名称的导出单位、国家选定的非国际单位、
　　　　　　制单位等。

　　A. 基本单位　　　　B. 法定计量单位　　C. 美制计量单位　　D. 英制计量单位

159. ABI004　比热容单位的符号是 J/(kg·K)，其单位名称是(　　)。

　　A. 焦耳每千克开尔文　　　　　　　　B. 每千克开尔文焦耳

　　C. 焦耳每千克每开尔文　　　　　　　D. 焦耳每千克点开尔文

160. ABI005　国际单位制的基本单位中电流强度单位是(　　)。

　　A. 焦尔　　　　　　B. 摩尔　　　　　　C. 安培　　　　　　D. 毫安

161. ABI005　国际单位制的基本单位中物质量的单位是(　　)。

　　A. 摩尔　　　　　　B. 升　　　　　　　C. 分米　　　　　　D. 焦尔

162. ABI005　国际单位制由(　　)个基本单位、2 个辅助单位和 19 个具有专门名称的导出
　　　　　　单位所组成。

　　A. 4　　　　　　　B. 5　　　　　　　　C. 6　　　　　　　　D. 7

163. ABI006　(　　)是衡量仪表质量优劣的重要指标之一。

　　A. 正确度　　　　　B. 准确度等级　　　C. 绝对误差　　　　D. 测量值

164. ABI006　准确度等级就是(　　)去掉正、负号及百分号。

　　A. 最大绝对误差　　B. 最大相对误差　　C. 最大误差　　　　D. 最大引用误差

165. ABI006　下列不是我国生产的仪表常用的精度等级的是(　　)。

　　A. 2. 5　　　　　　B. 0. 4　　　　　　C. 1. 2　　　　　　D. 0. 02

166. ABI007　(　　)的测量器具属于计量检测设备。

　　A. 所有　　　　　　B. 部分　　　　　　C. 少量　　　　　　D. 一些

167. ABI007　计量检测设备是指所有的测量器具、测量标准、标准物质和辅助设备以及(　　)。

　　A. 进行测量所必需的资料　　　　　　B. 工具

　　C. 附件　　　　　　　　　　　　　　D. 说明书

168. ABI007　下列不属于计量检测设备中进行测量所必需的资料的是(　　)。

　　A. 设备使用说明书　　B. 作业指导书　　C. 关测量程序文件　　D. 硬件

169. ABI008　根据计量器具在生产、校验中的作用和国家对该种计量器具的管理要求以及
　　　　　　计量器具本身的可靠性，实行"保证重点、兼顾一致、(　　)、全面监督"的管
　　　　　　理办法。

　　A. 划分区域　　　　B. 区别管理　　　　C. 统一管理　　　　D. 区域管理

170. ABI008　计量检测设备(　　)，是为了使计量检测设备的管理更为科学。

　　A. 分区管理　　　　B. 统一管理　　　　C. 分级管理　　　　D. 集中管理

171. ABI008　根据计量器具在生产、校验中的作用和国家对该种计量器具的管理要求以及
　　　　　　计量器具本身的可靠性，对计量器具(　　)。

　　A. 三级管理　　　　B. 统一管理　　　　C. 区别管理　　　　D. 集中管理

172. ABJ001　轴流泵是依靠叶轮旋转产生（　　）推动液体提高压力而轴向流出叶轮。

A. 离心力　　　　　　B. 切向力　　　　　　C. 轴向力　　　　　　D. 离心力和轴向力

173. ABJ001　以下按扬程分类的泵是（　　）。

A. 离心泵　　　　　　B. 容积式泵　　　　　C. 高压泵　　　　　　D. 供料泵

174. ABJ001　按用途分类的泵是（　　）。

A. 往复泵　　　　　　B. 中压泵　　　　　　C. 回转泵　　　　　　D. 出料泵

175. ABJ002　按结构形式分,（　　）属容积式压缩机。

A. 螺杆压缩机　　　　　　　　　　B. 烟道离心鼓风机

C. 离心式压缩机　　　　　　　　　D. 轴流压缩机

176. ABJ002　离心式压缩机的安全工况点是在（　　）。

A. 喘振线左上方　　B. 喘振线右下方　　C. 防护线左上方　　D. 以上都不对

177. ABJ002　离心式压缩机的主要特点是（　　）。

A. 工作范围宽且效率高　　　　　　B. 流量小但压力高

C. 叶片易受磨损　　　　　　　　　D. 以上都不对

178. ABJ003　按蒸汽热力特性分类的汽轮机是（　　）。

A. 冲动式汽轮机　　B. 电站汽轮机　　C. 背压式汽轮机　　D. 工业汽轮机

179. ABJ003　根据工作原理分类汽轮机是（　　）。

A. 冲动式汽轮机　　B. 船用汽轮机　　C. 蒸汽式汽轮机　　D. 反动式汽轮机

180. ABJ003　利用汽轮机的用途分类的是（　　）。

A. 冲动反动联合式汽轮机　　　　　B. 船用汽轮机

C. 蒸汽式汽轮机　　　　　　　　　D. 电站汽轮机

181. ABJ004　罗茨鼓风机的风量与压强的关系（　　）。

A. 正比　　　　　　B. 反比　　　　　　C. 无关　　　　　　D. 有关

182. ABJ004　气体输送设备通常可以分为压缩机、鼓风机、通风机和真空泵,其分类的主要依据是按其出口压力或压缩比,压缩机的压缩比一般（　　）。

A. >4　　　　　　B. <1.5　　　　　　C. <4　　　　　　D. >5

183. ABJ004　风机启动时应（　　）。

A. 全开进口风门　　　　　　　　　B. 全关进口风门

C. 全开进出口风门　　　　　　　　D. 全关出口风门

184. ABJ005　可以利用阀前后介质的压力差控制介质单向流动的阀门是（　　）。

A. 旋塞阀　　　　　　B. 截止阀　　　　　　C. 安全阀　　　　　　D. 止回阀

185. ABJ005　下列阀门中,（　　）安装时不考虑方向性。

A. 单向阀　　　　　　B. 安全阀　　　　　　C. 截止阀　　　　　　D. 闸阀

186. ABJ005　能根据管路中介质工作压力的大小自动启闭的阀门是（　　）。

A. 截止阀　　　　　　B. 闸阀　　　　　　C. 球阀　　　　　　D. 安全阀

187. ABJ006　下列选项中属于安全联轴器的是（　　）。

A. 凸缘联轴器　　　　　　　　　　B. 无弹性元件挠性联轴器

C. 有弹性元件挠性联轴器　　　　　D. 刚性安全联轴器

188. ABJ006　下列选项中属于挠性联轴器的是(　　　　)。
   A. 凸缘联轴器　　　　　　　　　　B. 挠性安全联轴器
   C. 有弹性元件挠性联轴器　　　　　D. 刚性安全联轴器

189. ABJ006　下列选项中属于挠性联轴器的是(　　　　)。
   A. 凸缘联轴器　　　　　　　　　　B. 无弹性元件挠性联轴器
   C. 挠性安全联轴器　　　　　　　　D. 刚性安全联轴器

190. ABJ007　把蒸汽冷凝成液体需要使用(　　　　)。
   A. 锅炉　　　　　　B. 换热器　　　　　　C. 萃取塔　　　　　　D. 搅拌器

191. ABJ007　下面(　　　　)不是列管式换热器的主要作用。
   A. 把低温流体加热　　　　　　　　B. 把高温流体冷却
   C. 气体和液体之间进行传质　　　　D. 把蒸汽冷凝

192. ABJ007　列管式换热器管子在管板上的排列有(　　　　)。
   A. 三角形排列、长方形和正方形排列　　　B. 长方形排列和正方形排列
   C. 长方形排列和圆形排列　　　　　　　　D. 三角形排列和正方形排列

193. ABJ008　(　　　　)是按照塔类设备的使用压力来划分的。
   A. 萃取塔　　　　　　B. 加压塔　　　　　　C. 泡罩塔　　　　　　D. 浮阀塔

194. ABJ008　内部结构具有一定数量塔盘的塔设备属于(　　　　)。
   A. 填料塔　　　　　　B. 减压塔　　　　　　C. 精馏塔　　　　　　D. 板式塔

195. ABJ008　下面不属于板式塔的是(　　　　)。
   A. 泡罩塔　　　　　　B. 筛板塔　　　　　　C. 舌形塔　　　　　　D. 填料塔

196. ABJ009　(　　　　)适用于连接 100mm 以上的管路,其优点是便于装卸,密封性能好,适用于较高的压力和温度,缺点是费用较高。
   A. 螺纹连接　　　　　B. 法兰连接　　　　　C. 插套连接　　　　　D. 焊接连接

197. ABJ009　(　　　　)常用来连接天然气、炼厂气、低压蒸汽、水和压缩空气的小直径管路。
   A. 螺纹连接又叫丝扣连接　　　　　B. 法兰连接
   C. 插套连接　　　　　　　　　　　D. 焊接连接

198. ABJ009　压力为 160kg/cm^2 的法兰密封面应选用(　　　　)。
   A. 平面型密封面　　　　　　　　　B. 凹凸型密封面
   C. 榫槽型密封面　　　　　　　　　D. 锥面

199. ABJ010　2311 类型的轴承其中 2 代表(　　　　)系列。
   A. 单列向心球轴承　　　　　　　　B. 单列短圆柱滚子轴承
   C. 单列滚子轴承　　　　　　　　　D. 向心球面轴承

200. ABJ010　下面哪一项是滚子轴承的失效形式(　　　　)。
   A. 热变形　　　　　　B. 应力损坏　　　　　C. 点蚀　　　　　　　D. 冷变形

201. ABJ010　下面的轴承型号哪一种是单列向心球轴承(　　　　)。
   A. 2312　　　　　　　B. 31309　　　　　　C. 6307　　　　　　　D. NU309

202. ABJ011　轴的常用材料主要是(　　　　)。
   A. 铸铁　　　　　　　B. 球墨铸铁　　　　　C. 碳钢　　　　　　　D. 合金钢

203. ABJ011 对轴进行表面强化处理,可以提高轴的( )。

A. 疲劳强度 B. 静强度 C. 刚度 D. 耐冲击性能

204. ABJ011 滑动轴承的润滑主要属于( )。

A. 流体润滑 B. 边界润滑 C. 间隙润滑 D. 混合润滑

205. ABJ012 25 号钢的平均碳含量为( )。

A. 0.12% B. 0.25% C. 0.50% D. 2.5%

206. ABJ012 碳素钢按用途分为碳素结构钢和碳素工具钢,工具钢分为碳素工具钢.合金工具钢.高速钢,碳素工具钢 T8A 表示含碳量( )。

A. 0.08% B. 0.8% C. 8% D. 80%

207. ABJ012 泵输送介质温度超过 400℃ 以上时,叶轮必须选用耐高温( )。

A. 铸铁 B. 合金钢 C. 碳钢 D. 低碳钢

208. ABJ013 碳素钢是指含碳量低于( )的铁碳合金。

A. 0.21% B. 1.21% C. 2.11% D. 2.51%

209. ABJ013 合金元素总含量在 5%~10% 的钢是( )。

A. 低合金钢 B. 中合金钢 C. 高合金钢 D. 碳素钢

210. ABJ013 低合金钢的合金元素的含量( )。

A. 小于 5% B. 5%~10% C. 10%~15% D. 大于 15%

211. ABJ014 在高温临氢装置中常用的材料是( )。

A. 低合金高强度钢 B. 奥氏体不锈钢
C. 耐热钢 D. 优质碳素结构钢

212. ABJ014 不锈钢 1Cr18Ni9Ti 中 1 表示金属的含( )量。

A. 碳 B. 铬 C. 镍 D. 锑

213. ABJ014 奥氏体不锈钢发生应力腐蚀对( )最敏感。

A. 氯离子 B. 氢气 C. 液氨 D. 氨水

214. ABJ015 润滑中使用的机械油属于( )。

A. 润滑油 B. 润滑脂 C. 固态润滑剂 D. 半固态润滑剂

215. ABJ015 润滑中使用的黄油属于( )。

A. 润滑 B. 润滑脂 C. 固态润滑剂 D. 液态润滑剂

216. ABJ015 润滑油在流动时,流层间产生的剪切阻力,阻碍彼此相对流动的性质叫作( )。

A. 黏性 B. 黏温特性 C. 闪点 D. 黏度

217. ABJ016 滑动轴承的润滑主要属于( )。

A. 流体润滑 B. 边界润滑 C. 间隙润滑 D. 混合润滑

218. ABJ016 设备润滑的目的是( )。

A. 降低功率、减少磨损 B. 降低振动、减少磨损
C. 减少冷却水量、减少磨损 D. 降低温度、减少磨损

219. ABJ016 滚动轴承、齿轮传动的润滑主要属于( )。

A. 流体润滑 B. 边界润滑 C. 间隙润滑 D. 混合润滑

220. ABJ017　透平压缩机组常用的润滑油牌号是(　　)。

   A. N46 和 N32 液压油　　　　　　　　　　B. N46 和 N32 透平油

   C. 90#和 150#重负荷齿轮油　　　　　　　D. 4413 高速齿轮油

221. ABJ017　往复压缩机的气缸、填料密封常用润滑油牌号是(　　)。

   A. N46 和 N68 冷冻机油　　　　　　　　　B. N46 和 N32 透平油

   C. 90#和 150#重负荷齿轮油　　　　　　　D. DAB-150 和 DAB-150 空气压缩机油

222. ABJ017　小型机泵加润滑油时，一般用(　　)。

   A. 油壶　　　　　　B. 油桶　　　　　　C. 油站　　　　　　D. 都可以

223. ABJ018　压力容器按(　　)方面分类，可分为反应器、换热器、分离容器、贮运容器等。

   A. 容器的壁厚　　　B. 工作温度　　　　C. 作用　　　　　　D. 承压方式

224. ABJ018　压力容器按(　　)方面分类，可分为厚壁容器和薄壁容器。

   A. 容器的壁厚　　　B. 工作温度　　　　C. 作用　　　　　　D. 承压方式

225. ABJ018　压力容器按(　　)方面分类，可分为高温容器、常温容器和低温容器。

   A. 容器的壁厚　　　B. 工作温度　　　　C. 作用　　　　　　D. 承压方式

226. ABJ019　在锅炉上常用的安全阀是(　　)。

   A. 杠杆式　　　　　B. 弹簧式　　　　　C. 脉冲式　　　　　D. 重锤式

227. ABJ019　在石化生产装置中广泛使用的安全阀是(　　)。

   A. 杠杆式　　　　　B. 弹簧式　　　　　C. 脉冲式　　　　　D. 重锤式

228. ABJ019　(　　)是一次性使用的泄放装置。

   A. 安全阀　　　　　B. 爆破片　　　　　C. 单向阀　　　　　D. 自动阀

229. ABJ020　金属材料在外力作用下，抵抗产生塑性变形和断裂的能力称之为(　　)。

   A. 强度　　　　　　B. 失稳　　　　　　C. 弹性　　　　　　D. 塑性

230. ABJ020　金属材料在受拉的过程中，从开始受载到发生断裂时所达到的最大应力值叫作(　　)。

   A. 强度极限　　　　B. 屈服极限　　　　C. 弹性系数　　　　D. 弹性极限

231. ABJ020　金属材料表面的局部区域内抵抗变形，包括抗压痕或划痕的能力叫作金属的(　　)。

   A. 塑性　　　　　　B. 硬度　　　　　　C. 强度　　　　　　D. 弹性

232. ABJ021　非金属垫片包括硬纸板、橡胶类、石棉类、石墨类等，属于(　　)。

   A. 软质垫片　　　　B. 硬质垫片　　　　C. 液体密封垫片　　D. 填料

233. ABJ021　(　　)具有耐高温、耐高压、耐油等性能，它可制作多种形状的垫片，可经受苛刻的工况条件，广泛应用于高温、高压阀门和法兰上。

   A. 非金属垫片　　　B. 金属垫片　　　　C. 液体密封垫片　　D. 半金属垫片

234. ABJ021　非金属垫片粗糙度比金属垫片粗糙度(　　)。

   A. 高　　　　　　　B. 低　　　　　　　C. 一样　　　　　　D. 无法判断

235. ABJ022　下列描述不正确的是(　　)。

   A. 在螺栓上紧时，要对称分几次拧紧　　　B. 先上紧一个螺栓，然后依次类推

   C. 为了受力均匀，通常螺母处加垫片　　　D. 紧固螺栓时，不能用力过猛防止螺栓拉断

236. ABJ022　M20×100 的螺栓,其中 20 表示螺栓的(　　)。
A. 小径　　　　　　　　B. 大径　　　　　　　C. 中心直径　　　　　D. 长度

237. ABJ022　对高压容器采用强制密封时,螺栓的硬度一般(　　)。
A. 大于螺母的硬度　　B. 小于螺母的硬度　C. 等于螺母的硬度　D. 无要求

238. ABJ023　在高温、高压设备密封端螺栓第一次紧固后,通常在温度升高时要进行(　　)。
A. 冷紧　　　　　　　　B. 热紧　　　　　　　C. 局部紧　　　　　　D. 不予紧固

239. ABJ023　普通离心泵为了防止轴间液体泄漏,在轴端要有(　　)密封。
A. 干气　　　　　　　　B. 填料　　　　　　　C. 浮环　　　　　　　D. 机械

240. ABJ023　压力为 160kg/cm^2 的法兰密封面应选用(　　)。
A. 平面型密封面　　　　　　　　　　B. 凹凸型密封面
C. 榫槽型密封面　　　　　　　　　　D. 锥面

241. ABK001　由电感产生的对交流电的阻碍作用叫(　　)。
A. 磁抗　　　　　　　　B. 容抗　　　　　　　C. 阻抗　　　　　　　D. 感抗

242. ABK001　在交流电路中,凡是电阻起主导作用的各种负载(如白炽灯、电阻炉及电烙铁等),由它们组成的电路,忽略其他附加参数的影响,仅考虑其主要的电阻特性时,这样的电路称为(　　)。
A. 纯电容电路　　　　B. 纯电感电路　　　C. 纯电阻电路　　　D. 混合电路

243. ABK001　当电容器接上正弦交流电以后,电压与电流有效值之比叫作(　　)。
A. 容抗　　　　　　　　B. 磁抗　　　　　　　C. 阻抗　　　　　　　D. 感抗

244. ABK002　大小和方向都不随(　　)变化的电流,称为直流电流。
A. 时间　　　　　　　　B. 地点　　　　　　　C. 电压　　　　　　　D. 电量

245. ABK002　将单位时间内通过导体横截面积的(　　),叫作电流强度。
A. 电能　　　　　　　　B. 信号　　　　　　　C. 电压　　　　　　　D. 电量

246. ABK002　电流的大小用(　　)来表示。
A. 磁感应强度　　　　B. 电流强度　　　　C. 电场强度　　　　D. 电荷量

247. ABK003　大小和方向不随时间而改变的电流叫作(　　)。
A. 三相交流电　　　　B. 正弦交流电　　　C. 交流电　　　　　D. 直流电

248. ABK003　以下不可以作为直流电负载的装置或设备是(　　)。
A. 变压器　　　　　　B. 白炽灯　　　　　　C. 电炉丝　　　　　D. 直流电动机

249. ABK003　以下不可以作为直流电电源的装置或设备是(　　)。
A. 电池　　　　　　　　B. 硅整流装置　　　C. 直流发电机　　　D. 交流发电机

250. ABK004　工业上所使用的交流电,多数按正弦规律变化的,这样的交流电叫作(　　)。
A. 交流电　　　　　　B. 正弦交流电　　　C. 三相交流电　　　D. 直流电

251. ABK004　下列电气设备使用的不是交流电的是(　　)。
A. 交流电动机　　　　B. 直流电动机　　　C. 交流照明　　　　D. 交流发电机

252. ABK004　电动势、电压、电流的大小和方向都随(　　)按一定规律作周期性变化,称为交流电。
A. 时间　　　　　　　　B. 地点　　　　　　　C. 电压　　　　　　　D. 电量

253. ABK005 当导体的材料均匀时,导体的电阻与它的长度 L 成正比,而与它的横截面积 $S($ $)$。

  A. 相等   B. 无关联   C. 成正比   D. 成反比

254. ABK005 电阻的单位是(   )。

  A. 伏特   B. 安培   C. 欧姆   D. 瓦特

255. ABK005 电荷在金属导体内定向移动时,与导体中的原子相碰撞,受到阻碍,把导体对电流的这种阻碍作用称为(   )。

  A. 电压   B. 电阻   C. 电流   D. 电位

256. ABK006 电压也有方向,规定电压的实际方向以电荷运动方向为准,或从正极指向负极,即电压的实际方向是电位(   )的方向。

  A. 升高   B. 降低   C. 相近   D. 持平

257. ABK006 设正电荷 Q 在电场中从 A 点移动到 B 点,电场力对它做的功为 W,则功 W 与电量 Q 的比值,叫作 A、B 两点间的(   )。

  A. 电流   B. 电阻   C. 电压   D. 电量

258. ABK006 电压的大小可用电压表或万用表的(   )挡进行测量,测量前需预估表计的最大量程是否满足测试电压要求,防止损坏表计或触电。

  A. 电压   B. 电流   C. 电阻   D. 电容

259. ABK007 对于串联电路,下列论述错误的是(   )。

  A. 在串联电路中,流过各串联导体的电流是相同的

  B. 串联电路的总电压等于各串联导体电压之和

  C. 在串联电路中,各串联导体的电压也是相同的

  D. 在串联电路中,串联导体的电阻越大,该串联导体分电压越高

260. ABK007 下图中正确的串联电路图是(   )。

261. ABK007 两只额定电压相同的电阻,串联在电路中,则阻值较大的电阻(   )。

  A. 发热量相同   B. 发热量较小   C. 发热量较大   D. 无关联

262. ABK008 3 个 15Ω 电阻并联,其总电阻为(   )。

  A. 45Ω   B. 15Ω   C. 5Ω   D. 10Ω

263. ABK008 并联电路各支路两端的(   )相等。

  A. 电阻   B. 功率   C. 电流   D. 电压

264. ABK008　并电路的总电流等于电路中各支路电流之(　　)。

  A. 商　　　　　　　　B. 差　　　　　　　　C. 和　　　　　　　　D. 积

265. ABK009　如果工作场所潮湿,为避免触电,使用手持电动工具的人应(　　)。

  A. 站在铁板上操作　　　　　　　　　　B. 穿布鞋操作

  C. 站在绝缘胶板上操作　　　　　　　　D. 穿防静电鞋操作

266. ABK009　国际规定,电压(　　)以下不必考虑防止电击的危险。

  A. 36V　　　　　　　B. 65V　　　　　　　C. 25V　　　　　　　D. 110V

267. ABK009　发生触电事故的危险电压一般是从(　　)开始。

  A. 24V　　　　　　　B. 36V　　　　　　　C. 65V　　　　　　　D. 110V

268. ABK010　对心脏停止跳动的触电者,通常采取人工胸外挤压法,强迫心脏跳动,挤压频率一般为每分钟(　　)。

  A. 3 次　　　　　　　B. 15 次　　　　　　C. 60 次　　　　　　D. 120 次

269. ABK010　触电者呼吸停止后,采取人工呼吸方法强迫进行气体交换,对触电者吹气频率为每分钟(　　)左右。

  A. 5 次　　　　　　　B. 20 次　　　　　　C. 60 次　　　　　　D. 120 次

270. ABK010　口对口(鼻)吹气法的换气量是(　　)。

  A. 400mL　　　　　　B. 800mL　　　　　C. 1000~1200mL　　　D. 600mL

271. ABK011　电气设备发生火灾,在许可的情况下,首先应(　　)。

  A. 大声喊叫　　　　　　　　　　　　　B. 打报警电话

  C. 寻找合适的灭火器灭火　　　　　　　D. 关闭电源开关,切断电源

272. ABK011　电器设备对地电压高于(　　)为高电压。

  A. 1000V　　　　　　B. 500V　　　　　　C. 250V　　　　　　D. 220V

273. ABK011　CO_2 灭火器的灭火对象主要是电气和精密仪器的初起火灾,但扑灭电气火灾时对电压有限制,在使用 CO_2 灭火器时电气电压应小于(　　)。

  A. 10kV　　　　　　B. 6kV　　　　　　C. 3kV　　　　　　D. 0.6kV

274. ABL001　仪表流量孔板如果方向装反,则其指示就会(　　)。

  A. 变大　　　　　　　B. 变小　　　　　　C. 不变　　　　　　D. 或大或小

275. ABL001　钢带液位计在使用中,如果钢带断,则液位指示(　　)。

  A. 最小　　　　　　　B. 最大　　　　　　C. 不变　　　　　　D. 正常

276. ABL001　孔板流量计当负压侧阀门或导压管泄漏时,流量指示(　　)。

  A. 偏低　　　　　　　B. 偏高　　　　　　C. 不变　　　　　　D. 正常

277. ABL002　下列属于膨胀式温度计的是(　　)。

  A. 玻璃温度计式　　　　　　　　　　　B. 热电偶式

  C. 热电阻式　　　　　　　　　　　　　D. 红外线温度计

278. ABL002　目前我国采用的温标是(　　)。

  A. 摄氏温标　　　　B. 华氏温标　　　　C. UPTS-68 温标　　　D. ITS-90 温标

279. ABL002　热电偶温度计与电阻式温度计相比可测(　　)温度。

  A. 较高　　　　　　　B. 较低　　　　　　C. 相同　　　　　　D. 无可比性

280. ABL003　热电偶测量时,当导线断路时,温度指示在(　　)。

    A. 0℃　　　　　　　　B. 机械零点　　　　　C. 最大值　　　　　D. 原测量值不变

281. ABL003　热电偶输出电压与(　　)有关。

    A. 热电偶两端温度　　　　　　　　B. 热电偶热端温度

    C. 热电偶两端温度和电极材料　　　D. 热电偶两端温度、电极材料及长度

282. ABL003　热电偶的热电特性是由(　　)所决定的。

    A. 热电偶的材料　　　　　　　　B. 热电偶的粗细

    C. 热电偶长短　　　　　　　　　D. 热电极材料的化学成分和物理性能

283. ABL004　下列有关压力取源部件的安装形式的说法,错误的是(　　)。

    A. 取压部件的安装位置应选在介质流速稳定的地方

    B. 压力取源部件与温度取源部件在同一管段上时,压力取源部件应在温度取源部件的
上游侧

    C. 压力取源部件在施焊时要注意端部要超出工艺设备或工艺管道的内壁

    D. 当测量温度高于60℃的液体、蒸汽或可凝性气体的压力时,就地安装压力表的取源
部件应加装环形弯或U形冷凝弯

284. ABL004　在国际单位制和我国法定计量单位中,压力的单位是(　　)。

    A. 毫米汞柱(mmHg)　　　　　　　B. 巴(bar)

    C. 帕斯卡(Pa)　　　　　　　　　D. 毫米水柱(mmH$_2$O)

285. ABL004　根据敏感元件和转换原理的不同一般分为四类,即液柱式压力检测法.弹性
式压力检测法,活塞式压力检测法和(　　)检测法。

    A. 电气式压力　　　B. 超声波　　　　　C. 射线　　　　　　D. 雷达

286. ABL005　玻璃液位计是根据(　　)原理进行工作的。

    A. 压力　　　　　　B. 压差　　　　　　C. 连通器　　　　　D. 毛细管

287. ABL005　常压.低压设备常用(　　)。

    A. 玻璃板液面计　　　　　　　　B. 玻璃管液面计

    C. 浮子液面计　　　　　　　　　D. 浮标液面计

288. ABL005　液面计距离操作平台高于(　　)时,应在操作平台上设低地液面计。

    A. 3m　　　　　　　B. 4m　　　　　　　C. 5m　　　　　　　D. 6m

289. ABL006　法兰式的测量头经(　　)与变送器的测量室相接。

    A. 毛细管　　　　　B. 螺纹　　　　　　C. 法兰　　　　　　D. 短管

290. ABL006　法兰式差压变送器的膜盒,毛细管和测量室所组成的封闭系统内充有
(　　),作为传压介质。

    A. 液体　　　　　　B. 气体　　　　　　C. 被测量液体　　　D. 硅油

291. ABL006　差压变送器一般情况都与三阀组配套使用,当正压侧阀门有泄露时,仪表指
示(　　)。

    A. 偏高　　　　　　B. 偏低　　　　　　C. 不变　　　　　　D. 无法判断

292. ABL007　涡轮流量计是一种(　　)流量计。

    A. 速度式　　　　　B. 质量　　　　　　C. 差压式　　　　　D. 容积式

293. ABL007　椭圆流量计是一种(　　)流量计。
　　A. 速度式　　　　　　B. 质量　　　　　　C. 差压式　　　　　　D. 容积式

294. ABL007　转子流量计是以压降不变,利用节流(　　)的变化来反映流量的大小,从而
　　实现流量测量的仪表。
　　A. 长度　　　　　　　B. 面积　　　　　　C. 体积　　　　　　　D. 膨胀

295. ABL008　差压流量计的原理是利用流体流经节流装置时所产生的(　　)来实现流量
　　测量。
　　A. 压力　　　　　　　B. 膨胀　　　　　　C. 压力差　　　　　　D. 温度差

296. ABL008　为了使流量系数的变化在允许范围内,差压式流量计的最低流量值应在流量
　　刻度的(　　)以上。
　　A. 10%　　　　　　　B. 20%　　　　　　C. 30%　　　　　　　D. 无法确定

297. ABL008　当三阀组的平衡阀出现泄漏时,差压变送器指示(　　)。
　　A. 偏低　　　　　　　B. 偏高　　　　　　C. 不变　　　　　　　D. 无法判断

298. ABL009　控制系统的反馈信号使得原来信号增强的叫作(　　)。
　　A. 负反馈　　　　　　B. 正反馈　　　　　C. 前馈　　　　　　　D. 回馈

299. ABL009　引起被调参数偏离给定值的各种因素称(　　)。
　　A. 调节　　　　　　　B. 扰动　　　　　　C. 反馈　　　　　　　D. 给定

300. ABL009　新开车的自动调节系统投用步骤是(　　)。
　　A. 自动控制
　　B. 由人工操作至自动控制
　　C. 先人工操作再手动遥控后自动控制
　　D. 先人工操作,再手动遥控,最后将 PID 调整到预定值后再投入自动

301. ABL010　执行机构弹簧范围的选择应根据调节阀的(　　)考虑。
　　A. 大小　　　　　　　　　　　　　　B. 特性
　　C. 工作压力和温度　　　　　　　　　D. 工作压差、稳定性和摩擦力

302. ABL010　调节阀接受调节器发出的控制信号,把(　　)控制在所要求的范围内,从而
　　达到生产过程的自动控制。
　　A. 调节参数　　　　　　B. 被调节参数　　　　C. 扰动量　　　　　　D. 偏差

303. ABL010　下面(　　)不属于调节阀的执行机构。
　　A. 阀座　　　　　　　B. 阀体　　　　　　C. 阀芯　　　　　　　D. 阀门定位器

304. ABL011　DCS 系统的控制面板中,"AUTO"的含义是(　　)。
　　A. 回路出错　　　　　　　　　　　　B. 回路在手动控制
　　C. 回路在自动控制　　　　　　　　　D. 回路在串级控制

305. ABL011　在 DCS 系统的控制面板中,如果回路在"MAN"时,改变输出将直接影响
　　(　　)参数。
　　A. 给定值　　　　　　　B. 输出值　　　　　　C. 测量值　　　　　D. 偏差值

306. ABL011　DCS 系统操作站中系统信息区中显示(　　)信息。
　　A. 过程报警　　　　　　B. 报表信息　　　　　C. 控制参数　　　　D. 系统报警

307. ABL0012 DCS 系统在结构上有硬件、通信网络和( )三部分组成。

    A. 操作系统   B. 软件   C. 显示器   D. 仪表

308. ABL0012 在 DCS 系统中进入( )可查看工艺参数的历史数据。

    A. 流程图画面   B. 报警画面   C. 趋势画面   D. 控制组

309. ABL0012 在操作 DCS 系统时,操作工无法改变( )。

    A. PID 参数   B. 阀位值   C. 正反作用   D. 给定值

二、判断题(对的画"√",错的画"×")

( )1. ABG001 一种元素只能表现出一种化合价。

( )2. ABG002 溶液达到饱和时,溶解就停止了。

( )3. ABG003 结晶的方法有冷却法、溶剂气化法、盐析法。

( )4. ABG004 水与酒精分别在同一温度下,当达到汽液动态平衡时,酒精的饱和蒸气压大于水的饱和蒸气压。

( )5. ABG005 升高温度不一定能使所有饱和溶液变成不饱和溶液。

( )6. ABG006 固体的溶解度是指某物质在一定的温度下在 100g 溶剂里达到饱和状态时所溶解的克数。

( )7. ABG007 通常把物质失去电子的变化叫氧化。

( )8. ABG008 氧化和还原反应里电子的转移必然伴随着正负化合价的升高或降低。

( )9. ABG009 卤族原子具有很强的得电子特性,所以在化学反应中卤素单质一律是氧化剂。

( )10. ABG010 在反应 $C+H_2O(气){=\!=\!=}CO\uparrow+H_2\uparrow$ 中,C 是还原剂。

( )11. ABG011 碳原子跟碳原子都以单键结合成链状的烃叫作饱和链烃,或称烷烃。

( )12. ABG012 在隔绝空气的条件下加热到 1000℃,甲烷就开始分解。

( )13. ABG013 燃烧是具有放热、发光的化学反应。

( )14. ABG014 硫化氢具有氧化性。

( )15. ABG015 二氧化硫排入空气会造成污染,是形成酸雨的重要因素。

( )16. ABG016 一氧化碳比空气重,二氧化碳比空气轻。

( )17. ABG017 二氧化碳用作灭火剂、制冷剂。是制汽水、纯碱、尿素的原料。

( )18. ABG018 甲醇是由二氧化碳和氢气在高温、高压以及催化剂存在的条件下合成的。

( )19. ABG019 碳酸钾,白色结晶粉末。相对分子量 138.21。溶于水,水溶液呈碱性,不溶于乙醇、丙酮和乙醚。吸湿性强,暴露在空气中能吸收二氧化碳和水分,转变为碳酸氢钾,应密封包装。

( )20. ABG020 液化气是一种有毒、易燃、不易压缩的气体。

( )21. ABG021 氨是一种非极性物质。

( )22. ABG022 如果改变影响化学平衡的条件,平衡就向能够使这种改变减弱的方向移动。

( )23. ABG023 理想气体的体积只与气体的摩尔数有关,与气体的种类无关。

(　　)24. ABG024　在气焊和气割的操作中,使氢气或乙炔气体在氧气里燃烧,能产生高达3000℃以上的氢氧焰或氧炔焰,用来焊接或切割金属。

(　　)25. ABG025　在 H_2 中 H 的化合价是+1。

(　　)26. ABG026　氮气的临界温度为-146.9℃。

(　　)27. ABG027　过热蒸汽的温度和其压力所对应的饱和温度之差称为"过热度"。过热蒸汽的过热度越高,它就越接近气体。同气体一样,过热蒸汽的状态由两个独立参数(如压力和温度)确定。

(　　)28. ABH001　同一种物体,在地球上不同的地方,它的重量相同。

(　　)29. ABH002　物体的质量是指该物体所含物质的多少。

(　　)30. ABH003　$1m^3$ 是指 1m 的立方体的体积。

(　　)31. ABH004　流体密度的表达式为 $\rho = m/V$。

(　　)32. ABH005　气体的相对密度是该气体的密度与空气在标准状态(20℃,0.1013MPa)下的密度之比。

(　　)33. ABH006　影响化学反应速度的主要因素有反应物浓度、压力、温度、催化剂。

(　　)34. ABH007　以某种多孔物质为介质,在外力作用下,使悬浮液中的液体通过介质的孔道,固体颗粒被截留在介质上的操作称为过滤。

(　　)35. ABH008　把零压强作为起点计算的压强称为绝对压强。

(　　)36. ABH009　单位时间内流体在流动方向上所流过的距离称为流速,以 u 表示,单位为 m/s。

(　　)37. ABH010　温度的表示方法有摄氏温度和开氏温度两种。

(　　)38. ABH011　生产上冷却水经换热后的终温与其用量无关。

(　　)39. ABH012　当饱和蒸汽与低于饱和温度的壁面相接触时,蒸汽将放出潜热变成液体的过程,称为冷却。

(　　)40. ABH013　质量流体体积的单位是 kg/m^3。

(　　)41. ABH014　理想溶液是指溶液中不同组分分子之间的吸引力与同组分分子间的吸引力完全不相等。

(　　)42. ABH015　所谓非理想溶液是指不同种分子间的吸引力与同种分子间的吸引力相等的混合物。

(　　)43. ABH016　传热的基本方式有传导、对流和辐射三种。

(　　)44. ABH017　热流强度越大,表明传热效果越好。

(　　)45. ABH018　流体质点间的相对位移是因流体中各处的温度不同而引起的密度差别,使轻者上浮,重者下沉。对此称之为自然对流。

(　　)46. ABH019　热能以电磁波形式传递的现象称为辐射。

(　　)47. ABH020　把提高温度而导致液体急剧蒸发的现象称为闪蒸。

(　　)48. ABH021　把物体受热时体积的变化称为线膨胀。

(　　)49. ABH022　单元操作蒸发主要属于质量传递过程。

(　　)50. ABI001　计量工作的任务是保证计量单位的正确使用。

(　　)51. ABI002　计量是利用科学技术和监督管理手段实现测量统一和准确,对整个测量领域起监督、保证和仲裁作用。

（　）52. ABI003　国际单位制的基本单位中时间的单位名称是小时。

（　）53. ABI005　国际单位制的基本单位中热力学温度单位是开尔文。

（　）54. ABI006　国际单位制的基本单位中发光强度单位是安培。

（　）55. ABI007　计量检测设备不包括标准物质。

（　）56. ABI008　计量是利用科学技术和监督管理手段实现测量统一和准确，对整个测量领域起监督、保证和仲裁作用。

（　）57. ABJ001　实际生产中一般用多级离心泵代替离心泵的串联。

（　）58. ABJ002　泵是输送液体的设备，压缩机是输送气体的设备。

（　）59. ABJ003　凝汽式汽轮机建立和保持真空是必需的。

（　）60. ABJ004　稳定蒸汽过热炉的鼓风机风量，同时也就稳定了过热炉的负压。

（　）61. ABJ005　安全阀和容器之间一般可以安装阀门。

（　）62. ABJ006　根据测量的工具不同，联轴节测量的方法可分为两种。

（　）63. ABJ007　与一般换热器相比，绕管式换热器主要特点是其内部管间距较小，换热面积较大，因此其换热能力强。

（　）64. ABJ008　塔类设备按其单元操作可分为加压塔，减压塔，常压塔。

（　）65. ABJ009　法兰连接是由一对法兰，数个螺栓组成。

（　）66. ABJ010　无论是滚动轴承还是滑动轴承，在轴运行时其转动部分和静止部分都是直接接触的。

（　）67. ABJ011　刚性轴与柔性轴的弯曲度根据具体要求要控制在允许范围内。

（　）68. ABJ012　普通碳素结构钢分为甲类钢、乙类钢、丙类钢。

（　）69. ABJ013　铜与锡的合金称青铜，铜与锌的合金称为黄铜。

（　）70. ABJ014　不锈钢在任何情况下使用都是不锈的。

（　）71. ABJ015　润滑脂在使用中只能起到润滑的作用。

（　）72. ABJ016　润滑油的作用有：在相对运动表面形成油膜，防止两个零件直接接触摩擦，带走摩擦产生的热量，冲洗和带走摩擦产生的脏物。

（　）73. ABJ017　润滑油的黏度可分为绝对黏度、运动黏度和相对黏度。

（　）74. ABJ018　压力容器按安全监察方面分类，可分为一类容器、二类容器和三类容器。

（　）75. ABJ019　设备上的安全泄压装置有安全阀、爆破片、易熔塞。

（　）76. ABJ020　金属材料去除应力退火，一般是加热到 $500\sim650℃$，经保温一段时间后，随炉冷却到300℃以下出炉。

（　）77. ABJ021　容器、管道压力高于 $100kg/cm^2$ 时，密封面所用的垫片只有八角垫。

（　）78. ABJ022　在化工装置中用得最多的螺栓是方头螺栓。

（　）79. ABJ023　离心泵的主要动密封有填料密封。

（　）80. ABK001　在纯电感电路中，电感上电流有效值、电压有效值和感抗之间遵循欧姆定律。

（　）81. ABK002　习惯上规定负电荷运动的方向为电流的方向。

( )82. ABK003 大小和方向随时间而改变的电流叫作直流电。

( )83. ABK004 正弦量的周期(或频率)、最大值(或有效值)、初相位称为正弦量的三要素。

( )84. ABK005 导电能力很强的物质称为导体,几乎不能导电的物质称为绝缘体。

( )85. ABK006 测量电压时一定要把电压表串联在负载或被测电压上。

( )86. ABK007 串联电路总电压等于各个电阻上电压之和。

( )87. ABK008 并联电路中流过各电阻的电流相等。

( )88. ABK009 当人体触电时,电流对人体外部造成的伤害,称为电击伤,如电灼伤、电烙印、皮肤金属化等。

( )89. ABK010 人工呼吸适用于抢救氮气窒息。

( )90. ABK011 电动机容易起火的部位是大盖和小盖。

( )91. ABL001 仪表的允许误差(即基本误差)是指仪表的绝对误差与仪表的测量范围的百分比值。

( )92. ABL002 温度测量可分为两大类,即接触法和直接法。

( )93. ABL003 补偿热电偶导线的作用是延长热电偶冷端温度。

( )94. ABL004 压力表按照结构和工作原理,一般可分为液柱式和弹性元件式。

( )95. ABL005 玻璃液位计结构简单,价格便宜,一般用在温度压力都不太高的需要就地指示液位的场合。

( )96. ABL006 当被测轻介质充满浮筒界面计的浮筒室时,仪表应指示 0%;当充满被测重介质时,仪表应指示 100%。

( )97. ABL007 超声波流量计对上游侧的直管要求不严。

( )98. ABL008 在流量测量中,因为温度变化会引起介质密度变化,而影响测量精确性,因而要引入温度补偿。

( )99. ABL009 简单控制系统最基本的要求是要满足一定的精度和某些规定的性能指标。

( )100. ABL010 调节阀主要有上下阀盖、阀体、阀芯、阀座、填料、压板组成。

( )101. ABL011 DCS 系统是(Distributed Control System)集散控制系统的简称。

( )102. ABL012 化工自动化系统可分为自动检测系统、自动信号联锁保护系统、自动操纵系统、自动调节系统。

答　案

一、单项选择题

1. B	2. D	3. D	4. D	5. C	6. A	7. C	8. B	9. D	10. D
11. B	12. C	13. D	14. D	15. C	16. B	17. A	18. D	19. D	20. C
21. C	22. B	23. B	24. A	25. A	26. D	27. B	28. B	29. C	30. A
31. B	32. C	33. B	34. C	35. B	36. C	37. D	38. B	39. C	40. C
41. D	42. A	43. A	44. A	45. A	46. B	47. D	48. B	49. C	50. C
51. D	52. A	53. B	54. D	55. C	56. B	57. D	58. C	59. A	60. A
61. A	62. C	63. C	64. A	65. C	66. D	67. D	68. C	69. C	70. B
71. C	72. A	73. C	74. B	75. A	76. C	77. C	78. C	79. C	80. B
81. A	82. B	83. C	84. D	85. D	86. C	87. B	88. C	89. A	90. D
91. C	92. A	93. A	94. C	95. D	96. B	97. C	98. B	99. C	100. B
101. C	102. A	103. A	104. B	105. B	106. D	107. D	108. C	109. D	110. A
111. A	112. B	113. A	114. C	115. B	116. A	117. B	118. B	119. A	120. A
121. A	122. C	123. B	124. A	125. B	126. C	127. C	128. B	129. A	130. A
131. D	132. C	133. B	134. D	135. B	136. D	137. A	138. A	139. B	140. A
141. B	142. C	143. A	144. B	145. D	146. C	147. A	148. B	149. A	150. A
151. A	152. B	153. C	154. B	155. A	156. A	157. A	158. A	159. A	160. C
161. A	162. D	163. B	164. D	165. C	166. A	167. A	168. D	169. B	170. C
171. A	172. C	173. C	174. D	175. A	176. B	177. A	178. C	179. A	180. B
181. C	182. A	183. B	184. D	185. D	186. D	187. D	188. C	189. B	190. B
191. C	192. D	193. B	194. D	195. D	196. B	197. A	198. C	199. B	200. C
201. C	202. C	203. A	204. A	205. B	206. B	207. B	208. C	209. B	210. A
211. B	212. A	213. A	214. A	215. B	216. A	217. A	218. D	219. B	220. B
221. D	222. A	223. C	224. A	225. B	226. D	227. B	228. B	229. A	230. A
231. B	232. A	233. B	234. A	235. B	236. B	237. A	238. B	239. D	240. C
241. D	242. C	243. A	244. A	245. D	246. B	247. D	248. A	249. D	250. B
251. B	252. A	253. D	254. C	255. B	256. B	257. C	258. A	259. C	260. A
261. C	262. C	263. D	264. C	265. C	266. C	267. C	268. C	269. B	270. C
271. D	272. C	273. D	274. B	275. B	276. B	277. A	278. D	279. A	280. B
281. C	282. D	283. C	284. C	285. A	286. C	287. B	288. D	289. A	290. D
291. B	292. A	293. D	294. B	295. C	296. C	297. A	298. B	299. B	300. D
301. D	302. B	303. D	304. C	305. B	306. D	307. B	308. C	309. C	

二、判断题

1. × 正确答案：一种元素不只表现出一种化合价。 2. × 正确答案：溶液达到饱和时，溶解不停止。 3. √ 4. √ 5. √ 6. √ 7. √ 8. √ 9. × 正确答案：卤族原子具有很强的得电子特性，但在化学反应中卤素单质不一定是氧化剂。 10. √ 11. √ 12. √ 13. √ 14. × 正确答案：硫化氢具有还原性。 15. √ 16. × 正确答案：一氧化碳比空气轻，二氧化碳比空气重。 17. √ 18. × 正确答案：甲醇是由二氧化碳、一氧化碳和氢气在高温、高压以及催化剂存在的条件下合成的。 19. √ 20. × 正确答案：液化气是一种有毒、易燃、易压缩的气体。 21. × 正确答案：氨是一种极性物质。 22. √ 23. × 正确答案：在恒温恒压下理想气体的体积只与气体的摩尔数有关，与气体的种类无关。 24. √ 25. × 正确答案：在 H_2 中 H 的化合价是0。 26. √ 27. √ 28. × 正确答案：同一种物体，在地球上不同的地方，它的重量不相同。 29. √ 30. × 正确答案：$1m^3$ 是指边长为 1m 的立方体的体积。 31. √ 32. × 正确答案：气体的相对密度是该气体的密度与空气在标准状态（0℃，0.1013MPa）下的密度之比。 33. √ 34. √ 35. × 正确答案：把单位面积上的绝对零压强作为起点计算的压强称为绝对压强。 36. √ 37. × 正确答案：温度的表示方法有摄氏温度、开氏温度和华氏温度三种。 38. × 正确答案：生产上冷却水经换热后的终温与其用量无关。 39. × 正确答案：当饱和蒸汽与低于饱和温度的壁面相接触时，蒸汽将放出潜热变成液体的过程，称为冷凝。 40. × 正确答案：质量体积的单位是 m^3/kg。 41. × 正确答案：理想溶液是指溶液中不同组分分子之间的吸引力与同组分分子间的吸引力完全相等。 42. × 正确答案：所谓非理想溶液是指不同种分子间的吸引力与同种分子间的吸引力不相等的混合物。 43. √ 44. √ 45. √ 46. √ 47. × 正确答案：把提高温度和突然降低外压而导致液体急剧蒸发的现象称为闪蒸。 48. × 正确答案：固体在温度升高时，固体各种线度（如长度、宽度、厚度、直径等）都要增长，这种现象叫作固体的线膨胀。 49. × 正确答案：单元操作蒸发主要属于热量传递过程。 50. × 正确答案：计量工作的基本任务就是统一量值，保证量值的准确可靠，而健全计量标准，开展量值传递、检定修理企业部分的各种在用计量器具等。 51. √ 52. × 正确答案：国际单位制的基本单位中时间的单位名称是秒。 53. √ 54. × 正确答案：国际单位制的基本单位中电流强度单位是安培。 55. × 正确答案：计量检测设备包括标准物质。 56. √ 57. √ 58. √ 59. √ 60. √ 61. × 正确答案：安全阀和容器之间一般不允许安装阀门。 62. × 正确答案：根据测量的工具不同，联轴节测量的方法可分为三种。 63. √ 64. × 正确答案：塔类设备按其单元操作可分为精馏塔、萃取塔、吸收塔、干燥塔等。 65. × 正确答案：法兰连接是由一对法兰，数个螺栓和垫片组成。 66. × 正确答案：无论是滚动轴承还是滑动轴承，在轴运行时其转动部分和静止部分都不能直接接触，否则会因摩擦过热而损坏。 67. √ 68. × 正确答案：普通碳素结构钢分为甲类钢、乙类钢、特殊钢。 69. √ 70. × 正确答案：不锈钢在不同的使用情况下是可以被腐蚀的。 71. × 正确答案：润滑脂在使用中起到润滑，密封和防腐的作用。 72. √ 73. √ 74. √ 75. √ 76. √ 77. × 正确答案：容器、管道压力高于 $100kg/cm^2$ 时，密封面所用的垫片有八角垫、透镜垫、椭圆垫、齿形垫。 78. × 正确答案：在化工装置中用得最多的螺栓是六角头螺栓。 79. × 正确答案：离心泵的主要动密封有填料密封、机械密封。　80.√　81.×　正确答案：习惯上规定正电荷运动的方向为电流的方向。　82.×　正确答案：大小的方向随时间而改变的电流叫作交流电。　83.√　84.√　85.×　正确答案：测量电压时一定要把电压表并联在负载或被测电压上。　86.√　87.×　正确答案：并联电路的总电流等于各支路的电流之和。　88.×　正确答案：当人体触电时，电流对人体外部造成的伤害，称为电伤，如电灼伤、电烙印、皮肤金属化等。　89.√　90.×　正确答案：电动机容易起火的部位是定子绕组和转子绕组。

91.×　正确答案：仪表的允许误差（即基本误差）是指仪表的最大绝对误差与仪表的测量范围的百分比值。　92.×　正确答案：温度测量可分为两大类，即接触法和非接触法。　93.√

94.×　正确答案：压力表按照结构和工作原理，一般可分为液柱式、弹性元件式、活塞式和电量式四大类。　95.√　96.√　97.×　正确答案：超声波流量计对上游侧的直管要求严格。

98.√　99.×　正确答案：简单控制系统最基本的要求是系统投入运行后要稳定。　100.√

101.√　102.√

天然气转化法初级工理论知识练习题及答案

一、单项选择题(每题有四个选项,只有一个是正确的,将正确的选项号填入口号内)

1. CAA001 一段转化反应是( )热反应。
   A. 吸　　　　　　　B. 放　　　　　　　C. 自　　　　　　　D. 无

2. CAA001 一段炉卸催化剂一般采用( )方法。
   A. 自由下落　　　　　　　　　B. 下部抽吸
   C. 上部抽吸　　　　　　　　　D. 注水

3. CAA001 一段炉入口水碳比增加,一段炉所需的热负荷也就( )。
   A. 增加　　　　　B. 降低　　　　　C. 不变　　　　　D. 其他原因

4. CAA002 低温变换反应是( )热反应。
   A. 吸　　　　　　　B. 放　　　　　　　C. 自　　　　　　　D. 无

5. CAA002 测定变换炉进出口气体中的( )含量,就可确定反应的变换率。
   A. CO_2　　　　　B. CO　　　　　C. H_2　　　　　D. H_2O

6. CAA002 变换反应的主要目的是将( )反应掉。
   A. CO_2　　　　　B. CO　　　　　C. H_2　　　　　D. H_2O

7. CAA003 燃料气在火嘴处由于氧气不足未能完全燃烧,引起二次燃烧,它的危害( )。
   A. 燃料消耗增加,并引起局部超温　　　B. 消耗下降
   C. 节约空气量　　　　　　　　　　　D. 无影响

8. CAA003 烧嘴产生回火的处理方法除了调整燃料气外,还可以通过调整( )解决。
   A. 提高原料气流量　　　　　　B. 炉膛负压
   C. 灭火　　　　　　　　　　　D. 提高原料气压力

9. CAA003 引燃料气的步骤顺序正确的是( )
   A. 吹扫、试压、置换、引气　　　B. 试压、吹扫、置换、引气
   C. 引气、试压　　　　　　　　D. 试压、置换、引气

10. CAA004 对密封油泵,下面说法正确的是( )。
    A. 压缩机正常运行时停　　　　B. 压缩机停时才开
    C. 润滑油压力高则停　　　　　D. 压缩机运行之前开

11. CAA004 润滑油压力对油膜的影响是( )。
    A. 油压高,油膜形成速度快
    B. 油压高,油膜形成速度慢
    C. 油压高,油膜移动速度快
    D. 油压高,油膜温度高

12. CAA004 压缩机润滑油压高正确的处理方法是( )。

 A. 适当提高油温;检查油压调节阀旁路;降低油压调节阀设定值;检查副油泵是否自启动

 B. 适当提高油温;增加压缩机回油量;降低油压调节阀设定值;停副油泵;调整压缩机负荷

 C. 降低高位槽油位;开大油泵出口阀;降低油压调节阀设定值;检查副油泵是否自启动

 D. 检查是否蓄压器超压;检查油压调节阀旁路是否关闭;降低油压调节阀设定值;检查副油泵是否自启动

13. CAA005 二段炉投空气必须首先确认装置负荷已经加至( )以上。

 A. 40%   B. 60%   C. 80%   D. 90%

14. CAA005 二段炉投空气时需确认确认一段炉出口甲烷含量在( )。

 A. 9%~12%   B. 12%~15%   C. 13%~15%   D. 10%~14%

15. CAA005 二段炉投空气时,空压机运行状态( )。

 A. 空压机过临界   B. 空压机运行正常

 C. 空压机准备启动   D. 空压机开始暖机

16. CAA006 冷冻系统检修后氮气置换后还要进行( )置换。

 A. 氢气   B. 合成气   C. 氨   D. 氩气

17. CAA006 冷冻系统氨气置换时通常是通过( )放空的。

 A. 安全阀旁路 B. 临时短管 C. 低点导淋 D. 导淋

18. CAA006 冷冻系统氮气置换合格,并连续两次分析系统置换样氧含量不大于( )。

 A. 0.2%   B. 0.5%   C. 1.0%   D. 0.8%

19. CAA007 蒸汽管网建立过程中要不断对导淋进行排放,防止( )发生。

 A. 锈蚀   B. 水击   C. 中毒   D. 窒息

20. CAA007 建立蒸汽管网应当( )。

 A. 分段接收逐步提压   B. 全线接收逐步提压

 C. 全线接收快速提压   D. 随便都可以

21. CAA007 蒸汽管网建立时,升压升温顺序是( )。

 A. 先升压后升温   B. 升压升温同时进行

 C. 先升温后升压   D. 随便都可以

22. CAA008 加热炉点火前炉膛分析可燃气体低于( )时,方可点火。

 A. 0.2%   B. 1.0%   C. 1.5%   D. 2.0%

23. CAA008 合成开工加热炉点火前需用( )置换合格。

 A. 空气   B. 蒸汽   C. 合成气   D. 氧气

24. CAA008 开工加热炉正式点火开车前应先将( )点燃。

 A. 火炬气   B. 原料气   C. 液化气   D. 天然气

25. CAA009 伴热蒸汽暖管中总管线和各分支管线的建立顺序是( )。

 A. 同时暖建立   B. 先各分支管线后总管

 C. 无顺序随便暖   D. 先总管后各分支管线

26. CAA009 通常情况下用于循环水.脱盐水.仪表的伴热蒸汽为( )。

  A. 低压蒸汽　　　　B. 中压蒸汽　　　　C. 高压蒸汽　　　　D. 无所谓

27. CAA009 蒸汽伴热管路的连接宜( ),固定时应( )。

  A. 焊接、紧密　　　B. 螺纹连接、紧密　C. 焊接、不太紧　　D. 螺纹连接、不太紧

28. CAA010 气化工段负压器是通过( )蒸汽作为动力源抽负压,给气化炉抽负压进行负压升温。

  A. 0.7MPa　　　　B. 0.5MPa　　　　C. 1.0MPa　　　　C. 1.5MPa

29. CAA010 蒸汽吸引器,是利用蒸汽气自身的压力,通过喷嘴高速喷出,在吸气室内形成( ),引射进外界的空气,并在文丘里管中与蒸汽充分混合后输出,设备的启停是依据管网压力的变化自动实现的。

  A. 负压　　　　　　B. 正压　　　　　　C. 常压　　　　　　D. 无法判断

30. CAA010 以下( )不是蒸汽喷射泵主要组成。

  A. 冷却器　　　　　B. 喷嘴　　　　　　C. 混合室　　　　　D. 扩压器

31. CAA011 物体以电磁波的形式向四周散发辐射能的方式称为( )。

  A. 辐射传热　　　　B. 对流传热　　　　C. 热传导　　　　　D. 传热

32. CAA011 传热的基本方式有传导、对流、( )。

  A. 直接　　　　　　B. 间接　　　　　　C. 辐射　　　　　　D. 换热

33. CAA011 在同一物体内部,由于温度有差异,热量从高温部分向低温部分转移,或者两个密接的不同物体,两者之间有温度差异,则高温物体向低温物体传送热量叫( )传热。

  A. 传导　　　　　　B. 对流　　　　　　C. 辐射　　　　　　D. 换热

34. CAA012 润滑油过滤器其目数为500,下面表达正确的是( )。

  A. 每平方毫米 500 孔　　　　　　　B. 每平方厘米 500 孔

  C. 每平方分米 500 孔　　　　　　　D. 每平方英寸 500 孔

35. CAA012 润滑油过滤器切换时( )。

  A. 停油泵　　　　　B. 不停油泵　　　　C. 停压缩机　　　　D. 停油冷器

36. CAA012 润滑油过滤器从 A 切换为 B 时,B 过滤器要( )。

  A. 开排气阀　　　　B. 关排气阀　　　　C. 关连通阀　　　　D. 停压缩机

37. CAA013 设置预转化的目的( )。

  A. 代替一段炉　　　　　　　　　　　B. 降低二段炉的负荷

  C. 减轻变换的负荷　　　　　　　　　D. 保护一段炉催化剂,提高装置能力

38. CAA013 预转化反应是强( )热反应。

  A. 自　　　　　　　B. 放　　　　　　　C. 吸　　　　　　　D. 无

39. CAA013 设置预转化单元的主要目的是通过预转化炉的预先转化( )的甲烷量,可以大幅降低一段转化炉炉管的热负荷,提高转化效率。

  A. 20% ~ 30%　　　B. 15% ~ 20%　　　C. 10% ~ 15%　　　D. 5% ~ 10%

40. CAA014 脱碳系统一般是指脱除( )。

  A. CO　　　　　　　B. C　　　　　　　C. CO_2　　　　　　D. CH_4

41. CAA014　MDEA 脱碳法属于（　　　）。

    A. 物理　　　　　　　　B. 化学　　　　　　　C. 闪蒸　　　　　　　D. 萃取

42. CAA014　对气体吸收有利的操作条件应是（　　　）。

    A. 低温+高压　　　　　B. 高温+高压　　　　C. 低温+低压　　　　D. 高温+低压

43. CAB001　投用水冷却器时应当对换热器进行（　　　）。

    A. 排水　　　　　　　　B. 排气　　　　　　　C. 排惰　　　　　　　D. 什么都不干

44. CAB001　通常情况下水冷却器中循环水是从（　　　）。

    A. 从下向上　　　　　　B. 从上向下　　　　　C. 从上向上　　　　　D. 从下向下

45. CAB001　投用水冷器时联系中控现场投用水冷器,缓慢开水冷器的（　　　）,开水冷器高点排气阀,待排气阀有稳定水流流出后,关闭高点排气阀,根据实际情况缓慢开水冷器出口阀。

    A. 出口阀　　　　　　　　　　　　　　　B. 入口阀

    C. 随便开进出口阀　　　　　　　　　　　D. 进出口阀同时开

46. CAB002　影响开工加热炉负压的因素（　　　）。

    A. 工艺气流量　　　　　　　　　　　　　B. 燃料气调节伐的开度

    C. 工艺气伐的开度　　　　　　　　　　　D. 烟气挡板开度

47. CAB002　烟道风门挡板未开会导致开工加热炉负压数值（　　　）。

    A. 变高　　　　　　　　B. 不变　　　　　　　C. 变低　　　　　　　D. 变为正压

48. CAB002　开工加热炉观火孔被打开,会使得过热炉负压（　　　）。

    A. 上升　　　　　　　　B. 不变　　　　　　　C. 下降　　　　　　　D. 无法判断

49. CAB003　合成塔床层触媒的热点温度的设计值为（　　　）。

    A. 490℃　　　　　　　B. 500℃　　　　　　C. 502℃　　　　　　D. 505℃

50. CAB003　合成塔内催化剂分段并换热的意义是使反应更接近（　　　）。

    A. 反应温度　　　　　B. 催化剂热点温度　C. 反应最适宜温度　D. 设计温度

51. CAB003　合成塔压力升高正确的处理方法是（　　　）。

    A. 增加驰放气量;提高床层热点温度;降低进塔氨含量;调整空气量;降低负荷;处理无效,压力过高时停车处理;加大液氨输送量

    B. 增加驰放气量;提高床层热点温度;降低氨冷器负荷;调整氢氮比合格;增加循环气量;处理无效,压力过高时停车处理

    C. 增加驰放气量;提高床层热点温度;增加氨冷器负荷;调整空气量;增加循环气量;处理无效,压力过高时停车处理

    D. 增加驰放气量;提高床层热点温度;降低进塔氨含量;调整氢氮比合格;降低负荷;处理无效,压力过高时停车处理

52. CAB004　合成循环气水冷却器设置爆破板是为了保护（　　　）。

    A. 水冷却器　　　　　B. 合成塔　　　　　C. 进出气换热器　　　D. 合成气压缩机

53. CAB004　合成循环气水冷却器设置防爆板是（　　　）。

    A. 保护合成塔内件　　　　　　　　　　　B. 防止合成气压缩机段间压差过高

    C. 保护合成气水冷却器　　　　　　　　　D. 保护进出气换热气

54. CAB004　合成循环气水冷却器检修时要保证合成塔压力维持在(　　)。

　　A. 正常工作压力　　　B. 微正压　　　　C. 常压　　　　　　D. 负压

55. CAB005　氨合成塔进塔气流量为 $A(m^3/h)$,催化剂总装填量 $B(m^3)$,则空速为(　　)。

　　A. A/B　　　　　　　B. B/A　　　　　C. $(A+B)/A$　　　D. $(A+B)/B$

56. CAB005　原料气流量21000kg/h,分子量20.1,碳数1.249,二段炉出口气体成分(%):
　　　　　　H_2 56;N_2 22.4;CO 13;CO_2 8;CH_4 0.3;Ar 0.3.高变催化剂装填量为58.6m^3,
　　　　　　高变出口气体(干气)的空速(　　)。

　　A. 2310h^{-1}　　　　　B. 2310h　　　　　C. 3210h^{-1}　　　D. 3210h

57. CAB005　增加空速合成塔的氨净值将(　　)。

　　A. 升高　　　　　　　B. 不变　　　　　C. 降低　　　　　D. 无法判断

58. CAB006　三级氨冷器通常使用的是(　　)的液氨。

　　A. −33.3℃　　　　　B. 33.3℃　　　　C. −17.8℃　　　　D. −23.3℃

59. CAB006　合成氨工段氨冷器的工作原理是(　　)。

　　A. 为自然循环原理,液氨从冷冻的闪蒸槽进入氨冷器壳程的下部,出合成塔的气氨走
　　　　管程,换热后冷氨温度升高,形成气氨,进入冷冻机入口,液氨继续进入氨冷器,形成
　　　　自然循环

　　B. 为热虹吸原理,液氨从冷冻的闪蒸槽进入氨冷器壳程的下部,出合成塔的气氨走管
　　　　程,换热后冷氨温度升高,密度减少,由于冷氨比重大,在重力的作用下,冷氨从闪蒸
　　　　槽下降到氨冷器,热氨全部蒸发成气氨进入闪蒸槽,形成对流

　　C. 为热虹吸原理,液氨从冷冻的闪蒸槽进入氨冷器壳程的下部,出合成塔的气氨走管
　　　　程,换热后冷氨温度升高,密度减少,由于冷氨比重大,在重力的作用下,热氨上升到
　　　　闪蒸槽,冷氨从闪蒸槽下降到氨冷器,形成对流

　　D. 为自然循环原理,液氨从冷冻的闪蒸槽进入氨冷器壳程的下部,出合成塔的气氨走
　　　　管程,换热后冷氨温度升高,形成气氨,进入气相管线,液氨继续进入氨冷器,形成自
　　　　然循环

60. CAB006　氨冷器换热效率下降的原因叙述正确的是(　　)。

　　A. 难挥发组分聚积太多;管壳程结垢严重;冷冻负荷过高;虹吸现象消失

　　B. 难挥发组分聚积太多;管壳程结垢严重;进出口管线阻力增加

　　C. 液氨的潜热降低;换热面积减少;进出口管线阻力增加;被冷却介质温度过高

　　D. 氨分子的动能减少;管壳程结垢严重;进出口管线阻力增加

61. CAB007　脱碳解吸塔再沸器投用时应进行(　　)。

　　A. 排气　　　　　　　B. 排液　　　　　C. 排惰　　　　　D. 排空

62. CAB007　脱碳解吸塔再沸器使用的是(　　)。

　　A. 超高压蒸汽　　　　B. 高压蒸汽　　　C. 中压蒸汽　　　D. 低压蒸汽

63. CAB007　在解吸塔再沸器蒸汽流量不变的情况下,压力(　　)则塔顶温度降低。

　　A. 升高　　　　　　　B. 不变　　　　　C. 降低　　　　　D. 无法判断

64. CAB008　二段炉出口的温度越高,则转化气中的残余甲烷就(　　)。

　　A. 越高　　　　　　　B. 越低　　　　　C. 不变　　　　　D. 无法判断

65. CAB008　二段炉炉膛温度升高的处理方法是(　　)。

　　A. 降低二段炉入口气体中甲烷的含量　　　B. 提高二段炉入口气体中甲烷的含量

　　C. 降低进入二段炉的空气量　　　　　　　D. 降低水碳比

66. CAB008　当二段炉后的废热锅炉爆管,变换炉高低变化应(　　)。

　　A. 减量生产　　　　　　　　　　　　　　B. 紧急停车

　　C. 无影响　　　　　　　　　　　　　　　D. 无法判断

67. CAB009　低变催化剂活性成分是(　　)。

　　A. 氧化锌　　　　　　B. 氧化铜　　　　　　C. 单质铜　　　　　　D. 氧化镉

68. CAB009　低变催化剂还原反应的特点是(　　)。

　　A. 放热　　　　　　　B. 吸热　　　　　　　C. 缓慢　　　　　　　D. 不可逆

69. CAB009　低变催化剂还原的原理(　　)。

　　A. $3Fe_2O_3+CO \rightleftharpoons 2Fe_3O_4+CO_2+12.136kcal/kg$

　　B. $3Fe_2O_3+H_2 \rightleftharpoons 2Fe_3O_4+H_2O+2.298kcal/kg$

　　C. $CuO+H_2 \rightleftharpoons Cu+H_2O+20.7kcal/kg$

　　D. $Fe_3O_4+H_2 \rightleftharpoons 3Fe+4H_2O$

70. CAB010　一段炉催化剂结碳将不会出现(　　)现象。

　　A. 炉管的阻力增加　　　　　　　　　　　B. 炉管的顶部出现花斑

　　C. 出口的甲烷含量升高　　　　　　　　　D. 部分炉管出现过热而发白

71. CAB010　一段炉催化剂结碳将使炉管的阻力(　　)。

　　A. 增加　　　　　　　B. 减小　　　　　　　C. 先增大后减小　　　D. 无影响

72. CAB010　以下炉管超温现象,哪个选项不可能表明一段炉催化剂结炭(　　)。

　　A. 出现亮点花斑　　　B. 红管　　　　　　　C. 颜色异常　　　　　D. 颜色均匀

73. CAB011　不是开工加热炉投燃料气的必备条件的是(　　)。

　　A. 合成气压缩机防喘阀打开　　　　　　　B. 开工加热炉置换合格

　　C. 通过开工加热炉的循环气流程建立　　　D. 开工加热炉燃料气点燃

74. CAB011　开工加热炉在操作上应注意(　　)。

　　A. 点炉前要置换充分,可燃气合格;控制好空气量,防止息火;燃料气的加量幅度要小;
　　　点火前要短接联琐;点火后要及时关闭风门;加强现场巡检

　　B. 点炉前要置换充分,可燃气合格;控制好氢氮比,防止回火;燃料气的加量幅度要小;
　　　点火前要做联锁实验;加强现场巡检

　　C. 点炉前要置换充分,可燃气合格;控制好空气量,防止息火;燃料气的加量幅度要小;
　　　点火前要短接联琐;加强现场巡检

　　D. 点炉前要置换充分,可燃气合格;控制好氢氮比,防止回火;燃料气的加量幅度要小;
　　　点火前要做联锁实验;点火后要及时关闭风门;加强现场巡检

75. CAB011　开工加热炉点火时炉膛分析可燃气体浓度应小于(　　)。

　　A. 0.5%　　　　　　　B. 0.2%　　　　　　　C. 1.0%　　　　　　　D. 0.4%

76. CAB012　分子筛解吸是(　　)反应。

　　A. 化学　　　　　　　B. 放热　　　　　　　C. 吸热　　　　　　　D. 不确定

77. CAB012 气体(或液体)通过时,吸附剂层( )全部同时进行吸附。

 A. 是 B. 不一定是 C. 不是 D. 与压力有关

78. CAB012 提高温度时,分子筛对二氧化碳吸附能力( )。

 A. 增加 B. 下降 C. 不确定 D. 与压力有关

79. CAB014 柱塞泵启动前要求( )。

 A. 出、入口阀均关闭 B. 出、入口阀均打开

 C. 入口阀开,出口阀关 D. 入口阀关,出口阀开

80. CAB014 需要在泵出口管线上安装安全阀的是( )。

 A. 离心泵 B. 柱塞泵 C. 真空泵 D. 都不需要

81. CAB014 柱塞泵是用于( )系统中。

 A. 高压 B. 中压 C. 低压 D. 都不可以

82. CAB015 离心泵气缚现象的发生是因为( )。

 A. 没有对泵体进行加热 B. 没有对泵体进行冷却

 C. 没有给泵盘车 D. 没有进行灌泵排气操作

83. CAB015 造成离心泵气缚现象发生的原因是( )。

 A. 泵加热不充分 B. 泵体倒淋未排放

 C. 泵未从高点排气 D. 输送介质温度过高

84. CAB015 以下不是造成离心泵打量不好的因素有( )。

 A. 吸入管堵塞 B. 出口管有空气

 C. 泵未排气 D. 吸入液体黏度太大

85. CAB016 液相不流经塔盘与( )充分接触就沿塔盘孔漏至下层塔盘的现象称为漏液。

 A. 气相 B. 液相 C. 气液相 D. 无法判断

86. CAB016 漏液产生的原因是气相负荷过小,塔盘压降不够,气速过小,托举不住塔盘上的液体而使液体沿塔盘孔漏下( )。

 A. 过小 B. 过大 C. 无法判断 D. 与负荷大小无关

87. CAB016 发生漏液时,因液相无法均匀流经塔盘,按正常流程沿降液管经过液盘(槽)进入下层塔盘,以下不会造成的后果是( )。气液两相不能良好接触,传热、传质效果差,严重影响分离效率。

 A. 气液两相不能良好接触 B. 传热、传质效果差

 C. 影响分离效率 D. 无法判断

88. CAB017 钴钼加氢反应器入口氢含量控制指标为( )。

 A. 10% B. 5% C. 3% D. 4%

89. CAB017 钴钼加氢转化为( )反应。

 A. 放热 B. 吸热 C. 先放热后吸热 D. 无法判断

90. CAB017 ( )经过钴钼加氢转化成硫化氢后可以被氧化锌脱除。

 A. 无机硫 B. 有机硫 C. 单质硫 D. 硫化物

91. CAB018 离心泵启动前要求( )。

 A. 出、入口阀均关闭 B. 出、入口阀均打开

 C. 入口阀开,出口阀关 D. 入口阀关,出口阀开

92. CAB018　离心泵启动时关出口阀的目的是(　　　)。

　　A. 增加流量　　　　　B. 防止气蚀　　　　C. 提高扬程　　　　D. 降低启动功率

93. CAB018　离心泵在额定转速下运行时,为了避免启动电流过大,通常在(　　　)。

　　A. 阀门稍稍开启的情况下启动　　　　　B. 阀门半开的情况下启动

　　C. 阀门全关的情况下启动　　　　　　　D. 阀门全开的情况下启动

94. CAB019　风机启动时应(　　　)。

　　A. 全开进口风门　　　　　　　　　　　B. 全关进口风门

　　C. 全开进出口风门　　　　　　　　　　D. 全关出口风门

95. CAB019　以下不是风机主要结构有(　　　)。

　　A. 叶轮　　　　　　　B. 轴承　　　　　　　C. 大轴　　　　　　　D. 风门

96. CAB019　送风机启动操作过程中,以下不属于需要岗位操作人员注意的是(　　　)。

　　A. 现场操作人员变频启动引风机电动机,缓慢打开引风机出口阀

　　B. 中控操作人员调节引风机入口挡板开度保证炉膛负压调节到正常范围内

　　C. 现场操作人员在引风机启动后检查测量引风机电流、温度、振值、油位、是否有异常
　　　声音、异常振动、烟气、火花、泄漏等情况的出现

　　D. 大电动机启动,操作人员启动过程中监护好电压

97. CAB020　二段炉催化剂上铺耐火砖是为了(　　　)喷射到催化剂上,损坏催化剂。

　　A. 防止火焰直接　　　B. 防止工艺气直接　　C. 防止蒸汽直接　　　D. 以上都不对

98. CAB020　二段炉催化剂上铺耐火砖是为了高温气体直接喷射到催化剂上,损坏(　　　)。

　　A. 催化剂　　　　　　B. 耐火材料　　　　　C. 喷嘴　　　　　　　D. 外壁

99. CAB020　正常二段炉催化剂装填时都在二段炉上层催化剂上铺一层(　　　)砖。

　　A. 六角形　　　　　　B. 八角形　　　　　　C. 三角形　　　　　　D. 正方形

100. CAB021　一段转化炉采用的升温介质是(　　　)。

　　A. 天然气　　　　　　B. 液化气　　　　　　C. 空气　　　　　　　D. 氮气

101. CAB021　已知一段转化炉出口气体组成为:CO 13%;CO_2 15.5%;CH_4 8.5%;H_2 63%;
　　　　　　　一段炉的甲烷转化率应为(　　　)。

　　A. 87%　　　　　　　B. 97%　　　　　　　C. 67%　　　　　　　D. 77%

102. CAB021　一段炉投料时,一段炉出口温度必须达到(　　　)。

　　A. 580℃　　　　　　B. 560℃　　　　　　C. 650℃　　　　　　D. 600℃

103. CAB022　在锅炉给水中加入氨水的目的(　　　)。

　　A. 调整钠离子的含量　　　　　　　　　B. 调整 pH

　　C. 除垢　　　　　　　　　　　　　　　D. 中和酸

104. CAB022　锅炉冷启动前加入氨水的目的(　　　)。

　　A. 调节 pH 值　　　　B. 除氧　　　　　　　C. 除垢　　　　　　　D. 参加反应

105. CAB022　电导度反映了水中含(　　　)的多少。

　　A. 金属　　　　　　　B. 酸　　　　　　　　C. 碱　　　　　　　　D. 盐

106. CAB023　锅炉冷启动前加入磷酸盐的目的(　　　)。

　　A. 除氧　　　　　　　B. 调节 pH 值　　　　C. 除垢　　　　　　　D. 参加反应

107. CAB023 在炉水中加入磷酸盐的目的( )。

    A. 调整钠离子的含量 B. 调整 pH   C. 除垢   D. 中和酸

108. CAB023 高压气包间接排污排出的主要是( )。

    A. 金属   B. 沉淀杂物   C. 蒸汽   D. 高含盐量炉水

109. CAB024 阀门的开关方向一般是( )。

    A. 左开右关   B. 左关右开   C. 左开左关   D. 右开右关

110. CAB024 阀门一般用来控制流体的( )。

    A. 流量和液位   B. 压力和液位   C. 流量和压力   D. 流量

111. CAB024 在阀门内一般有( )。

    A. 流量变化   B. 压力变化   C. 相变化   D. 温度变化

112. CAB025 仪表调节阀的常见故障有( )。

    A. 定位器故障、反馈杆故障、气源故障、变送器故障

    B. 定位器故障、开方器故障、变送器故障、调节器故障

    C. 定位器故障、反馈杆故障、气源故障、压力表故障

    D. 定位器故障、反馈杆故障、开方器故障、变送器故障

113. CAB025 气动薄膜调节阀的作用形式有( )。

    A. 正作用和反作用,气开式和气关式   B. 正作用和反作用,连续式和两位式

    C. 正作用和反作用,加压型和减压型   D. 正作用和反作用,低压式和中压式

114. CAB025 调节阀在何时可改副线操作( )。

    A. 工艺波动时   B. 工艺正常时   C. 装置开车时   D. 无仪表空气时

115. CAB026 再生塔顶回流水的作用是( )。

    A. 保持水平衡、防止气体夹带溶液   B. 调节 pH 值

    C. 稀释溶液   D. 增湿

116. CAB026 不是再生塔顶回流水的主要作用的是( )。

    A. 保持水平衡   B. 防止气体夹带   C. 洗涤   D. 稀释溶液

117. CAB026 再生塔顶温度过高,则( )损耗高。

    A. 酸性气体   B. 氢气   C. MDEA   D. 一氧化碳

118. CAC001 甲烷蒸汽转化反应的特点是( )。

    A. 放热、体积缩小   B. 放热、体积增大

    C. 吸热、体积缩小   D. 吸热、体积增大

119. CAC001 提高转化的压力,则转化炉的甲烷平衡转化率( )。

    A. 降低   B. 升高   C. 无变化   D. 都不对

120. CAC001 甲烷蒸汽转化反应的主要产物是( )。

    A. 二氧化碳和水   B. 一氧化碳和二氧化碳

    C. 二氧化碳和氢气   D. 一氧化碳和氢气

121. CAC002 冷冻循环顺序是正确的是( )。

    A. 压缩,冷凝,蒸发,膨胀   B. 压缩,蒸发,冷凝,膨胀

    C. 蒸发,压缩,冷凝,膨胀   D. 冷凝,压缩,膨胀,蒸发

122. CAC002 用液氨来冷却分离合成气中的氨,主要是利用液氨的( )。

A. 溶解性   B. 显热   C. 汽化热   D. 熔化

123. CAC002 用液氨来冷却分离合成气中的氨,主要是利用液氨的( )。

A. 溶解热   B. 显热   C. 挥发性   D. 汽化热

124. CAC003 转化反应是一个体积( )反应。

A. 体积增大的可逆放热   B. 体积缩小的可逆吸热

C. 体积增大的可逆吸热   D. 体积缩小的可逆放热

125. CAC003 转化反应随着反应温度的升高,工艺原料气中的甲烷含量将( )。

A. 升高   B. 降低   C. 不影响   D. 无法判定

126. CAC003 转化反应随着反应温度的升高,工艺原料气中的氢气含量将( )。

A. 升高   B. 降低   C. 不影响   D. 无法判定

127. CAC004 送入变换炉参加变换反应的几股蒸汽中最大的一股是( )。

A. 原料气中的水分   B. 增湿塔顶带出的饱和蒸汽

C. 系统加入的高压蒸汽   D. 变换炉前加入的激冷水

128. CAC004 提高水气比变换反应速度将( )。

A. 提高   B. 变慢

C. 不变   D. 向逆反应方向进行

129. CAC004 低变催化剂还原的原理( )。

A. $3Fe_2O_3 + CO \rlap{=}{} 2Fe_3O_4 + CO_2$ B. $3Fe_2O_3 + H_2 \rlap{=}{} 2Fe_3O_4 + H_2O$

C. $CuO + H_2 \rlap{=}{} Cu + H_2O$ D. $Fe_3O_4 + H_2 \rlap{=}{} 3Fe + 4H_2O$

130. CAC005 生成羰基镍的三个必要条件是:温度低于 200℃,具有还原态镍,有( )存在。

A. O_2 B. CO_2 C. CH_4 D. CO

131. CAC005 催化剂的作用是改变化学反应的( )。

A. 平衡   B. 温度   C. 速度   D. 方向

132. CAC005 甲烷化触媒的主要活性组分是( )。

A. Ni B. Fe C. ZnO D. Al_2O_3

133. CAC006 烧嘴产生回火的处理方法除了调整燃料气外,还可以通过调整( )解决。

A. 提高原料气流量   B. 炉膛负压   C. 灭火   D. 提高原料气压力

134. CAC006 燃料气在火嘴处由于氧气不足未能完全燃烧,引起二次燃烧,它的危害( )。

A. 燃料消耗增加,并引起局部超温   B. 消耗下降

C. 节约空气量   D. 无影响

135. CAC006 进入转化单元的空气和天然气预热的目的是( )。

A. 提高燃料气温度   B. 便于输送

C. 加快产物的转化速度   D. 保护烧嘴

136. CAC007 合成反应是可逆、放热、体积( )。

A. 缩小   B. 扩大   C. 相等   D. 不变化

137. CAC007 合成塔设计成内外两件,其中外件的作用是( )。

    A. 承受高压和高温　　B. 只承受高温　　C. 只承受高压　　　　D. 防止腐蚀

138. CAC007 提高( )可使合成氨净值含量增加。

    A. 合成塔入口氨含量　　　　　　　　B. 合成塔压力

    C. 系统惰气含量　　　　　　　　　　D. 提高入塔氢气含量

139. CAC008 氨冷却器是利用了冷冻循环的( )阶段。

    A. 压缩　　　　　　　B. 冷凝　　　　　　　C. 膨胀　　　　　　　D. 蒸发

140. CAC008 合成氨工号氨冷器的工作原理是( )。

    A. 为自然循环原理,液氨从冷冻的闪蒸槽进入氨冷器壳程的下部,出合成塔的气氨走管程,换热后冷氨温度升高,形成气氨,进入冷冻机入口,液氨继续进入氨冷器,形成自然循环

    B. 为热虹吸原理,液氨从冷冻的闪蒸槽进入氨冷器壳程的下部,出合成塔的气氨走管程,换热后冷氨温度升高,密度减少,由于冷氨比重大,在重力的作用下,冷氨从闪蒸槽下降到氨冷器,热氨全部蒸发成气氨进入闪蒸槽,形成对流

    C. 为热虹吸原理,液氨从冷冻的闪蒸槽进入氨冷器壳程的下部,出合成塔的气氨走管程,换热后冷氨温度升高,密度减少,由于冷氨比重大,在重力的作用下,热氨上升到闪蒸槽,冷氨从闪蒸槽下降到氨冷器,形成对流

    D. 为自然循环原理,液氨从冷冻的闪蒸槽进入氨冷器壳程的下部,出合成塔的气氨走管程,换热后冷氨温度升高,形成气氨,进入气相管线,液氨继续进入氨冷器,形成自然循环

141. CAC008 相同压力下降低温度( )最先液化。

    A. 氢气　　　　　　　B. 氮气　　　　　　　C. 氨　　　　　　　　D. 以上同时

142. CAC009 氧化锌脱硫剂主要吸附( )。

    A. 羰基硫　　　　　　B. 所有硫化物　　　C. 无机硫化物　　　D. 有机硫

143. CAC009 在钴钼催化剂作用下的进行加氢转化反应,如果气体中的二氧化碳的含量升高,因发生甲烷化反应而使催化剂床层的温度( )。

    A. 升高　　　　　　　B. 降低　　　　　　　C. 不变　　　　　　　D. 以上都不对

144. CAC009 脱硫剂的硫容与温度有关,提高温度对得高硫容( )。

    A. 有利　　　　　　　B. 无利　　　　　　　C. 无影响　　　　　　D. 以上都不对

145. CAC010 机泵预冷时流体的流动的途径是( )。

    A. 泵入口→泵壳→泵出口　　　　　　B. 泵入口→泵壳

    C. 泵出口→泵壳→泵入口　　　　　　D. 泵出口→泵壳

146. CAC010 离心泵检修前泵内压力要求( )。

    A. 微正压　　　　　　B. 常压　　　　　　　C. 负压　　　　　　　D. 不一定

147. CAC010 对备用泵的盘车,每次盘车旋转的角度( )为最好。

    A. 90°　　　　　　　　B. 180°　　　　　　　C. 360°　　　　　　　D. 0°

148. CAC011 下面对操作记录说法不对的是( )。

    A. 记录真实　　　　　　　　　　　　B. 记录用仿宋体

    C. 记录按月装订成册　　　　　　　　D. 可以隔天回忆记录

149. CAC011　单页记录不允许更改超过(　　　)，若需要更改第四次时应重新填写。

　　A. 四次　　　　　　　　B. 三次　　　　　　　　C. 二次　　　　　　　　D. 一次

150. CAC011　记录不得任意涂改，如确定需要更改时应用"\ \"划去原内容，在旁边填写正确内容并签名或加盖个人印章，并使原数据仍可辨认，可用(　　　)。

　　A. 刀刮　　　　　　　　B. 修改液涂改　　　　C. 橡皮擦　　　　　　　D. 按规定填写

151. CAC012　调节阀在何时可改副线操作(　　　)。

　　A. 工艺波动时　　　　　　　　　　　　B. 工艺正常时

　　C. 装置开车时　　　　　　　　　　　　D. 无仪表空气时

152. CAC012　控制阀主线如何改投副线(　　　)。

　　A. 先投运副线　　　　　　　　　　　　B. 投副线和停主线同时进行

　　C. 先停主线　　　　　　　　　　　　　D. 先投副线，后停主线

153. CAC012　下面对调节阀的作用过程说法正确的是(　　　)。

　　A. 信号压力→阀芯行程→阻力系数　　　B. 信号压力→阻力系数→阀芯行程

　　C. 阀芯行程→阻力系数→信号压力　　　D. 阀芯行程→信号压力→阻力系数

154. CAC013　用来减少离心泵流量的方法正确的是(　　　)。

　　A. 关小入口阀的开度　　　　　　　　　B. 关小出口阀的开度

　　C. 提高泵的转速　　　　　　　　　　　D. 开大出口阀的开度

155. CAC013　增加离心泵出口的管路阻力，则泵出口压力和流量的变化为(　　　)。

　　A. 压力增加、流量增加　　　　　　　　B. 压力增加、流量减少

　　C. 压力下降、流量增加　　　　　　　　D. 压力下降、流量下降

156. CAC013　离心泵的流量，可以通过(　　　)调节。

　　A. 转速　　　　　　　　B. 叶轮直径　　　　　C. 阀门　　　　　　　　D. 以上都是

157. CAC014　助催化剂也叫促进剂，它本身(　　　)催化剂活性，但能提高催化剂的活性、稳定性和选择性。

　　A. 有　　　　　　　　　B. 无　　　　　　　　C. 无法判断　　　　　　D. 以上都不对

158. CAC014　促进剂为铝、铬、镁、钛、钙等金属的(　　　)。

　　A. 氧化物　　　　　　　B. 单质存在　　　　　C. 还原态　　　　　　　D. 混合物

159. CAC014　助催化剂也叫促进剂，它本身无催化剂活性，但不能提高催化剂(　　　)。

　　A. 活性　　　　　　　　B. 稳定性　　　　　　C. 选择性　　　　　　　D. 氧化性

160. CAC015　日产千吨的合成氨厂，原料气的流量为 23500m^3/h，含硫 30mg/L，氧化锌脱硫剂硫容 18%计算，脱硫剂堆密度是 1100kg/m^3，装填量是 56.6m^3，预计可用(　　　)年(一年以 8000h 计算)。

　　A. 4.1　　　　　　　　　B. 1.4　　　　　　　　C. 2　　　　　　　　　D. 2.8

161. CAC015　硫容与温度有关，提高温度(　　　)提高硫容。

　　A. 有利于　　　　　　　B. 不利于　　　　　　C. 无关　　　　　　　　D. 都不对

162. CAC015　单位体积的脱硫剂在确保工艺气中硫净化度指标的前题下，所能吸叫的(　　　)硫含量叫作穿透硫容。

　　A. 最大　　　　　　　　B. 最小　　　　　　　C. 适量　　　　　　　　D. 无法判断

163. CAC016 离心泵设置低液位保护是为了防止(   )。

A. 泵气蚀　　　　　B. 泵气缚　　　　　C. 泵抽空　　　　　D. 泵过载

164. CAC016 离心泵入口设置低液位保护是为了防止泵抽空,一旦发现低液位造成离心泵抽空,应立即停泵并关闭(   ),防止泵损坏以及高低压物料互串。

A. 进口阀　　　　　B. 出口阀　　　　　C. 进出口阀　　　　　D. 不用关闭

165. CAC016 离心泵检修前泵内压力要求(   )。

A. 微正压　　　　　B. 常压　　　　　C. 负压　　　　　D. 不一定

166. CAC017 锅炉给水加入联胺的目的(   )。

A. 调节 pH 值　　　　　B. 除氧　　　　　C. 除垢　　　　　D. 参加反应

167. CAC017 锅炉给水加入氨水的目的(   )。

A. 除氧　　　　　B. 中和　　　　　C. 除垢　　　　　D. 调节 pH 值

168. CAC017 下列那种现象最能说明废热锅炉发生了逆循环(   )。

A. 锅炉水液位波动　　　　　　　　　B. 蒸汽压力波动

C. 锅炉水流量波动　　　　　　　　　D. 压力差计与正常指示相反,出现负值

169. CAC018 蒸汽中硅含量长时间高,会使透平(   )。

A. 转速高　　　　　B. 排汽温度高　　　　　C. 效率下降　　　　　D. 功率下降

170. CAC018 物质处于液体和气体共存状态,该状态称为(   )。

A. 饱和状态　　　　　B. 不饱和状态　　　　　C. 过饱和状态　　　　　D. 非饱和状态

171. CAC018 汽包设置的液位联锁保护系统是(   )。

A. 低液位联锁　　　　　B. 高液位联锁

C. 高、低都有　　　　　D. 没有设置液位保护联锁

172. CAC019 合成惰气排放的是(   )。

A. 新鲜气　　　　　　　　　　　　　B. 入合成塔循环气

C. 出合成塔循环气　　　　　　　　　D. 分离氨后循环气

173. CAC019 合成排惰的位置在(   )。

A. 压缩机前　　　　　B. 合成塔前　　　　　C. 合成塔后　　　　　D. 氨分离后

174. CAC019 合成系统排惰性气体的意义在于(   )。

A. 合成气中惰性气含量高,降低了氢氮气的分压,对合成不利,出口氨含量降低,故要将惰气一次性从循环过程中排放,以保证合成的顺利进行

B. 合成气中惰性气含量高,降低了氢氮气的分压,对合成不利,出口氨含量降低,故要采用排放的方法,将惰气间断或连续的从循环过程中排放,以保证合成的顺利进行

C. 合成气中惰性气含量高,降低了氢氮气的分压,对合成不利,出口氨含量降低,故要采用排放的方法,将惰气间断或连续的从循环过程中排放,以保证合成的顺利进行

D. 合成气中惰性气含量高,降低了氢氮气的分压,对合成不利,出口反应气压力降低,故要采用排放的方法,将惰气间断或连续的从循环过程中排放,以保证合成的顺利进行

175. CAC020 二段炉出口的温度越高,则转化气中的残余甲烷就(   )。

A. 越高　　　　　B. 越低　　　　　C. 不变　　　　　D. 无影响

176. CAC020 转化炉的反应温度升高,出口工艺气中的甲烷含量将(　　)。

    A. 升高　　　　　　　　B. 降低　　　　　　　　C. 不变　　　　　　　　D. 不一定

177. CAC020 提高天然气/蒸汽比,转化炉出口的甲烷含量将(　　)。

    A. 升高　　　　　　　　B. 降低　　　　　　　　C. 不变　　　　　　　　D. 无法确定

178. CAC021 低变催化剂的活性成份是(　　)。

    A. CuO　　　　　　　　B. ZnO　　　　　　　　C. Cr_2O_3　　　　　　　　D. Cu

179. CAC021 低变催化剂还原介质可以用(　　)。

    A. Ar　　　　　　　　B. N_2　　　　　　　　C. 工艺气　　　　　　　　D. 氨气

180. CAC021 低变催化剂以(　　)为还原结束为标志。

    A. 肉眼观察

    B. 低变进出口氢含量达到20%,仍没有氢耗

    C. 温升下降

    D. 出口温度小于进口温度

181. CAC022 在解吸塔加热蒸汽量不变的情况下压力升高会导致温度(　　)。

    A. 升高　　　　　　　　B. 降低　　　　　　　　C. 先升后降　　　　　　　　D. 无变化

182. CAC022 解吸二氧化碳是一个(　　)过程。

    A. 吸热　　　　　　　　B. 放热　　　　　　　　C. 恒温　　　　　　　　D. 无法判断

183. CAC022 再生塔顶温度过高,则(　　)损耗高。

    A. 酸性气体　　　　　　B. 氢气　　　　　　　　C. MDEA　　　　　　　　D. 一氧化碳

184. CAC023 转化催化剂所发生的水合反应主要是在(　　)产生。

    A. 停车时　　　　　　　B. 开车时　　　　　　　C. 正常运行时　　　　　　D. 随时

185. CAC023 转化催化剂所发生的水合反应主要是在(　　)产生。

    A. 停车时　　　　　　　　　　　　　　B. 开车时

    C. 正常运行时　　　　　　　　　　　　D. 无论什么状态

186. CAC023 水合反应的危害主要是(　　)。

    A. 催化剂强度降低　　　　　　　　　　B. 催化剂强度增强

    C. 催化剂性能不影响　　　　　　　　　D. 无法判断

187. CAC024 在钴钼催化剂作用下进行的加氢转化反应,如果气体中的一氧化碳的含量升高,因发生甲烷化反应而使催化剂床层的温度(　　)。

    A. 无关　　　　　　　　B. 降低　　　　　　　　C. 不变　　　　　　　　D. 升高

188. CAC024 在钴钼催化剂作用下的进行加氢转化反应,如果气体中的二氧化碳的含量升高,因发生甲烷化反应而使催化剂床层的温度(　　)。

    A. 升高　　　　　　　　B. 降低　　　　　　　　C. 不变　　　D 以上都不对

189. CAC024 脱硫槽前加氢的作用是(　　)。

    A. 将原料气中含有的引起氧化锌脱硫剂中毒的物质除去

    B. 将原料气中含有的有机硫转化为便于氧化锌脱硫剂吸附的无机硫

    C. 将原料气中含有的有机硫转化为可以增加氧化锌脱硫剂硫容的无机硫

    D. 有利于提高氧化锌脱硫剂的吸附能力

190. CAC025　不会导致脱碳单元出口二氧化碳升高的是(　　)。

　　A. MDEA 循环量过低　　　　　　　　B. 二氧化碳吸收塔塔盘损坏

　　C. MDEA 浓度低　　　　　　　　　　D. 原料气量波动过大

191. CAC025　解吸二氧化碳是一个(　　)过程。

　　A. 吸热　　　　　　B. 放热　　　　　　C. 恒温　　　　　　D. 无法判断

192. CAC025　确定 MDEA 循环量的依据是(　　)。

　　A. 工艺气的压力　　　　　　　　　　B. 工艺气的温度

　　C. 工艺气出口 CO_2 含量　　　　　　D. 工艺气的流量

193. CAC026　对于分子筛再生气,以下说法正确的是(　　)。

　　A. 不能再使用　　　　　　　　　　　B. 可以作为气提用气

　　C. 含有大量可燃气体,必须送火炬　　D. 可以循环使用

194. CAC026　分子筛一般使用(　　)作为再生气。

　　A. 污氮气　　　　　　B. 纯氮气　　　　　　C. 原料气　　　　　　D. 合成气

195. CAC026　分子筛吸附能力下降的原因叙述正确的是(　　)。

　　A. 老化或破碎严重;再生温度过低;再生时间过短;发生泄漏;吸附温度过低

　　B. 老化或破碎严重;再生温度过低;没有进行预热;发生泄漏;吸附量过大

　　C. 老化或破碎严重;再生温度过低;切换时间过长;压力过高;被吸附气体或再生气所
　　　含的烃类,特别是不饱和有机化合和物含量过高

　　D. 被吸附气体或再生气中所含的烃类,特别是不饱和有机化合和物含量过高;老化或
　　　破碎严重;再生温度过低;再生时间过短

196. CAC027　合成氨净值等于(　　)。

　　A. 出塔氨含量+入塔氨含量　　　　　B. 出塔氨含量−入塔氨含量

　　C. 出塔氨含量　　　　　　　　　　　D. 出塔氨含量−1%

197. CAC027　在其他条件不变时,平衡氨浓度随压力的提高而(　　)。

　　A. 减少　　　　　　B. 无规律　　　　　　C. 不变　　　　　　D. 增加

198. CAC027　增加空速合成塔的氨净值将(　　)。

　　A. 升高　　　　　　B. 不变　　　　　　C. 降低　　　　D 以上都不对

199. CAC028　合成气压缩机出口油分离器排油过程应当(　　),以防将合成气排出。

　　A. 快速　　　　　　B. 缓慢　　　　　　C. 匀速　　　　　　D. 随意

200. CAC028　合成气压缩机出口油分离器应当(　　)排油,防止油污带入合成塔,降低催
　　　化剂活性。

　　A. 经常　　　　　　B. 偶尔　　　　　　C. 随机　　　　　　D. 根据液位

201. CAC028　合成气压缩机出口油分离器应当经常排油,对于合成催化剂,油污对催化剂
　　　的影响是使催化剂(　　)下降。

　　A. 硬度　　　　　　B. 活性　　　　　　C. 形状大小　　　　　　D. 无法判断

202. CAC029　氨分离器液位过高会造成(　　)。

　　A. 冷冻系统停车　　　　　　　　　　B. 合成气压缩机带液

　　C. 高压窜低压　　　　　　　　　　　D. 无影响

203. CAC029　氨分离器液位过低会造成（　　）。

A. 冷冻系统停车　　　　　　　　　　B. 合成气压缩机带液

C. 高压窜低压　　　　　　　　　　　D. 无影响

204. CAC029　高压氨分离器温度−25℃，压力 14.5MPa，设分离后的氨过饱和度为 15%，−25℃时氨的饱和分压为 0.1546MPa，那么合成塔入口氨浓度（　　）。

A. 1.28%　　　　　B. 2.6%　　　　　C. 1.22%　　　　　D. 无法判断

205. CAC030　不允许含氧化物进入合成系统，主要是因为（　　）。

A. 防止与 H_2 发生爆炸

B. 防止与催化剂中的 FeO 反应生成 Fe_3O_4

C. 防止与催化剂中的 Fe 反应生成 Fe_3O_4

D. 防止催化剂还原

206. CAC030　在氨合成催化剂中，含有 Al_2O_3 促进剂其作用是（　　）。

A. 提高催化活性　　　　　　　　　　B. 起骨架作用，防止 Fe 微晶长大

C. 增强催化剂的抗毒害和耐烧结　　　D. 以上都不对

207. CAC030　能使合成催化剂中毒的可逆性毒物有（　　）。

A. CO　　　　　　B. Ar　　　　　　C. He　　　　　　D. 硫化物

208. CAC031　一段炉烟气氧含量升高，则其热效率（　　）。

A. 不影响　　　　B. 无规律　　　　C. 升高　　　　　D. 降低

209. CAC031　一段炉（　　）热损失是热损失中最大的一部分。

A. 排烟　　　　　B. 自然损失　　　C. 换热　　　　　D. 无法判断

210. CAC031　一段炉烟气的含氧应控制在（　　）左右比较合适，氧含量过高烟气的热损失大，热效率低、氧含量过小则燃烧不完全，易产生二次燃烧，热效率也低，而且易损坏设备。

A. 2%　　　　　　B. 2.5%　　　　　C. 3%　　　　　　D. 3.5%

211. CAD001　管路及设备氮气置换空气时，分析氧含量小于（　　）时为置换合格。

A. 1.0%　　　　　B. 2.0%　　　　　C. 0.2%　　　　　D. 1.5%

212. CAD001　冷冻系统检修后氮气置换后还要进行（　　）置换。

A. 氢气　　　　　B. 合成气　　　　C. 氨气　　　　　D. 氩气

213. CAD001　冷冻系统停车后，可以用（　　）置换。

A. 氮气　　　　　B. 空气　　　　　C. 仪表风　　　　D. 氧气

214. CAD002　加入催化剂能（　　）。

A. 改变反应历程　　　　　　　　　　B. 增大平衡常数 K 值

C. 提高反应活化能　　　　　　　　　D. 减少平衡常数 K 值

215. CAD002　催化剂的作用主要是在化学反应里能改变反应物化学反应速率（既能提高也能降低）而不改变化学平衡，催化剂与反应物发生化学作用，改变了反应途径，降低了反应的活化能，从而（　　）反应速率。

A. 降低　　　　　B. 提高　　　　　C. 无法判断　　　D. 先提高后降低

216. CAD002　催化剂的作用主要是在化学反应里能改变反应物化学反应速率(既能提高也能降低)而不改变化学平衡,催化剂与反应物发生化学作用,改变了反应途径,(　　)了反应的活化能,从而(　　)反应速率。

　　A. 降低　　　　　　B. 提高　　　　　　C. 无法判断　　　　D. 先提高后降低

217. CAD003　转化炉夹套冷却水的作用是(　　　　)。

　　A. 回收反应热　　　B. 参与反应　　　　C. 预热脱盐水　　　D. 保护设备

218. CAD003　设置水夹套的目的主要是(　　)壳体温度,降低壳体材质要求,减小内衬厚度,增加炉内有效容积多水夹套还可降低壳体环向和纵向温差,防止壳体因温度不均而变形。

　　A. 降低　　　　　　B. 提高　　　　　　C. 无法判断　　　　D. 先提高后降低

219. CAD003　设置水夹套的目的主要是降低壳体温度,降低壳体材质要求,减小内衬厚度,(　　)炉内有效容积多水夹套还可降低壳体环向和纵向温差,防止壳体因温度不均而变形。

　　A. 减少　　　　　　B. 增加　　　　　　C. 无法判断　　　　D. 以上都不对

220. CAD004　机组停机后进行盘车的作用(　　　　)。

　　A. 防止转子弯曲　　B. 保持连续运行　　C. 润滑轴承　　　　D. 保护设备

221. CAD004　压缩机停机后盘车是为了(　　　　)。

　　A. 使轴冷却均匀　　B. 减少惯性力　　　C. 调直转子　　　　D. 趁前停轴封

222. CAD004　机组停机后不需要进行盘车(　　　　)。

　　A. 不用盘车　　　　B. 偶而盘一下　　　C. 定时盘车　　　　D. 低速运转

223. CAD005　锅炉给水泵停车后油泵必须(　　　　)。

　　A. 立即停机　　　　B. 继续运行　　　　C. 同时停机　　　　D. 任意操作

224. CAD005　高压锅炉给水泵的作用主要是把(　　　　)送入汽包,完成了蒸汽动力循环,是合成氨厂的关键设备之一。

　　A. 高压脱盐水　　　B. 低压脱盐水　　　C. 中压脱盐水　　　D. 任意压力脱盐水

225. CAD005　锅炉给水加入氨水的目的(　　　　)。

　　A. 氧　　　　　　　B. 除垢　　　　　　C. 设备除锈　　　　D. 调节 pH 值

226. CAD006　氮气管线"两切一放"的排放阀位置处在(　　　　)。

　　A. 两个切断阀之前　　　　　　　　　　B. 两个切断阀之间
　　C. 两个切断阀之后　　　　　　　　　　D. 前后均可

227. CAD006　氮气管线设置"两切一放"的目的是(　　　　)。

　　A. 便于操作　　　　B. 防止超压　　　　C. 防止物料损失　　D. 防止物料互窜

228. CAD006　正常状态下,氮气管线"两切一放"的排放阀应处于(　　　　)位置。

　　A. 常闭　　　　　　B. 常开　　　　　　C. 用时打开　　　　D. 任意

229. CAD007　合成开车期间开工加热炉管内的介质是(　　　　)。

　　A. 空气　　　　　　B. 合成气　　　　　C. 放空废气　　　　D. 氮气

230. CAD007　影响开工加热炉负压的因素(　　　　)。

　　A. 工艺气流量　　　　　　　　　　　　B. 燃料气调节阀的开度
　　C. 工艺气阀的开度　　　　　　　　　　D. 烟气挡板开度

231. CAD007 开工加热炉在操作上应注意( )。

    A. 点炉前要置换充分,可燃气合格;控制好空气量,防止息火;燃料气的加量幅度要小; 点火前要短接联琐;点火后要及时关闭风门;加强现场巡检

    B. 点炉前要置换充分,可燃气合格;控制好氢氮比,防止回火;燃料气的加量幅度要小; 点火前要做联锁实验;加强现场巡检

    C. 点炉前要置换充分,可燃气合格;控制好空气量,防止息火;燃料气的加量幅度要小; 点火前要短接联琐;加强现场巡检

    D. 点炉前要置换充分,可燃气合格;控制好氢氮比,防止回火;燃料气的加量幅度要小; 点火前要做联锁实验;点火后要及时关闭风门;加强现场巡检

232. CAD008 为防止 MDEA 在吸收过程中产生液泛,一般加入( )。

    A. 碱液   B. 稳定剂   C. 消泡剂   D. 以上都有可能

233. CAD008 再生塔顶温度过高,则( )损耗高。

    A. 酸性气体   B. 氢气   C. MDEA   D. 一氧化碳

234. CAD008 建立 MDEA 循环要具备( )。

    A. 高压部分充氮气   B. 两塔压力相等   C. 不必充氮气   D. 氮气置换合格

235. CAD009 从氢回收装置的操作温度看,应当属于( )操作。

    A. 常温   B. 低温   C. 深冷   D. 高温

236. CAD009 以下哪项不是氢回收装置使用珠光砂作为保冷材料的优点( )。

    A. 密度大   B. 保冷质量高   C. 价格便宜   D. 流动性好

237. CAD009 冷箱壳体充氮的作用是( )。

    A. 保持填充物干燥,放止空气进入结冰造成冷量损失

    B. 保持填充物干燥,放止压力过低造成冷量损失

    C. 填充物保持高压,放止压力过低造成填充物损失

    D. 保持壳体微正压,放止填充物沉积破损

238. CAD010 一般离心泵交出检修时应关闭( )。

    A. 关闭进口阀、出口阀

    B. 关闭进口阀、出口阀可不关闭

    C. 关闭出口阀、进口阀可不关闭

    D. 关闭进口阀、出口阀,打开进出口管线导淋、泵体导淋排液

239. CAD010 一般离心泵在交出检修时应做到( )。

    A. 关闭进出口阀不排液   B. 断电,进出口阀上锁挂签测试

    C. 只需排液就可以   D. 只需关闭进出口阀

240. CAD010 离心泵检修前泵内压力要求( )。

    A. 微正压   B. 常压   C. 负压   D. 不一定

241. CAD011 空气呼吸器在使用时( )。

    A. 先看压力   B. 先戴面罩   C. 先开呼气阀   D. 先背上呼吸器

242. CAD011 空气呼吸器适合于( )。

    A. 有毒气含量高于 2%   B. 氧含量不低于己于 18%

    C. 任何浓度的毒气和窒息性气体中   D. 氧含量低于 18%的场合

243. CAD011　呼吸器型号的不同,防护时间的最高限值有所不同,空气呼吸器的工作时间一般为(　　),总的来说空气呼吸器的防护时间比氧气呼吸器稍短。

　　A. 30~40min　　　　B. 20~30min　　　　C. 15~20min　　　　D. 25~35min

244. CAD012　离心泵排液必须在泵体(　　)、旁路阀及最小回流阀关闭后进行排液。

　　A. 进口阀　　　　B. 出口阀　　　　C. 进出口阀　　　　D. 可不关闭

245. CAD012　排液时对有毒有害的介质禁止就地排放,应进行(　　)排放。

　　A. 敞开　　　　B. 密闭　　　　C. 半敞开　　　　D. 随意

246. CAD012　离心泵排液过程要(　　)操作,避免介质喷溅伤人。

　　A. 快速　　　　B. 缓慢　　　　C. 根据情况加快速度　　D. 随意

247. CAD013　冷冻停车后系统内残余氨应通过(　　)排放。

　　A. 导淋　　　　B. 安全阀旁路　　　　C. 断开法兰　　　　D. 液相管线

248. CAD013　冷冻系统停车后,可以用(　　)置换。

　　A. 氮气　　　　B. 空气　　　　C. 仪表风　　　　D. 氧气

249. CAD013　冷冻系统可以通过(　　)进行排液。

　　A. 各氨冷器导淋　　　B. 冰机壳体　　　　C. 安全阀旁路　　　D. 任意导淋

250. CAD014　表面冷却器抽真空时(　　)。

　　A. 先用副抽　　　B. 先用一抽　　　　C. 先用二抽　　　　D. 同时投用一、二抽

251. CAD014　表面冷却器破真空时(　　)。

　　A. 破安全阀水封　　　　　　　　B. 开进气阀

　　C. 先停一抽,后停二抽　　　　　　D. 先停二抽,后停一抽

252. CAD014　表面冷却器内为何是负压(　　)。

　　A. 保正设备安全　　　　　　　　B. 生产冷凝液

　　C. 减少焓降　　　　　　　　　　D. 提高蒸汽利用效率

253. CAD015　蒸汽透平停车时(　　)。

　　A. 先降速,后降压　　B. 同时降速降压　　C. 先降压,后降速　　D. 开放空阀

254. CAD015　蒸汽透平开车时为何要暖机(　　)。

　　A. 节约蒸汽　　　B. 使透平均匀受热　C. 后工序开车需要　　D. 控制蒸汽压力

255. CAD015　蒸汽管线暖管时要(　　)。

　　A. 先升温,后升压　　B. 关暖管放空　　　C. 先升压,后升温　　D. 开盘车

256. CAD016　换热器在冬季停车后,应(　　)。

　　A. 关闭液相进出口阀门　　　　　　B. 将液相导淋打开排净

　　C. 关闭液相导淋　　　　　　　　　D. 打开气相导淋

257. CAD016　换热器的投用和切出的时候,要严格按设备规定的(　　)速率进行,确保设备的安全。

　　A. 升压降压　　　　　　　　　　B. 升温降温

　　C. 升压降压. 升温降温　　　　　　D. 任意控制

258. CAD016　换热器冬季停车后应做到排干净(　　)介质,防止冻坏设备。

　　A. 壳侧　　　　B. 管侧　　　　C. 壳侧、管侧　　　　D. 任意侧

259. CAD017 一段炉卸催化剂一般采用（ ）方法。

    A. 自由下落   B. 下部抽吸   C. 上部抽吸   D. 扒卸方法

260. CAD017 一段炉炉管所装催化剂大小不一样，上部催化剂颗粒（ ）。

    A. 大   B. 小   C. 中   D. 无要求

261. CAD017 一段炉炉管装填的催化剂（ ）不同。

    A. 活性组分   B. 类型   C. 形状   D. 大小

262. CAD018 二段炉卸催化剂一般采用（ ）方法。

    A. 自由下落   B. 下部抽吸   C. 上部抽吸   D. 扒卸方法

263. CAD018 二段炉炉膛温度升高的处理方法是（ ）。

    A. 降低二段炉入口气体中甲烷的含量

    B. 提高二段炉入口气体中甲烷的含量

    C. 降低进入二段炉的空气量

    D. 降低水碳比

264. CAD018 当二段炉后的废热锅炉爆管，变换炉 R1501、R1502 应（ ）。

    A. 减量生产   B. 紧急停车   C. 无影响   D. 无法判断

265. CAD019 氨合成回路停车后，催化剂床层的降温方法通常有（ ）和循环降温法。

    A. 慢速降温法   B. 自然通风法   C. 快速降温法   D. 自然降温法

266. CAD019 合成系统升压注意事项叙述正确的是（ ）。

    A. 系统升压要满足床层温度的要求；控制升压速率 0.1~0.2MPa/min；用 SP-1 的旁路阀升压；注意保持压缩机的稳定运行

    B. 系统升压要满足塔壁温度的要求；控制升压速率 0.1~0.2MPa/min；用 SP-1 的旁路阀升压；及时更换高量程压力表；注意保持压缩机的稳定运行

    C. 系统升压要满足塔壁温度的要求；控制升压速率 0.1~0.5MPa/min；用 SP-1 的旁路阀升压；注意保持压缩机的稳定运行

    D. 系统升压要满足床层温度的要求；控制升压速率 0.1~0.5MPa/min；用付线阀升压；及时更换高量程压力表；注意保持压缩机的稳定运行

267. CAD019 合成系统阻力增加的原因有（ ）。

    A. 触媒温度过高烧结；进塔氨含量高；氢氮比失调；换热器结垢严重；驰放气量增加

    B. 触媒烧结活性下降；进塔气温度低；氨冷器液位高；换热器结垢严重；驰放气量增加

    C. 触媒烧结活性下降；进塔氨含量高；氢氮比失调；换热器结垢严重；驰放气量减少

    D. 触媒温度过高烧结；进塔氨含量高；主气量过大；换热器结垢严重；驰放气量减少

268. CBA001 真空泵压缩的介质是（ ）。

    A. 水   B. 二氧化碳气   C. 氮气   D. 氨气

269. CBA001 真空泵是（ ）。

    A. 隔膜泵   B. 离心泵   C. 齿轮泵   D. 水环式叶轮泵

270. CBA001 真空泵开时，泵体中应当（ ）。

    A. 加脱盐水   B. 循环冷却水   C. 充氮气   D. 充空气

271. CBA002 在冬天,真空泵停运后,要对泵体( )。

    A. 保温   B. 充液   C. 排液   D. 保压

272. CBA002 真空泵停车后( )。

    A. 盘车   B. 不用盘车   C. 根据情况盘车   D. 以上都不对

273. CBA002 真空泵入口压力在正常时是( )。

    A. 负压   B. 正压

    C. 根据情况有时正压有时负压   D. 无法判断

274. CBA003 按内件结构分,塔的类型有( )。

    A. 板式塔和填料塔   B. 填料塔和泡罩塔

    C. 浮阀塔和板式塔   D. 浮阀塔和泡罩塔

275. CBA003 填料塔只能进行( )。

    A. 液相之间的传质   B. 气液之间的传质

    C. 气相之间的传质   D. 以上都可以

276. CBA003 按传质过程分,塔的类型有( )。

    A. 板式塔和填料塔   B. 填料塔和泡罩塔

    C. 浮阀塔和板式塔   D. 浮阀塔和泡罩塔

277. CBA004 填料一般分为( )。

    A. 实体填料和网体填料   B. 大型填料和小型填料

    C. 陶瓷填料和塑料填料   D. 有机填料和无机填料

278. CBA004 常用的拉西环其高和内径之间的关系是( )。

    A. 高大于内径   B. 高小于内径

    C. 高等于内径   D. 各种情况都有

279. CBA004 填料一般分为( )。

    A. 实体填料和网体填料   B. 大型填料和小型填料

    C. 陶瓷填料和塑料填料   D. 有机填料和无机填料

280. CBA005 下面不属于三会的有( )。

    A. 会使用   B. 开停车   C. 会维护保养   D. 会排除故障

281. CBA005 下面不属于四懂的有( )。

    A. 懂结构   B. 懂性能   C. 懂原理   D. 懂操作

282. CBA005 下面属于三懂四会的是( )。

    A. 懂结构、懂性能、懂原理;会使用、会开停车、会维护保养、会排除故障

    B. 懂结构、懂性能、懂操作;会使用、会维护保养、会排除故障

    C. 懂结构、懂性能、懂原理;会使用、会维护保养、会排除故障

    D. 懂结构、懂性能、懂技术;会使用、会开停车、会维护保养、会排除故障

283. CBA006 下列机泵中不属于叶片式泵的是( )。

    A. 离心泵   B. 喷射泵   C. 轴流泵   D. 旋涡泵

284. CBA006 下列机泵中不属于容积式泵的是( )。

    A. 柱塞泵   B. 齿轮泵   C. 往复式活塞泵   D. 离心泵

285. CBA006 机泵预热时流体的流动的途径是(　　　)。

A. 泵入口→泵壳→泵出口　　　　　　　B. 泵入口→泵壳

C. 泵出口→泵壳→泵入口　　　　　　　D. 泵出口→泵壳

286. CBA007 Y型离心泵的型号中"Y"表示(　　　)。

A. 离心水泵　　　　B. 离心油泵　　　　C. 离心泵材质　　　　D. 离心泵的级数

287. CBA007 电动机(　　　)阶段电动机的电流最大。

A. 启动　　　　B. 正常运动　　　　C. 停止　　　　D. 提负荷

288. CBA007 离心泵气缚现象的发生是因为(　　　)。

A. 没有对泵体进行加热　　　　　　　B. 没有对泵体进行冷却

C. 没有给泵盘车　　　　　　　　　　D. 没有进行灌泵排气操作

289. CBA008 离心泵内的流体从离开泵的叶轮到泵出口的过程中(　　　)。

A. 动压头降低,静压头升高　　　　　　B. 动压头升高,静压头降低

C. 动压头、静压头都升高　　　　　　　D. 动压头、静压头都降低

290. CBA008 离心泵内的流体从离开泵的叶轮到泵出口的过程中(　　　)。

A. 流速升高　　　　B. 流速降低　　　　C. 流速不变　　　　D. 不确定

291. CBA008 离心泵检修前泵内压力要求(　　　)。

A. 微正压　　　　B. 常压　　　　C. 负压　　　　D. 不一定

292. CBA009 对备用泵的盘车,每次盘车旋转的角度(　　　)为最好。

A. 90°　　　　B. 180°　　　　C. 360°　　　　D. 0°

293. CBA009 机泵预冷时流体的流动的途径是(　　　)。

A. 泵入口→泵壳→泵出口　　　　　　　B. 泵入口→泵壳

C. 泵出口→泵壳→泵入口　　　　　　　D. 泵出口→泵壳

294. CBA009 机泵预热时流体的流动的途径是(　　　)。

A. 泵入口→泵壳→泵出口　　　　　　　B. 泵入口→泵壳

C. 泵出口→泵壳→泵入口　　　　　　　D. 泵出口→泵壳

295. CBA010 下列部件中不属于往复泵的部件是(　　　)。

A. 泵缸　　　　B. 活塞　　　　C. 活塞杆　　　　D. 叶轮

296. CBA010 理论上讲,于往复泵扬程无关的因素是(　　　)。

A. 泵入口压力　　　　B. 泵出口压力　　　　C. 泵输送流量　　　　D. 输送介质的密度

297. CBA010 往复泵不打量的原因分析要比离心泵大量不足的原因分析(　　　)。

A. 简单　　　　B. 容易判断　　　　C. 一样　　　　D. 复杂

298. CBA011 隔膜泵一般用于(　　　)系统中。

A. 高压　　　　B. 中压　　　　C. 低压　　　　D. 都不可以

299. CBA011 隔膜泵主要用于(　　　)条件下。

A. 普通　　　　　　　　　　　　　　B. 介质不能泄漏

C. 强酸　　　　　　　　　　　　　　D. 强碱

300. CBA011 隔膜泵属于一种由膜片往复变形造成(　　　)变化的容积泵。

A. 容积　　　　B. 体积　　　　C. 面积　　　　D. 形状

301. CBA012 机械密封的两个组成部分中,随轴一起转动的是( )。

    A. 静环   B. 动环   C. 都转动   D. 都不动

302. CBA012 自紧式密封按结构可分为( )。

    A. 垂直自紧密封和水平自紧密封   B. 轴向自紧密封和径向自紧密封

    C. 轴向自紧和水平自紧密封   D. 径向自紧和垂直自紧密封

303. CBA012 当压缩气体不允许外泄,一般用( )。

    A. 干气密封   B. 密宫密封   C. 机械密封   D. 填料密封

304. CBA013 对于机械密封的作用描述不正确的是( )。

    A. 防止泵内介质外漏   B. 防止空气进入泵内

    C. 防止泵的机械磨损   D. 提高泵的工作效率

305. CBA013 对于机械密封的作用描述不正确的是( )。

    A. 防止泵内介质外漏   B. 防止空气进入泵内

    C. 防止泵的机械磨损   D. 提高泵的工作效率

306. CBA013 机械密封的两个组成部分中,随轴一起转动的是( )。

    A. 静环   B. 动环   C. 都转动   D. 都不动

307. CBA014 对于连轴器的描述不正确的是( )。

    A. 连轴器使原动机和从动机成为一个整体

    B. 连轴器起传递扭距的作用

    C. 连轴器和原动机. 从动机一起转动

    D. 连轴器是一个静止部件

308. CBA014 下列( )可以抵消轴向力。

    A. 叶轮   B. 机械密封   C. 联轴器   D. 平衡盘

309. CBA014 对于连轴器的描述不正确的是( )。

    A. 连轴器使原动机和从动机成为一个整体   B. 连轴器起传递扭距的作用

    C. 连轴器和原动机、从动机一起转动   D. 连轴器是一个静止部件

310. CBA015 离心泵的理论扬程 H_T 和实际扬程 H 之间的关系是( )。

    A. $H_T \leqslant H$ B. $H_T = H$ C. $H_T \geqslant H$ D. 不能确定

311. CBA015 离心泵的理论流量 Q_T 和实际流量 Q 之间的关系是( )。

    A. $Q_T \leqslant Q$ B. $Q_T = Q$ C. $Q_T \geqslant Q$ D. 不能确定

312. CBA015 离心泵转数改变后,其扬程的变化满足( )。

    A. $\dfrac{H_1}{H_2} = \dfrac{n_1}{n_2}$ B. $\dfrac{H_2}{H_1} = \dfrac{n_1}{n_2}$ C. $\dfrac{H_1}{H_2} = \left(\dfrac{n_1}{n_2}\right)^2$ D. $\dfrac{H_1}{H_2} = \left(\dfrac{n_1}{n_2}\right)^3$

313. CBA016 机泵预冷时流体的流动的途径是( )。

    A. 泵入口→泵壳→泵出口   B. 泵入口→泵壳

    C. 泵出口→泵壳→泵入口   D. 泵出口→泵壳

314. CBA016 机泵预热时流体的流动的途径是( )。

    A. 泵入口→泵壳→泵出口   B. 泵入口→泵壳

    C. 泵出口→泵壳→泵入口   D. 泵出口→泵壳

315. CBA016　机泵冷却在一般情况下用(　　)。

　　A. 新鲜水　　　　　　B. 软化水　　　　　　C. 除盐水　　　　　　D. 以上均不对

316. CBA017　由 Y 型离心泵的型号 250YS Ⅱ—150 2 可知该泵的吸入口直径是(　　)。

　　A. 300mm　　　　　　B. 250mm　　　　　　C. 150mm　　　　　　D. 2mm

317. CBA017　Y 型离心泵的型号中"Y"表示(　　)。

　　A. 离心水泵　　　　　　　　　　　　B. 离心油泵

　　C. 离心泵材质　　　　　　　　　　　D. 离心泵的级数

318. CBA018　消除离心泵轴向力的方法有(　　)。

　　A. 采用双级叶轮、在叶轮上钻平衡孔、在叶轮的后盖板上设几条筋板、多级泵采用平衡盘

　　B. 采用双吸叶轮、在叶轮上装平衡板、在叶轮的后盖板上设几条筋板、多级泵采用平衡盘

　　C. 采用自吸式叶轮、在叶轮上装平衡板、在叶轮的后盖板上设几条筋板、多级泵采用平衡盘

　　D. 采用双吸叶轮、在叶轮上钻平衡孔、在叶轮的后盖板上设几条筋板、多级泵采用平衡盘

319. CBA018　对于离心泵轴承润滑油的作用描述不正确的是(　　)。

　　A. 防止轴承磨损　　　　　　　　　　B. 冲洗轴承

　　C. 冷却轴承　　　　　　　　　　　　D. 防止气缚

320. CBA018　对于离心泵轴承温度异常升高的原因,说法错误的是(　　)。

　　A. 轴承冷却水量少或中断　　　　　　B. 润滑油量少或中断

　　C. 环境温度高　　　　　　　　　　　D. 润滑油质量不合格

321. CBA019　离心泵设置低液位保护是为了防止(　　)。

　　A. 泵气蚀　　　　　　B. 泵气缚　　　　　　C. 泵抽空　　　　　　D. 泵过载

322. CBA019　离心泵启动前要求(　　)。

　　A. 出、入口阀均关闭　　　　　　　　B. 出、入口阀均打开

　　C. 入口阀开,出口阀关　　　　　　　D. 入口阀关,出口阀开

323. CBA020　机封冲洗一般要求采用(　　)。

　　A. 水　　　　　　　　　　　　　　　B. 水蒸汽

　　C. 和输送的流体相同的介质　　　　　D. 循环水

324. CBA020　轴承润滑脂的作用有(　　)。

　　A. 在相对运动的表面形成油膜,防止运动表面直接接触,造成机械磨损,带走磨擦面产生的热量

　　B. 在相对运动的表面形成油膜,防止运动表面直接接触,造成机械磨损,冲洗和带走摩擦产生的赃物

　　C. 在相对运动的表面形成油膜,防止运动表面直接接触,造成机械磨损

　　D. 在相对运动的表面形成油膜,防止运动表面直接接触,造成机械磨损,带走磨擦面产生的热量,冲洗和带走摩擦产生的赃物

325. CBA020 轴承润滑剂不起以下的作用有( )。

A. 降低磨损以提高设备的效率和寿命

B. 冷却润滑部位

C. 冲洗带走润滑部位的粉沫、防锈、防腐及防尘

D. 降温

326. CBA021 离心泵选型时,要求泵的输出流量( )实际操作流量。

A. 大于 B. 等于 C. 小于 D. 不确定

327. CBA021 离心泵设置低液位保护是为了防止( )。

A. 泵气蚀 B. 泵气缚 C. 泵抽空 D. 泵过载

328. CBA022 压缩机在运行之前为何要盘车( )。

A. 检查压缩机振动 B. 检查油系统 C. 使轴瓦过油 D. 检查密封系统

329. CBA022 压缩机停机后盘车是为了( )。

A. 使轴冷却均匀 B. 减少惯性力 C. 调直转子 D. 趔前停轴封

330. CBA023 下面属于三级过滤的有( )。

A. 油站到油桶 B. 油站到注油点 C. 油壶到注油点 D. 油桶到注油点

331. CBA023 不是五定内容的是( )。

A. 定点 B. 定量 C. 定人 D. 定内容

332. CBA023 机泵加润滑油时,一般用( )。

A. 油壶 B. 油桶 C. 油站 D. 都可以

333. CBA024 皂基润滑脂一般分为( )。

A. 润滑脂和润滑油 B. 钠基和钙基润滑脂

C. 钠基和氨基润滑脂 D. 碱基和酸基润滑脂

334. CBA024 脂润滑适合于( )。

A. 转速较低的设备 B. 转速较高的设备

C. 功率大的设备 D. 小功率设备

335. CBA024 润滑油在较低温度下呈浑浊现象,有可能是( )。

A. 乳化变质 B. 石蜡结晶 C. 机械杂质 D. 灰分

336. CBA025 机泵加润滑油时,一般用( )。

A. 油壶 B. 油桶 C. 油站 D. 都可以

337. CBA025 泵润滑油的液位应是( )。

A. 油视孔的满刻度 B. 加满为止

C. 油视镜的1/2至3/4位置 D. 不到油视镜的1/2

338. CBA025 润滑油"三级过滤"指的是( )。

A. 油站→油壶→注油点 B. 油站→油箱→注油点

C. 油筒→油壶→注油点 D. 油站→油筒→油壶

339. CBA026 列管式换热器属于( )。

A. 蓄热式换热器 B. 间壁式换热器

C. 混合式换热器 D. 浮头式换热器

340. CBA026　下面是列管式换热器的有(　　)。

A. U 形管换热器　　　B. 板翅式换热器　　　C. 夹套式换热器　　　D. 板式换热器

341. CBA026　固定管板式换热器的特点有(　　)。

A. 结构简单造价低,但壳程清洗困难,因此要求壳程流体是流速较高的物料,没有热补偿

B. 结构简单造价低,但壳程清洗困难,因此要求壳程流体是清洁不宜结垢的物料,没有热补偿

C. 结构简单造价低,但壳程清洗困难,因此要求壳程流体是清洁不宜结垢的物料,有热补偿

D. 结构简单造价低,但壳程清洗困难,因此要求壳程流体是清洁不宜结垢的物料,热补偿较小

342. CBA027　低温阀门指介质温度在(　　)的阀门。

A. $-100 \sim -40℃$　　　B. $-100 \sim -50℃$　　　C. $-150 \sim -50℃$　　　D. $-150 \sim -40℃$

343. CBA027　高压阀门指公称压力在(　　)的阀门。

A. $100 \sim 800 kgf/cm^2$　　　　　　　B. $100 \sim 1000 kgf/cm^2$

C. $150 \sim 800 kgf/cm^2$　　　　　　　D. $150 \sim 1000 kgf/cm^2$

344. CBA027　高温阀门指介质温度高于(　　)的阀门。

A. 400℃　　　　　B. 450℃　　　　　C. 500℃　　　　　D. 550℃

345. CBA028　阀门一般用来控制流体的(　　)。

A. 流量和液位　　　B. 压力和液位　　　C. 流量和压力　　　D. 流量

346. CBA028　在阀门内一般有(　　)。

A. 流量变化　　　B. 压力变化　　　C. 相变化　　　D. 温度变化

347. CBA028　阀门和管件连接时,对阀门和管件的要求是必须有(　　)。

A. 相同的压力和直径　　　　　　　B. 相同的公称压力

C. 相同的公称直径　　　　　　　　D. 相同的公称压力和直径

348. CBA029　闸阀一般用在(　　)。

A. 油管路上　　　B. 气体管路上　　　C. 水管路上　　　D. 高压管路上

349. CBA029　闸阀的别称是(　　)。

A. 闸杆阀　　　B. 闸门阀　　　C. 单闸阀　　　D. 闸板阀

350. CBA029　下列阀门中,(　　)安装时不具有方向性。

A. 单向阀　　　B. 安全阀　　　C. 截止阀　　　D. 闸阀

351. CBA030　截止阀俗称(　　)。

A. 截断阀　　　B. 切断阀　　　C. 球阀　　　D. 闸板阀

352. CBA030　以下不是截止阀的主要特点(　　)。

A. 结构复杂

B. 操作方便可靠

C. 易于调节,但是流体流动阻力系数较大,启动缓慢

D. 操作复杂

353. CBA030 以下不是截止阀分类( )。
   A. 标准式　　　　　B. 流线式　　　　　C. 直流式　　　　　D. 三角式

354. CBA031 疏水阀漏气率应当不大于( )。
   A. 2　　　　　　　　B. 3　　　　　　　　C. 4　　　　　　　　D. 5

355. CBA031 疏水阀的作用是( )。
   A. 排水　　　　　　B. 排气　　　　　　C. 排水阻气　　　　D. 排气阻水

356. CBA031 疏水阀一般安装在( )。
   A. 垂直管线上　　　　　　　　　　B. 有弯度的管线上
   C. 倾斜管线上　　　　　　　　　　D. 水平直段管上

357. CBA032 脉冲式安全阀一般用在( )。
   A. 大型锅炉上　　　　　　　　　　B. 蒸汽管线上
   C. 移动设备上　　　　　　　　　　D. 压力波动大的设备上

358. CBA032 杠杆式安全阀适合( )。
   A. 高压容器　　　B. 低压容器　　　C. 温度较高的容器　D. 振动较大的容器

359. CBA032 在安全阀上有截止阀时,截止阀必须( )。
   A. 加铅封　　　　B. 全开　　　　　C. 全开并加铅封　　D. 专人定期检查

360. CBA033 压缩机在过临界区时,易发生( )现象。
   A. 喘振　　　　　B. 共振　　　　　C. 超速　　　　　　D. 停车

361. CBA033 机组起动过临界转速区域,要求操作以( )过临界转速区域。
   A. 均匀　　　　　B. 平稳地升速　　C. 不停留地通　　　D. 以上都是

362. CBA033 压缩机转子的第一临界转速与第二临界转速相比( )。
   A. 高　　　　　　B. 不一定　　　　C. 相等　　　　　　D. 低

363. CBA034 密封比压指( )。
   A. 单位密封面压紧力　　　　　　　B. 法兰单位面积上的压紧力
   C. 垫片单位面积上的压紧力　　　　D. 单位流通介质面上的压紧力

364. CBA034 任意式法兰其刚性( )。
   A. 比整体性法兰好　B. 比活套法兰强　C. 比活套法兰差　　D. 比分体法兰好

365. CBA034 法兰选用的原则是和所连接的设备有( )。
   A. 有相同的直径　　　　　　　　　B. 有相同的压力
   C. 有相同的直径和压力　　　　　　D. 有相同的公称直径和公称压力

366. CBA035 对于多层热套式高压容器( )。
   A. 外筒内径大于内筒外径　　　　　B. 外筒外径大于内筒外径
   C. 内筒内径大于外筒外径　　　　　D. 内筒外径大于内筒内径

367. CBA035 整体锻造式高压容器( )。
   A. 材料利用率低　B. 材料利用率高　C. 制造慢　　　　　D. 强度差

368. CBA035 高压容器可承受的压力范围是( )。
   A. $10MPa \leqslant p < 100MPa$　　　　　　B. $10MPa \leqslant p \leqslant 100MPa$
   C. $p > 10MPa$　　　　　　　　　　D. $p \leqslant 100MPa$

369. CBA036 离心泵预热的作用是( )。
    A. 加热泵内介质   B. 排除泵内的气体
    C. 泵的置换   D. 消除温差导致的膨胀不均

370. CBA036 机泵预热时流体的流动的途径是( )。
    A. 泵入口→泵壳→泵出口   B. 泵入口→泵壳
    C. 泵出口→泵壳→泵入口   D. 泵出口→泵壳

371. CBA036 热油离心泵在启动前应对泵进行( )。
    A. 快速预热   B. 保温   C. 预热   D. 冷却

372. CBA037 不是热油泵启动步骤的是( )。
    A. 轴承箱内注入润滑油   B. 盘车、预热暖泵
    C. 打开冷却水阀   D. 不需预热暖泵

373. CBA037 离心泵预热的作用是( )。
    A. 加热泵内介质   B. 排除泵内的气体
    C. 泵的置换   D. 消除温差导致的膨胀不均

374. CBA037 机泵预热时流体的流动的途径是( )。
    A. 泵入口泵壳泵出口   B. 泵入口泵壳
    C. 泵出口泵壳泵入口   D. 泵出口泵壳

375. CBA038 不能用于防止离心泵气蚀的措施是( )。
    A. 增大泵的吸入口直径   B. 提高输送介质的温度
    C. 降低输送介质的温度   D. 降低泵的吸入口高度

376. CBA038 离心泵气蚀的根本原因是离心泵入口处的最低压力( )输送介质的饱和蒸汽压。
    A. 大于   B. 不大于   C. 不等于   D. 无法确定

377. CBA038 离心泵振动大的因素叙述正确的是( )。
    A. 泵轴与电动机轴不同心;产生气蚀;输送液体中含有气体;转动部分不平衡;地脚螺栓松动
    B. 泵轴与电动机轴不同心;产生气蚀;输送液体中含有气体;润滑油变质;转动部分不平衡;地脚螺栓松动
    C. 泵轴与电动机轴不同心;产生气蚀;输送液体中溶有气体;转动部分不平衡;地脚螺栓松动
    D. 泵轴与电动机轴不同心;产生气蚀;输送液体中溶有气体;出口阀没有全开;转动部分不平衡;地脚螺栓松动

378. CBA039 U形管压力计必须垂直安装,并应选择( )的地方。
    A. 便于操作   B. 不利于操作   C. 不考虑检修和操作   D. 架梯子能操作

379. CBA039 U形管压力计用水时,读取压力值取水的( )。
    A. 凹月面最下缘   B. 凸月面最上缘   C. 水平面   D. 都可以

380. CBA039 U形管压力计属于( )压力计。
    A. 变送式   B. 弹性式   C. 电气式   D. 液柱式

381. CBA040　在工艺流程图中,表示闸阀的符号是(　　)。

A. —▷●◁—　　　B. —▷◁—　　　C. —▷●◁—　　　D. —▭●—

382. CBA040　下列阀门中,哪一类阀门安装时不具有方向性(　　)。

A. 单向阀　　　　B. 安全阀　　　　C. 截止阀　　　　D. 闸阀

383. CBA040　闸阀一般用在(　　)。

A. 油管路上　　　B. 气体管路上　　C. 水管路上　　　D. 高压管路上

384. CBA041　截止阀俗称(　　)。

A. 截断阀　　　　B. 切断阀　　　　C. 球阀　　　　D. 闸板阀

385. CBA041　截止阀的开关主要是通过与阀杆连在一起的阀瓣作(　　)运动来实现的。

A. 上　　　　　　B. 下　　　　　　C. 左　　　　　D. 上下

386. CBA041　截止阀的安装(　　)。

A. 不受方向的限制　B. 受方向的限制　C. 任意安装　　　D. 随意安装

387. CBA042　以 JB308-75 为标准,疏水阀类型的代号是(　　)。

A. G　　　　　　B. F　　　　　　C. Y　　　　　D. S

388. CBA042　疏水阀的作用是(　　)。

A. 排水　　　　　B. 排气　　　　　C. 排水阻气　　　D. 排气阻水

389. CBA042　疏水阀一般安装在(　　)。

A. 垂直管线上　　B. 有弯度的管线上　C. 倾斜管线上　　D. 水平直段管上

390. CBA043　按 JB309-75 的标准楔式双闸板阀的型号表示如下(　　)。

A. Z41W-1　　　B. Z42W-2　　　C. Z41W-2　　　D. Z42W-1

391. CBA043　按 JB309-75 的标准适合油品平行式双闸板阀的型号表示如下(　　)。

A. Z44W-10　　　B. Z44W-9　　　C. Z43W-10　　　D. Z43W-9

392. CBA043　闸阀一般用在(　　)。

A. 油管路上　　　B. 气体管路上　　C. 水管路上　　　D. 高压管路上

393. CBA044　截止阀俗称(　　)。

A. 截断阀　　　　B. 切断阀　　　　C. 球阀　　　　D. 闸板阀

394. CBA044　截止阀的开关主要是通过与阀杆连在一起的阀瓣作(　　)运动来实现的。

A. 上　　　　　　B. 下　　　　　　C. 左　　　　　D. 上下

395. CBA044　截止阀的安装(　　)。

A. 不受方向的限制　B. 受方向的限制　C. 任意安装　　　D. 随意安装

396. CBA045　以 JB308-75 为标准,疏水阀类型的代号是(　　)。

A. G　　　　　　B. F　　　　　　C. Y　　　　　D. S

397. CBA045　疏水阀的作用是(　　)。

A. 排水　　　　　B. 排气　　　　　C. 排水阻气　　　D. 排气阻水

398. CBA045　疏水阀一般安装在(　　)。

A. 垂直管线上　　B. 有弯度的管线上　C. 倾斜管线上　　D. 水平直段管上

399. CBA046　以 JB308-75 为标准,安全阀类型的代号是(　　)。

A. P　　　　　　B. A　　　　　　C. R　　　　　D. W

400. CBA046 安全阀特点是(　　)。
 A. 泄压快　　　　B. 流量大　　　　C. 设定压力随便修改　D. 不定期进行检修

401. CBA046 安全阀起跳压力一般为正常压力的(　　)倍。
 A. 1.1~1.2　　　B. 1.05~1.2　　　C. 1.05~1.1　　　D. 1.1~1.2

402. CBA047 阻火器是一种不带(　　)部件的无源防爆器件,它通常有外壳和芯件组成,需要定期对芯件进行清洗。
 A. 活动　　　　B. 不活动　　　　C. 活动不活动都行　D. 其他三项都不是

403. CBA047 阻火器的结构类型主要根据介质的(　　)选用。
 A. 化学性质　　　B. 温度　　　　C. 压力　　　　D. 以上都是

404. CBA047 阻火器检查时,打开阻火器,抽出阻火丝网或绉纹板,检查(　　)的锈蚀情况,发现堵塞时,可用压缩空气吹除或清洗擦净。
 A. 阻火材料　　　A. 正压阀盘　　　C. 压力弹簧　　　D. 负压阀盘

405. CBA048 折断式爆破片一般用于(　　)。
 A. 介质清洁的容器　　　　　B. 介质不清洁的容器
 C. 不能迅速降压的容器　　　D. 压力稳定的容器

406. CBA048 爆破片一般用在(　　)。
 A. 介质清洁的容器　　　　　B. 介质不清洁的容器
 C. 不能迅速降压的容器　　　D. 压力稳定的容器

407. CBA048 折断式爆破片一般用(　　)。
 A. 软金属薄板制造　B. 铝板　　　C. 软钢板　　　D. 脆性材料

408. CBA049 折断式爆破片一般用于(　　)。
 A. 介质清洁的容器　　　　　B. 介质不清洁的容器
 C. 不能迅速降压的容器　　　D. 压力稳定的容器

409. CBA049 爆破片一般用在(　　)。
 A. 介质清洁的容器　　　　　B. 介质不清洁的容器
 C. 不能迅速降压的容器　　　D. 压力稳定的容器

410. CBA049 折断式爆破片一般用(　　)。
 A. 软金属薄板制造　B. 铝板　　　C. 软钢板　　　D. 脆性材料

411. CBA050 泵润滑油的液位应是(　　)。
 A. 油视孔的满刻度　　　　　B. 加满为止
 C. 油视镜的1/2至3/4位置　　D. 不到油视镜的1/2

412. CBA050 机泵加润滑油时,一般用(　　)。
 A. 油壶　　　　B. 油桶　　　　C. 油站　　　　D. 都可以

413. CBA050 润滑油在较低温度下呈浑浊现象,有可能是(　　)。
 A. 乳化变质　　　B. 石蜡结晶　　　C. 机械杂质　　　D. 灰分

414. CBB001 离心泵预冷的作用是(　　)。
 A. 冷却泵内介质　　　　　　B. 排除泵内的气体
 C. 泵的置换　　　　　　　　D. 消除温差导致的膨胀不均

415. CBB001 机泵预冷时流体的流动的途径是( )。

    A. 泵入口→泵壳→泵出口   B. 泵入口→泵壳

    C. 泵出口→泵壳→泵入口   D. 泵出口→泵壳

416. CBB001 离心泵检修前泵内压力要求( )。

    A. 微正压   B. 常压   C. 负压   D. 不一定

417. CBB002 关于冷泵的预冷,下列说法正确的是( )。

    A. 冷泵预冷速度越快越好   B. 冷泵预冷时,先液相后气相

    C. 冷泵预冷过程中不要盘车   D. 冷泵预冷过程中要经常盘车

418. CBB002 下列关于冷泵预冷的说法正确的是( )。

    A. 冷泵预冷速度越快越好

    B. 冷泵预冷过程中要经常盘车

    C. 开车初期,时间来不及,因此冷泵可以不需要预冷

    D. 冷泵预冷中,泵体一出现挂霜即预冷结束

419. CBB002 有关冷泵的气相预冷的说法,下列操作正确的是( )。

    A. 打开气相线阀,打开液体排放阀,并不断盘车直至挂霜

    A. 打开泵入口阀,打开液体排放阀,并不断盘车直至挂霜

    C. 打开出口止逆阀旁路,打开液体排放阀,并不断盘车直至挂霜

    D. 打开泵入口阀,打开泵出口阀,直至挂霜

420. CBB003 离心泵检修前泵内压力要求( )。

    A. 微正压   B. 常压   C. 负压   D. 不一定

421. CBB003 为了防止介质流失,机泵检修前必须( )。

    A. 关闭出入口阀门   A. 填写一般作业票

    C. 吹扫   D. 置换

422. CBB003 离心泵维修交出前不必要做的工作是( )。

    A. 确认停泵   A. 关闭泵的出入口阀门

    C. 检查机械密封是否泄漏   D. 对泵体和出入口管线进行吹扫

423. CBB004 对备用泵的盘车,每次盘车旋转的角度( )为最好。

    A. 90°   B. 180°   C. 360°   D. 0°

424. CBB004 在用机泵盘车的方法是( )。

    A. 点动电动机进行观察

    B. 自动运转 3s

    C. 按正反方向,手动手动旋转对轮 2~3 周

    D. 按指示方向,手动旋转对轮 2~3 周

425. CBB004 备用机泵应( )盘车。

    A. 不定期   A. 定期   C. 不准   D. 无须

426. CBB005 选用润滑油脂最主要的依据是( )。

    A. 黏度   B. 机械稳定性

    C. 使用寿命   D. 热安定性

427. CBB005　选用润滑脂一般不考虑(　　)。

    A. 温度　　　　　　　B. 转速　　　　　　C. 添加剂　　　　　　D. 噪声

428. CBB005　脂润滑适合于(　　)。

    A. 转速较低的设备　　B. 转速较高的设备　C. 功率大的设备　　D. 小功率设备

429. CBB006　润滑在较低温度下呈浑浊现象,有可能是(　　)。

    A. 乳化变质　　　　　B. 石蜡结晶　　　　C. 机械杂质　　　　　D. 灰分

430. CBB006　下面不会使润滑油乳化变质的因素是(　　)。

    A. 水　　　　　　　　B. 酸值增加　　　　C. 碱值增加　　　　　D. 空气

431. CBB006　润滑油发生变质,下列问题原因分析说法正确的是(　　)。

    A. 润滑油颜色变深表明是有水分进入润滑油剂中

    B. 润滑油黏度下降主要是因为润滑油氧化,降低了润滑油分子的分子量造成的

    C. 润滑油中不溶物增加,一定是杂质或者齿轮摩损产生的金属屑引起的

    D. 润滑油黏度上升主要是润滑油氧化或是由于水份和乳液存在产生油泥造成的

432. CBB007　电动机正常运转时,工艺操作工一般不检查的是(　　)。

    A. 电流　　　　　　　B. 电压　　　　　　C. 线圈温度　　　　　D. 电动机温度

433. CBB007　电动机按供电性质可分为(　　)。

    A. 交流电动机、直流电动机　　　　　B. 同步电动机、异步电动机

    C. 普通电动机、防爆电动机　　　　　D. 高压电动机、低压电动机

434. CBB007　交流电动机主要由(　　)组成。

    A. 机座和端盖　　　　B. 转子和定子　　　C. 罩壳和机座　　　　D. 机座和定子

435. CBB008　机泵加润滑油时,一般用(　　)。

    A. 油壶　　　　　　　B. 油桶　　　　　　C. 油站　　　　　　　D. 都可以

436. CBB008　润滑油在较低温度下呈浑浊现象,有可能是(　　)。

    A. 乳化变质　　　　　B. 石蜡结晶　　　　C. 机械杂质　　　　　D. 灰分

437. CBB009　润滑油"三级过滤"指的是(　　)。

    A. 油站→油壶→注油点　　　　　　B. 油站→油箱→注油点

    C. 油桶→油壶→注油点　　　　　　D. 油站→油桶→油壶

438. CBB009　润滑油在较低温度下呈浑浊现象,有可能是(　　)。

    A. 乳化变质　　　　　B. 石蜡结晶　　　　C. 机械杂质　　　　　D. 灰分

439. CBB009　润滑油三级过滤包括:(　　)。

    A. 大油桶到小油桶、小油桶到油壶、油壶到设备上的加油点

    B. 大油桶到油壶、油壶到小油桶、小油桶到设备上的加油点

    C. 小油桶到大油桶、大油桶到油壶、油壶到设备上的加油点

    D. 无法确定

440. CBB010　润滑油"五定"包括定时、定人、定点、定量、(　　)。

    A. 定查　　　　　　　B. 定检　　　　　　C. 定换　　　　　　　D. 定质

441. CBB010　机泵加润滑油时,一般用(　　)。

    A. 油壶　　　　　　　B. 油桶　　　　　　C. 油站　　　　　　　D. 都可以

442. CBB010 泵润滑油的液位应是( )。

A. 油视孔的满刻度 B. 加满为止

C. 油视镜的 1/2 至 3/4 位置 D. 不到油视镜的 1/2

443. CBB011 离心泵气缚现象的发生是因为( )。

A. 没有对泵体进行加热 B. 没有对泵体进行冷却

C. 没有给泵盘车 D. 没有进行灌泵排气操作

444. CBB011 离心泵检修前泵内压力要求( )。

A. 微正压 B. 常压 C. 负压 D. 不一定

445. CBB011 对备用泵的盘车,每次盘车旋转的角度( )为最好。

A. 90° B. 180° C. 360° D. 0°

446. CBB012 皂基润滑脂中,皂是通过( )在加热条件下反应生成的。

A. 脂肪与碱 B. 脂肪与酸 C. 酸与碱 D. 脂肪酸与酸

447. CBB012 润滑油脂是按( )分类的。

A. 黏度 B. 稠化剂 C. 所含石蜡的多少 D. 所含酸的多少

448. CBB012 润滑油的密度随温度的升高而( )。

A. 增大 B. 不变 C. 减小 D. 不确定

449. CCA001 烧嘴燃烧不好的原因,描述不正确的是( )。

A. 天然气压力低 B. 空气带水严重

C. 天然气/空气配比不合适 D. 点火器点火不好

450. CCA001 烧嘴产生回火的处理方法除了调整燃料气外,还可以通过调整( )解决。

A. 提高原料气流量 B. 炉膛负压 C. 灭火 D. 提高原料气压力

451. CCA001 火焰呈( )说明烧嘴燃烧充分。

A. 黄色 B. 蓝色 C. 红黄相间 D. 无法判断

452. CCA002 造成变换系统法兰腐蚀的主要物质是( )。

A. 硫化氢 B. 二氧化碳 C. 水 D. 氨

453. CCA002 新高变催化剂放硫的目的( )。

A. 生成一定量的 H_2S B. 保证催化剂所需 H_2S 含量

C. 彻底除去催化剂中的硫化物 D. 以上都不是

454. CCA002 高变催化剂放硫的目的( )。

A. 防止低变触媒发生硫中毒 B. 防止高变触媒发生硫中毒

C. 为了进一步提高高变触媒的活性 D. 为了进一步提高高变触媒的强度

455. CCA003 以下哪项不是深冷设备冷损的主要原因( )。

A. 保冷效果差 B. 换热器复热不均

C. 设备管线泄漏 D. 操作温度低

456. CCA003 氢回收分子筛吸附时,从传热角度考虑是( )过程。

A. 吸热 B. 没有热量传递 C. 放热 D. 不确定

457. CCA003 提高温度时,氢回收分子筛对二氧化碳吸附能力( )。

A. 增加 B. 下降 C. 不确定 D. 与压力有关

458. CCA004 哪个不是离心泵打不上量的原因（   ）。

    A. 泵内有气体造成气阻   B. 叶轮脱落，堵塞叶轮

    C. 液位低抽空   D. 入口阀开大过大

459. CCA004 离心泵打不上量的原因之一（   ）。

    A. 入口端液位过高   B. 入口阀未打开

    C. 电动机电流偏高   D. 出口阀开度不够

460. CCA004 离心泵不上量的常见原因（   ）。

    A. 汽蚀   B. 入口管线过细

    C. 出口管线堵塞   D. 流量计损坏

461. CCA005 对于机械密封的作用描述不正确的是（   ）。

    A. 防止泵内介质外漏   B. 防止空气进入泵内

    C. 防止泵的机械磨损   D. 提高泵的工作效率

462. CCA005 机械密封的两个组成部分中，随轴一起转动的是（   ）。

    A. 静环   B. 动环   C. 都转动   D. 都不动

463. CCA005 离心泵盘不动车的因素有（   ）。

    A. 叶轮被卡；轴弯曲过度；泵内压力太高；填料过紧；发生抱轴

    B. 叶轮松动；轴弯曲过度；泵体温差过大；填料过紧；输送液体黏度过大

    C. 叶轮脱落；轴弯曲过度；泵轴结冰严重；填料过紧；机械密封损坏

    D. 叶轮被卡；轴承缺油；泵内压力太高；填料过紧；发生抱轴

464. CCA006 离心泵的转速越高，对泵体振动的要求（   ）。

    A. 越低   B. 不变   C. 越高   D. 不允许振动

465. CCA006 以下不是离心泵振动大的原因有（   ）。

    A. 汽化   B. 泵轴承损坏

    C. 入口管线结堵   D. 电流大

466. CCA006 下面选项中哪一个不是离心泵振动大的原因（   ）。

    A. 离心泵入口滤网结堵   B. 泵体螺栓松动

    C. 泵体叶轮损坏、破裂   D. 电流大

467. CCA007 离心泵气蚀的根本原因是离心泵入口处的最低压力（   ）输送介质的饱和蒸汽压。

    A. 大于   B. 不大于   C. 不等于   D. 无法确定

468. CCA007 多级离心泵发生汽蚀现象的部位是（   ）。

    A. 第一级叶轮   B. 中间一级叶轮

    C. 最后一级叶轮   D. 无法判断

469. CCA007 离心泵启动时出口阀长时间未打开容易造成（   ）。

    A. 泵体发热   B. 轴承发热   C. 填料发热   D. 消耗功率过大

470. CCA008 会导致离心泵过载的原因是（   ）。

    A. 出口阀开度过小   B. 出口阀开度过大

    C. 入口阀开度过小   D. 入口阀开度过大

471. CCA008　离心泵转数由 n_1 变为 n_2,其流量 Q_1 到 Q_2 的变化符合(　　)。

A. $\dfrac{Q_1}{Q_2}=\dfrac{n_1}{n_2}$　　　　B. $\dfrac{Q_2}{Q_1}=\dfrac{n_1}{n_2}$　　　　C. $\dfrac{Q_1}{Q_2}=\left(\dfrac{n_1}{n_2}\right)^2$　　　　D. $\dfrac{Q_1}{Q_2}=\left(\dfrac{n_1}{n_2}\right)^3$

472. CCA008　离心泵在轴承壳体上最高温度为80℃,一般轴承温度在(　　)以下。

　　A. 40℃　　　　　　B. 50℃　　　　　　C. 60℃　　　　　　D. 70℃

473. CCA009　过滤器阻力高,有可能是(　　)。

　　A. 滤网目数少　　　B. 介质流量增加　　C. 介质温度高　　　D. 介质流量减小

474. CCA009　下面对过滤器阻力无影响的是(　　)。

　　A. 过滤器目数　　　B. 过滤器大小　　　C. 介质纯度　　　　D. 介质密度

475. CCA009　过滤器阻力显示增大,下面的处理方法那个不正确(　　)。

　　A. 清洗或更换　　　B. 联系有关人员　　C. 停车　　　　　　D. 检查压差表

476. CCA011　离心泵是把电动机的机械能转变为液位的(　　)的一种设备。

　　A. 动能和压力能　　B. 压力能和化学能　C. 动能和热能　　　D. 热能和压力能

477. CCA011　与单级单吸离心泵不出机制无关的是(　　)。

　　A. 进水管有空气或漏气　　　　　　　B. 吸水高度过大

　　C. 叶轮进口及管道堵塞　　　　　　　D. 电压太高

478. CCA011　开平衡孔,可以(　　)离心泵的轴向力。

　　A. 完全平衡　　　　B. 部分平衡　　　　C. 机泵不平衡　　　D. 无法判断

479. CCA012　离心泵在额定转速下运行时,为了避免启动电流过大,通常在(　　)。

　　A. 阀门稍微开启的情况下启动　　　　B. 阀门半开的情况下开启

　　C. 阀门全关的情况下启动　　　　　　D. 阀门全开的情况下启动

480. CCA012　离心泵当叶轮旋转时,流体质点在离心力的作用下,流体从叶轮的中心被甩向叶轮外缘,于是叶轮中心形成(　　)。

　　A. 压力最大　　　　B. 真空　　　　　　C. 容积损失最大　　D. 流动损失最大

481. CCA012　离心泵在轴承壳体上最高温度为80℃,一般轴承温度在(　　)以下。

　　A. 40℃　　　　　　B. 50℃　　　　　　C. 60℃　　　　　　D. 70℃

482. CCA013　被加热介质入口内能增加,其他条件不变,则其出入口温差(　　)。

　　A. 不变　　　　　　B. 升高　　　　　　C. 降低　　　　　　D. 无法判断

483. CCA013　换热器循环水出入口温差上升是由于(　　)。

　　A. 循环水量增加　　　　　　　　　　　B. 循环水量减少

　　C. 循环水入口温度升高　　　　　　　　D. 循环水出口温度下降

484. CCA013　以下不是换热器出入口温差上升的主要原因的是(　　)。

　　A. 结垢　　　　　　　　　　　　　　　B. 循环水量减少

　　C. 被加热介质的内能增加　　　　　　　D. 换热器内漏

485. CCA014　滚动轴承的类型代号由(　　)表示。

　　A. 数字　　　　　　B. 数字或字母　　　C. 字母　　　　　　D. 数字加字母

486. CCA014　(　　)只能承受轴向载荷。

　　A. 圆锥滚子轴承　　B. 调心球轴承　　　C. 滚针轴承　　　　D. 调心滚子轴承

487. CCA014 滚动轴承的基本额定寿命是指同一批轴承中( )的轴承能达到的寿命。

　　A. 99%　　　　　　　B. 90%　　　　　　　C. 95%　　　　　　　D. 50%

488. CCA015 甲烷化催化剂活性下降的主要原因可能是( )中毒,脱碳液的污染和大量生成羟基镍。

　　A. 超温　　　　　　　B. 超压　　　　　　　C. 低负荷　　　　　　D. 强度高

489. CCA015 甲烷化触媒的主要活性组分是( )。

　　A. Ni　　　　　　　　B. Fe　　　　　　　　C. ZnO　　　　　　　D. Al_2O_3

490. CCA015 以下哪个不是生成羰基镍的三个必要条件( )。

　　A. 空气　　　　　　　　　　　　　　　B. 床层温度<200℃

　　C. 还原态的 Ni　　　　　　　　　　　D. CO

491. CCA016 高变出口 CO 含量上升的主要原因可能是( )中毒。

　　A. 强度高　　　　　　B. 超压　　　　　　　C. 低负荷　　　　　　D. 超温

492. CCA016 高变出口 CO 含量升高的原因是( )。

　　A. 进口温度波动,温度过高或过低;水碳比过低;催化剂的活性不好;空速过大

　　B. 进口甲烷含量过高;水碳比过低;催化剂的活性不好;空速过大

　　C. 进口温度波动,温度过高或过低;水气比过低;催化剂的活性不好;空速过大

　　D. 进口甲烷含量过高;水气比过低;催化剂的活性不好;空速过小

493. CCA016 高变催化剂放硫的目的是( )。

　　A. 防止低变触媒发生硫中毒　　　　　B. 防止高变触媒发生硫中毒

　　C. 为了进一步提高高变触媒的活性　　D. 为了进一步提高高变触媒的强度

494. CCA017 二段炉出口甲烷含量上升的主要原因可能是( )、中毒。

　　A. 强度高　　　　　　B. 超压　　　　　　　C. 低负荷　　　　　　D. 温度低

495. CCA017 二段炉炉膛温度升高的处理方法是( )。

　　A. 降低二段炉入口气体中甲烷的含量　　B. 提高二段炉入口气体中甲烷的含量

　　C. 降低进入二段炉的空气量　　　　　　D. 降低水碳比

496. CCA017 二段炉出口的温度越高,则转化气中的残余甲烷就( )。

　　A. 越高　　　　　　　B. 越低　　　　　　　C. 不变　　　　　　　D. 以上都不对

497. CCA018 脱碳出口工艺气微量高的主要原因可能是( )。

　　A. 强度高　　　　　　B. 超压　　　　　　　C. 低负荷　　　　　　D. 循环量低

498. CCA018 对气体吸收有利的操作条件应是( )。

　　A. 低温+高压　　　　B. 高温+高压　　　　C. 低温+低压　　　　D. 高温+低压

499. CCA018 再生塔顶温度过高,则( )损耗高。

　　A. 酸性气体　　　　　B. 氢气　　　　　　　C. MDEA　　　　　　D. 一氧化碳

500. CCA019 能使合成催化剂中毒的可逆性毒物有( )。

　　A. 硫化物　　　　　　B. Ar　　　　　　　　C. He　　　　　　　　D. H_2O

501. CCA019 能导致氨合成催化剂永久中毒的物质有( )。

　　A. CO　　　　　　　　B. CH_4　　　　　　C. H_2S　　　　　　D. H_2O

502. CCA019 碳氧化物对合成催化剂的影响下列叙述不正确的是( )。

A. 碳氧化物对催化剂的中毒程度与催化剂在碳氧化物中的运行时间、碳氧化物的浓度和反映温度有关

B. 如果催化剂在碳氧化物中的操作时间很短,则毒害作用是在暂时的、可逆的

C. 如果催化剂在碳氧化物中的操作时间较长,反复的氧化还原,就会产生部分永久性中毒,浓度越大,中毒的程度越深

D. 如果催化剂在碳氧化物中的操作时间较长,反复的氧化还原,就会产生部分破碎粉化,浓度越大,中毒的程度越深

503. CCB001 烧嘴产生回火的处理方法除了调整燃料气外,还可以通过调整( )解决。

A. 提高原料气流量 B. 炉膛负压 C. 灭火 D. 提高原料气压力

504. CCB001 烧嘴产生回火的处理方法除了调整燃料气外,还可以通过调整( )解决。

A. 提高原料气流量 B. 炉膛负压 C. 灭火 D. 提高原料气压力

505. CCB001 火焰呈( )说明烧嘴燃烧充分。

A. 黄色 B. 蓝色 C. 红黄相间 D. 无法判断

506. CCB002 变换系统发生泄漏后应当( )。

A. 允许动火 B. 严禁在附近动火

C. 经过批准可以动火 D. 可以去焊接漏点

507. CCB002 造成变换系统法兰腐蚀的主要物质是( )。

A. 硫化氢 B. 二氧化碳 C. 水 D. 氨

508. CCB002 变换系统发生泄漏后应当( )。

A. 允许动火 B. 严禁在附近动火

C. 经过批准可以动火 D. 可以去焊接漏点

509. CCB003 氢回收装置板式换热器严重冻堵后应当( )。

A. 继续生产 B. 提高操作压力 C. 停车回温 D. 提高操作温度

510. CCB003 氢回收装置运行一段时间后要彻底回温的原因是( )。

A. 延长设备使用寿命 B. 清除设备管线内积存的低沸点杂质

C. 检查设备泄漏情况 D. 清除易燃易爆物质

511. CCB003 以下不是深冷设备冷损的主要原因是( )。

A. 保冷效果差 B. 换热器复热不均

C. 设备管线泄漏 D. 操作温度低

512. CCB004 发生液氨泄漏时正确的逃生方向是( )。

A. 逆风方向撤至上风处

B. 顺风方向撤离

C. 垂直风向撤离

D. 视情况选择逆风或侧向逆风撤离至上风口

513. CCB004 以下不是报警时应说清的内容是( )。

A. 发生的时间、地点 B. 泄漏的物质

C. 是否发生燃烧爆炸 D. 事故风向

514. CCB004　冷冻系统检修后氮气置换后还要进行(　　)置换。

　　A. 氢气　　　　　　　　B. 合成气　　　　　　C. 氨气　　　　　　　D. 氩气

515. CCB005　机械接触式密封一般用在(　　)。

　　A. 段间密封　　　　　　B. 离心泵　　　　　　C. 真空泵　　　　　　D. 级间密封

516. CCB005　对于机械密封的作用描述不正确的是(　　)。

　　A. 防止泵内介质外漏　　　　　　　　B. 防止空气进入泵内

　　C. 防止泵的机械磨损　　　　　　　　D. 提高泵的工作效率

517. CCB005　机械密封的两个组成部分中,随轴一起转动的是(　　)。

　　A. 静环　　　　　　　　B. 动环　　　　　　　C. 都转动　　　　　　D. 都不动

518. CCB006　离心泵的转速越高,对泵体振动的要求(　　)。

　　A. 越低　　　　　　　　B. 不变　　　　　　　C. 越高　　　　　　　D. 不允许振动

519. CCB006　以下不是离心泵振动大的原因是(　　)。

　　A. 汽化　　　　　　　　B. 泵轴承损坏　　　　C. 入口管线结堵　　　D. 电流大

520. CCB006　下面(　　)不是离心泵振动大的原因。

　　A. 离心泵入口滤网结堵　　　　　　　B. 泵体螺栓松动

　　C. 泵体叶轮损坏、破裂　　　　　　　D. 电流大

521. CCB007　造成离心泵气缚现象发生的原因是(　　)。

　　A. 泵加热不充分　　　　　　　　　　B. 泵体倒淋未排放

　　C. 泵未从高点排气　　　　　　　　　D. 输送介质温度过高

522. CCB007　离心泵在额定转速下运行时,为了避免启动电流过大,通常在(　　)。

　　A. 阀门稍微开启的情况下启动　　　　B. 阀门半开的情况下开启

　　C. 阀门全关的情况下启动　　　　　　D. 阀门全开的情况下启动

523. CCB007　离心泵当叶轮旋转时,流体质点在离心力的作用下,流体从叶轮的中心被甩向叶轮外缘,于是叶轮中心形成(　　)。

　　A. 压力最大　　　　　　B. 真空　　　　　　　C. 容积损失最大　　　D. 流动损失最大

524. CCB008　离心泵气蚀的根本原因是离心泵入口处的最低压力(　　)输送介质的饱和蒸汽压。

　　A. 大于　　　　　　　　B. 不大于　　　　　　C. 不等于　　　　　　D. 无法确定

525. CCB008　多级离心泵发生汽蚀现象的部位是(　　)。

　　A. 第一级叶轮　　　　　　　　　　　B. 中间一级叶轮

　　C. 最后一级叶轮　　　　　　　　　　D. 无法判断

526. CCB008　离心泵启动时出口阀长时间未打开容易造成(　　)。

　　A. 泵体发热　　　　　　B. 轴承发热　　　　　C. 填料发热　　　　　D. 消耗功率过大

527. CCB009　下面对过滤器阻力无影响的是(　　)。

　　A. 过滤器目数　　　　　B. 过滤器大小　　　　C. 介质纯度　　　　　D. 介质密度

528. CCB009　过滤器阻力显示增大,下面的处理方法不正确的是(　　)。

　　A. 清洗或更换　　　　　　　　　　　B. 联系有关人员

　　C. 停车　　　　　　　　　　　　　　D. 检查压差表

529. CCB009 　过滤器阻力高,有可能是(　　　)。
　　A. 滤网目数少　　　　　　　　　　　B. 介质流量增加
　　C. 介质温度高　　　　　　　　　　　D. 介质流量减小

530. CCB010 　压缩机的轴封形式有(　　　)。
　　A. 迷宫型密封、机械接触式密封、炭精密封、干气密封
　　B. 迷宫型密封、机械接触式密封、浮环油膜密封、水密封
　　C. 迷宫型密封、机械接触式密封、浮环油膜密封、干气密封
　　D. 迷宫型密封、填料式密封、浮环油膜密封、干气密封

531. CCB010 　常用轴封形式有(　　　)。
　　A. 迷宫密封和干气密封　　　　　　　B. 迷宫密封和机械密封
　　C. 填料密封和机械密封　　　　　　　D. 迷宫密封和填料密封

532. CCB010 　机械接触式密封一般用在(　　　)。
　　A. 段间密封　　　　B. 离心泵　　　　C. 真空泵　　　　D. 级间密封

533. CCB010 　当压缩气体不允许外泄,一般用(　　　)。
　　A. 干气密封　　　　B. 密宫密封　　　　C. 机械密封　　　　D. 填料密封

534. CCB011 　填料密封的缺点是(　　　)。
　　A. 不耐高温　　　　B. 不耐高压　　　　C. 不耐高速　　　　D. 以上都是

535. CCB011 　阀门填料密封泄漏不大时,要(　　　)。
　　A. 紧填料压盖　　　B. 开大阀门　　　　C. 阀杆加油　　　　D. 管道泄压

536. CCB011 　填料密封的特点是(　　　)。
　　A. 结构简单　　　　B. 结构复杂　　　　C. 功率损失小　　　D. 无泄漏

537. CCB012 　阀门填料密封泄漏不大时,要(　　　)。
　　A. 紧填料压盖　　　B. 开大阀门　　　　C. 阀杆加油　　　　D. 管道泄压

538. CCB012 　填料密封泄漏不大时,要(　　　)。
　　A. 增加密封介质　　　　　　　　　　B. 紧固密封介质
　　C. 减负荷　　　　　　　　　　　　　D. 加负荷

539. CCB012 　填料密封的特点是(　　　)。
　　A. 结构简单　　　　B. 结构复杂　　　　C. 功率损失小　　　D. 无泄漏

540. CCB013 　换热器发生气阻现象,会造成(　　　)。
　　A. 热源出入口温差减小　　　　　　　B. 冷源流量增大
　　C. 热源流量增大　　　　　　　　　　D. 源出入口温差增加

541. CCB013 　换热器被加热介质出入口温差上升,需要(　　　)。
　　A. 减少冷源量　　　　　　　　　　　B. 减少热源量
　　C. 增加热源量　　　　　　　　　　　D. 增加热源入口压力

542. CCB013 　被加热介质入口内能增加,其他条件不变,则其出入口温差(　　　)。
　　A. 不变　　　　　　B. 升高　　　　　C. 降低　　　　　　D. 无法判断

543. CCB014 　对于离心泵轴承润滑油的作用描述不正确的是(　　　)。
　　A. 防止轴承磨损　　B. 冲洗轴承　　　C. 冷却轴承　　　　D. 防止气缚

544. CCB014 对于离心泵轴承温度异常升高的原因,说法错误的是( )。

    A. 轴承冷却水量少或中断   B. 润滑油量少或中断

    C. 环境温度高   D. 润滑油质量不合格

545. CCB014 离心泵在轴承壳体上最高温度为80℃,一般轴承温度在( )以下。

    A. 40℃   B. 50℃   C. 60℃   D. 70℃

546. CCB015 在换热器中,如气相漏进液相且不严重时,则要( )。

    A. 在换热器高点排气   B. 降低气相压力

    C. 在气相管线排液   D. 降低液相压力

547. CCB015 在换热器中,如液相漏进气相且不严重时,则要( )。

    A. 在换热器低点排气   B. 提高气相压力

    C. 提高液相压力   D. 在气相管线最低处排液

548. CCB015 当换热器内漏时,可采用的判断方法是( )。

    A. 换热温度是否上升   B. 观察油品颜色变化

    C. 管壳程压力变化   D. 换热器头盖是否漏油

549. CCB016 两台扬程不等的离心泵串联操作时,应把扬程高的离心泵放置在( )。

    A. 排出端   B. 吸入端   C. 都可以   D. 不能确定

550. CCB016 离心泵打不上液的原因有( )。

    A. 泵内有气;安装高度过低;进出口阀故障未打开;进液气化严重;负荷过低

    B. 泵内有气;入口管线堵塞;进出口阀故障未打开;进液气化严重;叶轮脱落

    C. 入口管线堵塞;进出口阀故障未打开;进液气化严重;叶轮脱落;最小回流阀开度过大

    D. 入口管线堵塞;安装高度过低;进出口阀故障未打开;冷却时间过长;负荷过低

551. CCB016 离心泵抽空的因素有( )。

    A. 授液罐无液;泵内或入口管线有存气;出口管线或滤网堵塞严重;电动机与泵的转向不对

    B. 授液罐无液;泵内或入口管线有存气;入口管线或滤网堵塞严重;吸入压力不高于液体的饱和蒸汽压

    C. 授液罐无液;泵内或入口管线有存气;入口管线或滤网堵塞严重;电动机与泵的转向不对

    D. 授液罐无液;泵内或入口管线有存气;出口管线或滤网堵塞严重;吸入压力低于或等于液体的饱和蒸汽压

552. CCB017 下面人工方呼吸姿势是错误的是( )。

    A. 仰卧式   B. 侧卧式   C. 俯卧式   D. 自由式

553. CCB017 人工呼吸时,其速度应保持在( )。

    A. 12~16 次/min   B. 15~20 次/min

    C. 20~30 次/min   D. 18~24 次/min

554. CCB017 现场对成人进行口对口吹气前应将伤病员的气道打开( )为宜。

    A. 60°   B. 120°   C. 90°   D. 75°

555. CCB018　过滤式防毒面具使用条件：空气(　　　)，使用环境中(　　　)；一般不能用于槽、罐等密闭容器和密闭场合的工作环境，禁止在带有毒气体堵盲板时使用。

A. 中氧气体积浓度不低于18%，毒气体积浓度不高于8%

B. 中氧气体积浓度不低于22%，毒气体积浓度不高于12%

C. 中氧气体积浓度不低于18%，毒气体积浓度不高于2%

D. 以上都不对

556. CCB018　过滤式防氨面具的代号是(　　　)。

A. MP3#　　　　　　　B. MP4#　　　　　　　C. MP5#　　　　　　　D. MP6#

557. CCB018　滤毒罐的储存期为(　　　)年。

A. 5　　　　　　　　　B. 6　　　　　　　　　C. 7　　　　　　　　　D. 8

558. CCB019　下面不适合使用干粉灭火器的是(　　　)。

A. 易燃液体　　　　　B. 可燃气体　　　　　C. 电气设备　　　　　D. 可燃固体

559. CCB019　干粉灭火器使用时(　　　)。

A. 先取保险销　　　　　　　　　　　B. 先要颠倒摇动

C. 先按压把　　　　　　　　　　　　D. 先按压把再取保险销

560. CCB019　关于干粉灭火器说法错误的是(　　　)。

A. 应保存在干燥通风处　　　　　　　B. 每年检查一次干粉是否受潮结块

C. 钢瓶每半年称重一次　　　　　　　D. 可在潮湿的环境中存放

561. CCB020　长管面具适合于(　　　)。

A. 氧含量低于18%的场合　　　　　　B. 移动范围大的地方

C. 毒区范围大的地方　　　　　　　　D. 移动范围小的地方

562. CCB020　长管面具的胶皮软管长度是(　　　)。

A. 20m　　　　　　　B. 25m　　　　　　　C. 30m　　　　　　　D. 35m

563. CCB020　使用长管呼吸器，只允许(　　　)作业，两人同时进入，必须有可靠的安全措施，并经主管领导批准。使用中闻到毒物气味，感到呼吸困难、不舒服、恶心或发现故障时，应立即离开毒区。在毒区内严禁将面罩取下。

A. 一人进入容器内　　　　　　　　　B. 二人进入容器内

C. 三人进入容器内　　　　　　　　　D. 以上都不对

564. CCB021　高压电器设备或线路发生接地时，在室内扑救人员不得进入故障点(　　　)以内。

A. 3m　　　　　　　　B. 4m　　　　　　　C. 5m　　　　　　　D. 6m

565. CCB021　高压电气设备或线路发生接地时，在室外扑救人员不得进入故障点(　　　)范围内。

A. 6m　　　　　　　　B. 7m　　　　　　　C. 8m　　　　　　　D. 9m

566. CCB021　检修人员必须遵守安全规定，(　　　)乱动生产车间不需检修的生产设备、管道、阀门、电器仪器开关等。

A. 严禁　　　　　　　A. 不得　　　　　　　C. 选择性地　　　　　　D. 以上都不对

567. CCB022 油类燃烧属于(　　　)。

A. 分解燃烧　　　　　B. 蒸发燃烧　　　　　C. 爆炸燃烧　　　　　D. 自燃燃烧

568. CCB022 氧气呼吸器禁止在(　　)作业中使用,空气呼吸器严禁在(　　)作业中使用。

A. 油类、明火,高温烘烤　　　　　B. 油类、高温、明火,高温、明火烘烤

C. 高温、明火,高温　　　　　D. 以上都不对

569. CCB022 油类着火可以用(　　　)灭火。

A. 二氧化碳灭火器　　B. 水　　　　　C. 泡沫灭火器　　　　　D. 干粉灭火器

570. CCB023 MDEA 是一种(　　　)溶剂。

A. 酸性　　　　　B. 极性　　　　　C. 碱性　　　　　D. 非极性

571. CCB023 为防止 MDEA 在吸收过程中产生液泛,一般加入(　　　)。

A. 碱液　　　　　B. 稳定剂　　　　　C. 消泡剂　　　　　D. 以上都有可能

572. CCB023 建立 MDEA 循环要具备(　　　)。

A. 高压部分充氮气　　B. 两塔压力相等　　C. 不必充氮气　　　　D. 氮气置换合格

573. CCB024 可燃气监测仪测定的是可燃气体的(　　　)。

A. 爆炸下限　　　　　A. 爆炸上限　　　　　C. 爆炸极限　　　　　D. 以上都不对

574. CCB024 可燃气体发生泄漏时,如现场需要堵漏,应使用(　　　)。

A. 开花工具　　　　　B. 打火工具　　　　　C. 无火花工具　　　　D. 小火花工具

575. CCB024 以下(　　　)是可燃气体泄漏的应急处理原则。

A. 切断气源　　　　　B. 杜绝火种　　　　　C. 降低浓度　　　　　D. 设置警戒区

576. CDA001 化工管路图中,表示热保温管道的规定线型是(　　　)。

A. ⊢—◻—⊣　　　B. ⊢—◼—⊣　　　C. ⊢------⊣　　　D. ⊢———⊣

577. CDA001 化工管路图中,表示冷保温管道的规定线型是(　　　)。

A. ⊢—◻—⊣　　　B. ⊢—◼—⊣　　　C. ⊢------⊣　　　D. ⊢———⊣

578. CDA001 化工管路图中,表示蒸汽伴热管道的规定线型是(　　　)。

A. ⊢—◻—⊣　　　B. ⊢—◼—⊣　　　C. ⊢------⊣　　　D. ⊢———⊣

579. CDA002 化工管路图中,表示电伴热管道的规定线型是(　　　)。

A. ⊢—◻—⊣　　　B. ⊢—◼—⊣　　　C. ⊢══════⊣　　　D. ⊢———⊣

580. CDA002 在工艺流程图中,下列符号表示管堵的是(　　　)。

A. [———　　　　B. —⟩　　　　　C. —‖—　　　　　D. ⊢—

581. CDA002 在工艺流程图中,下列符号表示活接头的是(　　　)。

A. —⊩—　　　　　B. —⟩　　　　　C. —‖—　　　　　D. —◦—

582. CDA003 在工艺流程图中,表示通用泵的符号是(　　　)。

A. ─⬤─　　　B. ⬤（M）　　　C. ─⬤　　　D. △⊘

583. CDA003 在工艺流程图中,表示离心泵的符号是(　　　)。

A. ─⬤─　　　B. ⬤（M）　　　C. ─⬤　　　D. △⊘

584. CDA003　在工艺流程图中,表示往复泵的符号是(　　)。

A. 　B. 　C. 　D.

585. CDA004　在工艺流程图中,表示截止阀的符号是(　　)。

A. DN≥50　DN<50　B.

C. 　D. 平面　系统

586. CDA004　在工艺流程图中,表示球阀的符号是(　　)。

A. 　B. 　C. 　D.

587. CDA004　在工艺流程图中,表示电动阀的符号是(　　)。

A. 　B. 　C. 　D.

588. CDA005　在工艺流程图中,表示填料塔的符号是(　　)。

A. 　B. 　C. 　D.

589. CDA005　在工艺流程图中,表示筛板塔的符号是(　　)。

A. 　B. 　C. 　D.

590. CDA005　在工艺流程图中,表示泡罩塔的符号是(　　)。

A. 　B. 　C. 　D.

591. CDA006　在工艺流程图中,表示自力式液压阀的符号是(　　)。

A. PCV 　B. FO 　C. FC 　D. FL

592. CDA006　在工艺流程图中,表示故障开的符号是(　　)。

A. PCV 　B. FO 　C. FC 　D. FL

593. CDA006　在工艺流程图中,表示故障关的符号是(　　)。

A. PCV 　B. FO 　C. FC 　D. FL

594. CDA007　在工艺流程图中,表示闸阀的符号是(　　)。

A. 　B. 　C.

595. CDA007　在工艺流程图中,表示隔膜阀的符号是(　　)。

A. 　B. 　C. 　D.

596. CDA007 在工艺流程图中,表示调节阀的符号是(　　)。

A. —▯— B. —▨— C. —◣◤— D. —◿—

597. CDA008 带控制点的工艺流程图中,仪表控制点以(　　)在相应的管路上用代号、符号画出。

A. 细实线 B. 粗实线 C. 虚线 D. 点画线

598. CDA008 带控制点的工艺流程图中,表示浓度的参量是(　　)。

A. T B. P C. H D. C

599. CDA008 带控制点的工艺流程图中,表示电磁流量计的代号是(　　)。

A. —▢— B. —◉— C. —✕— D. —◯◯—

600. CDA009 带控制点的工艺流程图中,表示指示的功能代号是(　　)。

A. T B. J C. Z D. X

601. CDA009 以下压缩机流程图气体流向绘制正确的是(　　)。

A.

B.

C.

D.

602. CDA009 下列工艺图流程图例中,表示采用法兰连接方式的(　　)。

A. —◁▷— B. —▷◁— C. —⊐| D. ●◁▷●

603. CDA010 化工企业建设工作的各个环节中,(　　)是主要的环节。

A. 设计 B. 制造 C. 安装 D. 试车

604. CDA010 我国化工企业的设计,一般分(　　)两个阶段。

A. 初步设计和设计审定 B. 初步设计和施工图设计
C. 制造设计和施工图设计 D. 制造设计和安装设计

605. CDA010 在流程图上,仪表的表示除符号外还要标注相应的(　　)和编号。

A. 识别代号 B. 管道序号 C. 介质代号 D. 管道代号

606. CDB001 在国际单位制,总共有(　　)基本量纲。

A. 4 B. 5 C. 6 D. 7

607. CDB001 吨水蒸汽在标准状态下的体积是(　　)。

A. $1424m^3$ B. $1422m^3$ C. $1244m^3$ D. $2144m^3$

608. CDB001 质量流体体积的单位是(　　)。

A. mol/m^3 B. m/m^3 C. t/m^3 D. kg/m^3

609. CDB002 某甲醇水精馏塔,其进料量为2.0t/h,塔底产品流量为1.5t/h,则其塔顶产品的流量为(　　)。

A. 0.5t/h B. 1.0t/h C. 1.5t/h D. 2.0t/h

610. CDB002 某甲醇水精馏塔,进料为甲醇和水的混合物,其进料量为 2.0t/h,进料中水含量为 10.8%,塔顶产品流量为 1.8t/h,水含量为 1.0%,则其塔低产品中的甲醇含量为( )。

A. 0.1% B. 1.0% C. 1.5% D. 10.0%

611. CDB002 来自气化单元的工艺原料气,经过一氧化碳变换反应后,其干基体积将( )。

A. 不变 B. 增大 C. 减小 D. 不能确定

612. CDB003 某一台离心式水泵的流量为 0.04m³/s,扬程为 50m,水的密度为 1000kg/m³,其有效功率为( )。

A. 6.3kW B. 9.8kW C. 15.0kW D. 19.6kW

613. CDB003 输送密度为 800kg/m³ 的液体,管线的内径为 100mm,管内的物料流速为 1.5m/s,其质量流量为( )。

A. 8.9t/h B. 25.8t/h C. 28.6t/h D. 33.9t/h

614. CDB003 离心泵的有效功率是根据泵的实际扬程和( )计算出的功率。

A. 实际流量 B. 设计流量 C. 设计压力 D. 实际压力

615. CDB004 在流量不变的条件下,流体由小管径的管线流入大管径的管线,其流速( )。

A. 增大 B. 不变 C. 减小 D. 不能确定

616. CDB005 流体呈湍流状态时,雷诺数增大,传热系数( )。

A. 减小 B. 增大 C. 不变 D. 不能确定

617. CDB005 有一列管式换热器,列管数为 3400,管长 6m,管径为 φ25mm×2.5mm,则此换热器换热面积为( )。

A. 1440m² B. 1441m² C. 1442m² D. 1443m²

618. CDB005 在间壁式换热器中,流体的流向为并流时与逆流时相比,平均传热温差( )。

A. 相等 B. 增大 C. 减小 D. 无法确定

619. CDB006 某一换热器,其冷流体的流量为 500kg/s。入口温度为 18℃,出口温度为 25℃,该流体比热是 1000J/kg,则该换热器热负荷为( )。

A. 3500kJ B. 350kJ C. 35kJ D. 35000kJ

620. CDB006 将一质量流量为 0.417kg/s,通过一换热器,温度降低了 40K,热损失忽略不计,该物质比热为 1.6kJ/(kg·K),则该换热器的热负荷为( )。

A. 25.6kW B. 26.7kW C. 27.6kW D. 28.7kW

621. CDB007 某贮罐内,装有相对密度为 1.2 的某种液体,液面上方的压强为 100kPa,距离液面深 6m 处某点所受的压强为( )。

A. 100.0kPa B. 170.6kPa C. 200.2kPa D. 600.0kPa

622. CDB007 静止流体内部某处的压强大小随着其深度的增加而( )。

A. 减小 B. 不变 C. 增加 D. 不能确定

623. CDB007 随着流体流动速度的增大,其阻力损失( )。

A. 增大 B. 不变 C. 变小 D. 无法确定

624. CDB008　一般情况下,当流体处于湍流状态时,其雷诺数的数值(　　)。

    A. ≤2000　　　　　　B. ≥2000　　　　　　C. 2000~4000　　　　　D. ≥4000

625. CDB009　(　　)是指回流量和馏出液量的比值。

    A. 回流比　　　　　　B. 进料量　　　　　　C. 出料量　　　　　　D. 塔底物料组分

626. CDB009　对精馏塔而言,回流比大,塔顶馏出组分纯度(　　),但能耗高。

    A. 高　　　　　　　　B. 低　　　　　　　　C. 相等　　　　　　　D. 不确定

627. CDB009　如果回流比低于最小回流比,则塔釜组成(　　)达到设计值。

    A. 能　　　　　　　　B. 不能　　　　　　　C. 不确定　　　　　　D. 无法判断

628. CDB010　在氢气和氮气合成氨的反应中,生产1吨氨所需要的氢气量为(　　)。

    A. $2240Nm^3$　　　　B. $1000Nm^3$　　　　C. $19.765Nm^3$　　　D. $1976.5Nm^3$

629. CDB011　原料气流量21000kg/h,分子量20.1,碳数1.249,二段炉出口气体成分(%):

    H_2 56;N_2 22.4;CO 13;CO_2 8;CH_4 0.3;Ar 0.3. 高变催化剂装填量为$58.6m^3$,

    高变出口气体(干气)的空速为(　　)。

    A. $2130h^{-1}$　　　　B. $2130h$　　　　　C. $2310h^{-1}$　　　　D. $2310h$

630. CDB011　空速值越大,则气体与催化剂的接触时间越(　　)。

    A. 长　　　　　　　　B. 短　　　　　　　　C. 无变化　　　　　　D. 无法判断

631. CDB011　每小时,每立方米触媒通过的标准立方米气体数是(　　)。

    A. 流速　　　　　　　B. 停留时间　　　　　C. 空速　　　　　　　D. 流量

632. CDB012　在空压机的吸入管上负压计测得真空读数为700Pa,本厂区的大气压力

    0.0933MPa(700mmHg柱),吸入管内空气的绝对压力为(　　)。

    A. 8.63MPa　　　　　B. 0.00863MPa　　　　C. 0.863MPa　　　　D. 0.0926MPa

二、判断题(对的画"√",错的画"×")

(　　)1. CAA001　一段转化炉参加反应的物质是蒸汽和天然气。

(　　)2. CAA002　提高转化的压力,则转化炉的甲烷平衡转化率降低。

(　　)3. CAA003　一段转化炉开车引入天然气前必须对天然气管线进行氮气置换。

(　　)4. CAA004　油压过低,润滑油流速慢,对轴承冷却效果差,轴承温度会升高,还对油膜形成不利。

(　　)5. CAA005　二段炉应该在一段炉投料、高变正常后投空气。

(　　)6. CAA006　冷冻系统接入的氨是常压下的-33.3℃的液氨。

(　　)7. CAA007　蒸汽管网建立时可不进行冷凝液排放,待蒸汽管网建立正常后再排。

(　　)8. CAA008　开工加热炉点火前应当用空气置换合格,方可进行点火。

(　　)9. CAA009　伴热管线疏水器工作不正常时同样可以投用伴热。

(　　)10. CAA010　喷射泵是利用通过喷嘴的高速射流来抽出容器中的气体以获得真空的设备。

(　　)11. CAA011　物体以电磁波的形式向四周散发辐射能的方式称为对流传热。

(　　)12. CAA012　润滑油先经过油滤器再到油冷器。

(　　)13. CAA013　设置预转化单元的主要目的是通过预转化炉的预先转化10%~15%的

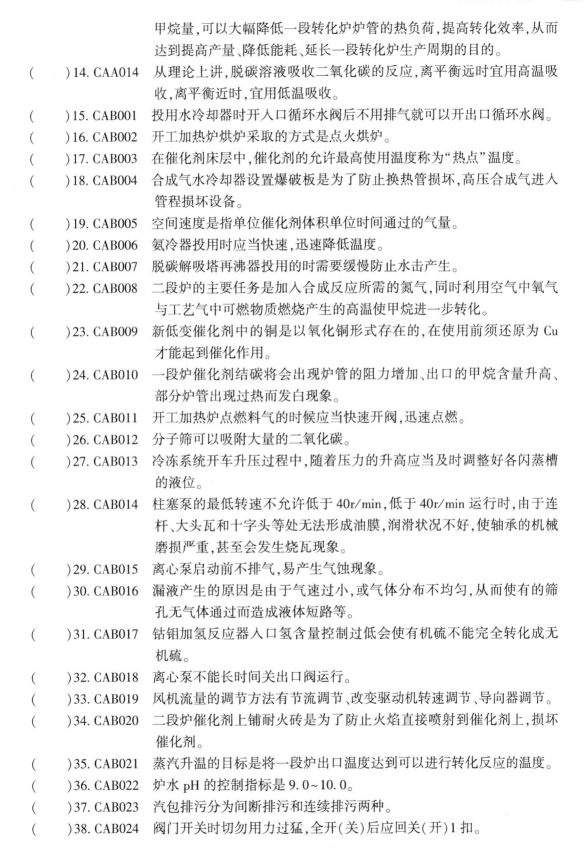

甲烷量,可以大幅降低一段转化炉炉管的热负荷,提高转化效率,从而达到提高产量、降低能耗、延长一段转化炉生产周期的目的。

( )14. CAA014 从理论上讲,脱碳溶液吸收二氧化碳的反应,离平衡远时宜用高温吸收,离平衡近时,宜用低温吸收。

( )15. CAB001 投用水冷却器时开入口循环水阀后不用排气就可以开出口循环水阀。

( )16. CAB002 开工加热炉烘炉采取的方式是点火烘炉。

( )17. CAB003 在催化剂床层中,催化剂的允许最高使用温度称为"热点"温度。

( )18. CAB004 合成气水冷却器设置爆破板是为了防止换热管损坏,高压合成气进入管程损坏设备。

( )19. CAB005 空间速度是指单位催化剂体积单位时间通过的气量。

( )20. CAB006 氨冷器投用时应当快速,迅速降低温度。

( )21. CAB007 脱碳解吸塔再沸器投用的时需要缓慢防止水击产生。

( )22. CAB008 二段炉的主要任务是加入合成反应所需的氮气,同时利用空气中氧气与工艺气中可燃物质燃烧产生的高温使甲烷进一步转化。

( )23. CAB009 新低变催化剂中的铜是以氧化铜形式存在的,在使用前须还原为 Cu 才能起到催化作用。

( )24. CAB010 一段炉催化剂结碳将会出现炉管的阻力增加、出口的甲烷含量升高、部分炉管出现过热而发白现象。

( )25. CAB011 开工加热炉点燃料气的时候应当快速开阀,迅速点燃。

( )26. CAB012 分子筛可以吸附大量的二氧化碳。

( )27. CAB013 冷冻系统开车升压过程中,随着压力的升高应当及时调整好各闪蒸槽的液位。

( )28. CAB014 柱塞泵的最低转速不允许低于 40r/min,低于 40r/min 运行时,由于连杆、大头瓦和十字头等处无法形成油膜,润滑状况不好,使轴承的机械磨损严重,甚至会发生烧瓦现象。

( )29. CAB015 离心泵启动前不排气,易产生气蚀现象。

( )30. CAB016 漏液产生的原因是由于气速过小,或气体分布不均匀,从而使有的筛孔无气体通过而造成液体短路等。

( )31. CAB017 钴钼加氢反应器入口氢含量控制过低会使有机硫不能完全转化成无机硫。

( )32. CAB018 离心泵不能长时间关出口阀运行。

( )33. CAB019 风机流量的调节方法有节流调节、改变驱动机转速调节、导向器调节。

( )34. CAB020 二段炉催化剂上铺耐火砖是为了防止火焰直接喷射到催化剂上,损坏催化剂。

( )35. CAB021 蒸汽升温的目标是将一段炉出口温度达到可以进行转化反应的温度。

( )36. CAB022 炉水 pH 的控制指标是 9.0~10.0。

( )37. CAB023 汽包排污分为间断排污和连续排污两种。

( )38. CAB024 阀门开关时切勿用力过猛,全开(关)后应回关(开)1 扣。

（　　）39. CAB025　装置原始开车前仪表阀门不需要进行联校。

（　　）40. CAB026　再生塔顶回流水的主要作用是保持水平衡和防止气体夹带溶液。

（　　）41. CAC001　甲烷的转化反应是吸热且体积增大的反应。

（　　）42. CAC002　正常生产中冷冻系统应尽可能使用"热模式"生产，以减少消耗。

（　　）43. CAC003　转化反应是一个体积增大的可逆吸热反应。

（　　）44. CAC004　变换炉分一二两段，其主要反应发生在二段。

（　　）45. CAC005　甲烷化触媒常见的毒物有有硫化物，氯化物，砷化物。

（　　）46. CAC006　一段转化炉膛负压一般控制在 $-7\sim-4mmH_2O$，负压过高燃料耗量大，负压过低燃烧不好，会产生二次燃烧。

（　　）47. CAC007　合成塔出口气是靠冷冻液氨蒸发冷却，从而分离出液氨的。

（　　）48. CAC008　冷冻的闪蒸槽的加热源是入合成塔的循环气。

（　　）49. CAC009　氧化锌只能吸收硫化物中的硫化氢。

（　　）50. CAC010　当备用泵盘不动车时，可以启动备用泵。

（　　）51. CAC011　操作记录的填写要无错漏，无涂改。

（　　）52. CAC012　在控制阀副线上一般设有调节阀。

（　　）53. CAC013　离心泵的流量与泵的转速无关。

（　　）54. CAC014　催化剂的促进剂能改善催化剂的物理结构，但本身不具有活性，所以对催化剂的活性没有影响。

（　　）55. CAC015　单位体积的脱硫剂在确保工艺气中硫净化度指标的前题下，所能吸收的最大硫含量叫作穿透硫容。

（　　）56. CAC016　离心泵设置低液位保护是为了防止泵抽空。

（　　）57. CAC017　锅炉给水加入联胺以除去炉水中的氧，防止腐蚀设备。

（　　）58. CAC018　脱氧槽加入低压蒸汽起到汽提作用降低溶解氧，提高给水温度。

（　　）59. CAC019　合成循环气中的惰性气体含量控制越低越好。

（　　）60. CAC020　提高天然气/蒸汽比，转化炉出口的甲烷含量将升高。

（　　）61. CAC021　低变催化剂的主要成份是 CuO、ZnO 和 Cr_2O_3。

（　　）62. CAC022　解吸塔的工况好坏严重影响 MDEA 的吸收效果。

（　　）63. CAC023　转化催化剂所发生的水合反应主要是在开车时产生。

（　　）64. CAC024　氧化锌脱硫剂主要吸附的是无机硫化物，对有机硫的吸附能力低。

（　　）65. CAC025　脱碳系统压力波动过大不会使得脱碳单元出口二氧化碳含量升高。

（　　）66. CAC026　分子筛再生气压力一般控制在 0.45MPa。

（　　）67. CAC027　提高入塔氨含量可以提高氨净值。

（　　）68. CAC028　合成气压缩机出口油分离器排油过程应当缓慢，以防将合成气排出。

（　　）69. CAC029　氨分离器液位过高或者过低都会造成合成系统停车。

（　　）70. CAC030　催化剂的寿命是指催化剂在等于或超过先定指标的时空产率的情况下，能生产所需产物的时间。

（　　）71. CAC031　一段炉烟气氧含量升高，则其热效率升高。

（　　）72. CAD001　管路及设备氮气置换空气时，分析氧含量小于 0.2% 时为置换合格。

( )73. CAD002　加入催化剂能改变反应历程。

( )74. CAD003　二段炉停车后立即停夹套水。

( )75. CAD004　机组刚停机后温度较高,盘车可以消除转子的热弯曲,减小上下气缸
　　　　　　　的温差和减少冲转力矩的作用。

( )76. CAD005　锅炉给水泵停车后油泵必须继续运行一段时间。

( )77. CAD006　氮气管线设置"两切一放"的目的是防止物料互窜。

( )78. CAD007　开工加热炉熄火后可立刻将合成塔激冷阀打开。

( )79. CAD008　MDEA 排放到储罐时要防止速度过快,损坏储罐。

( )80. CAD009　导热系数是物质导热性能的标志,通常在需要传热的场合,应选用导
　　　　　　　热系数大的材料,在要防止传热的场合,应选用导热系数小的物质。

( )81. CAD010　离心泵切除后,即可交付检修。

( )82. CAD011　过滤式防毒面具只用于毒气含量高于2%氧含量不低于18%的地方。

( )83. CAD012　泵的排液操作应该在确认泵已彻底切出的条件下进行。

( )84. CAD013　氨系统中液氨排放完后应通入氮气并通过各安全阀旁路进行置换。

( )85. CAD014　表面冷却器为何设有安全阀主要是防真空度高超压。

( )86. CAD015　蒸汽温度低,造成轴向推力增大,蒸汽消耗量增大。

( )87. CAD016　换热器冬季停车后应做到排干净壳侧及管侧介质,防止冻坏设备

( )88. CAD017　一段炉卸催化剂一般采用自由下落的方法。

( )89. CAD018　二段炉催化剂上铺耐火砖是为了防止火焰直接喷射到催化剂上,损坏
　　　　　　　催化剂。

( )90. CAD019　氨合成回路停车后,催化剂床层的降温方法通常有自然降温法和循环
　　　　　　　降温法两种。

( )91. CBA001　真空泵开时,泵体中应当加脱盐水。

( )92. CBA002　真空泵入口压力在正常时是负压。

( )93. CBA003　整块式塔盘一般用于800~900mm 以下的塔中。

( )94. CBA004　填料的主要作用是使气液两相充分接触。

( )95. CBA005　五字操作法指听、摸、比、看、闻。

( )96. CBA006　对输送高温液体的泵,在启动前都要经过预热。

( )97. CBA007　离心泵是由电机或气轮机通过轴带动叶轮高速旋转使液体获得能量
　　　　　　　而完成输送任务的机械设备。

( )98. CBA008　离心泵的叶轮是对液体做功的部件。

( )99. CBA009　离心泵不得关闭出口阀门运行过长的时间,否则会引起不良后果。

( )100. CBA010　往复泵是利用工作室容积的变化把机械能转变为静压能而吸入和排
　　　　　　　出液体的设备。

( )101. CBA011　隔膜式往复泵和活塞式往复泵一样,活塞和输送液体直接接触。

( )102. CBA012　机械密封是由动环和轴组成的。

( )103. CBA013　离心泵密封部分的作用是防止液体漏回吸入端和向外泄漏。

( )104. CBA014　采用固定式连轴器在安装时要求严格对中,保证泵在运行时不能发生

相对位移。

( )105. CBA015 离心泵的轴功率是指泵轴从原动机单位时间所获得的能量。

( )106. CBA016 轴承冷却水量少或中断会导致轴承温度升高。

( )107. CBA017 泵吸入压力降低会导致离心泵抽空。

( )108. CBA018 离心泵电动机电源连接不正确会导致离心泵反转。

( )109. CBA019 离心泵、齿轮泵、柱塞泵的出口阀在启动操作中都应处于关闭状态。

( )110. CBA020 机封冲洗一般要求采用和输送的流体相同的介质。

( )111. CBA021 离心泵扬程选型时只要泵的扬程高于设备操作压力即可。

( )112. CBA022 在压缩机盘车时，油泵可以不开。

( )113. CBA023 润滑油的五定是保正转动设备安全运行的充分必要条件。

( )114. CBA024 设备转速越高，所用润滑油黏度越小。

( )115. CBA025 给机泵加润滑油脂，只能在机泵停止运行时。

( )116. CBA026 蛇管换热器属于列管式换热器。

( )117. CBA027 阀门有调节介质压力、流量等的作用。

( )118. CBA028 阀杆润滑不好或已损坏可造成电动阀手轮搬不动。

( )119. CBA029 截止阀调节流量比闸阀好。

( )120. CBA030 对易燃易爆和黏性介质的容器，在安全阀和容器之间可装截止阀。

( )121. CBA031 疏水阀只能装在蒸汽管线上。

( )122. CBA032 弹簧式安全阀适合于移动容器。

( )123. CBA033 当机组转速升至或降至某一值时振动迅速增加，越过这一转速振幅又迅速下降，这个现象称为临界转速现象。

( )124. CBA034 在自紧式密封中，楔型垫密封一般用于直径大于 1000mm 的地方。

( )125. CBA035 压力容器上常用的参数监测装置有压力测量仪表、测温装置、液面计以及视镜。

( )126. CBA036 离心泵要采用慢速均匀的预热方法。

( )127. CBA037 离心泵要采用慢速均匀的预热方法。

( )128. CBA038 气蚀可以造成对叶轮的机械冲击和腐蚀，造成叶轮的严重损坏。

( )129. CBA039 使用 U 形管压力计测得的表压值，与玻璃管断面面积的大小有关。

( )130. CBA040 闸阀在开、关过程中，其阀杆是在垂直管线方向进行上下移动，而阀杆本身不转动。

( )131. CBA041 在截止阀 J8SKL 中字母"S"表示连接方式是法兰形式。

( )132. CBA042 疏水阀只能装在蒸汽管线上。

( )133. CBA043 闸阀在开、关过程中，其阀杆是在垂直管线方向进行上下移动，而阀杆本身不转动。

( )134. CBA044 截止阀根据连接方法的不同，可分为螺纹连接和法兰连接两种。

( )135. CBA045 以 JB308-75 为标准，脉冲式疏水阀结构形式的代号是"9"。

( )136. CBA046 对易燃易爆和黏性介质的容器，在安全阀和容器之间可装截止阀。

( )137. CBA047 阻火器是防止阻火器两端的火焰互窜，以避免更大的火灾爆炸。

( )138. CBA048　当爆破板断裂后,压力容器必须停止运行。

( )139. CBA049　爆破片一般用于介质为液相的管线或容器上。

( )140. CBA050　润滑是降低磨擦、减小磨损,降低能耗的一种有效措施,良好的润滑是机器设备正常运转不可缺少的重要条件。

( )141. CBB001　对输送低温液体的泵,在启动前都要经过预冷。

( )142. CBB002　离心泵要采用慢速均匀的预冷方法。

( )143. CBB003　离心泵检修前必须确认电动机已切电。

( )144. CBB004　离心泵可以采用电机点动盘车。

( )145. CBB005　转速高,则要求润滑脂的针入度小。

( )146. CBB006　润滑在较低温度下呈浑浊现象,有可能是石蜡结晶。

( )147. CBB007　电动机启动时,其开关电流一般大于220V。

( )148. CBB008　泵润滑油的液位应当满量程。

( )149. CBB009　润滑油"三级过滤"其目的是及时准确的给润滑点加油。

( )150. CBB010　润滑是降低磨擦、减小磨损,降低能耗的一种有效措施,良好的润滑是机器设备正常运转不可缺少的重要条件。

( )151. CBB011　离心泵不得关闭出口阀门运行过长的时间,否则会引起不良后果。

( )152. CBB012　润滑是降低磨擦、减小磨损,降低能耗的一种有效措施,良好的润滑是机器设备正常运转不可缺少的重要条件。

( )153. CCA001　火焰呈黄色说明烧嘴燃烧充分。

( )154. CCA002　新高变催化剂放硫的目的彻底除去催化剂中的硫化物。

( )155. CCA003　氢回收装置跑冷损失越少越好。

( )156. CCA004　离心泵的叶轮损坏会导致离心泵不打量。

( )157. CCA005　泵运行时在静环和动环之间形成一层液膜,起到平衡压力、润滑和冷却端面的作用。

( )158. CCA006　离心泵的转速越高,对泵体振动的要求越高。

( )159. CCA007　离心泵的气蚀不会影响泵的流量、扬程和效率。

( )160. CCA008　运行中滑动轴承允许的最高温度为80℃。

( )161. CCA009　入过滤器介质密度增加,则过滤器阻力升高。

( )162. CCA010　进口阀堵塞或未打开或被杂质卡住会导致柱塞泵打不上压。

( )163. CCA011　进出口单向阀泄漏,弹簧失效或杂质卡住都会导致柱塞泵打不上压。

( )164. CCA012　离心泵的气缚会导致离心泵不打量。

( )165. CCA013　换热器负荷变化,其出入口温差不一定增大。

( )166. CCA014　润滑油量过低会导致轴承温度升高。

( )167. CAA015　甲烷化催化剂活性下降的主要原因可能是超温、中毒、脱碳液的污染和大量生成羟基镍。

( )168. CCA016　高变催化剂床层温度应高于系统压力下饱和温度20℃以上。

( )169. CCA017　二段炉进口空气量偏低,会导致出口甲烷含量上升。

( )170. CCA018　二氧化碳吸收塔出口气中二氧化碳含量超标可引起甲烷化炉超温。

(   ) 171. CCA019　合成催化剂通入氮气降温前需将氮气管线进行置换,然后再送入系统。

(   ) 172. CCB001　在燃烧器的喷嘴处,流速过低或燃料气中氢气含量高及炉膛负压和燃料气压力过低,都能使火嘴产生回火想象。

(   ) 173. CCB002　变换系统发生泄漏后应当立刻确认泄漏位置,进行隔离后就可进行动火作业了。

(   ) 174. CCB003　为了减少设备泄漏造成的冷损,氢回收装置冷箱内设备和管线应尽量减少法兰连接。

(   ) 175. CCB004　在高浓度氨气氛中进行紧急工作的人员,必须使用隔离式防毒面具。

(   ) 176. CCB005　机械密封的密封性能好,泄漏量少,使用寿命长。

(   ) 177. CCB006　离心泵的运行转速应避开泵的临界转速。

(   ) 178. CCB007　离心泵也可在启动后进行排气操作。

(   ) 179. CCB008　离心泵的气蚀不会影响泵的流量、扬程和效率。

(   ) 180. CCB009　过滤器阻力增加是由于其目数太高。

(   ) 181. CCB010　为了防止机封泄漏,采用填料密封的机泵填料压得越紧越好。

(   ) 182. CCB011　高压蒸汽管道上不能用填料密封的阀门。

(   ) 183. CCB012　填料密封泄漏不大时,要紧固密封介质。

(   ) 184. CCB013　在列管式换热器中,只要气相在管程,液相在壳程,就能发生气阻现象。

(   ) 185. CCB014　传热系数提高,则换热效率低。

(   ) 186. CCB015　在换热器中,如气相漏进液相且不严重时,则要在换热器高点排气。

(   ) 187. CCB016　改变输送液体的黏度对离心泵的输送能力没有影响。

(   ) 188. CCB017　人工呼吸法分:俯卧压背式、仰卧压胸式、牵臂式、口对口或口对鼻呼吸法。

(   ) 189. CCB018　使用过滤式防毒面具时要检查面具戴上后有无泄漏和滤毒罐是否失效。

(   ) 190. CCB019　干粉灭火器用于液体灭火时,不能使粉流对准液体表面,防止液体飞溅造成灭火困难。

(   ) 191. CCB020　在使用长管面具时,监护人要听从被监护人的指挥。

(   ) 192. CCB021　干粉灭火器适用于电器设备火灾。

(   ) 193. CCB022　油类失火后应采用消防水灭火。

(   ) 194. CCB023　MDEA 系统发生泄漏,应确认漏点后,根据泄漏情况大小系统做相应停车处理。

(   ) 195. CCB024　现场发现可燃气体泄漏时,应立即汇报相关人员。

(   ) 196. CDA001　工艺流程图中,工艺物料埋地管道用粗虚线表示。

(   ) 197. CDA002　在工艺流程图中,表示法兰堵盖的符号是‖———。

(   ) 198. CDA003　在工艺流程图中,表示机泵的表示方法是—⊖↗。

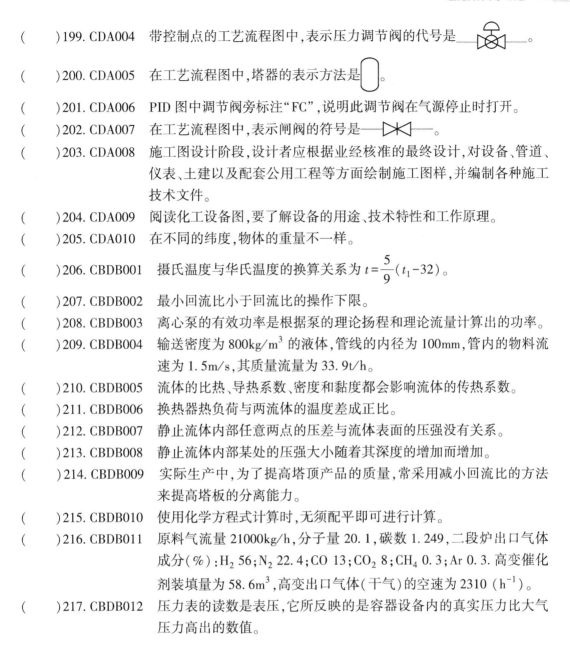

（ ）199. CDA004 带控制点的工艺流程图中,表示压力调节阀的代号是＿＿＿＿＿。

（ ）200. CDA005 在工艺流程图中,塔器的表示方法是　。

（ ）201. CDA006 PID 图中调节阀旁标注"FC",说明此调节阀在气源停止时打开。

（ ）202. CDA007 在工艺流程图中,表示闸阀的符号是＿＿＿＿＿。

（ ）203. CDA008 施工图设计阶段,设计者应根据业经核准的最终设计,对设备、管道、仪表、土建以及配套公用工程等方面绘制施工图样,并编制各种施工技术文件。

（ ）204. CDA009 阅读化工设备图,要了解设备的用途、技术特性和工作原理。

（ ）205. CDA010 在不同的纬度,物体的重量不一样。

（ ）206. CBDB001 摄氏温度与华氏温度的换算关系为 $t = \frac{5}{9}(t_1 - 32)$。

（ ）207. CBDB002 最小回流比小于回流比的操作下限。

（ ）208. CBDB003 离心泵的有效功率是根据泵的理论扬程和理论流量计算出的功率。

（ ）209. CBDB004 输送密度为 $800kg/m^3$ 的液体,管线的内径为 100mm,管内的物料流速为 1.5m/s,其质量流量为 33.9t/h。

（ ）210. CBDB005 流体的比热、导热系数、密度和黏度都会影响流体的传热系数。

（ ）211. CBDB006 换热器热负荷与两流体的温度差成正比。

（ ）212. CBDB007 静止流体内部任意两点的压差与流体表面的压强没有关系。

（ ）213. CBDB008 静止流体内部某处的压强大小随着其深度的增加而增加。

（ ）214. CBDB009 实际生产中,为了提高塔顶产品的质量,常采用减小回流比的方法来提高塔板的分离能力。

（ ）215. CBDB010 使用化学方程式计算时,无须配平即可进行计算。

（ ）216. CBDB011 原料气流量 21000kg/h,分子量 20.1,碳数 1.249,二段炉出口气体成分(%):H_2 56;N_2 22.4;CO 13;CO_2 8;CH_4 0.3;Ar 0.3. 高变催化剂装填量为 $58.6m^3$,高变出口气体(干气)的空速为 2310 (h^{-1})。

（ ）217. CBDB012 压力表的读数是表压,它所反映的是容器设备内的真实压力比大气压力高出的数值。

答　　案

一、单项选择题

1. A	2. C	3. A	4. B	5. B	6. B	7. A	8. B	9. B	10. D
11. C	12. A	13. A	14. A	15. B	16. C	17. C	18. A	19. B	20. A
21. C	22. A	23. B	24. C	25. D	26. A	27. C	28. B	29. A	30. A
31. A	32. C	33. A	34. D	35. B	36. A	37. D	38. C	39. C	40. C
41. B	42. A	43. B	44. A	45. B	46. D	47. D	48. A	49. B	50. C
51. D	52. A	53. C	54. B	55. A	56. A	57. C	58. A	59. C	60. B
61. B	62. D	63. C	64. B	65. C	66. B	67. C	68. B	69. C	70. B
71. A	72. D	73. A	74. B	75. A	76. C	77. C	78. B	79. B	80. B
81. A	82. D	83. C	84. B	85. A	86. A	87. D	88. D	89. A	90. B
91. C	92. D	93. C	94. B	95. D	96. D	97. A	98. A	99. A	100. D
101. D	102. C	103. B	104. A	105. D	106. B	107. C	108. B	109. B	110. C
111. B	112. A	113. A	114. D	115. A	116. D	117. C	118. D	119. A	120. D
121. C	122. C	123. D	124. C	125. B	126. A	127. B	128. A	129. C	130. D
131. C	132. A	133. B	134. A	135. C	136. A	137. C	138. B	139. D	140. C
141. C	142. C	143. A	144. C	145. C	146. B	147. B	148. C	149. B	150. D
151. D	152. B	153. A	154. B	155. B	156. D	157. B	158. A	159. B	160. B
161. A	162. A	163. C	164. B	165. B	166. B	167. D	168. D	169. C	170. A
171. A	172. D	173. D	174. B	175. B	176. B	177. A	178. D	179. C	180. B
181. D	182. A	183. A	184. B	185. B	186. A	187. D	188. A	189. B	190. D
191. A	192. C	193. B	194. D	195. D	196. B	197. D	198. C	199. B	200. A
201. B	202. B	203. C	204. C	205. C	206. B	207. A	208. D	209. A	210. A
211. C	212. C	213. A	214. A	215. B	216. A	217. D	218. A	219. B	220. A
221. A	222. C	223. B	224. A	225. D	226. B	227. D	228. B	229. B	230. D
231. B	232. C	233. C	234. A	234. C	236. A	237. A	238. D	239. B	240. B
241. A	242. C	243. B	244. C	245. B	246. B	247. B	248. A	249. A	250. A
251. D	252. D	253. C	254. B	255. A	256. B	257. C	258. C	259. C	260. B
261. D	262. C	263. C	264. B	265. D	266. B	267. C	268. B	269. D	270. A
271. C	272. B	273. A	274. A	275. B	276. A	277. A	278. C	279. A	280. B
281. D	282. C	283. B	284. D	285. C	286. B	287. A	288. D	289. A	290. B
291. B	292. B	293. C	294. C	295. D	296. C	297. D	298. C	299. C	300. A
301. B	302. B	303. C	304. C	305. C	306. B	307. D	308. D	309. D	310. C

311. C	312. C	313. C	314. C	315. A	316. B	317. B	318. D	319. D	320. C
321. C	322. C	323. C	324. C	325. D	326. A	327. C	328. C	329. A	330. C
331. D	332. A	333. B	334. A	335. A	336. A	337. C	338. C	339. B	340. A
341. B	342. A	343. A	344. B	345. C	346. B	347. D	348. C	349. D	350. D
351. B	352. D	353. D	354. B	355. C	356. D	357. A	358. C	359. C	360. B
361. D	362. A	363. C	364. B	365. D	366. D	367. A	368. A	369. D	370. C
371. C	372. D	373. D	374. C	375. B	376. B	377. A	378. A	379. A	380. D
381. B	382. D	383. C	384. B	385. D	386. B	387. D	388. C	389. D	390. D
391. A	392. C	393. B	394. D	395. B	396. D	397. C	398. D	399. B	400. A
401. C	402. A	403. D	404. A	405. B	406. D	407. D	408. B	409. B	410. D
411. C	412. A	413. A	414. D	415. C	416. B	417. D	418. B	419. A	420. B
421. A	422. C	423. B	424. D	425. B	426. A	427. C	428. C	429. C	430. C
431. D	432. B	433. A	434. B	435. A	436. A	437. C	438. A	439. A	440. D
441. A	442. C	443. D	444. B	445. B	446. A	447. B	448. C	449. D	450. B
451. B	452. B	453. C	454. A	455. D	456. C	457. B	458. D	459. B	460. A
461. C	462. B	463. A	464. C	465. D	466. D	467. B	468. A	469. A	470. B
471. A	472. C	473. B	474. B	475. C	476. A	477. D	478. B	479. C	480. B
481. C	482. C	483. B	484. D	485. B	486. B	487. B	488. A	489. A	490. A
491. D	492. C	493. A	494. D	495. C	496. B	497. D	498. A	499. C	500. D
501. C	502. D	503. B	504. B	505. B	506. B	507. B	508. B	509. B	510. B
511. D	512. D	513. D	514. C	515. B	516. C	517. B	518. C	519. D	520. D
521. C	522. C	523. B	524. B	525. A	526. A	527. B	528. C	529. B	530. C
531. C	532. B	533. C	534. D	535. A	536. A	537. A	538. B	539. A	540. A
541. B	542. C	543. D	544. C	545. C	546. A	547. D	548. B	549. A	550. B
551. B	552. B	553. B	554. C	555. C	556. B	557. A	558. C	559. B	560. D
561. D	562. A	563. A	564. B	565. C	566. A	567. B	568. B	569. D	570. B
571. C	572. A	573. D	574. C	575. A	576. A	577. B	578. C	579. D	580. A
581. C	582. A	583. B	584. D	585. D	586. D	587. C	588. A	589. B	590. C
591. A	592. B	593. C	594. B	595. C	596. B	597. A	598. D	599. B	600. C
601. D	602. A	603. A	604. B	605. A	606. D	607. C	608. D	609. A	610. B
611. B	612. D	613. D	614. A	615. C	616. B	617. C	618. C	619. A	620. B
621. B	622. C	623. A	624. A	625. A	626. A	627. B	628. D	629. B	630. B
631. C	632. D								

二、判断题

1. √　2. √　3. √　4. √　5. √　6. ×　正确答案:冷冻系统接入的氨是罐区加压送来的常温液氨。　7. ×　正确答案:蒸汽管网建立时应将冷凝液排放阀打开,待蒸汽管网建立正常后关闭。　8. ×　正确答案:开工加热炉点火前应当用蒸汽置换合格,方可进行点火。　9. ×　正确答案:伴热管线疏水器工作正常时才可以投用伴热。　10. √　11. ×　正确答案:物体以电磁波的形式向四周散发辐射能的方式称为辐射传热。　12. ×　正确答案:润滑油先经过油冷器再到油滤器。　13. √　14. √　15. ×　正确答案:投用水冷却器时开入口循环水阀后需排气后方可以开出口循环水阀。　16. √　17. ×　正确答案:在正常运行中,催化剂床层的最高温度称为"热点"温度。　18. √　19. √　20. ×　正确答案:氨冷器投用时应当缓慢,缓慢而均匀的降低温度。　21. √　22. √　23. √　24. √　25. ×　正确答案:开工加热炉点燃料气的时候应当缓慢开阀,防止爆燃。　26. ×　正确答案:分子筛吸附能力有限,只能吸附微量的二氧化碳。　27. √　28. √　29. √　30. √　31. √　32. √　33. √　34. √　35. √　36. √　37. √　38. √　39. ×　正确答案:装置原始开车前仪表阀门必需进行联校,以确保仪表阀门的正常使用。　40. √　41. √　42. √　43. √　44. ×　正确答案:变换炉分一二两段,其主要反应发生在一段。　45. √　46. √　47. √　48. ×　正确答案:冷冻的闪蒸槽的加热源是出合成塔的循环气。　49. √　50. ×　正确答案:当备用泵盘不动车时,禁止启动备用泵。　51. √　52. ×　正确答案:在控制阀副线上一般没有调节阀。　53. ×　正确答案:离心泵的流量与随泵的转速改变而变化。　54. ×　正确答案:催化剂的促进剂能改善催化剂的物理结构,但本身不具有活性,所以对催化剂的活性没有影响。　55. √　56. √　57. √　58. √　59. ×　正确答案:合成循环气中的惰性气体含量并非越低越好,越低合成氨能耗增加。　60. √　61. √　62. √　63. √　64. √　65. ×　正确答案:脱碳系统压力波动过大会使得脱碳单元出口二氧化碳含量升高。　66. √　67. ×　正确答案:提高入塔氨含量只能降低氨净值。　68. √　69. ×　正确答案:氨分离器液位过高会造成合成系统停车,过低则不会。　70. √　71. ×　正确答案:一段炉烟气氧含量升高,则其热效率降低。　72. √　73. √　74. ×　正确答案:二段炉停车后不能立即停夹套水。　75. √　76. √　77. √　78. ×　正确答案:开工加热炉熄火后待冷激管线温度降到200℃以下后,才可将合成塔激冷阀打开。　79. √　80. √　81. ×　正确答案:离心泵必须经过切除、切电、排液、泄压及置换后,方可交付检修。　82. ×　正确答案:过滤式防毒面具只用于毒气含量低于2%氧含量不低于18%的地方。　83. √　84. √　85. √　86. √　87. √　88. ×　正确答案:一段炉卸催化剂一般采用上部抽吸的方法。　89. √　90. √　91. √　92. √　93. √　94. √　95. √　96. √　97. √　98. √　99. √　100. √　101. ×　正确答案:隔膜式往复泵的活塞用软隔膜和输送介质分开。　102. ×　正确答案:机械密封的两个组成部分中,随轴一起转动的是动环。　103. √　104. √　105. √　106. √　107. √　108. √　109. ×　正确答案:柱塞泵的出口阀在启动操作中都应处于常开状态。　110. √　111. ×　正确答案:离心泵扬程选择不仅要考虑设备的操作压力,还要考虑流体输送管路的损失。　112. ×　正确答案:在压缩机盘车时,油泵必须先启动。　113. ×　正确答案:润滑油的五定是保正转动设备安全运行的必要条件之一。　114. √　115. ×　正确答案:给机泵加润滑油脂,在机泵运行时也可以。　116. ×　正确答案:蛇管换热器不属于列管式换热器。　117. √　118. √　119. √　120. √　121. ×　正确答案:只要是需要排水阻气的管线上都可以安装疏水阀。　122. √　123. √　124. ×　正确答案:在自紧式密封中,楔型垫密封一般用于直径≤1000mm 的地方。　125. √　126. √　127. √　128. √　129. ×　正确答案:使用 U 形管压力计测得的表压值,与玻璃管断面面积的大小无关。　130. √　131. ×　正确答案:在截止阀 J8SKL 中字母"S"表示连接方式是焊接形式。 132.× 正确答案:只要是需要排水阻气的管线上都可以安装疏水阀。 133.√ 134.√ 135.× 正确答案:以 JB308-75 为标准,脉冲式疏水阀结构形式的代号是"8"。 136.√ 137.√ 138.√ 139.× 正确答案:爆破片一般用在介质不清洁、压力剧增或有剧毒的容器上。 140.√ 141.√ 142.√ 143.√ 144.× 正确答案:离心泵必须采用手动盘车的方式进行盘车操作。 145.× 正确答案:转速高,则要求润滑脂的针入度大。 146.√ 147.× 正确答案:电机启动时,其开关电流一般小于等于220V。 148.× 正确答案:泵润滑油的液位应当是油视镜的 1/2 至 3/4 位置。 149.× 正确答案:润滑油"三级过滤"其目的是保证到注油点之前的润滑油干净无杂质。 150.√ 151.√ 152.√ 153.× 正确答案:火焰呈蓝色说明烧嘴燃烧充分。 154.√ 155.√ 156.√ 157.√ 158.√ 159.× 正确答案:离心泵的气蚀会影响到泵的流量、扬程和效率。 160.√ 161.√ 162.√ 163.√ 164.√ 165.√ 166.√ 167.√ 168.√ 169.√ 170.√ 171.√ 172.√ 173.× 正确答案:变换系统发生泄漏后应当立刻确认泄漏位置,进行隔离后,待泄漏点消除后才可进行动火作业。 174.√ 175.√ 176.√ 177.√ 178.× 正确答案:离心泵在启动前进行排气操作。 179.× 正确答案:离心泵的气蚀会影响泵的流量、扬程和效率。 180.× 正确答案:过滤器阻力增加是由杂质堵塞过滤器或工艺状况变化等因素造成。 181.× 正确答案:采用填料密封的机泵填料不能压得太紧,否则会导致轴和填料的摩擦增大,损坏机封。 182.× 正确答案:高压蒸汽管道可以用填料密封的阀门。 183.√ 184.× 正确答案:在列管式换热器中,不论气相在管程,还是液相在壳程,都会发生气阻现象。 185.× 正确答案:传热系数提高,则换热效率高。 186.√ 187.× 正确答案:吸入液体的黏度增加,会造成离心泵吸入困难,打量下降。 188.√ 189.√ 190.√ 191.× 正确答案:在使用长管面具时,被监护人要听从监护人的指挥。 192.√ 193.× 正确答案:油类失火后不应采用消防水灭火。 194.√ 195.√ 196.√ 197.√ 198.√ 199.× 正确答案:带控制点的工艺流程图中,表示调节阀的代号是———⊲▷———。 200.√ 201.× 正确答案:PID图中调节阀旁标注"FC",说明此调节阀在气源停止时关闭。 202.√ 203.√ 204.√ 205.√ 206.√ 207.√ 208.× 正确答案:离心泵的有效功率是根据泵实际工作过程的实际情况提出的。 209.√ 210.√ 211.√ 212.√ 213.√ 214.× 正确答案:实际生产中,为了提高塔顶产品的质量,常采用增大回流比的方法来提高塔板的分离能力。 215.× 正确答案:使用化学方程式计算时,必须配平方程式才能进行计算。 216.√ 217.√

渣油及天然气不完全氧化法初级工
理论知识练习题及答案

一、单项选择题(每题有四个选项,只有一个是正确的,将正确的选项号填入□号内)

1. BDA001　在工艺流程图中,表示法兰连接的符号是(　　)。
　　A. ⊣⋈⊳　　　　　B. ⟶⟩　　　　　C. ⊣⊦　　　　　D. ⊣⊦

2. BDA001　在工艺流程图中,下列符号表示活接头的是(　　)。
　　A. ⊣⊦　　　　　B. ⟶⟩　　　　　C. ⊣⊦　　　　　D. ⊸○

3. BDA001　在工艺流程图中,下列符号表示管堵的是(　　)。
　　A. ⊏　　　　　B. ⟶⟩　　　　　C. ⊣⊦　　　　　D. ⊢

4. BDA002　在化工装置设计过程中,(　　)是设备布置图、管道布置图、模型建造以及续建配管详图的设计依据。
　　A. 全厂总物料平衡图　　　　　　　　B. 物料流程图
　　C. 管道仪表流程图　　　　　　　　　D. 化工工艺图

5. BDA002　全厂总物料平衡图中,流程线只画出(　　),并且用粗实线表示。
　　A. 所有物料　　　　B. 主要物料　　　　C. 主要原料　　　　D. 主要成品

6. BDA002　在流程图上,仪表的表示除符号外还要标注相应的(　　)和编号。
　　A. 识别代号　　　　B. 管道序号　　　　C. 介质代号　　　　D. 管道代号

7. BDA003　带控制点的工艺流程图中,表示浓度的参量是(　　)。
　　A. T　　　　　B. P　　　　　C. H　　　　　D. C

8. BDA003　在工艺流程图中,表示往复泵的符号是(　　)。
　　A. ⊖　　　　　B. ⊖(M)　　　　　C. ⊖　　　　　D. △

9. BDA003　在工艺流程图中,表示离心泵的符号是(　　)。
　　A. ⊖　　　　　B. ⊖(M)　　　　　C. ⊖　　　　　D. △

10. BDA004　下列工艺图流程图例中,表示采用法兰连接方式的是(　　)。
　　A. ⊣⋈　　　　　B. ⋈　　　　　C. ⊐　　　　　D. •⋈•

11. BDA004　在工艺流程图中,表示通用泵的符号是(　　)。
　　A. ⊖　　　　　B. ⊖(M)　　　　　C. ⊖　　　　　D. △

12. BDA004　在工艺流程图中,表示自力式液压阀的符号是(　　)。
　　A. (PCV)⋈　　　　B. ⋈FO　　　　C. ⋈FC　　　　D. ⋈FL

13. BDA005　转子流量计指示偏低,下面说法正确的是(　　　)。

A. 被测介质的密度减小　　　　　　　B. 被测介质的密度增加

C. 被测介质流量增加　　　　　　　　D. 无发判断

14. BDA005　在工艺流程图中,表示填料塔的符号是(　　　)。

A.　　　　　　　　　B.　　　　　　　　　C.　　　　　　　　　D.

15. BDA005　在工艺流程图中,表示筛板塔的符号是(　　　)。

A.　　　　　　　　　B.　　　　　　　　　C.　　　　　　　　　D.

16. BDA006　在工艺流程图中,表示卧式容器的符号是(　　　)。

A.　　　　　　　　　B.　　　　　　　　　C.　　　　　　　　　D.

17. BDA006　在工艺流程图中,表示带积液包的容器的符号是(　　　)。

A.　　　　　　　　　B.　　　　　　　　　C.　　　　　　　　　D.

18. BDA006　在工艺流程图中,表示板式塔的符号是(　　　)。

A.　　　　　　　　　B.　　　　　　　　　C.　　　　　　　　　D.

19. BDA008　带控制点的工艺流程图中,仪表控制点以(　　　)在相应的管路上用代号、符号画出。

A. 细实线　　　　　B. 粗实线　　　　　C. 虚线　　　　　D. 点画线

20. BDA008　带控制点的工艺流程图中,表示浓度的参量是(　　　)。

A. T　　　　　　　　B. P　　　　　　　　C. H　　　　　　　　D. C

21. BDA008　带控制点的工艺流程图中,表示电磁流量计的代号是(　　　)。

A.　　　　　　　　　B.　　　　　　　　　C.　　　　　　　　　D.

22. BDA009　带控制点的工艺流程图中,表示指示的功能代号是(　　　)。

A. T　　　　　　　　B. J　　　　　　　　C. Z　　　　　　　　D. X

23. BDA009　以下压缩机流程图气体流向绘制正确的是(　　　)。

A.　　　　　　　　　　　　　　　　　B.

C.　　　　　　　　　　　　　　　　　D.

24. BDA009　下列工艺图流程图例中,表示采用法兰连接方式的(　　　)。

A.　　　　　　　　B.　　　　　　　　C.　　　　　　　　D.

25. BDA010　化工企业建设工作的各个环节中,(　　)是主要的环节。

　　A. 设计　　　　　　　　B. 制造　　　　　　　　C. 安装　　　　　　　　D. 试车

26. BDA010　我国化工企业的设计,一般分(　　)两个阶段。

　　A. 初步设计和设计审定　　　　　　　　B. 初步设计和施工图设计

　　C. 制造设计和施工图设计　　　　　　　　D. 制造设计和安装设计

27. BDA010　在流程图上,仪表的表示除符号外还要标注相应的(　　)和编号。

　　A. 识别代号　　　　　　B. 管道序号　　　　　　C. 介质代号　　　　　　D. 管道代号

28. BDB001　不属于国际单位制基本单位的是(　　)。

　　A. Pa　　　　　　　　　B. kg　　　　　　　　　C. m　　　　　　　　　D. h

29. BDB001　0℃相当于(　　)。

　　A. 1K　　　　　　　　　B. -273.15K　　　　　　C. 100K　　　　　　　　D. 273.15K

30. BDB001　1kg 力等于(　　)。

　　A. 9.8N　　　　　　　　B. 1N　　　　　　　　　C. 8.9N　　　　　　　　D. 0N

31. BDB002　某气体物质的转化反应过程中,反应物中该物料的流量为1000Nm^3/h,生成物中该物料的流量为 100Nm^3/h,该物质的转化率为(　　)。

　　A. 100%　　　　　　　B. 95%　　　　　　　　C. 90%　　　　　　　　D. 85%

32. BDB002　标准状况下,1mol 气体体积约等于(　　)。

　　A. 1L　　　　　　　　　B. 14L　　　　　　　　C. 20L　　　　　　　　D. 22.4L

33. BDB002　密度为 1000kg/m^3,体积流量为 50m^3/h 的液体,其质量流量为(　　)。

　　A. 50000kg/h　　　　　B. 5000kg/h　　　　　　C. 1000kg/h　　　　　　D. 50kg/h

34. BDB003　收率等于(　　)。

A. $\dfrac{(通入反应器的原料量-实际获得的目的产品量)}{通入反应器的原料量} \times 100\%$

B. $\dfrac{实际获得的目的产品量}{通入反应器的原料量} \times 100\%$

C. $\dfrac{通入反应器的原料量}{实际获得的目的产品量} \times 100\%$

D. $\dfrac{(通入反应器的原料量-实际获得的目的产品量)}{实际获得的目的产品量} \times 100\%$

35. BDB003　吸收效果的好坏可用(　　)来表示。

　　A. 转化率　　　　　　　B. 变换率　　　　　　　C. 吸收率　　　　　　　D. 合成率

36. BDB003　对气体吸收有利的操作条件应是(　　)。

　　A. 低温+高压　　　　　B. 高温+高压　　　　　C. 低温+低压　　　　　D. 高温+低压

37. BDB004　某一氮气压缩机的入口表压为 400kPa,出口表压为 4900kPa,当地大气压为 100kPa,该压缩机的压缩比为(　　)。

　　A. 12.5　　　　　　　　B. 12.25　　　　　　　C. 10　　　　　　　　　D. 9.8

38. BDB004　离心式压缩机的压缩比是指(　　)。

　　A. 入口绝压/出口绝压　　　　　　　　B. 入口表压/出口表压

　　C. 出口表压/入口表压　　　　　　　　D. 出口绝压/入口绝压

39. BDB004 某一氮气压缩机的入口绝压为 40MPa,该压缩机的压缩比为 2.5,出口绝压（   ）。

A. 98MPa B. 99MPa C. 100MPa D. 102MPa

40. BDB005 某一氮气压缩机的入口绝压为 40MPa,该压缩机的压缩比为 2.5,出口绝压（   ）。

A. 98MPa B. 99MPa C. 100MPa D. 102MPa

41. BDB005 在离心式压缩机排气压力的计算公式中 ε 表示（   ）。

A. 余隙系数 B. 容积系数

C. 绝热压缩指数 D. 离心式压缩机的排气压力

42. BDB005 在离心式压缩机排气压力的计算公式中 λ_0 表示（   ）。

A. 余隙系数 B. 容积系数

C. 绝热压缩指数 D. 离心式压缩机的排气压力

43. BDB006 pH=4 和 pH=5 的两种溶液,其氢离子浓度之比为（   ）。

A. 1:1 B. 1:10 C. 100:1 D. 10:1

44. BDB006 脱碳系统原始开车时需要配制 220t 脱碳液,其中化学助剂 PIP 含量为 3%,求所需化学助剂 PIP 的注入量（   ）。

A. 5t B. 6.6t C. 7t D. 3t

45. BDB006 脱碳系统原始开车时需要配制 220t 脱碳液,其中化学助剂 PIP 含量为（   ）,求所需化学助剂 PIP 的注入量 6.6t。

A. 3% B. 6% C. 8% D. 10%

46. BDB007 变换率计算公式中,指（   ）。

A. 变换前原料气中一氧化碳的体积百分数
B. 变换前原料气中二氧化碳的体积百分数
C. 变换后原料气中二氧化碳的体积百分数
D. 变换后原料气中一氧化碳的体积百分数

47. BDB007 变换率计算公式 $X=\dfrac{R_1-R_2}{R_1(1+R_2)}\times100\%$ 中,R_1 指（   ）。

A. 变换前原料气中一氧化碳的体积百分数
B. 变换前原料气中二氧化碳的体积百分数
C. 变换后原料气中二氧化碳的体积百分数
D. 变换后原料气中一氧化碳的体积百分数

48. BDB007 变换率计算公式 $X=\dfrac{R_1-R_2}{R_1(1+R_2)}\times100\%$ 中,R_2 指（   ）。

A. 变换前原料气中二氧化碳的体积百分数
B. 变换前原料气中一氧化碳的体积百分数
C. 变换后原料气中二氧化碳的体积百分数
D. 变换后原料气中一氧化碳的体积百分数

49. BDB008 某一甲醇贮罐的内径为 10m,常温下甲醇的密度为 $791kg/m^3$,向甲醇贮罐冲入甲醇 100t,贮罐的液位上涨(　　)。

A. 1.00m　　　　　　B. 1.51m　　　　　　C. 1.61m　　　　　　D. 1.71m

50. BDB008 单位体积流体所具有的(　　)称为流体的密度。

A. 质量　　　　　　B. 重量　　　　　　C. 体积　　　　　　D. 压强

51. BDB008 流体的密度和比容之间成(　　)关系。

A. 正比　　　　　　B. 反比　　　　　　C. 倒数　　　　　　D. 倍数

52. BDB009 某气体流经内径为 300mm 的管线,其体积流量为 $1876m^3/h$,则气体在管内的流速为(　　)。

A. 1.844m/s　　　　B. 3.688m/s　　　　C. 11.064m/s　　　　D. 7.376m/s

53. BDB009 管线的内径为 100mm,管内的物料流速为 1.5m/s,其流量为(　　)。

A. 32.64m^3/h　　B. 42.39m^3/h　　C. 133.10m^3/h　　D. 169.56m^3/h

54. BDB009 常温下水的密度是 $1000kg/m^3$,某一洗涤塔采用常温水洗涤,洗涤水的体积流量是 $100m^3/h$,其质量流量是(　　)。

A. 100000kg/h　　　B. 98kg/h　　　　　C. 100kg/h　　　　　D. 1000kg/h

55. BAA001 甲醇洗脱硫是在(　　)条件下进行的。

A. 高温、低压　　　B. 低温、高压　　　C. 低温、低压　　　D. 高温、高压

56. BAA001 下列物质中,最容易被低温甲醇吸收的是(　　)。

A. 二氧化碳　　　　B. 一氧化碳　　　　C. 硫化氢　　　　　D. 氢气

57. BAA001 低温甲醇洗脱硫工艺要求脱硫后原料气中硫含量小于(　　)。

A. 20ppm　　　　　B. 10ppm　　　　　C. 1ppm　　　　　　D. 5ppm

58. BAA002 低温甲醇洗脱硫单元主要是脱出工艺原料气中的(　　)。

A. 二氧化碳　　　　B. 一氧化碳　　　　C. 硫化物　　　　　D. 氢气

59. BAA002 低温甲醇洗脱碳是利用二氧化碳在低温甲醇中溶解度(　　)的特性。

A. 很大　　　　　　B. 微溶　　　　　　C. 不溶　　　　　　D. 无法判断

60. BAA002 脱碳单元的目的是脱除工艺气中的(　　)。

A. 二氧化碳　　　　B. 一氧化碳　　　　C. 硫化氢　　　　　D. 氢气

61. BAA003 气化炉开车引入天然气前必须对天然气管线进行(　　)置换。

A. 空气　　　　　　B. 氧气　　　　　　C. 天然气　　　　　D. 氮气

62. BAA003 气化炉开车引入天然气前对天然气管线的置换是通过(　　)进行的。

A. 操作人员采用手动控制　　　　　　B. 开车程序自动控制

C. 不需要置换　　　　　　　　　　　D. 都可以

63. BAA003 进入气化炉烧嘴的三物料在(　　)完成混合。

A. 物料管线内　　　B. 进入烧嘴前　　　C. 烧嘴内部　　　　D. 流出烧嘴后

64. BAA004 对于液化气储罐,下列说法不正确的是(　　)。

A. 初次引入液化气前储罐必须进行氮气置换

B. 液化气储罐必须设置安全附件

C. 引入液化气前应投用液化气蒸发器

D. 放空的液化气必须送入火炬燃烧

65. BAA004 投用液化气蒸发器的目的( )。
　　A. 提高液化气温度　　　　　　　B. 除掉液化气中的水分
　　C. 对液化气进行分离提纯　　　　D. 储存液化气

66. BAA004 液化气储罐内的压力制约因素是( )。
　　A. 储罐体积　　　　　　　　　　B. 罐内温度
　　C. 液化气蒸发器的体积　　　　　D. 储罐液位

67. BAA005 甲醇洗单元引甲醇前,系统应用( )置换合格。
　　A. 氮气　　　　　B. 空气　　　　　C. 氨气　　　　　D. 甲醇蒸汽

68. BAA005 对于低温甲醇洗工艺,描述不正确的是( )。
　　A. 低温甲醇洗工艺具有良好的选择性　　B. 低温甲醇洗工艺气体的净化度高
　　C. 低温甲醇洗工艺中一氧化碳无损失　　D. 低温甲醇洗工艺中氢气损失较少

69. BAA005 甲醇洗单元引入的新鲜甲醇中水含量要求小于( )(质量分数)。
　　A. 4.0%　　　　　B. 3.0%　　　　　C. 2.0%　　　　　D. 1.0%

70. BAA006 氨冷冻系统氨气置换时通常是通过( )放空的。
　　A. 氨冷器的安全阀旁路　　　　　B. 临时短管
　　C. 导淋　　　　　　　　　　　　D. 低点导淋

71. BAA006 氨冷冻系统检修完毕氮气置换合格后还要进行( )置换。
　　A. 氢气　　　　　B. 合成气　　　　　C. 氨　　　　　D. 氩气

72. BAA006 氨冷冻系统开车引入的氨是( )。
　　A. -33.3℃的液氨　　　　　　　B. 罐区加压送来的常温液氨
　　C. 气氨　　　　　　　　　　　　D. 合成气和氨气的混合物

73. BAA007 蒸汽管线暖管时要( )。
　　A. 先升温,后升压　　B. 关暖管放空　　C. 先升压,后升温　　D. 开盘车

74. BAA007 蒸汽管网建立过程中要对导淋进行排放,防止( )发生。
　　A. 锈蚀　　　　　B. 水击　　　　　C. 中毒　　　　　D. 窒息

75. BAA007 建立蒸汽管网应当遵循的原则是( )。
　　A. 分段接收逐步提压　　　　　　B. 全线接收逐步提压
　　C. 全线接收快速提压　　　　　　D. 无要求

76. BAA008 开工加热炉正式点火开车前应先将( )点燃。
　　A. 长明灯　　　　　B. 原料气　　　　　C. 天然气　　　　　D. 放空废气

77. BAA008 合成开工加热炉点火前炉膛需用( )置换合格。
　　A. 空气　　　　　B. 蒸汽　　　　　C. 氮气　　　　　D. 氧气

78. BAA008 合成塔开车期间开工加热炉管内的介质是( )。
　　A. 液化气　　　　　B. 合成气　　　　　C. 放空废气　　　　　D. 氮气

79. BAA009 建立蒸汽管网应当遵循的原则是( )。
　　A. 分段接收逐步提压　　　　　　B. 全线接收逐步提压
　　C. 全线接收快速提压　　　　　　D. 无要求

80. BAA009 蒸汽管网向下一级管网减压送汽后,温度的调整是通过( )。

    A. 减温水降温　　　　B. 换热器降温　　　　C. 自然降温　　　　D. 不需要调整温度

81. BAA009 伴热蒸汽暖管中总管线和各分支管线的建立顺序是( )。

    A. 同时建立　　　　　　　　　　　　B. 先各分支管线后总管

    C. 无顺序　　　　　　　　　　　　　D. 先总管后各分支管线

82. BAA010 气化炉升温负压器的作用是( )。

    A. 向气化炉补充升温燃料　　　　　　B. 通过抽负压带走气化炉内的热量

    C. 向气化炉送入置换氮气　　　　　　D. 使气化炉产生负压

83. BAA010 利用负压器的系统负压不足的处理方法有( )。

    A. 打开系统放空阀　　　　　　　　　B. 关闭负压器喷射口

    C. 减少负压器的喷射气量　　　　　　D. 检查管线是否堵塞

84. BAA010 利用负压器的系统负压不足的处理方法有( )。

    A. 打开系统放空阀　　　　　　　　　B. 检查负压器喷射口是否堵塞

    C. 减少负压器的喷射气量　　　　　　D. 关闭负压器喷射口

85. BAA011 烧嘴冷却水采用的是( )。

    A. 脱盐水　　　　　　B. 循环水　　　　　　C. 新鲜水　　　　　　D. 过滤水

86. BAA011 在正常运行情况下,不属于进入气化炉烧嘴的三物料的是( )。

    A. 天然气　　　　　　B. 氮气　　　　　　　C. 蒸汽　　　　　　　D. 氧气

87. BAA011 下列关于气化炉烧嘴的说法不正确的是( )。

    A. 喷嘴采用同心圆结构　　　　　　　B. 喷嘴采用盘管式水冷却系统

    C. 物料在烧嘴内部混合　　　　　　　D. 物料在烧嘴外混合

88. BAA012 为了防止原料气中的水分在冷却器中结冰堵塞换热器,甲醇洗通常采用喷淋甲醇的方法,其原理是利用了( )的特性。

    A. 甲醇和水的混合物凝固点降低　　　B. 甲醇和水的混合物凝固点升高

    C. 甲醇和水的混合物沸点降低　　　　D. 甲醇和水的混合物沸点升高

89. BAA012 为了防止原料气中的水分在冷却器中结冰堵塞换热器,甲醇洗通常采用( )方法。

    A. 提高原料气温度　　　　　　　　　B. 提高换热器温度

    C. 喷淋甲醇　　　　　　　　　　　　D. 加入氨水

90. BAA012 在原料气换热器中喷淋甲醇的目的是( )。

    A. 降低甲醇中水含量　　　　　　　　B. 提高原料气中水的凝固点

    C. 降低原料气中水的冰点　　　　　　D. 排除甲醇中的水

91. BAA013 气化单元工艺气中的炭黑是利用( )方法脱除的。

    A. 水洗　　　　　　　B. 甲醇洗　　　　　　C. 液氮洗　　　　　　D. 炭黑回收

92. BAA013 常温下水的密度是 $1000kg/m^3$,某一洗涤塔采用常温水洗涤,洗涤水的体积流量是 $100m^3/h$,其质量流量是( )。

    A. 100000kg/h　　　　B. 98kg/h　　　　　　C. 100kg/h　　　　　　D. 1000kg/h

93. BAA013 碳黑洗涤塔出口工艺原料气温度升高可采取的处理措施有( )。
    A. 减少洗涤塔洗涤水量   B. 增加洗涤塔洗涤水量
    C. 减少激冷管激冷水量   D. 减少激冷管激冷水量

94. BAA014 润滑油过滤器切换时( )。
    A. 停油泵   B. 不停油泵   C. 停压缩机   D. 停油冷器

95. BAA014 润滑油过滤器从 A 切换到 B 的过程中,B 过滤器要( )。
    A. 开排气阀   B. 停油泵   C. 关连通阀   D. 停压缩机

96. BAA014 润滑油过滤器其目数为 500,下面表达正确的是( )。
    A. 每平方毫米 500 孔   B. 每平方厘米 500 孔
    C. 每平方分米 500 孔   D. 每平方英寸 500 孔

97. BAA015 气化炉升温期间蒸汽吸引器的投用应该在( )。
    A. 气化炉点火前   B. 气化炉点火后
    C. 不需要投用   D. 看情况投用

98. BAA015 德士古气化炉投料前炉膛温度要在( )以上。
    A. 800℃   B. 850℃   C. 950℃   D. 1000℃

99. BAA015 热电偶温度计与电阻式温度计相比可测( )温度。
    A. 较高   B. 较低   C. 相同   D. 不可比

100. BAA016 出德士古气化炉燃烧室的原料气中的大部分碳黑是在( )中被除去的。
    A. 激冷室   B. 碳黑洗涤塔下塔
    C. 碳黑洗涤塔上塔   D. 文丘里

101. BAA016 谢尔气化炉产生的碳黑绝大部分是在( )中除去的。
    A. 气化废锅   B. 气化炉   C. 激冷管   D. 洗涤塔

102. BAA016 渣油气化过程产生的碳黑,其表面积随蒸汽/油比的增加而( )。
    A. 降低   B. 不变   C. 升高   D. 不能确定

103. BAA017 在文丘里喉管处,喷射介质的流速增加,压力( )。
    A. 升高   B. 下降   C. 不变   D. 不确定

104. BAA017 文丘里喉管的直径比与其相连的管线的直径( )。
    A. 大   B. 小   C. 相等   D. 不确定

105. BAA017 在文丘里喉管处,喷射介质的流速( )。
    A. 升高   B. 下降   C. 不变   D. 不确定

106. BAB001 通常情况下水冷却器中循环水是从( )。
    A. 低进高出   B. 高进低出   C. 高进高出   D. 低进低出

107. BAB001 投用水冷却器时应当对换热器进行( )。
    A. 排水   B. 排气   C. 排空   D. 无要求

108. BAB001 建立甲醇循环后要尽快投用( ),防止( )温度上升,甲醇蒸发消耗增加。
    A. 氨冷器、甲醇循环   B. 水冷器、甲醇循环
    C. 氨冷器、二氧化碳   D. 水冷器、二氧化碳

109. BAB002　开工加热炉炉膛负压是指(　　)。
　　A. 炉膛压力高于大气压力　　　　　　　B. 炉膛压力低于大气压力
　　C. 炉膛压力高于燃料气压力　　　　　　D. 炉膛压力低于燃料气压力

110. BAB002　烟道挡板未开会导致开工加热炉炉膛压力(　　)。
　　A. 变为正压　　　　　B. 不变　　　　　C. 下降　　　　　D. 不能确定

111. BAB002　在加热炉负压上升明显时应当(　　)吹灰操作。
　　A. 加强　　　　　　　B. 减弱　　　　　C. 取消　　　　　D. 无法判断

112. BAB003　下列导致液化气带液的原因中不正确的是(　　)。
　　A. 液化气蒸发器液位过高　　　　　　　B. 液化气含水过高
　　C. 液化气系统伴热蒸汽未投用　　　　　D. 液化气蒸发器液位过低

113. BAB003　导致液化气带液的原因正确的是(　　)。
　　A. 液化气蒸发器液位过低　　　　　　　B. 液化气含水过低
　　C. 液化气系统伴热蒸汽未投用　　　　　D. 液化气蒸发器液位过低

114. BAB003　液化气燃烧的三个基本条件是(　　)。
　　A. 液化气,空气和火源　　　　　　　　　B. 液化气,氮气和火源
　　C. 液化气,空气和氮气　　　　　　　　　D. 液化气,天然气和火源

115. BAB004　合成循环气水冷却器设置防爆板的目的是(　　)。
　　A. 保护合成塔内件　　　　　　　　　　　B. 防止合成气压缩机段间压差过高
　　C. 保护进出气换热器　　　　　　　　　　D. 保护合成气水冷却器

116. BAB004　合成循环气水冷却器设置爆破板是为了保护(　　)。
　　A. 水冷却器　　　　B. 合成塔　　　　C. 进出气换热器　　　　D. 合成气压缩机

117. BAB004　合成气水冷却器设置爆破板是为了(　　)。
　　A. 防止换热管损坏后高压合成气进入壳程损坏设备
　　B. 保护合成塔进出气换热器
　　C. 保护合成塔
　　D. 防止换热器内的水进入合成气系统

118. BAB005　通入合成塔开工加热炉点火烧嘴的介质是(　　)。
　　A. 工艺原料气　　　　B. 合成气　　　　C. 工艺废气　　　　D. 液化气

119. BAB005　通入合成塔开工加热炉点火烧嘴的介质是(　　)。
　　A. 工艺原料气　　　　B. 合成气　　　　C. 工艺废气　　　　D. 液化气

120. BAB005　不是开工加热炉投燃料气必备条件的是(　　)。
　　A. 合成气压缩机防喘阀打开　　　　　　B. 开工加热炉置换合格
　　C. 通过开工加热炉的循环气流程建立　　D. 开工加热炉长明灯点燃

121. BAB006　甲醇洗的氨冷器通常使用的是(　　)的氨。
　　A. −33.3℃　　　　B. 33.3℃　　　　C. −17.8℃　　　　D. −23.3℃

122. BAB006　合成催化剂还原期间会产生大量水,为了防止水分在氨冷器冻结需要(　　)。
　　A. 加入甲醇　　　　B. 停用氨冷器　　　　C. 使用分离器　　　　D. 加入氨

123. BAB006　为保证了氨冷器中氨的制冷效果必须保证液氨（　　　）。

　　A. 纯度　　　　　　　B. 温度　　　　　　　C. 压力　　　　　　　D. 流量

124. BAB007　甲醇洗的热再生塔再沸器使用的是（　　　）。

　　A. 超高压蒸汽　　　B. 高压蒸汽　　　　　C. 中压蒸汽　　　　　D. 低压蒸汽

125. BAB007　甲醇洗热再生塔再沸器投用时应进行（　　　）。

　　A. 排气　　　　　　　B. 排液　　　　　　　C. 排惰　　　　　　　D. 无要求

126. BAB007　甲醇水精馏塔再沸器蒸汽侧发生轻微堵塞时,蒸汽流量会（　　　）。

　　A. 增大　　　　　　　B. 减少　　　　　　　C. 不变　　　　　　　D. 没有量

127. BAB008　甲醇洗单元的循环气压缩机出口气体去向,描述错误的是（　　　）。

　　A. 压缩机启动前送火炬燃烧　　　　　　B. 压缩机启动前送烟囱放空

　　C. 压缩机启动后可以送锅炉燃烧　　　　D. 压缩机启动后可以送工艺气系统回收

128. BAB008　甲醇洗单元的循环气压缩机出口气体去向,描述错误的是（　　　）。

　　A. 压缩机启动前送火炬燃烧　　　　　　B. 压缩机启动前送烟囱放空

　　C. 压缩机启动后可以送锅炉燃烧　　　　D. 压缩机启动后可以送工艺气系统回收

129. BAB008　甲醇洗单元的循环气压缩机启动前的注意事项是（　　　）。

　　A. 用工艺气对压缩机缸体进行冷却

　　B. 压缩机启动前不需要冷却

　　C. 压缩机启动前不需要盘车

　　D. 压缩机启动后可全部关闭压缩机入口防空阀

130. BAB009　备用的冷甲醇泵启动前应将入口阀和出口旁路打开使其温度和（　　　）温度
　　　　　　　接近后方可启动。

　　A. 环境　　　　　　　B. 设备　　　　　　　C. 输送介质　　　　　D. 大气

131. BAB009　冷甲醇泵备用时,须将入口阀和（　　　）打开。

　　A. 入口旁路　　　　　B. 泵体导淋　　　　　C. 出口阀　　　　　　D. 出口旁路阀

132. BAB009　冷甲醇泵备用时,须将出口旁路阀和（　　　）打开。

　　A. 入口旁路　　　　　B. 泵体导淋　　　　　C. 出口阀　　　　　　D. 入口阀

133. BAB010　变换热水泵开车前需要预热是为了防止（　　　）导致设备损坏。

　　A. 盘车不好　　　　　B. 温差过大　　　　　C. 润滑不好　　　　　D. 密封泄漏

134. BAB010　变换热水泵开车前需要将泵预热至与（　　　）温度接近。

　　A. 塔底热水　　　　　　　　　　　　　B. 高压蒸汽

　　C. 比环境温度高 50℃　　　　　　　　D. 无需加热

135. BAB010　变换热水泵内热水温度尚未降低,此时对变换系统降压会造成热水泵（　　　）。

　　A. 汽蚀　　　　　　　B. 气缚　　　　　　　C. 过负荷　　　　　　D. 过电流

136. BAB011　对火炬内通入保安氮置换是（　　　）。

　　A. 连续通入的　　　　　　　　　　　　B. 系统停车后通入的

　　C. 定期通入的　　　　　　　　　　　　D. 火炬内有可燃气体后通入的

137. BAB011　火炬置换采用的置换介质是（　　　）。

　　A. 氮气　　　　　　　B. 空气　　　　　　　C. 蒸汽　　　　　　　D. 工艺原料气

138. BAB011　火炬设置保安氮的作用是(　　　)。

    A. 对火炬内杂质进行吹扫　　　　　　　　B. 对火炬进行氮气置换

    C. 给火炬保压　　　　　　　　　　　　　D. 防止火炬进入可燃气体

139. BAB012　脱碳中压闪蒸气中的主要成分是(　　　)。

    A. 二氧化碳、氮气　　　　　　　　　　　B. 二氧化碳、一氧化碳

    C. 甲醇、氮气　　　　　　　　　　　　　D. 一氧化碳、氢气

140. BAB012　脱碳甲醇再生时采用分段闪蒸最后气提的方法,并将闪蒸出来的高纯度 (　　　)回收利用。

    A. 甲醇　　　　　　　　　　　　　　　　B. 一氧化碳

    C. 二氧化碳　　　　　　　　　　　　　　D. 二氧化碳和一氧化碳

141. BAB012　在一步法脱硫脱碳过程中吸收硫化氢时所放出的溶解热会被甲醇中(　　　) 热所补偿,所以脱硫段的温度不升高。

    A. 二氧化碳解吸　　　　　　　　　　　　B. 一氧化碳解吸

    C. 一氧化碳吸收　　　　　　　　　　　　D. 二氧化碳吸收

142. BAB013　氨冷器中的氨含水量过高会导致氨冷器换热能力(　　　)。

    A. 不变化　　　　　　B. 上升　　　　　　C. 下降　　　　　　D. 无法判断

143. BAB013　当甲醇循环量一定的情况下,氨冷器中的氨含水量过高会导致氨冷器出口甲 醇温度(　　　)。

    A. 上升　　　　　　　B. 下降　　　　　　C. 无变化　　　　　D. 无法判断

144. BAB013　为保证了氨冷器中氨的制冷效果必须保证液氨(　　　)。

    A. 纯度　　　　　　　B. 温度　　　　　　C. 压力　　　　　　D. 流量

145. BAB014　为了降低装置消耗,一般含有一氧化碳的液氮最后去向是(　　　)。

    A. 复热后放空去火炬　　　　　　　　　　B. 不复热直接去火炬

    C. 复热后去合成单元　　　　　　　　　　D. 复热后去变换单元

146. BAB014　液氮洗涤一氧化碳是(　　　)过程。

    A. 化学　　　　　　　B. 物理　　　　　　C. 吸收　　　　　　D. 吸附

147. BAB014　液氮洗为了完全清除原料气中的一氧化碳,需将原料气温度降到(　　　) 以下。

    A. -170℃　　　　　　B. -180℃　　　　　C. -185℃　　　　　D. -190℃

148. BAB015　导致烧嘴冷却水回水温度升高的几个原因中,不正确的一个是(　　　)。

    A. 烧嘴冷却水量偏低　　　　　　　　　　B. 气化炉反应温度升高

    C. 烧嘴损坏　　　　　　　　　　　　　　D. 烧嘴冷却水量偏高

149. BAB015　烧嘴冷却水回水采取的降温措施是(　　　)。

    A. 预热工艺原料气　　　　　　　　　　　B. 利用循环水降温

    C. 自然冷却　　　　　　　　　　　　　　D. 脱盐水置换

150. BAB015　下列关于气化炉烧嘴的说法不正确的是(　　　)。

    A. 喷嘴采用同心圆结构　　　　　　　　　B. 喷嘴采用盘管式水冷却系统

    C. 物料在烧嘴内部混合　　　　　　　　　D. 物料在烧嘴外混合

151. BAB016　气化炉升温负压器的作用是(　　)。
　　A. 向气化炉补充升温燃料　　　　　　B. 通过抽负压带走气化炉内的热量
　　C. 向气化炉送入置换氮气　　　　　　D. 使气化炉产生负压

152. BAB016　利用负压器的系统负压不足的处理方法错误的是(　　)。
　　A. 打开系统放空阀　　　　　　　　　B. 检查负压器喷射口是否堵塞
　　C. 调整负压器的喷射气量　　　　　　D. 检查管线是否堵塞

153. BAB016　利用负压器的系统负压不足的处理方法正确的是(　　)。
　　A. 打开系统放空阀　　　　　　　　　B. 检查负压器喷射口是否堵塞
　　C. 减小负压器的喷射气量　　　　　　D. 检查管线是否断裂

154. BAB017　在精馏塔内,从塔顶获得(　　)。
　　A. 较纯净的难挥发组分　　　　　　　B. 较纯净的易挥发组分
　　C. 100%纯度的难挥发组分　　　　　　D. 100%纯度的易挥发组分

155. BAB017　甲醇水精馏塔是利用甲醇和水的(　　)不同达到分离效果的。
　　A. 密度　　　　　B. 熔点　　　　　C. 化学性质　　　　　D. 沸点

156. BAB017　甲醇水精馏塔塔顶馏分的主要成分为(　　)。
　　A. 水　　　　　B. 甲醇水混合液　　　　　C. 甲醇　　　　　D. 无法判断

157. BAB018　同样的条件下,甲醇的沸点(　　)水的沸点。
　　A. 大于　　　　　B. 小于　　　　　C. 等于　　　　　D. 不确定

158. BAB018　大修后开车甲醇洗单元导入原料气前,甲醇循环降温的冷量来自(　　)。
　　A. 低温液氨　　　　　B. 循环水　　　　　C. 甲醇再生　　　　　D. 补充低温甲醇

159. BAB018　大修后开车时甲醇洗降温速度应(　　)。
　　A. 小于20℃/h　　　　　B. 大于20℃/h　　　　　C. 大于40℃/h　　　　　D. 小于40℃/h

160. BAB019　不是开工加热炉投燃料气必备条件的是(　　)。
　　A. 合成气压缩机防喘阀打开　　　　　B. 开工加热炉置换合格
　　C. 通过开工加热炉的循环气流程建立　　D. 开工加热炉长明灯点燃

161. BAB019　造成开工加热炉负压波动的原因有(　　)。
　　A. 燃料气压力波动　　　　　　　　　B. 燃料气燃烧较好
　　C. 烟道不通畅　　　　　　　　　　　D. 盘管内工艺气流量波动

162. BAB019　合成使用开工加热炉升温时,开工加热炉工艺气出口温度和合成塔工艺气出口温度差应小于(　　)。
　　A. 190℃　　　　　B. 200℃　　　　　C. 210℃　　　　　D. 220℃

163. BAB020　将冷冻系统的不凝气排出,可有效地(　　)氨冰机压缩功。
　　A. 提高　　　　　B. 不改变　　　　　C. 降低　　　　　D. 无法判断

164. BAB020　氨冷冻系统开车引入的氨是(　　)。
　　A. -33.3℃的液氨　　　　　　　　　B. 罐区加压送来的常温液氨
　　C. 气氨　　　　　　　　　　　　　　D. 合成气和氨气的混合物

165. BAB020　氨分离器液位过低会造成（　　）。

　　A. 冷冻系统停车　　　　　　　　　　B. 合成气压缩机带液

　　C. 高压窜低压　　　　　　　　　　　D. 无影响

166. BAB021　以下不是液氮洗涤装置提供冷量的主要方法是（　　）。

　　A. 利用焦耳-汤姆逊效应　　　　　　B. 利用冰机制冷

　　C. 利用等熵膨胀　　　　　　　　　　D. 空分装置直接送入液氮

167. BAB021　除去空分液氮带来的冷量,液氮洗单元的冷量主要来自（　　）。

　　A. 膨胀机等熵膨胀制冷　　　　　　　B. 配氮扩散制冷

　　C. 液氨蒸发制冷　　　　　　　　　　D. 工艺原料气

168. BAB021　采用液氮洗装置的合成系统,通常（　　）量很少,甚至没有。

　　A. 排惰　　　　　B. 排氢　　　　　C. 排氮　　　　　D. 排塔

169. BAB022　气体(或液体)通过时,吸附剂层（　　）全部同时进行吸附。

　　A. 是　　　　　B. 不一定是　　　　C. 不是　　　　D. 与压力有关

170. BAB022　氮洗分子筛的再生气源是（　　）。

　　A. 空气　　　　　B. 低压氮气　　　　C. 空分污氮　　　　D. 高压氮气

171. BAB022　氮洗分子筛解吸是（　　）过程。

　　A. 化学　　　　　B. 放热　　　　　C. 吸热　　　　　D. 不确定

172. BAB023　不属于影响甲烷部分氧化反应因素的是（　　）。

　　A. 温度　　　　　　　　　　　　　　B. 压力

　　C. 氧气/天然气比　　　　　　　　　　D. 废热锅炉上水流量

173. BAB023　常温下水的密度是 $1000kg/m^3$,某一洗涤塔采用常温水洗涤,洗涤水的体积
　　　　　　　流量是 $100m^3/h$,其质量流量是（　　）。

　　A. 100000kg/h　　　B. 98kg/h　　　C. 100kg/h　　　D. 1000kg/h

174. BAB023　碳黑洗涤塔洗涤水采用的是（　　）。

　　A. 循环水　　　　　　　　　　　　　B. 脱盐水

　　C. 过虑水　　　　　　　　　　　　　D. 废水处理单元送来的返回水

175. BAB024　气化废热锅炉所产的蒸汽压力是（　　）。

　　A. 10. 0MPa　　　B. 7. 0MPa　　　C. 3. 8MPa　　　D. 0. 98MPa

176. BAB024　气化废热锅炉设置的低液位联锁的作用是（　　）。

　　A. 切断废热锅炉上水　　　　　　　　B. 停送废热锅炉产汽

　　C. 增加废热锅炉上水　　　　　　　　D. 促动系统停车

177. BAB024　气化废热锅炉盘管的泄漏会导致废锅液位（　　）。

　　A. 升高　　　　　　　　　　　　　　B. 不变化

　　C. 降低　　　　　　　　　　　　　　D. 以上答案均有可能

178. BAB025　气化单元送出的工艺原料气的主要成分是（　　）。

　　A. 一氧化碳和二氧化碳　　　　　　　B. 一氧化碳和氢气

　　C. 二氧化碳和氢气　　　　　　　　　D. 一氧化碳和甲烷

179. BAB025　对气化单元的有效气有影响的因素是(　　)。
　　A. 废锅产汽量　　　　　　　　　　　B. 废锅上水量
　　C. 进气化炉的蒸汽量　　　　　　　　D. 激冷水量

180. BAB025　对气化单元操作优化的步骤是(　　)。
　　A. 控制废热锅炉的排污　　　　　　　B. 控制废热锅炉的产汽
　　C. 控制气化炉的压力　　　　　　　　D. 降低冷却水的温度

181. BAB026　柱塞泵启动前要求(　　)。
　　A. 出、入口阀均关闭　　　　　　　　B. 出、入口阀均打开
　　C. 入口阀开,出口阀关　　　　　　　D. 入口阀关,出口阀开

182. BAB026　需要在泵出口管线上安装安全阀的是(　　)。
　　A. 离心泵　　　　B. 柱塞泵　　　　C. 真空泵　　　　D. 不需要

183. BAB026　下列机泵中不属于容积式泵的是(　　)。
　　A. 柱塞泵　　　　B. 齿轮泵　　　　C. 往复式活塞泵　　　D. 离心泵

184. BAB027　德士古烧嘴的中心管道通(　　),中心管道与外管之间通(　　)。
　　A. 渣油、蒸汽　　B. 渣油、氧气　　C. 氧气、渣油　　D. 蒸汽、渣油

185. BAB027　氧气管线设置多道切断和放空的目的是(　　)。
　　A. 便于系统操作　　　　　　　　　　B. 控制氧气流量
　　C. 防止氧气泄漏进入气化炉　　　　　D. 控制氧气压力

186. BAB027　气化炉第一次投料不成功必须经(　　)置换合格后,方可进行第二次投料操作。
　　A. 空气　　　　　B. 蒸汽　　　　　C. 氧气　　　　　D. 氮气

187. BAB028　气化炉升压速率应控制在(　　)。
　　A. 0.01MPa/min　　B. 0.05MPa/min　　C. 0.1MPa/min　　D. 0.5MPa/min

188. BAB028　气化炉投料后在压力升至3.5MPa之前碳黑水的去向是(　　)。
　　A. 碳黑洗涤塔　　B. 碳黑水槽　　　C. 就地排放　　　D. 碳黑水处理系统

189. BAB028　气化炉投料后压力升至(　　)后,工艺气可切换至洗涤塔后放空。
　　A. 1.0MPa　　　　B. 2.0MPa　　　　C. 3.5MPa　　　　D. 4.0MPa

190. BAB029　气化炉升压速率应控制在(　　)。
　　A. 0.01MPa/min　　　　　　　　　　B. 0.05MPa/min
　　C. 0.1MPa/min　　　　　　　　　　　D. 0.5MPa/min

191. BAB029　气化炉投料后工艺气切塔后放空在放空阀开度不变的情况下,系统压力(　　)。
　　A. 上升　　　　　B. 下降　　　　　C. 不变　　　　　D. 不一定

192. BAB029　气化炉第一次投料不成功必须经(　　)置换合格后,方可进行第二次投料操作。
　　A. 空气　　　　　B. 蒸汽　　　　　C. 氧气　　　　　D. 氮气

193. BAB030　气化炉投料后在压力升至3.5MPa之前碳黑水的去向是(　　)。
　　A. 碳黑洗涤塔　　B. 碳黑水槽　　　C. 就地排放　　　D. 碳黑水处理系统

194. BAB030　出气化炉碳黑水中的碳黑浓度高可能是因为分析错误的是(　　)。
A. 激冷水量不足　　　　　　　　　B. 氧/油比偏高
C. 气化反应不佳,碳黑生成量高　　　D. 气化炉负荷偏高

195. BAB030　通常情况下,出气化炉的碳黑水呈(　　)。
A. 碱性　　　　　B. 中性　　　　　C. 酸性　　　　　D. 以上均有可能

196. BAB031　气化炉投料后压力升至(　　)后,工艺气可切换至洗涤塔后放空。
A. 1.0MPa　　　　B. 2.0MPa　　　　C. 3.5MPa　　　　D. 4.0MPa

197. BAB031　气化炉投料后工艺气切塔后放空在放空阀开度不变的情况下,系统压力(　　)。
A. 上升　　　　　B. 下降　　　　　C. 不变　　　　　D. 不一定

198. BAB031　气化炉投料后工艺气切塔后放空在放空阀开度不变的情况下,系统压力(　　)。
A. 上升　　　　　B. 下降　　　　　C. 不变　　　　　D. 不一定

199. BAB032　气化炉与洗涤塔建立水联运时在气化炉投料(　　)进行的。
A. 前　　　　　　B. 同时　　　　　C. 后　　　　　　D. 任意时候

200. BAB032　气化炉与洗涤塔建立水连运时所用的水是(　　)。
A. 锅炉水　　　　B. 消防水　　　　C. 循环水　　　　D. 纯水

201. BAB032　气化炉投料后在压力升至3.5MPa之前碳黑水的去向是(　　)。
A. 碳黑洗涤塔　　B. 碳黑水槽　　　C. 就地排放　　　D. 碳黑水处理系统

202. BAC001　不属于影响甲烷部分氧化反应因素的是(　　)。
A. 温度　　　　　　　　　　　　　　B. 压力
C. 氧气/天然气比　　　　　　　　　D. 废热锅炉上水流量

203. BAC001　甲烷转化反应是(　　)反应。
A. 不可逆、放热　B. 可逆、吸热　　C. 可逆、放热　　D. 不可逆、吸热

204. BAC001　甲烷部分氧化反应的特点是(　　)。
A. 放热、体积缩小　　　　　　　　　B. 放热、体积增大
C. 吸热、体积缩小　　　　　　　　　D. 吸热、体积增大

205. BAC002　碳黑亲水性(　　)亲油性。
A. 大于　　　　　B. 等于　　　　　C. 小于　　　　　D. 无法判断

206. BAC002　工艺气中的碳黑对合成氨生产过程(　　)。
A. 有影响　　　　B. 无影响　　　　C. 不一定　　　　D. 无法判断

207. BAC002　对于碳黑对工艺系统的影响,描述错误的是(　　)。
A. 碳黑进入变换炉将影响催化剂的活性
B. 碳黑进入甲醇洗单元会污染甲醇溶液
C. 碳黑积聚会引起系统阻力增加
D. 碳黑的生成对系统的消耗没有影响

208. BAC003　气化炉减负荷时的减量顺序(　　)。
A. 油/氧/蒸汽　　B. 氧/油/蒸汽　　C. 蒸汽/油/氧　　D. 顺序没有关系

209. BAC003　气化炉加负荷时加量的顺序是(　　　)。

　　A. 油/氧/蒸汽　　　　B. 氧/油/蒸汽　　　　C. 蒸汽/油/氧　　　　D. 顺序没有关系

210. BAC003　出气化炉工艺原料气中甲烷含量是气化炉内(　　　)的函数。

　　A. 温度　　　　　　　B. 压力　　　　　　　C. 反应物浓度　　　　D. 气体流量

211. BAC004　适当提高水/气比变换反应速度将(　　　)。

　　A. 提高　　　　　　　　　　　　　　B. 变慢

　　C. 不变　　　　　　　　　　　　　　D. 向逆反应方向进行

212. BAC004　变换反应的特点是(　　　)。

　　A. 放热、体积缩小　　　　　　　　　B. 放热、体积增大

　　C. 放热、体积不变　　　　　　　　　D. 吸热、体积不变

213. BAC004　不能用作铁系变换反应催化剂还原的气体是(　　　)。

　　A. CO　　　　　　　B. H_2　　　　　　　C. O_2　　　　　　　D. 其他三项都不是

214. BAC005　低温甲醇洗工艺利用了低温甲醇对工艺原料气中各气体成分选择性吸收的特点,选择性吸收是指(　　　)。

　　A. 各气体成分的沸点不同　　　　　B. 各气体成分在甲醇中的溶解度不同

　　C. 各气体成分在工艺气中的含量不同　　D. 各气体成分的分子量不同

215. BAC005　随着甲醇温度的降低,二氧化碳在甲醇中的溶解度(　　　)。

　　A. 增大　　　　　　　B. 减小　　　　　　　C. 无影响　　　　　　D. 不能确定

216. BAC005　甲醇洗正常生产时甲醇的冷量主要来自(　　　)。

　　A. 氨冷器　　　　　　B. 循环水　　　　　　C. 氮洗来合成气　　　D. 二氧化碳闪蒸

217. BAC006　液氮洗涤装置的操作压力一般为(　　　)。

　　A. 大于10MPa　　　　B. 小于1MPa　　　　C. 2.1~8.5MPa　　　　D. 5MPa

218. BAC006　吸附分离过程是根据吸附剂对被分离物系的(　　　)来实现分离的。

　　A. 吸附容量　　　　　B. 吸附传质速度　　　C. 吸附热　　　　　　D. 吸附选择性

219. BAC006　液氮洗涤最终净化流程中液氮的实际用量必须(　　　)理论液氮用量。

　　A. 大于　　　　　　　B. 小于　　　　　　　C. 等于　　　　　　　D. 不确定

220. BAC007　合成塔设计成内外两件,其中外件的作用是(　　　)。

　　A. 承受高压和高温　　B. 只承受高温　　　　C. 防止腐蚀　　　　　D. 只承受高压

221. BAC007　氨合成反应的平衡温距与催化剂活性有关,催化剂活性越高,平衡温距越(　　　)。

　　A. 大　　　　　　　　B. 小　　　　　　　　C. 不变　　　　　　　D. 不能确定

222. BAC007　提高合成塔的空速,下列说法中错误的是(　　　)。

　　A. 出口温度上升　　　B. 出口温度下降　　　C. 出口氨含量下降　　D. 氨净值下降

223. BAC008　液氨的比重和热容与温度的关系为温度升高(　　　)。

　　A. 比重和热容都增加　　　　　　　　B. 比重减小,热容增加

　　C. 比重与热容都减小　　　　　　　　D. 比重增加,热容减小

224. BAC008　气氨压力越低,则其冷凝温度(　　　)。

　　A. 越低　　　　　　　B. 越高　　　　　　　C. 不变　　　　　　　D. 不能确定

225. BAC008　采用多级氨压缩制冷时,其冷冻级数主要取决于(　　　)。

    A. 设备投资　　　　　　　　　　　　B. 冷冻能力

    C. 最低氨蒸发温度　　　　　　　　　D. 系统蒸汽平衡

226. BAC009　超高压氮气的作用(　　　)。

    A. 合成气配氮　　　　　　　　　　　B. 各单元置换

    C. 气化炉停车后吹扫置换　　　　　　D. 其他三项都是

227. BAC009　超高压氮气压缩机为(　　　)。

    A. 离心式　　　　　B. 往复式　　　　　C. 螺杆式　　　　　D. 膈膜式

228. BAC009　某一氮气压缩机的入口表压为400kPa,出口表压为4900kPa,当地大气压为
          100kPa,该压缩机的压缩比为(　　　)。

    A. 12. 5　　　　　　B. 12. 25　　　　　C. 10　　　　　　　D. 9. 8

229. BAC010　对于设置"自启动"联锁输送高温介质的离心泵,备车状态错误的是(　　　)。

    A. 应该处于热备用状态　　　　　　　B. 泵出口阀应该处于打开位置

    C. 泵出口阀应该处于关闭位置　　　　D. 启动开关应该在"自动"位置

230. BAC010　在离心泵运行过程中,不可能导致离心泵汽蚀的是(　　　)。

    A. 流体温度升高　　　　　　　　　　B. 流体入口压力下降

    C. 低流量长时间运行　　　　　　　　D. 高流量运行

231. BAC010　(　　　)是检验人员的工作,也是操作人员日常巡检的内容。

    A. 外部检验　　　　B. 内部检验　　　　C. 设备探伤　　　　D. 容器试压

232. BAC011　下面对操作记录说法错误的是(　　　)。

    A. 记录真实　　　　　　　　　　　　B. 记录用仿宋体

    C. 记录按月装订成册　　　　　　　　D. 可以隔天回忆记录

233. BAC011　单页记录不允许更改超过(　　　),若需要更改第四次时应重新填写。

    A. 四次　　　　　　B. 三次　　　　　　C. 二次　　　　　　D. 一次

234. BAC011　记录不得任意涂改,如确定需要更改时应用"\\"划去原内容,在旁边填写正
          确内容并签名或加盖个人印章,并使原数据仍可辨认,不可用(　　　)。

    A. 刀刮　　　　　　B. 修改液涂改　　　C. 橡皮擦　　　　　D. 按规定填写

235. BAC012　调节阀在(　　　)情况下要改副线操作。

    A. 工艺波动时　　　　　　　　　　　B. 工艺正常时

    C. 装置开车时　　　　　　　　　　　D. 调节失灵时

236. BAC012　控制阀主线改投副线时应(　　　)。

    A. 先停主线　　　　　　　　　　　　B. 投副线和停主线同时进行

    C. 先投运副线　　　　　　　　　　　D. 先投副线,后停主线

237. BAC012　对于阀门的作用,描述错误的是(　　　)。

    A. 手动阀不能用于调节流量

    B. 阀门可以用于管内流体流量的调节

    C. 阀门可以切断和沟通流体的流动

    D. 可以通过控制阀门的开度调节流体的压力

238. BAC013　用来减少离心泵打量的方法正确的是(　　)。
　　A. 关小出口阀的开度　　　　　　　　B. 关小入口阀的开度
　　C. 提高泵的转速　　　　　　　　　　D. 开大出口阀的开度

239. BAC013　不能用于防止离心泵汽蚀的措施是(　　)。
　　A. 增大泵的吸入口直径　　　　　　　B. 提高输送介质的温度
　　C. 降低输送介质的温度　　　　　　　D. 降低泵的吸入口高度

240. BAC013　离心泵启动前关闭出口阀是为了(　　)。
　　A. 提高泵的出口压力　　　　　　　　B. 防止气蚀
　　C. 防止气缚　　　　　　　　　　　　D. 防止电动机过载而损坏

241. BAC014　气化单元激冷管的激冷水的主要作用是(　　)。
　　A. 洗涤原料气中的二氧化碳　　　　　B. 洗涤原料气中的硫化氢
　　C. 洗涤原料气中的碳黑　　　　　　　D. 不能确定

242. BAC014　气化单元激冷管的激冷水应该(　　)投用。
　　A. 在气化炉开车前　　　　　　　　　B. 在气化炉投料成功后
　　C. 随时　　　　　　　　　　　　　　D. 根据情况

243. BAC014　气化单元碳黑洗涤塔是(　　)。
　　A. 浮阀塔　　　　　B. 筛板塔　　　　　C. 填料塔　　　　　D. 精馏塔

244. BAC015　变换废锅的上水来自(　　)。
　　A. 锅炉给水泵出口　　　　　　　　　B. 锅炉给水泵入口
　　C. 脱盐水站　　　　　　　　　　　　D. 透平冷凝液泵

245. BAC015　变换废锅生产的是(　　)蒸汽。
　　A. 10.0MPa　　　　B. 7.0MPa　　　　C. 0.98MPa　　　　D. 0.44MPa

246. BAC015　变换系统负荷增加,变换废锅产汽量(　　)。
　　A. 不变　　　　　　B. 增加　　　　　　C. 减少　　　　　　D. 无法判断

247. BAC016　离心泵设置低液位保护是为了防止(　　)。
　　A. 泵汽蚀　　　　　B. 泵气缚　　　　　C. 泵抽空　　　　　D. 泵过载

248. BAC016　离心泵抽空后正确的处理办法是(　　)。
　　A. 保持泵运行,开大入口阀　　　　　B. 保持泵运行,关小出口阀
　　C. 保持泵运行,提高泵入口压力　　　D. 停泵,重新灌泵排气,盘车正常后启动

249. BAC016　在离心泵运行过程中,不可能导致离心泵汽蚀的是(　　)。
　　A. 流体温度升高　　　　　　　　　　B. 流体入口压力下降
　　C. 低流量长时间运行　　　　　　　　D. 高流量运行

250. BAC017　对于甲醇洗单元甲醇中的水的来源,描述错误的是(　　)。
　　A. 气化单元送出原料气带水　　　　　B. 变换单元送出原料气带水
　　C. 脱硫单元送出工艺气带水　　　　　D. 补充新鲜甲醇带水

251. BAC017　循环洗涤甲醇中水主要通过(　　)脱除的。
　　A. 分离器　　　　　B. 蒸发　　　　　　C. 精馏　　　　　　D. 吸附

252. BAC017　对于低温甲醇洗工艺,随着甲醇系统水含量升高,甲醇的洗涤能力(　　)。
　　A. 升高　　　　　　B. 不变　　　　　　C. 下降　　　　　　D. 不能确定

253. BAC018 从变换单元带入到甲醇洗单元的机械杂质主要是（   ）。
   A. 催化剂粉末　　　　B. 各类结晶　　　　C. 碳黑　　　　D. 分子筛

254. BAC018 从液氮洗单元带入到甲醇洗单元的机械杂质主要是（   ）。
   A. 催化剂粉末　　　　B. 各类结晶　　　　C. 碳黑　　　　D. 分子筛

255. BAC018 对于循环甲醇中的机械杂质的来源，描述错误的是（   ）。
   A. 变换单元的催化剂粉末　　　　　　　B. 系统内的各类结晶
   C. 气化单元的碳黑　　　　　　　　　　D. 氮洗单元的分子筛

256. BAC019 甲醇脱除酸性气体方法是（   ）。
   A. 加热再生　　　　B. 闪蒸　　　　C. 气提　　　　D. 吸附

257. BAC019 甲醇洗单元脱除的酸性气体中，含量最高的是（   ）。
   A. H_2S　　　　B. COS　　　　C. CO_2　　　　D. CO

258. BAC019 脱除甲醇洗单元循环甲醇中吸收的硫化氢等酸性气体，采用的方法是（   ）。
   A. 热再生　　　　B. 精馏　　　　C. 减压闪蒸　　　　D. 分离器分离

259. BAC020 在甲醇中加入少量原料气的作用是原料气中的（   ）和甲醇中的铁、镍等金属离子发生络合反应，生成可溶性的络合物，从而防止其生成硫化物沉淀。
   A. 氢气　　　　B. 一氧化碳　　　　C. 二氧化碳　　　　D. 硫化氢

260. BAC020 在甲醇中加入少量原料气的作用是原料气中的一氧化碳和甲醇中的铁、镍等金属离子发生（   ），生成可溶性的物质，从而防止其生成硫化物沉淀。
   A. 络合反应　　　　B. 氧化反应　　　　C. 还原反应　　　　D. 分解反应

261. BAC020 在甲醇中加入少量原料气的作用是防止换热器（   ）。
   A. 堵塞　　　　B. 腐蚀　　　　C. 变形　　　　D. 材质变化

262. BAC021 在精馏塔中每一块塔板上，（   ）。
   A. 只进行传热过程　　　　　　　　　　B. 只进行传质过程
   C. 有时进行传热过程，有时进行传热过程　D. 同时进行传热和传质过程

263. BAC021 在精馏塔正常运行时，从塔顶到塔底压力（   ）。
   A. 逐渐升高　　　　B. 逐渐降低　　　　C. 不变　　　　D. 变化情况不确定

264. BAC021 甲醇水精馏塔再沸器使用的是（   ）的蒸汽。
   A. 0.5MPa　　　　B. 1.0MPa　　　　C. 3.8MPa　　　　D. 10.0MPa

265. BAC022 甲醇热再生塔从工作原理上讲属于（   ）。
   A. 闪蒸塔　　　　B. 精馏塔　　　　C. 分离器　　　　D. 萃取器

266. BAC022 其他条件不变的前提下，随着甲醇热再生塔压力升高，塔低温度（   ）。
   A. 升高　　　　B. 不变　　　　C. 降低　　　　D. 不能确定

267. BAC022 甲醇热再生塔在加热蒸汽量不变的情况下系统压力升高会导致温度（   ）。
   A. 升高　　　　B. 降低　　　　C. 先升后降　　　　D. 无变化

268. BAC023 对于甲醇闪蒸过程，描述正确的是（   ）。
   A. 压力升高，温度降低　　　　　　　　B. 压力升高，温度升高
   C. 压力降低，温度降低　　　　　　　　D. 压力降低，温度升高

269. BAC023 在正常生产过程中,低温甲醇洗工艺洗涤甲醇维持低温的最大冷量来源是 ( )。

A. 氮洗来冷合成气　　B. 低温液氨蒸发　　C. 循环水　　　　　　D. 二氧化碳闪蒸

270. BAC023 甲醇洗建立循环时,冷量是由( )提供的。

A. 氮洗来冷合成气　　B. 冷氨蒸发　　　　C. 循环水　　　　　　D. 二氧化碳闪蒸

271. BAC024 当脱硫单元出口硫含量高后以下处理方法是错误的是( )。

A. 适当增大甲醇洗涤量　　　　　　B. 降低甲醇温度

C. 调整甲醇再生工况　　　　　　　D. 降低系统压力

272. BAC024 以下原因不会导致脱硫单元出口硫含量高的是( )。

A. 洗涤甲醇量过小　　　　　　　　B. 洗涤甲醇温度过高

C. 系统压力高　　　　　　　　　　D. 甲醇水含量增高

273. BAC024 以下原因不会导致脱硫单元出口硫含量高的是( )。

A. 洗涤甲醇量过小　　　　　　　　B. 洗涤甲醇温度过高

C. 系统压力高　　　　　　　　　　D. 甲醇水含量增高

274. BAC025 ( )不会导致脱碳单元出口二氧化碳升高。

A. 甲醇洗涤量过低　　　　　　　　B. 二氧化碳洗涤塔塔盘损坏

C. 洗涤甲醇温度低　　　　　　　　D. 原料气量波动过大

275. BAC025 二氧化碳洗涤塔出口二氧化碳超标后,对系统的主要危害是( )。

A. 造成二氧化碳损失

B. 过量二氧化碳进入氮洗,危害氮洗安全生产

C. 造成甲醇损失

D. 影响吸收甲醇的温度

276. BAC025 经过低温甲醇洗后,工艺气中残存的二氧化碳降到( )以下。

A. 1%　　　　　　　B. 20ppm　　　　　C. 5ppm　　　　　　D. 1ppm

277. BAC026 板翅式换热器中的基本元件是( )。

A. 翅片　　　　　　　B. 隔板　　　　　　C. 封头　　　　　　D. 扰流板

278. BAC026 板翅式换热器中的翅片除了构成主要传热面之外,还有( )作用。

A. 支撑　　　　　　　B. 扰流　　　　　　C. 传质　　　　　　D. 导流

279. BAC026 液氮洗涤装置板式换热器严重冻堵后应当( )。

A. 继续生产　　　　　　　　　　　B. 提高操作压力

C. 停车回温　　　　　　　　　　　D. 提高操作温度

280. BAC027 进入氮洗的工艺原料气中,必须由分子筛彻底吸附的是( )。

A. 一氧化碳　　　　　B. 二氧化碳　　　　C. 氢气　　　　　　D. 甲烷

281. BAC027 对于氮洗分子筛再生气,以下说法正确的是( )。

A. 不能再使用　　　　　　　　　　B. 可以作为甲醇再生气提用气

C. 含有大量可燃气体,必须送火炬　　D. 可以循环使用

282. BAC027 氮洗分子筛一般使用( )作为再生气。

A. 污氮气　　　　　　B. 纯氮气　　　　　C. 原料气　　　　　D. 合成气

283. BAC028　合成气压缩机出口油分离器应当经常排油,对于合成催化剂,油污对催化剂的影响是(　　)。

A. 使催化剂活性上升　　　　　　　　　B. 使催化剂活性下降

C. 对催化剂活性无影响　　　　　　　　D. 不能确定

284. BAC028　氨分离器液位过低会造成(　　)。

A. 冷冻系统停车　　　　　　　　　　　B. 合成气压缩机带液

C. 高压窜低压　　　　　　　　　　　　D. 无影响

285. BAC028　氨分离器液位过高会造成(　　)。

A. 氨冷冻单元停车　　　　　　　　　　B. 合成气压缩机带液

C. 高压窜低压　　　　　　　　　　　　D. 无影响

286. BAC029　不能提高合成副产蒸汽温度的方法是(　　)。

A. 关闭工艺气旁路　　　　　　　　　　B. 打开工艺气旁路

C. 提高合成塔出口温度　　　　　　　　D. 打开蒸汽温度调节阀

287. BAC029　关闭合成工艺气旁路会使合成废锅副产蒸汽温度(　　)。

A. 降低　　　　　　B. 升高　　　　　　C. 无影响　　　　　　D. 不能确定

288. BAC029　设置合成废锅工艺气旁路的主要目的是(　　)。

A. 调节合成副产中压蒸汽的温度　　　　B. 调节合成氢氮比

C. 调节合成塔入口压力　　　　　　　　D. 调节合成气压缩机循环段入口气温度

289. BAC030　氨分离器液位过低会造成(　　)。

A. 冷冻系统停车　　　　　　　　　　　B. 合成气压缩机带液

C. 高压窜低压　　　　　　　　　　　　D. 无影响

290. BAC030　在生产负荷和催化剂活性稳定的条件下,维持较低的合成塔入口温度对氨合成系统带来的影响中,错误的是(　　)。

A. 降低氨产量　　　　　　　　　　　　B. 降低合成塔出口温度

C. 提高氨合成反应平衡常数　　　　　　D. 延长催化剂的使用寿命

291. BAC030　氨分离器液位过高会造成(　　)。

A. 氨冷冻单元停车　　　　　　　　　　B. 合成气压缩机带液

C. 高压窜低压　　　　　　　　　　　　D. 无影响

292. BAC031　为了降低氨分离器出口氨含量,采取措施错误的是(　　)。

A. 提高合成回路的压力　　　　　　　　B. 降低合成回路的压力

C. 降低氨受槽的压力　　　　　　　　　D. 提高冰机转速

293. BAC031　系统正常运行时,液氨贮罐的蒸发的气氨通过(　　)来处理,保证贮罐的压力不超标。

A. 放空　　　　　　B. 小冰机　　　　　　C. 氨压缩机　　　　　　D. 驰放气回收系统

294. BAC031　气氨先经压缩,然后冷却的过程中,其焓的变化过程为(　　)。

A. 变大再变大　　　　B. 变小再变小　　　　C. 变大后变小　　　　D. 不变

295. BAC032　合成氨净值等于(　　)。

A. 出塔氨含量+入塔氨含量　　　　　　B. 出塔氨含量−入塔氨含量

C. 出塔氨含量　　　　　　　　　　　　D. 出塔氨含量−1%

296. BAC032　氢氮比的变化对氨合成反应速度的影响是(　　　)。

A. 随着氢氮比的上升,平衡氨浓度上升　　B. 随着氢氮比的上升,平衡氨浓度下降

C. 存在一个最佳的氢氮比　　　　　　　D. 没有影响

297. BAC032　降低(　　　)可使合成氨净值增加。

A. 合成塔入口氨含量　B. 合成塔压力　　C. 系统惰气含量　　D. 入塔氢气含量

298. BAC033　冰机正常运行时,冰机出口压力低,则需要(　　　)。

A. 开防喘阀　　　　B. 关防喘阀　　　　C. 升转速　　　　　D. 降转速

299. BAC033　冰机正常运行时,冰机出口压力高,则需要(　　　)。

A. 开防喘阀　　　　B. 关防喘阀　　　　C. 关出口阀　　　　D. 降转速

300. BAC033　冰机正常运行时,如入口压力低,则需要(　　　)。

A. 升转速　　　　　B. 降转速　　　　　C. 关防喘阀　　　　D. 关出口阀

301. BAC034　合成气压缩机级间密封为(　　　)。

A. 密宫式　　　　　B. 干气密封　　　　C. 机械密封　　　　D. 其他三项都是

302. BAC034　合成气压缩机密封油气压差低,可以通过(　　　)调节。

A. 降低密封油高位油槽液位　　　　　B. 升高密封油高位油槽液位

C. 提高密封油油泵出口压力　　　　　D. 降低密封油压力

303. BAC034　合成气压缩机的密封介质是(　　　)。

A. 水　　　　　　　B. 油　　　　　　　C. 二氧化碳气　　　D. 空气

304. BAC035　合成气压缩机密封油高位油槽的作用是(　　　)。

A. 正常运行时作密封油　　　　　　　B. 事故状态作润滑油

C. 正常运行时作润滑油　　　　　　　D. 事故状态作密封油

305. BAC035　气化炉5%蒸汽的作用是(　　　)。

A. 提高气化炉的汽油比　　　　　　　B. 提高气化炉的氧油比

C. 延长烧嘴火焰黑区长度,保护烧嘴　　D. 降低炉膛温度

306. BAC035　气化炉5%蒸汽的压力是(　　　)。

A. 0.5MPa 蒸汽　　B. 1.0MPa 蒸汽　　C. 3.8MPa 蒸汽　　D. 10.0MPa 蒸汽

307. BAC036　浮筒液位计卡住时,其输出指示(　　　)。

A. 到零　　　　　　B. 最大　　　　　　C. 最小　　　　　　D. 停住不变

308. BAC036　冲洗气化炉液位计用的水为(　　　)。

A. 循环水　　　　　B. 脱盐水　　　　　C. 锅炉给水　　　　D. 废水

309. BAC036　气化炉激冷室液位高的危害为(　　　)。

A. 出气化炉的工艺气带液　　　　　　B. 出气化炉的工艺气温度低

C. 气化炉气体成份发生较大变化　　　D. 无危害

310. BAD001　气化炉烧嘴冷却水泄漏,停车后的处理过程中应(　　　)。

A. 维持烧嘴冷却水运行,保护烧嘴

B. 切断烧嘴冷却水运行,防止水进入气化炉

C. 向损坏烧嘴补充冷却水,保持冷却水流量

D. 不需要采取处理措施

311. BAD001 气化炉卸压速率应控制在( )。

    A. 0.01MPa/min   B. 0.05MPa/min   C. 0.1MPa/min   D. 0.5MPa/min

312. BAD001 导致烧嘴冷却水回水温度升高的几个原因中,不正确的一个是( )。

    A. 烧嘴冷却水量偏低   B. 气化炉反应温度升高

    C. 烧嘴损坏   D. 烧嘴冷却水量偏高

313. BAD002 氧气预热器是( )换热器。

    A. 列管式   B. 套管式   C. 混和式   D. U 形管式

314. BAD002 氧气预热器采用的加热介质是( )。

    A. 过热蒸汽   B. 饱和蒸汽   C. 锅炉给水   D. 工艺气

315. BAD002 气化单元停车后,应( )进入氧气预热器的介质。

    A. 切断   B. 继续通入   C. 看具体情况   D. 只切断氧气

316. BAD003 天然气预热器采用的加热介质是( )。

    A. 过热蒸汽   B. 饱和蒸汽   C. 锅炉给水   D. 工艺气

317. BAD003 气化单元停车后,应( )进入天然气预热器的介质。

    A. 切断   B. 继续通入   C. 看具体情况   D. 只切断天然气

318. BAD003 气化炉温度小于( )时,可以停烧嘴冷却水。

    A. 200℃   B. 300℃   C. 400℃   D. 500℃

319. BAD004 气化废热锅炉停车后的湿法保护是将锅炉灌满水后在( )条件下保护。

    A. 酸性   B. 中性   C. 碱性   D. 不一定

320. BAD004 气化单元停车后气化炉温度小于( )时,可以停废热锅炉上水。

    A. 200℃   B. 300℃   C. 400℃   D. 500℃

321. BAD004 气化废热锅炉停车后的干法保护是将锅炉排净液位后通入( )保护。

    A. 空气   B. 氮气   C. 氧气   D. 蒸汽

322. BAD005 气化单元碳黑洗涤塔塔底泵采用的是( )。

    A. 离心泵   B. 螺杆泵   C. 往复泵   D. 柱塞泵

323. BAD005 气化单元碳黑洗涤塔塔底泵机封冲洗水的作用是( )。

    A. 向塔内补充水   B. 泵加热   C. 冲洗并冷却机封   D. 停泵后泵的冲洗

324. BAD005 碳黑洗涤塔出口温度高对后工序( )。

    A. 有利   B. 不利   C. 无影响   D. 无法确定

325. BAD006 离心泵停车前应关闭( )。

    A. 入口阀   B. 机封冲洗水阀   C. 泵体导淋阀   D. 出口阀

326. BAD006 变换热水泵内热水温度尚未降低,此时对变换系统降压会造成热水泵( )。

    A. 汽蚀   B. 气缚   C. 过负荷   D. 过电流

327. BAD006 对于变换热水泵停车处理过程,错误的是( )。

    A. 泵停车检修应切断通入泵内的所有介质

    B. 泵切除后应通过泵体导淋或排放放干净泵内介质

    C. 泵检修前应确认泵内为常压

    D. 泵停车检修只需切断入口阀及出口阀

328. BAD007　甲醇循环降温时的冷量来自(　　)。
　　A. 富含二氧化碳的甲醇闪蒸　　　　　B. 空分液氮
　　C. 液氮洗冷合成气　　　　　　　　　D. 氨冷器中液氨蒸发

329. BAD007　将洗涤甲醇冷至-60℃,主要是依靠(　　)。
　　A. 流体节流　　　　　　　　　　　　B. 氨冷器冷却
　　C. CO_2 气体解吸　　　　　　　　　　D. 液氮洗来冷合成气

330. BAD007　下列不属于甲醇回温操作的是(　　)。
　　A. 切除氨冷器进氨
　　B. 将氨冷器中的液氨全部蒸发
　　C. 将水冷器冷却水切除
　　D. 控制回温速度,待甲醇中最低温度达到0℃以上后停止甲醇循环

331. BAD008　装置检修时,对甲醇排放的要求是(　　)。
　　A. 排入密闭容器　　　　　　　　　　B. 排入地沟加水稀释
　　C. 向地面排放并加水稀释　　　　　　D. 无特殊要求

332. BAD008　装置检修期间甲醇排放的注意事项错误的是(　　)。
　　A. 甲醇排放到甲醇储罐时要缓慢进行,防止速度过快损坏甲醇储罐
　　B. 甲醇排放要等甲醇回温结束后
　　C. 甲醇未排彻底后进行上水清洗
　　D. 甲醇必须排放至密闭地槽或甲醇罐内

333. BAD008　甲醇输送泵在检修时,甲醇的排放要求是(　　)。
　　A. 排入地沟　　　　　　　　　　　　B. 密闭排放入规定容器
　　C. 直接向地面排放　　　　　　　　　D. 无特殊要求

334. BAD009　保冷管线和设备保温层外挂冰,说明(　　)。
　　A. 气温高　　　　　　　　　　　　　B. 气温低
　　C. 保冷设备和管线跑冷　　　　　　　D. 设备冷量富裕

335. BAD009　珠光砂作为保冷材料的缺点是(　　)。
　　A. 密度大　　　　B. 保冷质量高　　　　C. 价格便宜　　　　D. 流动性好

336. BAD009　以下哪项不是深冷设备冷损的主要原因(　　)。
　　A. 保冷效果差　　　　　　　　　　　B. 换热器复热不均
　　C. 设备管线泄漏　　　　　　　　　　D. 操作温度低

337. BAD010　从操作温度看,液氮洗涤装置应当属于(　　)操作。
　　A. 常温　　　　　B. 低温　　　　　C. 深冷　　　　D. 高温

338. BAD010　珠光砂作为保冷材料的缺点是(　　)。
　　A. 密度大　　　　B. 保冷质量高　　　　C. 价格便宜　　　　D. 流动性好

339. BAD010　液氮洗涤装置的最低操作温度是(　　)。
　　A. 大于-150℃　　　B. 小于-150℃　　　C. 大于-190℃　　　D. 小于-190℃

340. BAD011　液氮洗涤装置在循环冷冻阶段,主要利用(　　)原理制冷。
　　A. 利用焦耳—汤姆逊效应　　　　　　B. 利用冰机制冷
　　C. 利用等熵膨胀　　　　　　　　　　D. 空分装置直接送入液氮

341. BAD011　液氮洗涤装置运行一段时间后需要彻底回温的原因是(　　)。

    A. 延长设备使用寿命　　　　　　　　B. 清除设备管线内积存的低沸点杂质

    C. 检查设备泄漏情况　　　　　　　　D. 清除易燃易爆物质

342. BAD011　液氮洗涤装置在停车回温过程中不是静止的目的是(　　)。

    A. 减小设备应力　　　B. 加快回温速度　　　C. 减小设备温差　　　D. 提高回温效果

343. BAD012　液氮洗涤装置液态一氧化碳泵是离心泵,在正常停车时应当(　　)。

    A. 关闭入口阀　　　B. 开出口阀　　　C. 关小入口阀　　　D. 关闭出口阀

344. BAD012　液氮洗涤装置液态一氧化碳泵停车后,洗涤塔一般要做的工艺调整是(　　)。

    A. 减少洗涤氮量　　　　　　　　　　B. 降低洗涤塔操作温度

    C. 提高洗涤塔操作温度　　　　　　　D. 打开一氧化碳泵旁路阀控制液位

345. BAD012　氮洗装置液态一氧化碳泵送出的介质,在正常生产中送入(　　)。

    A. 火炬燃烧　　　B. 变换单元入口　　　C. 脱碳单元入口　　　D. 合成单元入口

346. BAD013　氨冷冻单元停车后系统内残余氨应通过(　　)排放。

    A. 导淋　　　B. 安全阀旁路　　　C. 断开法兰　　　D. 液相管线

347. BAD013　合成塔开车期间开工加热炉的加热介质是(　　)。

    A. 放空废气　　　B. 硫化氢　　　C. 燃料气　　　D. 一氧化碳

348. BAD013　合成塔置换时最好采用(　　)法进行氮气置换。

    A. 充压卸压　　　B. 吹扫　　　C. 充压升温　　　D. 充压降温

349. BAD014　合成塔开车期间开工加热炉管内的介质是(　　)。

    A. 液化气　　　B. 合成气　　　C. 放空废气　　　D. 氮气

350. BAD014　开工加热炉观火孔被打开,会使得过热炉炉膛负压(　　)。

    A. 上升　　　B. 不变　　　C. 下降　　　D. 无法判断

351. BAD014　合成开工加热炉点火前炉膛需用(　　)置换合格。

    A. 空气　　　B. 蒸汽　　　C. 氮气　　　D. 氧气

352. BAD015　表面冷凝器破真空时(　　)。

    A. 破安全阀水封　　　　　　　　　　B. 开进气阀

    C. 先停一抽,后停二抽　　　　　　　D. 先停二抽,后停一抽

353. BAD015　表面冷凝器抽真空时(　　)。

    A. 先用副抽　　　B. 先用一抽　　　C. 先用二抽　　　D. 同时投用一、二抽

354. BAD015　表面冷凝器设置安全阀的作用是(　　)。

    A. 防止真空度高超压　　　　　　　　B. 防止真空度太低

    C. 节约蒸汽　　　　　　　　　　　　D. 破真空快

355. BAD016　蒸汽透平停车时(　　)。

    A. 先降速,后降压　　　　　　　　　B. 同时降速降压

    C. 先降压,后降速　　　　　　　　　D. 开放空阀

356. BAD016　蒸汽透平停车后要(　　)。

    A. 立即停润滑油系统　　　　　　　　B. 盘车

    C. 关蒸汽透平导淋　　　　　　　　　D. 停蒸汽透平密封

357. BAD016 蒸汽透平的密封介质是( )。

A. 空气　　　　　　　B. 氮气　　　　　　　C. 蒸汽　　　　　　　D. 都可以

358. BAD017 空气呼吸器适合于( )。

A. 有毒气含量低于2%　　　　　　　　B. 氧含量不低于18%

C. 高浓度的毒气和窒息性气体中　　　　D. 氧含量低于18%的场合

359. BAD017 空气呼吸器正确的使用程序是( )。

A. 看压力、戴面罩、开呼吸阀、背上呼吸器

B. 看压力、开呼吸阀、戴面罩、背上呼吸器

C. 看压力、背上呼吸器、开呼吸阀、戴面罩

D. 看压力、背上呼吸器、戴面罩、开呼吸阀

360. BAD017 不属于隔离式防毒面具的是( )。

A. 空气呼吸器　　　B. 氧气呼吸器　　　C. 过滤罐　　　　D. 长管式面具

361. BAD018 氮气管线"两切一放"的排放阀位置处在( )。

A. 两个切断阀之前　　　　　　　　B. 两个切断阀之间

C. 两个切断阀之后　　　　　　　　D. 前后均可

362. BAD018 氮气管线设置"两切一放"的排放阀正常状态下处于( )。

A. 常开状态　　　　　　　　　　　B. 常关状态

C. 开、关状态均可　　　　　　　　D. 其他三项都不对

363. BAD018 氮气管线设置"两切一放"的目的是( )。

A. 便于操作　　　B. 防止超压　　　C. 防止物料损失　　　D. 防止物料互串

364. BAD019 一般离心泵交出检修时应关闭( )。

A. 关闭进口阀、出口阀

B. 关闭进口阀、出口阀可不关闭

C. 关闭出口阀、进口阀可不关闭

D. 关闭进口阀、出口阀,打开进出口管线导淋、泵体导淋排液

365. BAD019 一般离心泵在交出检修时应做到( )。

A. 关闭进出口阀不排液　　　　　　B. 断电,进出口阀上锁挂签测试

C. 只需排液就可以　　　　　　　　D. 只需关闭进出口阀

366. BAD019 离心泵检修前泵内压力要求( )。

A. 微正压　　　　　　B. 常压　　　　　　C. 负压　　　　　　D. 不一定

367. BAD020 离心泵启动时过载的原因是( )。

A. 出口阀开度过大　　　　　　　　B. 出口阀开度过小

C. 入口阀开度过小　　　　　　　　D. 入口阀开度过大

368. BAD020 离心泵排液必须在泵体( )、旁路阀及最小回流阀关闭后进行排液。

A. 进口阀　　　　　　B. 出口阀　　　　　　C. 进出口阀　　　　D. 可不关闭

369. BAD020 离心泵排液过程要( )操作,避免介质喷溅伤人。

A. 快速　　　　　　　　　　　　　B. 缓慢

C. 根据情况加快速度　　　　　　　D. 随意

370. BAD021　气化炉卸压速率应控制在(　　)。

A. 0.01MPa/min　　　B. 0.05MPa/min　　　C. 0.1MPa/min　　　D. 0.5MPa/min

371. BAD021　气化炉卸压过快分析有误的是(　　)。

A. 气化炉卸压速率过快对气化炉没影响

B. 气化炉卸压速率过快会损坏炉砖

C. 造成气化炉炉砖损坏

D. 造成气化炉设备损坏

372. BAD021　气化炉炉膛温度降到(　　)后才可停激冷水。

A. 400℃　　　　　B. 350℃　　　　　C. 300℃　　　　　D. 250℃

373. BBA001　水环式真空泵开时,泵体中(　　)。

A. 加脱盐水　　　B. 循环冷却水　　　C. 充氮气　　　D. 充空气

374. BBA001　化工生产中,许多单元通常需要在低于大气压情况下进行,能够获得低于大气压强的机械设备是(　　)。

A. 往复式压缩机　　　　　　　B. 水环式真空泵

C. 离心式通风机　　　　　　　D. 罗茨鼓风机

375. BBA001　水环式真空正常生产时,入口压力(　　)。

A. 大于大气压　　　B. 等于大气压　　　C. 小于大气压　　　D. 都可以

376. BBA002　在冬季,水环式真空泵停运后要对泵体进行(　　)操作。

A. 保温　　　　　B. 充液　　　　　C. 排液　　　　　D. 保压

377. BBA002　水环式真空泵停车会造成(　　)。

A. 净化单元停车　　　B. 空分减负荷　　　C. 气化单元减负荷　　　D. 尿素减负荷

378. BBA002　化工生产中,许多单元通常需要在低于大气压情况下进行,能够获得低于大气压强的机械设备是(　　)。

A. 往复式压缩机　　　　　　　B. 水环式真空泵

C. 离心式通风机　　　　　　　D. 罗茨鼓风机

379. BBA003　填料塔只能进行(　　)。

A. 液相之间的传质　　　　　　B. 气液之间的传质

C. 气相之间的传质　　　　　　D. 其他三项都可以

380. BBA003　下列不属于工业上常见的板式塔的是(　　)。

A. 泡罩塔　　　　　B. 填料塔　　　　　C. 筛板塔　　　　　D. 浮阀塔

381. BBA003　按传质过程分,塔的类型有(　　)。

A. 板式塔和填料塔　　　　　　B. 填料塔和泡罩塔

C. 浮阀塔和板式塔　　　　　　D. 浮阀塔和泡罩塔

382. BBA004　对于离心泵的密封装置,描述错误的是(　　)。

A. 离心泵的密封装置分密封环和轴端密封两部分

B. 密封环分静环和动环两部分

C. 填料密封主要靠轴的外表面和填料的紧密接触来实现密封

D. 机械密封是无填料的密封装置

383. BBA004　阀门填料密封泄漏不大时,可(　　)。
　　A. 紧填料压盖　　　　B. 开大阀门　　　　C. 阀杆加油　　　　D. 管道泄压

384. BBA004　填料密封的特点是(　　)。
　　A. 结构简单　　　　B. 结构复杂　　　　C. 功率损失小　　　　D. 无泄漏

385. BBA005　下面不属于"三会"的有(　　)。
　　A. 会使用　　　　B. 会排除故障　　　　C. 会维护保养　　　　D. 会开停车

386. BBA005　下面不属于"四懂"的有(　　)。
　　A. 懂结构　　　　B. 懂性能　　　　C. 懂原理　　　　D. 懂操作

387. BBA005　下面属于"三懂四会"的是(　　)。
　　A. 懂结构、懂性能、懂原理;会使用、会开停车、会维护保养、会排除故障
　　B. 懂结构、懂性能、懂操作;会使用、会维护保养、会排除故障
　　C. 懂结构、懂性能、懂原理;会使用、会维护保养、会排除故障
　　D. 懂结构、懂性能、懂技术;会使用、会开停车、会维护保养、会排除故障

388. BBA006　下列机泵中不属于叶片式泵的是(　　)。
　　A. 离心泵　　　　B. 旋涡泵　　　　C. 轴流泵　　　　D. 喷射泵

389. BBA006　下列机泵中不属于容积式泵的是(　　)。
　　A. 柱塞泵　　　　B. 齿轮泵　　　　C. 往复式活塞泵　　　　D. 离心泵

390. BBA006　高转速(3000r/min 以上)的机泵,一般情况下轴承的振动接近(　　)。
　　A. 0.1mm　　　　B. 0.6mm　　　　C. 1mm　　　　D. 1.2mm

391. BBA007　结构较简单,体积较小流量大,压头不高,可输送腐蚀性. 悬浮液的泵为(　　)。
　　A. 往复泵　　　　B. 离心泵　　　　C. 旋转泵　　　　D. 真空泵

392. BBA007　以下按扬程分类的泵是(　　)。
　　A. 离心泵　　　　B. 容积式泵　　　　C. 高压泵　　　　D. 供料泵

393. BBA007　(　　)属容积式泵。
　　A. 齿轮泵和螺杆泵　　　　　　　　B. 隔膜泵和离心泵
　　C. 往复泵和轴流泵　　　　　　　　D. 柱塞泵和叶片泵

394. BBA008　离心泵内的流体从离开泵的叶轮到泵出口的过程中(　　)。
　　A. 流速升高　　　　B. 流速降低　　　　C. 流速不变　　　　D. 不确定

395. BBA008　离心泵内的流体从离开泵的叶轮到泵出口的过程中(　　)。
　　A. 动压头降低,静压头升高　　　　　　B. 动压头升高,静压头降低
　　C. 动压头、静压头都升高　　　　　　　D. 动压头、静压头都降低

396. BBA008　正常生产中,离心泵叶轮中心处的压力(　　)。
　　A. 高于泵入口压力　　　　　　　　B. 等于泵入口压力
　　C. 小于泵入口压力　　　　　　　　D. 不确定

397. BBA009　往复泵是利用(　　)来输送液体的泵。
　　A. 活塞的往复运动　　　　　　　　B. 叶轮的高速旋转
　　C. 活塞的高速旋转　　　　　　　　D. 叶轮的往复运动

398. BBA009　往复泵是利用工作室容积的变化把(　　)而吸入和排出液体的设备。

A. 静压能转变为机械能　　　　　　　　B. 机械能转变为静压能

C. 离心力转变为静压能　　　　　　　　D. 机械能转变为动能

399. BBA009　理论上讲，与往复泵扬程无关的因素是(　　)。

A. 泵入口压力　　　　　　　　　　　　B. 泵出口压力

C. 泵输送流量　　　　　　　　　　　　D. 输送介质的密度

400. BBA010　下列部件中不属于往复泵的部件是(　　)。

A. 泵缸　　　　　　B. 活塞　　　　　　C. 活塞杆　　　　　　D. 叶轮

401. BBA010　要求输液量十分准确，又便于调整的场合，应选用(　　)。

A. 离心泵　　　　　B. 往复泵　　　　　C. 计量泵　　　　　　D. 螺旋泵

402. BBA010　结构较简单，体积较小流量大，压头不高，可输送腐蚀性、悬浮液的泵为(　　)。

A. 往复泵　　　　　B. 离心泵　　　　　C. 旋转泵　　　　　　D. 真空泵

403. BBA011　下列不属于隔膜泵的优点的是(　　)。

A. 运行可靠，故障率低　　　　　　　　B. 对电压要求低

C. 对环境要求低，维修容易　　　　　　D. 输送量较大

404. BBA011　隔膜泵一般用于(　　)系统中。

A. 高压　　　　　　B. 中压　　　　　　C. 低压　　　　　　D. 都不可以

405. BBA011　隔膜泵属于一种由膜片往复变形造成(　　)变化的容积泵。

A. 容积　　　　　　B. 体积　　　　　　C. 面积　　　　　　D. 形状

406. BBA012　机械密封的两个组成部分中，随轴一起转动的是(　　)。

A. 静环　　　　　　B. 动环　　　　　　C. 都转动　　　　　　D. 都不动

407. BBA012　自紧式密封按结构可分为(　　)。

A. 垂直自紧密封和水平自紧密封　　　　B. 轴向自紧密封和径向自紧密封

C. 轴向自紧和水平自紧密封　　　　　　D. 径向自紧和垂直自紧密封

408. BBA012　当压缩气体不允许外泄，一般用(　　)。

A. 干气密封　　　　B. 密宫密封　　　　C. 机械密封　　　　　D. 填料密封

409. BBA013　对于机械密封的作用描述不正确的是(　　)。

A. 防止泵内介质外漏　　　　　　　　　B. 防止空气进入泵内

C. 防止泵的机械磨损　　　　　　　　　D. 提高泵的工作效率

410. BBA013　机械密封的两个组成部分中，随轴一起转动的是(　　)。

A. 静环　　　　　　B. 动环　　　　　　C. 都转动　　　　　　D. 都不动

411. BBA013　下列哪个部位可以抵消轴向力(　　)。

A. 叶轮　　　　　　B. 机械密封　　　　C. 联轴器　　　　　　D. 平衡盘

412. BBA014　联轴节又称(　　)。

A. 叶轮　　　　　　B. 平衡盘　　　　　C. 对轮　　　　　　D. 密封

413. BBA014　对轮的作用是将电动机和泵轴连接起来，把电动机的(　　)传送给泵轴，使泵获得能量。

A. 机械能　　　　　B. 内能　　　　　　C. 静压能　　　　　　D. 电能

414. BBA014　对轮拆卸(　　),利于检修。

A. 困难　　　　　　　B. 不易　　　　　　　C. 方便　　　　　　　D. 不确定

415. BBA015　离心泵的扬程是表示每公斤液体通过泵后所获得的(　　)。

A. 高度　　　　　　　B. 能量　　　　　　　C. 流量　　　　　　　D. 都不是

416. BBA015　离心泵的有效功率和(　　)之比称为离心泵的总效率。

A. 轴功率　　　　　　B. 实际扬程　　　　　C. 理论扬程　　　　　D. 原动机周功率

417. BBA015　离心泵转数改变后,其扬程的变化满足(　　)。

A. $\dfrac{H_1}{H_2}=\dfrac{n_1}{n_2}$　　　　B. $\dfrac{H_2}{H_1}=\dfrac{n_1}{n_2}$　　　　C. $\dfrac{H_1}{H_2}=\left(\dfrac{n_1}{n_2}\right)^2$　　　　D. $\dfrac{H_1}{H_2}=\left(\dfrac{n_1}{n_2}\right)^3$

418. BBA016　对于机泵冷却水的作用,错误的是(　　)。

A. 通过降低润滑油温度来降低轴承温度　　　B. 降低机封的温度

C. 降低泵内介质的温度　　　　　　　　　　D. 降低机封冲洗介质的温度

419. BBA016　机泵冷却在一般情况下用(　　)。

A. 新鲜水　　　　　　B. 软化水　　　　　　C. 除盐水　　　　　　D. 以上均不对

420. BBA016　机泵预冷时流体的流动的途径是(　　)。

A. 泵入口→泵壳→泵出口　　　　　　　　　B. 泵入口→泵壳

C. 泵出口→泵壳→泵入口　　　　　　　　　D. 泵出口→泵壳

421. BBA017　Y 型离心泵的型号中"Y"表示(　　)。

A. 离心水泵　　　　　B. 离心泵的级数　　　C. 离心泵材质　　　　D. 离心油泵

422. BBA017　由 Y 型离心泵的型号 250YS Ⅱ—150 2 可知该泵的吸入口直径是(　　)。

A. 300mm　　　　　　B. 250mm　　　　　　C. 150mm　　　　　　D. 2mm

423. BBA017　离心泵的理论流量 Q_T 和实际流量 Q 之间的关系是(　　)。

A. $Q_T \leqslant Q$　　　　　B. $Q_T = Q$　　　　　C. $Q_T \geqslant Q$　　　　　D. 不能确定

424. BBA018　离心泵停泵前应先(　　)。防止高压液体倒灌造成离心泵反转,损坏设备。

A. 关闭泵的入口阀　　　　　　　　　　　　B. 关闭泵的出口阀

C. 先开泵体导淋　　　　　　　　　　　　　D. 直接停泵

425. BBA018　下列操作能引起离心泵反转的因素主要有(　　)。

A. 电机接线错误造成的电机反转　　　　　　B. 启动离心泵前开入口阀

C. 停离心泵之前先关出口阀　　　　　　　　D. 启动离心泵前进行盘车

426. BBA018　下列操作能引起离心泵反转的因素主要有(　　)。

A. 停离心泵之前不关出口阀　　　　　　　　B. 启动离心泵前开入口阀

C. 停离心泵之前先关出口阀　　　　　　　　D. 启动离心泵前进行盘车

427. BBA019　对于离心泵的密封装置,描述错误的是(　　)。

A. 离心泵的密封装置分密封环和轴端密封两部分

B. 密封环分静环和动环两部分

C. 填料密封主要靠轴的外表面和填料的紧密接触来实现密封

D. 机械密封是无填料的密封装置

428. BBA019　机械密封的泄漏量不应大于(　　)。

A. 10mL/h　　　　　　B. 5mL/h　　　　　　C. 15mL/h　　　　　　D. 20mL/h

429. BBA019 高压锅炉给水泵机械密封的泄漏量不应大于（   ）。

    A. 10mL/h   B. 5mL/h   C. 15mL/h   D. 20mL/h

430. BBA020 机封冲洗水的作用是（   ）。

    A. 冷却轴承   B. 向泵体补充水   C. 冲洗并冷却机封   D. 冷却泵壳

431. BBA020 机封冲洗一般要求采用（   ）。

    A. 水   B. 水蒸气

    C. 和输送的流体相同的介质   D. 循环水

432. BBA020 轴承润滑剂不起以下的作用有（   ）。

    A. 降低磨损以提高设备的效率和寿命

    B. 冷却润滑部位

    C. 冲洗带走润滑部位的粉沫、防锈、防腐及防尘

    D. 降温

433. BBA021 离心泵选型时，要求泵的输出流量（   ）实际操作流量。

    A. 大于   B. 等于   C. 小于   D. 不确定

434. BBA021 离心泵设置低液位保护是为了防止（   ）。

    A. 泵气蚀   B. 泵气缚   C. 泵抽空   D. 泵过载

435. BBA021 离心泵的理论流量 Q_T 和实际流量 Q 之间的关系是（   ）。

    A. $Q_T \leqslant Q$ B. $Q_T = Q$ C. $Q_T \geqslant Q$ D. 不能确定

436. BBA022 压缩机停机后盘车是为了（   ）。

    A. 使轴冷却均匀   B. 减少惯性力

    C. 调直转子   D. 提前停轴封

437. BBA022 压缩机在运行之前盘车的原因是（   ）。

    A. 使压缩机均压受热   B. 检查油系统

    C. 使轴瓦过油   D. 检查密封系统

438. BBA022 锅炉给水泵停车后油泵必须（   ）。

    A. 立即停机   B. 继续运行   C. 同时停机   D. 任意

439. BBA023 不属于设备润滑"五定"内容的是（   ）。

    A. 定点   B. 定量   C. 定人   D. 定要求

440. BBA023 下面属于三级过滤的有（   ）。

    A. 油站到油桶   B. 油站到注油点   C. 油壶到注油点   D. 油桶到注油点

441. BBA023 机泵加润滑油时，一般用（   ）。

    A. 油壶   B. 油桶   C. 油站   D. 都可以

442. BBA024 通常情况下，设备转速越高，所用润滑油黏度（   ）。

    A. 越小   B. 越大   C. 与转速无关   D. 不能确定

443. BBA024 皂基润滑脂一般分为（   ）。

    A. 润滑脂和润滑油   B. 钠基和钙基润滑脂

    C. 钠基和氨基润滑脂   D. 碱基和酸基润滑脂

444. BBA024　脂润滑适合于(　　)。

A. 转速较低的设备　　　　　　　　　　B. 转速较高的设备

C. 功率大的设备　　　　　　　　　　　D. 小功率设备

445. BBA025　小型机泵加润滑油时,一般用(　　)。

A. 油壶　　　　　　B. 油桶　　　　　　C. 油站　　　　　　D. 都可以

446. BBA025　下面属于三级过滤的有(　　)。

A. 油站到油桶　　　B. 油站到注油点　　C. 油壶到注油点　　D. 油桶到注油点

447. BBA025　不是五定内容的是(　　)。

A. 定点　　　　　　B. 定量　　　　　　C. 定人　　　　　　D. 定内容

448. BBA026　下列选项中,属于板式换热器的是(　　)。

A. 浮头式换热器　　B. 套管式换热器　　C. 夹套式换热器　　D. 热管

449. BBA026　列管式换热器属于(　　)。

A. 蓄热式换热器　　B. 间壁式换热器　　C. 混合式换热器　　D. 浮头式换热器

450. BBA026　对管束和壳体温差不大,壳程物料较干净的场合可选用(　　)换热器。

A. 浮头式　　　　　B. 固定管板式　　　C. U 形管式　　　　D. 套管式

451. BBA027　高温阀门指使用场合介质温度高于(　　)的阀门。

A. 400℃　　　　　 B. 450℃　　　　　 C. 500℃　　　　　 D. 550℃

452. BBA027　高压阀门指公称压力在(　　)场合下使用的阀门。

A. 10~80MPa　　　 B. 10~100MPa　　　C. 15~80MPa　　　 D. 15~100MPa

453. BBA027　低温阀门指使用场合介质温度在(　　)的阀门。

A. -100~-40℃　　 B. -100~-50℃　　 C. -150~-50℃　　 D. -150~-40℃

454. BBA028　阀门一般用来控制流体的(　　)。

A. 流量和液位　　　B. 压力和液位　　　C. 流量和压力　　　D. 流量

455. BBA028　在阀门内一般有(　　)。

A. 流量变化　　　　B. 压力变化　　　　C. 相变化　　　　　D. 温度变化

456. BBA028　对于阀门的作用,描述错误的是(　　)。

A. 手动阀不能用于调节流量

B. 阀门可以用于管内流体流量的调节

C. 阀门可以切断和沟通流体的流动

D. 可以通过控制阀门的开度调节流体的压力

457. BBA029　闸阀的别称是(　　)。

A. 闸杆阀　　　　　B. 闸门阀　　　　　C. 单闸阀　　　　　D. 手动阀

458. BBA029　下列阀门中,(　　)安装时不具有方向性。

A. 单向阀　　　　　B. 安全阀　　　　　C. 截止阀　　　　　D. 闸阀

459. BBA029　闸阀一般用在(　　)。

A. 油管路上　　　　B. 气体管路上　　　C. 水管路上　　　　D. 高压管路上

460. BBA030　截止阀俗称(　　)。

A. 截断阀　　　　　B. 切断阀　　　　　C. 球阀　　　　　　D. 闸板阀

461. BBA030　以下不是截止阀的主要特点(　　)。

　　A. 结构复杂

　　B. 操作方便可靠

　　C. 易于调节,但是流体流动阻力系数较大,启动缓慢。

　　D. 操作复杂

462. BBA030　以下不是截止阀分类(　　)。

　　A. 标准式　　　　　　B. 流线式　　　　　　C. 直流式　　　　　　D. 三角式

463. BBA031　疏水阀排气率应当不大于(　　)。

　　A. 2%　　　　　　　　B. 3%　　　　　　　　C. 4%　　　　　　　　D. 5%

464. BBA031　疏水阀的作用是(　　)。

　　A. 排水　　　　　　　B. 排气　　　　　　　C. 排水阻气　　　　　D. 排气阻水

465. BBA031　疏水阀一般安装在(　　)。

　　A. 垂直管线上　　　　B. 有弯度的管线上　　C. 倾斜管线上　　　　D. 水平直段管上

466. BBA032　杠杆式安全阀适合于(　　)。

　　A. 高压容器　　　　　B. 低压容器　　　　　C. 温度较的容器　　　D. 震动大的容器

467. BBA032　脉冲式安全阀一般用在(　　)。

　　A. 大型锅炉上　　　　　　　　　　　B. 蒸汽管线上

　　C. 移动设备上　　　　　　　　　　　D. 压力波动大的设备上

468. BBA032　在安全阀上有截止阀时,截止阀必须(　　)。

　　A. 加铅封　　　　　　B. 全开　　　　　　　C. 全开并加铅封　　　D. 专人定期检查

469. BBA033　不能用于流量调节的阀门是(　　)。

　　A. 闸板阀　　　　　　B. 止回阀　　　　　　C. 球阀　　　　　　　D. 旋塞阀

470. BBA033　止回阀的作用原理是主要是利用阀门前后的(　　)。

　　A. 压力差　　　　　　B. 流量差　　　　　　C. 液位差　　　　　　D. 温度差

471. BBA033　可以利用阀前后介质的压力差控制介质单向流动的阀门是(　　)。

　　A. 旋塞阀　　　　　　B. 截止阀　　　　　　C. 安全阀　　　　　　D. 止回阀

472. BBA034　低压法兰 DIN 标准常用压力等级有(　　)。

　　A. PN6　　　　　　　 B. PN20　　　　　　　C. PN26　　　　　　　D. PN30

473. BBA034　低压法兰 DIN 标准常用压力等级有(　　)。

　　A. PN10　　　　　　　B. PN20　　　　　　　C. PN26　　　　　　　D. PN30

474. BBA034　低压法兰 DIN 标准常用压力等级有(　　)。

　　A. PN16　　　　　　　B. PN20　　　　　　　C. PN26　　　　　　　D. PN30

475. BBA035　高压容器可承受的压力范围是(　　)。

　　A. $10MPa \leqslant p < 100MPa$　　　　　　　B. $10MPa \leqslant p \leqslant 100MPa$

　　C. $p > 10MPa$　　　　　　　　　　　　D. $p \leqslant 100MPa$

476. BBA035　对于多层热套式高压容器(　　)。

　　A. 外筒内径大于内筒外径　　　　　　B. 外筒外径大于内筒外径

　　C. 内筒内径大于外筒外径　　　　　　D. 内筒外径大于外筒内径

477. BBA035 整体锻造式高压容器( )。

    A. 材料利用率低   B. 材料利用率高   C. 制造慢   D. 强度差

478. BBA036 离心泵预热的作用是( )。

    A. 加热泵内介质   B. 排除泵内的气体

    C. 泵的置换   D. 消除温差导致的膨胀不均

479. BBA036 机泵预热时流体的流动的途径是( )。

    A. 泵入口→泵壳→泵出口旁路   B. 泵入口→泵壳

    C. 泵出口旁路→泵壳→泵入口   D. 泵出口旁路→泵壳

480. BBA036 不属于气化单元采用的废热回收措施有( )。

    A. 不回收   B. 产生高压蒸汽

    C. 预热锅炉给水   D. 预热脱盐水

481. BBA037 机泵预热时流体的流动的途径是( )。

    A. 泵入口→泵壳→泵出口旁路   B. 泵入口→泵壳

    C. 泵出口旁路→泵壳→泵入口   D. 泵出口旁路→泵壳

482. BBA037 通常情况下,氧气的预热温度不应超过( )。

    A. 200℃   B. 250℃   C. 300℃   D. 350℃

483. BBA037 变换热水泵开车前需要预热是为了防止( )导致设备损坏。

    A. 盘车不好   B. 温差过大   C. 润滑不好   D. 密封泄漏

484. BBA038 不能用于防止离心泵汽蚀的措施是( )。

    A. 增大泵的吸入口直径   B. 提高输送介质的温度

    C. 降低输送介质的温度   D. 降低泵的吸入口高度

485. BBA038 防止离心泵汽蚀,采取的措施错误的是( )。

    A. 采用防腐蚀材料制造叶轮   B. 减少吸入管的阻力损失

    C. 减小吸入管直径   D. 增大吸入管直径

486. BBA038 在离心泵运行过程中,不可能导致离心泵汽蚀的是( )。

    A. 流体温度升高   B. 流体入口压力下降

    C. 低流量长时间运行   D. 高流量运行

487. BBA039 下面不依靠动力设备抽负压的设备是( )。

    A. 风机   B. 烟囱   C. 真空泵   D. 喷射器

488. BBA039 烟囱的高度对烟囱炉膛的负压有影响,烟囱的高度增加,炉膛负压( )。

    A. 下降   B. 不变   C. 升高   D. 不能确定

489. BBA039 正常生产过程中,蒸汽过热炉烟囱冒黑烟,由此可判断送入过热炉的空气量( )。

    A. 过低   B. 合适   C. 过高   D. 与空气量无关

490. BBA040 以 JB308-75 为标准,节流阀类型的代号是( )。

    A. H   B. L   C. V   D. E

491. BBA040 按 JB309-75 的标准楔式双闸板阀的型号表示( )。

    A. Z41W-1   B. Z42W-2   C. Z41W-2   D. Z42W-1

492. BBA040 按 JB309-75 的标准适合油品平行式双闸板阀的型号表示(　　)。

    A. Z44W-10　　　　　B. Z44W-9　　　　　C. Z43W-10　　　　　D. Z43W-9

493. BBA041 以 JB308-75 为标准,疏水阀类型的代号是(　　)。

    A. G　　　　　　　　B. F　　　　　　　　C. Y　　　　　　　　D. S

494. BBA041 疏水阀的作用是(　　)。

    A. 排水　　　　　　B. 排气　　　　　　C. 排水阻气　　　　D. 排气阻水

495. BBA041 疏水阀一般安装在(　　)。

    A. 垂直管线上　　　B. 有弯度的管线上　C. 倾斜管线上　　　D. 水平直管段上

496. BBA042 以 JB308-75 为标准,安全阀类型的代号是(　　)。

    A. P　　　　　　　　B. A　　　　　　　　C. R　　　　　　　　D. W

497. BBA042 安全阀特点是(　　)。

    A. 泄压快　　　　　　　　　　　　　B. 流量大

    C. 设定压力随便修改　　　　　　　D. 不定期进行检修

498. BBA042 安全阀起跳压力一般为正常压力的(　　)倍。

    A. 1.1~1.2　　　　B. 1.05~1.2　　　　C. 1.05~1.1　　　　D. 1.1~1.2

499. BBA043 按 JB309-75 的标准适合油品平行式双闸板阀的型号表示(　　)。

    A. Z44W-10　　　　B. Z44W-9　　　　　C. Z43W-10　　　　D. Z43W-9

500. BBA043 按 JB309-75 的标准楔式双闸板阀的型号表示正确的是(　　)。

    A. Z41W-1　　　　　B. Z42W-2　　　　　C. Z41W-2　　　　　D. Z42W-1

501. BBA043 闸阀一般用在(　　)。

    A. 油管路上　　　　B. 气体管路上　　　C. 水管路上　　　　D. 高压管路上

502. BBA044 截止阀俗称(　　)。

    A. 截断阀　　　　　B. 切断阀　　　　　C. 球阀　　　　　　D. 闸板阀

503. BBA044 以下不是截止阀的主要特点是(　　)。

    A. 结构复杂

    B. 操作方便可靠

    C. 易于调节,但是流体流动阻力系数较大,启动缓慢。

    D. 操作复杂

504. BBA044 以下不是截止阀分类的是(　　)。

    A. 标准式　　　　　B. 流线式　　　　　C. 直流式　　　　　D. 三角式

505. BBA045 疏水阀一般安装在(　　)。

    A. 垂直管线上　　　B. 有弯度的管线上　C. 倾斜管线上　　　D. 水平直管段上

506. BBA045 疏水阀的作用是(　　)。

    A. 排水　　　　　　B. 排气　　　　　　C. 排水阻气　　　　D. 排气阻水

507. BBA045 疏水阀漏气率应当不大于(　　)。

    A. 2　　　　　　　　B. 3　　　　　　　　C. 4　　　　　　　　D. 5

508. BBA046 安全阀的特点是(　　)。

    A. 卸压快　　　　　　　　　　　　　B. 流量大

    C. 设定压力随便修改　　　　　　　D. 不定期进行检修

509. BBA046　对于安全阀的使用,错误的是(　　　)。

A. 冬季应定期检查安全阀是否冻结

B. 安全阀泄漏可以用增加载荷的方法来减小泄漏

C. 安全阀必须定期检验

D. 安全阀和容器之间一般不允许安装阀门

510. BBA046　对于安全阀的安装,错误的是(　　　)。

A. 安全阀应安装在压力容器本体容易检修的位置上

B. 安全阀应安装在压力容器本体的最高位置上

C. 液化气体贮罐安全阀必须装在气相部位

D. 若在安全阀前安装截至阀,必须全开并加铅封

511. BBA047　折断式爆破片一般用(　　　)。

A. 软金属薄板制造　　B. 铝板　　　　　C. 软钢板　　　　　D. 脆性材料

512. BBA047　爆破片一般用在(　　　)。

A. 介质清洁的容器　　　　　　　　B. 介质不清洁的容器

C. 不能迅速降压的容器　　　　　　D. 压力稳定的容器

513. BBA047　爆破片一般用在(　　　)。

A. 介质清洁的容器　　　　　　　　B. 介质不清洁的容器

C. 不能迅速降压的容器　　　　　　D. 压力稳定的容器

514. BBA048　阻火器是一种不带(　　　)部件的无源防爆器件,它通常有外壳和芯件组成,需要定期对芯件进行清洗。

A. 活动　　　　　　B. 不活动　　　　　C. 活动不活动都行　　D. 其他三项都不是

515. BBA048　阻火器的结构类型主要根据介质的(　　　)选用。

A. 化学性质　　　　B. 温度　　　　　　C. 压力　　　　　　D. 以上都是

516. BBA048　阻火器检查时,打开阻火器,抽出阻火丝网或绉纹板,检查(　　　)的锈蚀情况,发现堵塞时,可用压缩空气吹除或清洗擦净。

A. 阻火材料　　　　B. 正压阀盘　　　　C. 压力弹簧　　　　D. 负压阀盘

517. BBA049　爆破片一般用在(　　　)。

A. 介质清洁的容器　　　　　　　　B. 介质不清洁的容器

C. 不能迅速降压的容器　　　　　　D. 压力稳定的容器

518. BBA049　对于爆破片作用描述不正确的是(　　　)。

A. 系统超压时及时泄压　　　　　　B. 流量波动大时调整流量

C. 主要用于设备的低压侧超压　　　D. 是一种断裂式安全泄压装置

519. BBA049　阻火器检查时,打开阻火器,抽出阻火丝网或绉纹板,检查(　　　)的锈蚀情况,发现堵塞时,可用压缩空气吹除或清洗擦净。

A. 阻火材料　　　　B. 正压阀盘　　　　C. 压力弹簧　　　　D. 负压阀盘

520. BBA050　增加离心泵出口的管路阻力,则泵出口压力和流量的变化为(　　　)。

A. 压力增加,流量增加　　　　　　B. 压力增加,流量减少

C. 压力下降,流量增加　　　　　　D. 压力下降,流量下降

521. BBA050　离心泵启动前关闭出口阀是为了(　　)。
　　A. 提高泵的出口压力　　　　　　　　B. 防止气蚀
　　C. 防止气缚　　　　　　　　　　　　D. 防止电机过载而损坏

522. BBA050　热油离心泵在启动前应对泵进行(　　)。
　　A. 快速预热　　　　B. 保温　　　　C. 预热　　　　　　D. 冷却

523. BBB001　离心泵预冷的作用是(　　)。
　　A. 冷却泵内介质　　　　　　　　　　B. 排除泵内的气体
　　C. 泵的置换　　　　　　　　　　　　D. 消除温差导致的膨胀不均

524. BBB001　机泵预冷时流体的流动的途径是(　　)。
　　A. 泵出口旁路→泵壳→泵入口　　　　B. 泵入口→泵壳
　　C. 泵入口→泵壳→泵出口旁路　　　　D. 泵出口旁路→泵壳

525. BBB001　下列关于冷泵预冷的说法正确的是(　　)。
　　A. 冷泵预冷速度越快越好
　　B. 冷泵预冷过程中要经常盘车
　　C. 开车初期,时间来不及,因此冷泵可以不需要预冷
　　D. 冷泵预冷中,泵体一出现挂霜即预冷结束

526. BBB002　离心泵要采用(　　)的预冷方法。
　　A. 快速冷却　　　　B. 慢速均匀　　　　C. 紧急情况可不预冷　D. 无特殊要求

527. BBB002　有关冷泵的气相预冷的说法,下列操作正确的是(　　)。
　　A. 打开气相线阀,打开液体排放阀,并不断盘车直至挂霜
　　B. 打开泵入口阀,打开液体排放阀,并不断盘车直至挂霜
　　C. 打开出口止逆阀旁路,打开液体排放阀,并不断盘车直至挂霜
　　D. 打开泵入口阀,打开泵出口阀,直至挂霜

528. BBB002　关于冷泵的预冷,下列说法正确的是(　　)。
　　A. 冷泵预冷速度越快越好
　　B. 冷泵预冷时,先液相后气相
　　C. 冷泵预冷过程中不要盘车
　　D. 冷泵预冷过程中要经常盘车

529. BBB003　离心泵检修前泵内压力要求(　　)。
　　A. 微正压　　　　　　B. 常压　　　　　C. 负压　　　　　　D. 不一定

530. BBB003　为了防止介质流失,机泵检修前必须(　　)。
　　A. 关闭出入口阀门　　　　　　　　　B. 填写一般作业票
　　C. 吹扫　　　　　　　　　　　　　　D. 置换

531. BBB003　离心泵维修交出前不必要做的工作是(　　)。
　　A. 确认停泵　　　　　　　　　　　　B. 关闭泵的出入口阀门
　　C. 检查机械密封是否泄漏　　　　　　D. 对泵体和出入口管线进行吹扫

532. BBB004　对备用泵的盘车,每次盘车旋转的角度(　　)为最好。
　　A. 90°　　　　　　　　B. 180°　　　　　　C. 360°　　　　　　D. 0°

533. BBB004　离心泵气缚现象的发生是因为(　　)。
    A. 没有对泵体进行加热　　　　　　B. 没有对泵体进行冷却
    C. 没有给泵盘车　　　　　　　　　D. 没有进行灌泵排气操作

534. BBB004　真空泵停车后(　　)。
    A. 盘车　　　　B. 不用盘车　　　　C. 根据情况盘车　　　D. 一直盘车

535. BBB005　一般情况下,油封的配合间隙保持在(　　)。
    A. 1.0~1.2mm　　B. 0.2~0.4mm　　C. 0.6~0.8mm　　D. 0.7~0.9mm

536. BBB005　通常在转动设备中,运转部位的润滑油系统要用油封来密封,其结构一般采
    用(　　)形式。
    A. 迷宫　　　　　B. 阶梯　　　　　C. 光轴　　　　　D. 凹槽

537. BBB005　在有润滑油的部位,油封的主要作用是(　　)。
    A. 润滑　　　　　B. 冷却　　　　　C. 减摩　　　　　D. 密封

538. BBB006　(　　)不会使润滑油乳化变质。
    A. 碱值增加　　　B. 酸值增加　　　C. 水　　　　　　D. 空气

539. BBB006　润滑油在较低温度下呈浑浊现象,有可能是(　　)。
    A. 乳化变质　　　B. 石蜡结晶　　　C. 机械杂质　　　D. 灰分

540. BBB006　润滑油老化则润滑油的 pH 值(　　)。
    A. 升高　　　　　B. 减小　　　　　C. 不变　　　　　D. 不能确定

541. BBB007　电机正常运转时,工艺操作工一般不检查的是(　　)。
    A. 电流　　　　　B. 电压　　　　　C. 线圈温度　　　D. 电动机温度

542. BBB007　电动机按供电性质可分为(　　)。
    A. 交流电动机、直流电动机　　　　B. 同步电动机、异步电动机
    C. 普通电动机、防爆电动机　　　　D. 高压电动机、低压电动机

543. BBB007　离心泵负荷越高,电动机电流(　　)。
    A. 越高　　　　　B. 越低　　　　　C. 与负荷无关　　D. 不能确定

544. BBB008　润滑油(脂)的主要作用描述不正确的是(　　)。
    A. 对转动部件进行冷却　　　　　　B. 对转动部件进行润滑
    C. 减少相互摩擦　　　　　　　　　D. 密封作用

545. BBB008　润滑油在较低温度下呈浑浊现象,有可能是(　　)。
    A. 乳化变质　　　B. 石蜡结晶　　　C. 机械杂质　　　D. 灰分

546. BBB008　脂润滑适合于(　　)。
    A. 转速较低的设备　　　　　　　　B. 转速较高的设备
    C. 功率大的设备　　　　　　　　　D. 小功率设备

547. BBB009　润滑油"三级过滤"指的是(　　)。
    A. 油站→油壶→注油点　　　　　　B. 油站→油箱→注油点
    C. 油筒→油壶→注油点　　　　　　D. 油站→油筒→油壶

548. BBB009　泵润滑油的液位应是(　　)。
    A. 油视孔的满刻度　　　　　　　　B. 加满为止
    C. 油视镜的 1/2 至 3/4 位置　　　　D. 不到油视镜的 1/2

549. BBB009　机泵加润滑油时,一般用(　　　)。
　　A. 油壶　　　　　　　　B. 油桶　　　　　　　　C. 油站　　　　　　　　D. 都可以

550. BBB010　润滑油的性能指标中,判断其良好程度的关键指标是(　　　)。
　　A. 运动黏度　　　　　　B. 水分　　　　　　　　C. 闪点　　　　　　　　D. 燃点

551. BBB010　在温度较高的工作环境中,适合选用(　　　)的润滑油。
　　A. 燃点高　　　　　　　B. 燃点低　　　　　　　C. 无要求　　　　　　　D. 都可以

552. BBB010　氨气系统的运转设备,应该选用的润滑油牌号为(　　　)。
　　A. 30 号机械油　　　　B. DAA100　　　　　　C. HS13　　　　　　　D. N46

553. BBB011　离心泵气缚现象的发生是因为(　　　)。
　　A. 没有对泵体进行加热　　　　　　　　　B. 没有对泵体进行冷却
　　C. 没有给泵盘车　　　　　　　　　　　　D. 没有进行灌泵排气操作

554. BBB011　对备用泵的盘车,每次盘车旋转的角度(　　　)为最好。
　　A. 90°　　　　　　　　B. 180°　　　　　　　C. 360°　　　　　　　D. 0°

555. BBB011　离心泵内的流体从离开泵的叶轮到泵出口的过程中(　　　)。
　　A. 动压头降低,静压头升高　　　　　　　B. 动压头升高,静压头降低
　　C. 动压头、静压头都升高　　　　　　　　D. 动压头、静压头都降低

556. BBB012　润滑油脂是按(　　　)分类的。
　　A. 黏度　　　　　　　　B. 稠化剂　　　　　　　C. 所含石蜡的多少　　D. 所含酸的多少

557. BBB012　皂基润滑脂中,皂是通过(　　　)在加热条件下反应生成的。
　　A. 脂肪与碱　　　　　　B. 脂肪与酸　　　　　　C. 酸与碱　　　　　　　D. 脂肪酸与酸

558. BBB012　润滑油在较低温度下呈浑浊现象,有可能是(　　　)。
　　A. 乳化变质　　　　　　B. 石蜡结晶　　　　　　C. 机械杂质　　　　　　D. 灰分

559. BBB013　选用润滑油脂最主要的依据是(　　　)。
　　A. 黏度　　　　　　　　B. 机械稳定性　　　　　C. 使用寿命　　　　　　D. 热稳定性

560. BBB013　选用润滑脂一般不考虑(　　　)。
　　A. 温度　　　　　　　　B. 转速　　　　　　　　C. 添加剂　　　　　　　D. 噪音

561. BBB013　选用润滑油脂最主要的依据是(　　　)。
　　A. 黏度　　　　　　　　B. 机械稳定性　　　　　C. 使用寿命　　　　　　D. 热稳定性

562. BBB014　机泵加润滑油时,一般用(　　　)。
　　A. 油壶　　　　　　　　B. 油桶　　　　　　　　C. 油站　　　　　　　　D. 都可以

563. BBB014　皂基润滑脂一般分为(　　　)。
　　A. 润滑脂和润滑油　　　　　　　　　　　B. 钠基和钙基润滑脂
　　C. 钠基和氨基润滑脂　　　　　　　　　　D. 碱基和酸基润滑脂

564. BBB014　脂润滑适合于(　　　)。
　　A. 转速较低的设备　　　　　　　　　　　B. 转速较高的设备
　　C. 功率大的设备　　　　　　　　　　　　D. 小功率设备

565. BCA001　升温烧嘴燃烧不好的原因,描述不正确的是(　　　)。
　　A. 液化气伴热不好　　　　　　　　　　　B. 空气带水严重
　　C. 液化气/空气配比不合适　　　　　　　D. 点火器点火不好

566. BCA001 气化炉烘炉采取的方式是( )。

A. 直接烘炉
B. 投料低温烘炉
C. 点燃升温烧嘴烘炉
D. 对流烘炉

567. BCA001 导致烧嘴冷却水回水温度升高的几个原因中,不正确的一个是( )。

A. 烧嘴冷却水量偏低
B. 气化炉反应温度升高
C. 烧嘴损坏
D. 烧嘴冷却水量偏高

568. BCA002 造成变换系统法兰腐蚀的主要物质是( )。

A. 硫化氢
B. 氨
C. 甲醇
D. 二氧化碳

569. BCA002 设备法兰温度升高后进行热紧主要是( )。

A. 防止法兰泄漏
B. 防止法兰变形
C. 防止材质变形
D. 保证垫片的强度

570. BCA002 设备法兰温度升高后进行热紧主要是( )。

A. 防止材质变形
B. 防止法兰变形
C. 消除螺栓的膨胀
D. 保证垫片的强度

571. BCA003 以下不是深冷设备冷损的主要原因的是( )。

A. 保冷效果差
B. 换热器复热不均
C. 设备管线泄漏
D. 操作温度低

572. BCA003 冷箱壳体压力是依靠( )来维持的。

A. 冷箱吹扫氮
B. 氢气/氮气泄漏气
C. 高压氮泄漏气
D. 以上都不对

573. BCA003 冷箱壳体充氮的作用是( )。

A. 保持填充物干燥,放止空气进入结冰造成冷量损失
B. 保持填充物干燥,放止压力过低造成冷量损失
C. 填充物保持高压,放止压力过低造成填充物损失
D. 保持壳体微正压,放止填充物沉积破损

574. BCA004 离心泵打不上液的原因有( )。

A. 泵内有气;安装高度过低;进出口阀故障未打开;进液气化严重;负荷过低
B. 泵内有气;入口管线堵塞;进出口阀故障未打开;进液气化严重;叶轮脱落
C. 入口管线堵塞;进出口阀故障未打开;进液气化严重;叶轮脱落;最小回流阀开度过大
D. 入口管线堵塞;安装高度过低;进出口阀故障未打开;冷却时间过长;负荷过低

575. BCA004 离心泵抽空的因素有( )。

A. 授液罐无液;泵内或入口管线有存气;出口管线或滤网堵塞严重;电动机与泵的转向不对
B. 授液罐无液;泵内或入口管线有存气;入口管线或滤网堵塞严重;吸入压力不高于液体的饱和蒸汽压
C. 授液罐无液;泵内或入口管线有存气;入口管线或滤网堵塞严重;电动机与泵的转向不对
D. 授液罐无液;泵内或入口管线有存气;出口管线或滤网堵塞严重;吸入压力不高于液体的饱和蒸汽压

576. BCA004 两台扬程不等的离心泵串联操作时,应把扬程高的离心泵放置在(　　)。

　　A. 排出端　　　　　　　B. 吸入端　　　　　C. 都可以　　　　　　D. 不能确定

577. BCA005 离心泵机械密封泄漏的原因有(　　)。

　　A. 密封太紧　　　　　　B. 周期性漏损　　　C. 密封润滑不好　　　D. 密封未加润滑脂

578. BCA005 离心泵机械密封泄漏的原因有(　　)。

　　A. 密封太紧　　　　　　B. 经常性漏损　　　C. 密封润滑不好　　　D. 密封未加润滑脂

579. BCA005 离心泵机械密封泄漏的原因有(　　)。

　　A. 密封太紧　　　　　　B. 突然性漏损　　　C. 密封润滑不好　　　D. 密封未加润滑脂

580. BCA006 离心泵转数由 n_1 变为 n_2,其流量 Q_1 到 Q_2 的变化符合(　　)。

A. $\dfrac{Q_1}{Q_2}=\dfrac{n_1}{n_2}$ 　　　　B. $\dfrac{Q_2}{Q_1}=\dfrac{n_1}{n_2}$ 　　　C. $\dfrac{Q_1}{Q_2}=\left(\dfrac{n_1}{n_2}\right)^2$ 　　　D. $\dfrac{Q_1}{Q_2}=\left(\dfrac{n_1}{n_2}\right)^3$

581. BCA006 离心泵的转速越高,对泵体振动的要求(　　)。

　　A. 越低　　　　　　　　B. 不变　　　　　　C. 越高　　　　　　　D. 不允许振动

582. BCA006 离心泵振动大的因素叙述正确的是(　　)。

　　A. 泵轴与电动机轴不同心;产生气蚀;输送液体中含有气体;转动部分不平衡;地脚螺栓松动

　　B. 泵轴与电动机轴不同心;产生气蚀;输送液体中含有气体;润滑油变质;转动部分不平衡;地脚螺栓松动

　　C. 泵轴与电动机轴不同心;产生气蚀;输送液体中溶有气体;转动部分不平衡;地脚螺栓松动

　　D. 泵轴与电动机轴不同心;产生气蚀;输送液体中溶有气体;出口阀没有全开;转动部分不平衡;地脚螺栓松动

583. BCA007 离心泵汽蚀的根本原因是离心泵入口处的最低压力(　　)输送介质的饱和蒸汽压。

　　A. 大于　　　　　　　　B. 不大于　　　　　C. 不等于　　　　　　D. 无法确定

584. BCA007 多级离心泵发生汽蚀现象的部位是(　　)。

　　A. 第一级叶轮　　　　　B. 中间一级叶轮　　C. 最后一级叶轮　　　D. 无法判断

585. BCA007 离心泵启动时出口阀长时间未打开容易造成(　　)。

　　A. 泵体发热　　　　　　B. 轴承发热　　　　C. 填料发热　　　　　D. 消耗功率过大

586. BCA008 会导致离心泵过载的原因是(　　)。

　　A. 出口阀开度过小　　　　　　　　　　　B. 出口阀开度过大

　　C. 入口阀开度过小　　　　　　　　　　　D. 入口阀开度过大

587. BCA008 离心泵转数由 n_1 变为 n_2,其流量 Q_1 到 Q_2 的变化符合(　　)。

A. $\dfrac{Q_1}{Q_2}=\dfrac{n_1}{n_2}$ 　　　　B. $\dfrac{Q_2}{Q_1}=\dfrac{n_1}{n_2}$ 　　　C. $\dfrac{Q_1}{Q_2}=\left(\dfrac{n_1}{n_2}\right)^2$ 　　　D. $\dfrac{Q_1}{Q_2}=\left(\dfrac{n_1}{n_2}\right)^3$

588. BCA008 离心泵在轴承壳体上最高温度为80℃,一般轴承温度在(　　)以下。

　　A. 40℃　　　　　　　　B. 50℃　　　　　　C. 60℃　　　　　　　D. 70℃

589. BCA009　油过滤器阻力高,有可能是(　　)。

　　A. 滤网目数少　　　　　　　　　　B. 介质流量增加

　　C. 介质温度低　　　　　　　　　　D. 介质流量减小

590. BCA009　下面对过滤器阻力无影响的是(　　)。

　　A. 过滤器目数　　　B. 过滤器大小　　　C. 介质纯度　　　D. 介质密度

591. BCA009　过滤器阻力显示增大,下面的处理方法不正确的是(　　)。

　　A. 清洗或更换　　　B. 联系有关人员　　　C. 停车　　　D. 检查压差表

592. BCA010　在正常操作中,遇见阀门连接丝杆有卡涩现象,其关键原因是(　　)。

　　A. 连接丝母损坏　　　B. 阀杆断裂　　　C. 阀座有裂纹　　　D. 无法判断

593. BCA010　阀门一般用来控制流体的(　　)。

　　A. 流量和液位　　　B. 压力和液位　　　C. 流量和压力　　　D. 流量

594. BCA010　仪表调节阀的常见故障有(　　)。

　　A. 定位器故障、反馈杆故障、气源故障、变送器故障

　　B. 定位器故障、开方器故障、变送器故障、调节器故障

　　C. 定位器故障、反馈杆故障、气源故障、压力表故障

　　D. 定位器故障、反馈杆故障、开方器故障、变送器故障

595. BCA011　电动机(　　)阶段电动机的电流最大。

　　A. 启动　　　　　B. 正常运动　　　　　C. 停止　　　　　D. 提负荷

596. BCA011　离心泵气缚现象的发生是因为(　　)。

　　A. 没有对泵体进行加热　　　　　　B. 没有对泵体进行冷却

　　C. 没有给泵盘车　　　　　　　　　D. 没有进行灌泵排气操作

597. BCA011　对于离心泵轴承温度异常升高的原因,说法错误的是(　　)。

　　A. 轴承冷却水量少或中断　　　　　B. 润滑油量少或中断

　　C. 环境温度高　　　　　　　　　　D. 润滑油质量不合格

598. BCA012　造成离心泵气缚现象发生的原因是(　　)。

　　A. 泵加热不充分　　　　　　　　　B. 泵体倒淋未排放

　　C. 泵未从高点排气　　　　　　　　D. 输送介质温度过高

599. BCA012　离心泵气缚现象的发生是因为(　　)。

　　A. 没有对泵体进行加热　　　　　　B. 没有对泵体进行冷却

　　C. 没有给泵盘车　　　　　　　　　D. 没有进行灌泵排气操作

600. BCA012　以下不是造成离心泵打量不好的因素有(　　)。

　　A. 吸入管堵塞　　　　　　　　　　B. 出口管有空气

　　C. 泵未排气　　　　　　　　　　　D. 吸入液体黏度太大

601. BCA013　换热器热负荷变化,其出入口温差(　　)。

　　A. 增大　　　　　　　　　　　　　B. 减小

　　C. 不变　　　　　　　　　　　　　D. 其他三项都有可能

602. BCA013　被加热介质入口温度增加,其他条件不变,则其出入口温差(　　)。

　　A. 不变　　　　　B. 升高　　　　　C. 降低　　　　　D. 无法判断

603. BCA013　换热器循环水出入口温差上升是由于(　　)。

A. 循环水量增加　　　　　　　　　B. 循环水量减少

C. 循环水入口温度升高　　　　　　D. 循环水出口温度下降

604. BCA014　机泵运行期间,润滑油量过低会导致轴承温度(　　)。

A. 升高　　　　　B. 不变　　　　　C. 降低　　　　　D. 不能确定

605. BCA014　对于离心泵轴承温度异常升高的原因,说法错误的是(　　)。

A. 轴承冷却水量少或中断　　　　　B. 润滑油量少或中断

C. 环境温度高　　　　　　　　　　D. 润滑油质量不合格

606. BCA014　离心泵在轴承壳体上最高温度为80℃,一般轴承温度在(　　)以下。

A. 40℃　　　　　B. 50℃　　　　　C. 60℃　　　　　D. 70℃

607. BCB007　离心泵气缚的危害很多,主要有:使泵产生噪声和振动,机械效率下降,甚至泵的性能曲线发生变化。其具体的处理方法为(　　)。

A. 提高工作压力　　　　　　　　　B. 增大泵的叶轮直径

C. 停泵排气　　　　　　　　　　　D. 加长泵吸入口管的长度

608. BCB007　气缚是离心泵在运行过程中一种不正常现象,一旦发生时,主要采取的措施是(　　)。

A. 调节增大离心泵的入口压力　　　B. 停泵排气

C. 增加泵的入口流量　　　　　　　D. 降低被输介质的温度

609. BCB007　离心泵气缚现象发生后处理方法正确的是(　　)。

A. 停泵排气　　　　　　　　　　　B. 增加入口阀的开度

C. 增加出口阀的开度　　　　　　　D. 开泵体导淋排放

610. BCB008　导致离心泵汽蚀现象发生的原因中,描述不正确的是(　　)。

A. 入口管线阻力大　　　　　　　　B. 泵输出流量过小

C. 泵入口压力下降　　　　　　　　D. 泵入口压力上升

611. BCB008　导致离心泵汽蚀现象发生的原因中,描述不正确的是(　　)。

A. 入口管线阻力大　　　　　　　　B. 泵输出流量过小

C. 泵输出流量过大　　　　　　　　D. 泵入口压力下降

612. BCB008　离心泵气蚀的根本原因是离心泵入口处的最低压力(　　)输送介质的饱和蒸汽压。

A. 大于　　　　　B. 不大于　　　　C. 不等于　　　　D. 无法确定

613. BCB009　可能导致过滤器阻力增大的原因中,错误的是(　　)。

A. 杂质堵塞过滤器　　　　　　　　B. 工艺状况波动

C. 过滤器目数太低　　　　　　　　D. 过滤器目数太高

614. BCB009　过滤器阻力显示增大,下面的处理方法不正确的是(　　)。

A. 清洗或更换　　B. 联系有关人员　C. 停车　　　　　D. 检查压差表

615. BCB009　过滤器阻力高,有可能是(　　)。

A. 滤网目数少　　　　　　　　　　B. 介质流量增加

C. 介质温度高　　　　　　　　　　D. 介质流量减小

616. BCB010　机械接触式密封一般用在(　　)。
　　A. 段间密封　　　　　　B. 离心泵　　　　　　C. 真空泵　　　　　　D. 级间密封

617. BCB010　阀门填料密封泄漏不大时,要(　　)。
　　A. 紧填料压盖　　　B. 开大阀门　　　　C. 阀杆加油　　　　D. 管道泄压

618. BCB010　填料密封的特点是(　　)。
　　A. 结构简单　　　　　B. 结构复杂　　　　C. 功率损失小　　　　D. 无泄漏

619. BCB011　阀门填料密封泄漏不大时,可(　　)。
　　A. 紧填料压盖　　　B. 开大阀门　　　　C. 阀杆加油　　　　D. 管道泄压

620. BCB011　填料密封泄漏不大时,要(　　)。
　　A. 增加密封介质　　　B. 紧固密封介质　　　C. 减负荷　　　　D. 加负荷

621. BCB011　填料密封的特点是(　　)。
　　A. 结构简单　　　　　B. 结构复杂　　　　C. 功率损失小　　　　D. 无泄漏

622. BCB013　换热器发生气阻现象,会造成(　　)。
　　A. 出入口温差减小　　　　　　　　B. 冷源流量增大
　　C. 热源流量增大　　　　　　　　　D. 出入口温差增加

623. BCB013　换热器被加热介质出入口温差上升,需要(　　)。
　　A. 减少热源量　　　　　　　　　　B. 减少冷源量
　　C. 增加热源量　　　　　　　　　　D. 增加热源入口压力

624. BCB013　换热器循环水出入口温差上升是由于(　　)。
　　A. 循环水量增加　　　　　　　　　B. 循环水量减少
　　C. 循环水入口温度升高　　　　　　D. 循环水出口温度下降

625. BCB014　对于离心泵轴承温度异常升高的原因,说法错误的是(　　)。
　　A. 轴承冷却水量少或中断　　　　　B. 润滑油量少或中断
　　C. 环境温度高　　　　　　　　　　D. 润滑油质量不合格

626. BCB014　对于离心泵轴承润滑油的作用描述不正确的是(　　)。
　　A. 防止轴承磨损　　　B. 清洗轴承　　　　C. 冷却轴承　　　　D. 防止气缚

627. BCB014　机泵运行期间,润滑油量过低会导致轴承温度(　　)。
　　A. 升高　　　　　　　B. 不变　　　　　　C. 降低　　　　　　D. 不能确定

628. BCB015　滑动轴承的润滑主要属于(　　)。
　　A. 流体润滑　　　　　B. 边界润滑　　　　C. 间隙润滑　　　　D. 混合润滑

629. BCB015　下面的轴承型号哪一种是单列向心球轴承(　　)。
　　A. 2312　　　　　　　B. 31309　　　　　　C. 6307　　　　　　D. NU309

630. BCB015　滑动轴承的润滑主要属于(　　)。
　　A. 流体润滑　　　　　B. 边界润滑　　　　C. 间隙润滑　　　　D. 混合润滑

631. BCB016　在换热器中,如换热器内漏,造成气相漏进液相且不严重时,则要(　　)。
　　A. 在换热器高点排气　　　　　　　B. 降低气相压力
　　C. 在气相管线排液　　　　　　　　D. 降低液相压力

632. BCB016　在气相压力低于液相压力的换热器内发生轻微泄漏后,应当(　　)。

　　A. 在换热器低点排气　　　　　　　　B. 提高气相压力

　　C. 提高液相压力　　　　　　　　　　D. 在气相管线最低处排液

633. BCB016　以下不是换热器出入口温差上升的主要原因有(　　)。

　　A. 结垢　　　　　　　　　　　　　　B. 循环水量减少

　　C. 被加热介质的内能增加　　　　　　D. 换热器内漏

634. BCB017　以下不是氢回收深冷设备冷损的主要原因有(　　)。

　　A. 保冷效果差　　　　　　　　　　　B. 换热器复热不均

　　C. 设备管线泄漏　　　　　　　　　　D. 操作温度低

635. BCB017　下列有关低设备阻力增加的处理方法正确的是(　　)。

　　A. 增加保冷

　　B. 用蒸汽清理,提高设备内温度,清理阻塞物质

　　C. 减少冷箱内法兰连接

　　D. 加快开车进度

636. BCB017　下列有关低设备阻力增加的处理方法正确的是(　　)。

　　A. 增加保冷　　　　　　　　　　　　B. 化学清理,机械清理

　　C. 减少冷箱内法兰连接　　　　　　　D. 加快开车进度

637. BCB018　离心泵打不上液的原因有(　　)。

　　A. 泵内有气;安装高度过低;进出口阀故障未打开;进液气化严重;负荷过低

　　B. 泵内有气;入口管线堵塞;进出口阀故障未打开;进液气化严重;叶轮脱落

　　C. 入口管线堵塞;进出口阀故障未打开;进液气化严重;叶轮脱落;最小回流阀开度
　　　过大

　　D. 入口管线堵塞;安装高度过低;进出口阀故障未打开;冷却时间过长;负荷过低

638. BCB018　造成离心泵气缚现象发生的原因是(　　)。

　　A. 泵加热不充分　　　　　　　　　　B. 泵体倒淋未排放

　　C. 泵未从高点排气　　　　　　　　　D. 输送介质温度过高

639. BCB018　离心泵流量降低的因素叙述正确的是(　　)。

　　A. 磨损严重,叶轮腐蚀或堵塞;输送的流体温度高,有气体;润滑油变质;泵的转数不
　　　够;叶轮与泵盖的间隙大;进出口阀或管道有问题;电动机反转

　　B. 磨损严重,叶轮腐蚀或堵塞;输送的流体温度高,有气体;泵的转数不够;叶轮与泵盖
　　　的间隙大;进出口阀或管道有问题;电动机反转

　　C. 磨损严重,叶轮腐蚀或堵塞;泵轴与电动机轴不同心;输送的流体温度高,有气体;泵
　　　的转数不够;叶轮与泵盖的间隙大;进出口阀或管道有问题;电动机反转

　　D. 磨损严重,叶轮腐蚀或堵塞;输送的流体温度高,有气体;叶轮直径过大;叶轮与泵盖
　　　的间隙大;进出口阀或管道有问题;电动机反转

640. BCB019　以下不属于油系统跑油的处理方法的是(　　)。

　　A. 切断漏油阀门　　B. 停油泵　　　　C. 泥沙掩盖　　　　D. 水冲洗

641. BCB019　润滑油高位油槽跑油,有可能是(　　)。

　　A. 油压高　　　　　　B. 油压低　　　　C. 加油太快　　　　D. 开二台油泵

642. BCB019　以下不属于油系统跑油的处理方法的是(　　)。
　　A. 切断漏油阀门　　　　B. 停油泵　　　　　C. 泥沙掩盖　　　　　D. 水冲洗

643. BCB020　不能用于电气设备着火后灭火的消防器材是(　　)。
　　A. 二氧化碳　　　　　　B. 四氯化碳　　　　C. 干粉　　　　　　　D. 消防水

644. BCB020　高压电器设备或线路发生接地时,在室外扑救人员不得进入故障点(　　)。
　　A. 6m　　　　　　　　　B. 7m　　　　　　　C. 8m　　　　　　　　D. 9m

645. BCB020　高压电器设备或线路发生接地时,在室内扑救人员不得进入故障点(　　)。
　　A. 3m　　　　　　　　　B. 4m　　　　　　　C. 5m　　　　　　　　D. 6m

646. BCB021　油类燃烧属于(　　)。
　　A. 分解燃烧　　　　　　B. 蒸发燃烧　　　　C. 爆炸燃烧　　　　　D. 自燃燃烧

647. BCB021　氧气呼吸器禁止在(　　)作业中使用,空气呼吸器严禁在(　　)作业中使用。
　　A. 油类、明火,高温烘烤　　　　　　　　B. 油类、高温、明火,高温、明火烘烤
　　C. 高温、明火,高温　　　　　　　　　　D. 高温、明火,高温

648. BCB021　油类着火可以用(　　)灭火。
　　A. 二氧化碳灭火器　　B. 水　　　　　　　C. 泡沫灭火器　　　　D. 干粉灭火器

649. BCB022　甲醇是一种(　　)溶剂。
　　A. 酸性　　　　　　　　B. 碱性　　　　　　C. 非极性　　　　　　D. 极性

650. BCB022　关于甲醇叙述正确的是(　　)。
　　A. 甲醇能用作制酒
　　B. 甲醇不能与水互溶
　　C. 甲醇比水重
　　D. 甲醇可用作甲醛、氯甲烷及其他化合物的原料

651. BCB022　常压下甲醇的沸点为(　　)。
　　A. 100℃　　　　　　　B. 64.5℃　　　　　C. 85.1℃　　　　　　D. 76.5℃

652. BCB023　下列对液化气泄漏处理不正确的是(　　)。
　　A. 切断泄漏阀门　　　　　　　　　　　　B. 降低液化气压力
　　C. 用水对泄漏点冲洗　　　　　　　　　　D. 用蒸汽对泄漏点冲洗

653. BCB023　下列导致液化气带液的原因中不正确的是(　　)。
　　A. 液化气蒸发器液位过高　　　　　　　　B. 液化气含水过高
　　C. 液化气系统伴热蒸汽未投用　　　　　　D. 液化气蒸发器液位过低

654. BCB023　对天然气的泄漏以下处理不当的是(　　)。
　　A. 用氮气吹扫稀释泄漏的天然气　　　　　B. 降低天然气压力
　　C. 提高天然气压力　　　　　　　　　　　D. 做停车准备

655. BCB024　对天然气的泄漏以下处理不当的是(　　)。
　　A. 用氮气吹扫稀释泄漏的天然气　　　　　B. 降低天然气压力
　　C. 提高天然气压力　　　　　　　　　　　D. 做停车准备

656. BCB024　用于进出厂计量,气体(天然气、瓦斯等)计量表配备的精度要求为(　　)。
　　A. ±2.5%　　　　　　　B. ±0.35%　　　　　C. ±1.0%　　　　　　D. 1.5%

657. BCB024 天然气进行预热的目的是(　　)。

A. 便于天然气的输送　　　　　　　　B. 降低气化炉的反应温度

C. 提高工艺气产量　　　　　　　　　D. 减少气化炉的耗氧量

658. BCB025 判断离心泵润滑油变质的首要措施是(　　)。

A. 停车检查　　　　　　　　　　　　B. 目测

C. 取样进行油品分析　　　　　　　　D. 继续使用

659. BCB025 在离心泵润滑油变质后,为了减少润滑转动部位的磨损损坏,降低受损程度首先要处理的主要环节是(　　)。

A. 切换清理油过滤器　　　　　　　　B. 清理置换油箱补充新油

C. 停泵查找油质发生变化的原因　　　D. 吹扫油路管线

660. BCB025 离心泵振动大的因素叙述正确的是(　　)。

A. 泵轴与电动机轴不同心;产生气蚀;输送液体中含有气体;转动部分不平衡;地脚螺栓松动

B. 泵轴与电动机轴不同心;产生气蚀;输送液体中含有气体;润滑油变质;转动部分不平衡;地脚螺栓松动

C. 泵轴与电动机轴不同心;产生气蚀;输送液体中溶有气体;转动部分不平衡;地脚螺栓松动

D. 泵轴与电动机轴不同心;产生气蚀;输送液体中溶有气体;出口阀没有全开;转动部分不平衡;地脚螺栓松动

661. BCB026 干粉灭火器使用时(　　)。

A. 先取保险销　　　　　　　　　　　B. 先要颠倒摇动

C. 先按压把　　　　　　　　　　　　D. 先按压把再取保险销

662. BCB026 干粉灭火器使用时,喷嘴对准(　　)。

A. 火焰顶部　　　　　　　　　　　　B. 火焰中部

C. 火焰根部　　　　　　　　　　　　D. 对准火焰的任意部位

663. BCB026 下面不适合使用干粉灭火器的是(　　)。

A. 易燃液体　　　　　　　　　　　　B. 可燃气体

C. 电气设备　　　　　　　　　　　　D. 可燃固体

664. BCB027 填料密封泄漏增大时,要(　　)。

A. 增加密封介质　　　　　　　　　　B. 紧固或更换密封介质

C. 减负荷　　　　　　　　　　　　　D. 加负荷

665. BCB027 填料密封的特点是(　　)。

A. 结构简单　　　B. 结构复杂　　　C. 功率损失小　　　D. 无泄漏

666. BCB027 阀门填料密封泄漏不大时,要(　　)。

A. 紧填料压盖　　　B. 开大阀门　　　C. 阀杆加油　　　D. 管道泄压

667. BCB028 下列不属于可燃气体着火爆炸的预防措施是(　　)。

A. 在可燃气体的管线上配有氮气　　　B. 对电仪节点进行正压保护

C. 对泄漏的可燃气体用惰气进行稀释　D. 设消防箱

668. BCB028　下列不属于可燃气体着火爆炸的预防措施是(　　)。

A. 在可燃气体的管线上配有氮气　　B. 对电仪节点进行正压保护

C. 对泄漏的可燃气体用惰气进行稀释　D. 设消防箱

669. BCB028　对天然气的泄漏以下处理不当的是(　　)。

A. 用氮气吹扫稀释泄漏的天然气　　B. 降低天然气压力

C. 提高天然气压力　　　　　　　　D. 做停车准备

670. BCB029　下列不属于有毒物质进入人体途径的是(　　)。

A. 皮肤　　　　　B. 消化道　　　　C. 呼吸道　　　　D. 血液

671. BCB029　下列对液化气泄漏处理不正确的是(　　)。

A. 切断泄漏阀门　　　　　　　　　B. 降低液化气压力

C. 用水对泄漏点冲洗　　　　　　　D. 用蒸汽对泄漏点冲洗

672. BCB029　对天然气的泄漏以下处理不当的是(　　)。

A. 用氮气吹扫稀释泄漏的天然气　　B. 降低天然气压力

C. 提高天然气压力　　　　　　　　D. 做停车准备

673. BCB030　下列不属于氧气呼吸器的部件的是(　　)。

A. 氧气瓶　　　　B. 呼吸管　　　　C. 过滤器　　　　D. 气囊

674. BCB030　不属于隔离式防毒面具的是(　　)。

A. 空气呼吸器　　B. 氧气呼吸器　　C. 过滤罐　　　　D. 长管式面具

675. BCB030　下列不属于氧气呼吸器的部件的是(　　)。

A. 氧气瓶　　　　B. 呼吸管　　　　C. 过滤器　　　　D. 气囊

676. BCB031　当触电人心跳停止呼吸中断时,应立即采用(　　)进行抢救。

A. 人工呼吸　　　　　　　　　　　B. 胸外心脏按压

C. 人工呼吸和胸外心脏按压　　　　D. 送医院救护

677. BCB031　当触电人有呼吸但心跳停止时,应立即采用(　　)进行抢救。

A. 人工呼吸　　　　　　　　　　　B. 胸外心脏按压

C. 人工呼吸和胸外心脏按压　　　　D. 送医院救护

678. BCB031　人工呼吸时,其速度应保持在(　　)。

A. 12~16 次/min　　　　　　　　B. 15~20 次/min

C. 20~30 次/min　　　　　　　　D. 18~24 次/min

679. BCB032　使用过滤式防毒面具要求作业现场空气中的氧含量不低于(　　)。

A. 17%　　　　　B. 18%　　　　　C. 19%　　　　　D. 20%

680. BCB032　过滤式防氨面具的代号是(　　)。

A. MP3$^{\#}$　　　　　B. MP4$^{\#}$　　　　　C. MP5$^{\#}$　　　　　D. MP6$^{\#}$

681. BCB032　滤毒罐的储存期为(　　)年。

A. 5　　　　　　　B. 6　　　　　　　C. 7　　　　　　　D. 8

682. BCB033　在使用长管面具时,(　　)。

A. 监护人要听从被监护人的指挥　　B. 被监护人要听从监护人的指挥

C. 可以互相指挥　　　　　　　　　D. 不需要监护人

683. BCB033　长管面具的胶皮软管长度是(　　)。

　　A. 20m　　　　　　　　B. 25m　　　　　　　C. 30m　　　　　　　D. 10m

684. BCB033　长管面具适合于(　　)。

　　A. 氧含量低于18%的场合　　　　　　B. 移动范围大的地方

　　C. 毒区范围大的地方　　　　　　　　D. 移动范围小的地方

685. BCB001　升温烧嘴燃烧不好的原因,描述不正确的是(　　)。

　　A. 液化气伴热不好　　　　　　　　　B. 空气带水严重

　　C. 液化气/空气配比不合适　　　　　　D. 点火器点火不好

686. BCB001　升温烧嘴燃烧不好的原因,描述正确的是(　　)。

　　A. 液化气伴热不好　　　　　　　　　B. 空气中不带水分

　　C. 液化气/空气配比合适　　　　　　　D. 点火器点火不好

687. BCB001　升温烧嘴燃烧不好的原因,描述正确的是(　　)。

　　A. 液化气有伴热　　　　　　　　　　B. 空气带水严重

　　C. 液化气/空气配比合适　　　　　　　D. 点火器点火不好

688. BCB002　造成变换系统法兰腐蚀的主要物质是(　　)。

　　A. 硫化氢　　　　　　B. 二氧化碳　　　　　C. 水　　　　　　　D. 氨

689. BCB002　变换系统发生泄漏后应当(　　)。

　　A. 允许动火　　　　　　　　　　　　B. 严禁在附近动火

　　C. 经过批准可以动火　　　　　　　　D. 可以去焊接漏点

690. BCB002　低变开工加热器的出口温度低,正确的处理方法是(　　)。

　　A. 降低蒸汽加入量　　　　　　　　　B. 提高氮气流量

　　C. 检查疏水器运行正常　　　　　　　D. 一定是温度指示问题

691. BCB003　以下哪项是深冷设备冷损的处理方法(　　)。

　　A. 增加保冷　　　　　　　　　　　　B. 均匀换热器复热

　　C. 冷箱内的设备关键用法兰练级　　　D. 降低操作温度

692. BCB003　以下属于深冷设备冷损的处理方法的是(　　)。

　　A. 减少保冷　　　　　　　　　　　　B. 均匀换热器复热

　　C. 冷箱内的设备管线用法兰连接　　　D. 降低操作温度

693. BCB003　以下哪项是深冷设备冷损的处理方法(　　)。

　　A. 减少保冷　　　　　　　　　　　　B. 均匀换热器复热

　　C. 减少冷箱内的设备管线的法兰连接　　D. 降低操作温度

694. BCB004　发生液氨泄漏时正确的逃生方向是(　　)。

　　A. 逆风方向撤至上风处

　　B. 顺风方向撤离

　　C. 垂直风向撤离

　　D. 视情况选择逆风或侧向逆风撤离至上风口

695. BCB004　以下那项不是报警时应说清的内容(　　)。

　　A. 发生的时间、地点　　B. 泄漏的物质　　　C. 是否发生燃烧爆炸　　D. 事故风向

696. BCB004　冷冻系统检修后氮气置换后还要进行(　　)置换。

　　A. 氢气　　　　　　　B. 合成气　　　　　　C. 氨气　　　　　　　D. 氩气

697. BCB005　当压缩气体不允许外泄,一般用(　　)。

　　A. 干气密封　　　　　B. 密宫密封　　　　　C. 机械密封　　　　　D. 填料密封

698. BCB005　对于机械密封的作用描述不正确的是(　　)。

　　A. 防止泵内介质外漏　　　　　　　B. 防止空气进入泵内

　　C. 防止泵的机械磨损　　　　　　　D. 提高泵的工作效率

699. BCB005　对于机械密封的作用描述不正确的是(　　)。

　　A. 防止泵内介质外漏　　　　　　　B. 防止空气进入泵内

　　C. 防止泵的机械磨损　　　　　　　D. 提高泵的工作效率

700. BCB006　离心泵振动大的因素叙述正确的是(　　)。

　　A. 泵轴与电动机轴不同心;产生气蚀;输送液体中含有气体;转动部分不平衡;地脚螺栓松动

　　B. 泵轴与电动机轴不同心;产生气蚀;输送液体中含有气体;润滑油变质;转动部分不平衡;地脚螺栓松动

　　C. 泵轴与电动机轴不同心;产生气蚀;输送液体中溶有气体;转动部分不平衡;地脚螺栓松动

　　D. 泵轴与电动机轴不同心;产生气蚀;输送液体中溶有气体;出口阀没有全开;转动部分不平衡;地脚螺栓松动

701. BCB006　以下不是离心泵振动大的原因有(　　)。

　　A. 汽化　　　　　　　B. 泵轴承损坏　　　　C. 入口管线结堵　　　D. 电流大

702. BCB006　下面不是离心泵振动大的原因有(　　)。

　　A. 离心泵入口滤网结堵　　　　　　B. 泵体螺栓松动

　　C. 泵体叶轮损坏、破裂　　　　　　D. 电流大

二、判断题(对的打"√",错的打"×")

(　　)1. BDA001　化工设备图的管口表中各管口的序号用小写英文字母。

(　　)2. BDA002　工艺流程图中,主要物料(介质)的流程线用细实线表示。

(　　)3. BDA003　在工艺流程图中,表示机泵的表示方法是⊖→。

(　　)4. BDA004　在工艺流程图中,换热设备的表示方法是▭。

(　　)5. BDA005　在工艺流程图中,塔器的表示方法是▢。

(　　)6. BDA006　在工艺流程图中,运载容器的表示方法是⬭。

(　　)7. BDA008　在工艺流程图中,符号——▮●▮——表示的是蝶阀。

(　　)8. BDA009　阅读化工设备图,要了解零(部)件的装配连接关系。

(　　)9. BDA010　阅读化工设备图的方法是首先是概括了解。

(　　)10. BDB001　摄氏温度与华氏温度的换算关系为$t = \dfrac{5}{9}(t_1 - 32)$。

（　　）11. BDB002　从化学平衡的角度分析,增加压力对提高天然气的部分氧化反应转化率有利。

（　　）12. BDB003　吸收效果的好坏可用吸收率来表示,在气体吸收过程中吸收质被吸收的量与其原在惰性气体中的含量之比称为吸收率。

（　　）13. BDB004　在一定的压缩比下,气体成分不变时,压缩功的大小与气体进口温度成正比,尽可能降低进口气体温度可以省功。

（　　）14. BDB005　离心式压缩机排气压力的计算公式为 $p_2 = \left(\dfrac{1-\lambda_0+\varepsilon}{\varepsilon} \right)^k \cdot p_1$。

（　　）15. BDB006　脱碳系统原始开车时需要配制 220t 脱碳液,其中化学助剂 PIP 含量为3%,所需化学助剂 PIP 的注入量为 6.6t。

（　　）16. BDB007　变换率计算公式 $X = \dfrac{R_1-R_2}{R_1(1+R_2)} \times 100\%$ 中,R_1 指变换前原料气中一氧化碳的体积百分数。

（　　）17. BDB009　某气体流经内径为 300mm 的管线,其体积流量为 1876m³/h,则气体在管内的流速为 7.376m/s。

（　　）18. BAA001　脱硫塔预洗段用大量甲醇脱出工艺气中的硫化氢。

（　　）19. BAA002　低温甲醇洗脱碳是利用二氧化碳在低温甲醇中溶解度很小的特性。

（　　）20. BAA003　气化炉开车引入天然气前必须对天然气管线进行氮气置换。

（　　）21. BAA004　液化气是一种有毒、易燃、不易压缩的气体。

（　　）22. BAA005　甲醇洗单元引甲醇前不需要氮气置换。

（　　）23. BAA006　冷冻系统引氨前仅使用氮气对系统进行置换。

（　　）24. BAA007　建立蒸汽管网应当遵循的原则是分段接收逐步提压。

（　　）25. BAA008　开工加热炉炉内燃料气燃烧好坏并不影响炉膛负压。

（　　）26. BAA009　伴热蒸汽管线投用时应严防水击。

（　　）27. BAA010　气化炉升温负压器的作用是使气化炉产生负压。

（　　）28. BAA011　烧嘴冷却水系统采用高压氮气升压是为了提高冷却水输送动力。

（　　）29. BAA012　低温甲醇洗单元在原料气换热器中喷淋甲醇的目的是对原料气进行预洗。

（　　）30. BAA013　文丘里的工作原理是利用工艺气在喉管内的高速流动冲击喷入的洗涤水而使其雾化,工艺气中的碳黑被水雾湿润而聚结成较大的颗粒,得以在碳黑洗涤塔内被分离下来。

（　　）31. BAA014　润滑油"三级过滤"目的是及时准确地给润滑点加油。

（　　）32. BAA015　气化炉建立氧气放空要在蒸汽放空前。

（　　）33. BAA016　送气化单元激冷管激冷水流量偏低会造成碳黑水浓度超标。

（　　）34. BAA017　文丘里的工作原理是利用工艺气在喉管内的高速流动冲击喷入的洗涤水而使其雾化,工艺气中的碳黑被水雾湿润而聚结成较大的颗粒,得以在碳黑洗涤塔内被分离下来。

（　　）35. BAB001　投用水冷却器时开入口循环水阀后不用排气就可以开出口循环水阀。

（　）36. BAB002　开工加热炉必须在负压下运行。

（　）37. BAB003　液化气含水会造成液化气带液。

（　）38. BAB004　合成气水冷却器设置爆破板是为了保护合成塔进出气换热器。

（　）39. BAB005　开工加热炉在液化气没有点燃的情况下可以直接点燃燃料气。

（　）40. BAB006　如果氨冷器中液氨的水或油含量升高应及时置换，以提升其换热效果。

（　）41. BAB007　甲醇洗的热再生塔再沸器使用的是低压蒸汽。

（　）42. BAB008　甲醇洗循环气压缩机入口分离器设有液位"高高"和"低低"联锁。

（　）43. BAB009　在冷甲醇泵启动前需要将泵冷却到接近介质温度方可启动。

（　）44. BAB010　启动变换热水泵备用泵前需要通过泵体高点排放进行排气操作。

（　）45. BAB011　火炬设置保安氮的作用是对火炬杂质进行吹扫。

（　）46. BAB012　回收脱碳单元中压闪蒸气可以减少工艺气的损失。

（　）47. BAB013　相同温度下，液氨的比重比氨水的密度小。

（　）48. BAB014　液氮洗设置液态一氧化碳泵是为了将回收一氧化碳。

（　）49. BAB015　烧嘴冷却水系统采用高压氮气升压是为了提高冷却水输送动力。

（　）50. BAB016　气化炉升温负压器的作用是使气化炉产生负压。

（　）51. BAB017　甲醇洗在开车前发现甲醇中水含量过高，不但应开启甲醇水精馏塔进行脱水，而且应当用新鲜甲醇对原系统中含水量过高的甲醇进行置换。

（　）52. BAB018　甲醇洗装置开车过程中降温要严格按照降温速率进行降温。

（　）53. BAB019　合成开工加热炉置换点火前需检查风门和烟道盖板是否打开。

（　）54. BAB020　冷冻系统开车升压过程中可适当打开冰机出口排惰阀，将系统内不凝气排出系统。

（　）55. BAB021　液氮洗涤塔的操作压力大于前工序的操作压力。

（　）56. BAB022　提高操作温度对氮洗分子筛吸附有利。

（　）57. BAB023　为保证碳黑洗涤塔洗涤效果，通入洗涤塔的洗涤水量越大越好。

（　）58. BAB024　气化废热锅炉停车后的干法保护是将锅炉排净液位后通入氮气保护。

（　）59. BAB025　只要一氧化碳和氢气符合指标，气化单元的工艺气就可以送往后工序。

（　）60. BAB026　柱塞泵启动前要求出、入口阀均打开。

（　）61. BAB027　氧气管线和设备进行检修工作后，要严格进行脱脂工作。

（　）62. BAB028　气化炉投料后压力升至3.5MPa之后碳黑水才切入碳黑水处理系统是为保证碳黑水顺畅进入碳黑水处理系统。

（　）63. BAB029　第二台气化炉投料要在第一台气化炉的工艺气通过变换单元后进行是为了防止两台气化炉的工艺气都在开工火炬放空而造成第二台气化炉憋压。

（　）64. BAB030　气化炉投料后在压力升至3.5MPa之前工艺气塔前放空的原因之一是防止投料初期耗氧不彻底而在洗涤塔内形成爆炸性混合物易发生爆炸。

（　）65. BAB031　气化炉投料后在压力升至3.5MPa之前工艺气塔前放空的原因之一是防止投料初期耗氧不彻底而在洗涤塔内形成爆炸性混合物易发生

爆炸。

( )66. BAB032 第二台气化炉投料要在第一台气化炉的工艺气通过变换单元后进行是为了防止两台气化炉的工艺气都在开工火炬放空而造成第二台气化炉憋压。

( )67. BAC001 甲烷的部分氧化反应是放热且体积增大的反应。

( )68. BAC002 高压气化用水洗涤碳黑是利用了碳黑亲水性的特性。

( )69. BAC003 加入气化炉的氧气量越多，甲烷的部分氧化反应越充分。

( )70. BAC004 变换炉一般分多段设计，其大部分反应发生在二段。

( )71. BAC005 当甲醇温度升高时，会导致洗涤效果下降，导致洗涤塔出口工艺气质量不合格。

( )72. BAC006 液氮洗涤可以将一氧化碳含量降低到 5ppm 以下。

( )73. BAC007 合成塔出口气温度很高，因此可以生产蒸汽或加热锅炉给水。

( )74. BAC008 冷热模式切换虽不改变生产流程，但仪表控制却改变了。

( )75. BAC009 超高压氮气压缩机主要是为气化单元送氮。

( )76. BAC010 操作记录要使用仿宋体。

( )77. BAC011 操作记录要按月装订成册。

( )78. BAC012 在控制阀副线上一般设有调节阀。

( )79. BAC013 离心泵的流量与泵的转速无关。

( )80. BAC014 碳黑洗涤塔洗涤水的作用只是为了洗涤工艺原料气中的碳黑。

( )81. BAC015 蒸汽管网压力对变换废锅液位没有影响。

( )82. BAC016 离心泵设置低液位保护是为了防止泵抽空。

( )83. BAC017 甲醇系统水含量高不会造成系统腐蚀加剧。

( )84. BAC018 大量机械杂质会堵塞甲醇洗装置中的管线、换热器和泵入口，是造成甲醇洗生产波动的重要原因。

( )85. BAC019 甲醇中的酸性气体是通过闪蒸的办法脱除的。

( )86. BAC020 循环甲醇中含有铁镍等离子，会和系统中的硫发生反应生成沉淀物，堵塞换热器。

( )87. BAC021 甲醇水精馏塔塔顶馏分的纯度与回流的甲醇量没有关系。

( )88. BAC022 甲醇热再生塔再生温度的变化直接影响甲醇的再生效果。

( )89. BAC023 二氧化碳闪蒸产生的冷量是甲醇洗最大的冷量来源。

( )90. BAC024 吸收过二氧化碳的甲醇更有利于吸收硫化氢。

( )91. BAC025 二氧化碳再生系统工况不正常会影响脱碳单元出口工艺气中二氧化碳含量。

( )92. BAC026 板式换热器中某个通道的流体没有不影响板式温差。

( )93. BAC027 氮洗分子筛再生气一般只控制压力。

( )94. BAC028 合成气压缩机出口油分离器排油过程应当缓慢，以防将合成气排出。

( )95. BAC029 关闭合成工艺气旁路可以使合成副产蒸汽温度下降。

( )96. BAC030 氨分离器液位过高会造成合成气压缩机带液。

（　　）97. BAC031　氨冷冻是利用了氨沸点随压力变化的特性。

（　　）98. BAC032　氨净值升高,氨产量增加。

（　　）99. BAC033　冰机停车后可以不盘车。

（　　）100. BAC034　合成气压缩机在没有压力时才可以投密封油。

（　　）101. BAC035　气化炉5%蒸汽的作用是提高气化炉的汽/油比。

（　　）102. BAC036　气化炉的激冷水分两路进入激冷环的分配室。

（　　）103. BAD001　气化炉温度小于500℃时,可以停烧嘴冷却水。

（　　）104. BAD002　气化单元停车后,应切断进入氧气预热器的介质。

（　　）105. BAD003　天然气预热器的加热介质是过热蒸汽。

（　　）106. BAD004　气化单元停车后,应切断进入氧气预热器的介质。

（　　）107. BAD005　二氧化碳进入液氮洗涤装置冷箱后会积存到洗涤塔底部随液体排出。

（　　）108. BAD006　变换热水泵开车前需要预热是为了防止温差过大导致设备损坏。

（　　）109. BAD007　为了减少能量消耗,甲醇系统回温速度越快越好。

（　　）110. BAD008　装置检修时甲醇的排放可以和甲醇洗的回温同时进行。

（　　）111. BAD009　导热系数是物质导热性能的标志,通常在需要传热的场合,应选用导热系数大的材料,在要防止传热的场合,应选用导热系数小的物质。

（　　）112. BAD010　液氮洗涤装置液体排放时必须加热到常温才允许送出界区。

（　　）113. BAD011　液氮洗装置置换时是通过加热氮气进行的。

（　　）114. BAD012　板式换热器中某个通道的流体没有不影响板式温差。

（　　）115. BAD013　氨系统置换过程中如有必要可通入水对系统内的氨进行稀释。

（　　）116. BAD014　合成塔开工加热炉熄火后可立刻将合成塔激冷阀打开。

（　　）117. BAD015　汽轮机驱动蒸汽温度降低,会造成轴向推力增大,蒸汽消耗量增大。

（　　）118. BAD016　蒸汽温度越高,对汽轮机运行状况越好。

（　　）119. BAD017　空气呼吸器压力越高,使用时间越长。

（　　）120. BAD018　氮气管线"两切一放"的排放阀位置处在两个切断阀之间。

（　　）121. BAD019　机泵冬季检修应做好防冻工作。

（　　）122. BAD020　离心泵切出后,即可交付检修。

（　　）123. BAD021　气化炉卸压速率过快对气化炉没影响。

（　　）124. BBA001　水环式真空泵停车后必须盘车。

（　　）125. BBA002　水环式真空泵是离心式泵。

（　　）126. BBA003　在填料塔中,干锥现象是由壁流原因造成的。

（　　）127. BBA004　填料的主要作用是使气液两相充分接触。

（　　）128. BBA005　五字操作法指听、摸、查、看、闻。

（　　）129. BBA006　离心泵是由电动机或气轮机通过轴带动叶轮高速旋转使液体获得能量而完成输送任务的机械设备。

（　　）130. BBA007　离心泵启动前必须使泵内充满液体。

（　　）131. BBA008　改变输送液体的黏度对离心泵的输送能力没有影响。

（　　）132. BBA009　安装径流式叶轮的泵叫离心泵。

（　　）133. BBA010　往复泵是利用工作室容积的变化把机械能转变为静压能而吸入和排出液体的设备。

（　　）134. BBA011　隔膜泵的优点有:运行可靠,故障率低,对电压要求低,对环境要求低,维修容易。

（　　）135. BBA012　机械密封是由两个和轴垂直的相对运动的密封端面进行密封的。

（　　）136. BBA013　离心泵密封的作用是防止液体向外泄漏。

（　　）137. BBA014　联轴节(器)主要用来把两轴联接在一起,把电动机的机械能传送给泵轴,使泵获得能量,机器运转时两轴不能分离,只有机器停车,为方便检修,将联接拆开后,两轴才能分离。

（　　）138. BBA015　离心泵的汽蚀不会影响泵的流量、扬程和效率。

（　　）139. BBA016　采用填料密封的机泵填料压得越紧越好。

（　　）140. BBA017　由 Y 型离心泵的型号 250YS Ⅱ—150×2 可知该泵的吸入口直径是 250mm。

（　　）141. BBA018　离心泵电动机电源连接不正确会导致离心泵反转。

（　　）142. BBA019　填料密封结构简单,使用比较方便,但使用寿命短。

（　　）143. BBA020　轴承冷却水量少或中断会导致轴承温度升高。

（　　）144. BBA021　离心泵扬程选型时只要泵的扬程高于设备操作压力即可。

（　　）145. BBA022　有盘车装置的机组暖机时间比无盘车的长。

（　　）146. BBA023　润滑油的五定是保证转动设备安全运行的充分必要条件。

（　　）147. BBA024　润滑油碱值增加是润滑油老化的标志。

（　　）148. BBA025　润滑油"三级过滤"其目的是保证到注油点之前的润滑油干净无杂质。

（　　）149. BBA026　蛇管换热器属于列管式换热器。

（　　）150. BBA027　阀门有调节流体流量和压力的作用。

（　　）151. BBA028　内衬式阀门比较容易损坏,常见的原因是阀内衬里脱落,出现裂纹,开启时用力过大造成本体产生缺陷。

（　　）152. BBA029　楔式闸阀分单闸板,双闸板和弹性闸板。

（　　）153. BBA030　截止阀根据连接方法的不同,可分为螺纹连接和法兰连接两种。

（　　）154. BBA031　疏水阀只能装在蒸汽管线上。

（　　）155. BBA032　安全阀检验时间和压力容器检验时间间隔相同。

（　　）156. BBA033　升降式止回阀的主要结构有阀座、阀盘、阀体、阀盖、导向套筒等部分组成。

（　　）157. BBA034　截止阀根据连接方法的不同,可分为螺纹连接和法兰连接两种。

（　　）158. BBA035　整体锻造式高压容器材料利用率低。

（　　）159. BBA036　变换热水泵开车前需要进行充分预热,防止温差过大造成泵轴抱死。

（　　）160. BBA037　离心泵要采用慢速均匀的预热方法。

（　　）161. BBA038　汽蚀可以造成对叶轮的机械冲击和腐蚀,造成叶轮的严重损坏。

( )162. BBA039 不依靠动力设备抽负压的设备是烟囱。

( )163. BBA040 以 JB308-75 为标准,碟阀类型的代号是 X。

( )164. BBA041 以 JB308-75 为标准,疏水阀类型的代号是 S。

( )165. BBA042 以 JB308-75 为标准,封闭带散热片全启式安全阀结构形式的代号是"2"。

( )166. BBA043 在通常情况下,闸阀一般用于化工企业的蒸气管路中,也可以用在空气和氨气温度在 120℃ 以下的低压气体管路。

( )167. BBA044 截止阀根据连接方法的不同,可分为螺纹连接和法兰连接两种。

( )168. BBA045 疏水阀的作用是排水阻气。

( )169. BBA046 安全阀起跳压力一般为正常压力的 1.05~1.1 倍。

( )170. BBA047 爆破片是一次性使用的泄放装置。

( )171. BBA048 阻火器是防止阻火器两端的火焰互窜,以避免更大的火灾爆炸。

( )172. BBA049 爆破片一般用在介质不清洁的容器。

( )173. BBA050 离心泵启动前关闭出口阀是为了提高泵的出口压力。

( )174. BBB001 对输送低温液体的泵,在启动前都要经过预冷。

( )175. BBB002 离心泵要采用慢速均匀的预冷方法。

( )176. BBB003 离心泵检修前必须确认电机已断电。

( )177. BBB004 机泵经常盘车可以不断改变轴的受力方向,防止轴的弯曲变形。

( )178. BBB005 在有润滑油的部位,油封的主要作用是密封。

( )179. BBB007 电动机启动时,其开关电压一般大于 220V。

( )180. BBB008 润滑油(脂)的主要作用是:对转动部件的冷却、润滑和减磨作用。

( )181. BBB009 润滑油"三级过滤"目的是及时准确地给润滑点加油。

( )182. BBB010 润滑油在使用时,要定期对油品的主要物理性能黏度、闪点、燃点、机械杂质、水分含量等指标进行分析。

( )183. BBB011 离心泵不得关闭出口阀门长时间运行,否则会引起不良后果。

( )184. BBB012 润滑油(脂)的主要作用是:对转动部件的冷却、润滑和减磨作用。

( )185. BBB013 转速高,则要求润滑脂的针入度小。

( )186. BBB014 机泵润滑是通过对轴与轴承或其他接触点加注润滑油(脂),从而形成湿摩擦,达到各零部件的间接接触,使其不受磨损损坏,达到正常运转的目的。

( )187. BCA001 气化炉升温期间烧嘴的燃烧情况只与燃料气的质量有关,而与加入空气量无关。

( )188. BCA002 变换法兰大量泄漏,通常发生在系统运行阶段。

( )189. BCA003 液氮洗涤氮气管线设置两断一切的目的是防止杂质气体倒窜进氮气管线造成氮气纯度下降。

( )190. BCA004 离心泵的叶轮损坏会导致离心泵不打量。

( )191. BCA005 泵运行时在机械密封的动环和静环之间形成一层液膜,起到平衡压力、润滑和冷却端面的作用。

（　）192. BCA006　泵轴与电动机轴不同心、基础松动等都会导致离心泵产生振动。

（　）193. BCA007　离心泵启动前关闭出口阀是为了防止气蚀。

（　）194. BCA008　离心泵在轴承壳体上最高温度为80℃，一般轴承温度在60℃以下。

（　）195. BCA009　入过滤器介质密度增加，则过滤器阻力升高。

（　）196. BCA010　阀门在关闭期间，常出现物料泄漏现象，原因是阀门未完全关死。

（　）197. BCA011　泵轴与电动机轴不同心，会造成泵振动高。

（　）198. BCA012　离心泵的气蚀和气缚是由相同的原因造成的。

（　）199. BCA013　换热器负荷变化，其出入口温差不一定增大。

（　）200. BCA014　润滑油量过低会导致轴承温度升高。

（　）201. BCB007　离心泵可以在开车后进行排气操作。

（　）202. BCB008　气蚀可以造成对叶轮的机械冲击和腐蚀，造成叶轮的严重损坏。

（　）203. BCB009　入过滤器介质密度增加，则过滤器阻力升高。

（　）204. BCB010　机封损坏是由机封本身的缺陷造成的，与操作没有关系。

（　）205. BCB011　填料密封的特点是结构简单，使用比较方便，但使用寿命短。

（　）206. BCB012　离心泵气缚现象的发生是因为没有进行灌泵排气操作。

（　）207. BCB013　在列管式换热器中，只要气相在管程，液相在壳程，就可能发生气阻现象。

（　）208. BCB014　机泵运行期间，润滑油量过低会导致轴承温度升高。

（　）209. BCB015　滚动轴承转动不灵活原因是轴承附件如密封圈挡盖有松动或摩擦；轴承内被油泥或污物卡住；内环和轴或外环和箱体配合过紧。

（　）210. BCB016　换热器内漏严重，可以监护运行。

（　）211. BCB017　氮洗塔塔板阻力和降液管阻力增加会引起液泛。

（　）212. BCB018　离心泵叶轮的旋转方向对离心泵的打量没有影响。

（　）213. BCB019　油系统发生跑油应立即关闭相关阀门，或停油泵处理，对泄漏的污油应进行回收，不能用水进行冲洗，以避免对环境造成污染。

（　）214. BCB020　高压电器设备或线路发生接地时，在室内扑救人员不得进入故障点4m。

（　）215. BCB021　由于油比水的比重轻，在发生油类失火的处理中切忌使用水进行灭火。

（　）216. BCB022　甲醇是1级易燃物质，如遇甲醇起火最好的扑救方法是用水稀释。

（　）217. BCB023　液化气系统发生泄漏应立即切断泄漏阀门，如液化气罐体泄漏，应对泄漏地点设立隔离区，并设法降低储槽液位。

（　）218. BCB024　天然气发生泄漏后，应用氮气稀释天然气，并降低天然气管线压力。

（　）219. BCB025　判断离心泵润滑油变质的首要措施是目测。

（　）220. BCB026　干粉灭火器使用时先要颠倒摇动。

（　）221. BCB027　填料密封有一定泄漏量。

（　）222. BCB028　可燃气体泄漏后用氮气进行稀释，并切断泄漏阀门。

（　）223. BCB029　正确的使用个人防护器材是一项重要的防毒措施。

(   )224. BCB030   在发生着火应急处置中不能使用氧气呼吸器。

(   )225. BCB031   人工呼吸适用于抢救氮气窒息。

(   )226. BCB032   过滤式防氨面具的代号是 MP4#。

(   )227. BCB033   在使用长管面具时,监护人要听从被监护人的指挥。

(   )228. BCB001   升温烧嘴燃烧不好的原因,描述不正确的是点火器点火不好。

(   )229. BCB002   设备法兰温度升高后进行热紧主要是防止法兰泄漏、消除螺栓的膨胀。

(   )230. BCB003   甲醇洗装置的单位跑冷损失随着设备的容量减小而降低

(   )231. BCB004   必须在高浓度氨气氛中进行紧急工作的人员,必须穿戴防护服并使用隔离式防毒面具。

(   )232. BCB005   离心泵密封部分的作用是防止液体漏回吸入端和向外泄漏。

(   )233. BCB006   离心泵振动大的因素是连轴器对中不好或转子不平衡。

答　案

一、单项选择题

1. D	2. C	3. A	4. C	5. B	6. A	7. D	8. D	9. B	10. A
11. A	12. A	13. B	14. A	15. B	16. A	17. B	18. C	19. A	20. D
21. B	22. C	23. D	24. A	25. A	26. B	27. A	28. D	29. D	30. A
31. C	32. D	33. A	34. B	35. C	36. A	37. C	38. D	39. C	40. C
41. A	42. B	43. D	44. B	45. A	46. A	47. A	48. D	49. C	50. A
51. B	52. D	53. B	54. A	55. B	56. C	57. C	58. C	59. A	60. A
61. D	62. B	63. D	64. C	65. A	66. B	67. A	68. C	69. D	70. A
71. C	72. B	73. A	74. B	75. A	76. A	77. B	78. B	79. A	80. A
81. D	82. D	83. D	84. B	85. A	86. B	87. C	88. A	89. C	90. C
91. A	92. A	93. B	94. B	95. A	96. D	97. A	98. D	99. A	100. A
101. C	102. C	103. B	104. B	105. A	106. A	107. B	108. A	109. B	110. A
111. A	112. D	113. C	114. A	115. D	116. A	117. A	118. A	119. D	120. A
121. A	122. D	123. A	124. D	125. B	126. B	127. B	128. B	129. A	130. C
131. D	132. D	133. B	134. A	135. A	136. A	137. A	138. B	139. D	140. C
141. A	142. C	143. A	144. A	145. D	146. B	147. D	148. D	149. B	150. C
151. D	152. A	153. B	154. B	155. D	156. C	157. B	158. A	159. A	160. A
161. A	162. B	163. C	164. B	165. C	166. B	167. B	168. A	169. C	170. B
171. C	172. D	173. A	174. D	175. A	176. D	177. C	178. B	179. B	180. A
181. B	182. B	183. D	184. C	185. C	186. D	187. C	188. B	189. C	190. C
191. B	192. D	193. B	194. B	195. C	196. C	197. B	198. B	199. A	200. C
201. B	202. D	203. B	204. B	205. C	206. A	207. D	208. B	209. C	210. A
211. A	212. C	213. C	214. B	215. A	216. D	217. C	218. D	219. A	220. D
221. B	222. A	223. B	224. A	225. C	226. C	227. D	228. C	229. C	230. D
231. A	232. D	233. C	234. D	235. D	236. D	237. A	238. A	239. B	240. D
241. C	242. A	243. C	244. D	245. D	246. B	247. C	248. D	249. D	250. C
251. C	252. C	253. A	254. D	255. B	256. A	257. C	258. A	259. B	260. B
261. A	262. D	263. A	264. B	265. B	266. A	267. A	268. C	269. D	270. B
271. D	272. C	273. C	274. C	275. B	276. B	277. A	278. A	279. C	280. B
281. B	282. B	283. B	284. C	285. B	286. A	287. A	288. A	289. C	290. A
291. B	292. B	293. C	294. C	295. B	296. C	297. A	298. C	299. D	300. B
301. A	302. B	303. B	304. D	305. C	306. D	307. D	308. C	309. A	310. B

311. C	312. D	313. B	314. B	315. A	316. B	317. A	318. B	319. C	320. B
321. B	322. A	323. C	324. B	325. D	326. A	327. D	328. D	329. C	330. C
331. A	332. A	333. B	334. C	335. A	336. D	337. C	338. A	339. D	340. A
341. B	342. B	343. D	344. D	345. B	346. B	347. C	348. A	349. B	350. A
351. A	352. D	353. A	354. A	355. C	356. B	357. C	358. C	359. C	360. C
361. B	362. A	363. D	364. D	365. B	366. B	367. A	368. C	369. B	370. C
371. A	372. D	373. A	374. B	375. C	376. C	377. D	378. B	379. B	380. B
381. A	382. C	383. A	384. A	385. D	386. D	387. C	388. D	389. D	390. A
391. B	392. C	393. B	394. B	395. A	396. C	397. A	398. B	399. C	400. D
401. C	402. B	403. D	404. C	405. A	406. B	407. B	408. C	409. C	410. B
411. D	412. C	413. A	414. C	415. B	416. A	417. C	418. C	419. A	420. C
421. D	422. B	423. C	424. B	425. A	426. A	427. C	428. B	429. A	430. C
431. C	432. D	433. A	434. C	435. C	436. A	437. C	438. B	439. D	440. C
441. A	442. A	443. B	444. A	445. A	446. C	447. D	448. C	449. B	450. B
451. B	452. A	453. A	454. C	455. B	456. A	457. B	458. D	459. C	460. C
461. D	462. D	463. B	464. C	465. D	466. B	467. A	468. C	469. B	470. A
471. D	472. A	473. A	474. A	475. A	476. D	477. A	478. D	479. C	480. A
481. C	482. B	483. B	484. B	485. C	486. D	487. B	488. A	489. A	490. B
491. D	492. A	493. D	494. C	495. D	496. B	497. A	498. C	499. A	500. D
501. C	502. B	503. D	504. D	505. D	506. C	507. B	508. A	509. B	510. A
511. D	512. B	513. B	514. A	515. D	516. A	517. B	518. B	519. A	520. B
521. D	522. C	523. D	524. A	525. B	526. B	527. A	528. D	529. B	530. A
531. C	532. B	533. D	534. B	535. B	536. A	537. D	538. A	539. B	540. B
541. B	542. A	543. A	544. D	545. A	546. A	547. C	548. C	549. A	550. A
551. A	552. D	553. D	554. B	555. A	556. B	557. A	558. A	559. A	560. D
561. A	562. A	563. B	564. A	565. D	566. C	567. D	568. D	569. A	570. C
571. D	572. A	573. A	574. B	575. B	576. A	577. B	578. B	579. B	580. A
581. C	582. A	583. B	584. A	585. A	586. B	587. A	588. C	589. C	590. B
591. C	592. A	593. C	594. A	595. A	596. D	597. C	598. C	599. D	600. B
601. D	602. C	603. B	604. A	605. C	606. C	607. C	608. B	609. A	610. D
611. C	612. B	613. D	614. D	615. B	616. B	617. A	618. A	619. A	620. B
621. A	622. A	623. A	624. B	625. C	626. D	627. A	628. A	629. C	630. A
631. A	632. D	633. D	634. D	635. B	636. B	637. B	638. C	639. B	640. D
641. C	642. D	643. D	644. C	645. B	646. B	647. B	648. D	649. D	650. D
651. B	652. C	653. D	654. C	655. C	656. A	657. D	658. B	659. C	660. A
661. B	662. C	663. D	664. B	665. A	666. A	667. D	668. D	669. C	670. D
671. C	672. C	673. C	674. C	675. C	676. C	677. B	678. B	679. B	680. B
681. A	682. B	683. D	684. D	685. D	686. A	687. B	688. B	689. B	690. C

691. A   692. B   693. C   694. D   695. D   696. C   697. C   698. C   699. C   700. A
701. D   702. D

二、判断题

1. √   2. ×   正确答案：工艺流程图中，主要物料（介质）的流程线用粗实线表示。   3. √
4. √   5. √   6. √   7. √   8. √   9. √   10. √   11. ×   正确答案：从化学平衡的角度分析，增加压力对提高天然气的部分氧化反应转化率不利。   12. √   13. √   14. √   15. √
16. ×   正确答案：变换率降低则出塔一氧化碳含量上升。   17. √   18. ×   正确答案：脱硫塔预洗段用少量甲醇脱出工艺气中的硫化氢。   19. ×   正确答案：低温甲醇洗脱碳是利用二氧化碳在低温甲醇中溶解度很大的特性。   20. √   21. ×   正确答案：液化气是一种有毒、易燃、易压缩的气体。   22. ×   正确答案：甲醇洗单元引甲醇前需要对系统进行氮气置换。   23. ×   正确答案：冷冻系统引氨前先用氮气对系统置换再用氨气置换。   24. √
25. ×   正确答案：开工加热炉炉内燃料气燃烧不好直接影响炉膛负压，造成负压波动。
26. √   27. √   28. ×   正确答案：烧嘴冷却水系统采用高压氮气升压是为了防止烧嘴泄漏后气化炉内的气体倒串入烧嘴冷却水系统。   29. ×   正确答案：低温甲醇洗单元在原料气换热器中喷淋甲醇的目的是降低原料气中水的冰点。   30. √   31. ×   正确答案：润滑油"三级过滤"目的是保证到注油点之前的润滑油干净无杂质。   32. ×   正确答案：为了防止氧气入炉阀内漏，氧气放空在气化炉投料前建立，离投料时间不要太长，蒸汽放空要先建立。
33. √   34. √   35. ×   正确答案：投用水冷却器时开入口循环水阀后不用排气就可以开出口循环水阀。   36. √   37. √   38. ×   正确答案：合成气水冷却器设置爆破板是为了保护合成循环气水冷器。   39. ×   正确答案：开工加热炉必须在液化气点燃的情况下才可点燃燃料气。   40. √   41. √   42. ×   正确答案：甲醇洗循环气压缩机入口分离器设有液位"高高"联锁。   43. √   44. √   45. ×   正确答案：火炬设置保安氮的作用是对火炬进行氮气置换。   46. √   47. √   48. √   49. ×   正确答案：烧嘴冷却水系统采用高压氮气升压是为了防止烧嘴泄漏后气化炉内的气体倒串入烧嘴冷却水系统。   50. √   51. √   52. √
53. √   54. √   55. ×   正确答案：液氮洗涤塔的操作压力小于前工序的操作压力。   56. ×
正确答案：提高操作温度对氮洗分子筛吸附不利。   57. ×   正确答案：保证碳黑洗涤塔洗涤效果，通入洗涤塔的洗涤水量不是越多越好，应根据洗涤量进行调节。   58. √   59. ×
正确答案：送往后工序的气化单元的工艺气不仅要控制一氧化碳和氢气，而且要检查硫化氢、甲烷以及气体温度等因素。   60. √   61. √   62. √   63. √   64. √   65. √   66. √
67. √   68. √   69. ×   正确答案：加入气化炉的氧气较多，甲烷的部分氧化反应就会出现炉内超温损坏设备等现象。   70. ×   正确答案：变换炉一般分多段设计，其大部分反应发生在一段。   71. √   72. √   73. √   74. √   75. √   76. √   77. √   78. ×   正确答案：在控制阀副线上一般不设置调节阀。   79. ×   正确答案：离心泵的流量与随泵的转速改变而变化。   80. ×   正确答案：碳黑洗涤塔洗涤水的作用一是为了洗涤工艺原料气中的碳黑，同时降低工艺原料气的温度。   81. ×   正确答案：蒸汽管网压力的波动同时会对变换废锅液位产生影响。   82. √   83. ×   正确答案：甲醇液中含水1%以下时，甲醇对设备。管线的腐蚀较小，但随着水含量的增加，对设备的腐蚀加剧。   84. √   85. ×   正确答案：甲醇中的酸性气体是通过加热的办法脱除的。　　86. √　87. ×　正确答案:甲醇水精馏塔塔顶馏分的纯度与回流的甲醇量有直接的关系。　　88. √　89. √　90. √　91. √　92. ×　正确答案:板式换热器中某个通道的流体一般不影响换热,但会影响板式温差。　　93. ×　正确答案:氮洗分子筛再生气不仅要控制压力,还要控制流量、温度,才能达到再生效果。　　94. √　95. √　96. √　97. √　98. √　99. ×　正确答案:冰机停车后需要盘车。　　100. ×　正确答案:合成气压缩机在有压力时才可以投密封油。　　101. ×　正确答案:气化炉5%蒸汽的作用是延长烧嘴火焰黑区长度,保护烧嘴,并且可以加强渣油入炉后的气流雾化。　　102. √　103. ×　正确答案:气化炉温度小于300℃时,可以停烧嘴冷却水。　　104. √　105. ×　正确答案:天然气预热器的加热介质是饱和蒸汽。　　106. √　107. ×　正确答案:二氧化碳进入液氮洗涤装置冷箱后会冻结到换热器和管道上,造成换热器换热效果差,阻力上升。　　108. √　109. ×　正确答案:甲醇系统回温速度应根据要求缓慢进行。　　110. √　111. √　112. √　113. ×　正确答案:液氮洗装置置换时是通过常温氮气与加热氮气分别进行的。　　114. ×　正确答案:板式换热器中某个通道的流体一般不影响换热,但会影响板式温差。　　115. √　116. ×　正确答案:开工加热炉熄火后,待加热炉出入口温差小于28℃后方可打开合成塔激冷阀。　　117. √　118. ×　正确答案:蒸汽温度过高,对汽轮机设备本体会材质会产生影响。　　119. √　120. √　121. √　122. ×　正确答案:离心泵必须经过切出、切电、排液、卸压及置换后,方可交付检修。　　123. ×　正确答案:气化炉卸压速率过快会损坏炉砖。　　124. ×　正确答案:水环式真空泵启动前必须盘车。　　125. ×　正确答案:水环式真空泵不属于离心泵。　　126. √　127. √　128. ×　正确答案:五字操作法指听、摸、查、看、问。　　129. √　130. √　131. ×　正确答案:吸入液体的黏度增加,会造成离心泵吸入困难,打量下降。　　132. √　133. √　134. √　135. √　136. √　137. √　138. ×　正确答案:离心泵发生汽蚀时,泵的流量、扬程和效率都明显下降。　　139. ×　正确答案:采用填料密封的机泵填料不能压得太紧,否则会导致轴和填料的摩擦增加,损坏机封。　　140. √　141. √　142. √　143. √　144. ×　正确答案:离心泵扬程选择不仅要考虑设备的操作压力,还要考虑流体输送管路的损失。　　145. ×　正确答案:暖机时间与有无盘车装置无关。　　146. ×　正确答案:润滑油的五定是保证转动设备安全运行的必要条件之一。　　147. ×　正确答案:润滑油酸值增加是润滑油老化的标志。　　148. √　149. ×　正确答案:蛇管换热器属于缠绕式换热器。　　150. √　151. √　152. √　153. √　154. √　155. ×　正确答案:安全阀检验时间应是每年一次。　　156. √　157. √　158. √　159. √　160. √　161. √　162. √　163. ×　正确答案:以JB308-75为标准,碟阀类型的代号是D。　　164. √　165. ×　正确答案:以JB308-75为标准,封闭带散热片全启式安全阀结构形式的代号是"1"。　　166. ×　正确答案:在通常情况下,闸阀一般用于化工企业的大直径给水管路中,也可以用在空气和氨气温度在120℃以下的低压气体管路,很少用于蒸气管路。　　167. √　168. √　169. √　170. √　171. √　172. √　173. ×　正确答案:离心泵启动前关闭出口阀是为了防止电动机过载而损坏。　　174. √　175. √　176. √　177. √　178. √　179. ×　正确答案:电机启动时,其开关电压一般≤220V。　　180. √　181. ×　正确答案:润滑油"三级过滤"目的是保证到注油点之前的润滑油干净无杂质。　　182. √　183. √　184. √　185. ×　正确答案:转速高,则要求润滑脂的针入度大。　　186. √　187. ×　正确答案:气化炉升温期间烧嘴的燃烧情况不仅与燃料气的质量有关,而与加入空气量有关。 188. × 正确答案:变换法兰大量泄漏,通常发生在系统开.停车阶段。 189. √ 190. × 正确答案:离心泵的叶轮损坏会导致离心泵打量差。 191. √ 192. √ 193. × 正确答案:离心泵启动前关闭出口阀是为了防止损坏电机。 194. √ 195. √ 196. × 正确答案:阀门在关闭期间,常出现物料泄漏现象,主要原因是阀门接触密封面损坏或阀内进入杂物未完全关死。 197. √ 198. × 正确答案:造成气缚和汽蚀的原因是不同的,气缚是泵内存在不凝性气体造成的,而汽蚀则是由泵内输送介质汽化造成的。 199. √ 200. √ 201. × 正确答案:离心泵在开车前进行排气操作。 202. √ 203. √ 204. × 正确答案:不正确的操作也容易造成机封损坏。 205. √ 206. √ 207. × 正确答案:列管式换热器气阻现象一般发生在壳程。 208. √ 209. √ 210. × 正确答案:换热器内漏严重,可以监护运行。 211. √ 212. × 正确答案:离心泵叶轮的旋转方向不正确会导致离心泵不打量。 213. √ 214. √ 215. √ 216. √ 217. √ 218. √ 219. √ 220. √ 221. √ 222. √ 223. √ 224. √ 225. √ 226. √ 227. × 正确答案:在使用长管面具时,被监护人要听从监护人的指挥。 228. √ 229. √ 230. × 正确答案:甲醇洗装置的单位跑冷损失随着设备的容量减小而升高。 231. √ 232. √ 233. √

附　录

附录1　职业技能等级标准

1. 职业概况

1.1　工种名称

合成氨装置操作工

1.2　工种定义

以煤或天然气为原料,操作气化(转化)、变换、净化、压缩、合成等设备,生产氨的人员。

1.3　工种等级

本职业共设五个等级,分别为:初级(国家职业资格五级)、中级(国家职业资格四级)、高级(国家职业资格三级)、技师(国家职业资格二级)、高级技师(国家职业资格一级)。

1.4　工作环境

室内、外及高处作业且大部分在常温下工作,工作场所中会存在一定的油品蒸汽、化学试剂、有毒有害气体、烟尘和噪声。

1.5　工种能力特征

身体健康,具有一定的学习理解和表达能力,四肢灵活,动作协调,听、嗅觉较灵敏,视力良好,具有分辨颜色的能力。

1.6　基本文化程度

高中毕业(或同等学力)。

1.7　培训要求

全日制职业学校教育,根据其培养目标和教学计划确定期限。晋级培训:初级不少于300标准学时;中级不少于360标准学时;高级不少于240标准学时;技师不少于240标准学时;高级技师不少于240标准学时。

1.8　鉴定要求

1.8.1　适用对象

(1)新入职的操作技能人员。

(2)在操作技能岗位工作的人员。

(3)其他需要鉴定的人员。

1.8.2　申报条件

具备以下条件之一者可申报初级工：

(1)新入职完成本职业(工种)培训内容,经考核合格人员。

(2)从事本工种工作 1 年及以上的人员。

具备以下条件之一者可申报中级工：

(1)从事本工种工作 5 年以上,并取得本职业(工种)初级工职业技能等级证书。

(2)各类职业、高等院校大专及以上毕业生从事本工种工作 3 年及以上,并取得本职业(工种)初级工职业技能等级证书。

具备以下条件之一者可申报高级工：

(1)从事本工种工作 14 年以上,并取得本职业(工种)中级工职业技能等级证书的人员。

(2)各类职业、高等院校大专及以上毕业生从事本工种工作 5 年及以上,并取得本职业(工种)中级工职业技能等级证书的人员。

技师需取得本职业(工种)高级工职业技能等级证书 3 年以上,工作业绩经企业考核合格的人员。

高级技师需取得本职业(工种)技师职业技能等级证书 3 年以上,工作业绩经企业考核合格的人员。

2. 基本要求

2.1　职业道德

(1)遵规守纪,按章操作；

(2)爱岗敬业,忠于职守；

(3)认真负责,确保安全；

(4)刻苦学习,不断进取；

(5)团结协作,尊师爱徒；

(6)谦虚谨慎,文明生产；

(7)勤奋踏实,诚实守信；

(8)厉行节约,降本增效。

2.2　基础知识

2.2.1　化学基础知识

(1)无机化学基本知识；

(2)有机化学基本知识。

2.2.2　化工基础知识

(1)计量知识；

(2)机械制图知识；

(3)电工学基础知识；

（4）仪表基础知识；

（5）安全环保及质量标准知识；

（6）消防知识；

（7）法律常识；

（8）记录填写知识。

3. 工作要求

3.1 初级

职业功能	工作内容	技能要求	相关知识
一、工艺操作	（一）开车准备	1. 能确认所属阀门开关状态正常； 2. 能完成安全、消防设施的检查确认工作； 3. 能投用伴热系统； 4. 能投用冷却水系统； 5. 能完成冷热交换设备的投用操作； 6. 能按要求做好引物料的操作； 7. 能按要求对汽轮机进行暖管； 8. 能完成建立干气密封系统的操作； 9. 能完成氨吸收系统建立液位的操作	1. 装置工艺概况； 2. 工艺流程； 3. 原辅材料的规格、特性； 4. 操作规程
	（二）开车操作	1. 能完成开工炉、转化炉的点火操作； 2. 能增减烧嘴数量，调节炉温、炉膛负压、烟气氧含量； 3. 能完成调节煤造气炉风量等的操作； 4. 能完成启动循环压缩机给干气预处理系统升温的操作； 5. 能完成启动石脑油泵对脱硫系统进行投油的操作； 6. 能完成建立一段炉投氨回路，做好一段炉的投氨工作； 7. 能完成渣油、碳黑油的循环操作； 8. 能完成废热锅炉液位控制的操作； 9. 能完成建立变换水循环的操作； 10. 能完成塔外提钒系统开启的操作； 11. 能完成脱碳溶剂循环及升、降温的操作； 12. 能完成甲醇脱水等的操作； 13. 能完成将裂解气串入脱碳系统的操作； 14. 能完成酸性气体回收操作； 15. 能完成液氮洗降温的操作； 16. 能完成压缩机建立油系统循环的操作； 17. 能完成合成催化剂升温操作； 18. 能完成冷冻开车过程中调节氨冷器液位、压力的操作； 19. 能完成投用氨吸收系统操作； 20. 能完成投用氢回收装置的操作	1. 离心式压缩机的工作原理； 2. 钒化原理； 3. 节流膨胀原理； 4. 燃烧的基本原理； 5. 固体燃料气化原理； 6. 干气密封原理； 7. 氨气回收原理； 8. 吸收原理； 9. 蒸发原理

职业功能	工作内容	技能要求	相关知识
一、工艺操作	（三）正常操作	1. 能完成日常巡检； 2. 能根据一段炉炉管颜色对烧嘴的分布进行调整； 3. 能根据负荷情况完成脱碳排液的操作； 4. 能完成氨冷器排油的操作； 5. 能对机泵的油温、油压进行调整； 6. 能完成碳黑丸取样的操作； 7. 能完成火炬排液操作	1. 主要分析项目、取样点； 2. 重要工艺控制指标； 3. 巡检路线、内容
	（四）停车操作	1. 能完成停车前后工艺、设备的综合检查； 2. 能完成装置停车后，相邻工序、单元内的物料、能量隔离操作； 3. 能完成煤造气炉排灰渣操作； 4. 能完成开工炉、转化炉、蒸汽过热炉烧嘴的熄火操作； 5. 能完成加氢气回路流程的调整操作，能启动加氢气压缩机进行加氢气的操作； 6. 能完成转化炉氨裂解、氮降温操作； 7. 能完成渣油设备管线的吹扫、清洗操作； 8. 能完成净化溶剂的排放操作； 9. 能完成液氮洗排液、回温操作； 10. 能完成机组停车后的盘车操作； 11. 能完成催化剂保护操作； 12. 能完成液氨的排放、回收操作； 13. 能完成废锅的排液操作； 14. 能完成氨吸收系统、氢回收装置停车操作	1. 停车操作方案； 2. 环保有关知识、规定； 3. 净化溶剂再生原理； 4. 催化剂保护原理； 5. 氨裂解的知识； 6. 氢回收装置工作原理及其结构
二、设备使用与维护	（一）使用设备	1. 能按规定开停离心泵、往复泵、鼓风机、真空泵、磁力泵等简单设备； 2. 能使用螺旋加煤机、电除尘器等设备； 3. 能使用工艺介质对过滤器进行清洗； 4. 能使用简单工具对开工加热炉、转化炉、蒸汽过热炉、引燃烧嘴的拆装、清洗及更换； 5. 能使用风门、挡板来控制开工炉、加热炉、蒸汽过热炉的负压和出口温度； 6. 能正确投用机泵的的密封介质	1. 主要设备性能、型号、材质； 2. 离心泵、往复泵、隔膜泵、磁力泵的性能、型号及工作原理； 3. 往复压缩机、鼓风机、真空泵的性能、型号及工作原理； 4. 螺旋加煤机、电除尘器的性能、结构、工作原理； 5. 泵密封知识
	（二）维护设备	1. 能对设备进行日常维护、保养； 2. 能完成设备检修时的监火、监护工作； 3. 能对机泵进行盘车、添加润滑油、脂等工作； 4. 能使用简单的维修工具，能拆装低压小于 DN50 的垫片、阀门； 5. 能对加热炉进行吹灰； 6. 能对罗茨鼓风机添加润滑油、进口分离器排水	1. 设备润滑的基本知识； 2. 设备盘车基本知识； 3. 动火常识及注意事项

续表

职业功能	工作内容	技能要求	相关知识
三、事故判断与处理	(一)判断事故	1. 能判断简单工艺、设备事故; 2. 能判断传动设备轴瓦温度高,密封泄漏大,振动大等异常情况; 3. 能判断离心泵气蚀、柱塞泵、隔膜泵不打量的现象; 4. 能判断加热炉、开工炉燃烧异常现象; 5. 能判断吸收塔、催化剂床层差压高等常见故障; 6. 能判断氨吸收效果差故障; 7. 能判断仪表是否运行正常	1. 设备安全操作规定; 2. 防护器材使用的相关知识
	(二)处理事故	1. 能处理简单工艺和设备事故; 2. 能正确使用安全、消防器材; 3. 能进行初期火灾的扑救; 4. 能看懂各种安全警示标志; 5. 能处理离心泵气蚀、往复泵不打量的现象等; 6. 能处理加热炉烧嘴结焦事故; 7. 能处理石脑油储罐带水事故; 8. 能处理弛放气系统带油、带氨事故; 9. 能处理一段炉断氨事故	1. 工艺、设备事故处理方案; 2. 干粉灭火器的基本原理; 3. 人身自救及救护的基本知识; 4. 安全、消防设施的使用方法及适用范围
四、绘图与计算	(一)绘图	1. 能绘制装置主要物料的流程简图; 2. 能看懂主要设备结构简图	化工识图、制图基本知识
	(二)计算	能计算硫容、活化剂用量、普里森装置氢收率、氨罐储藏量	常用物理、化学概念及单位换算知识

3.2 中级

职业功能	工作内容	技能要求	相关知识
一、工艺操作	(一)开车准备	1. 能确认公用工程正常投用; 2. 能确认主要机械、仪表、电气完好,处于开车备用状态; 3. 能参与确认原、辅材料的数量、质量满足开车需要; 4. 能完成造气炉(煤造气炉、轻油天然气转化炉、渣油气化炉)开车前的联锁动作试验; 5. 能完成引燃料气进装置并建立燃料气管网的操作; 6. 能完成开工炉、转化炉、气化炉、蒸汽过热炉的烘炉操作; 7. 能完成催化剂装填工作; 8. 能完成氮洗分子筛的再生操作; 9. 能按要求建立压缩机油系统循环,能完成建立机组真空操作; 10. 能完成合成催化剂的氮气暖塔操作; 11. 能完成废热锅炉的升温操作; 12. 能完成建立液化气罐液位并投用加热蒸汽的操作;	1. 公用工程的种类、指标; 2. 设备、仪表、电气基本知识; 3. 烘炉知识; 4. 分子筛组成及再生原理; 5. 技术操作规程; 6. 设备管线吹扫、清洗、气密、置换的知识; 7. 开工方案及注意事项

职业功能	工作内容	技能要求	相关知识
一、工艺操作	（一）开车准备	13. 能做好开车前的吹扫、气密、单机试车、氮气置换等各项准备工作； 14. 能完成气化炉烧嘴冷却水系统的建立	
	（二）开车操作	1. 能完成各工序引物料及建立物料循环操作； 2. 能完成物料升温、预热、降温操作； 3. 能完成投料开车操作； 4. 能完成投料后至系统正常的调整操作； 5. 能完成催化剂升温还原操作； 6. 能完成投用对流段盘管保护介质的操作； 7. 能根据不同工况切换加氢气源的操作； 8. 能完成脱碳动态、静态钒化的操作； 9. 能完成液氮洗积液的操作； 10. 能完成催化剂硫化操作； 11. 能完成引射器的投用操作； 12. 能完成压缩机冲转的操作； 13. 能完成压缩机加负荷的操作； 14. 能完成物料外送操作； 15. 能根据合成塔温度调整冷激线、冷副线以及主线开度； 16. 能根据氨合成反应情况调整氢、氮比及弛放气量	1. 转化催化剂还原保护的知识； 2. 变换催化剂还原保护的知识； 3. 合成催化剂还原保护的知识； 4. 甲烷化催化剂还原保护的知识； 5. 脱硫催化剂还原保护的知识； 6. 气化反应的原理； 7. 甲烷蒸汽转化的原理； 8. 变换反应的知识； 9. 合成反应的知识； 10. 液氮洗涤知识； 11. 深冷知识
	（三）正常操作	1. 能根据装置运行情况进行工艺参数的调整； 2. 能根据分析结果对工艺参数进行调整； 3. 能投用仪表联锁； 4. 能操作集散控制系统（DCS）； 5. 能根据催化剂的活性调整催化剂的热点温度、进料组成、负荷； 6. 能根据不同负荷调整好水碳比、氧气比、氧油比、氢油比、油碳比等； 7. 能完成高压蒸汽温度的调节操作； 8. 能进行脱碳溶液的配制、加入等操作； 9. 能根据脱碳溶剂吸收及再生效果完成热负荷的调整； 10. 能完成脱碳溶液浓度控制的操作； 11. 能根据负荷大小完成脱碳溶液循环量调整操作； 12. 能根据氨合成反应情况调整冷冻回路工况； 13. 能根据防喘振曲线调整压缩机工况	1. 工艺控制指标； 2. 工艺控制原理； 3. 分析频度、控制值； 4. 仪表报警联锁值； 5. 催化剂失活的原理； 6. DCS操作的基本知识； 7. 汽轮机的性能、型号、工作原理
	（四）停车操作	1. 能完成催化剂钝化操作； 2. 能完成加热炉、蒸汽过热炉、转化炉、气化炉降温、降压操作； 3. 能完成变换炉、合成塔、甲烷化炉降温降压操作； 4. 能完成转化液化气、拔头油等不同燃料的切换操作； 5. 能完成分子筛卸料工作； 6. 能完成脱碳停车后水洗操作；	1. 废水、废气、废渣的排放指标，"三废"处理知识； 2. 分子筛卸料规程； 3. 催化剂钝化原理

续表

职业功能	工作内容	技能要求	相关知识
一、工艺操作	(四)停车操作	7. 能完成脱碳工艺气和裂解气切换操作; 8. 能完成冷冻停车后水洗操作; 9. 能完成压缩机排放润滑油工作; 10. 能完成压缩机投用盘车器的操作	
二、设备使用与维护	(一)使用设备	1. 能开停平稳切换机泵、换热器、过滤器等设备; 2. 能开停多级鼓风机、往复式压缩机; 3. 能完成冷泵、暖泵的操作; 4. 能使用仪表、电气设备	1. 设备的功能、设计值、工作原理; 2. 多级离心泵的工作原理; 3. 冷泵、暖泵的知识; 4. 仪表控制回路、联锁系统工作原理及仪表的调节知识; 5. 电气设备的简单工作原理
	(二)维护设备	1. 能完成设备、管线、阀门等检修配合和检查验收工作; 2. 能及时发现维护设备中存在的问题并处理; 3. 能拆装现场压力表、温度计; 4. 能完成合成塔壁塔、内件的维护工作	1. 有关腐蚀与防腐的基本知识; 2. 设备所用的密封油、润滑油、润滑脂的种类、型号; 3. 主要设备的结构、性能; 4. 常用管线、阀门、法兰、管件及垫片的规格、类型材质知识; 5. 设备检修的内容、技术要求及检修后的验收程序和标准知识; 6. 合成塔的结构; 7. 氢脆的原理
三、事故判断与处理	(一)判断事故	1. 能判断常见的工艺、设备事故; 2. 能判断简单的仪表控制故障; 3. 能判断催化剂失活的事故; 4. 能分析煤造化炉下煤不畅的原因; 5. 能分析油气化炉碳黑含量高的原因; 6. 能分析造气炉(煤造气炉、天然气轻油转化炉、渣油气化炉等)有效气体成份低的原因; 7. 能判断转化炉转化率低、析碳事故; 8. 能判断转化炉管断裂、炉鸣的事故; 9. 能判断燃料气管网带液的事故; 10. 能分析碳黑丸黏稠不均的原因; 11. 能分析变换率低的原因; 12. 能分析脱碳吸收剂损耗大的原因; 13. 能分析甲醇水含量高的原因; 14. 能分析二氧化碳产量不够的原因; 15. 能判断脱碳再生塔、吸收塔液位异常的故障; 16. 能分析净化后杂质微量超标的原因; 17. 能判断压缩机喘振的故障; 18. 能判断压缩机段间换热器出口温度高的故障; 19. 能分析氮洗冷量不够的原因; 20. 能分析氨产量不足的原因; 21. 能分析甲醇洗系统温度高的原因	1. 工艺参数报警值、联锁值; 2. 影响生产的主要因素; 3. 萃取原理; 4. 催化剂失活的原理; 5. 脱碳溶剂再生原理; 6. 压缩机喘振知识; 7. 脱硫原理; 8. 活性炭吸附原理

续表

职业功能	工作内容	技能要求	相关知识
三、事故判断与处理	(二)处理事故	1. 能处理常见工艺、设备事故； 2. 能协助处理仪表、电气事故； 3. 能处理物料泄漏、着火等一般事故； 4. 能进行安全和事故隐患检查并提出整改意见； 5. 能处理催化剂失活，有效气成份低、净化微量超标、合成氨产量不足等事故； 6. 能处理机组汽轮机真空异常的事故；	1. 仪表联锁的有关知识； 2. 紧急救护的知识
四、绘图与计算	(一)绘图	1. 能绘制带控制点的工艺流程图； 2. 能看懂设备结构简图和工艺配管图	化工机械制图的基本知识
	(二)计算	1. 能进行物料平衡的计算； 2. 能计算合成率、转化率、变换率、药品加入量、回流比、原辅材料的消耗量等； 3. 能进行有关数据的统计、填报管理图表； 4. 能够进行班组经济核算	1. 各术语的基本概念； 2. 简单的物料平衡计算方法

3.3 高级

职业功能	工作内容	技能要求	相关知识
一、工艺操作	(一)开车准备	1. 能确认原、辅材料的数量及质量满足开车要求； 2. 能确认催化剂的装填数量满足生产要求； 3. 能确认机械、电气、仪表具备开车条件； 4. 能确认联锁处于完好状态	1. 原、辅材料的质量指标； 2. 装置机械、仪表、电气的投用条件
	(二)开车操作	1. 能完成各工序的导气操作； 2. 能完成开车后反应温度、压力、流量等参数的调整工作； 3. 能完成各工序之间的负荷协调操作	1. 装置开车程序； 2. 开车过程中的生产控制方法
	(三)正常操作	1. 能判断和处理各种工艺波动； 2. 能完成生产负荷的调整工作； 3. 能优化各工序的工艺参数	1. 变频控制原理； 2. 调速器工作原理
	(四)停车操作	1. 能完成装置的停车操作； 2. 能完成装置停车后系统的排液、吹扫、置换操作； 3. 能完成催化剂的卸料工作	1. 装置溶液排空、置换的有关程序； 2. 催化剂卸料的知识
二、设备使用与维护	(一)使用设备	1. 能完成本装置各种化工设备的开、停操作； 2. 能操作汽轮机，压缩机等大型设备	1. 装置设备的安全操作规程,设备运行参数； 2. 大机组相关的仪表、电气知识
	(二)维护设备	1. 能根据设备运行情况,提出检修改进建议； 2. 能参与仪表参数的整定并协助处理仪表、电气事故； 3. 能掌握设备的清理、吹扫、试压、查漏、置换及安全设施的检查等程序； 4. 能控制好设备的升降温速率,做好防冻、防结晶、防堵塞、防腐蚀、防抽空等工作； 5. 能参与设备的验收工作	1. 设备完好标准； 2. 设备运行条件； 3. 设备验收知识； 4. 设备防腐知识

续表

职业功能	工作内容	技能要求	相关知识
三、事故判断与处理	(一)判断事故	1. 能判断较复杂的事故; 2. 能分析装置运行异常的原因并能及时的采取措施; 3. 能判断停电、停汽、停水、停仪表风的突发性事故	1. 故障产生原因及处理方法; 2. 影响装置平稳运行的因素
	(二)处理事故	1. 能处理各种工艺、设备事故; 2. 能够处理停电、停水、停蒸汽、停氮气、停仪表风、DCS故障等紧急事故; 3. 能针对事故情况提出装置开、停等建议; 4. 能够处理跑料、着火等意外事故; 5. 能进行各种自救和互救工作	1. 紧急事故的处理方法; 2. 紧急事故处理预案; 3. 紧急停车步骤; 4. 主要易燃易爆介质的燃点及爆炸范围
四、绘图与计算	(一)绘图	1. 能看懂施工配管图和仪表联锁图; 2. 能绘制设备简图,看懂一般零件图	1. 化工机械安装的基本知识; 2. 化工机械知识
	(二)计算	1. 能进行简单的热量衡算; 2. 能进行本装置的成本核算	热量计算的有关知识
五、培训与指导	培训与指导	1. 能协助培训初、中级操作人员; 2. 能指导初、中级操作人员进行工作	培训基本知识

3.4 技师

职业功能	工作内容	技能要求	相关知识
一、工艺操作	(一)开车准备	1. 能按照开车统筹要求组织装置开车前的吹扫、清洗、气密、氮气置换、单机试车等准备工作; 2. 能完成装置开车流程确认工作; 3. 能按照开车进度组织完成开车盲板的拆装工作; 4. 能组织装置开车物料的引入工作; 5. 能组织脱碳溶液循环、降温,变换水循环,催化剂升温等工作; 6. 产品质量指标制定标准的内容; 7. 装置仪表控制回路及联锁逻辑关系; 8. 装置工艺指标制定的依据及影响因素	1. 产品质量指标制定标准的内容; 2. 装置仪表控制回路及联锁逻辑关系; 3. 装置工艺指标制定的依据及影响因素
	(二)开车操作	1. 能组织装置开车工作; 2. 能组织造气炉(煤造气炉、天然气/轻油转化炉、渣油气化炉等)的投料及系统加负荷的工作	1. 产品质量指标制定标准的内容; 2. 装置仪表控制回路及联锁逻辑关系; 3. 装置工艺指标制定的依据及影响因素
	(三)正常操作	1. 能完成对装置各岗位操作人员的日常操作指导; 2. 能对装置操作进行优化; 3. 能够独立处理和解决工艺技术难题,能掌握关键操作技术; 4. 能根据上下游装置工艺条件变化提出本装置的处理方案; 5. 能组织装置生产负荷的调整工作	1. 产品质量指标制定标准的内容; 2. 装置仪表控制回路及联锁逻辑关系; 3. 装置工艺指标制定的依据及影响因素

职业功能	工作内容	技能要求	相关知识
一、工艺操作	（四）停车操作	1. 能组织装置的停车工作； 2. 能组织完成装置停车吹扫工作； 3. 能按照进度组织完成停车盲板的拆装工作； 4. 能组织完成装置检修项目的验收工作； 5. 能控制并降低停车过程中的物耗、能耗	1. 产品质量指标制定标准的内容； 2. 装置仪表控制回路及联锁逻辑关系； 3. 装置工艺指标制定的依据及影响因素
二、设备使用与维护	（一）使用设备	1. 能处理复杂的设备故障； 2. 能组织设备检修后的验收和试车工作	1. 设备验收标准； 2. 设备管理的规定、标准知识
	（二）维护设备	1. 能完成重要设备、管线等交出检修前的安全确认工作； 2. 能根据设备的特点提出设备防腐措施； 3. 能参与仪表参数的整定，并协助处理仪表、电气事故； 4. 能组织装置大检修前的各项自检工作	1. 设备验收标准； 2. 设备管理的规定、标准知识
三、事故判断与处理	（一）判断事故	1. 能组织复杂事故的应急处理预案演练； 2. 能对装置的各种操作事故分析原因提出预防及改进措施； 3. 能完成本装置安全生产检查，提出整改意见和整改后的验收工作	各种工艺条件对生产的影响
	（二）处理事故	1. 能组织处理装置停电、停水、停蒸汽等事故； 2. 能组织、指挥有关人员分析事故原因和提出预防措施； 3. 能组织装置事故停车后的开车和安全事故的处理及救护工作	复杂事故处理程序、处理方法
四、绘图与计算	（一）绘图	能绘制技术改进项目有关图纸	—
	（二）计算	1. 能对装置物料、热量进行有关计算； 2. 能对装置技术改进提供可靠技术参数并进行有关的计算	化工设计的有关知识
五、管理	（一）质量管理	1. 能组织 QC 小组开展质量攻关活动； 2. 能按质量管理体系要求指导生产	1. 全面质量管理方法； 2. 质量管理体系运行要求
	（二）生产管理	1. 能组织、指导班组进行经济核算和经济活动分析； 2. 能应用统计学方法对生产工况进行分析； 3. 能参与装置的标定工作	1. 工艺技术管理规定； 2. 统计基础知识
	（三）编写技术文件	1. 能撰写生产技术总结； 2. 能参与编写装置开、停车方案	技术总结撰写方法
	（四）技术改进	能参与技改、技措的实施	国内同类装置常用技术应用信息
六、培训与指导	培训与指导	1. 能培训初、中、高级操作人员； 2. 能传授特有的操作经验和技能	教案编写方法

3.5　高级技师

职业功能	工作内容	技能要求	相关知识
一、工艺操作	(一)开车准备	1. 能组织同类装置开车的准备工作; 2. 能编写、审核开车方案及开车统筹	1. 装置有关设计资料; 2. 同类装置工艺、控制技术; 3. 装置改造情况及发展趋势
	(二)开车操作	1. 能组织同类装置的试车和投产; 2. 能制定装置开车操作方案	1. 装置有关设计资料; 2. 同类装置工艺、控制技术; 3. 装置改造情况及发展趋势
	(三)正常操作	1. 能编制优化操作方案并组织实施; 2. 能掌握关键操作技能技术,解决同类装置技术或工艺难题	1. 装置有关设计资料; 2. 同类装置工艺、控制技术; 3. 装置改造情况及发展趋势
	(四)停车操作	1. 能制定停车方案并组织实施; 2. 能指导同类装置的停车操作	1. 装置有关设计资料; 2. 同类装置工艺、控制技术; 3. 装置改造情况及发展趋势
二、设备使用与维护	(一)使用设备	1. 能分析各类设备的使用情况并提出操作改进意见; 2. 能结合工艺对设备的安装、调试提出意见	设备安装、调试有关知识
	(二)维护设备	1. 能组织设备检修时的各项工作; 2. 能制定装置的检修方案及检修计划; 3. 能根据设备运行情况,提出设备大、中修项目及改进意见	设备安装、调试有关知识
三、事故判断与处理	(一)判断事故	1. 能制定复杂事故的处理预案; 2. 能编写重大事故应急预案; 3. 能分析复杂的设备故障; 4. 能根据装置事故现象给出处理指导意见	—
	(二)处理事故	1. 制定复杂事故的处理方案; 2. 能对国内、外同类装置的事故进行分析、总结	国内、外装置典型事故案例
四、绘图与计算	(一)绘图	1. 能参与审定有关改造图纸; 2. 能绘制装置技术改进图纸	—
	(二)计算	1. 能进行装置工艺技术改进的计算; 2. 能对装置优化进行有关计算	—
五、管理	(一)质量管理	能提出产品质量的改进方案并组织实施	质量管理知识
	(二)生产管理	1. 能组织实施节能降耗措施; 2. 能参与装置经济活动分析	经济活动分析方法
	(三)编写技术文件	1. 能撰写技术论文; 2. 能参与制定各类生产方案; 3. 能参与制定岗位操作法和工艺技术规程; 4. 能参与编制装置标定方案; 5. 能参与编制重大、复杂的事故处理预案	1. 技术论文撰写方法; 2. 标定报告、技术规程等编写格式
	(四)技术改进	1. 能运用先进技术组织技术改造和技术革新; 2. 能参与重大技术改造方案的审定	国内外同类装置工艺、设备、自动化控制等方面的技术发展信息

续表

职业功能	工作内容	技能要求	相关知识
培训与指导	培训与指导	1. 能系统讲授本工种的基本知识，并能指导学员的实际操作； 2. 能制定本工种培训班的教学计划、大纲； 3. 能合理安排教学内容，选择适当的教学方式	培训计划、大纲的编写方法

4. 比重表

4.1 理论知识

基本要求		职业道德	2	2	2	0	0
		基础知识	30	20	12	8	7
相关知识	工艺操作	开车准备	4	4	4	4	2
		开车操作	8	10	10	6	4
		正常操作	10	14	16	12	5
		停车操作	6	6	6	6	6
	设备使用与维护	使用设备	15	15	12	6	4
		维护设备	4	5	4	3	2
	事故判断与处理	判断事故	4	7	10	15	18
		处理事故	10	10	15	12	12
	绘图与计算	绘图	3	3	3	4	4
		计算	4	4	4	3	3
	管理	质量管理	0	0	0	3	4
		生产管理	0	0	0	2	4
		编写技术文件	0	0	0	8	12
		技术改进	0	0	0	3	5
	培训与指导	培训与指导	0	0	2	5	8
合计			100	100	100	100	100

4.2 技能操作

技能要求	工艺操作	开车准备	3	3	3	3	3
		开车操作	10	10	12	8	6
		正常操作	32	25	16	8	4
		停车操作	7	7	7	7	7
	设备使用与维护	使用设备	12	14	15	11	8
		维护设备	5	5	5	5	5
	事故判断与处理	判断事故	10	10	13	15	18

续表

技能要求	事故判断与处理	处理事故	15	20	20	15	12
	绘图与计算	绘图	3	3	3	3	3
		计算	3	3	3	3	3
	管理	质量管理	0	0	0	4	6
		生产管理	0	0	0	3	5
		编写技术文件	0	0	0	6	8
		技术改进	0	0	0	4	6
	培训与指导	培训与指导	0	0	3	5	6
合计			100	100	100	100	100

附录2 初级工理论知识鉴定要素细目表

行业:石油天然气　　　　工种:合成氨装置操作工　　　　等级:初级工　　　　鉴定方式:理论知识

行为领域	代码	鉴定范围	代码	鉴定范围	鉴定比重（%）	代码	鉴定点	重要程度	备注
基本要求 A 18%	B	基础知识	G	化学基础知识	5	001	元素化合价的概念	X	
						002	溶解的概念	X	
						003	结晶的概念	X	
						004	饱和蒸汽压的概念	X	
						005	饱和溶液的概念	X	
						006	溶解度的概念	X	
						007	氧化反应的概念	X	
						008	还原反应的概念	X	
						009	氧化剂的概念	X	
						010	还原剂的概念	X	
						011	烷烃的分子通式	X	
						012	烷烃的物化性质	X	
						013	燃烧的概念	X	
						014	硫化氢的性质	X	
						015	二氧化硫的性质	X	
						016	一氧化碳的性质	X	
						017	二氧化碳的性质	X	
						018	甲醇的性质	X	
						019	碳酸钾的性质	X	
						020	液化气的性质	X	
						021	氨的性质	X	
						022	化学平衡的基本概念	X	
						023	理想气体的基本概念	X	
						024	氧气的性质	X	
						025	氢气的性质	X	
						026	氮气的性质	X	
						027	过热蒸汽的概念	X	
			H	化工基础知识	4	001	物质的量的概念	X	
						002	物质的量的计算方法	X	
						003	理想气体的概念	X	

行为领域	代码	鉴定范围	代码	鉴定范围	鉴定比重（%）	代码	鉴定点	重要程度	备注
基本要求 A 18%	B	基础知识	H	化工基础知识	4	004	理想气体状态方程式的表示方法	X	
						005	化学平衡常数的概念	X	
						006	化学反应速度的概念	X	
						007	流体的密度、相对密度和比容关系	X	
						008	流体压强与压降的概念	X	
						009	流体流量与流速的关系	X	
						010	流体阻力的概念	X	
						011	离心泵的工作原理	X	
						012	离心泵的主要部件	X	
						013	离心泵的主要性能参数	X	
						014	柱塞泵的工作原理	X	
						015	柱塞泵的主要性能参数	X	
						016	传热的基本方式	X	
						017	热传导的概念	X	
						018	对流传热的概念	X	
						019	辐射传热的概念	X	
						020	蒸发的概念	X	
						021	单效蒸发水的蒸发量的计算	X	
						022	多效蒸发的原理	X	
			I	计量基础知识	1	001	计量工作的作用	X	
						002	计量的特点	X	
						003	法定计量单位的概念	X	
						004	国家法定计量单位组成	X	
						005	国际单位制基本单位	X	
						006	计量表精度等级划分的依据	X	
						007	计量检测设备概念	X	
						008	计量检测设备的分级	X	
			J	机械基础知识	4	001	常用化工用泵的分类	X	
						002	压缩机的分类	X	
						003	工业汽轮机的分类	X	
						004	鼓风机的种类	X	
						005	常见阀门的种类	X	
						006	常用联轴节的种类	X	
						007	换热器的分类	X	
						008	塔器的分类	X	

行为领域	代码	鉴定范围	代码	鉴定范围	鉴定比重（%）	代码	鉴定点	重要程度	备注
基本要求A 18%	B	基础知识	J	机械基础知识	4	009	法兰密封面的型式	X	
						010	常见轴承的种类	X	
						011	刚性轴与柔性轴的基本概念	X	
						012	碳钢的分类标准	X	
						013	合金钢的分类标准	X	
						014	不锈钢的分类标准	X	
						015	常用的设备润滑方法	X	
						016	润滑剂的作用	X	
						017	润滑剂的分类	X	
						018	压力容器的分类标准	X	
						019	压力容器安全附件的种类	X	
						020	加热炉的种类	X	
						021	垫片的种类	X	
						022	螺栓的种类	X	
						023	密封的概念	X	
			K	电工基础知识	2	001	常用照明的常识	X	
						002	电流的常识	X	
						003	直流电的概念	X	
						004	交流电的概念	X	
						005	电阻的概念	X	
						006	电压的基本常识	X	
						007	串联电路的概念	X	
						008	并联电路的概念	X	
						009	防触电常识	X	
						010	人工呼吸常识	X	
						011	装置电器设备灭火常识	X	
			L	仪表基础知识	2	001	测量误差知识	X	
						002	常用温度测量方法	X	
						003	热电偶测温原理	X	
						004	常用压力表的种类	X	
						005	玻璃液位计知识	X	
						006	差压式液位计知识	X	
						007	转子流量计知识	X	
						008	差压式流量计知识	X	
						009	自动调节系统的基本组成部分	X	

行为领域	代码	鉴定范围	代码	鉴定范围	鉴定比重（%）	代码	鉴定点	重要程度	备注
基本要求 A 18%	B	基础知识	L	仪表基础知识	2	010	调节阀的基本结构	X	
						011	集散控制系统（DCS）的概念	X	
						012	DCS 操作系统的组成	X	
渣油及天然气不完全氧化法相关知识 B 44%	A	工艺操作	A	开车准备	3	001	低温甲醇脱硫原理	X	
						002	低温甲醇脱碳原理	X	
						003	引天然气的条件	X	
						004	引液化气的条件	X	
						005	引甲醇的条件	X	
						006	引氨的条件	X	
						007	建立蒸汽管网的要点	X	
						008	开工加热炉点火前的准备	X	
						009	伴热管网建立的条件	X	
						010	负压器的工作原理	X	
						011	气化炉烧嘴的结构	X	
						012	喷淋甲醇的作用	X	
						013	气化洗涤水的作用	X	
						014	投用润滑油过滤器的要点	X	
						015	气化炉投料前炉膛温度的要求	X	
						016	气化炉氧气的作用	X	
						017	碳黑脱除原理	X	
						018	文丘里的工作原理	X	
			B	开车操作	6	001	投用水冷器注意事项	X	
						002	影响开工加热炉负压的因素	X	
						003	影响液化气带液的因素	X	
						004	合成循环气水冷却器设置爆破板的意义	X	
						005	开工加热炉设置液化气烧嘴的意义	X	
						006	投用氨冷器时的注意事项	X	
						007	投用甲醇热再生塔再沸器的注意事项	X	
						008	脱碳循环气体压缩机开车时注意事项	X	
						009	冷甲醇泵开车时注意事项	X	
						010	变换热水泵开车时的注意事项	X	
						011	火炬管线设置保安氮的意义	X	
						012	回收脱碳闪蒸气的意义	X	
						013	氨冷器中液氨水含量高对甲醇洗的影响	X	
						014	液氮洗设置液态一氧化碳泵的意义	X	

行为领域	代码	鉴定范围	代码	鉴定范围	鉴定比重（%）	代码	鉴定点	重要程度	备注
渣油及天然气不完全氧化法相关知识B 44%	A	工艺操作	B	开车操作	6	015	气化烧嘴冷却水温度控制注意事项	X	
						016	气化负压器的作用	X	
						017	甲醇脱水的原理	X	
						018	甲醇降温过程中的注意事项	X	
						019	开工加热炉投燃料气的要点	X	
						020	冷冻系统升压注意事项	X	
						021	氮洗单元补充冷量的意义	X	
						022	氮洗分子筛切换的意义	X	
						023	洗涤水系统投用的意义	X	
						024	导出气化废热蒸汽的注意事项	X	
						025	气化单元外送原料气时注意事项	X	
						026	柱塞泵启动时控制要点	X	
						027	氧气管线设置多个截止阀的意义	X	
						028	气化炉投料后的升压速率	X	
						029	第二台气化炉投料的要求	X	
						030	气化炉投料后碳黑水切换的条件	X	
						031	气化炉投料后工艺气切塔后放空的条件	X	
						032	德士古气化炉各物料的投料顺序	X	
			C	正常操作	6	001	甲烷不完全氧化反应原理	X	
						002	碳黑概念	X	
						003	气化单元生产的特点	X	
						004	变换单元生产特点	X	
						005	甲醇洗单元生产特点	X	
						006	液氮洗单元生产特点	X	
						007	合成单元生产特点	X	
						008	冷冻单元生产特点	X	
						009	高压氮气压缩机操作注意事项	X	
						010	机泵的巡检注意事项	X	
						011	操作记录的填写规范	X	
						012	控制阀主线改副线的操作	X	
						013	离心泵出口流量的调节方法	X	
						014	气化洗涤系统操作注意事项	X	
						015	变换废锅的液位控制方法	X	
						016	离心泵设置低液位保护的意义	X	
						017	甲醇脱水的方法	X	

行为领域	代码	鉴定范围	代码	鉴定范围	鉴定比重（%）	代码	鉴定点	重要程度	备注
渣油及天然气不完全氧化法相关知识B 44%	A	工艺操作	C	正常操作	6	018	控制甲醇中机械杂质的意义	X	
						019	处理酸性气体方法	X	
						020	甲醇中注入工艺气的作用	X	
						021	甲醇水精馏塔操作注意事项	X	
						022	热再生塔操作注意事项	X	
						023	甲醇洗单元冷量来源途径	X	
						024	脱硫单元出口硫含量高的控制方法	X	
						025	脱碳单元出口二氧化碳高的控制方法	X	
						026	氮洗板式换热器的温差要求	X	
						027	氮洗分子筛再生氮气的调节方法	X	
						028	分离器排油注意事项	X	
						029	合成副产中压蒸汽温度控制方法	X	
						030	氨分离器液位控制注意事项	X	
						031	氨冷冻的原理	X	
						032	氨净值的概念	X	
						033	冰机负荷的调节方法	X	
						034	合成气压缩机密封油油气压差的调节方法	X	
						035	气化炉5%蒸汽的作用	X	
						036	气化炉液位高的影响	X	
			D	停车操作	4	001	气化烧嘴冷却水停车处理注意事项	X	
						002	氧气预热器停车操作注意事项	X	
						003	天然气预热器停车操作注意事项	X	
						004	气化废热锅炉停车操作注意事项	X	
						005	洗涤塔底泵停车注意事项	X	
						006	变换热水泵停车处理注意事项	X	
						007	甲醇回温操作方法	X	
						008	甲醇排放的注意事项	X	
						009	低温设备保冷的注意事项	X	
						010	氮洗液体的排放注意事项	X	
						011	氮洗回温置换方法	X	
						012	液体一氧化碳泵停车处理注意事项	X	
						013	氨系统置换的方法	X	
						014	开工加热炉的停车注意事项	X	
						015	表冷器破真空的注意事项	X	
						016	蒸汽透平停车注意事项	X	

行为领域	代码	鉴定范围	代码	鉴定范围	鉴定比重（%）	代码	鉴定点	重要程度	备注
渣油及天然气不完全氧化法相关知识 B 44%	A	工艺操作	D	停车操作	4	017	空气呼吸器的使用方法	X	
						018	氮气管线设置两断一切的意义	X	
						019	一般离心泵交出检修的条件	X	
						020	离心泵排液的注意事项	X	
						021	气化炉停车后卸压的要求	X	
	B	设备使用与维护	A	使用设备	9	001	真空泵的开泵步骤	X	
						002	真空泵的停泵步骤	X	
						003	塔的基本类型	X	
						004	填料的作用	X	
						005	设备管理的"三懂四会"内容	X	
						006	机泵的用途	X	
						007	离心泵的类型	X	
						008	离心泵的原理	X	
						009	离心泵的结构	X	
						010	往复泵的结构	X	
						011	隔膜泵的结构	X	
						012	机械密封的概念	X	
						013	机械密封的作用	X	
						014	对轮的作用	X	
						015	离心泵的主要性能指标	X	
						016	机泵冷却的作用	X	
						017	机泵型号的表示方法	X	
						018	离心泵反转的原因	X	
						019	机泵密封泄漏标准	X	
						020	离心泵密封冲洗的意义	X	
						021	离心泵选型的标准	X	
						022	机泵盘车的目的	X	
						023	润滑油"五定"的概念	X	
						024	常用润滑油(脂)的名称	X	
						025	机泵润滑油添加与更换的方法	X	
						026	换热器的分类方法	X	
						027	阀门的类型	X	
						028	阀门的作用	X	
						029	闸阀的作用	X	
						030	截止阀的作用	X	

续表

行为领域	代码	鉴定范围	代码	鉴定范围	鉴定比重（%）	代码	鉴定点	重要程度	备注
渣油及天然气不完全氧化法相关知识B 44%	B	设备使用与维护	A	使用设备	9	031	疏水阀的作用	X	
						032	安全阀的作用	X	
						033	升降式止回阀的结构	X	
						034	低压法兰等级分类	X	
						035	高压容器的概念	X	
						036	机泵预热的步骤	X	
						037	机泵预热的注意事项	X	
						038	离心泵汽蚀的知识	X	
						039	烟囱的作用	X	
						040	阀门的表示方法	X	
						041	疏水阀的表示方法	X	
						042	安全阀的表示方法	X	
						043	闸阀的特点	X	
						044	截止阀的特点	X	
						045	疏水阀的特点	X	
						046	安全阀的特点	X	
						047	爆破片的结构	X	
						048	阻火器的概念	X	
						049	爆破片的概念	X	
						050	离心泵的开泵步骤	X	
			B	维护设备	3	001	机泵冷却的方法	X	
						002	机泵冷却的注意事项	X	
						003	机泵检修前准备工作的要点	X	
						004	机泵盘车的作用	X	
						005	油封的作用	X	
						006	判断润滑油变质的方法	X	
						007	电机正常运转时的检查要点	X	
						008	润滑油(脂)的作用	X	
						009	润滑油"三级过滤"的步骤	X	
						010	润滑油的使用规定	X	
						011	机泵维护的要点	X	
						012	常用润滑油(脂)的性能	X	
						013	选用润滑油(脂)的标准	X	
						014	机泵润滑加油(脂)的标准	X	

续表

行为领域	代码	鉴定范围	代码	鉴定范围	鉴定比重（%）	代码	鉴定点	重要程度	备注
渣油及天然气不完全氧化法相关知识 B 44%	C	事故判断与处理	A	判断事故	3	001	升温烧嘴燃烧不好的原因分析	X	
						002	变换单元法兰泄漏的原因分析	X	
						003	深冷设备冷损的原因	X	
						004	离心泵打不上量的原因	X	
						005	离心泵机械密封泄漏大的原因	X	
						006	离心泵振动大的原因	X	
						007	离心泵气蚀的原因分析	X	
						008	运转设备运行参数异常的判断	X	
						009	过滤器阻力升高的原因分析	X	
						010	阀门常见故障原因分析	X	
						011	机泵常见故障原因分析	X	
						012	离心泵气缚原因分析	X	
						013	换热器出入口温差上升的原因分析	X	
						014	滚动轴承出现故障原因分析	X	
			B	处理事故	6	001	升温烧嘴燃烧不好的处理方法	X	
						002	变换单元法兰泄漏的处理方法	X	
						003	深冷设备冷损的处理方法	X	
						004	跑氨的处理方法	X	
						005	离心泵机械密封泄漏的处理方法	X	
						006	离心泵振动大的处理方法	X	
						007	离心泵气缚处理方法	X	
						008	离心泵气蚀的处理方法	X	
						009	过滤器阻力增加的处理方法	X	
						010	机泵填料密封泄漏处理方法	X	
						011	阀门填料密封泄漏处理方法	X	
						012	离心泵气缚的处理方法	X	
						013	换热器出入口温差上升的处理方法	X	
						014	离心泵轴承温度升高的处理方法	X	
						015	轴承异响的处理方法	X	
						016	换热器内漏的处理方法	X	
						017	低温设备阻力增加的处理方法	X	
						018	单级离心泵不打量的处理方法	X	
						019	油系统发生跑油的处理方法	X	
						020	电器设备失火处理原则	X	
						021	油类失火处理原则	X	

行为领域	代码	鉴定范围	代码	鉴定范围	鉴定比重（％）	代码	鉴定点	重要程度	备注
渣油及天然气不完全氧化法相关知识B 44%	C	事故判断与处理	B	处理事故	6	022	甲醇泄漏的处理方法	X	
						023	液化气泄漏的处理方法	X	
						024	天然气泄漏的处理方法	X	
						025	离心泵油箱油变质的处理方法	X	
						026	干粉灭火器的使用方法	X	
						027	填料密封泄漏的处理方法	X	
						028	可燃气体泄漏后的处理方法	X	
						029	有毒有害液体泄漏的处理方法	X	
						030	氧气呼吸器的使用方法	X	
						031	人工呼吸的方法	X	
						032	防氨面具的使用方法	X	
						033	长管面具的使用方法	X	
	D	绘图与计算	A	绘图	2	001	流程图符号的意义	X	
						002	工艺流程图的组成部分	X	
						003	工艺流程图机泵的表示方法	X	
						004	工艺流程图换热设备的表示方法	X	
						005	工艺流程图塔器的表示方法	X	
						006	工艺流程图容器的表示方法	X	
						007	工艺流程图分离器的表示方法	X	
						008	合成氨生产原则流程图	X	
						009	阅读化工设备图的基本要求	X	
						010	阅读化工设备图的方法	X	
			B	计算	2	001	常用单位换算关系	X	
						002	转化率的概念	X	
						003	收率的计算方法	X	
						004	离心式压缩机压缩比的概念	X	
						005	离心式压缩机排气压力的计算	X	
						006	化学助剂注入量计算	X	
						007	一氧化碳变换率的计算	X	
						008	质量体积密度的计算关系	X	
						009	流速、流量换算	X	
天然气转化法相关知识C 38%	A	工艺操作	A	开车准备	3	001	天然气转化原理	X	
						002	变换原理	X	
						003	引燃料到一段炉的条件	X	
						004	润滑油压过低的危害	X	

续表

行为领域	代码	鉴定范围	代码	鉴定范围	鉴定比重（%）	代码	鉴定点	重要程度	备注
天然气转化法相关知识C 38%	A	工艺操作	A	开车准备	3	005	二段炉投空气的条件	X	
						006	引氨的条件	X	
						007	建立蒸汽管网的要点	X	
						008	开工加热炉点火前的准备	X	
						009	伴热管网建立条件	X	
						010	负压器的工作机理	X	
						011	辐射传热的概念	X	
						012	投用油过滤器的要点	X	
						013	设置预转化单元的目的	X	
						014	脱碳原理	X	
			B	开车操作	5	001	水冷器投用注意事项	X	
						002	影响开工加热炉负压的因素	X	
						003	热点的概念	X	
						004	合成循环气水冷却器设置爆破板的意义	X	
						005	空速的概念	X	
						006	投用氨冷器时的注意事项	X	
						007	投用再生塔再沸器的注意事项	X	
						008	二段炉的主要任务	X	
						009	低变催化剂升温还原原理	X	
						010	一段炉催化剂升温还原原理	X	
						011	开工加热炉投燃料烧嘴的要点	X	
						012	分子筛切换的意义	X	
						014	柱塞泵启动时控制要点	X	
						015	离心泵排气的目的	X	
						016	塔盘漏液现象	X	
						017	加氢前氢气浓度控制的意义	X	
						018	启动离心泵时控制要点	X	
						019	送风机启动注意事项	X	
						020	二段炉催化剂上铺耐火砖的目的	X	
						021	一段炉升温注意事项	X	
						022	锅炉给水加入氨水的目的	X	
						023	炉水加入磷酸盐的目的	X	
						024	手动阀门开关过程中的要点	X	
						025	开车前仪表阀门联校的意义	X	
						026	再生塔顶回流水的作用	X	

续表

行为领域	代码	鉴定范围	代码	鉴定范围	鉴定比重（%）	代码	鉴定点	重要程度	备注
天然气转化法相关知识C 38%	A	工艺操作	C	正常操作	6	001	甲烷蒸汽转化反应原理	X	
						002	氨冷冻的原理	X	
						003	转化反应的特点	X	
						004	变换反应的特点	X	
						005	设置甲烷化的意义	X	
						006	正确调整一段炉烧嘴燃烧的方法	X	
						007	合成单元生产特点	X	
						008	冷冻单元生产特点	X	
						009	ZnO脱硫的原理	X	
						010	机泵的巡检内容	X	
						011	操作记录的填写规范	X	
						012	控制阀主线改副线的操作	X	
						013	离心泵出口流量的调节方法	X	
						014	催化剂促进剂的作用	X	
						015	穿透硫容的概念	X	
						016	离心泵低液位保护的意义	X	
						017	锅炉水加联胺的目的	X	
						018	脱氧槽除氧方式	X	
						019	惰性气体对氨合成反应的影响	X	
						020	甲烷含量与炉温的关系	X	
						021	低变催化剂组成	X	
						022	解吸塔操作注意事项	X	
						023	水合反应的危害	X	
						024	脱除有机硫的要点	X	
						025	脱碳单元出口二氧化碳高的处理方法	X	
						026	分子筛再生气的调节方法	X	
						027	氨净值的概念	X	
						028	分离器排油注意事项	X	
						029	氨分离器液位控制注意事项	X	
						030	催化剂寿命的概念	X	
						031	一段炉烟气氧含量调节要点	X	
				D	停车操作	3	001	置换合格的标准	X	
						002	催化剂的作用	X	
						003	夹套水的作用	X	
						004	机组停机后盘车目的	X	

行为领域	代码	鉴定范围	代码	鉴定范围	鉴定比重（%）	代码	鉴定点	重要程度	备注
天然气转化法相关知识C 38%	A	工艺操作	D	停车操作	3	005	锅炉给水泵停车注意事项	X	
						006	氮气管线设置两切一放的意义	X	
						007	开工加热炉的停车注意事项	X	
						008	MDEA 排放的注意事项	X	
						009	低温设备的保冷方法	X	
						010	一般离心泵交出检修的条件	X	
						011	空气呼吸器的使用方法	X	
						012	离心泵排液的注意事项	X	
						013	氨系统置换的方法	X	
						014	表冷器破真空的注意事项	X	
						015	蒸汽透平停车注意事项	X	
						016	换热器冬季停车注意事项	X	
						017	一段催化剂卸出方法	X	
						018	二段催化剂卸出方法	X	
						019	氨回路停车降温方法	X	
	B	设备使用与维护	A	使用设备	9	001	真空泵的开泵步骤	X	
						002	真空泵的停泵步骤	X	
						003	塔的基本结构	X	
						004	填料的作用	X	
						005	设备管理的"三懂四会"内容	X	
						006	机泵的用途	X	
						007	离心泵的类型	X	
						008	离心泵的原理	X	
						009	离心泵的结构	X	
						010	往复泵的结构	X	
						011	隔膜泵的结构	X	
						012	机械密封的概念	X	
						013	机械密封的作用	X	
						014	连轴器的作用	X	
						015	离心泵的主要性能指标	X	
						016	机泵冷却的作用	X	
						017	机泵型号的表示方法	X	
						018	离心泵反转的原因	X	
						019	机泵使用注意事项	X	
						020	离心泵密封冲洗的意义	X	

续表

行为领域	代码	鉴定范围	代码	鉴定范围	鉴定比重（%）	代码	鉴定点	重要程度	备注
天然气转化法相关知识 C 38%	B	设备使用与维护	A	使用设备	9	021	离心泵选型的标准	X	
						022	机泵盘车的目的	X	
						023	润滑油"五定"的概念	X	
						024	常用润滑油(脂)的名称	X	
						025	机泵润滑油添加与更换的方法	X	
						026	换热器的分类方法	X	
						027	阀门的类型	X	
						028	阀门的作用	X	
						029	闸阀的作用	X	
						030	截止阀的作用	X	
						031	疏水阀的作用	X	
						032	安全阀的作用	X	
						033	临界转速的概念	X	
						034	低压法兰等级分类	X	
						035	高压容器的概念	X	
						036	机泵预热的步骤	X	
						037	机泵预热的注意事项	X	
						038	离心泵产生汽蚀的原因	X	
						039	U 形管压力计的使用	X	
						040	闸阀的表示方法	X	
						041	截止阀的表示方法	X	
						042	疏水阀的表示方法	X	
						043	闸阀的特点	X	
						044	截止阀的特点	X	
						045	疏水阀的特点	X	
						046	安全阀的特点	X	
						047	阻火器的作用	X	
						048	爆破片的概念	X	
						049	爆破片的作用	X	
						050	润滑油加油要点	X	
			B	维护设备	2	001	机泵冷却的方法	X	
						002	机泵冷却的注意事项	X	
						003	机泵停工检修前准备工作的要点	X	
						004	机泵盘车的作用	X	
						005	选用润滑油(脂)的标准	X	

行为领域	代码	鉴定范围	代码	鉴定范围	鉴定比重（%）	代码	鉴定点	重要程度	备注
						006	判断润滑油变质的方法	X	
						007	电机正常运转时的检查要点	X	
	B	设备使用与维护	B	维护设备	2	008	机泵润滑加油（脂）的标准	X	
						009	润滑油"三级过滤"的步骤	X	
						010	润滑油的使用规定	X	
						011	机泵维护的要点	X	
						012	常用润滑油（脂）的性能	X	
天然气转化法相关知识C 38%						001	火嘴燃烧不好的原因分析	X	
						002	变换单元法兰泄漏的原因分析	X	
						003	深冷设备冷损的原因	X	
						004	离心泵打不上量的原因	X	
						005	离心泵机械密封泄漏大的原因	X	
						006	离心泵振动大的原因	X	
						007	离心泵气蚀的原因分析	X	
						008	运转设备运行参数异常的判断	X	
			A	判断事故	3	009	过滤器阻力升高的原因分析	X	
						011	机泵常见故障原因分析	X	
						012	离心泵气缚原因分析	X	
						013	换热器出入口温差上升的原因分析	X	
	C	事故判断与处理				014	滚动轴承出现故障原因分析	X	
						015	甲烷化催化剂活性下降的原因分析	X	
						016	高变炉出口CO含量上升原因分析	X	
						017	二段炉出口甲烷含量上升原因分析	X	
						018	脱碳出口工艺气微量高原因分析	X	
						019	合成氨催化剂中毒的原因分析	X	
						001	火嘴燃烧不好的处理方法	X	
						002	变换单元法兰泄漏的处理方法	X	
						003	深冷设备冷损的处理方法	X	
						004	跑氨的处理方法	X	
			B	处理事故	4	005	离心泵机械密封泄漏的处理方法	X	
						006	离心泵振动大的处理方法	X	
						007	离心泵气缚处理方法	X	
						008	离心泵气蚀的处理方法	X	
						009	过滤器阻力增加的处理方法	X	
						010	机泵填料密封泄漏处理方法	X	

续表

行为领域	代码	鉴定范围	代码	鉴定范围	鉴定比重（%）	代码	鉴定点	重要程度	备注
天然气转化法相关知识C 38%	C	事故判断与处理	B	处理事故	4	011	阀门填料密封泄漏处理方法	X	
						012	填料密封泄漏的处理方法	X	
						013	换热器出入口温差上升的处理	X	
						014	离心泵轴承温升高的处理方法	X	
						015	换热器内漏的处理方法	X	
						016	单级离心泵不打量的处理方法	X	
						017	人工呼吸操作要点	X	
						018	防氨面具的使用方法	X	
						019	干粉灭火器的使用方法	X	
						020	长管面具的使用方法	X	
						021	电器设备失火处理原则	X	
						022	油类失火处理原则	X	
						023	MDEA泄漏的处理方法	X	
						024	可燃气体泄漏后的处理方法	X	
	D	绘图与计算	A	绘图	1	001	流程图符号的意义	X	
						002	工艺流程图的组成部分	X	
						003	工艺流程图机泵的表示方法	X	
						004	工艺流程图控制仪表的表示方法	X	
						005	工艺流程图塔器的表示方法	X	
						006	工艺流程图仪表阀的表示方法	X	
						007	工艺流程图阀门的表示方法	X	
						008	化工设计的基本要求	X	
						009	阅读化工设备图的基本要求	X	
						010	阅读化工设备图的方法和步骤	X	
			B	计算	2	001	常用单位换算关系	X	
						002	回流比的计算	X	
						003	离心泵有效功率的计算	X	
						004	流速、流量换算	X	
						005	传热系数的计算	X	
						006	换热器热负荷的计算	X	
						007	流体静力学公式的应用	X	
						008	流体力学的应用	X	
						009	回流比的计算	X	
						010	化学方程式的计算	X	
						011	空速的计算	X	
						012	压力的换算	X	

注：X——核心要素；Y——一般要素；Z——辅助要素。

附录 3　初级工操作技能鉴定要素细目表

行业:石油天然气　　　　工种:合成氨装置操作工　　　　等级:初级工　　　　鉴定方式:操作技能

鉴定范围			代码	鉴定点	重要程度	备注
一级	二级	三级				
A 天然气、渣油不完全氧化模块 54%	A 工艺操作	A 开车准备 3%	001	蒸汽管网暖管的操作	X	
			002	装置引入天然气的操作	X	
			003	机泵启动前的检查	X	
			004	水冷却器的投用操作	X	
		B 开车操作 7%	001	高压氮压缩机的开车操作	X	
			002	气化单元负压器的操作	X	
			003	投用氨冷器的操作	X	
			004	变换热水泵的开车操作	X	
			005	冷甲醇泵的开车操作	X	
			006	投用甲醇水精馏塔再沸器的操作	X	
			007	热氨泵的开车操作	X	
			008	启动加热炉风机的操作	X	
		C 正常操作 13%	001	机泵的巡检	X	
			002	控制阀主线改副线的操作	X	
			003	油过滤器切换的操作	X	
			004	离心泵的切换操作	X	
			005	离心泵出口流量的调节	X	
			006	洗涤塔液位的调节	X	
			007	气化废水洗涤塔外送水的操作	X	
			008	变换热水泵的暖泵操作	X	
			009	投用变换激冷水的操作	X	
			010	冷甲醇泵的降温操作	X	
			011	冷氨泵的切换操作	X	
			012	蒸汽过热炉出口温度的调节	X	
			013	过热炉的吹灰操作	X	
			014	开工加热炉出口温度的调节	X	
			015	蒸汽喷射泵切换的操作	X	
		D 停车操作 4%	001	压缩机润滑油的停运操作	X	
			002	一般离心泵的停车操作	X	
			003	甲醇洗循环气压缩机的停车操作	X	

续表

鉴定范围			代码	鉴定点	重要程度	备注
一级	二级	三级				
A 天然气、渣油不完全氧化模块 54%	A 工艺操作	D 停车操作 4%	004	二氧化碳鼓风机的停车操作	X	
			005	液态 CO/N₂ 泵的停车操作	X	
	B 设备使用与维护	A 使用设备 7%	001	计量泵流量的调节	X	
			002	热备用泵的检查	X	
			003	冷备用泵的检查	X	
			004	一般离心泵检修后的验收	X	
			005	加热炉风门的调节	X	
			006	现场压力表的更换	X	
			007	测温仪的使用	X	
			008	便携式硫化氢检测仪的使用	X	
		B 维护设备 3%	001	备用泵的维护	X	
			002	氮洗分子筛粉化的判断	X	
			003	浮环密封密封油泄漏的判断	X	
			004	运行泵润滑油质量的检查	X	
	C 事故判断与处理	A 判断事故 6%	001	离心泵轴承温度超高的判断	X	
			002	压力表失灵的判断	X	
			003	阀芯脱落的判断	X	
			004	甲醇水精馏塔塔顶回流中断的判断	X	
			005	离心泵抽空的判断	X	
			006	气化炉液位计指示失真的判断	X	
			007	洗涤塔液位计指示失真的判断	X	
		B 处理事故 6%	001	水冷却器气阻的处理	X	
			002	液态一氧化碳泵振动大的处理	X	
			003	泵机械密封泄漏后的处理	X	
			004	甲醇水精馏塔塔顶回流中断的处理	X	
			005	离心泵抽空的处理	X	
			006	气化炉液位计指示失真的处理	X	
			007	洗涤塔液位计指示失真的处理	X	
	D 绘图与计算	A 绘图 2%	001	装置方框图的绘制	X	
			002	装置 PFD 流程图的绘制	X	
		B 计算 3%	001	物料流量的计算	X	
			002	添加剂的加入量的计算	X	
			003	物料浓度的计算	X	
			004	转化率的计算	X	

鉴定范围			代码	鉴定点	重要程度	备注
一级	二级	三级				
B 天然气转化工艺模块 46%	A 工艺操作	A 开车准备 5%	001	蒸汽管网暖管的操作步骤	X	
			002	装置引入天然气的操作	X	
			003	机泵启动前的准备工作	X	
			004	引入冷却水的操作	X	
			005	蒸汽的引入操作步骤	X	
			006	仪表调节阀的调校确认	X	
		B 开车操作 6%	001	水冷器的投运操作	X	
			002	启动送风机的操作	X	
			003	投用氨冷器的操作	X	
			004	工艺冷凝液泵的开车操作	X	
			005	加热炉引风机启动的操作	X	
			006	再生塔再沸器投用的操作	X	
			007	热氨泵的开车操作	X	
		C 正常操作 9%	001	机泵的巡检内容	X	
			002	控制阀主线改副线的操作	X	
			003	油过滤器切换的操作	X	
			004	离心泵的切换操作	X	
			005	调节离心泵出口流量的操作	X	
			006	控制吸收塔液位的操作	X	
			007	工艺冷凝液泵的暖泵操作	X	
			008	冷氨泵的切换操作	X	
			009	开工加热炉出口温度调节操作	X	
			010	蒸汽喷射泵切换的操作	X	
		D 停车操作 3%	001	压缩机润滑油的停运操作	X	
			002	一般离心泵的停车操作	X	
			003	停低变氮气循环鼓风机的操作	X	
	B 设备使用与维护	A 使用设备 7%	001	调节计量泵流量的操作	X	
			002	泵热备用的注意事项	X	
			003	泵冷备用的注意事项	X	
			004	一般离心泵检修后的验收	X	
			005	调节加热炉风门的操作	X	
			006	现场压力表的更换	X	
			007	测温仪的使用	X	
			008	便携式硫化氢检测仪的使用方法	X	

续表

鉴定范围			代码	鉴定点	重要程度	备注
一级	二级	三级				
B 天然气转化工艺模块 46%	B 设备使用与维护	B 维护设备 3%	001	备用泵的维护	X	
			002	分子筛粉化的判断	X	
			003	浮环密封密封油泄漏的判断	X	
			004	运行泵润滑油质量的检查	X	
	C 事故判断与处理	A 判断事故 4%	001	离心泵轴承温度超高的判断方法	X	
			002	压力表失灵的判断方法	X	
			003	阀芯脱落的判断方法	X	
			004	吸收塔塔顶回流中断的判断	X	
			005	离心泵运行状况的判断方法	X	
		B 处理事故 3%	001	水冷器气阻的处理	X	
			002	泵轴承箱机械密封泄漏的处理	X	
			003	离心泵抽空的处理方法	X	
	D 绘图与计算	A 绘图 3%	001	装置方框图的绘制	X	
			002	装置 PFD 流程图的绘制	X	
		B 计算 3%	001	物料流量的计算	X	
			002	添加剂的加入量的计算	X	
			003	物料浓度的计算	X	
			004	转化率的计算	X	

注:X——核心要素;Y——一般要素;Z——辅助要素。

附录4 中级工理论知识鉴定要素细目表

行业：石油天然气　　　　工种：合成氨装置操作工　　　　等级：中级工　　　　鉴定方式：理论知识

行为领域	代码	鉴定范围	代码	鉴定范围	鉴定比重（%）	代码	鉴定点	重要程度	备注
基本要求A 15%	B	基础知识	G	化学基础知识	3	001	气体溶解度的影响因素	X	
						002	理想气体状态方程的简单计算	X	
						003	质量分数的概念	X	
						004	可逆反应的基本概念	X	
						005	化学平衡的影响因素	X	
						006	溶液质量摩尔浓度的概念	X	
						007	溶液摩尔分数的概念	X	
						008	化学平衡常数的概念	X	
						009	化学反应速率的表示方法	X	
						010	临界温度的概念	X	
						011	临界压力的概念	X	
						012	化学平衡的特征	X	
						013	甲烷转化反应的特点	X	
						014	一氧化碳变换反应的特点	X	
						015	合成氨反应的特点	X	
			H	化工基础知识	4	001	理想气体状态方程的应用	X	
						002	熵焓的概念	X	
						003	混合气体分压定律的概念	X	
						004	影响化学反应速度的因素	X	
						005	可逆反应与化学平衡的基本知识	X	
						006	流体静力学基本方程式	X	
						007	稳定流动的物料衡算	X	
						008	流体流动的类型	X	
						009	降低流体阻力的途径	X	
						010	离心泵特性曲线概念	X	
						011	管路特性曲线概念	X	
						012	离心泵的调节方法	X	
						013	单层平壁的导热计算方法	X	
						014	影响对流传热膜系数的因素	X	
						015	提高传热膜系数的途径	X	

行为领域	代码	鉴定范围	代码	鉴定范围	鉴定比重（%）	代码	鉴定点	重要程度	备注
基本要求 A 15%	B	基础知识	H	化工基础知识	4	016	气体吸收中相组成的表示方法	X	
						017	亨利定律的概念	X	
						018	溶解度对吸收系数的影响	X	
						019	挥发度与相对挥发度概念	X	
						020	精馏原理	X	
			I	计量基础知识	1	001	法定计量单位的主要特征	X	
						002	石化企业计量方式的种类	X	
						003	A 级计量设备的种类	X	
						004	B 级计量设备的种类	X	
						005	C 级计量设备的种类	X	
						006	物料计量表配备的精度要求	X	
						007	新物料计量表投用的步骤	X	
			J	机械基础知识	3	001	离心式压缩机的基本结构	X	
						002	柱塞泵的基本结构	X	
						003	工业汽轮机的基本结构	X	
						004	常用机械密封的典型结构	X	
						005	平衡的有关知识	X	
						006	润滑的机理	X	
						007	润滑油常用的理化试验项目	X	
						008	润滑脂的常用质量指标	X	
						009	应力腐蚀的定义	X	
						010	应力腐蚀的危害	X	
						011	常见管路连接方法	X	
						012	安全阀的校验内容	X	
						013	无损检测的种类	X	
						014	压力容器的水压试验知识	X	
						015	压力容器的气密性试验知识	X	
						016	滚动轴承标记方法	X	
			K	电工基础知识	2	001	正弦交流电的概念	X	
						002	并联电路电阻简化计算方法	X	
						003	串联电路电阻简化计算方法	X	
						004	用电设备维修安全常识	X	
						005	装置设备接地线的常识	X	
						006	防雷防静电的常识	X	
						007	常用电机的类型	X	
						008	常用电机型号含义	X	

行为领域	代码	鉴定范围	代码	鉴定范围	鉴定比重（%）	代码	鉴定点	重要程度	备注
基本要求A 15%	B	基础知识	L	仪表基础知识	2	001	简单回路PID参数的概念	X	
						002	串级控制的概念	X	
						003	分程控制的概念	X	
						004	联锁的基本概念	X	
						005	控制阀的附件种类	X	
						006	在线仪表的种类	X	
						007	压力仪表的测量原理	X	
						008	温度仪表的测量原理	X	
						009	流量仪表的测量原理	X	
						010	常用变送器类型	X	
渣油及天然气不完全氧化法相关知识B 45%	A	工艺操作	A	开车准备	4	001	液化气燃烧的条件	X	
						002	干气密封的原理	X	
						003	合成废锅建立液面的条件	X	
						004	增湿塔的作用	X	
						005	减湿塔的作用	X	
						006	氮洗分子筛的吸附原理	X	
						007	氮洗分子筛的再生原理	X	
						008	液氮洗涤一氧化碳的原理	X	
						009	气化炉高压保护氮气的作用	X	
						010	蒸汽透平密封空气的作用	X	
						011	渣油的组成	X	
						012	重油部分氧化法的原理	X	
						013	气化炉投料前具备的条件	X	
						014	气化炉高压保护氮气的作用	X	
						015	氧油比的确定	X	
						016	汽油比的确定	X	
						017	激冷环的工作原理	X	
						018	气化炉正压升温的注意事项	X	
				B	开车操作	6	001	汽/气比在变换反应中的作用	X	
						002	合成催化剂的组成	X	
						003	变换催化剂中毒的因素	X	
						004	变换催化剂还原的原理	X	
						005	变换催化剂钝化的原理	X	
						006	氨合成催化剂还原的原理	X	
						007	氨合成催化剂中毒的因素	X	

续表

行为领域	代码	鉴定范围	代码	鉴定范围	鉴定比重（%）	代码	鉴定点	重要程度	备注
渣油及天然气不完全氧化法相关知识B 45%	A	工艺操作	B	开车操作	6	008	合成催化剂还原期间塔后管线加入氨的作用	X	
						009	使用饱和蒸汽加热的意义	X	
						010	甲醇再生的原理	X	
						011	气/液比在甲醇吸收中的意义	X	
						012	离心式压缩机负荷调节要点	X	
						013	合成系统升压注意事项	X	
						014	透平真空系统建立的意义	X	
						015	深冷设备干燥的意义	X	
						016	气化炉炉温控制的要点	X	
						017	控制洗涤塔出口温度的要点	X	
						018	氧气比在转化反应中的作用	X	
						019	蒸汽在转化反应中的作用	X	
						020	气化开车程序特点	X	
						021	建立甲醇循环的要点	X	
						022	合成系统排惰的意义	X	
						023	合成副产中压蒸汽温度控制要点	X	
						024	合成反应的原理	X	
						025	合成催化剂温度控制意义	X	
						026	控制合成塔入口氨含量的意义	X	
						027	气化炉建立氧气放空的要求	X	
						028	气化炉建立蒸汽放空的要求	X	
						029	气化炉与洗涤塔联通的条件	X	
			C	正常操作	7	001	温度对甲烷不完全氧化反应的影响	X	
						002	气化炉负荷变化时各物料加减的顺序	X	
						003	影响天然气不完全氧化的因素	X	
						004	激冷水的作用	X	
						005	变换催化剂床层超温的危害	X	
						006	变换反应的蒸汽来源	X	
						007	变换催化剂温度控制的要点	X	
						008	提高变换炉入口温度的操作要点	X	
						009	工艺气带水对甲醇洗单元的危害	X	
						010	脱硫塔分段吸收的原理	X	
						011	二氧化碳吸收塔分段吸收的意义	X	
						012	氨冷却器的工作原理	X	

行为领域	代码	鉴定范围	代码	鉴定范围	鉴定比重（%）	代码	鉴定点	重要程度	备注
渣油及天然气不完全氧化法相关知识B 45%	A	工艺操作	C	正常操作	7	013	加热炉的吹灰操作	X	
						014	甲醇中机械杂质的控制要点	X	
						015	甲醇单元减压操作控制要点	X	
						016	甲醇单元设置多次减压的意义	X	
						017	一步法脱硫脱碳的特点	X	
						018	两步法脱硫脱碳的特点	X	
						019	CO_2 对氨洗的危害	X	
						020	合成催化剂温度控制要点	X	
						021	影响合成催化剂中毒的因素	X	
						022	氨分离的原理	X	
						023	冷冻系统设置冷热态模式的意义	X	
						024	冷冻系统冷热模式操作要点	X	
						025	废热锅炉电导控制要点	X	
						026	影响合成塔入口氨含量的因素	X	
						027	合成系统排惰操作要点	X	
						028	合成催化剂温度控制方法	X	
						029	液氨贮罐压力控制的方法	X	
						030	空速的概念	X	
						031	蒸汽透平低速暖机操作注意事项	X	
						032	真空冷凝液泵的气缚因素	X	
						033	建立压缩机高位油槽的注意事项	X	
						034	建立压缩机密封油的注意事项	X	
						035	出气化炉碳黑水中碳黑浓度高的危害	X	
			D	停车操作	4	001	气化炉停车时保护系统的作用	X	
						002	气化炉卸压的注意事项	X	
						003	变换催化剂降温方法	X	
						004	变换水循环停车操作注意事项	X	
						005	甲醇单元回温操作注意事项	X	
						006	甲醇水精馏塔停车操作注意事项	X	
						007	合成催化剂降温方法	X	
						008	冷冻系统停车后工艺处理注意事项	X	
						009	合成系统停车后的处理方法	X	
						011	合成催化剂的保护方法	X	
						012	氨系统置换的注意事项	X	
						013	蒸汽过热炉停车操作注意事项	X	

续表

行为领域	代码	鉴定范围	代码	鉴定范围	鉴定比重（%）	代码	鉴定点	重要程度	备注
渣油及天然气不完全氧化法相关知识B 45%	A	工艺操作	D	停车操作	4	014	氮洗升温置换注意事项	X	
						015	分子筛的充填注意事项	X	
						016	气化炉与洗涤塔隔离的条件	X	
						017	气化炉停激冷水的条件	X	
	B	设备使用与维护	A	使用设备	8	001	机泵预冷的步骤	X	
						002	机泵预冷的注意事项	X	
						003	离心泵的性能	X	
						004	离心泵主要参数特性	X	
						005	电机型号的意义	X	
						006	电机的主要性能指标	X	
						007	换热器型号的表示方法	X	
						008	固定板式换热器的特点	X	
						009	浮头式换热器的特点	X	
						010	U形管式换热器的特点	X	
						011	换热器折流板的作用	X	
						012	换热器防冲板的作用	X	
						013	压力表的选用方法	X	
						014	法兰规格型号的表示方法	X	
						015	垫片规格型号的表示方法	X	
						016	螺栓规格型号的表示方法	X	
						017	计量泵的性能	X	
						018	常用轴封的形式	X	
						019	换热器管束的排列方式	X	
						020	工业管道常用压力等级分类	X	
						021	法兰选用的一般标准	X	
						022	垫片选用的一般标准	X	
						023	机泵正常操作轴承温度的控制指标	X	
						024	电机正常操作外壳温度的控制指标	X	
						025	机泵正常操作轴承振动的控制指标	X	
						026	离心泵操作的注意事项	X	
						027	离心泵流量降低的因素	X	
						028	离心泵抽空的因素	X	
						029	离心泵振动大的因素	X	
						030	离心泵轴承超温的因素	X	
						031	离心泵盘不动的因素	X	

行为领域	代码	鉴定范围	代码	鉴定范围	鉴定比重（%）	代码	鉴定点	重要程度	备注
渣油及天然气不完全氧化法相关知识 B 45%	B	设备使用与维护	A	使用设备	8	032	使用转子流量计的注意事项	X	
						033	使用玻璃板液位计注意事项	X	
						034	玻璃管液位计的使用注意事项	X	
						035	螺栓选用的标准	X	
						036	阀门填料选用的标准	X	
						037	离心泵切换的步骤	X	
						038	离心泵的停泵步骤	X	
			B	维护设备	2	001	动火条件的确认	X	
						002	设备交出的注意事项	X	
						003	机泵润滑原理	X	
						004	消除离心泵轴向力的方法	X	
						005	启动风机的注意事项	X	
						006	轴承润滑正常的判断方法	X	
						007	工业管道外部检查要点	X	
						008	更换垫片的注意事项	X	
						009	更换螺栓的注意事项	X	
						010	更换阀门填料的注意事项	X	
						011	烧嘴冷却水回水温度高的危害	X	
		C	事故判断与处理	A	判断事故	4	001	气化炉炉膛温度升高的原因分析	X	
						002	气化炉炉膛温度降低的原因分析	X	
						003	洗涤塔出口工艺气温度高的原因分析	X	
						004	气化洗涤塔出口带水的原因分析	X	
						005	转子流量计流量偏低的原因分析	X	
						006	甲烷不完全氧化反应碳黑过多的原因分析	X	
						007	喷头冷却水流量波动的原因分析	X	
						008	氮洗分子筛后二氧化碳含量高的原因分析	X	
						009	蒸汽管线水击的原因分析	X	
						010	氨冷器换热效果下降的原因分析	X	
						011	离心式压缩机喘振的原因分析	X	
						012	合成系统阻力增加的原因分析	X	
						013	合成塔压力升高的原因分析	X	
						014	开工加热炉发生闪爆的原因分析	X	
						015	氢氮比失调的原因分析	X	
						016	成品氨中油含量超标原因分析	X	
						017	往复泵打量不足的原因分析	X	

续表

行为领域	代码	鉴定范围	代码	鉴定范围	鉴定比重（％）	代码	鉴定点	重要程度	备注
渣油及天然气不完全氧化法相关知识 B 45%	C	事故判断与处理	A	判断事故	4	018	蒸汽过热炉发生闪爆的原因分析	X	
						019	气化炉炉壁超温原因分析	X	
			B	处理事故	6	001	天然气预热器负荷不足的处理方法	X	
						002	气化负压器不抽负压的处理方法	X	
						003	气化炉炉膛温度升高的处理方法	X	
						004	气化炉炉膛温度下降的处理方法	X	
						005	洗涤塔出口工艺气温度高的处理方法	X	
						006	气化洗涤塔出口带水的处理方法	X	
						007	转子流量计指示偏低的处理方法	X	
						008	甲烷不完全氧化反应碳黑过多的处理方法	X	
						009	烧嘴冷却水流量波动大的处理方法	X	
						010	变换废锅流量波动大的处理方法	X	
						011	工艺气分离器液位高的处理方法	X	
						012	酸性气体出口温度高的处理方法	X	
						013	氮洗分子筛后二氧化碳含量高的处理方法	X	
						014	蒸汽管线水击的处理方法	X	
						015	氨冷器换热效果下降的处理方法	X	
						016	离心式压缩机喘振的处理方法	X	
						017	合成系统阻力增加的处理方法	X	
						018	合成塔压力升高的处理方法	X	
						019	开工加热炉负压波动大的处理方法	X	
						020	氢氮比失调的处理方法	X	
						021	油分离器液位高的处理方法	X	
						022	合成副产中压蒸汽温度高的处理方法	X	
						023	氨分离器液位高的处理方法	X	
						024	成品氨中油含量超标处理方法	X	
						025	往复泵打不上量的处理方法	X	
						026	蒸汽过热炉负压波动大的处理方法	X	
						027	压缩机润滑油压高的处理方法	X	
						028	压缩机油压低的处理方法	X	
						029	气化炉炉壁超温的处理方法	X	
	D	绘图与计算	A	绘图	2	001	气化单元带控制点的流程图	X	
						002	变换单元带控制点的流程图	X	
						003	甲醇洗单元带控制点的流程图	X	
						004	液氨洗单元带控制点的流程图	X	

行为领域	代码	鉴定范围	代码	鉴定范围	鉴定比重（%）	代码	鉴定点	重要程度	备注
渣油及天然气不完全氧化法相关知识B 45%	D	绘图与计算	A	绘图	2	005	合成单元带控制点的流程图	X	
						006	冷冻单元带控制点的流程图	X	
						007	合成气压缩机带控制点的流程图	X	
						008	冰机单元带控制点的流程图	X	
			B	计算	2	001	各类基本术语的概念	X	
						002	物料平衡的计算	X	
						003	离心泵有效功率的计算	X	
						004	流体流量与流速的换算关系	X	
						005	传热系数的计算方法	X	
						006	换热器热负荷计算方法	X	
						007	流体静力学公式的应用	X	
						008	工艺管道压力降计算	X	
						009	回流比的计算	X	
						010	化学方程式的计算方法	X	
天然气转化法相关知识C 40%	A	工艺操作	A	开车准备	2	001	盘车的目的	X	
						002	干气密封的原理	X	
						003	空气预热器中加中压蒸汽的作用	X	
						004	建立大氮循环的目的	X	
						005	轴承的润滑机理	X	
						006	分子筛的吸附原理	X	
						007	分子筛的再生原理	X	
						008	液氨泵启动前冷却排气的目的	X	
						009	合成气压缩机开车前进行氮置换的目的	X	
						010	蒸汽透平密封蒸汽的作用	X	
						011	临界转速的概念	X	
						012	DCS 的含义	X	
			B	开车操作	5	001	水碳比的控制在转化反应中的意义	X	
						002	低变催化剂还原的原理	X	
						003	变换催化剂中毒的因素	X	
						004	高变催化剂放硫的目的	X	
						005	变换催化剂钝化的原理	X	
						006	氨合成催化剂还原的原理	X	
						007	氨合成催化剂中毒原理	X	
						008	合成催化剂还原期间塔后管线加入氨的作用	X	

行为领域	代码	鉴定范围	代码	鉴定范围	鉴定比重（%）	代码	鉴定点	重要程度	备注
天然气转化法相关知识 C 40%	A	工艺操作	B	开车操作	5	009	使用饱和蒸汽加热的意义	X	
						010	MDEA 再生的原理	X	
						011	确定 MDEA 循环量的依据	X	
						012	离心式压缩机临界转速的概念	X	
						013	合成系统升压注意事项	X	
						014	建立透平真空系统的意义	X	
						015	深冷设备干燥的意义	X	
						016	脱碳气中 CO_2 微量的影响因素	X	
						018	回流比对精馏塔操作的影响	X	
						020	控制合成塔入口氨含量的意义	X	
						021	建立 MDEA 循环的控制要点	X	
						022	合成系统排惰的意义	X	
						023	低变催化剂还原结束的标志	X	
						024	合成反应的原理	X	
						025	合成催化剂温度控制意义	X	
						026	高温变换催化剂放硫的意义	X	
			C	正常操作	6	001	温度对转化反应的影响	X	
						002	转化负荷变化时各物料加减顺序	X	
						003	影响天然气转化反应的因素	X	
						004	脱硫槽前加氢气的作用	X	
						005	压缩机段间冷却器的作用	X	
						006	变换催化剂床层超温的危害	X	
						007	变换催化剂温度控制的要点	X	
						008	变换炉入口温度的控制	X	
						009	工艺气带水对脱碳单元的影响	X	
						010	解吸塔分段的意义	X	
						011	蒸汽透平低速暖机操作注意事项	X	
						012	氨冷却器的工作原理	X	
						013	停留时间的概念	X	
						014	仪表风的要求	X	
						015	温度对硫容影响	X	
						016	建立压缩机高位油槽的注意事项	X	
						017	合成系统排惰操作要点	X	
						018	合成催化剂温度控制方法	X	
						019	碳氧化物对合成催化剂的危害	X	

行为领域	代码	鉴定范围	代码	鉴定范围	鉴定比重（%）	代码	鉴定点	重要程度	备注
天然气转化法相关知识 C 40%	A	工艺操作	C	正常操作	6	020	合成催化剂温度控制要点	X	
						021	影响合成催化剂中毒的因素	X	
						022	氨分离的原理	X	
						023	真空冷凝液泵的气缚因素	X	
						024	冷冻系统冷热模式操作要点	X	
						025	废热锅炉电导控制要点	X	
						026	影响合成塔入口氨含量的因素	X	
						027	建立压缩机密封油的操作	X	
						028	空速的概念	X	
						029	液氨贮罐压力控制的方法	X	
	B	设备使用与维护	D	停车操作	3	001	一段炉停车后催化剂的保护方法	X	
						002	二段炉泄压的注意事项	X	
						003	变换催化剂降温方法	X	
						004	冷箱壳体充氮的意义	X	
						005	氢回收单元回温操作注意事项	X	
						006	机组停车后的防喘措施	X	
						007	合成催化剂降温方法	X	
						008	冷冻系统停车后处理的注意事项	X	
						009	合成系统停车后的处理方法	X	
						010	冷冻系统排液的途径	X	
						011	合成催化剂的保护方法	X	
						012	氨系统置换的注意事项	X	
						013	分子筛的充填注意事项	X	
			A	使用设备	9	001	机泵预冷的步骤	X	
						002	机泵预冷的注意事项	X	
						003	离心泵的性能	X	
						004	离心泵主要参数的特性	X	
						005	电机型号的意义	X	
						006	电机的主要性能指标	X	
						007	电动阀手轮搬不动的原因	X	
						008	固定板式换热器的特点	X	
						009	浮头式换热器的特点	X	
						010	U 形管式换热器的特点	X	
						011	换热器折流板的作用	X	
						012	减少一段炉热损失的方法	X	

行为领域	代码	鉴定范围	代码	鉴定范围	鉴定比重（%）	代码	鉴定点	重要程度	备注
天然气转化法相关知识 C 40%	B	设备使用与维护	A	使用设备	9	013	压力表的使用知识	X	
						014	自动调节系统的组成	X	
						015	汽轮机轴封的作用	X	
						016	汽轮机轴封的形式	X	
						017	计量泵的性能	X	
						018	常用轴封的形式	X	
						019	换热器管束的排列方式	X	
						020	工业管道常用压力等级分类	X	
						021	法兰选用的一般标准	X	
						022	垫片选用的一般标准	X	
						023	仪表调节阀的常见故障	X	
						024	离心泵的工作原理	X	
						025	密封油高位槽的作用	X	
						026	离心泵操作的注意事项	X	
						027	离心泵流量降低的因素	X	
						028	离心泵抽空的因素	X	
						029	离心泵振动大的因素	X	
						030	离心泵轴承超温的因素	X	
						031	离心泵盘车不动的因素	X	
						032	转子流量计的使用方法	X	
						033	玻璃板液位计的使用方法	X	
						034	化工管路进行热补偿的目的	X	
						035	螺栓选用的标准	X	
						036	安全伐定压依据	X	
						037	离心泵切换的步骤	X	
						038	离心泵的停泵步骤	X	
						039	离心泵的开泵步骤	X	
						040	板式换热器的特点	X	
						041	平衡盘的作用	X	
						042	常见测量装置	X	
						043	螺栓规格型号的表示方法	X	
						044	垫片规格型号的表示方法	X	
				B	维护设备	2	001	动火条件的确认	X	
						002	设备交出检修的注意事项	X	
						003	无油润滑的原理	X	

行为领域	代码	鉴定范围	代码	鉴定范围	鉴定比重（%）	代码	鉴定点	重要程度	备注
天然气转化法相关知识 C 40%	B	设备使用与维护	B	维护设备	2	004	消除离心泵轴向力的方法	X	
						005	启动风机的注意事项	X	
						006	做好润滑工作的要点	X	
						007	工业管道外部检查要点	X	
						008	轴承润滑剂的作用	X	
						009	更换螺栓的注意事项	X	
						010	更换阀门的注意事项	X	
						011	调节阀的作用形式	X	
	C	事故判断与处理	A	判断事故	4	001	影响脱碳系统水平衡的因素	X	
						002	离心泵打不上液体的原因分析	X	
						003	高变出口 CO 含量升高的原因分析	X	
						004	一段炉燃烧不好的原因分析	X	
						005	凝汽器换热效率下降原因分析	X	
						006	轴承润滑正常的判断方法	X	
						007	转化炉管析碳的判断	X	
						008	分子筛吸附能力下降的原因分析	X	
						009	蒸汽管线水击的原因分析	X	
						010	氨冷器换热效果下降的原因分析	X	
						011	离心式压缩机喘振的原因分析	X	
						012	合成系统阻力增加的原因分析	X	
						013	合成塔压力升高的原因分析	X	
						014	开工加热炉发生闪爆的原因分析	X	
						015	氢氮比失调的原因分析	X	
						016	成品氨中油含量超标原因分析	X	
						017	往复泵打量不足的原因分析	X	
						018	加热炉发生闪爆的原因分析	X	
			B	处理事故	4	001	氢氮比失调的处理方法	X	
						002	加热炉膛负压波动大的处理方法	X	
						003	二段炉炉膛温度升高的处理方法	X	
						004	油分离器液位高的处理方法	X	
						005	氨分离器液位高的处理方法	X	
						006	往复泵打不上量的处理方法	X	
						007	消除脱碳溶液起泡的方法	X	
						008	变换催化剂床层温度波动	X	
						009	压缩机油压低的处理方法	X	

续表

行为领域	代码	鉴定范围	代码	鉴定范围	鉴定比重（%）	代码	鉴定点	重要程度	备注
天然气转化法相关知识 C 40%	C	事故判断与处理	B	处理事故	4	010	甲烷化催化剂温升高的处理方法	X	
						011	工艺气分离器液位高的处理方法	X	
						012	成品氨中油含量超标处理方法	X	
						013	往复泵打不上量的处理方法	X	
						014	蒸汽管线水击的处理方法	X	
						015	氨冷器换热效率下降的处理方法	X	
						016	离心式压缩机喘振的处理方法	X	
						017	合成系统阻力增加的处理方法	X	
						018	合成塔压力升高的处理方法	X	
						019	开工加热炉负压波动大的处理方法	X	
						020	压缩机润滑油压高的处理方法	X	
	D	绘图与计算	A	绘图	2	001	转化单元 PID 图	X	
						002	变换单元 PID 图	X	
						003	中压汽提单元 PID 图	X	
						004	脱碳单元 PID 图	X	
						005	合成单元 PID 图	X	
						006	冷冻单元 PID 图	X	
						007	合成气压缩机 PID 图	X	
						008	冰机单元 PID 图	X	
			B	计算	3	001	氨净值的计算	X	
						002	催化剂温升的计算	X	
						003	离心泵有效功率的计算	X	
						004	流体流量与流速的换算关系	X	
						005	转化率的计算	X	
						006	物料平衡的计算	X	
						007	流体静力学公式的应用	X	
						008	还原时间的计算	X	
						009	回流比的计算	X	
						010	常用单位换算关系	X	
						011	流速、流量换算	X	

注：X——核心要素；Y——一般要素；Z——辅助要素。

附录 5 中级工操作技能鉴定要素细目表

行业:石油天然气 　　　　　工种:合成氨装置操作工 　　　　　等级:中级工 　　　　　鉴定方式:技能操作

鉴定范围			代码	鉴定点	重要程度	备注
一级	二级	三级				
A 天然气、渣油不完全氧化模块 55%	A 工艺操作	A 开车准备 3%	001	装置引液化气的操作	X	
			002	启动冷凝液泵前的检查	X	
			003	气化废热锅炉引入蒸汽的操作	X	
			004	气化炉倒盲板的操作	X	
		B 开车操作 8%	001	气化炉引氧气操作	X	
			002	变换催化剂热氮升温操作	X	
			003	液体一氧化碳泵的开车操作	X	
			004	冰机入口压力的调节操作	X	
			005	加热炉点火操作	X	
			006	合成副产中压蒸汽并网操作	X	
			007	合成气压缩机出口压力调节	X	
			008	合成气压缩机建立密封油的操作	X	
			009	气化炉投料后的升压操作	X	
		C 正常操作 11%	001	水冷器的冬季防冻检查	X	
			002	提高气化炉炉膛温度的操作	X	
			003	气化废锅液位的调节	X	
			004	切换甲醇水精馏塔再沸器的操作	X	
			005	甲醇洗补甲醇的操作	X	
			006	提高变换炉入口温度的操作	X	
			007	引入气提氮操作	X	
			008	降低 CO_2 吸收塔塔顶甲醇温度的操作	X	
			009	氮洗外送富甲烷的操作	X	
			010	合成塔排惰气的操作	X	
			011	控制合成塔塔壁温度的操作	X	
			012	炉膛负压的调节	X	
			013	出气化炉工艺气中甲烷含量的调节	X	
		D 停车操作 5%	001	气化废锅退蒸汽的操作	X	
			002	停氨冷器的操作	X	
			003	停变换单元水循环的操作	X	
			004	停甲醇水精馏塔的操作	X	

续表

鉴定范围			代码	鉴 定 点	重要程度	备注
一级	二级	三级				
A 天然气、渣油不完全氧化模块 55%	A 工艺操作	D 停车操作 5%	005	合成废锅退蒸汽的操作	X	
			006	气化炉停车后的降压操作	X	
	B 设备使用与维护	A 使用设备 7%	001	蒸汽透平超速脱扣试验方法	X	
			002	液态一氧化碳泵的检修处理	X	
			003	机泵检修的处理	X	
			004	投用废热锅炉的操作	X	
			005	加热炉液化气烧嘴的清洗	X	
			006	真空安全阀的操作	X	
			007	开工加热炉的烘炉操作	X	
			008	投用列管换热器的操作	X	
		B 维护设备 3%	001	离心泵的结构	X	
			002	运行泵的维护	X	
			003	润滑油中杂质的分离处理	X	
			004	机泵更换润滑油的操作	X	
	C 事故判断与处理	A 判断事故 4%	001	水冷却器气阻的判断	X	
			002	润滑油中带水的判断	X	
			003	气化废锅假液位的判断	X	
			004	精馏塔液泛的判断	X	
			005	氨压缩机油封损坏的判断	X	
		B 处理事故 8%	001	润滑油带水的处理	X	
			002	离心式压缩机排气温度高的处理	X	
			003	气化炉人孔法兰泄漏的处理	X	
			004	氨冷却器换热效果下降的处理	X	
			005	精馏塔液泛的处理	X	
			006	氨收集罐压力高的处理	X	
			007	气化炉热电偶损坏的处理	X	
			008	甲醇洗酸性气体流量高的处理	X	
			009	氨储罐压力高的处理方法	X	
			010	氨泵出口法兰泄漏的处理	X	
	D 绘图与计算	ADA 绘图 2%	001	装置 PID 流程图的绘制	X	
			002	设备结构简图的识图	X	
		B 计算 4%	001	简单的物料衡算的计算	X	
			002	泵的理论功率的计算	X	
			003	气汽比的计算	X	
			004	氧气比的计算	X	
			005	班组成本核算的计算	X	

鉴定范围			代码	鉴定点	重要程度	备注
一级	二级	三级				
B 天然气转化工艺模块 45%	A 工艺操作	A 开车准备 4%	001	装置引燃料气的操作	X	
			002	启动冷凝液泵的准备工作	X	
			003	二段转化炉加空气的操作	X	
			004	低变催化剂氮气升温操作	X	
			005	变换炉倒盲板的操作	X	
		B 开车操作 3%	001	冰机入口压力的调节操作	X	
			002	加热炉点火操作	X	
			003	合成气压缩机出口压力调节操作	X	
			004	合成气压缩机建立密封油的步骤	X	
		C 正常操作 8%	001	水冷器的冬季防冻方法	X	
			002	提高转化炉炉膛温度的操作	X	
			003	调整一段炉烟气中氧含量的操作	X	
			004	调整一段炉辐射段炉管温差的操作	X	
			005	脱碳系统补脱碳液的操作	X	
			006	引入汽提蒸汽的操作	X	
			007	合成塔排惰气的操作	X	
			008	控制合成塔塔壁温度的操作	X	
			009	调节加热炉炉膛负压的操作	X	
		D 停车操作 3%	001	停氨冷器的操作	X	
			002	停汽提蒸汽的操作	X	
			003	停脱碳循环的操作	X	
			004	停引风机的操作	X	
	B 设备使用与维护	A 使用设备 5%	001	蒸汽透平超速脱扣试验方法	X	
			002	机泵检修的安全注意事项	X	
			003	废热锅炉的投用方法	X	
			004	投用真空安全阀的操作	X	
			005	开工加热炉的烘炉操作	X	
			006	列管换热器的使用方法	X	
		B 维护设备 4%	001	离心泵的结构	X	
			002	运行泵的维护	X	
			003	润滑油中杂质的分离操作	X	
			004	机泵更换润滑油的操作	X	
			005	二段炉水夹套的维护	X	
	C 事故判断与处理	A 判断事故 4%	001	水冷却器气阻的判断方法	X	
			002	润滑油中带水的判断方法	X	

鉴定范围			代码	鉴定点	重要程度	备注
一级	二级	三级				
B 天然气转化工艺模块 45%	C 事故判断与处理	A 判断事故 4%	003	废锅假液位的判断方法	X	
			004	再生塔液泛的判断方法	X	
			005	氨压缩机油封损坏的判断方法	X	
		B 处理事故 8%	001	润滑油带水的处理方法	X	
			002	离心式压缩机排气温度高的处理方法	X	
			003	二段转化炉人孔法兰泄漏的处理	X	
			004	处理氨冷却器换热效果下降的方法	X	
			005	处理再生塔液泛的方法	X	
			006	处理氨收集罐压力高的方法	X	
			007	二段转化炉热电偶损坏的处理	X	
			008	氨泵出口法兰泄漏的处理	X	
	D 绘图与计算	A 绘图 2%	001	装置 PID 流程图的绘制	X	
			002	设备结构简图的识读	X	
		B 计算 4%	001	简单的物料衡算的计算	X	
			002	泵的理论功率的计算	X	
			003	气汽比的计算	X	
			004	氧气比的计算	X	
			005	班组成本核算的计算	X	

注:X——核心要素;Y——一般要素;Z——辅助要素。

附录6 高级工理论知识鉴定要素细目表

行业：石油天然气　　　　工种：合成氨装置操作工　　　　等级：高级工　　　　鉴定方式：理论知识

行为领域	代码	鉴定范围	代码	鉴定范围	鉴定比重（%）	代码	鉴定点	重要程度	备注
基本要求A 12%	B	基础知识	G	化学基础知识	1	001	溶解度的计算	X	
						002	化学平衡常数的简单计算	X	
						003	氧化还原反应方程式的配平	X	
						004	化学反应速率的影响因素	X	
						005	摩尔浓度的计算	X	
			H	化工基础知识	4	001	真实气体状态方程简单计算方法	X	
						002	化学平衡常数的影响因素	X	
						003	化学平衡常数的计算方法	X	
						004	稳定流动的能量衡算方法	X	
						005	直管阻力的计算方法	X	
						006	离心泵安装高度的确定方法	X	
						007	离心泵的串联特性	X	
						008	离心泵的并联特性	X	
						009	导热系数意义	X	
						010	多层平壁的导热计算方法	X	
						011	强化传热的途径	X	
						012	换热器热负荷的计算方法	X	
						013	吸收双膜理论的基本概念	X	
						014	气液相吸收速率方程式	X	
						015	理想二元溶液气液平衡关系	X	
						016	连续精馏塔操作线方程式	X	
						017	回流比的选择依据	X	
						018	连续精馏塔的热量衡算方法	X	
						019	列管换热气	X	
			I	计量基础知识	1	001	物料计量表检定要求	X	
						002	计量误差的概念	X	
						003	计量误差的主要来源	X	
						004	强制检定的计量标准	X	
			J	机械基础知识	4	001	蒸汽透平的工作原理	X	
						002	离心式压缩机的工作原理	X	

续表

行为领域	代码	鉴定范围	代码	鉴定范围	鉴定比重（%）	代码	鉴定点	重要程度	备注
基本要求A 12%	B	基础知识	J	机械基础知识	4	003	罗茨鼓风机的工作原理	X	
						004	往复压缩机工作原理	X	
						005	机械密封的基本原理	X	
						006	流体润滑的形成条件	X	
						007	46#汽轮机油的性能指标	X	
						008	润滑油的选用原则	X	
						009	应力腐蚀的机理	X	
						010	不锈钢表面形成钝化膜的最基本条件	X	
						011	防止和减轻应力腐蚀的途径	X	
						012	电化学腐蚀的概念	X	
						013	常见防腐蚀的方法	X	
						014	压力容器定期检验常识	X	
						015	压力管道定期检验常识	X	
			K	电工基础知识	1	001	闭合电路欧姆定律	X	
						002	简单交流电路常识	X	
						003	三相交流电的概念	X	
						004	异步电动机的工作原理	X	
						005	用电设备防爆等级的常识	X	
						006	装置用电设备的防护等级的常识	X	
			L	仪表基础知识	1	001	比值控制的概念	X	
						002	均匀调节系统的概念	X	
						003	机组控制仪表的种类	X	
						004	调节阀一般故障的判断方法	X	
						005	控制回路的正反作用判断	X	
						006	自力式控制阀工作原理	X	
渣油及天然气不完全氧化法相关知识B 42%	A	工艺操作	A	开车准备	3	001	压缩机润滑油温的控制要点	X	
						002	气化炉烧嘴冷却水的作用	X	
						003	气化物料预热的意义	X	
						004	蒸汽过热炉的升温要点	X	
						005	透平低速暖机的作用	X	
						006	变换催化剂的组成	X	
						007	启动大型机组的条件	X	
						008	蒸汽透平的启动方式	X	
						009	温度对渣油气化反应的影响	X	
						010	压力对渣油气化的影响	X	
						011	气化炉模拟投料试验的目的	X	

行为领域	代码	鉴定范围	代码	鉴定范围	鉴定比重（%）	代码	鉴定点	重要程度	备注
渣油及天然气不完全氧化法相关知识 B 42%	A	工艺操作	B	开车操作	5	001	变换反应的副反应概念	X	
						002	吸收率的概念	X	
						003	低温甲醇脱硫脱碳的意义	X	
						004	液氮洗单元导气时的注意事项	X	
						005	活化能的概念	X	
						006	压缩机油系统蓄压器作用	X	
						007	压缩机机组设置盘车器的意义	X	
						008	透平冷凝系统投用注意事项	X	
						009	透平冷凝系统真空建立注意事项	X	
						010	蒸汽透平暖管暖机合格的标准	X	
						011	蒸汽透平调速器的作用	X	
						012	变换建立水循环时的注意事项	X	
						013	变换单元建立水循环的意义	X	
						014	变换单元设置废水气提塔的意义	X	
						015	变换炉热氮升温时的注意事项	X	
						016	合成废锅设置旁路阀的意义	X	
						017	合成气压缩机出口设置分离器的意义	X	
						018	合成催化剂升温注意事项	X	
						019	气化炉升温注意事项	X	
						020	液氮分离器操作中的注意事项	X	
						021	气化炉投料后工艺气切塔后放空的影响	X	
						022	气化炉与洗涤塔建立水联运的要求	X	
			C	正常操作	8	001	气化炉设置蒸汽联锁的作用	X	
						002	气化炉设置天然气联锁的作用	X	
						003	气化废锅液位设置联锁的作用	X	
						004	影响气化炉壁温度高的因素	X	
						005	甲烷含量与炉温的关系	X	
						006	气化反应热量回收的途径	X	
						007	提高有效气含量的方法	X	
						008	洗涤塔液位过高的危害	X	
						009	洗涤塔出口温度过高的危害	X	
						010	气化炉过氧的危害	X	
						011	影响气化反应的因素	X	
						012	氧气比的概念	X	
						013	控制氧气比的方法	X	

续表

行为领域	代码	鉴定范围	代码	鉴定范围	鉴定比重（%）	代码	鉴定点	重要程度	备注
渣油及天然气不完全氧化法相关知识 B 42%	A	工艺操作	C	正常操作	8	014	影响甲醇吸收的因素	X	
						015	影响精馏塔操作的因素	X	
						016	甲醇脱水操作的控制要点	X	
						017	变换工艺冷凝液处理方法	X	
						018	变换反应热回收的途径	X	
						019	变换催化剂床层分段设置的意义	X	
						020	控制工艺气中带水的要点	X	
						021	酸性气体的处理途径	X	
						022	甲醇中注入工艺气的操作要点	X	
						023	甲醇洗单元的冷量来源途径	X	
						024	影响甲醇消耗的因素	X	
						025	气提氮气的作用	X	
						026	优化合成操作的方法	X	
						027	合成催化剂温度控制方法	X	
						028	合成催化剂床层分段设置的意义	X	
						029	氢腐蚀的概念	X	
						030	优化冷冻单元操作的方法	X	
						031	蒸汽透平的抽汽压力调节方法	X	
						032	渣油中残碳高的影响	X	
						033	气化炉渣油流量低联锁的作用	X	
						034	出洗涤塔工艺气中悬浮物含量高的影响	X	
			D	停车操作	3	001	气化炉减负荷操作注意事项	X	
						002	气化单元停车处理注意事项	X	
						003	废水气提塔停车方法	X	
						004	变换催化剂降温注意事项	X	
						005	变换催化剂停车后的保护方法	X	
						006	分子筛扒卸注意事项	X	
						007	氮洗置换的方法	X	
						008	合成催化剂降温操作注意事项	X	
						009	合成单元减负荷注意事项	X	
						010	合成催化剂停车保护注意事项	X	
						011	蒸汽透平停车操作的处理方法	X	
						012	压缩机停车后油循环的作用	X	
						013	一台气化炉紧急停车时的注意事项	X	

续表

行为领域	代码	鉴定范围	代码	鉴定范围	鉴定比重（%）	代码	鉴定点	重要程度	备注
渣油及天然气不完全氧化法相关知识 B 42%	B	设备使用与维护	A	使用设备	6	001	蒸汽喷射泵抽真空的原理	X	
						002	透平调速器工作原理	X	
						003	离心式压缩机的结构	X	
						004	润滑油箱的结构	X	
						005	浮环油膜密封的原理	X	
						006	蒸汽透平的结构和工作原理	X	
						007	冷换设备开工热紧的目的	X	
						008	空气预热器的作用	X	
						009	离心泵的选材要求	X	
						010	离心泵串联操作的作用	X	
						011	离心泵并联操作的作用	X	
						012	DCS 的使用操作	X	
						013	蒸汽喷射泵抽真空的主要性能指标	X	
						014	机泵的完好标准	X	
						015	换热器的完好标准	X	
						016	压力容器的划分标准	X	
						017	闸阀的选用标准	X	
						018	法兰常用材质的类型	X	
						019	垫片常用材质的类型	X	
						020	螺栓常用材质的类型	X	
						021	气动调节阀的选用标准	X	
						022	板式塔的溢流类型	X	
						023	填料的选用原则	X	
						024	电机选型的依据	X	
						025	压力容器的表示方法	X	
						026	压力容器的选材标准	X	
				B	维护设备	2	001	真空冷凝系统设备防腐知识	X	
						002	润滑油的应用	X	
						003	机封的作用	X	
						004	热电偶的使用方法	X	
						005	蒸汽喷射泵安装的注意事项	X	
						006	安全阀安装的注意事项	X	
						007	热电偶的结构	X	
						008	铬钼钢的特性	X	
						009	气化炉卸压速率过大对耐火砖影响	X	
						010	碳黑生成量低对炉砖的影响	X	

行为领域	代码	鉴定范围	代码	鉴定范围	鉴定比重（%）	代码	鉴定点	重要程度	备注
渣油及天然气不完全氧化法相关知识B 42%	C	事故判断与处理	A	判断事故	5	001	气化废热锅炉液位波动大的原因分析	X	
						002	激冷水流量低的原因分析	X	
						003	洗涤塔液位低的原因分析	X	
						004	气化炉拱顶温度高的原因分析	X	
						005	氮气加热器后温度低的原因分析	X	
						006	变换催化剂失活的原因分析	X	
						007	变换水循环流量低的原因分析	X	
						008	CO_2 吸收塔出口微量上升的原因分析	X	
						009	变换率下降的原因	X	
						010	H_2S 吸收塔出口微量增加的原因分析	X	
						011	甲醇水精馏塔排放废水中甲醇含量高的原因分析	X	
						012	氮洗分子筛粉化的原因	X	
						013	氮洗塔液泛的原因	X	
						014	合成废热锅炉产汽量增加的原因分析	X	
						015	工艺气系统压力波动的原因分析	X	
						016	循环气中惰性气体高的原因分析	X	
						017	氨净值低的原因分析	X	
						018	真空冷凝系统真空下降的原因	X	
						019	密封油油气压差波动大的原因	X	
						020	蒸汽透平结垢的原因分析	X	
						021	入气化炉激冷水流量低的原因分析	X	
			B	处理事故	7	001	气化废热锅炉液位波动大的处理方法	X	
						002	激冷水流量低的处理方法	X	
						003	洗涤塔液位低的处理方法	X	
						004	气化炉拱顶温度高的处理方法	X	
						005	废水气提塔压力高的处理方法	X	
						006	废水气提塔底温度低的处理方法	X	
						007	工艺冷凝液流量偏大的处理方法	X	
						008	氮气加热器后温度低的处理方法	X	
						009	变换催化剂失活的处理方法	X	
						010	变换水循环流量低的处理方法	X	
						011	CO_2 吸收塔出口微量上升的处理方法	X	
						012	变换率下降的处理方法	X	
						013	H_2S 吸收塔出口微量增加的处理方法	X	

行为领域	代码	鉴定范围	代码	鉴定范围	鉴定比重（%）	代码	鉴定点	重要程度	备注
渣油及天然气不完全氧化法相关知识 B 42%	C	事故判断与处理	B	处理事故	7	014	甲醇水精馏塔排放废水中甲醇含量高的处理方法	X	
						015	CO_2 吸收塔液泛的处理方法	X	
						016	热再生塔液泛的处理方法	X	
						017	热再生塔顶温度高的处理方法	X	
						018	氮洗分子筛粉化的处理方法	X	
						019	氮洗塔液泛的处理方法	X	
						020	蒸汽过热炉负压高的处理方法	X	
						021	开工加热炉负压高的处理方法	X	
						022	合成废热锅炉产汽量增加的处理方法	X	
						023	工艺气系统压力波动的处理方法	X	
						024	循环气中惰性气体高的处理方法	X	
						025	氨净值低的处理方法	X	
						026	冷冻解析气流量增加的处理方法	X	
						027	真空冷凝系统真空下降的处理方法	X	
						028	密封油油气压差波动大的处理方法	X	
						030	透平轴振动高的处理方法	X	
						031	入气化炉激冷水流量低的处理方法	X	
	D	绘图与计算	A	绘图	1	001	管道空视图的内容	X	
						002	空视图中图形的表示方法	X	
						003	空视图的标注方法	X	
						004	化工设备图样标题栏的内容	X	
						005	化工设备图样明细表的内容	X	
						006	化工设备图样的分类	X	
			B	计算	2	001	离心泵效率的计算	X	
						002	气密泄漏率的计算	X	
						003	氨合成催化剂堆比重的计算	X	
						004	传热系数的计算方法	X	
						005	换热器热负荷计算方法	X	
						006	压缩机理论功率的计算方法	X	
						007	单元设备的热量衡算知识	X	
						008	压缩机理论功率的计算方法	X	
天然气转化法相关知识 C 46%	A	工艺操作	A	开车准备	3	001	压缩机润滑油温的控制要点	X	
						002	夹套冷却水的作用	X	
						003	转化物料预热的意义	X	
						004	冷冻能力的概念	X	

行为领域	代码	鉴定范围	代码	鉴定范围	鉴定比重（%）	代码	鉴定点	重要程度	备注
天然气转化法相关知识 C 46%	A	工艺操作	A	开车准备	3	005	透平低速暖机的作用	X	
						006	高温变换催化剂的组成	X	
						007	大型机组启动确认条件	X	
						008	蒸汽透平的启动方式	X	
						009	起动冷凝液泵前的准备工作	X	
						010	开工蒸汽升温的注意事项	X	
						011	废热锅炉发生逆循环的原因	X	
						012	蒸汽管线投用前暖管的目的	X	
			B	开车操作	6	001	变换反应副反应的概念	X	
						002	吸收率的概念	X	
						003	汽轮机轴封的作用	X	
						004	锅炉给水加入氨水的目的	X	
						005	活化能的概念	X	
						006	压缩机油系统蓄压器作用	X	
						007	压缩机机组设置盘车器的意义	X	
						008	投用透平冷凝系统注意事项	X	
						009	透平冷凝系统真空建立注意事项	X	
						010	蒸汽透平暖管暖机合格标准	X	
						011	蒸汽透平调速器的作用	X	
						012	一段炉催化剂结炭的因素	X	
						013	汽轮机启动前暖管的目的	X	
						014	设置中压气提塔的意义	X	
						015	低变炉热氮升温时的注意事项	X	
						016	氢腐蚀的概念	X	
						017	合成气压缩机出口设置分离器的意义	X	
						018	合成触媒的升温注意事项	X	
						019	一段炉催化剂颗粒不同的意义	X	
						020	液氨分离器操作中的注意事项	X	
						021	热风系统投用注意事项	X	
						022	废热锅炉发生逆循环的判断	X	
						023	新高变催化剂放硫目的	X	
						024	冷冻系统排放不凝气的目的	X	
			C	正常操作	7	001	压缩机调整负荷的操作要点	X	
						002	转化炉设置水碳比联锁的作用	X	
						003	解吸的必要条件	X	

行为领域	代码	鉴定范围	代码	鉴定范围	鉴定比重（%）	代码	鉴定点	重要程度	备注
天然气转化法相关知识C 46%	A	工艺操作	C	正常操作	7	004	影响脱碳系统水平衡的因素	X	
						005	甲烷含量与二段炉温的关系	X	
						006	最适宜温度的概念	X	
						007	入塔气中 H_2/N_2 比对氨合成反应的影响	X	
						008	影响转化反应的因素	X	
						009	水夹套的作用	X	
						010	高压汽包间歇排污的作用	X	
						011	高压汽包连续排污的作用	X	
						012	水碳比的概念	X	
						013	合成塔内设置层间换热器的意义	X	
						014	转化反应热量回收的途径	X	
						015	影响精馏塔操作的因素	X	
						016	氢腐蚀的概念	X	
						017	径向塔和轴向塔的特点	X	
						018	变换工艺冷凝液处理方法	X	
						019	变换反应热回收的途径	X	
						020	变换催化剂分段设置的意义	X	
						021	控制工艺气中带水的要点	X	
						022	合成气压缩机密封油油气压差的调节方法	X	
						023	冰机负荷的调节方法	X	
						024	优化冷冻单元操作的方法	X	
						025	影响 MDEA 吸收的因素	X	
						026	蒸汽透平的抽汽压力调节方法	X	
						027	优化合成操作的方法	X	
						028	合成催化剂温度控制方法	X	
						029	合成催化剂床层分段设置的意义	X	
						030	消泡剂的作用	X	
						031	工艺空气中加入中压蒸汽的作用	X	
				D	停车操作	4	001	压缩机设置防喘振阀的意义	X	
						002	空压机跳车后低变处理注意事项	X	
						003	中压汽提塔停车方法	X	
						004	变换催化剂降温注意事项	X	
						005	变换催化剂停车后的保护方法	X	
						006	分子筛扒卸注意事项	X	

行为领域	代码	鉴定范围	代码	鉴定范围	鉴定比重（%）	代码	鉴定点	重要程度	备注
天然气转化法相关知识 C 46%	A	工艺操作	D	停车操作	4	007	合成催化剂降温操作注意事项	X	
						008	合成单元减负荷的注意事项	X	
						009	合成催化剂保护注意事项	X	
						010	蒸汽透平停车操作的处理方法	X	
						011	油循环在压缩机停车时的作用	X	
						012	引风机故障停车的原因	X	
						013	辅助锅炉停火注意事项	X	
						014	事故处理的主要原则	X	
						015	羰基镍生成条件	X	
						016	合成催化剂的温度要求	X	
						017	高位槽的功能	X	
	B	设备使用与维护	A	使用设备	8	001	蒸汽喷射泵抽真空的原理	X	
						002	透平调速器工作原理	X	
						003	离心式压缩机的结构	X	
						004	润滑油箱的结构	X	
						005	浮环油膜密封的原理	X	
						006	蒸汽透平的工作原理	X	
						007	往复泵的性能结构特点	X	
						008	空气预热器的作用	X	
						009	离心泵的选材要求	X	
						010	离心泵串联操作的作用	X	
						011	离心泵并联操作的作用	X	
						012	建立水夹套液位的要点	X	
						013	蒸汽喷射泵抽真空的主要性能指标	X	
						014	离心式压缩机的工作原理	X	
						015	油箱底部装放水管的意义	X	
						016	压力容器的划分标准	X	
						017	机组停机后盘车的意义	X	
						018	汽蚀对泵的危害	X	
						019	集散控制系统的概念	X	
						020	螺栓常用材质的类型	X	
						021	气动调节阀的选用标准	X	
						022	板式塔的溢流类型	X	
						023	填料的选用原则	X	
						024	进入有毒容器的安全规定	X	

行为领域	代码	鉴定范围	代码	鉴定范围	鉴定比重（%）	代码	鉴定点	重要程度	备注
天然气转化法相关知识C 46%	B	设备使用与维护	A	使用设备	8	025	压力容器的参数监测	X	
						026	压力容器的选材标准	X	
						027	蓄压器的作用	X	
						028	抽气冷凝器的作用	X	
						029	压力容器封头的选择	X	
						030	甲烷化炉设置温度高联锁的目的	X	
						031	润滑油膜的形成机理	X	
						032	垫片常用材质类型	X	
						033	闸阀的选用标准	X	
						034	异步电动机的工作原理	X	
			B	维护设备	2	001	真空冷凝系统设备防腐知识	X	
						002	润滑油的应用	X	
						003	机封的作用	X	
						004	热电偶的使用方法	X	
						005	蒸汽喷射泵安装的注意事项	X	
						006	安全阀安装的注意事项	X	
						007	热电偶的结构	X	
						008	铬钼钢的特性	X	
		C	事故判断与处理	A	判断事故	4	001	汽包液位波动大的原因分析	X	
						002	脱碳循环流量低的原因分析	X	
						003	火嘴回火的原因分析	X	
						004	真空冷凝系统真空下降的原因	X	
						005	氮气加热器后温度低的原因分析	X	
						006	变换催化剂失活的原因分析	X	
						007	H_2/N_2 失调的判断	X	
						008	CO_2 吸收塔出口微量增加的原因分析	X	
						009	变换率降低的原因	X	
						010	氨净值低的原因分析	X	
						011	合成系统压力升高的原因分析	X	
						012	分子筛粉化的原因	X	
						013	脱碳吸收塔液泛的原因	X	
						014	密封油油气压差波动大的原因	X	
						015	工艺气系统压力波动的原因分析	X	
						016	循环气中惰性气体高的原因分析	X	
						017	蒸汽透平结垢的原因	X	
						018	冷凝器真空缓慢降低的原因分析	X	

行为领域	代码	鉴定范围	代码	鉴定范围	鉴定比重（%）	代码	鉴定点	重要程度	备注
天然气转化法相关知识C 46%	C	事故判断与处理	B	处理事故	5	001	汽包液位波动大的处理方法	X	
						002	中压汽提塔压力高的处理方法	X	
						003	中压汽提塔底温度低的处理方法	X	
						004	真空冷凝系统真空下降的处理方法	X	
						005	锅炉给水中断的处理方法	X	
						006	开工加热炉负压高的处理方法	X	
						007	工艺冷凝液流量偏大的处理方法	X	
						008	氮气加热器后温度低的处理方法	X	
						009	工艺气系统压力波动的处理方法	X	
						010	氨净值低的处理方法	X	
						011	CO_2吸收塔出口微量增加的处理方法	X	
						012	变换率下降的处理方法	X	
						013	透平轴振动高的处理方法	X	
						014	冷冻解析气流量增加的处理方法	X	
						015	CO_2吸收塔液泛的处理方法	X	
						016	解吸塔液泛的处理方法	X	
						017	热再生塔顶温度高的处理办法	X	
						018	分子筛粉化的处理方法	X	
						019	循环气中惰性气体高的处理方法	X	
						020	密封油油气压差波动大的处理方法	X	
			D	绘图与计算	A	绘图	1	001	管道空视图的内容	X	
						002	空视图中图形的表示方法	X	
						003	空视图的标注方法	X	
						004	化工设备图样标题栏的内容	X	
						005	化工设备图样明细表的内容	X	
						006	化工设备图样的分类	X	
				B	计算	6	001	离心泵效率的计算	X	
						002	气密泄漏率的计算	X	
						003	氨合成催化剂堆比重的计算	X	
						004	传热系数的计算	X	
						005	换热器热负荷计算方法	X	
						006	管道中流体流速的计算	X	
						007	工艺管道压力降计算	X	
						008	压缩机理论功率的计算方法	X	
						009	硫容的计算	X	

续表

行为领域	代码	鉴定范围	代码	鉴定范围	鉴定比重（%）	代码	鉴定点	重要程度	备注
天然气转化法相关知识C 46%	D	绘图与计算	B	计算	6	010	化学方程式的计算方法	X	
						011	离心式压缩机的计算	X	
						012	化学助剂注入量计算	X	
						013	一氧化碳变换率的计算	X	
						014	质量体积密度的计算关系	X	
						015	空速的计算	X	
						016	压力的换算	X	
						017	氨净值的计算	X	

注:X——核心要素;Y———般要素;Z——辅助要素。

附录7 高级工操作技能鉴定要素细目表

行业:石油天然气　　　　工种:合成氨装置操作工　　　　等级:高级工　　　　鉴定方式:操作技能

鉴定范围			代码	鉴定点	重要程度	备注
一级	二级	三级				
A 天然气、渣油不完全氧化模块 51%	A 工艺操作	A 开车准备 3%	001	塔器检修后的验收	X	
			002	表冷器引入脱盐水的操作	X	
			003	开工加热炉点液化气前的条件检查	X	
			004	冷冻单元引氨前条件确认	X	
		B 开车操作 8%	001	气化炉的开车操作	X	
			002	建立烧嘴冷却水的操作	X	
			003	变换单元建立水循环的操作	X	
			004	变换催化剂的还原操作	X	
			005	甲醇洗单元导气操作	X	
			006	表冷器建立真空的操作	X	
			007	合成催化剂还原的操作	X	
			008	浮环油膜密封油气压差的调节	X	
			009	投用透平轴封蒸汽的操作	X	
			010	一台气化炉运行,另一台气化炉开车后的并气操作	X	
		C 正常操作 8%	001	气化水洗塔出口温度的调节	X	
			002	降低气化炉出口碳黑含量的操作	X	
			003	提高变换炉变换率的操作	X	
			004	氮洗外送一氧化碳的操作	X	
			005	冷却氮洗分子筛的操作	X	
			006	装置外送 CO_2 的操作	X	
			007	真空塔真空度的调节	X	
			008	蒸汽透平转速调节	X	
			009	出气化炉碳黑水中碳黑含量高的调节	X	
		D 停车操作 4%	001	出气化炉碳黑水中碳黑含量高的调节	X	
			002	甲醇洗的回温操作	X	
			003	氮洗的排液操作	X	
			004	冷冻单元的氮气置换操作	X	
			005	蒸汽透平的降温操作	X	

鉴定范围			代码	鉴定点	重要程度	备注
一级	二级	三级				
A 天然气、渣油不完全氧化模块 51%	B 设备使用与维护	A 使用设备 7%	001	充填氨洗分子筛的操作	X	
			002	气化炉的烘炉操作	X	
			003	气化炉的升压操作	X	
			004	气化炉的升温操作	X	
			005	合成塔的升温操作	X	
			006	合成塔的升压操作	X	
			007	氨泵检修好后的验收	X	
			008	二氧化碳鼓风机检修好后的验收	X	
		B 维护设备 3%	001	离心泵抽空的处理	X	
			002	停车后气化炉的维护操作	X	
			003	开工加热炉停车后检查	X	
			004	现场机泵泄漏的判断	X	
	C 事故判断与处理	A 判断事故 5%	001	气化炉热电偶指示不准的判断	X	
			002	洗涤塔出口带水的判断	X	
			003	进变换炉蒸汽假指示的判断	X	
			004	二氧化碳产量表指示错误的判断	X	
			005	合成废锅内漏的判断	X	
			006	表冷器内漏的判断	X	
		B 处理事故 8%	001	低温深冷阀门漏液的处理	X	
			002	气化洗涤塔出口带水的处理	X	
			003	表冷器内漏的处理	X	
			004	二氧化碳产品质量不合格的处理	X	
			005	分子筛吸附器程控故障的处理	X	
			006	合成催化剂温度下降的处理	X	
			007	甲醇再生不好的处理	X	
			008	开工加热炉炉管损坏的处理	X	
			009	蒸汽透平排气温度高的处理	X	
			010	蒸汽透平真空冷凝系统真空不好的处理	X	
	D 绘图与计算	A 绘图 2%	001	设备结构简图的绘制	X	
			002	工艺配管单线图的绘制	X	
		B 计算 3%	001	单元设备热量衡算的计算	X	
			002	装置物料衡算的计算	X	
			003	班组经济核算的计算	X	
B 天然气转化工艺模块 4%	B 设备使用与维护	A 使用设备 7%	001	充填氨洗分子筛的操作	X	
			002	转化炉的烘炉操作	X	

鉴定范围			代码	鉴定点	重要程度	备注
一级	二级	三级				
B 天然气转化工艺模块 4%	B 设备使用与维护	A 使用设备 7%	003	转化炉的升压操作	X	
			004	合成塔的升温的操作	X	
			005	合成塔的升压操作	X	
			006	氨泵检修好后的验收	X	
			007	送风机检修好后的验收	X	
			008	引风机检修好后的验收	X	
		B 维护设备 4%	001	离心泵抽空的处理	X	
			002	开工加热炉停车后检查	X	
			003	现场机泵泄漏的判断	X	
			004	甲烷化炉设置联锁的目的	X	
			005	压缩机岗位巡回检查的要点	X	
	C 事故判断与处理	A 判断事故 4%	001	转化炉热电偶指示不准的判断方法	X	
			002	汽包液位指示不准确的判断	X	
			003	二氧化碳产量表指示错误的判断方法	X	
			004	合成废锅内漏的判断	X	
			005	表冷器内漏的判断	X	
		B 处理事故 8%	001	氨压机带液的处理方法的方法	X	
			002	处理表冷器内漏的方法	X	
			003	处理二氧化碳产品质量不合格的方法	X	
			004	处理分子筛吸附器程控阀故障的方法	X	
			005	合成催化剂温度下降的处理方法	X	
			006	脱碳液再生不好的处理方法	X	
			007	开工加热炉炉管损坏的处理方法	X	
			008	蒸汽透平排气温度高的处理方法	X	
			009	蒸汽透平真空冷凝系统真空不好的处理	X	
			010	汽包液位突降的处理	X	
	D 绘图与计算	A 绘图 2%	001	设备结构简图的绘制	X	
			002	工艺配管单线图的绘制	X	
		B 计算 3%	001	单元设备热量衡算的计算	X	
			002	装置物料衡算的计算	X	
			003	班组经济核算的计算	X	
	A 工艺操作	A 开车准备 6%	001	塔器大检修后人孔封闭条件确认	X	
			002	表冷器引入脱盐水的操作	X	
			003	开工加热炉点火前的条件确认	X	

续表

鉴定范围			代码	鉴定点	重要程度	备注
一级	二级	三级				
B 天然气转化工艺模块 4%	A 工艺操作	A 开车准备 6%	004	冷冻单元引氨前条件确认	X	
			005	建立夹套冷却水前的准备	X	
			006	转化炉的开车操作	X	
			007	冷凝液泵启动前的检查	X	
		B 开车操作 6%	001	脱碳系统建立循环的操作	X	
			002	建立夹套冷却水的操作	X	
			003	表冷器建立真空的操作	X	
			004	合成催化剂还原的操作	X	
			005	浮环油膜密封油气压差的调节方法	X	
			006	投用透平轴封蒸汽的操作	X	
			007	低温变换催化剂的还原操作	X	
		C 正常操作 7%	001	切换合成分子筛的操作	X	
			002	脱碳单元外送 CO_2 的操作	X	
			003	调节蒸汽透平转速的操作	X	
			004	转化炉的减负荷操作	X	
			005	调节氢氮比的操作	X	
			006	调节一段炉炉膛负压的操作	X	
			007	调节二段炉出口温度的操作	X	
			008	提高变换炉变换率的操作	X	
		D 停车操作 2%	001	合成系统置换操作	X	
			002	脱碳系统排 MDEA 溶液的操作	X	
			003	冷冻单元的氮气置换操作	X	
			004	蒸汽透平的降温操作	X	

注:X——核心要素;Y——一般要素;Z——辅助要素。

附录8 技师理论知识鉴定要素细目表

行业:石油天然气　　　　工种:合成氨装置操作工　　　　等级:技师　　　　鉴定方式:理论知识

行为领域	代码	鉴定范围	代码	鉴定范围	鉴定比重（%）	代码	鉴定点	重要程度	备注
基本要求A 10%	B	基础知识	G	化学基础知识	1	001	化学平衡的分析	X	
						002	化学反应速率的分析	X	
			H	化工基础知识	2	001	真实气体压缩过程的概念	X	
						002	局部阻力的计算方法	X	
						003	多层圆筒壁的导热计算方法	X	
						004	传热面积的确定方法	X	
						005	吸收总数和分系数的关联式	X	
						006	气体吸收的操作线方程式	X	
			I	计量基础知识	1	001	消除误差的方法	X	
			J	机械基础知识	3	001	干气密封的应用知识	X	
						002	离心泵功率的计算	X	
						003	离心泵扬程的计算	X	
						004	常见的润滑故障及原因	X	
						005	压力容器技术档案的内容	X	
						006	机械密封失效的原因	X	
						007	压缩机检修的验收标准	X	
						008	特种设备的分类	X	
			K	电工基础知识	2	001	欧姆定律的定义	X	
						002	电磁感应的常识	X	
						003	同步电动机的工作原理	X	
						004	电功率及功率因数计算方法	X	
						005	简单三相交流电路计算方法	X	
			L	仪表基础知识	1	001	三冲量控制的概念	X	
						002	PLC系统的基本概念	X	
						003	复杂控制回路PID参数整定	X	
渣油及天然气不完全氧化法相关知识B 46%	A	工艺操作	A	开车准备	3	001	开车进度的制定要点	X	
						002	装置自检项目的实施要点	X	
						003	开车前与相邻装置的协调要点	X	
						004	变换催化剂装填注意事项	X	
						005	合成催化剂装填注意事项	X	

行为领域	代码	鉴定范围	代码	鉴定范围	鉴定比重（%）	代码	鉴定点	重要程度	备注
渣油及天然气不完全氧化法相关知识 B 46%	A	工艺操作	A	开车准备	3	006	装置检修后的开车条件确认要点	X	
						007	减少低温设备冷损的方法	X	
						008	气化炉烘炉要点	X	
			B	开车操作	6	001	物料引到气化炉前的注意事项	X	
						002	装置开车过程降低能耗的方法	X	
						003	甲烷不完全氧化反应的意义	X	
						004	优化冷冻单元开车操作方法	X	
						005	控制气化有效气含量的要点	X	
						006	优化气化单元操作的方法	X	
						007	优化变换单元开车操作的方法	X	
						008	优化氮洗单元开车操作的方法	X	
						009	优化压缩机操作的方法	X	
						010	优化甲醇洗单元开车操作的方法	X	
						011	优化合成单元开车操作的方法	X	
						012	提高二氧化碳产品质量的方法	X	
						013	控制甲醇洗涤塔液泛的操作要点	X	
						014	降低合成催化剂老化的方法	X	
						015	降低变换催化剂老化的方法	X	
						016	甲醇洗水联运后的开车注意事项	X	
						017	气化炉投料后工况调整要点	X	
			C	正常操作	4	001	气化废热锅炉液位的控制要点	X	
						002	气化单元加负荷注意事项	X	
						003	变换单元加负荷的注意事项	X	
						004	优化变换装置操作的方法	X	
						005	变换反应的最适宜反应温度	X	
						006	降低甲醇消耗的方法	X	
						007	甲醇洗单元的冷量来源知识	X	
						008	影响液氨产品质量的因素	X	
						009	液氨塔前分离与塔后分离的优缺点	X	
						010	径向塔和轴向塔的主要优缺点	X	
						011	合成单元加负荷注意事项	X	
						012	甲醇洗单元加负荷的注意事项	X	
			D	停车操作	3	001	引起气化单元紧急停车的因素	X	
						002	引起变换单元紧急停车的因素	X	
						003	引起甲醇洗单元紧急停车的因素	X	

续表

行为领域	代码	鉴定范围	代码	鉴定范围	鉴定比重（%）	代码	鉴定点	重要程度	备注
渣油及天然气不完全氧化法相关知识B 46%	A	工艺操作	D	停车操作	3	004	引起液氮洗单元紧急停车的因素	X	
						005	引起合成单元紧急停车的因素	X	
						006	引起冷冻单元紧急停车的因素	X	
						007	停车过程防止环境污染的因素	X	
						008	正常停车的主要程序	X	
						009	正常停车过程降低能耗的方法	X	
	B	设备使用与维护	A	使用设备	6	001	烟气露点腐蚀的机理	X	
						002	气化炉的结构	X	
						003	变换炉的结构	X	
						004	合成塔的结构	X	
						005	机械密封的原理	X	
						006	差压式流量仪表的测量原理	X	
						007	产生氢脆的原因	X	
						008	机泵验收的主要指标	X	
						009	机泵验收的注意事项	X	
						010	压力容器的完好标准	X	
						011	压力容器的检验标准	X	
						012	安全阀的完好标准	X	
						013	仪表调节器的类型	X	
						014	流量调节器的操作常识	X	
						015	H_2S 腐蚀的原理	X	
						016	工业管道试压标准	X	
						017	开工加热炉的结构	X	
						018	组合式氨冷器的结构	X	
						019	合成废热锅炉结构	X	
			B	维护设备	2	001	油膜形成的机理	X	
						002	干气密封的作用	X	
						003	动火条件的确认	X	
						004	管壳式换热器压力试验的注意事项	X	
						005	降低烟气露点腐蚀的方法	X	
						006	炉管整体水压试验的步骤	X	
	C	事故判断与处理	A	判断事故	7	001	气化有效气成份降低的原因分析	X	
						002	气化炉联管温度升高的原因分析	X	
						003	气化炉氧气比失调的原因分析	X	
						004	变换催化剂粉化的原因分析	X	

行为领域	代码	鉴定范围	代码	鉴定范围	鉴定比重（%）	代码	鉴定点	重要程度	备注
渣油及天然气不完全氧化法相关知识B 46%	C	事故判断与处理	A	判断事故	7	005	变换催化剂温度波动大的原因分析	X	
						006	甲醇水含量增加的原因分析	X	
						007	甲醇消耗增加的原因分析	X	
						008	CO_2 产品产量低的原因分析	X	
						009	CO_2 产品质量低的原因分析	X	
						010	氮洗板式换热器温差大的原因分析	X	
						011	合成塔外壳温差大的原因分析	X	
						012	合成催化剂粉化的原因分析	X	
						013	合成催化剂温度波动大的原因分析	X	
						014	合成废热锅炉电导增加的原因分析	X	
						015	合成塔阻力降低的原因分析	X	
						016	冷冻耗氨增加的原因分析	X	
						017	合成催化剂失活的原因分析	X	
						018	冰机出口压力低的原因分析	X	
						019	蒸汽中硅含量超标的原因分析	X	
						020	透平抽汽温度高的原因分析	X	
						021	气化炉差压高的原因分析	X	
				B	处理事故	10	001	气化有效气成份降低的处理方法	X	
						002	气化炉联管温度升高的处理方法	X	
						003	气化炉氧气比失调的处理方法	X	
						004	检修气化炉工艺处理方法	X	
						005	变换催化剂粉化的处理方法	X	
						006	变换催化剂温度波动大的处理方法	X	
						007	变换废锅产汽量少的处理方法	X	
						008	变换炉气汽比失调的处理方法	X	
						009	酸性气体中有效气含量高的处理方法	X	
						010	甲醇洗单元跑冷的处理方法	X	
						011	甲醇水含量增加的处理方法	X	
						012	甲醇消耗增加的处理方法	X	
						013	CO_2 产品产量低的处理方法	X	
						014	CO_2 产品质量低的处理方法	X	
						015	氮洗板式换热器温差大的处理方法	X	
						016	液氮洗单元跑冷的处理方法	X	
						017	液氮洗分子筛程控阀故障的处理方法	X	

续表

行为领域	代码	鉴定范围	代码	鉴定范围	鉴定比重（%）	代码	鉴定点	重要程度	备注
渣油及天然气不完全氧化法相关知识 B 46%	C	事故判断与处理	B	处理事故	10	018	合成循环气水冷却器检修的处理方法	X	
						019	合成塔外壳温差大的处理方法	X	
						020	合成催化剂粉化的处理方法	X	
						021	合成催化剂温度波动大的处理方法	X	
						022	合成废热锅炉电导增加的处理方法	X	
						023	合成塔阻力降低的处理方法	X	
						024	冷冻耗氨增加的处理方法	X	
						025	合成催化剂失活的处理方法	X	
						026	冰机出口压力低的处理方法	X	
						027	蒸汽透平检修工艺处理方法	X	
						028	蒸汽透平结垢的处理方法	X	
						029	蒸汽中硅含量超标的处理方法	X	
						030	透平抽汽温度高的处理方法	X	
						031	气化炉差压高的处理方法	X	
			D	绘图与计算	A	绘图	2	001	设备布置图的图示方法	X	
						002	设备布置图的标注方法	X	
						003	设备布置图的管口方位表达方法	X	
						004	设备布置图的绘制方法	X	
						005	管道布置图的管路画法	X	
						006	管道布置图的标注方法	X	
				B	计算	3	001	热力学方程式的应用	X	
						002	加热炉热效率的计算	X	
						003	能量衡算方法	X	
						004	理论塔板的计算方法	X	
						005	传热计算方法	X	
						006	传质计算方法	X	
						007	汽轮机的效率计算方法	X	
						008	加热炉过剩空气系数的计算	X	
						009	汽轮机的功率计算方法	X	
天然气转化法相关知识 C 44%	A	工艺操作	A	开车准备	4	001	开工时汽包液位的建立	X	
						002	催化剂还原结束的标志	X	
						003	透平试车前的主要准备工作	X	
						004	变换催化剂装填注意事项	X	
						005	合成催化剂装填注意事项	X	
						006	汽轮机单试的意义	X	

行为领域	代码	鉴定范围	代码	鉴定范围	鉴定比重（%）	代码	鉴定点	重要程度	备注
天然气转化法相关知识C 44%	A	工艺操作	A	开车准备	4	007	减少低温设备冷损的方法	X	
						008	加热炉烘炉要点	X	
						009	氧化锌脱硫前设置钴钼加氢的作用	X	
						010	机组轴振动开车前后变化的原因	X	
						011	开车进度的制定要点	X	
						012	装置自检项目的实施要点	X	
						013	开车前与相邻装置的协调要点	X	
			B	开车操作	5	001	燃料引到炉前的注意事项	X	
						002	加热炉烘炉的目的	X	
						003	机组起动程序	X	
						004	优化冷冻单元开车操作方法	X	
						005	二次燃烧对转化炉的影响	X	
						006	优化转化单元操作的方法	X	
						007	优化变换单元开车操作的方法	X	
						008	降低变换催化剂老化的方法	X	
						009	优化压缩机操作的方法	X	
						010	优化脱碳单元开车操作的方法	X	
						011	优化合成单元开车操作的方法	X	
						012	温度对氨合成反应的影响	X	
						013	控制吸收塔液泛的要点	X	
						014	延长合成催化剂老化的方法	X	
						015	延长转化催化剂老化的方法	X	
						016	开车过程中降低能耗的方法	X	
			C	正常操作	5	001	汽包液位的控制要点	X	
						002	转化单元加负荷注意事项	X	
						003	优化变换装置操作的方法	X	
						004	变换反应的最适宜反应温度	X	
						005	CW水质对凝汽器的影响	X	
						006	汽轮机进汽温度对汽轮机的影响	X	
						007	惰性气体含量控制	X	
						008	影响液氨产品质量的因素	X	
						009	液氨塔前分离与塔后分离的优缺点	X	
						010	径向塔和轴向塔的主要优缺点	X	
						011	合成单元加负荷注意事项	X	
						012	吸附再生的概念	X	

续表

行为领域	代码	鉴定范围	代码	鉴定范围	鉴定比重（%）	代码	鉴定点	重要程度	备注
天然气转化法相关知识C 44%	A	工艺操作	C	正常操作	5	013	回流比大小对精馏塔操作的影响	X	
						014	锅炉给水的 pH 值的调节	X	
			D	停车操作	2	001	引起转化单元紧急停车的因素	X	
						002	引起变换单元紧急停车的因素	X	
						003	引起脱碳单元紧急停车的因素	X	
						004	机组停转后的注意事项	X	
						005	引起合成单元紧急停车的因素	X	
						006	引起冷冻单元紧急停车的因素	X	
						007	停车过程减负荷的顺序	X	
	B	设备使用与维护	A	使用设备	6	001	烟气露点腐蚀的机理	X	
						002	二段炉的结构	X	
						003	变换炉的结构	X	
						004	合成塔的结构	X	
						005	机械密封的原理	X	
						006	差压式流量仪表的测量原理	X	
						007	开工加热炉的结构	X	
						008	产生氢脆的原因	X	
						009	机泵验收的主要指标	X	
						010	机泵验收的注意事项	X	
						011	压力容器的完好标准	X	
						012	压缩机检修的验收标准	X	
						013	安全阀的完好标准	X	
						014	自动调节系统组成	X	
						015	塔检修的验收标准	X	
						016	压力管道定期检验常识	X	
						017	温差应力的概念	X	
						018	设备的完好标准	X	
						019	影响孔板流量计准确性的因素	X	
			B	维护设备	3	001	常用腐蚀调查的方法	X	
						002	设备可靠性的概念	X	
						003	动火条件的确认	X	
						004	管壳式换热器压力试验的注意事项	X	
						005	机组油系统的保护	X	
						006	油膜形成的机理	X	
						007	干气密封的作用	X	
						008	化工管路热补偿的概念	X	

续表

行为领域	代码	鉴定范围	代码	鉴定范围	鉴定比重（%）	代码	鉴定点	重要程度	备注
天然气转化法相关知识C 44%	C	事故判断与处理	A	判断事故	6	001	变换出口CO含量升高的原因分析	X	
						002	一段炉催化剂结炭的判断	X	
						003	MDEA消耗增加的原因分析	X	
						004	变换催化剂粉化的原因分析	X	
						005	变换催化剂温度波动大的原因分析	X	
						006	电动机故障的判断	X	
						007	合成塔阻力降低的原因分析	X	
						008	二段炉出口CH_4含量高原因分析	X	
						009	转化炉管出现花斑的原因分析	X	
						010	蒸汽中硅含量超标的原因分析	X	
						011	合成塔外壳温差大的原因分析	X	
						012	合成催化剂粉化的原因分析	X	
						013	合成催化剂温度波动大的原因分析	X	
						014	冰机出口压力低的原因分析	X	
						015	合成催化剂失活的原因分析	X	
						016	冷冻耗氨增加的原因分析	X	
						017	透平抽汽温度高的原因分析	X	
				B	处理事故	5	001	合成催化剂粉化的处理方法	X	
						002	变换催化剂粉化的处理方法	X	
						003	合成塔阻力降低的处理方法	X	
						004	冷冻耗氨增加的处理方法	X	
						005	合成催化剂失活的处理方法	X	
						006	变换催化剂温度波动大的处理方法	X	
						007	蒸汽中硅含量超标的处理方法	X	
						008	蒸汽透平检修工艺处理方法	X	
						009	分子筛程控阀故障的处理方法	X	
						010	合成循环气水冷却器检修的处理方法	X	
						011	蒸汽透平结垢的处理方法	X	
						012	合成塔外壳温差大的处理方法	X	
						013	合成催化剂温度波动大的处理方法	X	
						014	冰机出口压力低的处理方法	X	
						015	透平抽汽温度高的处理方法	X	
						016	离心泵发生的气蚀现象的处理方法	X	

续表

行为领域	代码	鉴定范围	代码	鉴定范围	鉴定比重（%）	代码	鉴定点	重要程度	备注
天然气转化法相关知识 C 44%	D	绘图与计算	A	绘图	2	001	设备布置图的图示方法	X	
						002	设备布置图的标注方法	X	
						003	设备布置图的管口方位表达方法	X	
						004	设备布置图的绘制方法和步骤	X	
						005	管道布置图的管路及附件画法	X	
						006	管道布置图的标注方法	X	
			B	计算	6	001	热力学方程式的应用	X	
						002	加热炉热效率的计算	X	
						003	能量衡算方法	X	
						004	理论塔板的计算方法	X	
						005	装置优化和技术改进的传热计算方法	X	
						006	传质计算方法	X	
						007	汽轮机的效率计算方法	X	
						008	加热炉过剩空气系数的计算	X	
						009	汽轮机的功率计算方法	X	
						010	新建鉴定点	X	
						011	新建鉴定点	X	
						012	新建鉴定点	X	
						013	新建鉴定点	X	
						014	新建鉴定点	X	
						015	新建鉴定点	X	
						016	新建鉴定点	X	
						017	新建鉴定点	X	

注:X——核心要素;Y——一般要素;Z——辅助要素。

附录9 技师操作技能鉴定要素细目表

行业:石油天然气　　　　工种:合成氨装置操作工　　　　等级:技师　　　　鉴定方式:操作技能

鉴定范围			代码	鉴定点	重要程度	备注
一级	二级	三级				
A 天然气、渣油不完全氧化模块 53%	A 正常操作	A 开车准备 3%	001	甲醇洗单元引甲醇前条件检查	X	
			002	变换单元接水前条件检查	X	
			003	蒸汽过热炉点液化气的条件检查	X	
		B 开车操作 7%	001	装置加负荷的操作	X	
			002	建立甲醇循环的操作	X	
			003	建立液氮洗单元冷冻循环的操作	X	
			004	建立氨合成回路的操作	X	
			005	蒸汽透平的开车操作	X	
			006	出气化炉的原料气中甲烷含量的调节	X	
		C 正常操作 6%	001	降低氮洗出口一氧化碳含量的操作	X	
			002	降低甲醇洗出口二氧化碳含量的操作	X	
			003	合成塔入口温度的调节	X	
			004	合成氢氮比的调节	X	
			005	气化单元水平衡的调节	X	
		D 停车操作 5%	001	合成催化剂降温操作	X	
			002	变换催化剂降温操作	X	
			003	排甲醇的操作	X	
			004	氮洗回温操作	X	
	B 设备使用与维护	A 使用设备 6%	001	装填合成塔催化剂的操作	X	
			002	装填变换催化剂的操作	X	
			003	变换催化剂停车后的保护操作	X	
			004	合成催化剂停车后的保护操作	X	
			005	更换气化水洗塔内填料的操作	X	
		B 维护设备 3%	001	安全装置的检查	X	
			002	动火条件的检查	X	
			003	工艺设备检修前的安全确认	X	
	C 事故判断与处理	A 判断事故 9%	001	烧嘴冷却水泄漏的判断	X	
			002	变换炉进出口换热器内漏的判断	X	
			003	变换废锅内漏的判断	X	
			004	甲醇水精馏塔再沸器内漏的判断	X	

续表

鉴定范围			代码	鉴定点	重要程度	备注
一级	二级	三级				
A 天然气、渣油不完全氧化模块 53%	C 事故判断与处理	A 判断事故 9%	005	氮洗冷损大的分析	X	
			006	合成气带油的分析	X	
			007	开工加热炉炉管损坏的分析	X	
			008	烧嘴冷却水盘管泄漏的判断	X	
		B 处理事故 10%	001	气化炉炉温高的处理	X	
			002	气化废热锅炉脱盐水中断的处理	X	
			003	变换炉变换率低的处理	X	
			004	甲醇水含量上升的处理	X	
			005	甲醇洗出口 CO_2 超标的处理	X	
			006	分子筛后微量超标的处理	X	
			007	氮洗塔出口微量一氧化碳高的处理	X	
			008	蒸汽透平转速波动大的处理	X	
			009	烧嘴冷却水盘管泄漏的处理	X	
	D 绘图与计算	A 绘图 2%	001	甲醇洗主要塔设备塔盘装配图识读	X	
			002	现场数据采集核算换热器换热面积	X	
		B 计算 2%	001	一般热量平衡的计算	X	
			002	现场数据采集计算变换炉反应热	X	
B 天然气转化工艺模块 47%	B 设备使用与维护	A 使用设备 6%	001	合成催化剂的装填步骤	X	
			002	变换催化剂的装填步骤	X	
			003	变换催化剂停车保护操作	X	
			004	合成催化剂停车保护操作	X	
			005	更换中压汽提塔内填料的操作	X	
		B 维护设备 3%	001	安全装置的检查验收	X	
			002	动火条件的确认	X	
			003	工艺设备检修前的安全确认	X	
	C 事故判断与处理	A 判断事故 6%	001	变换废锅内漏的判断方法	X	
			002	脱碳液再生塔再沸器内漏的判断	X	
			003	氢回收装置冷损大的分析	X	
			004	合成气带油的分析	X	
			005	开工加热炉炉管损坏的原因分析	X	
		B 处理事故 8%	001	二段转化炉炉温高的处理	X	
			002	脱盐水中断的处理方法	X	
			003	变换炉变换率低的处理方法	X	
			004	脱碳液水含量突然上升的处理方法	X	
			005	合成分子筛后微量超标的处理	X	

续表

鉴定范围			代码	鉴 定 点	重要程度	备注
一级	二级	三级				
B 天然气转化工艺模块 47%	C 事故判断与处理	B 处理事故 8%	006	处理蒸汽透平转速波动大的方法	X	
			007	处理蒸汽透平转速波动大的方法	X	
	D 绘图与计算	A 绘图 2%	001	绘制一般的零件图	X	
			002	识读一般的装配图	X	
		B 计算 2%	001	一般热量平衡的计算	X	
			002	对单元设备的运行工况优化计算	X	
	A 工艺操作	D 停车操作 5%	001	合成催化剂降温操作	X	
			002	变换催化剂降温操作	X	
			003	转化炉停车操作	X	
			004	氢回收装置回温操作	X	
		A 开车准备 3%	001	MDEA 单元引 MDEA 前条件确认	X	
			002	加热炉点火前的条件确认	X	
			003	辅锅点火前的条件确认	X	
		B 开车操作 6%	001	装置加负荷的操作	X	
			002	建立脱碳系统循环的操作	X	
			003	建立氢回收单元循环冷冻的操作	X	
			004	蒸汽透平的开车操作	X	
			005	建立氨合成回路的操作	X	
		C 正常操作 6%	001	降低转化出口甲烷含量的操作	X	
			002	降低甲烷化单元出口一氧化碳含量的操作	X	
			003	降低脱碳系统出口二氧化碳含量	X	
			004	合成塔入口温度的调节操作	X	
			005	合成氢氮比的调节	X	

注:X——核心要素;Y——一般要素;Z——辅助要素。

附录 10　高级技师操作技能鉴定要素细目表

行业:石油天然气　　　　工种:合成氨装置操作工　　　　等级:高级技师　　　　鉴定方式:操作技能

鉴定范围			鉴定点	鉴定点	重要程度	备注
一级	二级	三级				
A 天然气、渣油不完全氧化模块 50%	A 工艺操作	A 开车准备 3%	001	装置开车前公用工程条件检查	X	
			002	压缩机组大检修后控制系统的静态调试	X	
		B 开车操作 6%	001	开车过程中气化单元的优化操作	X	
			002	开车过程中变换单元的优化操作	X	
			003	开车过程中氮洗单元的优化操作	X	
			004	开车过程中合成单元的优化操作	X	
		C 正常操作 3%	001	降低装置能耗的操作	X	
			002	降低装置物耗的操作	X	
		D 停车操作 6%	001	停车中降低能耗的操作	X	
			002	装置停车安全检查	X	
			003	合成催化剂的钝化操作	X	
			004	变换催化剂的钝化操作	X	
	B 设备使用与维护	A 使用设备 4%	001	针对氨压缩机高压缸振值高提出操作上的改进意见	X	
			002	针对大机组找正偏差大提出整改的方法	X	
			003	浮阀塔安装验收标准	X	
		B 维护设备 4%	001	泵轴承出现杂音的维护	X	
			002	设备超温的判断	X	
			003	设备超压的判断	X	
	C 事故判断与处理	A 判断事故 13%	001	气化废热锅炉内漏的判断	X	
			002	出甲醇洗二氧化碳微量表指示错误的判断	X	
			003	合成塔内件损坏的判断	X	
			004	气化炉原料中断的事故分析	X	
			005	仪表风中断的分析	X	
			006	脱盐水中断的分析	X	
			007	停电原因的分析	X	
			008	断冷却水的事故判断	X	
			009	动力蒸汽中断分析	X	
		B 处理事故 6%	001	装置紧急停车的处理	X	
			002	变换催化剂中毒的处理	X	

鉴定范围			鉴定点	鉴定点	重要程度	备注
一级	二级	三级				
A 天然气、渣油不完全氧化模块 50%	C 事故判断与处理	B 处理事故 6%	003	合成气压缩机喘振的处理操作	X	
			004	合成催化剂中毒的处理	X	
	D 绘图与计算	A 绘图 1%	001	技术改造图样的审定	X	
		B 计算 4%	001	现场数据采集计算合成塔反应热	X	
			002	现场数据采集计算装置能耗	X	
			003	现场数据采集计算汽轮机功率	X	
B 天然气转化工艺模块 50%	A 工艺操作	A 开车准备 3%	001	合成氨装置开车公用工程确认条件	X	
			002	压缩机组大检修后控制系统的静态调试	X	
		B 开车操作 6%	001	开车过程中转化单元的优化操作	X	
			002	开车过程中变换单元的优化操作	X	
			003	开车过程中脱碳单元的优化操作	X	
			004	开车过程中合成单元的优化操作	X	
		C 正常操作 3%	001	降低装置能耗的操作	X	
			002	降低装置物耗的操作	X	
		D 停车操作 7%	001	停车中降低能耗的操作	X	
			002	装置停车安全操作	X	
			003	合成催化剂的钝化操作	X	
			004	变换催化剂的钝化操作	X	
			005	转化炉催化剂的钝化操作	X	
	B 设备使用与维护	A 使用设备 4%	001	针对氨压缩机高压缸振值高提出操作上的改进意见	X	
			002	针对大机组找正偏差大提出整改的方法	X	
			003	浮阀塔安装验收标准	X	
		B 维护设备 6%	001	设备的防腐	X	
			002	泵轴承出现杂音的维护	X	
			003	设备超温的判断	X	
			004	设备超压的判断	X	
	C 事故判断与处理	A 判断事故 11%	001	废热锅炉内漏的原因分析	X	
			002	二氧化碳微量超标的原因分析	X	
			003	合成塔内件损坏的判断方法	X	
			004	仪表风中断的判断方法	X	
			005	脱盐水中断的事故判断方法	X	
			006	停电原因的分析	X	
			007	断冷却水的事故判断	X	
			008	动力蒸汽中断的事故判断方法	X	

鉴定范围			鉴定点	鉴定点	重要程度	备注
一级	二级	三级				
B 天然气转化工艺模块 50%	C 事故判断与处理	B 处理事故 7%	001	装置紧急停车的处理	X	
			002	变换催化剂中毒的处理方法	X	
			003	合成气压缩机喘振的处理方法	X	
			004	合成催化剂中毒的处理方法	X	
			005	处理合成工艺管线气体泄漏的方法	X	
	D 绘图与计算	A 绘图 1%	001	技术改造图样的审定	X	
		B 计算 2%	001	装置的工况优化进行热量平衡计算	X	
			002	对装置进行能量分析	X	
			003	计算汽轮机的理论效率	X	

注:X——核心要素;Y——一般要素;Z——辅助要素。

参 考 文 献

[1] 窦长富,王树仁,于遵宏,等. 合成氨生产技术问答. 北京:化学工业出版社,2015.

[2] 齐志才,刘红丽. 自动化仪表. 北京:中国林业出版社,2006.

[3] 刘翠玲,黄建兵. 集散控制系统. 北京:北京大学出版社,2006.

[4] 陆荣,孙伟,赵翱东,等. 电工基础. 2 版. 北京:机械工业出版社,2017.

[5] 庄绍君,陈云明,张绍波,等. 化工电气和化工仪表. 三版. 北京:化学工业出版社,2008.

[6] 陈海群,陈群,王凯全,等. 化工生产安全技术. 北京:中国石化出版社,2012.

[7] 彭力,李士曾,张莉英,等. 石油化工企业安全管理必读. 北京:石油工业出版社,2004.

[8] 秦曾煌,姜三勇,丁继盛,等. 电工学. 北京:高等教育出版社,2004.

[9] 中国石油化工集团公司人事部,中国石油天然气集团有限公司人事服务中心. 维修电工. 北京:中国石化出版社,2008.

[10] 中国计量测试学会. 一级注册计量师基础知识及专业实务. 4 版. 北京:中国质检出版社,2017.

[11] 沈浚. 合成氨. 北京:化学工业出版社,2001.

[12] 孙玉霞,李双喜、李继和,等. 机械密封技术. 北京:化学工业出版社,2014.

[13] 化学工业部人事教育司. 化工用泵. 北京:化学工业出版社,1997.

[14] 谭天恩,麦本熙,丁慧华. 化工原理. 北京:化学工业出版社,1998.

[15] 徐刚,麦郁穗,钱颂文,等. 换热器. 北京:中国石化出版社,2015.

[16] 钱青松. 设备润滑技术问答. 北京:中国石化出版社,2005.

[17] 张克舫,沈惠坊. 汽轮机技术问答. 北京:中国石化出版社,2008.

[18] 王书敏,何可禹. 离心式压缩机技术问答. 北京:中国石化出版社,2007.

[19] 刘小辉. 设备腐蚀与防护. 北京:中国石化出版社,2014.

[20] 黄希贤,曹占友. 泵操作与维修技术问答. 北京:中国石化出版社,2014.

[21] 乐庚熙. 风机技术知识. 北京:机械工业出版社,2013.

[22] 杨启明,李琴,李又绿. 石油化工设备腐蚀与防护. 北京:石油工业出版社,2010.

[23] 朱玉琴. 管式加热炉. 北京:中国石化出版社,2016.

[24] 林玉波. 合成氨生产工艺. 北京:化学工业出版社,2011.

[25] 孙广庭,吴玉峰. 中型合成氨厂生产工艺与操作问答. 北京:化学工业出版社,1985.

[26] 夏清,贾绍义. 化工原理. 上册. 天津:天津大学出版社,2011.

[27] 夏清,贾绍义. 化工原理. 下册. 天津:天津大学出版社,2011.

[28] 周为群,朱琴玉. 大学化学. 北京:化学工业出版社,2019.

[29] 大连理工大学无机化学教研室. 无机化学. 北京:高等教育出版社,1987.

[30] 王美芹. 化学应用基础. 山东:山东大学出版社,2009.

[31] 刘朝儒,吴志军,高政一,等. 机械制图. 北京:高等教育出版社,2006.

[32] 张承翼,李春英. 化工工程制图. 北京:化学工业出版社,1992.

[33] 朱元强,余宗学,柯强. 物理化学. 北京:化学工业出版社,2018.